Baukonstruktion

José Luis Moro

Baukonstruktion – vom Prinzip zum Detail

Band 2 · Konzeption

3. Auflage

Unter Mitarbeit von Dr.- Ing. Matthias Weißbach
Mit einem Vorwort von Jörg Schlaich

José Luis Moro
Stuttgart, Deutschland

ISBN 978-3-662-64826-1 ISBN 978-3-662-64827-8 (eBook)
https://doi.org/10.1007/978-3-662-64827-8

Die Deutsche Nationalbibliothek verzeichnet diese Publikation in der Deutschen Nationalbibliografie; detaillierte bibliografische Daten sind im Internet über http://dnb.d-nb.de abrufbar.

Lektorat: Frieder Kumm
Springer Vieweg ist ein Imprint der eingetragenen Gesellschaft Springer-Verlag GmbH, DE und ist ein Teil von Springer Nature.
Die Anschrift der Gesellschaft ist: Heidelberger Platz 3, 14197 Berlin, Germany

meiner Ehefrau Maria Julia

meinen Kindern Diana, Julia und Luis

Vorwort

Das Planen, Entwerfen und Konstruieren, die eng miteinander verknüpften Themen dieser drei Bücher (oder dieses ersten von drei Bänden), sind im Prinzip äußerst komplexe Vorgänge, weil sie nicht linear sondern zyklisch/konzentrisch ablaufen. Sie verlaufen auf schrumpfenden Kreisen oder Schleifen, an deren Umfang bei jedem Umlauf erneut die Randbedingungen abgefragt werden, die es zu erfüllen gilt: Funktion, Standfestigkeit, Gestalt und Einfügung in das Umfeld, Wärme-, Schall- und Brandschutz, Dauerhaftigkeit, Fertigung, Montage, Wirtschaftlichkeit etc. So kommen sie schließlich auf „den Punkt", also zu einer der vielen möglichen subjektiv befriedigenden Lösungen, aus denen dann in weiteren Iterationsschritten, vor und zurück, „die Lösung" hervorgeht. Daraus folgt auch, dass es niemals die objektiv richtige oder gar die einzig beste Lösung gibt, sondern unzählige subjektive, weil man insbesondere das Entwerfen auch als gemischt deduktiven und induktiven Vorgang definieren kann, also einen logisch wissenschaftlichen „aus dem Kopf heraus" und intuitiv / kreativen „aus dem Bauch heraus". Sonst bräuchte es ja, um ein offensichtliches Beispiel zu nennen, für einen Wettbewerbsentscheid keine Jury sondern nur eine schlaue Excel-Tabelle.

Daraus folgt, dass dieser komplexe Ablauf buchstäblich seines Charakters beraubt wird, wenn er in einem „seitenweisen" Buch notwendigerweise linearisiert wird. So addieren in der Tat die meisten Autoren, die sich mit diesem Thema beschäftigen – und das sind in letzter Zeit wirklich so viele, dass sich die Begeisterung über noch ein solches Buch zunächst sehr in Grenzen hält – Titel an Titel oder Bauteil an Bauteil, also beispielsweise Deckenplatten, Unterzüge, Stützen, Fundamente. Danach überlassen sie es dem Leser, dies alles zu einem Ganzen zu fügen und zeigen bestenfalls noch Ausführungsbeispiele ohne zu erklären, warum die so sind oder wie sie sonst noch hätten sein können.

Peinlich wird es, wenn diese Aneinanderreihung der typischen Bauteile auch noch fein säuberlich nach Werkstoffen sortiert dargeboten wird, als wolle ein Bauherr einen Beton-, Stahl- oder Holzbau. Nein, er will einen guten Bau und da bietet sich oft und heute zunehmend die Werkstoffmischung an, Misch-, Verbund- oder Schichtbauweisen.

Diese leider häufige Verkürzung eines zwar schwierigen aber gerade deshalb kreativen und einfach schönen Vorgangs auf eine Addition ist gerade für ein Lehrbuch und da besonders für Ingenieure fatal, weil die so zum Statiker oder bestenfalls zum Konstrukteur erzogen und so des schönsten Teils ihres Berufs beraubt werden, eben des kreativen subjektiven Entwerfens, in dem sie mit Begeisterung ihr erlerntes Wissen und ihre angeborene Phantasie einbringen können und sollen.

Klar worauf dies hinaus will! Die frohe Botschaft lautet, dass mit diesen Büchern, die der Leser dieser Zeilen in der Hand hat, der ausdrücklich bewusste und äußerst nachdrücklich verfolgte Versuch unternommen wurde, das

Planen, Entwerfen und Konstruieren von Bauwerken in seiner Ganzheitlichkeit darzustellen, indem die einzelnen Kapitel nicht einfach addiert sondern durch ihre notwendigen Querverbindungen vielfältig und sachgerecht verknüpft werden, selbstverständlich werkstoffübergreifend und in ganzer Bandbreite. Man erfährt, warum was so ist und wie sich die verschiedenen Lösungsprinzipien aus den charakteristischen physikalischen Wirkprinzipien entwickeln. Andererseits wird nicht verschwiegen, dass die zunehmende Aufteilung des Planens auf Spezialisten konfliktträchtig und nicht unbedingt qualitätsfördernd ist, so dass ein wesentliches Ziel dieser Bücher der Blick über den Zaun ist. Eine Gruppe von Individualisten, die wir ja alle sein wollen, kann nur gemeinsam Qualität schaffen, wenn jeder auf das Wissen des anderen neugierig ist und es nicht um die Frage geht, was von wem kommt, sondern nur dass das Ganze gut ist.

Möge die wohlformulierte, intensiv argumentierende und sehr anschaulich bebilderte Botschaft dieser Bücher nicht nur bei den jungen Architekten sondern ebenso bei den Ingenieuren gehört und beherzigt werden. Sie werden belohnt mit der beglückenden Erfahrung, dass wir Bauenden noch Generalisten sind. Wir können und dürfen ein Bauwerk vom ersten Bleistiftstrich bis zum letzten Nagel begleiten und sind für seine Qualität selbst verantwortlich. Dabei wollen wir uns nicht auf unseren Lorbeeren ausruhen, sondern das Erreichte, mit unserem nächsten Entwurf vor Augen, selbstkritisch prüfen.

Jörg Schlaich

Einführung

Dieses Buch geht der Frage nach, *weshalb* Baukonstruktionen so sind wie sie sind. In einer hochkomplexen, fragmentierten und schwer überschaubaren Bauwelt verdient es der Bauschaffende, und hier insbesondere der junge Lernende, wieder an die Ursprünge des baukonstruktiven Umgangs mit Material heran-, man möchte sagen *zurück*geführt zu werden, ohne deren Kenntnis jede Beschäftigung mit Bauen sinn- und ziellos, in letzter Konsequenz zur Erfolglosigkeit verurteilt ist. Gleichzeitig soll unser bilderversessener Berufsstand, die Architektenschaft, daran erinnert werden, dass unsere Arbeit ihre vielschichtigen geistigen Dimensionen nur deshalb entfalten kann, weil sie eine *materielle* Basis besitzt, nämlich die Baukonstruktion, welche – gleichgültig ob wir es anerkennen oder nicht – zu einem wesentlichen Teil von der Geometrie, der Schwerkraft und anderen physikalischen Phänomenen bestimmt ist. Es ist letzen Endes die *Baustruktur,* die wir wahrnehmen und auf unsere Sinne wirkt, welche Ausgangspunkt und Vehikel des künstlerischen Ausdrucks, in letzter Konsequenz der Baukunst, ist.

Die gleichen *Prinzipien* der Baukonstruktion, die dieses Werk im Titel trägt, liegen unserer Arbeit wie auch derjenigen unserer Vorgänger und Vorfahren zugrunde, weil sie auf Gesetzen der Materie, auf physikalischen Wirkungen und auf geometrischen Beziehungen beruhen, die gestern wie heute gültig sind. Sie sind dem wachen Verstand ganz unmittelbar zugänglich, wenn man sich, von Neugier getrieben, bereitwillig auf das Thema einlässt. Sie müssen nur unter dem Schutt eines ausufernden Spezialwissens befreit werden, das unsere (nur in ausgesuchten Teilbereichen) hochentwickelte Bauwelt angesammelt hat, das einige Hohepriester des Spezialistentums eifersüchtig pflegen, das jedoch ohne Einbettung in einen Sinnzusammenhang unseren Verstand nur blendet und fehlleitet. Diesem Ziel habe ich mich mit diesem Werk verpflichtet.

Mit dieser Zielsetzung galt es, für die einzelnen Teilgebiete des Konstruierens zunächst *Funktionen* oder *Aufgaben* herauszuarbeiten, dann verschiedene *Lösungsprinzipien* darzustellen, die zumeist auf charakteristischen physikalischen Wirkprinzipien und geometrischen Ordnungen beruhen, dann in einem letzten Schritt zur *Materialisierung* der Konstruktion überzugehen. Dieser Sequenz folgt im Wesentlichen auch die Struktur des dreibändigen Werks.

Wenn es bereits *innerhalb* einer bestimmten Fachsparte eine Herausforderung darstellt, fundamentale Lösungsprinzipien zu abstrahieren, so ist es eine bedeutend größere, Bezüge und gegenseitige Abhängigkeiten *zwischen* den Disziplinen, die in der Baukonstruktion zusammentreffen, aufzuzeigen und in eine verständliche und fassbare Form zu bringen. Ich habe hierfür den Versuch unternommen, Sachverhalte aus den verschiedenen Fachbereichen in eine möglichst konsistente und durchgängige logische Struktur zu integrieren. Dafür waren einige Termini einzuführen, um Konzepte zu benennen, für die es meines Wissens bislang keine Fachbegriffe gab. Für diese Anmaßung bitte ich die Fachwelt bereits jetzt um wohlwollendes Verständnis.

Einen sehr hohen Stellenwert hat der durchgängige, argumentierende Textfluss sowie die beigeordneten Querverweise, womit die vielfältigen Verknüpfungen und gegenseitigen Abhängigkeiten zwischen den verschiedenen Teilbereichen und -disziplinen deutlich werden sollen. Auch wurde eine größtmögliche Anschaulichkeit der Abbildungen angestrebt, um ein unmittelbares Verstehen der Aussage zu erleichtern. Ich habe hierfür manchmal gegen (orthodoxe) Konventionen bewusst (oder auch ahnungslos), aber wie ich glaube stets mit gutem Grund verstoßen.

Um die enorme Bandbreite der Thematik mit Konsistenz und einer adäquaten Durchdringungstiefe abzudecken, war es unumgänglich, in fremden Gefilden zu wildern. Für Ungenauigkeiten und Unschärfen bitte ich deshalb die Fachwelt bereits jetzt um Nachsicht. Mit ihrer Hilfe werde ich etwaige Unzulänglichkeiten hoffentlich nach und nach aus der Welt schaffen.

Ich wäre zufrieden, wenn andere an der Lektüre dieses Buchs die gleiche Freude fänden wie ich an seiner Ausarbeitung.

Danksagung

Publikationen des Umfangs und der Bandbreite des vorliegenden Werks sind immer das Resultat einer Zusammenarbeit. Der Ursprung des Projekts liegt in unserem Vorlesungsmanuskript, das im Laufe mehrerer Jahre von Grund auf neu erarbeitet wurde. Neben den Mitautoren des vorliegenden Werks Matthias Rottner und Dr. Bernes Alihodzic, zu denen etwas später auch Dr. Matthias Weißbach stieß, ohne deren Beitrag an Geduld, Konstanz und Engagement dieses ehrgeizige Projekt nicht realisierbar gewesen wäre, sind weitere, zum Teil ehemalige Mitarbeiter zu nennen: unter ihnen insbesondere Dr. Peter Bonfig, der während der konzeptionellen Entstehungsphase unseres Vorlesungsmanuskripts wesentliche Ideen beigetragen hat, aber auch Christian Büchsenschütz, Christoph Echteler, Melanie Göggerle, Karin Jentner, Magdalene Jung, Stephanie Krüger, Lukas Kohler, Christopher Kuhn, Julian Lienhard, Manuela Langenegger, Gunnar Otto, Tilman Raff, Alexandra Schieker, Ying Shen, Brigitta Stöckl, Xu Wu, sowie nicht zuletzt Ole Teucher, auf den zahlreiche Zeichenarbeiten zurückgehen.

Besonderer Dank gilt auch den Kollegen, die es auf sich genommen haben, zum Teil sehr umfangreiche Manuskriptabschnitte gegenzulesen wie Prof. K. Gertis, Prof. H. W. Reinhardt und Prof. S. R. Mehra sowie auch Prof. Jörg Schlaich für sein freundliches Vorwort. Verpflichtet bin ich auch Kollegen und Freunden wie Dr. Jenö Horváth für die geduldige Beantwortung meiner Fragen, Karl Humpf für seine sorgfältige Manuskriptkorrektur sowie auch Dr. Ch. Dehlinger. Großzügig haben uns umfangreiches Bildmaterial zur Verfügung gestellt Prof. K. Ackermann, Prof. P. C. v.

Seidlein, Prof. Th. Herzog, Prof. F. Haller, Prof. U. Nürnberger, Prof. P. Cheret und Prof. D. Herrmann. Herrn Lehnert vom Springer-Verlag danken wir für seine bedingungslose Unterstützung und für seine Geduld.

Auch allen Freunden und Kollegen, die uns während der Ausarbeitung stets unterstützt und Mut zugesprochen haben, sei hiermit im Namen aller Autoren herzlich gedankt.

Stuttgart, im Juni 2008
J. L. Moro

Vorwort zur zweiten Auflage

Seit die erste Auflage vor nunmehr zehn Jahren erschien, haben sich in verschiedenen Bereichen gewisse Verhältnisse im Zusammenhang mit der Konstruktionsplanung geändert bzw. weiterentwickelt. Sie wurden in dieser neuen Auflage aufgegriffen und im Rahmen des Möglichen behandelt. Dazu gehören Fragen der Modellierung von Freiformen, die vor zehn Jahren in der Baukonstruktion noch keine nennenswerte Rolle spielten, heute jedoch stärker in den Fokus des Planers und Baukonstrukteurs rücken. Dem Thema der Herstellung von gekrümmten Oberflächen wurde entsprechend ein Gutteil des deutlich erweiterten Kapitels VII gewidmet.

Ebenfalls bedeutsam sind neuere Entwicklungen im Holzbau, insbesondere Massivholzbauweisen für den Wandbau. Entsprechend wurde das Kapitel zu Holzbauweisen (X-2) vollständig überarbeitet. Ähnliches gilt für das Kapitel zum Stahlbau (Kapitel X-3), der in den letzten Jahren spektakuläre neue Bauwerke hervorgebracht hat und der die Grenzen des bisher als bau- und konstruierbar Geltendem weit verschoben hat.

Des Weiteren hat man sich sehr bemüht, die Lesbarkeit des Texts sowie auch der Abbildungen zu verbessern. Im Text wurde deutlich sparsamerer Gebrauch von Hervorhebungen gemacht, um das Schriftbild insgesamt ruhiger und damit besser lesbar zu gestalten. Dennoch wurde an der Praxis festgehalten, die Schlüsselbegriffe in Absätzen fett darzustellen, um ein rasches Erfassen der Kernaussage zu ermöglichen. Die textliche Formatierung wurde strikt vereinheitlicht, was zusätzlich zur visuellen Beruhigung des Textes beigetragen hat. Die Grafik sämtlicher Abbildungen wurde überarbeitet und deutlich verbessert, um ihre Anschaulichkeit und Lesbarkeit zu erhöhen. Auch die grafischen Standards wurden streng vereinheitlicht, ebenfalls zum Zweck einer besseren Lesbarkeit und Vergleichbarkeit.

Mein Dank gilt den zahlreichen Personen, die auch bei dieser zweiten Auflage viel zum guten Gelingen beigetragen haben. Besonders zu nennen sind wegen ihrer sorgfältigen und engagierten Zeichen- und Formatierungsarbeit unsere studentischen Hilfskräfte Uta Lambrette, Katrin Fessel, Johannes Rinderknecht, Eider Yarritu Inoriza und Martin Feustel. Dipl.-Ing. Matthias Rottner und M. Arch. Franz Arlart haben substanzielle inhaltliche Ergänzungen und Verbesserungen beigesteuert. Mein Sohn Luis hat Wertvolles zur Erweiterung des Kapitels VII beigetragen. Dank gebührt auch Herrn Harms vom Springer-Verlag.

Stuttgart, im Februar 2019
J. L. Moro

Vorwort zur dritten Auflage

In der vorliegenden dritten Auflage wurden im Wesentlichen Fehler behoben, inhaltliche Ergänzungen und Aktualisierungen vorgenommen sowie die Formatierung verbessert. Die Umformatierungen, die bereits in der 3. Auflage des 1. Bands eingeführt wurden, hat man auch in diesem Band übernommen. Dazu gehören der Ersatz von Schwarzweißfotos durch qualitativ hochwertigere Farbfotos; die Einführung einer Titelseite für jedes Kapitel bzw. Unterkapitel; farbige, für jeden Band kennzeichnende Abschnittsmarkierungen. Ferner wurden bislang in Grautönen gehaltene Schaubilder mit farbigen Akzenten versehen, was das schnellere Erfassen der inhaltlichen Aussage erleichtern wird. Zahlreiche Schaubilder wurden mit ergänzenden Elementbezeichnungen versehen, um die Aussagen in der Bildunterschrift leichter zuordnen zu können und damit das Verständnis zu erleichtern. Die Formatierung von Text und Abbildungen wurde auch im Ganzen weiter vereinheitlicht.

Insgesamt wurde große Mühe aufgewendet, um die Lesbarkeit, Verständlichkeit und formale Qualität des Werks, dies auch im Dienst einer größeren Klarheit, zu verbessern. Zahlreiche Textpassagen wurden umformuliert beziehungsweise ergänzt, um mögliche Zweideutigkeiten auszuschließen.

Stuttgart, im November 2021
J. L. Moro

INHALTSÜBERSICHT DES GESAMTWERKS

BAND 3 – UMSETZUNG

BAND 4 – PRINZIPIEN

INHALT BAND 2

VII HERSTELLUNG VON FLÄCHEN

AUFBAU VON HÜLLEN

IX **PRIMÄRTRAGWERKE**

IX-1 **Grundlagen**

Typen

Ortbetonbau

BAND 2 KONZEPTION

Der vorliegende zweite Band behandelt vornehmlich konstruktive Fragen, die einen unmittelbaren Einfluss auf den konzeptionellen Entwurf des Gesamtgebäudes ausüben. Während im ersten Band die materialbezogenen, herstellungstechnischen und funktionalen Grundlagen der Baukonstruktion im Vordergrund standen, werden in diesem Band, ausgehend von jenen Grundvoraussetzungen, weitergehende Überlegungen angestellt, welche die Art betreffen, wie einzelne materielle Bestandteile zu einem funktionsgerechten Gesamtgebäude zusammengesetzt werden.

Zunächst wird die fundamentale Frage diskutiert, wie baulich brauchbare Gebäudehüllflächen aus einzelnen Teilen lückenlos zusammengesetzt werden können. Diese Frage besitzt große konstruktive Relevanz, da sie die Grundvoraussetzungen definiert, unter denen anschließend konstruktive Details ausgearbeitet werden. Auch in formalästhetischer Hinsicht hat die Art der Zusammensetzung einer sichtbaren Hüllfläche eine große Bedeutung. Besonders wichtig ist diese Frage für das Zusammensetzen von gekrümmten Hüllflächen. Die Art der Flächenbildung entscheidet oftmals darüber, ob solche Flächen aus handelsüblichem ebenem Grundmaterial gefertigt werden können.

Die auf Grundbauteile bezogenen Überlegungen der Kraftleitung, wie sie im Band 1 im Kapitel VI-2 angestellt wurden, werden im vorliegenden Band 2 auf die Hierarchieebene des Tragwerkselements beziehungsweise des Gesamttragwerks erweitert. Dies wird mithilfe der Betrachtung zahlreicher bauüblicher Tragwerkstypen vertieft. Dabei werden nicht nur die baupraktisch weitverbreiteten Scheibentragwerke oder geradlinigen Stabwerke untersucht, sondern auch gekrümmte Stabwerke und Membrantragwerke. Ergänzt wird diese Untersuchung durch jeweils ein Kapitel zu Verformungen und Gründungen.

Abschließend werden die baupraktisch bedeutsamsten Bauweisen behandelt, die hier auf oberster Ordnungsebene nach herkömmlicher Art in Abhängigkeit des eingesetzten Hauptwerkstoffs kategorisiert werden. Sowohl die werkstoffbezogenen Besonderheiten als auch die in der Baupraxis etablierten Bauwerkskonzepte werden im Einzelnen untersucht. Besondere Sorgfalt wird der nachvollziehbaren Erklärung der inhärenten konstruktiven Logik gewidmet, die jeder Bauweise zugrundeliegt. Sie zeigt zumeist plausible Gründe auf, weshalb sich die jeweilige Bauweise in der Praxis in einer spezifischen Form effektiv durchgesetzt hat. Ebenfalls werden konstruktive Standardlösungen für die wichtigsten konstruktiven Detailpunkte der jeweils diskutierten Bauweise präsentiert. Ergänzt werden die Kapitel durch einen kurzen historischen Abriss der Entwicklung der Bauweisen.

VII HERSTELLUNG VON FLÄCHEN

J. L. Moro, *Baukonstruktion – vom Prinzip zum Detail*,
https://doi.org/10.1007/978-3-662-64827-8_1

1. Die Ausbildung kontinuierlicher ebener Schichtflächen aus Einzelbauteilen

■ Hüllbauteile sowie auch einzelne Schichten derselben müssen, um ihren Aufgaben gerecht zu werden, in der Regel **flächenhaft** und **kontinuierlich** sein. Dies setzt die Schaffung von flächigen Bauteilen größeren Ausmaßes voraus, wofür verschiedene herstellungstechnische, geometrische und konstruktive Varianten Verwendung finden können, die im Folgenden behandelt werden sollen. Dabei soll in diesem Kapitel zunächst das Zusammenfügen von Einzelteilen *in* der Bauteilfläche betrachtet werden, also in den beiden Dimensionen **Länge** und **Breite** (⧉ **1**). Einzelne Schalen oder Schichten eines mehrlagigen Hüllenaufbaus mit spezifischen baulichen Teilfunktionen sind hierfür (wie bei ⧉ **2–7**) gesondert zu untersuchen. Es wird jeweils das Zusammensetzen der Fläche aus *gleichartigen* Teilen in Betracht gezogen. Konstruktive Übergänge zwischen andersartigen Elementen innerhalb einer bestimmten Funktionsschale oder -schicht (wie z. B. in ⧉ **8**, **9**) sind sorgfältig zu planen und auszuführen. Die Stoß- oder Fugenausbildung selbst wird unter Einbeziehung geometrischer, mechanischer und dichtungstechnischer Aspekte im *Kapitel XI* vertiefend behandelt. Im *Kapitel VIII* wird der konstruktive Aufbau des zusammengesetzten Bauteils unter besonderer Berücksichtigung der Schichtung in der dritten Dimension, also der **Dicke**, näher betrachtet.

☞ **Band 3**, *Kap. XI Flächenstöße*

☞ *Kap. VIII Aufbau von Hüllen, S. 130 ff*

Die Art der Zusammensetzung einzelner Elemente zu einer kontinuierlichen Fläche ist zunächst abhängig von grundlegenden Entscheidungen hinsichtlich:

- der geometrischen Lage der Teile zueinander, also der **Verlegegeometrie**;
- der geometrischen Lage der **Teilekanten** zueinander, beispielsweise ob diese stumpf gestoßen werden oder überlappen;
- der **Oberflächengeometrie**, also der Frage, ob die Fläche eben oder gekrümmt ist, bzw. welche Art von Krümmung die Fläche aufweist;
- der **Art** der zusammenzulegenden Einzelbestandteile, welche sich aus der Materialbeschaffenheit oder aus dem Herstellungsverfahren ergeben kann.

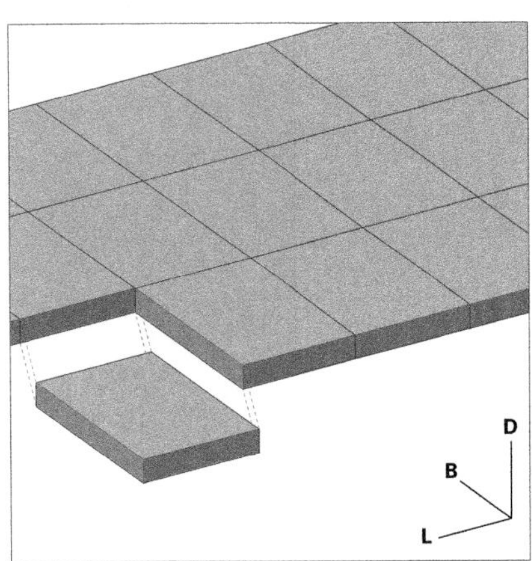

1 Zusammensetzen eines Hüllbauteils in der Bauteilfläche, definiert durch Länge **L** und Breite **B**.

Auch für die konstruktive Ausbildung der **Bauteilfuge** sind diese Festlegungen in weiterer Konsequenz von wesentlicher Bedeutung. Diese wird, wie oben erwähnt, im *Kapitel XI* behandelt.

1.1 Dimensionale Vorgaben der Ausgangselemente

■ Als Ausgangselemente dienen je nach eingesetztem Material im Rahmen unserer Betrachtung entweder **formbare**, zumeist aus verschiedenen Rohstoffen gemischte Werkstoffe, wie Beton, oder **halbfertige feste** Produkte, zumeist Industrieprodukte, wie Stahlprofile, Bauholz, etc. Es können

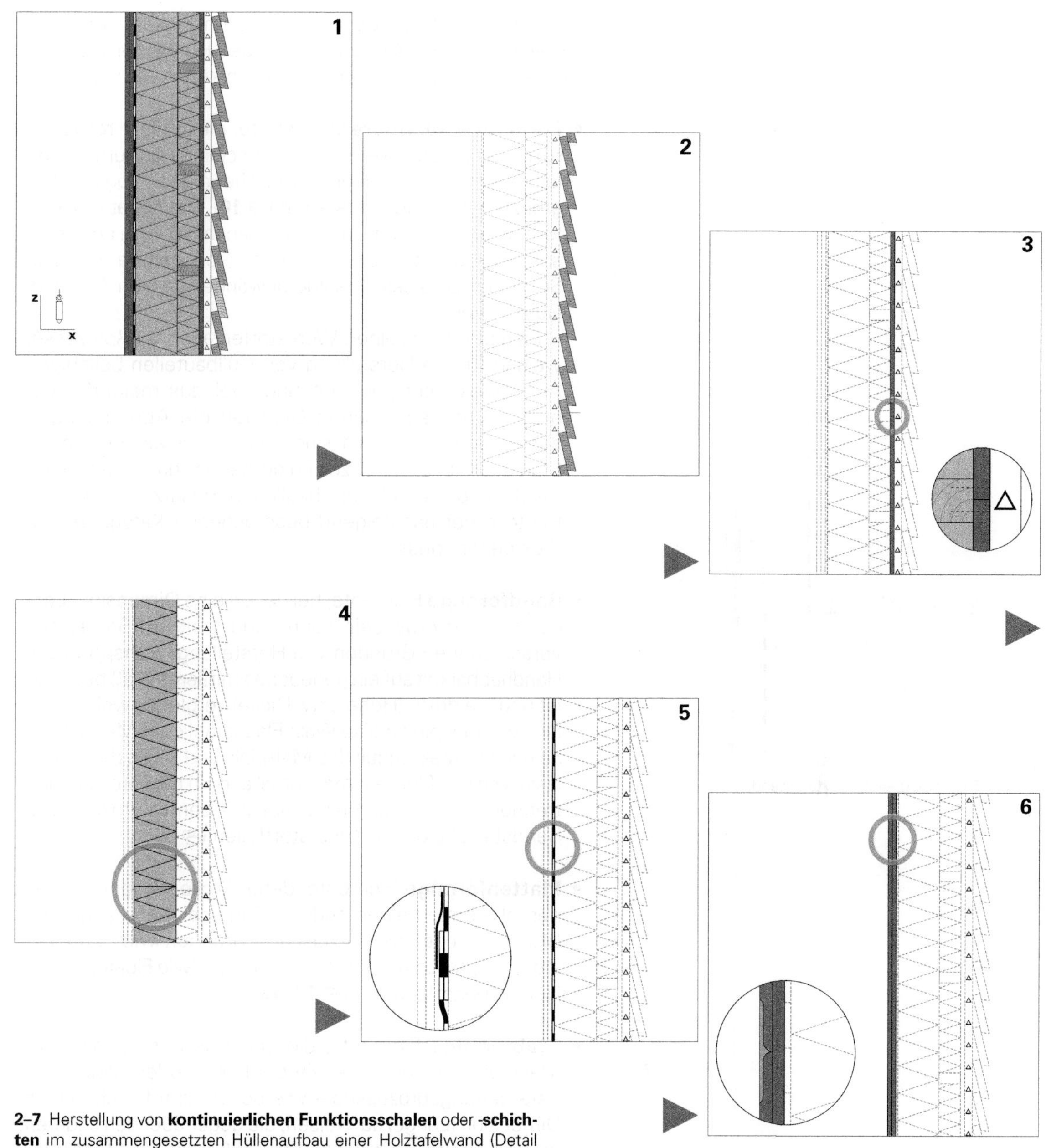

2–7 Herstellung von **kontinuierlichen Funktionsschalen** oder **-schichten** im zusammengesetzten Hüllenaufbau einer Holztafelwand (Detail **1**) durch Aneinanderlegen und Zusammenfügen einzelner Abschnitte. Es werden jeweils die folgenden baulichen Teilfunktionen betrachtet:

1 Konstruktion
2 Dichten gegen Feuchte (1. Stufe)
3 Dichten gegen Feuchte (2. Stufe) / Kraftleiten
4 Wärmedämmung
5 Sperren oder Bremsen von Dampf
6 innerer Raumabschluss / Kraftleiten

Jede Funktionsschicht ist mithilfe geeigneter Stöße zu einer funktionsfähigen kontinuierlichen Fläche zusammengefügt.

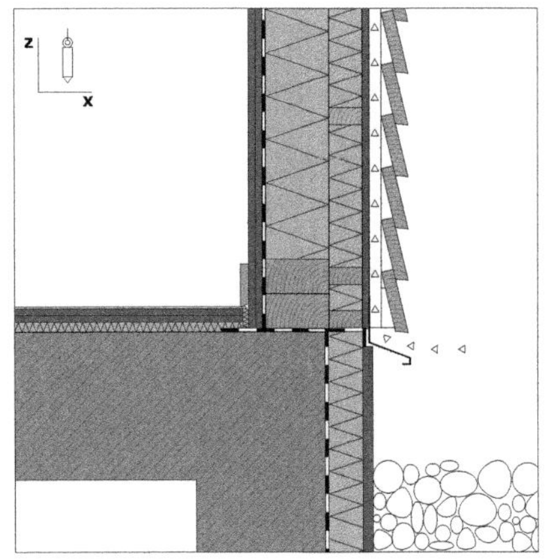

8 Fußpunkt einer Holztafelwand.

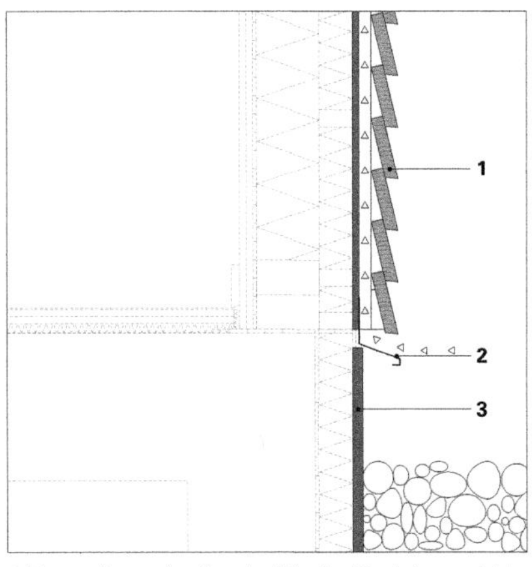

9 Herstellung der Kontinuität der Funktionsschicht *Wetterhaut* beim konstruktiven Übergang zwischen regulärer Außenwand und Gebäudesockel in folgenden Stufen:

1 Stulpschalung (Wetterhaut Außenwand 1. Stufe) Beplankung (Wetterhaut Außenwand 2. Stufe)
2 Tropfblech
3 Faserzementplatte im Sockelbereich

also alternativ folgende Elemente zum Einsatz kommen, wobei jeweils die Größenordnung des Hüllbauteils (Wand, Decke etc.) als Betrachtungsmaßstab angesetzt wird:

- **Form**- bzw. **gießbare** Werkstoffe, die in einer **Negativform** vergossen werden und anschließend zum festen flächenhaften Bauteil größeren, theoretisch sogar unbegrenzten Ausmaßes erstarren (**10**). Die negative Gießform wird in der Regel entfernt, manchmal auch belassen, sofern die Umstände es nahelegen (sogenannte verlorene Schalung). Beispiele: Stahlbetonwände, -decken, Estriche, Gussbeläge.
  Es gibt bei einzelnen Werkstoffen auch Gießprozesse, welche für die Herstellung von Hüllbauteilen beliebigen Ausmaßes nicht geeignet sind, weil aus material- oder herstellungstechnischen Gründen die Abmessungen der Gussteile begrenzt sind – wie beispielsweise beim Stahlguss. Dies kann zur Folge haben, dass trotz Gießherstellung man für den baulichen Einsatz dennoch auf Bauteile der nachfolgend besprochenen Kategorien zurückgreifen muss.

- **Bandförmige** Elemente, bei denen eine Dimension (Länge) beliebig groß sein kann, eine weitere (Breite) aus verschiedenen Gründen wie Herstellung, Transport oder Handhabbarkeit auf ein gegebenes mittleres Maß begrenzt ist und die dritte (Höhe bzw. Dicke) vergleichsweise klein ist – wie beispielsweise Walz-Flachstahl oder Massivholz. Je nach Charakteristik des Materials und Dicke des Bands lässt sich das Element manchmal auch in größeren Längen trennen und im Allgemeinen anschließend aufrollen – wie Bandstahl, Textilien, Kunststofffolien (**11**).

- **Plattenförmige** Elemente, deren Dicke wesentlich kleiner ist als die beiden anderen Dimensionen Länge und Breite, welche aus spezifischen Gründen wie dem Herstellungsprozess ebenfalls limitiert sind (wie Floatglas oder Holzwerkstoffplatten) (**12**, **13**).

- **Stabförmige** Elemente, die beispielsweise infolge der Materialcharakteristik – wie bei Holz – oder infolge des Verarbeitungsprozesses – wie bei Walzprofilstahl – eine Dimension (Länge) aufweisen, die gegenüber den anderen beiden (Breite, Höhe) deutlich größer ist (**14**, **15**). Im Einzelfall kann die Länge beliebig groß sein, sofern das Element in einem Endlosprozess hergestellt wird. Einzelteile werden dann in Bedarfsmaßen, beispielsweise durch Trennen, abgelängt.

- **Bausteinförmige** Elemente, bei denen die drei Dimensionen vergleichbare Größenordnungen aufweisen (**16**), welche dann naturgemäß durch die kleinere Dimension des zu erstellenden Hüllbauteils, also durch seine **Dicke**,

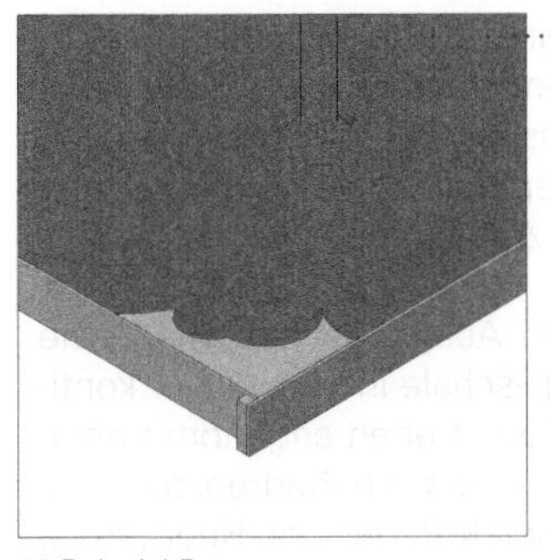

10 Beispiel Beton

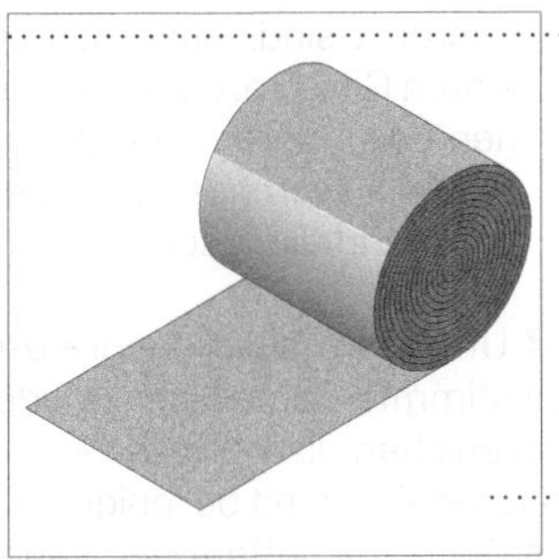

11 Beispiel Textilbahn

gegossene Ausgangselemente

bandförmige Ausgangselemente

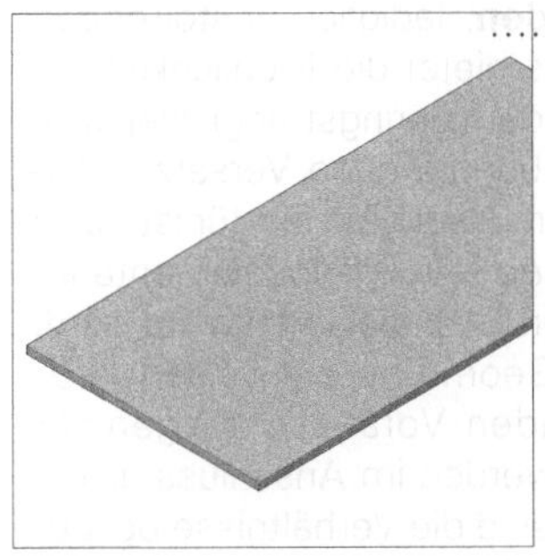

12 Beispiel Holzwerkstoffplatte

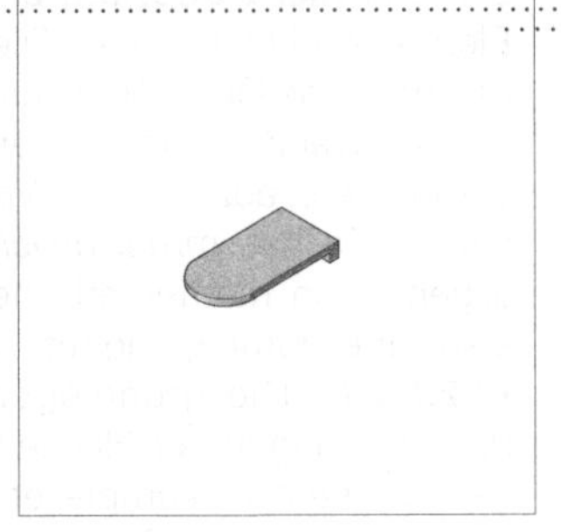

13 Beispiel Dachziegel

plattenförmige Ausgangselemente

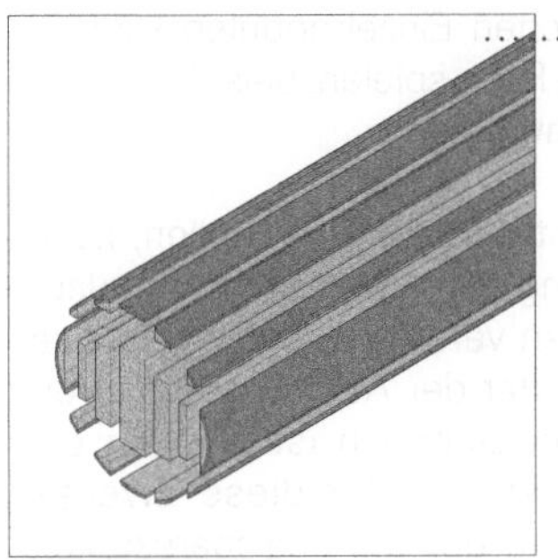

14 Beispiel Schnittholz

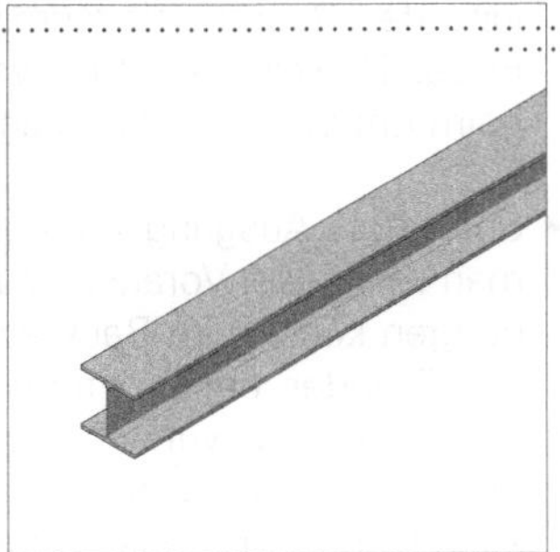

15 Beispiel Stahlprofil

stabförmige Ausgangselemente

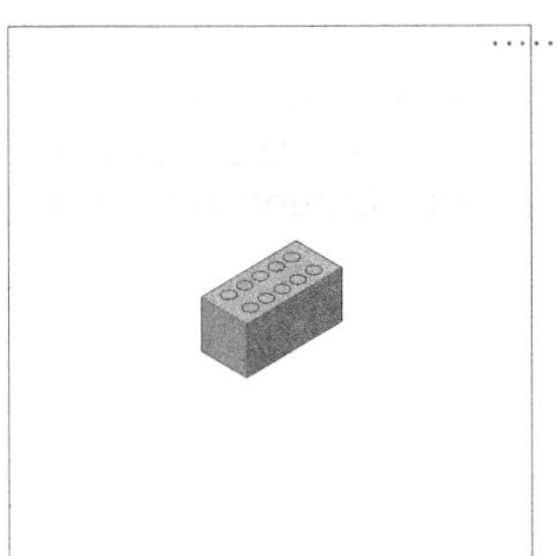

16 Beispiel Ziegelstein

bausteinförmige Ausgangselemente

begrenzt sind. Auch Bausteine können ihrerseits ggf. in einem Gießprozess entstehen. Verschiedene Gründe können dazu führen, die Abmessungen des Bausteins noch stärker zu verringern, wie beispielsweise Einschränkungen des Herstellungsprozesses, z. B. beim Ziegel.

1.2

Geometrische Prinzipien der Ausbildung von Flächen aus Einzelelementen

17 Überlappende Verlegung von Einzelelementen zur Dichtung gegen Wasser. Trotz Überlappungsmaß weisen die Elemente (grob) parkettierbare Form auf.

☞ *Abschn. 2. Formdefinition kontinuierlicher gekrümmter Schichtflächen, S. 40*

☞ *Kap. X-3, Abschn. 3.5 Raumfachwerke, S. 634 ff*

☞ ***Band 3**, Kap. XI Flächenstöße*

■ Um aus maßlich begrenzten Ausgangselementen eine bestimmte Bauteilschicht oder -schale in Form einer kontinuierlichen, lückenlosen – zunächst eben angenommenen – Oberfläche mit beliebigen, theoretisch unbegrenzten Ausmaßen zu schaffen, sind folgende Kriterien von Bedeutung:

- Im Regelfall ist es zweckmäßig, eine einlagige Oberfläche aus **nicht überlappenden**, lediglich anstoßenden Elementen herzustellen. Dies bietet die Möglichkeit, eine gegebene Oberfläche mit dem geringstmöglichen Materialaufwand sowie flächenbündig ohne Versätze, Vorsprünge etc. abzudecken. Voraussetzung hierfür ist, dass die – zunächst *immer gleichen* – Ausgangselemente im allgemeinen mathematischen Sinn **parkettierbar** sind, also eine dafür geeignete Geometrie aufweisen (z. B. ⊡ **22–27**). Die grundlegenden Voraussetzungen für Parkettierung in der Fläche werden im Anschluss diskutiert. Wesentlich komplexer sind die Verhältnisse bei der lückenlosen Schließung gekrümmter oder nichtebener facettierter Oberflächen. Wesentliche Aspekte hierzu werden weiter unten behandelt; auch die lückenlose Füllung des Raums mit räumlichen Einzelmodulen kann in Einzelfällen eine konstruktive Rolle spielen: beispielsweise beim Entwurf von Raumfachwerken.

- Sofern die Ausgangselemente **überlappen** sollen, kann man von dieser Voraussetzung auch abweichen. Überlappungen können im Bauwesen vereinzelt, beispielsweise aus Gründen der Dichtung oder der Aufnahme von Verformungen, erwünscht sein. Dennoch ist zumeist ein nur begrenztes Überlappungsmaß für diese Zwecke ausreichend und aus Gründen der Materialsparsamkeit wünschenswert, sodass für eine kontinuierliche Flächenbildung dennoch gewisse Grundgeometrien der Ausgangselemente vorgegeben sind (⊡ **17**).

In der baulichen Umsetzung lassen sich die Kanten der Ausgangselemente sowohl als Stoßfugen flächiger Bauteile (⊡ **18**) wie auch als Stäbe eines Gitterwerks (⊡ **19**) verstehen.

Parkettierung der Fläche

■ Eine Parkettierung oder **Kachelung** einer Fläche (englisch *tesselation* bzw. *tiling*) ist wie folgt definiert: [1]

> in der Mathematik die überlappungsfreie, vollständige Überdeckung der Ebene mit zueinander kongruenten regelmäßigen Polygonen.

Gewisse Formen des Grundelements sind von vornherein ausgeschlossen; so beispielsweise der Kreis (☞ **20**). Elementare Varianten der Flächenfüllung lassen sich durch Polygone realisieren (☞ **22**–**43**). Die engere Definition des Begriffs Parkettierung setzt ein einziges regelmäßiges Polygon als Grundmodul voraus. Da die Eckenwinkel, an denen die Polygone zusammenstoßen, in der Summe 360° ergeben müssen und bei dieser engeren Definition alle Eckenwinkel gleich sein müssen, gibt es nur drei **regelmäßige Parkettierungen** der Fläche:

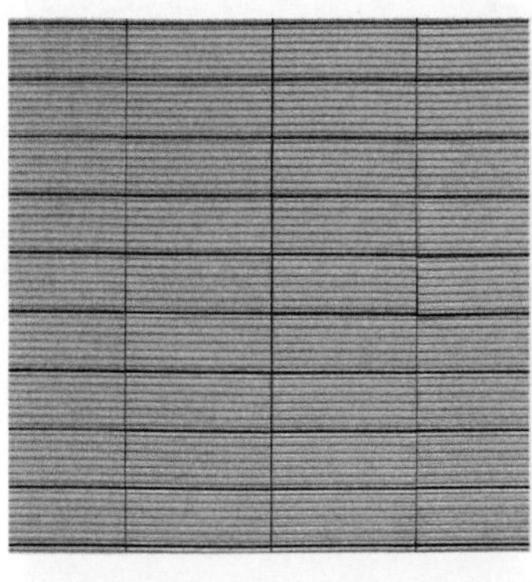

18 Plattenbekleidung: Das geometrische Parkettierungsprinzip gibt die Lagen der Fugen vor.

19 Flächenfüllendes Gitterwerk auf der Grundlage eines modularen Parkettierungsprinzips (hier Vierecksmaschen), das in diesem Fall (auch) die Lagen von Stäben regelt.

20 Ein Ausgangselement mit kreisförmiger Geometrie ist für Parkettierung nicht geeignet.

21 Knopfkeramik: Bei dieser Technik werden runde Mosaiksteine verlegt und die Zwischenräume mit Mörtel ausgefüllt. Der Fugenanteil ist flächenmäßig groß, was die Dichtheit gegen Wasser einschränkt. Da es keine formschlüssige Verklammerung der Einzelelemente gibt, lassen sich die Mosaikverbände jedoch gut an doppelt gekrümmte Formen anpassen.

22 Parkettierung durch **gleichseitige Dreiecke**. Es handelt sich um eine der drei Parkettierungen mit regelmäßigen kongruenten Vielecken. Die sechs anstoßenden Winkel von 60° ergeben in der Summe 360°. Das Grundmodul wird um 180° gedreht, um die komplementäre Position zu erhalten.

23 Parkettierung durch beliebige Dreiecke. Ein Dreiecksmodul wird durch 180°-Drehung in die komplementäre Position überführt. Auch in diesem Fall ist für eine komplette Parkettierung folglich ein einziges Element ausreichend.

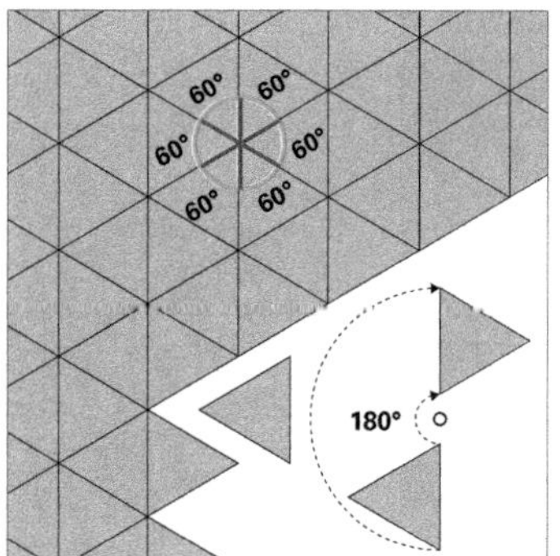

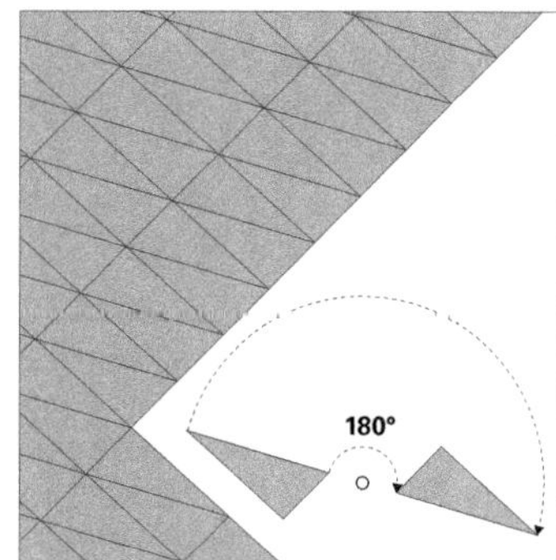

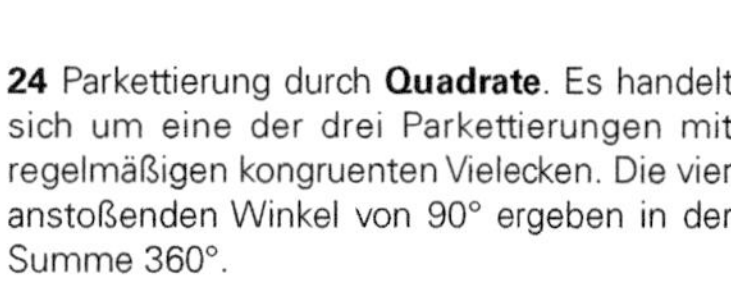
24 Parkettierung durch **Quadrate**. Es handelt sich um eine der drei Parkettierungen mit regelmäßigen kongruenten Vielecken. Die vier anstoßenden Winkel von 90° ergeben in der Summe 360°.

25 Bodenbelag mit quadratischen Steinplatten.

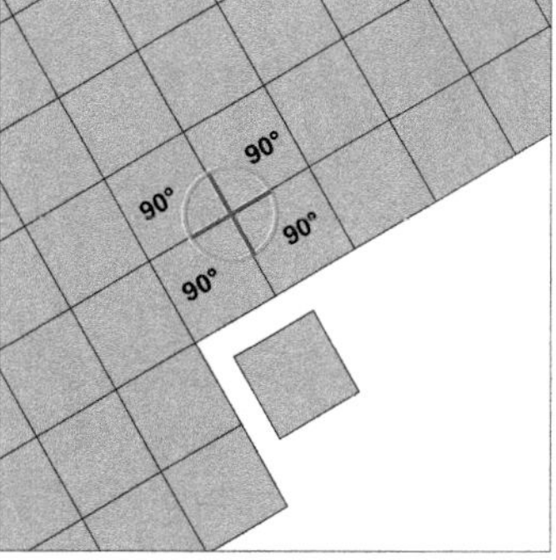

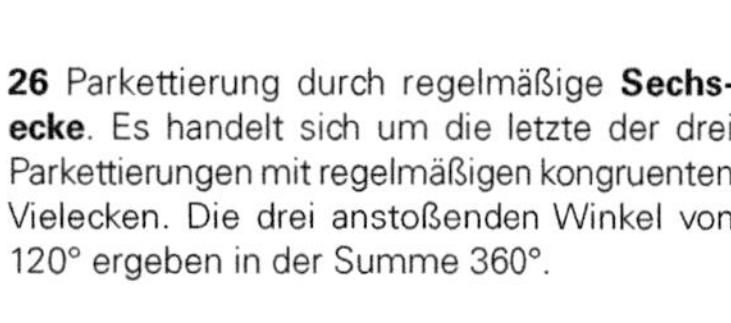
26 Parkettierung durch regelmäßige **Sechsecke**. Es handelt sich um die letzte der drei Parkettierungen mit regelmäßigen kongruenten Vielecken. Die drei anstoßenden Winkel von 120° ergeben in der Summe 360°.

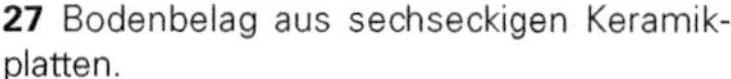
27 Bodenbelag aus sechseckigen Keramikplatten.

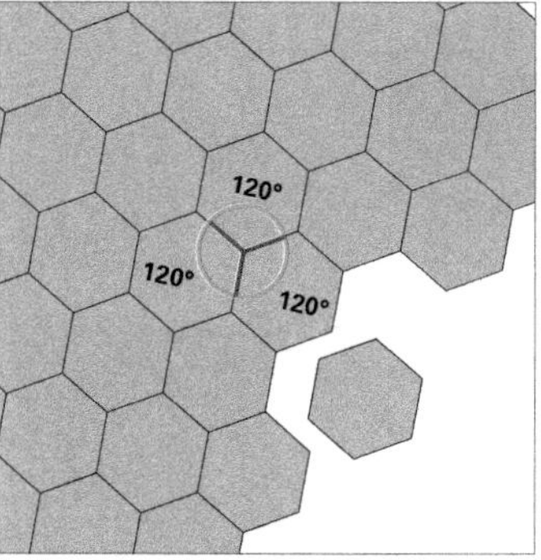

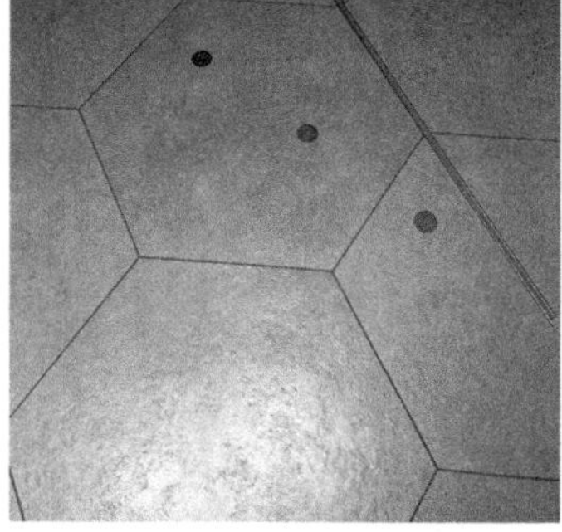

- Mit **gleichseitigen Dreiecken** (⧉ **22**): 6 anstoßende Eckwinkel von jeweils 60° ergeben 360°. Diese Variante kommt bei Belägen und Bekleidungen im Bauwesen verhältnismäßig selten vor. Der Fugenanteil an der Fläche ist relativ groß; die Einzelelemente haben spitze Ecken, die bruchempfindlich sind.

- Mit **Quadraten** (⧉ **24, 25**): 4 anstoßende Eckwinkel von jeweils 90° ergeben 360°. Diese Variante hat für das Bauwesen die größte Bedeutung, insbesondere in ihrer Abwandlung mit Rechtecken.

- Mit **regelmäßigen Sechsecken** (⊡ **26, 27**): 3 anstoßende Eckwinkel von jeweils 120° ergeben 360°. Diese Variante hat eine besondere Bedeutung, da bei ihr das Verhältnis zwischen Umfang und Flächeninhalt am kleinsten ist, d. h. bei ihr wird die größte Fläche mit dem kleinsten Umfang, bzw. in diesem Fall Fugenlänge, eingeschlossen. Analog lässt sich bei Gitterwerken die Fläche (bei gegebener Maschengröße) mit der kleinsten Gesamtstablänge rastern. Bei Gittern hat sie ferner den Vorteil, dass nur drei Stäbe an einem Knoten aufeinandertreffen. Hingegen wirkt sich in statischer Hinsicht die fehlende geometrische Steifigkeit des Sechsecks nachteilig aus. In der Natur kommt diese Variante häufig vor, beispielsweise bei Schäumen, Bienenwaben oder Zellgeweben.[5]

Allgemeinere Definitionen der Parkettierung aus einem **einzelnen Grundelement** umfassen folgende Varianten:

- Beliebige **unregelmäßige Dreiecke** (⊡ **23**). Jedes beliebige Dreieck erlaubt, zusammen mit der komplementären Position durch Drehung um 180°, die Fläche lückenlos zu füllen.

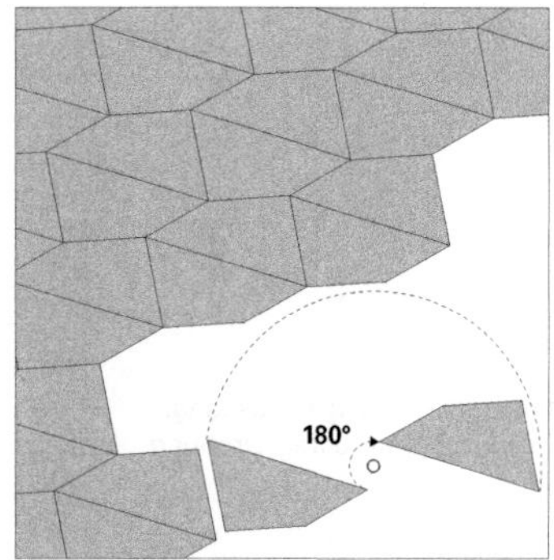

28 Parkettierung durch beliebige **unregelmäßige Vierecke**. Das Grundmodul muss um 180° gedreht werden, um die komplementäre Position zu erhalten. Für die Parkettierung ist folglich ein einziges Grundmodul ausreichend.

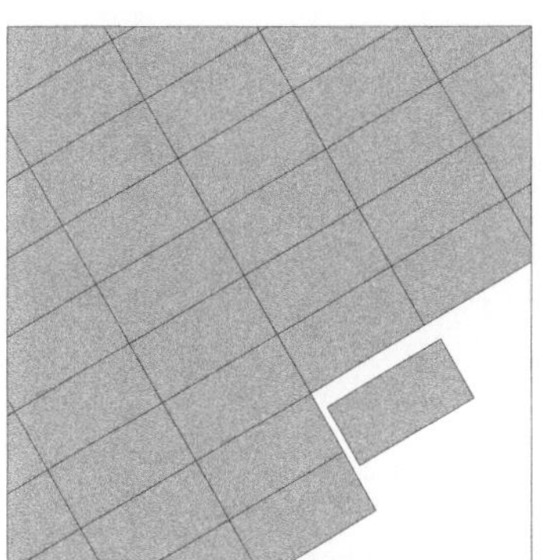

29 Parkettierung rechteckiger Ausgangselemente durch seitliches Aneinanderlegen.

30 Fassadenbekleidung mit rechteckigen Platten im Kreuzfugenraster.

31 Parkettierung rechteckiger Ausgangselemente durch seitliches Aneinanderlegen und reihenweises Versetzen um die halbe Elementlänge.

32 Ziegelsteinverband.

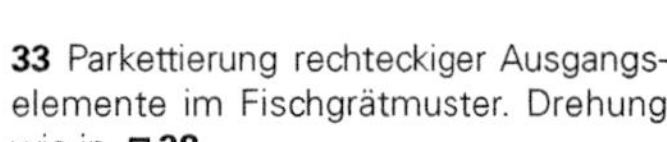

33 Parkettierung rechteckiger Ausgangselemente im Fischgrätmuster. Drehung wie in ⊡ **38**.

34 Fischgrätparkett.

35 Parkettierung rechteckiger Ausgangselemente durch seitliches Aneinanderlegen und reihenweises Versetzen um ein Differenzmaß

36 Fasadenbekleidung mit gegeneinander leicht versetzten Rechteckplatten aus Faserzement.

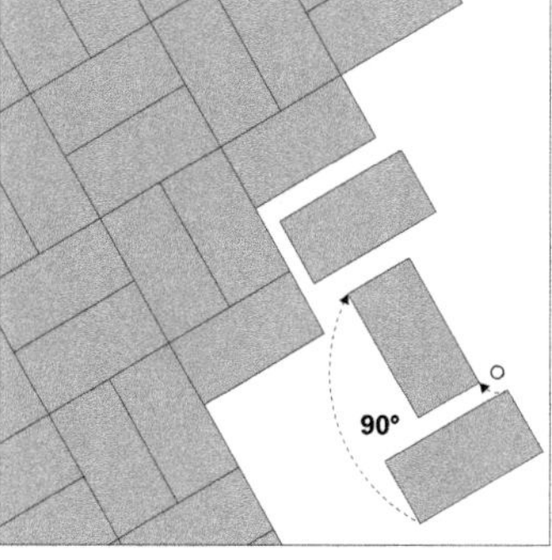

37 Parkettierung rechteckiger Ausgangselemente mit Seitenverhältnis 1:2 durch paarweises Aneinanderlegen und Drehen um 90°.

38 Im Schachbrettmuster verlegtes Parkett.

- Beliebige **unregelmäßige Vierecke** (⊡ **28**). Jedes beliebige Viereck erlaubt, zusammen mit der komplementären Position durch Drehung um 180°, die Fläche lückenlos zu füllen. Der Spezialfall aus Rechtecken mit diversen Seitenverhältnissen (⊡ **29–38**) hat für das Bauwesen eine besonders große Bedeutung.

- 15 Varianten aus **unregelmäßigen Fünfecken** (⊡ **39**).[2] Regelmäßige Fünfecke sind nicht parkettierbar, da ihre Eckwinkel (108°) in der Multiplikation niemals 360° ergeben können. Ggf. muss das Grundelement gespiegelt werden, sodass zwecks Flächenfüllung in der praktischen

Anwendung nicht ein, sondern zwei modulare Grundelemente nötig sind (⧉ **39**).

- 3 Varianten aus **unregelmäßigen Sechsecken**.[3] Für eine Flächenfüllung aus einem einzelnen Grundelement müssen bestimmte Kantenlängen und Eckwinkel eingehalten werden.

Des Weiteren unterscheidet man **halbregelmäßige Parkettierungen**, d. h. solche, bei denen die Fläche mit Kombinationen von zwei oder mehr jeweils kongruenten Grundelementen lückenlos gefüllt wird (⧉ **40–43**).[4] Zusätzlich gilt, dass an jeder Ecke die gleiche Anzahl regelmäßiger Polygone in der gleichen Sequenz zusammentreffen müssen.

Es gibt darüber hinaus zahlreiche **unregelmäßige Parkettierungen** (⧉ **46–49**) mit zum Teil großer Bedeutung für das Bauwesen. Diese können aus verschiedenen Kombinationen unterschiedlicher modularer Grundelemente, zumeist Polygone, regelmäßiger oder nichtregelmäßiger Art, bestehen. Diese Arten von Parkettierung haben oftmals ornamentalen Charakter und sind insbesondere für die arabische Architektur kennzeichnend (⧉ **41**, **44**).

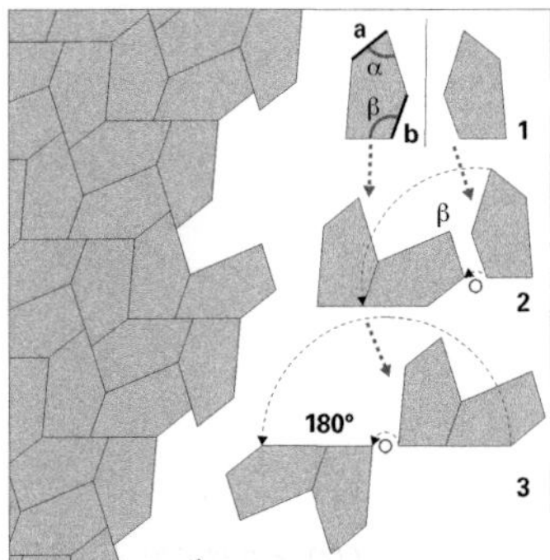

39 Parkettierung durch **unregelmäßige Fünfecke**. Hier ist exemplarisch eine der 15 bekannten Möglichkeiten dargestellt. Voraussetzung ist, dass **a** = **b** und die Summe von α und β = 180° ist. Durch Spiegelung (**1**) und zweifache Drehung (**2**, **3**) entstehen die Grundmodule, welche die Fläche parkettieren. Es sind zwei gespiegelte Grundmodule erforderlich.

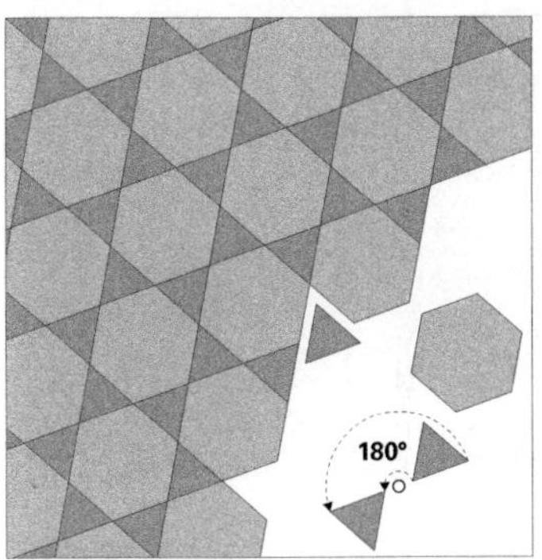

40 Halbregelmäßige Parkettierung durch regelmäßiges Sechseck und gleichseitiges Dreieck. Das Dreieck wird um 180° gedreht, um die komplementäre Position zu erhalten. Zwei unterschiedliche Grundmodule sind erforderlich.

41 Variation der Parkettierung in ⧉ **40** aus Sechsecken und sechszackigen Sternen. Letztere entstehen aus dem Zusammenfassen eines Sechsecks mit sechs umgebenden gleichseitigen Dreiecken.

42 Halbregelmäßige Parkettierung durch regelmäßiges Sechseck und Quadrat. Zwei unterschiedliche Grundmodule sind erforderlich.

43 Hölzerne Zierdecke mit flächenfüllendem Muster gemäß ⧉ **42**.

Auch nichtpolygonale Parkettierungen sind realisierbar, sofern gewisse Vorgaben eingehalten werden (🗗 **48, 49**). Gute Beispiele für diese Variante sind die Figuren von M. C. Escher (🗗 **45**).

Mit Einschränkungen lassen sich die vorgestellten Parkettierungsmuster auch auf nichtebene Oberflächen übertragen (🗗 **50, 51, 53**), wobei jedoch die Vorgabe, stets nur gleiche und darüber hinaus geometrisch regelmäßige Elemente zu verwenden, zumeist aufgegeben werden muss. Flächenfüllungen aus **unregelmäßigen Vierecksmaschen** spielen bei der Definition von gekrümmten Freiformflächen, sowohl als Steuerpolyeder wie auch als Netze, eine große Rolle. Unregelmäßige **Triangulierungen**, d. h. teilmodulare oder völlig nichtmodulare Parkettierungen aus unregelmäßigen Dreiecken, haben insbesondere als sogenannte **Netze** für gekrümmte Freiformflächen eine große Bedeutung, da sich aus ihnen jede beliebige Oberfläche mittels planarer Elemente facettieren lässt. Ferner sind Triangulierungen stets schubsteif, was für Gitterwerke aus statischen Gründen ein bedeutsamer Gesichtspunkt ist. Weiterführende Überlegungen hierzu werden weiter unten angestellt.

☞ *Abschn. 2.5 Netze, S. 72 ff*

☞ *Abschn. 2.5 Netze, S. 72 ff*

44 Ornamentale Flächenparkettierung in der arabischen Architektur. Die Muster basieren auf einfachen modularen, repetitiven geometrischen Strukturen, variieren aber die ausfüllenden Elemente, um Komplexität zu generieren.

45 Flächenfüllung auf einer Fassade mit nichtpolygonalen Motiven von M. C. Escher.

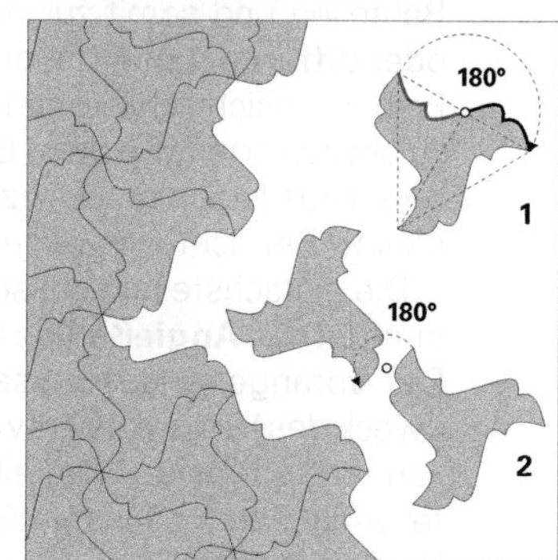

46 Parkettierung mit zwei nichtregelmäßigen Grundmoduln.

47 Parkettierung der Türfläche mit nichtregelmäßigen, aber polygonalen Grundmoduln nach einem repetitiven Muster, wie sie typisch für die arabische Architektur ist.

48 Parkettierung mit nichtregelmäßigem Grundmodul. In diesem Fall basiert dessen Geometrie auf einem gleichseitigen Dreieck. Die Kantenlinien sind gekrümmt, sind aber kongruent untereinander und werden durch Drehung um 120° erzeugt. Das so entstehende Grundmodul wird dann um 180° gedreht, um die komplementäre Position zu erhalten. Ein einzelnes Grundmodul ist folglich ausreichend.

49 Parkettierung mit nichtregelmäßigem Grundmodul, auf gleichseitigem Dreieck basierend. Die halbe gekrümmte Kantenlinie wird um den Mittelpunkt der Dreiecksseite um 180° gedreht; die ganze Kantenlinie dann zweimal um 120° gedreht (**1**). Das so entstehende Grundmodul wird dann um 180° gedreht, um die komplementäre Position zu erhalten (**2**). Ein einzelnes Grundmodul ist folglich ausreichend.

50 Gekrümmte Oberfläche (Schraubfläche). Die grundlegenden Regeln der Flächenfüllung gelten (mit Abwandlungen) auch bei dieser nichtebenen Oberfläche. Hier ist beispielsweise das Prinzip gemäß → **19** realisiert.

51 Polyedrische Oberfläche aus einzelnen ebenen Teilflächen (Vielflächner). Auch hier gelten grundlegende Prinzipien der Parkettierung (hier beispielsweise das Prinzip gemäß → **18**).

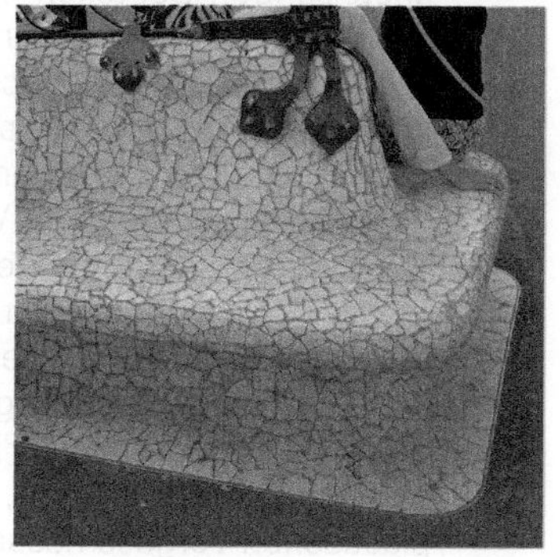

52 Flächenfüllender Bodenbelag aus unregelmäßigen, praktisch unbearbeiteten Steinplatten ohne geradlinige Kanten. Hier liegt zwar eine Flächenfüllung, aber weder ganz noch halbregelmäßige Parkettierung vor. Es erfolgt eine ungefähre Passung der vorgefundenen Formate. Die ebenfalls unregelmäßigen Fugen werden mit Gussmaterial (Mörtel) ausgefüllt.

53 Flächenfüllender Belag aus Fliesenbruchstücken (*Trencadís*). Das Prinzip ist vergleichbar mit dem in → **21**.

1.3 Flächenbildung durch Zusammenlegen von Einzelelementen

3.1 Gegossene Ausgangselemente

☞ *Kap. X-5, Abschn. 5.6 Arbeitsfugen, S. 716*

☞ ***Band 1**, Kap. V-3, Abschn. 4.4 Stahlguss, S. 443*

■ Gussbauweisen bieten dank ihres Herstellungsprinzips zumindest theoretisch die Möglichkeit, fugenlose Flächen in unbegrenzten Dimensionen herzustellen. Modular-geometrische Fragen der Flächenaufteilung oder Fragen der konstruktiven Ausbildung von Fugen zwischen den Ausgangselementen erübrigen sich aus diesem Grund weitgehend. Es liegt dann das **integrale Bauprinzip** vor.

Dennoch stoßen die meisten Gusstechniken in der Praxis an Grenzen, die dazu zwingen, den Vergussprozess einer größeren Fläche in einzelne Abschnitte oder Etappen zu unterteilen bzw. von vornherein die Dimensionen des zu gießenden Bauteils planmäßig zu begrenzen. Dies führt wiederum zur Fugenbildung zwischen einzelnen festen Bauteilen und somit zur Anwendung des **integrierenden** oder **differenzialen** Bauprinzips. Es sind dann die gleichen Fragen hinsichtlich Elementverlegung und Fugenausbildung zu beantworten wie beim Einsatz von Nicht-Gusstechniken. Allerdings liegen gussspezifische Verhältnisse vor, die eine nähere Betrachtung verdienen:

Die einfachste und gussgerechteste Art der Fugenausbildung ist das **Angießen** des nachfolgenden Gussabschnitts. Der vorangehende Gussabschnitt wird seinerseits zum Zweck des Vergusses entweder abgeschalt (**54**, **55**), oder kann bei stehender Bauteillage und horizontalem Stoßkantenverlauf zum nächsten Gussabschnitt hin frei aushärten. Beim Angießen des nächsten Abschnitts (**56**) erfolgt ein sattes Anschmiegen des plastischen Materials an die bereits ausgehärtete Kantenfläche, sodass nach Abbinden des zweiten Abschnitts zumeist eine Kapillar- oder Haarfuge zwischen beiden Abschnitten, oder ein quasi-Stoffkontinuum entsteht (**57**). Druckkräfte lassen sich über direkten Kontakt übertragen, Zug- und Schubkräfte ggf. durch eingebettete Bewehrung oder – entsprechende Festigkeit des Gusswerkstoffs vorausgesetzt – durch zahn- bzw. schwalbenschwanzförmige Kantenausbildung.

Sollen feste, bereits vorab vergossene Einzelbauteile gefügt werden, stehen zunächst die Fügetechniken des Differenzial-Bauprinzips zur Auswahl – also beispielsweise Bolzenverbindungen. Alternativ kann auch die gleiche Gusstechnik zum Einsatz kommen, indem zwischen den anstoßenden Bauteilen eine **Vergussfuge** oder -**tasche** ausgebildet wird, also ein nach oben hin offener, zu den anderen Seiten hin geschlossener Fugenraum, welcher nach Verlegung der Teile ausgegossen wird (**60**, **61**). Der Fugenraum und die Fugenflanken sind derart zu gestalten, dass ein gleichmäßiges Verteilen der Vergussmasse gewährleistet ist. Stehende Fugenräume sind naturgemäß wesentlich schwieriger zu verfüllen als in ihrer Länge offene liegende Fugenräume (wie im Beispiel in **60** und **61**). In der Regel wählt man einen Fugenraumquerschnitt mit möglichst stumpfen Winkeln (> 90°) um das Verteilen des Füllstoffs zu erleichtern. Ferner ist, abhängig von der Viskosität der plastischen Vergussmasse, eine Mindestgröße des Fugen-

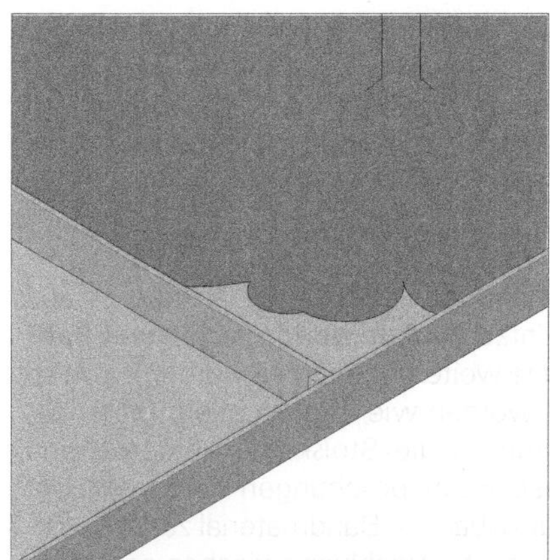

54 Vergießen des ersten Abschnitts.

55 Entfernen der Abschalung nach Aushärten.

56 Vergießen des zweiten Abschnitts.

57 Kontaktfuge zwischen den beiden Vergussabschnitten.

58 Anschlussbewehrung in Vorbereitung des Angießens eines weiteren Betonierabschnitts (Treppenlauf und Treppenpodest).

59 Arbeitsfuge beim Betonieren: Links ist die unregelmäßige Vergussfuge zum direkt angegossenen zweiten (oberen) Betonierabschnitt erkennbar; rechts wurde zwecks sauberer Erscheinung auf Fugenhöhe eine Dreiecksleiste in die Schalung eingelegt.

raums einzuhalten. Zum Verbund zwischen den Teilen gilt das oben zum Angießen Gesagte.

Überlappungen an den Teilekanten, wie sie beim Differenzial-Bauprinzip gelegentlich für die Fügung anstoßender Teile eingesetzt werden, bieten bei einer vergossenen Fügung keine Vorteile.

3.2

Bandförmige Ausgangselemente

Stoßausbildung

✏ *Dies ist beispielsweise bei Dämmplatten im Wärmedämmschichten der Fall.*

■ Größere zusammenhängende Schichten lassen sich aus Bandmaterial durch einfaches **Aneinanderlegen von Bahnen** bilden, sofern keine weitergehenden Anforderungen an die Stoßfuge gestellt werden wie Zugfestigkeit, Dichtheit, etc. (🗗 **62**). Ansonsten ist die Stoßkante entsprechend auszubilden, um diese Beanspruchungen aufzunehmen. Da – insbesondere aufrollbares – Bandmaterial zumeist vergleichsweise dünn ist, ein Kraftschluss zwischen schmalen stumpf aneinanderstoßenden Teilekanten folglich schwer herzustellen ist, empfiehlt sich in solchen Fällen eher ein **überlappender Stoß** (🗗 **63–65**). Die anstoßenden Bahnen verbleiben in einer Ebene; einzig der überlappende Streifen – zumeist einer der beiden Bahnen zugehörig – legt sich durch Verkröpfung auf die Nachbarbahn. Das Überlappungsmaß bestimmt die zu Verbindungs- oder Abdichtungszwecken verwendbare Fläche, welche in jedem Fall größer ist als beim einfachen stumpfen Anstoßen. Der Nachteil der an den Überlappungen entstehenden Verdickung der Schicht ist, wegen der ohnehin geringen Schichtdicke, zumeist vernachlässigbar.

Ähnliche Verhältnisse herrschen beim **Abdecken** der Fuge durch Streifen des gleichen oder eines verwandten Materials (🗗 **66–68**). Verbreitert man gedanklich den Abdeckstreifen bis zu Bahnbreite, entsteht die Lösung mit gegeneinander versetzten, mehrlagig verlegten Bahnen (🗗 **69, 70**). Die jeweils darüberliegende Bahn sorgt für die geeignete Verbindung und ggf. Abdichtung der darunterliegenden Fuge,

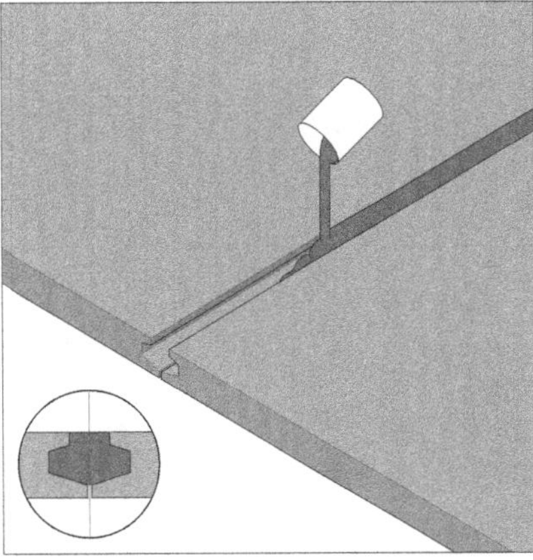

60 Vergussfuge zwischen anstoßenden Elementen. Der Fugenquerschnitt erlaubt bei schubfestem Füllstoff, Querkräfte senkrecht zur Bauteilfläche zu übertragen.

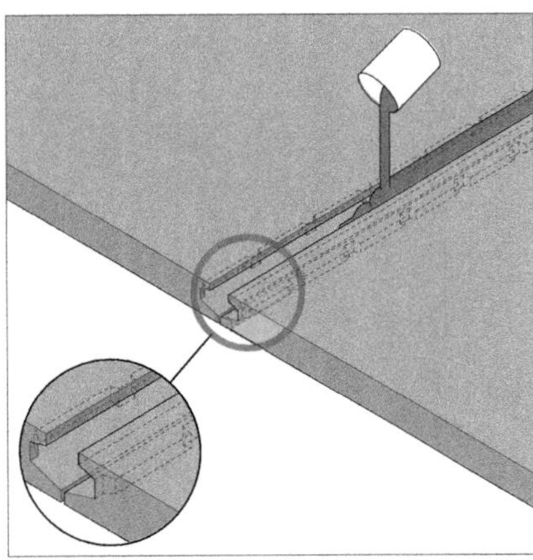

61 Wie 🗗 **60**; zusätzlich mit Schubverzahnung durch Taschenbildung in den Flanken der Vergussfuge (wirksam in Fugenlängsrichtung).

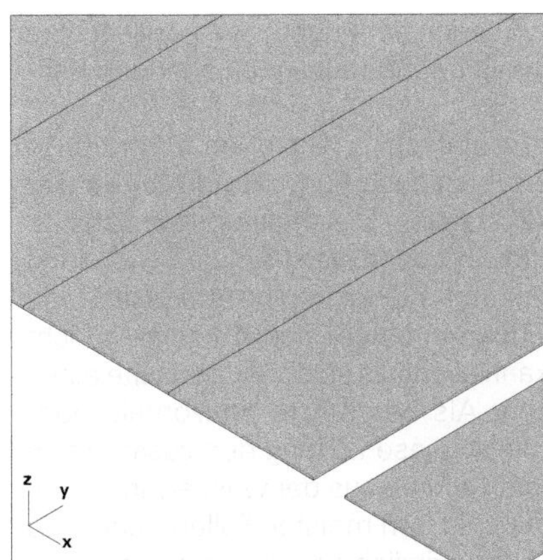

62 Anstoßende Bahnen.

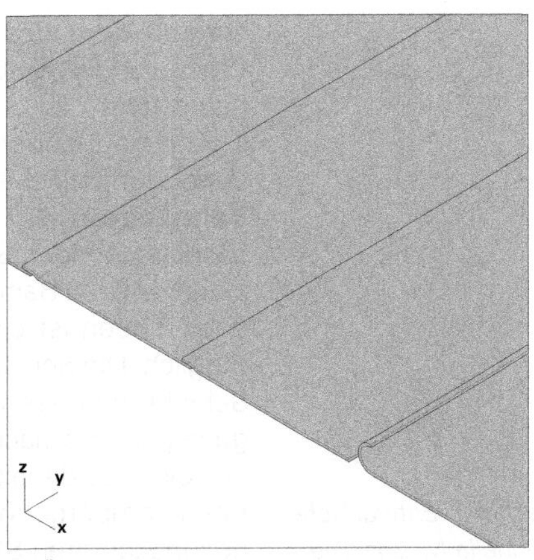

63 Überlappende Bahnen.

64 Überlappend verschweißte Membranbahnen, wie in 63.

65 Überlappendes Verschweißen von Dachabdichtungsbahnen, wie in 63.

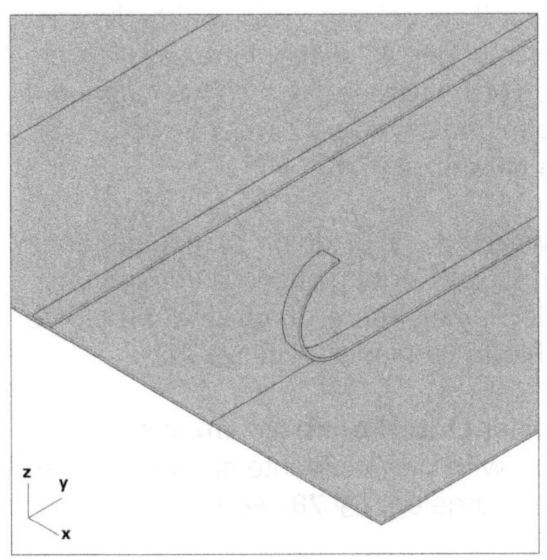

66 Anstoßende Bahnen mit Abdeckstreifen.

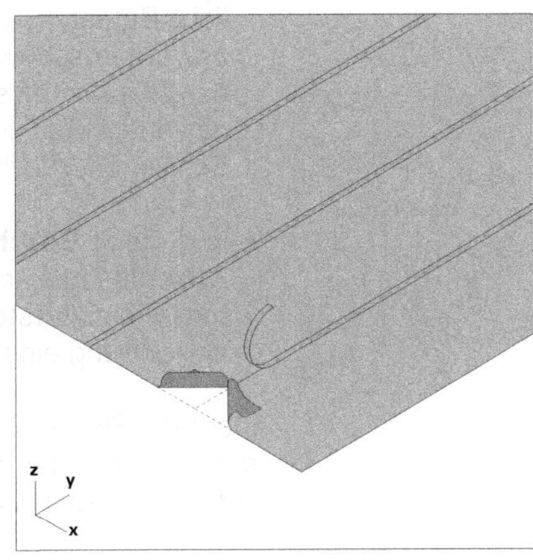

67 Anstoßende Bahnen mit Abdeckstreifen. Beispiel Textilbahnen mit vernähter Borte.

sofern – zumindest im Bereich der Fugen – eine vollflächige Verbindung (z. B. Klebung) der übereinanderliegenden Bahnen erfolgt.

Eine gegenüber dem einfachen Anstoßen vergrößerte Verbindungsfläche lässt sich auch durch **Hochbiegen der Bahnkanten** (🗗 **71**, **72**) erzielen. Die senkrecht zur Schichtfläche stehenden Streifen erlauben eine flächige Verbindung zwischen den Bahnen. Aufgrund der hervortretenden Stege oder Rippen ist ein Einbau in einem Schichtenpaket nicht möglich. Die Schicht kann allenfalls an der Außenseite eines Schichtenpakets liegen. Als bewitterte horizontale oder geneigte Oberfläche bietet diese Lösung den zusätzlichen Vorteil, dass die exponierte Fuge aus der wasserführenden Ebene emporgehoben ist. In den meisten Fällen tragen die hochgekanteten Streifen zusätzlich dazu bei, die ansonsten dünne und zumeist biegeweiche Bahn zu versteifen. Alternativ lässt sich der hochgebogene Verbindungsstreifen bei biegeweichem Material auch zur Seite biegen (🗗 **73**), wobei dann Verhältnisse ähnlich wie bei der einfachen Überlappung herrschen.

☞ ***Band 3***, *Kap. XI, Abschn. 3. Entwurflich-konzeptionelle Maßnahmen*

Verlegegeometrie

■ Die Verlegegeometrie der Bahnen spielt wegen der vergleichsweise großen Bahnlänge und der Tatsache, dass die zumeist biegeweichen Bahnen auf vollflächigen Tragbauteilen – nicht auf rasterförmigen Unterkonstruktionen – verlegt werden, nicht die gleiche Rolle wie bei platten- oder stabförmigen Ausgangselementen. Es herrschen ansonsten im Wesentlichen die gleichen Verhältnisse wie bei jenen.

3.3 Plattenförmige Ausgangselemente

Stoßausbildung

■ Durch einfaches **Aneinanderlegen** von Platten mit stumpfen Kantenstößen lässt sich zwar eine kontinuierliche Fläche herstellen (🗗 **74**, **75**), diese Lösung ist jedoch nur dann anwendbar, wenn:

- die Platten **vollflächig** auf einer tragenden Platte aufliegen. Auf einer linearen Unterkonstruktion ist ohne zusätzliche Befestigung damit zu rechnen, dass punktuelle oder asymmetrische Belastungen auf einer Platte dazu führen, dass die Kanten sich orthogonal zur Schichtfläche gegeneinander verschieben und ein Versatz in der Schicht- oder Schalenoberfläche entsteht (🗗 **76**).

- und durch **Beschwerung** – z. B. durch darüberliegende Schichten in einem Paket – oder geeignete Verbindungsmittel ein Aufstellen einer Kante durch unerwünschte Verformung einer Platte verhindert wird (🗗 **77**).

Liegt die Platte auf einer **Unterkonstruktion** aus stabförmigen Elementen auf, wird die Stoßkante sinnvollerweise auf einen dieser Stäbe aufgelegt (🗗 **78**), sodass:

- an dieser Stelle die Last auf die Unterkonstruktion abgetragen werden kann und gleichzeitig:

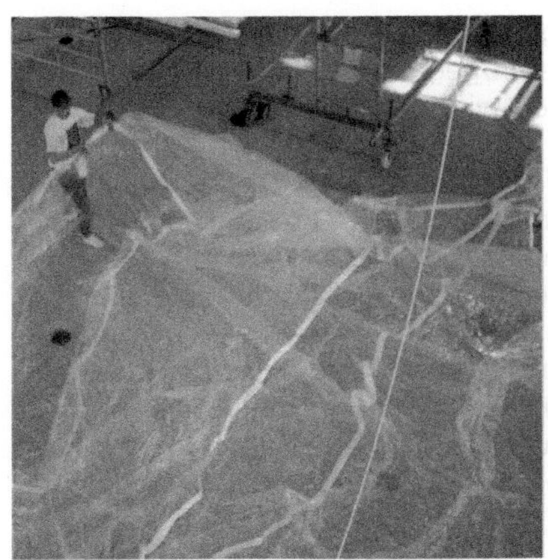

68 Mit Borte verschweißte ETFE-Membranbahnen beim Auslegen vor der Montage, wie in 🗗 **66, 67**.

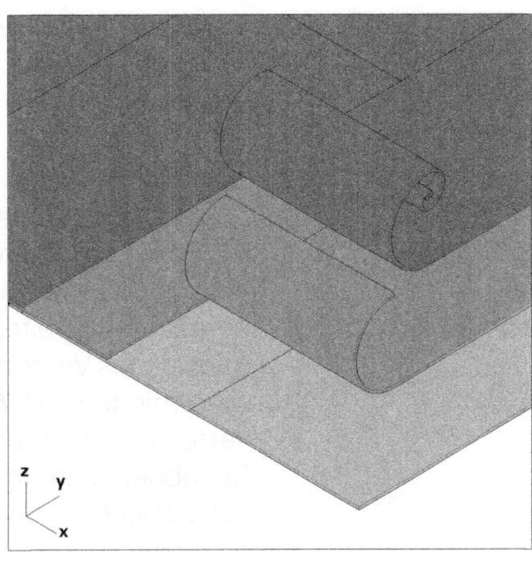

69 Mehrlagig verlegte, gegeneinander versetzte Bahnen.

70 Mehrlagig verlegte, lagenweise gegeneinander versetzte Abdichtungsbahnen (siehe Stoßversatz an der Vorderkante), wie in 🗗 **69**.

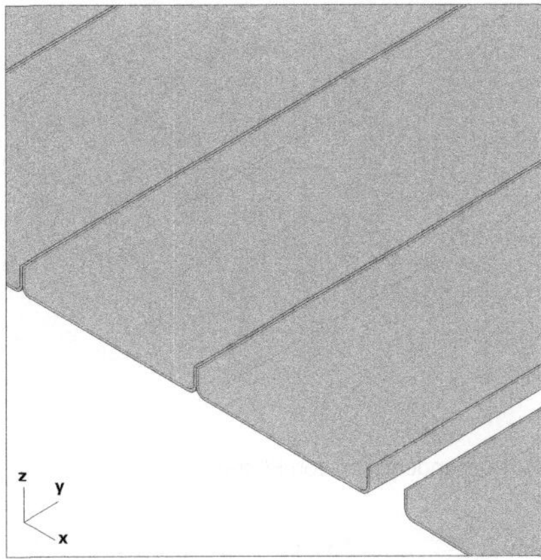

71 Hochgekantete Bahnränder.

72 Stehfalzbleche mit aufgekanteten Bahnrändern, wie in 🗗 **71**.

73 Hochgekantete und umgelegte Bahnränder.

- durch die Befestigung der Plattenkanten auf dieser Unterkonstruktion deren gegenseitiges Verschieben oder Aufstellen verhindert wird.

☞ *Abschn. Verlegegeometrie, S. 26*

Spannt die Platte einachsig zwischen parallelen Auflagerungen, bleiben dennoch die anderen beiden, rechtwinklig verlaufenden Kanten ungesichert, sodass dort ein **Schubverbund**, beispielsweise in Form eines unter- bzw. rückseitig befestigten Streifens oder Profils, erforderlich ist, um ein gegenseitiges Versetzen der Plattenkanten (in → **z**, wie in ⧉ **76**) zu verhindern (⧉ **79**). Dies kann sowohl bei ungleichmäßig verteilter Last quer zur Fläche (→ **z**) der Fall sein als auch bei Schubbeanspruchung in der Fläche (also in **xy**). Im letzteren Fall entsteht in der Fläche ein sogenanntes **Schubfeld**.

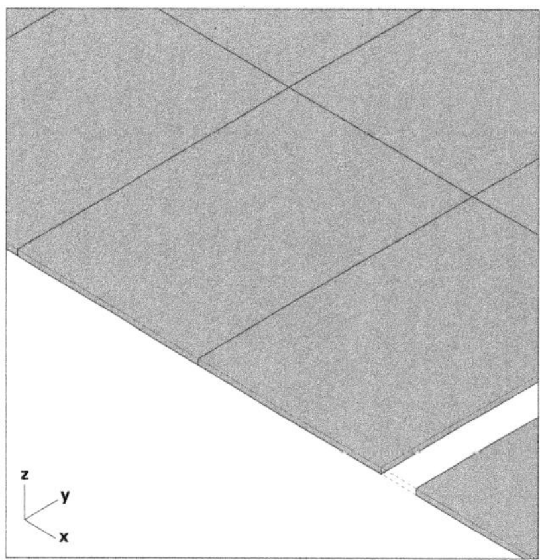

74 Aneinanderlegen von Platten.

75 Flächenfüllung bei einem Plattenbelag durch Aneinanderlegen, wie in ⧉ **74**.

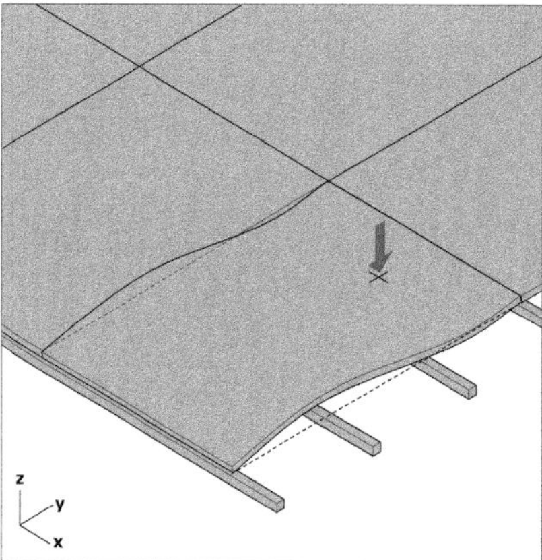

76 Verformung von aneinandergelegten Platten auf Unterkonstruktion infolge ungleichmäßiger Belastung am Beispiel einer dreifeldrigen Platte. Gegenseitiges Verschieben der Plattenkanten.

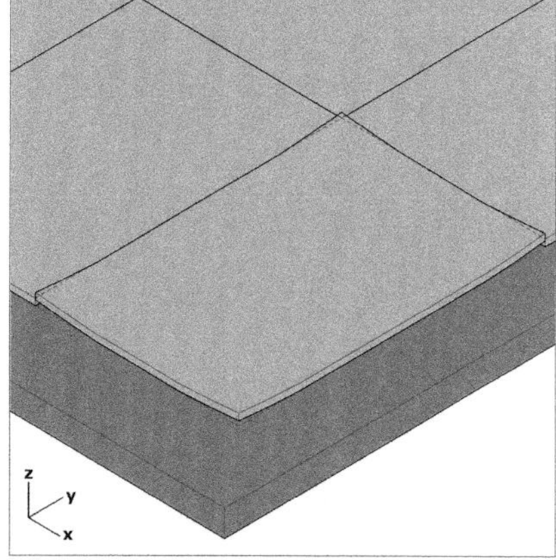

77 Aufstellen der Kanten aneinandergelegter Platten infolge Verformung der Platte.

Größere Plattenformate, wie man sie oftmals handelsüblich vorfindet, haben zur Folge, dass die Länge/Breite der Platte wesentlich größer ist als die Spannweite, die sie aufgrund ihrer – vergleichsweise kleinen – Dicke überbrücken kann. Dies kann dazu genutzt werden, die Platte über mehrere Stützfelder zu spannen. Gleichzeitig erlaubt dies, eine Durchlaufwirkung über die Stäbe der Unterkonstruktion hinweg auszunutzen und infolgedessen die Biegemomente auf der Platte deutlich zu reduzieren (vgl. z. B. **76**).

Die Befestigung der Platte auf einer Unterkonstruktion hat ferner eine **Hinterlegung** der Fuge sowie eine **Verlängerung** und **Verwinkelung** des Fugenverlaufs zur Folge, was für Dichtzwecke einen Vorteil darstellt. Eine Überlappung der Plattenkanten (**82**) führt zu einem vergleichbaren Effekt,

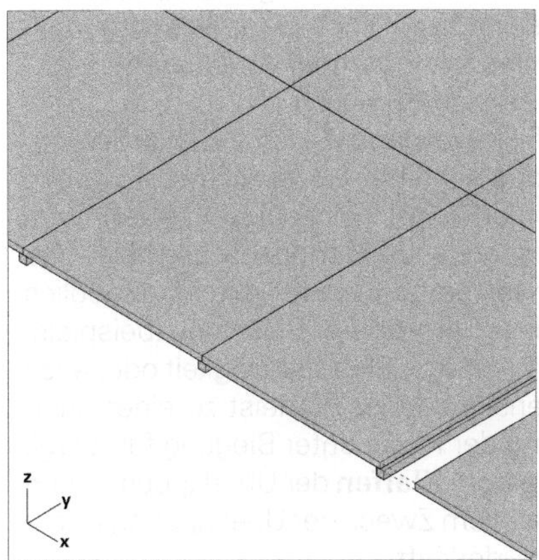

78 Platten auf Unterkonstruktion befestigt.

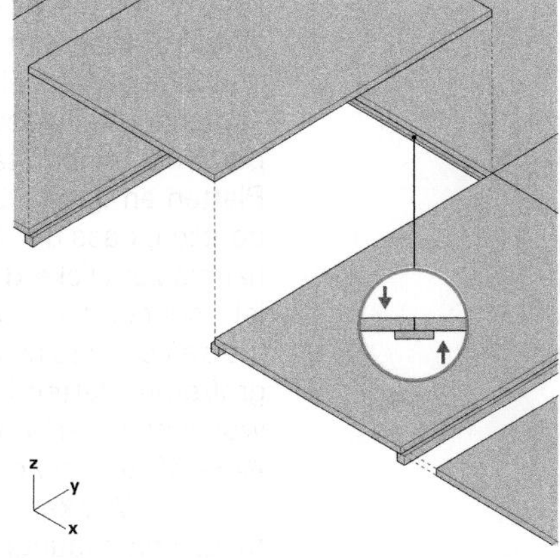

79 Schubverbund der nicht auf der Unterkonstruktion aufliegenden Plattenkanten, z. B. durch unter- oder hinterlegtem Plattenstreifen.

80 Flächenbildende Plattenbeplankung zwischen oder unter einer Tragkonstruktion aus Holzrippen, ohne Querkraftsicherung (wie in **79**) an den stumpf gestoßenen Stirnkanten (im Bild horizontal). Das Verhältnis von Plattendicke zu Spannweite erlaubt hier möglicherweise diese Lösung gemäß **78**.

81 Flächenbildende Plattenbeplankung auf einer Unterkonstruktion aus Holzrippen, wie in **79**. Querhölzer (im Bild oben und unten horizontal) bieten eine Befestigungsmöglichkeit für die querverlaufenden Stöße der Platten und verhindern ein gegenseitiges Verschieben.

☞ **Band 3**, *Kap. XI, Abschn. 5.1 Verlängern des Fugenverlaufs – geometrische Maßnahmen*

doch sind hierbei die geometrischen Verhältnisse sowie die Steifigkeit der Platte zu berücksichtigen. Dies geht aus der Betrachtung in 🗗 **83** hervor: Das Überlappungsmaß **ü** bestimmt die Größe der für Dicht- oder Verbindungszwecke verfügbaren Kontaktfläche zwischen anstoßenden Elementen. An der Überlappungsfläche stehen die Teile immer dann in vollflächigem Kontakt, wenn die Unterlage der überlappenden Teile eben ist. Das Überlappungsmaß ergibt durch Abzug von der Elementlänge **l** das freispannende Maß **f**. Es liegt auf der Hand, dass mit sich verringerndem Neigungswinkel α das Überlappungsmaß **ü** ebenfalls kleiner wird, bis zum Grenzfall, bei dem die Elemente sich nur an den äußersten Kanten berühren (**l** = **f**; **ü** = 0), ein Fall, der bautechnisch keine Bedeutung besitzt. Aus pragmatischen Gründen wird der Winkel α zumeist so gewählt, dass das Maß **ü** für die beabsichtigten Dicht- oder Befestigungszwecke ausreicht. Alles was darüber hinausgeht, zieht unnötigen Materialverbrauch nach sich.

Wendet man diese Überlegungen auf – gemessen an den Proportionen eines Stabquerschnitts – vergleichsweise dünne Platten an (große Länge/Breite, kleine Dicke) (🗗 **84**), wird deutlich, dass der freispannende Plattenabschnitt **f** im Verhältnis zur Dicke **d** – welche für die Steifigkeit maßgeblich ist – sehr groß ist, sodass bei größerer Belastung (beispielsweise Verkehrslasten), mäßiger Plattensteifigkeit oder auch größeren Plattendimensionen dies zumeist zu einer unerwünschten Verformung der Platte unter Biegung führt (vgl. 🗗 **84** Mitte) sowie zu einem **Klaffen** der Überlappungsfuge um einen Winkel ϕ, was dem Zweck der Überlappung (Dichtung, Befestigung) zuwiderläuft.

Dies ist allerdings dann nicht der Fall, wenn die eben genannten Randbedingungen nicht gelten. Sofern es sich um kleine und dünne Elemente unter kleiner Auflast handelt, also beispielsweise Fassadenplatten wie Schindeln oder auch Dachziegel, sind diese Art überlappender, geschuppter Flächenbildungen mit Platten möglich. Es gilt zu bedenken, dass eine Schuppung auf gekrümmter Unterlage ebenfalls zu klaffenden Fugen führt (vgl. 🗗 **84** unten).

☞ *Abschn. Verlegegeometrie, S. 26*

Auch **aufgekantete Plattenränder** (🗗 **85**, **86**) vergrößern, im Vergleich zur Plattenverlegung auf Stoß, die Fugenfläche, die für Befestigung und Abdichtung zwischen anstoßenden Platten zur Verfügung steht. Ferner gelten auch hier ähnliche Vorteile wie bei Bändern. Im Regelfall empfiehlt sich diese Lösung insbesondere bei Platten, die in einem Herstellungsprozess entstehen, das ein direktes Anformen der Aufkantungen erlaubt; also beispielsweise bei Gussteilen wie Betonfertigteilen oder U-Gläsern. Bei Fertigungsprozessen, die im Wesentlichen **flaches Plattenmaterial** hervorbringen (Beispiel Holzwerkstoffplatten, Floatglas) bietet das nachträgliche Anbringen dieser Art von Randstegen zumeist keine besonderen Vorteile.

☞ *Abschn. 1.3.2 bandförmige Ausgangselemente, S. 18*

Einen günstigen Verbund zwischen anstoßenden Plattenkanten bieten **Falzungen** (🗗 **87**, **88**) sowie auch **Nut-**

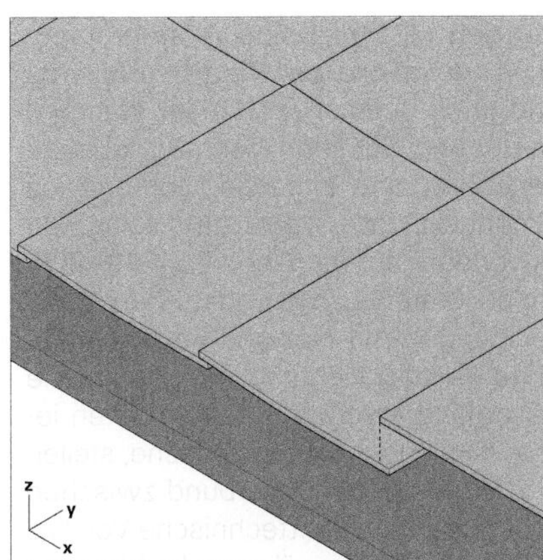

82 Überlappende Platten sind bei den üblichen Proportionen zwischen Breite/Länge und Dicke nicht sinnvoll.

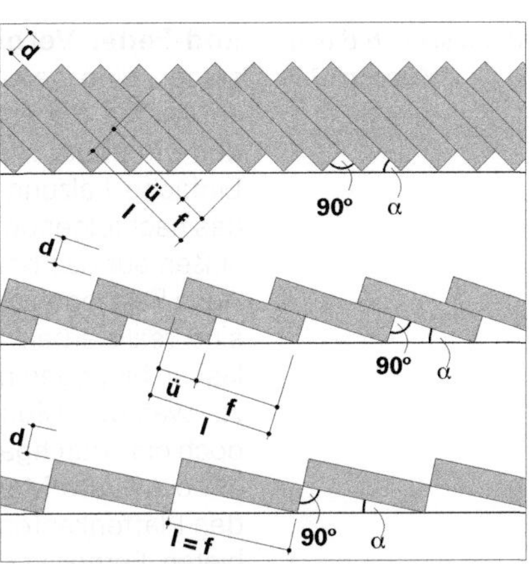

83 Geometrische Verhältnisse bei der Überlappung von anstoßenden Teilen in Abhängigkeit des Verlegewinkels α; **d** Bauteildicke, **ü** Überlappungsmaß, **f** frei spannende Länge, **l** Gesamtlänge des Bauteils.

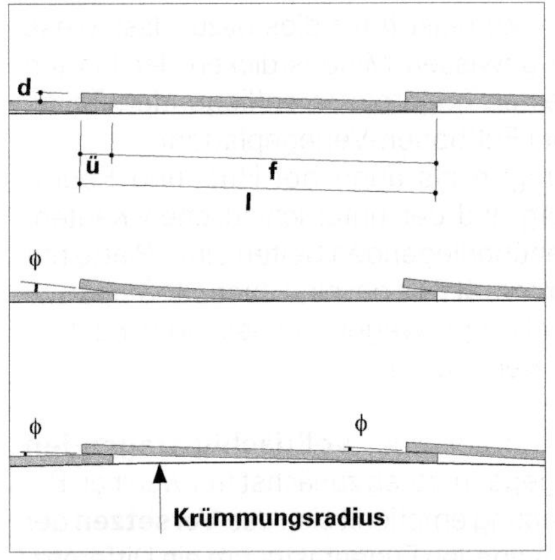

84 Überlappende Anordnung von dünnen Platten.

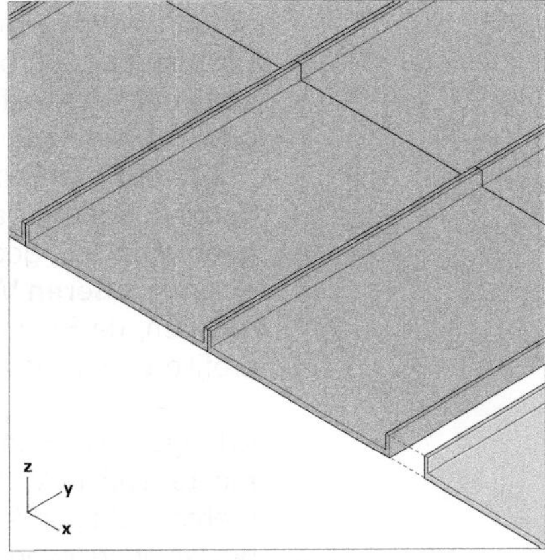

85 Hochgekantete Plattenränder.

86 Glasfassade aus Profilgläsern mit U-förmigem Querschnitt, gemäß dem Schaubild in 85.

☞ *Vgl.* ***Band 3****, Kap. XI , Abschn. 6.6 und Abschn. 6.7*

und-Feder-Verbindungen (☐ **89**). Beide Ausführungen setzen eine gewisse Mindestdicke der Platte voraus, da ansonsten die empfindlichen profilierten Ränder während der Montage oder Verlegung Schaden nehmen können. Einfache Falzungen erlauben eine einfache Montage, da das nachfolgende Element sinnvollerweise stets von oben/außen auf das bereits verlegte auf-/angesetzt wird (☐ **87**). Auch Falzungen an beiden Kanten (Länge und Breite) (☐ **88**) sind realisierbar. Verbindungen mit Nut und Feder (☐ **89**) lassen hingegen nur eine Montagerichtung in Plattenebene zu, was den Montagevorgang erschwert. Sie schaffen jedoch eine durchgängige, flächenbündige Oberfläche, stellen ohne weitere Maßnahmen einen Schubverbund zwischen den Plattenkanten her und können dichttechnische Vorteile bieten. Ferner ist sicherzustellen, dass während der Montage keine nennenswerten Verschiebungen orthogonal zur Plattenebene zwischen den zu verbindenden Kanten stattfinden – beispielsweise wegen unterschiedlicher Durchbiegungen der benachbarten Platten –, damit die Feder in die Nut eingeführt werden kann. Zumeist führt dies dazu, dass diese Lösung lediglich bei gewissen Mindestdicken der Platten oder bei flach auf einer Trägerplatte aufliegenden Teilen gewählt wird (z. B. bei Fußboden-Verlegeplatten).

Sowohl bei Falzungen als auch bei Nut- und Feder-Verbindungen ist aufgrund der unterschiedlichen Kantengeometrien auf gegenüberliegenden Seiten einer Platte mit einem **größeren Verschnitt** als bei einfachen Stoßfugen zu rechnen, da Reststücke ggf. wegen unpassender Kantenprofilierung nicht verwendbar sind.

Verlegegeometrie

■ Liegen die Elemente auf einer **vollflächig tragenden Platte**, sind die Verlegegeometrien zunächst frei wählbar. Bei mehrschichtiger Verlegung empfiehlt sich das **Versetzen** der beiden übereinanderliegenden Fugenraster um ein Differenzmaß (☐ **90**), da das Abdecken der unterseitigen Fuge je nach Einsatzfall Vorteile bieten kann, beispielsweise um das Aufstellen der Kanten der unteren Lage zuverlässig zu verhindern, die Fugen abzudichten oder die Befestigung der beiden Lagen geometrisch voneinander zu entflechten.

Sofern die Platten auf einer Unterkonstruktion aus stabförmigen Elementen aufliegen, empfiehlt sich in jedem Fall, die Stoßfuge zweier Platten längs auf einen Lagerstab zu legen (☐ **91**). Handelt es sich um eine **gerichtete Unterkonstruktion**, muss die andere Kantenrichtung, welche keine Unterlage hat, durch Kopplungsprofile verbunden werden, um die gegenseitige Kantenverschiebung zu verhindern (vgl. auch ☐ **79**). Die Platte ist in diesem Fall einachsig gespannt. Die Abstände zwischen den Lagerstäben richten sich nach der Tragfähigkeit der Platte, die wiederum zuvorderst von deren Dicke abhängt.

Entscheidet man sich für ein **Versetzen der Kanten** (☐ **92**), ist sinnvollerweise dennoch dafür zu sorgen, dass zur Unterkonstruktion parallele Fugen stets auf einen Lager-

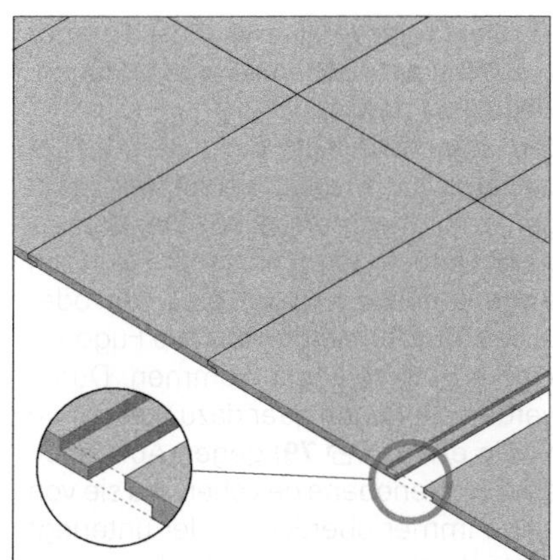

87 Gefalzte Plattenkanten.

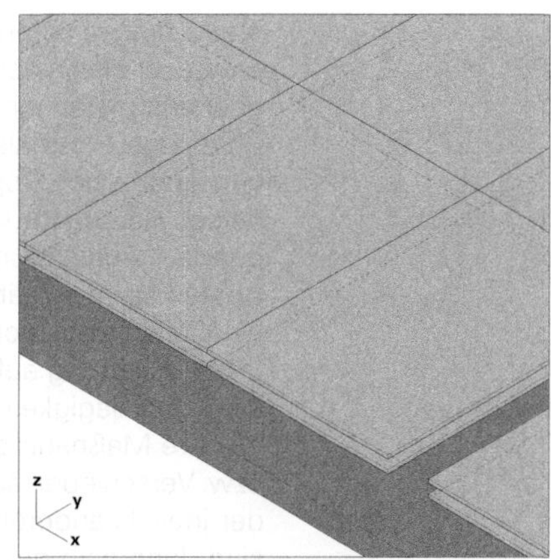

88 Ringsum gefalzte Plattenkanten.

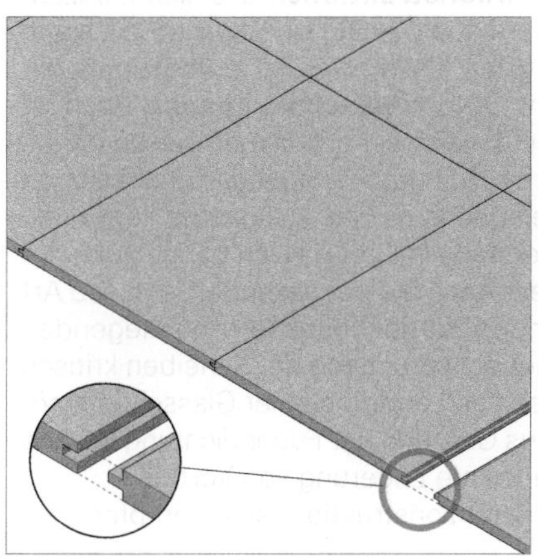

89 Plattenkanten mit Nut und Feder.

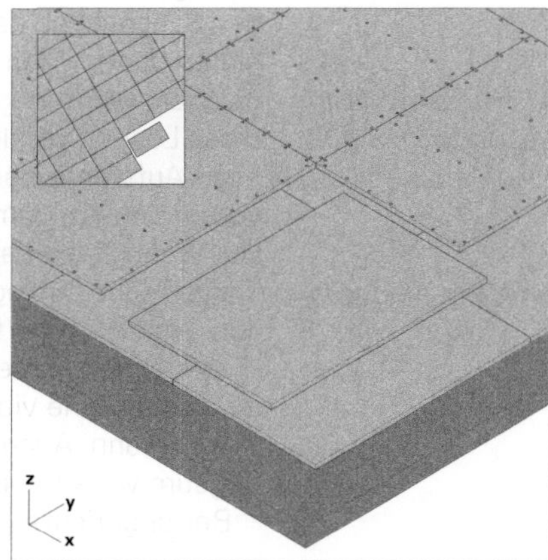

90 Verlegegeometrie mit Kreuzfugen in zwei gegeneinander versetzten Lagen auf tragender Platte.

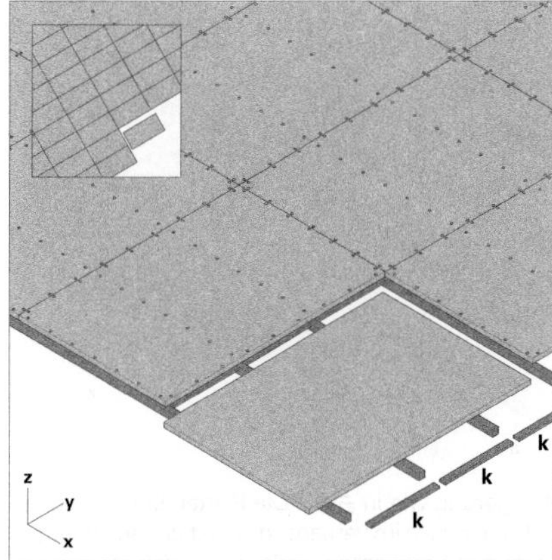

91 Verlegegeometrie mit Kreuzfugen auf gerichteter Unterkonstruktion. Kopplungsprofile **k** an den freien Rändern.

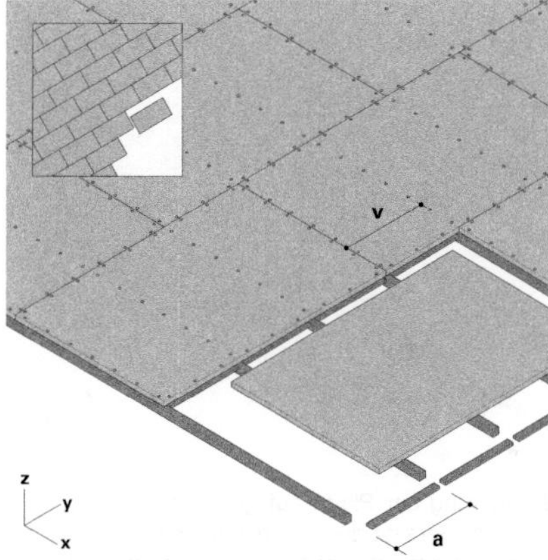

92 Verlegegeometrie im Verband auf gerichteter Unterkonstruktion. Der Fugenversatz des Verbands **v** ist identisch mit, oder ein Vielfaches des, Stababstands **a** der Unterkonstruktion.

stab zu liegen kommen. Der Fugenversatz ist folglich immer entweder gleich dem Abstand **a** zwischen den Lagerstäben, oder ansonsten ein Vielfaches davon.

Bei zwei Plattenlagen ist es vorteilhaft, die Fugen der Lagen durch einen Doppelversatz, d. h. durch Versatz jeweils in beiden Hauptrichtungen, zu entflechten (🗗 **93**). Der Versatz quer zur Ausrichtung der Unterkonstruktion sollte sich am Abstand **a** ihrer Stäbe orientieren, d. h. gleich groß sein oder ein Vielfaches davon. Dies gewährleistet, dass alle Fugen in dieser Richtung auf einem Stab zu liegen kommen. Durch die Doppellagigkeit werden die Fugen quer dazu stets ohne weitere Maßnahmen (wie etwa in 🗗 **79**) gegen Aufstellen bzw. Verschieben aus der Plattenebene gesichert, da sie von der jeweils anderen Lage immer überdeckt oder unterlegt sind. Innerhalb der Plattenlage ist auch eine Verlegung im Verband möglich (🗗 **94**).

☞ *Kap. IX-1, Abschn. 2.1 Ein- und zweiachsiger Lastabtrag, S. 208*

✏ *Beispiel: Lagerhölzer auf Boden*

Ungerichtete Unterkonstruktionen aus sich kreuzenden Scharen von Lagerstäben (🗗 **95**) sind zwar möglich und bieten zudem den Vorteil, dass eine Platte ringsum linear gelagert werden kann, also **zweiachsig spannt**, doch ist diese Lösung vergleichsweise selten, da man den konstruktiven Aufwand, der mit sich durchdringenden Stabscharen verbunden ist, zumeist scheut. Eine Ausnahme liegt dann vor, wenn diese Lagerstäbe in ihrer ganzen Länge auf einer Trägerfläche aufliegen. Auch bei Verglasungen ist diese Art von Lagerung zu finden, da insbesondere bei liegenden Glasflächen die Biegebeanspruchung der Scheiben kritisch ist, sodass eine vierseitige Lagerung einer Glasscheibe nötig sein kann. Auch aus Gründen der Fugendichtung ist eine ringsum verlaufende lineare Lagerung von Vorteil.

Bei ungerichteter Unterkonstruktion ist es empfehlens-

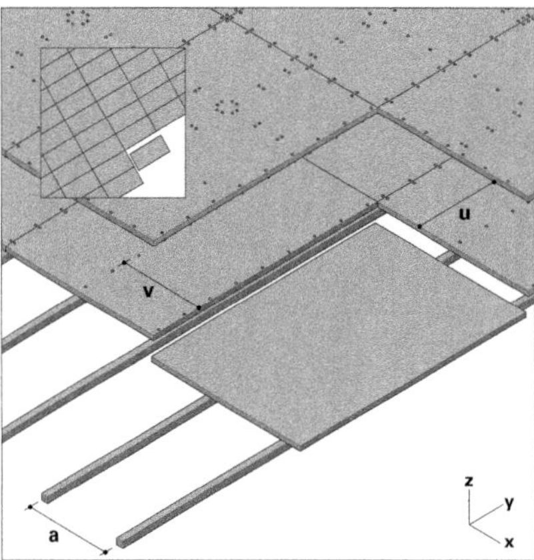

93 Lagerung der Platte auf gerichteter Unterkonstruktion. Versatz zwischen den Plattenlagen in beiden Hauptrichtungen. Der Versatz **v** quer zur Ausrichtung der Unterkonstruktion sollte gleich dem Stababstand **a** sein oder ein Vielfaches davon. Längsfugen kommen dann stets auf einen Stab zu liegen. Versatz **u** beliebig.

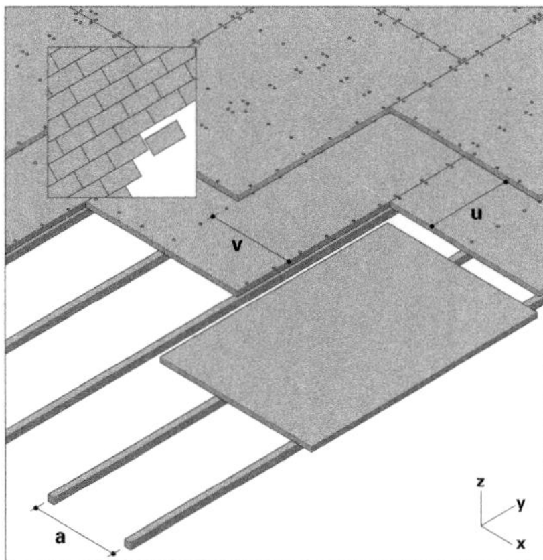

94 Lagerung wie in 🗗 **93**. Die Platten beider Lagen sind hier jedoch im Verband, d. h. mit gegeneinander versetzten Stirnkanten, verlegt. Der Versatz **v** quer zur Ausrichtung der Unterkonstruktion ist wiederum **a** oder ein Vielfaches, der Versatz **u** beliebig.

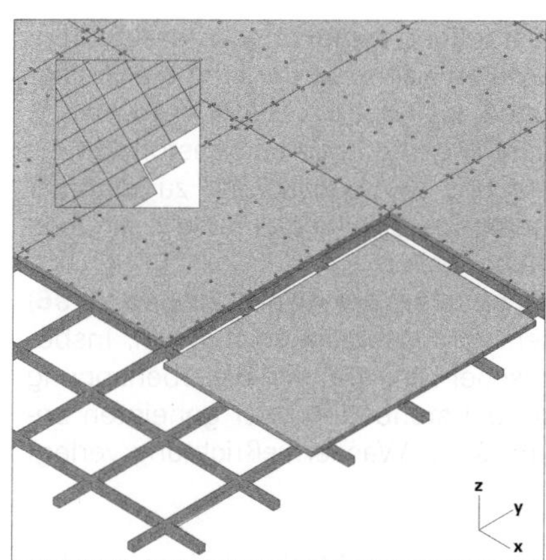

95 Lagerung der Platte auf ungerichteter Unterkonstruktion.

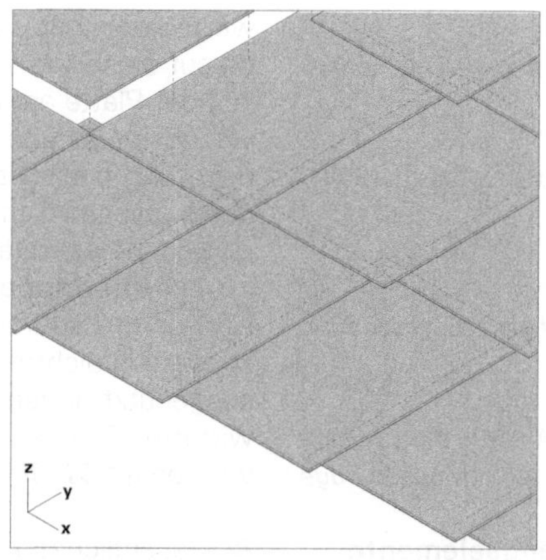

96 Geschuppte Anordnung von dünnen kleinformatigen Platten mit geringer Auflast. Die Plattenränder überlappen hier in beiden Kantenrichtungen.

97 Geschuppte Anordnung von flachen Steinplatten bei einer Dachdeckung mit Überlappung in beiden Hauptrichtungen, wie in ☞ **96**.

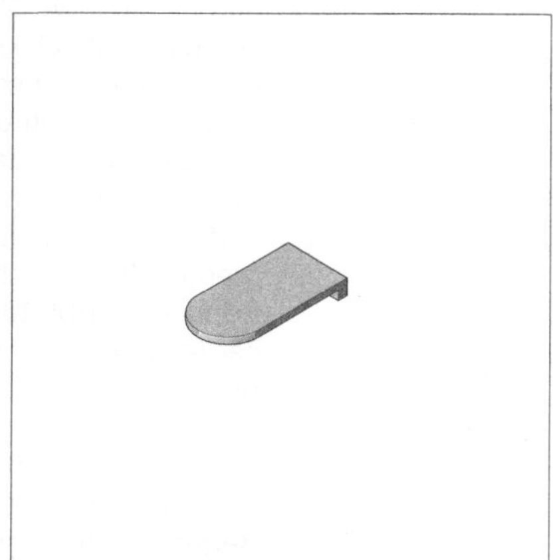

98 Biberschwanz-Dachziegel.

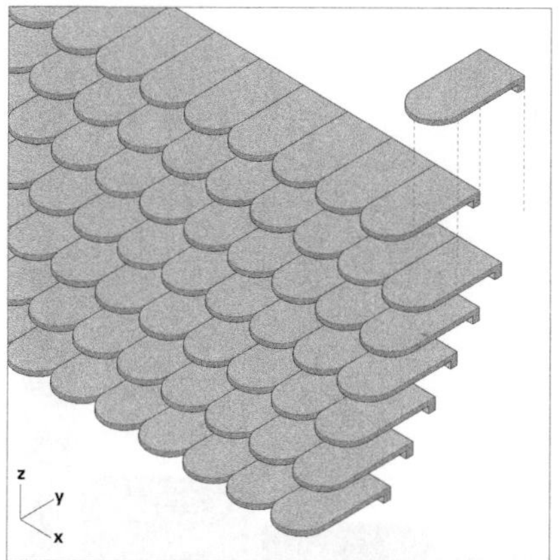

99 Dachdeckung aus Biberschwanz-Dachziegeln.

100 Biberschwanz-Dachdeckung beim Verlegen.

wert, die Felder weitestgehend **quadratisch** auszuführen, da auf diese Weise eine zweiachsige Biegung die Steifigkeit der Platte am besten ausnutzt. Da Glasscheiben stets vorzugsweise über einer linearen Lagerung gestoßen werden, führt diese Überlegung bei Verglasungen zu ungefähr quadratischen Scheibenformaten, welche jeweils ein Feld zwischen Lagerstäben abdecken.

☞ ***Band 1**, Kap. IV-8 Glas, S. 334 ff*

Auch **überlappende geschuppte Anordnungen** (**96**) sind unter bestimmten Voraussetzungen möglich. Insbesondere in dichttechnischer Hinsicht wird die Überlappung ausgenutzt, indem sie bei stehenden oder geneigten bewitterten Flächen gemäß der Wasserfließrichtung verlegt werden (**97–100**).

☞ *Siehe oben, Abschnitt Stoßausbildung*

☞ ***Band 3**, Kap. XI, Abschn. 6.5 Überlappende Fuge*

Stabförmige Ausgangselemente

Stoßausbildung

■ Wesentliches kennzeichnendes Merkmal eines stabförmigen Element ist die vergleichbare Größenordnung der beiden Dimensionen Breite und Höhe gegenüber der wesentlich größeren Länge. Bei Platten hingegen sind Breite und Länge in vergleichbarer Größenordnung, während die Dicke wesentlich kleiner ist. Dies hat zur Folge, dass Stäbe – naturgemäß immer auf die Breite **b** eines einzigen Elements bezogen – in Richtung ihrer Breite höhere Steifigkeit aufweisen als Platten, da die Querschnitte stets gedrungenere Proportionen aufweisen (**101**).

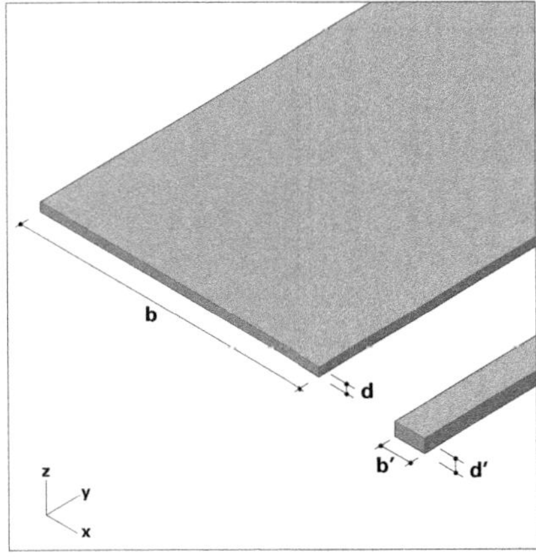

Wie auch bei Platten, führt bei stabförmigen Ausgangselementen das einfache **Aneinanderlegen** zu kontinuierlichen Flächen (**102, 103**).[a] Auch ein Verlegen auf Lücke ist denkbar (**104, 105**),[b] wenn beispielsweise Verformungen der Stäbe aufgenommen werden müssen (wie etwa bei Holz). Es entsteht dadurch keine echte Dichtheit der Fläche, doch können solche Lösungen beispielweise bei Wetterhäuten von Fassaden zum Einsatz kommen, bei denen lediglich Regensicherheit gefordert ist.

☞ [a] *Vgl. **Band 3**, Kap. XI, Abschn. 4.3 Geschlossene Fuge*
☞ [b] *Vgl. **Band 3**, Kap. XI, Abschn. 4.1 Offene Fuge*

Hinsichtlich des Kraftangriffs rechtwinklig zur Ebene (→ **z**) gelten die gleichen Einschränkungen wie bei Platten: Sofern kein Schubverbund zwischen anstoßenden Kanten besteht, können sich diese unter verschiedenen Einflüs-

101 (Oben) Bezogen auf die jeweilige Breite **b/b'** von Platte und Stab, führt die (vor allem im Vergleich) deutlich größere Dicke **d'** des Stabs zu einer größeren Steifigkeit in Richtung der Breite **b**, also in → **x**.

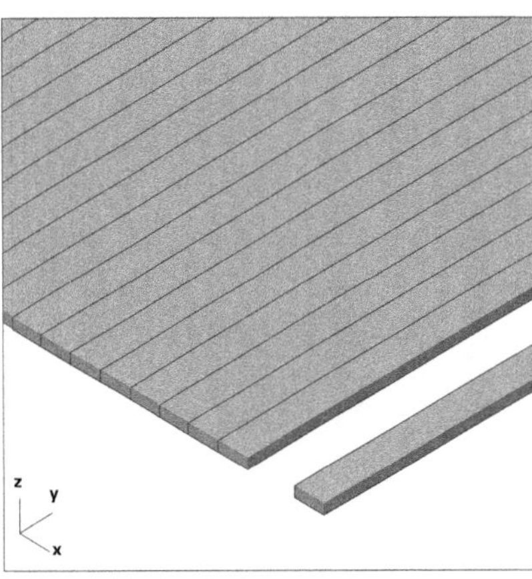

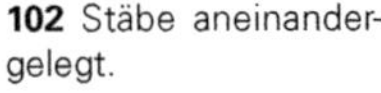

102 Stäbe aneinandergelegt.

103 Fassadenverkleidung aus aneinandergelegten Stäben.

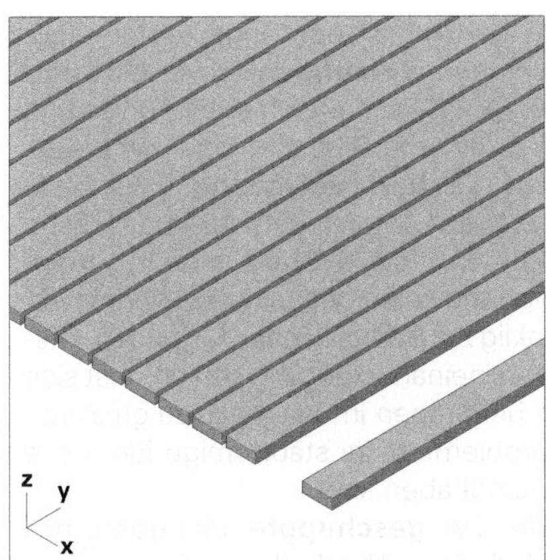

104 Stäbe auf Lücke verlegt.

105 Bretterlage mit offenen Stoßfugen gemäß ☐ 104. Die Lücken können verschiedene Ziele verfolgen, beispielsweise, wie hier, die Entwässerung der Fläche.

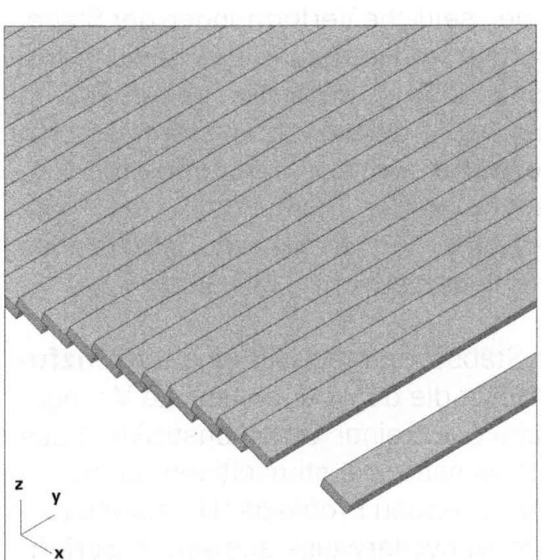

106 Stäbe schräg überlappend verlegt.

107 Stulpschalung aus schräg überlappend verlegten Brettern.

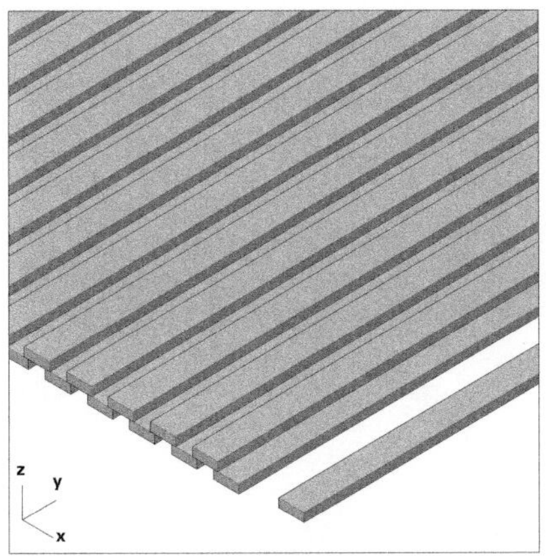

108 Stäbe abwechselnd über- und untereinander verlegt.

109 Holzschalung aus abwechselnd über- und untereinander verlegten Brettern.

sen, wie ungleichmäßiger Auflast oder Eigenverformung, gegeneinander verschieben. **Falzungen** sowie **Nut-und Feder-Verbindungen** (🗗 **110**) schaffen hierbei Abhilfe und verbinden die Fläche zu einer in Stabrichtung (→**y**) biegesteifen Platte mit guter **Lastquerverteilung**. Punktuelle oder ungleichmäßig verteilte Lasten rechtwinklig zur Fläche werden somit stets auf benachbarte Stäbe verteilt, sodass eine Mitwirkung erfolgt und keine gegenseitige Kantenverschiebungen rechtwinklig zur Bauteilfläche stattfinden. Diese Art profilierter Kanten ineinanderzuschieben erweist sich in den meisten Fällen bei Stäben im Vergleich zu größeren Plattenformaten als problemlos, da stabförmige Elemente zumeist einfacher zu handhaben sind.

☞ *Vgl. **Band 3**, Kap. XI, Abschn. 6.6 und Abschn. 6.7, S. 38 ff*

☞ *Zum Begriff der Lastquerverteilung vgl. Kap. IX-1, Abschn. 2.1.1 Tragverhalten, S. 208 ff, insbesondere* 🗗 **60**, *S. 210*

Auch **überlappende** bzw. **geschuppte** oder **gestulpte Anordnungen** (🗗 **106, 107**) sind bei Stäben möglich. Überlappende Anordnungen aus wechselnd über- und untereinanderliegenden Stäben (🗗 **108, 109**) eignen sich ebenfalls zur Flächenbildung. Wie bei der Verlegung auf Lücke (🗗 **104**) erlauben diese Lösungen seitliche Verformungen der Stäbe, weshalb sie insbesondere im Holzbau in Erscheinung treten. Wird die überlappende Fuge zusätzlich gegen Klaffen gesichert, wie meistens erforderlich ist, entsteht auch ein wirksamer **Schubverbund** zwischen anstoßenden Elementen in beiden rechtwinkligen Richtungen (→**z**, →**-z**), sodass eine Lastquerverteilung rechtwinklig zur Stabachse in Schichtebene stattfinden kann (d. h., in →**x**).

☞ *Vgl. **Band 3**, Kap. XI, Abschn. 6.3 bis Abschn. 6.5*

Verlegegeometrie

■ Die Verlegung von Stabscharen gemäß einem **Kreuzfugenraster** (🗗 **111–115**) ist die denkbar einfachste Verlegegeometrie. Ist die Schale auf einer Unterkonstruktion aus Stäben befestigt, liegt es nahe, die stirnseitigen Stoßlinien der Stäbe axial auf die tragenden Profile der Unterkonstruktion zu legen, die dann sinnvollerweise aus einem **gerichteten System** zueinander paralleler, zum Deckstab also rechtwinkliger Lagerstäbe besteht. Diese Lösung erlaubt die

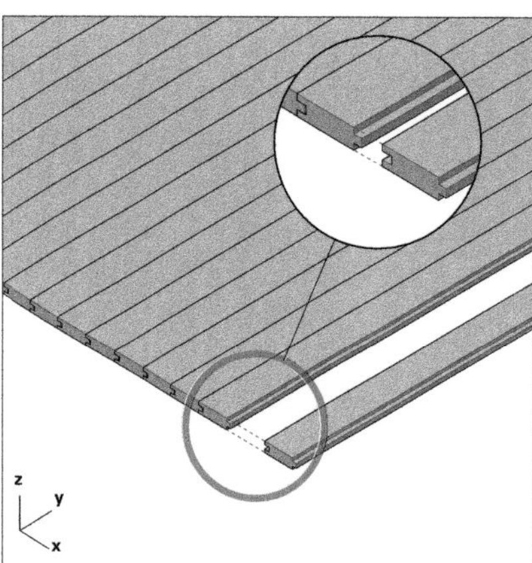

110 Stäbe mit Nut-und-Feder-Verbindung.

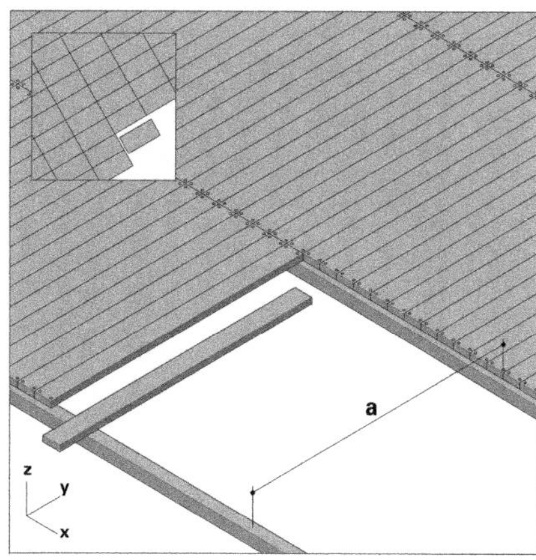

111 Aneinandergelegte Stäbe in Kreuzfugengeometrie.

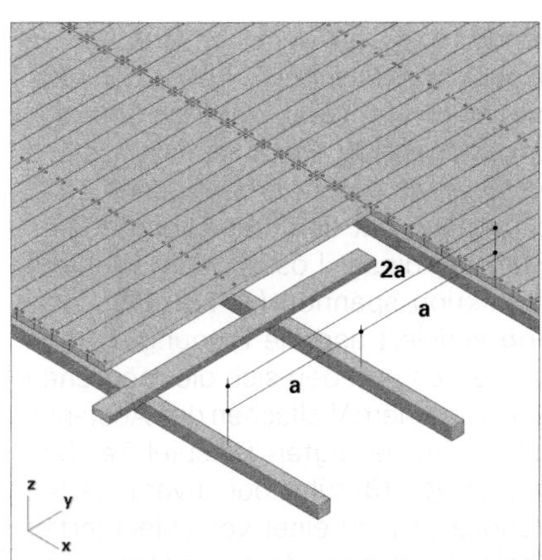

112 Aneinandergelegte Stäbe in Kreuzfugengeometrie. Durchlaufwirkung des über mehrere Stützfelder spannenden Stabs (hier zwei).

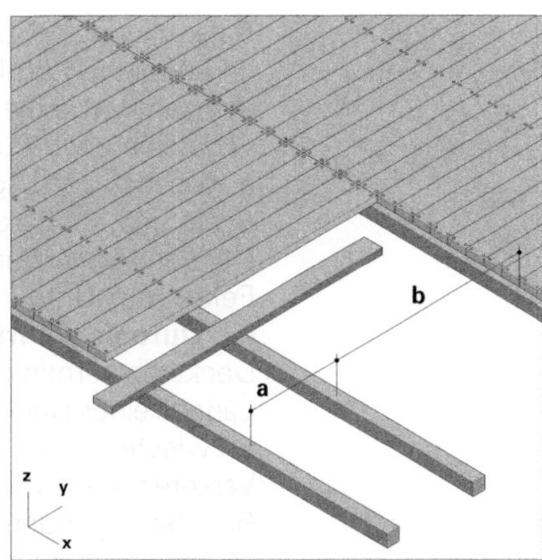

113 Ein Stab spannt über zwei unterschiedliche Felder **a** und **b**. Die Biegesteifigkeit des Stabs wird nicht gut ausgenutzt.

114 Verbretterung einer Fassade im Kreuzfugenraster, vermutlich gemäß Schaubild in **111**, oder auch gemäß **112**.

115 Verbretterung einer Fassade im Kreuzfugenraster. Jedes Brett überspannt insgesamt fünf Rahmenhölzer der Unterkonstruktion, wie an der Vernagelung erkennbar ist. Dies entspricht dem Schaubild in **112**, jedoch mit drei Zwischenstäben.

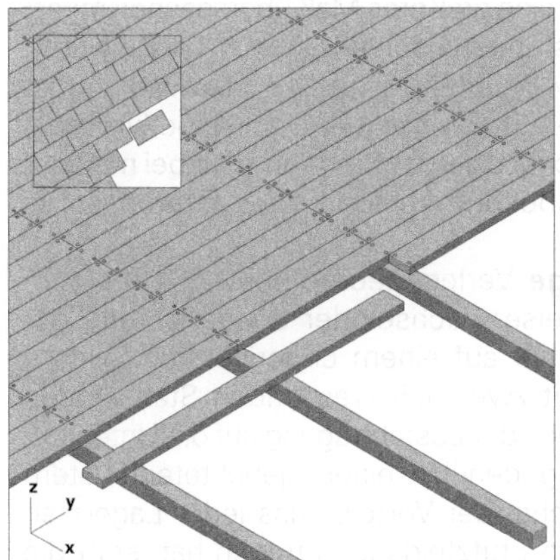

116 Um ein Feldmaß versetzte Verlegung von Stäben, d. h. eine Verlegung im Verband.

117 Bretterboden, verlegt gemäß **116**.

Befestigung der Stabenden direkt auf der Unterkonstruktion und verhindert folglich das unerwünschte Abheben der Stabstirnkante, wie dies der Fall wäre, wenn der Stab über das Lagerelement frei überkragen würde. Der maximale Abstand **a** zwischen den Lagerstäben ist, wie stets bei dieser Art von Systemen, durch die Tragfähigkeit des Stabs vorgegeben. Dennoch kann der Stab bei dieser Lösung über mehrere Felder der Unterkonstruktion spannen (**112, 115**), was die **Durchlaufwirkung** aktiviert und die Biegung auf den Deckstab vermindert. Hieraus ergeben sich die möglichen Längen eines Deckstabs aus einem Vielfachen des Abstands **a** zwischen Lagerstäben, im gezeigten Beispiel 2**a**. Das Variieren dieses Abstands (**113**) führt bei unveränderten Randbedingungen grundsätzlich zu einer verschlechterten Materialausnutzung beim Deckstab, da seine Dimension durch das größte zu überspannende Feld vorgegeben ist (d. h. **b**) und über kleineren Feldern (d. h. **a**), bei einheitlicher Stabdicke, eine Überdimensionierung vorliegt.

Ein **Versetzen der Stirnkanten** anliegender Stäbe (**116**, **117**), was sinnvollerweise jeweils in Vielfachen des Abstands zwischen Lagerstäben erfolgt, sodass die Stirnkanten stets auf einer Unterlage befestigt werden können, bietet gegenüber der vorigen Lösung keine nennenswerten konstruktiven Vorteile, abgesehen von der planmäßig angelegten Durchlaufwirkung der über mehr als ein Feld spannenden Stäbe. Allerdings ergibt sich visuell ein weniger ausgeprägtes Fugenbild, was manchmal erwünscht sein kann. Ferner ergibt sich schon allein durch die Stabkonfiguration (und im Gegensatz zur Kreuzfugenlösung in **112**) quer zur Stabrichtung ein schubfester **Verband**, was bei einigen Anwendungen (wie bei manchen Fußböden) möglicherweise vorteilhaft ist.

Das **fischgrätförmige Verlegen** von Stäben auf einer Unterkonstruktion (**118**, **119**) führt, gemessen an Systemen aus sich rechtwinklig kreuzenden Stablagen, insofern zu konstruktiv ungünstigeren Verhältnissen, als der Deckstab, ohne erkennbaren Nutzen, eine größeres Maß überspannen muss, namentlich den Abstand zwischen Lagerstäben dividiert durch cos 45°, also 41% mehr. Eine Durchlaufwirkung ist – zumindest über den Stoßwinkel der Deckstäbe hinweg – nicht herstellbar. Fischgrätgeometrien kommen bei mäßiger Beanspruchung insbesondere als visuell interessantes Muster zum Einsatz.

Schachbrettartige Verlegegeometrien auf Unterkonstruktion mit feldweise wechselnder Spannrichtung der Stäbe (**120**) sind nur auf einem ungerichteten System von Lagerstäben mit zwei sich kreuzenden Stabscharen ausführbar. Hinsichtlich der Lastabtragung auf die Unterkonstruktion ergibt sich gegenüber einem gerichteten System aus nur einer Stabschar der Vorteil, dass jeder Lagerstab die Last eines halben Stützfelds **a** zu tragen hat, statt die des gesamten Felds wie bei gerichteten Lösungen. Dies ist insbesondere dann von Bedeutung, wenn die Lagerstäbe

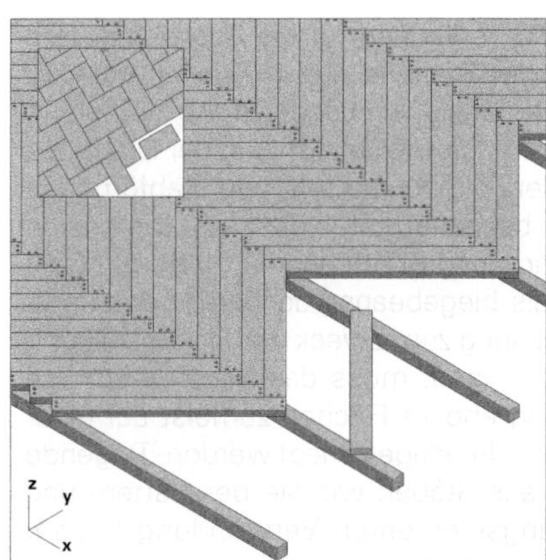

118 Verlegung der Stäbe gemäß einem Fischgrätmuster.

119 Im Fischgrätmuster auf Lagerhölzern verlegtes Parkett.

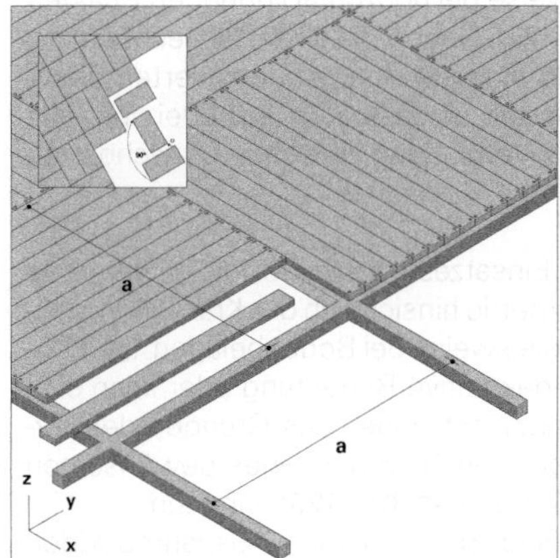

120 Verlegung der Stäbe auf ungerichteter Unterkonstruktion mit feldweisem Wechsel der Spannrichtung.

121 Schabrettartige Verlegung der Stäbe auf ungerichteter Tragkonstruktion zur Nutzung einer günstigeren Lastabtragung.

nicht vollflächig auf einer Unterlage aufliegen, sondern als Biegeträger frei spannen. Die schachbrettförmige Anordnung der Stäbe erlaubt somit einen insgesamt betrachtet zweiachsigen Lastabtrag auf die Unterkonstruktion trotz Einsatz gerichteter Tragelemente (Deckstäbe). Diese Lösung kommt manchmal bei Trägerrosten zum Einsatz (🗗 **121**). Eine Durchlaufwirkung der Deckstäbe lässt sich in diesem Fall offensichtlich nicht nutzen.

☞ *Vgl. **Band 3**, Kap. XIII-5, Abschn. 4.2 Dächer und Decken aus Trägerrosten*

3.5

Bausteinförmige Ausgangselemente

Stoßausbildung

■ Bausteinförmige Elemente sind für die Ausbildung freispannender, tragfähiger Bauteile nur in Ausnahmefällen geeignet. Ihre drei Dimensionen Länge/Breite und Höhe entsprechen der begrenzten Größenordnung der Dicke des Flächenbauteils. Anders als bei platten- und stabförmigen Ausgangselementen, bei denen zumindest eine Dimension – also jeweils die Länge und Breite bei der Platte bzw. die Länge beim Stab – als biegebeanspruchbare, frei raumüberspannende Abmessung zum Zweck der Flächenbildung herangezogen werden kann, muss das bausteinförmige Element zur Schaffung ebener Flächen zumeist auf einer vollflächigen tragenden Unterlage verlegt werden. Tragende Unterkonstruktionen aus Stäben wie sie bei platten- und stabförmigen Ausgangselementen Verwendung finden, sind in diesem Fall wegen der systembedingten kurzen Abstände zwischen Stoßfugen nicht sinnvoll. Diese Art des Einsatzes bausteinförmiger Elemente auf tragender Fläche findet sich beispielsweise bei horizontal liegenden Pflasterbelägen (🗗 **123**, **125**, **127**). Neben Druckkräften rechtwinklig zur Schichtebene sind hierbei keine nennenswerten Beanspruchungen zu erwarten, sodass auch keinerlei spezielle Anforderungen an die Verbindung zwischen benachbarten Steinen gelten.

Verlegegeometrien

■ Bei dieser Art des Einsatzes bausteinförmiger Elemente spielt die Verlegegeometrie hinsichtlich der Kraftleitung keine Rolle. Sie hat beispielsweise bei Bodenbelägen (🗗 **122–127**) lediglich visuell-dekorative Bedeutung oder kann sich unter bestimmten Voraussetzungen aus Gründen der Verschnittminimierung oder auch wegen eines gewünschten Schubverbunds im Verband (🗗 **124**, **125**) anbieten.

Eine einzige – allerdings bedeutsame – Ausnahme bilden **Mauerwerksverbände** (🗗 **129–131**). Es handelt sich hierbei um im Wesentlichen ebene Flächenbauteile aus bausteinförmigen Ausgangselementen, die in stehender oder nur leicht geneigter Lage errichtet werden. Freispannende, horizontal ausgerichtete ebene Flächen aus bausteinförmigen Elementen sind aus den oben genannten Gründen nur mit hohem Aufwand oder überhaupt nicht herstellbar. Die Kontaktfuge zwischen benachbarten Elementen muss hierfür zug- und schubfest ausgeführt werden, was im Regelfall einen nicht vertretbaren Aufwand nach sich zieht. Auch aus Gründen fehlender Zugfestigkeit des Werkstoffs kann eine derartige Lösung bereits von vornherein ausgeschlossen sein (wie bei mineralischen Werkstoffen).

✏ *Eine Ausnahme sind beispielsweise Segmentbauweisen im Spannbetonbau sowie auch äußerst selten anzutreffende historische scheitrechte, d. h. ebene Gewölbe aus Keilsteinen (vgl. 🗗* ***128****), bei denen aber grundsätzlich keine Schub- und Zugfestigkeit der Fuge notwendig ist. Vgl. hierzu* ***Band 1****, Kap. VI-2, Abschn 9.3.2 Verband – druckkraftwirksame Übergreifung, S. 626 ff, insbesondere 🗗* ***125****.*

Hingegen führt bei stehender Lage eine fachgerechte Verzahnung – ein sogenannter **Verband** – der Steine zu einem Tragverhalten, das die Fläche in die Lage versetzt, nicht nur Druck-, sondern auch Schub- und Zugkräfte in der Ebene, und sogar in begrenztem Maß Biegebeanspruchung rechtwinklig zu ihr aufzunehmen. Sofern die Last in der Ebene des Bauteils groß genug ist, also die Beanspruchung, die zu Druck in der Fläche führt, können Zug- und Schubbeanspru-

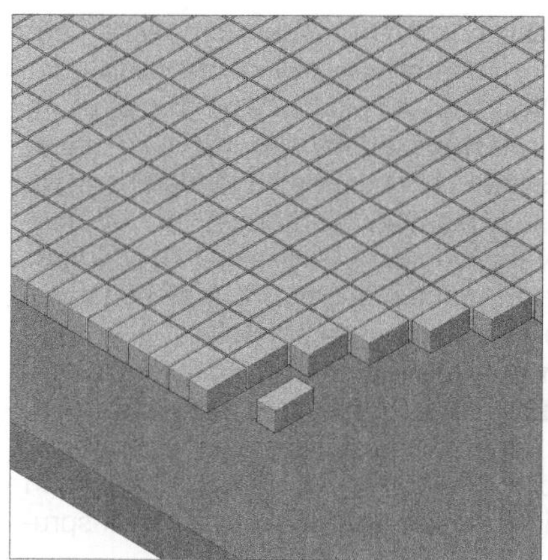

122 Verlegung bausteinförmiger Elemente auf flächiger Unterlage im Kreuzfugenmuster.

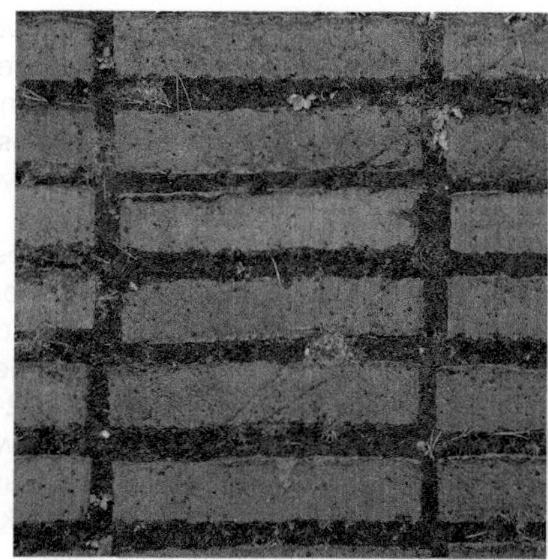

123 Ziegelbelag, im Kreuzfugenraster verlegt, wie in 🗗 **122**.

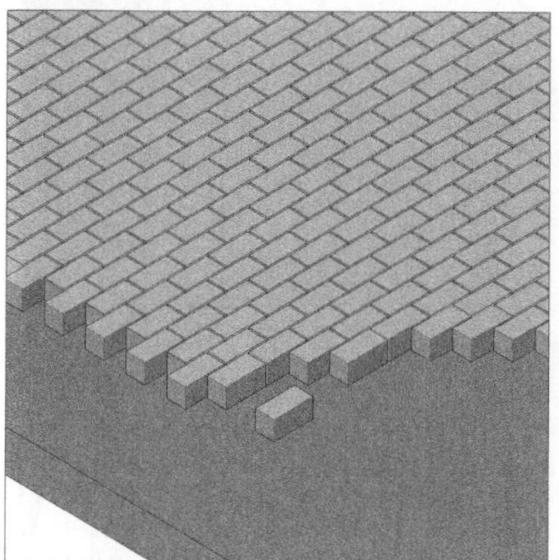

124 Verlegung bausteinförmiger Elemente auf flächiger Unterlage mit versetzten Fugen.

125 Steinpflaster im Verband, wie in 🗗 **124**.

126 Verlegung bausteinförmiger Elemente auf flächiger Unterlage mit paarweise wechselnder Verlegerichtung.

127 Bausteine auf tragender Unterlage können in beliebigen Mustern verlegt werden, oftmals mit dekorativer Absicht.

☞ ***Band 1,*** *Kap. IV-3, Abschn. 5. Mechanische Eigenschaften, S. 261 ff, sowie* ***Band 3,*** *Kap. XII-2, Abschn. 3.3.2 Tangentialer Kraftschluss sowie Kap. X-1 Mauerwerksbau, S. 460 ff*

chungen in ihr – welche zum Klaffen oder Verrutschen der Fuge zwischen Steinen führen würden – neutralisiert oder *überdrückt* werden. Wirksam wird dabei eine Kombination aus **lotrechter Last** und **Reibung** in der horizontalen Fuge oder **Lagerfuge** zwischen übereinanderliegenden Steinen. Voraussetzung für die Wirksamkeit ist ferner der Verband, der ein lagenweises Versetzen der – vertikalen – **Stoßfugen** zwischen benachbarten Steinen bedingt. Auf diese Weise lassen sich tragende Flächenbauteile herstellen.

Auch **Kreuzfugengeometrien** sind in Ausnahmefällen realisierbar (🗗 **132–134**), vorausgesetzt es handelt sich um nichttragende, bzw. nur sich selbst tragende Flächen (wie beispielsweise Glasbausteinwände), bei denen, abgesehen von der Eigenlast, keine nennenswerten weiteren Beanspruchungen anfallen.

128 Praktisch ebenes Flachgewölbe aus ringförmigen angeordneten Keilsteinen. Die Tragwirkung ergibt sich aus der gegenseitigen Verkeilung der Steine (die ringförmigen Berührflächen sind konisch, nicht zylindrisch). Dies ist ein seltenes Beispiel einer freitragenden horizontalen Fläche aus Bausteinen. Die Ausführung erfordert höchste Steinmetzkunst (Kloster *San Lorenzo del Escorial*, Spanien).

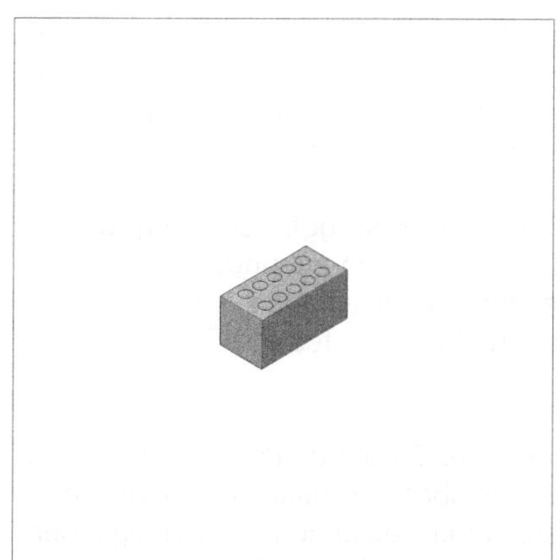

129 Ziegelstein.

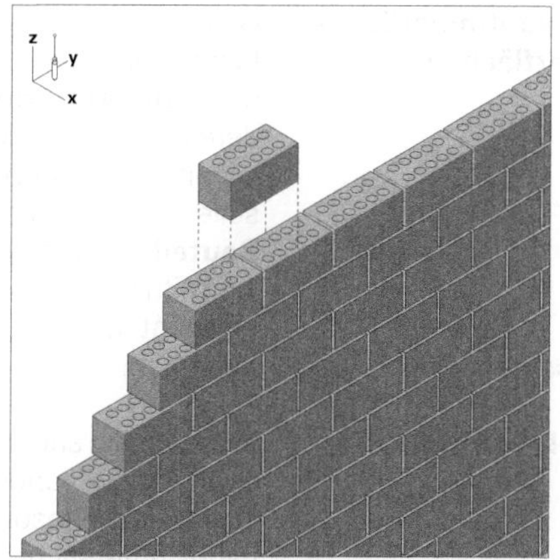

130 Ziegelsteinverlegung mit versetzten Stoßfugen (im Verband) in Form einer stehenden Mauer.

131 Mauerwerkstypischer Steinverband mit versetzten Stoßfugen.

132 Im Kreuzfugenmuster angeordnete Steine des römischen *opus reticulatum*: eine nichttragende verlorene Schalung eines Betonmauerkerns.

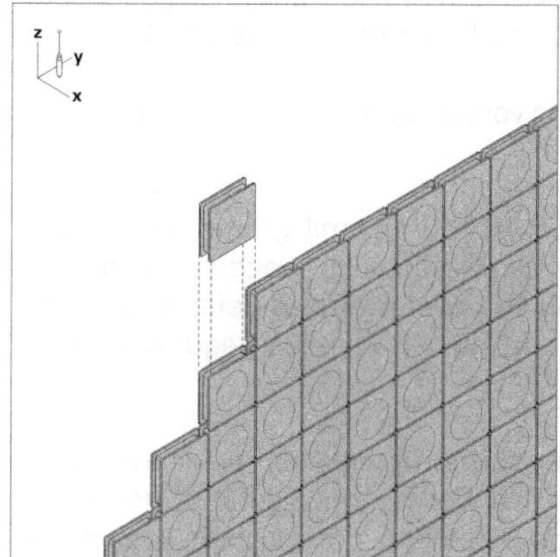

133 Verlegegeometrie mit Kreuzfugen am Beispiel einer nicht tragenden Glasbausteinwand.

134 Im Kreuzfugenmuster verlegte Glasbausteine einer Fassade.

2. Die Formdefinition kontinuierlicher gekrümmter Schichtflächen

■ Sollen gekrümmte Oberflächen unter Verwendung der handelsüblichen Grundelemente in **Band**-, **Platten**-, **Stab**- und **Bausteinform** baulich ausgeführt werden, sind besondere Einschränkungen zu berücksichtigen, die im Folgenden anhand einzelner Beispiele exemplarisch untersucht werden sollen. Es sei daran erinnert, dass ggf. auch **gegossene Bauteile** an diese Einschränkungen gebunden sind, wenn sie mithilfe von Schalungen oder anderen Negativformen gefertigt werden, die ihrerseits aus festem Grundmaterial bestehen.

✏ *Z. B. Holzschalungen für Beton*

2.1 Besonderheiten gekrümmter Oberflächen

■ Waren die angesprochenen Bedingungen weitestgehend auf ebene Flächen anwendbar, so gelten für gekrümmte Oberflächen besondere Voraussetzungen, die im Folgenden näher untersucht werden sollen. Wenngleich gekrümmte Flächen in der Realität des Bauens nicht die gleiche Bedeutung wie ebene haben, weisen sie doch spezifische Stärken gegenüber diesen auf: Sie können im tragenden Einsatz durch ihre Form wesentlich an Steifigkeit und Tragfähigkeit gewinnen. Bei bestimmten Konstruktionen wie Schalen, Gewölben oder Kuppeln ist die Krümmung sogar eine unabdingbare Voraussetzung für ihre Tragfähigkeit. Sie haben ferner ein sehr großes formalästhetisches Ausdruckspotenzial. Skulpturale Bauformen aus gekrümmten Oberflächen sind in den letzten Jahren in zahlreichen, sehr spektakulären und medial wirksamen Beispielen entstanden.

Die Vielzahl gekrümmter Oberflächen ist unübersehbar. Neben den **regelmäßigen Varianten**, also denjenigen, die bis heute das Grundrepertoire der im Bauwesen verwendeten gekrümmten Oberflächen ausmachen, existieren unzählige, nicht mit einfachen Mitteln definierbare **Freiformflächen**, welche bislang zumeist als nahezu unbaubar galten, weil:

- sie nur mit größtem Aufwand von der Zeichnung oder dem Modell in den Maßstab 1:1 übertragen werden konnten;
- ihr **Tragverhalten** im voraus kaum rechnerisch zu erfassen war;
- die komplexen Oberflächen nur mit größter Mühe und Kostenaufwand aus den verfügbaren, weitgehend **ebenen** oder **stabförmigen Grundelementen** gefertigt werden konnten. Dies gilt auch für Schalungen gegossener Elemente.

☞ ***Band 1,*** *Kap. II-2, Abschn. 4.2 Einsatz neuer digitaler Planungs- und digital gesteuerter Fertigungstechniken im Bauwesen, S. 60 f*

Die **digitalen Planungshilfsmittel** haben zu einem grundlegenden Wandel der Randbedingungen geführt. Heute existieren leistungsfähige Hilfsmittel, die erlauben, sowohl die Geometrie als auch das Tragverhalten komplexer Freiformflächen zu erfassen. Ferner bieten moderne CNC-gesteuerte Fertigungsanlagen auch die Möglichkeit, die planerisch definierten Bauformen fertigungstechnisch umzusetzen.

Auch wenn, gemessen an ebenen Bauteilen, stets mit einem Zusatzaufwand zu rechnen ist, gilt dennoch, dass gekrümmte Oberflächen heute wesentlich einfacher und kostengünstiger herzustellen sind als noch vor kurzer Zeit. Dies bedeutet im Umkehrschluss keineswegs, dass es angesichts moderner Bau- und Fertigungstechnik gleichgültig ist, wie eine gekrümmte Oberfläche geometrisch definiert und erzeugt wird. Wie bei allen anderen Bereichen des Entwerfens und Konstruierens, öffnen erweiterte Hilfsmittel der Beliebigkeit in keiner Weise Tür und Tor. Es ist in diesem Sinn von fundamentaler Bedeutung, dass der Planer sowohl den Prozess der geometrisch-technischen Entwicklung als auch den der baulichen Realisierung innerhalb der Grenzen des entwurflich Beabsichtigten so einfach wie möglich gestaltet. Auf gekrümmte Oberflächen bezogen bedeutet dies, dass einer regelmäßigen Oberfläche stets der Vorzug gegenüber einer Freiformfläche zu geben ist, sofern sie die gewünschte Entwurfsform zufriedenstellend verwirklicht.

☞ ***Band 4**, Kap. 5, Abschn. 9. Die neue Formenfreiheit*

Zum Verständnis der geometrischen Verhältnisse bei den wichtigsten gekrümmten Oberflächen sind in den folgenden Abschnitten einige theoretische Überlegungen anzustellen.

2.2 Geometrische Voraussetzungen

■ Die geometrische Definition von geradlinigen und ebenen Elementen ist trivial und erfordert nur wenige Raumkoordinaten. Anders verhält es sich mit Kurven bzw. gekrümmten Oberflächen, insbesondere Freiformkurven oder -flächen, die sich durch ihre **Krümmung** von Ersteren unterscheiden. Zum Verständnis ihrer Geometrie sind deshalb zunächst einige grundlegende Begriffe zur Krümmung zu klären.

2.2.1 Tangentialebene, Normalenvektor

■ Durch jeden regulären Punkt **P** einer allgemeinen, also ebenen oder stetig gekrümmten Oberfläche **S** (🗗 **135**), verlaufen **Flächenkurven** ($\mathbf{f_u}$, $\mathbf{f_v}$), die entstehen, wenn man die Fläche durch Ebenen ($\mathbf{E_u}$, $\mathbf{E_v}$) schneidet, die diesen Punkt enthalten. Diesen ebenen Flächenkurven lassen sich am Punkt **P** Tangenten $\mathbf{t_u}$, $\mathbf{t_v}$ zuweisen, die eine charakteri-

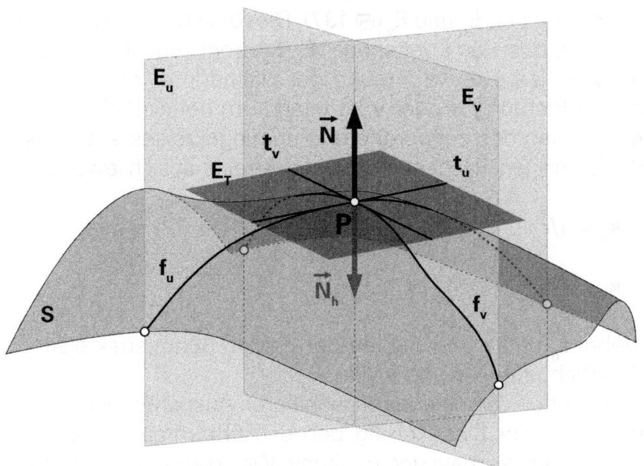

135 Gekrümmte Oberfläche **S** mit Tangentialebene $\mathbf{E_T}$ und Normalenvektor **N**. Die hier dargestellten Schnittebenen $\mathbf{E_u}$ und $\mathbf{E_v}$ stehen rechtwinklig auf der Oberfläche und sind folglich normale Schnittebenen. Beide enthalten den Normalenvektor **N** bzw. den Hauptnormalenvektor $\mathbf{N_h}$.

stische **Tangentialebene** $\mathbf{E_T}$ definieren bzw. aufspannen. Die Tangentialebene enthält die Tangenten aller denkbaren Flächenkurven durch den Punkt **P**. Ausnahmen zu dieser Regel sind nicht reguläre Punkte wie beispielsweise eine Kegelspitze. Gekrümmte Oberflächen zeichnen sich gegenüber ebenen dadurch aus, dass nicht jeder Punkt auf der Fläche die gleiche Tangentialebene besitzt.

Der zur Tangentialebene rechtwinklige Einheitsvektor auf **P** steht in **P** auch auf der Oberfläche rechtwinklig und wird als **Normalenvektor N** bezeichnet. Zwei gegensinnig orientierte Vektoren erfüllen diese Bedingung: einmal der zur konvexen, ein andermal der zur konkaven Seite der Oberfläche orientierte Vektor. In der Geometrie wird der letztere, d. h . der zum Mittelpunkt des zugehörigen Schmiegekreises (s. u.) weisende, als der charakteristische gewählt und als **Hauptnormalenvektor** $\mathbf{N_h}$ bezeichnet. Stehen die gewählten Ebenen $\mathbf{E_u}$ und $\mathbf{E_v}$ im Punkt **P** rechtwinklig auf der Oberfläche, enthalten beide den Normalenvektor **N** bzw. $\mathbf{N_h}$ (wie in ⧉ **135**). Sie werden dann als **normale Schnittebenen** bezeichnet, die auf ihnen liegenden Flächenkurven **u** und **v** als **normale Flächenkurven**.

2.2 Krümmung

■ Die Krümmung einer Kurve **a** an einem Punkt **P** lässt sich beschreiben als die Abweichung bzw. Richtungsänderung der Kurve von der Tangente in der Nachbarschaft zu beiden Seiten des Punkts (⧉ **136**). Sie ist gleich der Krümmung des **Schmiegekreises s** an die Kurve an diesem Punkt **P** und lässt sich folglich errechnen als $\mathbf{k} = 1/\mathbf{r}$, wobei **r** der Radius des Schmiegekreises ist.

Die Krümmung einer Oberfläche an einem Punkt **P** lässt sich, analog zur Kurve, beschreiben als die Richtungsänderung der Fläche bezüglich der Tangentialebene in der Nachbarschaft von **P**. Die Abweichung ist desto größer, je größer die Krümmung ist. Sie ist abhängig von der jeweils betrachteten Ausrichtung der zugehörigen Flächenkurven durch **P** in Bezug auf ein Koordinatensystem **u/v** mit Mittelpunkt in **P** und Ausrichtung entlang der zueinander rechtwinkligen Schnittebenen $\mathbf{E_u}$ und $\mathbf{E_v}$ (⧉ **137**). Diese Richtungen sind frei wählbar, d. h. das Ebenenpaar $\mathbf{E_u}/\mathbf{E_v}$ dreht zunächst frei um die **z**-Achse. Die Krümmung der Fläche in einer vorgegebenen Richtung **u** oder **v** ist wiederum definiert durch die Krümmung des zugeordneten Schmiegekreises $\mathbf{s_u}$ bzw. $\mathbf{s_v}$ der jeweiligen Flächenkurve. Diese errechnet sich jeweils zu:

$$\mathbf{k_u} = 1/\mathbf{r_u}$$

$$\mathbf{k_v} = 1/\mathbf{r_v}$$

wobei $\mathbf{r_u}$ und $\mathbf{r_v}$ die Radien der beiden Schmiegekreise in den Richtungen **u** und **v** sind.

Unter den verschiedenen wählbaren Ausrichtungen **u** und **v** existiert eine Orientierung, bei der die Krümmungen $\mathbf{k_u}$ und $\mathbf{k_v}$ jeweils maximale und minimale Werte annehmen. Diese

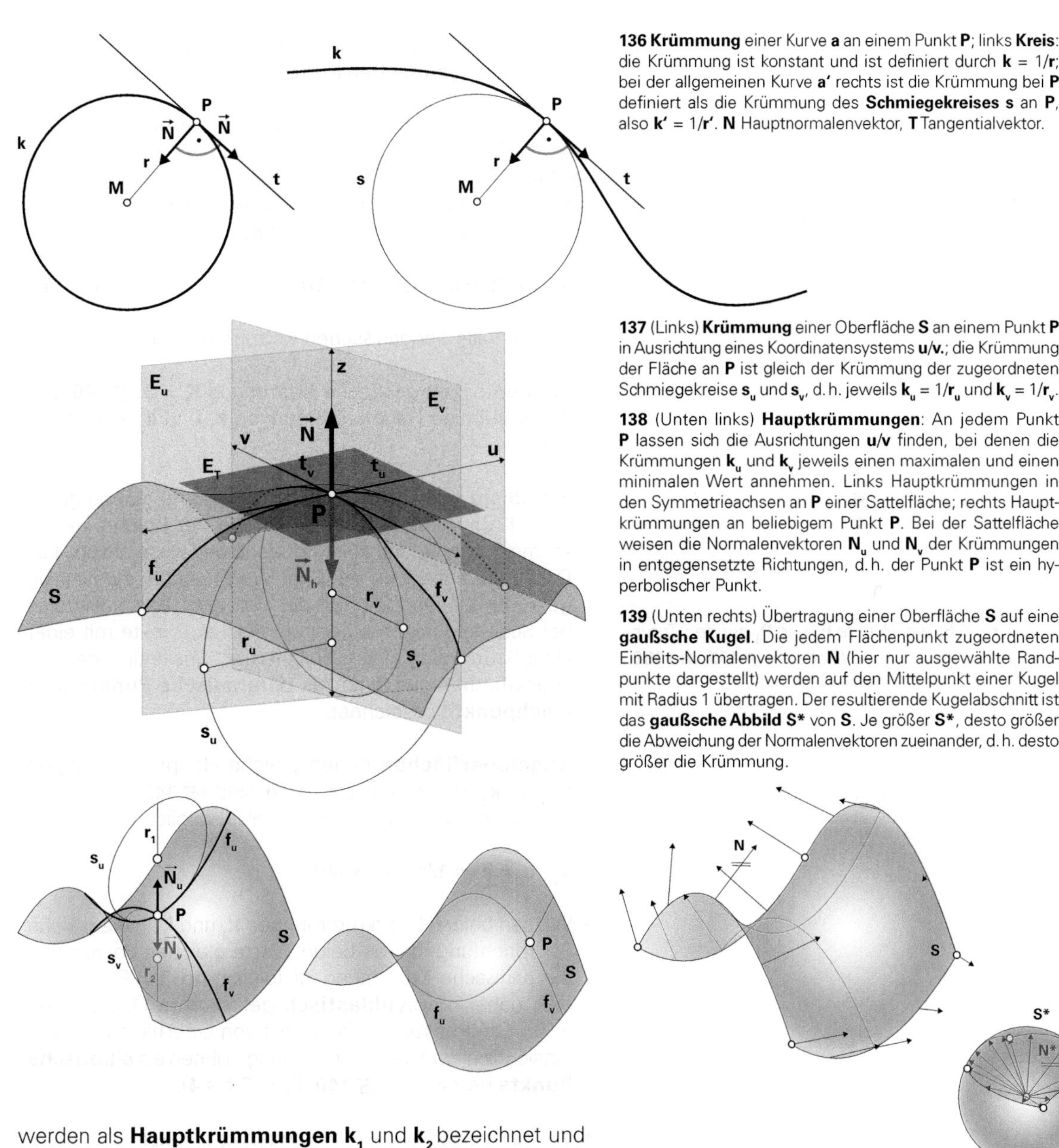

136 Krümmung einer Kurve **a** an einem Punkt **P**; links **Kreis**: die Krümmung ist konstant und ist definiert durch **k** = 1/**r**; bei der allgemeinen Kurve **a'** rechts ist die Krümmung bei **P** definiert als die Krümmung des **Schmiegekreises s** an **P**, also **k'** = 1/**r'**. **N** Hauptnormalenvektor, **T** Tangentialvektor.

137 (Links) **Krümmung** einer Oberfläche **S** an einem Punkt **P** in Ausrichtung eines Koordinatensystems **u/v.**; die Krümmung der Fläche an **P** ist gleich der Krümmung der zugeordneten Schmiegekreise $\mathbf{s_u}$ und $\mathbf{s_v}$, d. h. jeweils $\mathbf{k_u} = 1/\mathbf{r_u}$ und $\mathbf{k_v} = 1/\mathbf{r_v}$.

138 (Unten links) **Hauptkrümmungen**: An jedem Punkt **P** lassen sich die Ausrichtungen **u/v** finden, bei denen die Krümmungen $\mathbf{k_u}$ und $\mathbf{k_v}$ jeweils einen maximalen und einen minimalen Wert annehmen. Links Hauptkrümmungen in den Symmetrieachsen an **P** einer Sattelfläche; rechts Hauptkrümmungen an beliebigem Punkt **P**. Bei der Sattelfläche weisen die Normalenvektoren $\mathbf{N_u}$ und $\mathbf{N_v}$ der Krümmungen in entgegensetzte Richtungen, d. h. der Punkt **P** ist ein hyperbolischer Punkt.

139 (Unten rechts) Übertragung einer Oberfläche **S** auf eine **gaußsche Kugel**. Die jedem Flächenpunkt zugeordneten Einheits-Normalenvektoren **N** (hier nur ausgewählte Randpunkte dargestellt) werden auf den Mittelpunkt einer Kugel mit Radius 1 übertragen. Der resultierende Kugelabschnitt ist das **gaußsche Abbild S*** von **S**. Je größer **S***, desto größer die Abweichung der Normalenvektoren zueinander, d. h. desto größer die Krümmung.

werden als **Hauptkrümmungen** $\mathbf{k_1}$ und $\mathbf{k_2}$ bezeichnet und stehen stets rechtwinklig aufeinander (⮺ **138**).

Gaußsche Krümmung

■ Die gaußsche Krümmung **K** ist definiert als das Produkt der beiden Hauptkrümmungen $\mathbf{k_1}$ und $\mathbf{k_2}$:

$$\mathbf{K = k_1 \cdot k_2 = 1/r_1 \cdot 1/r_2}$$

Der Begriff der gaußschen Krümmung lässt sich auch auf der Grundlage des **gaußschen Abbilds** einer Oberfläche, bzw. eines Sektors derselben, herleiten (⮺ **139**). Hierbei werden die Einheits-Normalenvektoren **N** jedes Punkts auf der Oberfläche **S** auf den Mittelpunkt einer Kugel mit Radius 1, der sogenannten **gaußschen Kugel**, übertragen. Sie definieren bzw. überstreichen einen Sektor **S*** der Kugeloberfläche. Die Größe dieses Sektors ist ein Maß für die Krümmung der Oberfläche **S**: je größer **S***, desto größer die Krümmung (🗗 **140**). Das Verhältnis zwischen der Fläche des gaußschen Abbilds **S*** und der Fläche der Ursprungsoberfläche **S** ist gleich der gaußschen Krümmung **K**:[6]

$$K = S^*/S = k_1 \cdot k_2 = 1/r_1 \cdot 1/r_2$$

Spezielle Fälle der gaußschen Krümmung sind:

- **Ebenen** haben gaußsche Krümmung **K** = 0 (🗗 **140**, Fall **1**), denn beide Hauptkrümmungen k_1 und k_2 sind gleich Null.

- **Einachsig gekrümmte** Oberflächen (s. u.) haben gaußsche Krümmung **K** = 0, denn eine der beiden Hauptkrümmungen k_1 und k_2 ist notwendigerweise gleich Null. Dies kann aber auch bei singulären Punkten zweiachsig gekrümmter Oberflächen der Fall sein, beispielsweise bei Scheitelpunkten einer Torusfläche. Punkte mit einer Hauptkrümmung gleich Null werden hinsichtlich der Flächenkrümmung in ihnen als **parabolische Punkte** oder **Flachpunkte** bezeichnet.

☞ *Z. B. die Punkte* P_2 *und* P_4 *auf den Torusflächen in* 🗗 **155** *und* **156**.

- **Kugeloberflächen** haben gleiche Hauptkrümmungen k_1 und k_2, die jeweils gleich 1/**r** sind (🗗 **140**, Fall **2**); die gaußsche Krümmung einer Kugel ist folglich stets:

$$k_1 \cdot k_2 = k^2 = 1/r \cdot 1/r = 1/r^2$$

- Weisen beide Hauptkrümmungen k_1 und k_2 in die gleiche Raumrichtung, haben beide Werte gleiches Vorzeichen; die gaußsche Krümmung ist folglich positiv. Es handelt sich dabei um **synklastisch** gekrümmte Oberflächen (s. u.). Die Punkte auf dieser Art von Oberfläche werden hinsichtlich der Flächenkrümmung in ihnen als **elliptische Punkte** bezeichnet (🗗 **140**, Fälle **2** bis **4**).

- Weisen beide Hauptkrümmungen k_1 und k_2 in entgegengesetzte Richtung, haben beide Werte verschiedenes Vorzeichen; die gaußsche Krümmung ist folglich negativ. Es handelt sich dabei um **antiklastisch** gekrümmte Oberflächen bzw. Sattelflächen (s. u.). Die Punkte auf dieser Art von Oberfläche werden hinsichtlich der Flächenkrümmung in ihnen als **hyperbolische Punkte** bezeichnet (🗗 **138**, **139**).

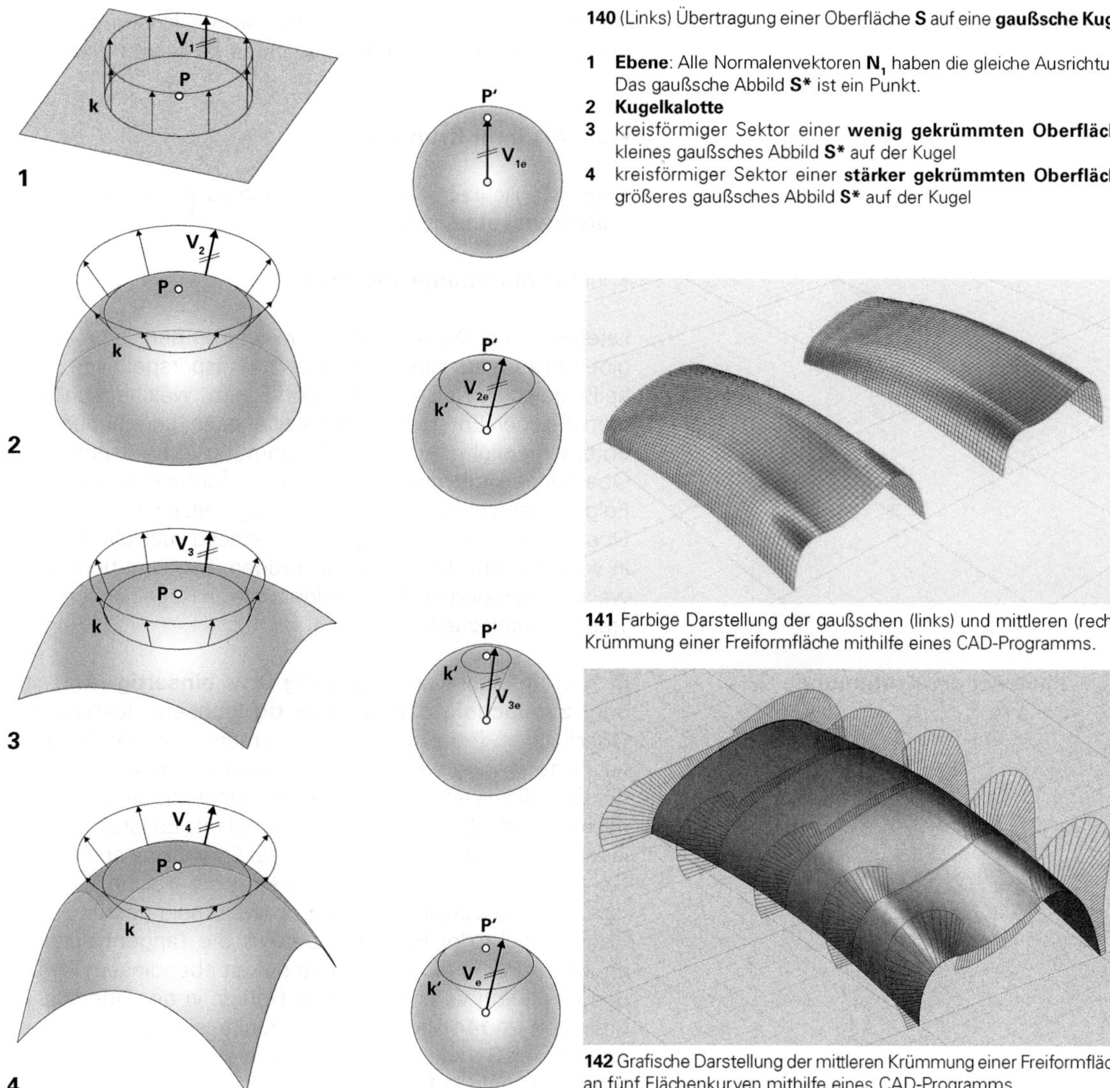

140 (Links) Übertragung einer Oberfläche **S** auf eine **gaußsche Kugel**.

1 **Ebene**: Alle Normalenvektoren $\mathbf{N_1}$ haben die gleiche Ausrichtung. Das gaußsche Abbild **S*** ist ein Punkt.
2 **Kugelkalotte**
3 kreisförmiger Sektor einer **wenig gekrümmten Oberfläche**: kleines gaußsches Abbild **S*** auf der Kugel
4 kreisförmiger Sektor einer **stärker gekrümmten Oberfläche**: größeres gaußsches Abbild **S*** auf der Kugel

141 Farbige Darstellung der gaußschen (links) und mittleren (rechts) Krümmung einer Freiformfläche mithilfe eines CAD-Programms.

142 Grafische Darstellung der mittleren Krümmung einer Freiformfläche an fünf Flächenkurven mithilfe eines CAD-Programms.

Mittlere Krümmung

■ Als mittlere Krümmung $\mathbf{K_m}$ versteht man den arithmetischen Mittelwert der beiden Hauptkrümmungen $\mathbf{k_1}$ und $\mathbf{k_2}$.

$$\mathbf{K_m = (k_1 + k_2)/2}$$

Oberflächen mit gleichen, entgegengesetzt ausgerichteten Hauptkrümmungen haben infolgedessen mittlere Krümmung gleich Null. Es handelt sich um sogenannte **Minimalflächen**, die sich im physischen Modell bei Seifenhäuten einstellen und im Membranbau von besonderer Bedeutung sind.

☞ *Kap. IX-2, Abschn. 3.3.2 Membran und Seiltragwerk, mechanisch gespannt, punktuell gelagert, S. 392 f, insbesondere* **299**. *Vgl. auch Kap. IX-1, Abschn. 4.4.3 Formfindung von Flächentragwerken unter Membrankräften, S. 260*

2.3 Regelmäßige Oberflächentypen

■ Regelmäßige gekrümmte Oberflächen lassen sich für unsere Zwecke in einer vereinfachten Betrachtungsweise hinsichtlich:

- der **Art ihrer Krümmung**;
- der Möglichkeit, sie in eine Ebene zu verwandeln oder **abzuwickeln** sowie:
- ihres **Entstehungsgesetzes**

kategorisieren. Die Unterteilung in diese großen Gruppen ergibt sich aus verschiedenen Betrachtungsperspektiven. Das heißt beispielsweise, dass Oberflächen, welche sich aus dem gleichen Entstehungsgesetz herleiten, gegebenenfalls unterschiedliche Arten der Krümmung aufweisen; oder Oberflächen mit gleicher Art der Krümmung können die Folge unterschiedlicher Entstehungsgesetze sein. Einzelne Oberflächen lassen sich dementsprechend auch gleichzeitig in verschiedene Kategorien einordnen – so sind beispielsweise hyperbolische Paraboloide zugleich Regelflächen und Translationsflächen.

3.1 nach Art der Krümmung

■ Man unterscheidet **einachsig** bzw. **einseitig** (einfach) oder **zweiachsig** bzw. **zweiseitig** (doppelt) gekrümmte Oberflächen. Bei einachsiger Krümmung liegt die Tangentialfläche an jedem Punkt auch gleichzeitig entlang einer in der Oberfläche enthaltenen Geraden tangential an der Oberfläche an (🗗 **143**). Oder anders formuliert: Es lässt sich an jedem Punkt jeweils immer eine in der Oberfläche enthaltene Gerade definieren, deren Punkte stets die gleiche Tangentialebene aufweisen. Dies ist bei zweiachsig gekrümmten Flächen nicht der Fall: Dort berührt die Tangentialfläche an einem Punkt die Oberfläche nur an ebendiesem Punkt und es ist von vornherein keine Gerade in der Oberfläche enthalten (🗗 **144** oben), bzw. die Punkte einer in der Fläche enthaltenen Gerade weisen jeweils unterschiedliche Tangentialebenen auf (🗗 **144** unten).

☞ *Oben 2.2.2 Krümmung > Gaußsche Krümmung, S. 43 f*

Wie oben diskutiert, haben einachsig gekrümmte Oberflächen stets eine gaußsche Krümmung gleich Null.

☞ *Definition siehe unten Abschn. 2.3.3 nach Entstehungsgesetz, S. 48 ff*

Aus dieser Definition ergibt sich, dass alle einachsig gekrümmten Flächen **Regelflächen** sind. Nicht alle Regelflächen weisen hingegen einachsige Krümmung auf. Zweiachsig gekrümmte Oberflächen werden ferner unterschieden in:

- **gleichsinnig** doppelt (**synklastisch**) gekrümmte Oberflächen (🗗 **145**). Die Krümmungen weisen jeweils in den selben Halbraum. Dies sind die annähernd **kuppelförmige** Flächen. Ihre gaußsche Krümmung ist größer als Null.
- **gegensinnig** doppelt (**antiklastisch**) gekrümmte Oberflächen (🗗 **146**). Die Krümmungen sind jeweils in verschiedene Halbräume ausgerichtet. Diese Flächen weisen in

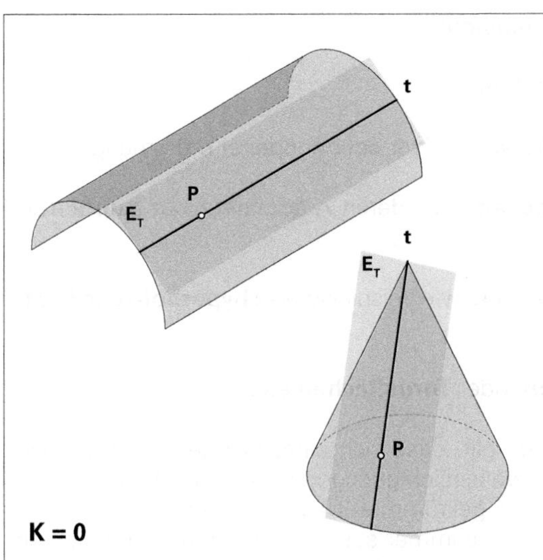

143 Bei **einachsig** gekrümmten Oberflächen lässt sich für jede Tangentialebene $\mathbf{E_T}$ an einem beliebigen Punkt **P** eine Tangente **t** durch **P** finden, an welcher die Ebene tangential an der Oberfläche anliegt. Ihre gaußsche Krümmung **K** ist gleich Null.

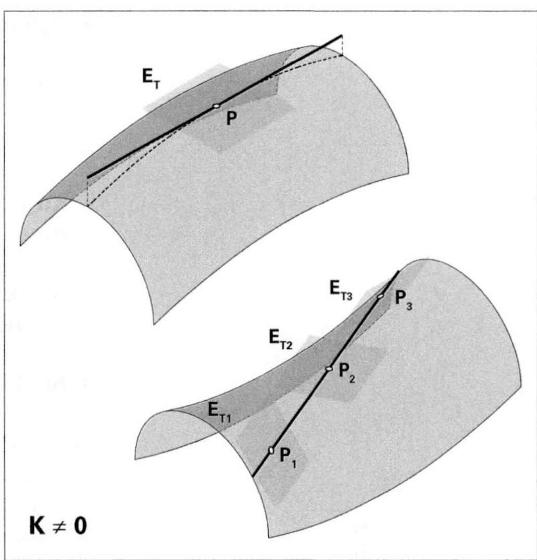

144 Bei **zweiachsig** gekrümmten Oberflächen lässt sich entweder von vornherein keine Gerade **t** durch **P** finden, die in der Oberfläche enthalten ist (oben); oder ansonsten weisen die Punkte $\mathbf{P_i}$ einer solchen Geraden jeweils stets unterschiedliche Tangentailebenen ($\mathbf{E_{T1}}$, $\mathbf{E_{T2}}$, $\mathbf{E_{T3}}$ ...) auf (unten). Ihre gaußsche Krümmung **K** ist ungleich Null (ggf. bis auf singuläre parabolische Punkte).

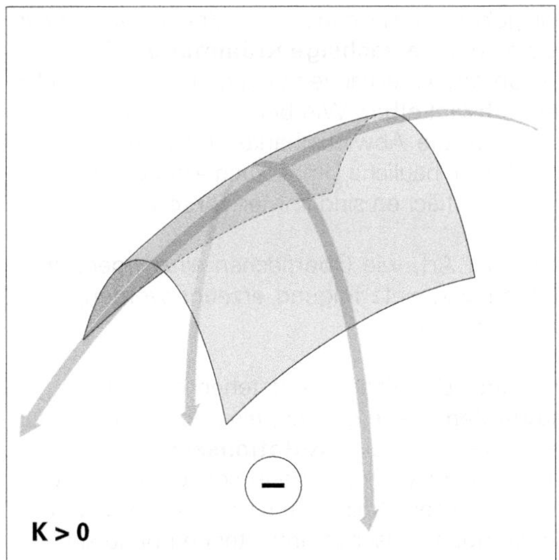

145 Gleichsinnig oder synklastisch gekrümmte Oberfläche. Ihre gaußsche Krümmung **K** ist größer als Null.

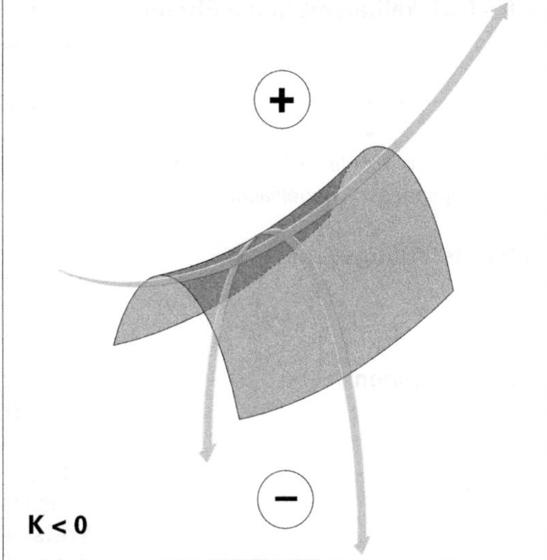

146 Gegensinnig oder antiklastisch gekrümmte Oberfläche. Ihre gaußsche Krümmung **K** ist kleiner als Null.

etwa **Sattelform** auf. Ihre gaußsche Krümmung ist kleiner als Null.

Im Bauwesen übliche Flächen mit einachsiger oder einfacher Krümmung sind:

- **Zylinderflächen**;
- **Kegelflächen**.

Solche mit zweiachsiger oder doppelter Krümmung:

- **Kugelflächen** bzw. deren Ausschnitte wie **Kuppelformen**;
- **Sattelflächen**, wie beispielsweise **hyperbolische Paraboloide**;
- **Schlauch**- oder **Torusflächen** etc.

Grundsätzlich gilt, dass sich einachsig gekrümmte Oberflächen mit wesentlich geringerem Aufwand bauen lassen als zweiachsig gekrümmte. Dies lässt sich darauf zurückführen, dass jene immer aus geraden Grundelementen, in Annäherung selbst aus polyederförmig zusammengesetzten Plattenabschnitten, in Spezialfällen sogar aus – ihrerseits einachsig – gebogenen Platten hergestellt werden können. Zweiachsig gekrümmte Oberflächen lassen sich hingegen nur in Ausnahmefällen, und dann oft nur als grobe Annäherungen, aus diesen Elementen fertigen.

☞ *Abschn. 3.2 Ausbau zweiachsig gekrümmter Oberflächen, S. 104 ff*

2.3.2 nach Abwickelbarkeit in die Ebene

■ Damit eine gekrümmte Fläche auf eine Ebene abwickelbar ist, muss sie eine nur **einachsige Krümmung** aufweisen. Doppelt gekrümmte Oberflächen sind grundsätzlich **nicht in die Ebene abwickelbar**. Wie bereits weiter oben festgestellt, bedeutet die Abwickelbarkeit eine wesentliche Erleichterung für die bauliche Umsetzung einer Oberfläche. Abwickelbare Oberflächen sind immer **Torsen**.

☞ *Abschn. 2.3.1 nach Art der Krümmung, S. 46 ff*

☞ *Definition im Abschn. 2.3.3 nach Entstehungsgesetz – Regelflächen, S. 54 ff*

2.3.3 nach Entstehungsgesetz

■ Hinsichtlich der Art, wie Oberflächen einem geometrischen Entstehungsgesetz folgend erzeugt werden, wird unterschieden zwischen:

Rotationsflächen

■ Rotations- oder Drehflächen entstehen durch Drehung einer **Erzeugenden** – eine Gerade, eine ebene oder auch nichtebene Kurve – um eine **Rotationsachse**. Jede zur Rotationsachse rechtwinklige Ebene schneidet die Rotationsfläche stets in einem Kreis, einem sogenannten **Breitenkreis**. Jede die Rotationsachse enthaltende Ebene schneidet die Oberfläche jeweils immer in einer identischen Kurve, dem **Meridian**.

Spezielle Rotationsflächen sind:

- **Kreiszylinder**: Dreht eine Gerade um eine zu ihr parallele Gerade, entsteht ein Kreiszylinder (🗗 **147, 148**). Jeder Breitenkreis ist in diesem Fall identisch. Der Meridian ist eine Gerade (**Mantelgerade**). Alle Meridian- oder Mantelgeraden stehen im Raum zueinander parallel. Als Spezialfall der allgemeinen Zylinderoberfläche lässt sich

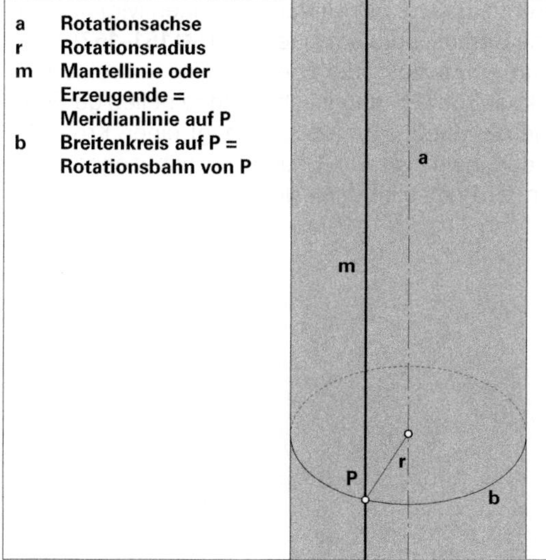

147 Rotationsfläche Kreiszylinder.

148 Kreiszylinder aus Blech. Die Breitenkreise bilden sich an den Schweißnähten ab.

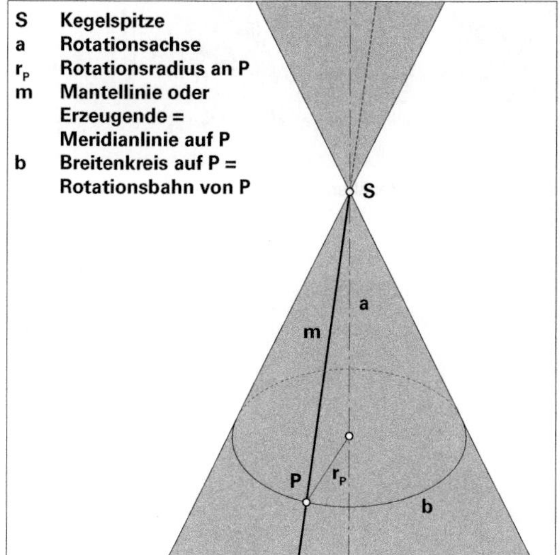

149 Rotationsfläche Kreiskegel.

150 Kreiskegelförmiger gemauerter Schornstein (Kegelstumpf; Spitze abgeschnitten).

der Kreiszylinder auch als **Regelfläche** einordnen.

- **Kreiskegel**: Dreht eine Gerade um eine andere, die sie schneidet, entsteht ein Kreiskegel (🗗 **149**, **150**). Die Meridiane sind Geraden (**Mantelgeraden**), welche die Achse in einem einzigen Punkt, der **Kegelspitze**, schneiden, zueinander also nicht parallel verlaufen. Auch der Kreiskegel lässt sich als **Regelfläche** betrachten.

- **Kugel**: Dreht ein Kreis um eine durch seinen Mittelpunkt verlaufende Gerade, entsteht eine Kugel (**151–152**). Meridiane sind – wie auch die Breitenkreise – Kreise mit Mittelpunkt auf der Rotationsachse. Jede beliebige Ebene, welche die Kugel schneidet, erzeugt einen Kreis als Schnittlinie. Kugeln treten im Bauwesen insbesondere als Teilflächen, zumeist als Kugelkalotten auf.

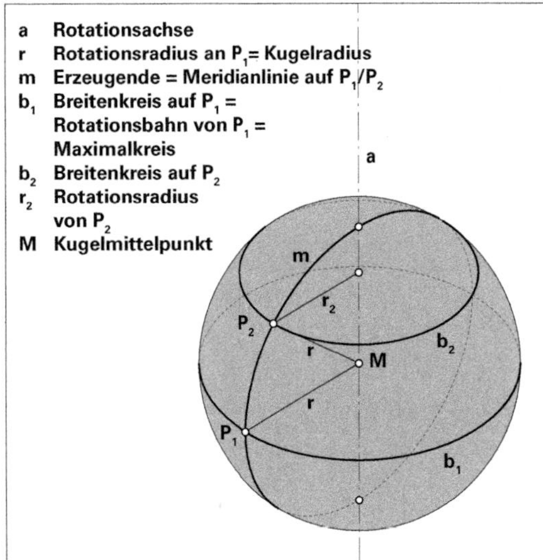

151 Rotationsfläche Kugel.

152 Kugelförmiger Behälter.

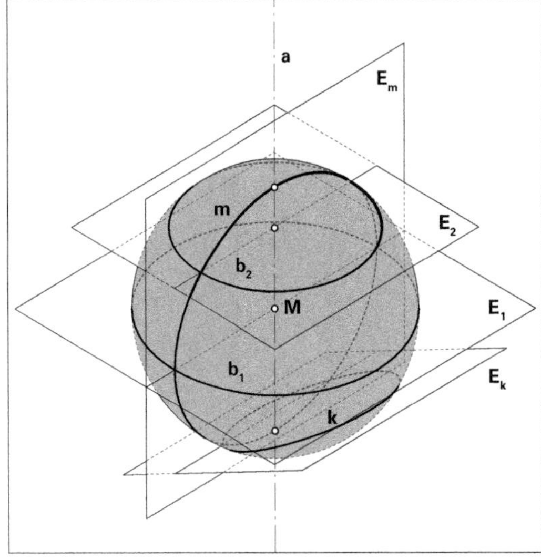

153 Ebene Schnitte durch eine Kugel erzeugen Kreise: Maximalkreise wenn die Ebene (**E_m**, **E_1**) durch den Mittelpunkt **M** verläuft.

154 Die Kugel erscheint im Bauwesen in der Regel als abgeschnittene Kalotte, wie bei dieser Kuppel. Der ebene Bodenschnitt ergibt einen Kreis.

- **Schlauch**- oder **Torusfläche**: Dreht ein Kreis um eine in seiner Ebene enthaltene Gerade, welche nicht durch seinen Mittelpunkt verläuft, entsteht ein Schlauch oder Torus (**155–158**). Meridian ist folglich entweder ein vollständiger Kreis (offener Torus, **156**) oder ein Kreisabschnitt (geschlossener Torus, **155**). Breitenkreise sind jeweils entweder einfach (geschlossener Torus) oder doppelt und konzentrisch (offener Torus).

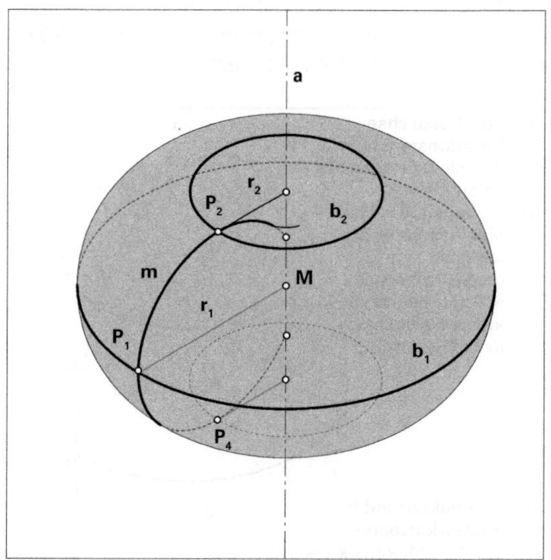

155 Rotationsfläche Torus geschlossen. Erzeugende ist der Kreisabschnitt **m**.

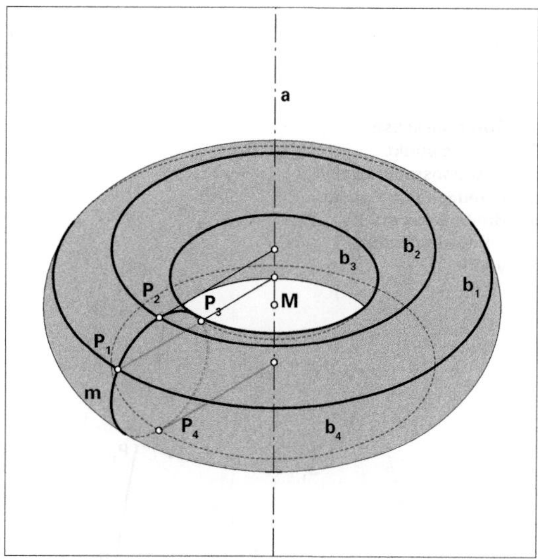

156 Rotationsfläche Torus offen. Erzeugende ist ein vollständiger Kreis **m**.

157 Offene Torusfläche: ringförmig gemauertes Gewölbe.

158 Offene Torusfläche: Säulenbasis.

Auch Rotationsflächen, die entstehen, wenn regelmäßige, mathematisch einfach beschreibbare Kurven, wie Kegelschnitte, um eine Achse drehen, besitzen eine gewisse bauliche Bedeutung. Es handelt sich um:

- das **Rotationsparaboloid**: Dreht eine Parabel um ihre Achse, entsteht ein Rotationsparaboloid (🗗 **159**).
- das **einschalige Rotationshyperboloid**: Drehen zwei Hyperbeläste um ihre gemeinsame Symmetrieachse, entsteht ein einschaliges Rotationshyperboloid (🗗 **161, 165**). Meridian ist folglich stets die gleiche Hyperbel. Eine

a Rotationsachse
S Scheitelpunkt
r Rotationsradius von P_1
m Erzeugende = Parabel
b_1 Breitenkreis auf P_1 = Rotationsbahn von P_1
S
M_1
r_1
P_1
b_1
m
a

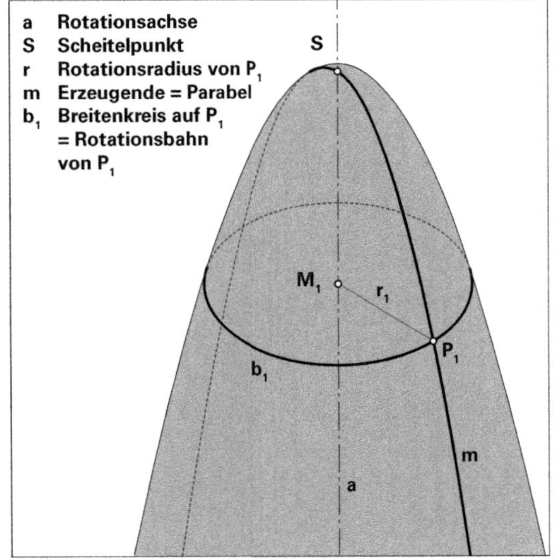

159 Rotationsparaboloid.

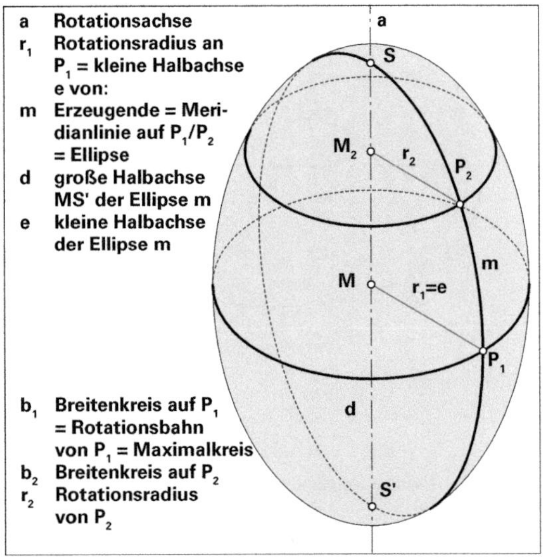

a Rotationsachse
r_1 Rotationsradius an P_1 = kleine Halbachse e von:
m Erzeugende = Meridianlinie auf P_1/P_2 = Ellipse
d große Halbachse MS' der Ellipse m
e kleine Halbachse der Ellipse m
b_1 Breitenkreis auf P_1 = Rotationsbahn von P_1 = Maximalkreis
b_2 Breitenkreis auf P_2
r_2 Rotationsradius von P_2
a
S
M_2
r_2
P_2
m
M
r_1=e
P_1
d
S'

160 Rotationsellipsoid.

a Rotationsachse
m Erzeugende = Meridianlinie = Hyperbelast
b_i Breitenkreis auf P_i = Rotationsbahn von P_i
r_3
a
P_3
b_3
M_2
r_2
P_2
b_2
M_1
m
r_1
P_1
b_1

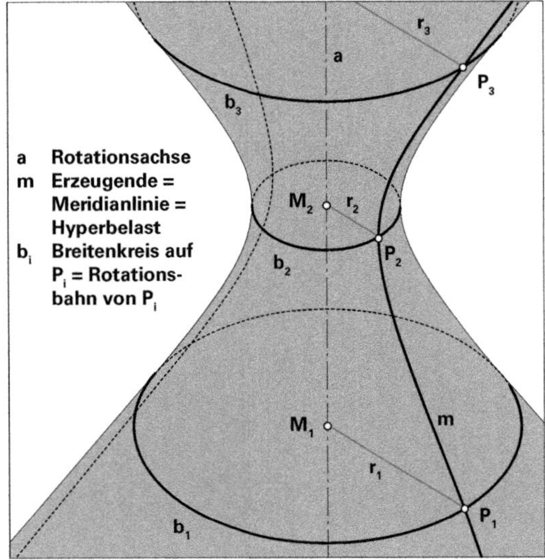

161 Einschaliges Rotationshyperboloid aus der Drehung eines Hyperbelasts.

a Rotationsachse
m/m' Erzeugende = Meridianlinie auf P_1= Hyperbelast
S/S' Scheitelpunkt
z imaginäre Achse der Hyperbel
b_1 Breitenkreis auf P_1 = Rotationsbahn von P_1
m'
S'
S
z
M_1
r_1
P_1
b_1
m
a

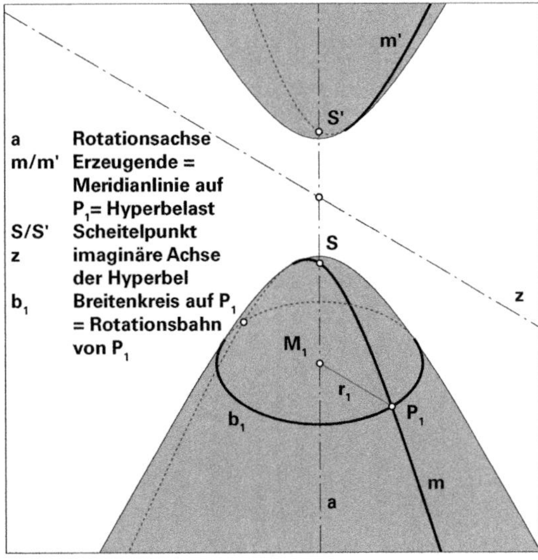

162 Zweischaliges Rotationshyperboloid.

Besonderheit dieser Oberfläche ist, dass sie sich auch als **Regelfläche** definieren lässt: Dreht eine zur Achse windschiefe – also diese nicht schneidende, sondern nur kreuzende – Gerade um diese, entsteht die gleiche Art von Oberfläche wie beim Drehen einer Hyperbel (☐ **169, 170**).

- das **zweischalige Rotationshyperboloid**: Drehen die Hyperbeln um die gemeinsame Achse, entsteht das zweischalige Rotationshyperboloid (☐ **162**).

163 Reaktordach in Form eines Rotationsellipsoids.

164 Barocke Kuppel in Form eines entlang der Hauptachse halbierten Rotationsellipsoids.

165 Kühlturm: einschaliges Rotationshyperboloid.

- das **Rotationsellipsoid**: Dreht eine Ellipse um eine ihrer Hauptachsen, entsteht das Rotationsellipsoid (🗗 **160, 163, 164**).

Regelflächen

■ Regelflächen entstehen durch die Bewegung einer **erzeugenden Gerade** im Raum, beispielsweise durch Entlanggleiten an einer **Leitkurve** (🗗 **166**).

Spezielle Regelflächen sind solche, bei denen die Tangentialebene entlang einer erzeugenden Geraden oder Mantelgeraden unverändert bleibt. Man bezeichnet diese Oberflächen als **Torsen** – Beispiele: Zylinder, Kegel oder Tangentialflächen an eine räumliche Kurve.[7] Benachbarte erzeugende Geraden liegen entweder in einer Ebene – d.h. sie schneiden sich in einem Punkt, wie beim Kegel; sind räumlich zueinander parallel – d.h. sie schneiden sich in einem Punkt im Unendlichen, wie beispielsweise beim Zylinder; oder sie liegen tangential an einer räumlichen Kurve an (🗗 **167**). Torsen haben **einachsige Krümmung** und sind stets **in die Ebene abwickelbar**.

Bei den restlichen Regelflächen verändert sich die Tangentialebene eines Punkts **P**, der an einer erzeugenden Geraden entlanggleitet; sie dreht sich also kontinuierlich um diese Mantellinie. Oder anders formuliert: benachbarte erzeugende Geraden sind **windschief** zueinander. Diese Unterscheidung zwischen Torsen und allgemeinen Regelflächen, also die Frage, ob eine Fläche **abwickelbar** ist, hat für bauliche Anwendungen fundamentale Bedeutung.

☞ *Abschn. 3. Die konstruktive Umsetzung kontinuierlicher gekrümmter Schichtflächen, S. 92 ff*

Bauübliche Regelflächen sind unter anderen:

- **allgemeine Zylinderflächen**: Entlanggleiten einer Geraden mit konstanter Richtung an einer Leitkurve (🗗 **171–173**).
- **allgemeine Kegelflächen**: Entlanggleiten einer Geraden, die stets durch einen fixen Punkt verläuft, an einer Leitkurve (🗗 **174**).

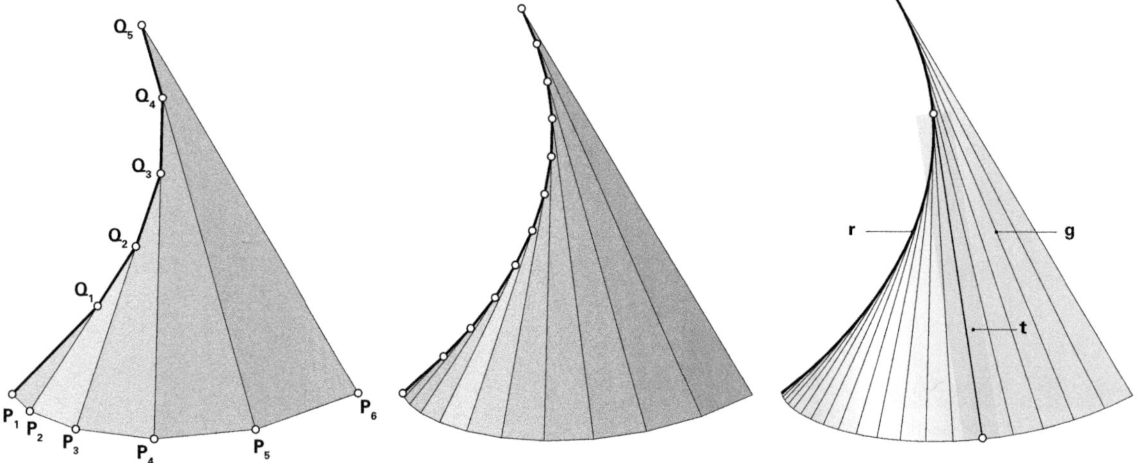

167 Eine **Tangentialfläche an eine räumliche Kurve** ist einachsig gekrümmt: Der Vielflächner (Polyeder) links besteht aus ebenen dreieckigen Teilflächen, da sich ihre Seiten in jeweils einem Punkt schneiden; beispielsweise $\mathbf{P_1Q_1}$ schneidet sich mit $\mathbf{P_2Q_2}$ im Punkt $\mathbf{Q_1}$. Durch kontinuierliche Unterteilung der Polyederfläche (Mitte) gelangt man im Grenzfall zu einer kontinuierlich gekrümmten Regelfläche mit Erzeugenden **g**, die tangential an einer räumlichen Randkurve **r** anliegen. Eine Tangentialebene **t** an eine der Erzeugenden liegt an allen Punkten dieser Geraden tangential an der Fläche an und erfüllt somit die Bedingung der Abwickelbarkeit derselben.

- **Konoidflächen**: Entlanggleiten einer Geraden an einer Leitkurve und einer Leitgeraden (🗗 **175, 176**).
- **einschaliges Hyperboloid**: Entlangstreichen einer Geraden an zwei Ellipsen bzw. im Spezialfall (**a** = **b**) zwei Kreisen (🗗 **169, 170**). Oder auch: Entlangstreichen von Hyperbeln an einer Leitkurve, nämlich einer Ellipse oder einem Kreis, am Scheitel der Hyperbel (🗗 **161**).

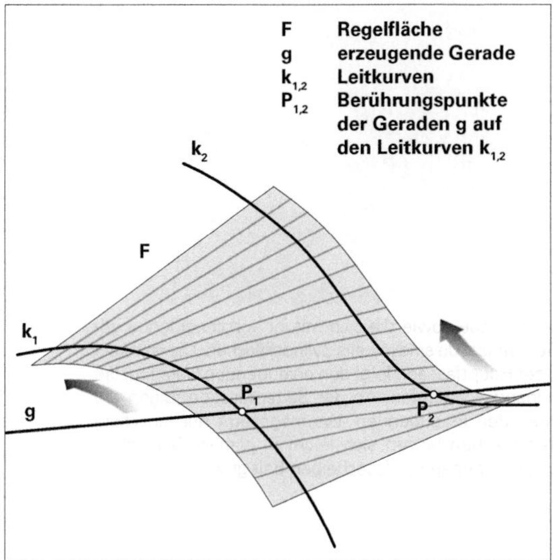

166 Allgemeine Regelfläche.

168 Glasfassade mit der Form einer allgemeinen Regelfläche. Die geradlinigen Sprossen folgen den erzeugenden Geraden. Sie sind nicht parallel zueinander. Die entstehenden Glasgefache sind somit windschief (nichtplanar). Es werden deshalb Versätze an den Sprossenfugen eingeführt, was an den Reflexionen erkennbar ist (Staatsgalerie Stuttgart).

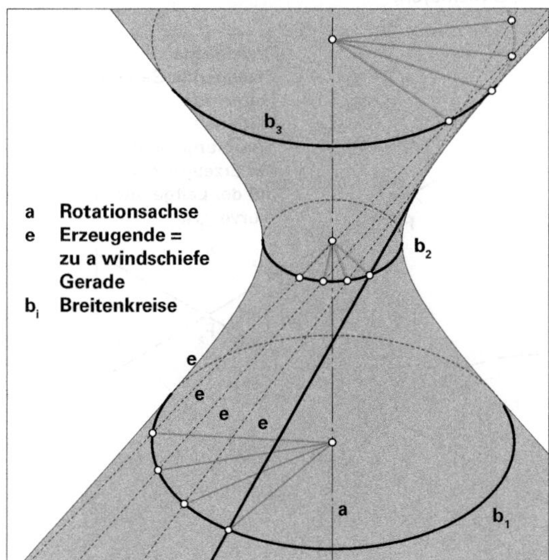

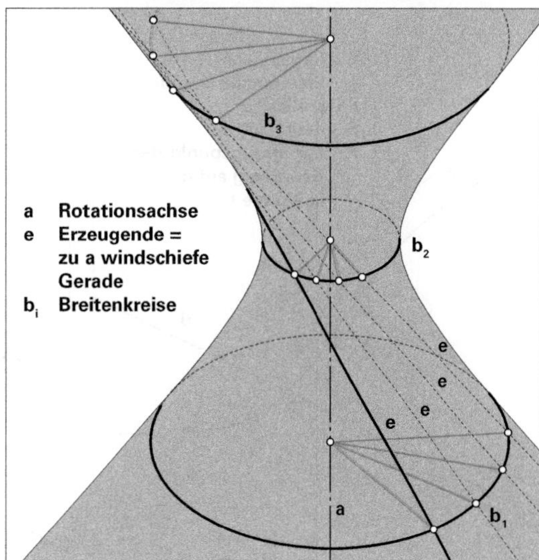

169, 170 Einschaliges Rotationshyperboloid aus der Drehung einer zur Achse windschiefen Gerade (vgl. Regelflächen), jeweils in zwei entgegengesetzte Richtungen.

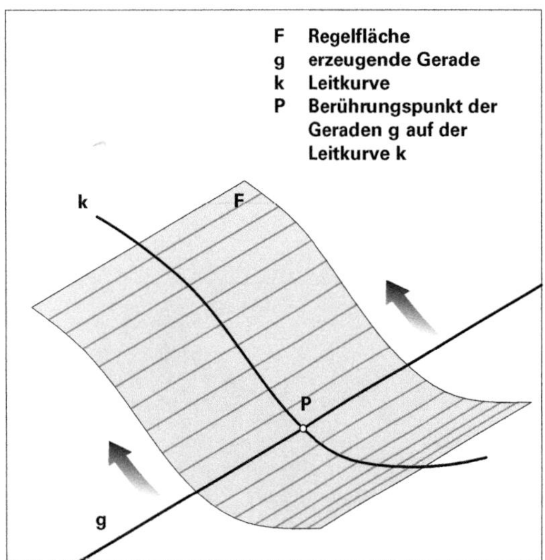

171 Allgemeine Zylinderfläche.

172 Die Turmfassade sowie die sich mit ihr verschneidende gekrümmte Seitenfassade sind jeweils Zylinderflächen. Die vertikale Sprossung der Hauptfassade folgt den erzeugenden Geraden, die parallel zueinander verlaufen. An der Seitenfassade folgen die Deckenkanten den Erzeugenden. Die insgesamt nur einachsig gekrümmten Flächen lassen sich leicht in planare Teilflächen facettieren, die mit ebenen Glasscheiben belegt werden.

173 Bauwerk aus zwei gekoppelten Zylinderflächen. Die erzeugenden Geraden sind jeweils parallel zur Traufkante (Museo Curitiba, Arch.: O Niemeyer).

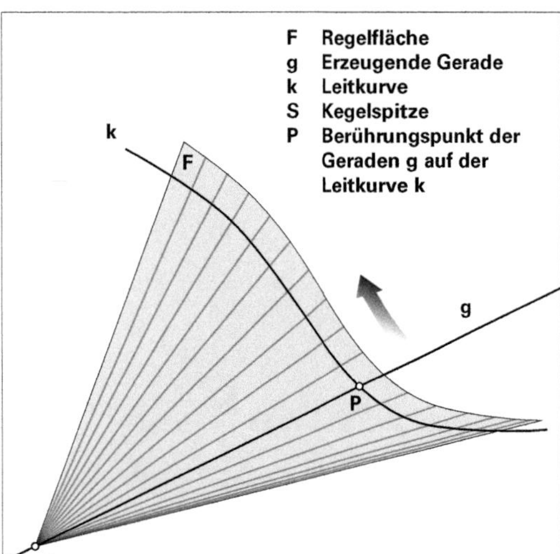

174 Allgemeine Kegelfläche.

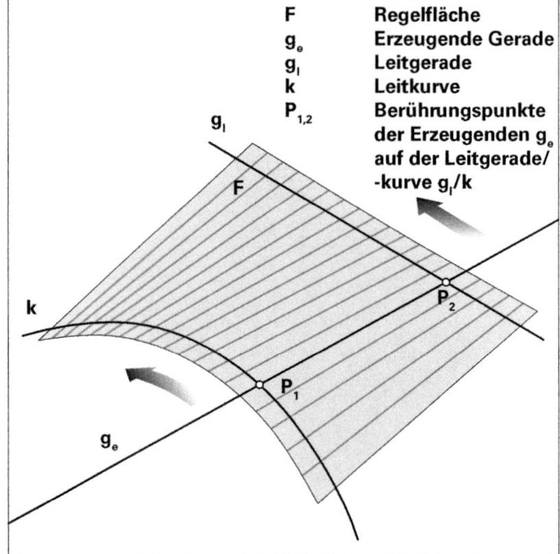

175 Konoidfläche.

176 Konoidartig gemäß ⧉ **175** geformte Wand. Die Erzeugenden Geraden sind deutlich an der stabförmigen Profilierung erkennbar.

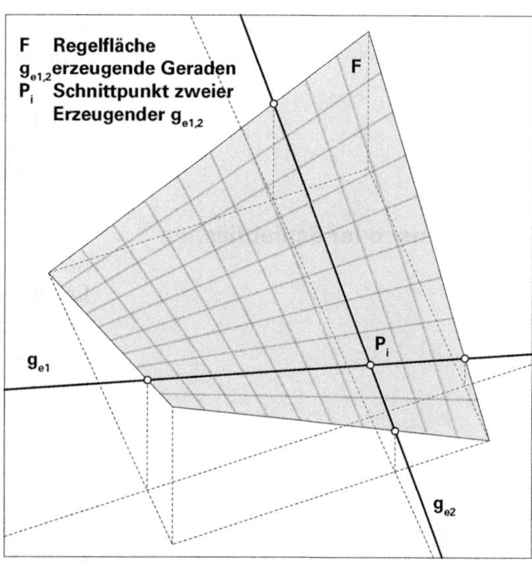

177 Hyperbolisches Paraboloid als Produkt zweier sich schneidender Geradenscharen.

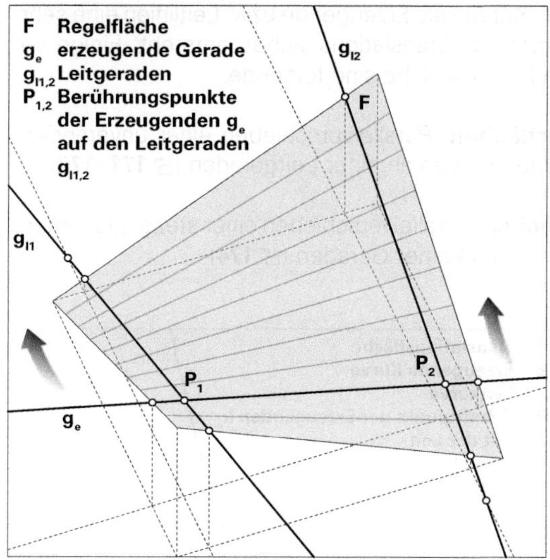

178 Hyperbolisches Paraboloid als Regelfläche. Eine erzeugende Gerade g_e gleitet auf zwei zueinander windschiefen Leitgeraden $g_{l1,2}$.

179 Betonschalen in Form eines hyperbolischen Paraboloids. Die Eigenschaft als Regelfläche wird anhand der deutlich sichtbaren Schalungsabdrücke der geradlinigen Schalbretter erkennbar.

180 Entlang erzeugender Geraden geradlinig abgeschnittenes hyperbolisches Paraboloid (Ausschnitt wie in ⧉ **177–181**).

- (spezielle) **Schraubfläche**: Entlangstreichen einer Geraden an einer Schraublinie (🗗 **198**, **199**).

- **hyperbolisches Paraboloid** – auch als **HP**- oder **Hyparfläche** bezeichnet: eine Gerade, die an zwei zueinander windschiefen Leitgeraden entlanggleitet (🗗 **177–181**).

Translations- oder Schiebflächen

■ Translations- oder Schiebflächen entstehen durch das parallele Verschieben einer **erzeugenden Kurve** an einer **Leitkurve** (🗗 **182**). Erzeugende und Leitkurve schneiden sich immer in einem Punkt. Im Zug der Verschiebung kann die Erzeugende unverändert bleiben, oder auch gemäß einem festgelegten Gesetz kontinuierlich verändert werden – durch Skalieren oder Dehnen.

Im Spezialfall kann die Erzeugende oder die Leitkurve eine Gerade sein. Es entsteht in diesem Fall eine **Regelfläche**, und zwar eine **Zylinderfläche**, wenn die Erzeugende unverändert bleibt, oder eine **Kegelfläche**, wenn die Erzeugende stetig gedehnt wird. Sind sowohl die Erzeugende als auch die Leitkurve jeweils eine Gerade, entsteht eine **Ebene**.

Es leuchtet ein, dass bereits durch das Kombinieren der einfachsten Kurven als Erzeugende bzw. Leitlinien eine sehr große Palette von Translationsflächen entsteht. Einige im Bauwesen bisher übliche sind folgende:

- **Zylinderflächen**: Parallelverschieben einer unveränderlichen Erzeugenden an einer Leitgeraden (🗗 **171–173**).

- **Kegelflächen**: Parallelverschieben einer stetig gedehnten Erzeugenden an einer Geraden (🗗 **174**).

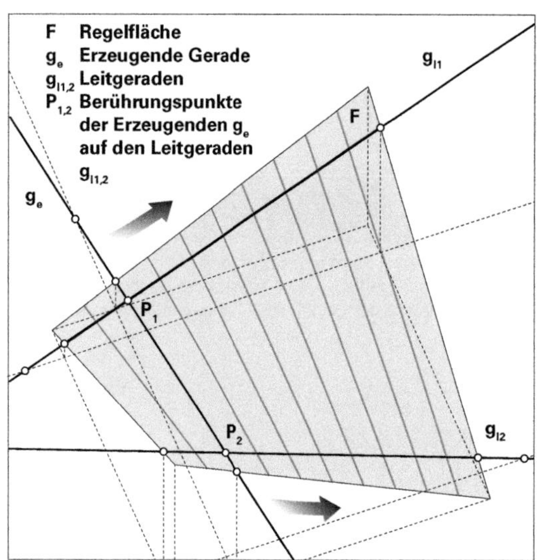

181 Hyperbolisches Paraboloid als Regelfläche. Eine erzeugende Gerade g_e gleitet auf zwei zueinander windschiefen Leitgeraden $g_{l1,2}$. Richtung reziprok zu 🗗 **177**.

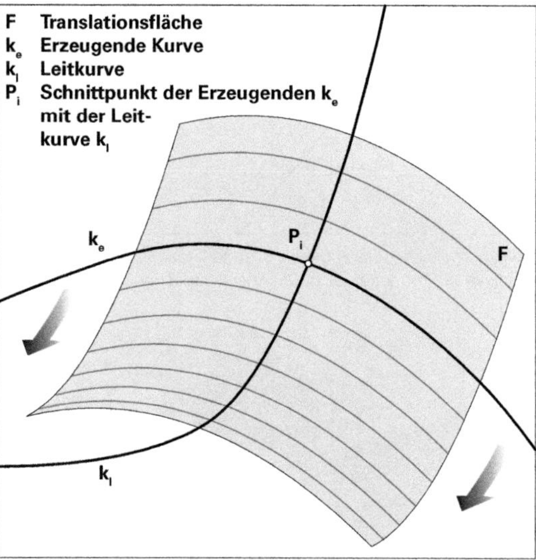

182 Allgemeine Translationsfläche. Eine erzeugende Kurve k_e streicht an einer Leitkurve k_l entlang.

- **hyperbolisches Paraboloid**: Verschieben einer Parabel entlang einer anderen Parabel (⊡ **183, 184**). Ebene Schnitte der Fläche parallel zur Koordinatenebene **xz** ergeben **kongruente Parabeln** (⊡ **185**), desgleichen solche parallel zu **yz** (⊡ **186**). Ebene Schnitte parallel zu **xy** ergeben **Hyperbeln** – deshalb die Bezeichnung *hyperbolisches* Paraboloid –, im Spezialfall der Ebene **xy** selbst, zwei sich schneidende Geraden (⊡ **187**).

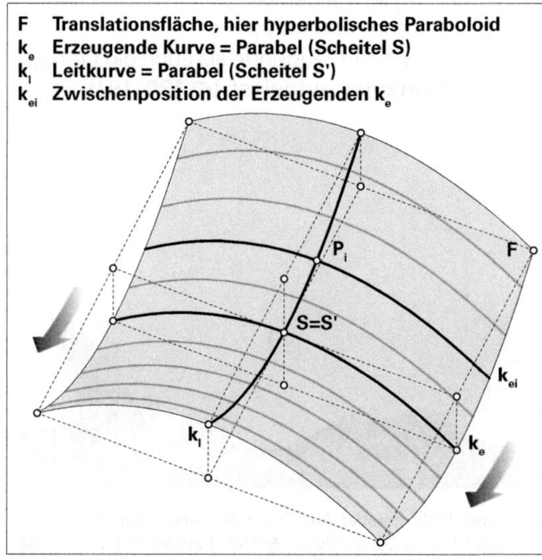

183 Beispiel einer Translationsfläche aus zwei Parabeln. Die Erzeugende $\mathbf{k_e}$ streicht an ihrem Scheitelpunkt **S** an $\mathbf{k_l}$ entlang. Flächenausschnitt auf dem Scheitelpunkt der Oberfläche zentriert (= Scheitel der Leitgeraden **S'**). Es handelt sich um ein hyperbolisches Paraboloid.

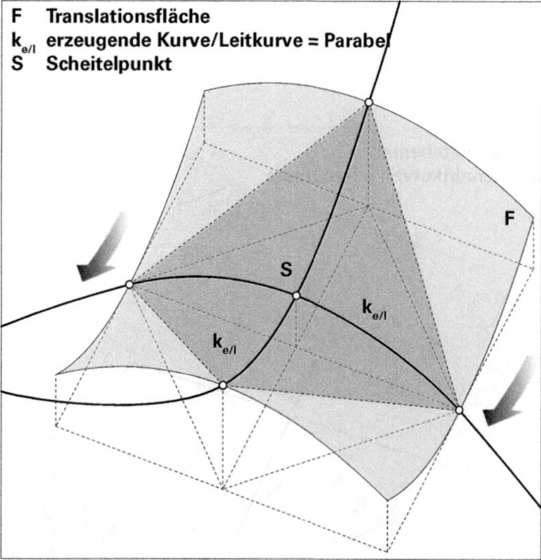

184 Hyperbolisches Paraboloid als Translationsfläche mit einer Parabel $\mathbf{k_e}$ als Erzeugende und einer Parabel $\mathbf{k_l}$ als Leitkurve. Beide können jeweils als Erzeugende oder Leitkurve betrachtet werden.

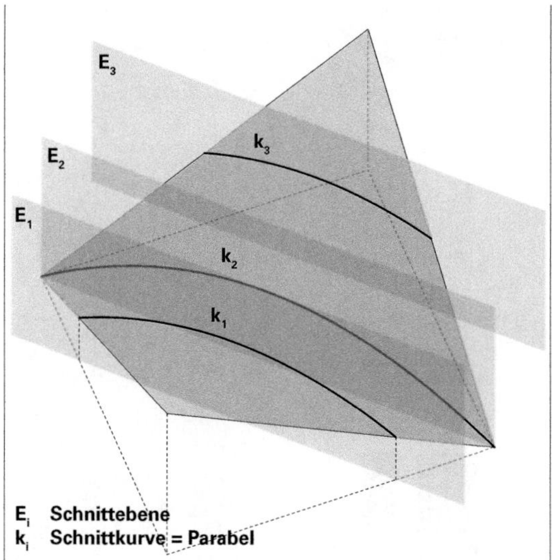

185 Senkrechte Schnitte ergeben Parabeln.

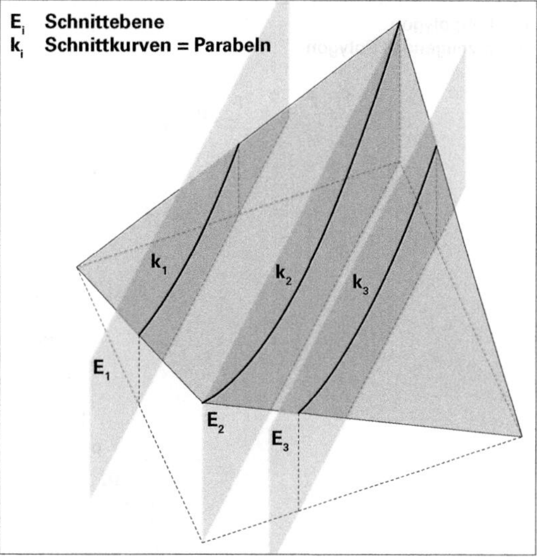

186 Senkrechte Schnitte ergeben Parabeln. Reziproke Richtung zu ⊡ **185**.

Translationsflächen haben große Bedeutung für die bauliche Anwendung. Wenngleich sie im Regelfall doppelte Krümmung aufweisen und nicht abwickelbar – also keine Torsen – sind, eignen sie sich dennoch dazu, in eine **Polyederfläche**, also einen Vielflächner, aus ebenen Teilflächen umgewandelt zu werden. Diese stellt zwar nur eine Annäherung an die kontinuierlich gekrümmte Translationsfläche dar, doch lässt sich der Unterschied bei geringen Krümmungen, ausreichend kleinteiliger Facettierung sowie den bauüblichen Maßstäben mit bloßem Auge oft kaum erkennen.

Im Einzelnen: Sowohl die Erzeugende als auch die Leitkurve werden in **Polygonzüge** aufgelöst (⎘ **190, 191**). Zwei

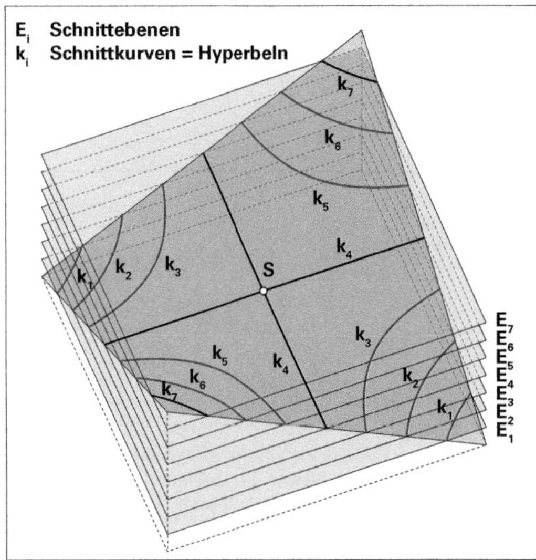

188 (Oben) Nicht-gerader Ausschnitt aus einem hyperbolischen Paraboloid (siehe Schaubild in ⎘ **189** (Kapelle Las Lomas de Cuernavaca, Mexiko; Arch.: F Candela).

187 (Links) Horizontale Schnitte ergeben Hyperbeln. Der horizontale Schnitt durch den Scheitelpunkt **S** (Schnittebene E_4) ergibt zwei sich schneidende Geraden.

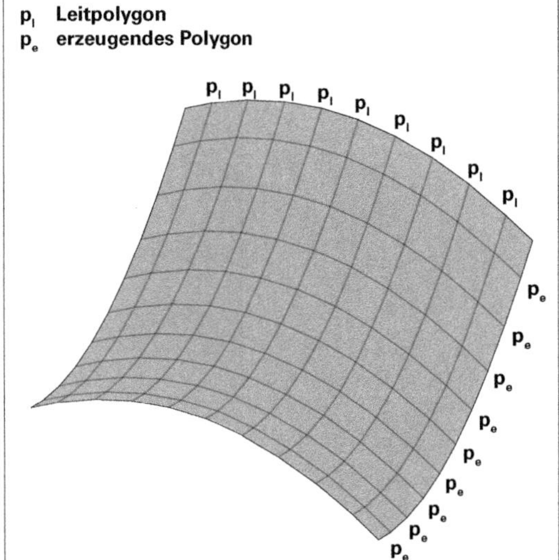

190 Annäherung an eine Translationsfläche durch Auflösung in einen Polyeder oder Vielflächner aus einzelnen Parallelogrammen, angewandt auf das Beispiel in ⎘ **181–183**.

191 Gitterschale: geometrisch eine Translationsfläche. Die einzelnen Glasfelder sind planar.

benachbarte Ecken des erzeugenden Polygons **A** und **B** werden durch eine Parallelverschiebung oder Translation in die beiden Punkte **A'** und **B'** abgebildet (⧉ **192**). Es gilt: Die Strecken **AB** und **A'B'** sind **räumlich parallel** zueinander, da sie Bestandteil zueinander kongruenter, lediglich (parallel) verschobener Polygone sind. Damit ist die Bedingung dafür, dass die Fläche **ABA'B'** eben ist, bereits erfüllt.

Da das erzeugende Polygon während der Verschiebung unverändert bleibt, ist **ABA'B'** sogar ein Parallelogramm, da auch die Strecken **AA'** und **BB'** zueinander parallel sind (⧉ **193**).

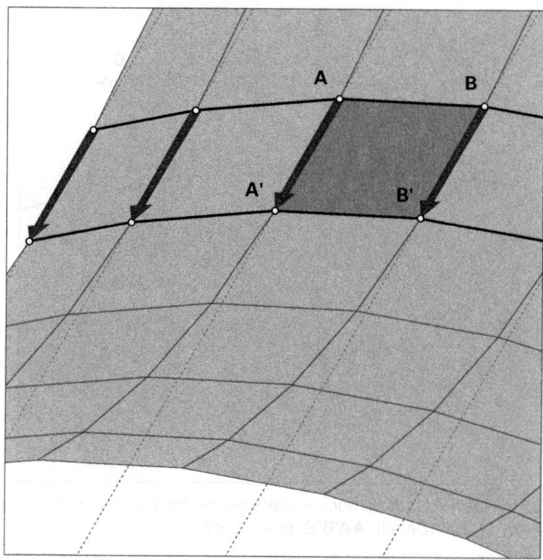

192 Detail des Polyeders in ⧉ **190** mit grafischer Darstellung des Translationsvorgangs.

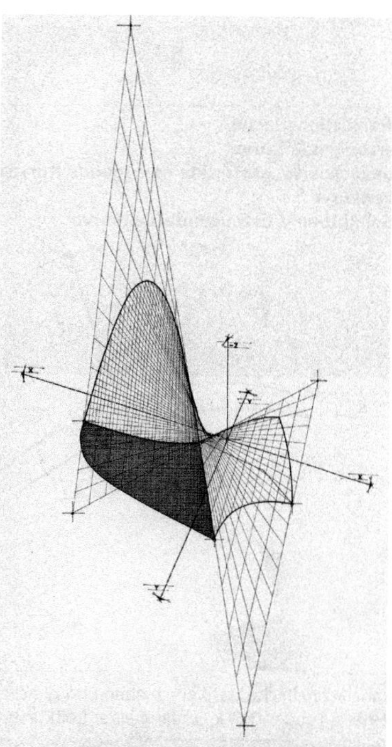

189 Geometrische Herleitung der Schale in ⧉ **188**. Sie ergibt sich als ein nach Entwurfskriterien vorgegebener Ausschnitt aus dem geradlinig entlang Erzeugenden geschnittenen, hier als Strichzeichnung dargestellten Paraboloid.

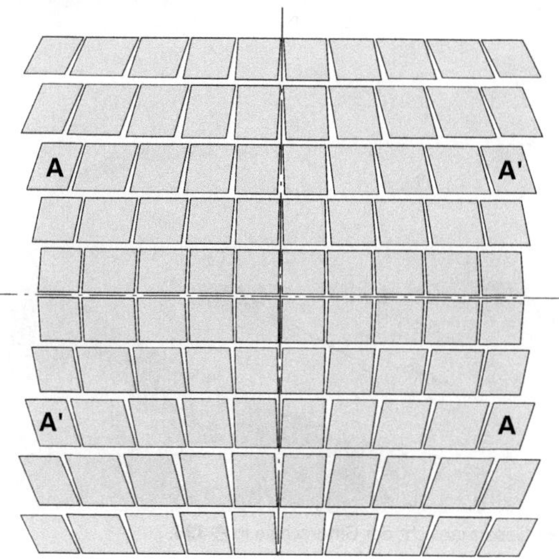

193 Auf die Ebene abgeklappte ebene Parallelogramme des in ⧉ **190** dargestellten Polyeders (Randfelder ringsum schmaler geschnitten). Da der Scheitelpunkt der Oberfläche zentral im Ausschnitt liegt und beide Parabeln $\mathbf{k_e}$ und $\mathbf{k_l}$ symmetrisch sind, kommt jedes beliebige Element **A** zweimal in identischer sowie zweimal in gespiegelter Form (**A'**) vor. In einem einzelnen Quadranten sind alle Elemente geometrisch verschieden.

gestreckte Translationsflächen

■ Eine Translationsfläche kann auch durch **Verschieben** und gleichzeitiges **Strecken** der erzeugenden Kurve entstehen (⧉ **194**). Es ist auch ein nur teilweises Strecken der Erzeugenden möglich, also eines Kurven*abschnitts*. Eine Translationsfläche dieser Art lässt sich ebenfalls in einen Polyeder umwandeln. Wird das erzeugende Polygon kontinuierlich gestreckt (⧉ **195**), sind nur **AB** und **A'B'** zueinander parallel; **AA'** und **BB'** liegen auf Geraden, die sich schneiden und folglich auf einer Ebene liegen und einen Winkel α zueinander bilden, der naturgemäß vom Streckfaktor abhängig ist.

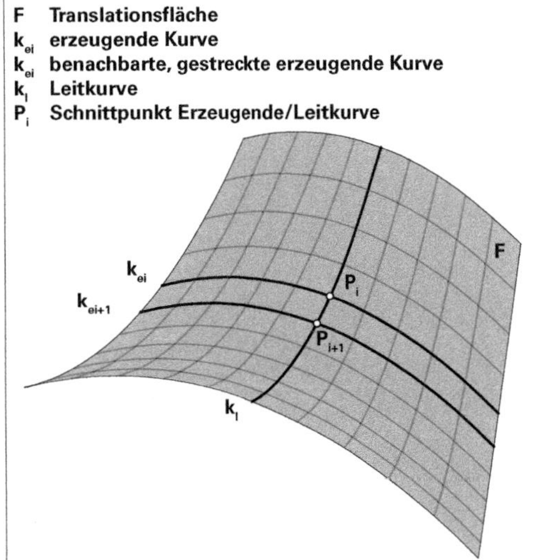

194 Translationsfläche aus Verschieben und gleichzeitigem Strecken einer Erzeugenden $\mathbf{k_e}$ entlang einer Leitkurve $\mathbf{k_l}$.

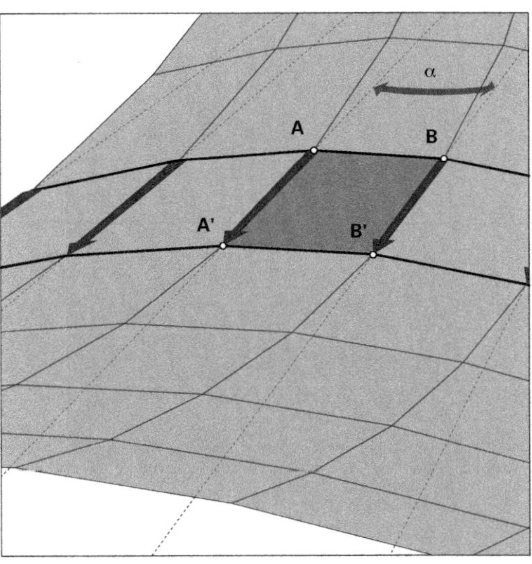

195 In einen Polyeder umgewandelte gestreckte Translationsfläche wie in ⧉ **194** (Detail). **AA'B'B** ist ein Trapez.

196 Gestreckte Translationsfläche entlang gekrümmter Leitlinie (siehe Scheitellinie): Gitterschale mit sich verjüngendem Querschnitt. Auch hier sind die Glasfelder stets planar (Hbf Berlin).

197 Gesamtansicht der Gitterschale in ⧉ **196**.

Die entstehende Teilfläche **AA'B'B** ist ein (ebenes) **Trapez**.

Dies hat zur Folge, dass eine sehr große Varianz von Translationsflächen generiert werden kann, welche in der baulichen Umsetzung stets durch Anwendung von **ebenem Plattenmaterial** zufriedenstellend angenähert werden können.

Schraubflächen

■ Schraubflächen entstehen durch das Entlaggleiten einer erzeugenden Geraden oder Kurve an einer **Schraublinie**, welche hier als Leitkurve dient (**198–201**). Eine Schraublinie entsteht ihrerseits durch das gleichzeitige **Drehen** und **Verschieben** eines Punkts um eine bzw. entlang einer Achse. Eine komplette Drehung des Punkts ist der Verschiebung um eine festgelegte Strecke – der sogenannten **Phase** – zugeordnet. Ist die Erzeugende eine Gerade, lässt sich die spezielle Schraubfläche auch als **Regelfläche** bezeichnen. Schraubflächen sind aber keine Torsen, sind also **nicht abwickelbar**.

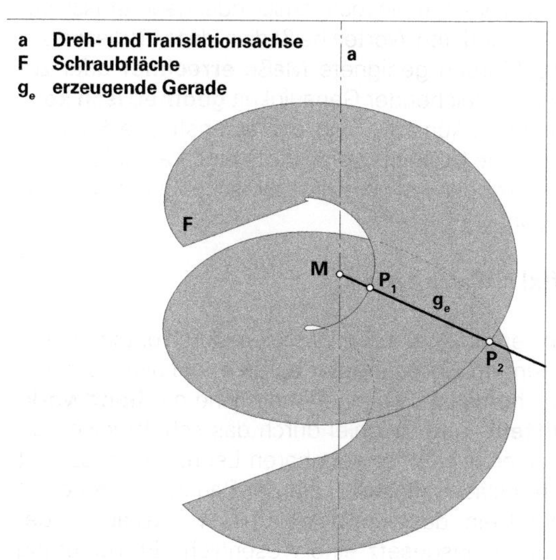

198 Schraubfläche aus der Drehung und gleichzeitigen Verschiebung einer erzeugenden Geraden g_e entlang einer Achse.

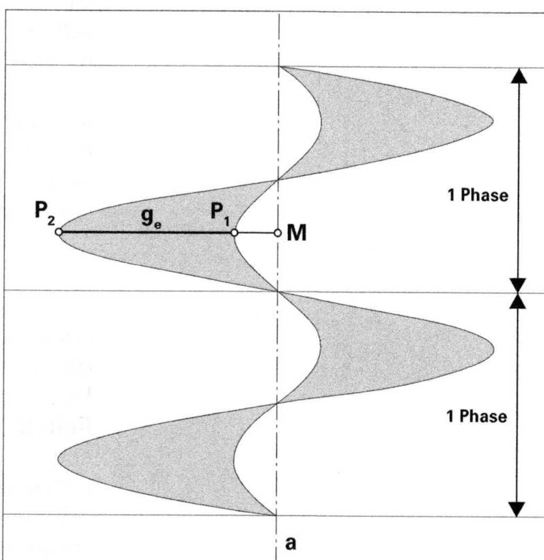

199 Orthogonale Seitenansicht der Schraubfläche. Die in einer kompletten Umdrehung von 360° zurückgelegte Strecke ist die sogenannte Phase.

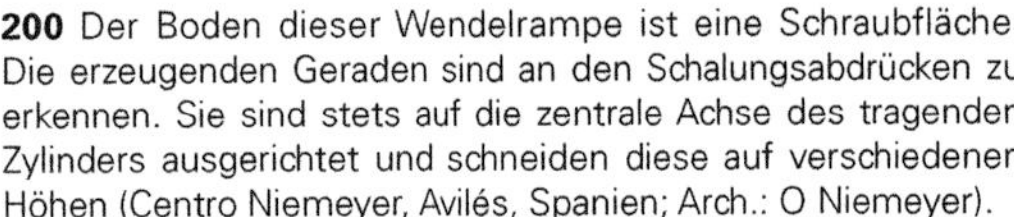

200 Der Boden dieser Wendelrampe ist eine Schraubfläche. Die erzeugenden Geraden sind an den Schalungsabdrücken zu erkennen. Sie sind stets auf die zentrale Achse des tragenden Zylinders ausgerichtet und schneiden diese auf verschiedenen Höhen (Centro Niemeyer, Avilés, Spanien; Arch.: O Niemeyer).

201 Diese Wendeltreppe ist eine diskretisierte Annäherung an eine Schraubfläche. Die erzeugenden Geraden sind wiederum an den Stufenkanten der Untersicht erkennbar (Deutsches Historisches Museum, Berlin; Arch.: I M Pei).

2.4 Digitale Methoden der Definition von Oberflächen

■ Die oben angesprochenen Flächen lassen sich mithilfe ihres **Entstehungsgesetzes** definieren und beschreiben. Sie entstehen oftmals durch räumliche Verlagerung und vereinzelt auch durch gleichzeitiges affines, also ähnliches Verändern einer zugrundeliegenden Ausgangslinie. Auf diese Weise lassen sich bestimmte singuläre Schnitte dieser Oberfläche von vornherein rechnerisch oder geometrisch beschreiben. Mit anderen Worten heißt dies, dass für die werksmäßige Ausführung geeignete Maße **errechnet** oder zumindest mit ausreichender Genauigkeit **geometrisch konstruiert** werden können. Sind charakteristische Schnitte einer Oberfläche beispielsweise stets eine Parabel zweiter Ordnung, so können beliebig viele Zwischenpunkte anhand ihrer Funktion:

$$\mathbf{f(x) = a_1x^2 + a_2x + a_3}$$

rechnerisch ermittelt werden, nachdem durch entsprechende Festlegungen die Parameter $\mathbf{a_1}$ bis $\mathbf{a_3}$ definiert wurden. Noch einfacher lässt sich eine Oberfläche mit **handwerklichen Mitteln**, zum Beispiel durch das schrittweise Verschieben einer wiederverwendbaren Lehre – man schafft also eine Translationsfläche –, auf der Baustelle erzeugen.

Es leuchtet ein, dass ein bekanntes, weil vorab festgelegtes Entstehungsgesetz eine wesentliche Erleichterung für die Übertragung von geplanten in gebaute Formen ist. Ferner kann die exakte Kenntnis der Geometrie auch eine Grundvoraussetzung für das **baustatische Modellieren** und Vorausberechnen des **Tragverhaltens** einer solchen Form sein.

Hier liegt der Grund, weshalb Oberflächen dieser Art, innerhalb der Gruppe der gekrümmten Formen, über lange Zeit hinweg im Bauwesen dominant waren und es im Wesentlichen auch heute noch sind. Auch wenn in der Vergangenheit nicht selten freie Formen gebaut wurden, war zu diesem Zweck stets höchstes handwerkliches Können gefragt, wie es heute weitestgehend verlorengegangen ist. Ein gutes Beispiel für traditionelle, rein handwerkliche Methoden des Baus komplex gekrümmter Formen ist der historische Schiffbau. Dabei wurden entweder grobe Leitlinien zeichnerisch in Rissen festgelegt, anhand deren dann die Oberflächen nach Augenmaß gefertigt wurden (z. B. Verbretterungen entlang der Spanten), oder die Freiform musste zunächst im **maßstäblich reduzierten Modell** definiert und anschließend durch möglichst genaues Abgreifen von Maßen an diesem für die Herstellung erfasst werden.

Eine grundlegende Wandlung dieser Randbedingungen hat sich durch die Einführung von digitalen Planungshilfsmitteln wie **CAD-Software** für die Formdefinition, computergestützte **Finite-Elemente-Berechnungsverfahren** für die Ermittlung des Tragverhaltens sowie Programme für die automatisierte Fertigung und Montage ereignet. Moderne CAD-Programme erlauben dem Planer, nicht nur die konventionellen regelmäßigen Oberflächen wie in vorigen Abschnitten besprochen im dreidimensionalen Raum virtuell zu modellieren, sondern auch beliebige Flächen durch freie Festlegung von Randbedingungen oder sogar manuelle bzw. interaktive Verzerrung eines Grundelements zu generieren. Auch wenn eine mathematische Definition der Oberfläche anhand eines Koordinatensystems und einer charakteristischen mathematischen Funktion theoretisch möglich ist, ist dieser Schritt für den Planer weder besonders effektiv noch zwingend, da:

- die Wahl einer mathematischen Funktion zur Erzeugung einer bestimmten Oberfläche breites mathematisches Wissen a priori voraussetzt, das bei Bauschaffenden gewöhnlich nicht in ausreichendem Umfang vorhanden ist bzw. nur in enger Kooperation mit Mathematikern nutzbar gemacht werden kann;

- definierende Maße für den Hersteller oder andere beteiligte Fachplaner mithilfe alternativer, einfacherer und anschaulicher Methoden der geometrischen Definition jederzeit in beliebiger Anzahl und fast beliebiger Exaktheit vom Programm abgefragt werden können;

☞ *Kap. IX-1, Abschn. 4. Formfragen axial beanspruchter Tragwerke, S. 240 ff*

- die digitale Datei an Fachplaner und Ausführende weitergegeben werden kann, welche dann die darin enthaltene Information zur Form für ihre Zwecke weiterverwenden können, beispielsweise für statische Berechnungen oder den Einsatz in einer **vollautomatisierten**, CNC-gesteuerten bzw. voll robotisierten **Fertigungseinrichtung**.

Hierdurch wird ein enormes neues Formenrepertoire für das Bauwesen, zumindest geometrisch im Sinn einer exakten Definition von Formen, erschlossen.

Ein wichtiger Vorzug der digitalen CAD-Methoden der Formdefinition ist also die Möglichkeit, neben einer rein numerischen Festlegung, Formen auch visuell-intuitiv über händische Eingabe (Maus oder Tablet) zu generieren, bei gleichzeitiger Wahrung einer präzisen mathematischen Datenausgabe. Eigens zu diesem Zweck entwickelte Formelemente erlauben die Festlegung sowie die graduelle, tastende Manipulation von Kurven und Oberflächen zwecks einer Formoptimierung nach den Wünschen, d. h. der **visuellen Einschätzung** des Entwerfenden. Dieser Vorgang ist im Wesentlichen ein analoges, nichtdigitales Verfahren, das große Ähnlichkeiten mit dem händischen Zeichnen hat. Bei diesem Prozess digitaler Formfestlegung wird folglich der aus analoger Formdefinition vertraute unmittelbare Umsetzungsweg einer Idee oder Formvorstellung in präzise Gestalt – z. B. mittels Handzeichnung oder Schablone – zumindest teilweise, gewahrt.

Trotz rasanter Erhöhung der Rechenleistung von Computern in den letzten Jahren, ist das Erzeugen von komplexen gekrümmten Oberflächen nach wie vor ein rechenintensiver und u. U. sehr zeitraubender Vorgang. Es ist infolgedessen wichtig, die Komplexität des digitalen Modells bei Wahrung einer ausreichenden Genauigkeit dennoch möglichst niedrig zu halten, um die notwendige Rechenleistung für die Formdefinition zu begrenzen. Dies ist insbesondere bei der digitalen Modellierung in Trickfilmen bedeutsam, wo jedes Einzelbild des Films (Frame) eigens modelliert und gerendert werden muss. Man differenziert beispielsweise zu diesem Zweck sorgfältig zwischen Objekten in der Ferne, die entsprechend ungenauer und damit dateneffizienter modelliert werden, und solchen im Vordergrund, die entsprechend genauer und aufwendiger ausgearbeitet werden.

Im Bauwesen existieren vergleichbare Einschränkungen. Auch hier gilt es im Wesentlichen, die zu verarbeitenden Datenmengen für eine Formdefinition in verträglichen Grenzen zu halten. Besonders rechenintensive Methoden, beispielsweise das Erzeugen von Oberflächen auf der Grundlage von kontinuierlichen Kurven, werden für besonders exponierte oder besonders komplexe Krümmungen eingesetzt, insbesondere für solche, bei denen bruchlose, kontinuierliche Krümmung aus visuellen Gründen wichtig ist; einfachere, weniger rechenintensive Methoden, wie beispielsweise die Annäherung gekrümmter Oberflächen durch Netze, werden für weniger kritische Bereiche verwendet.

Extrem hohe Genauigkeiten sind im Bauwesen, anders als in der Filmindustrie, im Regelfall nicht notwendig, da hochgradig feinstufig gekrümmte Oberflächen beim Bauen ohnehin kaum vorkommen. Dies hat mit den geometrischen Vorgaben der üblichen Grundelemente des Bauens, nämlich geradlinige Stäbe oder planare Tafeln, zu tun (**202**). Sie erlegen der Flächenmodellierung von sich aus bereits eine gewisse **Diskretisierung** auf, d. h. eine Auflösung gekrümmter Linien oder Oberflächen in gebrochene **Polygonlinien** bzw. facettierte **Polyeder** (**203**). Dies deckt sich auch mit den Zielsetzungen der digitalen Verarbeitung, denn diese elementaren Bestandteile lassen sich geometrisch mit einfachsten Mitteln definieren: eine Gerade mit zwei Punkten im Raum, eine Ebene mit drei. Dies verringert die notwendige Rechenleistung beträchtlich. Eine kontinuierliche **Verfeinerung** von räumlichen Polyedern ist anschließend durch verschiedene grafische Methoden möglich, und zwar soweit wie die gewünschte visuelle Stetigkeit der Krümmung noch zufriedenstellend gewährleistet ist, aber andererseits die Facettengröße noch groß genug ist, um Erfordernissen der Fertigung, Statik oder Montage zu genügen. Aus einzelnen Polygonen zusammengesetzte, diskretisierte Oberflächen (oder aus Polyedern zusammengesetzte dreidimensionale Baustrukturen wie etwa Raumfachwerke) werden in der computergestützten Modellierung als **Netze** bzw. **Polygonnetze** (englisch *meshes* bzw. *polygon meshes*) bezeichnet (**204, 206**).

202 Facettierung bzw. **Diskretisierung** einer zweiachsig gekrümmten Oberfläche in einzelne planare Glastafeln.

203 Angenäherte Modellierung eines Delphins durch **Diskretisierung** mithilfe eines dreieckmaschigen Netzes. Dieses kann bei Bedarf zwecks realistischerer Darstellung der Kurven weiter verfeinert werden.

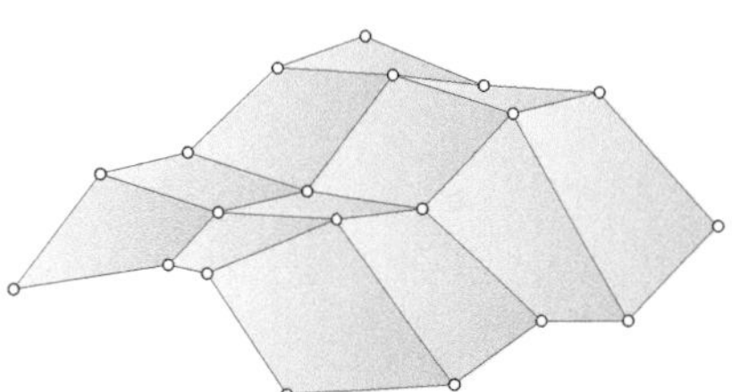

204 Polygonnetz zur annähernden Modellierung stetig gekrümmter Oberflächen.

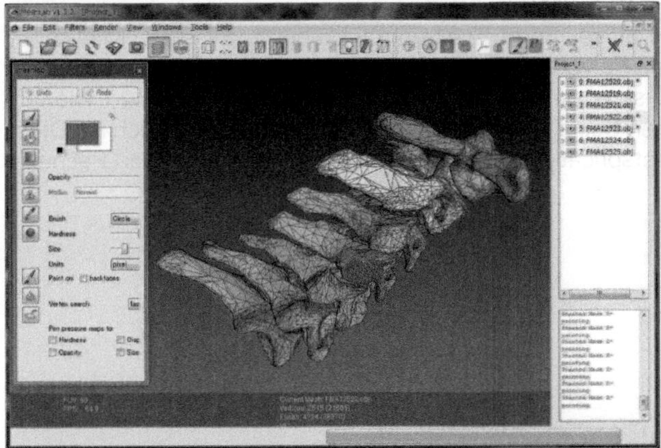

205 Mit Netzen ist eine Modellierung komplexester unregelmäßiger Formen möglich: hier in einer Annäherung durch Netze modellierte Wirbelknochen.

206 Freiform-Gitterschale mit Dreiecksmaschen, basierend auf einem digital generierten Polygonnetz (Arch.: Foster Ass.)

207 Stetig gekrümmte, nicht diskretisierte Oberfläche mit höchsten Ansprüchen an Präzision und Kontinuität (*Cloud Gate*, Chicago).

Man beachte aber, dass Netzpolygone nicht notwendigerweise planar sind. Dies gilt naturgemäß für Polygone mit mehr als drei Knoten, vor allem für das Viereck, das in der praktischen Anwendung am häufigsten vorkommt (wie etwa in **204**). Dreiecksmaschige Netze haben stets ebene Teilflächen. Dennoch können diskretisierte Polygonnetze auf Wunsch auch derart generiert werden, dass sie ausschließlich aus planaren Polygonflächen bestehen. Zu diesem Zweck lässt sich Planarität im generierenden Algorithmus als Vorgabe festsetzen.

Polygone oder Polygonnetze werden im Entwurfsprozess im Regelfall zunächst in grober Annäherung an die gewünschte Form festgelegt (**208, 209**) und anschließend durch verschiedene Verfahren visuell geglättet bzw. verfeinert (**210, 211**). Das Endresultat dieses Vorgangs können alternativ feingliedrigere Polygone sein (wie in **210, 211**) oder, als Grenzfall nach ausreichend vielen Verfeinerungsschritten, nicht-diskrete, stetig gekrümmte Kurven (z. B. Bézier-Kurven, B-Spline-Kurven, NURBS-Kurven) (**212**) oder daraus generierte dreidimensionale Oberflächen (**213**).

Auch wenn, strikt mathematisch betrachtet, die Kurven (**212**) bzw. stetig gekrümmten Oberflächen (**213**) als ein Grenzfall der Verfeinerung von Polygonen nach theoretisch unendlich vielen Schritten aufgefasst werden können (**210, 211**), findet dieser Vorgang in der Entwurfspraxis in dieser Form, weil unpraktikabel, nicht statt. Man wird ein Polygonnetz nie so weit schrittweise verfeinern bis die Diskretisierung verschwindet, sondern nur so weit wie für den Bau aus einzelnen planaren Teilen erforderlich ist. Dies entspricht der Arbeit mit **Netzen**. Diese Praxis spart Rechen-

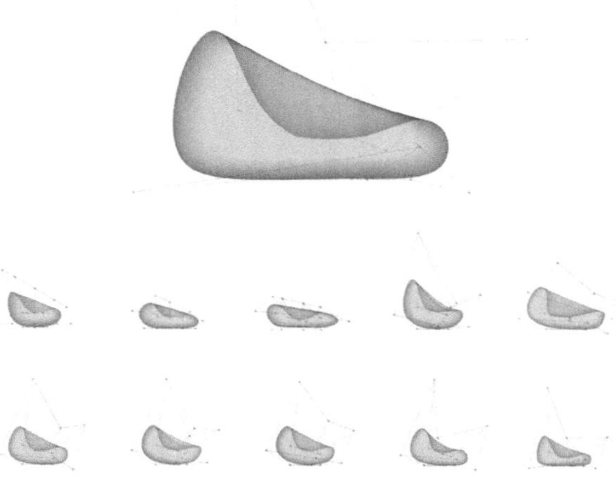

214 Manipulation der Form durch Änderung der **Kontrollpolygone** im Vergleich zur Ausgangsform oben. Die Kontrolle durch Polygone garantiert eine insgesamt konsistente Formgebung ohne störende Brüche.

zweidimensional

dreidimensional

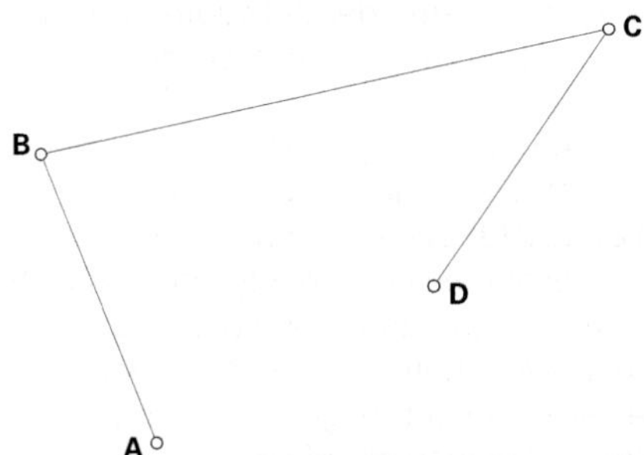

208 (Oben) dreiseitiges **Polygon ABCD**: grobe Annäherung an ein gewünschtes Formelement.

209 (Rechts) räumliches **Polygonnetz**: grobe Annäherung an eine gewünschte Oberfläche.

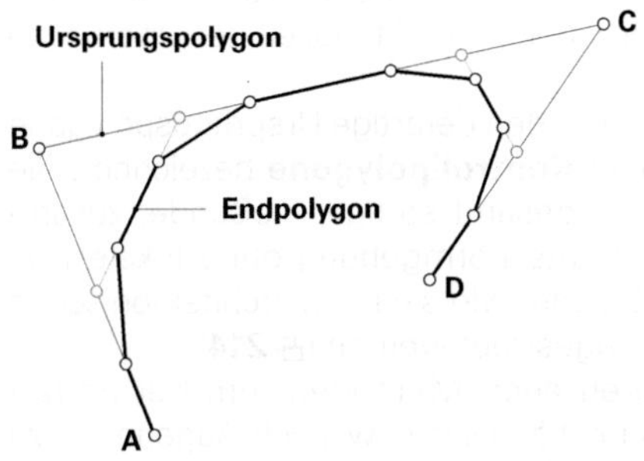

210 (Oben) Glättung bzw. Verfeinerung des dreiseitigen Ursprungspolygons **ABCD** in ein diskretisiertes, kurvenähnliches Polygon über eine festgelegte mathematische Prozedur der **Unterteilung** der Polygonseiten.

211 (Rechts) Glättung bzw. Verfeinerung des räumlichen Ursprungs-Polygonnetzes in ein diskretisiertes Netz über eine festgelegte mathematische Prozedur der **Unterteilung** der Polygonseiten.

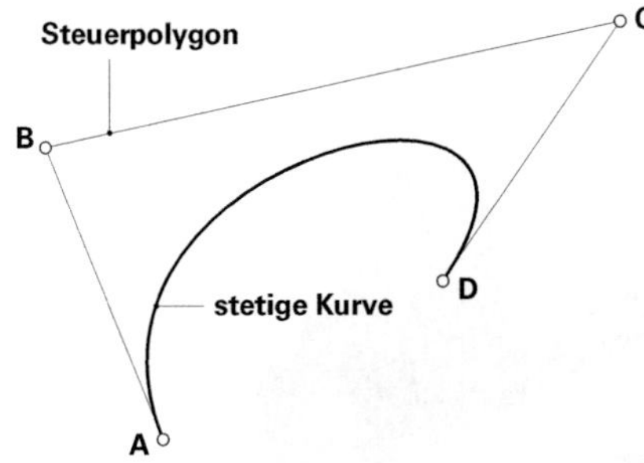

212 (Oben) Umwandlung des dreiseitigen **Kontrollpolygons ABCD** in eine stetig gekrümmte, hier nicht diskretisierte Kurve über eine festgelegte mathematische Prozedur.

213 (Rechts) Umwandlung des Netzes aus **Kontrollpolygonen** in eine gekrümmte Oberfläche über eine festgelegte mathematische Prozedur.

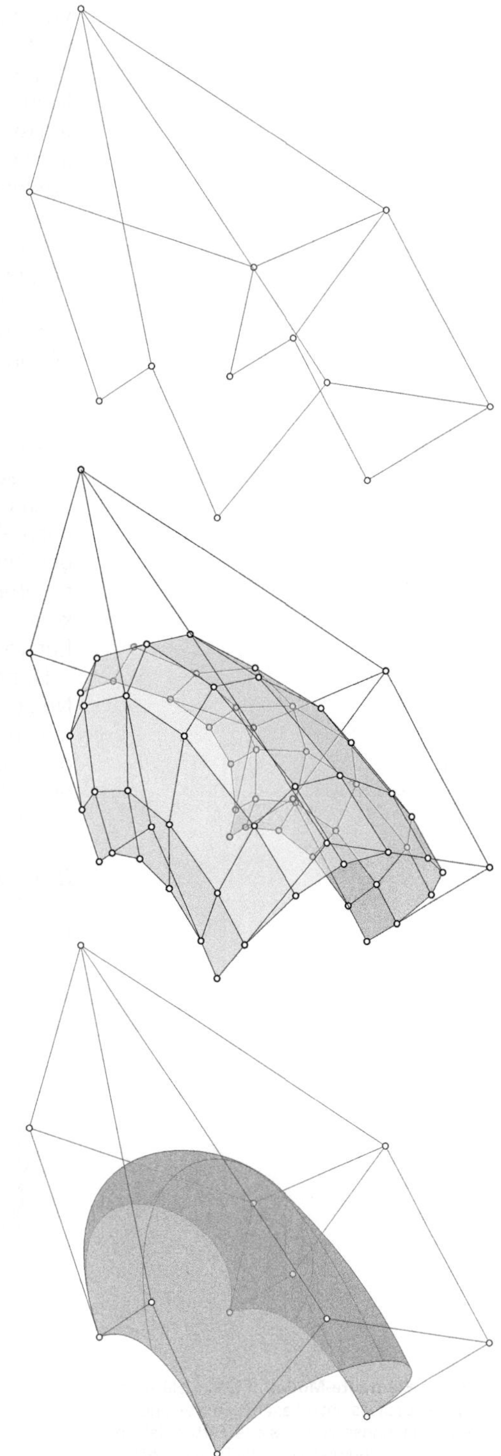

zeit, da Netze datentechnisch nichts Anderes sind als eine Matrix mit räumlichen Koordinaten der beteiligten Punkte, Verknüpfungsdaten zwischen ihnen und möglicherweise weitere ergänzende Daten.

Nur in speziellen Fällen wo stetige, nicht diskretisierte Krümmung wesentlich ist, wird man auf Kurven zurückgreifen (wie in 🗗 **207, 212** und **213**). Die Ableitung dieser Kurven aus den assoziierten sogenannten Kontrollpolygonen (🗗 **214**) erfolgt direkt über einen Algorithmus, ohne Zwischenschritte wie im vorigen Fall der Polygonunterteilung. Die zu verarbeitenden Datenmengen sind wesentlich größer als im vorigen Fall, die benötigte Rechenleistung ebenfalls.

Da diese Kurven Resultate der mathematischen Veränderung der Ursprungspolygone sind, lassen sie sich durch Manipulation dieser Ursprungspolygone entsprechend nach Wünschen verändern (🗗 **214**), ohne in den Datensatz der bereits verfeinerten Endform eingreifen zu müssen, was möglicherweise Störungen in der Stetigkeit der Oberfläche verursachen würde.

Aus diesem Grund werden derartige Ursprungspolygone auch als **Steuer**- oder **Kontrollpolygone** bezeichnet. Sie gewährleisten eine insgesamt stetige, fließende, zusammenhängend konsistente Formgebung ohne lokale Diskontinuitäten oder Brüche, wie sie beim architektonischen Entwerfen zumeist angestrebt werden (🗗 **214**).

Dennoch existieren auch Methoden, um bei Bedarf Netze lokal, sozusagen händisch bzw. nach Augenmaß, zu manipulieren. Auf diese Weise lassen sich beispielsweise örtliche, beliebig geformte Ausbeulungen oder Vertiefungen ohne Bezug zur Gesamtform in eine Oberfläche einarbeiten. Dieser Vorgang lässt sich mit dem Abdruck eines Fingers in plastischem Ton vergleichen. Dies steht im Gegensatz zur Biegeverformung eines dünnen Holzstreifens beim Drücken mit dem Finger, bei dem sich das komplette Element stetig, nicht nur lokal, verformt. Dies ist ein Vorgang, der eher

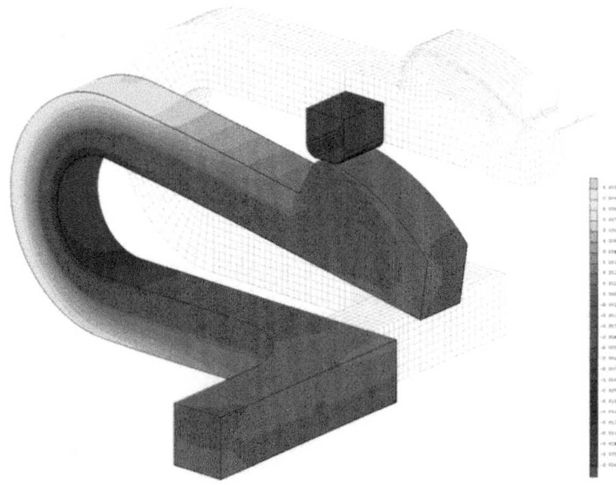

215 Finite-Elemente-Modell (FE-Modell) eines gebogenen Bauteils unter Last mit Darstellung der lokalen Spannungsniveaus (siehe Farbskala). Im Hintergrund das zugrundeliegende Polygonnetz.

der Verformung einer Oberfläche durch Kontrollpolygone entspricht. Lokale, sozusagen plastische Verformung von Freiformflächen geschieht aber vornehmlich bei Modellierung von lebenden Formen wie bei Trickfilmanimationen, seltener hingegen im Bauwesen (⊡ **205**).

Besondere Bedeutung für das Bauwesen haben, neben den linearen und planaren Flächen wie sie bei den oben diskutierten Netzen zum Zweck der leichteren Baubarkeit oft verwendet werden, auch **abwickelbare Oberflächen**. Sie sind nur einachsig gekrümmt und lassen sich, entsprechende Biegsamkeit des Werkstoffs vorausgesetzt, aus ebenen Ausgangselementen wie Platten, Bändern oder Streifen zusammensetzen oder biegen. Da abwickelbare Flächen stets Regelflächen sind, lassen sie sich auch verhältnismäßig einfach aus geradlinigem stabförmigem Material bauen. Komplexere zweiachsig gekrümmte Oberflächen kann man infolgedessen, alternativ zu den oben besprochenen diskreten Netzen aus planaren Polygonen, auch aus streifenförmigen abwickelbaren Flächen zusammensetzen, die an ihren Rändern untereinander verbunden sind. Diese Art von sozusagen teilfacettierten Oberflächen werden als **semidiskret** bezeichnet.

Selbstredend lassen sich auch stetig zweiachsig gekrümmte, nichtdiskrete Oberflächen baulich realisieren, beispielsweise durch Gusstechniken oder durch thermische Verformung von ebenem Ausgangsmaterial wie Glas. Bereits nichtplanare Vierecksmaschen eines Netzes sind nicht abwickelbare zweiachsig gekrümmte Oberflächen und erfordern entsprechende Fertigungsprozesse. Diese Formen ziehen allerdings erhöhten baulichen Aufwand nach sich. In diesen Fällen sind deshalb stets die erhöhten Fertigungskosten in die Überlegungen mit einzubeziehen, was oftmals derartige bauliche Lösungen von vornherein ausschließt.

Trotz sehr großer Freiheit beim Entwurf von Bauformen mit digitalen Methoden ist aber stets das statische Verhalten der Oberflächen als eigenständig tragende Flächentragwerke oder Gitterwerke zu analysieren. Erst durch eine statisch verträgliche Formgebung bzw. Untergliederung können die Tragreserven eines gekrümmten Flächen- oder Gittertragwerks vollständig ausgeschöpft werden. Auch hier existiert moderne Software zum Zweck der Ermittlung einer statisch optimierten Bauform.[8] Diese stellt einen Ersatz dar für experimentelle Methoden, wie sie bis vor kurzem zum Zweck der statisch optimierten Formfindung unter Verwendung von physischen Modellen ausschließlich eingesetzt wurden.[9] Finite-Elemente-Berechnungsmethoden, die sich ebenfalls auf Polygonbildung stützen, und im Normalfall die für die Formfindung entwickelten digitalen Netzmodelle für statische Berechnung übernehmen, erlauben heute allerdings viel weitreichendere statische Analysen als dies ehedem durch physische Modelle möglich war (⊡ **215**).

2.5 Netze

☞ *Abschn. 2.6 Verfeinerung von Polygonnetzen – Annnäherung an eine Krümmung, S. 74*

■ Netze sind die einfachste, im Hinblick auf den Rechenaufwand effizienteste und flexibelste Methode, um komplexe Freiformflächen in einer für Bauzwecke ausreichenden Genauigkeit digital zu modellieren. Sie sind das elementare Werkzeug des computergestützten Entwerfens und Konstruierens und lassen sich durch verschiedene Verfahren soweit wie notwendig verfeinern. Diese Methoden werden in den folgenden Abschnitten näher erläutert.

Netze setzen sich zusammen aus **Knoten** (englisch *vertices*), **Kanten** (englisch *edges*) und darin eingeschlossene **Teilflächen** (englisch *faces*). Knoten werden durch Kantenlinien in einer bestimmten Art der **Konnektivität** (englisch *connectivity*) untereinander verknüpft, die kennzeichnend für das jeweilige Netz ist. Eine Gruppe von Kanten, die eine Teilfläche umgeben, bilden ein **Polygon**. Teilflächen sind an Kanten derart miteinander verbunden, dass eine kontinuierliche facettierte Oberfläche entsteht (**218**, **219**).

216 Umsetzung eines Netzes durch polygonal geschnittene Platten in einem selbsttragenden Schalentragwerk.

In der baupraktischen Ausführung lassen sich Teilflächen als selbsttragende Platten oder Paneele ausführen, wobei Kanten den Stoßfugen entsprechen (**216**); Netze lassen sich auch als Gitterwerke realisieren, wobei Kanten einen Stab darstellen, Netzknoten einen konstruktiven Knoten und Teilflächen wiederum ein abdeckendes flächiges Bauteil (**217**).

217 Umsetzung eines Netzes als Stabwerk mit abdeckenden, darauf lagernden Glastafeln.

Netze können verschiedene Grade der Regelmäßigkeit haben (**220**). Im Bauwesen sind vollständig ungeregelte Netze ohne erkennbare Verknüpfungsregel zwischen den Knoten zur Generierung von Freiformflächen im Normalfall nicht brauchbar (**220-1**). Am häufigsten sind strukturierte Netze, bei denen eine klar erkennbare Verknüpfungsregel zwischen den Knoten herrscht, z. B. die Anzahl der an einem Knoten zusammenlaufenden Kanten (**220-2**). Regelmäßige Netze mit zusätzlichen Verknüpfungsregeln (z. B. die Winkel der an einem Knoten zusammenlaufenden Kanten) (**220-3**, **-4**) treten bei speziellen Oberflächen auf (z. B. einachsig gekrümmte).

Am häufigsten treten im architektonischen Entwurf Polygonnetze aus **Dreiecksmaschen** und **Vierecksmaschen** in Erscheinung (**218, 219**). Sechseckmaschen werden nur in Einzelfällen eingesetzt. Folgende Eigenschaften der jeweiligen Unterteilung des Netzes sind von Interesse:

☞ *Abschn. 1.2.1 Parkettierung der Fläche, S. 9ff*

- **Dreiecksmasche** (englisch *triangle mesh*) (**219**): Bereits bei der Parkettierung der Ebene wurde deutlich, dass sich eine Fläche in einfachster Form aus Dreiecken zusammensetzen lässt. Jedes Netz aus Vierecksmaschen lässt sich durch Einführung einer Diagonalen in ein Netz aus Dreiecksmaschen überführen. An jedem regelmäßigen Innenknoten laufen jeweils sechs Kanten zusammen, d. h. die Knoten sind sechswertig. Ausnahmen zu dieser Regel werden als unregelmäßige Knoten bezeichnet.

  Dreieckförmige Teilflächen von Netzen sind immer planar, was für die bauliche Umsetzung von großer Bedeutung ist. Ferner sind Stabdreiecke stets schubsteif, was bei Gitterschalen statisch vorteilhaft ist. Nachteilig ist hingegen die verhältnismäßig große Anzahl an Stäben (sechs), die bei einem Gitterwerk im Knoten aufeinandertreffen, was den konstruktiven Aufwand erhöht.

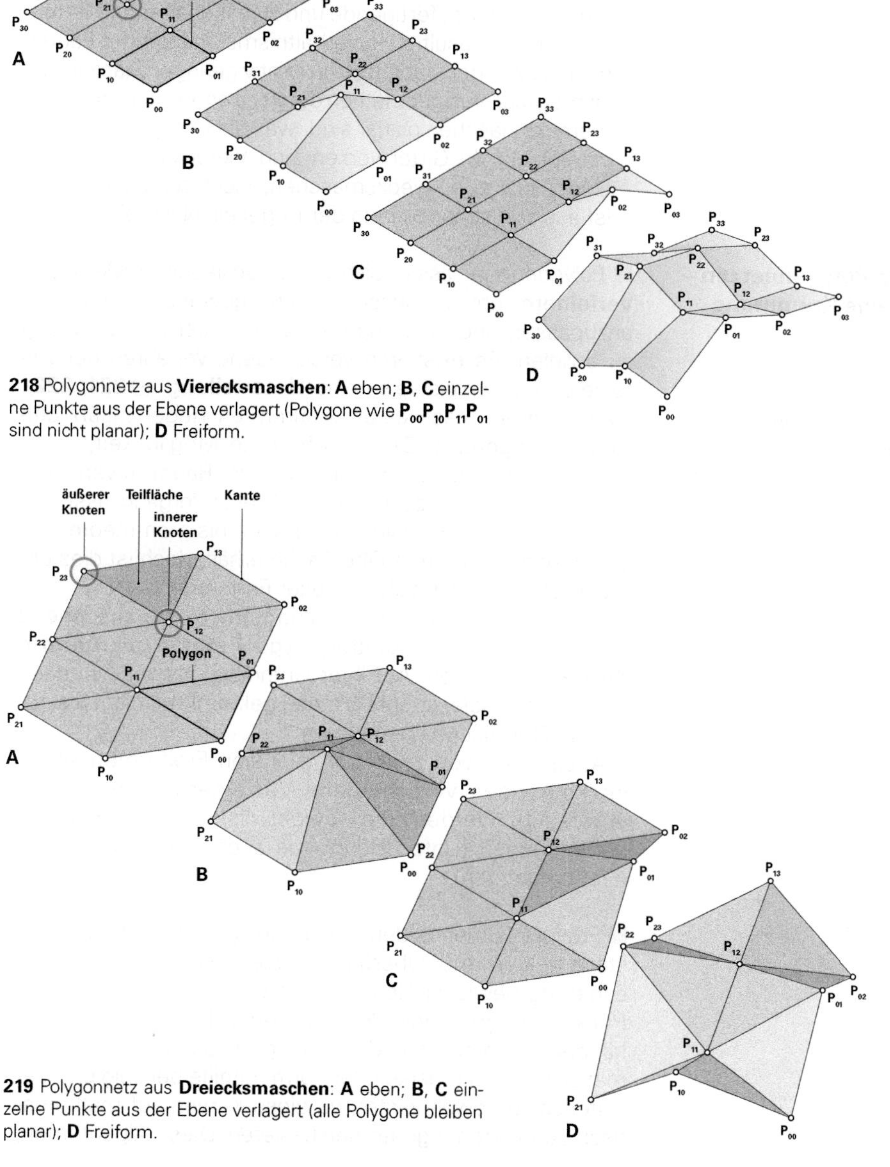

218 Polygonnetz aus **Vierecksmaschen**: **A** eben; **B**, **C** einzelne Punkte aus der Ebene verlagert (Polygone wie $P_{00}P_{10}P_{11}P_{01}$ sind nicht planar); **D** Freiform.

219 Polygonnetz aus **Dreiecksmaschen**: **A** eben; **B**, **C** einzelne Punkte aus der Ebene verlagert (alle Polygone bleiben planar); **D** Freiform.

1

2

3

4

220 Verschiedene Grade der Regelmäßigkeit von Netzen: **1** ohne erkennbare Ordnung; **2** strukturiert; **3** strukturiert und regelmäßig; **4** strukturiert, regelmäßig und orthogonal.

☞ Abschn. 1.2.1 Parkettierung der Fläche, S. 9 ff

- **Viereckmasche** (englisch *quadrilateral mesh* oder kurz *quad mesh*) (⧉ **218**): Auch Quadrate oder Rechtecke parkettieren die Ebene in elementarer Weise. Vier Vierecke treffen sich jeweils in einem regelmäßigen Innenknoten, d. h. dort laufen stets vier Kanten zusammen (Knoten sind vierwertig). Ausnahmen zu dieser Regel werden als unregelmäßige Knoten bezeichnet. Dies ist dann der Fall, wenn (zumeist aus Gründen der geometrischen Topologie) lokal andersartige Maschen (Nicht-Vierecke) eingeführt werden müssen. Wie angemerkt, sind Vierecksmaschen nicht notwendigerweise planar (⧉ **218 B–D**).

  Vierecksmaschen ist die beim architektonischen Entwerfen am häufigsten eingesetzte Maschengeometrie. Sie ergibt einfach zu fertigende und zu handhabende Plattenformate und resultiert in verhältnismäßig geringer Fugendichte, bzw. bei Stabgittern in relativ geringer Stabzahl. Es ist möglich, Netzgeometrien derart zu entwickeln, dass alle Vierecksmaschen planar sind, was die Fertigung deutlich vereinfacht. In Gitterwerken sind Vierecksmaschen, im Gegensatz zu Dreiecksmaschen, nicht schubsteif. Dies ist aus statischer Sicht in der Regel ein Nachteil.

2.6 Verfeinerung von Polygonnetzen – Annäherung an eine Krümmung

☞ Vgl. auch Abschn. 2.7.1 Unterteilungskurven, S. 76 ff, und 2.8.1 Unterteilungsflächen, S. 82 ff

■ Polygonnetze lassen sich mit verschiedenen Methoden **verfeinern**, um sie besser an eine gewünschte Freiform anzupassen und eine angenehmere visuelle Erscheinung zu erzielen. Es existieren verschiedene Verfahren der Verfeinerung, beispielsweise eine **Unterteilung** (⧉ **221**, **222**). Dabei werden nach einer bestimmten Regel zusätzliche Knoten eingeführt. Dies eröffnet die Möglichkeit, diese Knoten zwecks besserer Anpassung im Raum zu verlagern und damit das Netz zu verfeinern. Dieser Vorgang lässt sich zwar unbestimmte Male wiederholen bis man theoretisch eine stetig gekrümmte Oberfläche erhält, doch ist dies unpraktikabel und wir nicht in dieser Form praktiziert.

Daneben existieren auch Algorithmen, die ausgehend von einem Polygon (Kontrollpolygon) **stetig gekrümmte Kurven** generieren. Auf ihrer Grundlage lassen sich dann dreidimensionale, ebenfalls stetig gekrümmte, nicht diskretisierte Oberflächen generieren.

Ausgehend von zweidimensionalen Freiformen sollen im Folgenden verschiedene Verfeinerungsmethoden untersucht werden, die sowohl diskretisierte Flächen hervorbringen (Unterteilung) wie auch nichtdiskretisierte (Freiformkurven).

2.7 Freiformkurven

■ Freiformkurven bilden die Grundlage für die Erzeugung stetig gekrümmter Oberflächen. Sie lassen sich durch Veränderung gewisser Referenzelemente – charakteristische Punkte, umgreifende Polygone oder Tangenten – leicht händisch manipulieren. Gleichzeitig ist aber die volle mathematische Definierbarkeit der Form mithilfe beliebig präziser Datensätze gewährleistet, da diese Kurven auf mathematisch definierten Algorithmen basieren. Diese Algorithmen,

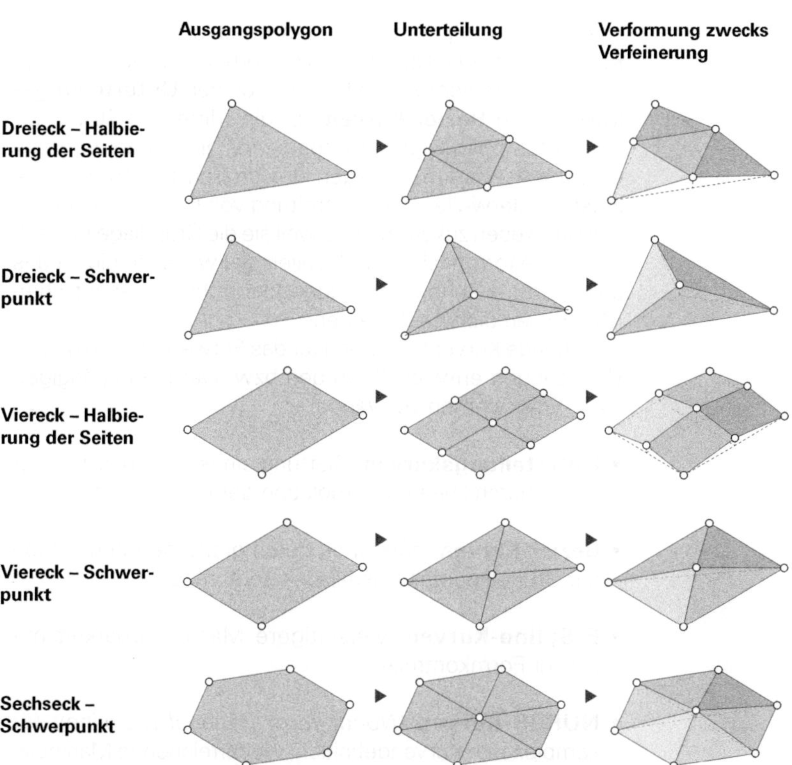

221 Möglichkeiten der **Verfeinerung** einer Netzmasche durch Unterteilung zwecks besserer Annäherung an gekrümmte Geometrien. Hier sind ebene Ausgangsmaschen dargestellt; die Methoden sind aber auch auf nichtplanare Maschen anwendbar.

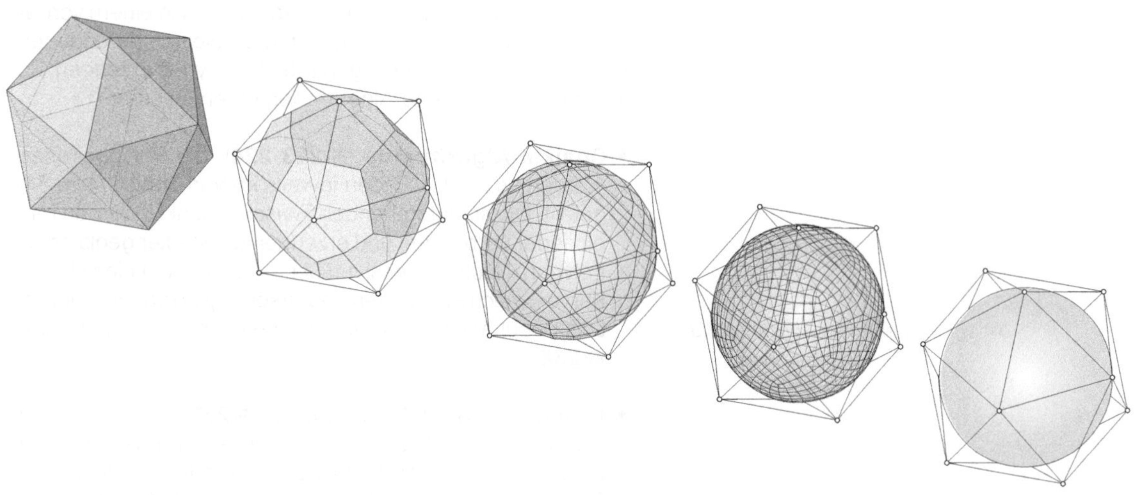

222 Umwandlung eines Ikosaeders (20-Flächner) in eine Kugel in einem Verfeinerungsprozess durch Unterteilung (Catmull-Clark-Algorithmus).

sind derart programmiert, dass bruchlose, harmonische Krümmungen und Übergänge von vornherein gegeben sind.

Diese Formelemente leiten sich von den **Unterteilungskurven** und **Bézier-Kurven** ab, die Mitte des 20. Jh. für das Automobildesign und später für die Computergrafik entwickelt wurden.[10] Wegen der großen Bedeutung, die ihnen mittlerweile dank Verbreitung von CAD-Software für das Bauwesen zukommt, und weil sie die Grundlage für zahlreiche Freiformflächen sind, sollen sie, wie auch die daraus ableitbaren Flächen, im Folgenden in ihren wesentlichen Merkmalen diskutiert werden.

Folgende Kurventypen sind für das Entwerfen mit digitalen Werkzeugen entwickelt worden bzw. werden in gängigen CAD-Programmen verwendet:

- **Unterteilungskurven**: Glättung eines Polygons zu einer Kurve durch lineare Interpolation der Polygonseiten;
- **Bézier-Kurven**: entstehen durch grafische Interpolation auf Grundlage des Casteljau-Algorithmus;
- **B-Spline-Kurven**: vielseitigere Manipulierbarkeit mit lokaler Formkontrolle;
- **NURBS-Kurven** (*Nonuniform Rational B-Spline*): für komplexeste Kurvendefinition, weiterreichende Manipulationsmöglichkeit der Kurve durch Anwendung zusätzlicher Parameter.

Diese Kurventypen sollen im Folgenden näher untersucht werden.

2.7.1 Unterteilungskurven

■ Unterteilungskurven entstehen in einem einfachen Glättungsprozess durch fortschreitendes Abschneiden von Polygonecken. Dabei werden die Polygonseiten in einem vorgegebenen Verhältnis derart geteilt, dass die neu gefundenen Punkte ein neues, stärker geglättetes Polygon erzeugen. Es werden verschiedene Algorithmen unterschieden: [11]

- **Chaikin-Algorithmus** (⧉ **223, 224**): die Polygonseiten werden an beiden Enden jeweils im Verhältnis 1/4 zu 3/4 geteilt. Die so entstehenden Zwischenpunkte werden miteinander verbunden und erzeugen ein stärker geglättetes Polygon. Nach sukzessiven Schritten entsteht eine stetige Kurve , welche die Seiten des Ursprungspolygons tangiert. Das Resultat ist eine quadratische B-Spline-Kurve (wie in ⧉ **238**);.

☞ Vgl. weiter unten Abschn. 2.7.3 B-Spline-Kurven, S. 78 ff

- **Lane-Riesenfeld-Algorithmus** (⧉ **225**): geht von einer Halbierung der Seiten des Ausgangspolygons und einer zweifachen Interpolation der Polygonecken aus. Das Endresultat nähert sich einer kubischen B-Spline-Kurve. In der Verallgemeinerung gilt, dass bei **n** Interpolationen

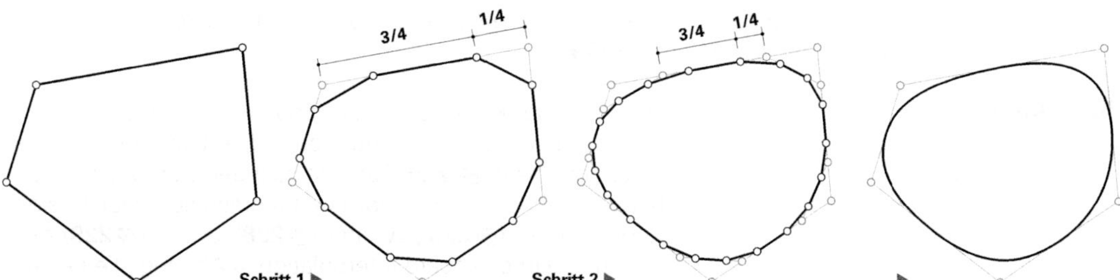

223 Chaikin-Algorithmus: fortschreitende Verfeinerung und Glättung eines geschlossenen Polygons (links) durch Abschneiden der Ecken nach einer vorgegebenen Methode. In diesem Fall wird eine lineare Interpolation angewendet, bei der die Polygonseiten im Verhältnis 1/4 zu 3/4 gekürzt werden. Nach einer ausreichenden Anzahl von Unterteilungsschritten entsteht die stetige **Unterteilungskurve** (rechts).

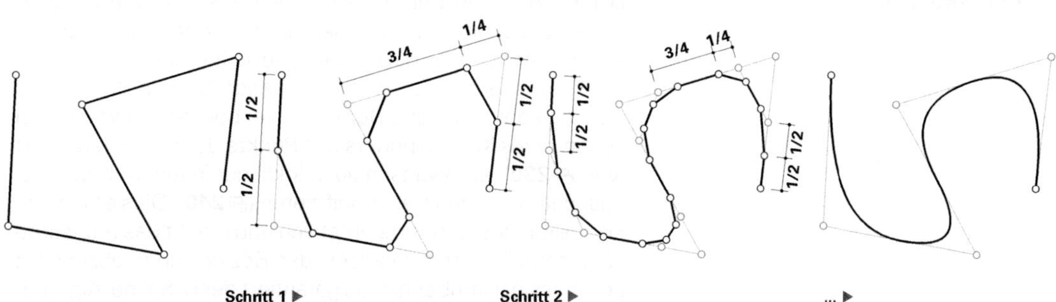

224 Chaikin-Algorithmus: Glättung eines offenen Polygons (links) durch Abschneiden der Ecken nach dem Chaikin-Algorithmus wie in 🗗 **223**. Bei offenen Kurven wird an beiden Enden die erste bzw. letzte Polygonseite nicht nach vorgegebenem Verhältnis geteilt, sondern halbiert.

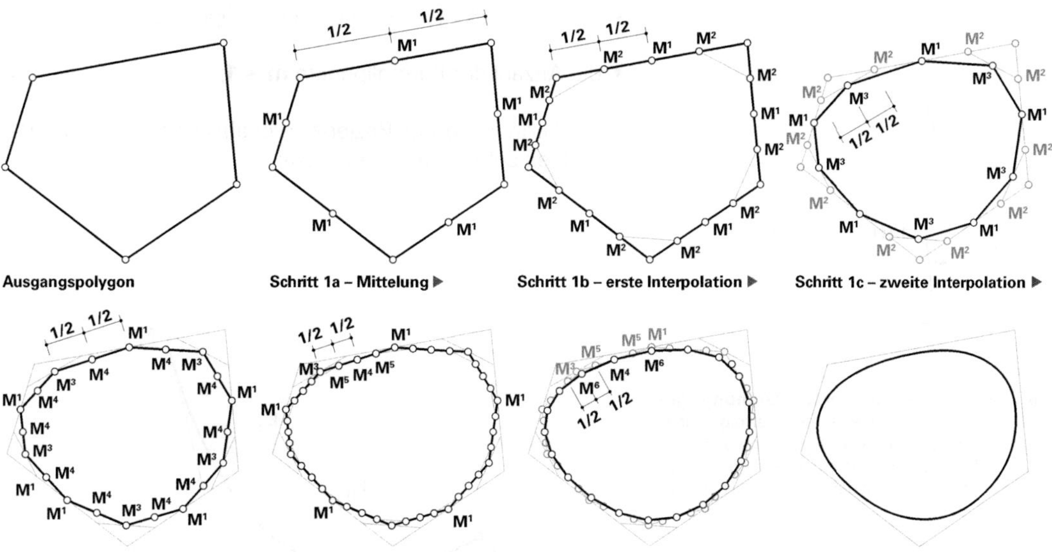

225 Lane-Riesenfeld-Algorithmus: Glättung eines Polygons (links) durch Halbierung der Polygonseiten (Teilschritt **a**) und zweimalige Interpolation (Teilschritte **b** und **c**). Das neue Polygon wird konstruiert, indem der erste gemittelte Punkt (**M¹** in Schritt **1**) mit dem letzten ermittelten (**M³** in Schritt **1**) verbunden wird.

☞ *Vgl. weiter unten Abschn. 2.7.3 B-Spline-Kurven, S. 78 ff*

eine B-Spline-Kurve der Ordnung **n** + 1 resultiert (wie in ⊡ **239**).

7.2 Bézier-Kurven

■ Eine Bézier-Kurve ist definiert durch ein Kontrollpolygon, durch dessen Veränderung sich indirekt auch die Kurve verändern lässt (⊡ **229, 230**). Je nachdem, wieviele Seiten bzw. Eckpunkte das Polygon hat, unterscheidet man Bézier-Kurven erster (⊡ **226**), zweiter (⊡ **228**), dritter (⊡ **229**) etc. Ordnung. Durch lineare Interpolation in Abhängigkeit eines Parameters **t** entstehen durch sukzessive Anwendung des Casteljau-Algorithmus die Punkte der Bézier-Kurve (⊡ **234–236**). Bézier-Kurven treten auch räumlich in Erscheinung (⊡ **227**).

7.3 B-Spline-Kurven

■ Eine B-Spline-Kurve[12] setzt sich aus mehreren Bézier-Kurvenabschnitten zusammen. In gängiger CAD-Software sind die Abschnitte gleichmäßig verteilt (*uniform* B-Spline). Infolgedessen lassen sich die Bézier-Abschnitte, anders als eine kontinuierliche Bézier-Kurve, bei der das Verändern schon *eines* Kontrollpunkts *alle* Punkte der Kurve verändert (vgl. ⊡ **230**), auf Wunsch auch lokal nur in einem bzw. ausgesuchten Abschnitten modifizieren (⊡ **240**). Dies erhöht die Flexibilität des Entwurfs erheblich und macht das mühsame händische Zusammensetzen der Bézier-Kurvenabschnitte überflüssig. Darüber hinaus garantiert der B-Spline-Algorithmus, dass die Bézier-Kurvenabschnitte stets harmonisch, d. h. ohne abrupte Wechsel in der Krümmung, ineinander übergehen.

Eine B-Spline-Kurve ist definiert durch:[13]

- die Anzahl **m** der Seiten des Kontrollpolygons;
- die Anzahl der Kontrollpunkte **m + 1**;
- die Ordnung **n** der Bézier-Kurvenabschnitte und des B-Splines selbst (stets identisch);

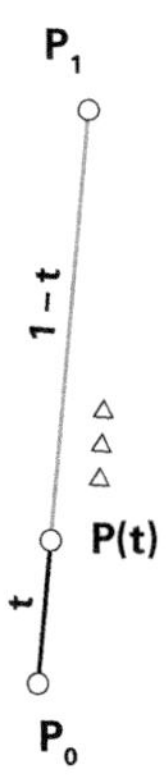

226 (Oben) Bézier-Kurve **erster Ordnung**: geradlinige Strecke. Die Generierung erfolgt durch Anwendung des Casteljau-Algorithmus wie in ⊡ **231–233**, allerdings in nur einem einzigen Schritt. Die Kurve ist identisch mit dem Kontrollpolygon (hier Kontrollstrecke).

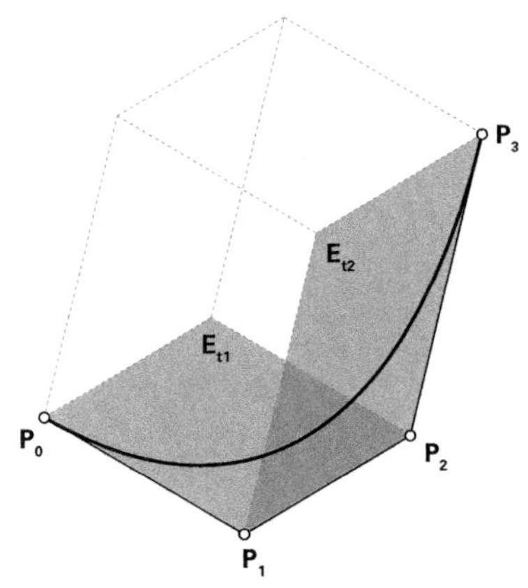

227 (Rechts) **Räumliche** Bézier-Kurve. Das Kontrollpolygon ist $\mathbf{P_0}$–$\mathbf{P_3}$; die Ebenen $\mathbf{E_{t1}}$ und $\mathbf{E_{t2}}$ sind jeweils Tangentialebenen an der Kurve in den Punkten $\mathbf{P_0}$ und $\mathbf{P_3}$.

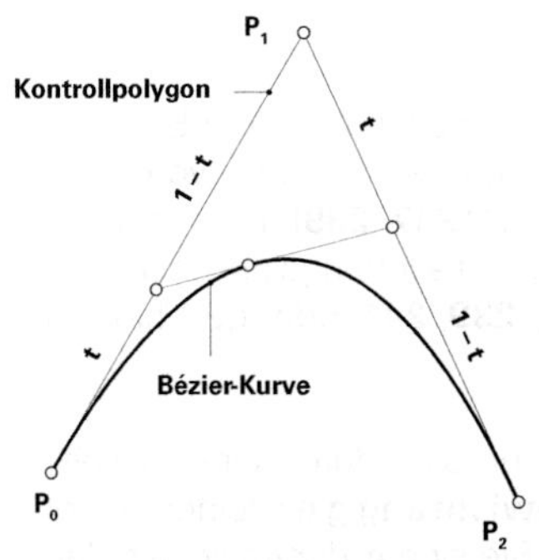

228 Bézier-Kurve **zweiter Ordnung**: Parabelast. Die Anwendung des Casteljau-Algorithmus wie in 230–232 ergibt die herkömmliche Fadenkonstruktion der Parabel.

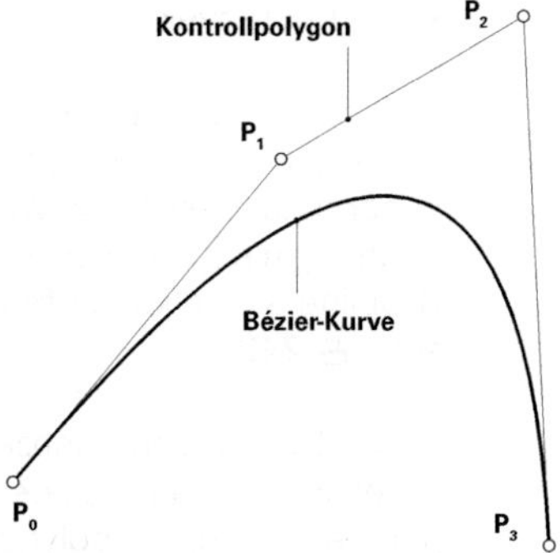

229 Bézier-Kurve **dritter Ordnung**. Das Kontrollpolygon wird händisch vom Entwerfenden manipuliert und definiert den Verlauf der Kurve.

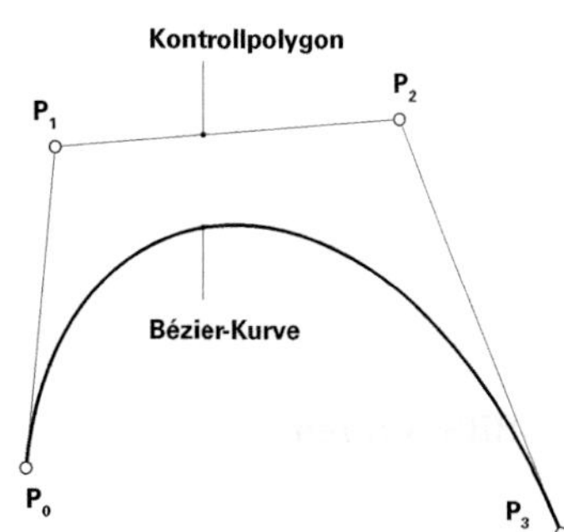

230 Verändert man das Kontrollpolygon der Kurve im Vergleich zu 229, verändert sich die Kurvenform entsprechend. Bereits beim Verändern eines Kontrollpunkts verändern sich **alle** Punkte der Bézier-Kurve.

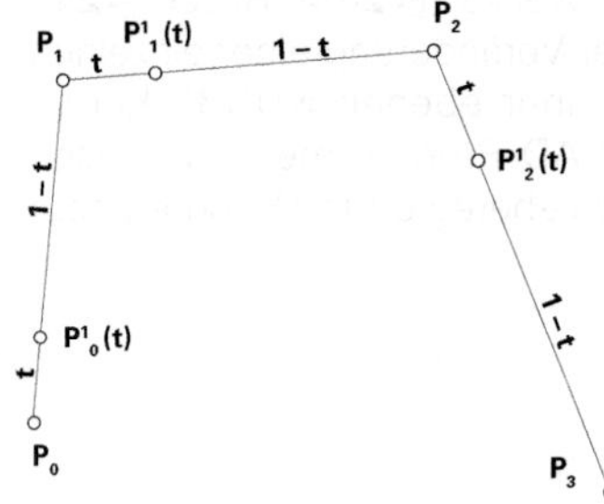

231 Generierung der Bézier-Kurve in **230** durch **grafische Interpolation** (Casteljau-Algorithmus). **Schritt 1**: Ausgehend vom Kontrollpolygon P_0–P_3, Festlegung der drei Zwischenpunkte $\mathbf{P^1_0(t)}$, $\mathbf{P^1_1(t)}$ und $\mathbf{P^1_2(t)}$ durch Unterteilung der Polygonseiten im Verhältnis **t** : (1 – **t**), wobei 0 < **t** < 1.

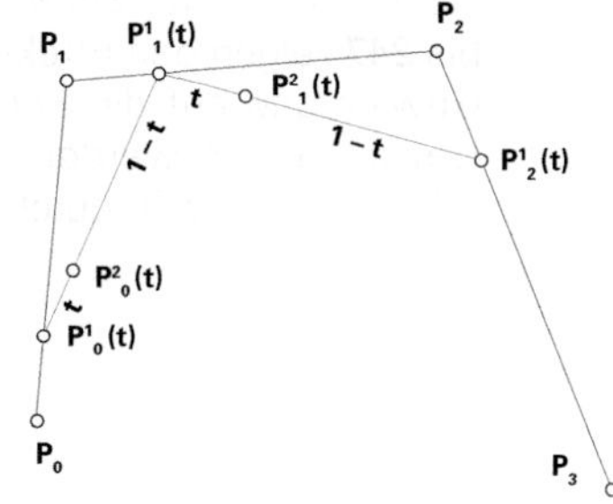

232 **Schritt 2**: Ausgehend vom Polygon $\mathbf{P^1_0(t)}$–$\mathbf{P^1_2(t)}$, Festlegung der zwei Zwischenpunkte $\mathbf{P^2_0(t)}$, $\mathbf{P^2_1(t)}$ durch Unterteilung der Polygonseiten im gleichen Verhältnis **t** : (1 – **t**).

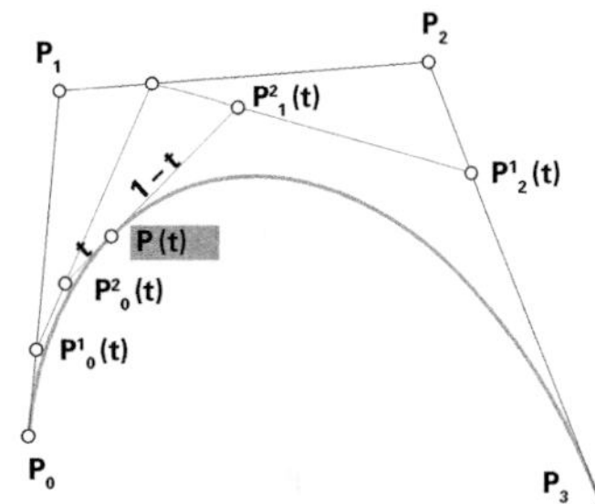

233 **Schritt 3**: Unterteilung der Strecke $\mathbf{P^2_0(t)}$–$\mathbf{P^2_1(t)}$ im gleichen Verhältnis **t** : (1 – **t**) durch Festlegung des Zwischenpunkts **P(t)**. **P(t)** ist ein Punkt der Bézier-Kurve für den Parameter **t**. $\mathbf{P^2_0(t)}$–$\mathbf{P^2_1(t)}$ ist die Tangente am Kurvenpunkt **P(t)**, $\mathbf{P_0P_1}$ am Punkt $\mathbf{P_0}$ und $\mathbf{P_2P_3}$ am Punkt $\mathbf{P_3}$. Da es sich in diesem Fall um eine Kurve 3. Ordnung handelt, liegen auch drei Zwischenpunkthierarchien vor, also $\mathbf{P^1_i(t)}$, $\mathbf{P^2_i(t)}$ und **P(t)** vor.

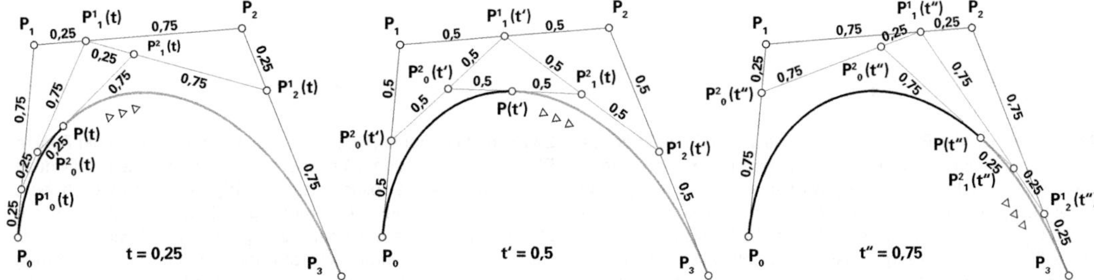

234–236 Generierung der Bézier-Kurve in **230** durch sukzessive Anwendung des Casteljau-Algorithmus in **231–233**, jeweils für verschiedenen Werte des Parameters **t** von 0 bis 1. Hier drei exemplarische Zwischenschritte für **t** = 0,25, **t** = 0,5 und **t** = 0,75 dargestellt.

- der Knotenvektor.

Anders als bei Bézier-Kurven, ist die Ordnung der B-Spline-Kurve nicht von der Seitenzahl des Polygons vorgeben, sondern lässt sich frei wählen (**237–239**). Die maximale Ordnung **n** einer B-Spline Kurve ist allerdings gleich **m**. Eine B-Spline-Kurve kann offen (**239**, **241**) oder geschlossen sein (**242**).

2.7.4 NURBS-Kurven

■ NURBS-Kurven kennzeichnen sich durch einen zusätzlichen Formparameter, der **Gewichtung g** einzelner Steuerpunkte des Kontrollpolygons. Sie sind **n**-dimensionale Zentralprojektionen einer **n+1**-dimensionalen B-Spline-Kurve; beispielsweise in **244** die zweidimensionale Projektion einer dreidimensionalen B-Spline-Kurve. (Entsprechend sind dreidimensionale NURBS-Kurven Projektionen vierdimensionaler B-Spline-Kurven.) Die individuelle Festlegung der Gewichtungen der einzelnen Steuerpunkte der assoziierten B-Spline-Kurve erlaubt ein differenziertes Manipulieren der NURBS-Kurve für Entwurfszwecke (**244**). Bilder **245** bis **247** zeigen den Effekt der Veränderung einer einzelnen Gewichtung auf die Form einer ebenen NURBS-Kurve. Gewichtungen werden in CAD-Programmen numerisch oder grafisch (z. B. durch Schieberegler) in Dialogfenstern eingestellt.

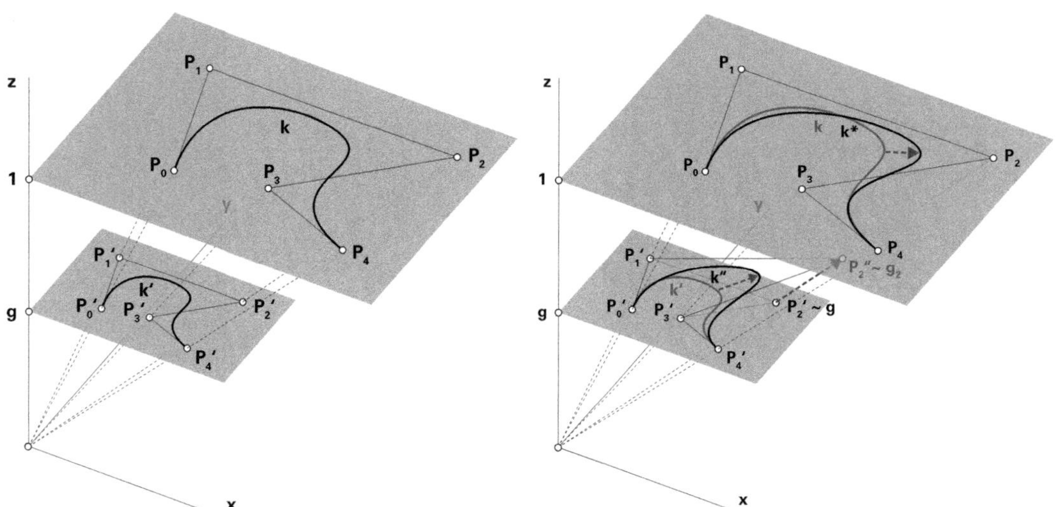

243 Die ebene NURBS-Kurve **k** ist eine Zentralprojektion der räumlichen B-Spline-Kurve **k'** auf die Ebene mit **z**-Koordinate 1. Jedem Punkt von **k'**, also allen P'_i, wird eine Gewichtung g_i zugewiesen. Diese g_i sind jeweils identisch mit der **z**-Koordinate der Punkte P'_i. In diesem speziellen Fall sind die Gewichtungen aller Punkte P'_i gleich, nämlich **g**, sodass die B-Spline Kurve **k'** auf der Ebene $z = g$ zu liegen kommt. In diesem besonderen Fall ist **k** eine affine Abbildung von **k'**. Eine B-Spline-Kurve ist also eine spezielle NURBS-Kurve mit jeweils gleichen Gewichtungen.[14]

244 Regelfall einer NURBS-Kurve: die Gewichtungen **g** der Punkte P'_i werden nach den Wünschen des Entwerfenden individuell eingestellt: hier beispielsweise wird P'_2 nach oben verschoben, d. h. mit einer neuen Gewichtung g_2 belegt. Die B-Spline-Kurve **k'** bewegt sich aus der Ebene $z = g$ heraus und wird räumlich; die NURBS-Kurve verändert sich entsprechend. Die Veränderung der Kurve **k** erfolgt in Richtung des Punktes P_2. Durch individuelle Einstellung der Werte g_i lässt sich die NURBS-Kurve folglich gezielt manipulieren.[15]

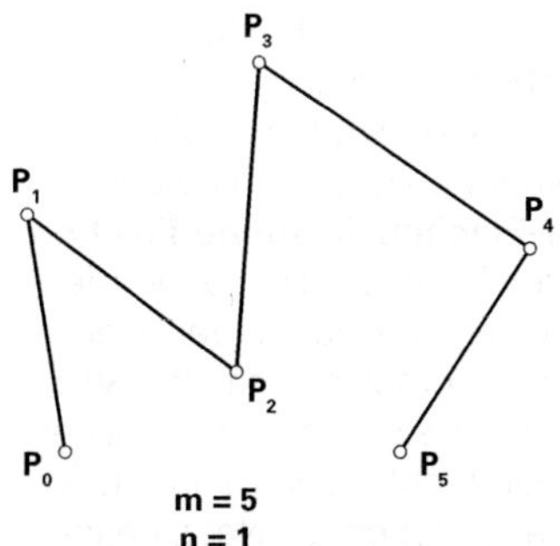

237 B-Spline-Kurve mit fünfseitigem Kontrollpolygon (**m** = 5), Kurve **erster Ordnung** (**n** = 1): Kurve ist identisch mit dem Kontrollpolygon (vgl. auch ⧉ **226**).

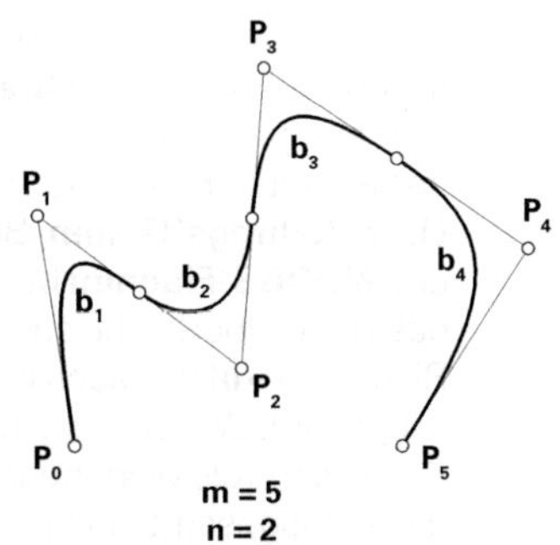

238 B-Spline-Kurve mit fünfseitigem Kontrollpolygon (**m** = 5), Kurve **zweiter Ordnung** (**n** = 2): Die B-Spline-Kurve setzt sich aus vier Bézier-Kurvenabschnitten $\mathbf{b}_1$ bis $\mathbf{b}_4$ zusammen.

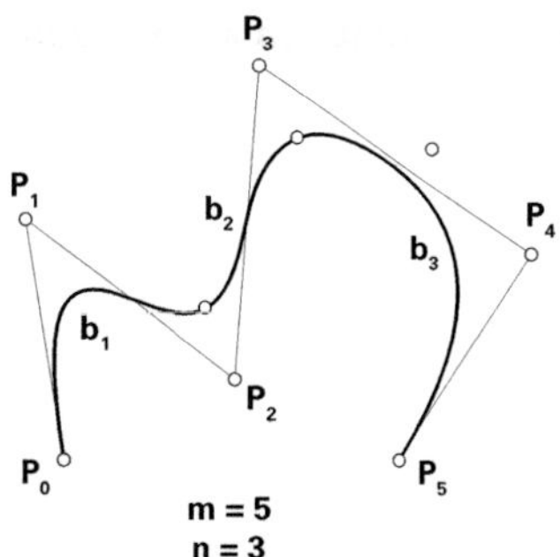

239 B-Spline-Kurve mit fünfseitigem Kontrollpolygon (**m** = 5), Kurve **dritter Ordnung** (**n** = 3): Die B-Spline-Kurve setzt sich aus drei Bézier-Kurvenabschnitten $\mathbf{b}_1$ bis $\mathbf{b}_3$ zusammen. Man beachte, dass die Kurve sind zunehmend vom Kontrollpolygon ablöst. Dieser Effekt steigert sich mit zunehmender Ordnung der B-Spline-Kurve.

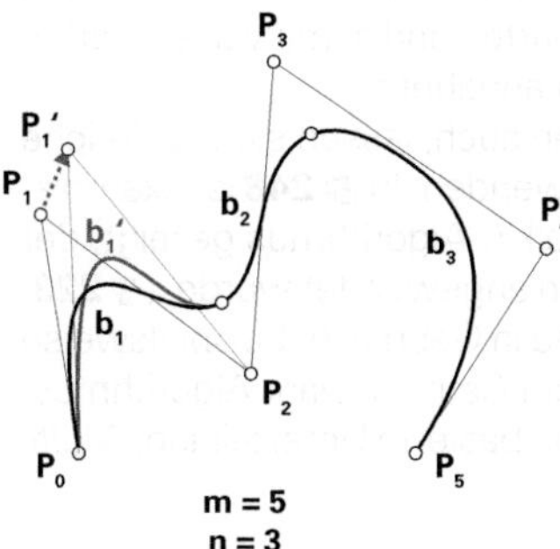

240 Beim Verändern eines Kontrollpunkts $\mathbf{P}_1$ einer B-Spline-Kurve, z. B. derjenigen in ⧉ **239**, wird nur der zugehörige Kurvenabschnitt $\mathbf{b}_1$ verändert. Der Rest der Kurve ($\mathbf{b}_2$, $\mathbf{b}_3$) bleibt unverändert.

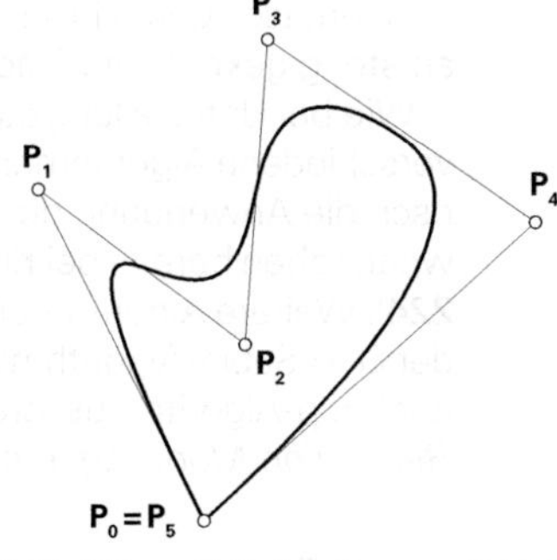

241 Offene B-Spline-Kurve mit identischem Anfangs- und Endpunkt $\mathbf{P}_0$ und $\mathbf{P}_5$; an diesen existiert keine stetige Krümmung, es bildet sich eine Ecke.

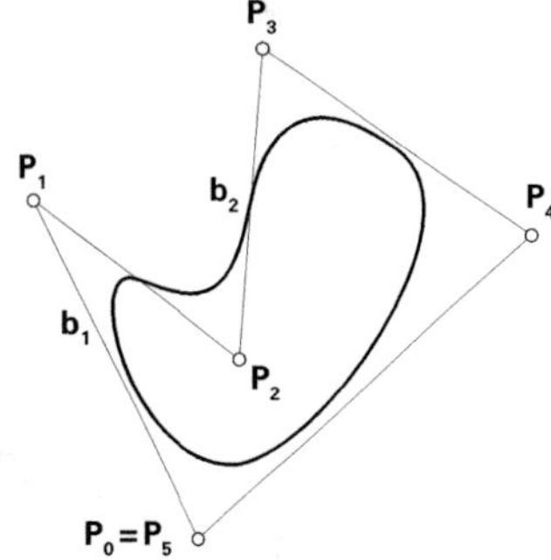

242 Geschlossene B-Spline-Kurve mit identischem Anfangs- und Endpunkt $\mathbf{P}_0$ und $\mathbf{P}_5$; die Kurve hat an allen Punkten stetige Krümmung.

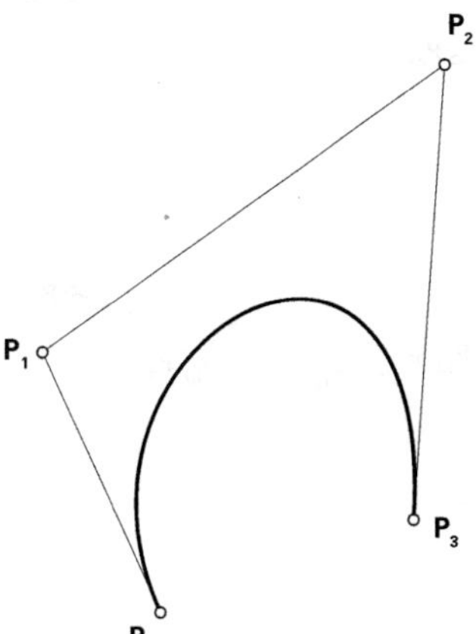

245 NURBS-Kurve mit vierseitigem Kontrollpolygon. Alle Gewichtungen $\mathbf{g}_1$ bis $\mathbf{g}_4$ der Punkte $\mathbf{P'}_1$ bis $\mathbf{P'}_4$ der (gedachten) zugeordneten B-Spline-Kurve sind hier gleich.

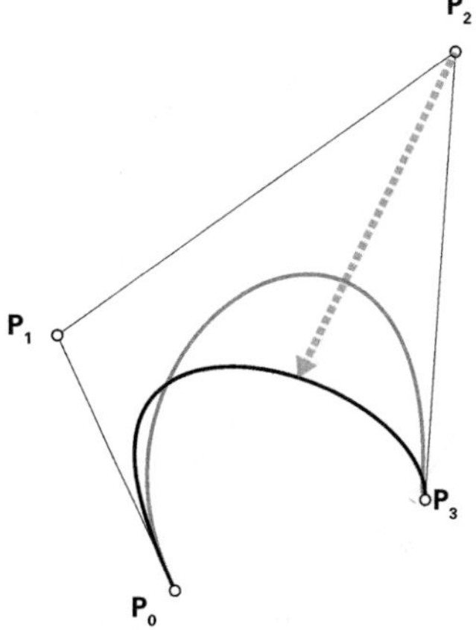

246 Verkleinerung der Gewichtung $\mathbf{g}_2$ des Punkts $\mathbf{P'}_2$. Die Kurve wird vom Punkt $\mathbf{P}_2$ weg verformt.

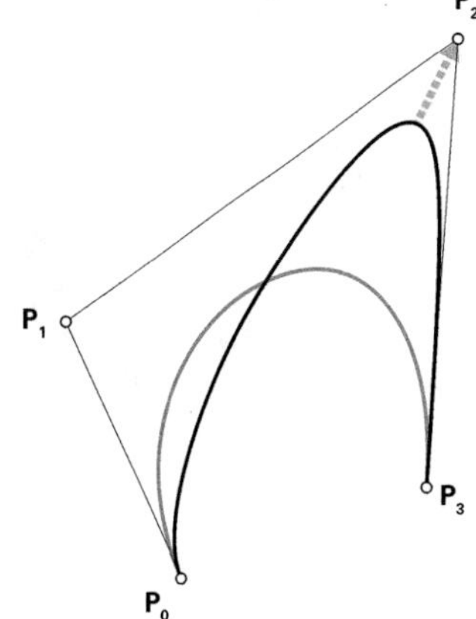

247 Vergrößerung der Gewichtung $\mathbf{g}_2$ des Punkts $\mathbf{P'}_2$. Die Kurve wird zum Punkt $\mathbf{P}_2$ hin verformt.

2.8 Freiformflächen aus Kurven

■ Ausgehend von den bisher betrachteten Freiformkurven sollen im Folgenden **Oberflächen** untersucht werden, die sich aus ihnen herstellen lassen. In Anlehnung an die bisher betrachteten Kategorien von Kurven, werden im Folgenden **Unterteilungsflächen**, **Bézier-Flächen**, **B-Spline-Flächen** und **NURBS-Flächen** betrachtet. Dabei wird angenommen, dass eine Oberfläche sowohl von einer Schar Kurven in einer Richtung (→**u**) wie auch in der dazu komplementären (→**v**) erzeugt wird. Wie auch bei den Kurven, sind diese Oberflächen durch Kontrollpolygone in beiden Richtungen definiert. Sie bilden insgesamt ein die Fläche umgebendes Netz, dessen Eckpunkte sich zu Entwurfszwecken manipulieren lassen.

2.8.1 Unterteilungsflächen

☞ *Abschn. 2.7.1 Unterteilungskurven, S. 76ff*

■ Ähnlich wie Unterteilungskurven aus dem Glätten eines Ursprungspolygons durch systematisches Abschneiden der Ecken nach einem festgelegten Algorithmus entstehen, lassen sich, auf die dritte Dimension bezogen, auch durch Polygone definierte Flächen durch schrittweise Unterteilung zu feinmaschigeren Flächen glätten und damit visuell stärker an stetig gekrümmte Flächen annähern.

Wie bei Unterteilungskurven auch, lassen sich zahlreiche verschiedene Algorithmen anwenden. In 🗗 **248** ist exemplarisch die Anwendung des Chaikin-Algorithmus gezeigt, der weiter oben bereits bei Kurven angewendet wurde (🗗 **223**, **224**). Weitere Algorithmen sind in Gebrauch, beispielsweise der Doo-Sabin-Algorithmus, der Catmull-Clark-Algorithmus, der Loop-Algorithmus, dreiecksbasierte Unterteilung, *Multi-Resolution Modeling*, etc.[16]

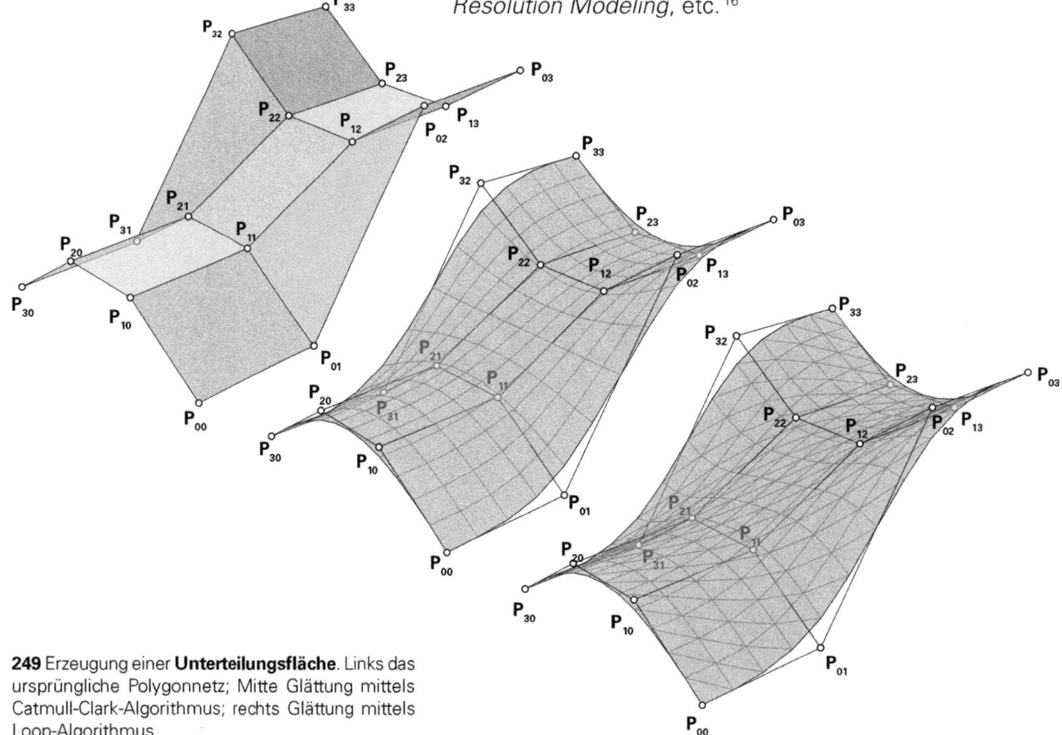

249 Erzeugung einer **Unterteilungsfläche**. Links das ursprüngliche Polygonnetz; Mitte Glättung mittels Catmull-Clark-Algorithmus; rechts Glättung mittels Loop-Algorithmus.

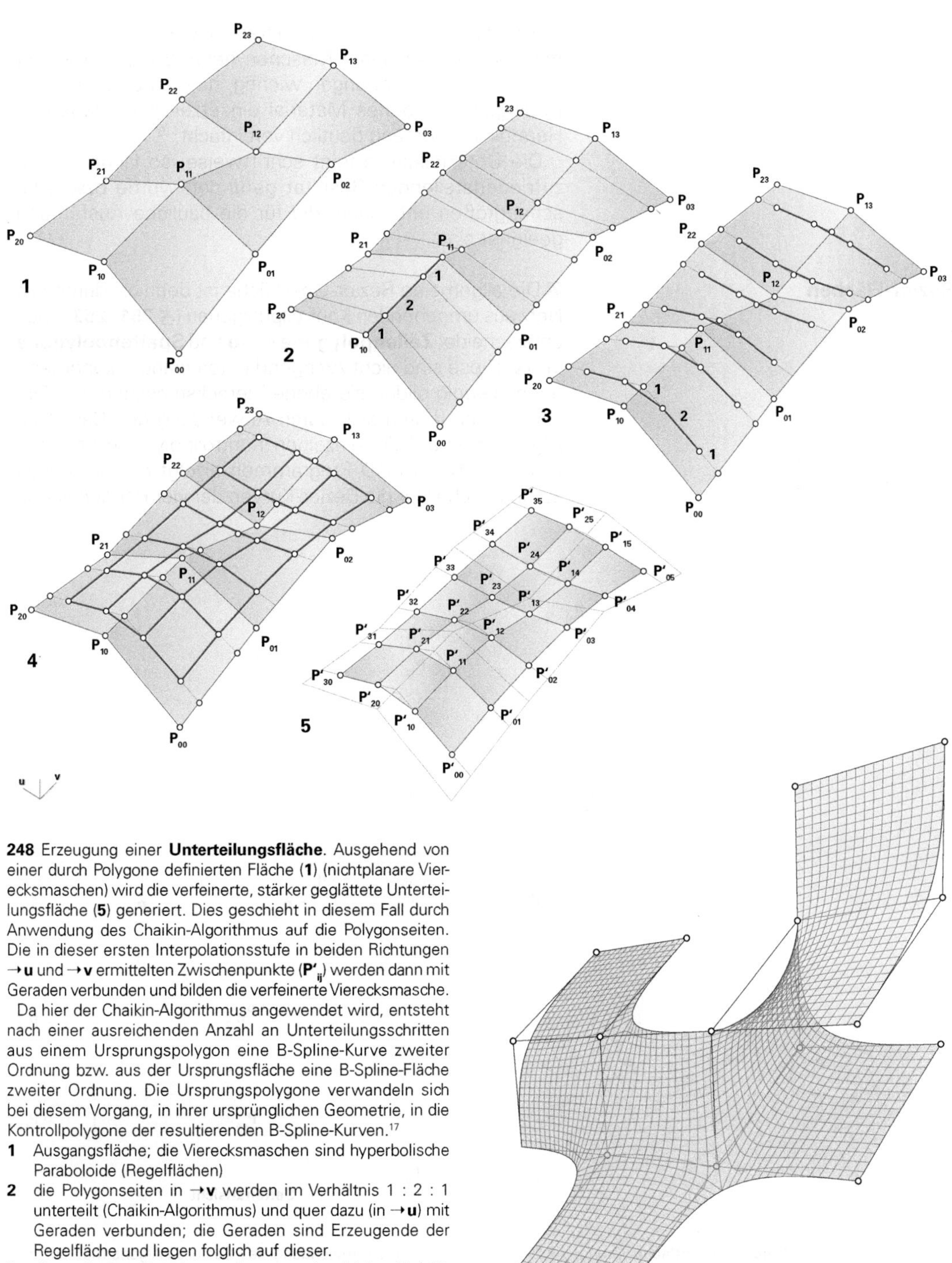

248 Erzeugung einer **Unterteilungsfläche**. Ausgehend von einer durch Polygone definierten Fläche (**1**) (nichtplanare Vierecksmaschen) wird die verfeinerte, stärker geglättete Unterteilungsfläche (**5**) generiert. Dies geschieht in diesem Fall durch Anwendung des Chaikin-Algorithmus auf die Polygonseiten. Die in dieser ersten Interpolationsstufe in beiden Richtungen →**u** und →**v** ermittelten Zwischenpunkte ($\mathbf{P'_{ij}}$) werden dann mit Geraden verbunden und bilden die verfeinerte Vierecksmasche.

Da hier der Chaikin-Algorithmus angewendet wird, entsteht nach einer ausreichenden Anzahl an Unterteilungsschritten aus einem Ursprungspolygon eine B-Spline-Kurve zweiter Ordnung bzw. aus der Ursprungsfläche eine B-Spline-Fläche zweiter Ordnung. Die Ursprungspolygone verwandeln sich bei diesem Vorgang, in ihrer ursprünglichen Geometrie, in die Kontrollpolygone der resultierenden B-Spline-Kurven.[17]

1 Ausgangsfläche; die Vierecksmaschen sind hyperbolische Paraboloide (Regelflächen)

2 die Polygonseiten in →**v** werden im Verhältnis 1 : 2 : 1 unterteilt (Chaikin-Algorithmus) und quer dazu (in →**u**) mit Geraden verbunden; die Geraden sind Erzeugende der Regelfläche und liegen folglich auf dieser.

3 die ermittelten Geraden werden erneut im gleichen Verhältnis unterteilt und die Ecken abgeschnitten

4 die neu ermittelten Polygone in →**u** werden in →**v** zu einem Maschennetz komplettiert

5 die gefundene Unterteilungsfläche weist eine größere Anzahl an kleinformatigeren Maschen auf

250 Unterteilungsfläche auf der Grundlage des Catmull-Clark-Algorithmus.

Die Algorithmen lassen sich derart einstellen, dass Unterteilungen stets planare Maschen hervorbringen. Dies ist für bauliche Anwendungen wichtig, da man unter solchen Bedingungen ebenes Material einsetzen kann, was den Herstellungsvorgang deutlich vereinfacht.[18]

Die Unterteilung erfolgt schrittweise, so lange bis ein zufriedenstellendes Resultat gefunden wurde bzw. Maschengrößen entstehen, die für die bauliche Ausführung geeignet sind.

8.2 Bézier-Flächen

■ Die allgemeine Bézier-Oberfläche ist definiert durch das Netz aus umgebenden Kontrollpolygonen (⧉ **251–253**). Man unterscheidet **Zeilenpolygone** in →**u** und **Spaltenpolygone** in →**v**. Diese sind nicht zwingend untereinander kongruent; ebensowenig bilden sie ebene Vierecksmaschen. Die Flächenkurven lassen sich durch Anwendung des Casteljau-Algorithmus auf die einzelnen Kontrollpolygone herleiten (vgl. ⧉ **251**). (In CAD-Programmen erfolgt dies allerdings automatisch.) Nur die Bézier-Kurven der vier Randpolygone

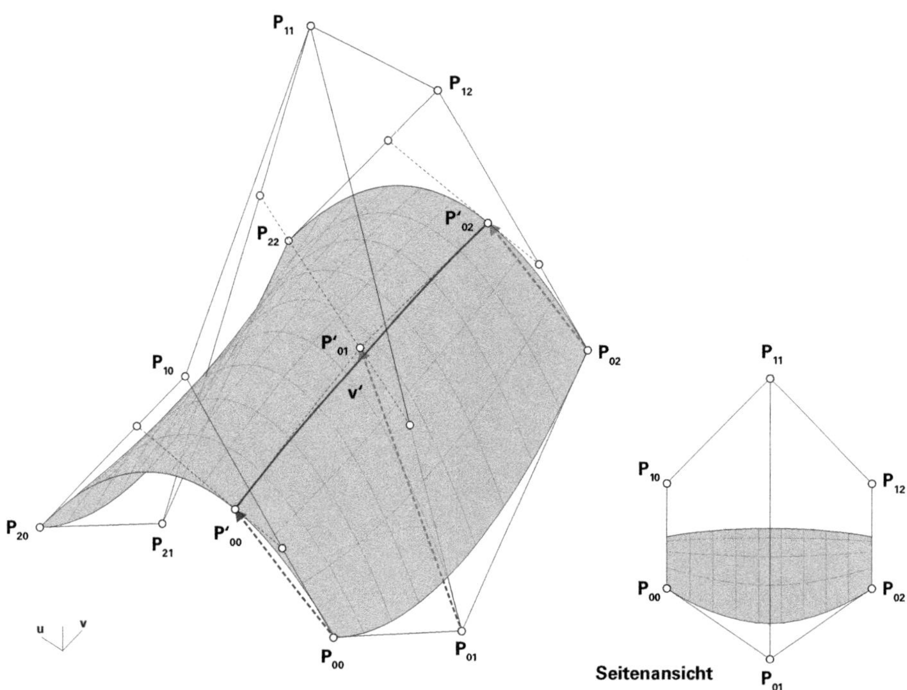

251 Bézier-Freiformfläche (Ordnung **2**,**2**). Die Oberfläche ist definiert durch das umgebende Netz aus Kontrollpolygonen mit den Eckpunkten $\mathbf{P}_{ij}$. Die Kontrollpolygone sind nicht notwendigerweise kongruent; die Vierecke des Netzes nicht notwendigerweise eben. Die Fläche enthält Netzkurven in →**u** (zugehörig zu den Zeilenpolygonen) und solche in →**v** (zugehörig zu den Spaltenpolygonen). Durch Anwendung des Casteljau-Algorithmus auf die Zeilenpolygone entstehen Zwischenpunkte $\mathbf{P'}_{0j}$. Diese spannen ein Kontrollpolygon auf (hier $\mathbf{P'}_{00}$ $\mathbf{P'}_{01}$ $\mathbf{P'}_{02}$), das die Flächenkurve **v'** (wiederum durch Anwendung des Casteljau-Algorithmus) definiert. Der gleiche Vorgang lässt sich in komplementärer Richtung →**v** anhand der Spaltenpolygone durchführen.

sind in der Fläche enthalten. Die Notation der Bézier-Fläche ergibt sich aus der Ordnung der Polygone, jeweils in →**u**- und →**v**, also z. B. **3,2** (wie in **252** und **253**).

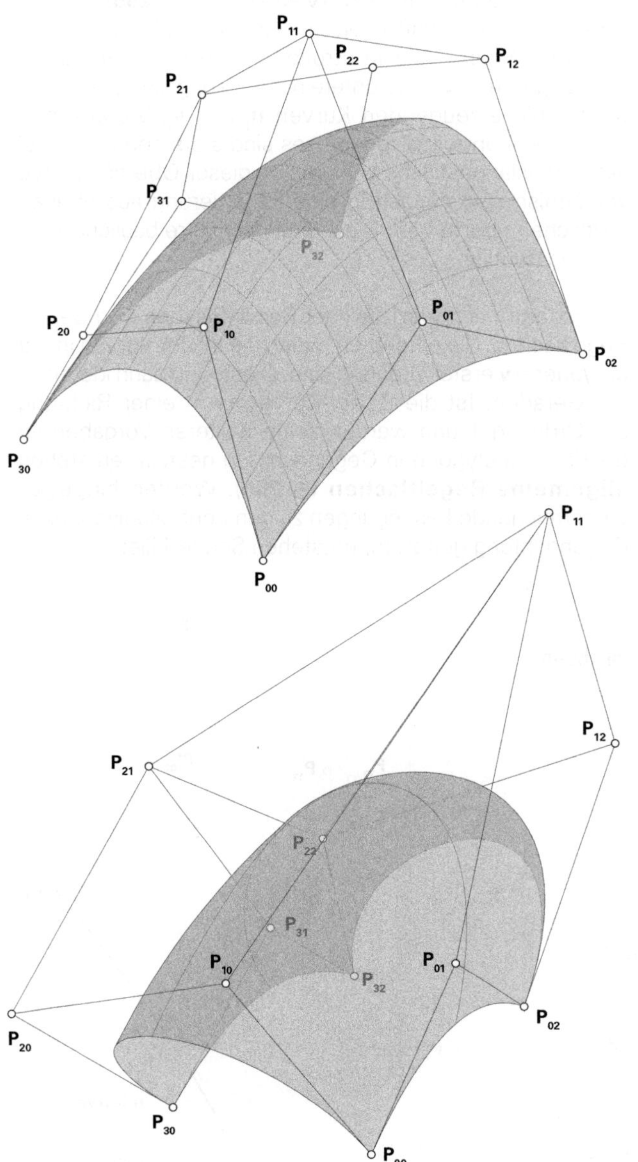

252 Allgemeine Bézier-Freiformfläche (Ordnung **3**,**2**). Durch weitgehend freie Festlegung der Kontrollpolygone lassen sich für Entwurfszwecke vielfältige Freiformflächen generieren.

253 Allgemeine Bézier-Freiformfläche (Ordnung **3**,**2**). Variante zur Fläche in **252**.

Bézier-Translationsflächen

■ Ein besonderer Fall einer Bézier-Oberfläche ist eine Bézier-Translationsfläche. Sie entsteht aus dem Entlanggleiten einer Bézier-Kurve an einer anderen (🗗 **254**). Man unterscheidet zwei Translationsrichtungen →**u** und →**v** sowie die zugehörigen Kontrollpolygone. Alternativ lässt sich auch der Casteljau-Algorithmus jeweils auf die Zeilenpolygone in →**u** und die Spaltenpolygone in →**v** anwenden (🗗 **255**).

Bézier-Translationsflächen sind eine Spezialfall der Bézier-Freiformflächen. Alle Kontrollpolygone in jeweils einer Richtung (→**u**, →**v**) sind untereinander kongruent; Gleiches gilt für die erzeugenden Kurven $\mathbf{u}_i$ und $\mathbf{v}_i$. Vierecksmaschen des Kontrollpolygonnetzes sind stets eben. Wie bei allen Translationsflächen, lässt sich dieser Oberflächentyp verhältnismäßig einfach in eine Facettierung aus ebenen Teilflächen überführen. Dies vereinfacht ihre bauliche Ausführung deutlich.

☞ *Abschn. 2.3.3 nach Entstehungsgesetz > Translations- oder Schiebflächen, S. 58 ff*

Bézier-Regelflächen

■ Wiederum ein Spezialfall der Bézier-Flächen sind Bézier-Regelflächen. Sie entstehen, wenn die Bézier-Kurven in →**u** und/oder →**v** erster Ordnung sind. Diese sind dann identisch mit Geraden. Ist die Bézier-Kurve nur in einer Richtung der Ordnung 1 und werden keine weiteren Vorgaben an die Kontrollpolygone in Gegenrichtung gestellt, entstehen **allgemeine Regelflächen** (🗗 **256**). Werden hingegen weiterreichende Festlegungen zu den Kontrollpolygonen in Gegenrichtung getroffen, entstehen Sonderfälle:

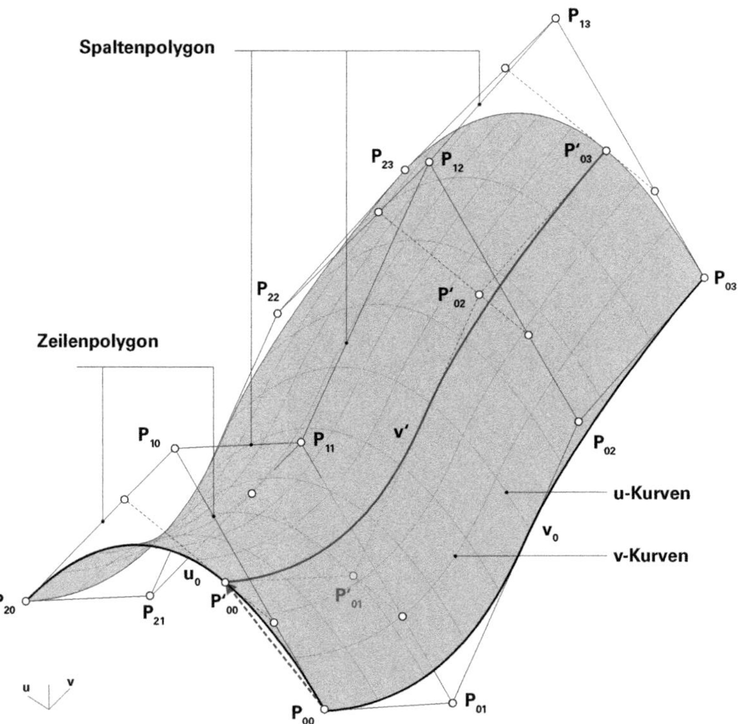

255 Erzeugung einer **Bézier-Translationsfläche** aus einer Bézier-Kurve 2. Ordnung $\mathbf{u}_0$ und einer Kurve 3. Ordnung $\mathbf{v}_0$ (Ordnung **2,3**). Neben dem Translationsvorgang wie in 🗗 **254** beschrieben, der sich analog auf diesen Fall übertragen lässt, kann die Fläche auch durch Anwendung des Casteljau-Algorithmus auf die Kontrollpolygone entstehen: Dieser ergibt durch Teilung der Sehne im Zeilenpolygon $\mathbf{P}_{00}\,\mathbf{P}_{10}\,\mathbf{P}_{20}$ den Zwischenpunkt $\mathbf{P'}_{00}$, an den eine **v**-Kurve verschoben wird. Die interpolierten Zwischenpunkte $\mathbf{P'}_{00}$ bis $\mathbf{P'}_{03}$ ergeben das Kontrollpolygon der angelegten Kurve **v'**. Durch sukzessive Interpolation von Punkten entsteht die Fläche. Der gleiche Prozess lässt sich auf die **v**-Richtung anwenden, indem das Casteljau-Algorithmus in analoger Weise auf die Spaltenpolygone angewendet wird. Nur die Bézier-Kurven der Randpolygone $\mathbf{P}_{00}\,\mathbf{P}_{10}\,\mathbf{P}_{20}$ und $\mathbf{P}_{03}\,\mathbf{P}_{13}\,\mathbf{P}_{23}$ sind in der Oberfläche enthalten. Gleiches gilt in komplementärer Richtung **v**.

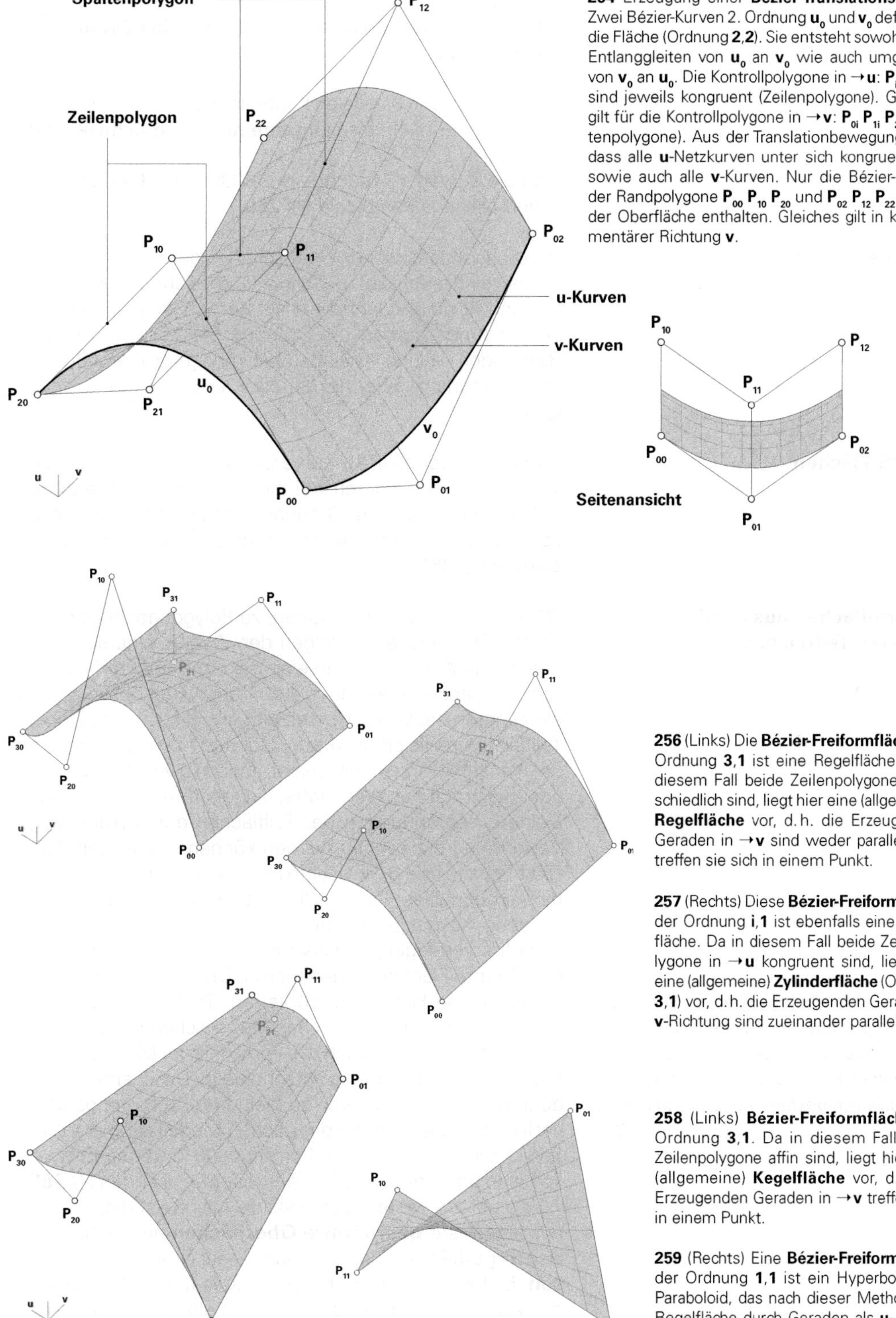

254 Erzeugung einer **Bézier-Translationsfläche**: Zwei Bézier-Kurven 2. Ordnung $\mathbf{u}_0$ und $\mathbf{v}_0$ definieren die Fläche (Ordnung **2**,**2**). Sie entsteht sowohl durch Entlanggleiten von $\mathbf{u}_0$ an $\mathbf{v}_0$ wie auch umgekehrt von $\mathbf{v}_0$ an $\mathbf{u}_0$. Die Kontrollpolygone in →**u**: $\mathbf{P}_{i0}\,\mathbf{P}_{i1}\,\mathbf{P}_{i2}$ sind jeweils kongruent (Zeilenpolygone). Gleiches gilt für die Kontrollpolygone in →**v**: $\mathbf{P}_{0i}\,\mathbf{P}_{1i}\,\mathbf{P}_{2i}$ (Spaltenpolygone). Aus der Translationbewegung folgt, dass alle **u**-Netzkurven unter sich kongruent sind sowie auch alle **v**-Kurven. Nur die Bézier-Kurven der Randpolygone $\mathbf{P}_{00}\,\mathbf{P}_{10}\,\mathbf{P}_{20}$ und $\mathbf{P}_{02}\,\mathbf{P}_{12}\,\mathbf{P}_{22}$ sind in der Oberfläche enthalten. Gleiches gilt in komplementärer Richtung **v**.

256 (Links) Die **Bézier-Freiformfläche** der Ordnung **3**,**1** ist eine Regelfläche. Da in diesem Fall beide Zeilenpolygone unterschiedlich sind, liegt hier eine (allgemeine) **Regelfläche** vor, d. h. die Erzeugenden Geraden in →**v** sind weder parallel noch treffen sie sich in einem Punkt.

257 (Rechts) Diese **Bézier-Freiformfläche** der Ordnung **i**,**1** ist ebenfalls eine Regelfläche. Da in diesem Fall beide Zeilenpolygone in →**u** kongruent sind, liegt hier eine (allgemeine) **Zylinderfläche** (Ordnung **3**,**1**) vor, d. h. die Erzeugenden Geraden in **v**-Richtung sind zueinander parallel.

258 (Links) **Bézier-Freiformfläche** der Ordnung **3**,**1**. Da in diesem Fall beide Zeilenpolygone affin sind, liegt hier eine (allgemeine) **Kegelfläche** vor, d. h. die Erzeugenden Geraden in →**v** treffen sich in einem Punkt.

259 (Rechts) Eine **Bézier-Freiformfläche** der Ordnung **1**,**1** ist ein Hyperbolisches Paraboloid, das nach dieser Methode als Regelfläche durch Geraden als **u**- und **v**-Kurven entsteht.

- bei kongruenten und parallelen Kontrollpolygonen in der Gegenrichtung, ergibt sich eine **allgemeine Zylinderfläche** (**257**);
- bei affinen und parallelen Kontrollpolygonen in der Gegenrichtung, entsteht eine **allgemeine Kegelfläche** (**258**).

Sind die Kurven in →**u**- und →**v** der Ordnung **1**, entsteht ein hyperbolisches Paraboloid (**259**).

8.3 B-Spline-Flächen

■ Die charakteristischen Eigenschaften der B-Spline-Kurven lassen sich auch auf B-Spline-Oberflächen übertragen: Sie sind flexibler handhabbar als Bézier-Flächen, weil lokal besser modifizierbar; die Ordnung der Kurven in beiden Richtungen →**u** und →**v** sind – unabhängig von der Seitenzahl des Polygons **m**, aber nicht größer als diese – frei wählbar (**260**).

8.4 NURBS-Flächen

■ Analog zu den NURBS-Kurven, lassen sich die Wichtungen **w** der einzelnen Knoten frei einstellen. Dadurch eröffnen sich, über die Wahl der Ordnung der Kurven hinaus, vielfältigere Möglichkeiten der Formmanipulation für Entwurfszwecke (**261**).

2.9 Freiformflächen aus abwickelbaren Teilflächen

■ Viele der bisher betrachteten, zu Polygonnetzen diskretisierten Oberflächen verfolgen den Zweck, einerseits eine akzeptable Annäherung an eine gekrümmte Oberfläche zu schaffen, andererseits aber, aus Gründen der besseren und einfacheren baulichen Umsetzung, möglichst aus planaren Teilflächen realisierbar zu sein. Geringe Abweichungen von der Planarität können manchmal, abhängig von der Elastizität oder Plastizität des Werkstoffs, hingenommen werden, weil kleinere Verwindungen der Teilflächen durch planmäßige Verformung erzwungen werden können, sozusagen durch Hindrücken in die gewünschte Form. Dies ist beispielsweise bei Verbundgläsern innerhalb bestimmter Grenzen der Fall.

Ebene Ausgangswerkstoffe lassen sich aber manchmal auch frei verbiegen, sodass sie in der Lage sind, räumlich gekrümmte Flächen zu generieren. Dies trifft beispielsweise auf dünne Holzwerkstoffplatten, Textilien, Folien oder Feinbleche zu. Neben der charakteristischen Elastizität des Werkstoffs ist hierfür auch das Verhältnis der Dicke zu der Dimension in Biegerichtung entscheidend. Das Element muss dünn genug sein, um sich zu kleineren Krümmungsradien verformen zu lassen. Im physischen Modell kann man zum Zweck einer annähernden Formfindung in frühen Entwurfsphasen beispielsweise Papierstreifen verwenden (**265**).

☞ *Vertiefende Überlegungen zur Schaffung von gekrümmten Flächen aus Einzelelementen finden sich in den folgenden Abschnitten 3. Die konstruktive Umsetzung kontinuierlich gekrümmter Schichtflächen, S. 92 ff*

Wie bereits weiter oben diskutiert, sind auf diese Weise nur **einachsig gekrümmte Oberflächen** herstellbar, d. h. also **Regelflächen**, und innerhalb dieser Gruppe nur die **Torsen**. Es handelt sich hierbei sozusagen um die Umkehrung des Abwicklungsprozesses, d. h. um ein Überführen eines planaren Flächenelements in eine gekrümmte Oberfläche

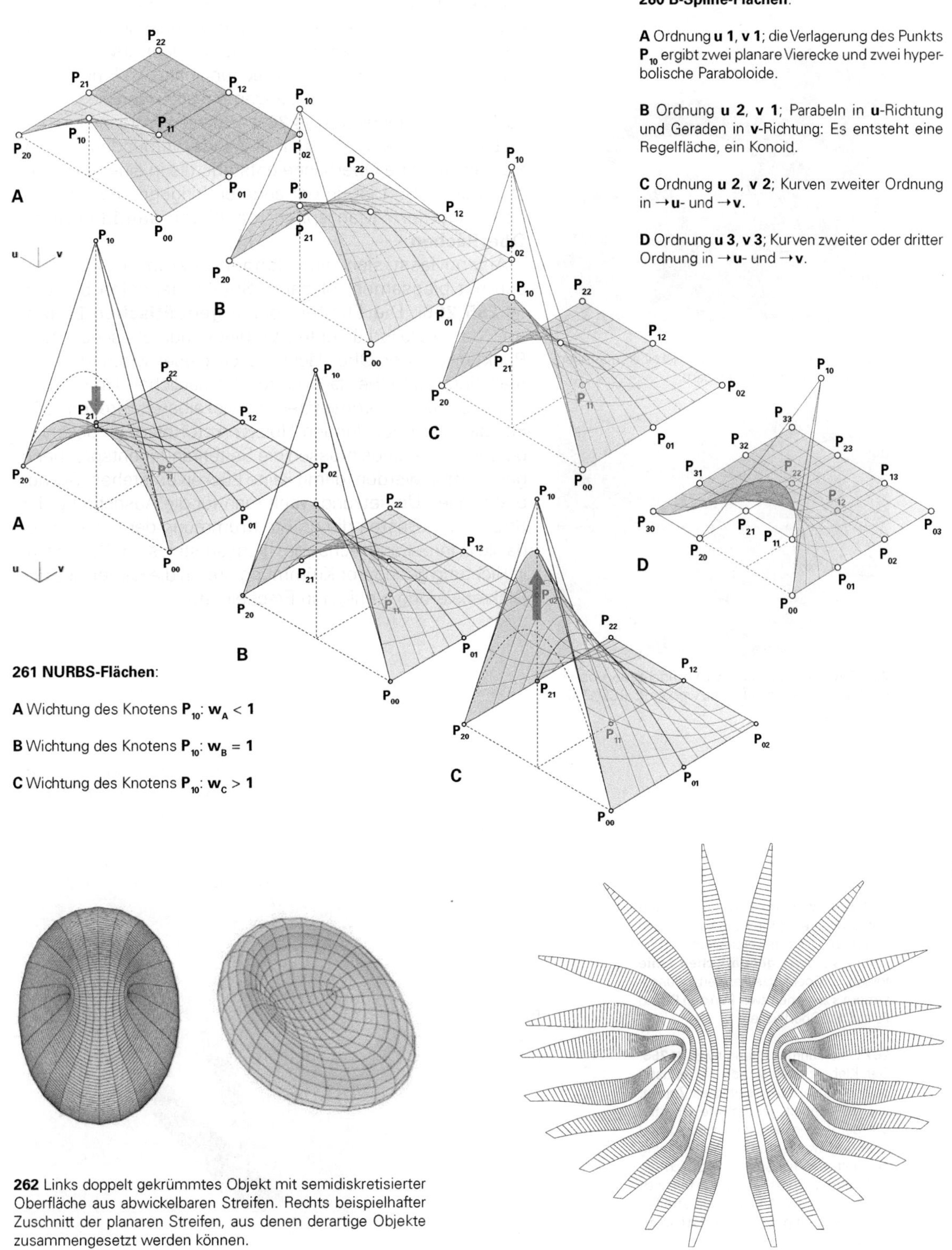

260 B-Spline-Flächen:

A Ordnung **u 1**, **v 1**; die Verlagerung des Punkts $\mathbf{P_{10}}$ ergibt zwei planare Vierecke und zwei hyperbolische Paraboloide.

B Ordnung **u 2**, **v 1**; Parabeln in **u**-Richtung und Geraden in **v**-Richtung: Es entsteht eine Regelfläche, ein Konoid.

C Ordnung **u 2**, **v 2**; Kurven zweiter Ordnung in →**u**- und →**v**.

D Ordnung **u 3**, **v 3**; Kurven zweiter oder dritter Ordnung in →**u**- und →**v**.

261 NURBS-Flächen:

A Wichtung des Knotens $\mathbf{P_{10}}$: $\mathbf{w_A} < \mathbf{1}$

B Wichtung des Knotens $\mathbf{P_{10}}$: $\mathbf{w_B} = \mathbf{1}$

C Wichtung des Knotens $\mathbf{P_{10}}$: $\mathbf{w_C} > \mathbf{1}$

262 Links doppelt gekrümmtes Objekt mit semidiskretisierter Oberfläche aus abwickelbaren Streifen. Rechts beispielhafter Zuschnitt der planaren Streifen, aus denen derartige Objekte zusammengesetzt werden können.

263 Skulptur aus gebogenen abwickelbaren Streifen (ICD/ITKE, Universität Stuttgart).

264 Pavillon aus räumlich verflochtenen abwickelbaren Streifen aus Holzwerkstoff (ICD/ITKE, Universität Stuttgart).

(**264**). Da sich die abwickelbaren gekrümmten Teilflächen in der Ebene an ihren Seitenkanten beliebig ausschneiden lassen, ist es dennoch möglich, auch nicht abwickelbare, zweiachsig gekrümmte Oberflächen, inklusive Freiformflächen, durch diskretisiertes Zusammensetzen von biegsamen Teilflächen zu generieren (**261**). In diesem Vorgang werden diese an ihren Seitenkanten miteinander verbunden, sodass als Resultat eine Oberfläche entsteht, die in einer Richtung stetig gekrümmt ist, in der anderen hingegen diskretisiert bzw. facettiert. Man spricht dabei von **semidiskreten Oberflächen**.

Analog lässt sich eine doppelt gekrümmte Oberfläche mit biegsamen, planaren Streifen faltenfrei belegen (**265, 266**). Die Streifen folgen **geodätischen Linien**, d. h. den jeweils kürzesten Verbindungen zwischen zwei Punkten auf der Oberfläche. Nach dieser Methode kann man derartige Oberflächen bei der baulichen Umsetzung mit nebeneinandergesetzten, abwickelbaren Streifen, z. B. Feinblechen oder dünnen Holzwerkstoffplatten, lückenlos belegen. Allerdings müssen die Seitenränder entsprechend geschnitten werden, damit keine Lücken entstehen. Bei der praktischen Umsetzung wählt man für die Ausrichtung der Streifen am Besten die größte Krümmung der Oberfläche, da sie in ihrer Längsachse am biegsamsten sind. Quer dazu, in Richtung geringerer Krümmung, treten die Kanten aus der Diskretisierung weniger in Erscheinung.

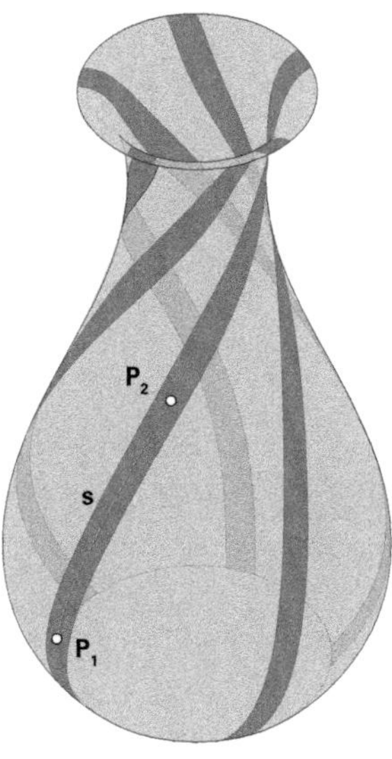

266 Abwickelbare Streifen können entlang einer doppelt gekrümmten Oberfläche faltenfrei ausgelegt werden sofern sie einer **geodätischen Linie** folgen, d. h. der kürzesten Verbindungsstrecke **s** zwischen zwei Punkten $\mathbf{P_1}$ und $\mathbf{P_2}$ auf der Oberfläche.

267 Linienführung alternativ zu **266**. Der Klebestreifen wurde frei entlang seiner Achse, ohne seitliches Zerren, auf die doppelt gekrümmte Oberfläche der Vase gelegt. Ansatzpunkt und Richtung wurden anfänglich beliebig gewählt, anschließend ergab sich die Richtung von selbst. Das Ende trifft sich zuletzt mit dem Ansatz. Der Streifen folgt selbsttätig einer **geodätischen Linie**.

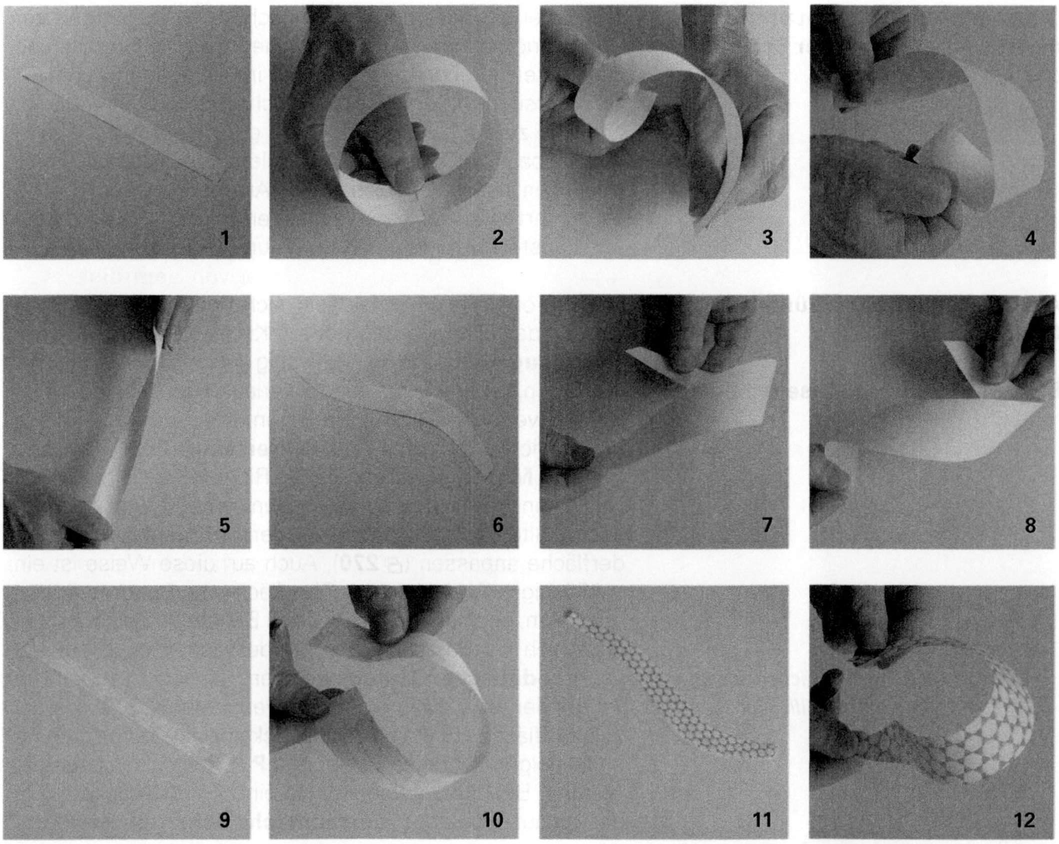

265 Umkehrung des Abwicklungsprozesses: Abgewickelte planare Elemente, die dünn und elastisch genug sind, um sich verbiegen zu lassen (hier Papierstreifen), können vielfältige gekrümmte Formen annehmen. Es entstehen stets einachsig gekrümmte Oberflächen: Zylinder, Kegel oder Tangentialflächen an eine Kurve.

1–5 Streifen mit parallelen geradlinigen Seitenrändern
6–8 Streifen mit beliebig verlaufenden, nicht parallelen Seitenrändern

In der Abwicklung aufgebrachte Muster bleiben auf der gekrümmten Fläche verzerrungsfrei. Modulare oder repetitive Muster erlauben bei der baulichen Umsetzung, die Fläche mit sich wiederholenden, planaren Elementen zu füllen.

9,10 Streifen mit paralleler Linienschar mit beliebigem Winkel zu den Seitenrändern (**9**). Auf diese Weise (**10**) kann die gekrümmte Oberfläche mit immer gleich breiten Bändern lückenlos belegt werden. Da die Geraden auf der Abwicklung (**9**) die kürzeste Verbindung zwischen zwei auf ihnen liegenden Punkten sind, sind sie es auch auf der gekrümmten Oberfläche (**10**): d. h. es sind jeweils geodätische Linien.

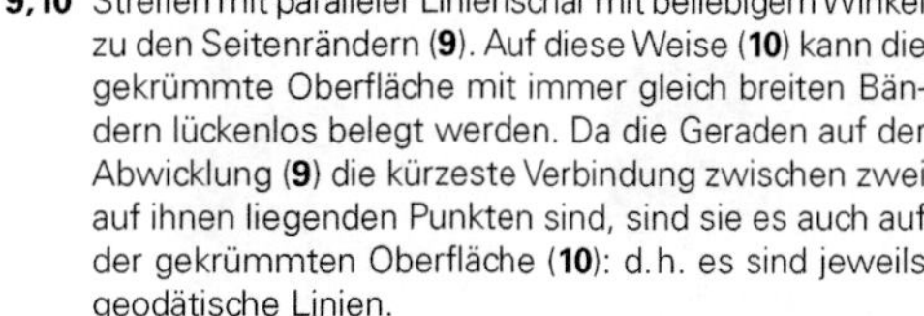

11,12 Beliebige flächenfüllende Muster auf der Abwicklung (**11**) bleiben in der gekrümmten Fläche (**12**) unverzerrt. Diese lässt sich beispielsweise mit immer gleichen Fliesen belegen.

268 Mit abwickelbaren Metallstreifen belegte Oberflächen (*Walt Disney Concert Hall*, Los Angeles; Arch: F Gehry)

3. Die konstruktive Umsetzung kontinuierlicher gekrümmter Schichtflächen

■ Ausgehend von den theoretischen Überlegungen zur Geometrie gekrümmter Oberflächen, wie sie Gegenstand der letzten Abschnitte waren, ist im Folgenden nunmehr zu untersuchen, wie sich die wichtigsten regelmäßigen, ein- und zweiachsig gekrümmten geometrischen Formen mithilfe bauüblicher Konstruktionselemente in gebaute Form umsetzen lassen. Es soll dabei, in Anlehnung an die bereits eingeführte Klassifikation, zwischen band-, platten-, stab- und bausteinförmigen Elementen unterschieden werden.

3.1 Ausbau einachsig gekrümmter Oberflächen

1.1 Bandförmige Ausgangselemente

☞ *Abschn. 2.9 Freiformflächen aus abwickelbaren Teilflächen, S. 88 ff*

■ Bandförmiges Material lässt sich bei **Zylinderflächen** entlang der Richtung der größten Krümmung, also entlang der **erzeugenden Kurve**, vollflächig aufliegend, ohne Falten zu werfen, in parallel zueinander verlaufenden, anstoßenden Bahnen verlegen (🗗 **269**). Bei einem Kreiszylinder ist diese Verlegerichtung die des **Breitenkreises** (🗗 **269**). Auch entlang der **Mantelgeraden**, also in Richtung der Krümmung Null, kann sich Bandmaterial wegen seiner Biegsamkeit im ausgerollten Zustand faltenfrei der Krümmung der Zylinderfläche anpassen (🗗 **270**). Auch auf diese Weise ist ein vollflächiges Abdecken der Oberfläche mit Bandmaterial in parallelen, aneinander anliegenden Bahnen möglich. Ferner lässt sich Bandmaterial auf Zylinderflächen auch entlang von **geodätischen Linien** ausrollen, die schräg zu den Erzeugenden bzw. Mantelgeraden verlaufen (🗗 **271**). Da die Zylinderfläche auf die Ebene abwickelbar ist, kann ein Band in beliebigen schrägen Positionen $P_1P_2P_3P_4$ flach ausgerollt werden. Bei der Umwandlung in eine Zylinderfläche ergibt der Verlauf des Bands eine **räumliche Schraublinie** ($P'_1P'_4$,

274 Zylinder aus entlang geodätischer Linien schraubenförmig gewickelten, ursprünglich ebenen Blechstreifen.

273 Entlang der Breitenkreise mit abwickelbaren Bändern ausgelegte Zylinderfläche. Beispiel für Variante in 🗗 **269**.

$P'_2P'_3$), auf der das Band den Zylinder faltenfrei gewissermaßen *umwickelt.* Bei den im Bauwesen häufig auftretenden, vergleichsweise flachen Ausschnitten aus Zylinderflächen erscheint der Verlauf des Bands im Grundriss annähernd geradlinig (**272**).

Baupraktisch heißt dies, dass sich Zylinderflächen auch in beliebigen Winkeln mit Bandmaterial faltenfrei bedecken lassen, sofern das Band der sich aus dem jeweiligen Ausrollwinkel ergebenden geodätischen Linie folgt.

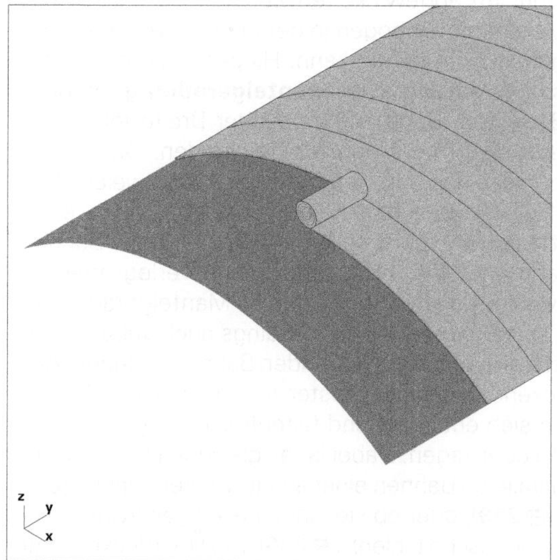

269 Bandmaterial kann entlang der Leitkurve einer Zylinderfläche faltenfrei abgerollt werden.

270 Auch entlang der erzeugenden Mantelgeraden der Zylinderfläche kann Bandmaterial faltenfrei verlegt werden.

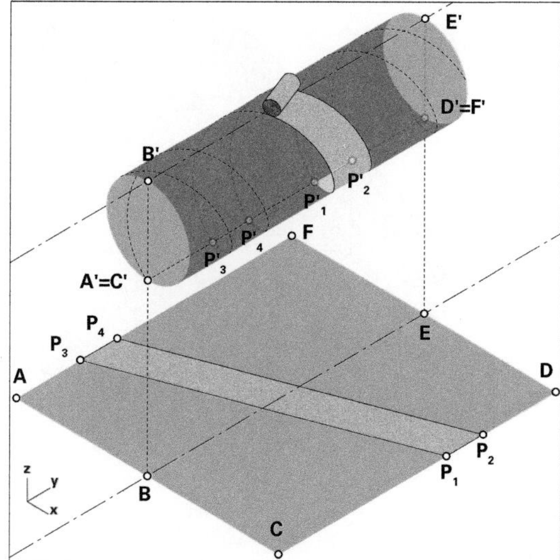

271 Faltenfreies Umwickeln einer Zylinderfläche mit einem Band **$P_1P_2P_3P_4$** schräg zu der Zylinderachse entlang einer Schraublinie **$P'_1P'_2P'_3P'_4$**. Es handelt sich um eine geodätische Linie. Unten im abgewickelten Zustand.

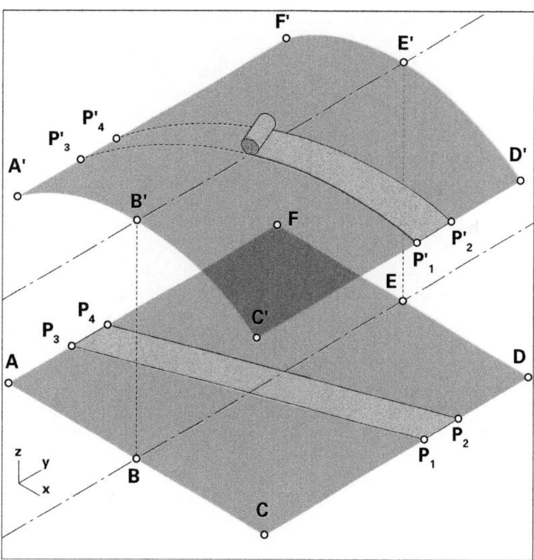

272 Bei flachen Ausschnitten von Zylinderflächen nähert sich der Verlauf des Bands entlang einer geodätischen Linie in der Grundrissprojektion einer geraden Linie an. Unten Zylinderfläche im abgewickelten Zustand.

☞ *Bänder wie in ⧉ **281** dargestellt liegen auf der Abwicklung hingegen flach und werfen beim Übertragen auf die Kegelfläche keine Falten*

275 Entlang Breitenkreisen mit biegsamen abwickelbaren Bändern belegte, kegelförmige Dachfläche (ESC Armadillo, Glasgow; Arch.: Foster Ass.).

Etwas stärker eingeschränkt ist die Verwendung von Bandmaterial auf **Kegelflächen**. Dort kann dieses entlang der erzeugenden Kurve, bei einem regelmäßigen Kreiskegel also der **Breitenkreise**, nicht mehr faltenfrei verlegt werden, da es sich nicht um eine geodätische Linie handelt (⧉ **276**). Jeder der beiden Seitenränder des Bands verläuft entlang unterschiedlicher Breitenkreise $\mathbf{b_1}$ und $\mathbf{b_2}$, die jeweils verschiedene Radien aufweisen. Die Bandseite, welche dem kleineren Breitenkreis $\mathbf{b_1}$ folgt, wirft notwendigerweise Falten. Im abgewickelten Zustand beschreibt der Breitenkreis einen Kreisbogen in der Ebene, dem das Band flach ausgerollt nicht folgen kann. Hingegen ist ein faltenfreies Ausrollen entlang einer **Mantelgeraden** $\mathbf{g_e}$ möglich (⧉ **277**). Bei einem Band mit konstanter Breite folgen die Ränder dann nicht mehr den Mantelgeraden. Damit dies der Fall ist, muss das Band keilförmig entlang zweier Mantelgeraden $\mathbf{g_1}$ und $\mathbf{g_2}$ zugeschnitten werden, was zu einer **Verschnittfläche V** führt. Keilförmig beschnittene Bahnen können dann anstoßend flächendeckend verlegt werden (⧉ **278**), wobei die Rändern entlang Mantelgeraden $\mathbf{g_{ei}}$ verlaufen. Das Band lässt sich allerdings auch vollkommen **verschnittfrei** in parallel anliegenden Bahnen verlegen. Alle flächendeckenden Verlegemuster in der ebenen Abwicklung lassen sich entsprechend faltenfrei in die gekrümmte Kegelfläche übertragen. Dabei ist es gleichgültig, ob die zueinander parallelen Bahnen einer ausgewählten Mantelgerade folgen (⧉ **279**), oder ob sie einen beliebigen Winkel einnehmen (geodätische Linien) (⧉ **280**). Die Überdeckung der Kegelfläche ist jeweils stets faltenfrei. Es lässt sich folglich, abhängig von der Lage eines auf der Abwicklung geradlinig

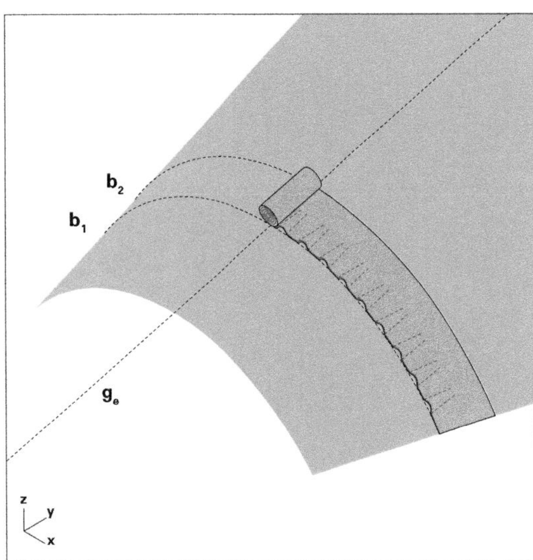

276 Ein entlang einer Leitkurve $\mathbf{b_i}$ verlegtes Band wirft an einer Seite Falten (keine geodätische Linie).

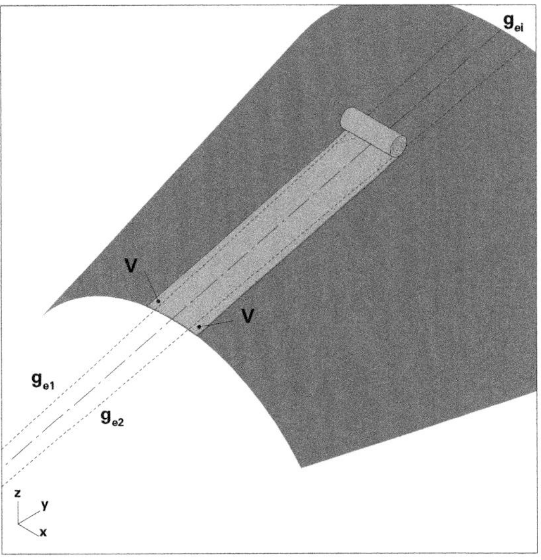

277 Entlang einer erzeugenden Mantelgeraden $\mathbf{g_{ei}}$ verlegtes Band liegt faltenfrei auf. Die Ränder folgen jedoch nicht den Mantelgeraden $\mathbf{g_{e1}}$ und $\mathbf{g_{e2}}$. Es entsteht beim Zuschnitt ggf. ein Verschnitt **V**.

ausgerollten Bands, jeweils immer eine Leitkurve auf der zugehörigen Kegelfläche finden, die es erlaubt, das Band völlig faltenfrei auf der Kegelfläche abzurollen (**281, 282**).

Auf eine komplette Kegelfläche übertragen heißt dies, dass – analog zur Zylinderfläche in **271** – man auch eine Kegelfläche ringsum kontinuierlich entlang einer Schraubenlinie – in diesem Fall mit stetig sich veränderndem Schraubenradius – mit einem faltenfrei aufliegenden Band belegen kann.

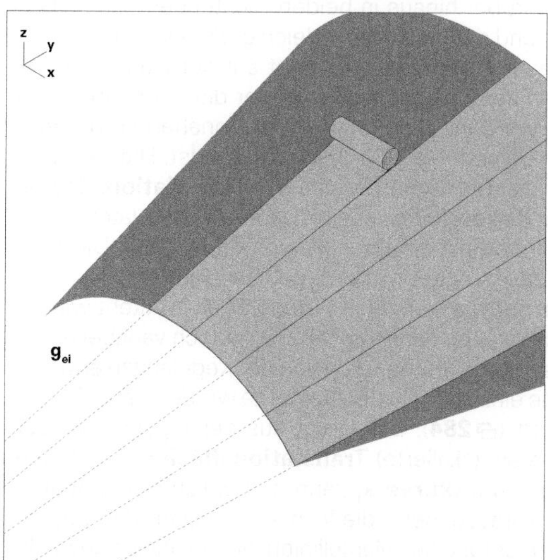

278 Keilförmig zugeschnittene Bänder können faltenfrei entlang den Mantelgeraden g_{ei} verlegt werden.

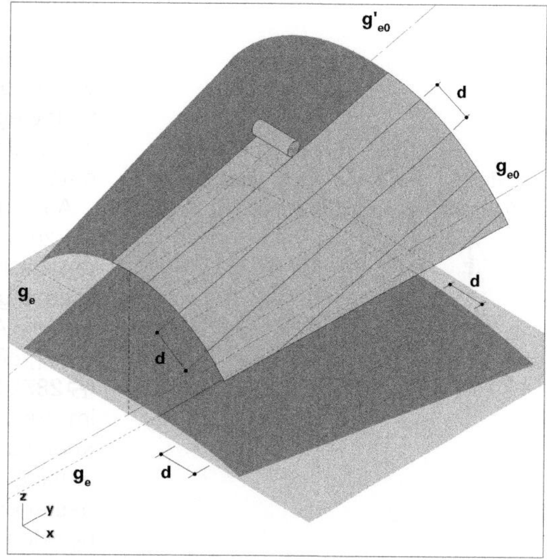

279 Parallel zu einer ausgewählten Mantelgeraden g_{e0} verlegte Bänder. Das kontinuierliche ebene Verlegemuster auf der Abwicklung kann in die Kegelfläche überführt werden, wo es diese faltenfrei überdeckt (geodätische Linien).

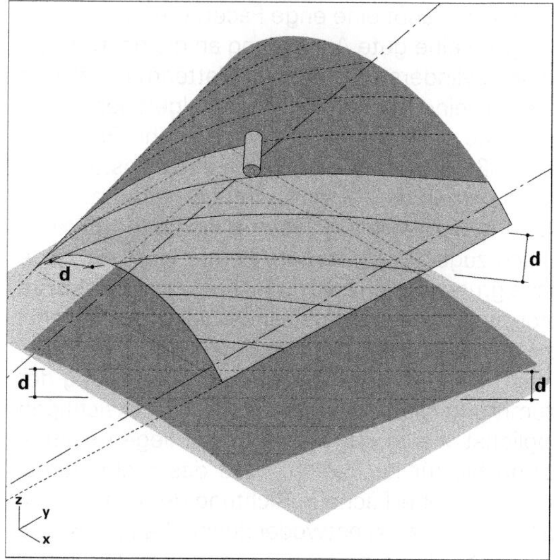

280 In einem beliebigen Winkel auf der Abwicklung verlegte parallele Bänder decken die zugehörige Kegelfläche faltenfrei ab (entlang geodätischer Linien).

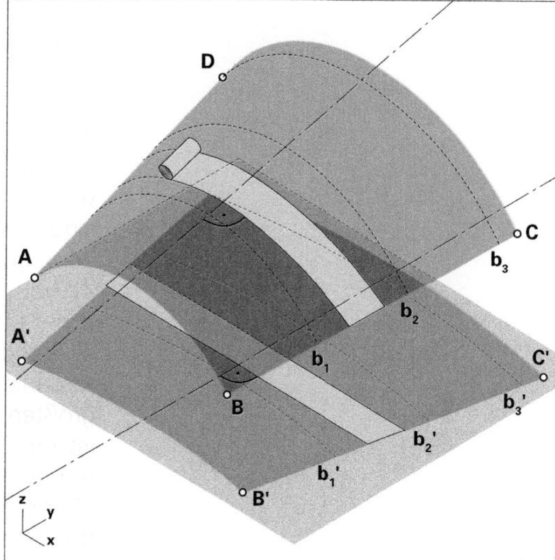

281 Jede beliebige Lage eines gerade ausgerollten Bands in der Abwicklung kann auf die Kegelfläche übertragen werden, sodass das Band auf dieser faltenfrei abgerollt werden kann (entlang geodätischer Linien).

1.2 **Plattenförmige Ausgangselemente**

■ Plattenförmiges Material lässt sich auf einer **Zylinderfläche** derart auflegen, dass eine einzelne Platte die Oberfläche jeweils an einer Mantelgeraden $\mathbf{g_e}$ berührt (**283**). Bei der gewählten Anordnung entsteht unter der Stoßfuge eine Lücke mit konstantem Abstand **d** zur Zylinderfläche. Jeder einzelne Plattenabschnitt ist ein **Rechteck**. Werden die Fugenabstände gleich gewählt, sind die einzelnen Plattenabschnitte alle untereinander gleich. Werden die Fugenabstände darüber hinaus in beiden Richtungen – der Mantelgeraden und der Leitkurve – gleich groß gewählt, werden die Platten zu **Quadraten**. Es liegt auf der Hand, dass je dichter die Facettierung, also je enger die Fugenabstände festgelegt werden, desto stärker die Annäherung der entstehenden Polyeder- an die Zylinderfläche ist. Hierbei nutzt man die Charakteristik des Zylinders als **Translationsfläche**.

☞ *Abschn. 2.3.3 nach Entstehungsgesetz – Translations- oder Schiebflächen, S. 58 ff*

Auf einer **Kegelfläche** kann plattenförmiges Material analog zur Zylinderfläche aufgelegt werden (**284**). Die Plattenabschnitte tangieren die Kegelfläche jeweils an einer **Mantelgeraden** $\mathbf{g_e}$. An den Plattenstößen entsteht wiederum ein Abstand $\mathbf{d_i}$, der in diesem Fall jedoch variabel ist: Er wird größer, je weiter man sich von der Kegelspitze entfernt (**285**). Die einzelnen Plattenelemente werden trapezförmig im Zuschnitt (**284**). Dies folgt aus der Eigenschaft der Kegelfläche als (skalierte) **Translationsfläche**. Eine Reihe entlang einer **Leitkurve** $\mathbf{k_l}$ kann aus gleichen Elementen bestehen, vorausgesetzt die Winkel zwischen den Fugengeraden in Richtung der Mantellinien werden gleich gewählt.

1.3 **Stabförmige Ausgangselemente**

■ Stabförmiges Material erlaubt eine gute Anpassung an eine Zylinderfläche wenn die Stäbe in Richtung der **Mantelgeraden** $\mathbf{g_e}$ verlaufen (**286**). Gerade die geringe Breite des Stabmaterials erlaubt eine enge Facettierung des Polyeders und folglich eine gute Anpassung an die gekrümmte Oberfläche des Zylinders. Analog zum Plattenmaterial liegt auch hier der einzelne Stab an einer Mantelgeraden $\mathbf{g_e}$ auf der Zylinderfläche auf und tangiert diese an ihr. Es bilden sich bei der Stoßfuge zur Zylinderfläche auch Abstände **d**, welche jedoch wegen der feinen Facettierung nur minimal sind. Sie können bei flexiblem Material durch die Befestigung ggf. auch zugedrückt werden. Ferner lässt sich eine Zylinderfläche grundsätzlich auch in Richtung der **Leitkurve** $\mathbf{k_l}$ mit stabförmigem, parallel aneinandergelegtem Material überdecken (**287**). Dies kann beispielsweise dann erforderlich sein, wenn die Wasserfließrichtung entlang der größten Krümmung, also der Leitkurve, zu berücksichtigen ist und möglichst wenig Fugen quer dazu liegen sollten. Voraussetzung hierfür ist freilich, dass das Stabmaterial die Krümmung der Oberfläche in Richtung der Leitkurve $\mathbf{k_l}$ bewältigen kann. Dies setzt entweder dünne Stäbe, flexibles Material oder sehr kleine Krümmungen voraus. Die Überdeckung liegt dann vollflächig auf der Zylinderfläche auf. Ist die Krümmung für eine derartige Überdeckung zu groß, lässt sich Stabmaterial auch schräg zur Zylinderachse verlegen

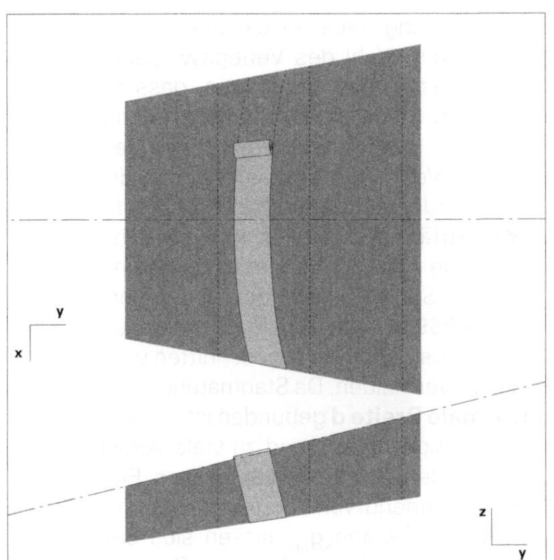

282 Zweitafelprojektion der in 281 gezeigten Kegelfläche mit aufgerolltem Band.

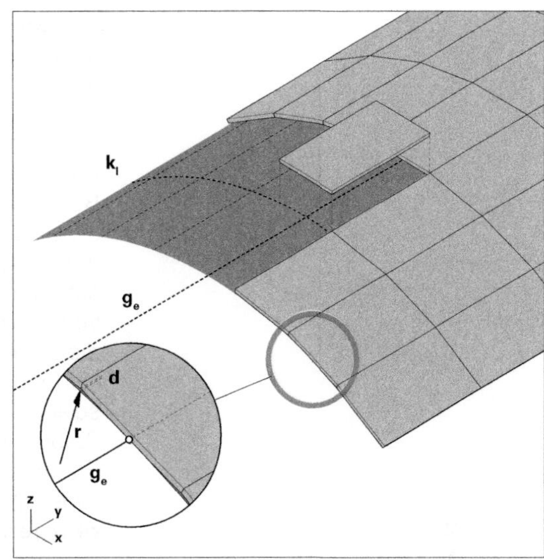

283 Ausbildung einer Polyederfläche aus rechteckigen Plattenabschnitten als Annäherung an eine **Zylinderfläche**.

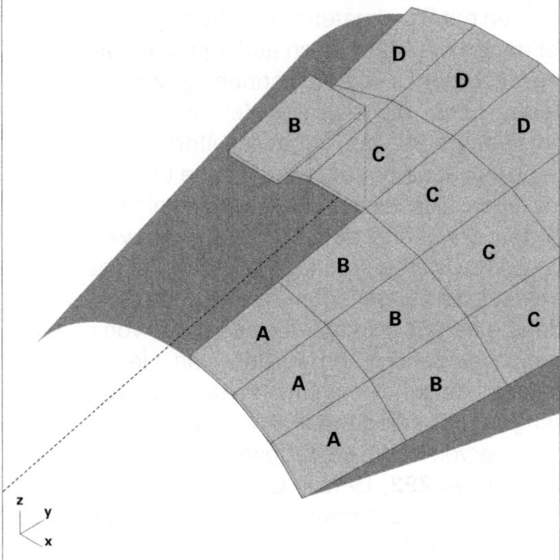

284 Polyederfläche aus trapezförmigen Plattenelementen als Annäherung an eine **Kegelfläche**.

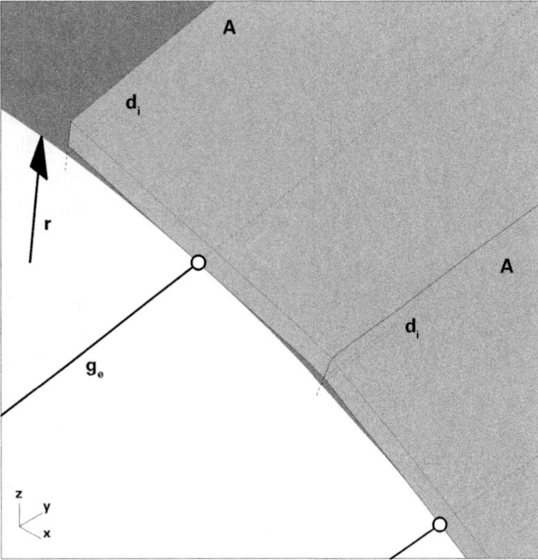

285 Detail der Polyederfläche in 284. Tangenz an einer Mantelgeraden $\mathbf{g_e}$, variabler Abstand $\mathbf{d_i}$ zur Kegelfläche bei der Stoßfuge.

(⊟ **288**). Die Krümmung, welcher die Stäbe unterworfen sind, lässt sich durch Wahl des Verlegewinkels graduell steuern. Indessen ist zu berücksichtigen, dass die derart schräg verlaufenden Stäbe eine **Verdrillung** entlang ihrer Achse erfahren, der das Material gewachsen sein muss. Die geometrischen Verhältnisse lassen sich mit denen des Bands auf einer Zylinderfläche (vgl. ⊟ **271, 272**) vergleichen.

Auf einer **Kegelfläche** lässt sich mithilfe von stabförmigem Material eine Annäherung am einfachsten dadurch schaffen, dass die Stäbe entlang der Mantelgeraden $\mathbf{g}_{ei}$ verlegt werden (⊟ **289**). Analog zum Plattenmaterial müssen die Stäbe auch hier trapezförmig zugeschnitten werden, um klaffende Fugen zu vermeiden. Da Stabmaterial üblicherweise an eine **maximale Breite d** gebunden ist, lassen sich die Stäbe, um übermäßige Breiten und zu viele verschiedene Formate zu vermeiden, auch mit **versetzten Fugen** verlegen (⊟ **290**). Ausgehend von einer gemeinsamen **Referenzgeraden** (Mantelgerade $\mathbf{g}_{e0}$) lassen sich die – dann immer gleichen – Stäbe in kontinuierlichen Reihen versetzt zueinander verlegen.

Können die Stäbe aus besonderen Gründen – beispielsweise wegen der Wasserfließrichtung – nicht entlang der Mantelgeraden $\mathbf{g}_e$ verlegt werden, sind analog zur Überdeckung von Kegelflächen mit Bandmaterial auch Verlegemuster realisierbar, bei denen die Stäbe flach aufliegend **entlang der Krümmung** ausgelegt werden können (⊟ **291**). Sie folgen dann einer Linie, die sich aus der Übertragung des geradlinigen Verlaufs auf der abgewickelten Fläche in die gekrümmte Kegelfläche ergibt (geodätische Linie). Wie bei Bandmaterial auch, lässt sich der Verlegewinkel frei wählen.

Das Auflegen der Stäbe entlang der **Leitkurve** $\mathbf{k}_l$, also rechtwinklig zu den Mantelgeraden (⊟ **292**), stößt beim Kegel an Grenzen, da die Längendifferenz zwischen den Leitkurven unter den beiden Seitenkanten eines Stabs von diesem in der Regel nicht aufgenommen werden kann. Liegt ein Stab mit einer Seitenkante auf einer Leitkurve des Kegels auf, entsteht auf der gegenüberliegenden eine **Lücke** zur Kegelfläche. Die Folge hiervon ist ein gestaffeltes Aneinander der anstoßenden Stäbe (⊟ **292**, Detail). Grundvoraussetzung für diese Art der Verlegung ist ferner, dass das Stabmaterial die Krümmung bewältigen kann.

1.4 Bausteinförmige Ausgangselemente

■ Sollen einachsig gekrümmte Oberflächen, wie der Zylinder oder der Kegel, mithilfe von bausteinförmigen Elementen überdeckt oder erzeugt werden, kann der einzelne Baustein verschiedene Positionen gegenüber der Oberfläche einnehmen: Da seine Abmessungen Länge/Breite/Höhe, im Gegensatz zu Bändern, Platten oder Stäben, sich nicht wesentlich voneinander unterscheiden, kann der Baustein alle beliebigen Lagen gegenüber der Oberfläche (rechtwinklig jeweils Länge, Breite oder Höhe) einnehmen (⊟ **293, 294**). Aufgrund der Freiheit bei der Wahl der Lage des Bausteins kann beispielsweise sehr einfach die **Dicke** der Überdeckung bzw.

der selbsttragenden Schale aus Einzelelementen bestimmt werden: also alternativ gleich der Länge, Breite oder Höhe des Bausteins. Die Kleinteiligkeit des Ausgangselements erlaubt ferner eine gute Anpassung an Krümmungen, gleichgültig welche Lage der Baustein zur Oberfläche einnimmt. Es lassen sich sowohl Anordnungen entlang der erzeugenden Mantelgeraden bzw. der Leitkurve (⊡ **293–295**) als auch diagonale Ausrichtungen (⊡ **300**) realisieren.

Grundsätzlich verleiht die Anwendung von bausteinförmigen Bauteilen eine große Anpassungsfähigkeit an vielfältige Oberflächengeometrien. Die Krümmung lässt sich sowohl durch den geeigneten **Schnitt** des Bausteins aufnehmen, was in bestimmten Fällen auch individuelle Zuschnitte und entsprechenden hohen baulichen Aufwand erfordern kann, als auch durch **keilförmige Fugen** bei immer gleichen Bausteinformaten. Letzteres kommt insbesondere bei vorgefertigten Elementen wie dem Ziegelstein zum Einsatz.

Die Vielfalt denkbarer Bausteinanordnungen auf einer einachsig gekrümmten Oberfläche ist sehr groß, weshalb hier nur einige Möglichkeiten exemplarisch aufgezeigt werden sollen. Auch nicht rechtwinklige Lagen des Bausteins gegenüber der Oberfläche sowie schrägliegende Bausteinreihen sind realisierbar (⊡ **296–299**), was aus besonderen baulichen Überlegungen vorteilhaft sein kann. Dabei ist ggf. zu bedenken, dass bei Kreiszylindern oder Kreiskegeln u. U. gemäß Linien verlegt werden muss, welche nicht mehr kreisförmig sind und folglich auch verschiedene Bausteinformate (bei Keilschnitt) oder variierende Fugenbreiten (bei Keilfugen) nach sich ziehen.

✏ *Ein Beispiel sind nubische Gewölbe mit schrägen Steinlagen.*

Die Ausbildung gekrümmter Oberflächen, sowohl mit einals auch zweiachsiger Krümmung, mithilfe von bausteinförmigen Elementen hat insbesondere beim tragenden Einsatz im **Mauerwerksbau** eine große Bedeutung. Dabei werden in Richtung der größten Krümmung, also der Leitkurve, Spannweiten mit freispannenden bogen- oder gewölbeförmigen Konstruktionen überbrückt. Die Bausteinverlegung entlang eines kontinuierlichen **Rings** in dieser Richtung, also in Form eines Bogens, ist fundamental für die Tragfähigkeit dieser Konstruktionen. Auch die Verlegegeometrien – man würde im Mauerwerksbau von den **Verbänden** sprechen – sind entscheidend für das Tragverhalten von Bogen-, Gewölbe- oder Kuppelkonstruktionen. Verschiedene Bausteinanordnungen (⊡ **293–301**) erklären sich zuvorderst aus dem statischen Verhalten und der Herstellung dieser Art von Konstruktionen.

☞ *Kap. X-1 Mauerwerksbau, S. 460 ff, bzw. Kap. IX-2, Abschn. 2.2 Druckbeanspruchte Systeme – geneigte Dächer und Gewölbe, S. 322 ff*

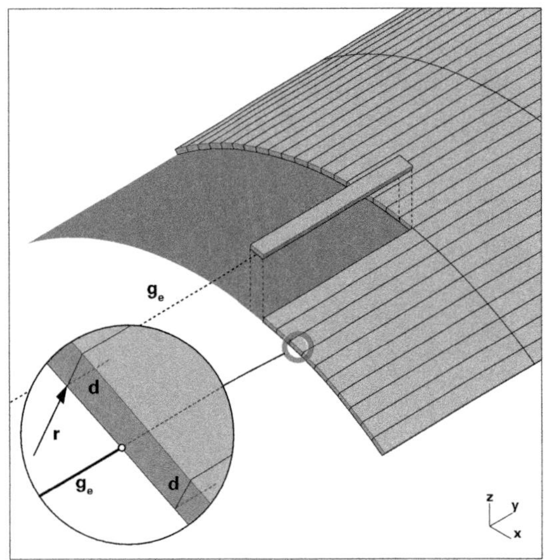

286 Verlegung von stabförmigem Material auf einer Zylinderfläche entlang der Mantelgeraden $\mathbf{g_e}$.

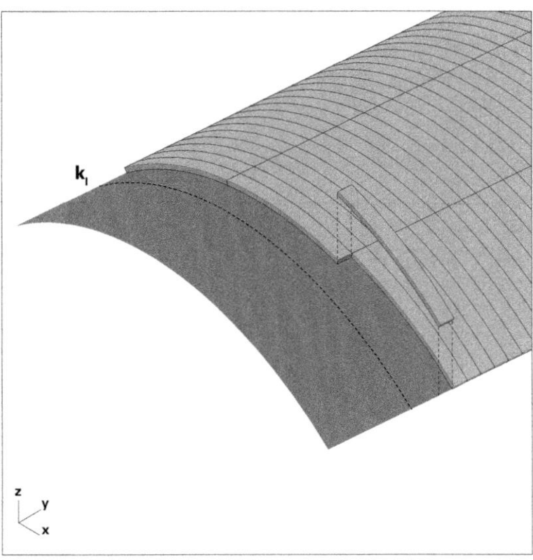

287 Verlegung von stabförmigem Material auf einer Zylinderfläche entlang der Leitkurve $\mathbf{k_l}$, also entlang der größten Krümmung.

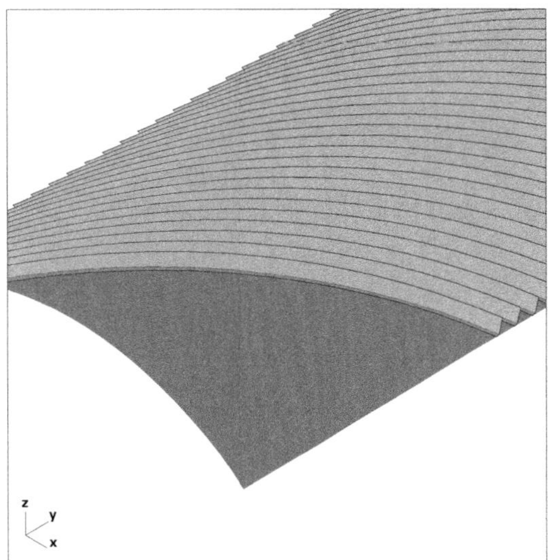

288 Verlegung von stabförmigem Material auf einer Zylinderfläche schräg zur Zylinderachse. Es erfolgt ein Verdrillen der Stäbe.

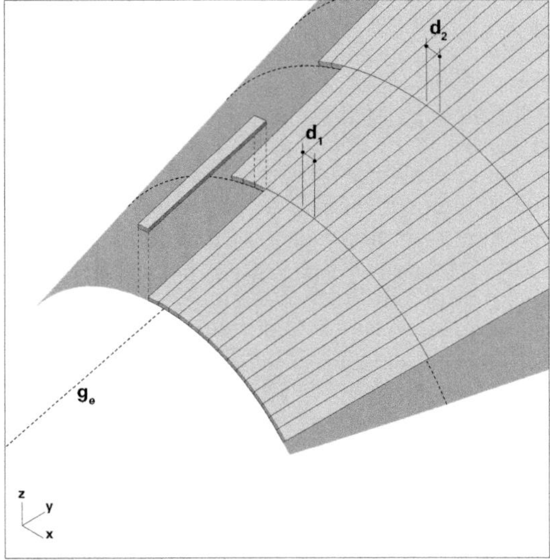

289 Verlegung von stabförmigem Material auf einer Kegelfläche entlang der Mantelgeraden $\mathbf{g_e}$. Die Stäbe sind trapezförmig zuzuschneiden und werden desto breiter, je weiter man sich von der Kegelspitze entfernt.

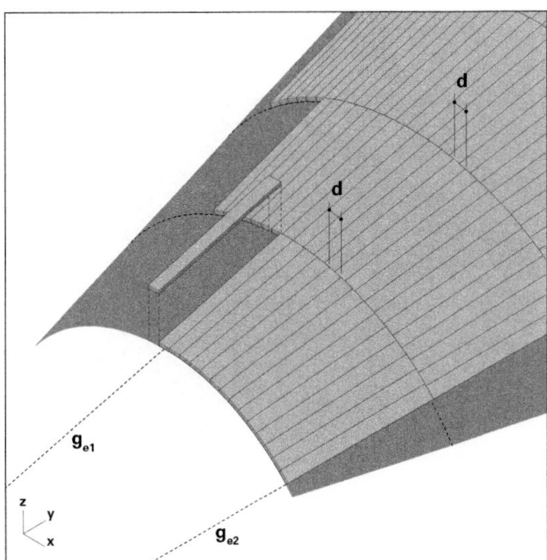

290 Soll eine festgelegte Stabbreite **d** nicht überschritten werden, sind benachbarte Stabreihen, z. B. ausgehend von einer gemeinsamen Mantelgeraden $\mathbf{g_{e0}}$, mit **versetzten Fugen** zu unterteilen.

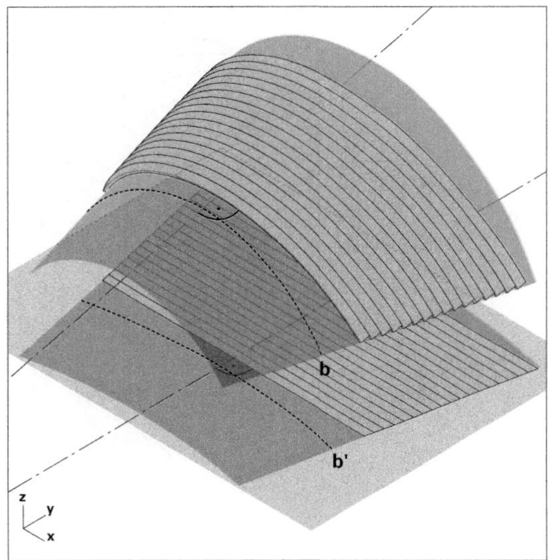

291 Verlegung von stabförmigem Material auf einer Kegelfläche entlang der Krümmung (geodätische Linie). Das ebene geradlinige Verlegemuster auf der Abwicklung geht in eine Kurve auf der gekrümmten Kegelfläche über. Für die Verlegerichtung sind auch alle anderen Winkel realisierbar.

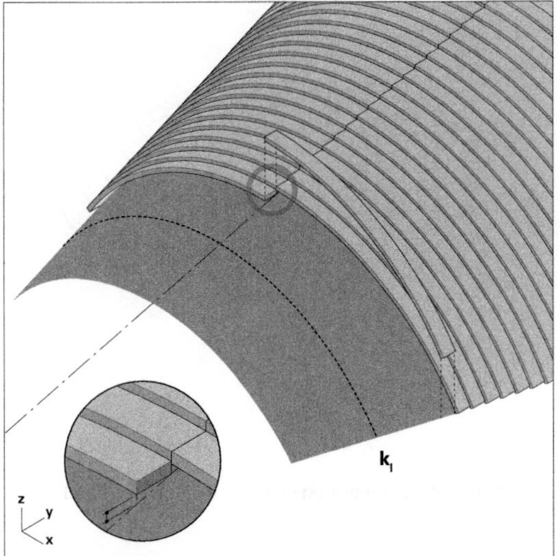

292 Verlegung von stabförmigem Material auf einer Kegelfläche entlang der größten Krümmung, also entlang einer **Leitkurve** $\mathbf{k_l}$. Diese Art der Verlegung führt zu einer gestaffelten Anordnung der Stäbe.

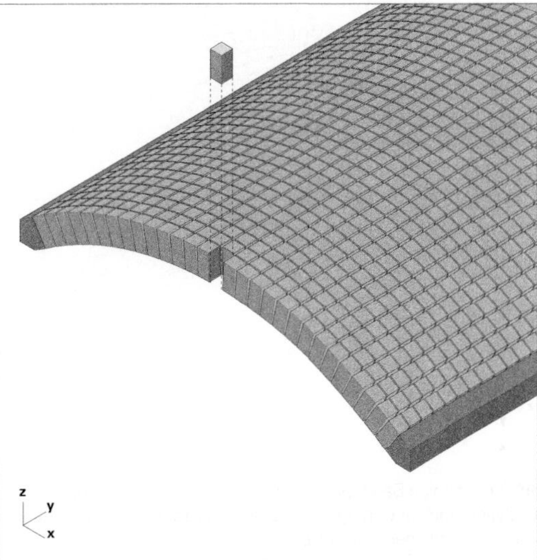

293 Gewölbe aus stehend verlegten Steinen in Kreuzfugengeometrie. Zum Zweck einer Kraftübertragung zwischen benachbarten Steinen müssen diese entweder keilförmig gefertigt oder die Fugen mit Füllmaterial gefüllt werden.

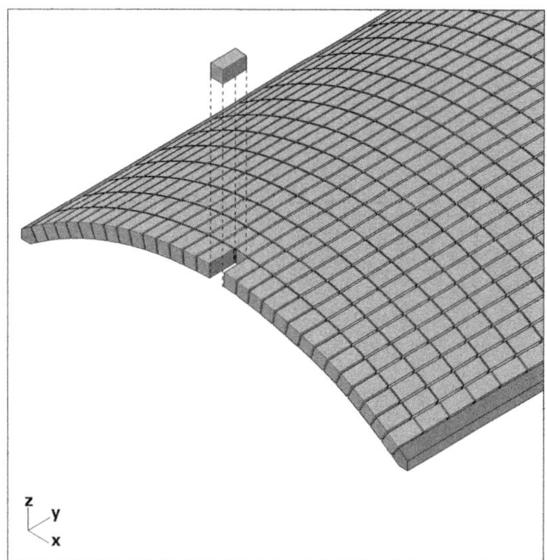

294 Gewölbe aus liegend verlegten Steinen in Kreuzfugengeometrie. Es kann aufgrund der durchgehenden Querfugen als Addition einzelner Bögen angesehen werden.

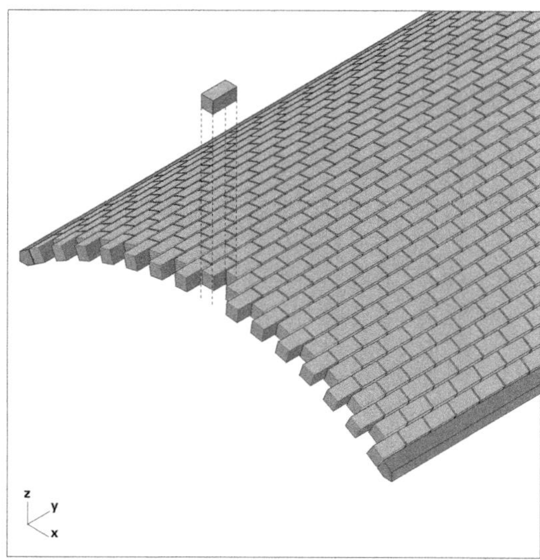

295 Gewölbe aus liegend verlegten Steinen im **Kufverband**. Die Verzahnung der benachbarten Steine in Gewölbelängsrichtung aktiviert eine Tragwirkung des Gewölbes als zusammenhängende Schale und nicht nur als Addition paralleler Bögen.

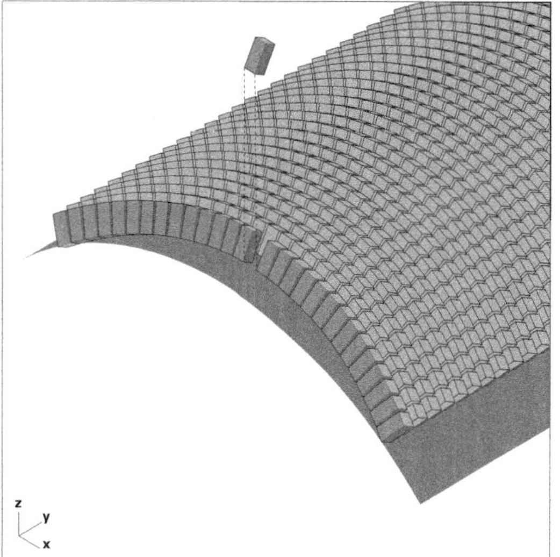

296 Ringförmige Bausteinverlegung in parallelen Ebenen, welche zur Zylinderachse geneigt sind. Die Ringe folgen beim regelmäßigen Kreiszylinder einer Ellipse.

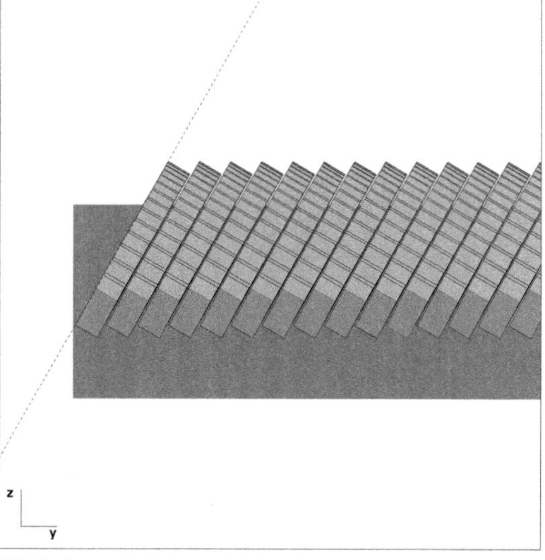

297 Orthogonale Seitenprojektion der Anordnung in 296.

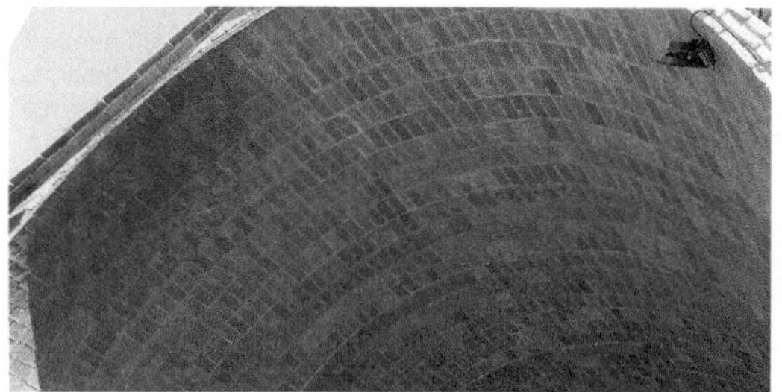

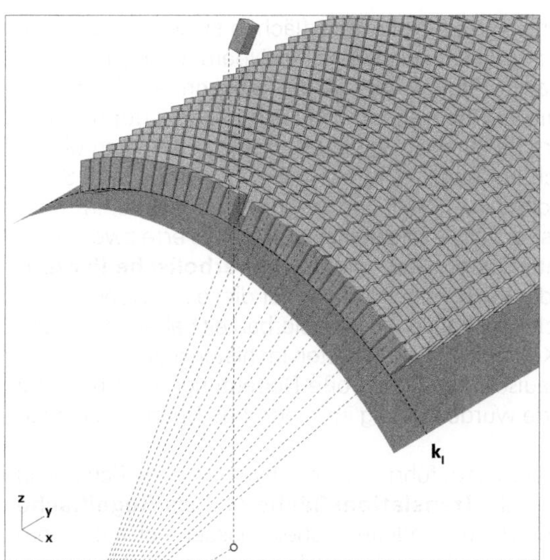

298 Ringförmige Bausteinverlegung entlang Leitkurven **k**$_i$ in gekippter Lage. Die einzelnen Bausteine eines Rings sind auf einen gemeinsamen Mittelpunkt **M** orientiert. Ihre Seitenflächen bilden jeweils Zylinder.

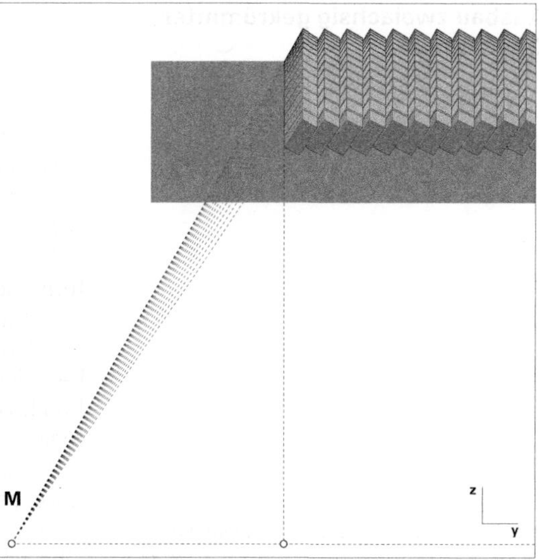

299 Orthogonale Seitenprojektion der Anordnung in ⮺ **298**.

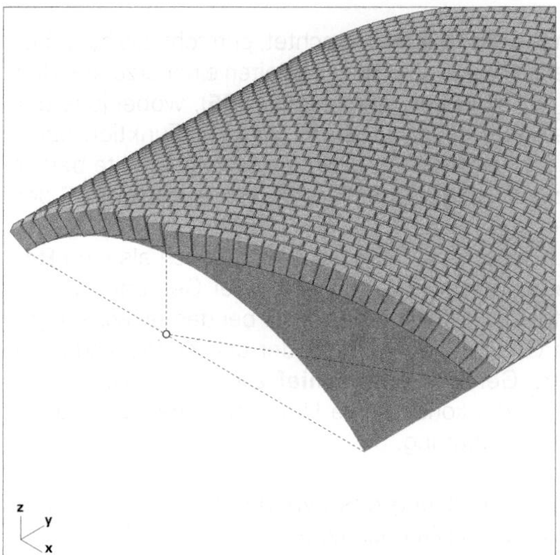

300 Ringförmige Verlegung der Bausteine in senkrechten Ebenen schräg zur Zylinderachse. Beim regelmäßigen Kreiszylinder entstehen Ringe in Ellipsenform.

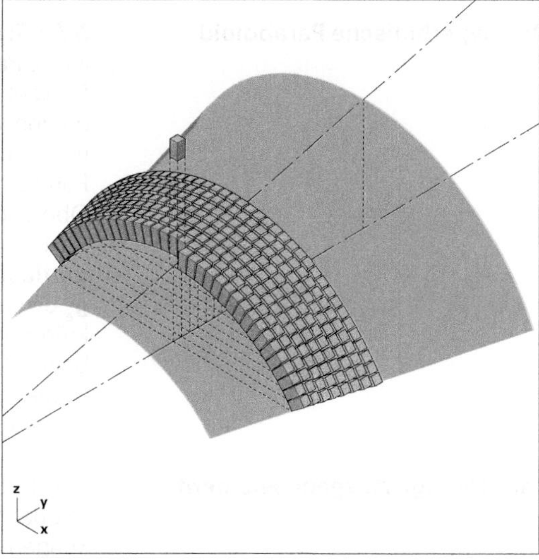

301 Bausteinverlegung auf einer Kegelfläche in Ringen entlang von Leitkurven. Beim Kreiskegel sind dies jeweils Kreissegmente mit wechselndem Radius.

302 (Linke Seite, unten links) Zylindrisches Gewölbe mit Kreuzfugenverband entsprechend ⮺ **294**.

303 (Linke Seite, unten rechts) Zylindrisches Gewölbe mit Kufverband entsprechend ⮺ **295**.

304 (Rechts) Kegelförmige Gewölbe mit Steinreihen entlang der Breitenkreise, entsprechend ⮺ **301** (Trulli in Apulien).

3.2 Ausbau zweiachsig gekrümmter Oberflächen

■ Zweiachsig gekrümmte Oberflächen stellen bei der geometrisch möglichst angenäherten Überdeckung mit Bauteilen in Band-, Platten- oder Stabform besondere Schwierigkeiten. Die unübersehbare Fülle denkbarer doppelt gekrümmter Oberflächen verbietet, dieses Thema an dieser Stelle auch nur annähernd vollständig zu behandeln. Stattdessen sollen im Folgenden zwei repräsentative, im Bauwesen bisher vergleichsweise häufig realisierte zweiachsig gekrümmte Oberflächen wie das **hyperbolische Paraboloid** und die **Kugel** exemplarisch für diese Art Oberflächen hinsichtlich ihrer baulichen Realisierbarkeit näher untersucht werden. Kugeloberflächen hatten im historischen Gewölbebau eine außerordentlich große Bedeutung; hyperbolische Paraboloide wurden häufig im modernen Betonschalenbau realisiert.

☞ *Abschn. 2.2 Geometrische Voraussetzungen, S. 41 ff*

Wie bereits ausgeführt, kann das hyperbolische Paraboloid gleichzeitig als **Translationsfläche** und als **Regelfläche** gelten. Viele der behandelten Aspekte lassen sich auf andere Oberflächen aus diesen Kategorien sinngemäß übertragen. Analog steht die Kugel als Beispiel für eine **Rotationsfläche**, sodass sich viele Aussagen zur Kugel auch auf andere Rotationsflächen ausdehnen lassen.

2.1 Das hyperbolische Paraboloid

■ Als **Translationsfläche** betrachtet, entsteht das hyperbolische Paraboloid aus dem Entlanggleiten einer erzeugenden Parabel $\mathbf{k_e}$ an einer Leitparabel $\mathbf{k_l}$ (🗗 **305**), wobei jede der beiden Parabeln auch die jeweils andere Funktion übernehmen kann (🗗 **306**). Dort, wo die Scheitelpunkte beider Parabeln zusammentreffen, liegt der **Scheitelpunkt S** der Oberfläche.

Alternativ lässt sich diese Oberfläche auch als eine **Regelfläche** auffassen, welche aus zwei Geradenscharen $\mathbf{g_e}$ erzeugt wird (🗗 **307**). Anders als bei den einachsig gekrümmten Oberflächen wie Zylinder und Kegel, sind zwei benachbarte Geraden **windschief** zueinander. Diese Tatsache hat für die konstruktive Umsetzung der Oberfläche wesentliche Bedeutung.

bandförmige Ausgangselemente

■ Bei der Überdeckung des hyperbolischen Paraboloids mit bandförmigem Material gelten noch engere Einschränkungen als bei der Kegelfläche: Sowohl entlang der erzeugenden Kurven $\mathbf{k_e}$ als auch den Leitkurven $\mathbf{k_l}$ ausgerollte Bänder werfen Falten (🗗 **309**). Einzig solche Bahnen, die entlang Parabeln nahe des Scheitelpunkts **S** verlaufen, können die Verzerrungen, unter Voraussetzung einer gewissen elastischen oder plastischen Charakteristik des Materials, faltenfrei aufnehmen (🗗 **308**). Einfacher ist das Verlegen von Bahnen entlang der erzeugenden Geraden $\mathbf{g_e}$ (🗗 **310**). Jedoch ist dabei zu beachten, dass selbst dann, wenn die Mittelachse der Bahn der Geraden $\mathbf{g_e}$ folgt, eine deutliche **Verdrillung** des Streifens um diese Achse herum stattfindet. Es hängt dann von der elastisch-plastischen Verformbarkeit des Materials in der Bandfläche selbst ab, inwieweit sich dies faltenfrei aufnehmen lässt. Ferner ist zu berücksichtigen, dass infolge der windschiefen Position der benachbarten erzeugenden Geraden zueinander, welche die Ursache für die angesprochene Verdrillung ist, die Bahnen nicht mit konstanter Breite geschnitten sein können, sondern vielmehr mit variablen Breiten $\mathbf{d_1}$ bis $\mathbf{d_3}$ zuzuschneiden sind.

☞ *Vgl. hierzu auch Überlegungen zu Überdeckungen aus stabförmigen Elementen in Abschn. 3.1.3 stabförmige Ausgangselemente, S. 96, insbesondere* ⧉ **289**.

Grundsätzlich besteht – anders als bei abwickelbaren Oberflächen wie Zylinder oder Kegel – keine Möglichkeit, auf dem hyperbolischen Paraboloid ein Band entlang einer bestimmten – auch gekrümmten – Linie vollständig faltenfrei abzuwickeln, da es sich um eine nicht abwickelbare Fläche handelt.

plattenförmige Ausgangselemente

■ Soll plattenförmiges Material verwendet werden, ist die einfachste Annäherung an das hyperbolische Paraboloid der **Polyeder**, der sich aus der Auflösung der erzeugenden Parabeln und Leitparabeln in **Polygonzüge** ergibt (⧉ **311**). Zwei Paare benachbarter, sich schneidender Polygonzüge definieren jeweils ein trapezförmiges, ebenes Einzelelement. Wie bereits erwähnt (⧉ **193**), lassen sich aus Symmetriegründen bestenfalls jeweils 2 gleiche und 2 gegengleiche Elemente finden. Ansonsten haben alle Teilflächen verschiedene Zuschnitte.

☞ *Abschn. 2.3.3 nach Entstehungsgesetz – Translations- oder Schiebflächen, S. 58 ff*

stabförmige Ausgangselemente

■ Die bei bandförmigem Material angesprochenen Verhältnisse kommen bei stabförmigem Material deutlicher zum Tragen. Die Verlegung entlang der **erzeugenden Parabel** $\mathbf{k_e}$ oder der **Leitparabel** $\mathbf{k_l}$ gelingt nur bei flachen, dünnen Stäben und bei flexiblem Material. Die Probleme sind ähnlich wie beim Kegel, wenn man entlang der Leitkurve verlegt (vgl. ⧉ **292**): Es entstehen klaffende Fugen zwischen benachbarten Stäben.

Naheliegender ist das Verlegen von Stäben entlang einer der beiden **erzeugenden Geradenscharen**. Dabei lässt sich die Geradlinigkeit der überdeckenden Stäbe zwar wahren, es tauchen hingegen andere geometrische Probleme auf: Werden die Stäbe wie in ⧉ **313** verlegt, also beispielsweise jeweils tangential zu einer **Hauptparabel** $\mathbf{k_{e0}}$ durch den Scheitelpunkt **S**, mit einer Seitenkante $\mathbf{P_iP'_i}$ entlang einer Geraden $\mathbf{g_e}$ und stets mit gleicher Stabbreite **a**, so ist Folgendes zu beobachten (⧉ **312**): Auf der einen Seite der Hauptparabel entfernen sich die Stäbe voneinander; es entstehen klaffende Fugen, die desto breiter werden je mehr man sich von der Hauptparabel entfernt; auf der anderen Seite schneiden die Stäbe in die Fläche des hyperbolischen Paraboloids ein und es entstehen Unterschneidungen zwischen benachbarten Stäben.

Dennoch lässt sich ggf. eine kontinuierliche Fläche aus Stäben bilden, wenn die Stäbe **verdrillt** werden können. Durch ihre Verdrillung lassen sich die offenen Fugen schließen. Die Stäbe werden gewissermaßen sukzessive durch Verdrehen in die Neigung benachbarter erzeugender Parabeln $\mathbf{k_{ei}}$ gezwungen (⧉ **314**). Voraussetzung hierfür ist allerdings die

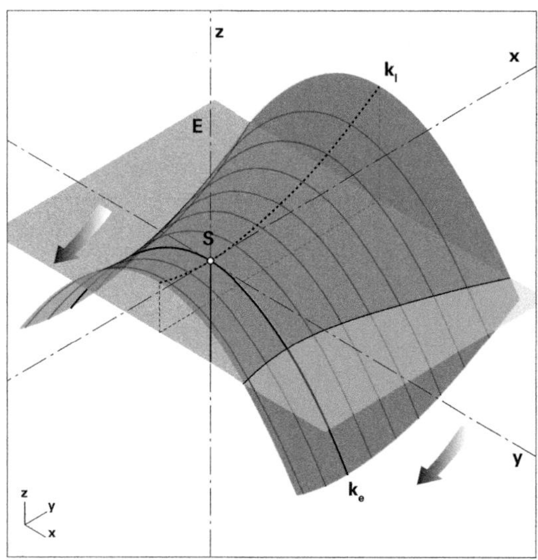

305 Das hyperbolische Paraboloid als Translationsfläche: Eine erzeugende Parabel $\mathbf{k}_e$ gleitet an einer Leitparabel $\mathbf{k}_l$ entlang.

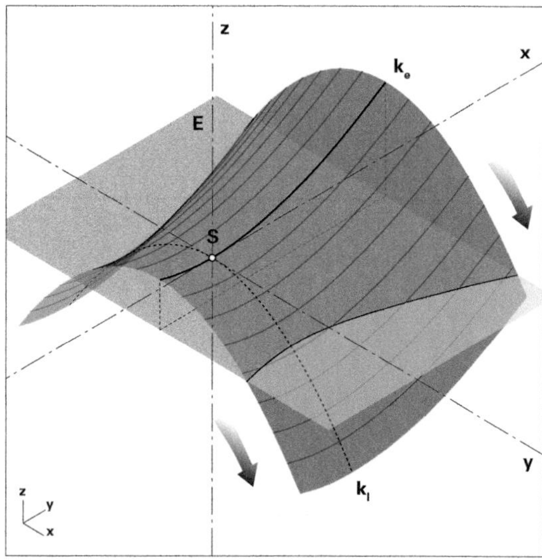

306 Es kann auch die jeweils andere Parabel die Funktion der erzeugenden $\mathbf{k}_e$ bzw. Leitkurve $\mathbf{k}_l$ übernehmen.

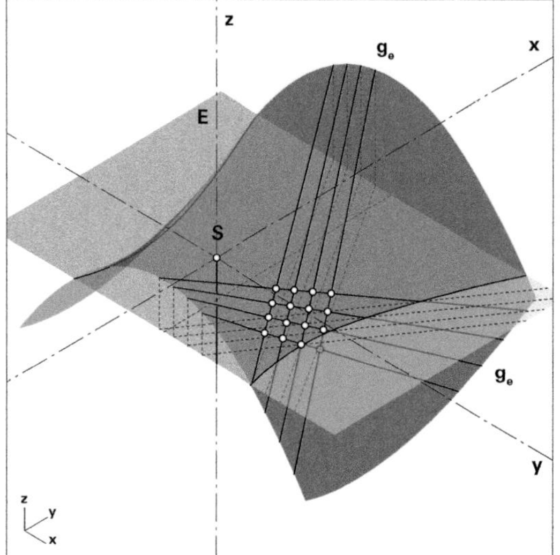

307 Das hyperbolische Paraboloid als Regelfläche: zwei Scharen sich schneidender Geraden $\mathbf{g}_e$.

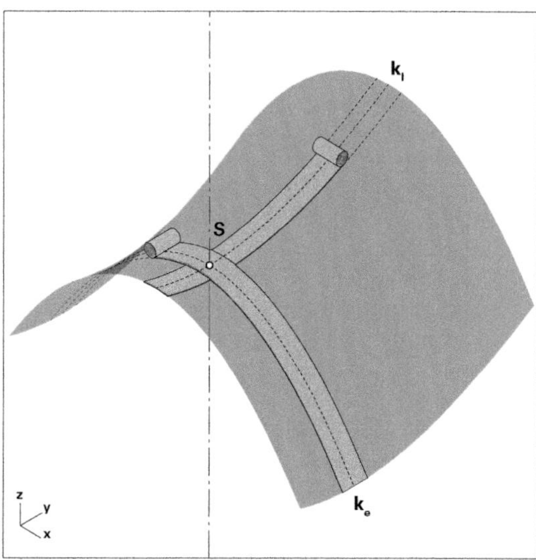

308 Entlang der scheitelnahen Parabeln verlegte Bänder können annähernd faltenfrei abgerollt werden.

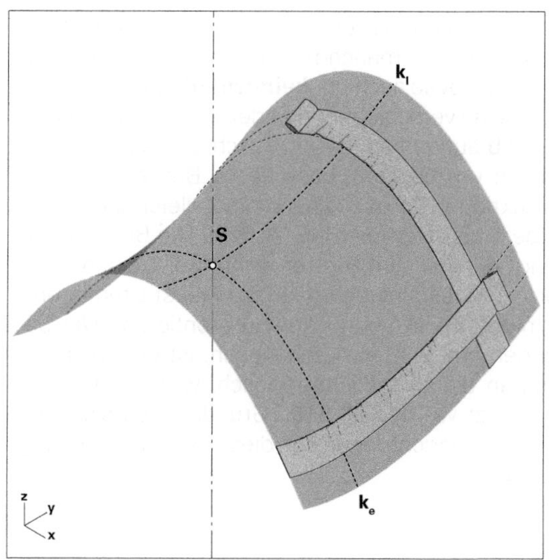

309 Wird entlang Parabeln fern des Scheitelpunkts **S** verlegt, wirft das Band Falten.

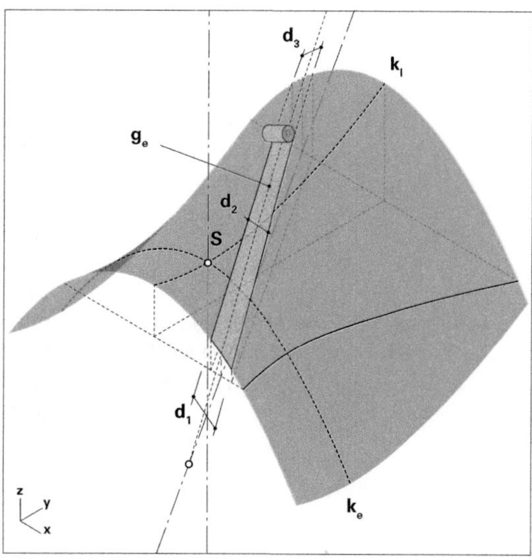

310 Entlang einer erzeugenden Geraden $\mathbf{g_e}$ verlegt, wird das Band verdrillt und muss mit variablen Breiten $\mathbf{d_1}$ bis $\mathbf{d_3}$ geschnitten werden.

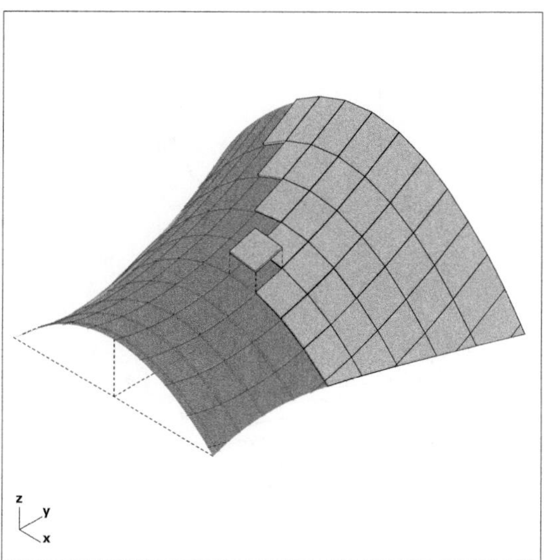

311 Belegung des hyperbolischen Paraboloids mit Platten, seine Eigenschaft als **Translationsfläche** nutzend.

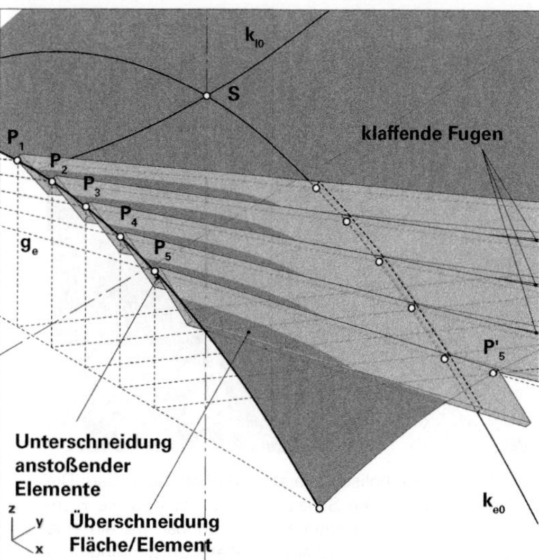

312 Detail. Klaffende Fugen und Unterschneidungen sind die Folge der doppelten Krümmung des hyperbolischen Paraboloids.

Flexibilität oder auch Plastizität des Materials, die je nach Werkstoff baupraktisch manchmal innerhalb gewisser Grenzen gegeben ist, sowie auch der **keilförmige Zuschnitt** der Stäbe, da diese an verschiedenen Enden auch verschiedene Breiten **a** und **b** aufweisen. Baupraktisch ist dies beispielsweise dadurch umzusetzen, dass flache Bretter auf einer Unterkonstruktion in Form zueinander paralleler und identischer Parabeln befestigt werden (**315**). Die Befestigung selbst zwingt die flexiblen Bretter in ihre Soll-Position. Sie sind keilförmig zuzuschneiden oder zumindest alternierend mit keilförmigen Zwischenstücken zu montieren. Wie bei Facettierungen aus Plattenmaterial auch, ist eine bessere Annäherung an die Oberfläche möglich, wenn schmalere Stäbe eingesetzt werden (**316**). Grundsätzlich sind beide Geradenscharenrichtungen für diese Art Überdeckung geeignet (**317**).

Herzog Th, Moro J L (1992) „arcus 18: Interview mit Félix Candela am 10. Mai 1991 in Madrid", Köln

318 Viergliedrige hyperbolische Paraboloidschale beim Bau: Die an den Rändern sichtbaren Schalungsbretter zeigen die Richtungen der erzeugenden Geraden. Es ist erkennbar, wie einzelne keilförmige Bretter zwischen Scharen paralleler Bretter eingefügt werden (z. B. rechts unten), um das Problem der räumlichen Nichtparallelität der Erzeugenden praktisch zu lösen (Börse Mexiko, Arch.: F Candela).

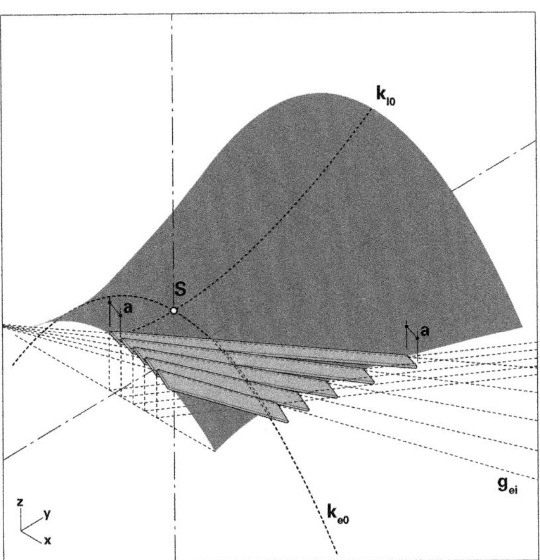

313 Überdeckung eines hyperbolischen Paraboloids mit Stäben entlang erzeugender Geraden $\mathbf{g}_{ei}$, die tangential an einer Hauptparabel $\mathbf{k}_{e0}$ anliegen.

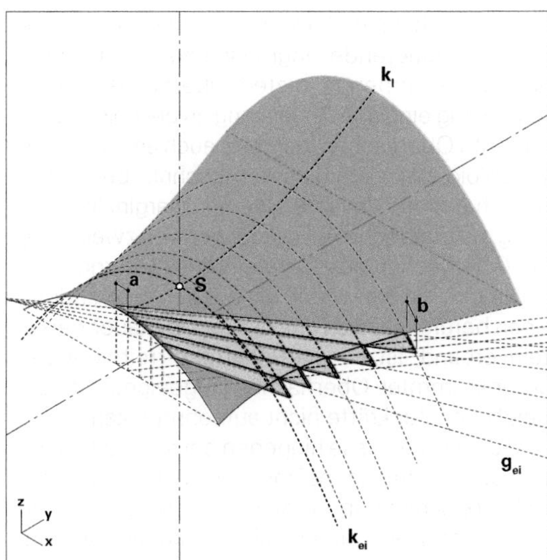

314 Die Stäbe in 313 lassen sich verdrillen und keilförmig zuschneiden, um eine geschlossene Fläche auszubilden.

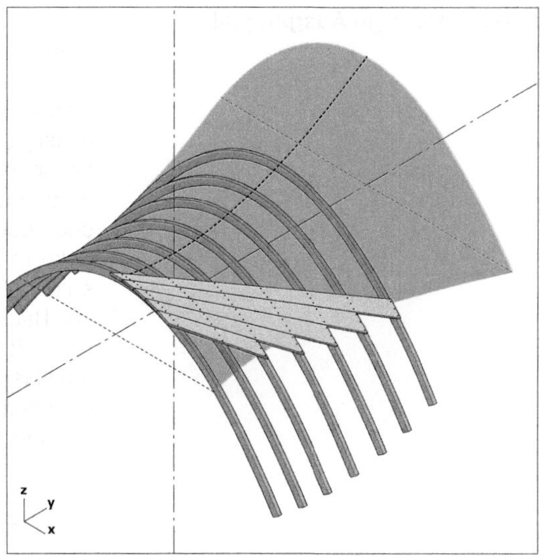

315 Mögliche konstruktive Umsetzung mithilfe einer Unterkonstruktion entlang der erzeugenden Parabeln.

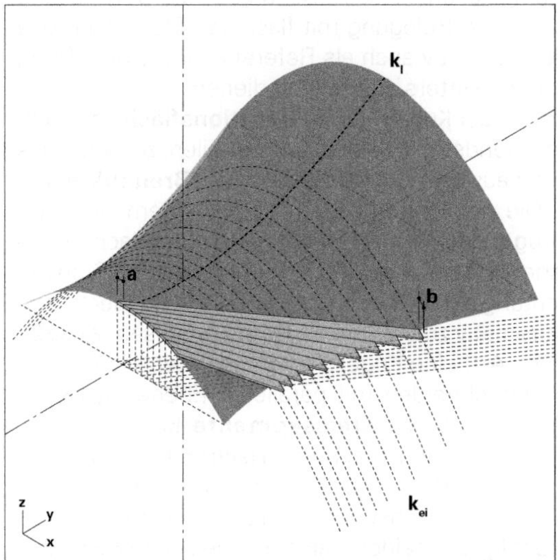

316 Dichtere Unterteilungen mit schmaleren Stäben erlauben bessere Anpassungen an die Paraboloidform.

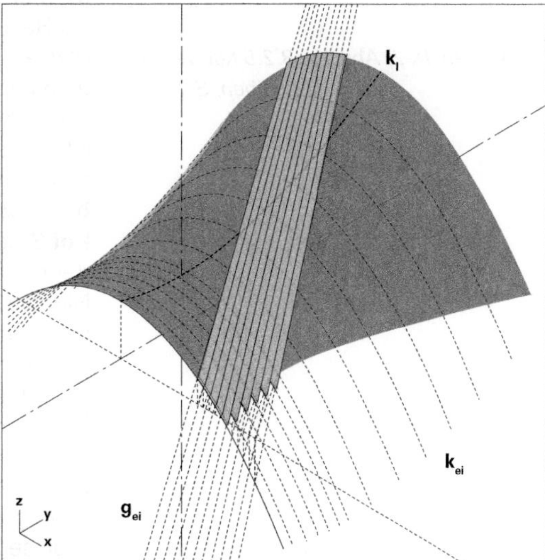

317 Auch die Richtung der gegenläufigen Geradenschar $\mathbf{g}_{ei}$ kann für Überdeckungen mit Stäben verwendet werden.

bausteinförmige Ausgangselemente

■ Die Kleinteiligkeit bausteinförmiger Ausgangselemente und die daraus resultierende engmaschige Facettierung einer aus ihnen zusammengesetzten Oberfläche erlaubt eine verhältnismäßig einfache Anpassung an beliebige zweiachsig gekrümmte Oberflächen, darunter auch an das hyperbolische Paraboloid, wie es in diesem Abschnitt betrachtet wird. Indessen hat diese Variante eine nur marginale bauliche Bedeutung, da praktische Anwendungen von zweiachsig gekrümmten Oberflächen aus Bausteinen außerordentlich selten sind. Die einzige Bauweise, die auf der Verwendung von Bausteinen beruht, nämlich der klassische Mauerwerksbau mit Steinverband, ist für die Schaffung freitragender, antiklastisch gekrümmter Oberflächen ungeeignet, da sie die unvermeidlichen Zugkräfte nicht aufnehmen kann.

Anders sind die Verhältnisse hingegen bei synklastischen Oberflächen aus Bausteinen, beispielsweise Kugeloberflächen, die im historischen Kuppelbau eine große Bedeutung erlangten. Sie sollen weiter unten näher diskutiert werden.

2.2 Die Kugel

■ Auch die Kugeloberfläche ist, ähnlich wie das hyperbolische Paraboloid, eine **nicht abwickelbare**, **zweiachsig gekrümmte** Oberfläche, jedoch eine **synklastisch** gekrümmte. Für eine konstruktive Umsetzung gilt es, diese Kugelfläche gemäß einem möglichst günstigen geometrischen Muster zu unterteilen. Anschließend kann die Unterteilung als Raster für eine Belegung mit flächigen Elementen wie Platten oder alternativ auch als Referenz für die Schaffung eines tragenden Gitters aus Stäben dienen.

☞ *Kap. IX-2, Abschn. 3.2.5 Kuppel aus Stäben, S. 368 ff*

Da es sich bei der Kugel um eine **Rotationsfläche** handelt, ist die naheliegendste Art, diese zu unterteilen, zunächst das radiale Muster aus **Meridiankreisen** $\mathbf{m_i}$ und **Breitenkreisen b** (⊡ **321**). Die resultierenden Felder verkleinern sich zum **Pol S** der Kugel deutlich, was einen gewissen Nachteil bedeutet, insbesondere wenn bei einer Gitterschale Stäbe in Meridianrichtung dort zusammenlaufen. Diese Felder lassen sich dann alternativ zu größeren zusammenfassen (⊡ **322**).

Eine andere Art, eine Kugel sinnvoll zu unterteilen, ergibt sich durch Verschneiden mit parallelen Ebenen (⊡ **323**). Es ergeben sich jeweils **Kreissegmente** $\mathbf{k_i}$, welche bei regelmäßiger Aufteilung in **symmetrischen Paaren** $\mathbf{k_i}$ und $\mathbf{k'_i}$ auftreten. Ihre Radien sind naturgemäß verschieden und verringern sich mit wachsender Entfernung vom mittleren Kreissegment $\mathbf{k_0}$. Schneidet man die Kugelfläche zusätzlich mit parallelen Ebenen in der orthogonalen Richtung, bilden sich ausgeschnittene Felder mit ähnlichen Kantenabmessungen (⊡ **324**).

Dabei sind grundsätzlich zwei Varianten denkbar:

- Die Abstände zwischen den schneidenden Ebenen sind jeweils immer gleich. Als Folge davon werden die Seitenkanten der Felder mit steigender Neigung der Fläche, also wachsender Entfernung vom Punkt **S**, stetig länger.

- Die Abstände der schneidenden Ebenen verringern sich mit wachsendem Abstand vom Punkt **S** kontinuierlich, sodass die Seitenkanten der Felder, also jeweils Kreissegmente, *annähernd* gleiche Längen aufweisen. Exakt gleiche Segmentlängen sind bei der Kugelfläche unter Verwendung dieser Unterteilung nicht realisierbar. Eine für bauliche Zwecke brauchbare Annäherung mit jeweils immer gleichen Seitenlängen bietet die **Translationsfläche**.

☞ *Abschn. 2.3.3. nach Entstehung, >Translations- oder Schiebeflächen, S. 58ff*

Ferner ist bedeutsam, dass die Ecken der Kugelabschnitte bei dieser Segmentierung **nicht in einer Ebene** liegen. Bei tragenden Gittern aus Stäben, die dieser Unterteilungsgeometrie folgen, können sich darüber hinaus Nachteile hinsichtlich des tragenden Verhaltens ergeben, da viereckige Felder aus Stäben ohne Zusatzmaßnahmen nicht steif sind.

Es kann also u. U. sinnvoll sein, die Kugelfläche mit **drei Scharen** jeweils zueinander paralleler Ebenen in Winkeln

319 Sphärische Kuppel aus Stäben entlang den Meridian- und Breitenkreisen, entsprechend Variante in ⊡ **321**.

320 Sphärische Kuppel aus Stäben im Dreiecksgefache, entsprechend Variante in ⊡ **325**.

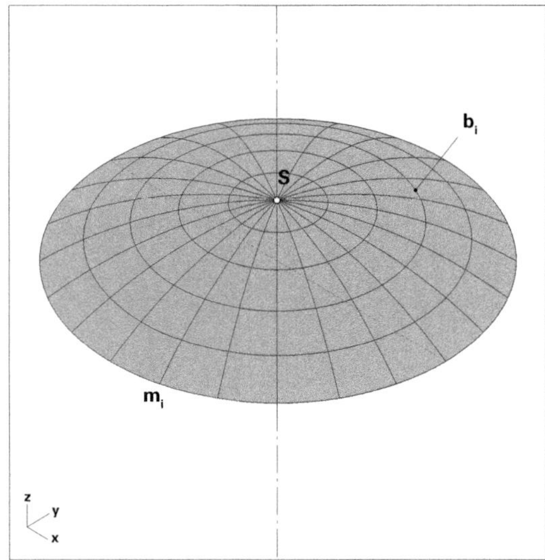

321 Radiale Einteilung der Kugeloberfläche mit Meridiankreisen $\mathbf{m}_i$ und Breitenkreisen $\mathbf{b}_i$.

322 Die im Bereich des Scheitels **S** entstehenden kleinen Feldformate lassen sich zu größeren **A** und **B** zusammenfassen.

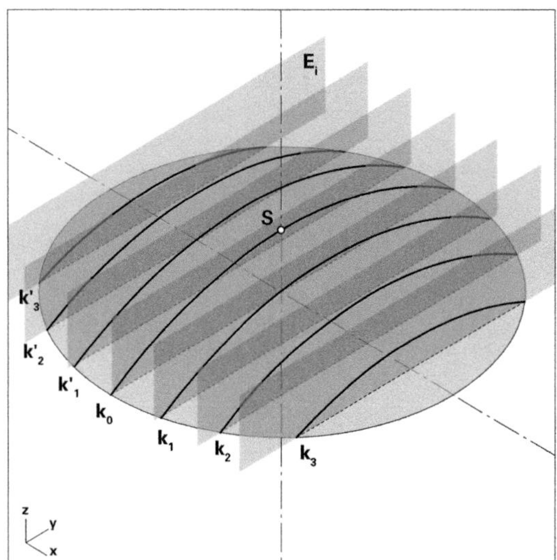

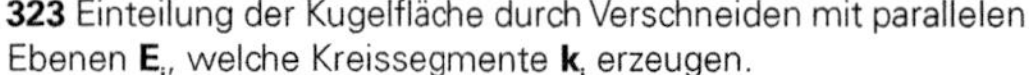

323 Einteilung der Kugelfläche durch Verschneiden mit parallelen Ebenen $\mathbf{E}_i$, welche Kreissegmente $\mathbf{k}_i$ erzeugen.

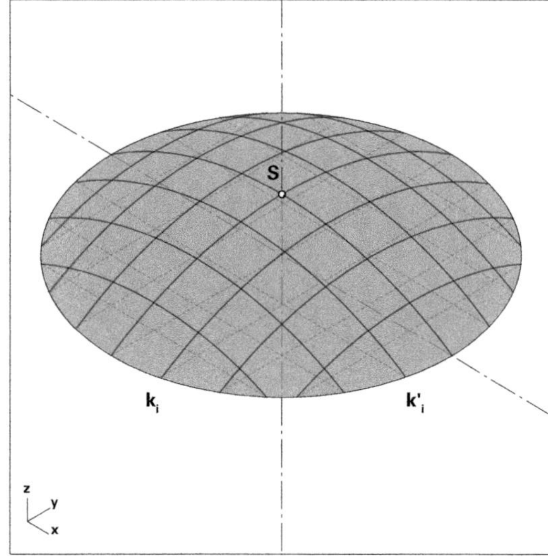

324 Einteilung der Kugelfläche durch zwei im Grundriss orthogonale Scharen $\mathbf{k}_i$ und $\mathbf{k'}_i$ von Kreissegmenten.

von **120°** zu verschneiden (**324**). Dadurch entsteht ein **trianguliertes**, d.h. in sich schubsteifes Gitterwerk. Die resultierenden Kreissegmente, also drei Scharen $\mathbf{k}_{1i}$, $\mathbf{k}_{2i}$ und $\mathbf{k}_{3i}$, sind jeweils parallel zu den drei Hauptsegmenten $\mathbf{k}_1$, $\mathbf{k}_2$ und $\mathbf{k}_3$, welche durch den Scheitel **S** verlaufen. Es entstehen Felder mit annähernd dreieckförmigem Zuschnitt, die jeweils durch drei Kreissegmente begrenzt sind. Wird

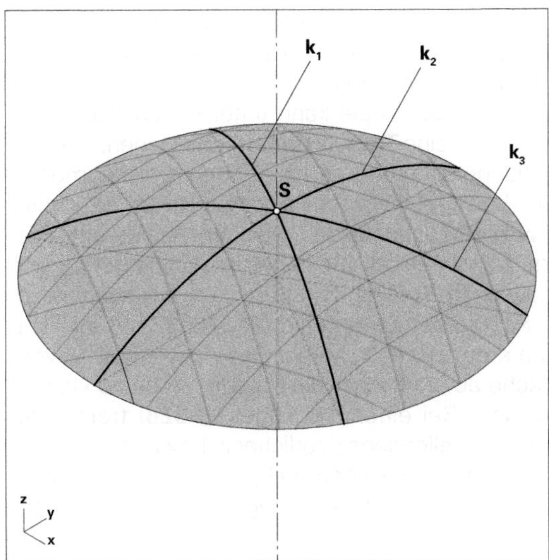

325 Einteilung durch drei Scharen $\mathbf{k}_{1\text{-}3}$ jeweils im 120°-Dreiecksmuster in der Grundrissprojektion.

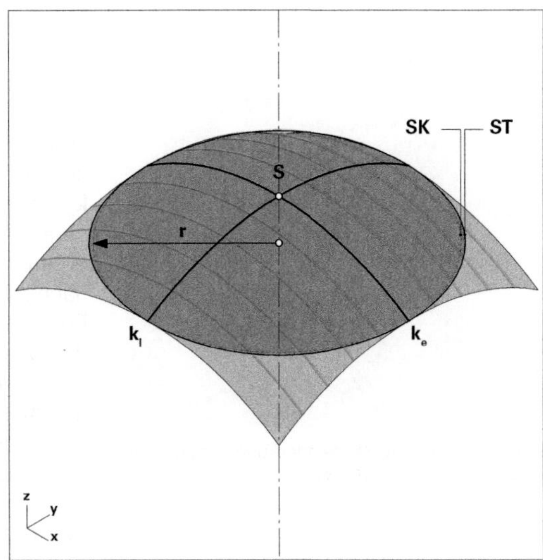

326 Substitution der Kugeloberfläche durch eine Translationsfläche. Die Schnittlinie der Translationsfläche mit einer horizontalen Ebene (**ST**) weist nur eine geringe Abweichung zum Schnittkreis der Kugel (**SK**) auf.

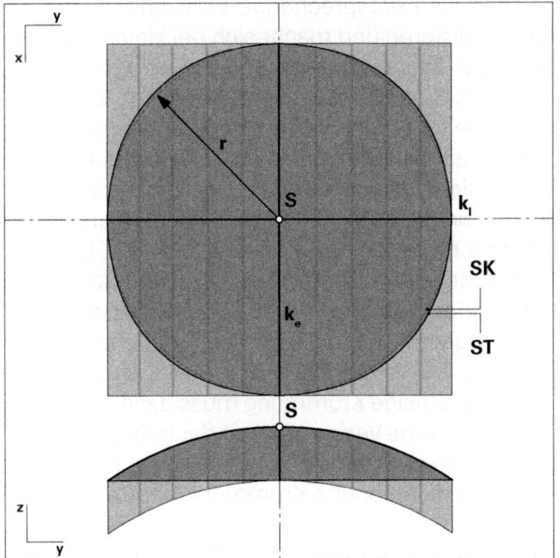

327 Zweitafelprojektion der überlagerten Kugel- und Translationsfläche wie in ⧉ **326**.

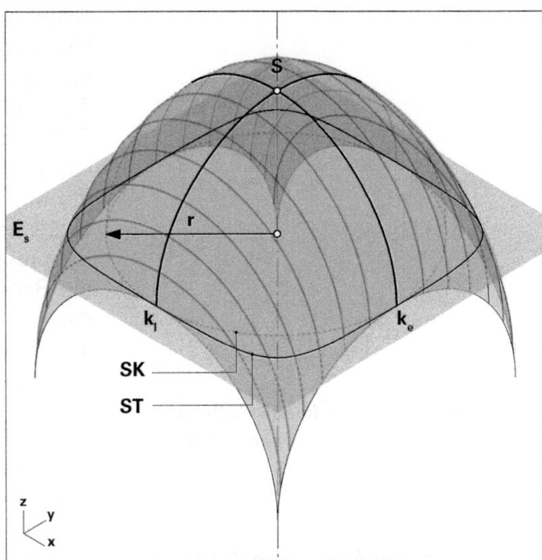

328 Die Abweichung zwischen Translationsfläche und Kugel wird bei weniger flachen Ausschnitten deutlich größer wie an der Abweichung zwischen der Schnittkurve der Translationsfläche (**ST**) und dem Schnittkreis der Kugel (**SK**) erkennbar.

329 Sphärische Kuppel mit Bandeindeckung entlang der Meridiankreise, entsprechend ⊡ **332**.

beispielsweise eine Gitterschale aus Stäben nach diesem Muster erzeugt, sind die Felder somit dreieckig und folglich ohne Zusatzmaßnahmen steif.

Als Substitut für die Kugel kann unter bestimmten Voraussetzungen auch eine **Translationsfläche** dienen, welche aus dem Entlanggleiten eines erzeugenden Kreissegments $\mathbf{k_e}$ an einem Leit-Kreissegment $\mathbf{k_l}$ entsteht. Beide Kreissegmente weisen zunächst den gleichen Radius auf. Die entstehende Translationsfläche nähert sich stark der Kugelfläche mit gleichem Radius an, sofern ein Teilabschnitt in Form einer Kalotte betrachtet wird (⊡ **326**, **327**). Lediglich diagonal zum Kreuz aus $\mathbf{k_e}/\mathbf{k_l}$ weicht diese etwas stärker von der Kugelfläche ab. Je flacher die Kalotte ist, desto kleiner die Abweichung. Bei einer Halbkugel (⊡ **328**) treten die Unterschiede dann allerdings deutlicher in Erscheinung. Wie alle anderen Translationsflächen auch, bietet diese deutliche Vorteile bei der baulichen Umsetzung mithilfe von ebenen Bauteilen.

bandförmige Ausgangselemente

■ Soll die Kugeloberfläche mithilfe von bandförmigem Material überdeckt werden, kann entlang eines Meridians (⊡ **330**) das Band zwar in seiner Mittelachse ausgerollt werden; infolge der doppelten Krümmung schlagen die Ränder des Streifens aber Wellen. Dies lässt sich bei bestimmten Materialien durch eine entsprechende Verformbarkeit des Werkstoffs neutralisieren und macht sich bei kleinen Bahnbreiten oder großen Krümmungsradien weniger bemerkbar. Auch entlang eines Breitenkreises (⊡ **331**) verlegt, wird das Band sich an der Seite wellen, die dem Scheitel am nächsten ist, da dort der Breitenkreis einen kleineren Radius hat. Da die Kugelfläche **nicht abwickelbar** ist, gelingt es auch in diesem Fall nicht, ein Band vollständig faltenfrei auszurollen.[19] Baupraktisch wird oft eine radiale Lösung gewählt, bei der die Bahnstreifen den Meridianen folgen (⊡ **329**, **332**) und die Bänder dreieckförmig zugeschnitten sind. Oftmals erklärt sich diese Verlegegeometrie auch aus der Fließrichtung des Niederschlagswassers vom Scheitel **S** abwärts entlang der Meridiane. Die zweiachsige Krümmung muss dann durch die elastische oder plastische Verformbarkeit der Bahnen aufgenommen werden. Je kleiner die Streifenbreite **d** ist, desto einfacher lässt sich die doppelte Krümmung neutralisieren.

✏ *Wie bei einer mit Stehfalzblech verkleideten Kuppel*

plattenförmige Ausgangselemente

■ Werden Überdeckungen aus plattenförmigem Material gemäß dem Radialmuster gestaltet, werden die Einzelfelder jeweils mit einem trapezförmig zugeschnittenen ebenen Element belegt (⊡ **333**). Die Platte kann derart liegen, dass diese an einem Punkt $\mathbf{P_T}$ an der Kugel tangential anliegt (⊡ **335**), oder sie kann mit den Eckpunkten auf den Schnittpunkten von Meridianen $\mathbf{m_i}$ und Breitenkreisen $\mathbf{b_i}$ aufliegen (⊡ **336**). Die Seitenkanten auf den Breitenkreisen sind parallel zueinander, die Kanten auf den Meridianen schneiden sich zwangsläufig auf der Mittelachse durch **S**, sodass alle Plattenränder auf einer Ebene liegen.

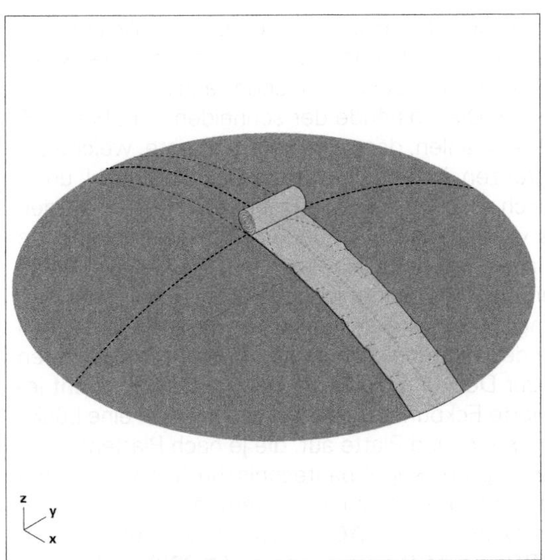

330 Ausrollen eines Bands auf der Kugelfläche entlang eines Meridiankreises.

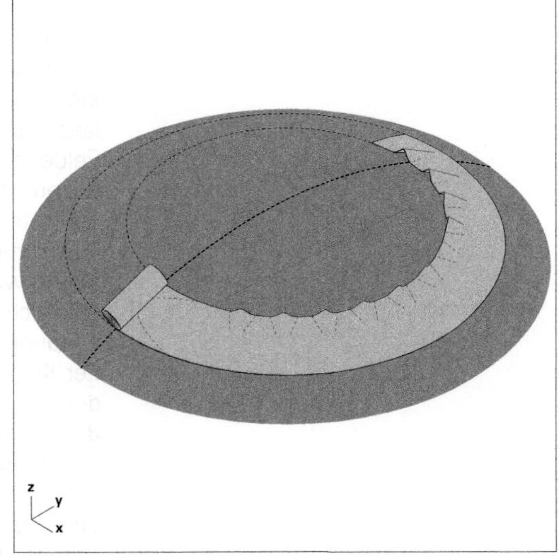

331 Ausrollen eines Bands auf der Kugelfläche entlang eines Breitenkreises.

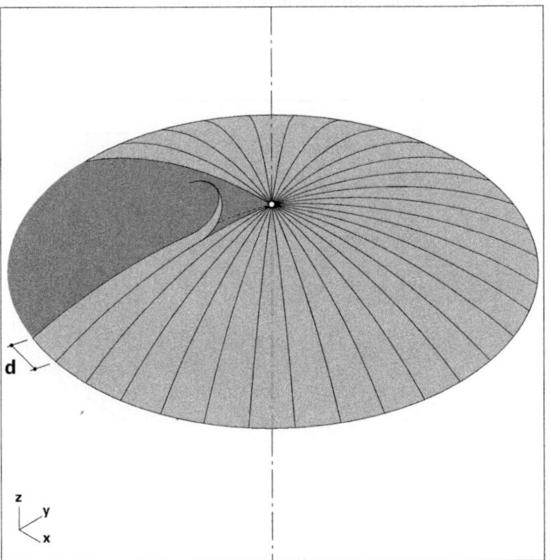

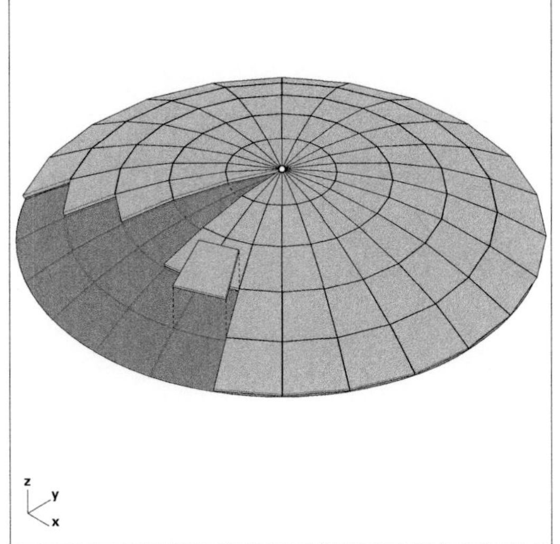

332 (Mitte links) Überdeckung einer Kugelfläche entlang der Meridiankreise mit keilförmig zugeschnittenen Bandstreifen.

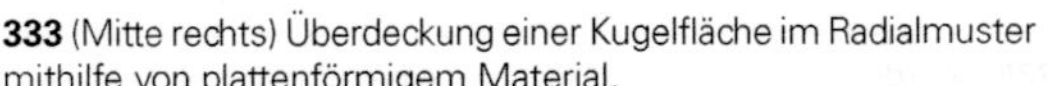

333 (Mitte rechts) Überdeckung einer Kugelfläche im Radialmuster mithilfe von plattenförmigem Material.

334 (Rechts) Annäherung an eine Kugelfläche mithilfe von plattenförmigem Material, hier Glasscheiben, entsprechend der Variante in 🗗 **333** (Reichstagskuppel, Arch.: Foster Ass.).

Wird die Kugeloberfläche alternativ entlang paralleler Kreissegmente im quadratischen Muster unterteilt (337), entstehen Felder, die zwar zueinander ähnlich, aber nicht identisch sind. Die Abstände der schneidenden Ebenen $\mathbf{E_i}$ lassen sich so wählen, dass die Kreissegmente, welche die Felder begrenzen, immer gleich lang sind; die Winkel, unter denen sie sich an einem Kreuzungspunkt schneiden, werden aber stets verschieden sein. Jedes einzelne entstehende Feld kann, analog zum Radialmuster, mit einer ebenen Platte belegt werden. Dies gelingt jedoch nur mit einer gewissen Abweichung, die sich aus der Tatsache ergibt, dass zwar drei Eckpunkte des Plattenelements (**A**, **B**, **C**) mit drei Punkten der Kugel zur Deckung gebracht werden können, nicht jedoch der vierte Eckpunkt **D** (338). Dort taucht eine Lücke **d** zwischen Kugel und Platte auf, die je nach Plattenformat und Krümmung der Kugel bautechnische Schwierigkeiten aufwerfen kann. Um dies zu verhindern, müsste die Platte durch eine Diagonalfuge **AC** in zwei dreieckförmige Abschnitte **ABC** und **ACD** geteilt werden (339), sodass der Eckpunkt **D** in seine Sollposition gebracht werden könnte. Auf diese Weise entsteht ein Dreiecksmuster.

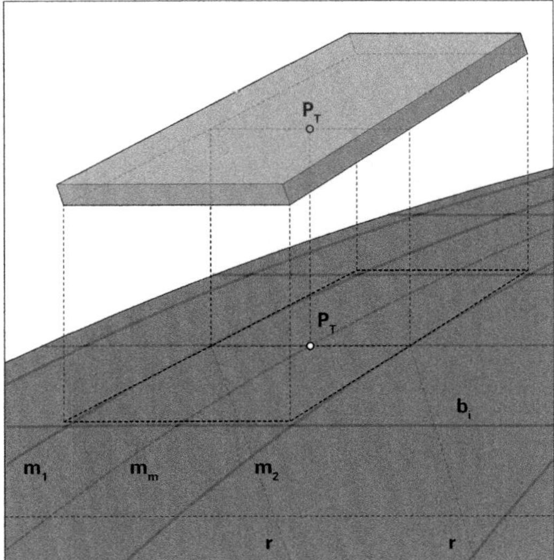

335 Überdeckung der Kugelfläche mit einer Platte, welche diese an einem Punkt $\mathbf{P_T}$ (und nur an diesem) tangiert.

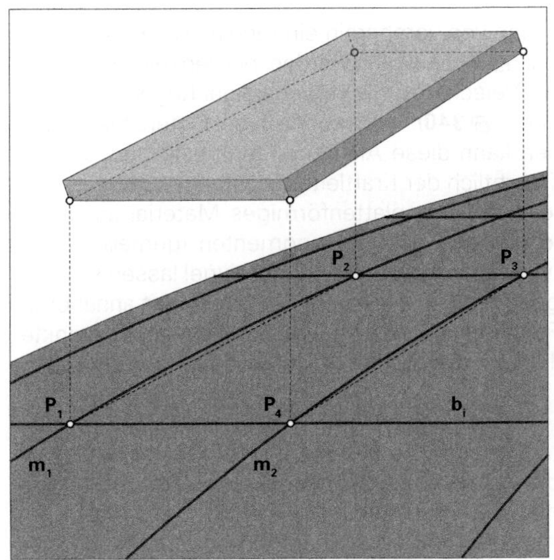

336 Alternativ zu **335** können die Schnittpunkte $\mathbf{P}_{1\text{-}4}$ der Meridiankreise $\mathbf{m}_i$ und der Breitenkreise $\mathbf{b}_i$ als Referenz dienen.

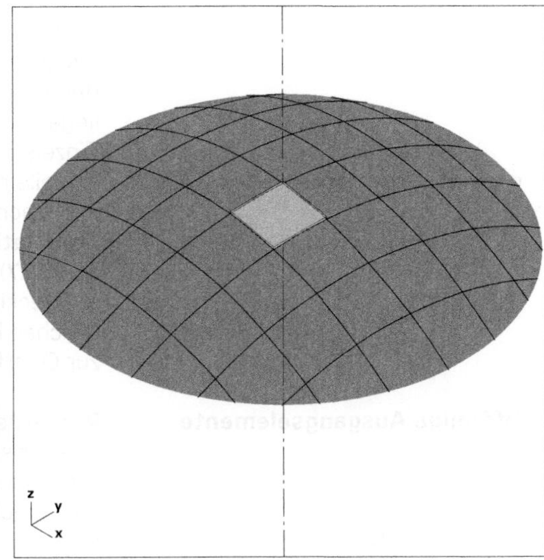

337 Überdeckung der Kugel mit Plattenelementen gemäß Unterteilung durch sich orthogonale kreuzende Kreissegmente.

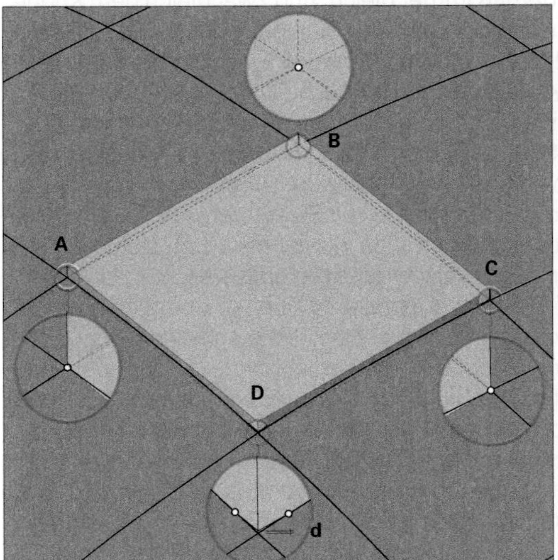

338 Die Schnittpunkte **A–D** der Kreissegmente liegen bei der Kugel nicht auf einer Ebene. Am Punkt **D** entsteht eine Maßabweichung **d**.

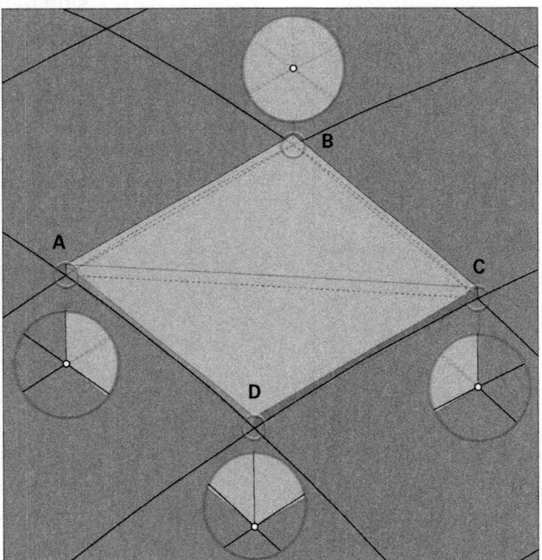

339 Durch Teilung der Platte in zwei dreieckförmige Abschnitte lässt sich der Punkt **D** zur Deckung mit dem Schnittpunkt der Kreissegmente bringen.

Alternativ kann von vornherein ein regelmäßiges Dreiecksraster gemäß 🗗 **325** gewählt werden, bei dem die Eckpunkte der ebenen Dreiecke jeweils immer auf der Kugeloberfläche liegen können (🗗 **340**). Insbesondere bei Gitterschalen aus Einzelstäben kann diese Art der Unterteilung bedeutende Vorteile hinsichtlich der Kraftleitung bieten (🗗 **342**).

☞ ***Band 1,*** *Kap. VI-2 Kraftleiten, S. 526ff*

Einfacher lässt sich plattenförmiges Material auf einer **Translationsfläche** aus Kreissegmenten (gemäß Prinzip in 🗗 **327**) verlegen. Anders als bei der Kugel lassen sich die rechteckigen Felder mit ebenen Elementen mit annähernd gleichen Formaten, ohne Maßabweichungen der Eckpunkte zur Oberfläche wie in 🗗 **338** dargestellt, belegen (🗗 **341**).

stabförmige Ausgangselemente

■ Ist eine kontinuierliche Überdeckung einer Kugeloberfläche aus stabförmigen Elementen zu erzeugen, so bietet sich zunächst die Verlegung gemäß **Meridiankreisen** an (🗗 **343**), also solchen mit identischem Mittelpunkt wie die Kugel selbst. Voraussetzung hierfür ist wiederum, dass der Stab flexibel oder plastisch genug ist, um sich durch einseitige Verkrümmung entlang seiner Mittelachse der Krümmung der Kugelfläche anzupassen. Der Stab tangiert die Kugelfläche entlang des zugehörigen Meridiankreises. Die Radien der Meridiankreise, und damit der Krümmungsradius des Stabs, sind naturgemäß immer gleich, und zwar gleich dem Kugelradius. Eine flächendeckende Belegung der Kugelfläche mit Stäben folgt dem radialen Prinzip, analog zum bandförmigen Material (🗗 **332**), wobei der Pol bei einer ausgeschnittenen Kalotte nicht unbedingt auf dieser liegen muss (wie in 🗗 **345–347**). Die Stäbe müssen **keilförmig** zugeschnitten sowie, um übermäßige Stabbreiten zu verhindern, ggf. in aufeinanderfolgenden Reihen mit **Fugenversatz** verlegt sein.

Alternativ lässt sich eine Kugelfläche mit stabförmigen Elementen auch entlang der **Breitenkreise** belegen. Diese liegen auf zueinander parallelen Ebenen und haben wechselnde Radien. Entsprechend hat jede Lage eines Stabs auch einen unterschiedlichen Krümmungsradius. Wird der Stab nur einachsig in Richtung des Breitenkreises gekrümmt, kann er so verlegt werden, dass er die Kugeloberfläche an einer Seitenkante tangiert (🗗 **348**). Die andere Kante ist infolge der doppelten Krümmung der Kugel nicht mit dieser zur Deckung zu bringen, sodass eine Lücke zwischen Stab und Kugel entsteht. Diese wird mit zunehmendem Abstand zum Scheitel kontinuierlich größer, bis die Fuge zwischen benachbarten Stäben – abhängig von der Stabdicke – klafft (🗗 **348** Detail, 🗗 **349**).

Soll eine fugenlose Überdeckung nach diesem Verlegeprinzip erzielt werden, muss man den Stab derart auf die Kugelfläche zwingen, dass diese Fugen sich schließen. Dies setzt eine zweiachsige Verkrümmung des Stabs voraus, also eine **Verkrümmung** und **Verdrillung** entlang der Stabachse (🗗 **350–352**). Je weiter die Breitenkreise sich dem Pol nähern, desto stärker tritt dieser Effekt in Erscheinung. Bei den meisten bauüblichen Werkstoffen ist diese Verformung

344 Einteilung der Kugel gemäß Dreiecksraster, analog zu 🗗 **340**. In diesem Fall handelt es sich um die spezielle Teilungsgeometrie der geodätischen Kuppel (Parc de la Villette, Paris; Arch.: B Tschumi) (vgl. auch 🗗 **250** auf S. 372).

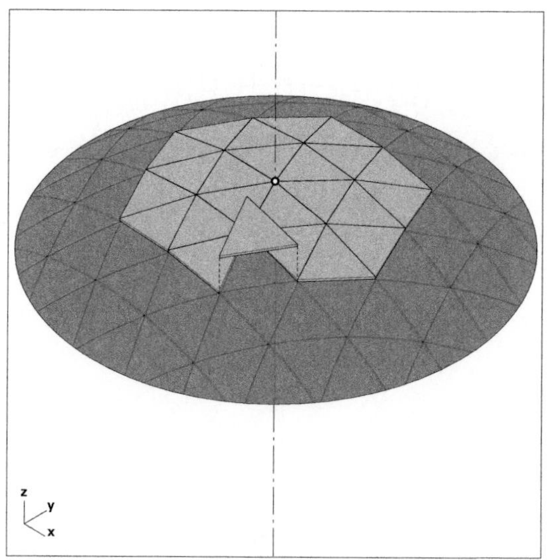

340 Überdeckung einer Kugeloberfläche mit dreieckförmigen Plattenelementen.

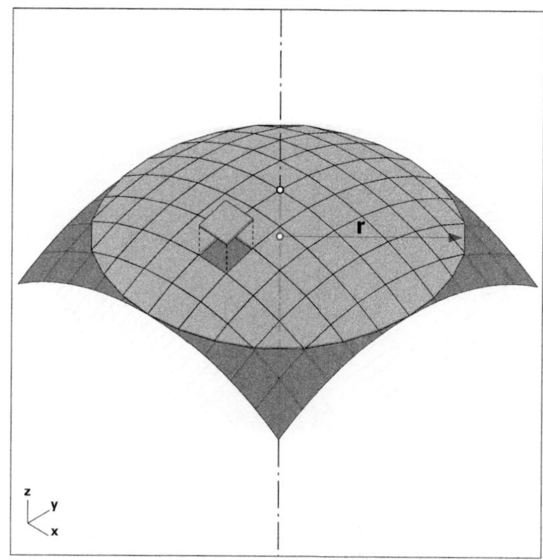

341 Alternativ: Überdeckung einer Translationsfläche mit annähernd quadratischen Plattenelementen.

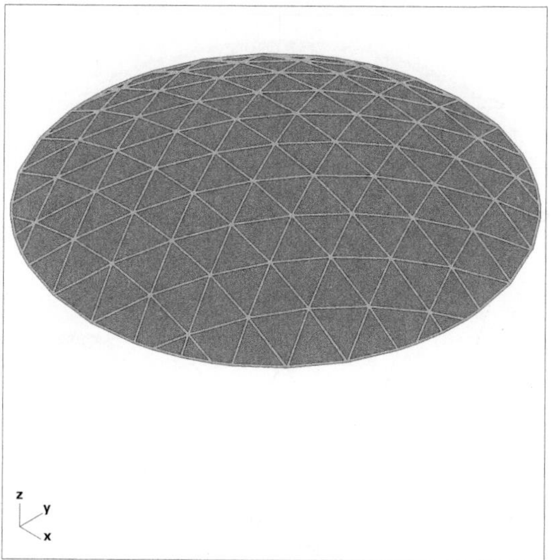

342 Gitterschale aus Stäben gemäß Dreiecksraster.

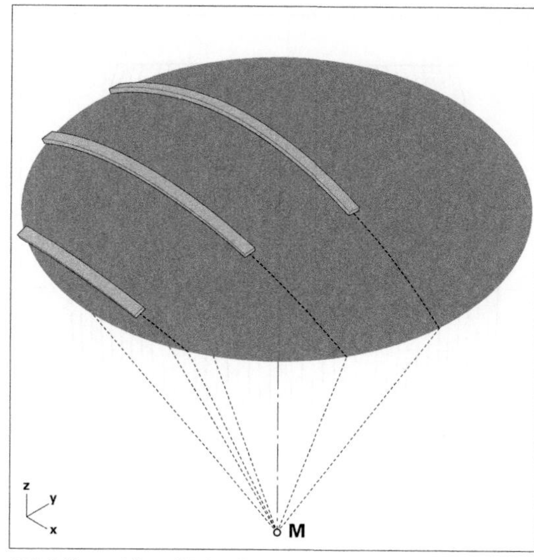

343 Stäbe auf Kugelfläche. Einseitige Verkrümmung entlang der Meridiankreise.

des Stabs nur innerhalb enger Grenzen möglich, weshalb sich aus diesem Grund nur Kugelausschnitte mit kleinen Krümmungen nach dieser Geometrie belegen lassen.

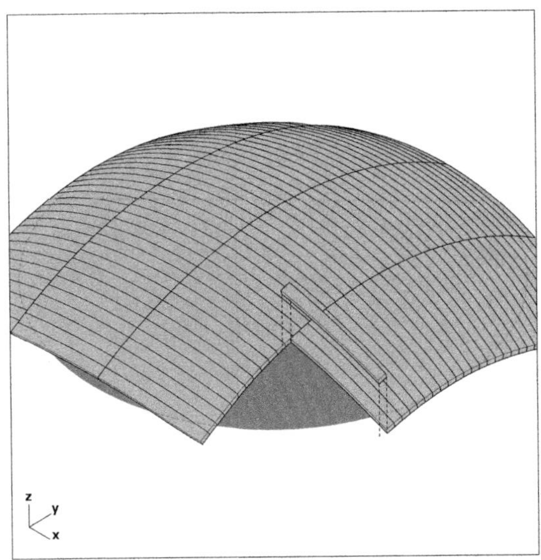

345 Vollflächige Überdeckung der Kugelfläche mit Stäben entlang Meridiankreisen.

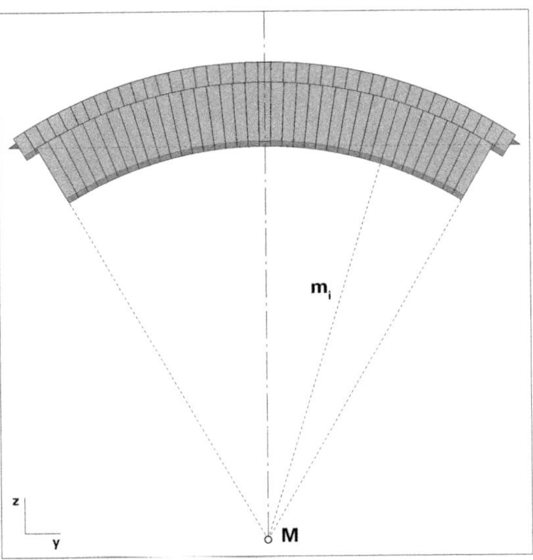

346 Orthogonale Seitenansicht der Fläche in **345**. Meridiankreise $\mathbf{m}_i$. Die Stäbe sind keilförmig zugeschnitten.

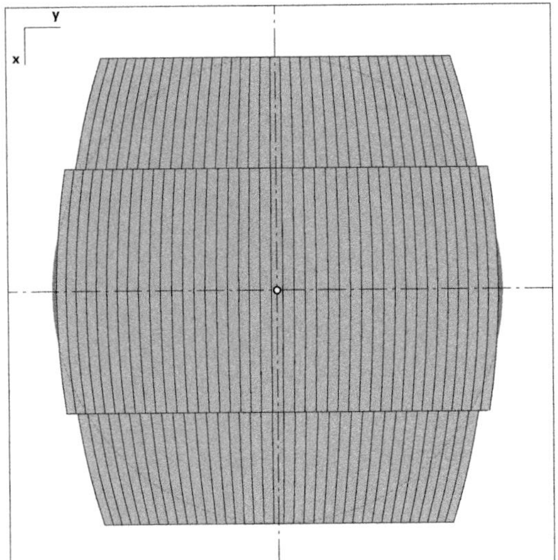

347 Grundrissprojektion der Fläche in **345**.

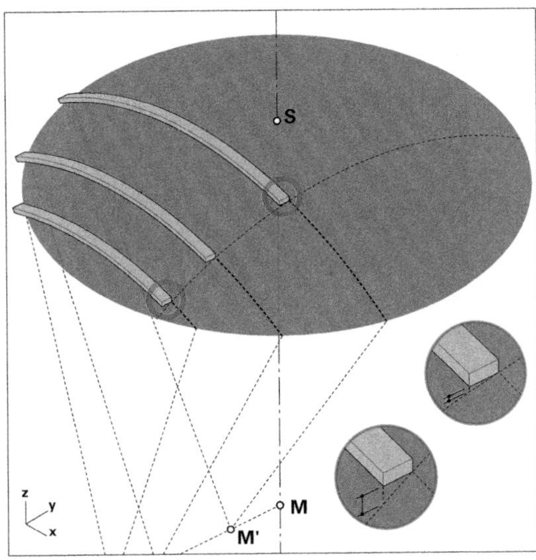

348 Verlegung von Stäben auf einer Kugelfläche entlang Breitenkreisen ohne Verdrillung.

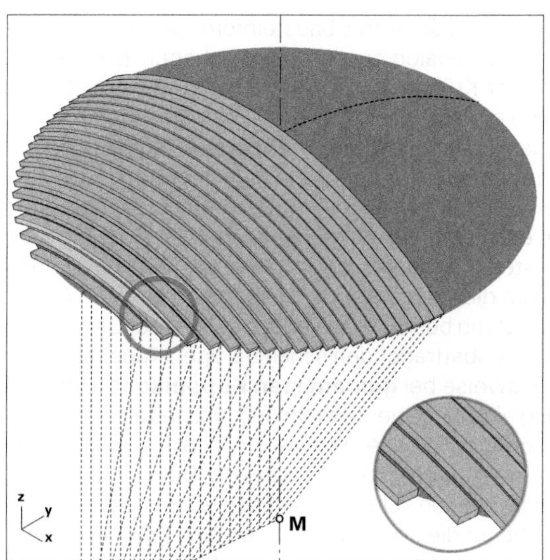

349 Aufgrund der doppelten Krümmung der Kugel entstehen in den Außenbereichen klaffende Fugen.

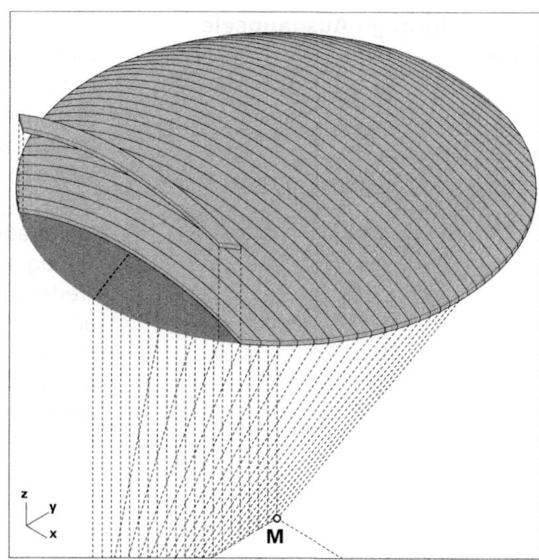

350 Bei vollflächiger Überdeckung mit geschlossenen Fugen müssen die Stäbe verdrillt werden.

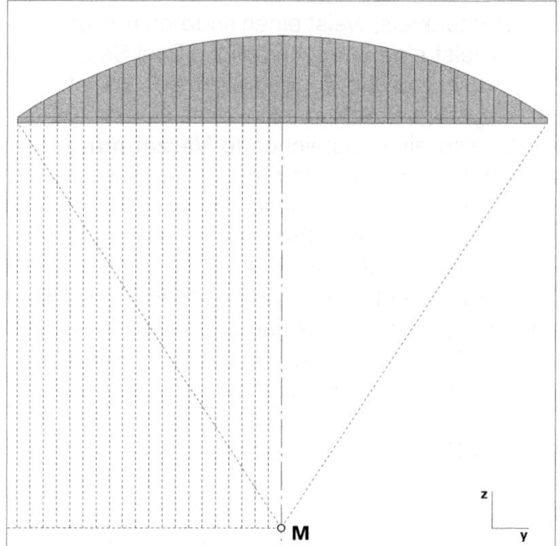

351 Orthogonale Seitenansicht der Fläche in ⧉ **350** mit Lage der Breitenkreise.

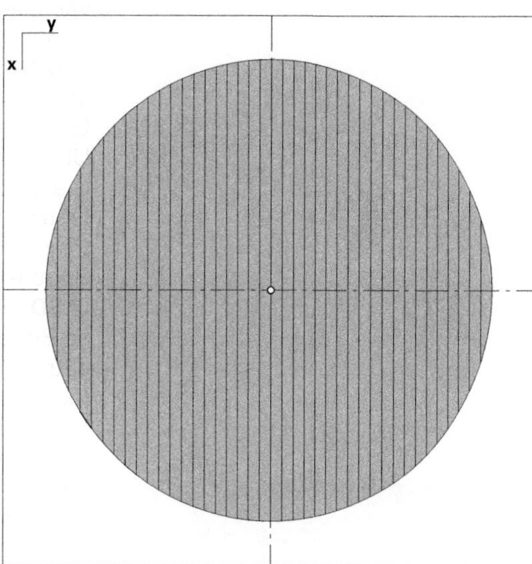

352 Grundrissprojektion der Fläche in ⧉ **350**.

bausteinförmige Ausgangselemente

■ Eine Kugeloberfläche mit bausteinförmigen Elementen zu schaffen, ist, analog zu den besprochenen Beispielen mit einachsiger Krümmung, in geometrischer Hinsicht vergleichsweise einfach, weil das verhältnismäßig kleine Ausgangselement sehr **kleinteilige Facettierungen** erlaubt. Werden Fragen der Kraftleitung ausgeklammert, wie bei nichttragenden Belägen auf einer tragenden kugelförmigen Unterlage, existieren vielfältige denkbare flächendeckende Verlegemuster. Sie sollen aufgrund ihrer geringen baulichen Bedeutung an dieser Stelle nicht besprochen werden. Ganz andere Bedeutung besitzen die Verlegemuster der Bausteine hingegen bei selbsttragenden schalenartigen Kugelflächen, also beispielsweise bei **gemauerten Kuppelkonstruktionen**. Wenngleich diese heute mehr historisches als aktuelles bautechnisches Interesse besitzen, sollen im Folgenden einige Beispiele angesprochen werden. Bei gemauerten Kuppelkonstruktionen spielt bei der Festlegung des Verlegemusters nicht nur die tragende Funktion eine Rolle, sondern auch der Bauprozess, bei dem ein wesentliches Ziel zumeist die Reduzierung der Gerüstarbeiten ist.

Die einfachste und mauertechnisch sinnvollste geometrische Organisation der Bausteine erfolgt entlang horizontal verlaufender **Breitenkreise** (**354**). Jede Steinreihe folgt jeweils einem Breitenkreis, weist einen anderen Radius und folglich auch zumeist eine unterschiedliche Zahl Bausteine sowie auch unterschiedliche Fugenbreiten auf. Es ist aus Gründen der Tragfähigkeit erforderlich, dass ein minimales Überbindemaß, also eine ausreichende **Verzahnung** der Steine übereinanderliegender Steinreihen gewahrt bleibt. Ist eine sogenannte *Ringschicht* geschlossen, wirkt sie als Druckring und verhindert das Einbrechen des unvollendeten Bogenstreifens **AB** bzw. **CD**, welcher im fertigen Zustand (**ASD**) entlang einer Meridianlinie wirkt (**355**). Damit diese Bogenlinie die Last im Endzustand auch wie ein Bogen abträgt, sind die Bausteine im Meridianschnitt **radial** zu fächern. So sind die Steine der letzten im Bild dargestellten Ringschicht tangential zu einem gedachten Kegel mit Mantelgeraden **MB** und **MC** zu verlegen. Solange die Leitlinien **MB** und **MC** flach genug sind, können Steine unter bestimmten Voraussetzungen gerüstfrei, also *freihändig*, vermauert werden, bevor sich der angesprochene Ringschluss in der Ringschicht einstellt und die Steine aus geometrischen Gründen nicht mehr abgleiten können, weil sie sich gegenseitig verkeilen. Erst jenseits einer gewissen kritischen Neigung sind – vor Erreichen des Ringschlusses in jeder Ringschicht – Hilfsmaßnahmen wie Rüstungen notwendig, um die Steine am Abgleiten zu hindern.[20]

Zahlreiche historische Kuppeln sind nach diesem Bauprinzip entstanden, bei dem geometrische Gegebenheiten eng mit Anforderungen aus der Kraftleitung und der Herstellung verwoben sind. Vereinzelt kamen auch andere geometrische Organisationsprinzipien zum Einsatz. Einige Alternativen, für welche sich teilweise Beispiele aus der hochentwickelten

353 In Ringschichten gemauertes Kuppelgewölbe, entsprechend Variante in **354**.

byzantinischen Wölbtechnik finden,[21] sollen im Folgenden exemplarisch besprochen werden.

Lösungen basierend auf Translationsflächen, wie in 🗗 **356**, entstehen durch sukzessives Mauern von vertikal angeordneten Bogenstreifen wie **AB** entlang einer kreissegmentförmigen Leitlinie **US'V**. Bautechnisch ist dies mit einfachen Mitteln, wie einer schmalen wiederverwendbaren Lehre für einen Einzelbogen, zu bewerkstelligen. Geometrisch löst diese Variante den Konflikt zwischen der Kugelform und dem darunterliegenden tragenden Mauergeviert, das historisch vielfältige Behelfslösungen hervorgebracht hat, von vornherein. Hingegen ist nachteilig, dass die Konstruktion eindeutig **gerichtet** ist, da die Einzelbögen nur in einer Richtung – ihrer Spannrichtung – tragend wirken und folglich keine Schalenwirkung aktiviert wird. Hinsichtlich der Kraftleitung ist die fehlende Verzahnung zwischen den parallelen Einzelbögen nachteilig. Dieses Anordnungsmuster widerspricht auch der punktsymmetrischen Grundgeometrie der Kugelfläche. Entsprechend ist auch die Facettierung der Oberfläche in beiden orthogonalen Richtungen verschieden (🗗 **357**), was ggf. auch visuell in Erscheinung treten kann.

☞ Wie Trompen und Pendentifs: Vgl. hierzu Kap. IX-2, Abschn. 3.2.6 Schale vollwandig, synklastisch gekrümmt, punktuell gelagert, S. 374 ff

Eine Antwort auf diese Nachteile ist die Auflösung der Kuppelfläche in vier unabhängige, miteinander identische Kappen, die an den Diagonalen zusammentreffen und dort miteinander verzahnt werden können, wenngleich zumeist nicht ganz ohne geometrische Konflikte. Die Bilder 🗗 **358** bis **361** zeigen ein Beispiel mit Bögen in von **M** aus radial gefächerten Ebenen **MAB** oder **MBC**. Sie folgen also jeweils **Meridiankreisen** der Kugel. Da die Steine der Einzelbögen ihrerseits ebenfalls gefächert sind, wirken im Endzustand in jedem Punkt der Oberfläche echte Bögen in beiden Hauptrichtungen der Schale, also parallel zu **AB** und zu **BC**. Nachteilig wirkt sich hier indessen die wechselnde Fugenbreite zwischen den gefächerten Einzelbögen aus. Diese wird zu den Enden hin kontinuierlich kleiner. Ebenfalls ungünstig ist der im Grundriss geschwungene Verlauf der Randbögen **AB**, **BC**, **CD** und **DA**, welche auch eine Auflagerung auf im Grundriss gekrümmten Mauern voraussetzt.

In 🗗 **362** bis **365** ist eine Variante dargestellt, bei der ebenfalls Einzelbögen wie **AB** und **BC** aus gefächerten Bausteinen zum Einsatz kommen. Diese sind jedoch, anders als beim vorigen Beispiel, in senkrechten Ebenen wie **AA'BB'** oder **BB'CC'** angeordnet. Sie folgen wiederum einer kreisförmigen Leitlinie, sodass eine **Translationsfläche** entsteht. Ferner ist die Kuppelschale in vier identische Kappen untergliedert, die diagonal aufeinanderstoßen. Die Nachteile der ersten Variante in Form einer Translationsfläche (🗗 **356**, **357**) werden dadurch umgangen, dass die Steine nicht senkrecht, sondern gekippt verlegt werden, analog zum Gewölbe in 🗗 **298**, **299**. Trotz senkrechter Lage der Bogenebenen entsteht eine **zweiachsige Fächerung** der Steine auf jedem Punkt der Oberfläche. Die gekippten Steine lassen sich leichter als vertikale freihändig vermauern; die Randbögen können auf

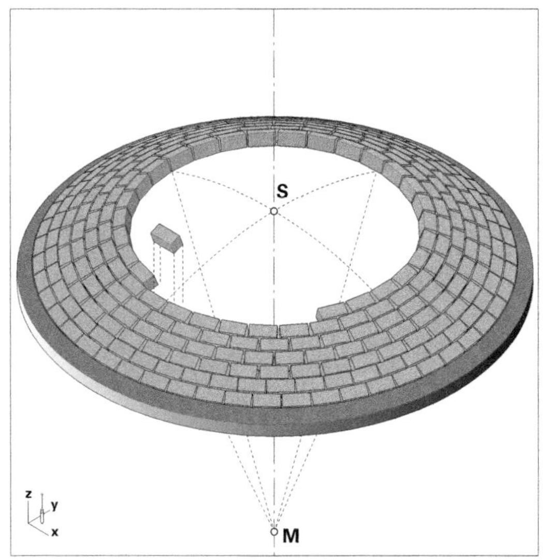

354 Verlegung von Bausteinen entlang Breitenkreisen in Form von Ringschichten, die während des Bauprozesses als stabile Druckringe wirken sobald sie geschlossen sind.

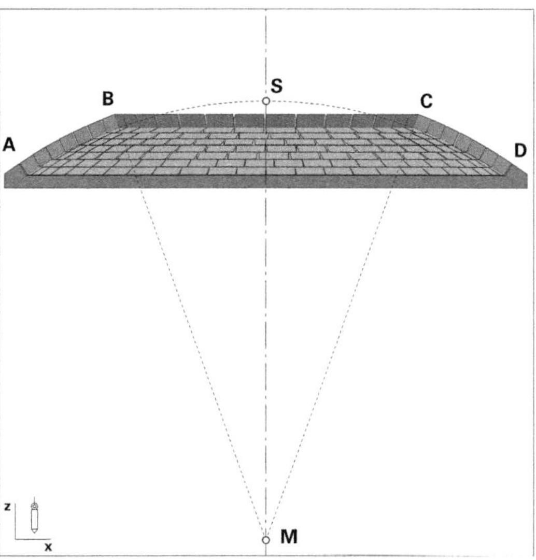

355 Schnitt entlang eines Meridiankreises. Die Steine sind vom Mittelpunkt **M** aus radial gefächert.

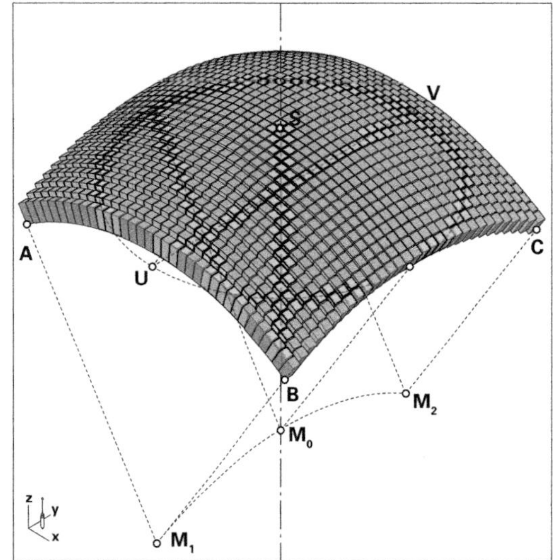

356 Einzelne Bögen **AB** werden an einer kreisförmigen Leitlinie **US'V** parallel zueinander verschoben. Es entsteht eine Translationsfläche.

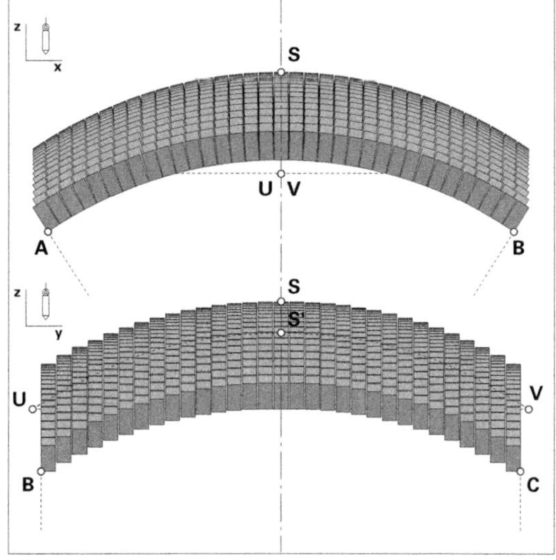

357 Unterschiedliche Seitenansichten der geometrischen Konfiguration in ⊡ **356** aus zwei Richtungen → **x** und → **y**. Die Steinreihe **BC** ist nicht gefächert und wirkt statisch folglich nicht als echter Bogen.

geraden Mauern aufliegen.[22]

Radiale Organisationsmuster der Bausteine entlang der Meridiankreise sind eher selten, insbesondere wenn der Pol auf der Kuppelfläche, also auf dem Scheitelpunkt derselben,

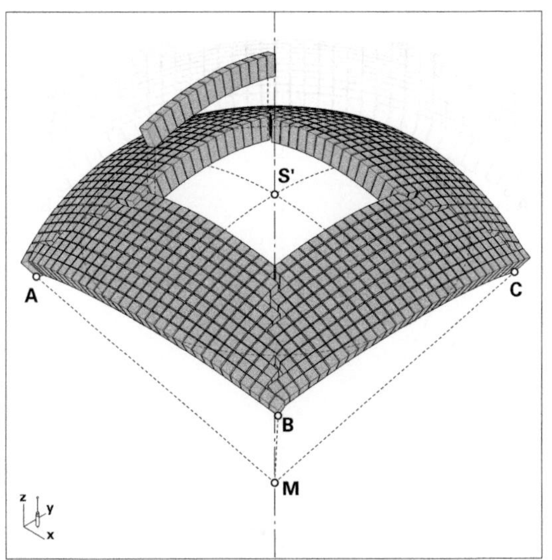

358 Anordnung von Einzelbögen wie **AB** und **BC** in radial gefächerten Ebenen mit Drehpunkt **M**.

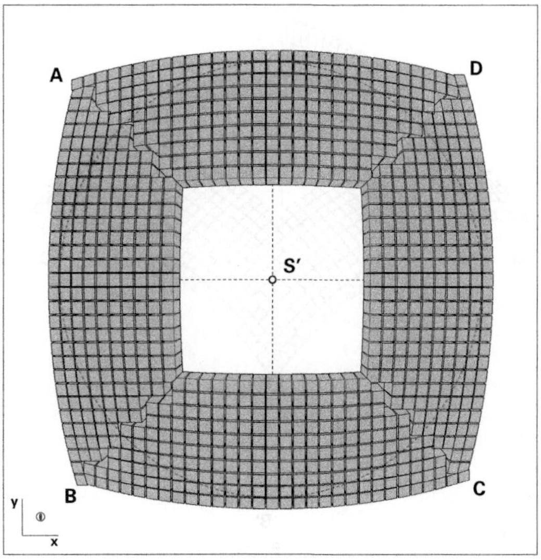

359 Aufsicht der Kuppelschale in ⧉ **358** im unvollendeten Zustand.

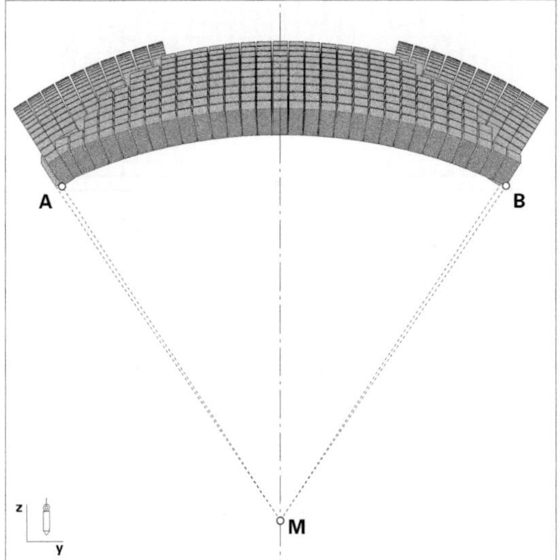

360 Seitenansicht der Kuppelschale in ⧉ **358**.

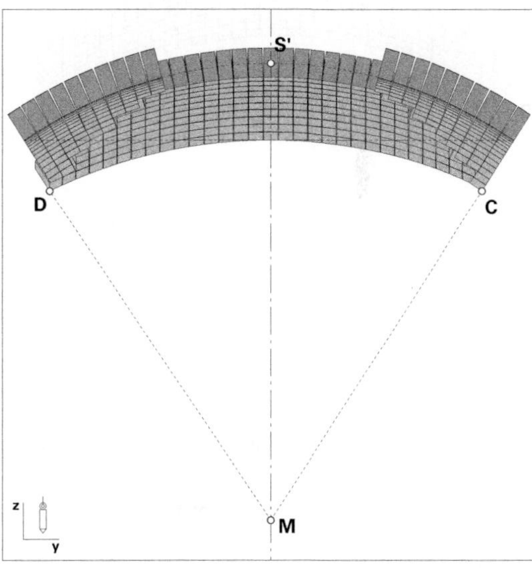

361 Schnitt durch die Kuppelschale in ⧉ **358**.

liegt. Es entstehen wegen der schleifenden Übergänge zwischen benachbarten Meridiankreisen geometrische Konflikte, die mit Bausteinen schwer zu lösen sind.

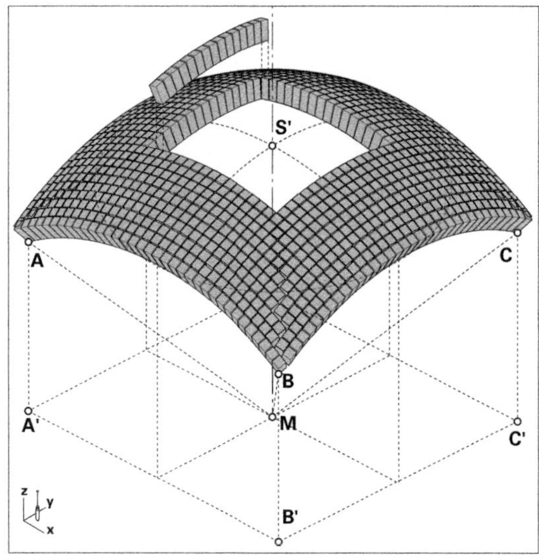

362 Einzelbögen in senkrechten Ebenen wie **AA'BB'** oder **BB'CC'**. Bausteine gekippt, tangential zur Kegelfläche **MAB** bzw. **MBC**.

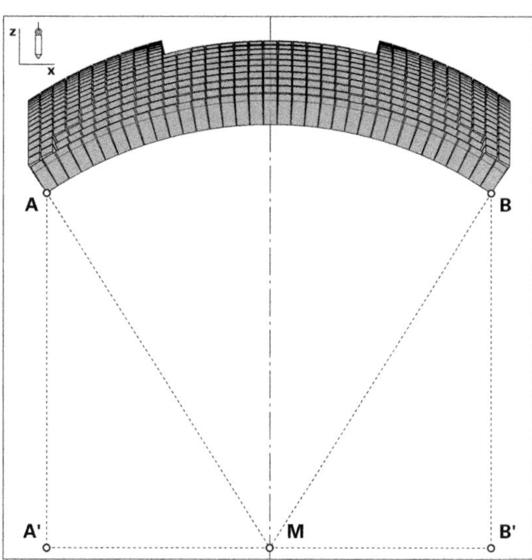

363 Seitenansicht der Kuppelschale in **362**

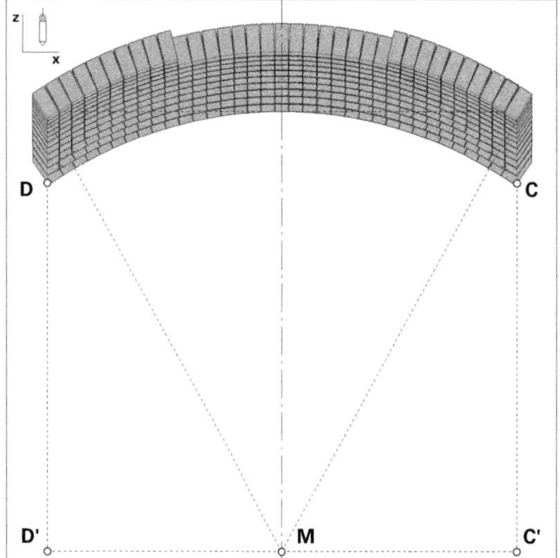

364 Schnitt durch die Kuppelschale in **362**.

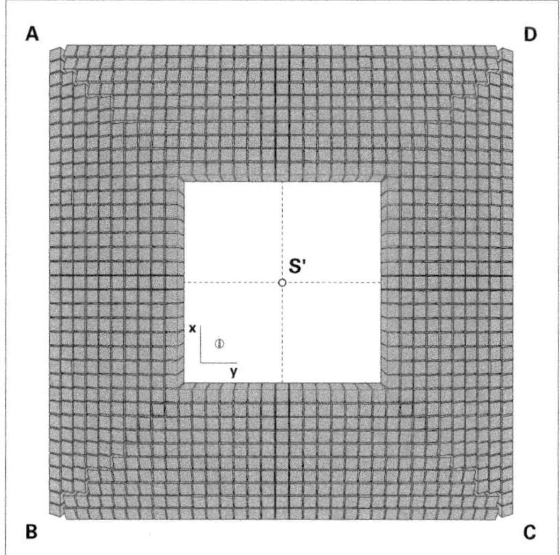

365 Aufsicht auf die Kuppelschale in **362**.

Anmerkungen

1 *Brockhaus Enzyklopädie*, Bd. 16, S. 550, 19. Aufl. 1991

2 Bis vor Kurzem waren 14 Varianten bekannt (Pottmann et al (2007) *Architectural Geometry*, S. 152). Eine neue Variante wurde unlängst entdeckt (Süddeutsche Zeitung 12.08.2015 *Das magische Pentagon*). Es ist nicht ausgeschlossen, dass weitere folgen werden.

3 Pottmann et al (2007), S. 152

4 Ebda S. 154

5 Thompson D W (1992) *On Growth and Form*, S. 499 ff

6 Pottmann et al (2007), S. 496

7 Eine weitere abwickelbare Fläche ist das Oloid, eine Regelfläche, die sich an zwei gleichen Leitkreisen anlehnt (https://de.wikipedia.org/wiki/Oloid).

8 Vgl. die hierfür wegbereitenden theoretischen Arbeiten von Prof. K. Linkwitz.

9 Vgl. beispielsweise *IL 18 Seifenblasen, IL 34 Das Modell*, Publikationen des Instituts für Leichte Flächentragwerke, Universität Stuttgart

10 Die Methode der Unterteilungskurven wurde 1947 von G. de Rahm auf der Grundlage des Teilungsverhältnisses 1/3 zu 2/3 entwickelt und später (1974) von G. Chaikin mit dem Teilunsgverhältnis 1/4 zu 3/4 für die Computergrafik neu hergeleitet. Bézier-Kurven wurden von den französischen Automobilherstellern Citroën und Renault Ende der 1950er Jahre entwickelt. Bereits davor gab es vergleichbare Ansätze in den USA. Paul de Casteljau (Citroën) entwickelte den zugrundeliegenden Algorithmus 1959. Dieser wurde aber aus Geheimhaltungsgründen nicht veröffentlicht. Pierre Bézier (Renault) entwickelte diesen unabhängig von Casteljau und veröffentlichte ihn 1962. Deshalb heißen die Kurven Bézier-Kurven (vg. Pottmann H (2007) *Architectural Geometry*, S. 259, 280)

11 Pottmann et al (2007), S. 279 ff

12 B-Spline = *Basis-Spline*. Der englische Begriff *Spline* bezeichnet beim händischen Zeichnen eine biegsame Schablone, die durch mehrere Fixpunkte in die gewünschete Form gebracht wird. Derartige Schablonen wurden bis vor Kurzem in der Architektur und dem Schiffbau eingesetzt (vgl. Pottmann H (2007) S. 256, 269)

13 Pottmann et al (2010) *Architekturgeometrie*, S. 262

14 Pottmann et al (2007)

15 Ebda.

16 Pottmann et al (2007), S. 397 ff

17 Pottmann et al (2007)

18 Ebda S. 405

19 Es sei denn entlang geodätischer Linien, bei kleinen Bandbreiten und seitlich zugeschnittenen Bandstreifen, wobei am Ende, abhängig von der Ausrichtung der Bänder und der Steilheit der Kalotte, ein singulärer Punkt möglicherweise unvermeidbar ist.

20 Interessant sind die innovativen Mauertechniken, die Brunelleschi diesbezüglich beim Bau der Florentiner Kuppel entwickelte: Er ließ in jeder Ringschicht senkrechte, radial zueinander verlaufende Zwischenstege in kleineren Abständen mauern. Die liegend vermauerten Steine der Ringschicht wurden in den Zwischenräumen zwischen ihnen verlegt. Durch die Keilform dieser Zwischenräume wurden die Mauersteine somit am Abgleiten gehindert. Der Verkeilungseffekt der am Ende geschlossenen Ringschicht wurde in dieser Art auf einfallsreiche Weise bereits nach kleineren Mauerabschnitten erzielt. Abstützende Rüstungsarbeiten für gleitgefährdete Mauersteine innerhalb dieser kleineren Bereiche (nicht für die komplette Ringschicht) waren entsprechend einfach und ökonomisch. Vgl. hierzu Mislin (1997).

21 Nachzulesen in Choisy A (1883) *L'Art de Batir Chez les Byzantins*, Paris

22 Choisy A (1883), S. 99 ff

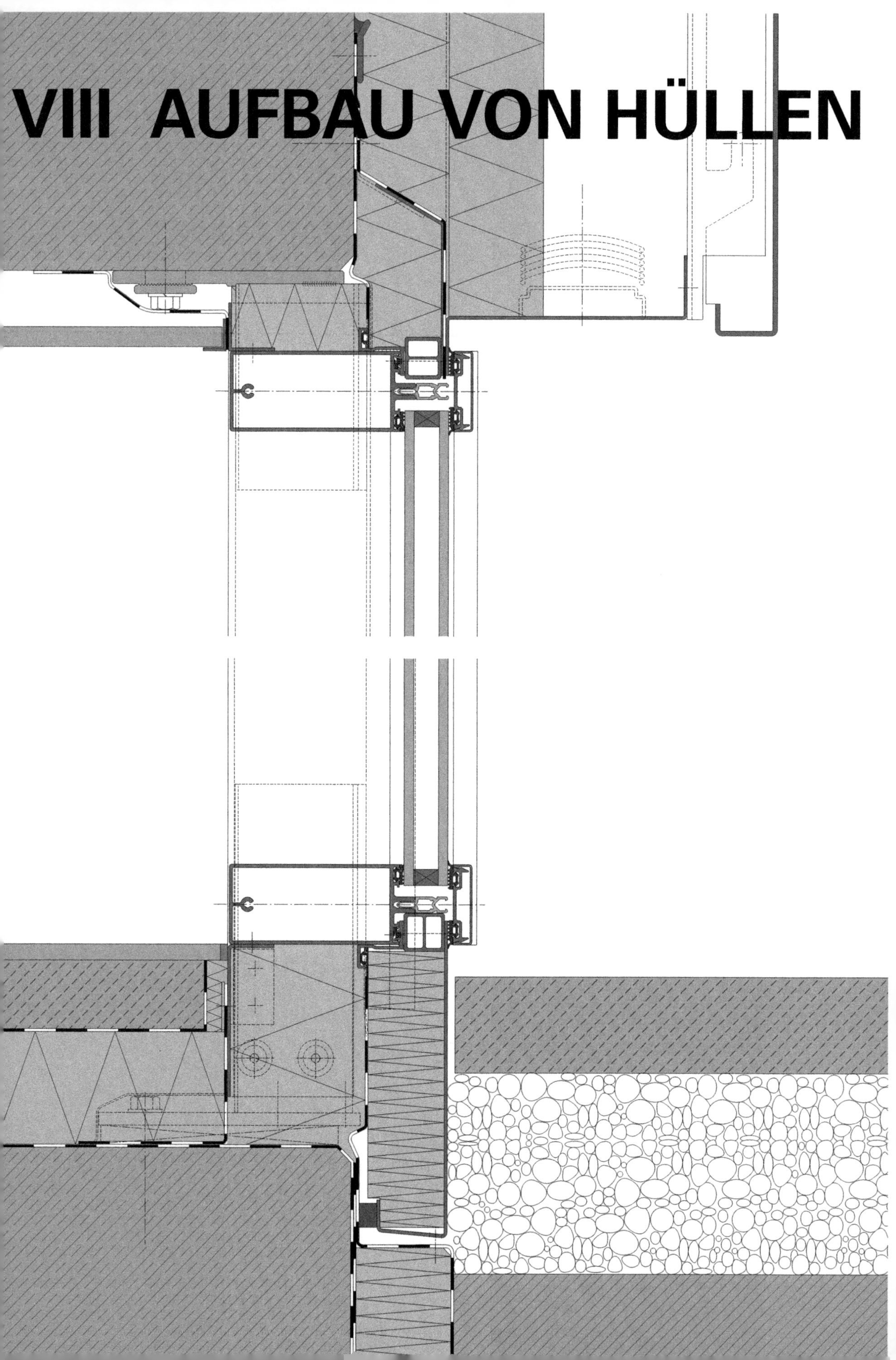

VIII AUFBAU VON HÜLLEN

J. L. Moro, *Baukonstruktion – vom Prinzip zum Detail*,
https://doi.org/10.1007/978-3-662-64827-8_2

1. Bauliche Umsetzung der Teilfunktionen – grundlegende Lösungsprinzipien

☞ ***Band 1***, *Kap. VI Funktionen, S. 496 ff*

☞ ***Band 1***, *Kap. II-1, Abschn. 2.2 Gliederung nach funktionalen Gesichtspunkten > 2.2.2 nach baulicher Einzelfunktion, S. 34, sowie Kap. VI-1, Abschn. 3. Zuweisen von baulichen Teilfunktionen an Bauelemente, S. 507 ff*

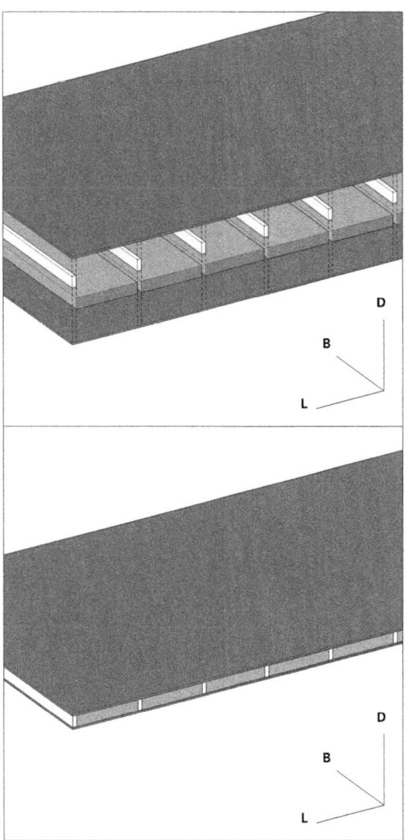

1 Zusammensetzen eines Hüllbauteils, in seiner Dickendimension **D** betrachtet.

■ Im Folgenden soll auf die bauliche Umsetzung der grundlegenden Kraftleitungs- und Schutzfunktionen wie in ***Band 1*** beschrieben sowie auf die damit verknüpften konstruktiven und bauphysikalischen Fragen näher eingegangen werden. Zu diesem Zweck werden verschiedene alternative **konstruktive Aufbauten** von Hüllen besprochen. Die Funktionen werden von diesen im Zusammenspiel der einzelnen Bestandteile der Hüllkonstruktion erfüllt.

Wie bereits angemerkt, kann dabei nicht vorausgesetzt werden, dass *eine* Teilfunktion jeweils *einem* gesonderten materiellen Bestandteil der Baukonstruktion eindeutig zugewiesen werden kann. Es ist vielmehr häufig der Fall, dass ein Bauteil oder eine Bauteilschicht *mehrere* Teilfunktionen gleichzeitig zu erfüllen hat. Eine massive Betonschale kann beispielsweise Funktionen des Ableitens von Kräften, des Schallschutzes, Brandschutzes etc. ausüben. Umgekehrt kann man ebensowenig davon ausgehen, dass eine einzelne Teilfunktion stets von einem einzelnen Bauteil oder einer einzelnen Schicht erfüllt wird. Oftmals ist ein **Aufbau** aus mehreren hinter- oder übereinander angeordneten Schichten für die Sicherstellung einer spezifischen Teilfunktion verantwortlich. Ein Beispiel hierfür sind mehrstufige Dichtungen.

Zumeist muss der Planer oder Konstrukteur damit rechnen, dass im Bauteil auf kleinstem Raum verschiedene Konstruktionselemente mit äußerst unterschiedlichen Funktionszuweisungen zusammentreffen. Diese sind **räumlich-geometrisch**, aber auch **funktional** miteinander zu koordinieren. Konflikte zwischen Teilfunktionen treten dabei häufig genug auf: Elemente mit Kraftleitungsfunktion (z. B. Fassadenverankerungen) beeinträchtigen beispielsweise die Wärmedämmfunktion (durch Wärmebrücken) und die Schutzfunktion gegen Feuchte in der Konstruktion (es entsteht Tauwasser); oder Wärmedämmplatten verschlechtern aufgrund ihrer Biegesteifigkeit die Schallschutzfunktion einer Wandschale.

Um die nicht selten komplexe Relation zwischen materiell auszuführendem Bauteil und zugewiesener Funktion, oder vielmehr zugewiesenen Funktionen, näher zu beleuchten, soll im Folgenden auf die wesentlichen **baulichen Umsetzungsprinzipien** der angesprochenen Teilfunktionen in einem exemplarischen ebenen Hüllbauteil näher eingegangen werden, und zwar im **Zusammenspiel** der Einzelfunktionen innerhalb der Gesamtkonstruktion. Eine wesentliche Rolle spielt dabei naturgemäß die Art, wie das Bauteil aus einzelnen Konstruktionselementen zusammengesetzt ist, also seine **konstruktive Grundstruktur**, die im Folgenden in verschiedenen Varianten untersucht werden soll.

1.1 Begriffsbestimmungen

■ Die angesprochenen Teilfunktionen von Hüllbauteilen werden in den meisten Fällen durch einen **konstruktiven Aufbau** aus einzelnen **Schichten** erfüllt. Jede einzelne Schicht besitzt spezifische physikalische Eigenschaften, die sie befähigt, eine – oder ggf. auch mehr als eine – Aufgabe zu übernehmen. Schichten mit einer größeren Biegesteifigkeit werden als **Schalen** bezeichnet.[1] Sie können, im Gegensatz zu Schichten ohne Schalencharakter, Lasten aufnehmen und an ihre Lagerungen weiterleiten. Diese Definition entspricht im Wesentlichen einer *konstruktiven* Festlegung des Schalenbegriffs, die auch unserer Hauptklassifikation in *Abschnitt 1.2* zugrundeliegt. Daneben existiert auch eine *akustische* Definition der Schale. Schalen sind in diesem Sinn alle Schichten, die in der Lage sind, in einem federnden System (Masse-Feder-System) als schwingende Masse zu wirken. Folglich sind Schichten, die im konstruktiven Sinn nicht als Schalen gelten, ggf. dennoch als akustisch wirksame Schalen aufzufassen. Ein Beispiel hierfür ist eine Putzschicht auf einem Wärmedämmverbundsystem.

☞ **Band 1**, *Kap. VI-4, Abschn. 3.3.3 Luftschalltechnisches Verhalten von Bauteilen > zweischalige Bauteile, S. 745 ff*

Auch der Begriff des **Aufbaus** wird im Bauwesen oftmals mit unterschiedlichen Bedeutungen verwendet. Während der konstruktive Aufbau eines Bauteils die Art seiner Zusammensetzung aus einzelnen Bestandteilen bezeichnet, kann ein Flächenbauteil auch mit einem *zusätzlichen* Aufbau – vereinfachend manchmal verkürzend als *Aufbau* bezeichnet – versehen werden, also einem Schichtenpaket, das auf das Bauteil auf- oder angesetzt wird. Wir sprechen im Kontext unserer Klassifikation erst dann von einem (zusätzlichen) Aufbau, wenn eine Wärmedämmschicht enthalten ist.

Grundstrukturen von Hüllen

1.2

■ Nachdem in *Kapitel VII* die Fragen behandelt wurden, die sich bei der lückenlosen Zusammensetzung einer Bauteilschicht *in ihrer Fläche*, definiert durch die Dimensionen Länge und Breite, ergeben, soll nun im Folgenden der gesamte *Aufbau* eines Hüllbauteils, inklusive aller relevanten Konstruktionselemente, unter Berücksichtigung der drei Dimensionen Länge, Breite und Dicke diskutiert werden (**1**). Da die **Bauteildicke** diejenige Dimension ist, welche bei äußeren Hüllbauteilen Innen- von Außenraum bzw., bei inneren, zwei Innenräume trennt, spielen in diesem Zusammenhang, neben Fragen der Geometrie, der Kraftleitung und der Herstellung, insbesondere Fragen der Bauphysik eine wesentliche Rolle. Aus diesem Grund werden Überlegungen zu thermohygrischen, schall- und brandschutztechnischen Teilfunktionen soweit erforderlich und relevant berücksichtigt.

☞ *Kap. VII Herstellung von Flächen, S. 2 ff*

☞ **Band 1**, *Kapitel VI-1 bis VI-6, S. 496 ff*

Wesentlich bei der aktuellen Perspektive dieses Abschnitts ist, wie oben angesprochen, das **Zusammenführen** der verschiedenen baulichen Teilfunktionen wie Kraftleitung, Schallschutz oder Wärmeschutz, die im *Kapitel VI* jeweils getrennt voneinander untersucht wurden, in einem einzelnen Bauteil. Neben den dort definierten und behandelten Teilfunktionen, spielen auch elementare geometrische Fragen des Zusammenbaus eine fundamentale Rolle, wie beim Konstruieren stets der Fall. Auch dieser Gesichtspunkt steht bei den folgenden Überlegungen im Vordergrund, wenngleich die geometrische Verträglichkeit der Konstruktionselemente nicht als gesonderte Anforderung oder Funktion definiert wurde.[2]

☞ ***Band 1****, Kap. VI-2, Abschn. 9. Bauliche Umsetzung der Kraftleitungsfunktion im Element – Strukturprinzip des Bauteils, S. 612 ff*

Wir unterscheiden in diesem Zusammenhang, in teilweiser Anlehnung an die bereits im *Kapitel VI-2* nach Prinzipien der Kraftleitung eingeführte Klassifikation, die folgenden **Grundstrukturen** von Hüllbauteilen: [3]

- **einfache Schalensysteme**, also solche, die im Wesentlichen aus einer einzigen (vollwandigen) Schale, ggf. ergänzt mit einem Aufbau, bestehen;
- **doppelte Schalensysteme**, also solche, die aus zwei miteinander gekoppelten oder auch voneinander getrennten Schalen bestehen, entweder mit oder ohne Zwischenschichten;
- **Mehrschichtverbundsysteme**, also solche, bei denen die Schalencharakteristik annähernd durch eine zumeist materialsparende flächige Ersatzkonstruktion reproduziert wird;
- **Rippensysteme**, also alle Systeme, bei denen die Fläche aus einer oder mehreren Scharen von zuvorderst kraftleitenden stabförmigen Elementen und einer getrennten flächenbildenden Hüllkonstruktion geschaffen wird;
- **Membransysteme**, also solche, die aus einer oder mehreren Membranlagen bestehen. Sie sind entweder mechanisch oder pneumatisch vorgespannt und dadurch in die Lage versetzt, Kräfte aufzunehmen.

2. Einfache Schalensysteme

2.1 Einfache Schale ohne Aufbau

☞ ***Band 3****, Kap. XIII-3 Schalensysteme*

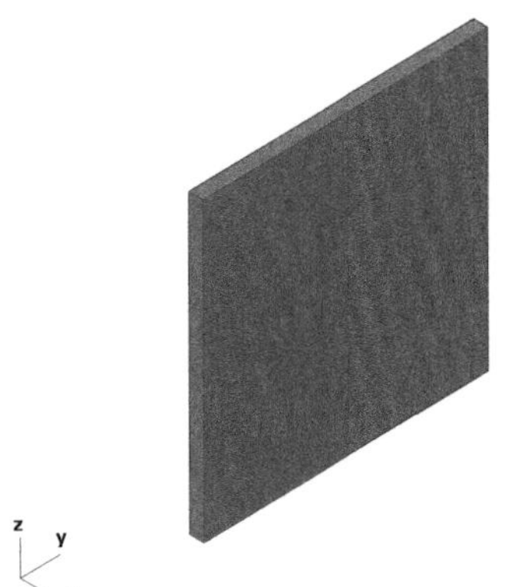

2 Einfache Schale ohne Aufbau.

☞ *Abschn. 2.2, 2.3, S. 134 ff*

■ Die Aufgabe, einen Raum zu umbauen oder einzuhüllen, kann zunächst in der einfachsten Form unter Verwendung **einschaliger Hüllbauteile** aus einem einzigen Material erfüllt werden (🗗 **2**). Die raumabschließende, tragende Funktion und sonstige, beispielsweise bauphysikalische Funktionen, werden vom gleichen, konstruktiv nicht weiter ausdifferenzierten Bauteil, also von der Schale selbst erfüllt. Damit wird auch ein wesentlicher Vorteil dieser Variante deutlich, nämlich seine **konstruktive Einfachheit** und seine **Unempfindlichkeit** gegenüber statischen oder bauphysikalischen Problemen aus dem Zusammenspiel verschiedener konstruktiver Komponenten.

Ein wesentlicher Vorteil der einschaligen Ausführung im Hinblick auf die Funktion der Kraftleitung liegt im **homogenen Gefüge** des Bauteils, in welchem die Kräfte, bzw. die aus ihnen resultierenden Spannungen, sich im Wesentlichen ohne gefährliche Konzentrationen frei entfalten können. Insbesondere Fragen der Aussteifung von Tragwerken, die beispielsweise bei Stab- oder Rippensystemen oftmals gesonderte Maßnahmen nach sich ziehen, lassen sich beim einschaligen vollwandigen Bauteil unter Ausnutzung der Scheibensteifigkeit des homogenen Flächenbauteils mit einfachen Mitteln lösen. Dies gilt auch für die nachfolgenden Beispiele, bei denen die Haupttragfunktion ebenfalls einer

Schale zugewiesen ist.

Besteht das einschalige Bauteil aus einer einzigen Schicht, müssen in diesem Fall sämtliche Teilaufgaben, die an das Hüllbauteil gestellt werden, vom Material dieser Schicht – in diesem Fall identisch mit der Schale – erfüllt werden. Dies gelingt bei äußeren Hüllbauteilen nur in seltenen Fällen ohne zusätzliche Schutzschichten wie Sperrbahnen, Überzüge, Putze etc. Einzelanforderungen, die beim einschaligen und -schichtigen Bauteil von einem *einzigen* Werkstoff zu erfüllen sind, stehen nämlich oftmals miteinander in Konflikt: beispielsweise der Wärmeschutz, dem ein möglichst leichtes und poröses Materialgefüge förderlich ist, und der Feuchteschutz sowie die Kraftleitung, zwei Teilfunktionen, deren Erfüllung durch dichtes Materialgefüge grundsätzlich begünstigt wird. Insbesondere das heute geltende äußerst hohe Anforderungsniveau an Hüllbauteile lässt sich unter derartigen widrigen Bedingungen kaum erfüllen. Aus diesem Grund spielen einschalige und einschichtige äußere Hüllbauteile gegenwärtig nur eine sehr begrenzte bautechnische Rolle. Hingegen lassen sich gewisse innere Hüllbauteile – in Ausnahmefällen – in dieser Bauart ausführen, beispielsweise unverputzte gemauerte Trennwände. Insbesondere dort, wo allein Masse oder Stoffdichte für eine spezifische Teilaufgabe, wie beispielsweise Schall- oder Brandschutz, erforderlich sind, kann sich eine einschalige Ausführung als vorteilhaft erweisen.

Äußere Hüllbauteile

■ Eine bautechnisch relevante Variante eines einschaligen, aber mehrschichtigen Bauteils ist die (ein-, bzw. zumeist beidseitig) verputzte gemauerte Außenwand. Die Teilfunktionen der Kraftleitung und des Wärmeschutzes werden von der Hauptschale wahrgenommen. Die für die Schale verwendeten Werkstoffe, wie beispielsweise porosiertes Ziegelmaterial oder Porenbeton, bieten einen tolerablen Kompromiss zwischen den im angesprochenen Sinn widerstrebenden Teilaufgaben. Sowohl die Tragfähigkeit als auch der Wärmeschutz sind deshalb eingeschränkt, weshalb diese konstruktive Variante auf spezifische Einsatzzwecke (niedriggeschossiger Wohnungsbau) limitiert ist. Die Putzschichten übernehmen im Wesentlichen die Teilaufgaben des Feuchte- und des Windschutzes.

☞ **Band 1**, *Kap. VI-4, Abschn. 3.3.3 Luftschalltechnisches Verhalten von Bauteilen > einschalige Bauteile, S. 741 ff*

Auch **schalltechnisch** betrachtet stellt dieses Bauteil ein einschaliges System dar, dessen Luft- und Körperschallschutz allein von der flächenbezogenen Masse und der dynamischen Steifigkeit der Hauptschale abhängt. Wie wir gesehen haben, ist die Masse, die sich schalltechnisch günstig auswirkt, aus Gründen des Wärmeschutzes begrenzt. Die Steifigkeit des Bauteils ist hingegen aus Gründen der erforderlichen Tragfähigkeit vergleichsweise hoch. Diese Voraussetzungen sind als schalltechnisch eher ungünstig zu bewerten, wenngleich derartige Außenwände gemessen an Leichtbauwänden in Rippenbauweise besseren Schallschutz bieten.

☞ **Band 1**, *Kap. VI-3, Abschn. 3.7 Einschalige Außenwand aus porosiertem Mauerwerk, S. 696*

1.2 Innere Hüllbauteile

■ Spielen Fragen des Wärmeschutzes, wie bei Trennwänden zwischen gleich temperierten Innenräumen, keine Rolle, lässt sich die Masse und Dichte des Bauteils so weit erhöhen, wie für hohe Tragfähigkeit – z. B. für tragende Innenwände – erforderlich. Dabei erhöht sich beim einschaligen Flächenbauteil auch die flächenbezogene Masse, sodass auch ein ausreichender Schallschutz erzielbar ist.

Der Brandschutz des Flächenbauteils ist in erster Linie durch die Feuerwiderstandsdauer der Hauptschale gewährleistet. Da es sich dabei zumeist um ein Bauteil aus mineralischen Werkstoffen (Mauerwerk, Beton) handelt, ist bei den bereits aus statischen Gründen erforderlichen Bauteildicken im Regelfall ein ausreichender Brandschutz gegeben. Bei modernen Massivholzwänden sind die Abbranddicken zu berücksichtigen, die zur statischen notwendigen Querschnitt hinzuaddiert werden müssen.

2.2 Einfache Schale mit einseitigem Aufbau ohne Unterkonstruktion

■ Aus den eben genannten Gründen ist es zur Erfüllung erhöhter Anforderungen in der Regel notwendig, eine Differenzierung von **Funktionsschichten** am Hüllbauteil vorzunehmen. Zu diesem Zweck wird der vollwandigen Schale, infolge ihrer von vornherein gegebenen Biege- und Schubsteifigkeit, zumeist in erster Linie die Aufgabe der Kraftleitung zugewiesen. Diese Schale wird dann mit einem **Aufbau**, also mit zusätzlichen Funktionsschichten ergänzt (🗗 **3**). Dieser setzt sich nahezu ausnahmslos seinerseits aus mehreren Schichten zusammen. Er kann grundsätzlich alternativ an jeder der beiden Seiten der Schale angebracht sein, oder auch beidseitig, doch geschieht Letzteres in seltensten Fällen; denn es ist zumeist möglich und konstruktiv wesentlich einfacher, die dem Aufbaupaket zugewiesenen Aufgaben mit nur einem einseitigen Aufbaupaket zu erfüllen. (Eine gewisse Ausnahme stellen Trennwände aus Massivholz dar, bei denen ggf. beidseitig ein ausreichender Brandschutz ohne Abbrand, z. B. durch Feuerschutzplatten, gewährleistet werden soll.) Dies gilt in gleicher Weise für alle nachfolgend besprochenen Varianten mit Aufbau. Bei äußeren Hüllbauteilen ist aus bauphysikalischen Gründen der Aufbau fast ausnahmslos an der Außenseite zu finden.

2.1 Äußere Hüllbauteile

☞ *Abschn. 1. Bauliche Umsetzung der Teilfunktionen – grundlegende Lösungsprinzipien, S. 130 ff*

■ Eine wesentliche Funktionsschicht des Aufbaus ist bei äußeren Hüllbauteilen die **Wärmedämmschicht**. Sie ist innerhalb eines Hüllaufbaus bereits wegen der heute üblichen Dämmstärken aufgrund ihrer Dimension in ähnlicher Weise konstruktiv bestimmend wie eine tragende Schale. Dies gilt für die meisten anderen Funktionsschichten nicht. Darüber hinaus entstehen an der Wärmedämmschicht – wie oben angedeutet – die schwerwiegendsten Konflikte zwischen Einzelanforderungen, hier insbesondere zwischen der Wärmedämm- und der Kraftleitungs- sowie Feuchteschutzfunktion. Zusätzlich zu der – in unseren geografischen Breiten – unverzichtbaren Wärmedämmschicht ist zumindest eine weitere Schicht in Form einer **Wetterhaut** für

3 Einfache Schale mit außenliegendem Aufbau ohne Unterkonstruktion.

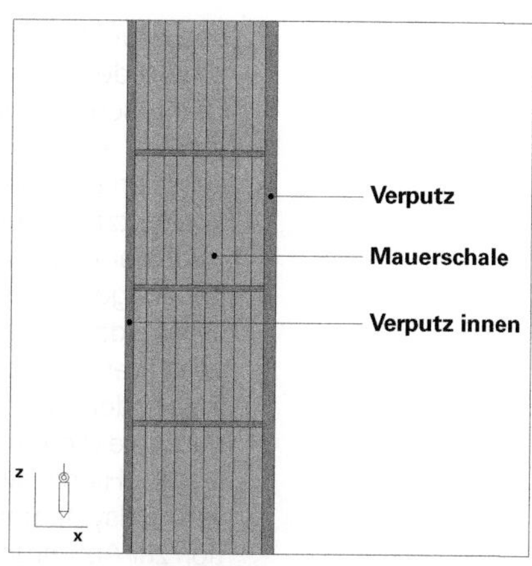

4 Einschalige Außenwand aus Leichtmauerwerk mit beidseitigem Verputz, ein Beispiel für eine einschalige Außenwand ohne zusätzlichen Aufbau.

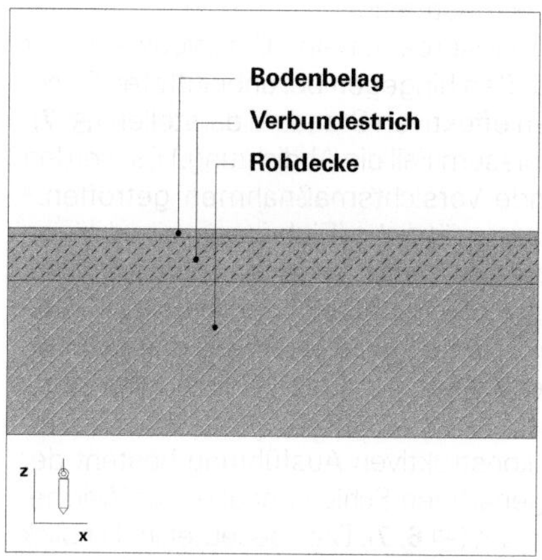

5 Massivdecke mit Verbundestrich. Das Beispiel stellt gewissermaßen eine Übergangsform zwischen den Varianten des einschaligen Elements ohne und mit Aufbau dar.

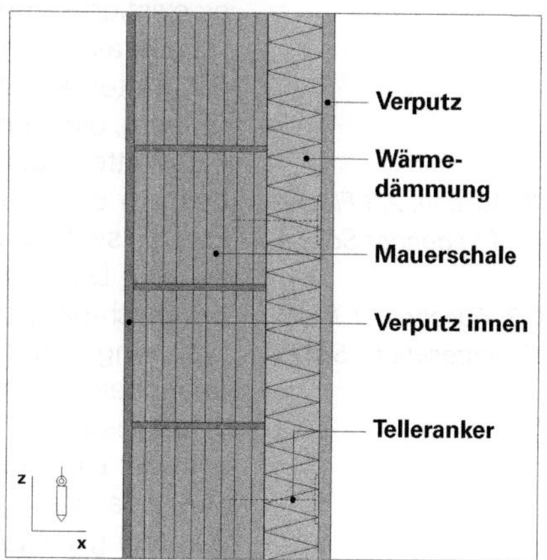

6 Wärmedämmverbundsystem an einer Außenwand, ein Beispiel für eine einschalige Außenwand mit außenseitigem Aufbau.

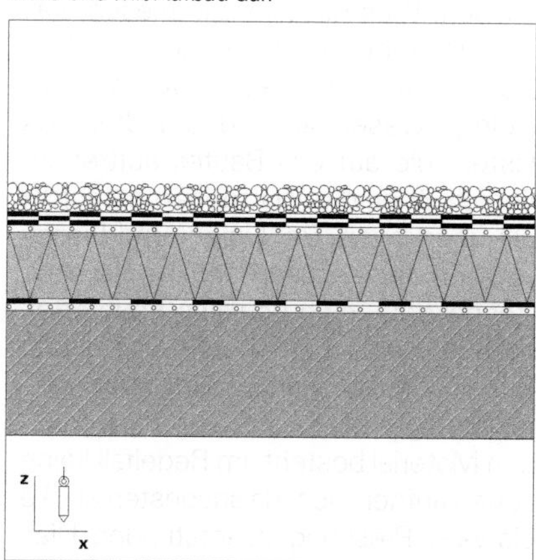

7 Flachdachaufbau, ein Beispiel für ein liegendes einschaliges Hüllbauteil mit außenliegendem Aufbau.

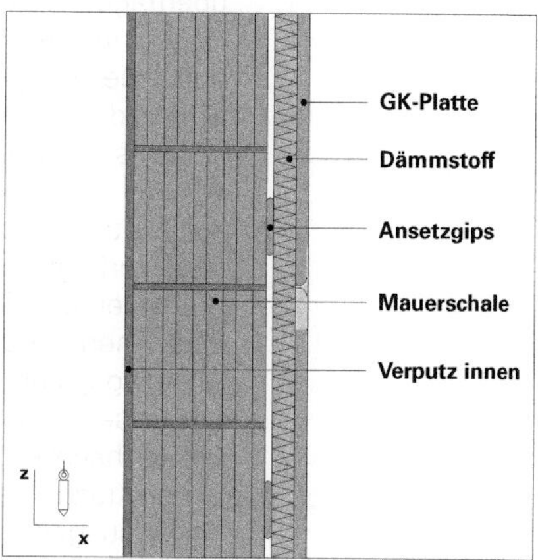

8 An einer Mauerschale addierter Zusatzaufbau aus Dämmstoff und GK-Platten: ein Beispiel für ein inneres Hüllbauteil mit einseitigem Aufbau.

den Feuchteschutz von außen erforderlich. Diese ist schon alleine deshalb unverzichtbar, weil ansonsten die poröse Dämmschicht Wasser aufsaugt und ihre Funktionsfähigkeit verliert. Auch weitere Schichten, wie beispielsweise die dahinterliegende Schale, müssen naturgemäß vor Feuchte geschützt werden.

Idealerweise weist die außenliegende Wetterhaut, neben der nötigen Wasserdichtheit, auch (zumindest eine gewisse) Wasserdampfdiffusionsfähigkeit auf. Dies erlaubt, Feuchte von innen (Wasserdampf) sowie ggf. von außen (z. B. durch Risse oder Spalte) in die Konstruktion eingedrungene Feuchte durch die Wetterhaut hindurch nach außen ausdiffundieren zu lassen. Hierzu sind beispielsweise Putze von Wärmedämmverbundsystemen fähig. Eine Hinterlüftung als alternative Option zur Abführung von Feuchte ist bei dieser Aufbauvariante konzeptbedingt nicht möglich, da die Wetterhaut in diesem Fall vollflächig an der Wärmedämmung haften muss, denn es existiert keine Unterkonstruktion.

Baupraktisch nicht realisierbar ist eine Diffusionsfähigkeit der Wetterhaut nach außen hingegen bei unbelüfteten Flachdächern, die heute den effektiven Standard darstellen (**7**). (Die Wetterhaut ist in diesem Fall die Abdichtung.) Es werden deshalb entsprechende Vorsichtsmaßnahmen getroffen.[a] Beispielsweise ist das zusätzliche Einbringen einer raumseitigen Dampfbremse oder sogar -sperre in diesen Fällen unverzichtbar. Ansonsten besteht Gefahr einer Dampffalle,[b] weil eingedrungene Feuchte nicht ausdiffundieren kann und innenseitig an der Wetterhaut Blasen bildet oder diese längerfristig zerstört.

☞ [a] **Band 3**, *Kap. XIII-3, Abschn. 2.3 Flache Dächer auf tragender Schale*

☞ [b] **Band 1**, *Kap. VI-3, Abschn. 1.1.1 Einstufiger Feuchteschutz, S. 675*

In der einfachsten konstruktiven Ausführung besteht der Aufbau aus einem lagenartigen Schichtenpaket aus Wärmedämmung und Wetterhaut (**6, 7**). Dies bedeutet im Hinblick auf die Kraftleitung, dass die von außen auf das Hüllbauteil auftreffenden Kräfte über das Schichtenpaket des Aufbaus hindurch auf die primär kraftleitende innenliegende Schale übertragen werden müssen. Dies geschieht in diesem Fall nicht durch einzelne Stege, Rippen oder Anker, sondern durch die Festigkeit des Aufbaus selbst, also zuvorderst der Wärmedämmschicht, die ja wesentlicher Bestandteil des Aufbaus ist. Flächenlasten, die auf das Bauteil auftreffen, werden also kontinuierlich über die Wärmedämmschicht auf die tragende Schale übertragen. Bei Linien- und Einzellasten erfolgt – abhängig von der insgesamt nur begrenzten Steifigkeit des Schichtenpakets – eine gewisse Kraftverteilung innerhalb des Aufbaus. Beide Effekte sind vorteilhaft. Allerdings kann ein Aufbau, dessen Kernschicht notwendigerweise – aus Wärmeschutzgründen – aus einem porösen, vergleichsweise weichen Material besteht, im Regelfall keine hohen Kraftkonzentrationen aufnehmen, da ansonsten starke Verformungen, beispielsweise Pressungen, entstünden. Dies ist für ein Außenbauteil ein nicht zu unterschätzender Nachteil, insbesondere wenn man die Wirkung von Mannlasten oder Anpralllasten auf Hüllbauteilen berücksichtigt. Dieser

Sachverhalt gilt beispielsweise für Wärmedämmverbundsysteme (🗗 **6**), die gegen mechanische Beschädigung extrem empfindlich sind.

☞ ***Band 3***, *Kap. XIII-3, Abschn. 2.1.1 Außenwände mit Wärmedämmverbundsystem*

Entscheidend für die Fähigkeit des Aufbaus, konzentrierte Lasten zuverlässig auf die tragende Schale zu übertragen ist:

- die **Festigkeit der Kernschicht** des Aufbaus, also der Wärmedämmschicht. Hier sind sowohl die Druck-, als auch die Zugfestigkeit von Bedeutung, da beide Belastungen nicht auf Befestigungselemente abgeleitet werden.
- die **Verankerung des Aufbaupakets** an der tragenden Schale. Während reine Druckkräfte durch simplen Kontakt zwischen Schale und Aufbau übertragen werden, muss der Aufbau gegen Zugbeanspruchung und Schub an der Grenzfläche zwischen Schale und Aufbau gesichert werden. Dies kann je nach zu erwartender Belastung durch einfache Reibung gelingen, also beispielsweise dort wo keine Zug-, sondern allenfalls begrenzte Schubbeanspruchung zu erwarten ist.[a] Bei stärkerer Beanspruchung kann eine Klebung erforderlich werden.[b] Auch eine aufgebrachte Beschwerung kann abhebende Kräfte neutralisieren, sofern es sich um horizontale Bauteile handelt [c] (🗗 **7**). Alternativ können auch einzelne Drahtanker verwendet werden, die beispielsweise in Form von Tellerankern die Wärmedämmschicht gegen die tragende Schale pressen [d] (🗗 **6**). Auch wenn dieses Befestigungsprinzip zunächst dem sinnvollen Konzept widerspricht, von Befestigungselementen, welche die Dämmschicht durchdringen, komplett abzusehen, werden die lokalen, nur begrenzten Wärmebrücken infolge der Anker dennoch in Kauf genommen.

✏ [a] *Wie beispielsweise bei einem schwimmenden Estrich*

✏ [b] *Wie bei einem Flachdachaufbau,* 🗗 ***7****, bei dem die Lagen gegen Abheben miteinander verklebt werden*

✏ [c] *Wie bei einer Kiesschüttung auf einem Flachdach*

✏ [d] *Wie bei einem Wärmedämmverbundsystem*

- die **Steifigkeit** sowie **Druck**- und **Zugfestigkeit** der **äußeren Haut**. Konzeptbedingt darf diese Schicht bei schrägen oder stehenden Bauteilen zunächst nicht besonders schwer sein, denn sie muss von der Wärmedämmschicht ohne weitere Befestigungselemente getragen werden können. Es entsteht ansonsten eine starke Schubbeanspruchung der Wärmedämmschicht, da die äußere Schicht dann abgleitet. Je dicker die Dämmung, desto stärker ist dieser Effekt, da sich das Versatzmoment zwischen Außenschicht und tragender Schale vergrößert.

☞ *Abschn. 3. Doppelte Schalensysteme, S. 144 ff*

Eine Ausnahme stellen **liegende Bauteile** dar, sofern davon auszugehen ist, dass abgesehen von Druckkräften keine nennenswerten weiteren Belastungen auf die äußere Schicht wirken. Dies ist dann der Fall, wenn die äußere Schicht als schwerere Schale mit einem Eigengewicht ausgeführt wird, das etwaige abhebende Kräfte neutralisiert, also beispielsweise bei Estrichen auf Dämmlagen. In einem solchen Fall kann die äußere Schicht zwecks einer guten Lastverteilung als Schale mit ausreichender Festigkeit und Biegesteifigkeit ausgeführt werden. Diese

☞ *Abschn. 3. Doppelte Schalensysteme, S. 144ff*

ist dann durchaus in der Lage, größere Druckkräfte, auch Punktlasten auf die weiche Unterlage zu verteilen. Konzeptionell entspricht dies vielmehr dem weiter unten zu diskutierenden Fall eines zweischaligen Aufbaus und soll erst dort näher betrachtet werden.

☞ ***Band 1**, Kap. VI-4, Abschn. 3.3.3 Luftschalltechnisches verhalten von Bauteilen > zweischalige Bauteile, S. 745ff*

Im Hinblick auf den **Schallschutz** kann es sich je nach Masse der außenliegenden Schicht um ein im akustischen Sinn **zweischaliges System** aus federnden Massen handeln. Schwerere Überzüge wie Putzschichten auf Wärmedämmverbundsystemen oder Vorsatzschalen aus Gipskarton (☐ **9**) erfüllen diese Voraussetzung. Bestimmend für den Schallschutz der Gesamtkonstruktion sind:

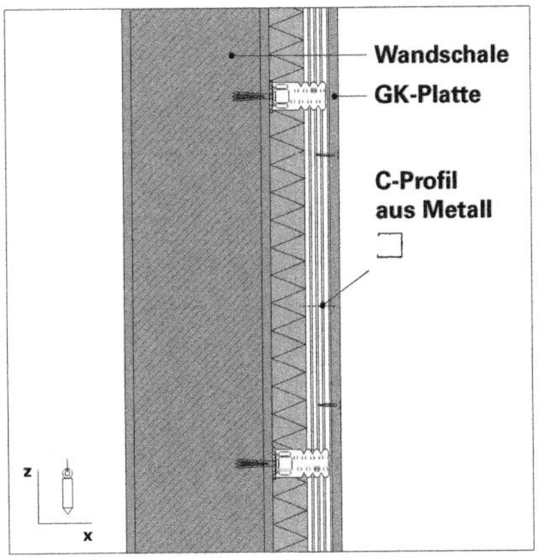

9 Vorsatzschale aus einer biegeweichen Platte (Gipskarton) und einem Rippensystem aus einer federweichen Metallunterkonstruktion zur Verbesserung des Schallschutzes einer Wand: ein Beispiel für ein einschaliges Hüllbauteil mit Aufbau in Rippenbauweise.

- die **Massenverteilung** auf beide Schalen. Hier wird konzeptbedingt die Hauptschale die wesentlich schwerere sein.
- die **dynamische Steifigkeit** der Wärmedämmung. Federweiche Schichten wirken sich schalltechnisch günstig aus, können indessen eine Hauptaufgabe des Aufbaus, nämlich Kräfte auf die tragende Hauptschale zu übertragen, nur eingeschränkt wahrnehmen: ein weiteres Beispiel für einen konstruktiven Zielkonflikt. Wegen zu steifer Dämmschichten wirken sich derartige addierte Aufbauten auf Schalen schallschutztechnisch deshalb manchmal sogar negativ aus.
- der **Abstand** zwischen der Hauptschale und dem äußeren Überzug. Dieser entspricht gleichzeitig der Dämmschichtdicke. Größere Abstände (und Dämmschichtdicken) wirken sich sowohl wärme- wie auch schallschutztechnisch günstig aus.

✎ *Diese sind von Fall zu Fall verschieden: bei Verkehrslärm sind es beispielsweise die mittleren Frequenzen.*

Das Ziel der Feineinstellung der angesprochenen Parameter ist es, die Resonanzfrequenz des schwingenden *Masse-Feder-Systems* so weit in den Bereich höherer oder tieferer Frequenzen zu verlagern, dass eine Übereinstimmung mit den auftretenden Lärmfrequenzen verhindert wird.

Zusammenfassend kann das beschriebene konstruktive System bei Anwendung in äußeren Hüllbauteilen als eine insbesondere in **wärmeschutztechnischer Hinsicht** außerordentlich vorteilhafte Lösung angesehen werden, da:

- ein mehrschichtiges Bauteil realisiert werden kann, damit also eine **leistungsfähige Wärmedämmschicht** mit vergleichsweise großer Schichtdicke in der Konstruktion integrierbar ist. In Einzelfällen, insbesondere bei liegenden Bauteilen, lassen sich sogar *beliebig* große Dämmschichtdicken verwirklichen.
- diese Wärmedämmschicht von keinerlei durch sie hindurchstoßenden Befestigungselementen in ihrer Wirk-

samkeit beeinträchtigt wird. Es ist folglich auch keinerlei Tauwasseranfall an Wärmebrücken zu befürchten.

Allerdings sind der Dicke und dem Gewicht sowie der Ausführungsart der außenliegenden Wetterhaut gewisse Grenzen gesetzt. In der Regel handelt es sich dabei um dünne Überzüge bzw. Folien, die vollflächig auf der Wärmedämmung aufliegen oder haften. Diese sind als Folge hiervon zumeist empfindlich gegen mechanische Beschädigung und stellen eine gewisse **Schwachstelle** dieses konstruktiven Prinzips dar.

✏ *Vgl. Wärmedämmverbundsysteme oder Sperrbahnen bei Flachdächern, die aufwendig geschützt werden müssen!*

Innere Hüllbauteile

■ Einschalige Bauteile mit addiertem Aufbau sind als innere **Wandbauteile** selten. Die Hauptfunktionen bei diesem Einsatz, nämlich der Schall- und ggf. der Brandschutz, sind im Regelfall bereits durch die Eigenschaften der Hauptschale erfüllt. Lediglich bei Sanierungen von Hüllen, welche die erforderlichen Werte nicht erreichen, kommen derartige Aufbauten vor, insbesondere als zusätzliche Schallschutzmaßnahme. Auch zwischen verschieden temperierten Räumen sind Trennwände mit wärmedämmendem zusätzlichen Aufbau einsetzbar. Manchmal werden, wie angesprochen, Trennwände aus Massivholz beidseitig mit Vorsatzschalen versehen, um entweder den Schall- oder Brandschutz zu verbessern, den die unverkleidete Schale für sich allein nicht gewährleisten kann.

✏ *Auf die zu beachtenden Parameter wurde oben im Zusammenhang mit Außenbauteilen (Abschn. 2.2.1) hingewiesen*

Hingegen müssen **Decken**, die in der Ausführung als Massivdecken aus einer tragenden Hauptschale bestehen, oftmals mit einem zusätzlichen Aufbau versehen werden, um einen ausreichenden Trittschallschutz zu gewährleisten. Schwimmende Estriche können als biegesteife Vorsatzschalen aufgefasst werden, die ohne Befestigungselemente auf eine Dämmschicht einfach aufgelegt werden. Sie stellen, wie bereits oben angedeutet, einen Grenzfall zu den zweischaligen Systemen dar und sollen woanders diskutiert werden.

☞ *Abschn. 3.1 Zwei Schalen mit Zwischenschicht, S. 144 ff*

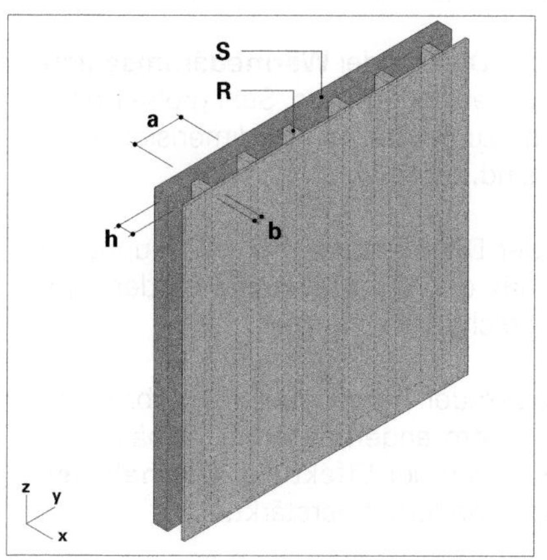

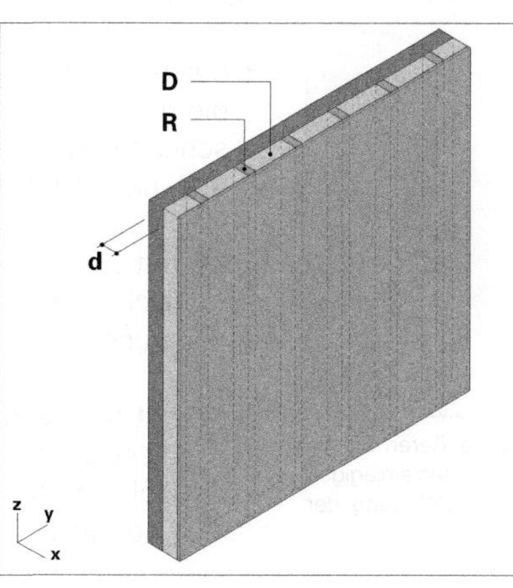

10 Nichttragender Aufbau aus einem einlagigen Rippensystem **R** auf einer tragenden Schale **S**. **a** Rippenabstand; **b** Rippenquerschnittsbreite; **h** Rippenquerschnittshöhe.

11 Die Hohlräume zwischen den Rippen **R** werden mit Dämmstoff **D** (Dicke **d**) vollständig oder unter Belassung eines Luftraums ausgefüllt.

2.3 Einfache Schale mit einseitigem Aufbau mit Unterkonstruktion

3.1 Einfache Rippenlage

☞ *Abschn. 3. Doppelte Schalensysteme, S. 144 ff*

■ Der vor oder auf der tragenden Schale befestigte oder aufgebrachte Aufbau besteht in diesem Fall im Wesentlichen aus einem System von **Rippen**, einer an diesen befestigten äußeren dünnen, zumindest eingeschränkt biegesteifen **Schale** sowie zumeist einer in den Hohlräumen zwischen den Rippen eingebrachten **Dämmung** (🗗 **10, 11**). Dieser konstruktive Aufbau unterscheidet sich von zweischaligen Systemen wie sie weiter unten beschrieben werden dadurch, dass die äußere Schale keine ausreichende Biegesteifigkeit besitzt, um ohne oder mit minimalen Verankerungen auszukommen, sondern auf einer linearen, rippenartigen Unterkonstruktion befestigt werden muss. Dies beeinflusst die konstruktiven Verhältnisse nachhaltig.

Es erfolgt hier im Vergleich zum oben besprochenen Fall also eine weitere **Ausdifferenzierung** der Funktionen im Aufbaupaket. Die Ableitung der äußeren Belastungen von der Außenschale oder Wetterhaut, die diese zunächst aufnimmt, auf die tragende Schale geschieht nicht mehr über die Dämmung wie beim rippenlosen Aufbau, sondern über das Rippensystem. Diese Rippen müssen aus Gründen der Kraftleitung aus einem steifen, dichten Werkstoff bestehen, sodass sie innerhalb der Dämmschicht als eine **Wärmebrücke**, bzw. je nach Anforderung und Einsatzfall auch als **Schallbrücke** wirken. Anders als bei punktuellen Verankerungen zweischaliger Systeme handelt es sich hierbei um *lineare* Wärmebrücken, die wesentlich kritischer sind als punktuelle.

Der Abstand **a** zwischen den Rippen (🗗 **10**) ergibt sich aus der Biegesteifigkeit der äußeren Schale. Sofern es sich um Plattenmaterial mit Dicken zwischen 2 und 3 cm handelt, liegt dieses Maß häufig im Bereich von 40 bis 80 cm.

Die Rippen können an der tragenden Schale linear aufliegen bzw. so oft wie gewünscht an dieser befestigt werden, sodass sie lediglich **Druck-/Zug-** (rechtwinklig zur Bauteilebene, in Koordinatenachse →**x**) oder **Schubbeanspruchung** (in Rippenachse →**z**) erfahren, aber keine nennenswerte Biegung. Ihre Querschnittshöhe **h** (🗗 **10**) ist folglich nicht von der Biegebeanspruchung bestimmt, sondern im Zusammenhang des konstruktiven Aufbaus je nach Anwendungsfall:

- durch die erforderliche **Dicke d** der **Wärmedämmschicht**, die zwischen den Rippen verlegt wird. Sehr große Dämmschichtdicken führen zu großen Rippendimensionen, die u. U. nicht sinnvoll sind, da:
  - mit zunehmender Dämmstärke sich die bauphysikalische Problematik der **Wärmebrücke** an der Rippe grundsätzlich verschärft;
  - mit sich vergrößernder Rippenquerschnittsbreite **b** – diese muss in einem angemessenen Verhältnis zur Höhe **h** stehen – sich der Effekt der **Wärmebrücke** über diese Rippe wiederum verstärkt.

12 Hinter- oder **Unterlüftung** der äußeren Schale bei einem zur Hauptschale hinzuaddierten einlagigen Rippensystem durch nur teilweise Belegung der Hohlräume mit Dämmstoff.

•• bei schrägliegenden oder stehenden Bauteilen eine vergleichsweise schwere Außenhaut starke **Schubkräfte** infolge des Versatzmoments zwischen dieser und der tragenden Schale in den Rippen erzeugt. Dies erfordert ebenfalls eine entsprechende Dimensionierung der Rippen, was deren Wirkung als Wärmebrücke verstärkt und insgesamt das Gewicht und den Materialverbrauch der Aufbaukonstruktion unnötig vergrößert.

• oder auch durch einen Mindestabstand **s** zwischen den Schalen, welcher ggf. aus Gründen des **Schallschutzes** zu wahren ist.[a]

☞ [a] ***Band 1**, Kap. VI-4, Abschn. 3.3.3 Luftschalltechnisches Verhalten von Bauteilen > zweischalige Bauteile, S. 745ff, sowie auch ebd. 3.3.4 Bauliche Varianten zweischaliger Hüllbauteile > eine biegesteife, eine biegeweiche Schale, S. 752ff*

Grundsätzlich ist bei der Festlegung der **Rippenabstände** (**a**) ein tolerabler Kompromiss zu finden, denn je breiter die Abstände werden, desto weniger Wärmebrücken treten einerseits auf, aber desto schwerer wird im Regelfall andererseits die äußere Schale werden, die ihrerseits kräftigere Rippen mit größerer Querschnittsbreite **b** und folglich verschärfter Wärmebrückenwirkung nach sich zieht.

Ein Abführen ggf. in die Konstruktion eingedrungener Feuchte – sei es von außen durch Risse oder Spalte eingeflossenes Niederschlagswasser oder von innen eindiffundierter Wasserdampf – nach außen muss bei dieser Aufbauvariante nicht notwendigerweise (allein) durch die Diffusionsfähigkeit der Wetterhaut erfolgen (wie bei der vorigen Variante ohne Rippung im Aufbau), sondern lässt sich zuverlässiger mithilfe einer **Hinter-** oder **Unterlüftung** realisieren. Zu diesem Zweck genügt es, die Rippentiefe (d. h. die Rippenquerschnittslänge (in →**x**) nicht vollständig mit Wärmedämmstoff auszufüllen, sondern einen Hohlraum zwischen diesem und der Wetterhaut zu belassen (🗗 **12**). Dies setzt bei **Außenwänden** voraus, dass die Rippung lotrecht verläuft. Bei **belüfteten**

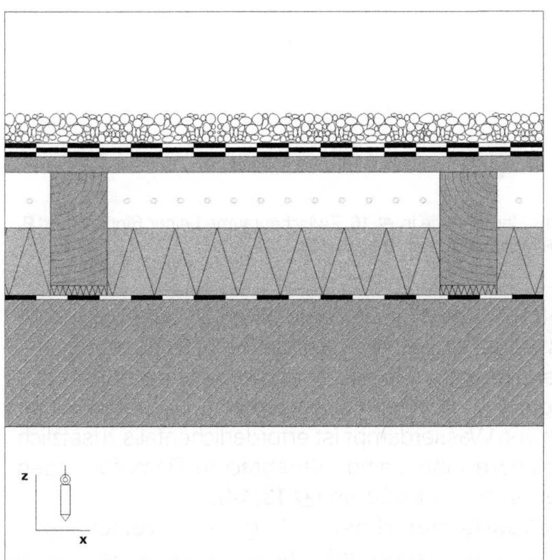

13 (Links unten) belüfteter Flachdachaufbau auf Betondecke mit einer Schar Lagerhölzern. Die Belüftung erfolgt parallel zu diesen im Hohlraum zwischen Dämmung und oberer Schale.

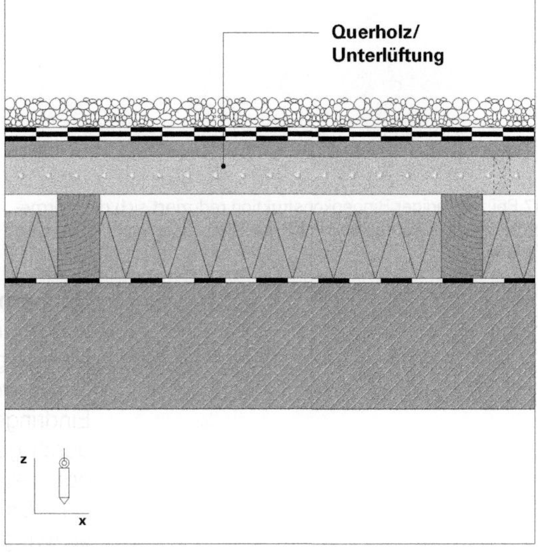

14 (Rechts unten) belüfteter Flachdachaufbau auf Betondecke mit zwei gestapelten Scharen Lagerhölzern. Die Belüftung erfolgt parallel zur oberen Rippenlage.

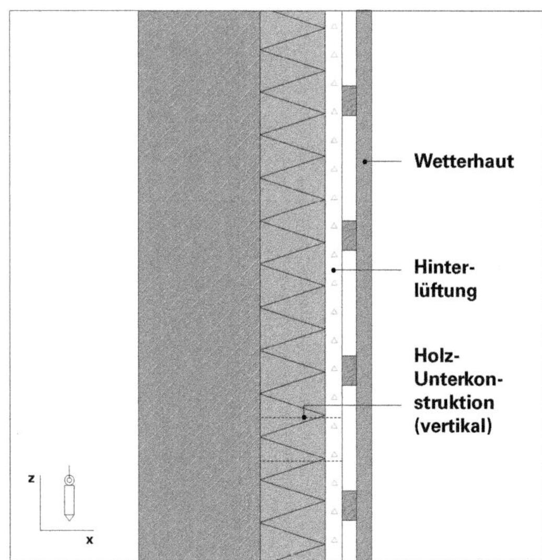

15 Außenwand mit massiver Hintermauerung und leichtem Wandaufbau aus zwei Rippenlagen. Hinterlüftung im Überstand der hinteren Rippenschar gegenüber der Dämmschicht.

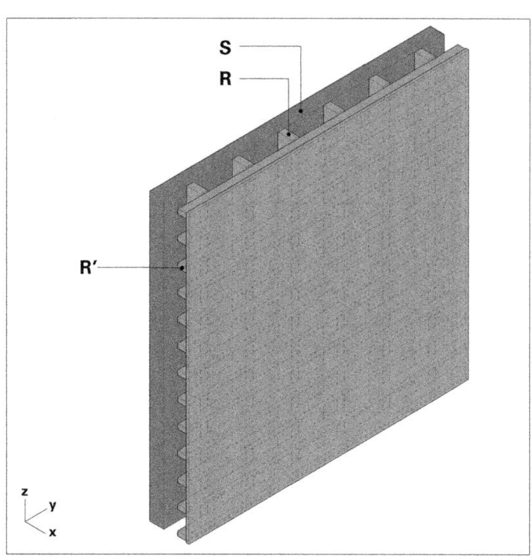

16 Aufbau aus einem zweilagigen Rippensystem mit kreuzweise verlegten, aufeinandergelegten Rippenlagen **R**, **R'** auf tragender Schale **S**.

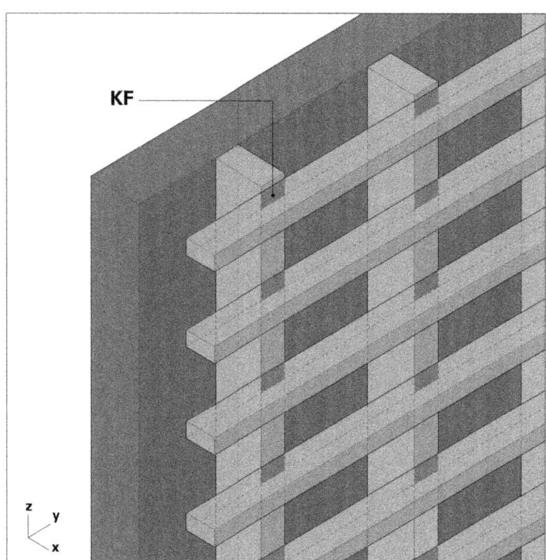

17 Bei zweilagiger Rippenkonstruktion reduziert sich die Wärmebrücke auf die Kontaktfläche **KF** zwischen zwei sich kreuzenden Rippen.

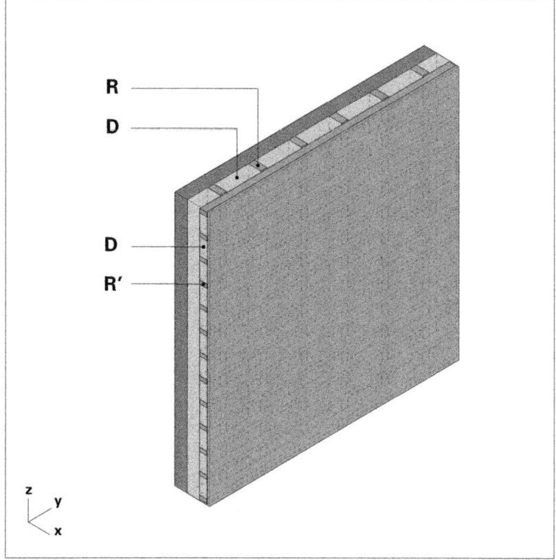

18 Element wie in 🗗 **16**; Zwischenräume beider Rippenlagen **R**, **R'** mit Dämmstoff **D** ausgefüllt.

Dächern, bei denen diese Variante ebenfalls zur Ausführung kommt, ist darauf zu achten, dass der Belüftungsquerschnitt für eine geneigte oder – bei Flachdächern – sogar horizontale Luftbewegung ausreichend bemessen ist. Das raumseitige Eindringen von Wasserdampf ist erforderlichenfalls zusätzlich durch geeignete innenseitig aufgebrachte Dampfbremsen oder -sperren zu kontrollieren (🗗 **13, 14**).

In **bauakustischer** Hinsicht liegt ein zweischaliges schwingendes Masse-Feder-System vor. Dabei spielt die

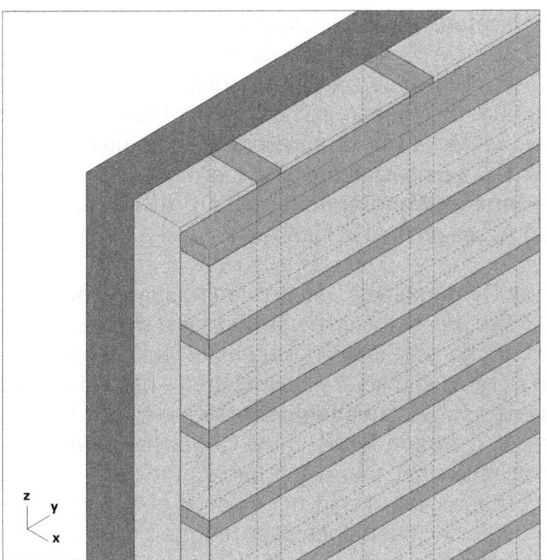

19 Detailansicht des Aufbaus in 🗗 18.

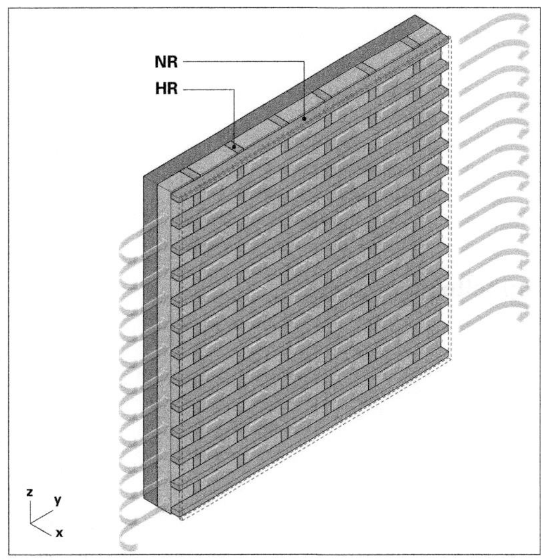

20 Klare konstruktive Abtrennung der Dämmlage im Zwischenraum zwischen den Hauptrippen **HR** gegenüber der Luftschicht in den Hohlräumen zwischen den Nebenrippen **NR**. Siehe Detail in 🗗 21.

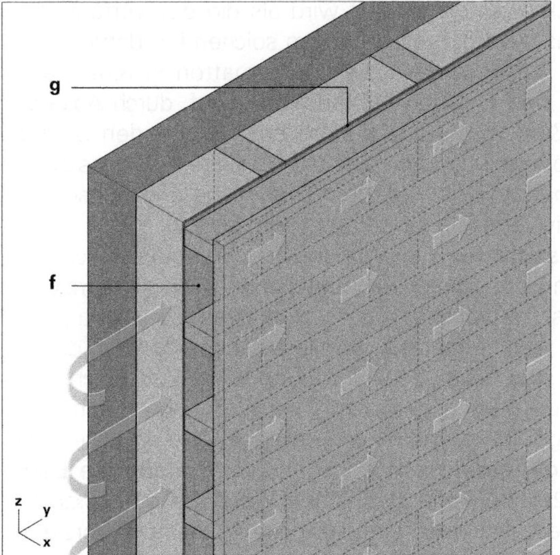

21 Eine diffusionsoffene, wasserabweisende dünne Platte oder Folie **f** an der Grenzfläche zwischen beiden Rippenlagen (**g**) schützt die Dämmung vor Feuchte aus dem Außenraum. Gleichzeitig ermöglicht sie das Austrocken der ggf. angefeuchteten Dämmschicht durch Dampfdiffusion in die Luftschicht.

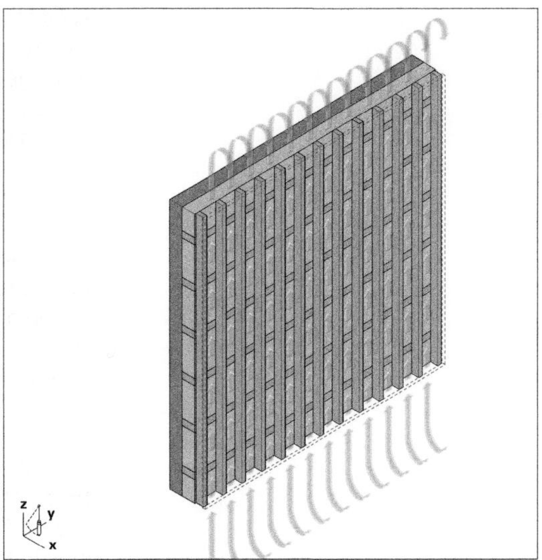

22 Die Ausrichtung der Rippenlagen kann durch die Lage des Bauteils vorgegeben sein. Bei schrägliegenden und stehenden Bauteilen ist die Strömungsrichtung der Luft infolge thermischen Auftriebs zu berücksichtigen.

Art der Verbindung des Rippensystems mit der tragenden Hauptschale eine entscheidende Rolle. Je federweicher die Kopplung ist, desto besser wird der Schallschutz ausfallen. Punktuelle Verbindungen der Rippe in großen Abständen wirken sich günstig, lineare Verbindungen hingegen ungünstig aus, da sie als Schallbrücken wirken. Wie bei der Variante in *Abschnitt 2.1* kann ein derartiger, zu steifer Aufbau sogar zu einer Verschlechterung des Schallschutzes führen. Sind die Hohlräume mit ausreichend federweichem Dämmstoff gefüllt – was in diesem Fall, anders als in *Abschnitt 2.1*, wegen der Kraftleitung über die Rippen, nicht über die Dämmschicht, möglich ist –, ist keine Hohlraumresonanz zu befürchten.

Hinsichtlich des Einsatzes des diskutierten konstruktiven Aufbaus bei **inneren Wandbauteilen** gelten im Wesentlichen die gleichen Aussagen wie in *Abschn. 2.1.2*.

3.2 Doppelte Rippenlage

■ Bei großen Dämmstärken, die bei den heutigen hochgedämmten Hüllen den Standard darstellen, lässt sich – um die oben angesprochenen Schwierigkeiten bei stetiger Vergrößerung der Dämmschichtdicke zu umgehen – das einlagige Rippensystem durch ein **zweilagiges** ersetzen (🗗 **16**). Dabei wird außenseitig an den Rippen eine Querschar befestigt. Diese Konstruktion hat thermisch betrachtet den Vorteil, dass die Wärmebrücken, die an der Rippung entstehen, auf die Kreuzungsflächen der Rippenlagen reduziert sind, sofern die Zwischenräume in beiden Rippenlagen mit Dämmstoff ausgefüllt werden (🗗 **17**, **18**).

Wenngleich es auch bei einlagigen Rippensystemen möglich ist, eine **Luftschicht** auszubilden, indem die Dämmschichtdicke kleiner gewählt wird als die des verfügbaren Hohlraums (🗗 **12**), muss in einem solchen Fall dafür Sorge getragen werden, dass die Dämmmatten in ihrer Lage gesichert sind und den Luftraum nicht ggf. durch Ablösen verschließen, was insbesondere beim stehenden Bauteil droht. Größere Sicherheit gibt auch in diesem Fall das zweilagige Rippensystem, bei dem Dämmlage und Luftschicht konstruktiv voneinander getrennt sind (🗗 **20**).

Die **Ausrichtung** der Rippenlagen, die hinsichtlich der Kraftleitung orthogonal zur Bauteilebene (in →**x**) zunächst beliebig ist, da wir davon ausgehen, dass die Hauptrippen linear auf einer tragenden Schale aufliegen bzw. an dieser befestigt sind, kann bei Ausbildung einer Luftschicht mit Kontakt zum Außenraum durch die Strömungsrichtung der Luft infolge Thermik dennoch vorgegeben sein. Dies gilt für **schrägliegende** sowie insbesondere **stehende Bauteile** (🗗 **22**). Bei liegenden können verschiedene Faktoren dazu führen, dass man eine spezielle Ausrichtung vorzieht; hinsichtlich der Luftbewegung im Hohlraum ist diejenige Ausrichtung zu wählen, bei der die Staudruckunterschiede zwischen den gegenüberliegenden Be- und Entlüftungsöffnungen am größten sind.

☞ **Band 3**, *Kap. XIII-3, Abschn. 2.3 Flache Dächer > Belüftung*

In **bauakustischer** Hinsicht stellt eine doppelte Rippenlage, die lokal an den Kreuzungspunkten verbunden ist, ein zweischaliges schwingendes System mit größerer Federwirkung dar als bei einfacher Rippenlage. Sie weist deshalb einen grundsätzlich verbesserten Schallschutz auf.

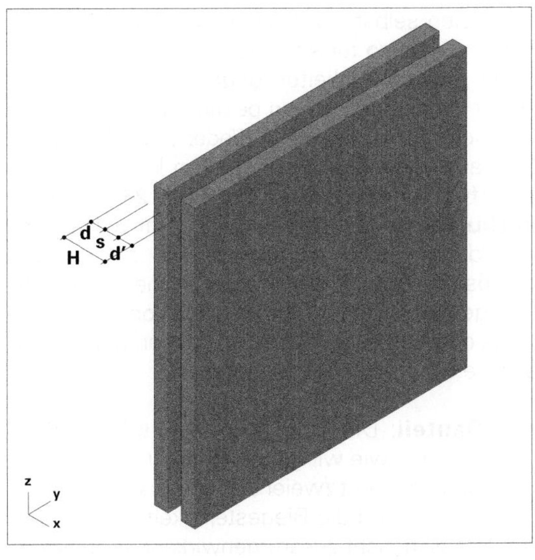

23 (Oben links) zwei Schalen ohne Ausfüllung der Zwischenschicht. **H** Gesamthöhe bzw. -dicke der Konstruktion; **d, d'** Dicken der Einzelschalen; **s** Dicke des Schalenzwischenraums.

24 (Oben rechts) zwei Schalen mit ausgefülltem Zwischenraum.

25 Eine Rückverankerung der äußeren Schale an der inneren – hier exemplarisch wie bei zweischaligem Mauerwerk dargestellt – durchstößt notwendigerweise die Zwischenschicht.

Doppelte Schalensysteme

Zwei Schalen mit Zwischenschicht

☞ ***Band 3****, Kap. XIII-3 Schalensysteme*

■ Bei dieser Variante besteht das Hüllbauteil aus **zwei biegesteifen flächenhaften Schalen**, die mit einem bestimmten Zwischenraum parallel zueinander angeordnet sind (🗗 **23, 25**). Im Gegensatz zu den oben besprochenen Varianten besitzt jede der beiden Schalen eine ausreichende Steifigkeit, um ohne aufwendigere Unterkonstruktion – wie beispielsweise ein Rippensystem – die anfallenden Kräfte abzutragen. Beide Schalen können dennoch, müssen aber nicht notwendigerweise, miteinander – zumindest teilweise – kraftschlüssig gekoppelt sein (🗗 **24**).

Aus Sicht der Kraftleitung sind im grundlegenden Aufbauprinzip dieser Variante folglich keinerlei Stege vorgesehen, die beide Schalen zu einem **statisch mitwirkenden System** (gemäß dem I-Prinzip) aus Steg und zwei Gurten – also den beiden Schalen selbst – verbinden könnten. Jede der beiden Schalen wirkt also für sich alleine, womit sich zwar ihre jeweiligen Biegesteifigkeiten gegenüber Kraftangriff rechtwinklig zur Hüllebene (→ **x**) in bestimmten Fällen aufsummieren – sofern z. B. Druck- und/oder Zugkräfte über den Zwischenraum hinweg geleitet werden können –, die theoretisch verfügbare **statische Höhe H** (**23**) bei **Biegebeanspruchung** des Bauteils allerdings nicht vollständig ausgenutzt wird. Im Hinblick auf die Kraftleitung bietet die zweischalige Lösung, gemessen am erforderlichen baulichen Aufwand, infolgedessen keinen spezifischen Vorteil.

Je nach Lage des Hüllbauteils können sich darüber hinaus charakteristische Schwierigkeiten ergeben:

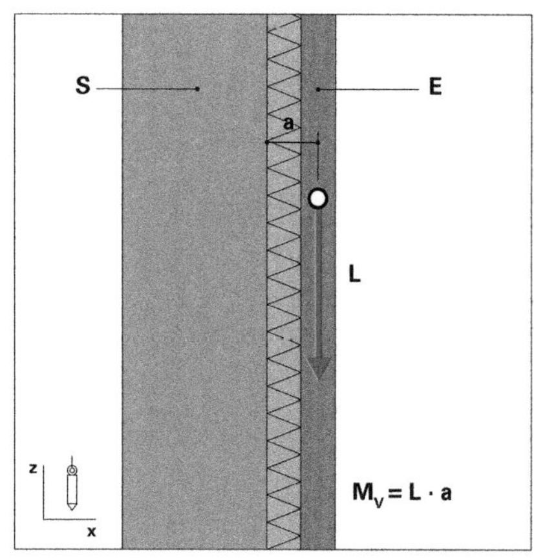

26 Die Eigenlast **L** der äußeren Schale **E**, die an der tragenden Schale **S** rückverankert ist, erzeugt infolge des Versatzes **a** ein Versatzmoment $\mathbf{M_v}$.

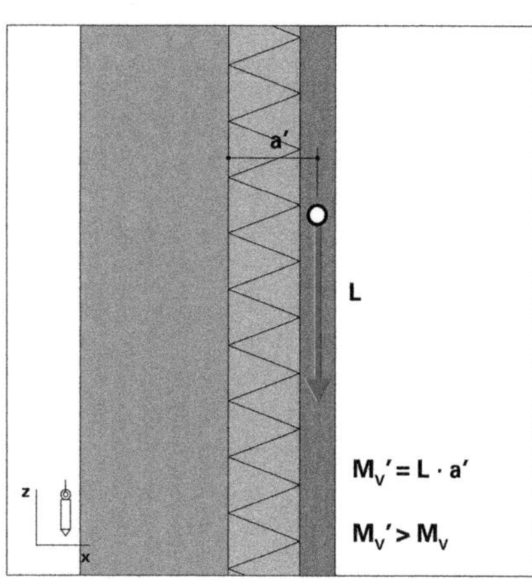

27 Mit sich vergrößerndem Abstand **a'** erhöht sich der Hebelarm und somit auch das Versatzmoment $\mathbf{M_v}$.

- **Liegendes Bauteil**: Die Tragfähigkeit des liegenden Bauteils ergibt sich – wie wir gesehen haben – nicht aus dem Widerstandsmoment zweier statisch zusammenwirkender Schalen. Es sind die Biegesteifigkeiten der zwei getrennten, statisch nicht zusammenwirkenden Schalen jeweils getrennt – bzw. sofern sie aufeinander aufliegen, in ihrer einfachen arithmetischen Summe – anzusetzen. Bei horizontaler Bauteillage wird aus Gründen der Einfachheit zumeist nur **eine einzige Schale** tragend ausgebildet. Fast ausnahmslos wird die *untere* Schale als einziges tragendes Element ausgeführt, sodass alle weiteren Schichten oder Schalen auf dieser Tragschale einfach aufgelegt oder -gesetzt werden können. Die obere Schale lastet dann auf der unteren, wobei sie zumeist vollflächig auf einer oder mehreren Zwischenschichten – bei Außenbauteilen zumindest einer Wärmedämmschicht – aufliegt (beispielsweise Estrich auf Dämmschicht auf Massivplatte). Ihre Biegesteifigkeit beeinflusst dann zwar nicht die Gesamttragfähigkeit des Bauteils, macht sich indessen durch ihre **lastverteilende Wirkung** bemerkbar, was sich bei großen Punktlasten günstig auf das Gesamttragverhalten auswirkt.

- **Schrägliegendes** oder **stehendes Bauteil**: In diesem Fall muss infolge der Eigenlast der Schalen beachtet werden, wie die Lastanteile parallel zur Hüllfläche aufgenommen werden können. Da es zumeist die innere Schale ist, welche am Primärtragwerk direkt befestigt bzw. ihrerseits bereits Bestandteil desselben ist, muss man zuvorderst klären, wie die äußere Schale gehalten ist.

  Die Summe der äußeren Belastungen lässt sich in zwei Kraftkomponenten umwandeln (**29–31**): eine rechtwinklig zur Hüllebene (**F**) und eine parallel dazu (**G**). Zur Komponente **F** gilt das für liegende Bauteile Gesagte. Die Komponente **G** kann auf zweierlei Art aufgenommen werden:

  - über eine **getrennte Lagerung** der äußeren Schale, welche außenseitig an der Dämmebene die Last paral-

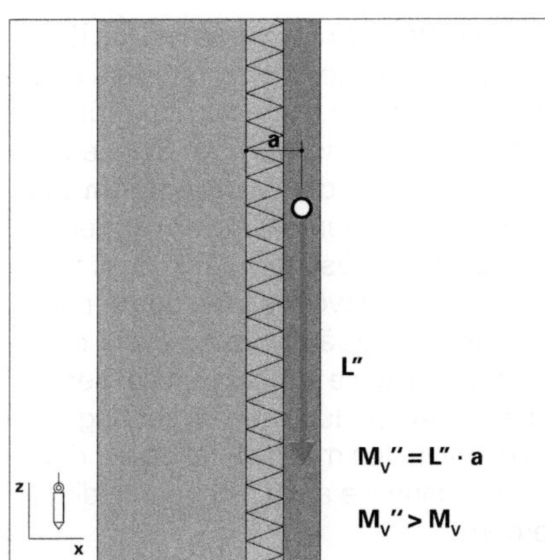

28 Auch mit sich vergrößernder Last **L″** erhöht sich bei gleichbleibendem Hebelarm **a** das Versatzmoment $\mathbf{M_v}$.

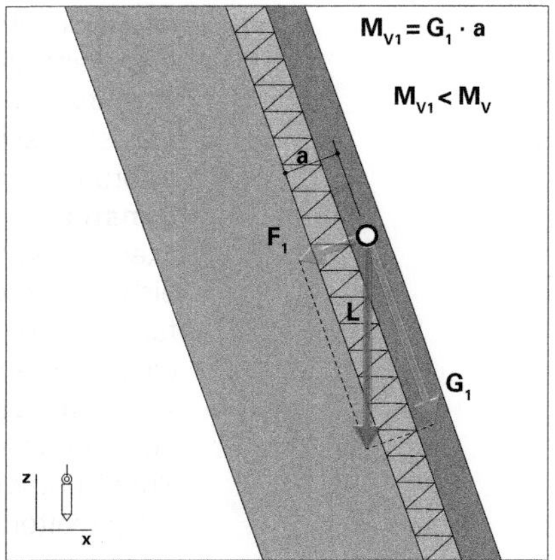

29 An der geneigten Schale erfolgt eine Aufspaltung der Last **L** in zwei Komponenten $\mathbf{G_1}$ und $\mathbf{F_1}$. Die Kraftkomponente $\mathbf{G_1}$ < **L** erzeugt ein verringertes Versatzmoment $\mathbf{M_{V1}}$.

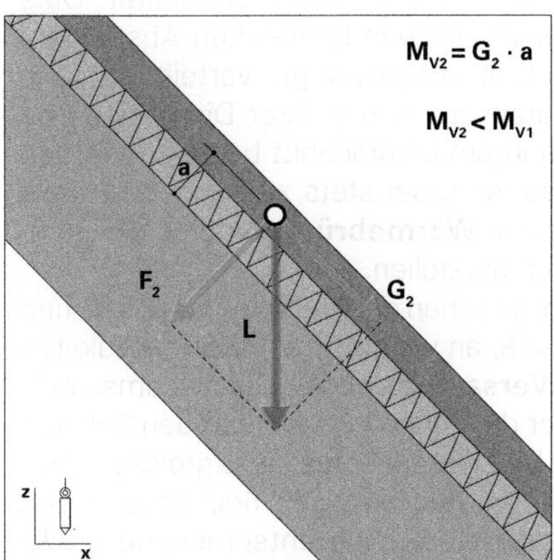

30 Mit sich verringernder Neigung wird die Kraftkomponente **G** kleiner ($\mathbf{G_2}$) und somit auch das Versatzmoment $\mathbf{M_{V2}}$.

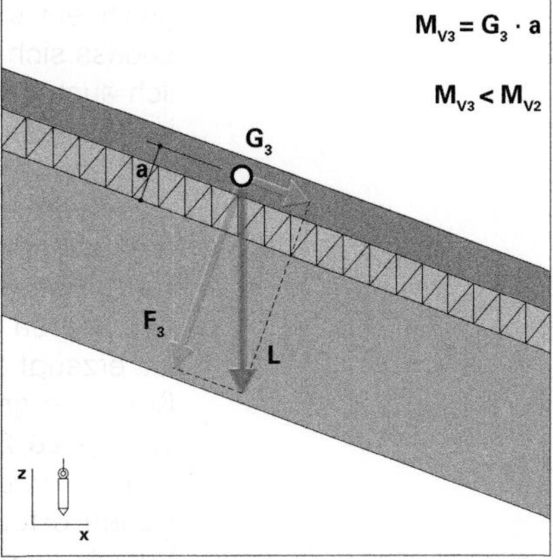

31 Noch geringere Neigungen führen zu stetig sich verringernden Kraftkomponenten **G** und Versatzmomenten $\mathbf{M_v}$.

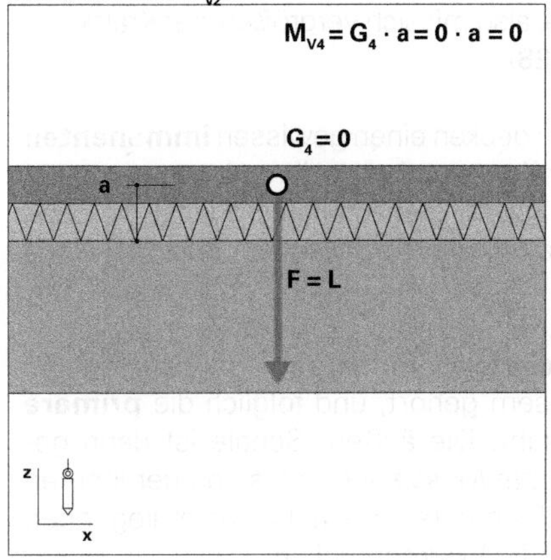

32 In waagrechter Lage ist die zur Hüllfläche parallele Kraftkomponente **G** = 0 und somit auch das Versatzmoment $\mathbf{M_v}$.

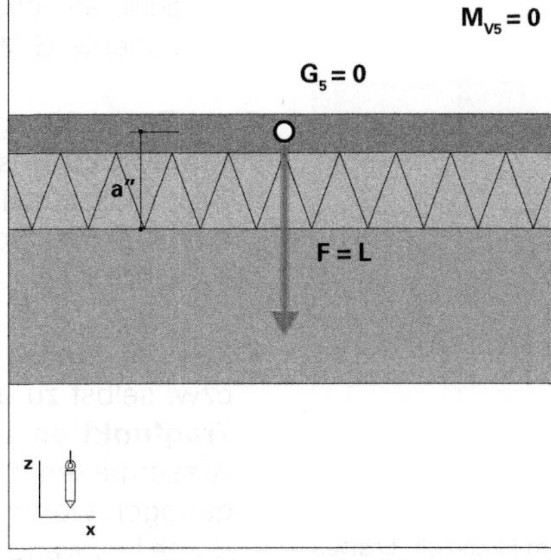

33 In waagrechter Lage hat der Schalenabstand, hier gleich der Dämmstärke, keinen Einfluss auf die Kraftleitung, sodass letztere frei nach bauphysikalischen Erfordernissen bemessen werden kann.

lel zur Hüllebene in das Primärtragwerk oder den Baugrund abträgt – analog zur hinterlüfteten Außenwand in 35. Diese Lösung hat den Vorteil, keine größere kraftschlüssige Verbindung zwischen den Schalen zu erfordern, was sich hinsichtlich der **Wärmedämmung günstig** auswirkt (keine oder nur minimale Wärmebrücken). Allerdings setzt diese Lösung voraus, dass man ein von der tragenden Schale weitgehend getrenntes, für sich alleine standfestes Ergänzungstragwerk bzw. eine Fundierung schafft. Da die äußere Schale hierbei konzeptbedingt keine kraftschlüssige Verbindung mit der inneren – und damit in den meisten Fällen mit dem Primärtragwerk – hat, kann sie auch nicht durch diese festgehalten werden.

•• Die zur Hüllfläche parallele Kraftkomponente **G** wird über geeignete **Verankerungen** an die innere Schale und damit an das Primärtragwerk abgeleitet. Dies geschieht sinnvollerweise in begrenzten Abständen, sodass sich die Kraft möglichst gut verteilt und folglich auch die Verankerungen in ihrer Dimension und insbesondere in ihrem Querschnitt begrenzt werden können, denn es ist dabei stets zu bedenken, dass diese Verbindungen **Wärmebrücken** durch die Dämmebene hindurch darstellen.

Der Hebelarm zwischen der Kraftkomponente **G** und der inneren Schale, an welche diese Kraft abzuleiten ist, erzeugt ein **Versatzmoment**, welches umso größer ist, je größer der Abstand zwischen den Schalen wird (**26, 27**). Dies hat zur Folge, dass große Dämmstärken, wie sie bei den heutigen hochgedämmten Hüllen erforderlich sind, auch entsprechend große Verankerungsquerschnitte und folglich Wärmebrücken mit sich ziehen. Naturgemäß vergrößert sich das Versatzmoment auch mit zunehmendem Gewicht der äußeren Schale, also mit sich vergrößernder Kraftkomponente **G** (**28**).

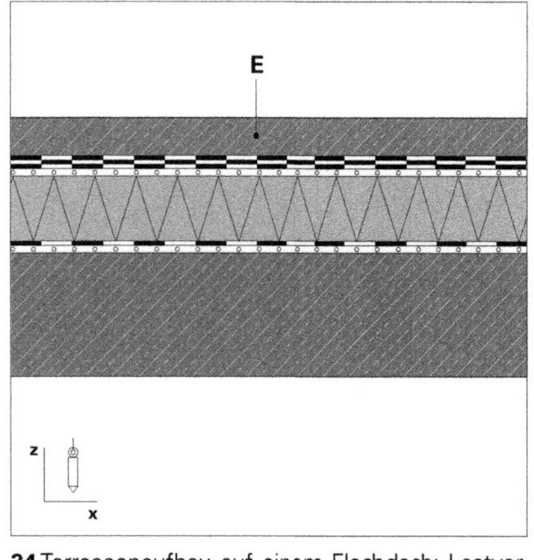

34 Terrassenaufbau auf einem Flachdach: Lastverteilende Estrichschale **E** aus Stahlbeton, vollflächig auf dem Dämmpaket aufliegend: ein Beispiel für ein waagrecht liegendes Hüllbauteil in doppelter Schalenbauweise.

Diese Beobachtungen decken einen gewissen **immanenten Widerspruch** dieser Konstruktion bei ihrer Anwendung auf äußere Hüllbauteile auf: In statischer Sicht lässt sich das Material beider Schalen nicht ökonomisch ausnutzen, da entweder:

- stets die **innere Schale** am Primärtragwerk befestigt ist, bzw. selbst zu diesem gehört, und folglich die **primäre Tragfunktion** ausübt. Die äußere Schale ist dann gewissermaßen nur *tote Masse* und muss von der inneren getragen werden. Es entstehen – außer beim liegenden Bauteil – zwangsläufig Wärmebrücken.
- oder die äußere Schale für sich alleine tragfähig gemacht wird bzw. mithilfe eines weitgehend getrennten

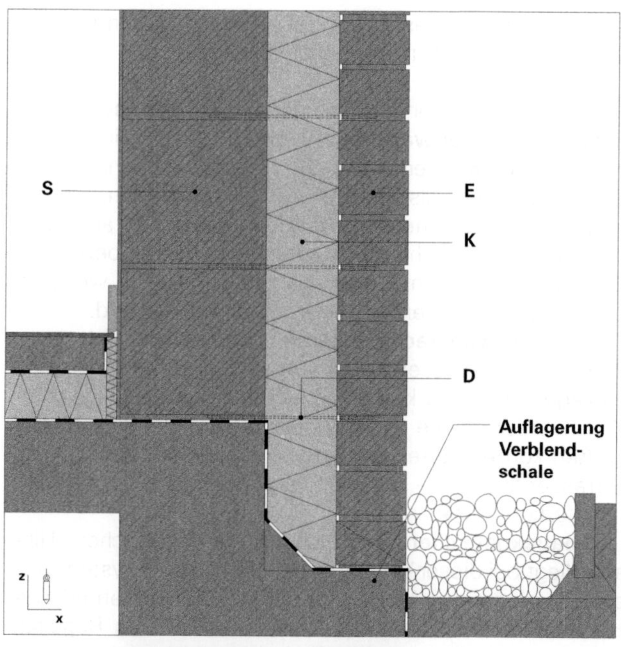

35 Zweischaliges Mauerwerk mit Kerndämmung **K**: Auflagerung der äußeren Schale **E** auf einem Fundament (bzw. Kellermauer) zur Abtragung der lotrechten Kraftkomponente **G** getrennt von der Hintermauerung **S**. Die Drahtanker **D** leiten lediglich die waagrechte Kraftkomponente **F** (vgl. ⊡ **29–33**). Wärmedämmung **K** aus wasserabweisendem Werkstoff.

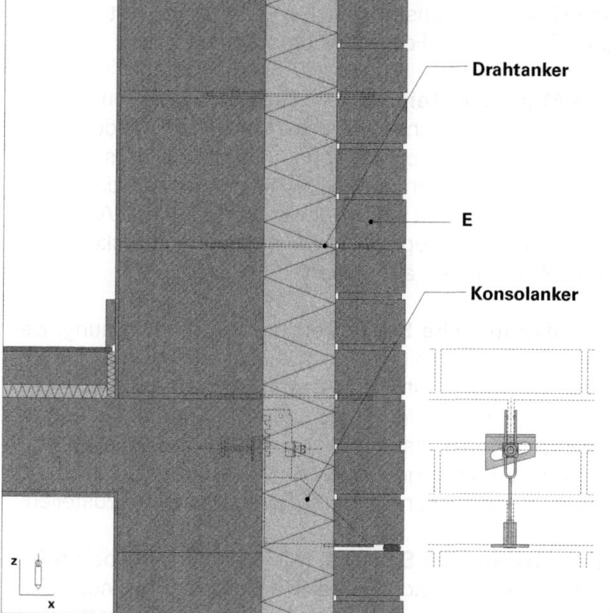

36 Rückverankerung der Verblendschale **E** mittels Konsolankern (lotrechte Kraftkomponente **G**) und Drahtankern (waagrechte Kraftkomponente **F**). Bei dieser Ausführung (2/3-Auflagerung) Abfangung alle zwei Geschosse gemäß *DIN EN 1996-1-1 8.4.3 Zweischalige Außenwände.*

Ergänzungstragwerks getragen werden muss, das entsprechende bauliche Aufwendungen nach sich zieht: gewissermaßen eine Verdoppelung der tragenden Hüllkonstruktion. Oftmals ist es schlichtweg unmöglich, die äußere Schale, ohne die Steifigkeit des Primärtragwerks durch Rückverankerung zu nutzen, standfest auszubilden, da sie wegen ihrer sozusagen konzeptbedingten extremen

Schlankheit, insbesondere bei größeren Höhen in vertikaler Lage, selbst nicht tragfähig wäre.

Häufig tritt diese Konstruktion nämlich bei **zweischaligen massiven Außenwänden** auf, beispielsweise in Mauerwerk (🗗 **35**, **36**) oder Stahlbeton. Die äußere Schale wirkt dabei stets allein als **Wetterhaut**, eine Funktion, die mit geringerem baulichen Aufwand grundsätzlich auch mit einer leichten Schicht oder Haut zu leisten ist. Spezifische Eigenheiten der gemauerten Variante führen zu weiteren konstruktiven Problemen, die schwer zu lösen sind.

☞ *Schale mit Aufbau in Abschn. 2.2 und 2.3, S. 134 ff*

☞ ***Band 3**, Kap. XIII Äußere Hüllen*

Nur beim **waagrecht liegenden Bauteil** löst sich diese Problematik gewissermaßen von alleine: Die äußere, also aufliegende Schale kann als biegesteife Abdeckung ohne Wärmebrücken eine sinnvolle, lastverteilende Funktion bei großen konzentrierten Lasten – wie etwa bei befahrbaren Terrassendächern – ausüben, die ihre Dicke und Masse rechtfertigt (🗗 **34**).

In **bauakustischer** – wie auch diesmal in statischer – Hinsicht liegt bei dieser Variante ein zweischaliges System vor: ein schwingendes Masse-Feder-System. Problematische Hohlraumresonanzen im Zwischenraum sind im Regelfall nicht zu befürchten, da die Zwischenschicht nahezu ausnahmslos mit Dämmstoff gefüllt wird. Wiederum ist für einen guten Schallschutz Folgendes entscheidend:

- Die **Massenverteilung** der Schalen. Hier wirken sich unterschiedliche flächenbezogene Massen der beiden Schalen schallschutztechnisch günstig aus. Dies entspricht im Wesentlichen auch dem baulichen Normalfall, da auch in *statischer* Hinsicht beide Schalen verschiedene Aufgaben erfüllen und im Regelfall auch verschiedene Dicken – und ggf. Werkstoffe – aufweisen.

- Die **dynamische Steifigkeit** der Wärmedämmung. Bei stehenden Bauteilen lassen sich entsprechend federweiche Dämmstoffe einsetzen. Lediglich bei liegenden kann es erforderlich sein, steifere Dämmschichten zu wählen, um die Last der obenauf liegenden Schale auf die untere zu übertragen. In diesem Fall ist der Schallschutz durch Beeinflussung anderer Parameter sicherzustellen.

- Der **Abstand der Schalen**. Wie diskutiert sind bei größeren Schalenabständen, die sich bauakustisch grundsätzlich günstig auswirken, entsprechende Fragen der Kraftleitung zu klären.

Eine **kraftschlüssige Kopplung** zwischen den Schalen wirkt sich schallschutztechnisch ungünstig aus, weil dadurch Schallbrücken entstehen. Je kleiner und stärker federnd die Verbindungsquerschnitte sind, desto günstiger die Bedingungen. Ein gutes Beispiel für die bauakustische Wirksamkeit des schwingenden Masse-Feder-Systems stellt der **schwimmende Estrich** auf tragender Schale dar, wobei die Estrichschale wegen ihrer geringen Dicke und Masse im Rahmen unserer Klassifikation als ein Grenzfall zwischen echter Schale und leichtem Zusatzaufbau aufgefasst werden kann.

Aus **thermohygrischer** Sicht sind beim vorliegenden doppelten Schalenelement in unserer Klimaregion grundsätzlich zwei Varianten denkbar:

- Es besteht eine Dampfsperre an der Innenseite des Wärmedämmschicht. Diese verhindert das Eindringen von Wasserdampf in das Dämmpaket und somit auch einen Tauwasseranfall. Diese Lösung findet sich beispielsweise bei Flachdächern (**34**), bei denen das Anbringen der Dampfsperre keinen wirklichen Zusatzaufwand darstellt, da sie einfach waagrecht ausgelegt werden kann.

- Es erfolgt ein Dampfdruckausgleich durch Diffusion über das gesamte Schichtenpaket hinweg. Diese Lösung findet sich bei zweischaligen Außenwänden aus mineralischen Werkstoffen (Mauerwerk, Beton) (**35, 36**). Das doppelte Schalenelement ist in diesem Fall thermohygrisch als eine Einheit zu betrachten: Da im betrachteten Schichtenaufbau – anders als in der folgenden Variante – keine Hinterlüftung besteht, kann eine Dampfdiffusion zwischen Innen- und Außenraum nur durch beide Schalen hindurch erfolgen. Erwartungsgemäß kann an der Innenseite der – kalten – Außenschale unter widrigen Umständen Tauwasser anfallen. Durch die Wahl der geeigneten Dampfdiffusionswiderstände der Schichten ist dafür Sorge zu tragen, dass keine dauernde Feuchte im Bauteil entsteht. Zu Zielkonflikten kann es dabei an der Außenschale kommen, die aus Sicht des Witterungsschutzes eine möglichst dichte Stoffstruktur besitzen sollte. Dies ist in der Regel mit hoher Dampfdiffusionsdurchlässigkeit eher schwer zu vereinbaren. Auch ein höherer Dampfdiffusionswiderstand der Dämmschicht selbst wirkt sich in dieser Hinsicht günstig aus.

37 Zwei Schalen mit Zwischen- und Luftschicht.

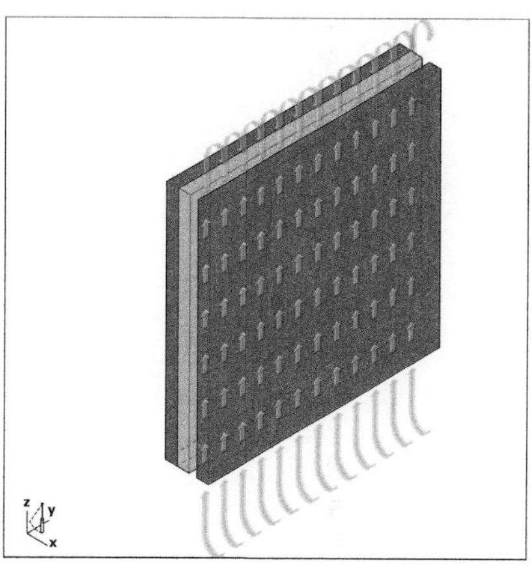

38 Hinter- oder Unterlüftung im Zwischenraum. Es ist die Lage des Bauteils bezüglich der Senkrechten zu berücksichtigen. Sie beeinflusst die Strömungsgeschwindigkeit der Luft entscheidend.

Zwei Schalen mit Zwischen- und Luftschicht

■ Wird der Hohlraum zwischen den Schalen nicht vollständig mit Wärmedämmstoff ausgefüllt (**37**), lässt sich – wie bei den Aufbauvarianten mit Rippung(en) im Aufbau – eine **Hinter**- oder **Unterlüftung** der Konstruktion verwirklichen, um ggf. von innen oder außen eingedrungene Feuchte nach außen abzuführen. Dies verhindert die mögliche Tauwasserbildung an der Innenseite der Außenschale, wie sie bei der vorigen Variante drohte.

Die Einführung einer Hinterlüftung zwischen der Füllung aus Dämmstoff und der äußeren Schale (**38**) zieht – bei vorgegebener Dämmschichtdicke – eine **Vergrößerung des Abstands** zwischen den Schalen mit sich. Dieses Zusatzmaß muss so groß sein, dass mit einer effektiven Luftbewegung gerechnet werden kann. Die Vergrößerung des Abstands zwischen den Schalen verschärft die eben angesprochenen Probleme der Kraftleitung im zweischaligen Hüllbauteil, während die Hinterlüftung im Allgemeinen eine Verbesserung des bauphysikalischen Verhaltens des Elements zur Folge hat.

Die Übertragung von Druck auf der äußeren Schale über das Dämmpaket auf die innere Schale und das Primärtragwerk (in →**x**) ist hierbei nicht – wie bei der oben besprochenen Lösung – direkt und vollflächig möglich, weil kein Kontakt zwischen Dämmschicht und äußerer Schale besteht. Dies muss über druckfeste Verbindungselemente geschehen, die infolge Knickgefahr stärker zu dimensionieren sind als Zugglieder (wie etwa Drahtanker) und sich als Wärmebrücken negativ bemerkbar machen (🗗 **25**). Aus diesem Grund kommt diese Lösung häufig bei **stehenden Hüllbauteilen** zum Einsatz (🗗 **39–41**), seltener bei liegenden (🗗 **42**), bei denen lagebedingt das komplette Eigengewicht der Außenschale, zusätzlich zu den äußeren Lasten, übertragen werden muss. Bei **liegenden Bauteilen** ist diese Lösung deshalb kaum anzutreffen, weil sich bei horizontaler Lage das Problem der Kraftübertragung der oberen auf die untere Schale durch die Kernschicht hindurch bereits aus geometrischen Gründen verschärft, und zwar wegen größerer Kraftkomponente **F** rechtwinklig zur Bauteilfläche (🗗 **32**). Da wegen der Luftschicht kein vollflächiger Kontakt zwischen oberer Schale und Kernschicht existiert, muss die Kraftübertragung über geeignete lokale Stützungen erfolgen, die sich – zumindest bei größeren Lasten – unvermeidlich als Wärmebrücken bemerkbar machen, da sie die Dämmschicht bis zur unteren Schale durchdringen müssen. Der fundamentale Vorteil dieser Lösung, nämlich die Möglichkeit einer Be-, in diesem

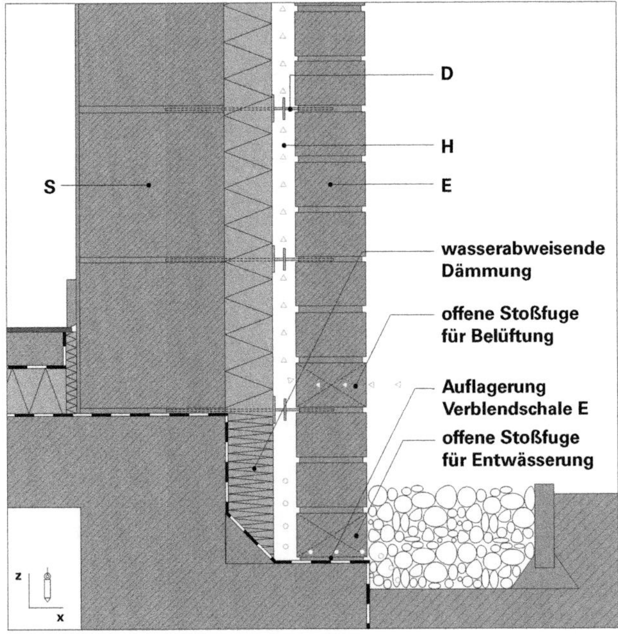

39 Zweischaliges Mauerwerk mit Hinterlüftung **H**: Auflagerung der äußeren Schale **E** auf einem Fundament (bzw. Kellermauer) zur Abtragung der lotrechten Kraftkomponente **G** (vgl. 🗗 **29–33**) getrennt von der Hintermauerung **S**. Die Drahtanker **D** leiten die waagrechte Kraftkomponente **F**.

Fall Unterlüftung, der Hüllkonstruktion kann bei horizontaler Lage ihre Wirkung infolge fehlenden thermischen Auftriebs nur bei größeren Luftschichtdicken – und damit größeren Schalenabständen – einigermaßen zuverlässig entfalten.

Wie bei allen anderen Varianten mit Hinter- oder Unterlüftung ist grundsätzlich die zu erwartende **Strömungsrichtung der Luft** zu berücksichtigen (🗗 **38**). Sie darf durch

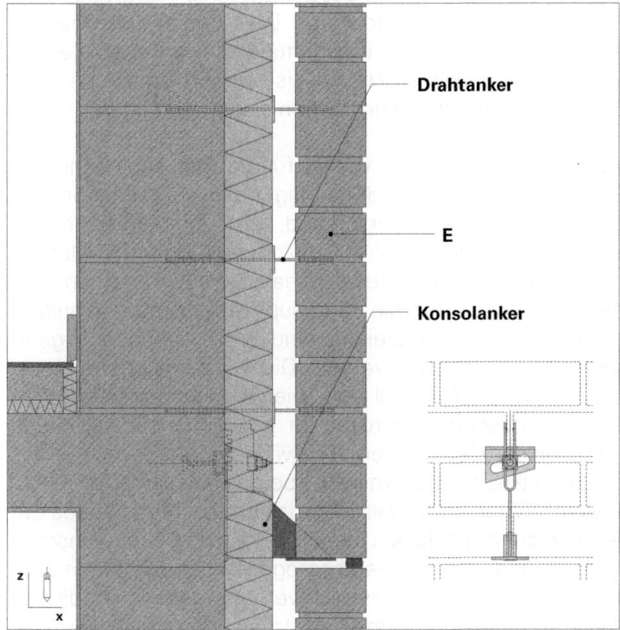

40 Rückverankerung der Verblendschale **E** mittels Konsolankern (Kraftkomponente **G**) und Drahtankern (Kraftkomponente **F**). Bei dieser Ausführung (2/3-Auflagerung) Abfangung durch Konsolanker alle zwei Geschosse gemäß *DIN EN 1996-1-1 8.4.3 Zweischalige Außenwände*.

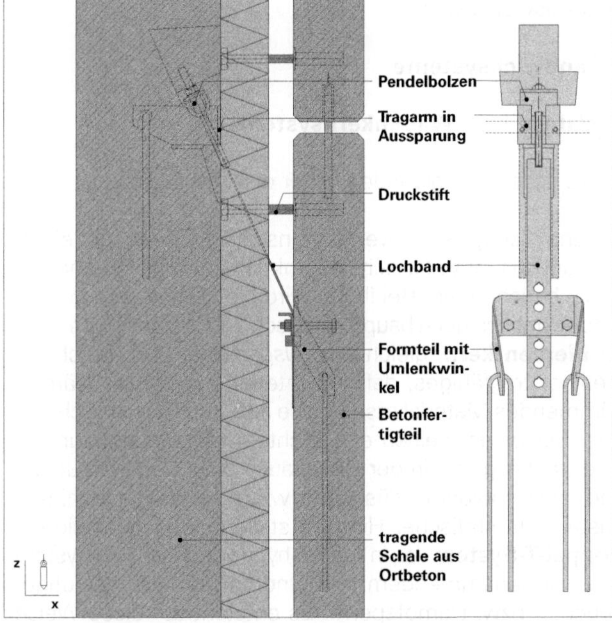

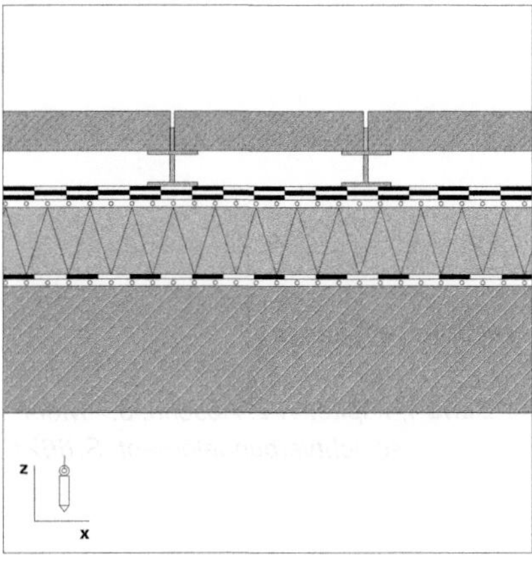

41 (Links) Rückverankerung einer Betonplatte an einer tragenden Betonschale mittels eines Verankerungssystems (Fa. *Halfen*).

42 (Oben) Auf dem Dachaufbau aufgeständerter Terrassenbelag. Lasten werden über die Stützungen in das Dämmpaket eingeleitet. Breite tellerartige Fußplatten sorgen für eine ausreichende Kraftverteilung.

Verankerungselemente in der Luftschicht nicht wesentlich behindert werden.

In **bauakustischer** Hinsicht ändert sich gegenüber der *Variante 3.1* nichts Wesentliches. Hohlraumresonanzen werden von einer weichfedernden Dämmschicht verhindert. Jedoch kann sich ein störender Übertragungseffekt über die Luftschicht einstellen (Telefonieeffekt), der bei stehenden Bauteilen ggf. durch geschossweises Abschotten der Luftschicht zu unterbinden ist. Dies hat entsprechende Auswirkungen auf die Hinterlüftung der Außenschale, so dass u. U. ebenfalls geschossweise entsprechende Be- und Entlüftungsöffnungen vorzusehen sind.

4. Mehrschichtverbundsysteme

■ Kraftleitende Schalen, wie sie für die oben besprochenen Systeme zum Tragen und Befestigen aller weiteren Komponenten der Hülle erforderlich sind, kennzeichnen sich in den meisten Fällen durch hohes Gewicht bzw. erhöhten Materialaufwand. Insbesondere bei Schalen aus Beton, einem der wenigen Werkstoffe, die überhaupt zur Bildung tragfähiger homogener Schalen geeignet sind, muss mit hohen Eigengewichten gerechnet werden. Diese Charakteristik muss nicht immer ein Nachteil sein, wie wenn es beispielsweise bei Geschossdecken darum geht, einen guten Schallschutz zwischen den Geschossen zu gewährleisten oder bei inneren Bauteilen eine gute thermische Speicherfähigkeit zu erzielen. In vielen Fällen ist großer Materialverbrauch und hohes Eigengewicht im baulichen Einsatz jedoch eher unerwünscht.

☞ ***Band 1**, Kap. VI-4, Abschn. 3.3.3 Luftschalltechnisches Verhalten von Bauteilen, S. 741 ff, oder ebda., Abschn. 3.4.2 Trittschalltechnisches Verhalten von Decken, S. 756*

Als Alternative zu echten homogenen Schalen bieten sich deshalb manchmal Mehrschichtverbundsysteme an, die im Wesentlichen bedeutsame Vorteile der Schale und gleichzeitig verringerte Eigengewichte in sich vereinigen. Dies können beispielsweise sein:

☞ ***Band 3**, Kap. XIII-4 Mehrschichtverbundsysteme*

- **Sandwichsysteme**
- **Waben-** bzw. **Wabenkernsysteme**

Diese sollen im Folgenden näher diskutiert werden.

4.1 Sandwichsysteme

☞ ***Band 1**, Kapitel VI-2, Abschn. 9.7 Mehrschichtverbundelement, S. 662 f*

■ Sandwichsysteme werden hinsichtlich ihres kraftleitenden und bauphysikalischen Funktionsprinzips an anderer Stelle beschrieben. Bei ihnen wird die Masse dort, wo sie weder statisch noch bauphysikalisch Vorteile bietet, nämlich im **Elementkern**, gleichsam *ausgedünnt*, bzw. durch ein weniger tragfähiges, dafür leichteres und besser wärmedämmendes Material ersetzt. Die äußeren dünnen Schalen oder Schichten weisen eine dichtere Materialstruktur auf, sind tragfähig und in der Regel auch dicht gegen Feuchte, und zwar sowohl in flüssigem wie auch dampfförmigem Zustand. In statischer Hinsicht stellen sie in Analogie ein **Doppel-T-System** dar, in thermohygrischer Sicht ein System aus wärmedämmendem Kern und beidseitiger einstufiger Feuchte- bzw. Dampfsperre. Es entsteht auf diese Weise

☞ ***Band 1**, Kap. VI-2 Kraftleiten, wie oben*
☞ ***Band 1**, Kap. VI-3, Abschn. 2.1 Prinzipielle Kombinationsmöglichkeiten von feuchterelevanten Funktionsschichten, S. 684 ff*

ein extrem effizientes, materialsparendes Hüllelement ohne störende Wärmebrücken, da die einzelnen Schichten durch Haftung oder Klebung miteinander gekoppelt sind und keinerlei versteifenden Stiele oder Rippen im Innern des Dämmpakets erforderlich sind.

Im Gegensatz zu den in *Abschnitt 3* besprochenen zweischaligen Systemen existiert im Sinn der Kraftleitung **keine Hierarchisierung** zwischen den Schalen – wie z. B. in Form einer tragenden und einer getragenen Schale. Beide haben im Regelfall vorwiegend (abwechselnd) Druck- und Zugkräfte in ihrer Ebene aufzunehmen. Auch der Kernschicht ist – anders als bei zweischaligen Bauteilen – eine Kraftleitungsfunktion zugewiesen, vor allem die Schubaufnahme. Alle drei Elemente – beide Schalen und die Kernschicht – arbeiten aus statischer Sicht in einem mitwirkenden System zusammen. Dank der extremen Einfachheit dieser konstruktiven Variante ist der Einbau des Sandwichelements in waag- und senkrechter Lage möglich, ohne Veränderung seines konstruktiven Aufbaus (⧉ **47, 48**).

☞ ***Band 1***, *Kapitel VI-2, Abschn. 9.7 Mehrschichtverbundelement, S. 662 f*

Aus **bauakustischer** Sicht ist ein Sandwich trotz schalenartig differenzierten Aufbaus dennoch als **einschaliges schwingendes System** zu betrachten, und verhält sich folglich im Wesentlichen wie eine einzige Schale, da die Schichten vollflächig kraftschlüssig miteinander verbunden sind. Die statische Wirkungsweise des Sandwichs setzt eine Kernschicht mit hoher dynamischer Steifigkeit voraus, was dem Schallschutz des Elements nicht förderlich ist. Wegen der extremen statischen Effizienz des Sandwichs – ein bedeutender Vorzug dieser Konstruktion – ist auch keine nennenswerte Masse vorhanden, die Schallenergie vernichten könnte. Aus diesen Gründen kann behauptet werden, dass hier bauakustisch außerordentlich ungünstige Verhältnisse vorliegen. Hüllen in Sandwichbauweise sind deshalb nur dort einsetzbar, wo ein geringer Schallschutz tolerabel ist, beispielsweise im Industriebau.

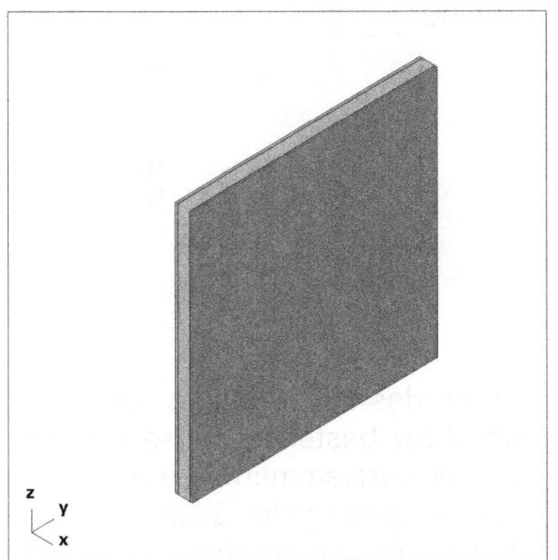

43 Sandwichelement.

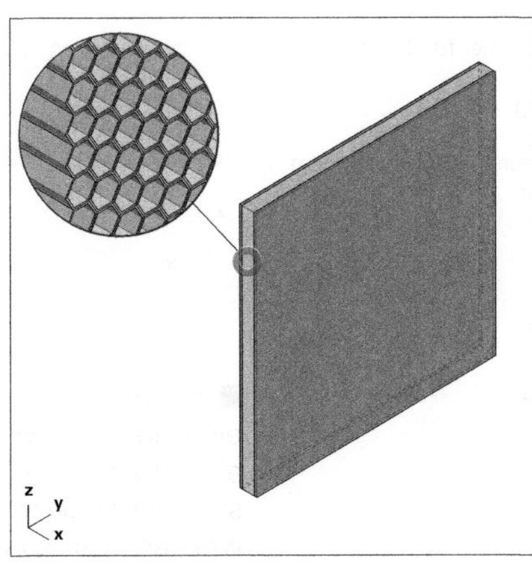

44 Wabenkernelement.

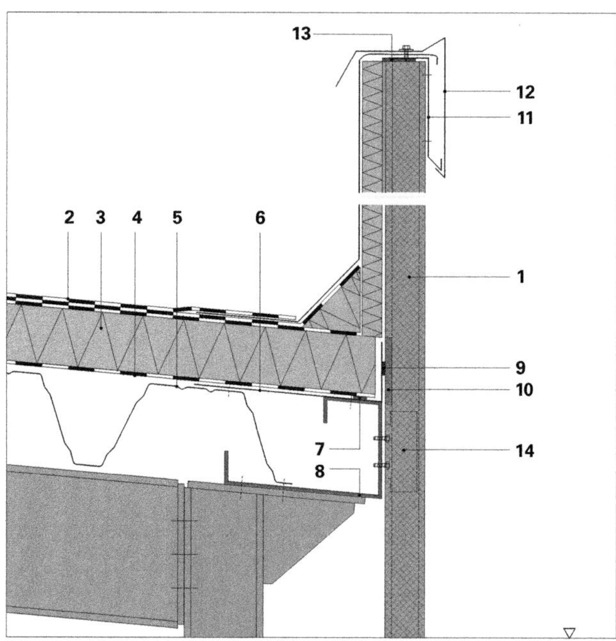

45 Sandwich-Außenwand, vertikale Verlegerichtung, Dachanschlussdetail.

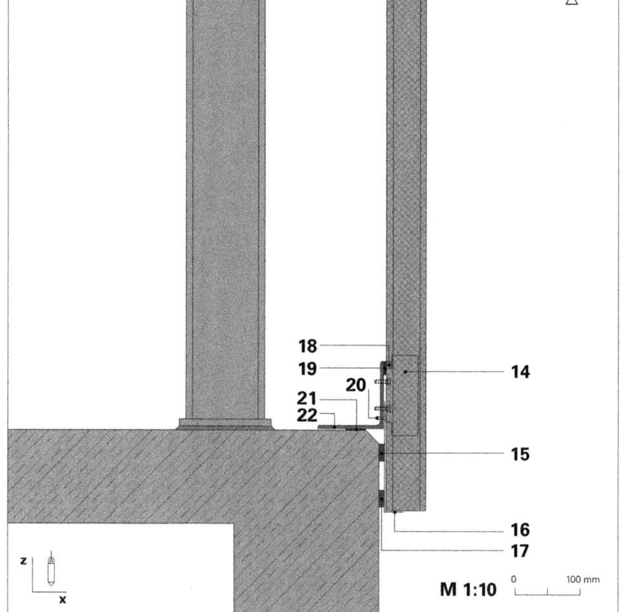

46 Sandwich-Außenwand, vertikale Verlegerichtung, Sockeldetail.

1 Sandwichpaneel
2 Abdichtung
3 Wärmedämmung
4 Dampfsperre
5 Tragschale, Trapezblech
6 Randblech
7 Dichtband als Dampfsperre
8 Randwinkel
9 Dichtband, durchgehend
10 Dichtband, nur im Stoßfugenraum
11 Attikahaltebügel
12 Attikaprofil
13 Dichtband
14 Integral-Befestigungsklammer für das Paneel
15 Dichtband
16 evtl. Montageabstützung
17 Sockelprofil
18 dauerelastische Versiegelung im Stoßfugenraum
19 Dichtband, durchgehend
20 Montagehilfe
21 Dichtband
22 Haltewinkel

4.2 Wabenkernsysteme

■ Alternativ kann der Kern des Hüllelements auch aus einer leichten **Wabenstruktur** bestehen. Diese erzeugt eine Vielzahl kleinformatiger Luftkammern, die aufgrund stark verringerter Konvektion einen guten Wärmedämmwert erzielen können. Sofern ein Schubverbund zwischen dem Wabenkern und den Deckschalen besteht, kann eine

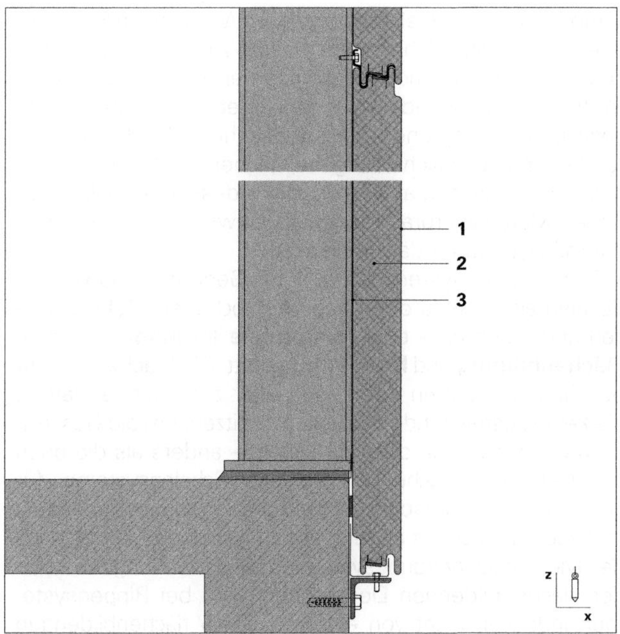

47 Fußpunkt einer Sandwich-Außenwand in horizontaler Verlegerichtung (System *ThyssenKrupp Hoesch*).

1 bandbeschichtetes Deckblech außen
2 PUR-Dämmkern
3 bandbeschichtetes Deckblech innen

48 Sandwichdachelement (Schnitt quer zum Gefälle) mit Darstellung des Attikaanschlusses (System *ThyssenKrupp Hoesch*).

1 Sandwich-Dachelement
2 bandbeschichtetes Deckblech außen
3 PUR-Dämmkern
4 bandbeschichtetes Deckblech innen
5 Primärtragwerk
6 Sandwich-Wandelement

ähnliche Doppel-T-Charakteristik verwirklicht werden wie beim Sandwichelement. Nachteilig kann sich indessen eine Wärmebrückenfunktion der Wabenstege auswirken, die einen direkten wärmeleitenden Verbund zwischen den exponierten Deckschalen herstellen.

5. Rippensysteme

5.1 Konstruktives Prinzip

☞ *Abschn. 2.1 Einfache Schale ohne Aufbau, S. 132 ff*

☞ ***Band 3**, Kap. XIII-5 Rippensysteme*

■ Rippensysteme stellen in gewisser Weise einen Ersatz für eine vollwandige Schale dar – analog zu den eben besprochenen Sandwich- und Wabensystemen, jedoch mit anderen Mitteln. Die vollwandige Schale wie eben diskutiert erfüllt zwar bereits aufgrund ihrer spezifischen Morphologie die fundamentale bauliche Aufgabe, flächen- und somit hüllenbildend zu sein, charakterisiert sich indessen oftmals durch hohen Materialverbrauch, großes Gewicht und manchmal nur mäßige Wärmedämmfähigkeit.

Beim Rippensystem findet – im Gegensatz sowohl zu Schalen als auch zu den oben besprochenen Mehrschichtverbundsystemen – eine **funktionale Trennung** zwischen **Flächenbildung** und **Kraftleitung** statt: Die **Fläche** entsteht bei Rippensystemen durch eine oder zwei dünne Platten, die keine ausreichende Steifigkeit besitzen, um die Gesamtfläche, die sie über- oder abdecken, – anders als die oben besprochenen einfachen und doppelten Schalensysteme – für sich alleine zu überspannen (und dies auch nicht müssen). In dieser Eigenschaft ähneln Rippensysteme zwar durchaus den Mehrschichtverbundsystemen; die Kraftleitung zwischen den flächenbildenden Deckschalen wird bei Rippensystemen indessen nicht von einem zugleich flächenbildenden Element – wie dem Sandwichkern – geleistet, sondern von hierfür spezialisierten nicht-flächigen Elementen: von einer oder mehreren **Stabscharen**, die mit diesen Platten befestigt werden und ihnen die fehlende Steifigkeit verleihen. Daher leitet sich die übliche Bezeichnung dieser Stäbe als **Rippen** ab, in Analogie zum anatomischen Begriff. Die dünne flächenbildende Beplankung oder Bekleidung spannt folglich nur von Rippe zu Rippe und bietet auf diese Weise auch bei geringer Dicke im Zusammenspiel mit der Rippenkonstruktion die für Kraftleitung nötige Steifigkeit. Dennoch kann sie bei Bedarf auch so federweich ausgeführt werden, dass durch Verwirklichung eines Masse-Feder-Systems ein guter Schallschutz gewährleistet ist. Weiterführende Gesichtspunkte des vergleichsweise komplexen Zusammenwirkens beider Elemente werden weiter unten angesprochen.

Grundsätzlich entsteht somit ein sehr leichtes Hüllbauteil mit dem Potenzial einer guten Wärmedämmung und eines guten Schallschutzes, das allerdings zum Teil aus einem mehr oder weniger komplexen Stabwerk besteht und häufig mit erhöhtem konstruktiven Aufwand sowie potenziellen Koordinationsproblemen von Einzelbestandteilen behaftet ist.

5.2 Einachsig und mehrachsig gespannte Rippensysteme

■ Da die beplankenden dünnen Platten grundsätzlich einachsig, also durch einachsig spannende Rippenscharen, ausreichend gestützt werden können, besteht die Rippenstruktur dieser Elemente zumeist aus einer einzigen Rippenschar. Zwei oder mehrere sich kreuzende Rippenscharen im gleichen Element und in der gleichen Ebene (🗗 **50**) verbessern zwar das Tragverhalten des Gefüges grundsätzlich; sie erlauben ferner wegen des zweiachsigen Lastabtrags der dünnen Beplankung etwas größere Spannweiten – also größere

Rippenabstände bei gleicher Plattendicke – oder alternativ etwas dünneres Plattenmaterial; auch die Tragfähigkeit des gesamten Elements kann sich durch zweiachsigen Verlauf der Rippen verbessern, und zwar sowohl für Kräfte in der Elementebene (**yz**) wie auch rechtwinklig zu ihr (→ **x**). Ein Beispiel hierfür stellen Decken aus Trägerrosten dar. Dies geschieht jedoch auf Kosten eines beträchtlichen Mehraufwands durch die vielfältigen Durchdringungspunkte der Rippen, ein Faktor, der in den meisten Fällen eine derartige mehrachsige Rippenstruktur verbietet. Dessen ungeachtet gibt es vereinzelte Fälle, bei denen man aus andersartigen Überlegungen derartige sich kreuzende Rippen dennoch einsetzt. Im Vordergrund steht dabei stets die Ausnutzung des zweiachsigen Lastabtrags unter Biegebeanspruchung, wie etwa bei Trägerrosten.

☞ *Siehe hierzu die ausführliche Diskussion zweiachsiger Rippenelemente unter dem Gesichtspunkt der Kraftleitung in **Band 1**, Kap. VI-2, Abschn. 9.5 Element aus zwei- oder mehrachsig gespannten Rippen, S. 650 ff.*

☞ *Näher behandelt werden diese Fälle in: Trägerroste: Kap. IX-2, Abschn. 3.1.3 und 3.1.4, S. 348 ff; siehe auch **Band 3**, Kap. XIII-5, Abschn. 4.1 Gitter- und Rahmenwände*

Hingegen sind kreuzweise verlaufende, also zweiachsig spannende Rippenscharen stets dann konstruktiv verhältnismäßig einfach zu realisieren, wenn die Stäbe sich in verschiedenen Ebenen *kreuzen*, also nicht *durchdringen*. Die Stäbe lassen sich dann durchgehend, ohne Stoß ausführen. Dies ist insbesondere in jenen Fällen vorteilhaft, wenn keine biegesteife, sondern lediglich eine gelenkige Verbindung am Stabknoten erforderlich ist. Eine biegesteife Verbindung am Knoten wäre bei ebenenversetzter Stabanordnung, wie bei durchgehenden Stäben der Fall, wesentlich schwieriger herzustellen. Sich kreuzende, nicht schneidende Rippenscharen finden sich bei einigen Gitterschalen sowie auch grundsätzlich bei Netzen. Bei letzteren sind Seile als Rippen wirksam. Diese sind im Gegensatz zu Stäben *nicht* biegesteif, erfüllen im Hüllelement aber ansonsten die gleiche Aufgabe. Auch Textilien, im baulichen Einsatz beispielsweise beschichtete

☞ *Kap. IX-2, Abschn. 3.2.5 Kuppel aus Stäben, S. 368 ff*

☞ *Kap. IX-2, Abschn. 3.3 Zugbeanspruchte Systeme, S. 380 ff*

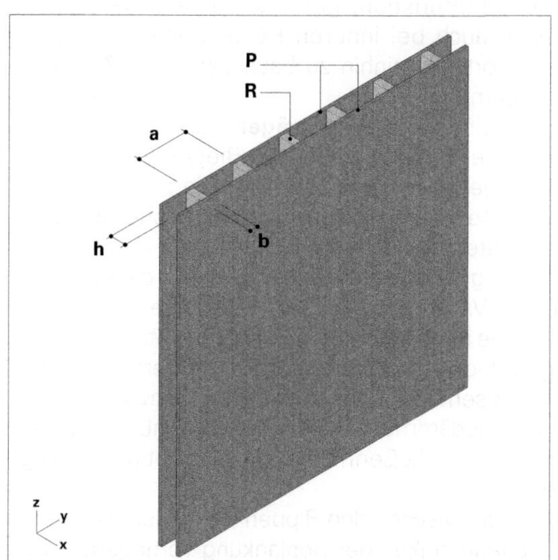

49 Rippenelement aus einer Rippenlage **R** und beidseitiger flächenbildender Platte **P**. **a** Rippenabstand; **b** Rippenquerschnittsbreite; **h** Rippenquerschnittshöhe.

50 Rippenelemente mit jeweils ein- und zweiachsig spannender Rippenschar.

Membrangewebe, sind eine spezielle Abwandlung des Rippenprinzips mit sich kreuzenden – sich nicht durchdringenden –, wiederum nicht biegesteifen Rippenscharen, nämlich Kette und Schuss.

5.3 Rippensysteme mit integrierter Hüllkonstruktion

☞ *Abschn. 2.3 Einfache Schale mit einseitigem Aufbau mit Unterkonstruktion, S. 139ff*

■ Ähnlich wie bei *Abschnitt 2.3,* besteht diese Konstruktionsvariante aus einem System paralleler Rippen, die in diesem Fall *beidseits* mit einer dünnen Schale beplankt oder bekleidet sind (🗗 **49**). Im Gegensatz zum leichten nichttragenden Aufbau, der bei Variante *2.3* (vgl. 🗗 **9**) zum Einsatz kommt, liegt hier bei der Kombination von Rippe und dünner Platte eine **tragende Sekundärkonstruktion** vor, welche in der Lage ist, äußere Belastungen für sich alleine über eine Spannweite hinweg auf eine Lagerung oder auf das Primärtragwerk abzutragen. Vorausgesetzt, es besteht ein Schubverbund an der Verbindung zwischen Rippe und dünner Schale – beispielsweise bei Leimung im Holztafelbau –, wirken beide Elemente unter Biegebeanspruchung der Rippe zudem im Verbund: Rippen und Schalen verbinden sich zu einem **mitwirkenden System**, bei dem die gesamte Elementdicke **D** sowie das Material der Bestandteile statisch vollständig ausgenutzt werden. Eine gewisse **mitwirkende Schalenbreite** beiderseits der Rippe verhält sich in diesem Fall statisch analog zu einem Druck- bzw. Zuggurt. Die verfügbare statische Höhe erhöht sich somit um die Dicke beider Schalen.

☞ ***Band 1****, Kap. VI-2, Abschn. 9.4 Element aus einachsig gespannten Rippen,* 🗗 **178** *auf S. 641 sowie* 🗗 **205** *bis* **207** *auf S. 648*

Die in diesem Abschnitt untersuchte Variante geht von einer (zumindest teilweisen) Integration von Rippenschar und Hüllkonstruktion – hier insbesondere der bestimmenden Schicht, dem Dämmpaket – in der gleichen Ebene aus. Das Dämmpaket erfüllt bei äußeren Hüllbauteilen vornehmlich eine Wärmedämmfunktion, ggf. auch eine Schallschutzfunktion. Aber auch bei inneren Hüllbauteilen tritt es in Erscheinung, dort gemeinhin zu bauakustischen Zwecken als Hohlraumdämpfung.

Die Rippen wirken als **Biegeträger**, sodass ihre Querschnittshöhe **h** entscheidend für die Biegesteifigkeit des Hüllbauteils gegenüber Lasten rechtwinklig zur Hüllebene ist (→**x**). Je größer diese Rippenquerschnittshöhe ist, desto mehr Raum besteht bei äußeren Hüllbauteilen also für eine Wärmedämmung im Rippenzwischenraum. Da die Tragfunktion, die bei der Variante in *Abschnitt 2.3* alleine der inneren tragenden Schale anvertraut war, nunmehr hauptsächlich den Rippen zugeordnet ist, kann die somit vergrößerte statische Höhe der in diesem Fall tragenden Rippe sinnvoll für eine verstärkte Wärmedämmung im Hohlraum genutzt werden (🗗 **51**). Dies ist bei Außenhüllen ein eindeutiger Vorzug dieser Lösung.

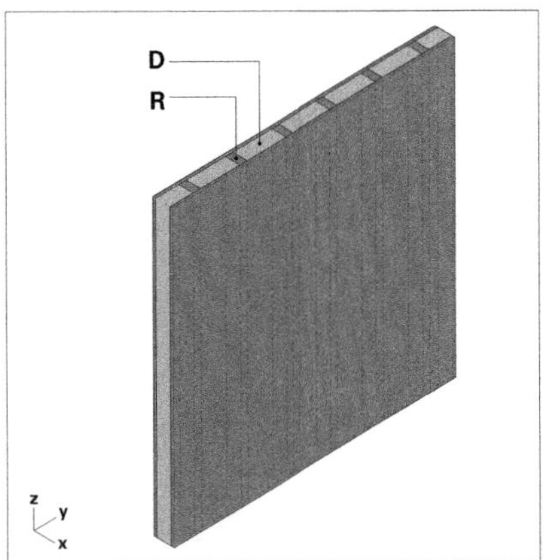

51 Rippenelement wie in 🗗 **49**. Die Zwischenräume der Rippen **R** sind mit Dämmung **D** ausgefüllt. Trag- und Hüllfunktion werden in einer gleichen Ebene integral zusammengeführt.

Der Abstand **a** zwischen den Rippen (🗗 **49**) ist wiederum durch die Biegesteifigkeit der Beplankung vorgegeben. Da diese in der Regel aus vergleichsweise dünnen Platten besteht, liegt dieses Maß zumeist im Bereich unter 1 m.

Neben der Mitwirkung der Beplankung als Trägergurte

der Rippe tragen beide Schalen ferner dazu bei, die in ihrer Querschnittsbreite **b** vergleichsweise schlanke Rippe gegen ein **Kippen** oder ein **Knicken** in Hüllebene (**yz**, d. h in →**y**) zu sichern. Die kraftschlüssige Verbindung der Rippe mit dem scheibenartigen Bauteil der Beplankung verhindert ein seitliches Ausweichen (in →**y**) des schlanken Profils. Ein Knicken ist insbesondere dann zu befürchten, wenn starke axiale Druckkräfte – beispielsweise bei tragenden Wandelementen – in die Rippe eingeleitet werden (in →**z**).

☞ *Kippen:* ***Band 1****, Kap. VI-2, Abschn. 9.4 Element aus einachsig gespannten Rippen,* **211** *auf S. 650*
☞ *Knicken:* ***Band 1****, Kap. VI-2, Abschn. 9.4 Element aus einachsig gespannten Rippen,* **164** *auf S. 639*

Desgleichen wirkt die Beplankung **aussteifend** auf das Gesamtrippensystem, das gegen Schubbeanspruchung in der Hüllebene (**yz**) zunächst nicht gesichert ist. Die Scheibenwirkung der beiden Schalen verwandelt das Hüllbauteil in ein schubsteifes Element. Druckspannungen, die sich infolge dieser Schubbeanspruchung in den dünnen Schalen aufbauen und im Extremfall zum **Beulen** dieser Beplankung führen können, werden wiederum vom Verbund der dünnen Platte mit der Rippe neutralisiert. Die Planke wird rechtwinklig zur Hüllebene (→**x**) von der Rippe gehalten, die in dieser Richtung ihre große Steifigkeit infolge der Rippenquerschnittshöhe **h** aktiviert. Ein Beulen der dünnen Platte bzw. Scheibe ist nicht möglich.

☞ ***Band 1****, Kap. VI-2, Abschn. 9.4 Element aus einachsig gespannten Rippen,* **184** *auf S. 643*

Es wird deutlich, wie die Bestandteile dieser Konstruktion auf sehr vorteilhafte Weise in einem **statischen Gesamtsystem** zusammenwirken, und zwar sowohl für Kräfte rechtwinklig zur Elementebene (→**x**), dabei Biegung hervorrufend, als auch für solche in der Ebene selbst (**yz**) – Schub in der Scheibe erzeugend. Darüber hinaus liegt hier ein Fall vor, bei dem statische Notwendigkeiten (Rippenquerschnittshöhe **h**) zugleich auch zu wärmeschutztechnisch sinnvollen Verhältnissen führen – also zu großen Dämmstärken.

Es liegt auf der Hand, dass die Rippe aus der Sicht des Wärmeschutzes eine **Wärmebrücke** darstellt, weshalb dieses konstruktive System in dieser einfachen Ausführung im Regelfall nur in Holzbauweise sinnvoll realisiert werden

☞ *Kap. X-2, Abschn. 3.4 Holzrippen-, Holzrahmenbau, S. 533 ff sowie* ***Band 3****, Kap. XIII-5, Abschn. 2.1.1 Holzrahmenwände*

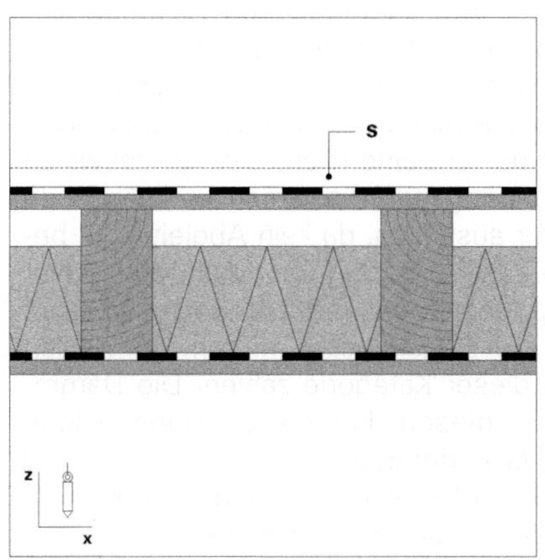

52 Geneigtes Dach mit einfachstem Aufbau. Zusätzliche Schutzschicht **s** (Deckung) z. B. aus Bitumenschindeln.

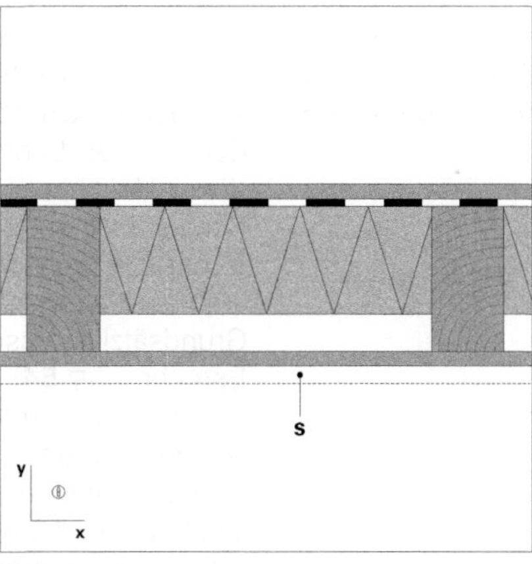

53 Holzrippenwand mit einfachstem Aufbau. Zusätzliche Schutzschicht **s** (Wetterhaut), z. B. in Form eines Verputzes.

kann, wo die Rippe eine nur mäßige Wärmeleitfähigkeit besitzt. Sollen andere Materialien, wie z.B. Metalle, zum Einsatz kommen oder werden höhere wärmetechnische Anforderungen gestellt, ist eine thermische Trennung, d.h. eine Aufdoppelung des Rippensystems bzw. ein aufgesetzter Aufbau, unumgänglich. Varianten dieser Art werden im folgenden *Abschnitt 5.3.1* besprochen.

☞ *Abschn. 2.2 Einfache Schale mit einseitigem Aufbau ohne Unterkonstruktion, S. 134*

Wie bei der schalenartigen Variante mit Aufbau ohne Unterkonstruktion, ist zwecks Abführung eventuell in die Konstruktion eingedrungener Feuchte entweder eine **Hinter**- oder **Unterlüftung** zwischen Wärmedämmebene und Rückseite der äußeren Schale von Vorteil (🗗 **52**, **53**) und/oder ausreichende Wasserdampfdiffusionsfähigkeit der äußeren Schale. Dies leistet beispielsweise eine ausreichend diffusionsoffen äußere Beplankung (🗗 **53**). Das raumseitige Eindringen von Wasserdampf ist im Regelfall durch geeignete innenseitig aufgebrachte Dampfbremsen oder -sperren zu kontrollieren.

Bauakustisch liegt trotz des offensichtlichen *zweischaligen* konstruktiven Aufbaus trotzdem ein *einschaliges* schwingendes System vor, das nicht unähnlich einer einfachen Schale wirkt. Der aus Sicht der Kraftleitung notwendige lineare Verbund zwischen Rippe und Beplankung macht aus dem Element ein steifes Gesamtsystem. Es weist zudem – paradoxerweise wegen seiner statischen Effizienz – keine nennenswerte Masse auf. Schlimmer noch: Die geringe vorhandene Masse ist obendrein inhomogen, nämlich auf Rippen und Beplankung, verteilt, weshalb sie ihre bauakustische Wirkung nicht entfalten kann. Als Folge davon ist der Schallschutz nur mäßig bis gering. Um eine zusätzliche Verschlechterung infolge Hohlraumresonanz zu vermeiden, ist in jedem Fall eine Dämpfung der Hohlräume zwischen den Rippen mittels weichfedernden Dämmstoffs erforderlich.

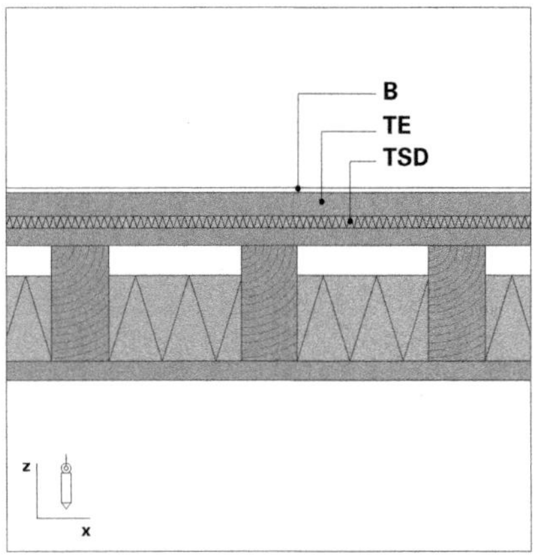

54 Decke in Holztafelbauweise. Der Fußbodenaufbau über dem tragenden Rippenelement besteht aus Trittschalldämmung (**TSD**), Trockenestrich (**TE**) und Bodenbelag (**B**).

3.1 Rippensystem mit einseitigem Aufbau ohne Unterkonstruktion

☞ *Analog zur Variante in Abschn. 2.2 Einfache Schale mit einseitigem Aufbau ohne Unterkonstruktion, S. 134 ff*

■ Der Aufbau besteht bei dieser Variante aus einer Dämmschicht sowie einer außenliegenden Schicht oder dünnen Schale, die an ihr haftet oder – bei liegendem Element – auf ihr aufliegt. Es existiert keine Unterkonstruktion sowie *keine Befestigungsmittel*, welche die Dämmschicht durchdringen. Aus diesem Grund kann es sich bei stehenden Bauteilen bei der äußeren Schicht nur um eine leichte, vergleichsweise dünne Haut handeln; bei liegenden kann man die aufliegende Schale auch schwerer ausbilden, da kein Abgleiten zu befürchten ist und ihre Last vollflächig über das Dämmpaket auf das stützende Rippenelement übertragen werden kann. Grundsätzlich lassen sich Balkendecken mit schwimmenden Estrichen (🗗 **54**) zu dieser Kategorie zählen. Die Dämmschicht übernimmt in diesem Fall die schalltechnische Abkopplung des Estrichs vom tragenden Element, also der Deckenhauptkonstruktion; Schallbrücken sind mangels einer Befestigung der oberen Schale ausgeschlossen.

Die durchgängige Dämmschicht des Aufbaus (🗗 **55**) neutralisiert bei Außenhüllbauteilen die Wärmebrücke der Rippe und erhöht insgesamt die Dicke des Dämmpakets

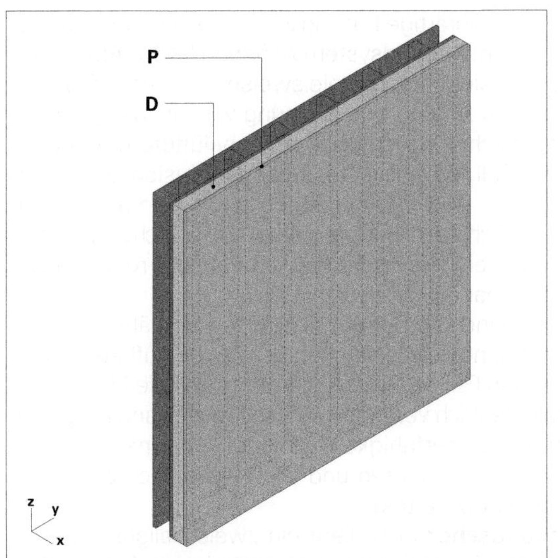

55 Rippenelement mit sandwichartigem Aufbau. Die außenliegende flächenbildende Platte **P** haftet nach dem Sandwichprinzip an der äußeren Dämmschicht **D**. Es existieren keine wärmebrückenartigen Durchdringungen in dieser Außenschicht.

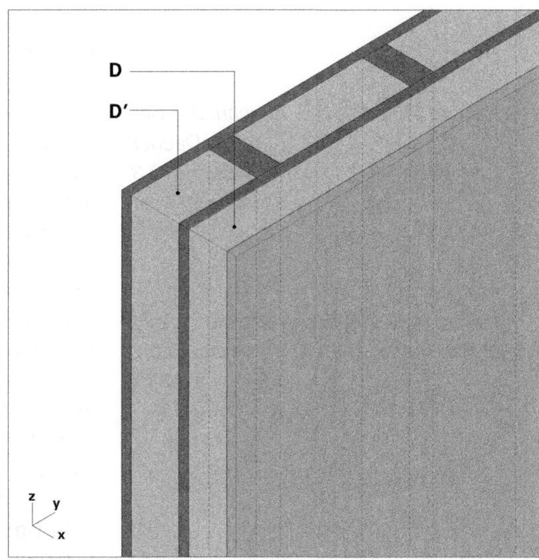

56 Detailansicht des Aufbaus in 🗗 **55**, hier mit zusätzlicher Dämmschicht **D'** im Hauptrippenelement.

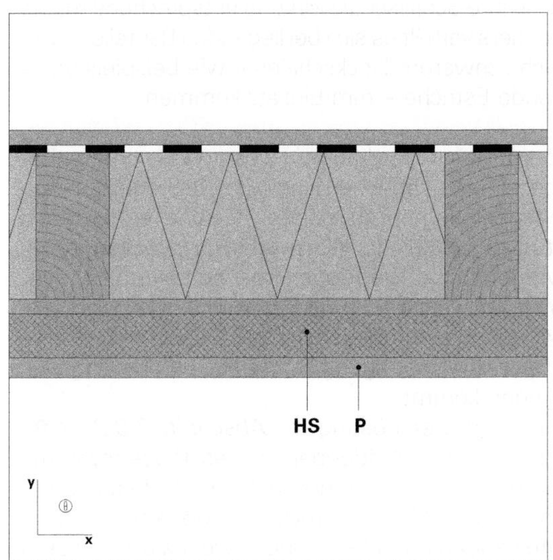

57 Außenwand in Holzrippenbauweise. Äußerer Aufbau aus Hartschaumplatte (**HS**) und Putzschicht (**P**).

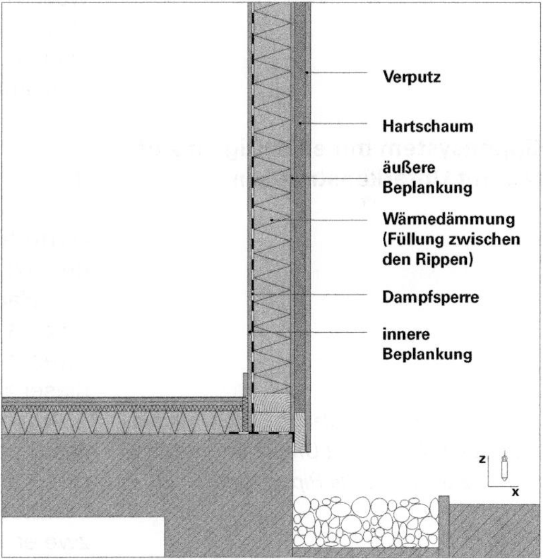

58 Außenwand in Holzrippenbauweise wie in 🗗 **57** mit Darstellung einer möglichen Ausführung des Sockelbereichs.

über das Maß der statisch notwendigen Rippenquerschnittshöhe **h** hinaus (🗗 **57**). Wie bei der Schale mit Aufbau ohne Unterkonstruktion ist auch in diesem Fall darauf zu achten, dass ggf. in die Konstruktion eingedrungene Feuchte nach außen abgeführt werden kann. Dies setzt wiederum eine ausreichende Wasserdampfdiffusionsfähigkeit der äußeren Schichten voraus, d.h. in diesem Fall der äußeren Beplankung, der Wärmedämmschicht und der Wetterhaut. Im

☞ *Abschn. 2.2 Einfache Schale mit einseitigem Aufbau ohne Unterkonstruktion, S. 134*

☞ [a] **Band 3**, *Kap. XIII-5, Abschn. 3.2 Geneigte Dächer*

☞ [b] **Band 3**, *Kap. XIII-5, Abschn. 3.3 Flache Dächer*

☞ *Abschn. 2.2 Einfache Schale mit einseitigem Aufbau ohne Unterkonstruktion, S. 134 ff*

Holzbau ist eine derartige Lösung in Form einer Rippenwand mit Wärmedämmverbundsystem zu finden (**57, 58**). In geneigter Position liegt hier beispielsweise ein Dach in Rippenkonstruktion mit Aufsparrendämmung vor;[a] in waagrechter Position, ein flaches Balkendach mit unbelüftetem Aufbau.[b] In letzterem Fall ist eine Wasserdampfdiffusion durch die Wetterhaut (hier Abdichtung) bautechnisch (wie auch beim Flachdach auf Schale) nicht realisierbar. Zusätzliche Maßnahmen wie raumseitige Dampfbremse oder -sperre sind auch hier unverzichtbar.

Insgesamt sind die bauphysikalischen Verhältnisse vergleichbar mit denen der einfachen Schale mit Aufbau, wobei im vorliegenden Fall des Rippenelements sich die Masse der Hauptschale deutlich verringert. Diese Masse kann aufgrund ihrer Wärmespeicherfähigkeit eine ggf. erwünschte thermische Trägheit garantieren und auch wesentlich zu einem guten Schallschutz beitragen.

In **bauakustischer** Sicht liegt ein zweischaliges schwingendes Masse-Feder-System vor, wobei eine Schale das Rippenelement, die andere die vorgeschaltete Schicht oder dünne Schale des Aufbaus darstellt. Konzeptbedingt ist die Masse dieser äußeren Schicht des Aufbaus bei stehenden Elementen wegen der Gefahr des Abgleitens nur gering, weshalb auch ihre Schallschutzwirkung entsprechend mäßig ist. Etwas anders verhält es sich bei liegenden Bauteilen. Dort können auch schwerere Deckschalen – wie beispielsweise schwimmende Estriche – zum Einsatz kommen.

3.2 Rippensystem mit einseitigem Aufbau mit Unterkonstruktion

☞ *Abschn. 2.3 Einfache Schale mit einseitigem Aufbau mit Unterkonstruktion > 2.3.2 Doppelte Rippenlage, S. 140 ff*

■ Die Rippen des Aufbaus haben in diesem Fall vornehmlich die Aufgabe, einen zusätzlichen Hohlraum über oder vor dem tragenden Rippenelement zu schaffen, welcher entweder zu **Hinterlüftungs-** (**65**) oder **Wärmedämmzwecken** (**59**) genutzt werden kann. Die Rippen spannen alternativ quer zum Hauptrippensystem (→ **y**) (**59**) oder parallel zu diesem (→ **z**) (**64, 65**), wobei in diesem letzten Fall die Nebenrippe zwecks direkter Kraftabtragung auf die Hauptrippe längs auf dieser zu liegen kommt.

Analog wie bei der Lösung im *Abschnitt 2.3.2* (**9**), reduziert sich bei der Aufdoppelung des Rippensystems und Füllung des dadurch neu geschaffenen Hohlraums mit Wärmedämmung die Wärmebrücke auf die Kontaktfläche zweier aufeinanderliegender Rippen, weshalb in diesem Sinn naturgemäß die Querverlegung der aufgedoppelten Rippenschar der Längsverlegung vorzuziehen ist (vgl. auch **17**). Die Gesamtdämmstärke lässt sich durch diesen Aufbau wesentlich vergrößern (**60**).

Bauakustisch ergibt sich ein Masse-Feder-System aus dem Rippenelement und der aufgedoppelten Rippenschar, das keine nennenswerte schallschutztechnisch wirksame Masse aufbieten kann. Es verhält sich deshalb bauakustisch ungünstig. Die Kopplung zwischen Rippenelement und aufgedoppelter Rippenschar sollte für einen etwas besseren Schallschutz möglichst federnd ausgeführt werden.

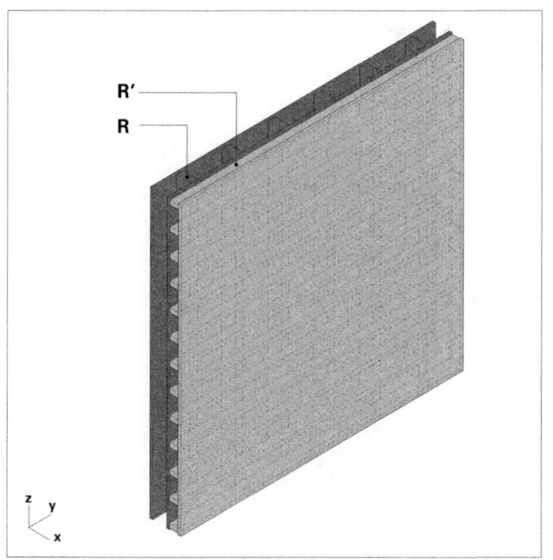

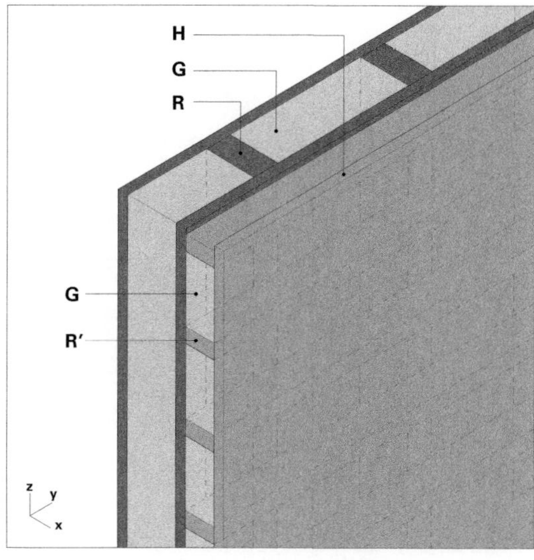

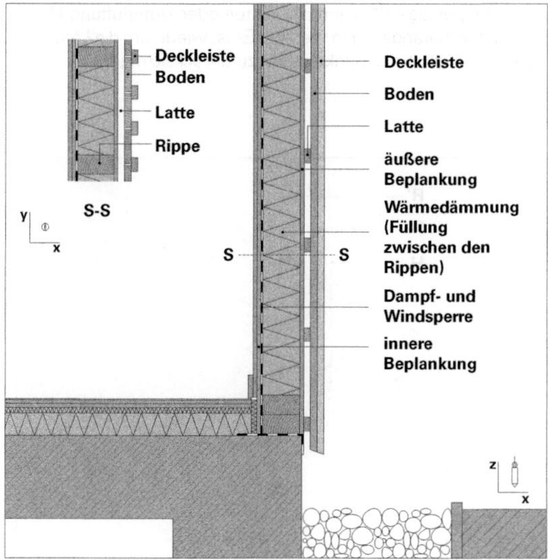

59 (Oben links) Rippenelement mit außenliegendem Aufbau in Rippenbauweise. Hauptrippenlage **R**; Nebenrippenlage **R'**.

60 (Oben rechts) Detailansicht (Gefache **G** mit Wärmedämmung gefüllt). Anders als bei 🗗 **55/56**, wird die äußere Haut **H** (zumeist die Wetterhaut) mittels der äußeren Rippenlage **R'** an der inneren Rippenschar **R** rückverankert. Wärmebrücken reduzieren sich indessen auf die Kontaktflächen zwischen den beiden Rippenlagen **R** und **R'** (analog zum Fall in 🗗 **15**).

61 Außenwand in Holzrippenbauweise mit Darstellung des Sockelbereichs. Querlattung auf dem Rippenelement zur Befestigung der Außenschalung (hier Deckleistenschalung). Es ist keine Hinterlüftung der Wetterhaut vorgesehen, was eine nur mäßige Schlagregenbelastung voraussetzt – beispielsweise bei ausreichendem Schutz durch einen Dachüberstand.

■ Ein zusätzlicher Aufbau in Form einer weiteren Rippenlage, die orthogonal zur ersten Nebenrippenschar aufgesetzt wird (🗗 **62**), lässt sich zumeist nicht mehr durch die Notwendigkeit rechtfertigen, eine größere Dämmstärke zu realisieren oder Wärmebrücken zu minimieren. Dennoch kann es sich manchmal als sinnvoll erweisen, einen Hohlraum zu schaffen, um die Konstruktion zu durch- bzw. hinterlüften (🗗 **63**). Es ist dann wie erwähnt dafür Sorge zu tragen, dass die Ausrichtung der Hohlräume, die an ihren Enden mit der Außenluft in Kontakt stehen, die Luftbewegung unterstützt bzw. ermöglicht: also dass sie z. B. bei schrägliegenden oder stehenden Hüllbauteilen der Richtung des thermischen Auftriebs folgt.

Rippensystem mit einseitigem Aufbau mit doppelter Rippung

☞ *Abschn. 2.3 Einfache Schale mit einseitigem Aufbau mit Unterkonstruktion > 2.3.2 Doppelte Rippenlage, S. 140ff*

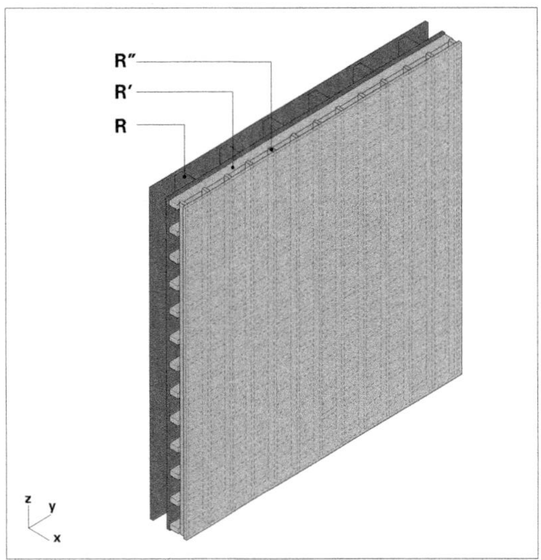

62 Rippenelement mit außenliegendem doppelten Aufbau in Rippenbauweise. Hauptrippenlage **R**; zwei Nebenrippenlagen **R'** und **R"**.

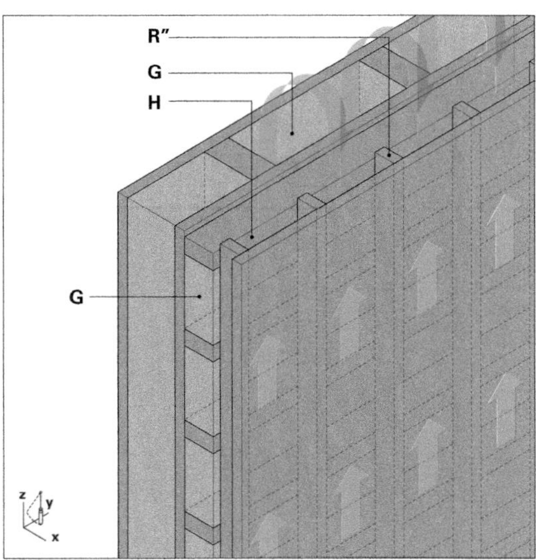

63 Detailansicht (Gefache **G** mit Wärmedämmung gefüllt). Die äußere Rippenlage **R"**, kann zur Hinter- oder Unterlüftung **H** der Konstruktion herangezogen werden. Es ist wiederum die Lage des Bauteils bezüglich der Senkrechten zu berücksichtigen.

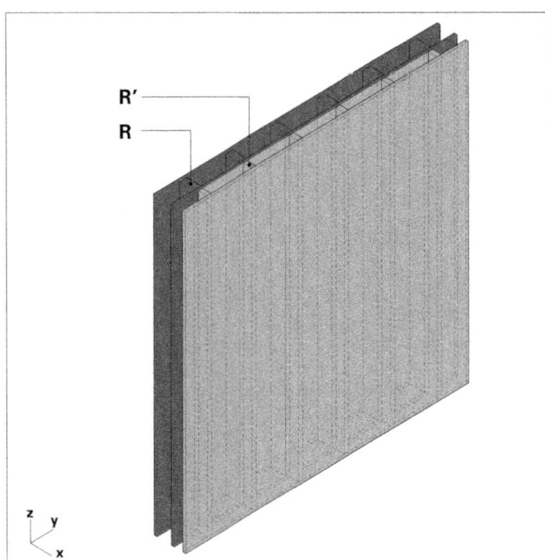

64 Außenliegende Rippenlage **R'** auf die innenliegende **R** gleich ausgerichtet aufgesetzt. Erstere hat keine tragende Funktion mehr, sondern dient lediglich als Auffütterung.

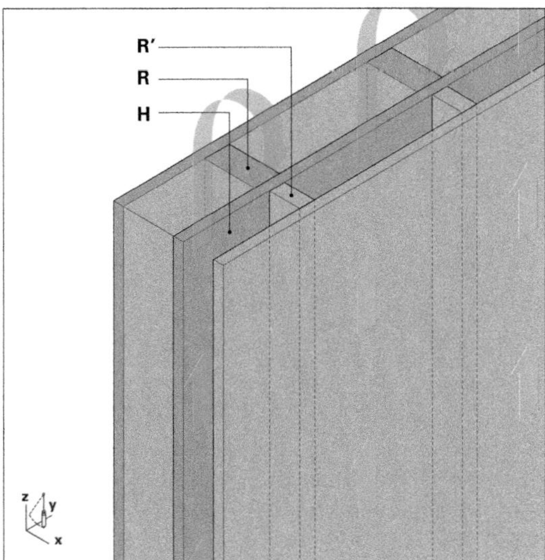

65 Detailansicht. Unter gegebenen Umständen kann sich die Rippenausrichtung von **R'** (die gleiche wie die von **R**) als vorteilhaft erweisen, beispielsweise zur Ermöglichung einer Hinterlüftung **H**, wenn quer verlegte Rippen (wie in **59**) dieser im Wege stünden.

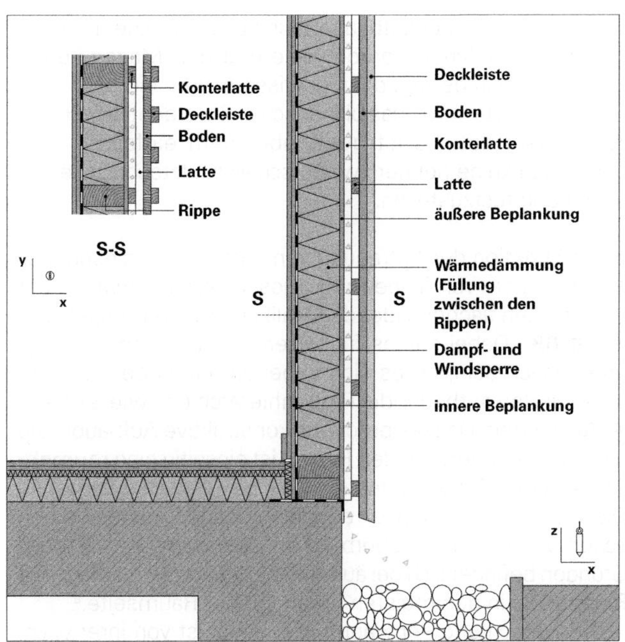

66 Außenwand analog zur Lösung in 🗗 **61**, jedoch mit einer zusätzlichen Konterlattung und Einführung einer senkrecht durchgängigen Hinterlüftung. Die Lagenfolge von Lattung und Konterlattung ist gegenüber dem Schaubild in 🗗 **63** vertauscht, es besteht konstruktiv jedoch kein wesentlicher Unterschied.

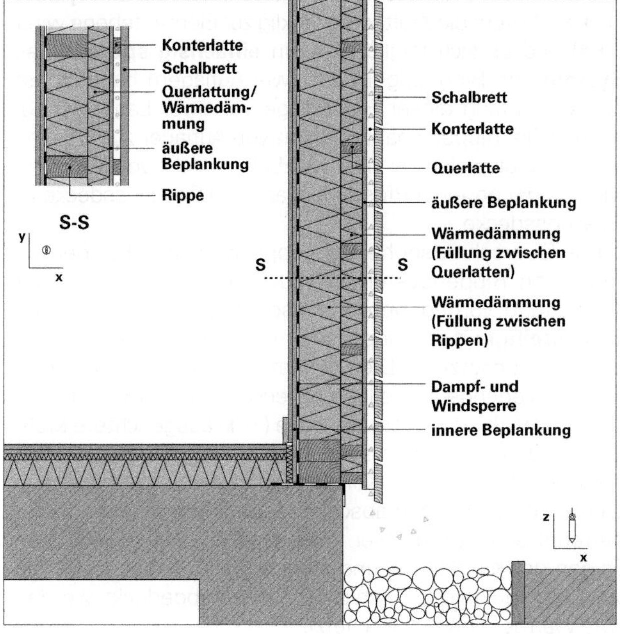

67 Außenwand in Holzrippenbauweise gemäß Aufbau in 🗗 **63**. Die Ebene der Querlattung wird für eine Aufdoppelung der Wärmedämmung verwendet, diejenige der Konterlattung für eine Hinterlüftung der Wetterhaut, deren Schalbretter folgerichtigerweise waagrecht verlaufen müssen.

Der doppelte Rippenaufbau führt in bauakustischer Hinsicht zu einer deutlichen Verkomplizierung des Masse-Feder-Systems, denn es liegt dann gewissermaßen ein doppeltes Resonanzsystem vor, das planerisch außerordentlich schwer zu erfassen ist. Es ist gegenüber dem einfachen Rippenaufbau keine nennenswerte schallschutztechnische Verbesserung festzustellen.

5.4 Rippensysteme mit Trennung von Hüllkonstruktion und Rippung

■ Die Funktion der Abtragung von Lasten ist in diesem Fall einem System von Rippen zugewiesen, das *getrennt* von der eigentlichen flächenbildenden Hüllkonstruktion ausgebildet ist (**69**). Dabei soll es für unsere Betrachtung zunächst unerheblich sein, ob es sich dabei um eine oder mehrere aufeinander aufbauende Rippenhierarchien (wie etwa in **70**) handelt: Das besprochene konstruktive Aufbauprinzip bleibt unverändert. An den Rippen ist einseitig eine **raumabschließende Schale** befestigt, die eine gerade ausreichende Dicke und Biegesteifigkeit aufweist, um den Abstand **a** zwischen den Rippen zu überbrücken. Aus wärmetechnischen Gründen befindet sich bei äußeren Hüllbauteilen die tragende Rippenlage in den meisten Fällen auf der Raumseite.[a]

Die Ausrichtung der Hauptrippenschar ist von ihrer wichtigsten Aufgabe abhängig, nämlich von der **Kraftleitung**. Bei Kraftwirkung in der Elementebene (**yz**) sind die Rippen entlang dieser Kraft ausgerichtet (also entweder in → **y** oder in → **z**).[b] Sofern die Kraft rechtwinklig zur Elementebene wirkt (→ **x**) und es sich folglich um ein **einachsig spannendes System** von Biegeträgern auf zwei Auflagern handelt,[c] ist die Ausrichtung dieser Rippenlage von ihrer Lagerung abhängig: Die Rippen spannen dann von Auflager zu Auflager, also beispielsweise bei einer Holzbalkendecke von Mauer zu Mauer oder bei einer Pfostenfassade von Geschossdecke zu Geschossdecke.

Die Querschnittshöhe der Rippe **h** ist wie bei den integrierten Rippensystemen[d] zuvorderst von Fragen der Kraftleitung vorgegeben, insbesondere der notwendigen **Biegesteifigkeit** der Rippe, sofern sie einer Biegebeanspruchung ausgesetzt ist. Dies gilt naturgemäß in besonderem Maß für liegende Bauteile wie Decken oder Dächer, da hier die rechtwinklig zur Elementfläche (→ **x**) ausgerichtete Kraftkomponente – wie beispielsweise die Eigenlast – zumeist dominiert. Da bei dieser Konstruktionsvariante die tragenden Elemente von der raumabschließenden Hüllkonstruktion klar getrennt sind, treten hier keinerlei Zielkonflikte zwischen Fragen der Kraftleitung und anderen Teilfunktionen auf, die vom kontinuierlichen Schichtenaufbau abgedeckt werden (wie Wärme- und Schallschutz).

Auch bei einer – ggf. zusätzlichen – **axialen Belastung** der Rippen (→ **z**), beispielsweise auf Druck, ist der Querschnittshöhe **h** der Rippe sowie auch – sofern die Rippe nicht zusätzlich seitlich gehalten ist – der Querschnittsbreite **b** ein notwendiges Mindestmaß zu geben, um ein Knicken (in → **y**) zu verhindern.

☞ [a] *Wie beispielsweise bei einer Pressleistenverglasung, siehe* ***Band 3****, Kap. XIII-5, Abschn. 3.1.2 Pfosten-Riegel-Fassade > thermische Trennung*

☞ [b] ***Band 1****, Kap. VI-2, Abschn. 9.4 Element aus einachsig gespannten Rippen,* **161** *auf S. 637 und nachfolgende*

☞ [c] ***Band 1****, Kap. VI-2, Abschn. 9.4 Element aus einachsig gespannten Rippen,* **200** *auf S. 647 bis* **213** *auf S. 652*

☞ [d] *Abschn. 5.3 Rippensysteme mit integrierter Hüllkonstruktion, S. 160 ff*

☞ ***Band 1****, Kap. VI-2, Abschn. 9.4 Element aus einachsig gespannten Rippen,* **164** *auf S. 639 bzw.* **166** *bis* **176** *auf S. 639 bis S. 641*

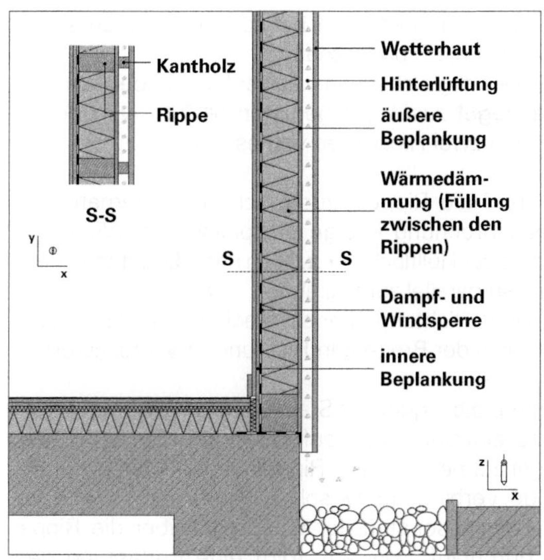

68 Außenwand in Holzrippenbauweise: Vor jeder Rippe ist ein Kantholz befestigt, das einen Hohlraum für die Hinterlüftung schafft. Dieser muss bei dieser Bauteillage zwangsläufig senkrecht, also parallel zur Rippenschar ausgerichtet sein.

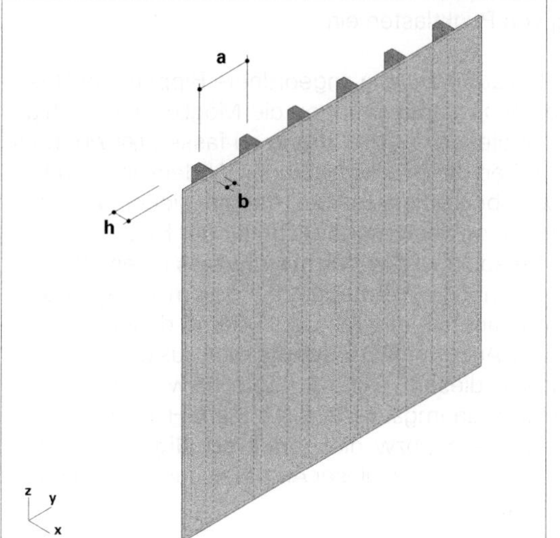

69 Rippenelement mit Trennung von tragender Rippenschar und raumabschließender Schale. **a** Rippenabstand; **b** Rippenquerschnittsbreite; **h** Rippenquerschnittshöhe.

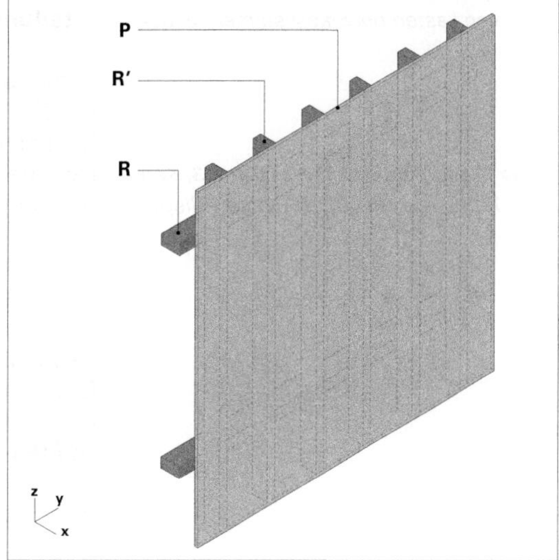

70 Alternative mit zwei Rippenhierarchien: zwei quer zueinander verlaufende Scharen: Hauptrippe **R**, Nebenrippe **R'** sowie flächenbildende Platte **P**.

Das parallele Rippensystem ist gegenüber **Schubbeanspruchung** in der Bauteilebene (**yz**) von sich aus nicht steif. Schub lässt sich in diesem Fall durch unverschiebliche Auflager aufnehmen. Alternativ kann auch die **Scheibenwirkung** der durch die Beplankung versteiften Rippung – wie bei einer Holzbalkendecke mit schubsteifer Beplankung – das System aussteifen.

✏ *Wie bei einer Pfostenfassade an Geschossdecken*

Der Abstand **a** zwischen den Rippen ist konzeptbedingt durch die Biegesteifigkeit der außenliegenden Schale vorgegeben. Rechtwinklig zur Elementebene (also in → **x**) wirkende äußere Lasten überträgt diese über Biegung als

☞ **Band 1**, Kap. VI-2, Abschn. 9.4 Element aus einachsig gespannten Rippen, S. 635 ff, sowie Kap. IX-2, Abschn. 2.1.2 Flache Überdeckung aus Stabscharen, S. 294 ff

einachsig, also zwischen zwei benachbarte Rippen spannende Platte auf die Rippenschar.

Werden die vergleichsweise schlanken Rippen seitlich durch **Querriegel** zusätzlich gehalten (**73**), wird deren Tragfähigkeit in zwei Hinsichten verbessert:

- Im Fall, dass die Rippen, zusätzlich oder alternativ zur Biegebeanspruchung infolge beispielsweise Windkraft rechtwinklig zur Hüllfläche → **x**, auch unter **Drucklast**, also in Stabachse parallel zur Hüllebene → **z**, stehen, wird ein Ausknicken in Richtung ihrer schwachen Querschnittsdimension, also der Breite **b** in Richtung → **y**, erschwert.

- Einzellasten, die – quer zur Stabachse ausgerichtet (→ **x**) – auf eine einzelne Rippe auftreffen, werden durch die Querriegel auf benachbarte Rippen verteilt, da eine querkraftfähige Verbindung zwischen Rippe und Querriegel besteht oder ansonsten der Querriegel über die Rippe hinweg durchläuft. Hieraus folgt eine Entlastung der betroffenen Rippe. Es stellt sich dadurch eine **Querverteilung** von Punktlasten ein.

☞ **Band 1,** Abschn. 9.4 Rippenelement aus einachsig gespannten Rippen, S. 635 ff sowie Kap. IX-2, Abschn. 2.1.2 Flache Überdeckung aus Stabscharen > Querverteilung von Lasten bei Stabsystemen, S. 304

Ferner bieten außenbündig angeordnete Rippen und Querriegel in *beiden* Hauptrichtungen die Möglichkeit, flächige Elemente an diesen ringsum **linear** zu fassen (**74**). Dies kann bei Stößen der flächenbildenden Abdeckung von Bedeutung sein, beispielsweise bei Pfosten-Riegel-Fassaden zur Sicherstellung der nötigen Dichtheit der Hülle.

☞ Siehe Verglasungen in **Band 3**, Kap. XIII-5, Abschn. 3.1.2. Pfosten-Riegel-Fassade

Aus der Perspektive des **Wärmeschutzes** ist es erforderlich, dass die nötige Wärmedämmung vom einzigen *vollflächigen* Bestandteil, nämlich der äußeren dünnen Schale geleistet wird. Auch der **Schallschutz** kann aus dem gleichen Grund nur von diesem Element erbracht werden. Hierfür ist es praktisch unumgänglich, die äußere Haut mit einem **Aufbau** zu versehen, bzw. diese **mehrschalig** auszubilden. Alternative Ausführungen dieser Art sollen nun im Folgenden untersucht werden.

4.1 Rippensystem mit Schale und Aufbau ohne Unterkonstruktion

■ Es gelten hier (**75**) sinngemäß die gleichen Bedingungen wie weiter oben [a] (**3**) beschrieben. Insbesondere bei liegenden Bauteilen ist diese Lösung vorteilhaft, da ein Abgleiten des empfindlichen Aufbaus in diesem besonderen Fall nicht zu befürchten ist.[b] Aber auch bei schrägliegenden Hüllbauteilen kann diese Lösung zum Einsatz kommen. Die Sicherung des Aufbaupakets muss allerdings ggf. mit gewissermaßen konzeptwidrigen Befestigungsmitteln, die das Dämmpaket durchdringen, erfolgen (**80**).

☞ [a] Abschn. 2.2 Einfache Schale mit einseitigem Aufbau ohne Unterkonstruktion, S. 134 ff

✏ [b] Vgl. Holzbalkendecke mit Fußbodenaufbau als schwimmender Estrich

Bei stehenden Bauteilen gilt es ebenfalls, die Tendenz der Außenschicht zum Abgleiten zu unterbinden. Bei dünnen Häuten genügt die Haftung an einem ausreichend festen Dämmstoff. Bei schwereren Außenschalen sind wiederum Rückverankerungen an der tragenden inneren Schale oder Rippenschar erforderlich, welche in weiterer Konsequenz zu

✏ Wie beispielsweise der Putzschicht eines Wärmedämmverbundsystems

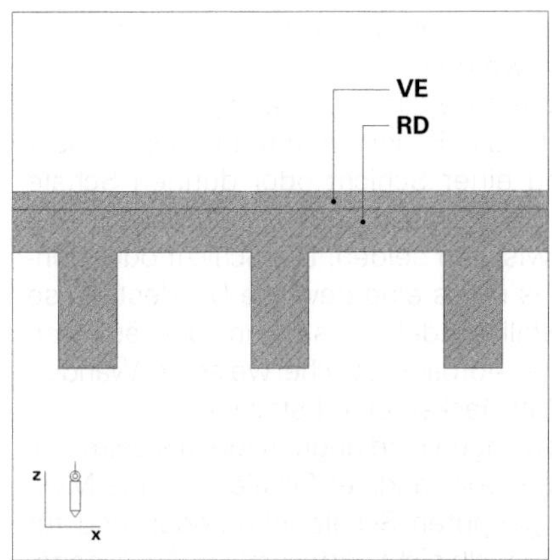

71 Plattenbalkendecke mit ausgleichendem Verbundestrich (**VE**) auf der Rohdecke (**RD**) als Beispiel für ein Rippenelement ohne zusätzlichen leichten Aufbau – beispielsweise für eine Geschossdecke.

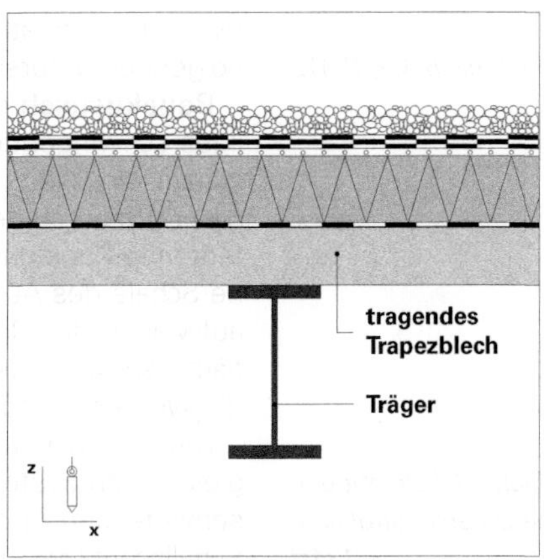

72 Dach mit tragender Stahlkonstruktion und leichtem Dachaufbau als Beispiel für ein Rippenelement mit leichtem Aufbaupaket.

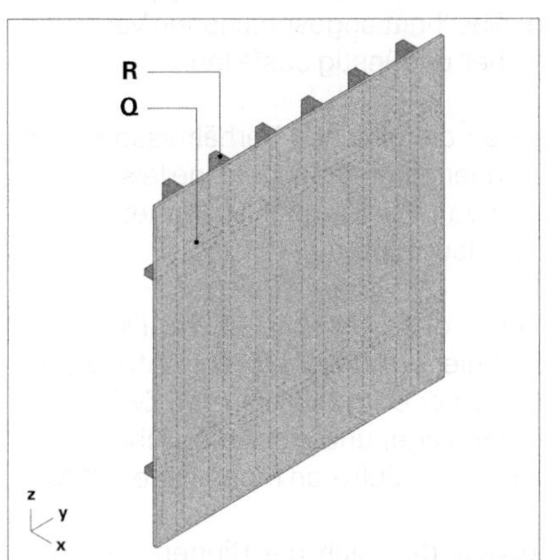

73 Rippenelement wie in 🗗 **69**, jedoch mit Querriegeln **Q**.

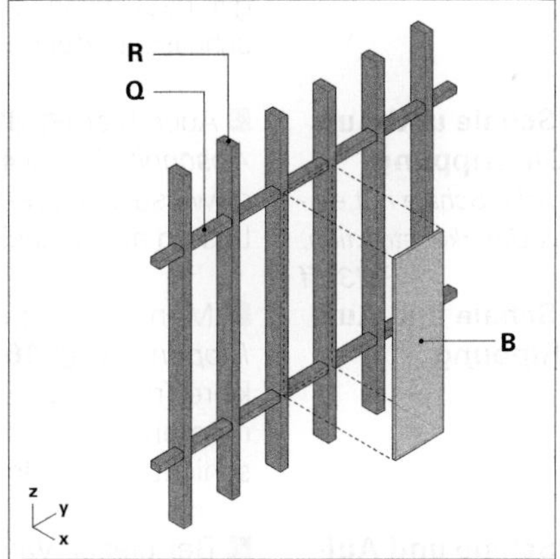

74 Allseitige Randeinfassung eines Beplankungselements **B** bei Existenz von Stäben in beiden Richtungen, in diesem Fall **R** und **Q**.

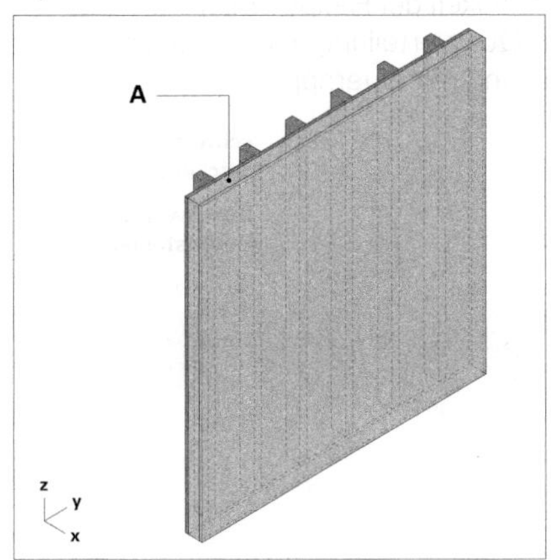

75 Rippenelement mit leichtem Aufbau **A** ohne Unterkonstruktion.

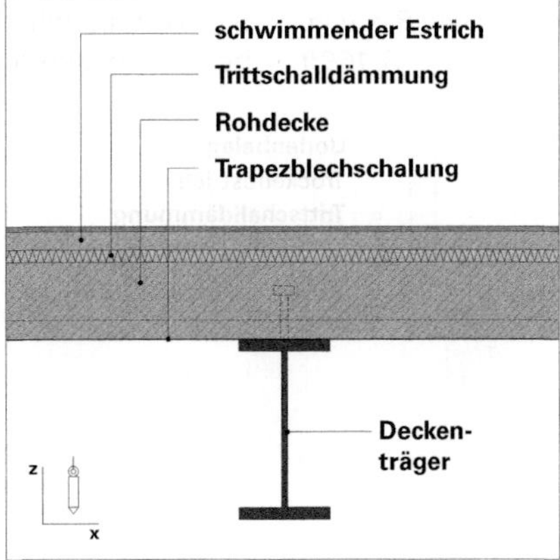

76 Stahl-Beton-Verbunddecke mit schwimmendem Estrich als Beispiel für ein Rippenelement mit Aufbau ohne Unterkonstruktion.

☞ *Abschn. 5.4.2 bis 5.4.3, S. 172*

einer Unterkonstruktion führen. Diese Fälle sollen nun im Folgenden untersucht werden.

Bauakustisch entsteht bei dieser Variante ein zweischaliges schwingendes Masse-Feder-System aus der Rippenschale einerseits und einer Schicht oder dünnen Schale des Aufbaus andererseits, vorausgesetzt es besteht eine federnde Kopplung zwischen beiden. Die Schicht oder dünne Schale des Aufbaus muss eine gewisse Mindestmasse aufweisen. Im Regelfall handelt es sich um den äußeren flächigen Abschluss des Aufbaus, üblicherweise bei Wänden die Wetterhaut oder bei Decken eine Estrichplatte.

☞ *Abschn. 2.2 Einfache Schale mit einseitigem Aufbau ohne Unterkonstruktion, S. 134 ff*

Die Grundvoraussetzungen sind ungünstiger als beim vergleichbaren System mit vollwandiger Schale, weil die Massenverteilung in der gerippten Schale inhomogen und für Schallschutzzwecke deshalb nicht vorteilhaft ist. Auch insgesamt ist die Masse der Rippenschale im Regelfall geringer als bei der vollwandigen Schale, da sie in statischer Hinsicht effizienter und materialsparender ist. Als Konsequenz davon gilt, dass die in diesem Abschnitt angesprochenen Varianten schallschutztechnisch eher ungünstig ausfallen.

4.2 Rippensystem mit Schale und Aufbau mit einfacher Querrippung

☞ *Abschn. 2.3 Einfache Schale mit einseitigem Aufbau mit Unterkonstruktion, S. 139 ff*

■ Auch hier (🗗 **81**) gelten die gleichen Verhältnisse wie in *Abschnitt 2.3* (🗗 **4**). Die querlaufende Rippenlage leistet eine gewisse Querverteilung von Punkt- oder asymmetrischen Lasten auf benachbarte Hauptrippen.

4.3 Rippensystem mit Schale und Aufbau mit doppelter Rippung

■ Man vergleiche hierzu den *Abschnitt 2.3.2 Doppelte Rippenlage* (🗗 **16**). Auch hier ermöglicht dieser Aufbau eine klare Trennung zwischen einer Dämmlage (in den Zwischenräumen der inneren Rippenlage) und einer möglichen Luftschicht (in den Hohlräumen der äußeren Rippenlage) (🗗 **82**).

4.4 Rippensystem mit Schale und Aufbau mit Längsrippung

☞ *Abschn. 5.4 Rippensysteme mit Trennung von Hüllkonstruktion und Rippung, S. 168 ff*

■ Bei dieser Variante befinden sich die Rippen des Aufbaus **längs** auf den Hauptrippen (🗗 **84**). Statisch gesehen entspricht diese Variante der ersten, da diese aufgesetzten Nebenrippen die Tragfähigkeit der Hauptrippe nicht steigern. Sie bieten auch keine Querverteilung von Punktlasten wie beispielsweise die Lösung mit Querrippen im Aufbau.

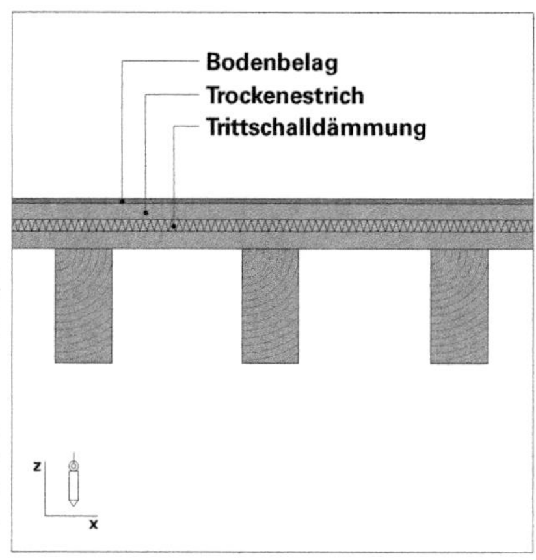

77 Holzbalkendecke mit schwimmendem Trockenestrich als Beispiel für ein Rippenelement mit Aufbau ohne Unterkonstruktion.

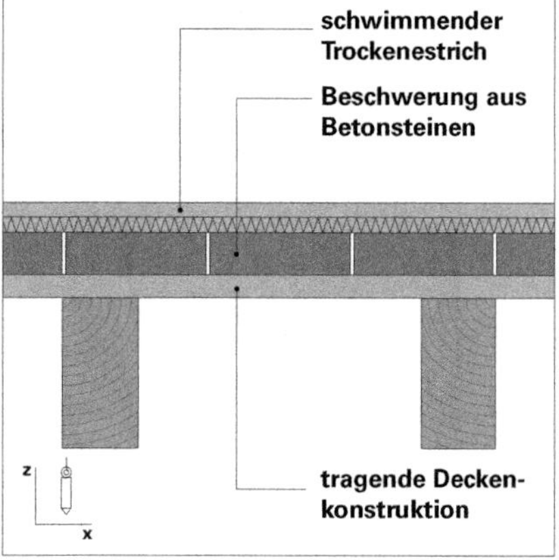

78 Decke wie in 🗗 **77**, jedoch mit bauakustisch wirksamer Beschwerung, als Beispiel für ein Rippenelement mit Aufbau ohne Unterkonstruktion.

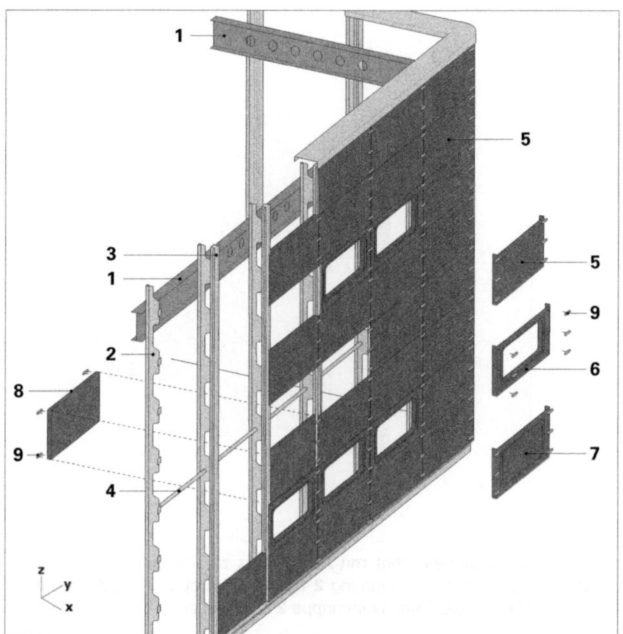

79 Fassade in Rippenbauweise (Arch.: N Grimshaw).

1 Primärtragwerk
2 Fassadenpfosten
3 Befestigungsschiene
4 Querversteifung der Pfosten zwecks Knicksicherung
5 Außenpaneel geschlossen
6 Außenpaneel mit Fenster
7 Außenpaneel mit Lüftungsgitter
8 Innenpaneel
9 Befestigungsklipp

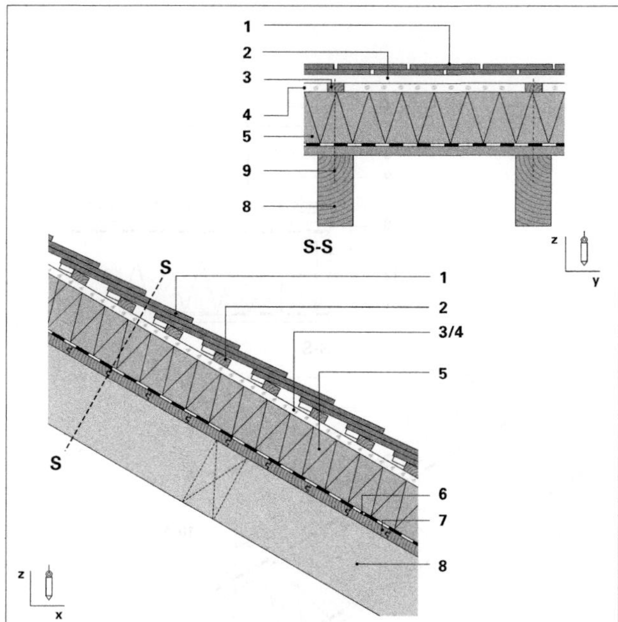

80 Geneigte Dachkonstruktion mit aufgesetzter, durchgängiger Wärmedämmung als Beispiel eines Rippensystems. Die Verankerung von Lattung und Dachdeckung an der tragenden Konstruktion erfolgt mittels durchgehender Sparrennägel. Weitgehende Ausschaltung von Wärmebrücken. Bei dieser Variante erfolgt die Abdichtung *unterhalb* der geschlossenzelligen Hartschaumdämmung.

1 Ziegeldeckung
2 Latte
3 Konterlatte
4 bewegte Luftschicht
5 Wärmedämmung (durchgängig geschlossenzelliger Schaumstoff)
6 Sperrbahn/Dampf- und Windsperre
7 Schalung
8 Sparren
9 Nagelung

■ Diese Lösung findet in abgewandelter Form dann Anwendung, wenn die raumabschließende Schale in Einzelelemente aufgeteilt wird, die über der Hauptrippe gestoßen werden. Die Nebenrippe des Aufbaus ist dann folglich in zwei anstoßende, durch eine Fuge getrennte Einzelstäbe aufgespalten (🗗 **86**), die dem jeweiligen anstoßenden Element zugewiesen sind. Über diese Randrippe lassen sich die

Rippensystem mit flächigem Element

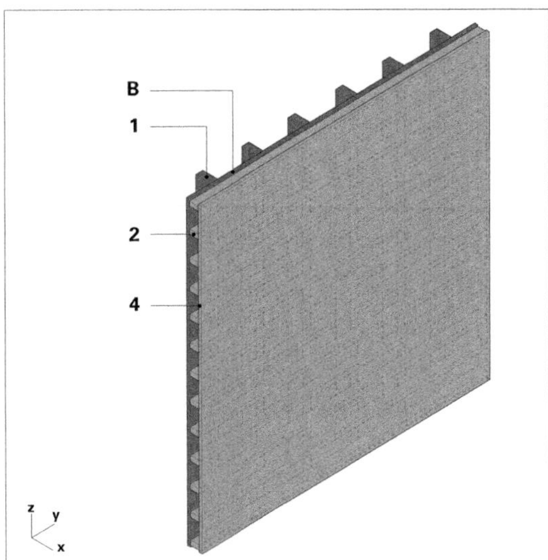

81 Rippenelement mit Aufbau aus einlagiger Querrippung **2**. Die Beplankung **B** zwischen Hauptrippe **1** und Nebenrippe **2** ist optional.

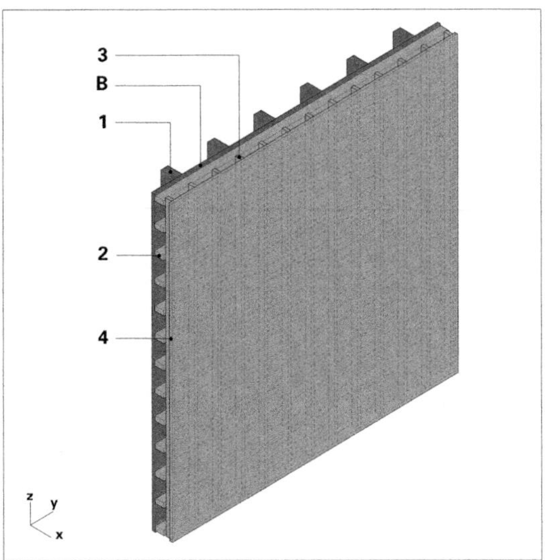

82 Rippenelement mit Aufbau aus zweilagiger, abwechselnd querorientierter Rippung **2** und **3**. Die Beplankung **B** zwischen Hauptrippe **1** und Nebenrippe **2** ist optional.

Legende

1 Hauptrippung
2 Nebenrippung 1. Ordnung
3 Nebenrippung 2. Ordnung
4 flächenbildende Beplankung
5 Ziegeldeckung
6 Latte
7 Konterlatte/bewegte Luftschicht
8 Sperrbahn
9 Schalung
10 bewegte Luftschicht
11 Sparren
12 Wärmedämmung (Füllung zwischen den Sparren)
13 Dampf- und Windsperre
14 innere Beplankung
15 Pfosten
16 elastisches Fugenprofil
17 Abstandhalter
18 Pressleiste
19 Zweischeiben-Isolierglas

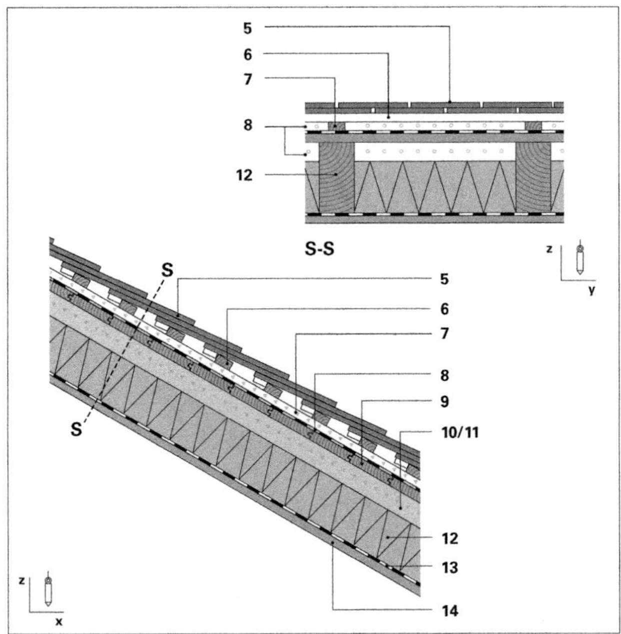

83 Geneigtes belüftetes Dach, Konstruktion entsprechend ⧉ **82**: Die innere Beplankung, wie in dieser Konstruktion enthalten, übernimmt im Regelfall keine tragende Funktion, weshalb sie bei der Betrachtung der zugehörigen Grundstruktur in ⧉ **82** ausgeblendet wurde. Die Lagenfolge von Lattung und Konterlattung ist gegenüber dem Schaubild in ⧉ **82** vertauscht. Dies ändert jedoch nichts am konstruktiven Grundprinzip.

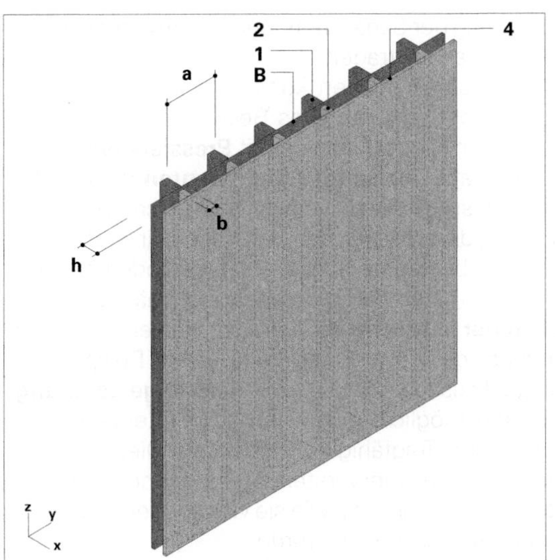

84 Rippenelement mit Aufbau aus längsorientierter einfacher Rippung **2**. Die Beplankung **B** zwischen Hauptrippe **1** und Nebenrippe **2** ist optional. **a** Abstand zwischen Hauptrippen; **b** Breite Hauptrippe; **h** Höhe des Aufbaus.

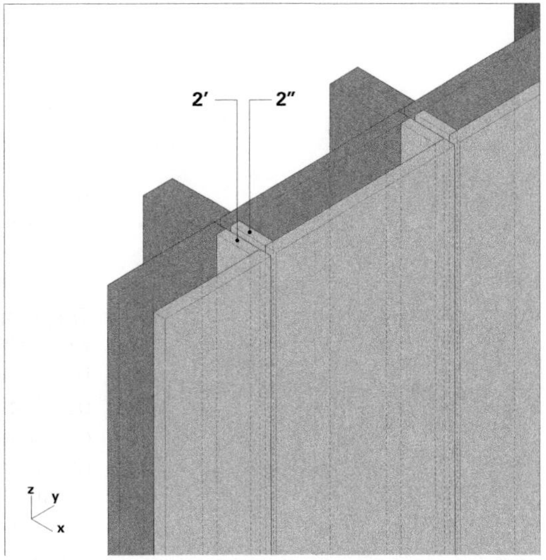

85 Detailansicht des konstruktiven Prinzips in 🗗 **84**. Hier ist eine feldweise elementierte Variante dargestellt, bei der die Längsrippe **2** in zwei Halbschalen **2′** und **2″** aufgeteilt ist. Das Grundprinzip entspricht dem einer herkömmlichen Pfostenverglasung.

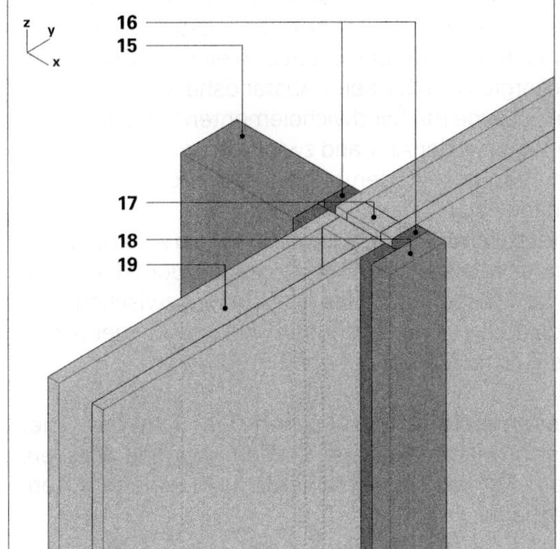

86 Konkretisierung des in 🗗 **85** dargestellten Bauprinzips in Form einer Pressleistenverglasung.

87 Die Glashalterung mit punktuellen Verbindern statt einer durchgängigen Rippe (wie in 🗗 **86**) modifiziert das konstruktive Grundprinzip nur unwesentlich.

für die Befestigung der Schale notwendigen **Anpresskräfte** auf die Hauptrippe übertragen.

Einen Spezialfall für diesen konstruktiven Aufbau und gleichzeitig ein sehr anschauliches Beispiel stellt eine Pfosten- oder Pfosten-Riegel-Fassade mit **Pressleistenverglasung** oder alternativ mit **Sandwichelementen** dar (⧉ **86**). Bei der Pfostenfassade sind in verglasten Bereichen Querrippen (also Riegel), die zwischen den Hauptrippen (hier Pfosten) spannen, konzeptbedingt nicht existent. Dies bedeutet, dass der Abstand **a** zwischen den Pfosten naturgemäß durch die **Tragfähigkeit der Glasscheibe** begrenzt ist, welche hier als zweiseitig linear gelagerte Platte wirkt. Beim Beispiel der Pfosten-Riegel-Fassade ist auch eine **vierseitige Lagerung** der Glasscheibe möglich, was – je nach Seitenverhältnis der Scheibe – deren Tragfähigkeit verbessert. Diese Lösung bringt dann auch eine Querversteifung der Rippen (also der Pfosten) durch Riegel mit sich, wie sie weiter oben in diesem Abschnitt bereits beschrieben wurde.

☞ **Band 1**, *Kap. V-4, Abschn. 4.1 Isoliergläser, S. 460 ff*

Wärmeschutztechnisch gesehen übernimmt bei der Zweischeibenverglasung der **Scheibenzwischenraum**, also die darin enthaltene **stehende Gasschicht**, die Aufgabe der Wärmedämmung,[a] weshalb dieser Hohlraum in unserer Überlegung konzeptionell wie eine Dämmschicht aufgefasst wird. Dies ist nur deshalb möglich, weil die Konvektion durch die Begrenzung des Maßes des Scheibenzwischenraums auf rund 10 bis 20 mm weitgehend unterbunden werden kann. Der gewisse statische Nachteil, aus Gründen der Transparenz die beiden Glasscheiben im Feld zwischen den Pfosten nicht kraftschlüssig durch Stege oder Ähnliches koppeln zu können, erweist sich hingegen hinsichtlich des Wärmeschutzes als ein Vorteil, da dort keinerlei Wärmebrücken entstehen. Lediglich am Stoß über der Hauptrippe bildet sich eine solche, also im Fall der Isolierglasscheibe beim Abstandshalter.

Bei einer Fassade mit Sandwichelementen hängt der Pfostenabstand **a**, bzw. der Abstand zwischen ggf. vorhandenen tragenden Riegeln, wiederum von der Tragfähigkeit des Sandwichpaneels ab.

In **bauakustischer** Hinsicht liegt erneut ein zweischaliges schwingendes Masse-Feder-System vor, bei dem die beiden Scheiben die Massen, das Gas im Scheibenzwischenraum die Feder darstellen. Wie bei anderen Varianten ist der Schallschutz des Flächenelements bestimmt durch:

☞ **Band 1**, *Kap. VI-4, Abschn. 3.5 Besonderheiten des Schallschutzes von Fenstern, S. 762 f*

- die **Massenverteilung** zwischen den Scheiben. Hier wirken sich unterschiedliche flächenbezogene Massen, in diesem Fall also unterschiedliche Scheibendicken, vorteilhaft aus.

- die **dynamische Steifigkeit** der federnden Schicht. Im Normalfall handelt es sich heute bei Isolierglasscheiben aus wärmetechnischen Gründen um dynamisch träge Edelgase, die sich bauakustisch günstig auswirken. Hier besteht für den Planer kaum Handlungsspielraum.

- den **Abstand** der beiden Schalen (also der Glasscheiben). Dieser ist nur in engen Grenzen variierbar.

☞ *Band 1, Kap. VI-4, Abschn. 3.5 Besonderheiten des Schallschutzes von Fenstern, S. 762f*

Notwendigerweise entsteht am Scheibenstoß eine Schallbrücke, die sich indessen kaum vermeiden lässt, da in diesem Fall die Funktionen des Wärmeschutzes und der Kraftleitung Priorität gegenüber dem Schallschutz haben.

Eine weitere Variante dieses konstruktiven Prinzips stellt die **punktuelle Halterung** der Isolierglasscheiben dar, die in diesem Fall als flächenbildende Elemente in Erscheinung treten (vgl. ⧉ **87**). Hier sind das Dichtungselement (Abstandshalter der Verglasung) und das Befestigungselement, bzw. kraftübertragende Teil, getrennt. Die Dichtfunktion wird von einer nicht unter Pressung stehenden Verfugung übernommen. Die Halterung der Verglasung ist nicht mehr linear; es handelt sich also bei dieser in statischer Sicht um eine punktuell gelagerte Platte bzw. Scheibe. Da auch der Pfosten von der Dichtfunktion (wie in ⧉ **86** bei ihm noch erforderlich) entbunden ist, und nur noch Aufgaben der Kraftleitung wahrnimmt, kann er freiere konstruktive Formen annehmen. Es erfolgt bei dieser Variante eine weitere **Ausdifferenzierung** der Konstruktion: Neben der Trennung von Kraftleitungs- und Raumeingrenzungsfunktion, wie sie für Rippensysteme, insbesondere für die zuletzt besprochenen, typisch ist, findet hier im Anschlussdetail zusätzlich eine Trennung der Kraftleitungs- und Dichtfunktion statt.

☞ ***Band 3**, Kap. XIII-6 Punktgehaltene Glashüllen*

☞ *Dichtstofffuge nach dem Prinzip Füllung mit Flankenhaftung; vgl. **Band 3**, Kap. XI, Abschn. 4.3.3 Fuge mit Füllung und Flankenhaftung*

☞ *Abschn. 5.4 Rippensystem mit Trennung von Hüllkonstruktion und Rippung, S. 168ff*

Bauakustisch wirken sich punktuell gehaltene Verglasungen etwas günstiger als linear gefasste aus, da die Scheiben freier schwingen können und der Schallübertragungsquerschnitt insgesamt geringer ist.

6. Ergänzende Funktionselemente oder -schalen

☞ *Band 3, Kap. XIII-7 Addierte Funktionselemente*

■ Alle betrachteten Grundkonstruktionen von Hüllbauteilen können auch mit ergänzenden Elementen auftreten (🗗 **88**, **89**), die eine spezifische Funktion übernehmen, bzw. die zwischen ihnen und der primären Hüllkonstruktion einen **Luft**- oder **Hohlraum** mit einer bestimmten Zweckbestimmung bilden. Bei doppelten Schalensystemen mit Zwischen- und Luftschicht wie im *Abschnitt 3.2* beschrieben, stellt die äußere Schale bereits ein ähnliches Funktionselement dar.

Ergänzende Flächenelemente oder Schalen können folgende Aufgaben erfüllen:

- Schaffung einer **zusätzlichen Wetterhaut** mit Hinterlüftung;
- **Sonnenschutz** (🗗 **90**, **91**);
- **Blendschutz**;
- **visuelle Kommunikation**;
- verbesserter **Schallschutz**;
- verbesserter **Wärmeschutz**;
- Schaffung eines spezifischen **Erscheinungsbildes** der Hülle;
- Schaffung eines **umschlossenen Hohlraums** für verschiedene Zwecke wie:
  - **Leitungsführung** (🗗 **92**);
  - **Lüftung**, wie dies beispielsweise bei **Glasdoppelfassaden** der Fall ist (🗗 **93**). Dort übernimmt die addierte Schale im Regelfall zusätzlich weitere der aufgezählten Funktionen wie Sonnenschutz, Blendschutz, Schallschutz, Wärmeschutz etc.

Derartige addierte Strukturen lassen sich im Wesentlichen unabhängig von der Bauweise oder Ausführung der Haupthülle gestalten. Dies bedeutet wiederum, dass addierte Konstruktionen oder Schalen mit praktisch jeder der oben besprochenen Hüllvarianten kombinierbar sind.

Die Rückverankerung oder, je nach Lage des Hüllelements im Raum, Auflagerung der addierten Schale stellt im Regelfall eine zusätzliche **Wärme**- bzw. ggf. auch **Schallbrücke** dar. Unter bestimmten Voraussetzungen können auch spezifische Schichten der Haupthülle durch diese kraftleitenden Elemente in ihrer Funktion beeinträchtigt werden. Ein Beispiel dafür stellt ein aufgeständerter Terrassenbelag auf einem Flachdach dar, bei dem dafür Sorge zu tragen ist, dass die Dachabdichtung durch punktförmige Plattenlager nicht verletzt wird.

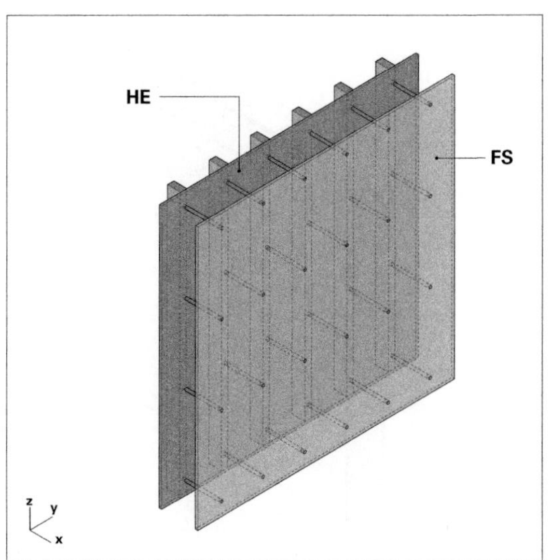

88 Hüllelement **HE** (beliebigen konstruktiven Aufbaus) mit außenseitig addierter Funktionsschale **FS**.

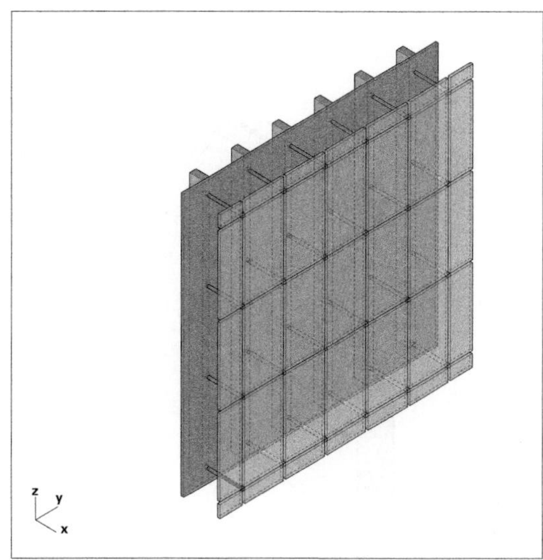

89 Elementierte Variante der Lösung in ☞ **88** wie sie beispielsweise im Fassadenbau zum Einsatz kommt.

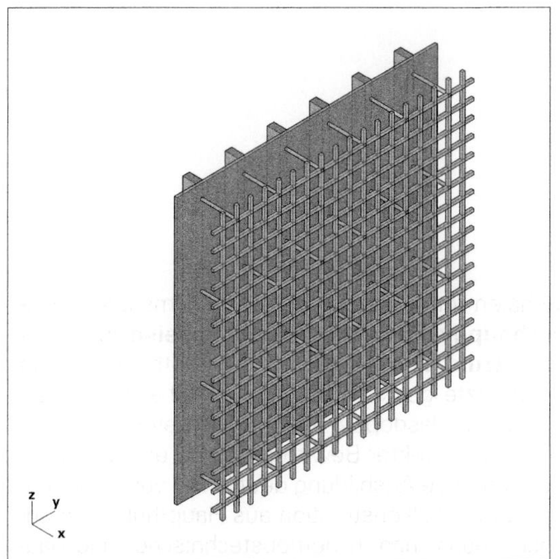

90 Addiertes gitterartiges Gerüst für verschiedene Funktionen wie Schlagregenschutz, partiellen Sichtschutz oder Sonnenschutz.

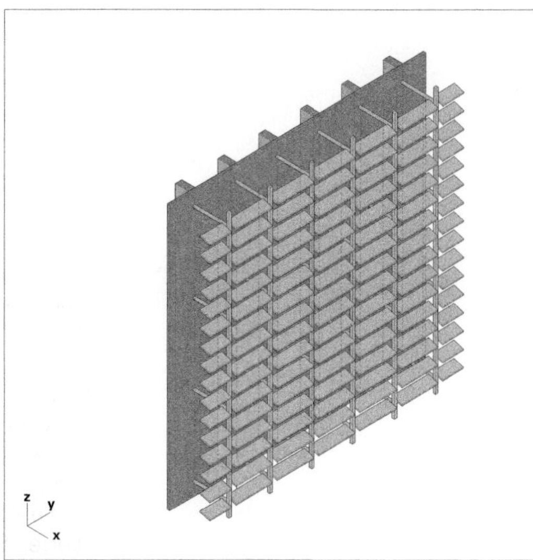

91 Addiertes feststehendes oder auch einstellbares Lamellensystem.

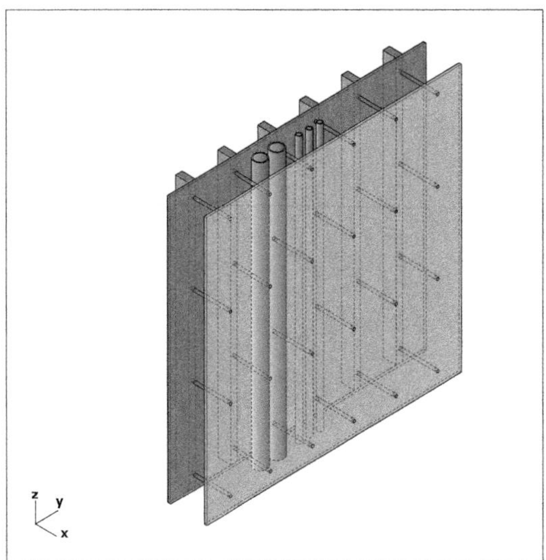

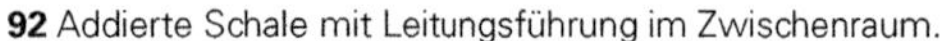
92 Addierte Schale mit Leitungsführung im Zwischenraum.

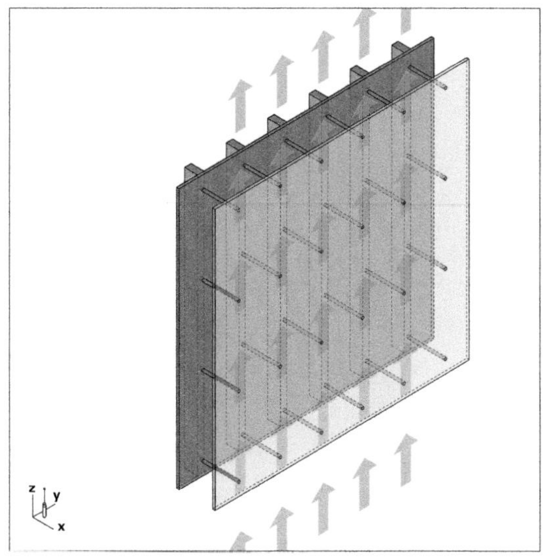

93 Addierte Schale mit Luftführung im Zwischenraum. Dieses konstruktive und funktionale Prinzip kommt bei Glasdoppelfassaden zum Einsatz.

Addierte Schalen können unter gegebenen Umständen Einfluss auf die **bauphysikalische Funktionsweise** und damit auf den **konstruktiven Aufbau** des Haupthüllelements haben. Vorgesetzte geschlossene Außenschalen, wie sie beispielsweise bei Glasdoppelfassaden auftreten, schützen die Haupthülle vor direkter Bewitterung und erlauben deshalb, ihre konstruktive Ausbildung deutlich zu vereinfachen.

Die kombinierte Hüllkonstruktion aus Haupthülle und addierter Schale muss man in betriebstechnischer und bauphysikalischer Sicht naturgemäß stets als ein ganzheitlich funktionierendes System betrachten. So können gelegentlich durch das Addieren einer Schale bestimmte unerwünschte Effekte auftreten, wie die Leitung von Feuer in einem Fassadenhohlraum, der im Brandfall wie ein Schacht wirkt, oder sogenannte akustische Telefonieeffekte zwischen Geschossen. Grundsätzlich sind derartige kombinierte Systeme bauakustisch schwer zu erfassen und in ihrem Verhalten nur unzureichend vorherzusehen, da es sich stets um Reihenschaltungen von Resonanzsystemen mit komplexen akustischen Wechselwirkungen handelt.

Membransysteme

■ Im Einsatz als Hüllelemente können Membranen entweder:

- als **einlagige Bahnen** ohne Dämmfunktion für fliegende Bauten oder einfache Überdeckungen bzw.:
- als dämmende **mehrlagige Bahnen** mit Luftzwischenraum oder Füllung aus geeigneten Dämmstoffen

zur Anwendung kommen. Die Teilfunktionen der Kraftleitung sowie des Schutzes gegen Wind und Niederschlag sind dabei der Membrane selbst zugeordnet. Existiert eine Dämmfunktion, so ist diese von einem Luftpuffer zwischen Membranlagen zu leisten, welcher eine maximale Breite nicht überschreiten sollte, um Konvektionserscheinungen, die den Dämmwert der Hüllkonstruktion herabsetzen, soweit wie möglich zu unterdrücken. Alternativ sind auch geeignete Faserdämmstoffe oder Granulate als Füllung verwendbar.

Mechanisch gespannte Membransysteme

■ Membransysteme, die ihre Form aufgrund einer mechanischen Vorspannung einnehmen,[a] erfordern antiklastische Geometrien mit doppelter Krümmung.[b] Mit einfachsten Mitteln kann dies durch punktuelle Stützungen der Membrane in Form von Aufhägungen oder Mastunterstützungen geschehen. Typisch für derartige Membrankonstruktionen[c] sind die girlandenförmigen Ränder, die sich allein durch den Zuschnitt und die Vorspannung frei bilden und infolge der Membranwölbung stets räumlich gekrümmte, also nicht ebene Kurven hervorbringen. Randanschlüsse an den Boden oder an allfällige ebene Umschließungsflächen, beispielsweise Fassaden, gehören deshalb zu den schwierigsten und aufwendigsten – sowie auch formalästhetisch problematischsten – Detailpunkten derartiger Membrankonstruktionen. Sie sind dennoch unabdingbar, wenn die Membrane mit anderen Hüllbauteilen, zumindest mit dem Boden, einen geschlossenen Raum kontinuierlich umschließen soll. Diese Randanschlüsse sind naturgemäß ihrerseits thermisch getrennt auszuführen.

Bei mehrlagigen Membranen mit wärmedämmender Funktion sind die einzelnen Lagen möglichst parallel zueinander zu führen, was voraussetzt, dass diese an den Befestigungspunkten, wo sie aneinandergekoppelt sind, mittels Abstandshaltern auf der richtigen Entfernung zueinander fixiert sind. Der bauphysikalisch günstige Luftzwischenraum von rund 10 bis 15 mm ist bei den zumeist weitspannenden Membranen nur sehr schwer auszuführen, sodass hohe Dämmwerte infolge der fast nicht zu vermeidenden Konvektion im Luftzwischenraum auf dem Weg der Wärmedämmung durch Luft kaum zu verwirklichen sind. Verbesserungen lassen sich durch Granulat- (wie beispielsweise Aerogel-) oder Faserdämmstofffüllungen erzielen.

Günstige Energiebilanzen sind bei Membranen aus transparenten Kunststoffen (beispielsweise ETFE) durch passive

☞ [a] ***Band 1**, Kap. VI-2, Abschn. 4.2 Bewegliche Systeme, S. 544 f, sowie ebd. Abschn. 9.8 und 9.9., S. 663–668*
☞ [b] *Kap. VII, Abschn. 2.3. Regelmäßige Oberflächentypen > 2.3.1 nach Art der Krümmung, S. 46 ff*
☞ [c] *Kap. IX-1, Abschn. 4.5.2 Membranen und Seilnetze, S. 266 ff sowie Kap. IX-2, Abschn. 3.3 Zugbeanspruchte Systeme, S. 380 ff*

Solarenergiegewinne realisierbar. Die Energieausbeute sowie auch der Wärmedurchgangswiderstand lassen sich ebenfalls durch *low-e*-Beschichtungen der Kunststoffmembranen erhöhen.

Bauakustisch sind Membranen aufgrund der – gleichsam konzeptbedingt – minimalen Masse der Konstruktion mit einem fundamentalen Nachteil behaftet, der indessen durch die geringe dynamische Steifigkeit und die Materialdämpfung der üblichen Membranmaterialien teilweise kompensiert wird. Einfache Membranen erzielen je nach Flächengewicht Schalldämmwerte von 3–12 dB, zweilagige etwa 17–18 dB bei Flächengewichten zwischen 0,8 kg/m² und 1,5 kg/m².[4]

Grundsätzlich bieten Membranen wegen ihrer elementaren konstruktiven Einfachheit wie auch wegen der fast durchgängig wärmebrückenfreien sowie – abgesehen von Nähten oder Kleberändern – fugenlosen Hüllfläche sehr günstige Voraussetzungen zur Schaffung von klimatisch wirksamen Umhüllungen. Einzig ihre mäßigen Dämmwerte und ihre, abhängig von der Materialwahl, manchmal vergleichsweise kurze Lebensdauer unter Witterungseinfluss begrenzen ihre Einsatztauglichkeit für Bauzwecke. Auch auf ihre limitierte Schalldämmfähigkeit ist in diesem Zusammenhang hinzuweisen.

7.2 Pneumatisch gespannte Membransysteme

■ Die konstruktiven Verhältnisse sind bei pneumatisch gespannten Membranen ähnlich wie bei mechanisch gespannten. Geradlinige Ränder zum Zweck einfacherer Anschlüsse lassen sich hier indessen mit vergleichsweise einfachen Mitteln realisieren, da Pneus oftmals ohnehin mit einer festen Randeinfassung ausgeführt werden, die in den meisten Fällen der Einfachheit halber geradlinig realisiert wird. Mehrlagige Pneus zur Erzielung guter Wärmedämmwerte durch Luftpufferung sind technisch unproblematisch, lassen sich aber aus geometrischen Gründen wegen der pneumatisch induzierten, zueinander gegensinnigen Wölbung der Lagen nicht mit konstanten – und schon gar nicht minimalen – Abständen ausführen. Dies mindert wiederum etwas den erzielbaren Dämmwert.

Bauakustisch bieten Pneus vergleichsweise günstige Werte. Sie haben wie mechanisch gespannte Membranen geringe dynamische Steifigkeit und große Materialdämpfung. Darüber hinaus wirken Pneus wie Schallabsorber, die einen Teil der Schallenergie bereits an ihrer Oberfläche schlucken. Auch der eingeschlossene Luftraum hat einen schallschutztechnisch günstigen Effekt, der zwar gemessen, aber noch nicht in allen Details erklärt werden kann. Pneus können bei Flächengewichten der einzelnen Membranen von rund 1 kg/m² Schalldämmwerte im Bereich von 25 dB erzielen.[5]

Anmerkungen

1 Wie in anderen Fällen auch, ist hier der Begriff der *Schale*, wie er in diesem Zusammenhang aus Sicht der konstruktiven Zusammensetzung eines Hüllbauteils eine Schichtfläche mit einer ausreichenden Steifigkeit bezeichnet, vom *baustatischen* Begriff der Schale zu unterscheiden, wie er in *Kap. IX-1, Abschn. 4.4* und *4.5* definiert wird. Daneben existiert – wie im Text angesprochen – auch der *akustische* Begriff der Schale.

2 Geometrische Fragen des konstruktiven Zusammensetzens werden in ihrer fundamentalen Bedeutung für die Planungsarbeit oftmals nicht gebührend gewichtet. Die Definition einer gesonderten Teilfunktion *geometrische Verträglichkeit* wäre durchaus gerechtfertigt.

3 Die hier angewandte Gliederung prinzipieller konstruktiver Aufbauten von Hüllbauteilen verfolgt den Zweck, das Verständnis der Logik grundlegend verschiedener Lösungsansätze zu erleichtern. Wie alle anderen Klassifizierungen auch, ist sie auf den Einzelfall stets mit Bedacht anzuwenden. So kommt es oftmals vor, dass verschiedene konstruktive Prinzipien in einer gleichen Hüllkonstruktion verwirklicht sind. In der Regel kommen in solchen Fällen unterschiedliche Prinzipien auf verschiedenen hierarchischen Ebenen der Konstruktion zum Einsatz. Ein Beispiel soll dies verdeutlichen: Eine Pfosten-Riegel-Fassade, die an Geschossdecken eines Primärtragwerks befestigt ist, gilt gemäß unserer Klassifikation zunächst als ein Rippensystem. Eventuell vorhandene Sandwichelemente, die zwischen Pfosten bzw. Riegel spannen, würden wir hingegen als Mehrschichtverbundsysteme bezeichnen. Letztere sind indessen nicht am Primärtragwerk (Geschossdecke), sondern an Teilen des Sekundärtragwerks befestigt und befinden sich folglich in einer anderen hierarchischen Stufe des konstruktiven Aufbaus. Ferner können einzelne Elemente des konstruktiven Systems in abgewandelter Form auftreten. Rippen wie wir sie in diesem Zusammenhang eingeführt haben, können ggf. auch als aufgelöste Fachwerkträger, als Seilbinder oder vergleichbare Elemente in Erscheinung treten. Strukturell ändert sich an ihrer Funktion im Gesamtsystem dennoch nichts.

4 Angaben des Lehrstuhls für Bauphysik, Universität Stuttgart, Prof. S. R. Mehra

5 Angaben des Lehrstuhls für Bauphysik, Universität Stuttgart, Prof. S. R. Mehra

Normen und Richtlinien

DIN 4095: 1990-06 Baugrund; Dränung zum Schutz baulicher Anlagen; Planung, Bemessung und Ausführung
DIN 4102: Brandverhalten von Baustoffen und Bauteile
Teil 1: 1998-05 Baustoffe; Begriffe, Anforderungen und Prüfungen
DIN 4108 Wärmeschutz und Energie-Einsparung in Gebäuden
Teil 2: 2013-02 Mindestanforderungen an den Wärmeschutz
Teil 3: 2018-10 Klimabedingter Feuchteschutz – Anforderungen, Berechnungsverfahren und Hinweise für Planung und Ausführung
Teil 4: 2020-11 Wärme- und feuchteschutztechnische Bemessungswerte
Teil 10: 2021-02 Anwendungsbezogene Anforderungen an Wärmedämmstoffe
Beiblatt 2: 2019-06 Wärmebrücken – Planungs- und Ausführungsbeispiele
DIN 4109: Schallschutz im Hochbau
Teil 1: 2018-01 Mindestanforderungen
DIN 7863: Elastomer-Dichtprofile für Fenster und Fassade – Technische Lieferbedingungen
Teil 1: 2019-12 Nichtzellige Elastomer-Dichtprofile im Fenster- und Fassadenbau
Teil 2: 2019-12 Zellige Elastomer-Dichtprofile im Fenster- und Fassadenbau
DIN 18195: 2017-07 Abdichtung von Bauwerken – Begriffe
DIN 18533: Abdichtung von erdberührten Bauteilen
Teil 1: 2017-07 Anforderungen, Planungs- und Ausführungsgrundsätze
DIN 18534: Abdichtung von Innenräumen
Teil 1: 2017-07 Anforderungen, Planungs- und Ausführungsgrundsätze

DIN V 4108: Wärmeschutz und Energie-Einsparung in Gebäuden
Teil 6: 2003-06 Berechnung des Jahresheizwärme- und des Jahresheizenergiebedarfs

DIN EN 1996: Nationaler Anhang - National festgelegte Parameter - Eurocode 6: Bemessung und Konstruktion von Mauerwerksbauten
Teil 1-1: 2019-12 Allgemeine Regeln für bewehrtes und unbewehrtes Mauerwerk
Teil 1-2: 2013-06 Allgemeine Regeln – Tragwerksbemessung für den Brandfall
Teil 3: 2019-12 Vereinfachte Berechnungsmethoden für unbewehrte Mauerwerksbauten
DIN EN 13022: Glas im Bauwesen – Geklebte Verglasungen
Teil 1: 2014-08 Glasprodukte für Structural-Sealant-Glazing (SSG-) Glaskonstruktionen für Einfachverglasungen und Mehrfachverglasungen mit oder ohne Abtragung des Eigengewichtes
DIN EN 13187: 1999-05 Wärmetechnisches Verhalten von Gebäuden – Nachweis von Wärmebrücken in Gebäudehüllen – Infrarot-Verfahren (ISO 6781:1983, modifiziert)

DIN EN 13967: 2017-08 Abdichtungsbahnen – Kunststoff- und Elastomerbahnen für die Bauwerksabdichtung gegen Bodenfeuchte und Wasser – Definitionen und Eigenschaften

DIN EN 13970/A1: 2007-02 Abdichtungsbahnen – Bitumen-Dampfsperrbahnen – Definitionen und Eigenschaften

DIN EN 14509: 2013-12 Selbsttragende Sandwich-Elemente mit beidseitigen Metalldeckschichten – Werkmäßig hergestellte Produkte – Spezifikationen

DIN EN 15651: Fugendichtstoffe für nicht tragende Anwendungen in Gebäuden und Fußgängerwegen
Teil 1: 2017-07 Fugendichtstoffe für Fassadenelemente

DIN EN 15812: 2011-06 Kunststoffmodifizierte Bitumendickbeschichtungen zur Bauwerksabdichtung – Bestimmung des Rissüberbrückungsvermögens

DIN EN 15814: 2015-03 Kunststoffmodifizierte Bitumendickbeschichtungen zur Bauwerksabdichtung – Begriffe und Anforderungen

VDI 6203: 2017-05 Fassadenplanung – Kriterien, Schwierigkeitsgrade, Bewertung

IVD-Merkblatt Nr. 22: 2014-11 Anschlussfugen im Stahl- und Aluminium-Fassadenbau sowie konstruktivem Glasbau – Einsatzmöglichkeiten von spritzbaren Dichtstoffen

Atlas Gebäudeöffnungen: 2015-06 Atlas Gebäudeöffnungen – Fenster, Lüftungselemente, Außentüren

IX-1 GRUNDLAGEN

J. L. Moro, *Baukonstruktion – vom Prinzip zum Detail*,
https://doi.org/10.1007/978-3-662-64827-8_3

1. Voraussetzungen

1.1 Tragwerk und Gebäudeentwurf

☞ ***Band 1**, Kap. VI-1, Abschn. 1.3 Bauliche Hauptfunktionen, S. 499, sowie ebd. Kap. VI-3 bis VI-6*

☞ *Grundlage für das Verständnis dieses Kapitels ist der Inhalt von **Band 1**, Kap. VI-2 Kraftleiten, S. 526ff*

■ Innerhalb der zahlreichen baulichen Teilaufgaben, die eine Gebäudestruktur zur Sicherung ihrer dauerhaften Gebrauchstauglichkeit erfüllen muss, ist bei der Konzeption und anschließenden planerischen Ausarbeitung eines Gebäudes der elementaren Aufgabe der **Kraftleitung** im Primärtragwerk besondere Aufmerksamkeit zu schenken. Im Gegensatz zu anderen Teilaufgaben, die oftmals im Wesentlichen auf Bauteilebene erfüllt werden und nur selten Auswirkungen auf den Gesamtentwurf haben, übt der Tragwerksentwurf auf der Hierarchieebene des Gesamtbauwerks einen dominanten Einfluss auf die Gebäudekonzeption und das architektonische Erscheinungsbild aus. Aus diesem Grund sollen die in ***Band 1*** zum kraftleitenden Einzelbauteil angestellten Überlegungen in diesem Kapitel auf einer höheren hierarchischen Ebene im Zusammenhang des **Primärtragwerks**, oder maßgeblicher Grundmodule desselben, fortgeführt werden. Sofern Einzelelemente wie in *Kap. VI-2* untersucht werden, erfolgt dies hier – anders als in ***Band 1*** – spezifisch in ihrem Einsatz als Bestandteile eines Primärtragwerks sowie unter Berücksichtigung ihrer Lage in Bezug zur Lotrechten – wie beispielsweise als tragende Wände oder Decken.

1.2 Funktionale Wechselbeziehungen

☞ ***Band 1**, Kap. II-1, Abschn. 2.2 Gliederung nach funktionalen Gesichtspunkten > 2.2.2 nach baulicher Einzelfunktion, S. 34ff, sowie ebd. Kap. VI-1, Abschn. 3. Zuweisen von baulichen Teilfunktionen an Bauelemente, S. 507ff*

■ In gleicher Weise wie Bauteile mono- oder multifunktional gestaltet werden können, sind auf *Bauwerksebene* auch bei Primärtragwerken parallel zur Betrachtung ihrer Hauptfunktion, nämlich Kraft zu leiten, manchmal auch andersartige Aufgaben zu berücksichtigen, die u. U. eng miteinander verwoben auftreten können. Dies trifft z. B. auf Wandbauweisen zu, wo flächige Bauteile, neben der Kraftleitung, gleichzeitig diverse bauphysikalische Funktionen zu erfüllen haben. Desgleichen sind Tragwerke selbstredend auch von Notwendigkeiten der Gebäudenutzung – wie beispielsweise der angemessenen Belichtung und Belüftung von Innenräumen – bestimmt. Derlei Abhängigkeiten sind stets sorgfältig in die Überlegungen zum Tragwerksentwurf mit einzubeziehen.

1.3 Raumbildung

☞ ***Band 1**, Kap. VI-1, Abschn. 1.2 Bauliche Grundfunktion, S. 497ff*

■ Eine elementare Aufgabe von Gebäuden, aus der sich vielfältige für die Konstruktion und das Tragwerk relevante Teilaufgaben ableiten lassen, und welche aus diesem Grund in diesem Zusammenhang besondere Beachtung verdient, ist:

- das **Überdecken** sowie zumeist auch:
- das **allseitige Einschließen**

von Räumen.

Aus der grundlegenden Notwendigkeit der Raumbildung leitet sich die für den Hochbau charakteristische Ausbildung von **flächigen Bauteilen** her, die eine Grundvoraussetzung für die Raumeingrenzung sind (🗗 **7**).

1, 2 Überdeckungen zur Raumeingrenzung oder zum Schattenspenden. Sie sind nicht als Witterungsschutz gedacht.

3 Deutliche Differenzierung zwischen Wand- und Dachflächen beim herkömmlichen Steinbau (Haus am Steilhang, Arch.: P Schmitthenner).

4 Kontinuierliche Raumeinhüllung ohne Differenzierung zwischen Wand und Dach (*Centro Niemeyer*, Avilés, Spanien; Arch: O Niemeyer).

☞ Abschn. 1.6 Die Elemente der baulichen Zelle, S. 196 ff

Aus elementaren baulichen Überlegungen, wie wir sie weiter unten anstellen werden, ergibt sich zumeist eine **Differenzierung** zwischen der Überdeckung und dem seitlichen Einschluss des Raums, die sich auch begrifflich und sprachlich in der Unterscheidung zwischen **Dach** und **Wand** niedergeschlagen hat (🗗 **3**). Es treten zwar häufig Bauformen auf, welche nur eine Überdeckung ohne seitlichen Einschluss aufweisen, entweder derart, dass die Überdeckung gekrümmt ist und auf diese Weise Raum einschließt (🗗 **4**), oder dass Lasten aus der Überdeckung durch punktuelle Stützungen – wie Säulen, Stützen, Pfeiler – in den Baugrund abgetragen werden, aber ansonsten keine weitere Raumumschließung existiert (🗗 **5**, **6**). Hingegen sind Einschlüsse ohne Überdeckungen nur selten anzutreffen, eher als Ergänzung eines überdeckten Bauwerks wie bei einem Hof, da der Schutz vor Niederschlag eine nahezu unverzichtbare Aufgabe des Hochbaus ist (🗗 **8**).

Aus der Sicht des Tragwerks gilt einschränkend, dass ein Raumeinschluss nicht unbedingt auch dem Tragwerk zugehörig sein muss. Die Trennung von Tragwerk und raumbildender Einhüllung ist ein Merkmal des Skelettbaus (🗗 **9**). Dennoch geben Tragwerksachsen sehr oft prädestinierte Orte für Raumtrennungen vor, da auch singuläre Stützungen oder Unterzüge etc. zumeist ohnehin eine deutliche Wirkung als Raumzäsuren entfalten und ferner oftmals prädestinierte Orte für kraftleitende Anschlüsse der nichttragenden Hüllbauteile sind.

☞ Abschn. 1.6 Die Elemente der baulichen Zelle, S. 196 ff

Es wird im Zug der vertiefenden Beschäftigung mit der Thematik darüber hinaus deutlich werden, wie bestimmend der Einfluss der konstruktiven Gestaltung der **Überdeckung**, verglichen mit dem des Einschlusses, auf die Gesamtform des Bauwerks ist. Nicht umsonst werden Tragwerkstypen im Regelfall nach der Art der Überdeckung oder Überspannung bezeichnet (*Bogen*tragwerk, *Hänge*tragwerk etc.).

5, **6** Überdeckung ohne seitliche Umfassung.

7 Die Schaffung von Flächen ist eine elementare Aufgabe und Zielsetzung des Hochbaus.

8 Hofraum: seitliche Umfassung ohne Überdeckung.

9 Die konzentrierte Lastabtragung mittels stabförmiger Stützen im Skelettbau entbindet die flächige Umhüllung von tragenden Aufgaben und erlaubt Freiheiten bei der Gestaltung des Bezugs zwischen innen und außen, die dem Wandbau fehlen.

1.4

Elementare und zusammengesetzte Tragwerke

■ Wir sprechen im Folgenden bei einer Raumeinheit, die durch eine Überdeckung mit einer definierten Spannweite und ggf. auch durch einen seitlichen Einschluss eingegrenzt ist, von einer **baulichen Grundzelle** oder vereinfachend von einer **baulichen Zelle**. Einraumgebäude sind in diesem Sinn oftmals identisch mit der baulichen Grundzelle (🗗 **10**, **11**). Viele Gebäude bestehen indessen aus einer **Addition** einzelner baulicher Zellen (🗗 **12**), deren zugehörige Raumeinheiten durch geeignete Öffnungen jedoch durchaus räumlich miteinander gekoppelt werden können. Diese Zusammenschaltung von Raumeinheiten kann so weit gehen, dass eine Trennwand zwischen benachbarten Räumen nahezu vollständig aufgebrochen wird, sodass nur noch punktuelle Stützungen verbleiben. Es kann dann dazu kommen, dass auch Einraumgebäude aus einer Kopplung mehrerer baulicher Einzelzellen zusammengesetzt sind.

☞ *Ein interessantes historisches Beispiel hierfür ist der Kirchenraum der Hagia Sophia; vgl.* 🗗 **258** *bis* **260** *in Kap. IX-2, Abschn. 3.2.6 Schale vollwandig, synklastisch gekrümmt, punktuell gelagert, S. 375*

Die folgenden Überlegungen orientieren sich jeweils an einer raumumschließenden baulichen Grundzelle, welche in verschiedenen Ausformungen hinsichtlich ihrer Konstruktion und ihres Tragverhaltens untersucht wird. Diese Grundzelle kann bei elementaren Tragwerken, wie wir gesehen haben, identisch mit dem Primärtragwerk selbst sein (🗗 **10**) oder alternativ die modulare Grundlage bilden für ein **zusammengesetztes Tragwerk**, das aus der Addition der Zelle in einer oder mehreren Raumdimensionen hervorgeht (🗗 **12**). Die Betrachtung der Grundzelle hat didaktischen Charakter und beansprucht – insbesondere bei zusammengesetzten Tragwerken – nicht, das Tragverhalten eines Primärtragwerks in seiner Gesamtheit zu erfassen, denn:

- das Tragverhalten eines zusammengesetzten Tragwerks leitet sich auch von der Art ab, *auf welche Weise* die ihm zugrundeliegenden Elementarzellen zusammengesetzt werden;

- viele Tragwerke sind zwar zusammengesetzt, aber in ihrem Aufbau **nicht modular**, sie bestehen also nicht aus einem immer wiederkehrenden, stets gleichen Grundmodul;

- Tragwerke lassen sich nicht unabhängig von ihrem **Maßstab** statisch analysieren.

☞ ***Band 1**, Kap. II-1, Abschn. 1.3 Ordnung nach konstruktiven Gesichtspunkten, S. 29, sowie **Band 4**, Kap. 1. Maßstab*

Trotz aller notwendigen Einschränkungen erlaubt das Studium einer solchen Zelle sowohl das Erfassen des grundsätzlichen Tragverhaltens elementarer Tragwerke als auch eine grundlegende Kategorisierung von zusammengesetzten Primärtragwerken, wie sie im Hochbau häufig auftreten, und ein grundsätzliches Verständnis der Kraftleitung in ihrem konstruktiven Gefüge.

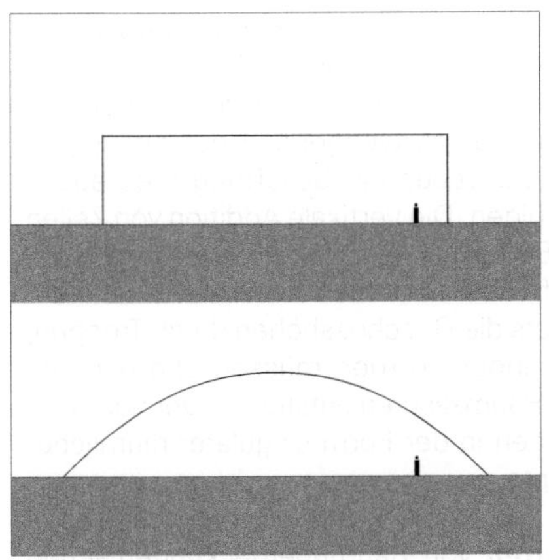

10 Elementare Tragwerke sind identisch mit der baulichen Grundzelle, die sie konstituiert.

11 Einfache Bauten aus jeweils einer prismatischen und einer gekrümmten Grundzelle.

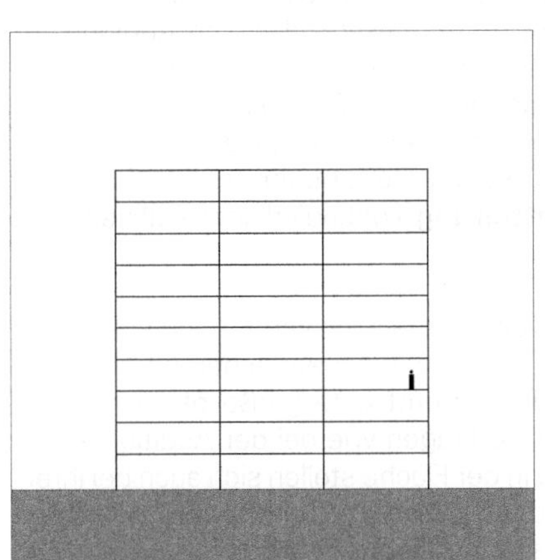

12 Modular zusammengesetzte Tragwerke bestehen aus der Addition baulicher Grundzellen.

13 Mehrzellengebäude.

1.5 Planerische Grundsätze der Addition von baulichen Zellen

■ Im Folgenden soll zwischen der **horizontalen Addition** – in einer oder zwei Richtungen in der Ebene – und der **vertikalen** unterschieden werden. Eine horizontale Addition erlaubt unter Wahrung eines weitgehend durchgängigen begehbaren Fußbodenniveaus die Schaffung theoretisch unbegrenzter Raumfolgen. Die vertikale Addition von Zellen befriedigt zwar das Bedürfnis nach begehbarer Gesamtfläche insgesamt, schafft aber nur selten einen zusammenhängenden Raum, da stets die Geschosshöhen durch Treppen, Rampen etc. überwunden werden müssen und dadurch nahezu unweigerlich Raumzäsuren entstehen. Dennoch gibt es einzelne Ausnahmen in der Form singulärer räumlicher und baulicher Konzepte.

✏ *Z. B. der ‚Raumplan' von Adolf Loos*

5.1 Horizontale Addition

■ Da die **Spannweiten** von Raumüberdeckungen – und damit die Abmessungen des größten realisierbaren Einzelraums – stets durch die Grenzen des materiell, technisch und ökonomisch Machbaren eingeschränkt sind, und nicht immer die Bedürfnisse nach nutzbarem Raum befriedigen können, besitzt das Prinzip der **horizontalen Addition** einer baulichen Grundzelle in einer oder zwei Richtungen in der Entwicklung von Bautypen und -formen eine fundamentale Bedeutung (🗗 **14–19**). Auch die Gruppierung von hinsichtlich der Nutzung unabhängigen Einzelgebäuden in einer dichten Dorf- oder Stadtstruktur setzt zumeist ein direktes Anbauen an ein benachbartes Gebäude voraus. Die bauliche Grundzelle entspricht der jeweils technisch und ökonomisch sinnvoll realisierbaren Dimension und lässt sich durch Addition zu einer zusammenhängenden Gebäudegruppe oder durch entsprechende Öffnungen in den Trennbauteilen zu einem größeren zusammenhängenden Raum zusammenschalten (🗗 **14**). Die geometrischen Gegebenheiten sind analog zu denen der **Parkettierung** kontinuierlicher Flächen aus Einzelelementen.

☞ *Kap. VII, Abschn. 1.2 Geometrische Prinzipien der Ausbildung von Flächen aus Einzelelementen, S. 8ff*

5.2 Vertikale Addition

■ Zusätzlich lassen sich Räume auch vertikal addieren, also stapeln. Der dadurch ermöglichten mehrfachen Ausnutzung von Grund und Boden kommt eine große ökonomische Bedeutung zu. Ähnliche Fragen wie bei der Addition einer baulichen Grundzelle in der Fläche stellen sich auch bei ihrer Stapelung (🗗 **12**). Indessen sind die Trennflächen zwischen den Geschossen, also die **Geschossdecken**, – anders als die Trennwände zwischen seitlichen aneinanderstoßenden Zellen – durch die Notwendigkeit der sicheren und mühelosen Begehbarkeit auf – zumindest oberseitig – ebene Flächen eingeschränkt, die nicht oder nur minimal geneigt sein dürfen.

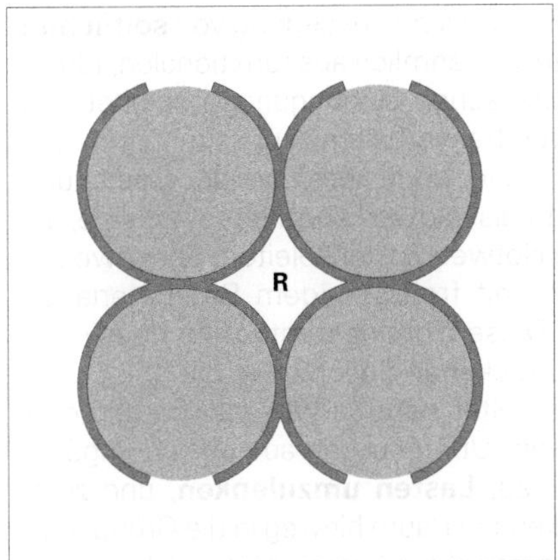

14 Addition im Grundriss runder Grundzellen. Schwer nutzbare Resträume (**R**) sind unvermeidbar.

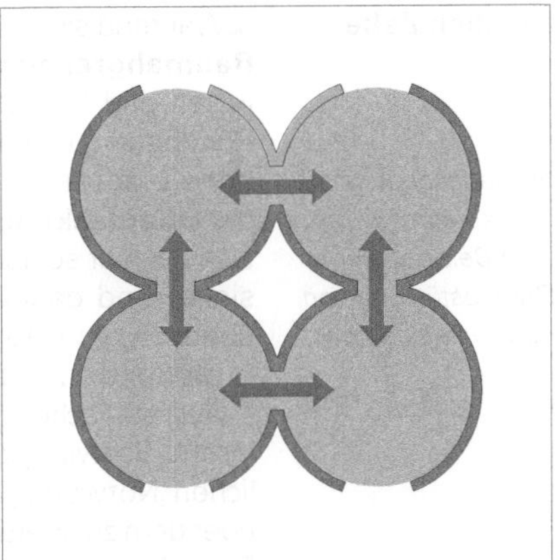

15 Addition runder Grundzellen. Mögliche Verbindung der Räume an den Berührungspunkten über schmale Türöffnungen.

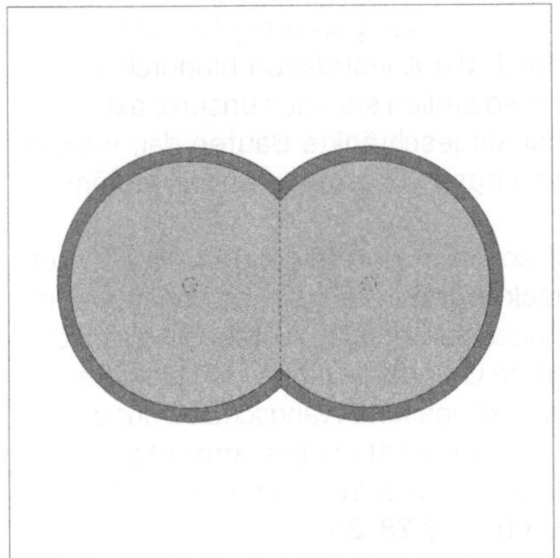

16 Addition von zwei im Grundriss runden Grundzellen durch gegenseitige Verschneidung und Schaffung eines Raumzusammenhangs.

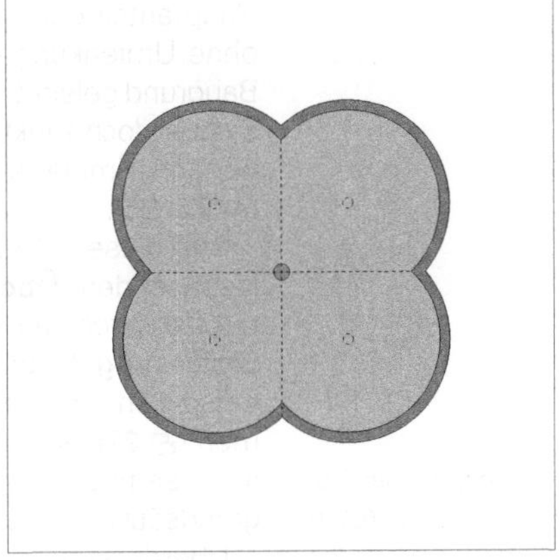

17 Addition von vier runden Grundzellen. Verbindung der Räume an den Verschneidungen. Lastabtragung in der Mitte durch Säule.

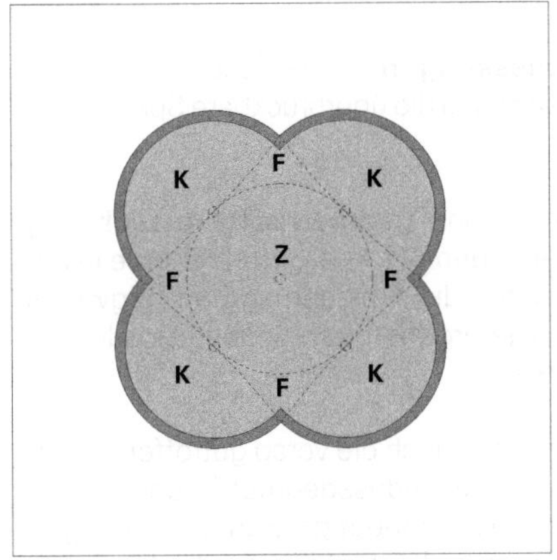

18 Addition von vier runden Grundzellen mit Kuppelform (**K**) ergänzt durch zentrale erhöhte Kuppel (**Z**) und vier Füllkappen (**F**).

19 Hütte mit allseits gekrümmter Hülle.

1.6

Die Elemente der baulichen Zelle

✏ *Eine Ausnahme ist die Gebäudeaussteifung, die frühzeitig in das Raumkonzept mit einzubeziehen ist. Ein Beispiel hierfür ist die gegenseitige Querabstützung von ebenen Wandscheiben.*

■Während sich die entwurfliche Festlegung von **seitlichen Raumabgrenzungen** vornehmlich aus funktionalen, räumlichen und formalästhetischen Überlegungen ableitet und Randbedingungen ihres Tragverhaltens nur selten form- und entwurfsbestimmend sind, dominieren bei der Gestaltung der **Überdeckung** oftmals tragwerksbezogene Aspekte, die sich aus der schieren Notwendigkeit ableiten, Spannweiten sicher und dauerhaft mit freitragendem Baumaterial zu überbrücken (☐ **20**). Diese Dominanz ist umso deutlicher, je größer die zu überbrückende Spannweite ist.

Aus statischer Sicht leitet sich die wesentliche bautechnische Schwierigkeit der Überdeckung aus der unumgänglichen Notwendigkeit ab, **Lasten umzulenken**, und zwar über dem zu überdeckenden Raum hinweg in die Gründung.[1] Dies gilt sowohl für die lotrechten Lasten infolge Schwerkraft (☐ **21**, **23**), die man aus der Senkrechten heraus umlenken muss, als auch für die horizontalen Lasten (☐ **22**, **24**). Wenngleich es einzelne Beispiele für Bauwerke gibt, bei denen der Hauptanteil der Lasten in der Tat geradlinig lotrecht – also ohne Umlenkung – durch die Konstruktion hindurch in den Baugrund geleitet wird, so stellen sie – aus unserer aktuellen Sicht – doch funktional eingeschränkte Bauten dar, welche nur sehr limitierte Nutzungsanforderungen erfüllen können (☐ **25**, **26**).

Aus diesem Grund sollen in den folgenden Abschnitten insbesondere **Überdeckungen** in zahlreichen Varianten hinsichtlich ihres Tragverhaltens untersucht werden. Die seitliche **Einfassung** der baulichen Grundzelle ist bei den diskutierten Beispielen zumeist als geschlossene Wandscheibe angenommen (☐ **27**), ist aber – sofern nicht anders vermerkt – durch andersartige Konstruktionen wie in *Kapitel VI-2* diskutiert grundsätzlich austauschbar (☐ **28–29**).

☞ ***Band 1**, Kap. VI-2, Abschn. 9.2 bis 9.5, S. 622 ff*

Überdeckung und seitlicher Einschluss stehen in einem engen Zusammenhang und bedingen sich in mancherlei Hinsicht gegenseitig. Die Festlegung einer Überdeckung entscheidet:

- über die **Hauptabmessungen** der baulichen Grundzelle, weil damit auch gleichzeitig die überbrückbare Spannweite fixiert ist,
- sowie zumeist auch über ihre **geometrische Ausrichtung** bzw. über die vorliegenden Symmetrieverhältnisse in der Grundebene, weil damit die Auflagerung des Tragwerks definiert ist – als Folge ergeben sich gerichtete oder ungerichtete Tragwerke.

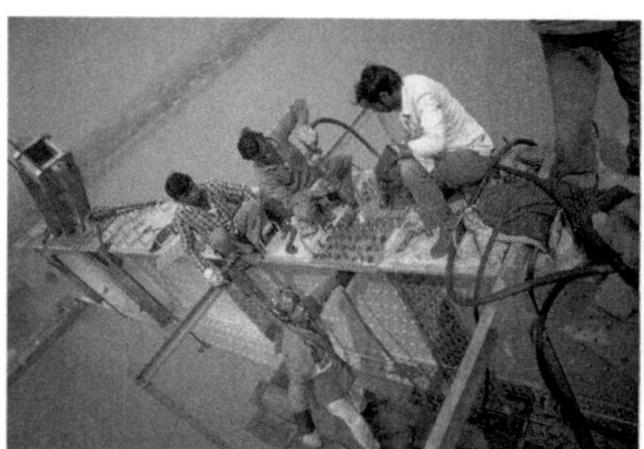

20 Freitragende Überdeckungen oder Überspannungen zu bauen ist zumeist schwieriger als aufgehende Umfassungen zu errichten.

Umgekehrt kann manchmal auch die vorab getroffene Festlegung einer bestimmten Grundrissgeometrie der Umfassung einer baulichen Zelle eindeutige Randbedingungen für die Überdeckung setzen. Festsetzungen diesbezüglich können dazu führen, dass nur eine begrenzte Auswahl an Überdeckungen infrage kommen, und fixieren in jedem Fall

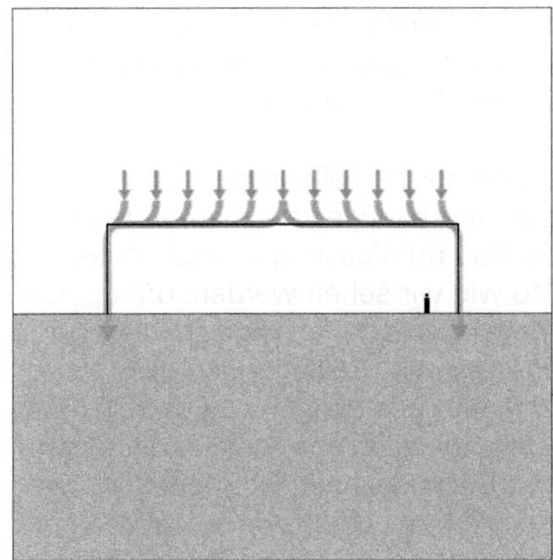

21 Umlenkung lotrechter Lasten an einer raumbildenden Baustruktur.

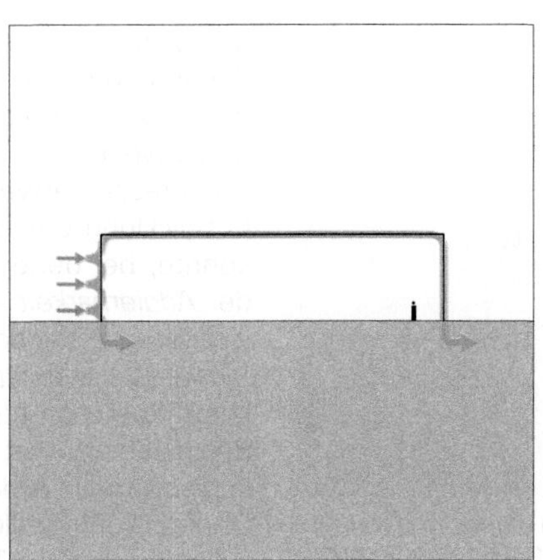

22 Umlenkung waagrechter Lasten an einer raumbildenden Baustruktur.

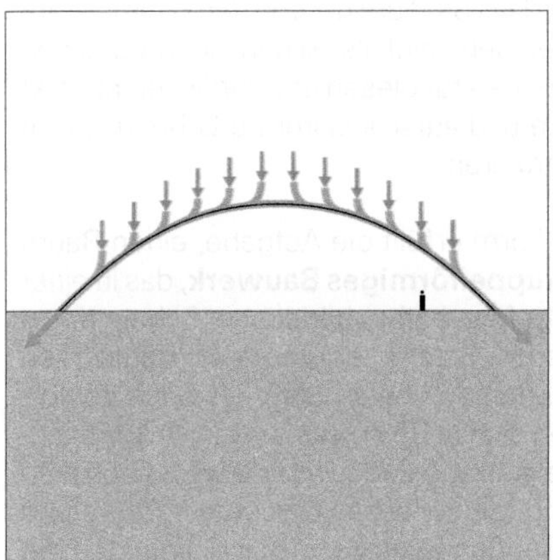

23 Umlenkung lotrechter Lasten an einer raumbildenden Baustruktur.

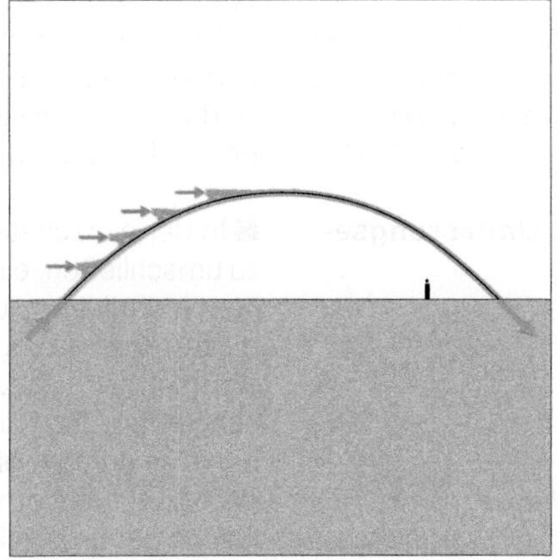

24 Umlenkung waagrechter Lasten an einer raumbildenden Baustruktur.

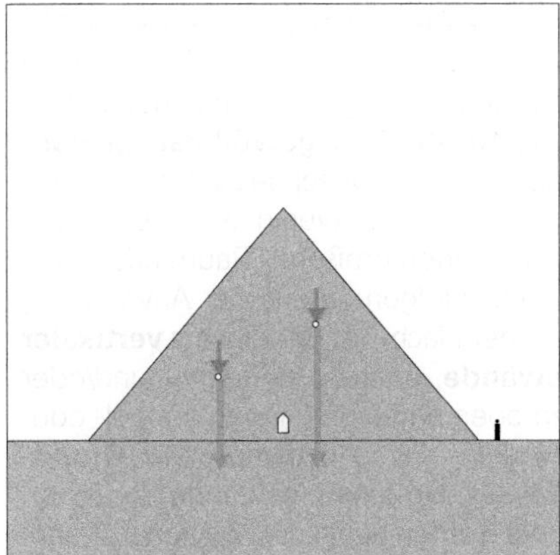

25 Direkte, also umlenkungsfreie Übertragung von Lasten in den Baugrund setzt Einschränkungen in der Raumbildung voraus (Beispiel: Pyramide).

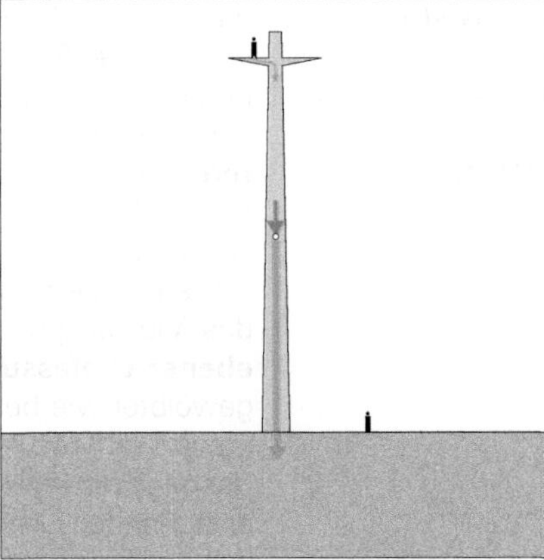

26 Bei diesem Beispiel (Turm), das die lotrechten (wenngleich nicht die waagrechten!) Hauptlasten weitgehend direkt ableitet, setzt bereits die obere Plattform eine Kraftumlenkung voraus.

27 Schrittweiser Übergang von der kubischen Gebäudeform unten zur sphärischen oben (Moschee in Pocitelj, Bosnien-Herzegovina).

die zu überdeckenden Spannweiten. So gibt beispielsweise die geometrische Proportionierung der Seitenkanten einer rechteckigen Zelle die jeweils günstigste – weil kürzere – Spannweite vor.

Interessanterweise sind solche Fälle in der historischen Entwicklung der Bauformen häufiger als man annehmen könnte, bei denen die Raumumfassungen nach Kriterien der *Addierbarkeit* – also wie wir sehen werden: orthogonal – die darüber angeordnete Überdeckung hingegen nach *tragwerks-* und *werkstoffbezogenen* Überlegungen einer völlig konträren Geometrie folgend gestaltet wurde. Exzellentes Beispiel hierfür ist die Kombination aus leicht addierbarem kubischem Unterbau und weit spannender kuppelförmiger Überdeckung, welche sowohl vergleichsweise einfach herzustellen war – z.T. komplett ohne Lehrgerüst – wie auch als vorwiegend druckbeanspruchtes Tragwerkselement entscheidende Vorteile bei Anwendung spröder mineralischer Werkstoffe bot (🗗 **27**). Das Studium der von den Baumeistern entwickelten, zum Teil sehr einfallsreichen geometrischen und technischen Lösungen für diesen entwurflichen Konflikt sind eine interessante und aufschlussreiche Lehrstunde im Entwerfen und Konstruieren.

☞ *Nachzulesen in Schlaich, Heinle (1996); siehe hierzu auch Kap. IX-2, Abschn. 3.2.6 Schale vollwandig, synklastisch gekrümmt, punktuell gelagert, S. 374 ff*

6.1 Das vertikale ebene Umfassungselement

■ In der einfachsten Form erfüllt die Aufgabe, einen Raum zu umschließen, ein **kuppelförmiges Bauwerk**, das in einer kontinuierlichen, ungefähr halbsphärischen Schalenform diesen Raum eingrenzt. Solche elementaren Bauformen sind sehr alt und wurden sowohl in Stein als auch in Holz ausgeführt. Sie finden sich in Beispielen wie in 🗗 **19**, zeichnen sich durch große bauliche Einfachheit aus und besitzen sehr günstige Verhältnisse zwischen umbautem Raum und Fläche der umschließenden Bauteile. Sie sind hingegen mit dem Nachteil behaftet, in keiner Richtung durch einfache Fortsetzung des konstruktiven Grundsystems erweitert werden zu können. Sie lassen sich darüber hinaus nicht zu einem größeren Arrangement ohne Resträume addieren (🗗 **14, 15**), weder in der Fläche noch in der Höhe, und erlauben nur eine begrenzte Gruppierung durch geeignete Verschneidungen und Durchdringungen (🗗 **16–18**). Auch **gewölbeartige Bauten** kann man zwar linear in Gewölbeachse systemkonform fortsetzten, seitlich jedoch ebensowenig wie die Kuppel zu einem zusammenhängenden größeren Raum addieren.

✎ *Das sog. A/V-Verhältnis zwischen der Hüllfläche (A) und dem eingeschlossenen Bauvolumen (V) ist ein wichtiges Maß sowohl der Ökonomie einer Baumaßnahme als auch der Energieeffizienz des Gebäudes; vgl. hierzu auch **Band 4**, Kap. 1, Abschn. 5.1 Der Einfluss des Maßstabs auf die physikalischen Verhältnisse*

☞ *Wie in Kap. X-2,* 🗗 **133**, **134** *auf S. 327*

Die geometrische Schlussfolgerung aus der Anwendung des Additionsprinzips in der Fläche ist der Einsatz **vertikaler ebener Umfassungswände**, anstelle geneigter und/oder gewölbter wie bei den oben angesprochenen kuppel- oder gewölbeartigen Tragwerken, sowie **orthogonaler Grundrissgeometrien** (🗗 **34, 35**). Umfassungswände zwischen anstoßenden Einzelzellen werden durch die Addition zu Trennwänden zwischen zwei benachbarten Modulen. Sie weisen gegenüber gekrümmten Wänden bedeutende Vorteile auf:

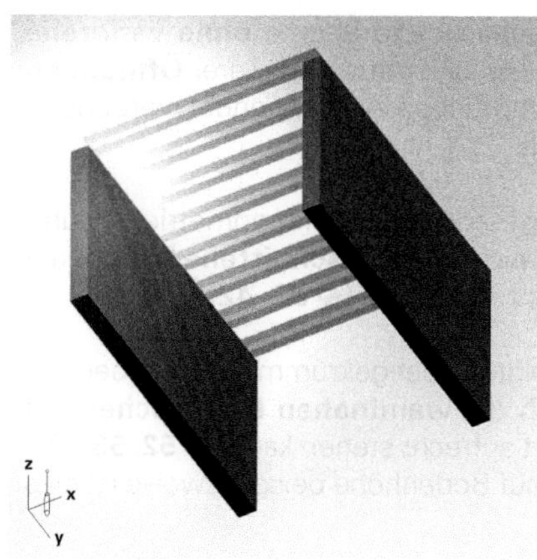

28 Beispiel für eine bauliche Grundzelle aus Umfassung und Überdeckung.

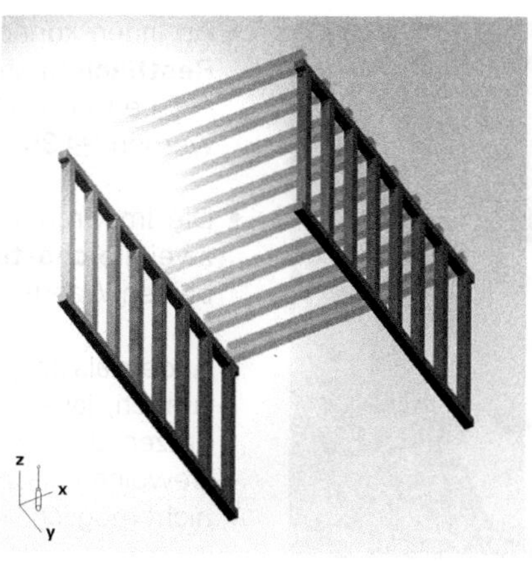

29 Substitution der massiven Wände der Zelle in 🗗 **28** durch eine Rippenwand.

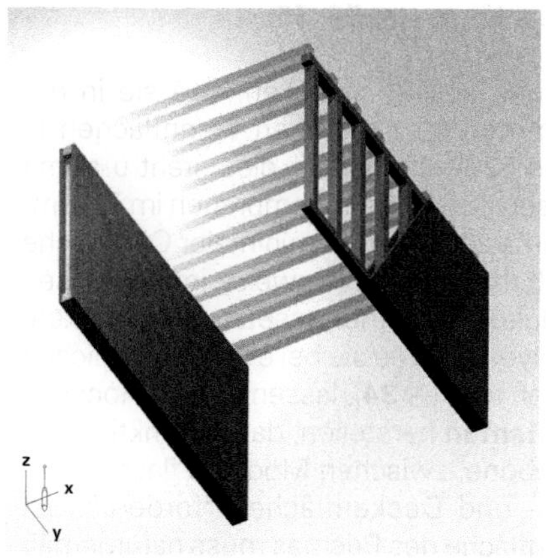

30 Scheibenbildung durch beidseitiges Beplanken der Rippenwand in 🗗 **29**.

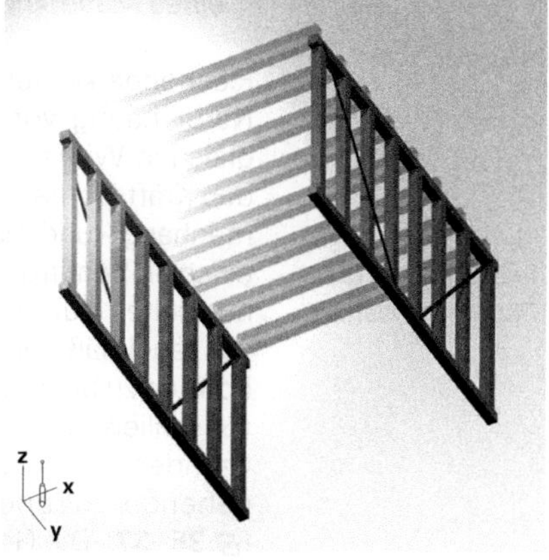

31 Aussteifung der Rippenwand durch Verbände.

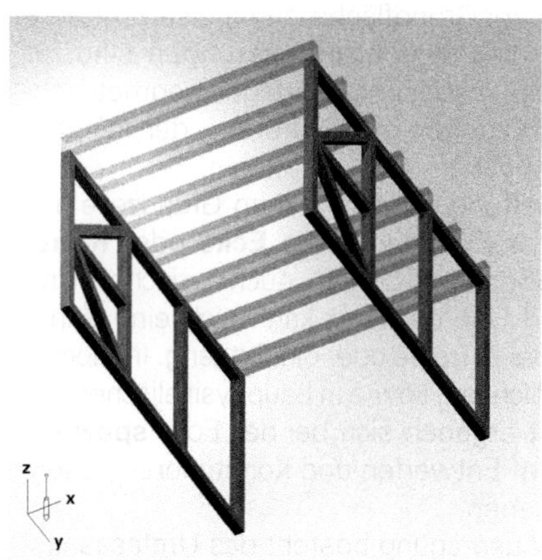

32 Substitution der massiven Wände in 🗗 **28** durch eine Fachwerkwand.

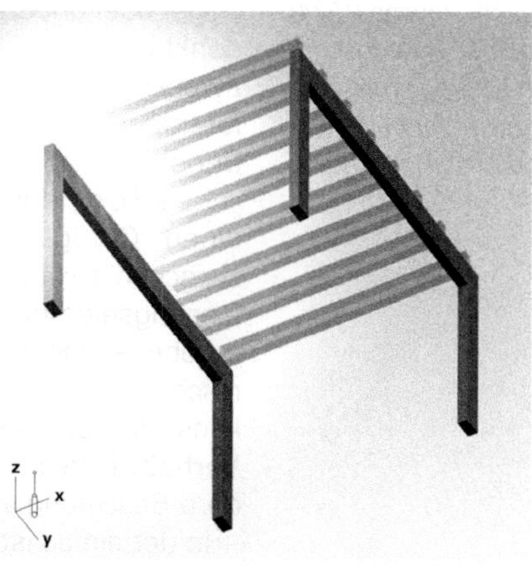

33 Substitution der massiven Wände in 🗗 **28** durch Rahmen.

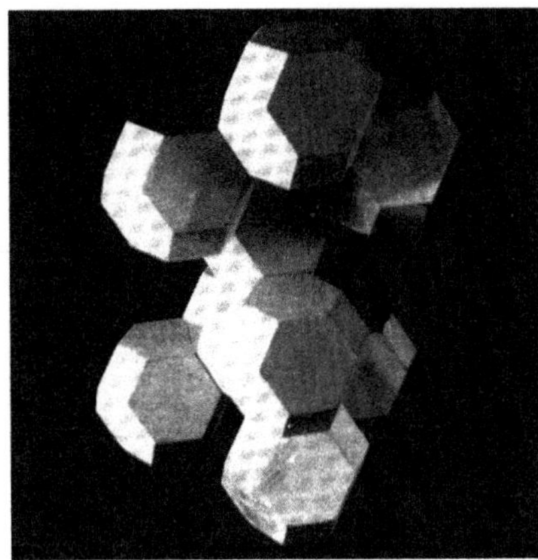

34 Lückenlose modulare Raumpackung aus regelmäßigen Polyedern: sogenannte *verstümmelte Oktaeder* bzw. *Oktaederstümpfe*, wie sie in der Natur bei Schäumen auftreten (nach Stevens).

- An ihnen können benachbarte Räume **ohne verlorene Restflächen** anstoßen und mittels größerer **Öffnungen** – Türen oder Durchbrüchen – miteinander verbunden werden (**39–43**).

- Die im Grundriss geradlinige Wandgeometrie erlaubt, zwei **gleichartige**, **neutral zugeschnittene Räume** auf beiden Wandseiten zu schaffen (**38–42**).

- Anders als bei geneigten oder gekrümmten Raumbegrenzungen, lassen sich die **wandnahen Randflächen** gut nutzen, da man dort aufrecht stehen kann (**52**, **53**). Bei Gewölbeansätzen auf Bodenhöhe beispielsweise ist dies nicht möglich.

- Die Wände werden dabei zumeist in **orthogonalen Mustern** angeordnet, da diese zu jeweils gleichen – und somit gleich gut nutzbaren – **rechten Raumwinkeln** beiderseits eines Mauerknotens führen (**54**, **55**).

Nachzulesen z. B. in Stevens P (1974) „Patterns in Nature"

Flächenparkettierungen aus Sechsecken, wie sie in der Natur häufig vorkommen (**37**), deren Trennflächen in gleichen Winkeln von 120° anstoßen – dies steht u. a. mit den Kräfteverhältnissen bei dünnen Membranen im Zusammenhang – und maximalen Raum bei minimaler Oberfläche einschließen, treten bemerkenswerterweise im Bauwesen nur selten auf. Modular zusammengesetzte Raumpakete aus regelmäßigen Polyedern, wie sie bei einigen natürlichen Formen zu beobachten sind (**34**), lassen sich im Hochbau ausschließlich aus **Prismen** herstellen, da aus funktionalen Gründen stets eine ebene, zwischen Modulen flach durchgehende Fußboden- und Deckenfläche erforderlich ist (**35–37**). Die Grundfläche des Prismas muss naturgemäß *parkettierbar* sein. Aus Gründen der Einfachheit und der praktischen Vorteile des rechten Winkels (s. o.) kommen im Geschossbau fast nur **Quader**, also Prismen mit rechteckiger oder quadratischer Grundfläche, zum Einsatz. Andere denkbare raumfüllende Polyedergruppierungen sind für Zwecke des Hochbaus – insbesondere wegen geometrisch-funktionaler Einschränkungen zur Sicherung der leichten Begehbarkeit – unbrauchbar.

Insgesamt gibt es nach Stevens (1974) nur 22 denkbare lückenlose Raumpakete aus regelmäßigen und halbregelmäßigen Polyedern. Sie treten in der Natur beispielsweise bei Schäumen und Kristallgittern auf.

Eine Folge der Schaffung einer baulichen Grundzelle aus einem Gefüge ebener Flächen ist die **Ecke** oder **Kante** zwischen zwei anstoßenden Ebenen. Auch zwischen Umfassungselement und Überdeckung kann sich eine Kante ergeben – eine Attika, eine Traufe oder ein Ortgang. In mechanischer (Stoßempfindlichkeit) sowie in bauphysikalischer und konstruktiver Hinsicht ergeben sich bei der Ecke **spezielle Verhältnisse**, die beim Entwerfen und Konstruieren besondere Beachtung verdienen.

In der einfachsten Ausprägung besteht das Umfassungselement aus einer **tragenden Wand**, bei der Trag- und Umhüllungsfunktion vom gleichen Element erfüllt werden.

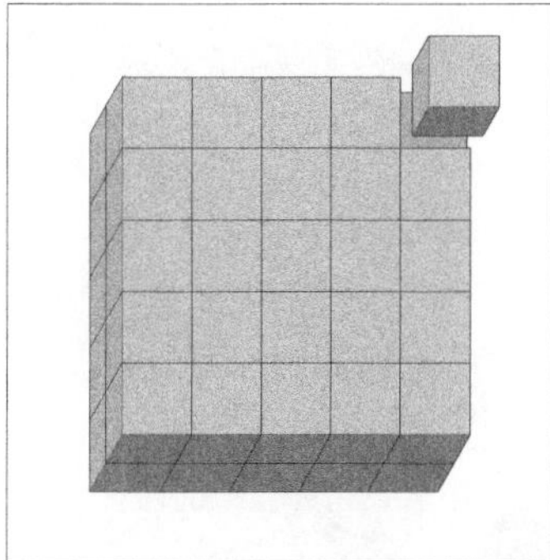

35 Lückenlose modulare Raumpackung aus regelmäßigen Polyedern: Würfel.

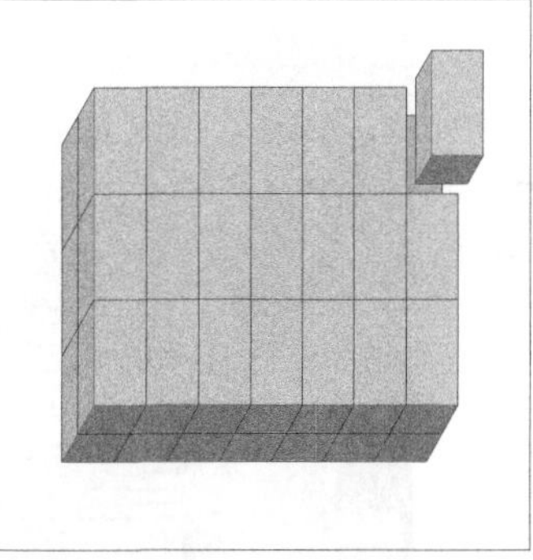

36 Lückenlose modulare Raumpackung aus Polyedern: Quader mit rechteckiger Grundfläche.

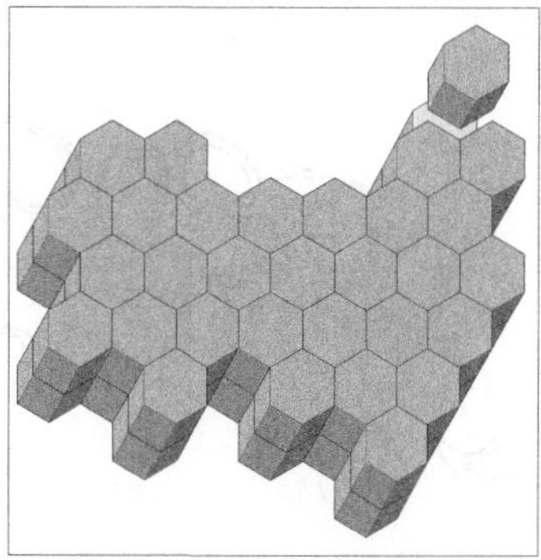

37 Lückenlose modulare Raumpackung aus Polyedern: Prisma mit sechseckiger Grundfläche.

38 Addition im Grundriss rechteckiger Grundzellen. Keine Resträume.

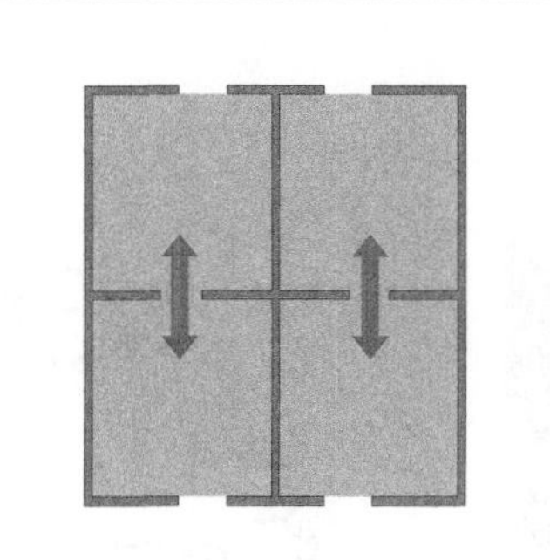

39 Räumliche Verbindung in einer Richtung über schmale Türöffnungen.

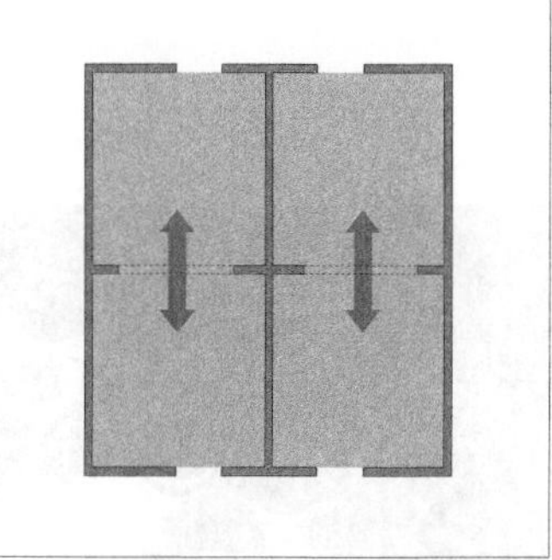

40 Vergrößerte Öffnungen erlauben weitgehenden räumlichen Zusammenhang.

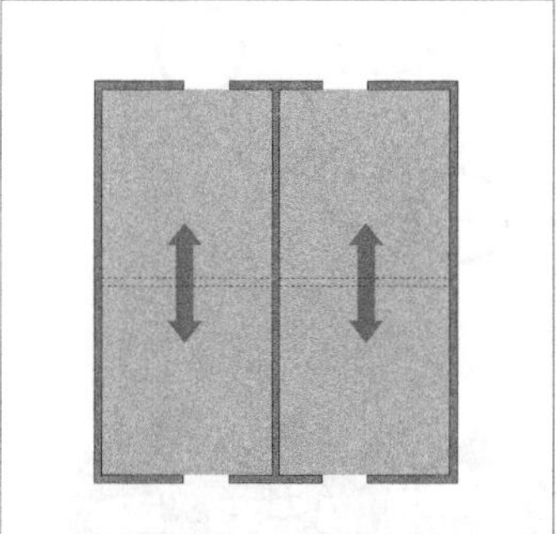

41 Vollständiges Entfernen einer Trennwand. Ungestörter räumlicher Fluss zwischen Einzelzellen.

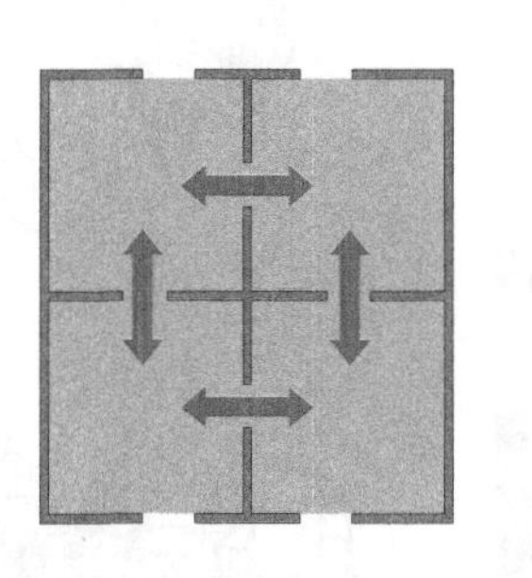

42 Räumliche Verbindung benachbarter Zellen in zwei Richtungen über Türöffnungen.

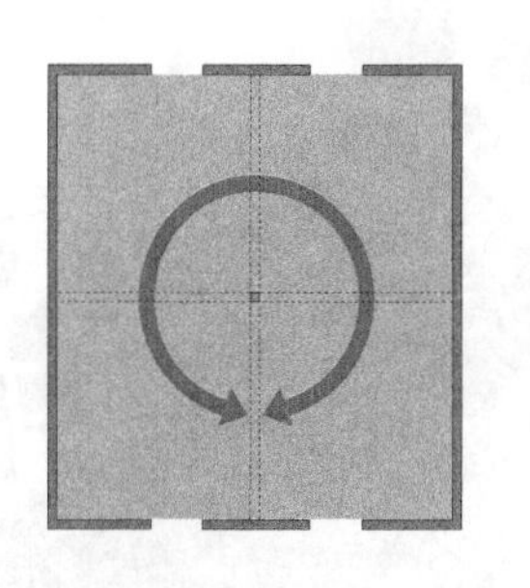

43 Räumliches Zusammenschalten von vier benachbarten Zellen mit einer zentralen Stütze. Die Deckenkonstruktion muss mithilfe mindestens eines Balkens getragen werden.

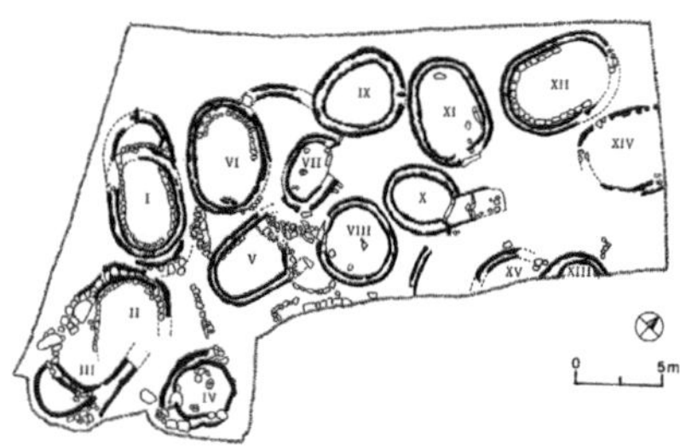

44 Lockere Addition von Einzelgebäuden mit kreisförmiger oder ovaler Grundrissform bei einer steinzeitlichen Ansiedlung.

45 Gruppierung von *Trulli* in Apulien.

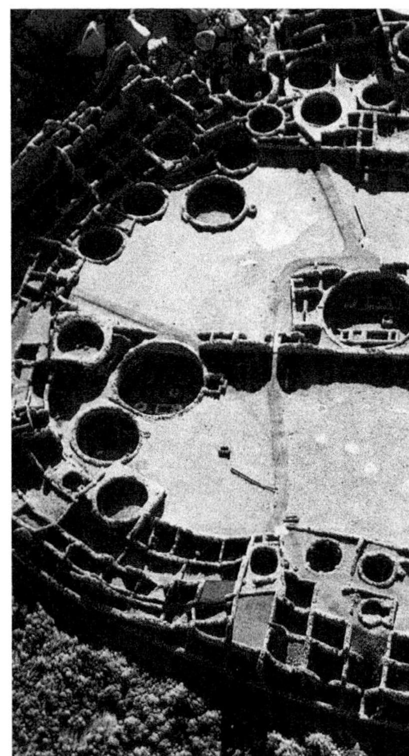

46 Kombination von orthogonalen und kreisförmigen Grundformen bei einer präkolumbischen Ansiedlung in Amerika.

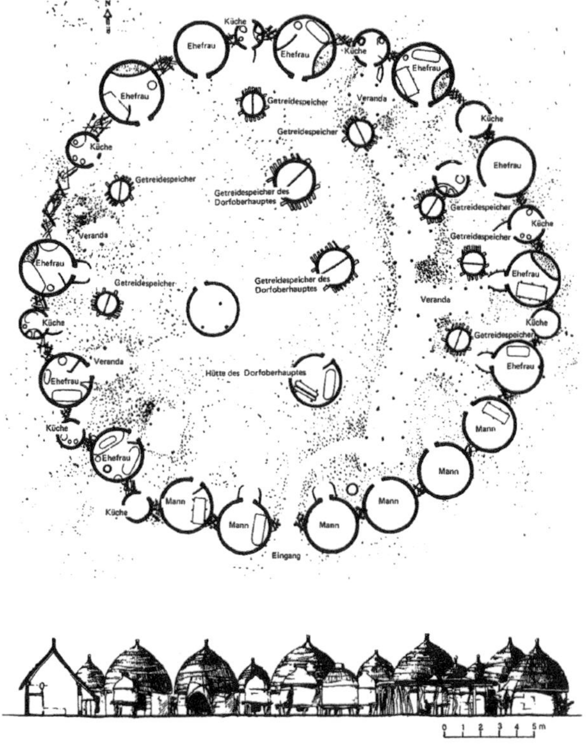

47 Ringförmige Siedlungsstruktur aus runden Einzelhütten bei einem Dorf in Kamerun. Die meisten Gebäude sind linear ringförmig gruppiert und bilden gleichzeitig eine Art Wall. Im Innern sind einzelne gemeinschaftliche Speichergebäude und die Hütten des Stammesoberhaupts freistehend angeordnet.

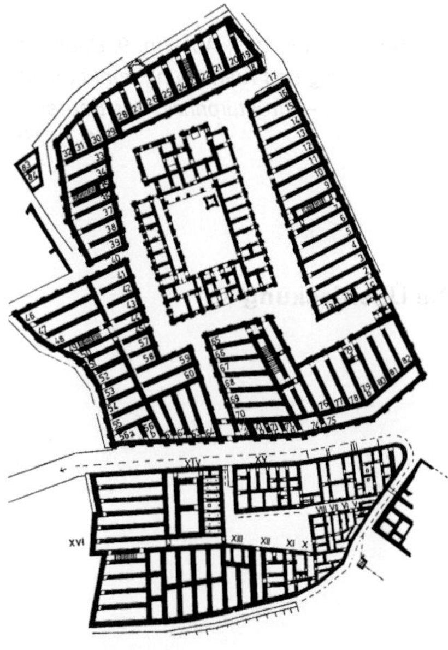

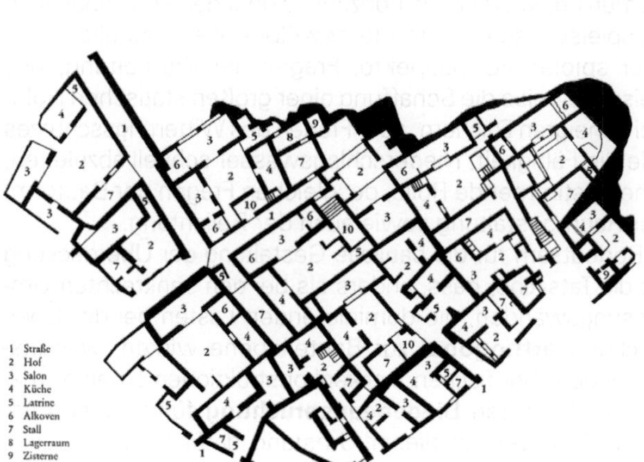

48 (Oben links) Gruppierung von Lehmhäusern in Ägypten. Einfache lückenlos addierbare prismatische Bauformen.

49 (Links) Verschachtelter, dicht parkettierter Stadtgrundriss aus rechteckigen Grundzellen (Cieza, Spanien).

50 (Oben rechts) Lineare Gruppierung schmaler rechteckiger Grundzellen zu riegelartigen Sequenzen. Das Maß der Schmalseiten ist durch die begrenzte überbrückbare Spannweite vorgegeben (Haupttempel in *Hattusa*, Hethiterreich).

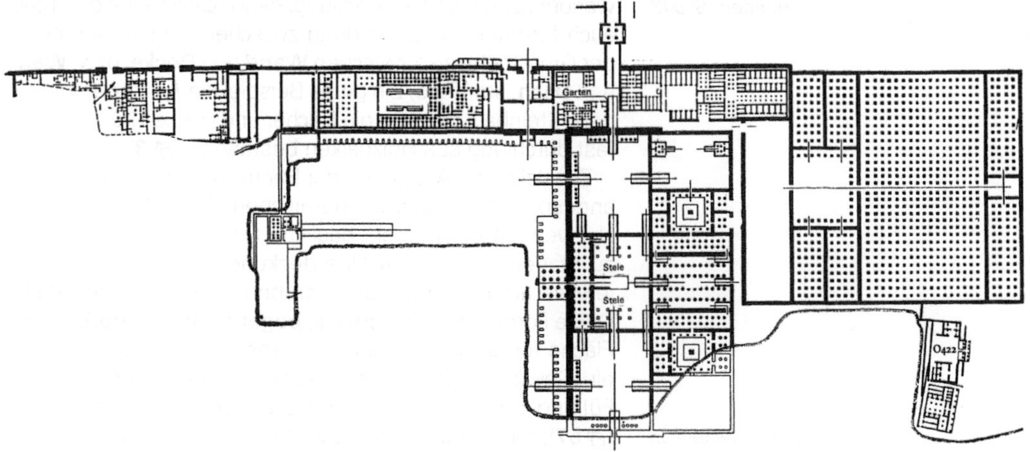

51 Frühes Beispiel für die Schaffung großer zusammenhängender Räume durch Addition eines quadratischen oder rechteckigen Grundmoduls (hier Stützfeld) in zwei Richtungen (Palastanlage in *Tell el Amarna*, Ägypten).

☞ **Band 1**, *Kap. VI-2, Abschn. 9. Bauliche Umsetzung des Kraftleitungsfunktion im Element – Strukturprinzip des Bauteils, S. 612 ff*

Grundsätzlich sind aber alle konstruktiven Varianten des ebenen Flächenbauteils denkbar. Es kommt aber auch ein **Stabwerk** oder **Gefache** aus Stützen oder Pfosten und Balken oder Trägern infrage, die sich in einer Ebene befinden (⊡ **28–33**). Der eigentliche flächige Raumabschluss ist dann eine **nichttragende Wand**, die sich wie angesprochen nicht unbedingt am gleichen Ort wie das tragende Bauteil befinden muss.

6.2 Die Überdeckung

■ Den oberen Raumabschluss bildet bei der Grundzelle aus senkrechten Umfassungswänden ein gesondertes Element: eine Überdeckung. Bei der eingeschossigen Grundzelle lassen sich aus der Nutzung des Innenraums nur wenige Randbedingungen für die Formgebung der Überdeckung ableiten. In einer Höhe, die der direkten Reichweite des Nutzers entzogen ist, sind grundsätzlich vielfältige Bauformen denkbar: ebene horizontale oder geneigte, aber auch beispielsweise gekrümmte gewölbe- oder kuppelförmige. Hier spielen Formaspekte, Fragen der Kraftleitung, wie beispielsweise die Schaffung einer großen statischen Höhe bei geneigten Dächern, oder Fragen des Witterungsschutzes wie die Fähigkeit, Niederschlagswasser schnell abzuleiten, eine bestimmende Rolle; desgleichen Fragen der Bauform, der Raumgestaltung sowie auch der Belichtung.

Bedeutsam für die bauliche Gestaltung der Überdeckung ist die Tatsache, dass, anders als bei den senkrechten Umfassungswänden, die dominierenden Lasten bei der Überdeckung **orthogonal** zur Bauteilebene wirken, was insbesondere bei flachen Deckenkonstruktionen zu einer materialineffizienten **Biegebeanspruchung** führt. Neben anderen Faktoren ist dieser Umstand dafür verantwortlich, dass bei Überdeckungen oftmals andere Materialien oder Konstruktionen zum Einsatz kommen als bei Umfassungswänden, und somit entwicklungsgeschichtlich eine deutliche, auch formale Unterscheidung zwischen beiden Elementen der Grundzelle, also zwischen **Wand** und **Decke**, bzw. **Wand** und **Dach**, stattfand. Ein gutes Beispiel hierfür ist der traditionelle Steinbau, bei dem die Dächer und Decken herkömmlich fast durchweg aus Holzbalken bestanden (⊡ **3**).

☞ *Vergleich in* **Band 1**, *Kap. VI-2, Abschn. 3. Vergleichende Betrachtung von Biegemomenten / Querkräften und axialen Beanspruchungen bzw. Membranspannungen, S. 543*

Zusätzlich zur Addition in der Ebene kann sich – wie bereits angesprochen – aus ökonomischen Gesichtspunkten die Notwendigkeit ergeben, bauliche Grundzellen auch vertikal zu stapeln, wobei die Überdeckung des unteren Raums jeweils als Fußboden des darüberliegenden dient (⊡ **56**). Diese Forderung, eine **ebene**, **begehbare**, also **horizontale** Fläche für das darüberliegende Geschoss zu schaffen, kann ein Gewölbe mit einer oberseitig waagrecht ausgeführten Füllung oder Aufständerung zwar grundsätzlich erfüllen (⊡ **57**); am einfachsten geschieht dies jedoch mithilfe eines **ebenen Deckenelements**.

☞ *Siehe auch das Beispiel in Kap. IX-2,* ⊡ **155, 156**, *S. 333*

Neben flachen Überdeckungen sind im Rahmen ebener Tragwerks- und Hüllelemente auch **geneigte Dächer** zu berücksichtigen, bei denen eine Neigung nicht nur unbedenk-

52 Eingeschränkt nutzbare Raumbereiche am Ansatz geneigter bzw. gewölbter Umfassungswände.

53 Bessere Raumnutzung bei senkrechten Umfassungswänden.

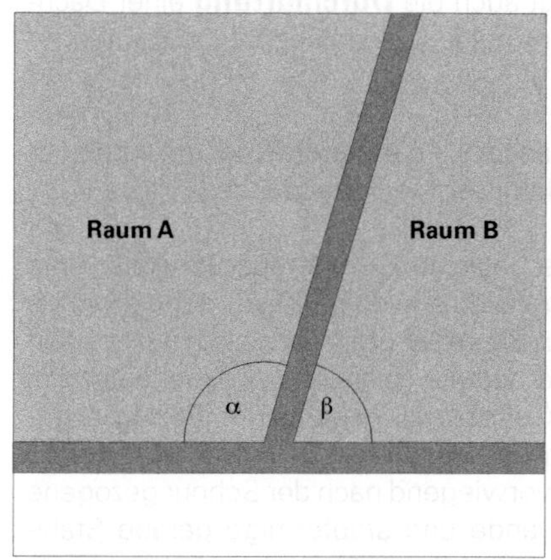

54 Schräger Trennwandanschluss führt zu verschiedenen, u. U. nicht gleich gut nutzbaren Raumzuschnitten.

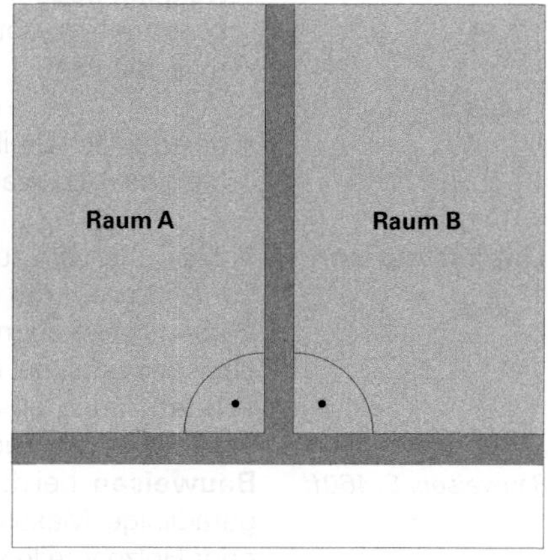

55 Orthogonaler Trennwandanschluss erlaubt gleiche Raumzuschnitte auf beiden Seiten.

56 Stapelbarkeit von Geschossen bei flacher Decke ohne Resträume.

57 Stapelbarkeit von Geschossen bei gewölbter Decke mit Resträumen.

lich – die Begehbarkeit eines Daches hat nur nachrangige Bedeutung – ist, sondern erwünscht ist, da:

- **statisch nutzbare Höhe** gewonnen wird, die zu Tragzwecken herangezogen werden kann. Bei bestimmten Dachkonstruktionen – wie dem Sparrendach – lässt sich durch die Neigung ein Teil der statisch ungünstigen **Biegebeanspruchung** der Dachbalken (Sparren) in statisch effizienter aufnehmbare **Längskraft** umwandeln.

- die technische Unmöglichkeit, eine gegen Niederschlagswasser wirklich **dichte Dachoberfläche** auszuführen, traditionell eine möglichst steile Dachneigung begünstigt hat.

- bei einfachen Gebäuden ein geneigtes Dach oftmals zur **Entrauchung** des häuslichen Herds genutzt wurde. Eine Neigung begünstigt auch die **Durchlüftung** einer Dachkonstruktion, sofern geeignete durchgängige Lufträume dies erlauben.

- gelegentlich Steildächer für die **Belichtung** von Innenräumen genutzt werden (Beispiel: Sheddächer).

1.7 Die Grundzelle aus Umfassung und Überdeckung

■ Das uns vertraute bauliche Gefüge aus vertikalen und horizontalen, oder mehr oder weniger flach geneigten, im Wesentlichen ebenen Bauteilen ergibt sich nicht nur aus den eben angestellten, elementaren planerischen Überlegungen, sondern auch aus Gesetzmäßigkeiten der **Fertigungstechnik** sowie auch aus der Praxis der **herkömmlichen Bauweisen**, bei der vorwiegend nach der Schnur gezogene geradlinige Massivwände und stabförmige gerade Stahl- oder Holzbauteile verarbeitet werden.

☞ *Kap. X Bauweisen, S. 460 ff*

Da diese ebenen Grundelemente auch bei modernen Bauweisen nach wie vor die wesentlichen Bestandteile eines Gebäudes ausmachen, werden sie in ihrem individuellen Tragverhalten in *Kapitel VI-2* vertiefend untersucht. Sie sollen – zusammen mit einigen ausgesuchten gekrümmten Tragwerken – nunmehr im Folgenden in ihren wesentlichen Varianten und Kombinationen zu elementaren Tragwerken, also baulichen Grundzellen, zusammengefügt und in morphologischen Gruppen klassifiziert werden.

☞ ***Band 1**, Kap. VI-2 Kraftleiten, S. 526 ff*

☞ *Kap. IX-2 Typen, Abschn. 1. Übersicht elementarer Tragwerke, S. 276 bis 281*

Ebene Flächenelemente, also sowohl Wand- als auch Deckenbauteile, können grundsätzlich alle konstruktiven Ausbildungen annehmen wie im *Kapitel VI-2* beschrieben. Die dort untersuchten Strukturvarianten sind sinngemäß grundsätzlich auch auf gekrümmte Flächenbauteile übertragbar, wobei gegenüber der ebenen Variante zumeist mit abweichendem Tragverhalten zu rechnen ist. Die denkbaren Kombinationsmöglichkeiten der verschiedenen Varianten von Umfassung und Überdeckung in der elementaren baulichen Zelle sind sehr zahlreich und können – und sollen – in diesem Zusammenhang nicht erschöpfend untersucht werden. Das

☞ ***Band 1**, Kap. VI-2, Abschn. 9. Bauliche Umsetzung der Kraftleitungsfunktion im Element – Strukturprinzipien des Bauteils, S. 612 ff; siehe auch beispielhaft die Varianten weiter oben in* **38–43**, *S. 201*

jeweilige Tragverhalten eines ebenen Bauteils, mit einem spezifischen konstruktiven Gefüge, wird im angesprochenen Kapitel in Grundzügen behandelt, sodass der Leser die Überlegungen der folgenden Abschnitte sinngemäß auf analoge Fälle übertragen kann.

Die statischen Aufgaben

1.8

■ Die wesentliche statische Aufgabe eines Tragwerks ist, Lasten in den Baugrund abzutragen. Diese können verschieden ausgerichtet sein, sodass man sie in zwei grundlegende Komponenten aufgliedert, nämlich in:

☞ *Zur Aufgliederung von Lasten in Lastkomponenten siehe* ***Band 1****, Kap. VI-2, Abschn. 2.2 Äußere Belastung,* **11** *bis* **16** *auf S. 533*

- **vertikale Lasten** und
- **horizontale Lasten.**

Hierbei wirken die tragenden Bestandteile von Umfassung und Überdeckung zusammen. Sie leiten die Lasten innerhalb einer baulichen Grundzelle weiter und geben sie entweder an die Gründung, und damit an den Baugrund, oder an benachbarte Grundzellen, die ihrerseits standfest und in der Lage sind, diese Lasten aufzunehmen, weiter.

Für eine sichere Erfüllung dieser statischen Aufgabe ist eine hinreichende:

- **Tragfähigkeit** und
- **Steifigkeit**

der Bauteile und ihrer Verbindungen zu gewährleisten.

Standsicherheit

1.8.1

■ Die Tragfähigkeit gewährleistet sowohl unter:

☞ *Kap. IX-3, Abschn. 1.2 Anforderungen, S. 404 ff*

- **Gebrauchslasten** wie Eigengewicht, Verkehr, Wind, Schnee, die mit einem **Sicherheitsfaktor** γ_f erhöht werden, als auch unter:
- **außergewöhnlichen Lastfällen** wie Anprall, Erdbeben, Brand

die Standsicherheit der baulichen Grundzelle, und damit des gesamten Bauwerks. Die zugehörigen Anforderungen sind durch das in der Normung festgeschriebene Sicherheitsniveau definiert.

Gebrauchstauglichkeit

1.8.2

■ Die **Steifigkeit** der Bauteile und ihrer Verbindungen beeinflusst die Art und Größe der Verformungen der Bauwerke und damit ihre Gebrauchstauglichkeit. Sie muss die Aufnahme von Gebrauchslasten unter **begrenzten Verformungen** ermöglichen, sodass sich die Aktivitäten des Nutzers in der Grundzelle, und damit im gesamten Gebäude uneingeschränkt entfalten können. Ferner gewährleistet die Steifigkeit des Tragwerks die Funktionsfähigkeit und Integrität der nichttragenden Hüllkonstruktionen sowie der technischen Ausrüstung des Gebäudes.

2. Der Lastabtrag

☞ *Abschn. 1.6 Die Elemente der baulichen Zelle, S. 196 ff*

■ **Kraftumleitung**, wie sie für den Hochbau typisch ist und bereits oben diskutiert wurde, ist mit einem Lastabtrag in Richtung der Lagerungen verbunden. Die Art, wie dieser Lastabtrag im tragenden Gefüge erfolgt, sowie insbesondere die Richtungen oder Lastpfade, entlang deren die Kraft auf die Lagerungen übertragen wird, beeinflusst nicht nur die Konstruktion, sondern auch die gesamte Bauwerkskonfiguration und -geometrie tiefgreifend. Die statischen Gesetzmäßigkeiten, die konstruktiven und geometrischen Folgen sollen nun näher diskutiert werden.

2.1 Ein- und zweiachsiger Lastabtrag

■ Man unterscheidet grundsätzlich zwischen einem **ein-** und einem **zweiachsigen** Lastabtrag. Einachsiger Lastabtrag ist kennzeichnend für die sogenannten **gerichteten Tragsysteme**, zweiachsiger für die **ungerichteten**. Diese grundlegende Klassifikation von Tragwerken hinsichtlich ihres Lastabtrags soll auch der Gliederung der betrachteten baulichen Grundzellen im folgenden Kapitel zugrundegelegt werden.

☞ *Kap. IX-2 Typen, S. 274 ff*

Die jeweiligen Besonderheiten der Tragwirkung in beiden Fällen sollen im Folgenden am Beispiel der Längs- und Querbiegung eines exemplarisch gewählten flachen Bauteils erläutert werden. Die Aussagen zu diesem biegebeanspruchten System lassen sich sinngemäß auch auf axial druck- und zugbeanspruchte Systeme übertragen.

2.1.1 Tragverhalten

■ Eine gedachte, zweiseitig linear gelagerte Lage aus einzelnen parallelen, unverbundenen Streifen (🗗 **58**) veranschaulicht einen reinen **einachsigen** Abtrag von auftreffenden lotrechten Lasten auf die gegenüberliegenden linearen Auflager: d. h. die bereits angesprochene **Kraftumlenkung** der zunächst an beliebigen Orten angreifenden externen Last auf die beiden räumlich lokalisierten Auflager, wo die Kraft durch entsprechende Reaktionen ins Gleichgewicht gebracht wird.

Wird das Feld mit einer Punktlast belegt (🗗 **58–65** auf der nächsten Doppelseite), verformt sich nach dem Prinzip der einachsigen Lastabtragung lediglich der von der Last betroffene Streifen (🗗 **58**). Werden die Streifen aber längsseitig, beispielsweise durch eine (gelenkige) Nut-und-Feder-Verbindung, miteinander gekoppelt (🗗 **60**), werden die benachbarten Elemente vom belasteten Streifen dazu gezwungen, sich ebenfalls zu verformen, und damit Last aufzunehmen. Der belastete Streifen wird hierdurch entlastet, die Punktlast also seitwärts (in → **y**) verteilt. Man spricht zwar weiterhin von einem einachsigen Lastabtrag; es liegt aber in diesem Fall eine **Lastquerverteilung** vor. Der Effekt lässt sich beschreiben als eine erzwungene Mitwirkung benachbarter, nicht direkt durch Last belegter Bauteile. Hierdurch wird eine effizientere Ausnutzung des Gesamtquerschnitts ermöglicht. Je weiter die Streifen von der angreifenden Punktlast entfernt sind, desto weniger Lastanteil übernehmen sie und desto weniger verformen sie sich.

Der gleiche Effekt der Lastquerverteilung stellt sich bei allen quer zur Streifenausrichtung (in →**y**) **nicht gleichmäßig verteilten Lasten** auf dem Feld ein.

Wird anstatt der querkraftverteilenden, aber ansonsten gelenkigen Verbindungen zwischen getrennten Streifen ein **homogener Plattenquerschnitt** geschaffen (⧉ **62**), wird aufgrund der dadurch in →**y** aktivierten Biegesteifigkeit das Material in dieser Richtung unter Biegung versetzt. Es entsteht eine erkennbare kontinuierliche **Biegeverformung** in → **y**, **quer** zur ursprünglichen Spannrichtung → **x**, ein Anzeichen für das Vorhandensein einer **Querbiegung**. Ähnlich wie bei den gelenkig verbundenen Streifen (Fall **2**), wird die Verformung desto kleiner sein, je weiter der betrachtete Plattenbereich von der belasteten Mitte entfernt ist; am kleinsten, naturgemäß am Rand. Der Betrag der Verformung, sowohl in der Mitte wie auch am Rand, verringert sich gegenüber den Fällen **1** und **2**.

☞ ***Band 1**, Kap. VI-2 Abschn. 9.5 Element aus zwei- oder mehrachsig gespannten Rippen > Biegung, S. 651*

Werden im Gegensatz zu den oben besprochenen Fällen, bei denen das Bauteil zwischen zwei gegenüberliegenden Auflagern spannt, weitere zwei Auflager eingeführt, welche die seitlichen, bisher ungestützten Ränder unterstützen (⧉ **64**), entsteht eine **zweiachsige Lastabtragung** mit zwei gleichwertigen **Spannrichtungen**. Da nunmehr eine Verformung an den Rändern ($\mathbf{f_r}$) durch die Lagerung verhindert wird, reduziert sich die Verformung in der Mitte ($\mathbf{f_m}$) um ein Weiteres.

☞ ***Band 1**, Kap. VI-2 Abschn. 9.5.1 linear gelagertes Rippenelement, S. 653 ff, und 9.5.2 punktuell gelagertes Rippenelement, S. 657 ff*

Eine verteilte Streckenlast führt in den beiden Fällen ohne Querbiegung (Fälle **1'** und **2'**, ⧉ **59**, **61**) zu einer kontinuierlichen Durchbiegung mit gleicher Mitten- wie Randverformung. Bei homogenem Querschnitt verbiegt sich der Querschnitt in → **y** leicht konvex nach oben (⧉ **63**). Eine verteilte Last **q** wirkt sich bei der zweiachsigen Lastabtragung, bei ansonsten gleicher Kraftgröße, in Form verringerter Mittenverformung aus (⧉ **65**).

☞ *Vgl. die Begründung in der Bildunterschrift zur ⧉ **63** auf S. 211*

Unter bestimmten Voraussetzungen haben bei zweiachsiger Lastabtragung Längs- und Querbiegung die gleiche Größenordnung: Man spricht dann von einem **ungerichteten Tragsystem**.

☞ *Siehe Abschnitt unten*

Man kann an den Schaubildern beobachten, dass die Streifen hierbei **tordieren** (Fall **2**), bzw. dass die gedachten Plattenstreifen sich **verdrillen** (Fälle **3**, **4** und **4'**): D. h. zwei parallele Schnitte sind zueinander um die Achse des betrachteten Streifens verdreht. Durch die Torsionssteifigkeit des Materials wird der Belastung zusätzlicher Widerstand entgegengesetzt.

☞ *Zur Mitwirkung von Plattenstreifen bei zweiachsig gespannten Platten siehe **Band 1**, Kap. VI-2, Abschn. 9.1.1 Vierseitig linear gelagerte Platte, S. 616 ff*

Die beschriebenen Effekte der **Querverteilung**, **Querbiegung** oder **zweiachsigen Lastabtragung** führen zu einem gegenüber dem ersten Fall günstigeren Tragverhalten, das insbesondere bei ungleichmäßigen Belastungen das Material besonders effizient ausnutzt.

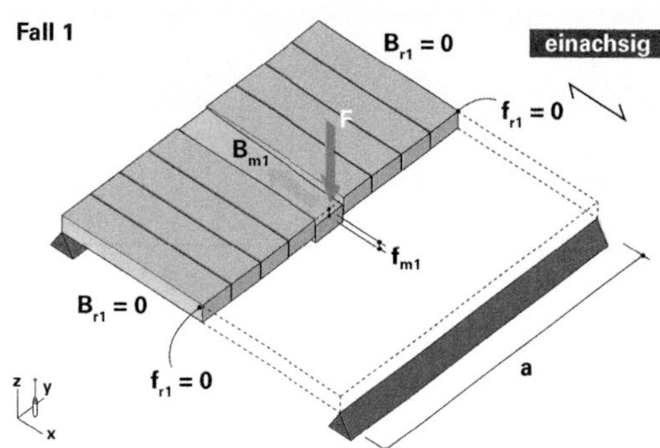

58 Aufgeschnittenes Funktionsmodell eines gerichteten Systems (halbes Stützfeld) aus voneinander unabhängigen Streifen. Einachsige Abtragung der Einzellast **F** ohne Querverteilung von Lasten bei nicht mitwirkenden parallelen Streifen. Die Verformung in der Mitte $\mathbf{f_{m1}}$ wird als 1 angenommen. Da die Randstreifen wegen fehlender Mitwirkung nicht von der Einzellast betroffen sind, ist die Randverformung $\mathbf{f_{r1}}$ gleich Null.

$\mathbf{f_{m1} = 1 \quad f_{r1} = 0}$

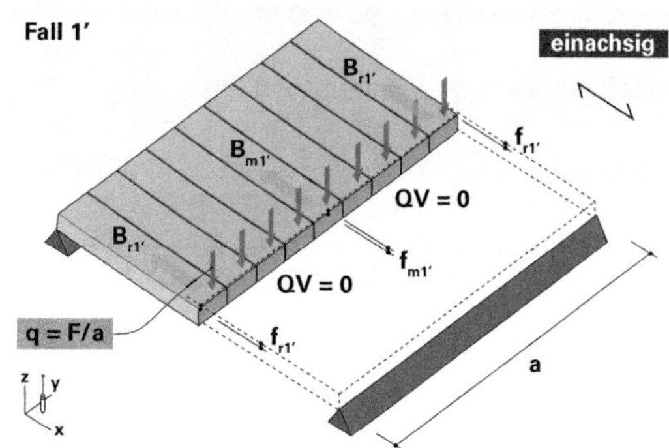

59 Gleiches System wie links, jedoch unter einer Streckenlast **q**, die zu Vergleichszwecken in ihrer Summe betragsmäßig gleich **F** ist. Infolge der gleichmäßigen Verteilung der Last über die Länge **a** sind die Mittenverformung $\mathbf{f_{m1'}}$ und die Randverformung $\mathbf{f_{r1'}}$ gleich. Sie sind in ihrem Betrag wegen der Lastverteilung auf viele einzelne Streifen kleiner als im **Fall 1**.

$\mathbf{f_{m1'} = 1/9 \quad f_{r1'} = 1/9}$

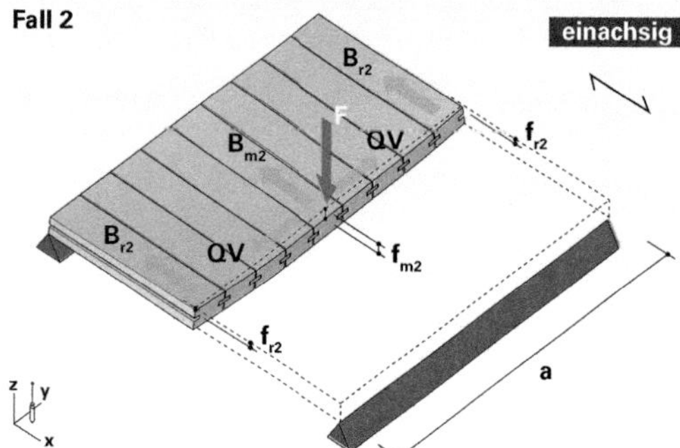

60 Einachsige Lastabtragung mit Querverteilung (**QV**) der wirkenden Einzellast **F** auf benachbarte Streifen durch Schubverbund. Die Koppelung zwischen Streifen wird als gelenkig angenommen, d. h. es werden dort keine Biegemomente übertragen (nur Querkräfte), sodass lediglich *Querverteilung* erfolgt und keine *Querbiegung*. Die Verformung in der Mitte $\mathbf{f_{m2}}$ ist größer als die Randverformung $\mathbf{f_{r2}}$, da die Wirkung der zentrischen Kraft **F** zum Rand hin abnimmt.

$\mathbf{f_{m2} = 1/3 \quad f_{r2} = 1/30}$

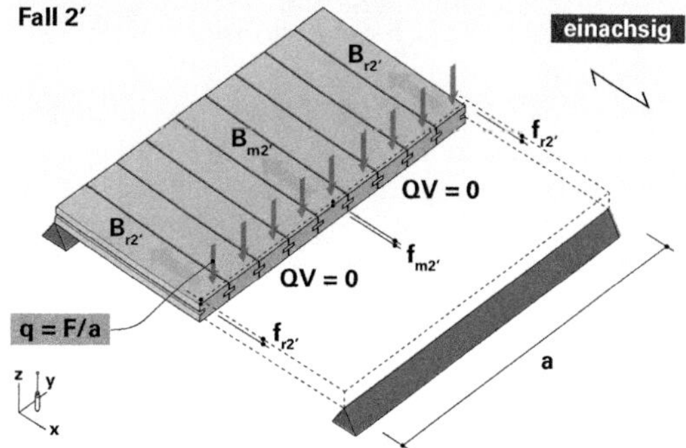

61 Gleiches System wie links, jedoch unter einer Streckenlast **q**. Die hier wie in **Fall 2** links als schubfest verbunden angenommene Streifenschar verhält sich wie ohne Schubverbund, also wie im **Fall 1'** oben.

$\mathbf{f_{m2'} = 1/9 \quad f_{r2'} = 1/9}$

Legende

$\mathbf{B_m}$	Biegung in der Mitte
$\mathbf{B_r}$	Biegung an den Rändern
QV	Querverteilung von Last
QB	Querbiegung
$\mathbf{f_m}$	Mittenverformung
$\mathbf{f_r}$	Randverformung

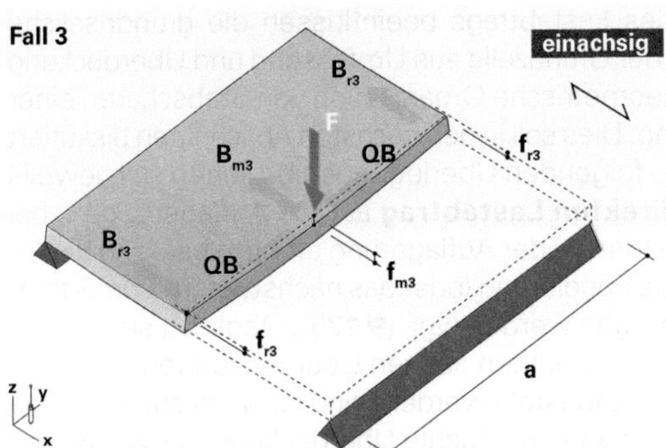

62 Einachsige Lastabtragung mit Querbiegung (**QB**) bei homogenem Querschnitt. Die Verformung in der Mitte $\mathbf{f_{m3}}$ verringert sich gegenüber den vorigen Fällen infolge der Biegesteifigkeit des Querschnitts in Querrichtung (also in → **y**), die sich der quer orientierten Biegebeanspruchung entgegensetzt. Da der Querschnitt in sich steifer ist als im **Fall 2**, fällt die Randverformung $\mathbf{f_{r3}}$ indessen größer aus als dort.

$\mathbf{f_{m3} = 1/7 \quad f_{r3} = 1/10}$

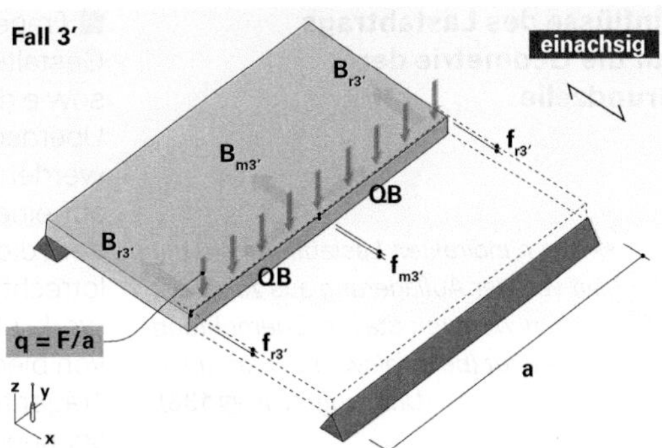

63 Biegung $\mathbf{B_{m/r3'}}$ in Spannrichtung → **x** führt zu einer Druckbeanspruchung der oberen Querschnittszone, die sich infolgedessen auch quer dazu (in Richtung → **y**) dehnt. Als Folge davon entsteht – trotz gleichmäßig verteilter Last **q** – eine leichte negative Biegung des Querschnitts, die sich in einer kleineren Mittenverformung $\mathbf{f_{m3'}}$ als die Randverformung $\mathbf{f_{r3'}}$ äußert.

$\mathbf{f_{m3'} < 1/9 \quad f_{r3'} > 1/8}$

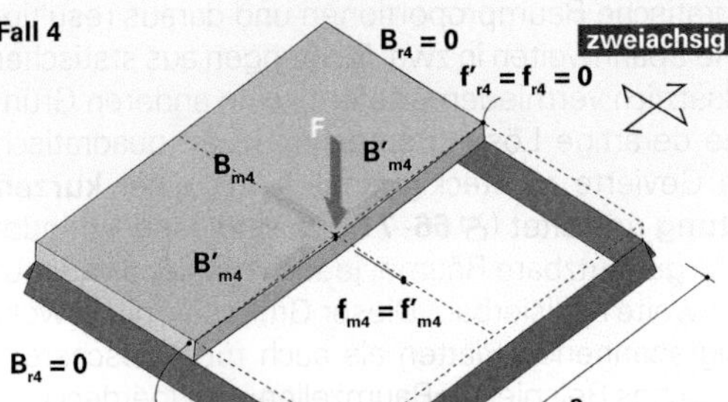

64 Zweiachsige Lastabtragung. Die Verformung in der Mitte $\mathbf{f_{m4}}$ ist im Vergleich mit den anderen gezeigten Fällen am kleinsten. Die Randverformungen $\mathbf{f_{r4}}$ sind wegen der linearen Randlagerung gleich Null.

$\mathbf{f_{m4} = 1/15 \quad f_{r4} = 0}$

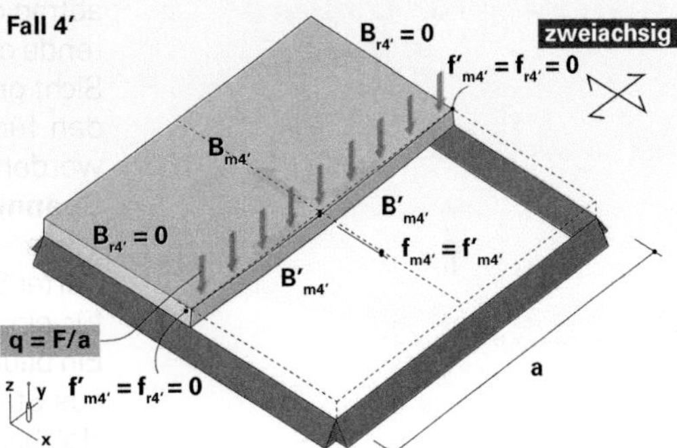

65 Gleiches System wie links, jedoch unter einer Streckenlast **q**. Die Mittenverformung $\mathbf{f_{m4'}}$ ist kleiner als im **Fall 4** links. Bei gleichmäßig über die gesamte Fläche = **a** · **a** verteilter Last, betragsmäßig = $\mathbf{F/a^2}$ (hier nicht dargestellt), verringert sich die Mittenverformung $\mathbf{f_{m4'}}$ weiter bis auf 1/42.

$\mathbf{f_{m4'} = 1/27 \quad f_{r4'} = 0}$

2.2 Einflüsse des Lastabtrags auf die Geometrie der Grundzelle

■ Fragen des Lastabtrags beeinflussen die grundrissliche Gestaltung der Grundzelle aus Umfassung und Überdeckung sowie die geometrische Organisation von Stabscharen einer Überdeckung. Dies soll in den nächsten Abschnitten diskutiert werden. Die folgenden Überlegungen beziehen sich jeweils auf einen **direkten Lastabtrag** auf die Auflagerungen, bei dem die Lasten von der Auflagerung unmittelbar, also direkt, lotrecht in die Fundierung (oder das nächsttiefere Primärtragwerk) übertragen werden (vgl. 🗗 **135**). Obgleich sie anhand von biegebeanspruchten flachen Überdeckungen – Platten, Trägerlagen – angestellt werden, sind sie auch auf einachsig spannende, axial beanspruchte Überdeckungen – wie Bögen oder Seile – sinngemäß anwendbar.

✏ *Beim indirekten Lastabtrag wird die Last von der Auflagerung aus zunächst über einen weiteren Stab in Querrichtung weitergeleitet (beispielsweise über einen Unterzug) (vgl.* 🗗 **136***).*

2.2.1 Wahl der Spannrichtung bei einachsigem Lastabtrag

■ Aus Gründen der Zweckmäßigkeit wird bei allen Tragwerken für eine Überdeckung zunächst die **kleinstmögliche Spannweite** gewählt, sofern keine andersartigen Überlegungen dagegen sprechen. Existieren, wie bei einem Wandgeviert mit zwei möglichen Auflagerpaaren, grundsätzlich zwei denkbare Spannrichtungen, empfiehlt sich aus ökonomischer Sicht selbstredend, die kürzere zu wählen.

Bereits bei der Planung derartiger Zellen werden aus diesem Grund bei Einsatz von Systemen mit einachsigem Lastabtrag quadratische Raumproportionen und daraus resultierende gleiche Spannweiten in zwei Richtungen aus statischer Sicht grundsätzlich vermieden – sofern keine anderen Gründen für eine derartige Lösung sprechen. Statt quadratisch werden die Gevierte rechteckig länglich mit einer **kurzen Spannrichtung** gestaltet (🗗 **66–71**). Es sind dann – mindestens – gleich gut nutzbare Räume, jedoch mit deutlich reduzierter Spannweite realisierbar.[2] Dieser Grundsatz gilt sowohl für einachsig spannende Platten als auch für Stabscharen. Ein baupraktisches Beispiel für Raumzellen mit Überdeckung aus Stabscharen ist der herkömmliche Mauerwerksbau mit Holzbalkendecken (🗗 **72, 73**).

Um Spannweiten zu minimieren, empfiehlt es sich ebenfalls, Balkenlagen **orthogonal** zu den parallelen Auflagern anzuordnen (🗗 **75**). Schräge Stabscharen müssen größere Spannweiten überbrücken und folglich ohne Zusatznutzen stärker dimensioniert werden (🗗 **76**). Bei Platten hingegen stellt sich der Lastabtrag von sich aus über die kürzestmögliche Spannweite ein (🗗 **74**).

2.2.2 Wechselwirkung zwischen Spannweite, statischer Höhe und Grundrissgeometrie

■ Die wechselseitige Abhängigkeit zwischen der **Spannweite** einer einachsig spannenden Überdeckung, also dem Abstand zwischen den beiden Auflagern auf der Umfassung, und deren **statischen Höhe** wirft weitere elementare, systemimmanente Fragen auf, sobald man vom idealtypischen Prinzip gleich weit entfernter, paralleler gerader Auflager abweicht (🗗 **77**, Fall **1**). In diesem Fall lässt sich bei gleichbleibender statischer Höhe und Konstruktionshöhe ein Maximum an statischer Effizienz erzielen. Es sind aber auch andere Lösungen grundsätzlich denkbar, wie im Folgenden

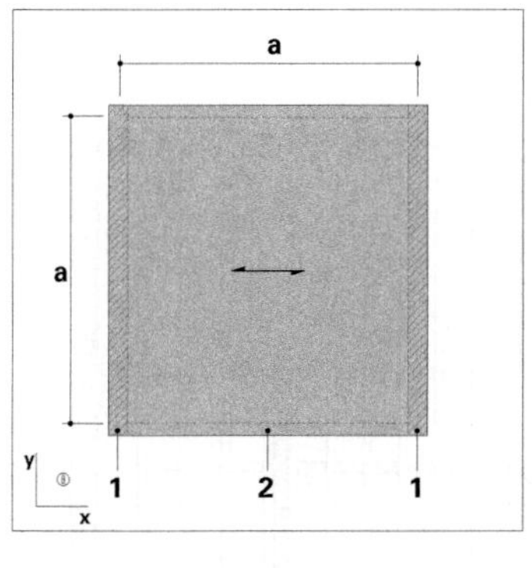

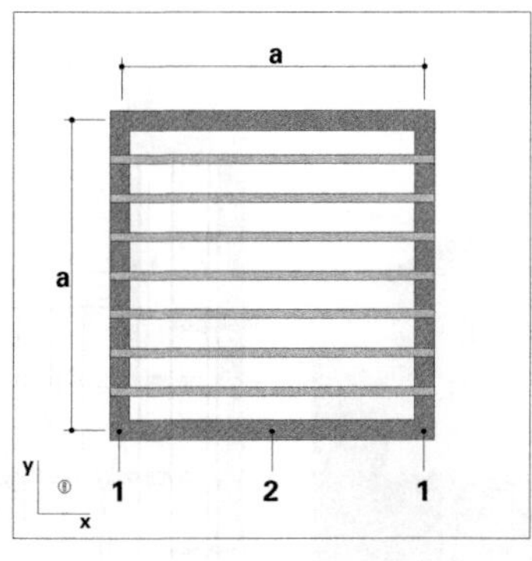

66 (Links) Mit einer Platte überspannte Raumzelle, gleiche Seitenlängen **a**.
1 tragende Wand, Lagerung
2 nichttragende Wand, keine Lagerung; ggf. aussteifende Funktion für tragende Wand **1**

67 (Rechts) Mit Stäben überspannte Raumzelle, gleiche Seitenlängen **a**.

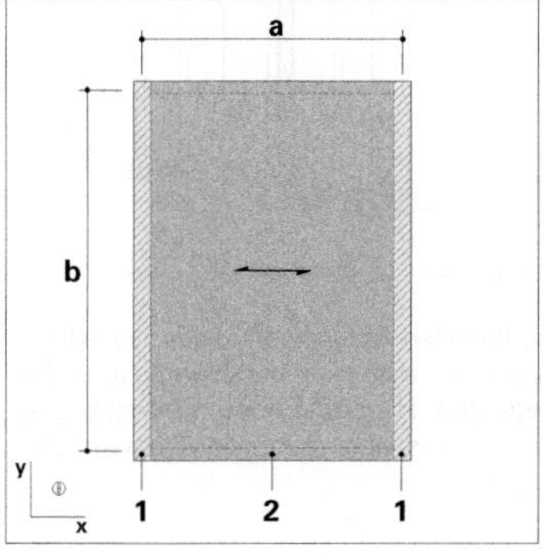

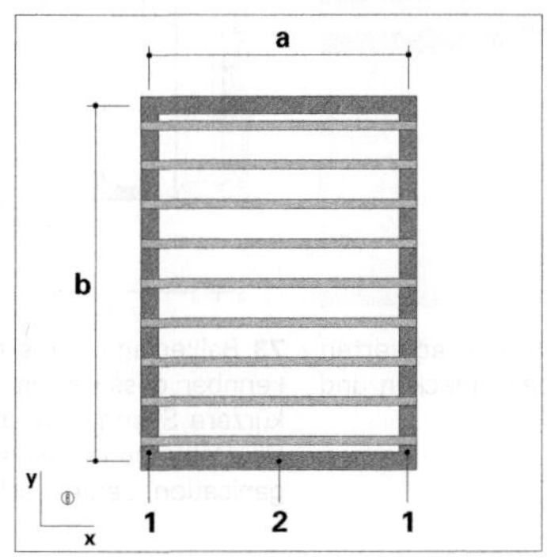

68 (Links) Mit einer Platte überspannte rechteckige Raumzelle mit einer kurzen Spannweite **a**, hier auch Spannrichtung der Überdeckung.

69 (Rechts) Mit einer Stablage überspannte rechteckige Raumzelle mit einer kurzen Spannweite **a**, hier als Spannrichtung der Überdeckung gewählt.

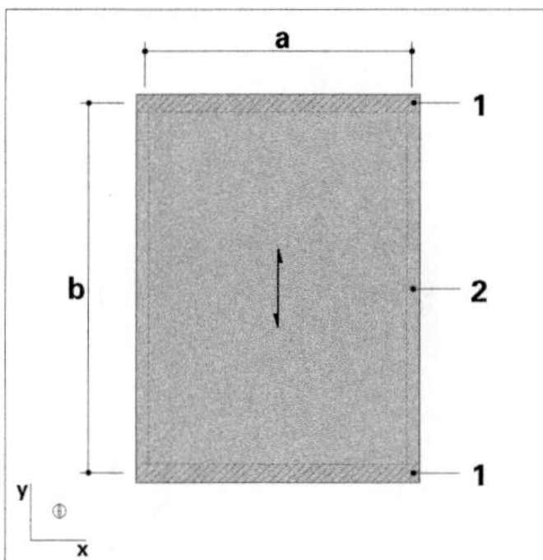

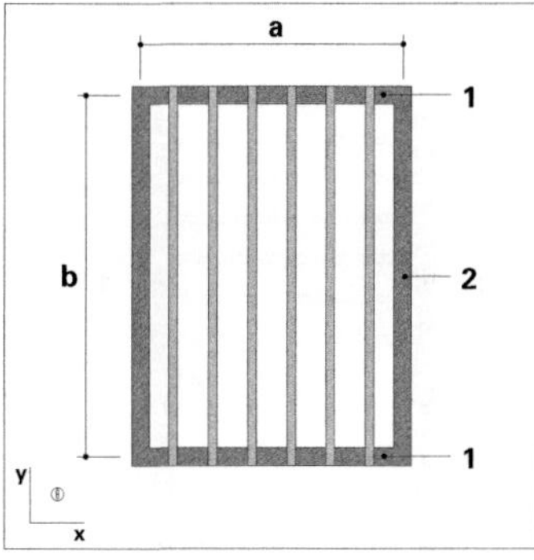

70 (Links) Mit einer Platte überspannte rechteckige Raumzelle, hier die lange Seite **b** als Spannrichtung der Überdeckung gewählt. Diese Anordnung widerspricht dem Grundsatz statischer Effizienz und ist nur aus andersartigen Anforderungen heraus zu rechtfertigen.

71 (Rechts) Mit einer Stablage überspannte rechteckige Raumzelle, hier die lange Seite **b** als Spannrichtung der Überdeckung gewählt, wie links. Ebensowenig aus statischen Gründen zu rechtfertigen.

angesprochen.

anliegende Stützfelder mit verschiedenen Spannweiten

■ Spannt eine durchgehende Platte oder Trägerschar hingegen über mehrere anliegende Joche bzw. Stützfelder mit *unterschiedlichen* Spannweiten (⊡ **77**, Fälle **2** bis **4**), so liegt es zunächst nahe, die statischen Höhen der Platten oder Träger an die Spannweiten anzupassen. Die Überdeckung lässt sich unter- (Fall **2**) oder oberseitig bündig (Fall **3**) anordnen. Letztere Variante liegt insbesondere bei Ausbildung von durchgängigen Dach- oder Geschossflächen nahe. Wird eine durchgängige Konstruktionshöhe gewünscht, ist naturgemäß die größte Spannweite hierfür maßgeblich, sodass die Träger über den kürzeren Spannweiten zwangsläufig

☞ *Kap. IX-2 Typen, Abschn. 2.1.1 Platte einachsig gespannt > Erweiterbarkeit, S. 284 f, sowie Abschn. 2.1.2 Flache Überdeckungen aus Stabscharen > Erweiterbarkeit, S. 294 ff*

72 Herkömmlicher Mauerwerksbau aus mehreren addierten Raumzellen, die mit Stabscharen – also Holzbalkendecken und Holzdächern – überdeckt sind.

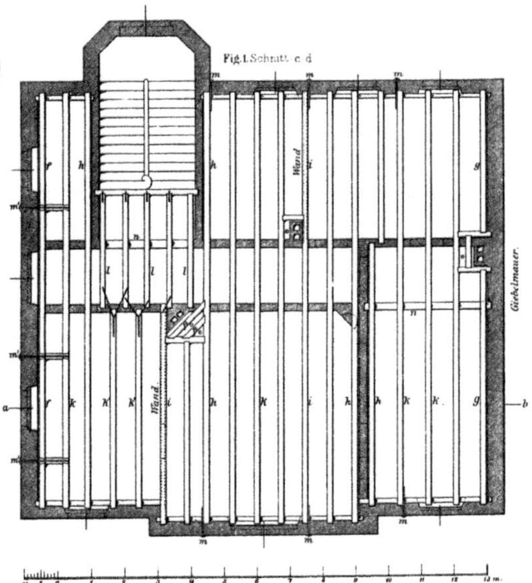

73 Balkenlage eines traditionellen Mauerwerksbaus. Es ist erkennbar, dass Balken meistens – aber nicht durchweg – über die kürzere Spannweite gelegt sind. Hierbei können nicht-statische Überlegungen, beispielsweise aus einer rationellen Tragwerksorganisation, den Ausschlag geben.

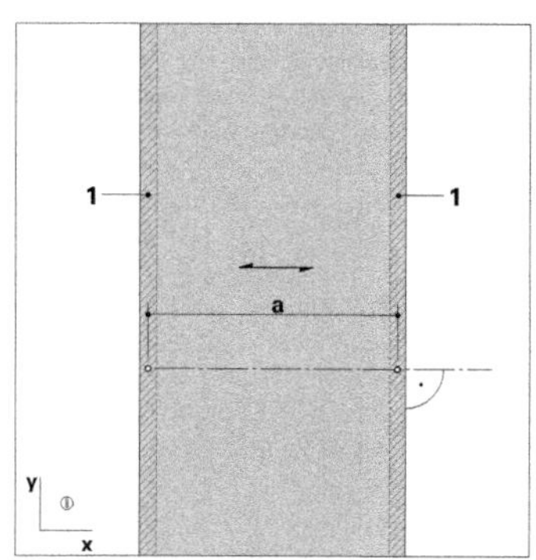

74 Einachsig spannende Platte: orthogonaler Lastabtrag bezüglich der Auflager – die Last wird stets über die kürzestmögliche Spannweite **a** abgetragen.

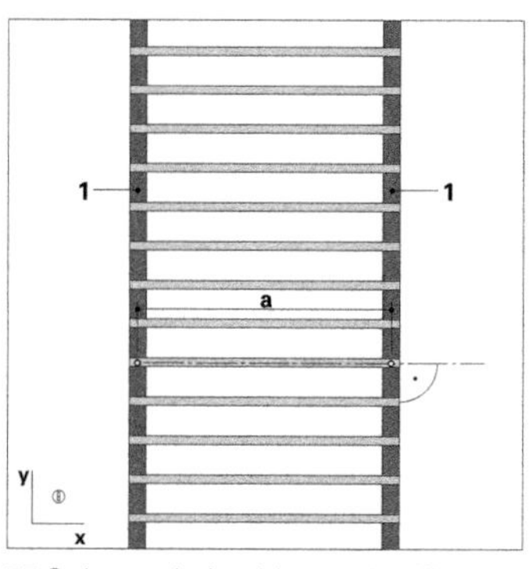

75 Orthogonale Ausrichtung einer Trägerlage bezüglich der Auflager: kürzestmögliche Spannweite **a**.

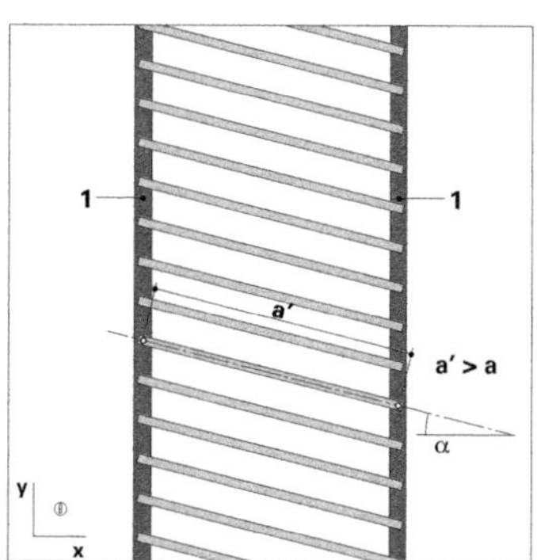

76 Schräge Ausrichtung der Trägerlage bezüglich der Auflager: vergrößerte Spannweite **a'** bei identischer Raumbreite.

überdimensioniert werden (Fall **4**).

nichtparallele Auflager

■ Nichtparallele Auflager führen notwendigerweise zu wechselnden Spannweiten der Überdeckung (☞ **78**, **79**), sodass zu entscheiden ist, ob die statischen Höhen entsprechend gestaffelt oder konstant gehalten werden. Bei Platten würde letzteres bedeuten, ihre Dicke entweder kontinuierlich zu

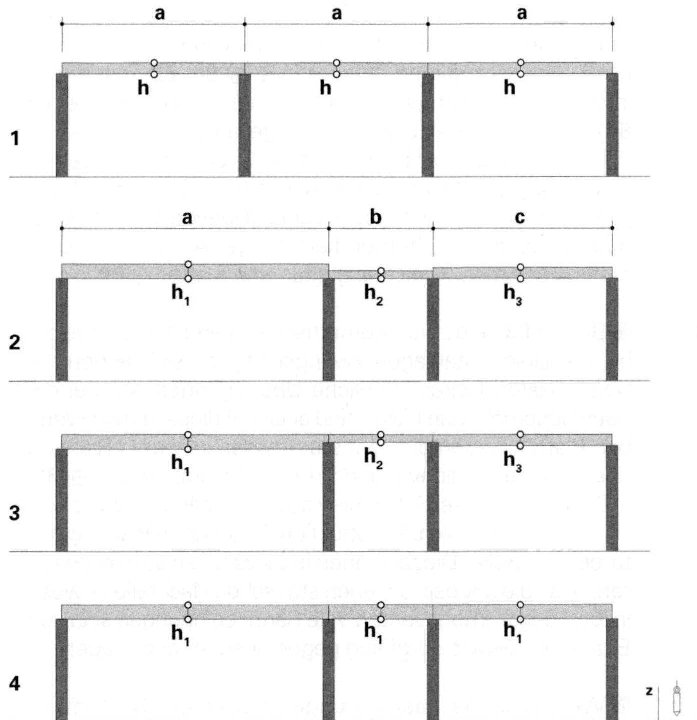

77 Mögliche Gestaltungsvarianten für die Konstruktionshöhe bei anliegenden Stützfeldern mit unterschiedlichen Spannweiten:

Fall 1 – Drei gleiche Stützfelder **a** werden mit einer Überdeckung mit nach Statik bemessener **konstanter Trägerhöhe h** überspannt. Dies ermöglicht die maximale statische Effizienz der Überdeckung unter den gegebenen Voraussetzungen.

Fall 2 – Drei verschiedenen Stützfeldern **a**, **b** und **c** werden drei jeweils nach Statik bemessene Trägerhöhen $\mathbf{h_1}$, $\mathbf{h_2}$ und $\mathbf{h_3}$ zugeordnet. Träger auf Auflagerhöhe bündig.

Fall 3 – Nach Statik bemessene Trägerhöhen wie oben; Träger oberseitig bündig zur Schaffung einer stufenlosen Dach- oder Geschossebene.

Fall 4 – Durchgängige Trägerhöhen = $\mathbf{h_1}$, nach größter Spannweite **a** bemessen; Träger über **b** und **c** überdimensioniert.

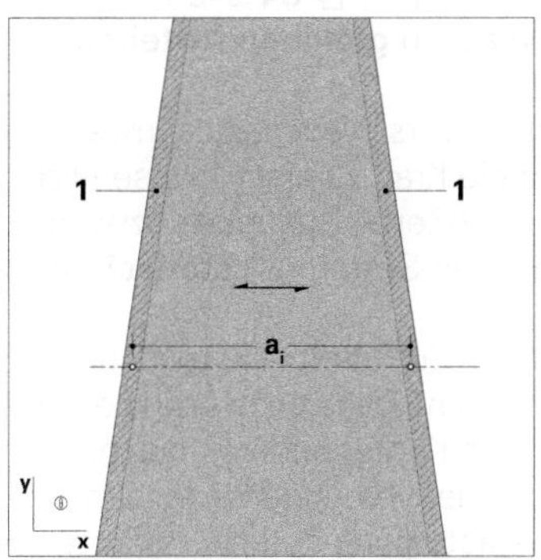

78 Beständig wechselnde Spannweiten $\mathbf{a_i}$ als Folge nichtparallelen Verlaufs der Auflagerungen; Überdeckung durch Platte.

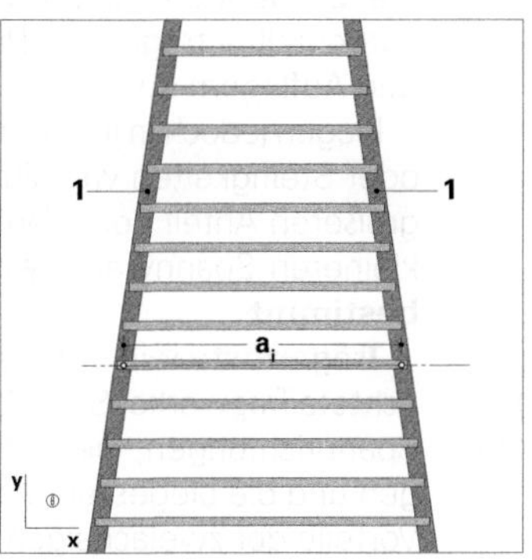

79 Beständig sich ändernde Spannweiten $\mathbf{a_i}$ als Folge nichtparallelen Verlaufs der Auflagerungen; Überdeckung durch Trägerlage.

1 tragende Wand, Lagerung
2 nichttragende Wand, keine Lagerung; ggf. aussteifende Funktion für tragende Wand **1**

verändern oder abschnittsweise zu staffeln. Bei gleichbleibender Plattendicke kann man auf die unterschiedliche Belastung im Betonbau auch durch angepasste Bewehrung reagieren. Bei Stablagen ist zu entscheiden, ob die Trägerhöhen gestaffelt werden oder alle Träger die gleiche Höhe erhalten und folglich – bis auf den weitest spannenden – überdimensioniert sind.

konzentrisch gekrümmte Auflager

☞ *Abschn. 3.6.1, Stabroste, S. 232*

■ Werden Träger bei konstanter Spannweite gefächert bzw. radial über konzentrisch kreisförmigen oder vergleichbar gekrümmten Auflagern angeordnet (**80–82**), ergibt sich infolge des etwa trapezförmigen Lasteinzugsbereichs (**81, 82**) eine sich über die Trägerlänge ändernde Belastung (Streckenlast **q**). Der Effekt verstärkt sich mit ansteigender Krümmung (**82**). Es besteht die Wahl zwischen durchgängiger statischer Höhe des Trägers (Überdimensionierung) oder belastungskonformer, keilförmiger Anpassung seiner statischen Höhe. Gleiches gilt für eine Platte (**80**).

parallele Stabschar auf gekrümmten Auflagern

■ Bild **83** zeigt die geometrischen Verhältnisse, welche bei parallelen Stablagen zwangsläufig zu sich ändernden Spannweiten führen. Ähnliche Überlegungen wie bei den oben besprochenen Fällen sind auch auf diesen Fall anwendbar. Platten tragen die Last stattdessen immer in Richtung der kürzesten Spannweite ab, d. h. stets radial (wie in **80**).

Bei Fragen dieser Art spielen selbstverständlich stets auch eine Vielzahl von nicht konstruktionsbezogenen Planungsfaktoren eine Rolle. Diese können in Einzelfällen auch dazu führen, dass die angesprochenen statischen Nachteile bewusst in Kauf genommen werden. Alle Randbedingungen sind vom Entwerfer jeweils sorgfältig gegeneinander abzuwägen.

2.3 **Verhältnis der Spannweiten bei zweiachsigem Lastabtrag**

■ Weisen beide Lastrichtungen bei einem System mit zweiachsigem Lastabtrag *gleiche* Spannweiten und Steifigkeiten auf, erfolgt eine **gleichmäßige Aufteilung** der Last auf beide Orientierungen (→**x** und →**y**). Zwei sich kreuzende identische Balken – wie in **84** exemplarisch dargestellt – tragen die Punktlast zu **gleichen Anteilen** zu den Auflagern ab.

Liegen jedoch in jeder Richtung *verschiedene* Spannweiten oder Steifigkeiten vor, nimmt die Kraft zu einem wesentlich größeren Anteil den Weg der größeren Steifigkeit bzw. der kleineren Spannweite (**85**). Das System ist **statisch unbestimmt**.

☞ *Kap. IX-2, Abschnitte 3.1.3 und 3.1.4, S. 348ff*

Trägerroste wie in *Kapitel IX-2* diskutiert sind reine ungerichtete Tragwerke. Sie haben gleiche Trägerscharen in beiden Spannrichtungen, die sich in den Knotenpunkten durchdringen und die biegesteif miteinander verbunden sind. Um die Vorteile der zweiachsigen Lastabtragung optimal zu nutzen, haben Roste im Grundriss **quadratische Proportionen**, d. h. die beiden Spannweiten sind maßlich gleichwertig. Die, verglichen mit einem gerichteten System, effizientere Lastverteilung führt zumeist zu deutlich geringeren Bauhöhen. Nachteilig erweist sich bei Rosten häufig die aufwendige Knotenausbildung, bei der zumindest ein Stab stets unterbrochen werden muss.

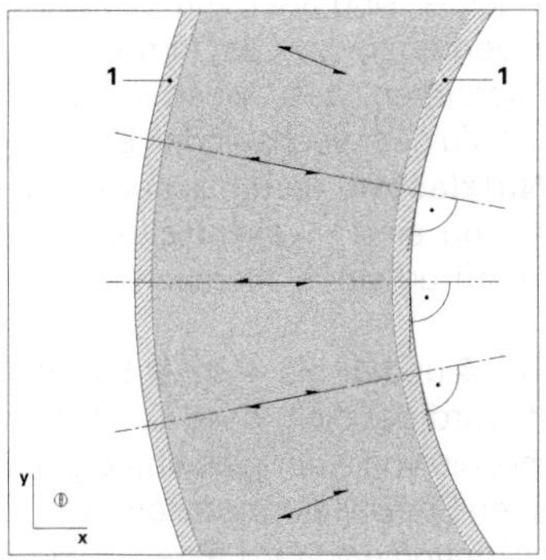

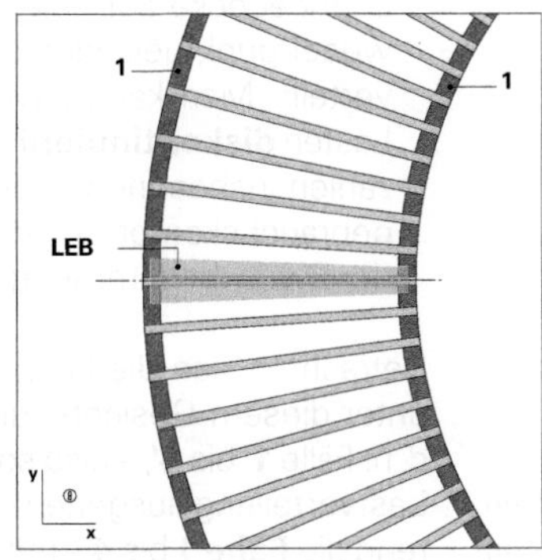

80 (Links) Einachsig spannende Platte auf gekrümmten Auflagern. Der orthogonale Lastabtrag auf kürzestem Wege stellt sich in radialer Ausrichtung von selbst ein. Die Platte erfährt auf der Seite mit dem kleineren Radius bei konstanter Flächenlast eine geringere Belastung.

81 (Rechts) Radiale oder gefächerte Ausrichtung der Trägerlage. Auch bei parallelem bzw. konzentrischem Verlauf der Auflager ist die Lastverteilung auf einem Balken über seine Länge nicht konstant (**LEB** = Lasteinzugsbereich).

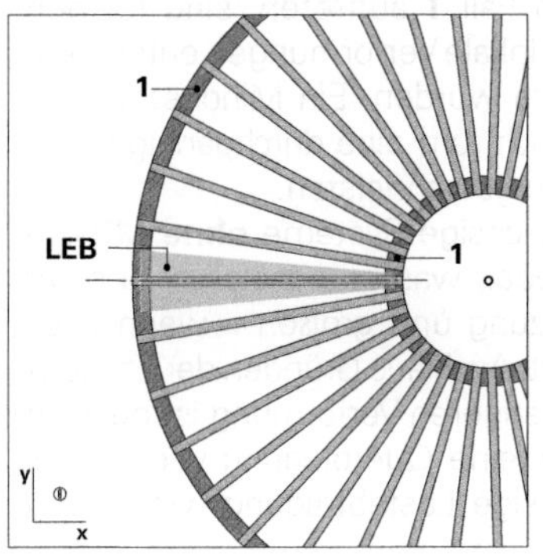

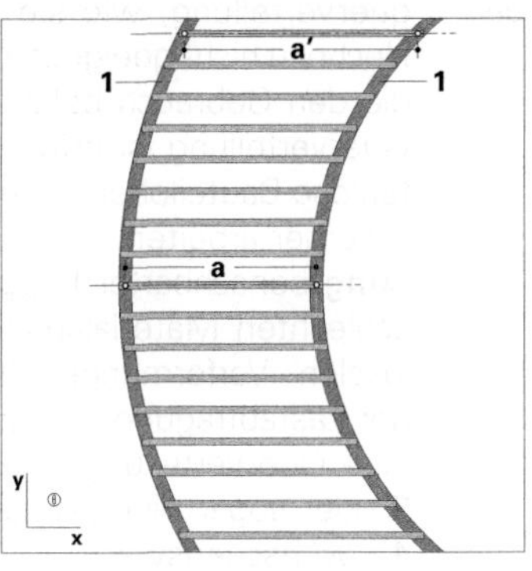

82 (Links) Der Effekt in 🗗 **81** verstärkt sich bei größerer Krümmung. Im Extremfall kann der Platz für die Auflagerung innen knapp werden.

83 (Rechts) Parallele Stabschar auf einer ringförmigen Auflagerung. Minimale Spannweite **a** und sich stetig vergrößernde Spannweiten (wie **a'**).

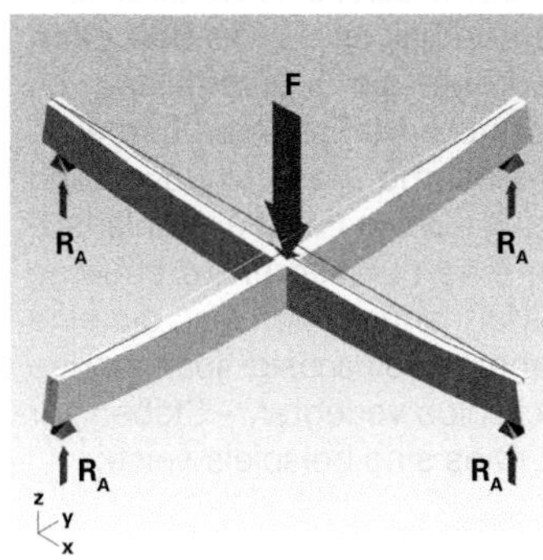

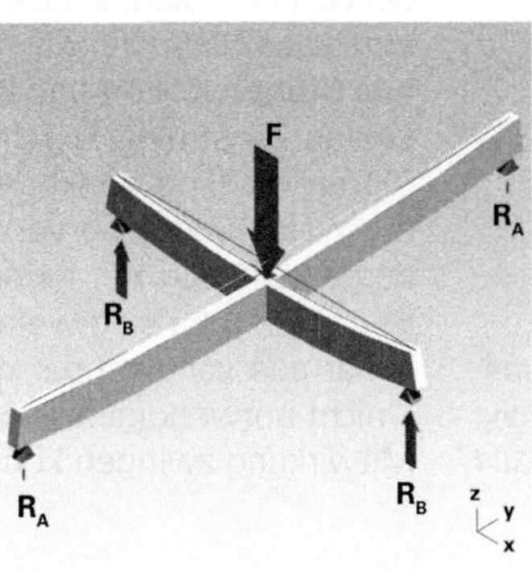

84 (Links) Reine zweiachsige Lastabtragung mit zwei gleichen Spannweiten. Die an den vier Auflagern anfallenden Reaktionskräfte $\mathbf{F_A}$ sind indentisch.

85 (Rechts) Eingeschränkte zweiachsige Lastabtragung mit zwei deutlich unterschiedlichen Spannweiten. Der kürzere, also steifere Trägerabschnitt zieht auch die größten Lasten = $\mathbf{R_B}$ auf sich. Die anderen beiden Auflager sind mit den kleineren Reaktionen $\mathbf{R_A}$ hingegen kaum belastet. Die Materialausnutzung ist schlechter als in 🗗 **84**.

2.4 Lastabtrag und Nutzung

■ Bauübliche Lasten auf Tragwerken lassen sich in zwei große Gruppen gliedern:

- **Ständige Lasten**. Dies sind insbesondere Eigenlasten, die definitionsgemäß **kontinuierlich** über das gesamte Tragwerk verteilt sind.
- **Wechselnde Lasten** wie Verkehrs-, Schnee-, Windlasten etc. Diese können zwar im Einzelfall kontinuierlich auftreten – wie beispielsweise bei einer gleichmäßigen Schneedecke auf einem Dach –, sind aber zumeist entweder punktuell oder lokal begrenzt, bzw. asymmetrisch verteilt. Man kann davon sprechen, dass diese Art von Lasten **diskontinuierlich** ist. Zu den wechselnden Lasten zählen insbesondere die **Nutzlasten**, deren sichere und gebrauchskonforme Abtragung einen wesentlichen Teil der Zweckbestimmung eines Tragwerks ausmacht.

✏ *Die in den Fällen* **1'** *bis* **4'** *dargestellten Verhältnisse lassen sich im Wesentlichen auch auf eine kontinuierliche Flächenlast (= F/a^2) über die gesamte Bauteilfläche übertragen*

Betrachtet man die Fälle **1** bis **4** und **1'** bis **4'** in ⧉ **58–65** unter diesem Gesichtspunkt, wird deutlich, dass Letztere, d. h. Fälle **1'** bis **4'**, – also solche, die von einer *gleichmäßigen* Lastverteilung ausgehen – einen Spezialfall darstellen, während die **Fälle 1** bis **4** – mit *diskontinuierlichen* Lasten – eher den Normalfall im Bauen wiedergeben.

Reine einachsig spannende Systeme gänzlich ohne Lastquerverteilung, wie sie im Fall **1** auftreten, sind für den Hochbau nicht geeignet, da lokale Verformungen entstehen, die den Gebrauch behindern würden. Ein Mindestmaß an Querverteilung ist erforderlich, um eine durchgängige, stufenlose Bauteiloberfläche zu gewährleisten.

Ferner arbeiten reine einachsige Systeme **ohne Mitwirkung** benachbarter Tragglieder, was grundsätzlich zu einer schlechten Materialausnutzung und großen – wenn auch lokalen –Verformungen führt. Auch aus Gründen der Effizienz der Lastabtragung und günstigeren Verformung ist deshalb eine Querverteilung – bzw. eine Querbiegung wie im Fall **3** oder sogar eine zweiachsige Lastabtragung wie im Fall **4** – wünschenswert.

Die Fähigkeit zur Querverteilung von Lasten ist bei *homogenen* Querschnitten, wie in den Fällen **3** und **4**, bereits in der Bauteilstruktur angelegt und erfordert keine weiteren konstruktiven Maßnahmen. Anders verhält es sich bei **Bauteilen aus Stäben** (Fälle **1** und **2**), bei denen die Querverteilung von Lasten konstruktiv durch geeignete Maßnahmen herbeizuführen ist. Eine denkbare Maßnahme – ein Schubverbund durch Nut- und Federverbindung – ist im Fall **2** exemplarisch dargestellt. Sie hat indessen eine nur begrenzte bauliche Bedeutung. Es sind weitere Maßnahmen denkbar, die eine Schar aus voneinander getrennten, einachsig spannenden – nicht notwendigerweise lückenlos verlegten – Stäben zur Mitwirkung zwingen können. Dies sind beispielsweise:

☞ *Kap. IX-2, Abschn. 2.1.2 Flache Überdeckung aus Stabscharen > Querverteilung von Lasten bei Stabsystemen, S. 304*

- eine addierte schubsteife Platte (**Variante 2** im folgenden Abschnitt);
- quer verlegte Stäbe, welche die Längsstäbe durchdringen und mit diesen biegesteif verbunden sind (**Variante 3** im folgenden Abschnitt);
- quer verlegte Stäbe, die mit den Längsstäben nur schubfest, aber ansonsten gelenkig, verbunden sind (**Variante 4** im folgenden Abschnitt).

Zahlreiche Tragwerke im Hochbau bestehen aus einem Gefüge von Stäben oder nicht biegesteifen linearen Gliedern wie Seilen, welche die Haupttragfunktionen übernehmen und mit einem nur begrenzt tragfähigen Flächenbauteil – einer dünnen Platte, einer Glasscheibe etc. – flächig abgeschlossen sind. Sie müssen folglich durch eine der genannten konstruktiven Maßnahmen zur **Lastquerverteilung** befähigt werden.

Die Wahl des zu diesem Zweck verwendeten konstruktiven Prinzips bestimmt den konstruktiven Aufbau des Tragwerks sowie auch dessen Tragverhalten, seine geometrische Organisation und nicht zuletzt auch sein formales Erscheinungsbild nachhaltig. Aus diesem Grund sollen die angesprochenen Varianten in den folgenden Abschnitten eingehender diskutiert und in ihren jeweiligen Besonderheiten charakterisiert werden.

86–97 Die nächste Doppelseite zeigt verschiedene Beispiele für Schalen- und Rippensysteme aus verschiedenen Technikssparten.

3.

Der konstruktive Aufbau des raumabschließenden Flächenelements

☞ **Band 1**, *Kap. VI-2, Abschn. 9. Bauliche Umsetzung der Kraftleitungsfunktion im Element – Strukturprinzipien des Bauteils, S. 612 ff*

■ Ebene Flächenbauteile mit verschiedenen **strukturellen Aufbauten** werden hinsichtlich der Kraftleitung in ***Band 1*** betrachtet. Die dort im Sinn größtmöglicher Allgemeingültigkeit gewählte Klassifikation der Varianten wird – unter besonderer Berücksichtigung der Verhältnisse bei Primärtragwerken – in leicht abgewandelter Form unseren folgenden Überlegungen zugrundegelegt. In ***Band 1*** untersuchte Varianten, die für Primärtragwerke keine oder eine nur geringe Bedeutung haben, werden ausgeblendet; andere hingegen entsprechend differenzierter betrachtet.

Anders als in ***Band 1*** sollen in diesem Kapitel auch Tragwerke aus **gekrümmten Bauteilen** diskutiert werden – zumindest in ihren wesentlichen Merkmalen. Die im Folgenden untersuchten Aufbauvarianten **1** bis **4** (🗗 **98**) werden zwar hauptsächlich in ihrer ebenen, vorwiegend biegebeanspruchten Ausführung besprochen; die Überlegungen sind jedoch auch auf gekrümmte, vorwiegend axial druck- oder zugbeanspruchte Bauteile, wie in der Übersicht in 🗗 **99**, sinngemäß anzuwenden. Einen guten Überblick über die denkbaren elementaren Tragwerksalternativen geben die Tabellen in 🗗 **4** bis 🗗 **8** im *Kapitel IX-2*.

3.1

Vollwandiges Flächenelement (Variante **1**)

☞ [a] **Band 1**, *Kap. VI-2, Abschn. 9.1 Vollwandiges Element, S. 614 ff*

☞ [b] **Band 1**, *Kap. VI-2, Abschn. 9.1 Vollwandiges Element, S. 614 ff*

☞ [c] *Kap. IX-2, Abschn. 2.1.1 Platte einachsig gespannt, S. 282 ff*

☞ [d] **Band 1**, *Kap. VI-4, Abschn. 3.3.3 Luftschalltechnisches Verhalten von Bauteilen, S. 741 ff*

☞ [e] **Band 1**, *Kap. VI-5, Abschn. 9. Einflussfaktoren auf den Feuerwiderstand, S. 789*

98 (Seite rechts) vier Strukturvarianten eines Flächenelements mit konstruktivem Aufbau und Tragfunktionen der Bestandteile.

■ Raumabschließende Flächenelemente, die stets wesentlicher Bestandteil eines Gebäudes sind, bestehen in ihrer konstruktiv einfachsten Form aus einer durchgehenden einschaligen, vollwandigen ebenen **Platte** oder **Scheibe**[a] bzw. aus vergleichbaren gekrümmten Elementen, also **Schalen**. Dem Vorteil ihrer konstruktiven Einfachheit steht ihr zumeist vergleichsweise **großes Eigengewicht** als Nachteil entgegen. Dieser Umstand wird an anderer Stelle diskutiert.[b] Je größer der Maßstab des betrachteten Bauteils, desto größer ist unter ansonsten unveränderten Randbedingungen der Anteil der Eigenlast, sodass ab einem bestimmten Punkt seine Tragreserven zu einem wesentlichen Teil zum Tragen des eigenen Gewichts aufgebraucht werden. Diese Gesetzmäßigkeit wird beispielsweise an der massiven Deckenplatte deutlich.[c]

Die vergleichsweise große Masse des vollwandigen Bauteils kann sich hinsichtlich andersartiger Funktionen hingegen günstig auswirken. Dies ist unter spezifischen Voraussetzungen beispielsweise bei Schallschutz[d] und Brandschutz[e] der Fall.

Ferner kann manchmal eine Rolle spielen, dass das vollwandigen Bauteil gewisse fundamentale bauphysikalische Wirkungen alleine ggf. nicht mit der erforderlichen Effizienz leisten kann. Hierzu zählt beispielsweise der Wärmeschutz, den vollwandige Elemente ohne zusätzliche Wärmedämmschicht oftmals nur begrenzt realisieren bzw. nur durch Verwendung spezifischer – beispielsweise porosierter – Werkstoffe im vollwandigen Flächenelement selbst erreichen können. Hierdurch wird oftmals gleichzeitig die Tragfähigkeit des Bauteils eingeschränkt.

Weiterhin stellt die gute Lastverteilung im homogenen

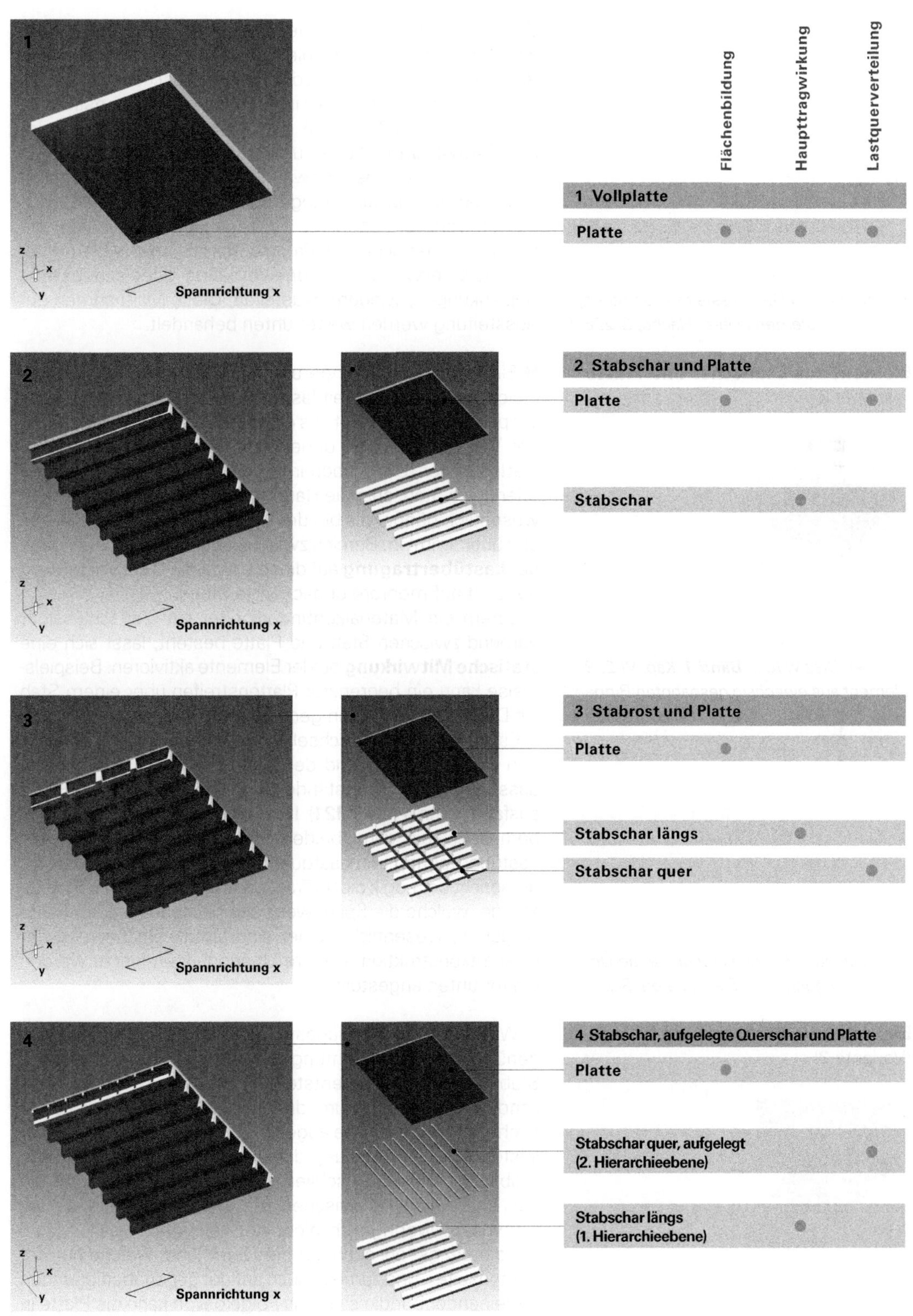
1
z
x
y
Spannrichtung x
Flächenbildung
Haupttragwirkung
Lastquerverteilung
1 Vollplatte
Platte
2
Spannrichtung x
2 Stabschar und Platte
Platte
Stabschar
3
Spannrichtung x
3 Stabrost und Platte
Platte
Stabschar längs
Stabschar quer
4
Spannrichtung x
4 Stabschar, aufgelegte Querschar und Platte
Platte
Stabschar quer, aufgelegt
(2. Hierarchieebene)
Stabschar längs
(1. Hierarchieebene)

Gefüge der Platte oder Scheibe einen wesentlichen Vorzug dar. Dies äußert sich beispielsweise in der guten **Querverteilung** von Punktlasten oder asymmetrischen Lasten bei Platten, insbesondere aber in der ohne weitere konstruktive Aussteifungsmaßnahmen vorliegenden **Scheiben**- oder **Schalenwirkung**. Diese aus statischer Sicht bedeutsame Eigenschaft kann bei Umwandlung des vollwandigen Flächenelements in ein Stabgefüge, wie im Folgenden diskutiert, verlorengehen. Es ist dann ggf. erforderlich, die Scheiben- oder Schalenwirkung durch zusätzliche Elemente, wie beispielsweise Diagonalverbände oder schubsteife Beplankungen, wiederherzustellen. Diese Maßnahmen der Aussteifung werden weiter unten behandelt.

☞ *Abschn. 2.2 bis 2.4, S. 212 bis 221*

☞ *Abschn. 3.5 Das Aussteifen von Stabsystemen in ihrer Fläche, S. 226 ff*

3.2 Element aus Stabschar und Platte
(Variante **2**)

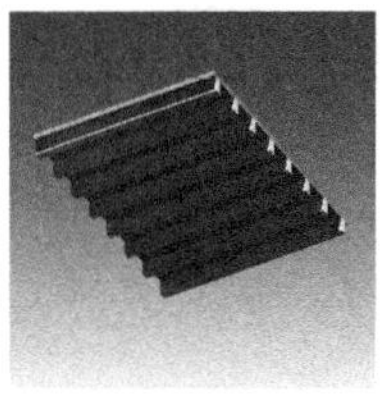

■ Eine deutliche Verringerung des Eigengewichts bei vergleichbarer Tragfähigkeit lässt sich durch Umwandlung der Vollplatte in ein Element aus einer Stabschar mit – gegenüber der Vollplatte leichter dimensionierter – flächenbildender Platte erzielen. Dabei übernimmt die längs der Spannrichtung orientierte Stabschar die Haupttragwirkung. Die Platte kann wesentlich dünner als bei der Vollplatte ausgeführt werden und übernimmt im Bereich zwischen den Stäben die Aufgabe der **Lastübertragung** auf diese sowie die **Querverteilung** der Last auf mehrere benachbarte Stäbe.

Sofern ein Materialkontinuum oder ein kraftschlüssiger Verbund zwischen Stab und Platte besteht, lässt sich eine **statische Mitwirkung** beider Elemente aktivieren. Beispielsweise kann ein begrenzter Plattenstreifen über einem Stab als Druckgurt desselben genutzt werden.

☞ *Dies wird in **Band 1**, Kap. VI-2, 9.4 Element aus einachsig gespannten Rippen, S. 635 ff, siehe* ⊟ ***178**, besprochen.*

Es besteht eine wechselseitige Abhängigkeit zwischen den Stababständen und der Plattendicke. Es leuchtet ein, dass je kleiner die Abstände sind, desto dünner die Platte ausfallen kann (⊟ **120, 121**). Ihre Dicke muss aber hinreichend bemessen sein, damit beide Hauptfunktionen der Platte, die Lastübertragung und Lastquerverteilung, erfüllt werden. Es entspricht der Logik dieser Tragkonstruktion, dass die Stababstände, welche die Spannweite der flächenbildenden Platte vorgeben, wesentlich kleiner sind als die Spannweite der Gesamtkonstruktion. Nähere Überlegungen hierzu werden weiter unten angestellt.

☞ *Abschnitt 3.7 Einige grundlegende Überlegungen zu Stabscharen, S. 234 ff*

3.3 Element aus Stabrost und Platte
(Variante **3**)

■ Wird zusätzlich zur längsgerichteten Stabschar eine gegenüber der Spannrichtung des Elements querorientierte Stabschar eingeführt, entsteht ein **Stabrost** aus sich kreuzenden, gegenseitig durchdringenden Stäben, der mit einer flächenbildenden Platte abgeschlossen wird. Die Querschar leistet die Querverteilung der Last auf die längsorientierte Stabschar. Die Platte schließt die Fläche und überträgt die Last im Bereich der Zwischenräume auf die Stäbe, und zwar sinnvoller-, wenngleich nicht notwendigerweise, sowohl auf die Längs- als auch auf die Querstäbe, welche auf der Plattenseite – und zumeist auch auf der gegenüberliegenden – zueinander bündig sind. Als Folge davon kann die Platte in

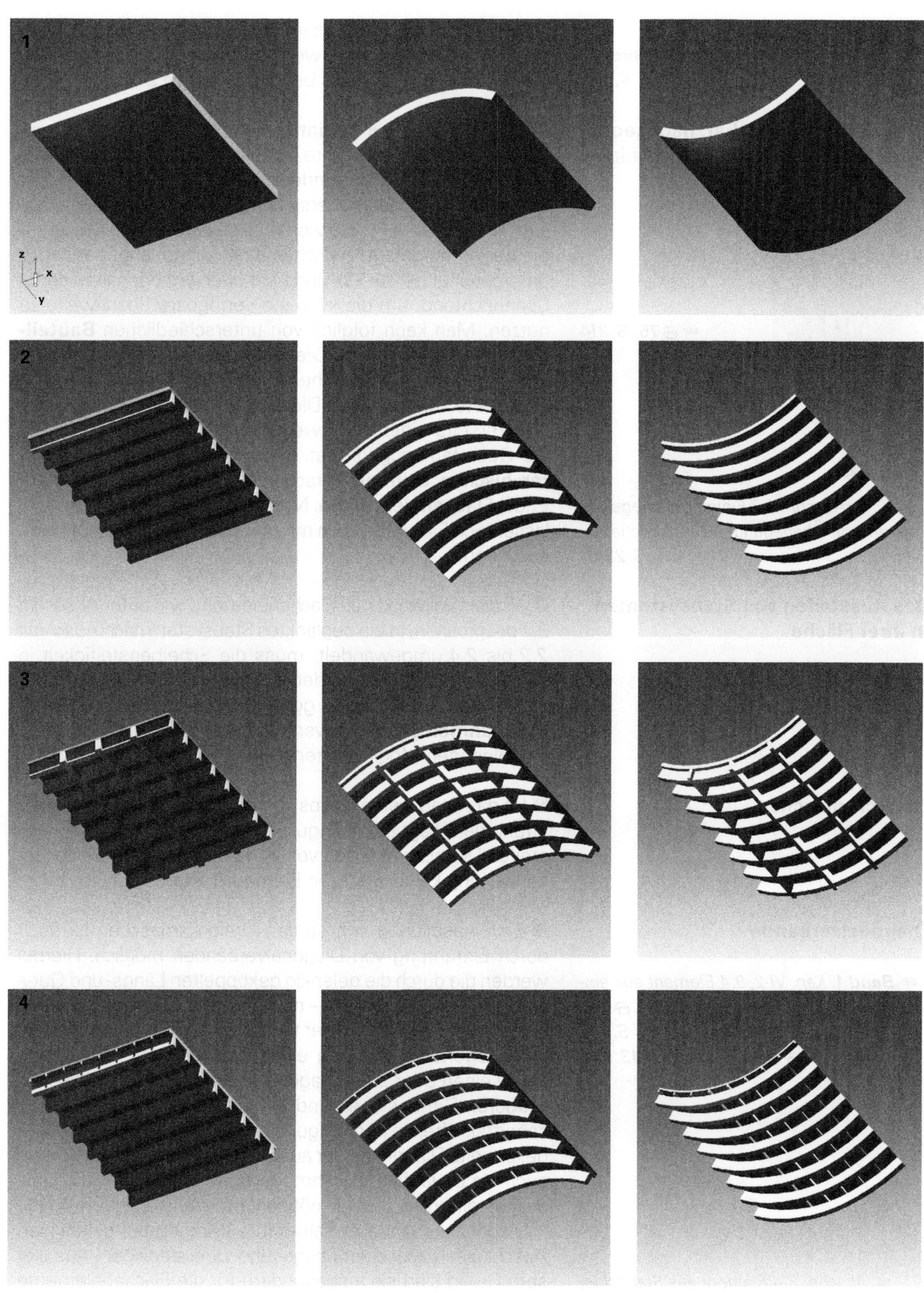

99 Ebene und konkav oder konvex gekrümmte Erscheinungsformen der betrachteten Strukturvarianten von Flächenelementen.

☞ Siehe auch Abschn. 3.6.1 Stabroste, S. 232

einem Stabgeviert jeweils immer vierseitig linear gelagert, also zweiachsig gespannt werden, weshalb sie grundsätzlich dünner ausfallen kann als bei der **Variante 2**.

3.4 Element aus Stabschar, nachgeordneter Querschar und Platte (Variante 4)

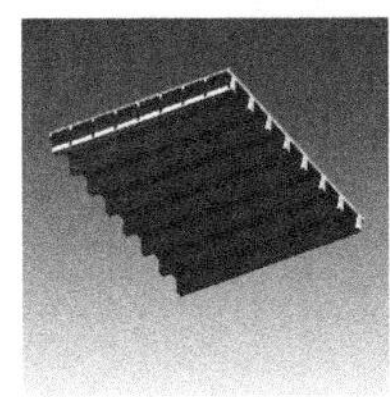

☞ ⧉ **75**, *S. 214*

■ Im Gegensatz zur **Variante 3** wird die äußere Last von der flächenbildenden Platte nicht unmittelbar auf die Längsstabschar übertragen, sondern zunächst auf die Querschar, welche die Last dann ihrerseits auf die Längsstabschar abgibt. Nach diesem Prinzip werden also **zusätzliche Stäbe** auf die Balken aufgelegt, zwischen diese eingehängt oder auch untergehängt (⧉ **70–73**), und zwar *quer* (orthogonal) zu deren Spannrichtung, um die kürzeste verfügbare Spannweite zu nutzen. Man kann folglich von unterschiedlichen **Bauteilhierarchien** sprechen. Die lastsammelnden Längsstäbe befinden sich auf einer höheren Hierarchiestufe als die nachgeordneten Querstäbe. Die flächenbildende Beplankung ist ihrerseits einer noch weiter nachgeordneten Stufe als die Querstäbe zugeordnet. Man spricht dann von der **hierarchischen Stufung** verschiedener **Stablagen** bzw., am Ende, **Flächenelementen**. Nach dem gleichen Aufbauprinzip lassen sich Elemente auch mit mehr als zwei Stabhierarchien ausbilden.

☞ Abschn. 3.7 Einige grundlegende planerische Überlegungen zu Stabscharen, S. 234 ff

3.5 Das Aussteifen von Stabsystemen in ihrer Fläche

■ Wird ein vollwandiges Flächenelement, wie unter *Abschnitt 2.1* besprochen, in ein beplanktes Stabsystem nach *Abschnitt 2.2* bis *2.4* umgewandelt, muss die Scheibensteifigkeit in seiner Fläche – die bei der Vollplatte der **Variante 1** von vornherein gegeben ist – ggf. durch **aussteifende Zusatzmaßnahmen** gesichert werden. Es bestehen grundsätzlich die folgenden Möglichkeiten.

5.1 Dreiecksmaschen

■ Ist das Stabsystem selbst gemäß einem **Dreiecksraster** strukturiert, liegt ein (trianguliertes) Gerüst aus geometrisch steifen Dreiecksmaschen vor (⧉ **104**). Es sind für die Schubversteifung keine weiteren Elemente erforderlich.

5.2 Diagonalverbände

☞ ***Band 1****, Kap. VI-2, 9.4 Element aus einachsig gespannten Rippen, S. 635 ff,* ⧉ **183** *auf S. 643*

☞ *Ebd.* ⧉ **185–189** *auf S. 643, 645*

■ Eine Ausbildung von steifen Dreiecksmaschen ist auch durch Einführung von Diagonalverbänden möglich. Hierbei werden die durch die gelenkig gekoppelten Längs- und Querstablagen ausgebildeten – nicht steifen – Vierecksmaschen mithilfe der Diagonalglieder trianguliert und folglich versteift. Die Diagonalaussteifung eines rechteckigen Felds kann durch einen oder zwei Diagonalstäbe erfolgen (⧉ **105**). Bei größeren Dimensionen und entsprechend größeren Querschnittskräften in den Diagonalen lassen sich auch mehrere gekoppelte Diagonalfelder ausbilden (⧉ **106**). Alternativ kann auch ein umlaufender, rahmenartiger Streifen aus diagonal ausgesteiften Feldern die nötige Versteifung erzielen (⧉ **110**).

Diagonalverbände entfalten ihre Wirkung bei gelenkigen Anschlüssen zwischen Längs- und Querstablagen. Aus diesem Grund sind sie insbesondere für die Flächenelemente aus hierarchisch gestuften Stablagen gemäß **Variante 4** bedeutsam, bei denen grundsätzlich keine biegesteife Ver-

☞ Abschn. 3.4 Element aus Stabschar, nachgeordneter Querschar und Platte, S. 226

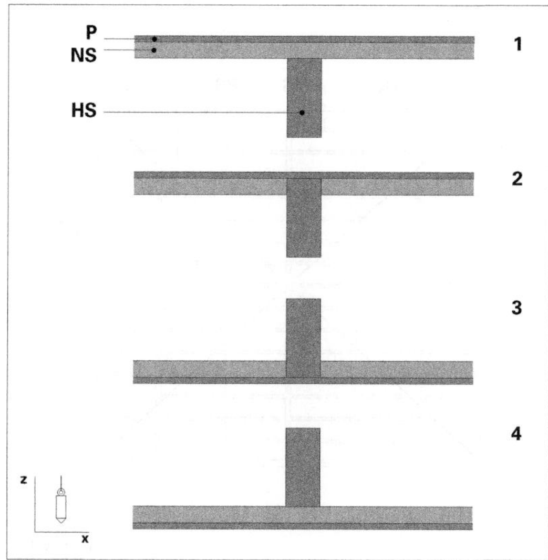

100 Abwandlungen der Strukturvariante **4** (**P** Platte, **HS** Hauptstab, **NS** Nebenstab):

1 Nebenstäbe aufgesetzt. Die abschließende Platte **P** hat zwei gegenüberliegende Auflager auf benachbarten Nebenstäben **NS**, spannt also einachsig (in →**y**).

2 Nebenstäbe zwischen Hauptstäbe eingehängt und oberseitig bündig angeschlossen. Die abschließende Beplankung hat in jedem Feld jeweils eine vierseitige Auflagerung auf Haupt- und Nebenstäben.

3 Nebenstäbe unterseitig bündig an die Hauptstäbe angeschlossen, so dass ähnliche Verhältnisse (wenngleich umgekehrt) wie bei **2** herrschen.

4 Nebenstäbe unter die Hauptstäbe untergehängt. Die abschließende Beplankung hat in jedem Feld in diesem Fall wiederum wie bei **1** jeweils eine zweiseitige Auflagerung auf Nebenstäben und spannt einachsig in →**y**.

101 Anschluss zweier Nebenträger an einen durchgehenden Hauptträger. Auch wenn sie höhengleich ausgeführt sind, ist die gezeigte Verbindung nicht in der Lage, eine Durchlaufwirkung der anstoßenden Träger zu schaffen, eine Voraussetzung für die Gleichrangigkeit beider Trägerscharen und somit für ein ungerichtetes Tragwerk.

102 Anschluss zweier Nebenträger an einen durchgehenden Hauptträger (Variante **2** in 🗗 **99**). Die Nebenträger sind in diesem Fall oben bündig mit dem Hauptträger ausgeführt; auch in diesem Fall kann keine Durchlaufwirkung erzielt werden.

103 Ein Beispiel für eine untergehängte Nebenträgerlage (Variante **4** in 🗗 **100**). Die Dachscheibe wird in der Ebene der Nebenträger hergestellt, sodass die Hauptbinder im Freien liegen.

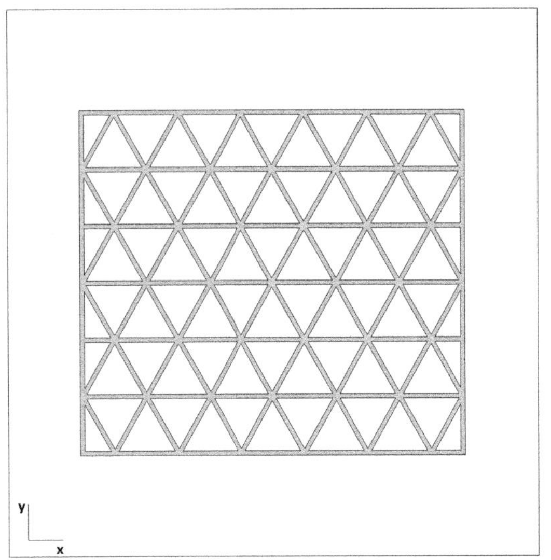

104 Schubsteifes Stabgerüst auf Grundlage eines Dreiecksrasters (Fachwerk).

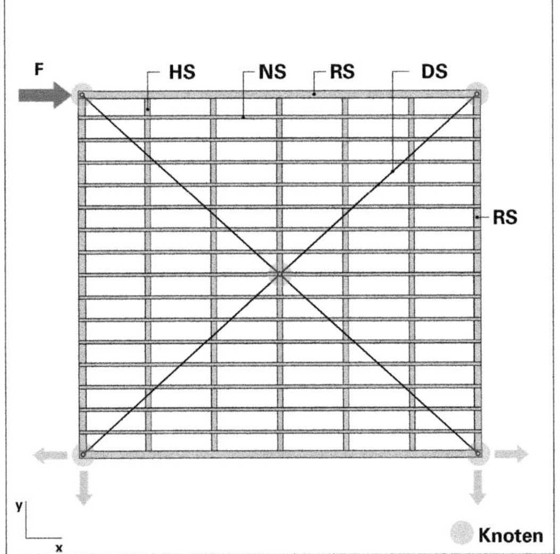

105 Versteifung eines Stabgerüsts aus Vierecksmaschen mithilfe von Randstäben (**RS**) und eines Verbands aus Diagonalstäben (**DS**). Die Haupt- (**HS**) und die Nebenstäbe (**NS**) sind in diesem Fall nicht an der Versteifung beteiligt. Die diagonalen Kraftkomponenten werden nur in den Knoten an den vier Ecken und in der Feldmitte eingetragen. Die hierdurch hervorgerufenen Axialkräfte in den Randstäben setzen einen größeren Querschnitt voraus als bei den gleich orientierten Haupt- und Nebenstäben.

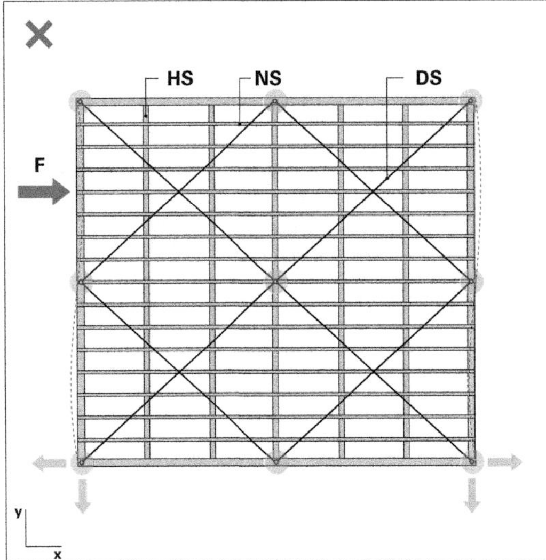

106 Stabgerüst mit mehreren Diagonalverbänden. Das Verformungsbild ist trotz zusätzlicher Diagonalstäbe identisch wie im Element in 🗗 **108**. Das Element ist ebensowenig wie die in 🗗 **105/108** insgesamt zu einer Scheibe ausgesteift. Eine angreifende Kraft **F** wie gezeigt führt zu den dargestellten großen Verformungen. Nur die Kräfte in den einzelnen Diagonalstäben verringern sich.

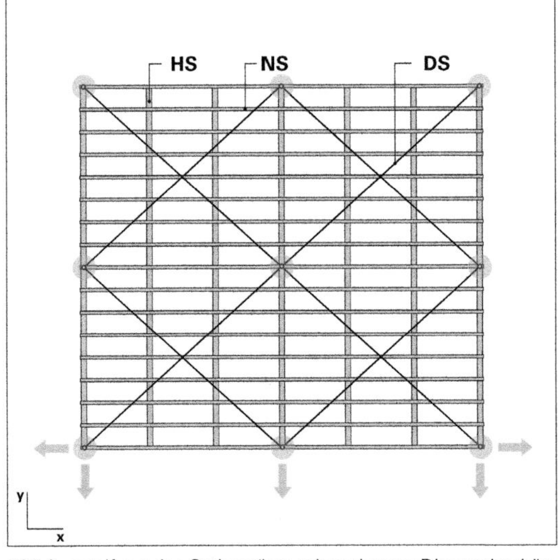

107 Aussteifung des Stabgerüsts mit mehreren Diagonalverbänden wie in 🗗 **106**, jedoch mit einer zusätzlichen Lagerung in der Mittelachse. Die Diagonalkräfte und somit die Dehnungen der Diagonalglieder lassen sich dadurch merkbar verringern. Hierdurch wird deutlich, dass eine direkte Anbindung der Diagonalstäbe an die Lager stets sinnvoll ist.

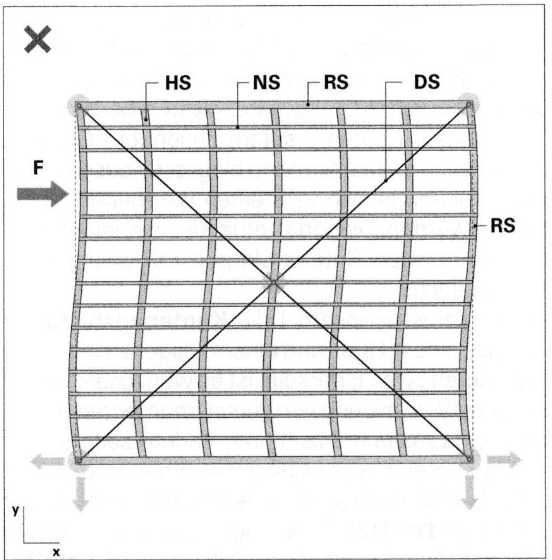

108 Element wie in ⊡ **105** links unter einer an beliebigem Ort angreifenden Punktlast **F**. Die Last muss durch Biegung der Hauptstäbe **HS** in die Knoten der Diagonalstäbe **DS** (nur in den Ecken und in der Mitte) eingeleitet werden. Es entstehen große Verformungen. Das Element ist nicht zu einer Scheibe ausgesteift.

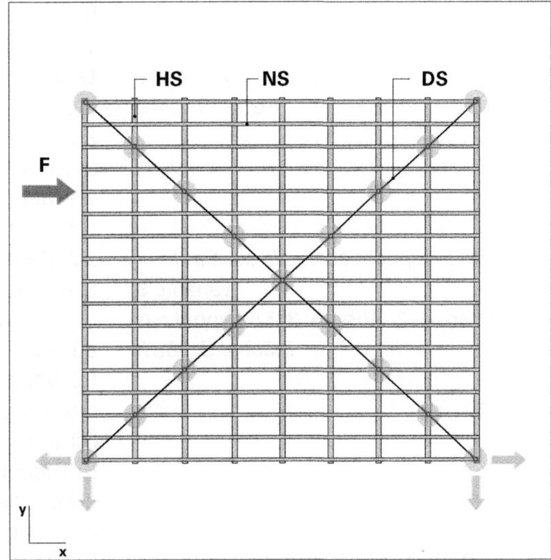

109 Aussteifung des Stabgerüsts durch Anbindung der Haupt- (**HS**) und Neben- (**NS**) an die Diagonalstäbe (**DS**) an ihren Kreuzungspunkten (Knoten). Durch die mehrfache Anbindung der Nebenstäbe an die Diagonalen kann die Last mit bedeutend kleineren Verformungen als in den Fällen in ⊡ **105**, **106**, **108** abgetragen werden. Das Element wirkt wie eine starre Scheibe. Es wird deutlich, wie effizient die mehrfache Anbindung der Diagonalen an die Knoten des Grundelements ist. Grundvoraussetzung ist die richtige Gestaltung der Gittergeometrie: Durch die geeignete Wahl der Rasterung müssen Schnittpunkte zwischen Längs-, Quer- und Diagonalstab geschaffen werden. Dies ist bei den Varianten in ⊡ **105** und **106** nur in den Ecken und in der Mitte bzw. in der Randstabmitte der Fall.

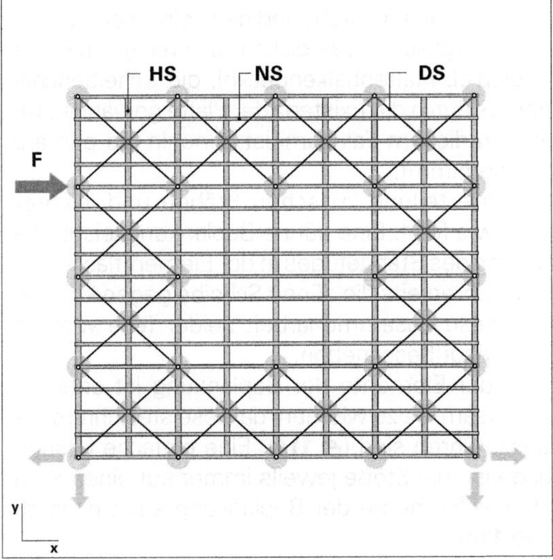

110 Aussteifung durch einen umlaufenden, rahmenartigen Streifen aus Diagonalverbänden. Das Element ist steifer als die Varianten in ⊡ **106**, **108**, kann aber nicht als starre Scheibe angesehen werden. Dennoch lässt sich diese Art der umlaufenden Diagonalaussteifung gut zur Versteifung sehr großflächiger Überdeckungen einsetzen oder bei solchen, die im mittleren Bereich beispielsweise zu Belichtungszwecken geöffnet bleiben sollen.

bindung zwischen sich kreuzenden Stäben existiert. Anders verhalten sich biegebeanspruchte Trägerroste nach **Variante 3**, bei denen ein – orthogonal zur Bauteilebene – biegesteifer Anschluss zwischen Stabscharen systembedingt ist. Zusätzlich kann dieser Knoten – sofern besondere Gründe dafür sprechen – auch *in* Bauteilebene biegesteif ausgeführt werden, was zu einem in sich versteiften Rahmenelement führt. Hingegen werden Diagonalverbände wiederum bei schalenartig gekrümmten Gitterstrukturen mit gelenkigen Stabknoten eingesetzt.

☞ *Abschn. 3.3 Element aus Stabrost und Platte, S. 224 ff*

☞ *Entspricht ebenfalls der Strukturvariante* **3**

☞ *Kap. IX-2, Abschn. 3.2.5 Kuppel aus Stäben, S. 368 ff*

Konstruktiv heikel ist manchmal die **Knotenausbildung** aus einem Längs-, einem Quer- und einem Diagonalstab oder fallweise sogar deren zwei. Einerseits ist es wünschenswert, die Stabachsen zur Vermeidung von Versatzmomenten möglichst in einem Punkt zusammenzuführen; andererseits ist ein Entflechten des Knotens in verschiedenen Ebenen oftmals unumgänglich, da ansonsten schwierige Durchdringungen zu bewältigen sind (🗗 **111, 112**). Bevorzugt werden in solchen Fällen die Diagonalglieder als Zugbänder ausgeführt, da diese nicht knickgefährdet, ihre Querschnitte entsprechend schlank sind und sich geometrisch frei gestalten lassen, beispielsweise als Flachstähle oder Seile.

☞ ***Band 1**, Kap. VI-2, 9.4 Element aus einachsig gespannten Rippen,* 🗗 **189** *auf S. 645*

5.3 Schubsteife Beplankungen

■ Da das Stabelement nahezu ausnahmslos mit einer flächenbildenden Beplankung abgeschlossen wird, lässt sich diese grundsätzlich für die Schubversteifung des Stabgerüsts heranziehen. Die Voraussetzung hierfür ist die nötige **Schubsteifigkeit** der Beplankung, die beispielsweise bei einer Verglasung im Regelfall nicht vorliegt. Hingegen ist in solchen Fällen, bei denen Stäbe lediglich eine Versteifung einer ansonsten vergleichsweise dicken durchgängigen Platte darstellen (Beispiel: Plattenbalkendecke), die Scheibencharakteristik bereits durch die Existenz der Platte gewährleistet (🗗 **113**), die ja in diesem Fall zumeist ohnehin die primäre Tragfunktion übernimmt.

✏ *Weil die Kräfte an den Lagerungen schwer zu übertragen sind. Dies wird zusätzlich erschwert durch die Anforderung, Glasscheiben bei Bedarf auszuwechseln zu können.*

Die Aufgabenverteilung zwischen Stäben und leichter Beplankung ist wie folgt: Eine dünne Beplankung leistet die Schubversteifung des Stabgefüges in der Elementfläche; die Stäbe versteifen ihrerseits die dünne Scheibe gegen Knicken oder Beulen. Diese Zusammenarbeit beider Teile wird an anderer Stelle näher beschrieben.

☞ ***Band 1**, Kap. VI-2, 9.4 Element aus einachsig gespannten Rippen, S. 635 ff sowie auch* 🗗 **184** *auf S. 643*

Den Stößen der Elemente der Beplankung ist entsprechende Aufmerksamkeit zu widmen, da diese stets ihrerseits schubfest auszuführen sind (🗗 **114**). Eine einfache Lösung dieser Aufgabe ist, die Stöße jeweils immer auf einen Stab zu legen und die Elemente der Beplankung auf diesen zu befestigen (🗗 **114**).

5.4 Rahmenbildung

■ Die Aussteifung eines Flächenelements durch Ausbildung eines Rahmens ist durch eine biegesteife Verbindung möglichst gleichrangiger Stabscharen zu verwirklichen, d. h. solcher mit ähnlichen Längen und Biegesteifigkeiten. Sie bietet sich besonders für Stab- bzw. Trägerroste nach dem

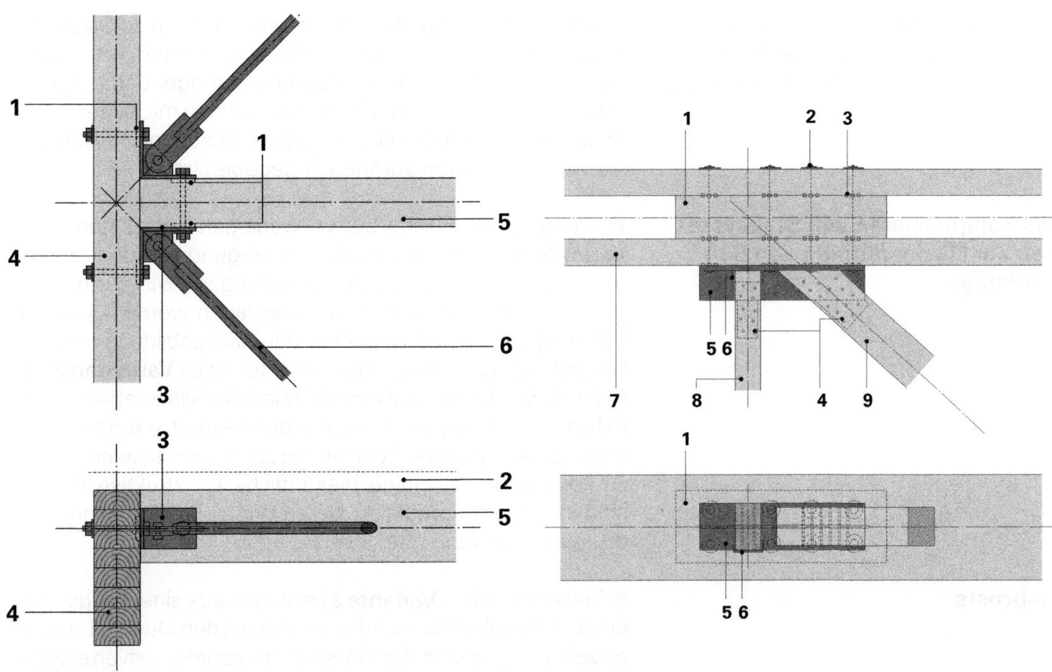

111 Anschluss Haupt-/Nebenträger mit Diagonalverband.

1 einseitiger Dübel besonderer Bauart mit Gewindebolzen
2 weiterer Aufbau
3 Anschlusswinkel aus Stahl
4 Hauptträger
5 Nebenträger
6 Rundstab aus Stahl

112 Anschluss zwischen zangenartigem Hauptträger, Nebenträger und Diagonalstab (n. Halász/Scheer).

1 Futterholz
2 zweiseitiger Dübel besonderer Bauart mit Bolzensicherung
3 Gewindebolzen
4 Stabdübel
5 halbiertes IPB-Profil
6 L-Winkel, angeschweißt
7 Hauptträger
8 Nebenträger
9 Diagonalstab

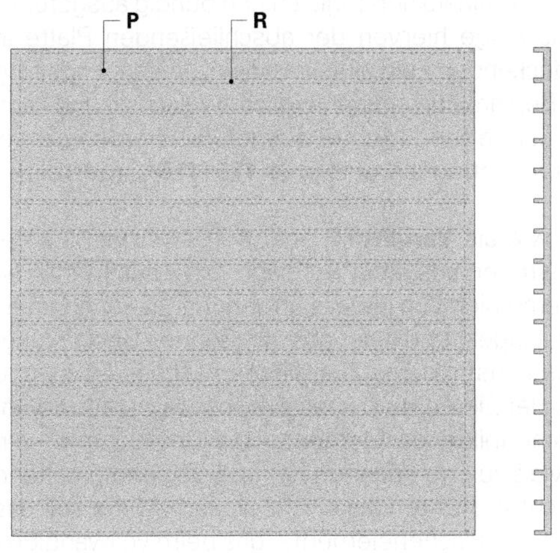

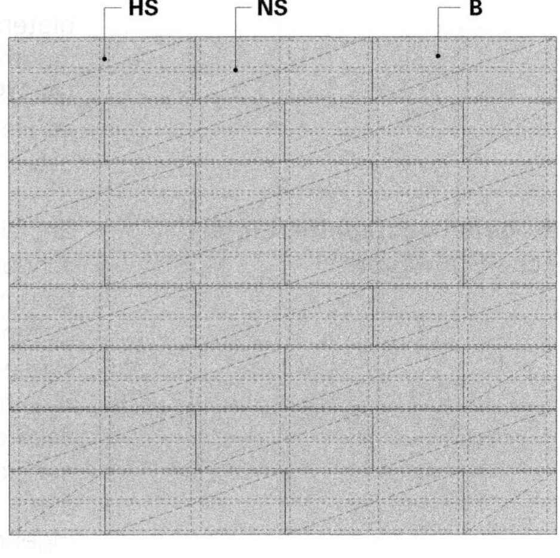

113 Schubfestes Flächenelement aus monolithischer Platte (**P**) und Rippen (**R**) gemäß Variante **2**, beispielsweise eine Plattenbalkendecke aus Beton.

114 Schubfeste Beplankung (**B**) eines Stabelements aus Hauptstäben (**HS**) und Nebenstäben (**NS**). Feldweiser Versatz der Platten für bessere Schubfestigkeit.

☞ *Nach* 🗗 **98** *im Abschn. 3. Der konstruktive Aufbau des raumabschließenden Flächenelements, S. 223*

Prinzip der **Variante 3** an. Sie ist im Vergleich zu Diagonalverbänden mit einem hohen Materialaufwand verbunden und eignet sich für Flächenelemente geringer und mittlerer Spannweiten, bei denen die Rahmenbildung mit biegesteifen Stabknoten durch ihre Gestaltung als Rost ohne zusätzliche Aufwendungen von vornherein gegeben ist.

3.6 Das Komplettieren von Stabsystemen zur Fläche mithilfe von Beplankungen

■ Während die Fläche bei vollwandigen Elementen nach **Variante 1** gleichsam durch das tragende Bauteil selbst entsteht und Lasten durch das homogene Materialgefüge gleichmäßig auf die Lagerung abgetragen werden, sind zur Erfüllung der beiden Aufgaben der Flächenbildung und der Lastabtragung bei den Stabelementen nach **Varianten 2** bis **4** die Stabscharen – die aus Gründen der Materialökonomie nahezu ausnahmslos in Abständen verlegt werden – mit einer zumeist dünnen Beplankung zur geschlossenen Fläche zu komplettieren. Einige wesentliche konstruktive Fragen sind in diesem Kontext zu klären und sollen im Folgenden diskutiert werden.

6.1 Stabroste

■ Stabroste wie in **Variante 3** bestehen aus einer Längs- und einer Querstabschar. Handelt es sich bei den Querstäben um einzelne, in größeren Abständen angeordnete, lastverteilende Riegel (🗗 **117**, **118**), spannt eine abschließende Beplankung dann abhängig von den Feldproportionen (jeweils in →**x**, →**y**) im Wesentlichen einachsig zwischen den Stäben der Längsstabschar (🗗 **117**), oder mit einem größeren zweiachsigen Anteil (wie in 🗗 **118**). Sind die beiden Stabscharen – Längs- und Querstabschar – hinsichtlich ihrer statischen Rangordnung hingegen, wie bei einem Rost, gleichwertig und werden sie deshalb höhengleich und bündig ausgeführt, bieten sie als Folge hiervon der abschließenden Platte in jedem abzudeckenden Feld eine vierseitige lineare Lagerung (🗗 **119**). Die Beplankung spannt folglich zweiachsig und kann im Regelfall dünner und leichter ausgeführt werden als bei einachsiger Lastabtragung (wie in 🗗 **115–116** dargestellt).

6.2 Orthogonal gestapelte, hierarchische Stablagen

■ Elemente wie als **Variante 2** oder **4** in *Abschnitt 2.4* beschrieben bestehen aus einer Stablage, bzw. aus mehreren gestuften Hierarchien von jeweils orthogonal zueinander verlaufenden Stablagen, und einer abschließenden Beplankung. Wesentliches konstruktives Ziel dieses Aufbaus ist es, die Spannweiten der Elemente sukzessive so weit zu reduzieren, dass das flächenbildende Element – die Beplankung – ein nur kleines Maß zu überspannen hat und sich entsprechend dünn und leicht ausführen lässt. Mit diesem Mittel soll das Eigengewicht des Flächenelements, das beim vollwandigen Bauteil nach **Variante 1** notwendigerweise am größten ist, soweit wie möglich reduziert werden. Grundsätzlich gilt dabei:

> Der Stababstand der Stablage einer Hierarchiestufe ist gleich der Spannweite der Elemente auf der nachgeordneten Hierarchiestufe (🗗**122**, **123**).

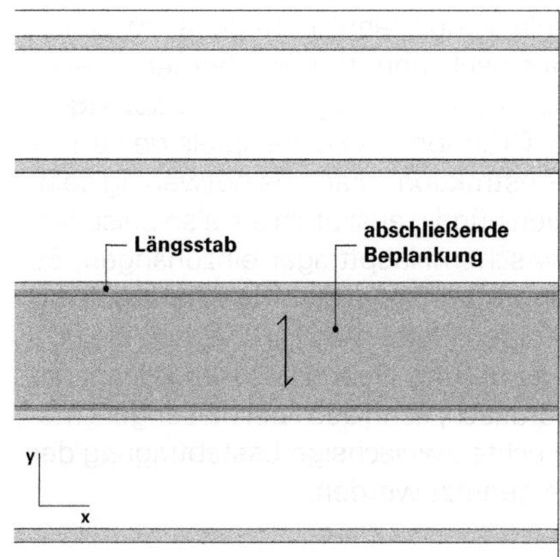

115 Stabschar ohne Querstablage mit aufgelagerter abschließender Beplankung. Diese spannt einachsig zwischen den parallelen Stäben (also zweiseitige Auflagerung).

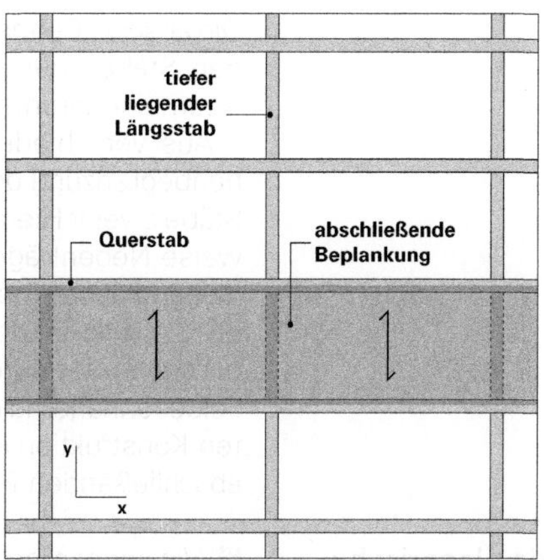

116 Zweiseitige Auflagerung der abschließenden Beplankung wie in **115**, hier auf Querstabschar. Es existiert eine Längsstabschar höherer Hierarchie, die tiefer angeordnet ist und nicht für Auflagerung der Beplankung genutzt wird.

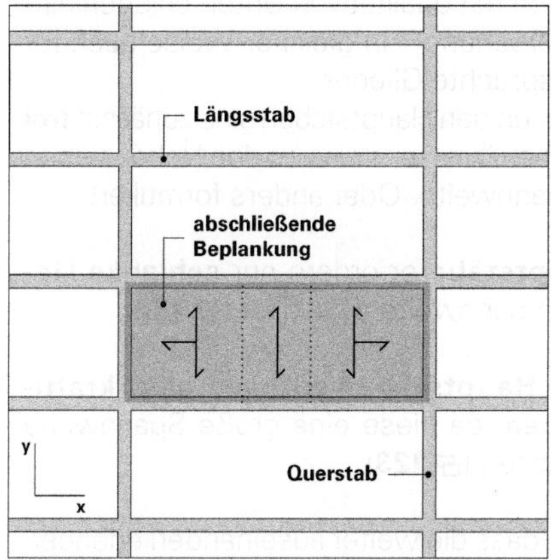

117 Vorwiegend einachsige Lastabtragung der abschließenden Beplankung auf dem tragendem Stabrost aus Längsstabschar und in größeren Abständen angeordneten, mit Längsstäben höhengleichen Querstäben infolge betont rechteckiger Proportion des Felds – trotz vierseitiger Auflagerung. Es findet nur in den Seitenbereichen eine eingeschränkte zweiachsige Lastabtragung statt, der Mittelstreifen wirkt hingegen einachsig.

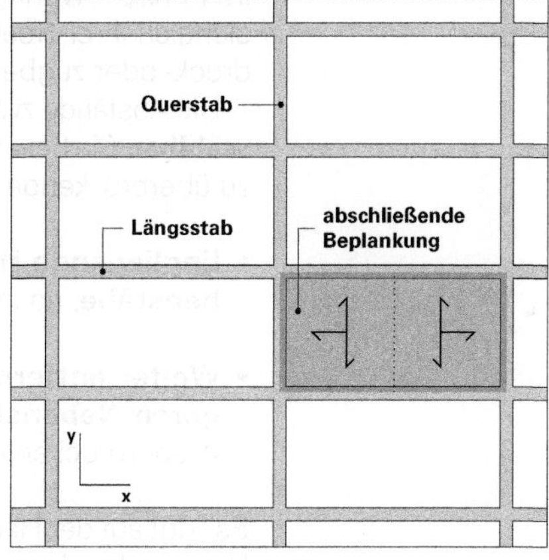

118 Verhältnisse wie in **117**, jedoch gedrungenere Feldproportionen. Es bilden sich zwei Feldbereiche mit eingeschränkter zweiachsiger Lastabtragung aus.

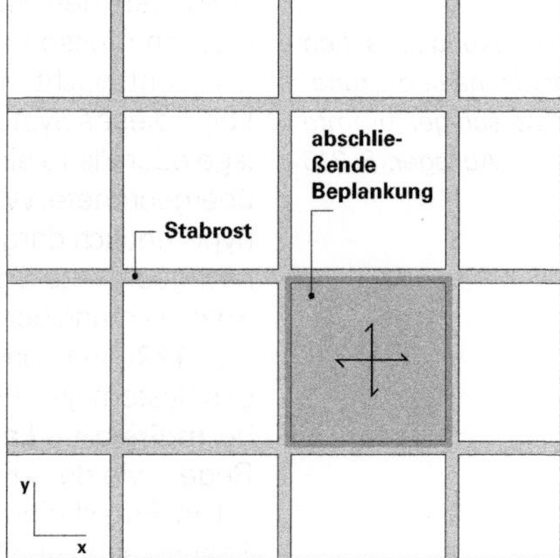

119 Stabrost mit gleichrangiger Längs- und Querstabschar. Da die Felder quadratisch sind, wird die zweiachsige Lastabtragung bei der abschließenden Beplankung aktiviert.

Die abschließende Beplankung spannt im Regelfall zwischen den Stäben der hierarchisch unmittelbar übergeordneten – zumeist darunterliegenden – Stablage, also **einachsig**.

Aus verschiedenen Gründen – wie beispielsweise Höhenbegrenzung der Konstruktion – kann es notwendig sein, Stäbe zweier Hierarchien bündig auszuführen, also beispielsweise Nebenträger zwischen Hauptträger einzuhängen. Es ist dann auch eine eingeschränkte **vierseitige Auflagerung** der abschließenden dünnen Platte möglich. Werden die Proportionen der durch Haupt- und Nebenstäbe abgegrenzten Felder annähernd quadratisch, kann auch bei dieser gerichteten Konstruktion eine echte zweiachsige Lastabtragung der abschließenden Platte genutzt werden.

3.7 Einige grundlegende planerische Überlegungen zu Stabscharen

■ Wie angesprochen besteht eine enge Wechselbeziehung zwischen den **Stababständen** und der **Dimensionierung** des jeweils aufgelegten Elements, also Stab oder Platte. Die nachfolgenden Überlegungen werden zwar anhand biegebeanspruchter Stäbe veranschaulicht, sie gelten aber im Prinzip – wenngleich mit qualitativen Unterschieden hinsichtlich ihrer Beanspruchung – in gleicher Weise auch für druck- oder zugbeanspruchte Glieder.

Die Abstände zwischen den Hauptstäben sind zunächst **frei wählbar**. Sie bestimmen ihrerseits die von den Nebenstäben zu überbrückende Spannweite. Oder anders formuliert:

- **Engliegende Hauptstäbe** erfordern nur **schlanke Nebenstäbe**, da ihre Spannweite **a** klein ist (**122**).

- **Weiter entfernte Hauptstäbe** verlangen nach **kräftigeren Nebenstäben**, da diese eine große Spannweite **A** überbrücken müssen (**123**).

Es liegt auf der Hand, dass die weiter auseinanderliegenden Hauptstäbe einen **größeren Lasteinzugsbereich** – gerechnet zwischen den Mitten der beiderseits anschließenden Felder (**124, 125**) – haben und folglich trotz gleicher Spannweite (in →**x**) wie bei der anderen Variante– hier Abstand zwischen den Hauptauflagern – kräftiger dimensioniert werden müssen als wenn sie dichter beisammen lägen.

☞ Abschn. 2.2.2 Wechselwirkung zwischen Spannweite, statischer Höhe und Grundrissgeometrie > konzentrisch gekrümmte Auflager, S. 216

Es entspricht wiederum grundsätzlich der konstruktiven Logik dieses Systems, dass die jeweils nachgeordnete Stablage oder Platte eine **kleinere Spannweite** überbrückt als die übergeordnete. Wäre dies nicht der Fall (wie in **126** und **128** hypothetisch dargestellt), wäre sinnvollerweise auch für die nachgeordnete Stabschar die – dann kürzere – Spannweite in Spannrichtung der übergeordneten vorzuziehen (wie in **127** und **129**), was das Prinzip ad absurdum führt und wodurch das System gleichsam in **Variante 2** überführt würde. Es gibt bei **indirektem Lastabtrag** dennoch die Ausnahme zu dieser Regel, wie dem Fall in **130** zu entnehmen ist.

Die Entscheidung für eine bestimmte Kombination von Spannweiten und Stababständen kann aus unterschiedlichen

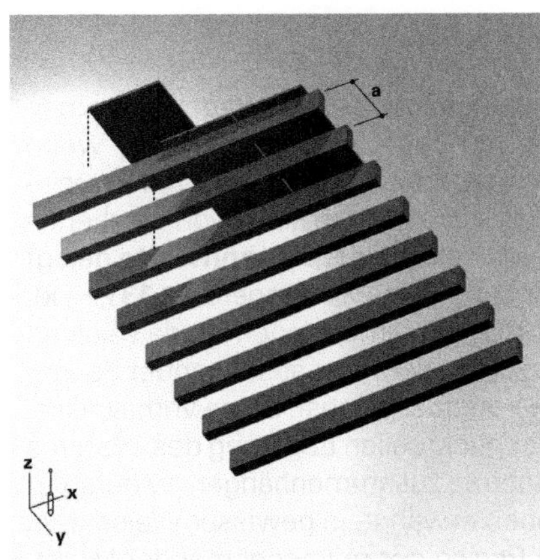

120 Überspannung der Felder zwischen den Trägern durch dünne Platten. Die Trägerabstände **a** müssen auf die Tragfähigkeit der Platte abgestimmt sein.

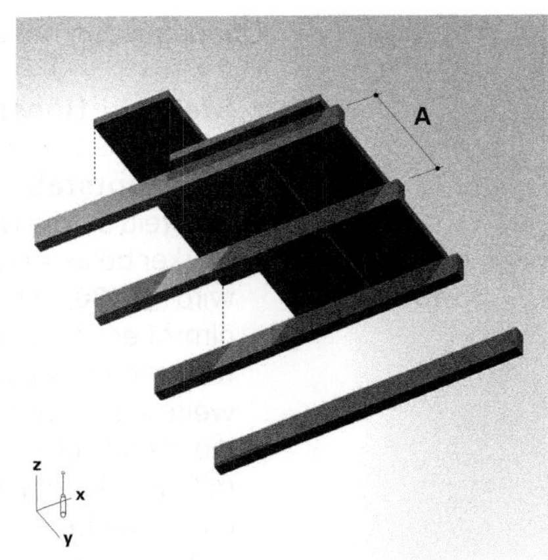

121 Dickere und damit tragfähigere Platten erlauben größere Trägerabstände **A**. Oder umgekehrt: Größere Trägerabstände ziehen dickeres Plattenmaterial nach sich.

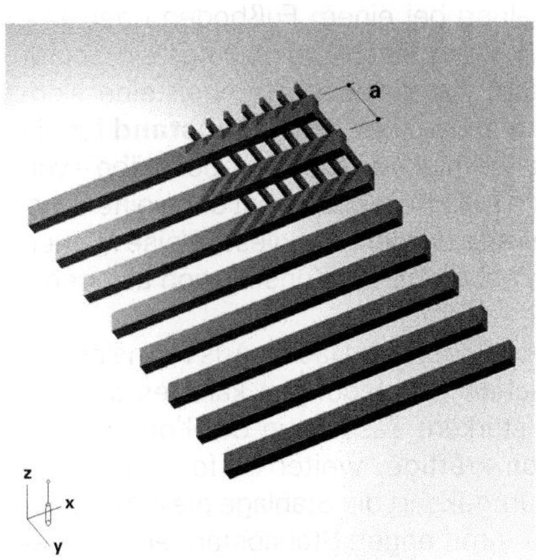

122 Eng verlegte Hauptträger benötigen nur kleine Nebenträger, da diese nur eine kleine Spannweite **a** überbrücken.

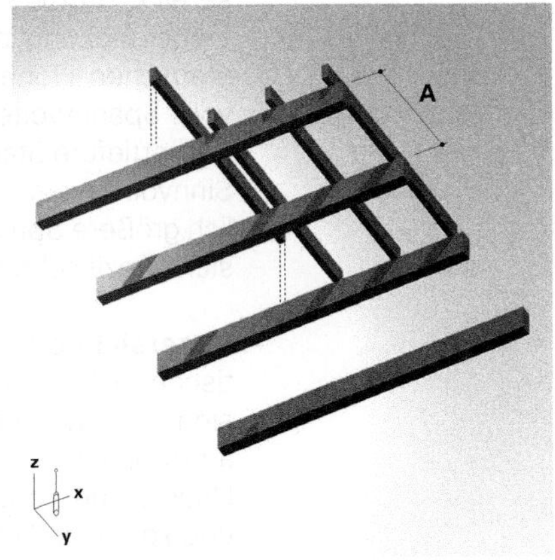

123 Große Hauptträgerabstände erfordern stärker dimensionierte Nebenträger, da diese über eine größere Spannweite **A** verlegt sind.

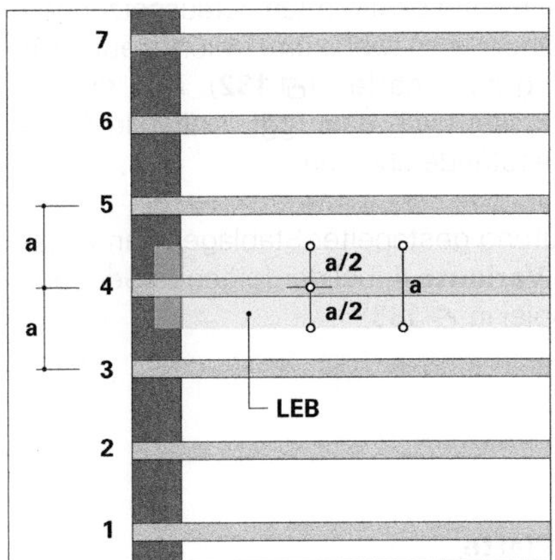

124 Lasteinzugsbereich **LEB** des Trägers **4** bei Trägerabstand **a**.

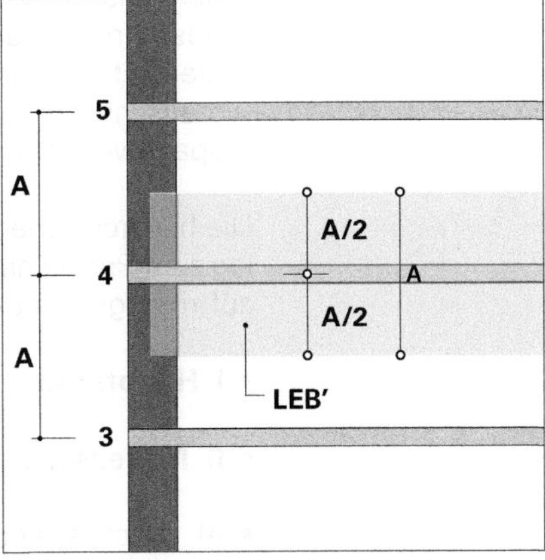

125 Lasteinzugsbereich **LEB'** des Trägers **4** bei Trägerabstand **A**.

Überlegungen heraus fallen:

☞ *Siehe hierzu den Vergleich in* 🗗 **130** *und* **131**, *S. 238*

- **Statische Höhen**: Grundsätzlich gilt die Regel, dass übermäßige Stabhöhen vermieden werden können, wenn ein **Hauptstab**, der systembedingt ein größeres Lasteinzugsfeld als die Nebenstäbe hat und somit von vornherein stärker belastet ist, über die **kürzere Spannweite** gelegt wird (🗗 **130**, →**x**). Spannt er über die längere (🗗 **131**, →**x**), nimmt er überproportionale Dimensionen an, da seine erforderliche statische Höhe bei linear ansteigender Spannweite in der zweiten Potenz anwächst. Diese Verhältnisse, die ursächlich mit der punktuellen Lagerung des Systems mit indirektem Lastabtrag zusammenhängen, widersprechen, wie bereits oben erwähnt, in gewisser Weise dem ansonsten gültigen Prinzip der mit abnehmender Hierarchiestufe stetigen Reduzierung der Spannweiten.

- Das oben abschließende **flächige Bauteil** – beispielsweise eine Bretterschalung bei einem Fußboden oder eine Ziegeldeckung bei einem Dach – gibt aufgrund seiner statischen Höhe und Materialbeschaffenheit eine sinnvolle Spannweite – und damit einen **Stababstand** für die nächsttiefere Stablage – hier also für die Nebenstäbe – vor. Sinnvollerweise wird man für diese selbst dann eine deutlich größere Spannweite wählen. Auf diese Weise können sich spezifische Vorgaben für die Konstruktion ableiten.

- **Untersicht** der Decke oder des Dachs: Aus formalästhetischen und räumlichen Überlegungen kann es sich als sinnvoll erweisen, stärkere Zäsuren in der Konstruktion auszubilden – durch kräftige, weiter entfernt liegende Hauptstäbe – oder umgekehrt die Stablage gleichmäßiger und kontinuierlicher – mit engen Stababständen – zu gestalten.

- Die Integration von **Ver**- und **Entsorgungsleitungen** in der Konstruktion kann unter bestimmten Voraussetzungen bestimmte Stabhöhen vorgeben, um freien Raum für die Leitungsführung zu schaffen (🗗 **132**). Aus diesen statischen Höhen lassen sich dann ggf. sinnvolle Stabspannweiten und -abstände ableiten.

Die hierarchische Stufung gestapelter Stablagen kann analog zum Prinzip nach **Variante 4**, bei der folgende Sequenz auftritt (vgl. das Beispiel in 🗗 **133**):

- **I Hauptstab**

- **II Nebenstab**

- **III** abschließende **Platte**,

auch mit mehr als drei Hierarchiestufen ausgeführt werden. Beim Beispiel in 🗗 **134** wurde eine weitere Stablage eingeführt, sodass hier **vier Hierarchiestufen** identifiziert werden können:

- **I Hauptstab**
- **II Nebenstab** 1. Ordnung
- **III Nebenstab** 2. Ordnung, und zusätzlich:
- **IV** abschließende **Platte.**

Das Prinzip der im Wesentlichen **einachsigen Lastabtragung** bei den Systemen aus hierarchisch gestuften Stäben, die auch als **gerichtete Systeme** bezeichnet werden, wurde bereits weiter oben im *Abschnitt 2.1* beschrieben. Auf gestufte Stabsysteme übertragen spielt sie sich folgendermaßen ab (🗗 **135**, **136**):

☞ ***Band 1**, Kap. VI-2, Abschn. 9.4 Element aus einachsig gespannten Rippen,* 🗗 **210** *auf S. 650*

- Das obenauf liegende flächige Element, die abschließende Platte, wird mit einer **Punktlast** belegt. Diese wird über Biegung entlang der Spannrichtung der Platte – also **einachsig** – auf die beiden nächsttieferen benachbarten Stäbe abgeleitet, auf denen die Platte aufliegt. Bei Lastquerverteilung werden auch weitere benachbarte Stäbe mit belastet.
- Diese beiden Stäbe, ggf. inklusive weiterer mitwirkender, übertragen wiederum ihre Lastanteile über Biegung entlang ihrer eigenen Stabachse – also um **90° gedreht**, aber wiederum **einachsig** – auf die hierarchisch übergeordnete, darunter befindliche Stablage, usw.

Als Vorteile **gestapelter Systeme** gelten:

- die Möglichkeit, rechtwinklig aufeinanderstoßende Stäbe verschiedener Hierarchien durch einfaches **Auflegen** zu koppeln. Dadurch sind keine aufwendigeren Anschlüsse erforderlich.
- die Möglichkeit, aufliegende Träger als **Mehrfeldträger** auszubilden, wodurch die **Biegemomente** deutlich reduziert werden können. Voraussetzung sind Balken, die Momente mit wechselndem Vorzeichen aufnehmen können – wie z. B. Holz-Rechteckquerschnitte.
- die Möglichkeit, in den Stabzwischenräumen **Leitungen** zu führen (🗗 **132**). Da zumeist mindestens zwei in der Höhe gestaffelte Stabhierarchien im Spiel sind, kann man durch einfaches Verziehen der Leitung in die nächsthöhere Stablage die Richtung um 90° wechseln.

☞ ***Band 3**, Kap. XIII-5, Abschn. 2.3 Flache Dächer*

- die Möglichkeit, in den Stabzwischenräumen Luft zu führen zwecks **Belüftung der Konstruktion**. Wie bei Leitungen auch, kann bei mindestens zwei Stablagen eine Luftbewegung in zwei Richtungen erfolgen.

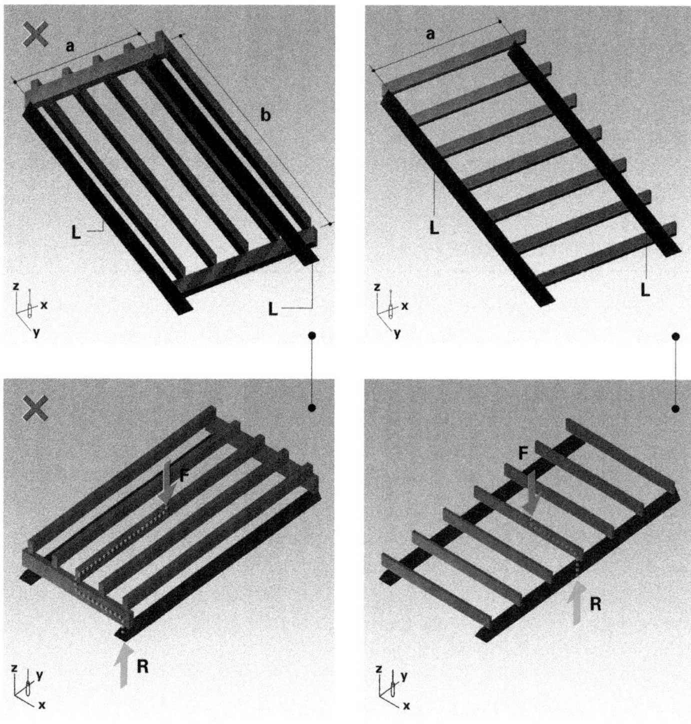

126 Deckenfeld nach Konstruktionsvariante **3** (abschließende Platte nicht dargestellt) mit Nebenträgern über die größere Spannweite **b** und mit Hauptträgern über die kleinere Spannweite **a**. Sofern eine Auflagerungsmöglichkeit wie die dargestellten linearen Lager **L** besteht (direkter Lastabtrag möglich), ist diese Stabanordnung aus statischer Sicht unsinnig. Es empfiehlt sich vielmehr das Ausnutzen der kleineren Spannweite **a** wie in 🗗 **127** dargestellt.

127 Stabanordnung mit nur einer Stablage über die kurze Spannweite **a** als sinnvolle Alternative zur Stablage in 🗗 **126**.

128 (Mitte links) Lastabtrag des Tragwerks in 🗗 **126**. Langer Kraftpfad von der angreifenden Last **F** bis zur Lagerreaktion **R**.

129 (Mitte rechts) Lastabtrag des Tragwerks in 🗗 **127**. Deutlich kürzerer Kraftpfad von der angreifenden Last **F** bis zur Lagerreaktion **R**.

130 (Unten links) Bei einer punktuellen Stützung **L'** kann es sinnvoll sein, den Hauptträger über die kürzere **a**, den Nebenträger über die längere Spannweite **b** zu legen. Es liegt hier ein **indirekter Lastabtrag** vor. Die Spannweite der Unterzüge **UZ** ist deutlich kleiner als die der Deckenbalken **DB**. Die Unterzüge werden infolgedessen wesentlich weniger stark belastet als in 🗗 **131** und können sich in ihren Dimensionen stärker den Deckenbalken annähern. Die Stützfelder sind dann länglich rechteckig.

131 (Unten rechts) Die Unterzüge **UZ** sind vergleichsweise stark belastet, da sie die addierte Last der Deckenbalken **DB** über eine deutlich größere Spannweite **a** als bei 🗗 **130** zu tragen haben (die Spannweite geht bei der Dimensionierung im Quadrat ein). Die Spannweiten von Unterzug und Deckenbalken liegen hier in vergleichbarer Größenordnung, das Stützfeld ist also quadratisch bis gedrungen rechteckig. Die Unterzüge **UZ** sind wesentlich kräftiger zu dimensionieren als die Deckenbalken **DB**.

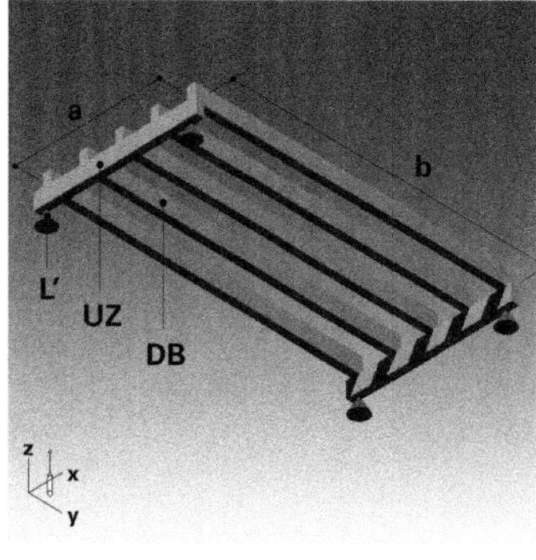

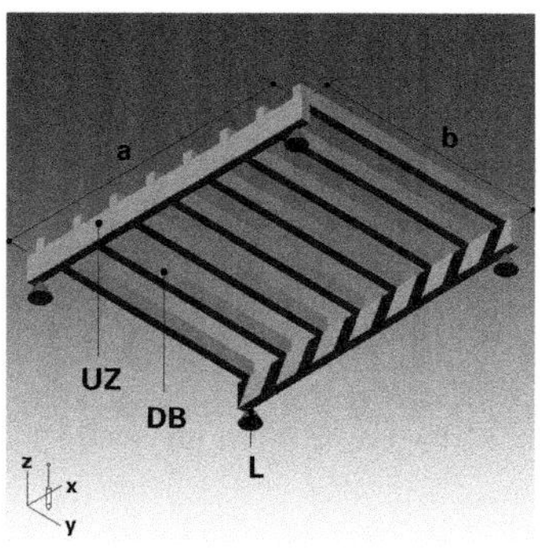

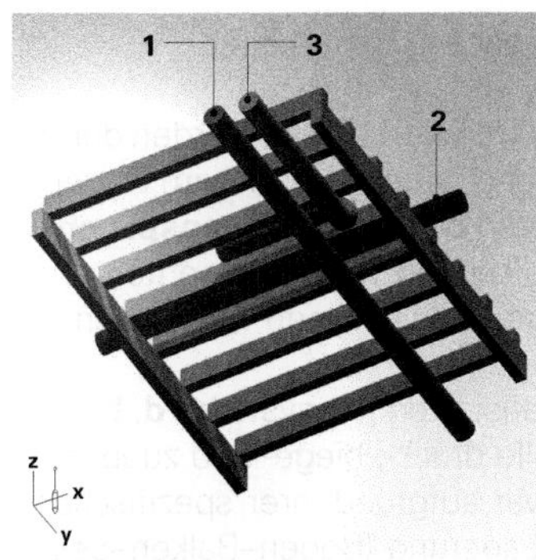

132 Gestapelte Trägerlagen, wie sie bei gerichteten Systemen oft vorkommen, erlauben einfaches Führen von Leitungen in der Deckenkonstruktion. Beide Höhenlagen erlauben jeweils das Verlegen in zwei orthogonalen Richtungen: Leitungen lassen sich entweder in der unteren Stablage längs (**1**), in der oberen quer (**2**) oder durch Verkröpfen wechselnd unten und oben in den zwei orthogonalen Richtungen (**3**) führen.

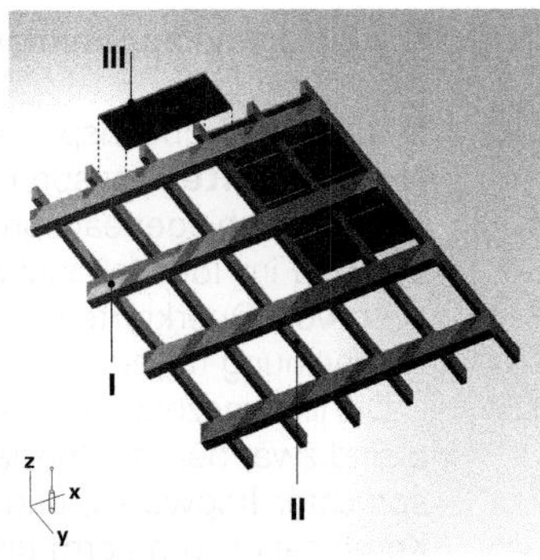

133 Überdeckung aus 3 Hierarchien: einer Haupt- (**I**), einer Nebenträgerlage (**II**) und einer Platte (**III**).

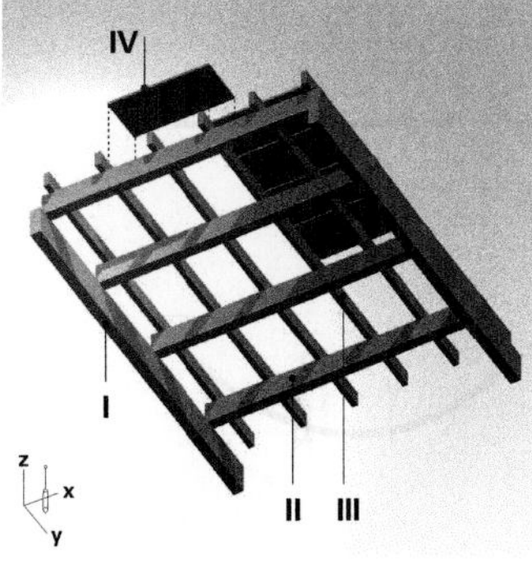

134 Überdeckung aus 4 Hierarchien: einer Haupt- (**I**), einer ersten Nebenträgerlage (**II**), einer zweiten Nebenträgerlage (**III**) und einer Platte (**IV**).

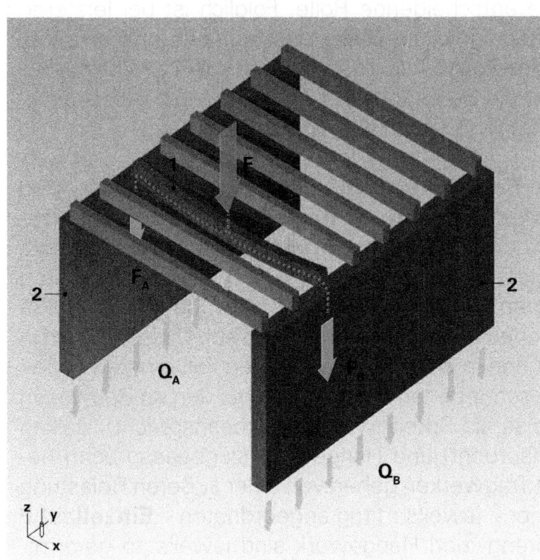

135 Charakteristisch für gerichtete Systeme ist die **einachsige Lastabtragung**: längs entlang des Trägers auf die tragenden Wandscheiben (**direkter Lastabtrag**). **1** Deckenbalken, **2** Wandscheibe.

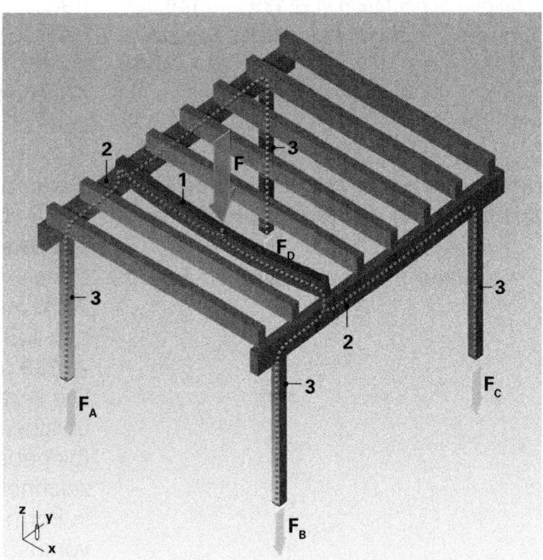

136 Hierarchisch gestuftes Tragsystem: Die Kraftleitung erfolgt sukzessive in drei Stufen: vom Deckenbalken (**1**) zum Unterzug (**2**) und von dort in die Stütze (**3**) (**indirekter Lastabtrag**).

4. Formfragen axial beanspruchter Tragwerke

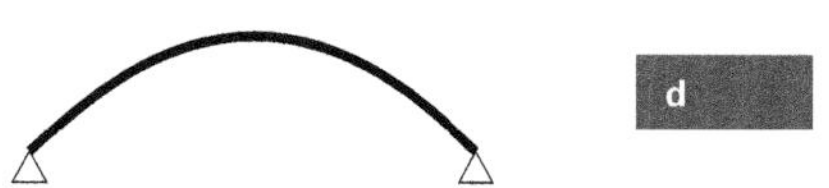

■ Die im Folgenden untersuchten Tragwerke für Überdeckungen werden in drei große Kategorien gegliedert, die mit drei grundsätzlich verschiedenen Arten der **Beanspruchung** verknüpft sind:

- vorwiegend **druckbeanspruchte** Tragwerke (**d**);
- vorwiegend **biegebeanspruchte** Tragwerke (**b**);
- vorwiegend **zugbeanspruchte** Tragwerke (**z**).

Druck- und zugbeanspruchte Tragwerke (**d**, **z**) werden durch **Normalkräfte** beansprucht und gelten folglich – im Gegensatz zu den biegebeanspruchten **b** – als **axial beansprucht**. Sie sind im Idealfall sowohl frei von Biegemomenten wie auch von Querkräften, die stets zusammen mit diesen in Erscheinung treten.

Die links gezeigten schematisierten Tragsysteme **d**, **b** und **z** sind zwar bereits Spezialfälle druck-, biege- und zugbeanspruchter Tragwerke, und zwar aufgrund ihrer spezifischen Kombination von Form und Lagerung (Bogen–Balken–Seil). Sie sollen indessen wegen ihrer Bedeutung für die Überdeckung von Räumen im Hochbau fortan als stellvertretende Erkennungssymbole für die drei Gruppen dienen.

Während die Gruppe der biegebeanspruchten Tragwerke (**b**) die Lasten vornehmlich durch den **inneren Hebelarm**, also durch die **statische Höhe** des Bauteils, abträgt, spielt bei den beiden Gruppen der axial beanspruchten (**d**, **z**) der **externe Hebelarm** (oder **Stich f**) zwischen der Normalkraft im Querschnitt und der Reaktion am Auflager bei der Lastabtragung die entscheidende Rolle. Folglich ist bei letzteren nicht in erster Linie die **Dicke** des Bauteils entscheidend, sondern seine **Form**. Aus diesem Grund soll in den folgenden Abschnitten die Bedeutung der *Formgebung* bei axial beanspruchten Tragwerken im Vordergrund stehen.

☞ *Dies wird an der Betrachtung in den beiden Schautafeln in* **139** *und* **140** *auf S. 244 f deutlich; vgl. auch das Schaubild auf S. 242*

4.1 Wechselbeziehungen zwischen Lagerung, Form und Beanspruchung

☞ ***Band 1****, Kap. VI-2,* **41** *auf S. 540 f*

■ Bereits in ***Band 1*** werden grundlegende Überlegungen zu den Einflüssen der **Form** des Tragwerks auf die **Auflagerreaktionen** und die **Beanspruchung** des Bauteilquerschnitts bei exemplarischen druck-, biege- und zugbeanspruchten Tragsystemen angestellt. Die folgenden Tabellen in **139** und **140** greifen diese Gedankengänge auf. Das Schaubild in **139** gibt den in ***Band 1*** untersuchten Fall erneut wieder. Die dort beschriebenen Verhältnisse bei den im Bauwesen üblicherweise als Sprengwerk (druckbeansprucht), Balken (biegebeansprucht) und Hängewerk (zugbeansprucht) bezeichneten Tragwerken gehen von einer äußeren Belastung in Form einer – jeweils mittig angeordneten – **Einzellast F** voraus. Spreng- und Hängewerk sind jeweils so geformt, dass sie unter den gegebenen Lastverhältnissen keine Biegebeanspruchung erfahren.

Bild **140** zeigt den analogen Fall für eine abgewandelte äußere Belastung, nämlich für **gleichmäßig verteilte Last**

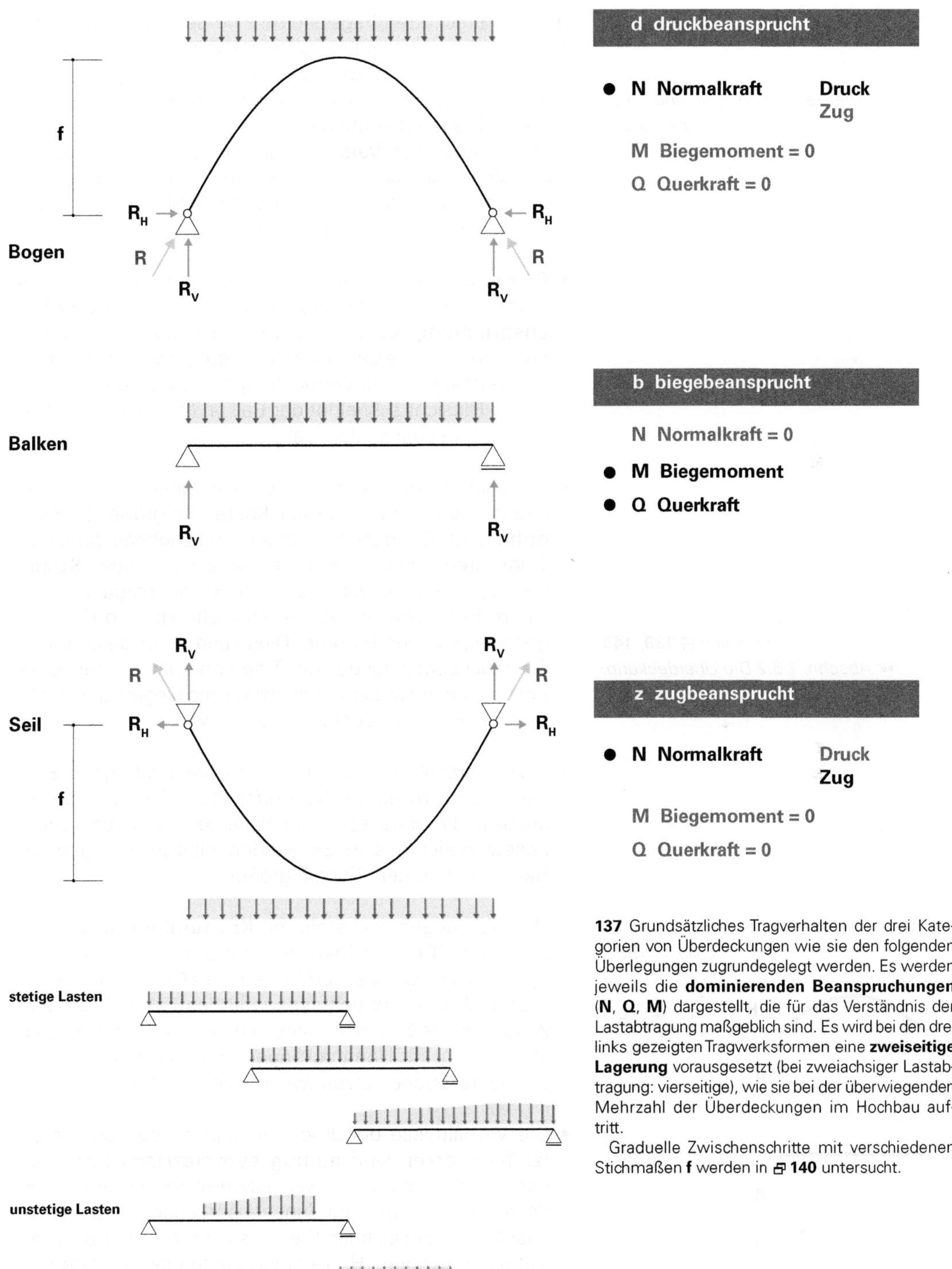

137 Grundsätzliches Tragverhalten der drei Kategorien von Überdeckungen wie sie den folgenden Überlegungen zugrundegelegt werden. Es werden jeweils die **dominierenden Beanspruchungen** (**N**, **Q**, **M**) dargestellt, die für das Verständnis der Lastabtragung maßgeblich sind. Es wird bei den drei links gezeigten Tragwerksformen eine **zweiseitige Lagerung** vorausgesetzt (bei zweiachsiger Lastabtragung: vierseitige), wie sie bei der überwiegenden Mehrzahl der Überdeckungen im Hochbau auftritt.

Graduelle Zwischenschritte mit verschiedenen Stichmaßen **f** werden in 🗗 **140** untersucht.

138 Beispiele stetiger oder kontinuierlicher und unstetiger oder diskontinuierlicher Lasten.

q. Die betrachteten Tragsysteme sind der Bogen (druckbeansprucht), wiederum der Balken (biegebeansprucht) sowie das Seil (zugbeansprucht) bzw. das wie ein hängendes Seil geformte Zugglied. Auch diese sind derart geformt, dass keinerlei Biegemomente auftreten.

☞ *Abschn. 4.2 Die Begriffe der Seil- und Stützlinie, S. 246*

Die Aussagen in ***Band 1*** zu diesen Fallbeispielen gelten auch hier sinngemäß. Sie sollen wegen ihrer außerordentlich großen baulichen Bedeutung an dieser Stelle erneut zusammenfassend in Erinnerung gerufen werden:

- **Biegung** beansprucht die Querschnitte und damit das Material sehr ungleichmäßig im Vergleich mit **axialer Beanspruchung**, also reinem Druck oder Zug. Materialeffizienz, wie sie insbesondere im Leichtbau geboten ist, setzt die weitestgehende Vermeidung von Biegung voraus. In dieser Hinsicht schneidet der Balken (**b**, siehe Schaubild links unten) sehr schlecht ab.

- Indessen zeigen die Beispiele, dass dieser Vorzug axial beanspruchter Systeme auf Kosten vergrößerter **Bauhöhe** geht. Die gezeigten druck- und zugbeanspruchten Tragsysteme setzen eine statische Höhe oder **Stich f** voraus, der – unter vergleichbaren Randbedingungen – in jedem Fall größer ist als die statische Höhe **h** des biegebeanspruchten Balkens. Dies kann unter bestimmten Gebrauchsbedingungen des Tragwerks dazu führen, dass trotz schlechter Materialausnutzung den biegebeanspruchten Systemen der Vorzug gegeben wird.

☞ *Siehe* ⊟ **139, 140**
☞ *Abschn. 1.6.2 Die Überdeckung, S. 204 ff*

- Ein weiterer Nachteil axial beanspruchter Systeme (**d**, **z**) ist die Existenz **horizontaler Kräfte H** am Auflager, die bei druck- und zugbeanspruchten Varianten jeweils entgegengesetzt gerichtet sind. Sie werden mit sich verringernder Bauhöhe, also dem Stich **f**, größer.

- Überdeckungen sind stets mit **Kraftumleitung** verbunden. Je größer das Maß der Kraftumleitung – also die Spannweite – ist, desto größer auch die Materialbeanspruchung. Direkte Kraftleitung wie in den Fällen **1** und **9** in ⊟ **139** und **140** ist zwar materialökonomisch, eignet sich jedoch nicht für Überdeckungen und lässt sich allenfalls auf Bauteilebene nutzen (wie bei den Fachwerken).

☞ *Abschn. 1.6 Die Elemente der baulichen Zelle, S. 196 ff*

- Die Verhältnisse bei druck- (**d**) und zugbeanspruchten (**z**) Tragwerken sind **analog symmetrisch** bezüglich der Horizontalen, und zwar teilweise mit umgekehrten Vorzeichen: Druck- und Zugbeanspruchung sind jeweils quantitativ vergleichbar. Gleiches gilt für die horizontalen Auflagerreaktionen **H**, die jeweils entgegengesetzte Vorzeichen aufweisen. Gleiches Vorzeichen weisen hingegen die lotrechten Auflagerreaktionen **R** auf;

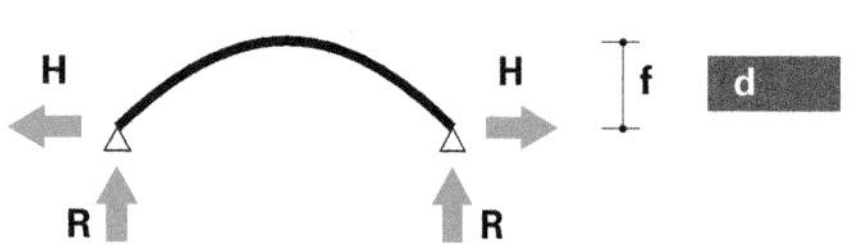

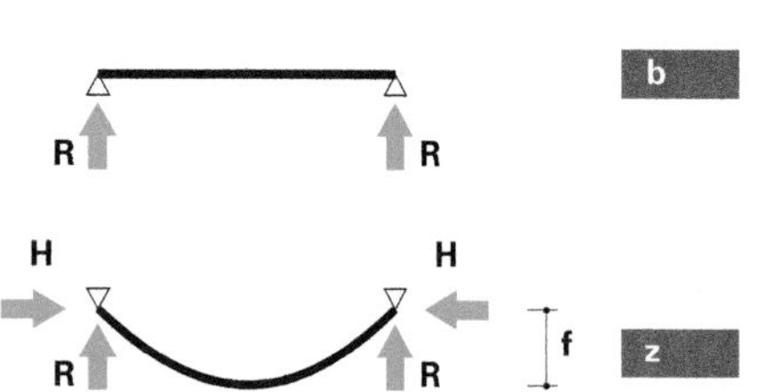

- Es gibt hinsichtlich des Tragverhaltens **keinen kontinuierlichen Übergang** zwischen druck- und zugbeanspruchten Tragwerksformen (**d**, **z**) auf der einen und biegebeanspruchten Tragwerksformen (**b**) auf der anderen Seite. Es erfolgt jeweils vielmehr ein *qualitativer* Wechsel oder eine Art von **Durchschlagen** in den Zustand des Balkens.[3] Dieser Begriff leitet sich aus der Bogenstatik her, und wird eigentlich auf extrem flache Bögen angewendet, welche Gefahr laufen, infolge Durchschlagens – in diesem Fall mechanisch effektiv – in die nicht vorgesehene Balkenform überzugehen und zu versagen.

Unter einer vorgegebenen Last ist – wie bereits angesprochen – nicht allein die **Form** des Tragsystems für die Beanspruchung maßgeblich, sondern die Kombination von **Form** und **Lagerung**. Dies wird deutlich an den beiden Beispielen in 🗗 **142**, die jeweils die gleiche Form aufweisen, aber verschiedene Lagerungen. Sie wirken dann jeweils als gekrümmter Biegebalken mit einer Gleitlagerung (Fälle **A** und **B**) und als Bogen oder Seil mit zwei gelenkigen (unverschieblichen) Lagern (Fälle **A'** und **B'**). Die Unterschiede in der Beanspruchung sind offensichtlich.

139, 140 (Folgende Doppelseite) Darstellung der Beanspruchung eines ebenen Stabtragwerks bei schrittweiser Veränderung der Geometrie. Links ist der Übergang vom axial belasteten Stab über ein Spreng- bzw. Hängewerk aus geraden Stäben zum quer zur Achse belasteten Balken dargestellt. Analog ist rechts der Übergang vom geraden Stab zum gekrümmten Bogen bzw. Zugglied oder Seil dargestellt.

Die wesentlichen Unterschiede in der Beanspruchung des Bauteilquerschnitts in den jeweiligen Stufen sind in ***Band 1***, *Kap. VI-2 Kraftleiten*, S. 526 ff ausführlich behandelt. Das Schaubild zeigt die Effizienz biegungsfreier Tragsysteme gegenüber den biegebeanspruchten. Die zugbeanspruchten Fälle (jeweils die unteren Hälften der Diagramme) sind besonders effizient, da sie anders als die druckbeanspruchten (obere Hälften) keiner Knickgefahr unterworfen sind.

Die dargestellten Beanspruchungen gelten naturgemäß für die definierten Randbedingungen wie Belastung und Lagerung. Links (🗗 **139**) sind idealisierte Verhältnisse bei konzentrierter Last (**F**), rechts (🗗 **140**) bei verteilter Last (**q**) angenommen. Verteilte oder *stetige Lasten* **q** sind im Bauwesen beispielsweise Eigenlasten. Konzentrierte oder *unstetige* Lasten (**F**) sind oftmals Nutzlasten. Die Bauteile folgen in beiden Diagrammen den jeweiligen Stützlinien der Lastfälle, können also – mit Ausnahme des Balkens – als biegungsfrei angesehen werden. Abweichungen der Bauteilgeometrie von diesen Stützlinien führen notwendigerweise zu Biegung und damit zu erhöhten Spannungen im Querschnitt (vgl. hierzu 🗗 **146**), und zwar in zunehmendem Maße je größer die Abweichung ist. Analog führen bei unveränderter Bauteilgeometrie Veränderungen in der Belastung zu vergleichbaren zusätzlichen Biegemomenten (vgl. 🗗 **147**).

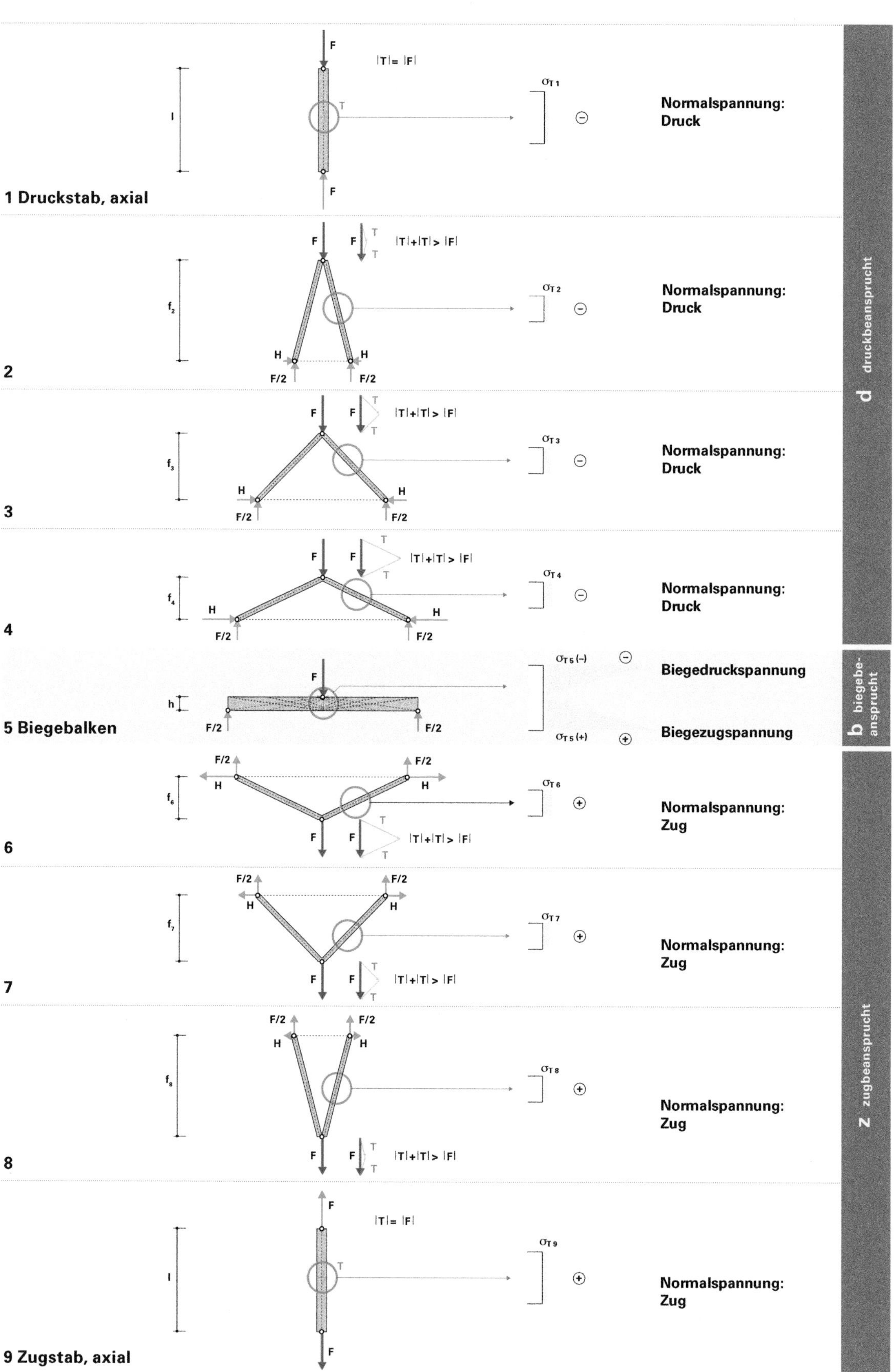

F
|T|= |F|
l
T
σ_{T1}
⊖
Normalspannung:
Druck
F
1 Druckstab, axial
F
F
T
T
|T|+|T|> |F|
f_2
σ_{T2}
⊖
Normalspannung:
Druck
H
H
F/2
F/2
2
F
F
|T|+|T|> |F|
f_3
σ_{T3}
⊖
Normalspannung:
Druck
H
H
F/2
F/2
3
F
F
T
T
|T|+|T|> |F|
f_4
σ_{T4}
⊖
Normalspannung:
Druck
H
H
F/2
F/2
4
σ_{T5} (−)
⊖
Biegedruckspannung
F
h
5 Biegebalken
F/2
F/2
σ_{T5} (+)
⊕
Biegezugspannung
F/2
F/2
H
H
f_6
σ_{T6}
⊕
Normalspannung:
Zug
F
F
T
T
|T|+|T|> |F|
6
F/2
F/2
H
H
f_7
σ_{T7}
⊕
Normalspannung:
Zug
F
F
T
T
|T|+|T|> |F|
7
F/2
F/2
H
H
f_8
σ_{T8}
⊕
Normalspannung:
Zug
F
F
T
T
|T|+|T|> |F|
8
F
|T|= |F|
l
T
σ_{T9}
⊕
Normalspannung:
Zug
9 Zugstab, axial
F
d druckbeanspruchung
b biegebeanspruchung
z zugbeanspruchung

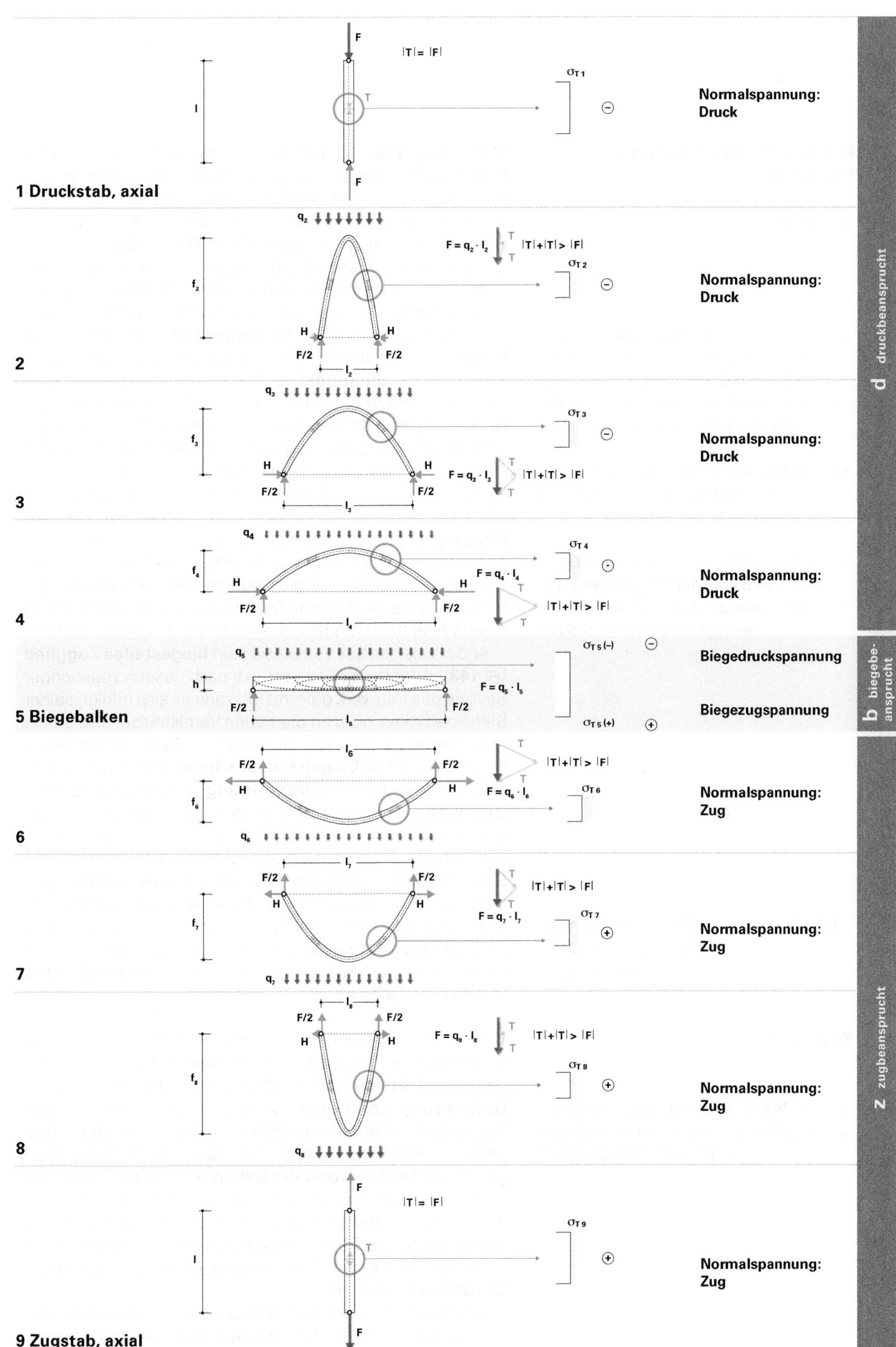

F
|T| = |F|
l
T
σT 1
Normalspannung: Druck
1 Druckstab, axial
q2
F = q2 · l2
|T|+|T| > |F|
f2
σT 2
Normalspannung: Druck
H
F/2
l2
2
q3
σT 3
f3
Normalspannung: Druck
F = q3 · l3
F/2
l3
3
q4
σT 4
f4
F = q4 · l4
Normalspannung: Druck
l4
4
q5
σT 5 (–)
Biegedruckspannung
h
F = q5 · l5
l5
5 Biegebalken
Biegezugspannung
σT 5 (+)
l6
F/2
F = q6 · l6
σT 6
f6
Normalspannung: Zug
6
q6
l7
σT 7
f7
F = q7 · l7
Normalspannung: Zug
7
q7
l8
F = q8 · l8
σT 8
f8
Normalspannung: Zug
8
q8
σT 9
Normalspannung: Zug
9 Zugstab, axial
d druckbeansprucht
b biegebeansprucht
z zugbeansprucht

4.2 Die Begriffe der Seil- und der Stützlinie

2.1 Seillinie

■ Die in 139 und **140** in den unteren Hälften der Diagramme gezeigten zugbeanspruchten Tragsysteme (**z**) sind jeweils gemäß den **Seillinien** geformt, die den wirkenden äußeren Lasten entsprechen, also jeweils **F** für Spreng-/Hängewerk und **q** für Bogen/Seil. Die Seillinie gibt die Geometrie eines gedachten hängenden Seils unter einer spezifischen Belastung und gegebenen Randbedingungen – wie die Hängepunkte und die Seillänge – wieder. Ein Seil ist definitionsgemäß **nicht biegesteif**, *kann* also keine Biegemomente aufnehmen. Die Hängeform der Seillinie ist infolgedessen **biegungsfrei**. Auch wenn anstatt eines Seils ein (biegesteifes) Zugglied belastet wird, bleibt dieses nahezu biegungsfrei, sofern es der Geometrie der Seillinie folgt.

☞ *Infolgedessen sind die zugbeanspruchten Systeme (**z**) der beiden Diagramme in* **139** *und* **140** *für ein nicht biegesteifes Seil wie auch für ein biegesteifes Zugglied gültig. Die Verhältnisse sind identisch.*

☞ *In* **141** *sind verschiedene Seillinien zu wechselnden Lastbildern dargestellt.*

Wechselt die Belastung auf dem Seiltragwerk, nimmt dieses unter dem neuen Belastungsbild eine neue Form ein. Es passt sich aufgrund seiner fehlenden Biegesteifigkeit an die jeweiligen Lastverhältnisse durch **dehnungslose Verformung** an und nimmt wiederum die jeweils zur Belastung passende Form der – dann veränderten – Seillinie an. Ein Seil kann gar nicht anders, als die biegungsfreie Seillinie anzunehmen, da ihm ja die Biegesteifigkeit fehlt, um der Kraftwirkung einen Widerstand (Widerstandsmoment) entgegenzusetzen.

☞ *Seiltragwerke zählen aus diesem Grund zu den **beweglichen Tragwerken**. Vgl. hierzu **Band 1**, Kap. VI-2, Abschn. 4.2 Bewegliche Systeme, S. 544 ff*

Anders als das Seil verhält sich ein **biegesteifes Zugglied** (**143**). Ändert sich das Lastbild, nach dessen zugehöriger Seillinie das Tragwerk geformt ist, kann es sich infolge seiner Biegesteifigkeit *nicht* an die neuen Verhältnisse, also an die neue Seillinie anpassen. Es behält im Wesentlichen seine Form, erfährt eine **Biegebeanspruchung** und infolgedessen lediglich eine (kleinere) **Verformung**. Zusätzlich entstehen **Querkräfte Q** im Querschnitt. Je größer die Abweichung der neuen Seillinie von der Form, also der Systemachse des Tragwerks ist, desto größer werden die entstehenden Biegemomente und Querkräfte sein – wie die Beziehung in der Spalte links deutlich macht. Diese Abweichung lässt sich lokal an jedem Punkt der Systemachse erfassen und wird als **Exzentrizität e** bezeichnet. Das wirkende Biegemoment errechnet sich dann aus dem Produkt aus **Normalkraft N** und **Exzentrizität e**.

$M = N \cdot e$		
	M	Biegemoment
	N	Normalkraft
	e	Exzentrizität

2.2 Stützlinie

■ In einer für Nichtfachleute oft verblüffenden Analogie lassen sich die für die zugbeanspruchten Systeme beschriebenen Verhältnisse auf die druckbeanspruchten (**d**) durch **Umkehrung** übertragen. Wird ein druckbeanspruchtes Tragsystem unter einer spezifischen Belastung und vorgegebenen Randbedingungen (Auflagerung, Gelenke etc.) gemäß der **Umkehrform der Seillinie**, also ihrer Spiegelung an der Horizontalen, geformt, die ein Seil unter gleichen Randbedingungen und identischer Belastung annehmen würde, so ist das Tragwerk biegungsfrei. Es treten ebensowenig Querkräfte auf. Die Umkehrung der Seillinie wird als **Stützlinie** bezeichnet.

☞ *In* **141** *sind verschiedene zusammengehörige Seil- und Stützlinien zu wechselnden Lastbildern dargestellt.*

Verändert sich wiederum das Lastbild auf dem Tragwerk, ist eine Anpassung an die neue Stützlinie – also die Umkehrung einer neuen gedachten Seillinie – durch Formänderung allerdings nicht mehr möglich. Ein Seil kann nicht auf Druck beansprucht werden, da es diesem wegen fehlender Biegesteifigkeit ausweichen würde. Druckbeanspruchte Tragwerke weisen infolgedessen *immer* Biegesteifigkeit auf. Die Form des Tragwerks bleibt erhalten und es entstehen – ähnlich wie beim biegesteifen Zugglied – **Biegemomente M** und **Querkräfte Q** im Querschnitt. Diese rufen keine dehnungslosen Verformungen wie beim Seil hervor. Wiederum sind die Biegemomente und Querkräfte umso größer, je größer die Abweichung oder **Exzentrizität e** zwischen der Stützlinie und der Systemachse des Tragwerks ist.

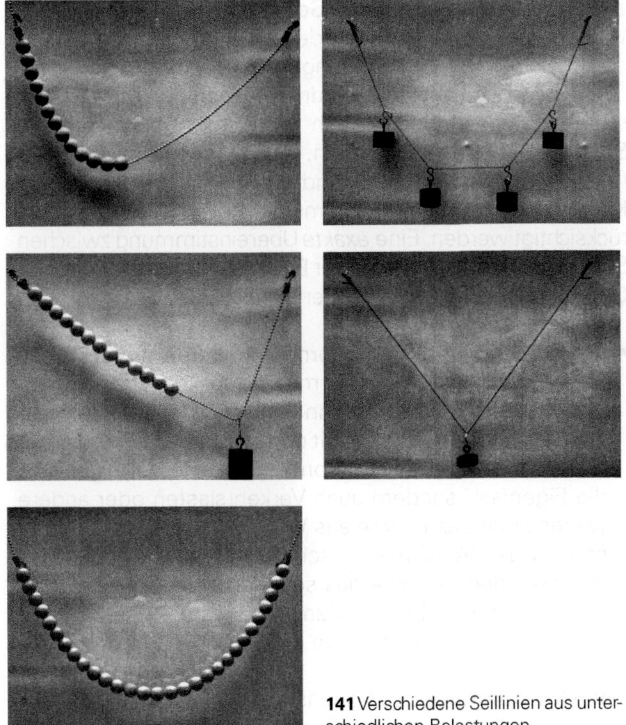

141 Verschiedene Seillinien aus unterschiedlichen Belastungen.

4.3

Abweichungen von der Stützlinie

■ Zugbeanspruchte Tragwerke sind im Bauwesen häufig **Seilkonstruktionen**, welche die Vorteile der extremen Materialeffizienz dieser Art des Lastabtrags nutzen. Der Idealzustand einer Übereinstimmung zwischen der Seillinie und der Systemachse des Bauteils ist dabei stets gegeben. Es müssen aus Gründen der *Gebrauchstauglichkeit* – nicht der *Tragfähigkeit* – lediglich die unerwünschten Effekte der Formänderung kompensiert werden; oder diese sind mithilfe geeigneter Maßnahmen innerhalb tolerierbarer Grenzen zu halten. Dazu gehört beispielsweise eine **Verspannung** oder eine **Ballastierung**. Mit letzterer lässt sich sicherstellen, dass ein konstantes Lastbild – nämlich der Ballast – über etwaige wechselnde Lasten dominiert. Die Abweichungen zwischen den resultierenden Seillinien lassen sich auf diese Weise minimieren und infolgedessen auch die damit zusammenhängenden Formänderungen.

Wir haben gesehen, dass druckbeanspruchte Tragwerke stets biegesteif sind und sich folglich nicht an veränderte Stützlinien anpassen können. Abweichungen der Systemachse von der Stützlinie sind deshalb bei dieser Art von Konstruktion ggf. kritisch und müssen vom Konstrukteur berücksichtigt werden. Eine *exakte* Übereinstimmung zwischen System- und Stützlinie ist in der Baupraxis aus verschiedenen Gründen nur schwer zu erzielen:

- Es existiert zumeist von vornherein **keine unveränderliche Stützlinie**, an welche man sich bei der Formgebung des Bauteils orientieren könnte, da die Lastbilder im Bauwesen fast ausnahmslos mit der Zeit wechseln. Dies liegt daran, dass es nicht nur konstante Lastanteile gibt wie die Eigenlast, sondern auch Verkehrslasten oder andere wechselnde Lasten wie aus Wind oder Schnee. Bedeutsam ist das *Verhältnis* zwischen den ständigen und den wechselnden Lasten – das sogenannte **Lastverhältnis**. Je größer der Anteil der ständigen Lasten, desto kleiner auch die Abweichungen von der Stützlinie.

☞ *Der günstige Einfluss der ständigen Last bei Existenz einer nicht-stützlinienkonformen Last* **F** *(beispielsweise einer wechselnden) ist anhand des Vergleichs der Beispiele* **5** *und* **6** *in* ⊟ **147** *zu erkennen.*

- **Verformungen** eines Bogens unter Belastung, also Dehnungen, führen zwangsläufig zu einer Abweichung von der Stützlinie, wenn das Bauteil gemäß dieser geformt wurde. Insbesondere wenn die Last zwar in ihrer *Verteilung* gleich bleibt – die Stützlinie also unverändert –, in ihrem *Betrag* sich jedoch erhöht und die Verformung infolgedessen auch, vergrößert sich die Exzentrizität zwischen System- und Stützlinie. Auch hierbei erweist sich der störende Effekt variierender Lasten, auch wenn die Lastbilder *affin* zueinander sind. Verschiebungen oder Setzungen an den Auflagern rufen denselben Effekt hervor.

☞ *Die Verhältnisse am kreisförmig gestalteten Mauerbogen geben* ⊟ **148–151** *wieder.*

- Historische Mauerbögen wurden fast ausnahmslos **kreisförmig** gestaltet, und damit abweichend von der eigentlichen, zumeist ungefähr parabelförmigen Stützlinie geformt. Der Grund für die Bevorzugung der Kreisgeometrie liegt zweifellos in der schwierigen Herstellung nicht-kreisförmiger Steinbögen mit jeweils individuell geschnitten Keilsteinen. Kreisbögen lassen sich hingegen aus einem immer gleichen Keilstein bauen. Die stützlinienkonforme Idealform des Bogens scheint von den Baumeistern ferner nur in Einzelfällen erkannt worden zu sein. Man verstand allerdings die Grundzüge des Tragverhaltens und beherrschte die Methoden zum richtigen Umgang mit den Schwächen der Bogenkonstruktion. Die negativen Effekte der Abweichung zwischen Stütz- und Systemlinie wurden durch Mittel wie beispielsweise große Bauteildicke oder stabilisierende Bogenzwickel kompensiert. Auch Füllungen zwischen benachbarten Bögen im Kämpferbereich, die zusätzlichen äußeren Druck auf die Bögen aufbrachten, hatten ähnlich günstigen Effekt, indem sie die Stützlinie durch Beeinflussung des Lastbilds gleichsam in die Systemlinie zwangen.

Aus Einzelsteinen zusammengesetzte Steinbögen waren über Jahrhunderte das einzige baulich realisierbare vorwiegend druckbeanspruchte, nahezu biegespannungsfreie Tragwerk, das die angesprochenen Vorteile axial beanspruchter Systeme materialkonform – bei sprödem, mineralischem Werkstoff also unter Druck – ausnutzen konnte. Größere Spannweiten ließen sich infolgedessen über Jahrhunderte nur mit dieser Art von Tragwerk überbrücken.

Die Verfügbarkeit zähfester Materialien, insbesondere von Stahl und Stahlbeton, da Holz wegen seines geradlinigen Wuchses sich nur begrenzt für Bögen eignet, hat nicht nur bei zug-, sondern auch bei druckbeanspruchten Konstruktionen völlig neue Möglichkeiten eröffnet. Bögen aus zähfestem Material sind imstande, neben Druck- auch Zugspannungen aufzunehmen. Diese kombinierten Spannungszustände sind typisch für Biegebeanspruchung, sodass moderne Stahl- oder Stahlbetonbögen wesentlich unempfindlicher gegen Exzentrizitäten sind als die historischen Mauerbögen. Es sind infolgedessen auch Bögen mit nicht-stützlinienkonformen Geometrien realisierbar, die zum Teil große Exzentrizitäten aufweisen und manchmal Rahmenformen nicht unähnlich sind. Es lassen sich auf diese Art funktionale Anforderungen an Raumprofile besser erfüllen, wie beispielsweise indem die schwer nutzbaren Bereiche unter flachen Bogenansätzen vermieden werden.

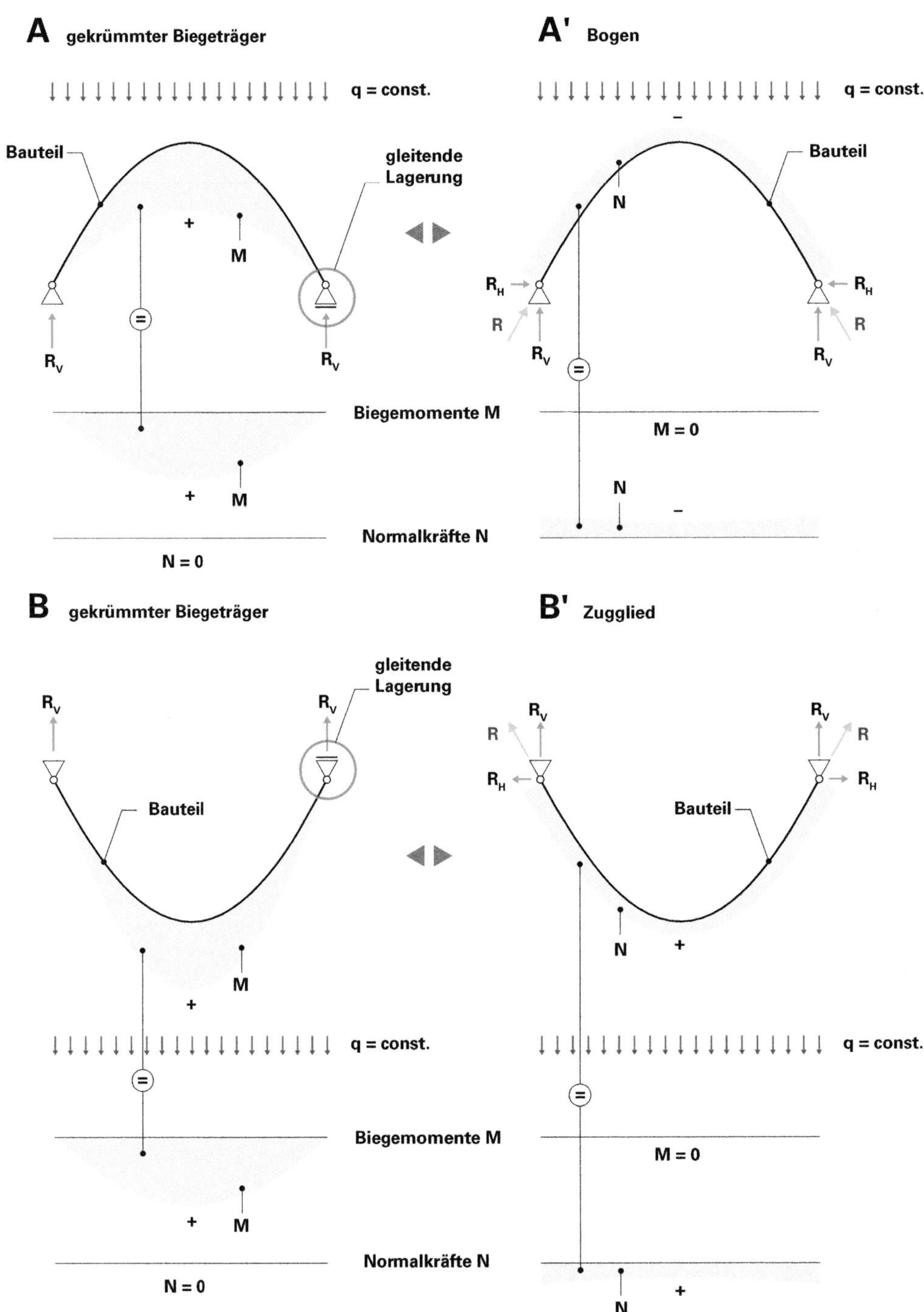

142 Gegenüberstellung von jeweils gleich geformten gekrümmten Biegeträgern (**A** und **B**) und Bogen (**A'**) bzw. Zugglied (**B'**). Letztere (**A'**, **B'**) sind der Stütz- bzw. Seillinie gemäß geformt. Der entscheidende Unterschied im Tragverhalten leitet sich in diesem Fall nicht aus der Form, sondern aus der **Lagerung** ab. Die Träger (**A** und **B**, links) haben jeweils eine gleitende Lagerung. Bogen (**A'**) und Zugglied (**B'**) sind zweimal gelenkig (unverschieblich) gelagert. Es bauen sich rechts (wie links) stets horizontale Auflagerreaktionen (**R_H**) auf. Bei den Trägern entstehen Biegemomente **M** (und Querkräfte, hier nicht dargestellt), aber keine Normalkräfte **N**. Bei Bogen **A'** und Zugglied **B'** treten Normalkräfte **N** auf, aber keinerlei Biegemomente.

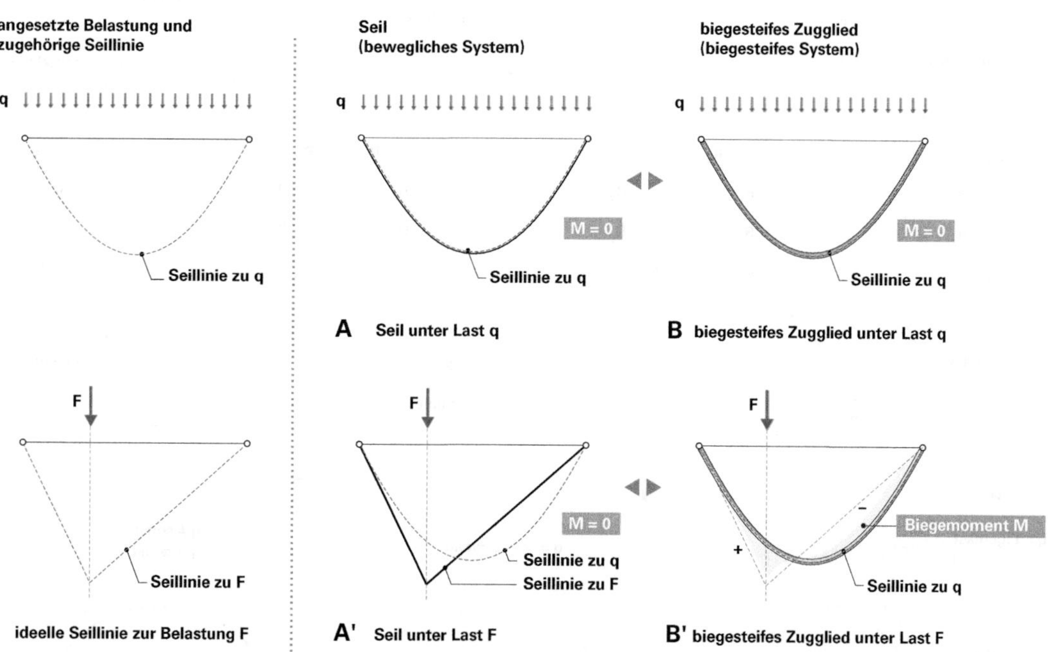

143 Gegenüberstellung des Tragverhaltens eines (biegeweichen) **Seils** (bewegliches System) und eines **biegesteifen Zugglieds** festgelegter Geometrie unter wechselnder Belastung **q** und **F**. Infolge seiner mangelnden Biegesteifigkeit passt das Seil seine Form von selbst an die jeweilige Seillinie an und bleibt infolgedessen stets biegespannungsfrei (**M = 0**). Es zählt aus diesem Grund zu den *beweglichen* Tragwerken. Das (nach der Seillinie zu **q** geformte) biegesteife Zugglied reagiert auf die Belastung **F** und die damit veränderte Seillinie mit Biegemomenten (**B'**).

Das Seil ist in seinem Querschnitt folglich (wegen reinen axialen Zugs) immer minimal beansprucht und kann deshalb als äußerst effizient gelten. Die mit diesem günstigen Tragverhalten verbundenen **Formänderungen** stellen aus Gründen der Gebrauchstauglichkeit des Tragwerks hingegen oft ein Hemmnis dar. Seiltragwerke müssen deshalb häufig zusätzlich stabilisiert werden.

144 Zugbeanspruchte Seilkonstruktion mit kombinierter Versteifung durch Ballast (Betonplatten) und Seilunterspannung (Ing: Schlaich, Bergermann & P.).

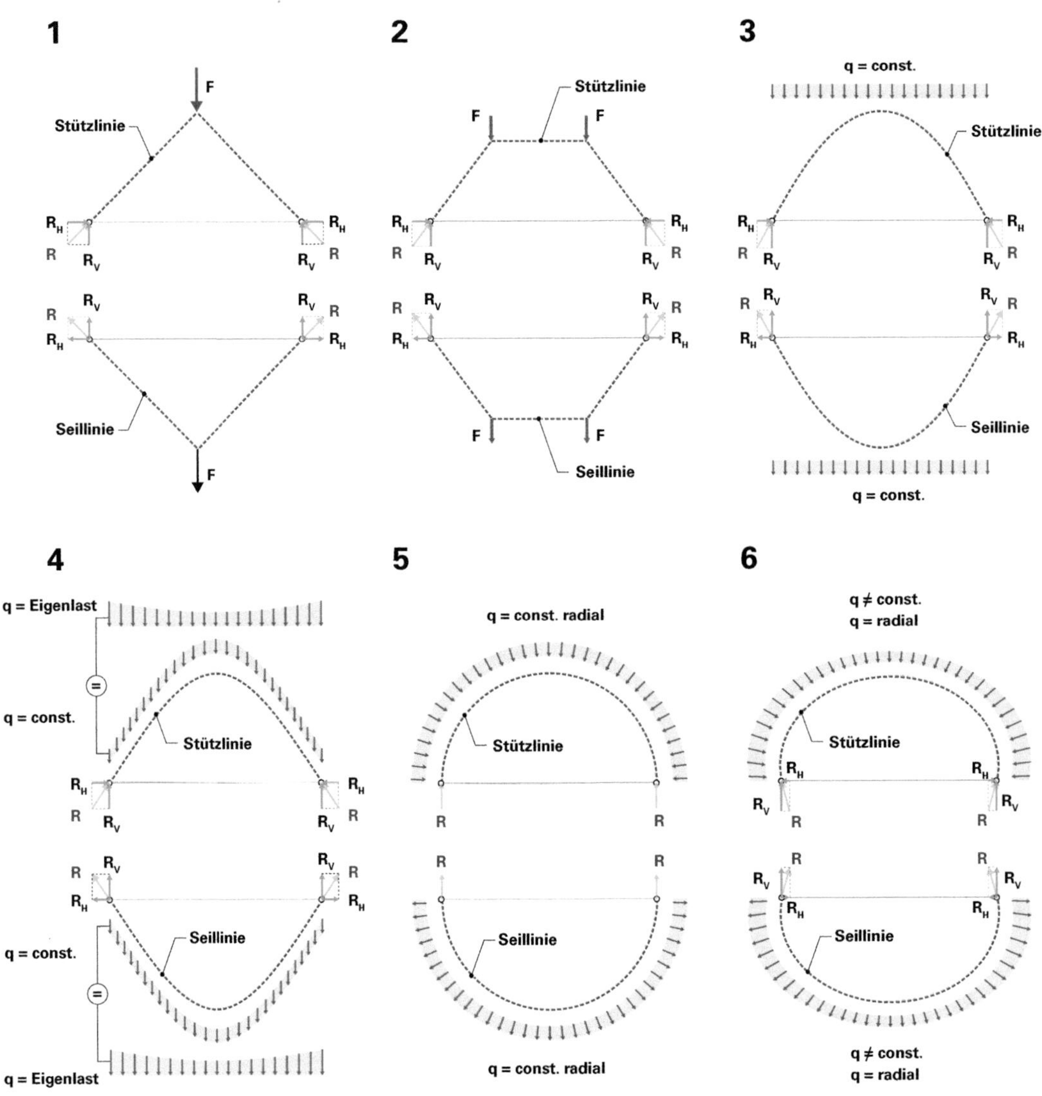

145 Formen von **Stützlinien** (jeweils oben) und korrelativen **Seillinien** (jeweils unten) unter verschiedenartigen Belastungen unter Ansatz vergleichbarer Stab-/Seillängen.

Die sechs Fälle:

1 Einzellast mittig: geradliniger Verlauf (Sprengwerk)
2 zwei Einzellasten: Polygonzug
3 konstante horizontale Streckenlast: Parabel 2. Grades
4 Eigenlast: Kettenlinie (Hyperbel)
5 konstante radiale Streckenlast: Kreisbogen
6 nicht konstante radiale Streckenlast: Ellipse

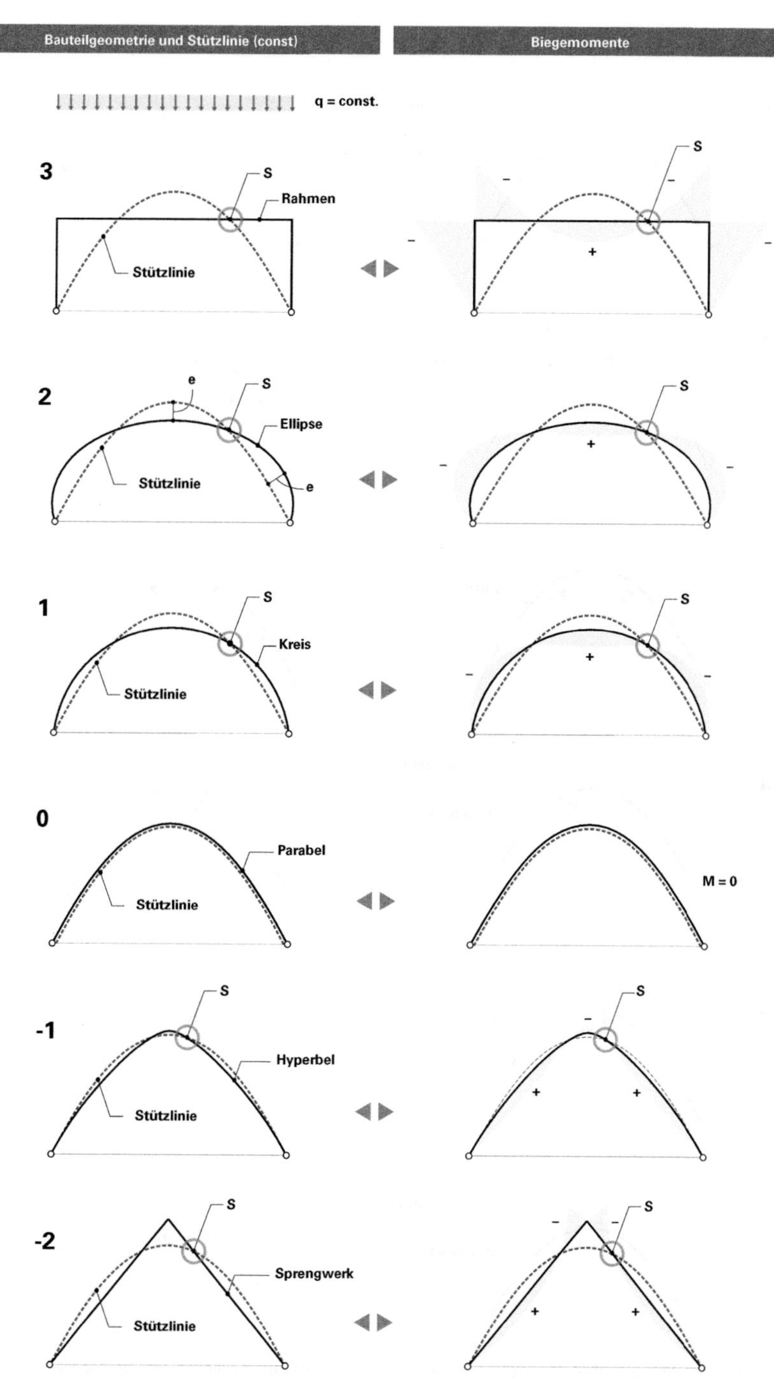

146 Abweichungen der Bauteilgeometrie von der Stützlinie rufen Biegemomente hervor, die proportional zur Ausmitte **e** sind. Die gezeigten Beispiele gehen von einer konstanten horizontalen Streckenlast **q** aus; die Stützlinie ist folglich eine quadratische Parabel. Je nachdem, zu welcher Seite hin die Abweichung von der Stützlinie stattfindet, entstehen positive oder negative Momente. An den Schnittpunkten zwischen System- und Stützlinie (**S**) befinden sich die Momentennullpunkte.

Im Fall **0** – Übereinstimmung zwischen Stütz- und Systemlinie des Bauteils – entstehen **keine Momente** und **keine Querkräfte**. Im Bauteilquerschnitt wirken dann nur **Normalkräfte**. Die Materialausnutzung ist unter diesen Voraussetzungen optimal.

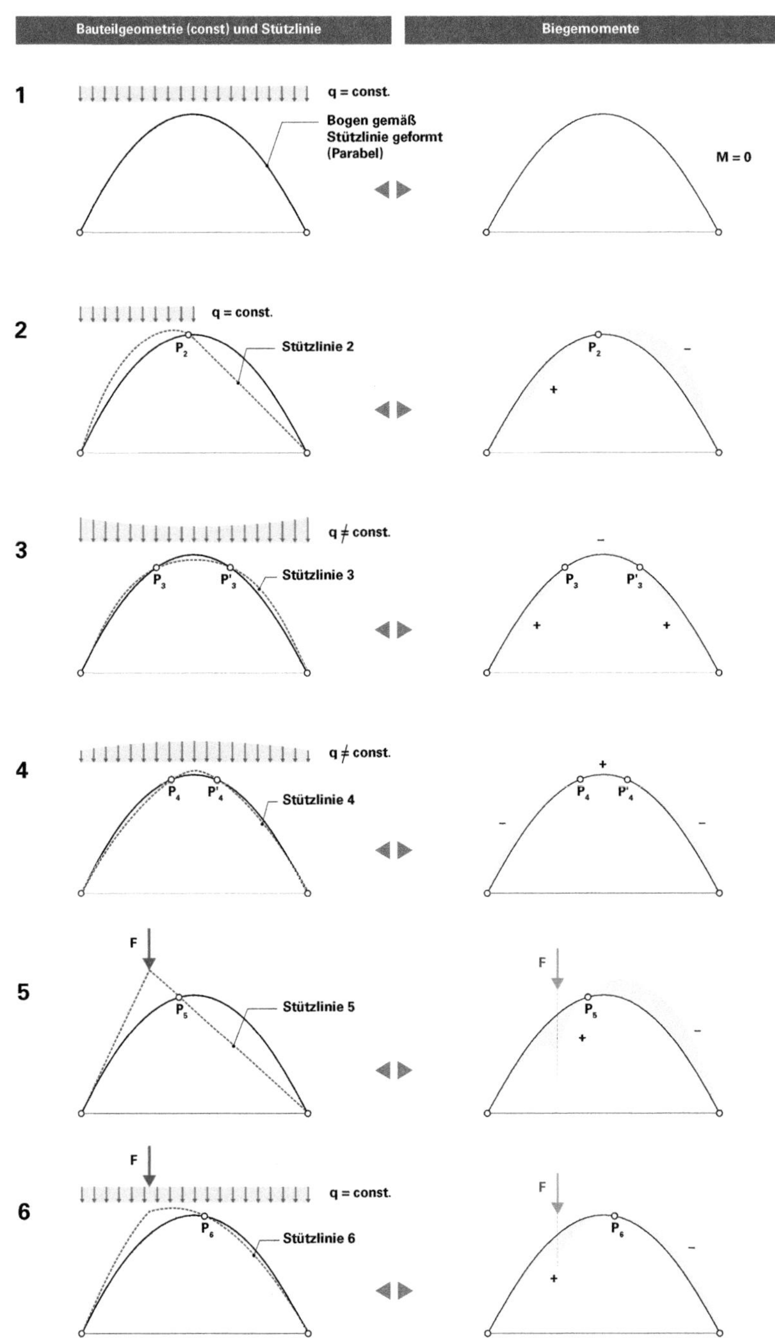

147 Abweichungen der Bauteilgeometrie von der Stützlinie. In diesem Fall wird die Bauteilgeometrie unveränderlich gehalten. Sie entspricht gemäß der Belastung im Fall **1** (konstante Streckenlast) einer quadratischen Parabel. In den Fällen **2** bis **6** wird jeweils die **Belastung** variiert, sodass Abweichungen zwischen der festgelegten Systemlinie des Bauteils und der wechselnden jeweiligen Stützlinie auftreten, die zu Biegemomenten führen.

Wechselnde Belastungen, wie sie bei Tragwerken zumeist auftreten, führen zu dieser Art von Momentenbeanspruchung, die in den meisten Fällen eine Mindestbiegesteifigkeit des Bogens voraussetzen. Bei zusammengesetzten Belastungen (wie in Fall **6** gezeigt) aus konstanter Streckenlast (**q**) und andersartigen Lasten (z. B. die Einzellast **F**) vermindert sich die Momentenbeanspruchung desto mehr, je geringer die störende Last (hier **F**) im Verhältnis zur Streckenlast (**q**) ist.

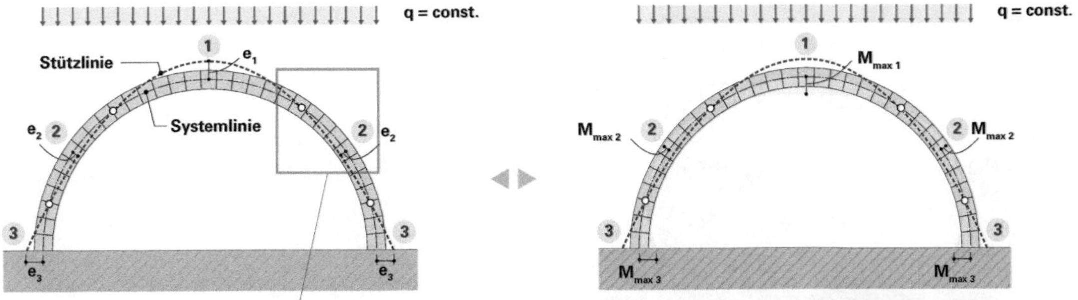

148 Tragverhalten des Kreisbogens aus radial verfugten Keilsteinen mit eingespannten Auflagern (herkömmlicher Mauerbogen) unter konstanter Streckenlast **q**. Die Abweichungen **e** der kreisbogenförmigen Systemlinie von der parabelförmigen Stützlinie führen in drei Bereichen (**1** Scheitel, **2** Bogenrücken und **3** Kämpfer) zu Biegemomenten.

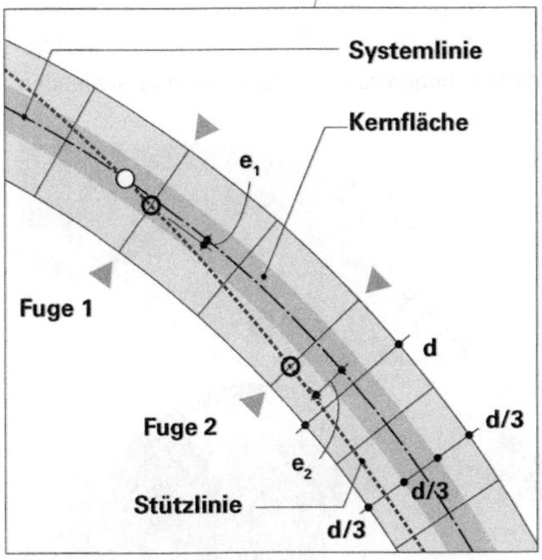

149 Detail des Mauerbogens mit dem Stützlinienverlauf und seiner Abweichung **e** von der Systemlinie. Die Auswirkung der Exzentrizitäten auf die Querschnittsbeanspruchung der Fugen **1** und **2** ist in 🗗 **150** rechts dargestellt.

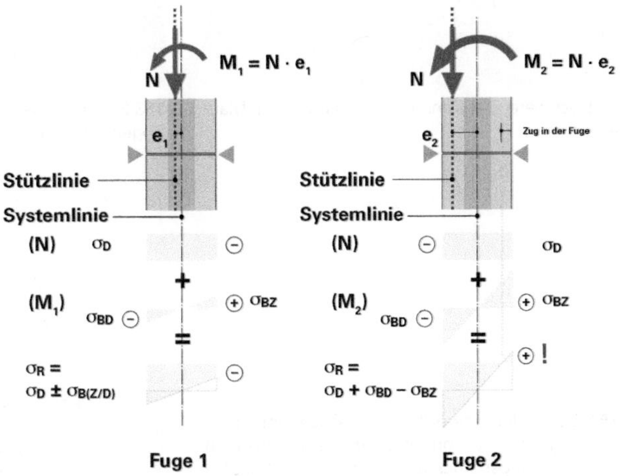

150 Überlagerung der Beanspruchungen in den Fugenquerschnitten **1** und **2** (siehe 🗗 **149** links): Druckspannung σ_D aus der Normalkraft **N** sowie Biegedruck- (σ_{BD}) und Biegezugspannungen (σ_{BZ}) aus dem Biegemoment $\mathbf{M} = \mathbf{N} \cdot \mathbf{e}$. In der Fuge **2** entstehen infolge großer Exzentrizität $\mathbf{e_2}$ (Kraftachse außerhalb der Kernfläche) Zugspannungen im Querschnitt.[4]

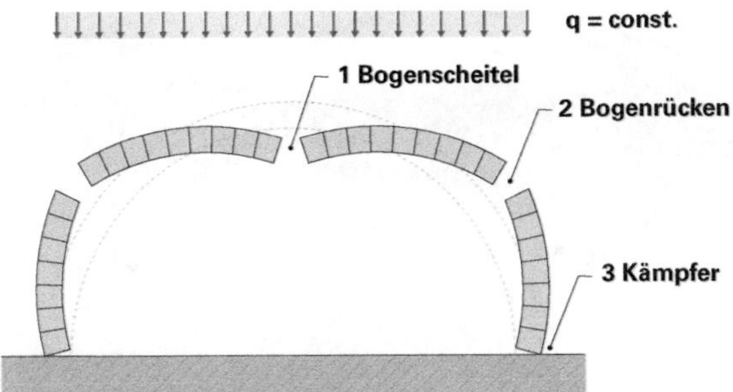

151 Versagen des kreisförmigen Mauerbogens durch Aufbrechen der Steinfugen in den am stärksten biegebeanspruchten Bereichen (siehe hierzu 🗗 **148**).

152 Schwerer herkömmlicher kreisförmiger Mauerbogen.

153 Schlanke, weitgespannte Steinbögen des *Pont du Gard* mit versteifenden Bogenzwickeln.

154 Die Füllung zwischen den Bogenansätzen, der Bogenzwickel, bringt einen stabilisierenden seitlichen Gegendruck auf die schlanken kreisförmigen Bögen auf, so dass die Stützlinie durch das veränderte Lastbild gleichsam in die Kreisform der Steinbögen *gezwungen* wird. Gleichzeitig erlaubt die Füllung die Wegeführung über den Bogenzwischenraum hinweg.

155 Die Bogenzwickel sind bei dieser Brücke aufgelöst in eine verhältnismäßig dichte Pfeilerreihe, welche die Fahrbahn trägt. Auf dem Bogen – hier in Beton ausgeführt – ist der Lasteintrag zwar punktuell, aber dennoch gut verteilt und nähert sich einer Gleichlast an. Die Stützlinie ist infolgedessen zwar polygonal, liegt aber dennoch im Bogenquerschnitt (Sandö-Brücke, Schweden).

156 Stabbogen mit Versteifung durch den Fahrbahnträger. Die Leitlinie des Bogens ist wegen der punktuellen Lasteintragung durch die Stützen polygonal geformt. Sie entspricht folglich weitestgehend der Stützlinie der Lasten (Viamala-Brücke; Ing.: C Menn).

157 Stahlbetonbogen: ein Dreigelenkbogen mit kräftigen Bogenscheiben im Bereich der infolge wechselnder Verkehrslasten biegebeanspruchten symmetrischen Bogenabschnitte. Sie verschlanken sich folgerichtig zu den drei Gelenken hin (zwei Auflager- und ein Scheitelgelenk) (Salginatobelbrücke; Ing.: R Maillart).

158 Moderner Stahlfachwerkbogen: Dreigelenkbogen mit starken Abweichungen von der Stützlinie. Biegemomente aus diesen Abweichungen sowie aus wechselnden Lasten können durch die große Biegesteifigkeit der Fachwerkbogenabschnitte aufgenommen werden (*Waterloo Station*, London; Arch.: N Grimshaw).

4.4

Flächentragwerke unter Membrankräften

☞ *4.2 Die Begriffe der Seil- und der Stützlinie, S. 246ff*

■ Die Wechselbeziehung zwischen Form, Lagerung und Beanspruchung lässt sich, wie für Stabtragwerke am Beispiel des Bogens und des Seils erläutert, sinngemäß auf Flächentragwerke übertragen. Dabei ist im Hinblick auf die statische Effizienz des Tragwerks auch hier das Ziel des Entwurfsprozesses, die dominierenden Lasten ausschließlich über **Druck** und **Zug** abzutragen. Ist dies der Fall, wird diese Art des Lastabtrags in der Schalenfläche als **Membranzustand** bezeichnet. Er lässt sich in Analogie mit der axialen Beanspruchung von Stäben vergleichen. Unter derartigen Bedingungen, auf welche im Folgenden näher einzugehen ist, erreichen gekrümmte Flächentragwerke ihre maximale statische Effizienz – beispielsweise gemessen am Verhältnis zwischen Bauteildicke und Spannweite –, eine Effizienz, die von keinem anderen Tragwerkstyp auch nur annähernd erreicht wird.

Bei den zweidimensionalen, also ebenen Gleichgewichtsformen, die bislang betrachtet wurden, d. h. Bogen und Seil, wurde die Kraft axial entlang des linearen Bauteils abgeleitet. Bei der Umwandlung des Tragsystems in ein dreidimensionales kann man sich zunächst vorstellen, dass die Schalenform beispielsweise aus einzelnen nebeneinandergelegten Bogenabschnitten besteht (🗗 **159**). Die Kraftableitung würde unter diesen Voraussetzungen nach wie vor über diese Einzelbogenabschnitte jeweils immer in Meridianrichtung erfolgen. Dies wäre nichts anderes als die additive Erweiterung des zweidimensionalen Bogentragwerks in die dritte Dimension. Demnach würden reine axiale Kräfte nur dann auftreten, wenn die Einzelbögen jeweils nach der Stützlinie der wirkenden Last geformt wären.

☞ *Vgl. auch die Herleitung des Tragverhaltens einer Kuppelschale in Abschn. IX-2 Typen, 3.2.4 Kuppel vollwandig, S. 360ff*

Die Verhältnisse bei einer echten Schale sind aber anders. Dies liegt daran, dass bei einem echten flächenhaft-homogenen Schalentragwerk die gedachten Bogenabschnitte nicht getrennt voneinander wirken. Stattdessen besteht ein Verbund zwischen ihnen (🗗 **160**). Neben der Tragwirkung in Meridianrichtung ist nämlich mit einer zweiten Tragrichtung in Breitenkreis- bzw. Ringrichtung zu rechnen. Veranschaulichen lässt sich der Effekt dieser zusätzlichen Tragrichtung mit einer sperrenden Kraftwirkung, welche die (gedachten) Einzelbogenabschnitte an einem Ausweichen unter übermäßigem Druck oder Biegebeanspruchung hindert, wie es beim zweidimensionalen System des Einzelbogens bei Nichtübereinstimmung zwischen System- und Stützlinie eintreten kann. Diese Wirkung erhöht die Tragfähigkeit der Schale deutlich gegenüber einem additiven System von Einzelbögen.

Der zweiachsige Lastabtrag über Meridian- und Ringnormalkräfte,[a] verbunden mit einer ausreichenden Schubtragfähigkeit – die innere statische Unbestimmtheit – ermöglicht der Schale somit nicht nur ein einziges festgelegtes Lastbild, für das sie geformt wurde, im Membranzustand abzutragen, sondern auch unterschiedliche, davon abweichende **Flächenlasten**, sofern sie **kontinuierlich verteilt** sind. Die unmittelbare Kopplung der Tragwerks*form* an eine bestimmte *Bela-*

✏ [a] *Auch wenn die Begriffe des Meridians und der Breitenkreise (Ringe) aus der Geometrie von Rotationsflächen abgeleitet sind, die nur einen Sonderfall gekrümmter Flächentragwerke darstellen, lassen sie sich dennoch als orthogonal zueinander verlaufende Hauptrichtungen auf jedes beliebige Flächentragwerk anwenden. Die Meridianrichtung bezeichnet dabei die vertikale, die Breitenkreisrichtung die horizontale Orientierung.*

stung, das Prinzip der Stützlinie des Bogens oder der Seillinie, wird damit für gekrümmte Flächentragwerke aufgehoben (!). Oder anders formuliert: Ein gekrümmtes Flächentragwerk kann Lasten auch dann im Membranzustand abtragen, wenn diese von der formbestimmenden Belastung abweichen. Man beachte, dass gekrümmte *stabförmige* Bauteile wie Bogen oder Seil dazu nicht in der Lage sind.

Unstetige Belastungen, wie Teilflächenlasten oder Einzellasten, führen jedoch auch bei gekrümmten Flächentragwerken zur Störung des Membranzustands. Wesentliche Randbedingung für das Einstellen des Membranzustands in der Fläche ist eine **membrangerechte Lagerung** des Tragwerks. Dies bedeutet eine Ableitung der Normalkräfte tangential zur Membranfläche, ohne Verformungen rechtwinklig dazu zu behindern, was sonst zu randnahen Biegestörungen des Flächentragwerks führt (🗗 **161**).

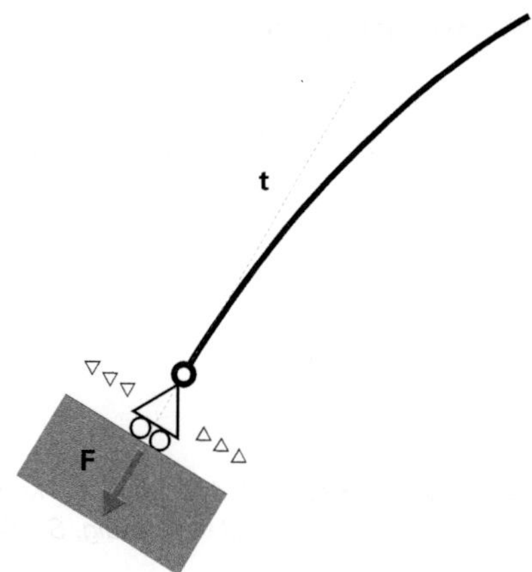

161 Idealisierte Schnittdarstellung des Auflagerbereichs einer Schale: **membrangerechte Lagerung** durch Orientierung der Auflagerfläche rechtwinkling zur Randtangente der Schale und freie Beweglichkeit in dieser Richtung.

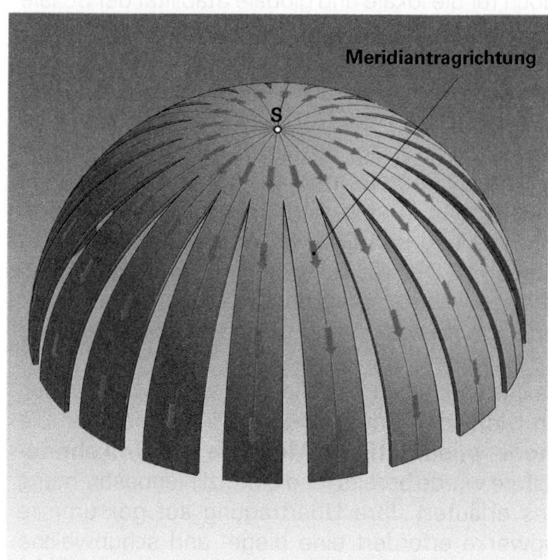

159 Tragwerk aus radial addierten Einzelbögen ohne Verbindung untereinander. Die statische Wirkungsweise entspricht der des ebenen Bogentragwerks. Es gelten die entsprechenden Regeln der Formgebung der Bögen in Bezug auf deren Stützlinie. Die Tragwirkung ist jeweils einachsig in Meridianrichtung.

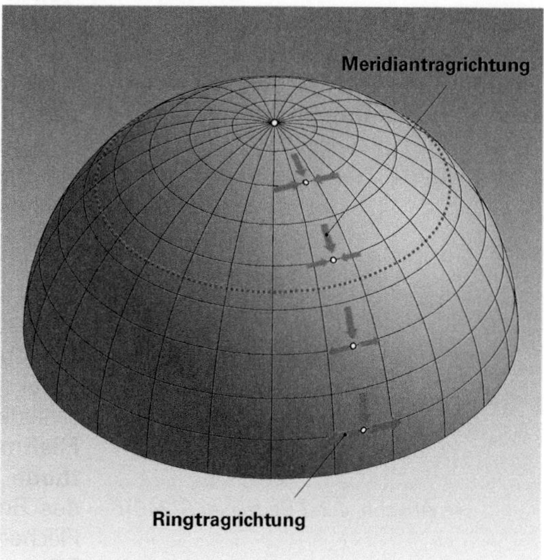

160 Homogenes Schalentragwerk: Neben der Meridiantragrichtung stellt sich aufgrund der Homogenität der Oberfläche auch eine **Ringtragrichtung** entlang der Breitenkreise ein. Diese lässt sich als eine versteifende Kraftwirkung auffassen, welche die (gedachten) Einzelbögen am Ausweichen aus der vorgegebenen Form hindert. Die Schalentragwirkung ist folglich zweiachsig (Meridian-, Ringrichtung). In diesem Fall ist die Kugelfläche dargestellt, bei der im oberen Schalenbereich Ringruck-, im unteren Ringzugkräfte auftreten (vgl. *Kap. IX-2, Abschn. 3.2.4 Kuppel vollwandig*, S. 360 ff).

4.1 Membranzustand

Die Schalenmittelfläche ist diejenige, die immer durch die Querschnittsmitte verläuft

■ Der Membranzustand, welcher sich unter den genannten Bedingungen einstellt, ist durch Zug- und Druckkräfte in der Schalenmittelfläche gekennzeichnet. Diese führen zu konstant über die Schalendicke verteilten Normalspannungen, den **Membranspannungen**. Dies bedeutet bei flächigen Bauteilen, wie wir sie in räumlichen Tragwerken vorfinden, dass die Kräfte **tangential** zur Oberfläche ausgerichtet sind. Keine Membrankräfte sind wiederum Biegung und Querkräfte rechtwinklig zur Fläche. Diese erzeugen einen sogenannten **Biegezustand** in der Schale. Sie beanspruchen das Material wesentlich stärker. Einige exemplarische Kraftwirkungen am doppelt gekrümmten Bauteil sind in **162** dargestellt, gekennzeichnet nach Membran- und Biegezustand.

☞ **230** *in Kap. IX-2, Abschn. 3.2.4 Kuppel vollwandig, S. 364*

Werden diese, wie üblich, im Schalenkoordinatensystem beschrieben, so spricht man von Membrankräften jeweils in **Meridian**- und **Ringrichtung** ($\mathbf{n}_\phi$, $\mathbf{n}_\theta$) und den zugehörigen Schubkräften ($\mathbf{n}_{\phi\upsilon} = \mathbf{n}_{\upsilon\phi}$).

4.2 Biegezustand

■ Eine Störung des Membranzustands, entweder durch eine nicht membrangerechte Lagerung oder eine unstetige Belastung, führt zu einer **Biegebeanspruchung** des gekrümmten Flächentragwerks. Diese ist mit großen Verformungen der Schale verbunden, welche jedoch mit zunehmendem Abstand von der Störung abklingen. Man spricht deshalb auch bei Schalen von **abklingenden Biegestörungen**, welche jedoch für die lokale und globale Stabilität der Schale und die Querschnittsbemessung maßgebend sind.

4.3 Formfindung von Flächentragwerken unter Membrankräften

☞ *Abschn. 4.2 Die Begriffe der Seil- und der Stützlinie, S. 246ff*

☞ ***Band 4**, Kap. 1. Maßstab*

☞ *Abschn. 4.2.2 Stützlinie, S. 246ff*

■ Die experimentelle Formfindung am physischen **Modell** dient der Untersuchung der Verknüpfung von Form und Belastung. Dies ist zulässig, wie am Beispiel der Analogie von Bogen und Seil bereits gezeigt, da die formbildende Spannungsverteilung in einer Struktur eine Funktion ihrer Geometrie, Lagerung und Beanspruchungsart, aber nicht des Maßstabs ist. Der Maßstab beeinflusst das Verhältnis des Eigengewichts zur Nutzlast maßgeblich, und darf deshalb nicht *grundsätzlich* aus einer statischen Analyse ausgeblendet werden.

Bei der experimentellen Formfindung wird zwischen verschiedenen Methoden unterschieden. Hierzu gehören die **Fließmethode**, **pneumatische Methode** und **Umkehrmethode**. Letztere wurde bereits für die Stützlinienbestimmung des Bogens erläutert. Ihre Übertragung auf gekrümmte Flächentragwerke erfordert eine biege- und schubweiche Fläche – z. B. ein Netz oder Tuch – welche unter einer definierten Belastung und festgelegten Lagerbedingungen in einer Hängeform ihr Gleichgewicht findet. Diese ist die einzig mögliche Form, die das Modell unter den gewählten Randbedingungen unter Schwerkraftwirkung einnehmen kann. Deren nicht nur zug-, sondern auch druckfeste Umkehrung ist – wie bereits angemerkt – in der Lage, auch von der Formfindung abweichende kontinuierliche Belastungen

1 Membranzustand

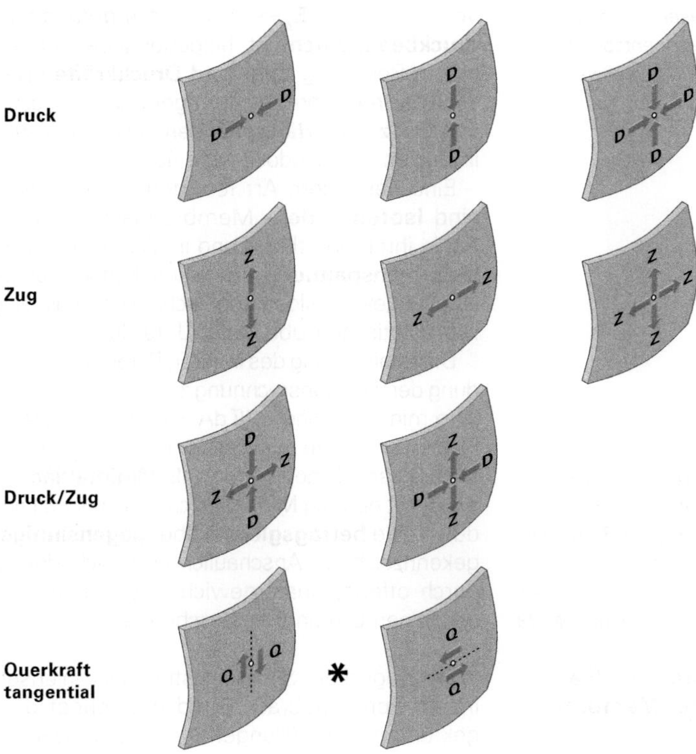

2 Biegezustand

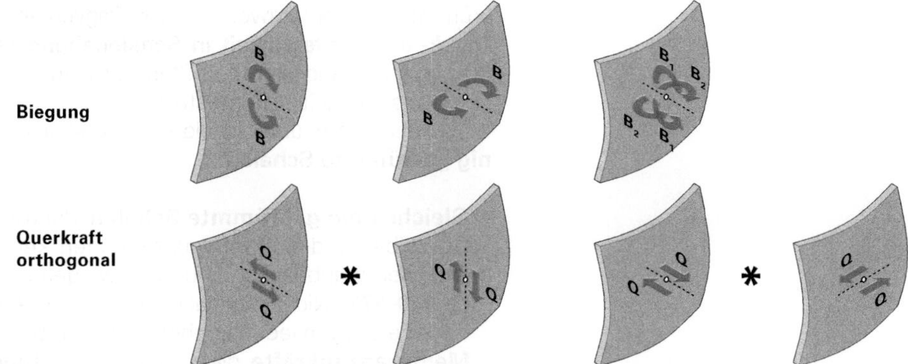

162 Darstellung exemplarischer (tangential ausgerichteter) **Membranspannungen** (Druck, Zug, Querkraft) und (quer zum Bauteil ausgerichteter) **Nicht-Membranspannungen** (Biegung, Querkraft) am Beispiel eines doppelt gekrümmten schalenartigen Bauteils. Die mit * gekennzeichneten Querkraftpaare treten stets gemeinsam auf.

✏ *Formgefunden: Dieser Fachbegriff bezeichnet die der Hängeform entsprechende Schalenform.*

im Membranzustand abzutragen. Dies bedeutet, dass unter der formgebenden Belastung, bei Vernachlässigung axialer Verformungen ($\mathbf{E_A} \rightarrow \infty$), die *formgefundene* Schale **rein druckbeansprucht** ist, hingegen jede andere membrangerechte Belastung **Zug- und Druckkräfte** erzeugt. Insofern kann bei frei geformten, formgefundenen Flächentragwerken von **Stütz**- oder **Hängeflächen** gesprochen werden. Dies ist im Allgemeinen jedoch nicht üblich.

Eine besondere Art formgefundener Flächentragwerke sind **Isotensoide** – Membranflächen welche an jedem Punkt ihrer Oberfläche und in allen Richtungen die **gleiche Membranspannung** aufweisen. Einfachstes Beispiel hierfür ist eine gewichtslose Kugelschale unter allseitig wirkendem hydrostatischen Über- oder Unterdruck.

Die Minimierung des inneren Potenzials führt durch Anwendung der Variationsrechnung zu Flächentragwerken, die durch eine minimale Fläche ($\iint dA = min$) und an jedem Punkt der Fläche durch eine mittlere Krümmung $\mathbf{k_m} = 0$ gekennzeichnet sind. Diese Flächen werden als **Minimalflächen** bezeichnet. Alle nicht ebenen Minimalflächen sind somit an jedem Punkt durch eine **betragsgleiche** aber **gegensinnige Krümmung** gekennzeichnet. Anschaulich lässt sich eine Minimalfläche durch offene, quasi gewichtslose Seifenhäute mit einer beliebigen Umrandung beschreiben.

☞ *Zum Begriff der Minimalfläche: Kap. VII, Abschn. 2.2.2 Krümmung > Mittlere Krümmung, S. 45, sowie Kap. IX-2, Abschn. 3.3.2 Membran und Seiltragwerk, mechanisch gespannt, punktuell gelagert, S. 392 f, insbesondere* **299**

4.5 Konstruktive Varianten von Flächentragwerken unter Membrankräften

4.5.1 Schalen

■ Der Begriff der *Schale* existiert auch in unserem gewöhnlichen Sprachgebrauch und bezeichnet dünne, zumeist gekrümmte Umhüllungen mit einer gewissen, wenn auch begrenzten Steifigkeit. Vertraute alltägliche Beispiele sind Eier- oder Nussschalen (**167**). Schalen im Bauwesen sind Tragwerke mit vergleichbaren Eigenschaften: Sie sind durch Krümmung gekennzeichnet und weisen im Vergleich zu herkömmlichen Tragwerken aus ebenen Bauteilen extrem günstige Verhältnisse zwischen Spannweiten und Bauteildicken auf (**168**).

Schalen sind, ihrer baustatischen Definition nach, gekrümmte Flächentragwerke, deren Tragverhalten durch ihre **Druck**- und **Zugfestigkeit in Schalenebene** bestimmt ist. Ihre Formbeständigkeit und Stabilität wird durch die Schalenbiegesteifigkeit sichergestellt.

Nach ihrer Form unterscheidet man **gleich**- und **gegensinnig gekrümmte Schalen**:

- **Gleichsinnig gekrümmte Schalen**, die wir als gebaute Gewölbe- und Kuppelkonstruktionen kennen, tragen ihre Membranbeanspruchung vorwiegend auf **Druck** ab (**169–171**). Nicht stützflächenkonforme stetige Flächenlasten erzeugen jedoch neben den Membrandruck- auch **Membranzugkräfte**, die vornehmlich als **Ringzugkräfte** bei Kuppeln und Gewölben auftreten (**160**).

  Die Konstruktion von Schalen ist sehr vielfältig und hat die Entwicklung der Baukunst deutlich geprägt. Erste Gewölbetragwerke aus Mauerwerk sind bereits in vor-

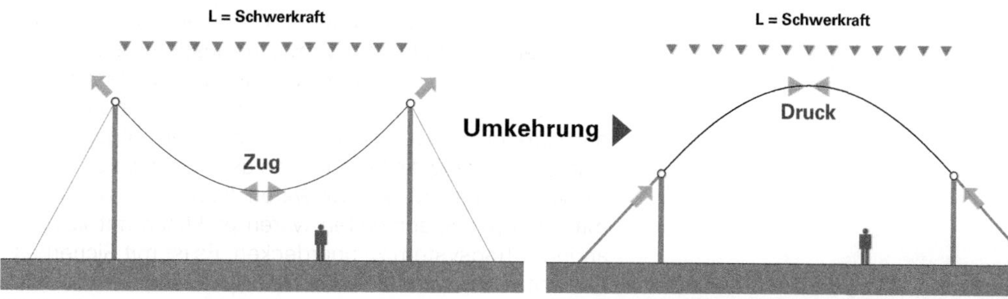

163 Dreidimensionale **zugbeanspruchte Hängeform** in Schnittdarstellung unter lotrechter Last.

164 Zugehörige dreidimensionale **druckbeanspruchte Umkehrform** in Schnittdarstellung unter lotrechter – bezüglich des Bauteils jetzt gegensinniger – Last.

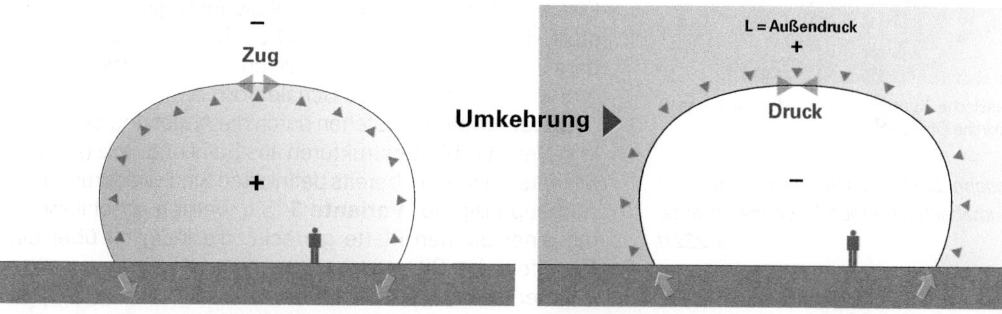

165 Dreidimensionale **zugbeanspruchte pneumatische Membranform** in Schnittdarstellung unter Innendruck.

166 Zugehörige dreidimensionale **druckbeanspruchte Umkehrform** in Schnittdarstellung unter Außendruck.

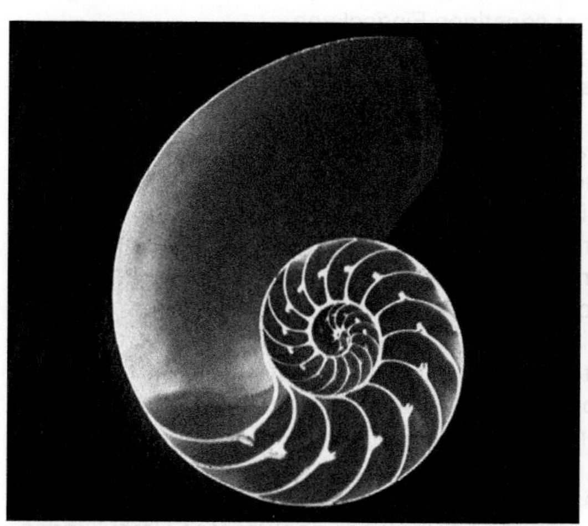

167 Natürliche Schale: Nautilus.

168 Technische Schale: Restaurant in Xochimilco, Mexiko (Arch: F Candela).

169 Klassische Kuppelschale in Massivbauweise (Frauenkirche Dresden).

☞ *Abschn. 3. Der konstruktive Aufbau des raumabschließenden Flächenelements, S. 222 ff*

antiker Zeit errichtet worden. Sie sind als ausschließlich druckbeanspruchte Massivgewölbe ausgeführt. Ihre charakteristische Art der Lastabtragung unter fast reiner Druckbeanspruchung kommt – neben dem Beton – auch den spröden mineralischen Steinmaterialien entgegen, die jahrhundertelang die leistungsfähigsten und dauerhaftesten verfügbaren Werkstoffe waren. Insbesondere Räume mit größeren Spannweiten waren praktisch mit keinem anderen Tragsystem zu überdecken. Es ist mit Sicherheit kein Zufall, dass das am weitesten spannende historische Bauwerk, das Pantheon in Rom, ein Schalenbauwerk ist (⊡ **170**).

Die Entwicklung kontinuierlicher Schalentragwerke findet mit dem Beton- und Stahlbetonbau einen Höhepunkt. Dieser beliebig in geformte Schalungen gießbare Werkstoff, der durch seine eigene Druckfestigkeit und armierbare Zugtragfähigkeit gekennzeichnet ist, führte zu einer großen Vielfalt an neuen Schalenformen.

Gitterschalen entstehen durch die Auflösung der Schale in Netz- und Gitterstrukturen aus Stahl und Holz (⊡ **171**). Sie entsprechen im bereits definierten Sinn wiederum dem Aufbauprinzip der **Variante 3**. Sie werden abschließend mit einer dünnen Platte gedeckt, die lediglich über ein Einzelfeld des Gitters spannt.

Gitterschalen eröffneten dem Schalenbau in der jüngeren Vergangenheit neue Möglichkeiten und lösten den Betonschalenbau im Zeitalter gerüstloser, industrieller Bauverfahren ab. Moderne Gitterschalen zeichnen sich durch hohe Transparenz und außerordentliche Leichtigkeit im Erscheinungsbild aus (⊡ **173**). Das Schalentragverhalten setzt bei diesen Konstruktionen zur Sicherung der Schubsteifigkeit die Ausbildung von Dreiecksmaschen voraus. Vierecksmaschen, wie sie bei Translationsschalen[a] auftreten, benötigen deshalb eine Auskreuzung mit vorgespannten Seilen oder die aussteifende Wirkung der Glas- oder sonstigen Eindeckung.

☞ [a] *Kap. VII, Abschn. 2.3 Regelmäßige Oberflächentypen > 2.3.3 nach Entstehungsgesetz > Translations- oder Schiebflächen, S. 58 ff*

☞ [b] *Kap. VII, Abschn. 2.3 Regelmäßige Oberflächentypen > 2.3.3 nach Entstehungsgesetz > Regelflächen, S. 54 ff, sowie auch ebd. > Translations- oder Schiebflächen, S. 58 ff*

- **Gegensinnig gekrümmte Schalen** finden erst seit Mitte des 20. Jh. Anwendung und wurden bislang vornehmlich als *Hyparschalen*[b] ausgeführt (⊡ **168**). Neuerdings kommen auch verschiedene Freiformen bzw. mathematisch nicht einfach definierbare Gleichgewichtsformen zur Ausführung. Sie tragen ihre Lasten im Membranzustand gleichermaßen über Zug- und Druckkräfte zu Randgurten ab, welche die Vertikallasten einsammeln und in die Gründung leiten. Die Hyparfläche ist als Regelfläche durch die Translation gerader Erzeugender generierbar. Dies stellt insbesondere für die Herstellung von Stahlbetonschalen einen entscheidenden Vorteil dar.

170 Kuppel des Pantheons in Rom.

Im Gegensatz zu baulichen Grundzellen aus ebenen Bauteilen, d. h. also scheibenförmigen senkrechten Umhüllungen und plattenförmigen waagrechten Überdeckungen, bei

171 Gleichsinnig gekrümmte Schale (Bahnhof Atocha, Madrid; Arch: R Moneo).

172 Gitterschale (Multihalle Mannheim; Arch: K Mutschler, F Otto).

173 Extrem leichte und filigrane Gitterschale aus Stahl und Glas (Bosch-Areal, Stuttgart; Ing.: Schlaich, Bergermann & P).

denen die Vorteile der axialen Beanspruchung allenfalls in den umhüllenden Wandscheiben genutzt werden können, niemals aber bei den überdeckenden Platten, schöpfen Schalen die Effizienz der axialen Beanspruchung durch Membrankräfte vollständig aus und kombinieren dies obendrein mit der Fähigkeit, Räume dank ihrer Krümmung allseitig zu umschließen. Sie vereinen in sich die Fähigkeit, effizient zu *tragen* und gleichzeitig zu *überdecken* und zu *umhüllen*.[5]

5.2 Membranen und Seilnetze

☞ **Band 1**, *Kap. VI-2, Abschn. 4.2 Bewegliche Systeme, S. 544 f*

■ Gekrümmte Flächentragwerke aus biegeweichen, ausschließlich zugbeanspruchbaren Bauelementen (🗗 **174**) sind **bewegliche Tragsysteme** in Übereinstimmung mit der bereits diskutierten Definition, die zwar immer stabil im Sinn der Tragfähigkeit sind, aber zu großen Verformungen neigen. Diese stehen häufig im Widerspruch zu den Nutzungsanforderungen des Bauwerks und der Dauerhaftigkeit der eingesetzten Materialien.

☞ *Kap. VIII, Abschn. 7. Membransysteme, S. 181 f*

☞ **Band 1**, *Kap. VI-2, Abschn. 9.9 Mechanisch vorgespannte Membrane, S. 665 ff*

Die Formbeständigkeit ausschließlich zugbeanspruchter Konstruktionen lässt sich durch eine **mechanische** oder **pneumatische Vorspannung** sicherstellen. Sie befähigt das gekrümmte Flächentragwerk zusätzlich, Druckkräfte durch Abbau der Vorspannung aufzunehmen.

Eine mechanische Vorspannung erzeugt eine **gegensinnige doppelte Krümmung** des Seilnetzes oder der Membrane. Typisches Beispiel sind Hyparflächen. Für die Stabilisierung der Membrane oder des Seilnetzes ist somit ein **zweiachsiger** oder **biaxialer Zug** erforderlich, der nur auf die Membran oder das Netz aufgebracht werden kann, wenn beide Zugrichtungen *gegensinnig* sind. Die typische mechanisch vorgespannte Membranform ist deshalb die gegensinnig doppelt oder **antiklastisch** gekrümmte Fläche, die man auch als **Sattelfläche** bezeichnet (🗗 **175**). Dabei setzt jeweils eine Zugrichtung eine Schar von Zuggliedern voraus – bei Geweben Schuss und Kette, bei Netzen die sich gegenseitig kreuzenden Seilscharen. Man unterscheidet beide Orientierungen nach **Tragrichtung** (hängend) und **Vorspannrichtung** (stehend).

☞ **Band 1**, *Kap. VI-2, Abschn. 9.8 Pneumatisch vorgespannte Membrane, S. 663 ff*

Eine pneumatische Vorspannung führt im Regelfall zu einer **gleichsinnigen doppelten** Krümmung des Flächentragwerks, wie sie im Allgemeinen bei Traglufthallen besteht. Im Innern der Halle genügen Überdrücke von wenigen Zentimetern Wassersäule, die über Luftschleusen in den Eingängen gesichert werden.

Die pneumatische Vorspannung wird für Flächentragwerke aus **technischen Membranen** angewendet. Hierzu zählen Polyester- oder Glasfasergewebe, die mit PVC oder PTFE beschichtet werden. Eine PVC-beschichtete Polyestermembrane eignet sich für wandelbare, pneumatisch vorgespannte Konstruktionen wegen ihrer geringen Knickempfindlichkeit. Sie ist deshalb faltbar.

PTFE-beschichtete Glasfasermembranen zeichnen sich durch ihr günstiges Brandverhalten (nicht brennbar) und ihre Dauerhaftigkeit aus. Ihre Knickempfindlichkeit erfordert eine

174 Zeltmembrane.

175 Die für mechanisch vorgespannte Membranen typische Sattelfläche.

besonders sorgfältige Durchbildung der Anschlussdetails sowie eine fachgerechte und faltenfreie Bauausführung. Sie werden ausschließlich für mechanisch vorgespannte Membranen eingesetzt.

Wie beim Seil auch, das einen **Mindeststich f** haben muss, um Kräfte quer zu seiner Achse tragen zu können, benötigt die Membrane oder das Netz einen Mindeststich **f** oder – was gleichbedeutend ist – eine **Mindestkrümmung**, um ihre Tragwirkung zu entfalten. Wie auch beim Seil, bei dem die Zugkräfte desto größer werden je kleiner der Stich **f** ist, gilt bei Membranen und Netzen, dass je kleiner die Krümmung ist, desto größer die Zugkräfte im Element werden. Dies gilt auch für die Empfindlichkeit gegen Verformungen.

☞ *Vgl. hierzu die Schaubilder in* 🗗 **139** *und* **140**, *S. 244 f, untere Hälfte (Zug): Ein gerade gespanntes Seil (Stich* **f** *= 0, Vorspannkraft theoretisch ∞) kann quer zu seiner Achse keine Reaktionskraft aufbauen.*

Ähnliches gilt für **pneumatisch gespannte Membranen**. Die Krümmung hat die gleiche Bedeutung für die Stabilität des Tragwerks wie bei den mechanisch gespannten Membranen (🗗 **176**).

Seilnetze wie Membranen bestehen aus sich kreuzenden Seil- bzw. Rowingscharen. Bei den textilen Membranen handelt es sich um Gewebe oder vernähte Gelege. Sie sind durch ausgeprägt **orthotrope** Eigenschaften gekennzeichnet, d. h. sie verhalten sich jeweils in Kett- und Schussrichtung mechanisch verschieden. Somit spielen der Membranzuschnitt und die Ausrichtung des Gewebes (Kett- und Schussrichtung) im Flächentragwerk eine wichtige Rolle.

✏ *Orthotrop = orthogonal anisotrop*

Die Seilscharen der Netze lassen sich hingegen als gleichrangige Tragrichtungen ausbilden. Dabei sind zwei oder auch mehrere Seilscharen denkbar (🗗 **177**).

Seilnetze können sehr große Flächen überspannen. Sie benötigen jedoch zur Flächenbildung eine **Eindeckung** (🗗 **179**). Diese kann man als nichttragende Holzschalung, Blechschindelung oder Folie aufbringen. Die Substitution des kontinuierlichen Flächenbauteils der selbsttragenden Membrane durch ein tragendes Netz als Primärtragwerk, auf welches dann zum Zweck der Flächenbildung eine nichttragende flächige Folie oder ein vergleichbares sekundäres Element aufgebracht wird, ist analog zu der bereits diskutierten Substitution von vollwandigen Platten oder Schalen durch entsprechende Stabsysteme. Dem Prinzip nach lässt sich ein flächig abgedecktes Seilnetz aus zueinander quer orientierten, gleichrangigen tragenden Seilscharen zum Elementaufbau der **Variante 3** zählen.

☞ *Abschn. 3. Der konstruktive Aufbau des raumabschließenden Flächenelements, S. 222 ff*

Für textile Membranen sind die freien Spannweiten eher begrenzt. Deshalb werden sie häufig als Sekundärstruktur in einem Primärtragwerk aus z. B. Masten oder Seilscharen angeordnet. Durch einen modularen Aufbau des Flächentragwerks gelingt es, die Einzelfelder der Membrane in ihrer Größe zu beschränken und damit auch die in der Membran aufzunehmenden Zugspannungen zu begrenzen.

176 Pneumatisch gespannte Membrane, hier als Sekundärtragwerk der Fassade eingesetzt (SSE Hydro, Glasgow; Arch.: Foster & P).

177 Seilnetzkonstruktion (Olympiastadion München; Arch.: G Behnisch, F Otto u. a.).

178 Die beim Seilnetz sich kreuzenden Seilscharen werden oberseitig mit einem flächigen Material abgedeckt (Olympiastadion München).

Anmerkungen

1 Vgl. die Größe BIC in: Institut für Leichte Flächentragwerke, Universität Stuttgart (Hg) (1971) *IL 21*, S. 43ff

2 Der direkte Vergleich zwischen den gezeigten Fällen 1, 2 und 3 ergibt unter Annahme gleicher Grundfläche der Zelle und etwa der dargestellten Raumproportionen Trägerhöhen von jeweils 100%, 64% und 156%, sofern das Eigengewicht der Träger vernachlässigt wird. Bei sich vergrößerndem Maßstab sind unter Berücksichtigung des Eigengewichts die Verhältnisse bei den Fällen 1 und 3 noch ungünstiger.

3 Der Begriff des *Durchschlagens* wird hier im übertragenen, nicht im baustatisch theoretischen Sinn verstanden. Er soll lediglich einen virtuellen Zwischenzustand in unserer sequenziellen Betrachtung bezeichnen.

4 Vgl. hierzu auch ***Band 1***, *Kap. VI-2 Kraftleiten, Abschn. 9.3.2 Verband – druckwirksame Übergreifung,* **140**, *S. 626.*

5 Diese treffende Formulierung ist dem Werk Heinle, Schlaich (1996) *Kuppeln aller Zeiten – aller Kulturen*, S. 207 entnommen.

IX-2 TYPEN

J. L. Moro, *Baukonstruktion – vom Prinzip zum Detail*,
https://doi.org/10.1007/978-3-662-64827-8_4

1. Übersicht elementarer Tragwerke

■ Die Matrizen in 🗗 **4** bis **7** stellen den Versuch dar, Tragwerksformen nach einigen wenigen elementaren Unterscheidungskriterien zu ordnen. Stellvertretend für das Gesamttragwerk wird deren signifikantester Bestandteil, die **Überdeckung**, untersucht, und zwar differenziert hinsichtlich ihrer **Form** und der Art ihrer **Lagerung**. Hiermit wird kein Anspruch erhoben, die grenzenlose Vielfalt denkbarer Tragwerksformen zu erfassen. Ebensowenig sollen der Fantasie des Entwerfers von vornherein Zügel angelegt werden. Die Klassifikation soll vielmehr eine einfache Hilfe für das bessere Verständnis der Wirkungsweise einfachster Tragsysteme bieten. Die für die heutige Baupraxis wichtigeren Varianten werden vertiefend behandelt und sind in den Matrizen entsprechend grafisch gekennzeichnet. Einige historisch bedeutungsvolle Tragwerke werden wegen ihres besonderen Interesses ebenfalls diskutiert, jedoch nur ansatzweise. Andere Varianten sind zwar aus der Systematik ableitbar, werden aber wegen ihrer begrenzten baupraktischen Bedeutung in diesem Rahmen ausgeblendet. Die für unsere Betrachtung relevanten Varianten, die in den folgenden Abschnitten detaillierter behandelt werden, sind in der Übersicht in 🗗 **8** zusammengetragen.

☞ *Kap. IX-1, Abschn. 4. Formfragen axial beanspruchter Tragwerke, S. 240*

Wie bereits weiter oben diskutiert, werden die untersuchten Tragwerksvarianten in drei große Kategorien gegliedert:

- vorwiegend **druckbeanspruchte** Tragwerke (**d**);
- vorwiegend **biegebeanspruchte** Tragwerke (**b**);
- vorwiegend **zugbeanspruchte** Tragwerke (**z**).

☞ ***Band 1**, Kap. VI-2, Abschn. 2. Grundlegende Begriffe, S. 528 ff*

Wie bereits angesprochen, ist die Art der Beanspruchung grundsätzlich von drei Parametern abhängig: von der **äußeren Belastung**, von der **Form** und von der **Lagerung**.

Für die angesprochene Kategorisierung setzen wir die äußere Belastung als vorgegeben an, nämlich in Form der für den Hochbau typischen **verteilten lotrechten Last**. Diese Lastkomponente dominiert im Regelfall das Gesamtlastbild, insbesondere bei schweren Konstruktionen. Es versteht sich von selbst, dass in der vertiefenden Einzelbetrachtung auch andere Lastanteile miteinzubeziehen sind. In diesem Kapitel werden wegen ihrer Bedeutung insbesondere **horizontale Lastanteile** zusätzlich berücksichtigt. Jede der in diesem Kapitel betrachteten Tragwerksvarianten wird in ihrem Tragverhalten sowohl unter **lotrechter** als auch **waagrechter**, also **horizontaler** Belastung untersucht.

Die beiden anderen Parameter **Form** und **Lagerung** werden in den Matrizen in 🗗 **4–7** variiert, um eine möglichst repräsentative Auswahl an elementaren, baupraktisch relevanten Tragwerksvarianten systematisch herzuleiten.

1 Druckbeanspruchtes Tragwerk.

2 Biegebeanspruchtes Tragwerk.

3 Zugbeanspruchtes Tragwerk.

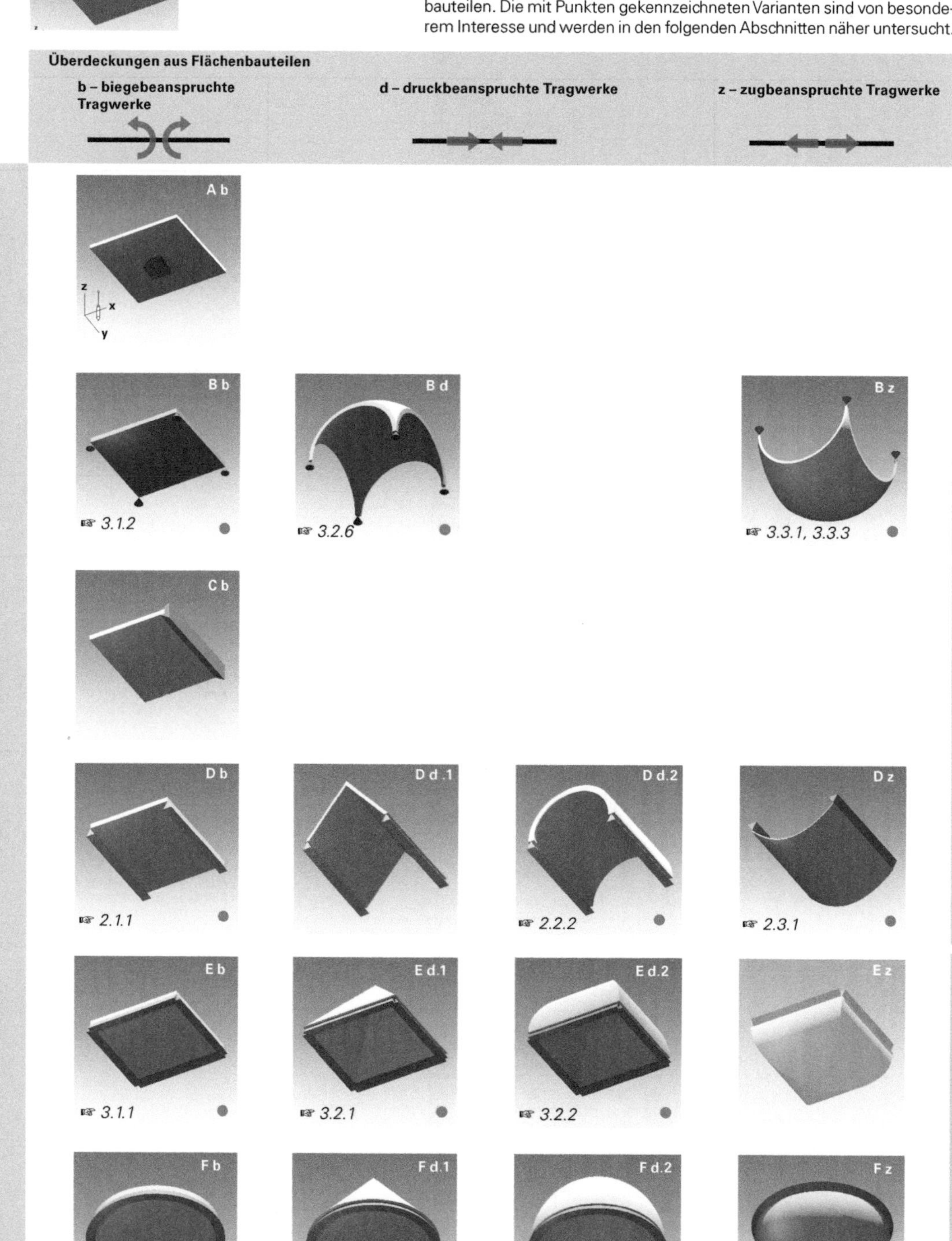

4 Übersicht über elementare Tragwerksformen aus vollwandigen Flächenbauteilen. Die mit Punkten gekennzeichneten Varianten sind von besonderem Interesse und werden in den folgenden Abschnitten näher untersucht.

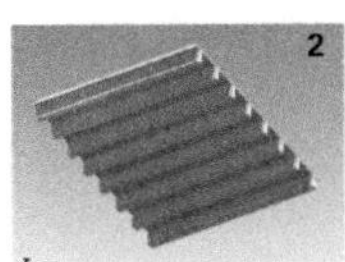

5 Übersicht über elementare Tragwerksformen aus einachsigen Rippenbauteilen (Varianten mit grauen Feldern nicht sinnvoll).

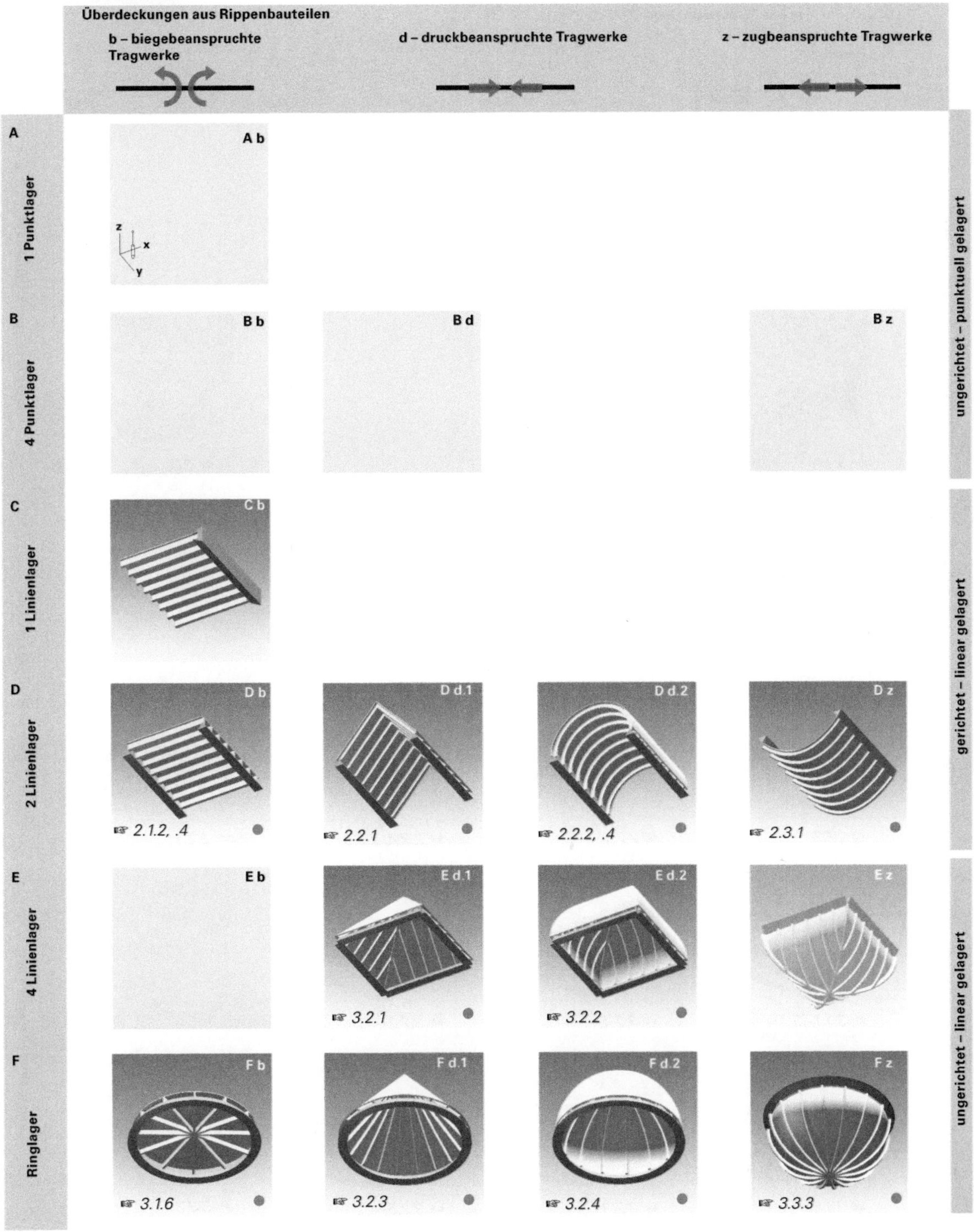

Überdeckungen aus Rippenbauteilen

	b – biegebeanspruchte Tragwerke	d – druckbeanspruchte Tragwerke		z – zugbeanspruchte Tragwerke	
A 1 Punktlager	A b				ungerichtet – punktuell gelagert
B 4 Punktlager	B b	B d		B z	
C 1 Linienlager	C b				gerichtet – linear gelagert
D 2 Linienlager	D b ☞ 2.1.2, .4	D d.1 ☞ 2.2.1	D d.2 ☞ 2.2.2, .4	D z ☞ 2.3.1	
E 4 Linienlager	E b	E d.1 ☞ 3.2.1	E d.2 ☞ 3.2.2	E z	ungerichtet – linear gelagert
F Ringlager	F b ☞ 3.1.6	F d.1 ☞ 3.2.3	F d.2 ☞ 3.2.4	F z ☞ 3.3.3	

6 Übersicht über elementare Tragwerksformen aus zweiachsigen Rippenbauteilen.

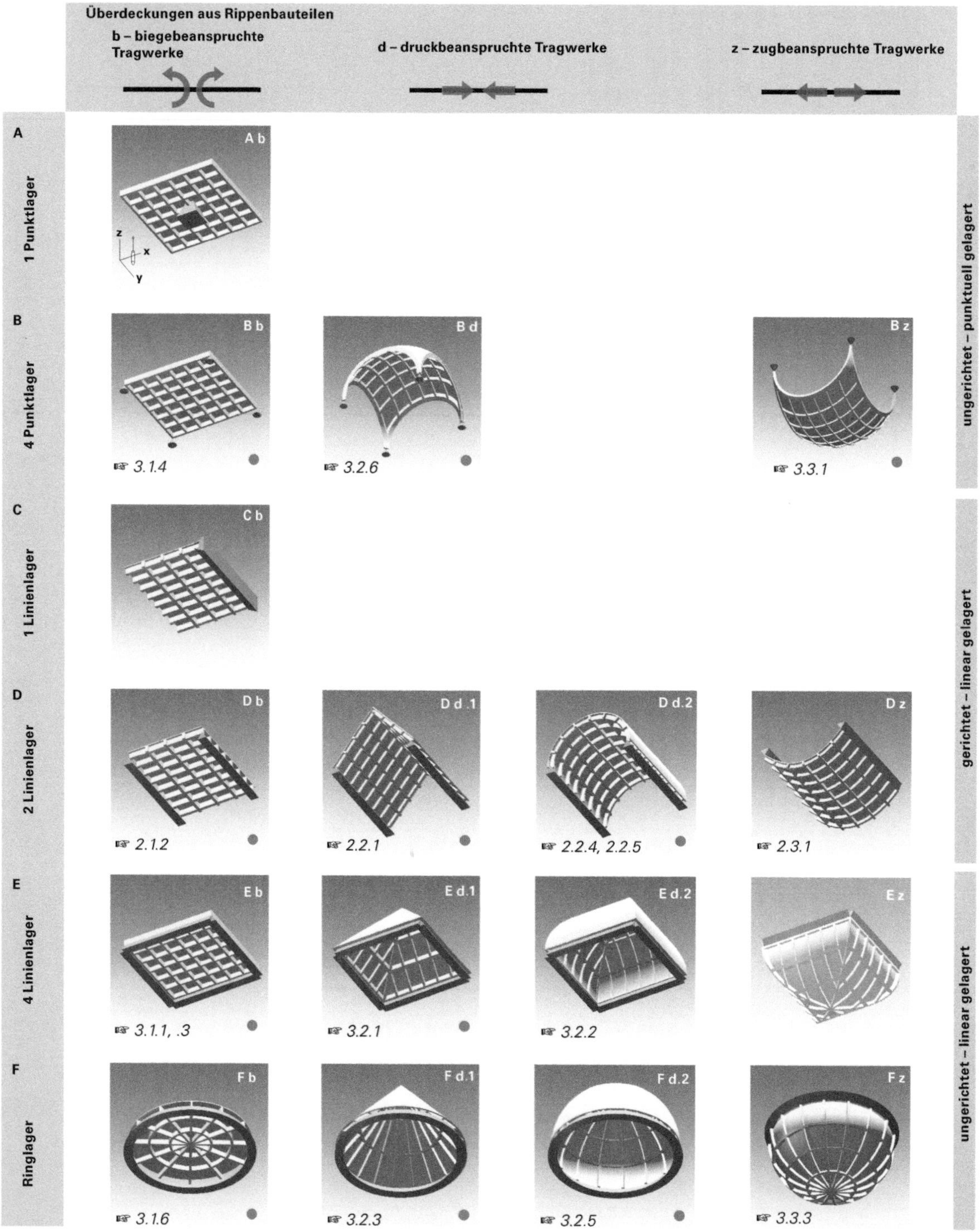

Überdeckungen aus Rippenbauteilen

	b – biegebeanspruchte Tragwerke	d – druckbeanspruchte Tragwerke		z – zugbeanspruchte Tragwerke	
A 1 Punktlager	A b				ungerichtet – punktuell gelagert
B 4 Punktlager	B b ☞ 3.1.4	B d ☞ 3.2.6		B z ☞ 3.3.1	ungerichtet – punktuell gelagert
C 1 Linienlager	C b				gerichtet – linear gelagert
D 2 Linienlager	D b ☞ 2.1.2	D d.1 ☞ 2.2.1	D d.2 ☞ 2.2.4, 2.2.5	D z ☞ 2.3.1	gerichtet – linear gelagert
E 4 Linienlager	E b ☞ 3.1.1, .3	E d.1 ☞ 3.2.1	E d.2 ☞ 3.2.2	E z	ungerichtet – linear gelagert
F Ringlager	F b ☞ 3.1.6	F d.1 ☞ 3.2.3	F d.2 ☞ 3.2.5	F z ☞ 3.3.3	ungerichtet – linear gelagert

7 Übersicht über elementare Tragwerksformen aus einachsigen, hierarchisch gestuften Rippenbauteilen (Varianten mit grauen Feldern nicht sinnvoll).

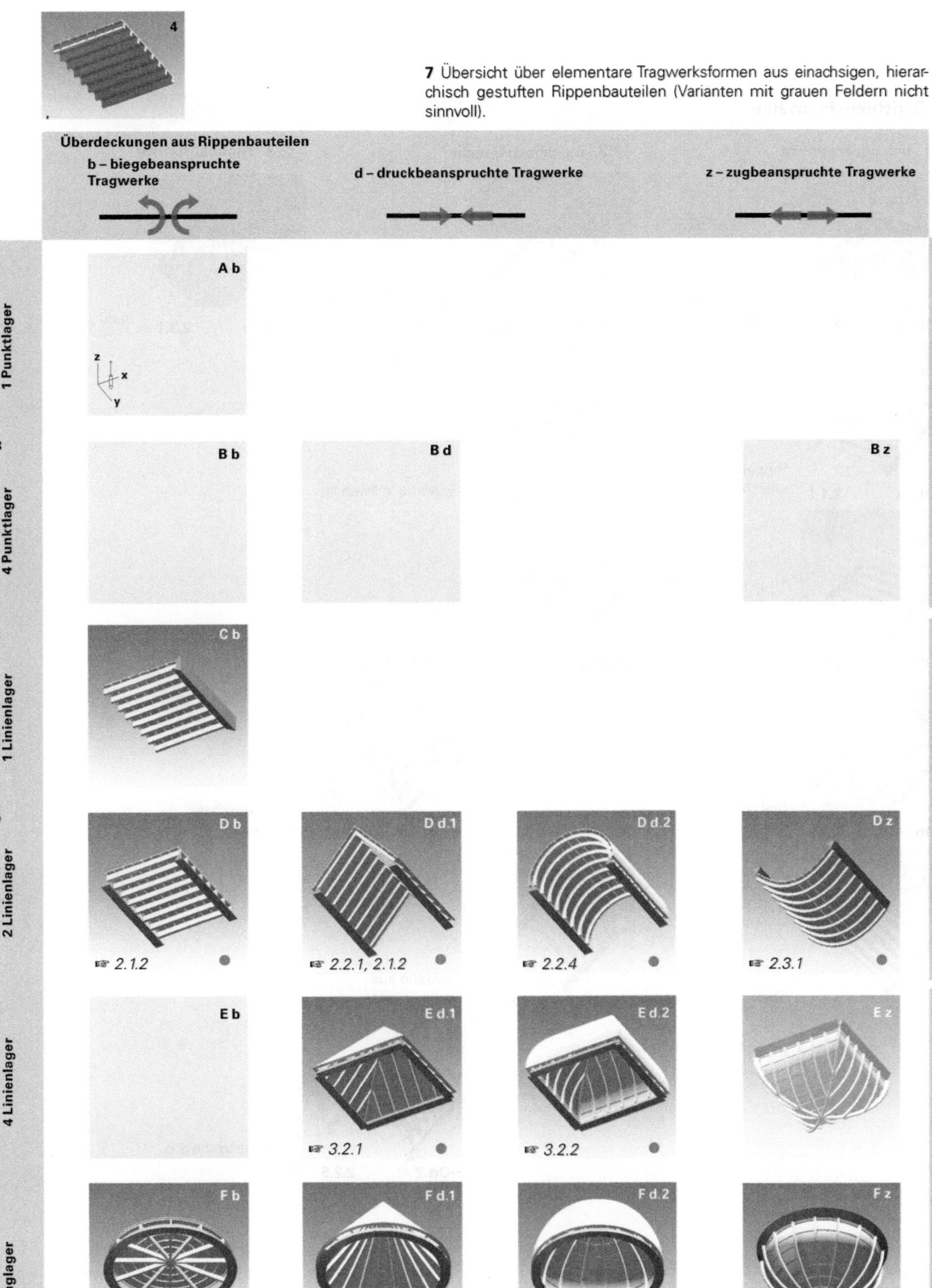

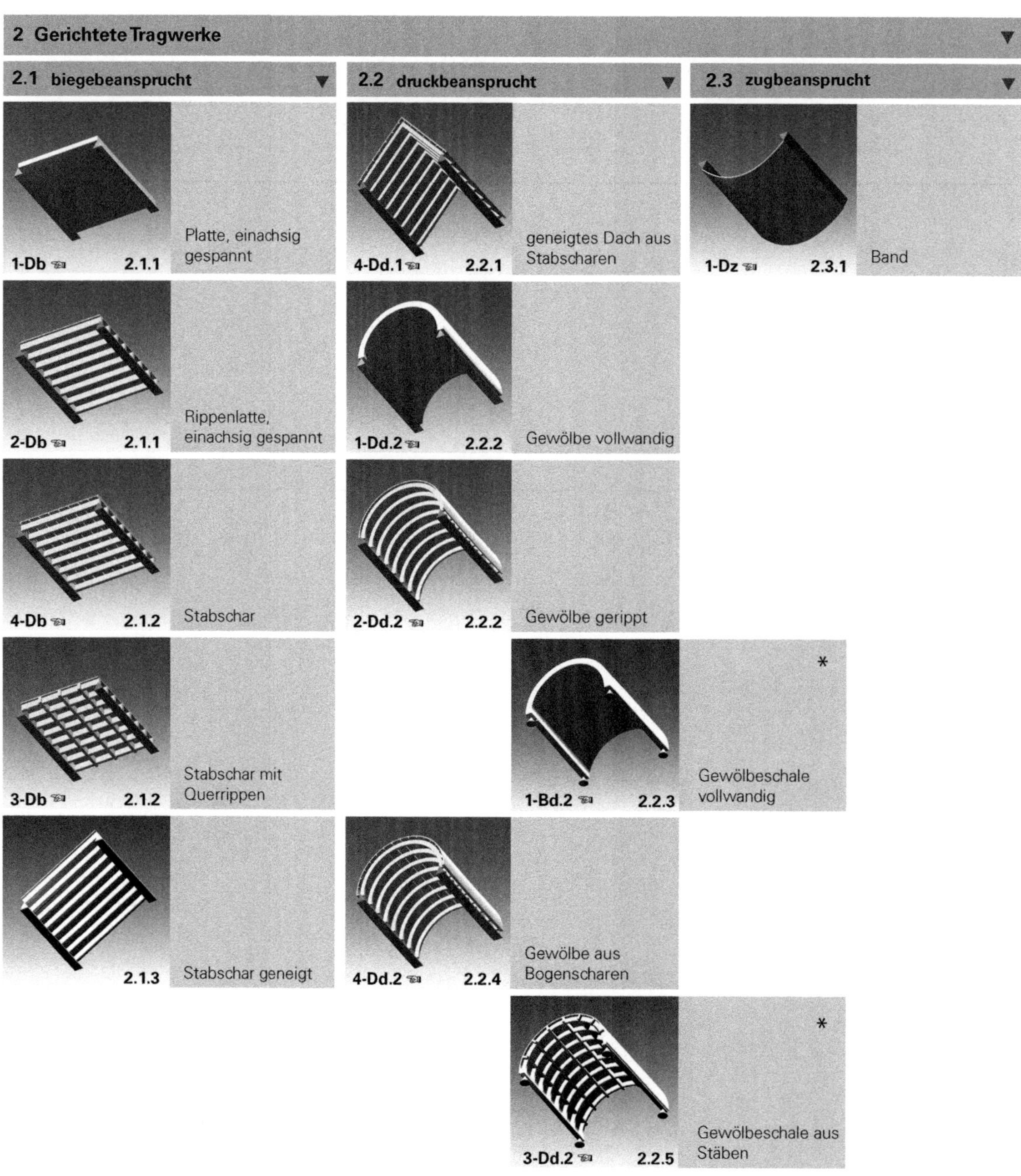

8 (Links und rechts) Auswahl aus der Systematik elementarer Tragwerksformen wie sie in 🗗 **4** bis **7** in Abhängigkeit von Beanspruchung, Form und Lagerung hergeleitet wurden. Diese Tragwerkstypen werden in den folgenden Abschnitten näher untersucht; die entsprechenden Abschnittsnummern und Abschnittstitel sind in dieser Zusammenstellung rechts am Schaubild vermerkt. Links sind die Ordnungscodes der ausgewählten Tragwerksvarianten in den Übersichten 🗗 **4** bis **7** angegeben. Es sind für jeweils eine Tragwerksvariante in einigen Fällen auch mehrere Varianten des konstruktiven Aufbaus der flächenbildenden Bauteile denkbar (Varianten **1** bis **4** gemäß *Kap. IX-1, Abschn. 3., S. 222 ff*), wenngleich hier nur eine einzige Ausführung dargestellt ist. Die mit * gekennzeichneten Tragwerke sind infolge ihrer Punktlagerung druck- und zugbeansprucht.

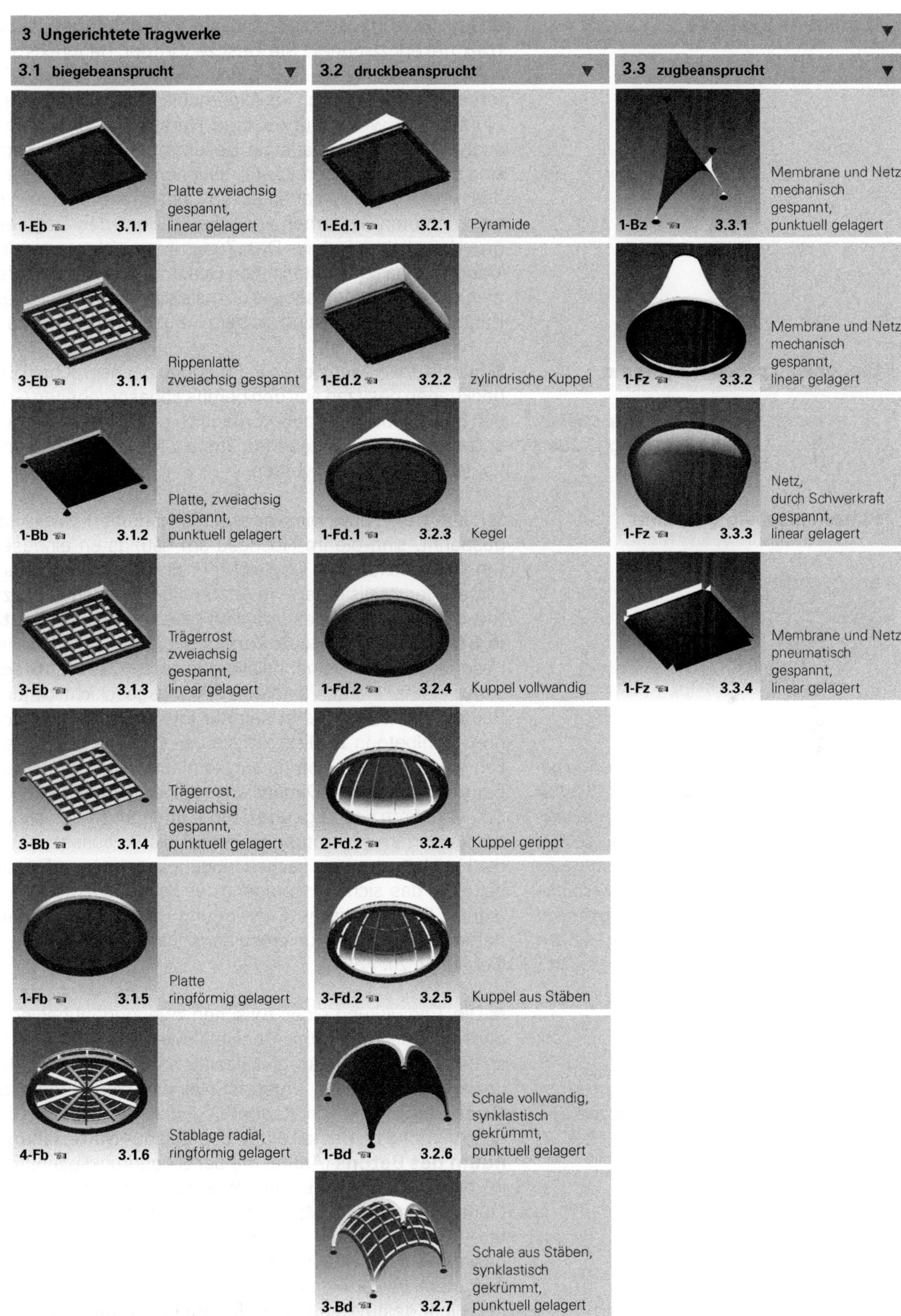
3 Ungerichtete Tragwerke
3.1 biegebeansprucht
3.2 druckbeansprucht
3.3 zugbeansprucht
1-Eb 3.1.1 Platte zweiachsig gespannt, linear gelagert
3-Eb 3.1.1 Rippenlatte zweiachsig gespannt
1-Bb 3.1.2 Platte, zweiachsig gespannt, punktuell gelagert
3-Eb 3.1.3 Trägerrost zweiachsig gespannt, linear gelagert
3-Bb 3.1.4 Trägerrost, zweiachsig gespannt, punktuell gelagert
1-Fb 3.1.5 Platte ringförmig gelagert
4-Fb 3.1.6 Stablage radial, ringförmig gelagert
1-Ed.1 3.2.1 Pyramide
1-Ed.2 3.2.2 zylindrische Kuppel
1-Fd.1 3.2.3 Kegel
1-Fd.2 3.2.4 Kuppel vollwandig
2-Fd.2 3.2.4 Kuppel gerippt
3-Fd.2 3.2.5 Kuppel aus Stäben
1-Bd 3.2.6 Schale vollwandig, synklastisch gekrümmt, punktuell gelagert
3-Bd 3.2.7 Schale aus Stäben, synklastisch gekrümmt, punktuell gelagert
1-Bz 3.3.1 Membrane und Netz, mechanisch gespannt, punktuell gelagert
1-Fz 3.3.2 Membrane und Netz, mechanisch gespannt, linear gelagert
1-Fz 3.3.3 Netz, durch Schwerkraft gespannt, linear gelagert
1-Fz 3.3.4 Membrane und Netz, pneumatisch gespannt, linear gelagert

2. Gerichtete Systeme

■ Gerichtete Tragsysteme sind durch **einachsigen Lastabtrag** gekennzeichnet. Sie besitzen in der Baupraxis eine außerordentlich große Bedeutung. Gegenüber den ungerichteten zeichnen sie sich im Allgemeinen durch konstruktive Einfachheit, wenig aufwendige Herstellung und oftmals auch durch innere statische Bestimmtheit aus. Hingegen sind die Kraftpfade bereits aus den geometrischen Vorgaben des – nur – einachsig orientierten Lastabtrags länger als bei ungerichteten Systemen, was die Effizienz des Tragwerks grundsätzlich mindert. Das Zusammenwirken einzelner Tragglieder in einem statischen Gesamtsystem ist ebenfalls weniger ausgeprägt, sodass oftmals stärker dimensionierte Bauteile erforderlich sind als bei zweiachsiger Tragwirkung.

2.1 Biegebeanspruchte Systeme

☞ *Kap. IX-1, Abschn. 1.6.2 Die Überdeckung, S. 204 ff*

■ Flache, im wesentlichen auf Biegung beanspruchte Überdeckungen besitzen aus den bereits angesprochenen Gründen im Hochbau eine außerordentlich große Bedeutung und sollen deshalb im Folgenden ausführlich in verschiedenen Varianten behandelt werden.

2.1.1 Platte einachsig gespannt

☞ [a] *Abschn. 3.1.1 Platte zweiachsig gespannt, linear gelagert, S. 342 ff*

☞ [b] *Kap. X-5, Abschn. 6.5.1 Elementdecken, S. 722 f*

☞ [c] *Zum Wirkprinzip der Querbiegung siehe auch **Band 1**, Kap. VI-2, insbesondere Abschn. 9.1.1 Vierseitig linear gelagerte Platte, S. 616 ff*

■ Platten, ein-, oder wie weiter unten [a] diskutiert, zweiachsig gespannt, sind die im Hochbau am häufigsten eingesetzten Überdeckungen. Obgleich prinzipiell auch in anderen Materialien realisierbar – in letzten Jahren auch in Holz –, tritt die Platte allgemein am häufigsten als **Massivbauteil in Stahlbeton** auf. Heute kommt diese Art von Platte insbesondere in Form einer halbvorgefertigten **Elementdecke** zum Einsatz.[b] Platten sind entwicklungsgeschichtlich junge Bauformen. Sie sind erst seit der Entwicklung des modernen Stahlbetons baulich realisierbar. Erst die kombinierte Fähigkeit des Stahlbetons zur kontinuierlichen fugenlosen Bauteilbildung in drei Dimensionen (Länge, Breite, Dicke) und zur Aufnahme von Zug- *und* Druckkräften, nicht nur in einer, sondern in *zwei* Richtungen,[c] schuf die Voraussetzung für die Herstellung eines flachen biegebeanspruchten Flächenbauteils, das sich hervorragend für flache Überdeckungen eignet. Die technische Entwicklung der Platte hatte eine tiefgreifende Revolutionierung der Konzeption und Form von Gebäuden zur Folge.

Tragverhalten

☞ *Kap. IX-1, Abschn. 2.1 Ein- und zweiachsiger Lastabtrag, S. 208 ff*

■ Die Tragwirkung einer zwischen zwei gegenüberliegenden linearen Auflagern – beispielsweise zwei Mauern – spannenden, d. h. also gleichzeitig an den Seitenrändern ungestützten Platte, entspricht einem Tragelement mit **Querbiegung** wie in *Kapitel IX-1* diskutiert (🗗 **10**). Der Querverbund im Bauteil entsteht durch das **Materialkontinuum des Betons** (Aufnahme der Biegedruckspannungen im oberen Bereich der Platte) bzw. durch die eingelegte Querbewehrung (R-Mattenbewehrung, Aufnahme der unteren Biegezugspannungen). Die Querbiegung führt dazu, dass sich die Platte nicht nur in Richtung zwischen den Auflagern verformt, sondern auch in Richtung zwischen den nicht gestützten Enden. Bei **diskontinuierlicher** Last

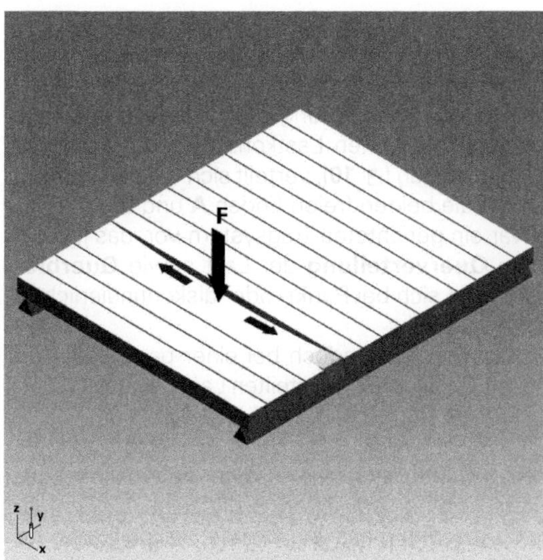

9 Theoretisches Modell einer streifenförmig aufgeschnittenen einachsig spannenden Platte gemäß *Kap. IX-1*, 🗗 **58**, S. 210. Die Plattenwirkung geht verloren, das System wirkt wie eine dicht gepackte Schar aus individuell tragenden Stäben. Reine einachsige Lastabtragung.

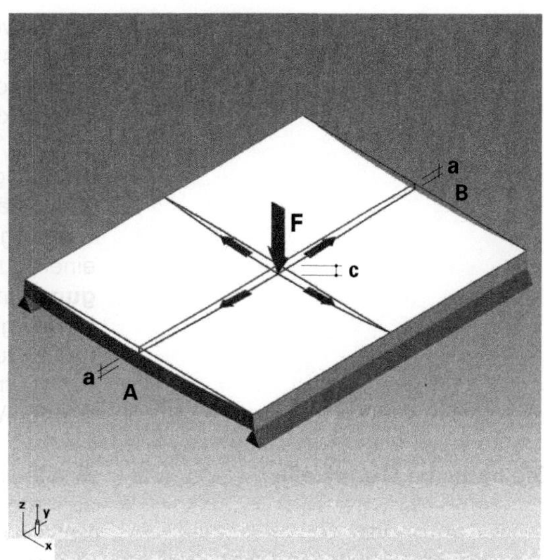

10 Werden die Streifen hingegen zu einer homogenen Platte verschmolzen, tritt die zweiachsige Lastabtragung ein, die typisch für die Plattenwirkung ist. An den nicht gestützten Rändern treten folglich Durchbiegungen (**a**) auf, die kleiner als die im Kraftangriffspunkt sind (**c**).

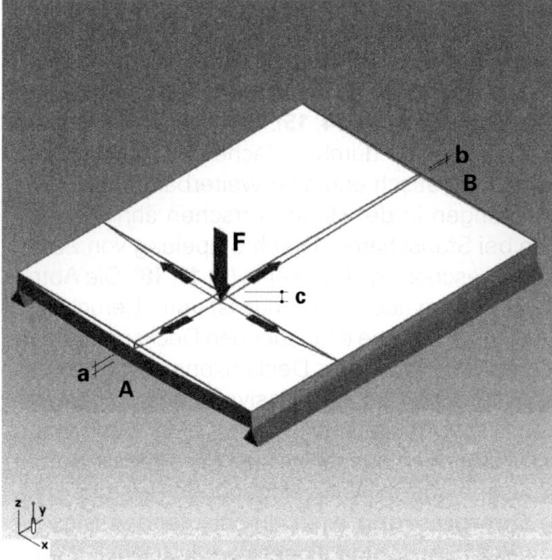

11 Asymmetrischer Kraftangriff führt verglichen mit der symmetrischen Anordnung in 🗗 **10** zu unterschiedlichen Randdurchbiegungen **a** und **b**. Dies bedeutet, dass selbst der am weitesten entfernte Rand (**B**) noch an der Lastabtragung beteiligt ist.

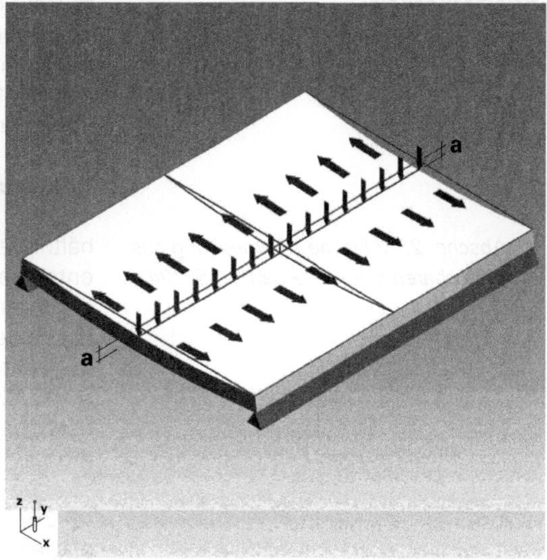

12 Bei einem, bezogen auf die Lagerung, streng gleichmäßigen Lastangriff wie die gezeigte Streckenlast profitiert die Platte nicht von ihrer Fähigkeit zur Querverteilung. Die Tragwirkung ist in diesem speziellen Fall identisch mit der in 🗗 **9**, die Lastabtragung also streng einachsig.

(🗗 **11**) wird diese Verformung **a** am freien Ende (**A**), das der Einzellast oder dem größeren Kraftanteil näher ist, stärker sein als die Verformung **b** am ferneren (**B**), in beiden Fällen jedoch kleiner als die Verformung **c** am Lastangriffspunkt bzw. im Bereich der größten Lastkonzentration. Setzt die Kraft hingegen mittig an (🗗 **10**), verteilt sich die Verformung gleichmäßig auf die beiden freien Enden **A** und **B**.

Es liegt zwar ein gerichtetes Tragsystem vor, das jedoch eine deutliche **Querverteilung** der Last sowie **Querbiegung** aufweist, die sich bei Punkt- oder diskontinuierlichen Lasten günstig auswirkt.

Die Querbiegung bietet jedoch bei einer parallel zu den Auflagern bereits gleichmäßig verteilten Last keine entscheidenden Vorteile (🗗 **12** und *Kapitel IX-1,* 🗗 **62**).

Die bauliche Grundzelle

■ Wie andere gerichtete Systeme, kann die einachsig gespannte Platte in einer baulichen Grundzelle mit Umfassungen aus stützenden massiven Wänden kombiniert oder alternativ auf Skelettsystemen gestützt werden, bei denen die Platte auf dem linearen Auflager eines Unterzugs aufliegt (🗗 **30**). Unterzug und Platte lassen sich im Massivbau **monolithisch** ausführen, also gemeinsam vergießen, sodass die wirksame statische Höhe des Balkens um die Plattendicke erhöht wird (🗗 **35**).

Erweiterbarkeit

■ Bei vorgegebener Plattendicke, die gewisse Grenzen nicht überschreiten sollte, und somit vorgegebener Maximalspannweite, lässt sich die Grundzelle – wie alle anderen gerichteten Systeme auch – nur durch **seitliches Addieren** einzelner *Joche* erweitern (🗗 **14**, **15**). Quer zur Deckenspannrichtung ist sie hingegen durch einfaches **Fortsetzen der Konstruktion** theoretisch endlos erweiterbar (🗗 **16**).

☞ *Abschn. 2.1.2 Flache Überdeckung aus Stabscharen > Erweiterbarkeit, S. 294 ff*

Bei Erweiterungen in der Höhe herrschen ähnliche Verhältnisse wie bei Stabscharen. Durch Stapelung von Zellen entstehen mehrgeschossige Bauwerke (🗗 **17**, **18**). Die Abtragung der Vertikallasten über die Wände ist unter Berücksichtigung der in die Wandebene einbindenden Deckenplatten zu betrachten. Die Einbindung der Deckenkonstruktion in das senkrechte Wandbauteil ist bei Massivplatten unproblematisch, da eine Massivdecke entweder mit einer Betonwand monolithisch verbunden ausgeführt (🗗 **19**) oder als Betonstreifen in eine gemauerte Wand eingebunden werden kann (🗗 **20**). Die **Querpressung** einer durchlaufenden Massivplatte (wie in 🗗 **21**) im Wandauflager ist unkritisch und kann sogar vorteilhaft sein. Sie verbessert die Endverankerung der Zugbewehrung und erhöht die Querkrafttragfähigkeit der Decke. Weiterhin wird durch die Auflast der Wand eine gewisse Einspannung im Endauflager hervorgerufen und die Drillsteifigkeit der Decke aktiviert. Kritisch hingegen ist diese Art von Querpressung bei Massivplatten aus Holz, die in eine tragende Mauer einbinden.

☞ *Abschn. 2.1.2 Flache Überdeckung aus Stabscharen > Erweiterbarkeit, S. 294 ff*

Bezüglich Wandversätzen (in → **x**) gilt sinngemäß das Gleiche wie für Stablagen.

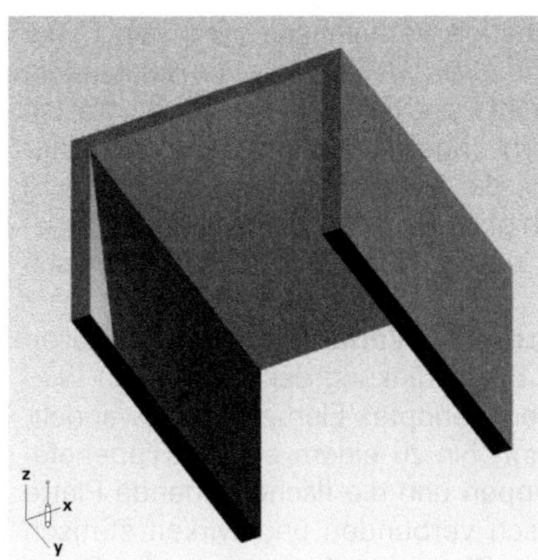

13 Eine einachsig (in →**x**) gespannte Platte ist in der Art der Lastabtragung grundsätzlich vergleichbar mit einem gerichteten Stabsystem nach ⎘ **31**. Sie besitzt allerdings eine deutliche Fähigkeit zur Querverteilung von ungleichmäßigen Lasten (in →**y**).

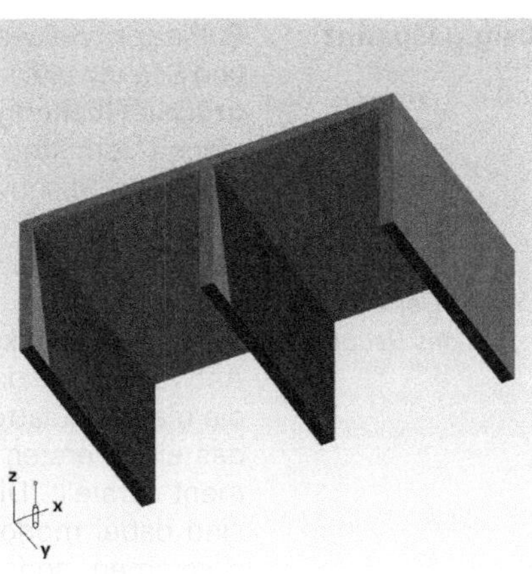

14 Auch die einachsig gespannte Platte muss in Spannrichtung (→**x**) durch Addition von Jochen erweitert werden.

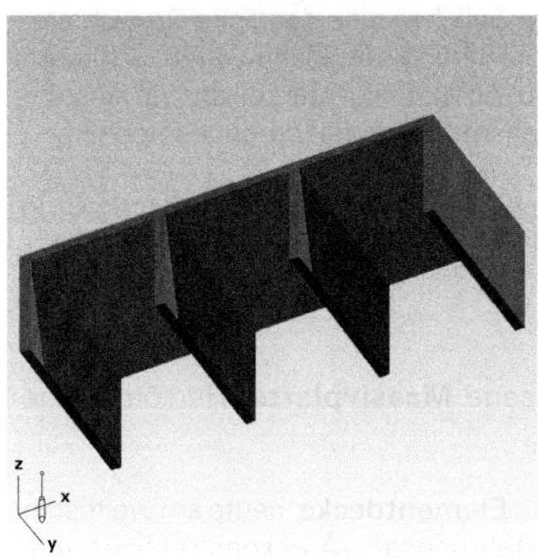

15 Beliebige Erweiterbarkeit in Spannrichtung (→**x**) durch sukzessive Addition von Jochen.

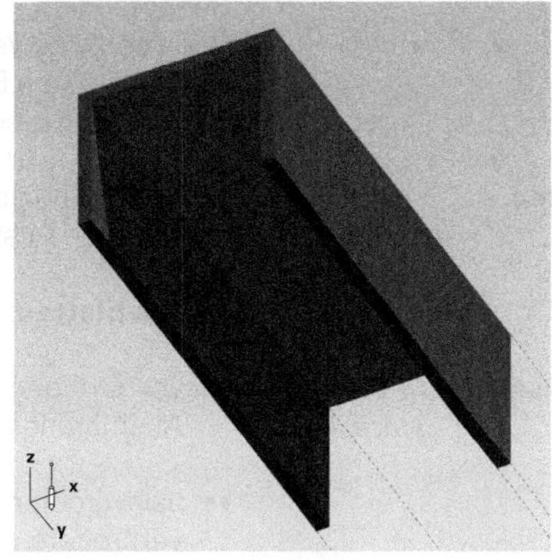

16 Unbegrenzte Erweiterbarkeit in Längsrichtung (→**y**), also quer zur Spannrichtung, durch einfaches Verlängern des Systems.

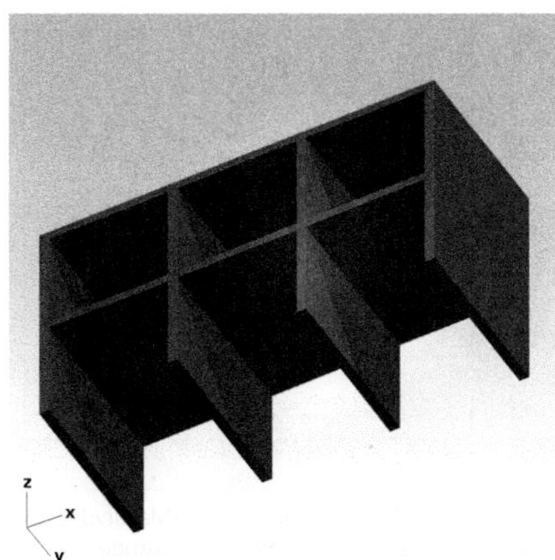

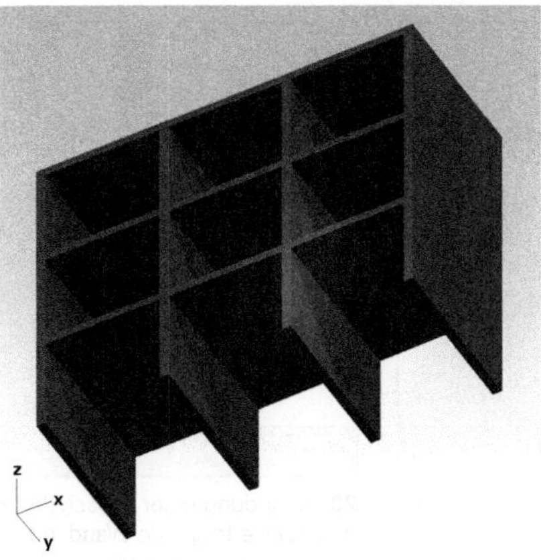

17, 18 Erweiterung (→ **z**) durch Stapelung von Zellen. Es entstehen mehrgeschossige Bauwerke.

Rippenplatte, einachsig gespannt

☞ *Band 4*, Kap. 1, Abschn. 6.1 Der Einfluss des Bauplans

■ Platten weisen günstige Verhältnisse zwischen Dicke und Spannweite auf (ca. 1:30). Wegen ihres verhältnismäßig **großen Flächengewichts** sind der Dicke von Massivplatten jedoch verhältnismäßig enge Grenzen gesetzt. Ab einer gewissen Spannweite, die bei rund 8 m erreicht ist, wird ein Gutteil der Tragfähigkeit der Massivplatte dafür aufgebraucht, die Eigenlast zu tragen, sodass sie unökonomisch wird.

Verschiedene **konstruktive Varianten** der Platte stellen Antworten auf diese Einschränkung dar. Bei diesen wird die massive Platte in ein geripptes Element umgewandelt, das einen ersten Schritt hin zu einem echten Rippenelement darstellt. Die Rippen und die flächenbildende Platte sind dabei monolithisch verbunden und wirken statisch zusammen, sodass ein Plattenstreifen entlang der Rippe als Druckgurt derselben wirkt, die Rippe ihrerseits als Zuggurt. Flächenbildende Platten können einseitig oberhalb der Rippen (Plattenbalken) oder auch beidseitig der Rippen (Hohlplatten) angeordnet sein.

Gerippte Platten ermöglichen eine deutliche Gewichtsreduktion und eine Vergrößerung der Spannweiten, erfordern hingegen größere Bauhöhen. Einige der üblichsten Ausführungsvarianten werden im Folgenden durchgesprochen.

Ausführungsvarianten

■Vollplatten und gerippte Platten können in der Baupraxis in den folgenden Ausführungsvarianten auftreten:

- **Massivplatten**:

☞ *Band 3*, Kap. XIV-2, Abschn. 5.1.1 Ortbetondecke

  - vor Ort gegossene **Massivplatte**. Herkömmliche Ausführungsart;
  - halbvorgefertigte **Elementdecke**: heute am weitesten verbreitete Ausführungsart. Aus konstruktiven und herstellungstechnischen Gründen erfordert diese Ausführung etwas größere Plattendicken und mehr

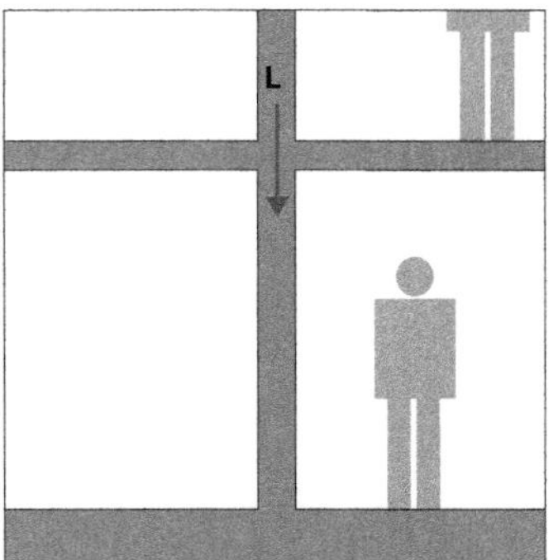

19 Monolithische Einbindung einer Massivdecke in eine Betonwand.

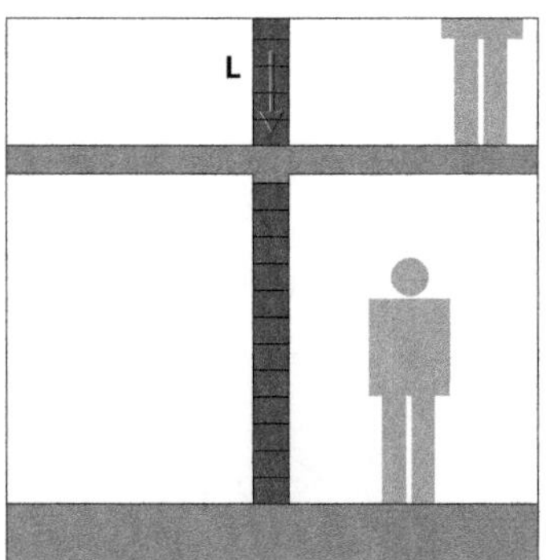

20 Einbindung einer Massivdecke in eine gemauerte tragende Wand in Form eines integrierten Ringankers.

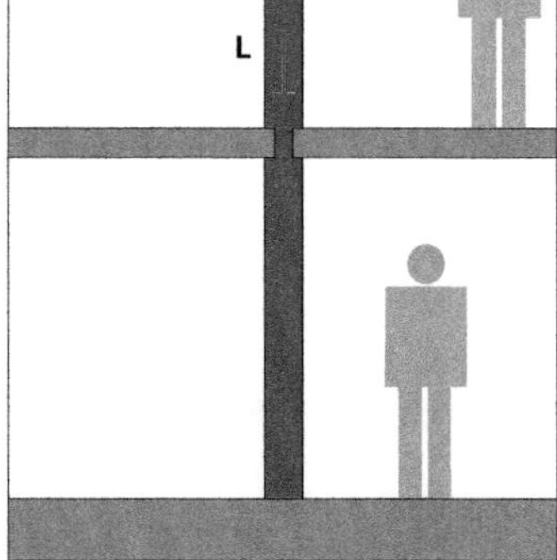

21 Einbindung einer Nicht-Massivdecke, beispielsweise eine Holzbalkendecke, in eine tragende Wand. Querschnittsschwächung der Wand.

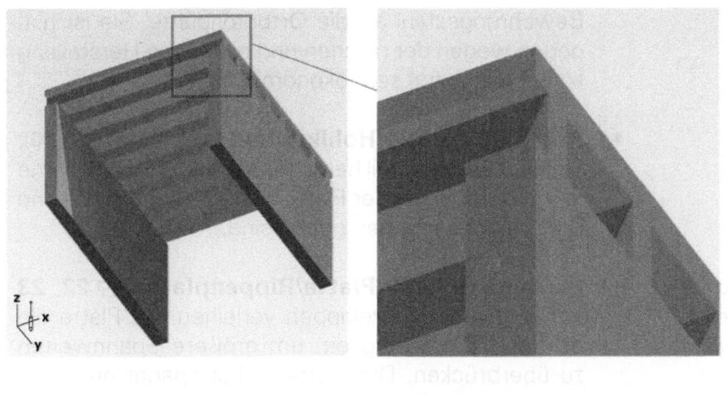

22 Reduktion des Eigengewichts der Platte durch Ausbildung von Rippen. Platte und Rippe sind verschmolzen und wirken gemeinsam bei der Lastabtragung (Plattenbalken- oder Rippendecke im Stahlbetonbau).

23 Detailansicht.

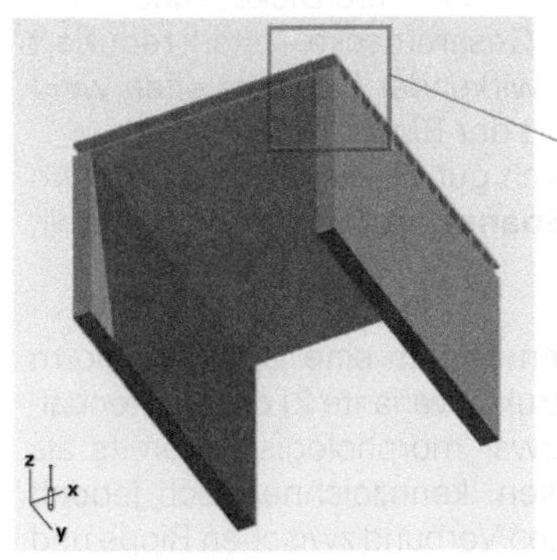

24 Ein Aushöhlen des Plattenbauteils führt zu einer ähnlichen Tragwirkung wie in ⧉ **22** mit deutlicher Gewichtsreduktion (Hohlkörperdecke im Stahlbetonbau).

25 Detailansicht.

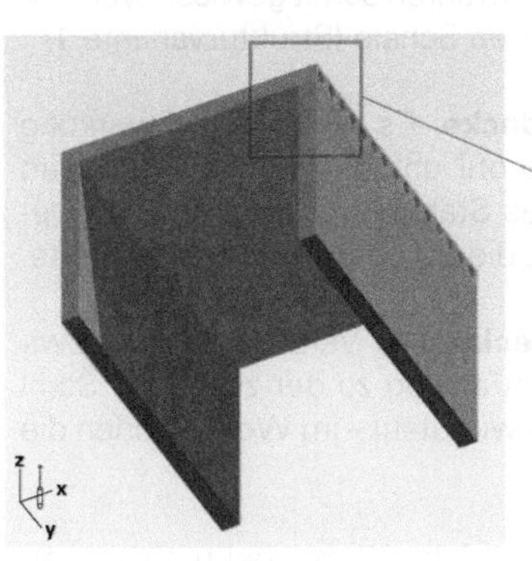

26 Hohlkörperdecke analog zu ⧉ **24**, jedoch mit zylindrischen Aushöhlungen.

27 Detailansicht.

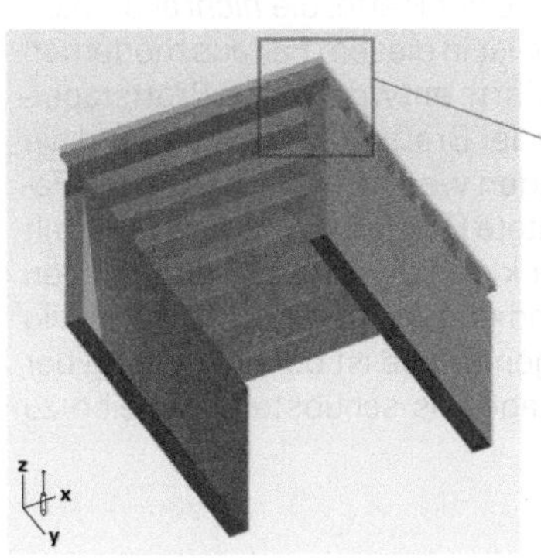

28 Elementierte Plattenbalkendecke aus doppelstegigen Pi-Platten. Eine kombinierte Platten- und Scheibenwirkung wird durch Aufbringen einer Aufbetonschicht **A** erzielt.

29 Detailansicht.

Bewehrungsstahl als die Ortbetonplatte. Sie ist hingegen wegen der raschen und einfachen Herstellung (keine Schalung) sehr ökonomisch.

•• **Hohlplatten-** bzw. **Hohlkörperdecke** (⧉ **24–27**, **30**): Sie wird als Fertigteil hergestellt und weist Hohlräume im mittlerer Höhe der Platte auf, wo Biegedruck- und Biegezugspannungen gering sind.

☞ *Kap. X-4,* ⧉ **53–55** *auf S. 676 sowie* ***Band 3****, Kap. XIV-2, Abschn. 6. Decken in Rippenbauweise > 6.3 aus Stahlbeton*

•• **Plattenbalken/Pi-Platte/Rippenplatte** (⧉ **22**, **23** sowie **28**, **29**): Einzelrippen verleihen der Platte die erforderliche Steifigkeit, um größere Spannweiten zu überbrücken. Die Platte selbst spannt nur noch zwischen den Rippen, sodass ihre Dicke – und damit das Eigengewicht der Gesamtdecke – stark reduziert werden kann. Ein mitwirkender Plattenstreifen wirkt ebenfalls als Druckgurt der Rippe.

Pi-Platten eignen sich gut für die Vorfertigung, wo sie insbesondere im **Spannbettverfahren** hergestellt werden.

Hohlplattendecken stellen bereits eine Übergangsform zum **Rippenelement** (Strukturvariante **2**) dar. Plattenbalkendecken lassen sich zwar morphologisch bereits als Rippenelemente auffassen, kennzeichnen sich jedoch durch einen monolithischen Verbund zwischen Rippe und abdeckender Platte und bewahren somit gewisse typische Merkmale der vollwandigen Schale (Strukturvariante **1**).

☞ ***Band 3****, Kap. XIV-2, Abschn. 6.2.2 Stahl-Beton-Verbunddecke*

• **Stahl-Beton-Verbunddecke**: Es wird eine Mitwirkung zwischen einem Stahlprofil und der flächenbildenden Betonplatte aktiviert. Das Stahlprofil übernimmt im Wesentlichen die Zugkräfte, die Betonplatte die Druckkräfte.

☞ ***Band 3****, Kap. XIV-2, Abschn. 6.1.6 Holz-Beton-Verbunddecke*

• **Holz-Beton-Verbunddecke**: Die Verbundwirkung zwischen Holz und Beton ist analog zu der zwischen Stahl und Beton, wobei Holz – wie Stahl – im Wesentlichen die Zugkräfte aufnimmt.

☞ ***Band 3****, Kap. XIV-2, Abschn. 5.1.5 Massivholzdecke*

• **Massivholzdecke**: Es handelt sich hierbei um den vergleichsweise seltenen Fall einer Platte, die *nicht* aus Beton besteht. Die Deckenplatte ist in diesem Fall aus modernen Holzwerkstoffen ausgeführt, entweder aus Brettstapelholz, Furnierschichtholz oder Brettsperrholz. Während die ersten beiden Ausführungen wegen ihrer einachsigen Faserorientierung als gerichtete Platten wirken, lässt sich mit der letzteren Variante dank der kreuzweise verbundenen Brettlagen eine annähernd ungerichtete, d. h. zweiachsig spannende Platte erzeugen. Diese ist bei Verleimung der Brettlagen auch in der Lage, als schubsteife Scheibe zu wirken.

30 Montage eines einachsig spannenden Plattenelements (Hohlkörperdecke).

31 Hohlkörperdecke, über Unterzug auskragend.

32 Hohlkörperdecke. Vergussfugen sichtbar.

33 Einachsig spannendes Deckenelement.

34 Unterzüge (quer im Bild) und auf sie lagernde einachsig spannende Deckenelemente (längs) in **höhengleicher Ausführung**. Trotz fehlender Stapelung ist die Lastabtragung dennoch hierarchisch. Die im Spannbett vorgespannten Deckenelemente wären auch bei Stapelung nicht durchlaufend auszuführen gewesen (Fabrikhalle in Como, Italien, Arch.: A. Mangiarotti).

☞ ***Band 3***, *Kap. XIV-2, Abschn. 6.1.4 Holztafeldecke und Abschn. 6.1.5 Decke aus Holzbauelementen*

- **Holztafeldecke** und **Decke aus Holzbauelementen**: Neben Vollplatten aus Massivholz wie oben beschrieben sind auch gerippte Elemente im Einsatz. Für diese gilt, dass sie je nach Ausführung als eine Übergangsform zu einem Rippenelement gelten können.

Aussteifung

■ Massivplatten sind dank ihrer Homogenität und Isotropie – anders als Stabsysteme wie im folgenden Abschnitt diskutiert – in ihrer Ebene (**xy**, **22–29**) in sich schubsteif und lassen sich ohne Zusatzmaßnahmen als **Scheiben** zur Gebäudeaussteifung einsetzen. Im Kontext einer baulichen Grundzelle sind Massivplatten deshalb zur kraftleitenden Anbindung der Zelle an externe Fixpunkte, wie beispielsweise Kerne, gut geeignet.

Stockwerksrahmen benötigen in Rahmenebene (**xz**) eine Aussteifung. Dies kann durch die Anbindung an aussteifende Kerne erfolgen, wozu sich die ohnehin als Scheiben wirkenden Massivdecken gut heranziehen lassen. Eine Aussteifung durch Rahmenwirkung über die Biegesteifigkeit der Wände/Decken und über die biegesteife Ausbildung des Wand-Decken-Anschlusses ist grundsätzlich nicht möglich. Hierzu sind steifere Bauteile wie Stützen und Unterzüge erforderlich, die zu tragfähigen Rahmen zusammengeschlossen werden können. Hier werden häufig Stahlbeton- oder Fertigteilverbundrahmen eingesetzt.

☞ *Kap. IX-1, Abschn. 1.6.1 das vertikale ebene Umfassungselement, insbesondere* **28** *bis* **33**, *S. 199*

Wie bereits in *Kapitel IX-1* angesprochen, ist auch der Fall zu berücksichtigen, dass die Platte nicht auf Wandscheiben aufliegt, sondern auf stabförmigen Unterzügen. Die ist bei Skeletttragwerken der Fall. Es liegt dann ein **indirekter Lastabtrag** vor.

☞ *Abschn. 2.1.2 Flache Überdeckung aus Stabscharen > Aussteifung, S. 294 ff, sowie 2.1.3 Aussteifung von Skeletttragwerken, S. 309 ff*

Die Verhältnisse bei der Aussteifung von baulichen Grundzellen mit einachsig spannenden Platten sind analog zu denen mit Stablagen auf Scheiben- und Skelettsystemen und werden weiter unten näher diskutiert.

Einsatz im Hochbau – planerische Aspekte

■ Die Massivplatte hat im modernen Hochbau eine sehr große Bedeutung, weil sie Vorteile in sich vereinigt, die andere Deckenkonstruktionen nur zum Teil aufweisen. Sie sollen aus diesem Grund im Folgenden ausführlicher diskutiert werden. Sie gelten in gleicher Weise – in Einzelfällen sogar verstärkt – auch für **zweiachsig spannende Massivplatten** wie weiter unten besprochen.

☞ *Abschn. 3.1.1 Platte zweiachsig gespannt, linear gelagert, S. 342 ff*

Massivplatten weisen Vorteile beispielsweise in Bezug auf die **Lastabtragung** auf:

- **Horizontale Scheibenwirkung**. Diese wird in der Regel für die Aussteifung des Gebäudes genutzt. Sie ergibt sich ohne Zusatzmaßnahmen durch das in Gussbauweise gefertigte monolithische, isotrope Bauteil und eine zweiachsig orientierte Bewehrung von selbst.

- Sehr günstiges Verhältnis von **Bauteildicke** zu **Spannweite** im üblichen Spannweitenbereich etwa unter 8 m.

Insbesondere wo Bauhöhe und umbauter Raum knapp zu halten sind – wie beim Wohnungsbau – ist dieser Aspekt von außerordentlich großer Bedeutung. Zweiachsig gespannte Platten können sogar schlanker ausgeführt werden als einachsige.

☞ *Abschn. 3.1.1 Platte zweiachsig gespannt, linear gelagert, S. 342 ff*

- Die **gute Querverteilung** der Last erlaubt eine große Planungsfreiheit bei der Lagerung der Platte und bei der Anordnung von Deckendurchbrüchen. Es sind beispielsweise nicht regelmäßige Anordnungen von Lagern ausführbar. Auch in dieser Hinsicht zeigen zweiachsig gespannte Platten zusätzliche Vorteile gegenüber einachsigen.

☞ *Abschn. 3.1.1 Platte zweiachsig gespannt, linear gelagert, S. S. 342 ff*

Oder in Bezug auf die **Fertigung**:

- Verhältnismäßig **einfache geometrische Voraussetzungen** für das Schalen und Vergießen, da es sich um ein ebenes, unprofiliertes Bauteil handelt. Insbesondere das *liegende* Vergießen– im Vergleich zum *stehenden* bei Wandbauteilen – ist ein bedeutender Vorzug der Massivplatte, da sich eine komplette Schalfläche erübrigt, nämlich die oberseitige. Auch die bei stehenden Schalungen manchmal nicht unkritische Verdichtung des Frischbetons im unteren Schalungsraum ist bei der liegend gegossenen Platte wegen der nur geringen Betoniertiefe (identisch mit der Plattendicke) unproblematisch.
- Dank des Einsatzes von **Systemschalungen** und Halbfertigteilen haben sich die – stets kostenintensiven – Schalungsarbeiten deutlich vereinfacht. Massivplatten sind auch im Hinblick auf Kosten konkurrenzfähig.

☞ *Kap. X-5, Abschn. 6. Schalungstechnik, S. 716 ff*
☞ *Ebd. Abschn. 6.5 Halbfertigteile, S. 722 ff*

- Singuläre Elemente wie Durchbrüche, Aussparungen für den Ausbau (z. B. für Leuchten) oder Leitungen (Leerrohre für Elektroinstallation, Rohrabschnitte) lassen sich flexibel integrieren und verhältnismäßig einfach in der Fertigung umsetzen.

Nicht zuletzt sind bedeutende **nutzungsbezogene Vorteile** zu erwähnen:

- Guter **Luftschallschutz** dank großem Flächengewicht der Massivplatte;

☞ ***Band 1**, Kap VI-4, Abschn. 3.3.3 Luftschalltechnisches Verhalten von Bauteilen > einschalige Bauteile, S. 741 ff*

- Ausreichender **Trittschallschutz**, wenn mit Verbundestrich und weichfederndem Bodenbelag kombiniert. Dies ist deshalb ein bedeutsamer Gesichtspunkt, da im Verwaltungsbau nur dieser Deckenaufbau die nötige freie **Versetzbarkeit** der Trennwände bei ausreichendem Trittschallschutz gewährleistet. Deckenaufbauten mit schwimmenden Estrichen sind dafür nicht geeignet. Unter diesen Voraussetzungen spielt die **Masse** der Decke eine entscheidende Rolle;

☞ ***Band 1**, Kap VI-4, Abschn. 3.4.2 Trittschalltechnisches Verhalten von Decken, S. 756, und Abschn. 3.4.3 Verbesserung des Trittschallschutzes durch Bodenbeläge, S. 756*

- Guter **Brandschutz**. Bereits die statisch erforderliche Plattendicke ergibt ein **feuerbeständiges** Bauteil.

- Große **thermische Speichermasse**. Insbesondere im Sommer erweist sich diese Eigenschaft als sehr wichtig, um überschüssige Wärme temporär zu speichern und das Bauwerk zu kühlen. Aber auch während der Übergangszeiten kann – vor allem bei großflächigen Verglasungen und beim heute üblichen hohen Dämmstandard – die thermische Trägheit einer Massivdecke erforderlich sein, um zeitweise Überhitzung im Rauminnern zu verhindern.

In ihrer Variante als einachsig gespannte, linear gelagerte Platte ist die Massivdecke vor allem für diejenigen Fälle prädestiniert, wo nutzungsbedingt Mauerscheiben als Umfassung zum Einsatz kommen, also insbesondere bei **Zellenbauweisen**, wie sie im Wohnungsbau üblich sind. Die bei dieser Art von Decke sinnvollen Spannweiten im Bereich zwischen 5 und 8 m lassen sich planerisch gut vereinbaren mit folgenden beispielhaften Nutzungsvarianten:

- der Raumbreite **zweier Einzelzimmer**;

- der Raumbreite **dreier kleiner Einzelzellen** wie sie beispielsweise bei Kombibürokonzepten realisiert werden;

- der Breite von **drei Garagenstellplätzen**: (3 x 2,5 m = 7,5 m). Diese müssen bei Tiefgaragen im Regelfall im gleichen Tragwerksraster integriert werden wie die Nutzungen in den Geschossen darüber.

☞ *Kap. IX-1, Abschn. 2.2 Einflüsse des Lastabtrags auf die Geometrie der Grundzelle, S. 212*

Einige fundamentale Überlegungen zur **planerischen Festlegung von Spannweiten** bei gerichteten Überdeckungen werden in *Kapitel IX-1* angestellt.

35 Tragwerk eines Fertigteilbaus im Bauzustand: einachsig spannende vorgefertigte Deckenplatten auf Unterzügen, über drei Geschosse durchgehende Fertigteilstützen mit Konsolenauflagern.

36 Seitenansicht des oben gezeigten Tragwerks. Die Rippen der Deckenelemente sind zur Durchleitung von Installationen perforiert.

Flache Überdeckung aus Stabscharen

☞ [a] **Band 1**, Kap VI-2, Abschn. 9.4 Element aus einachsig gespannten Rippen, S. 635 f

☞ [b] Kap. IX-1, Abschn. 3. Der konstruktive Aufbau des raumabschließenden Flächenelements, S. 222 ff

■ Eine entwicklungsgeschichtlich wesentlich ältere Art, einen Raum flach zu überdecken, als eine Massivplatte ist die **Balkendecke** aus einer oder mehreren gestapelten Stabscharen. Sie ist insbesondere in der Variante der Holzbalkendecke sehr alt (🗗 **37**). In ihrer einfachsten Ausprägung wird eine Lage oder Schar zueinander paralleler Balken zwischen zwei ihrerseits parallel verlaufenden Wänden gespannt (🗗 **38**). Die auf diese Weise entstehende Deckenkonstruktion kann als ein **gerichtetes Rippensystem** gelten wie im *Kapitel VI-2* definiert,[a] wobei die dominierenden externen Lasten, also Eigen- und Verkehrslasten, in diesem Fall *orthogonal* zur Elementfläche gerichtet sind. Im Sinn unserer Betrachtung des konstruktiven Aufbaus eines Flächenelements [b] zählt die Balkendecke, je nach Ausführung, zur Variante **2** oder **4**.

Erweiterbarkeit

☞ Abschn. 2.1.1 Platte einachsig gespannt > Erweiterbarkeit, S. 284 ff

■ Diese Grundzelle lässt sich in Spannrichtung der Balken (→ **x**) infolge begrenzter Spannweite der Träger analog zur einachsig spannenden Platte nur durch **seitliches Hinzufügen** einer anderen Zelle erweitern (🗗 **39**). Es entstehen folglich parallele *Joche* (🗗 **40**).

In Wandrichtung (→ **y**) ist diese Grundzelle ihrem Strukturprinzip folgend jedoch grundsätzlich **endlos erweiterbar**, da nur die Wände verlängert und die Balkenlage ergänzt werden muss (🗗 **41**).

In der Höhe (→ **z**) sind diese Art von Zellen durch einfache **Stapelung** erweiterbar (🗗 **42, 43**). Wiederum ist wie bei Platten zu klären, wie die Einbindung der Stablage in die tragende Wand und die Abtragung der lotrechten Lasten über die Anbindung Wand-Decke stattfindet. Im Regelfall wird verhindert, dass lotrechte Lasten über die Stabschar hinweg durch Pressung der Stäbe übertragen werden

37 Flache Überdeckung aus Stabscharen: Holzbalkendecke im Stadthaus Regensburg.

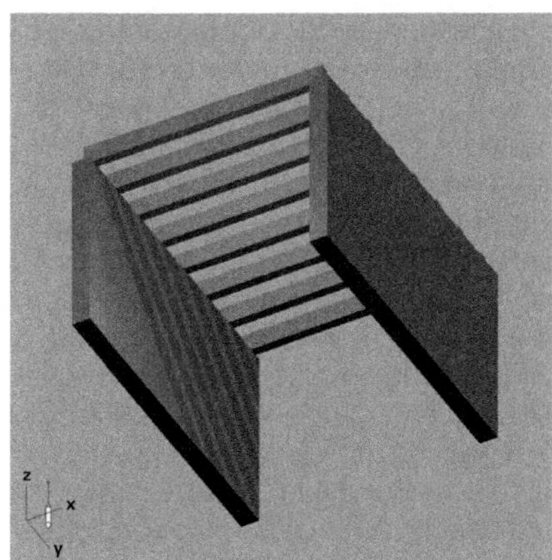

38 Überdeckung aus einer flachen Stabschar zwischen tragenden Wandscheiben.

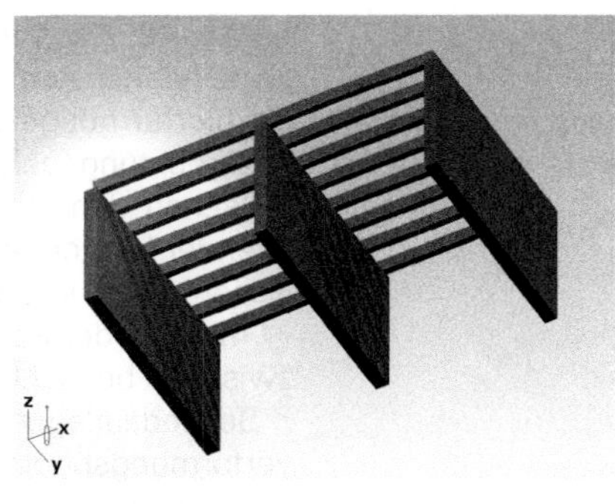

39 Erweiterung der Grundzelle in ⊡ **38** in Spannrichtung der Stabschar (→ **x**) durch Addition eines parallel geschalteten Jochs.

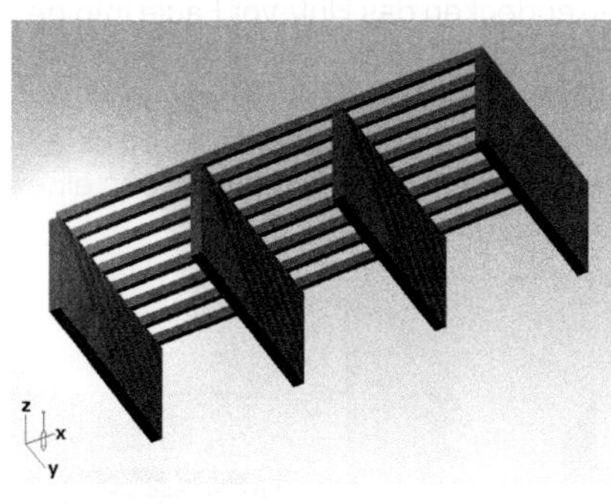

40 Beliebige Erweiterung der Grundzelle in Spannrichtung der Stabschar (→ **x**), jedoch unter Inkaufnahme einer Segmentierung der eingeschlossenen Räume.

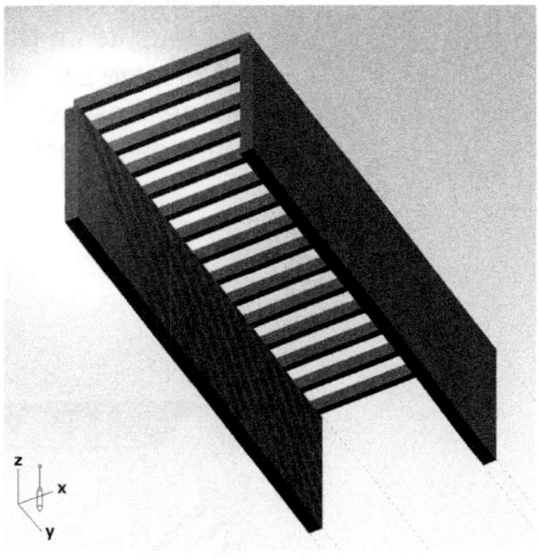

41 Unbegrenztes Erweitern der Grundzelle in ⊡ **38** in Wandrichtung (→ **y**), also quer zur Stabrichtung, durch einfaches Verlängern des Bauprinzips der Grundzelle.

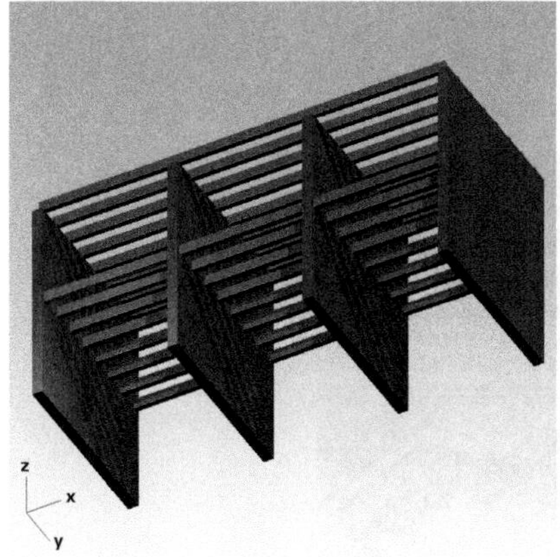

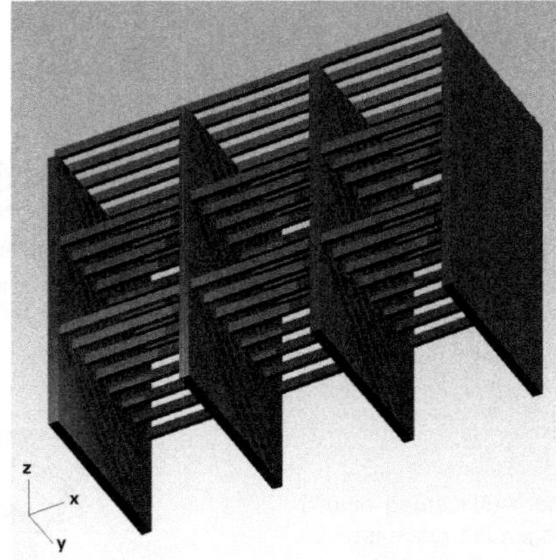

42, **43** Erweitern der Grundzelle in ⊡ **38** in der Höhe (→ **z**).

☞ **Band 1**, *Kap. IV-5, Abschn. 4. Mechanische Eigenschaften, S. 285f*

(🗗 **46–48**). Dies trifft insbesondere für Holzbalken zu, die keine nennenswerte Querpressung vertragen, da dem Holz die hierfür nötige Steifigkeit und Festigkeit orthogonal zur Faserrichtung fehlt. Stattdessen ist entweder im Wandkern zwischen den stirnseitig anstoßenden Balken ein ausreichender Wandquerschnitt für die Kraftübertragung freizulassen (dann keine Durchlaufwirkung der Träger möglich; 🗗 **47**, **48**) oder alternativ die Last in den Wandabschnitten zwischen benachbarten Trägerachsen abzutragen (🗗 **46**).

Bei Endauflagern von Balkendecken ist zur Aufnahme von verformungsbedingten Verdrehungswinkeln der Balken im Lager eine gelenkige Verbindung mittels einer Zentrierleiste erforderlich. Neben der Vermeidung von Querpressung bei Holzbalkendecken (s. o.) bedingt auch diese Notwendigkeit eine Entkopplung der Deckenauflagerung vom vertikalen Lastabtrag der Wand. Ein gängiges Beispiel hierfür sind Deckenendauflager in Mauerwerkswänden (🗗 **44**, **45**). Ferner ist durch die strikte konstruktive Trennung von Wand und Balken bei Holzbalkendecken das Holz vor Fäule infolge Baufeuchte im Mauerwerk geschützt.

Versätze zwischen Umfassungswänden übereinanderliegender Geschosse erhöhen die Biegemomenten- und Querkraftbeanspruchung der Stabschar deutlich und heben eine

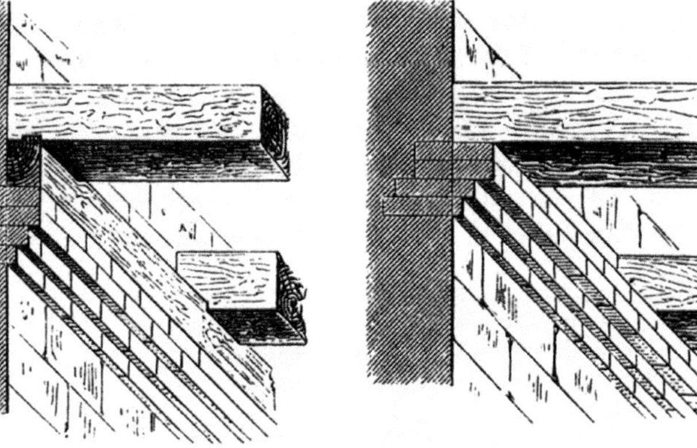

44 Auflagerung von Holzbalken einer Holzbalkendecke auf einer Mauer: Die Lagerung erfolgt auf einem durchgehenden Gesims aus vorkragenden Mauersteinen. Der Holzbalken ist ringsum gut belüftet und läuft keine Gefahr, durch Wirkung der Baufeuchte im Mauerkern zu faulen (siehe auch Variante in 🗗 **48**).

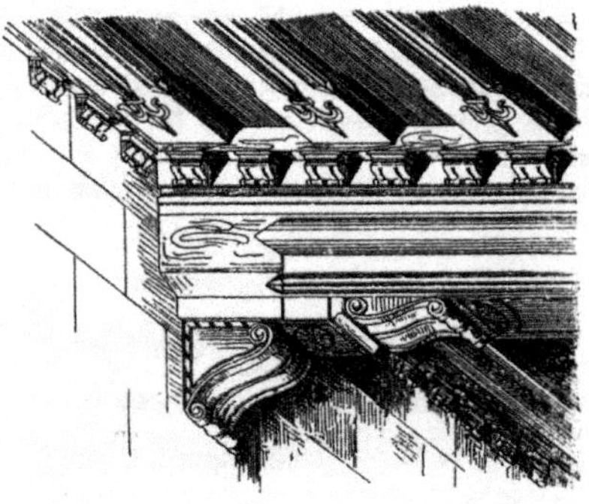

45 Historisches Beispiel einer Auflagerung eines Unterzugs auf einem auskragenden Konsolstein, der im Mauerverband eingefügt ist. Die Verhältnisse sind vergleichbar mit denen in 🗗 **44**.

aussteifende Scheibenwirkung der Wand auf (🗗 **49, 50**). Es sind kaum Begleitumstände vorstellbar, bei denen dies wünschenswert sein könnte, weshalb derartige Versätze prinzipiell zu vermeiden sind. In seltenen Fällen wie bei Trägern mit Kragarmen können Wandversätze (vgl. Fachwerkbau: vorspringende Fassaden) die Balkenlage entlasten (🗗 **51**).

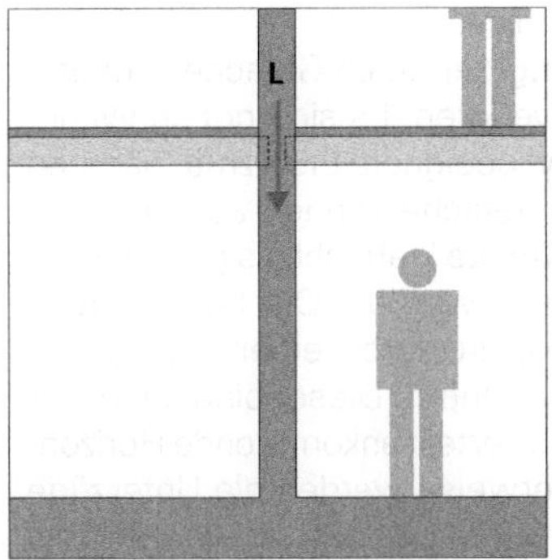

46 Abtragen der Last über den Wandquerschnitt zwischen Trägerachsen. Träger in Wand eingelassen.

47 Abtragen der Last über einen durchgängigen, zwischen Trägerenden verbleibenden Wandquerschnitt. Balkenlage in durchgehender Aussparung gelagert: Schwächung des Wandquerschnitts.

48 Abtragen der Last über den ungestörten Wandquerschnitt. Auflagerung der Träger auf gesondertem Element (Konsole, Streichbalken).

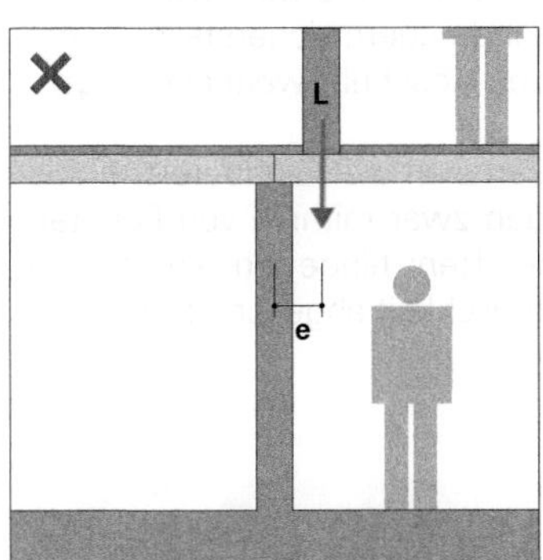

49 Versatz **e** zwischen übereinanderliegenden Wänden. Zusätzlich belastendes Moment **L·e** auf dem Balken (oder der Decke) rechts sowie Querkraftbeanspruchung, die ansonsten nicht vorliegt. Die Wand kann eine aussteifende Scheibenwirkung über mehrere Geschosse nicht mehr entfalten. Diese Lösung ist grundsätzlich zu vermeiden.

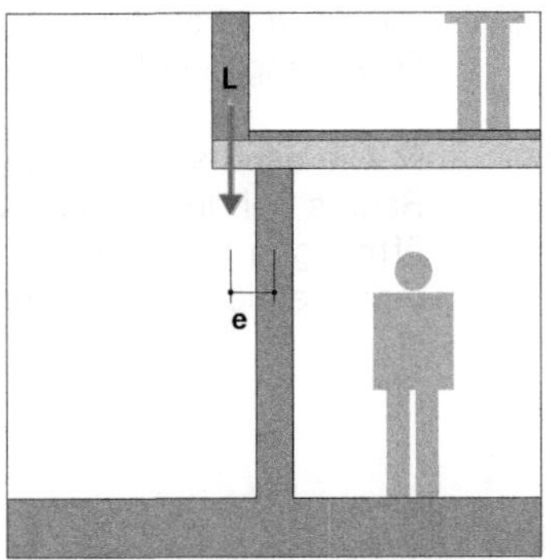

50 Versatz **e** zwischen übereinanderliegenden Wänden. Entlastendes Moment **L · e** auf dem Balken mit Kragarm. Scheibenwirkung der Wand nicht möglich, wie links in 🗗 **49**.

51 Fachwerkbautypische geschossweise Auskragung der Wandgefache, die jeweils auf den auskragenden Enden der Deckenbalken aufliegen.

Räumliches Zusammenschalten von addierten Zellen

☞ *Siehe Kap. IX-1,* **38–42**, *S. 201*

■ Um benachbarte Joche, beispielsweise für Nutzungszwecke, zusammenzuschalten, genügen ausreichend große **Öffnungen** in den trennenden Wandscheiben. Sollen diese Abschnitte jedoch zu einer räumlich zusammenhängenden Einheit verschmolzen werden, kann man eine trennende Wand durch ein **Gefache** aus Stützen und Unterzug (**A-A**) ersetzen (**52**). Auf diese Weise lassen sich große zusammenhängende Raumeinheiten schaffen (**53, 54**). Die gerichtete Jochstruktur bleibt in den Stützenstellungen erkennbar. Die flache Deckenausbildung ist – im Gegensatz beispielsweise zu einer Überwölbung – der Schaffung eines durchgängigen Raums förderlich.

Die **aussteifende Wirkung** der durch Gefache substituierten Wandscheiben geht verloren: Es sind ggf. in Wand- bzw. Unterzugsrichtung (→ **y**) geeignete Ersatzmaßnahmen erforderlich. Diese inneren Gefache können auch mithilfe der **Scheibenwirkung der Decke** kraftschlüssig an externe Wandscheiben angeschlossen werden. Die Scheibenwirkung einer Holzbalkendecke ist durch einen umlaufend angeordneten Ringbalken zu sichern. Dieser bindet die einzelnen Balken zusammen und verteilt ankommende Horizontallasten auf diese. Sinnvollerweise werden die Unterzüge über den Stützen als Mehrfeldträger ausgebildet, sodass sich die Feldmomente und damit die statisch erforderliche Trägerhöhe reduzieren lassen.

Wie bei allen Gebäuden mit großen Raumtiefen stellt sich hier die Frage nach der geeigneten **Belichtung** und **Belüftung** der Rauminnenbereiche, die man nicht mehr allein durch Fenster in den Randmauern sicherstellen kann. Diese Frage wird im folgenden Abschnitt weiter verfolgt.

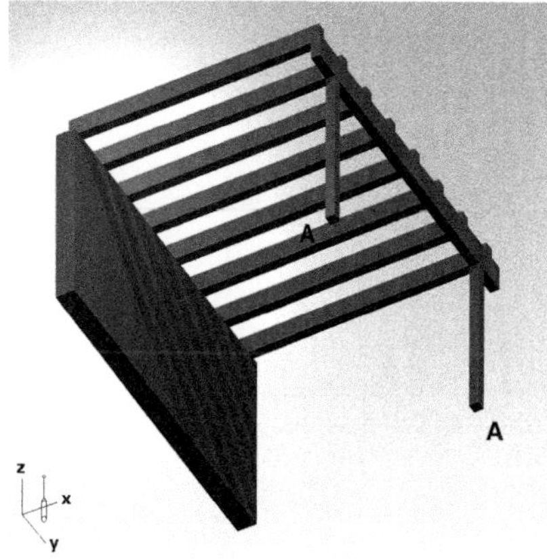

52 Auflösung einer tragenden und raumabschließenden Wandscheibe durch ein Gefache **A-A** aus Stützen und einem Unterzug.

Das Problem der Belichtung und Belüftung addierter Zellen

■ Wie bereits erwähnt, lassen sich die Randbereiche des Raums bei den Außenwänden zwar mithilfe von Fensteröffnungen belichten und belüften; hingegen bleiben die Innenbereiche von dieser Möglichkeit abgeschnitten.

53 Durch diese Lösung lassen sich die ansonsten segmentierten Joche des gerichteten Systems zu einem kontinuierlichen Raumvolumen zusammenschalten.

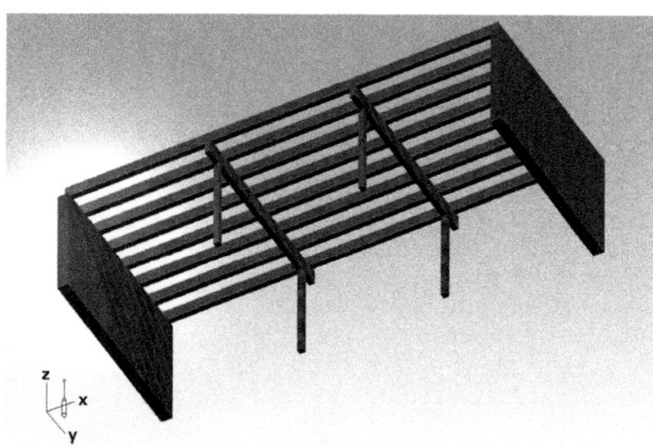

54 Die Joche zeichnen sich dann lediglich durch Stützenreihen und ggf. sichtbare Deckenzäsuren durch die Unterzüge ab.

Je mehr Joche seitlich addiert werden, desto schärfer stellt sich das Problem.

Entwicklungsgeschichtlich ist als Antwort auf diese Notwendigkeit der basilikale Querschnitt entstanden. Diese Bezeichnung geht auf den Bautypus der **Basilika** zurück, der seinen Ursprung in der Antike hat und sich kennzeichnet durch das überhöhte Mitteljoch (**55–57**) oder -schiff bzw. durch eine von der Mitte zu den Seiten hin höhenmäßig gestaffelte Jochsequenz. An den Seitenwänden des herausragenden Mitteljochs lassen sich Fensteröffnungen anbringen, die den zentralen Bereich mit Licht und Luft versorgen. Die Lüftung wird durch die natürliche Thermik unterstützt: Wärmere Innenluft steigt im höheren mittleren Joch empor und entweicht über die oberen Fenster, während die kühlere frische Luft über die seitlichen tieferen Fensteröffnungen nachströmt.

Auch wenn diese Gebäudekonfiguration zur Belichtung und Belüftung der Innenbereiche heute nicht zwingend notwendig ist, da man gegenwärtig – anders als früher – über bauliche Möglichkeiten verfügt, größere Öffnungen zu Belichtungs- und Belüftungszwecken in einer Dachfläche zu verwirklichen, ist sie dennoch auch gelegentlich in modernen Gebäuden vorzufinden. Obgleich die Bezeichnung *basilikal* die Vermutung nahelegt, es sei eine ausschließlich sakrale Bauform, ist dieser Gebäudequerschnitt auch für viele andere Nutzungen, so beispielweise auch im Industriebau, häufig realisiert worden.

Bei einigen der exemplarisch gezeigten Tragwerke (**57**) wurde die Balkendecke zusätzlich – sowohl im Mitteljoch als auch über den Seitenjochen – für einen besseren Witterungsschutz mit geneigten Dachflächen ausgestattet.

55 Beispiel für ein Bauwerkskonzept wie in **57** dargestellt (San Miniato al Monte, Florenz).

56 Erhöhung eines innenliegenden Jochs zur Belichtung und Belüftung des mehrjochigen Innenraums.

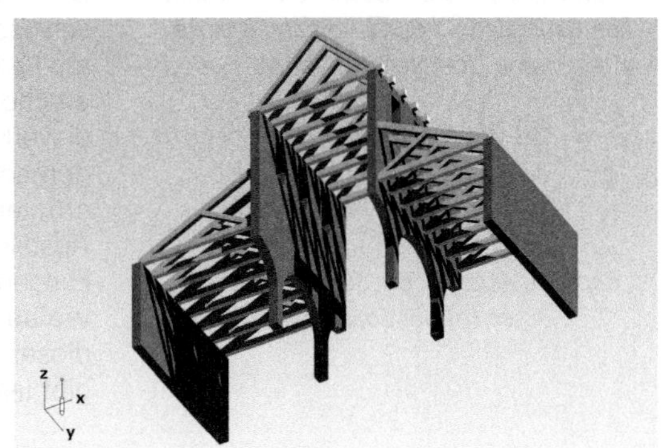

57 Überdeckung der Stützfelder mit geneigten Dachkonstruktionen. Dreijochige oder -schiffige Anlage wie bei historischen basilikalen Bautypen.

Aussteifung

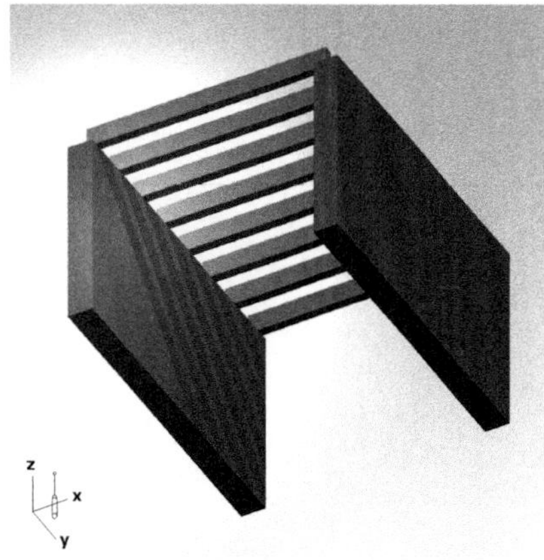

58 Aussteifung der Grundzelle gegen Horizontalkräfte in Stabrichtung (→ **x**) mittels Schwergewichtswänden.

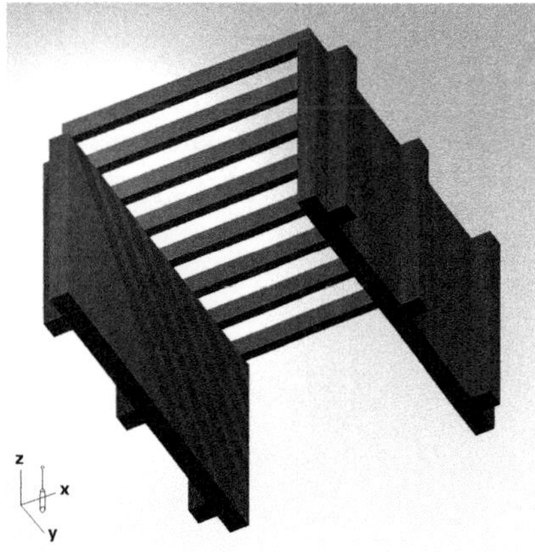

59 Aussteifung der Grundzelle gegen Horizontalkräfte in Stabrichtung (→ **x**) mittels Wandpfeiler (Strebepfeiler).

☞ ***Band 1**, Kap. VI-2, Abschn. 9.3 Element aus Bausteinen > 9.3.2 Verband – druckkraftwirksame Übergreifung,* **143**, *S. 633*

☞ *Kap. X-1 Mauerwerksbau, S. 460ff*

☞ *Kap. X-1, Abschn. 5.1 Schachtelbauweise (Allwandbauweise), S. 484f*

■ In Richtung der Wände (→ **y**) kann das System gegenüber Horizontalkräften als ausgesteift gelten, sofern diese in ihrer Ebene als **Scheiben** wirken. Voraussetzung dafür ist die notwendige Zug- und Druckfestigkeit der Wandscheiben oder ausreichende **Auflast**, um die Horizontallasten ganz ohne Zugbeanspruchung in den Baugrund abzutragen. Quer zur Wandebene (→ **x**) ist das System nicht ausgesteift. Es sind zu diesem Zweck folgende Maßnahmen denkbar:

- Die Wände lassen sich als **Schwergewichtswand** (**58**) ausführen und stabilisieren sich somit für sich selbst. Die Horizontalkräfte werden durch eine Kombination aus großer Eigenlast und wegen größerer Mauerdicke verbreiteter Aufstandsfläche gleichsam *überdrückt*. Diese Lösung ist mit großem Materialaufwand verbunden und spielt in der modernen Baupraxis keine Rolle;

- Sofern es sich um Stahlbetonwandscheiben handelt, die in der Lage sind, Biegezugkräfte aufzunehmen, ist bis zu einer gewissen Schlankheit der Mauer eine **Einspannung** – gegen Biegebeanspruchung in der Ebene **xz** – im Fundament möglich.

- **Mauerpfeiler**, alternativ außen- oder innenliegend, steifen die Mauer gegen Horizontalkräfte aus (**59, 60**).

- Eine **Querwand** stabilisiert die beiden Längswände. Es ist ein Verbund an der Nahtstelle beider Scheiben erforderlich. Querwände können gleichzeitig dazu dienen, den Raum in Abschnitte, also Raumzellen, zu unterteilen (**63**). Die gleiche Wirkung erzielen auch außenseitig der Raumzelle befindliche Querscheiben (**65, 66**). Die Wandabschnitte beiderseits der aussteifenden Querwand (**freie Enden**) werden dennoch auf Biegung beansprucht und sind deshalb in ihrer Spannweite maßlich begrenzt. Dies gilt insbesondere für Wände aus Mauerwerk.

- Durch **Reihung von Querwänden** können allseitig umschlossene Räume entstehen (**64**). Der Nachteil der oberen Variante, dass nämlich die *freien Enden* der Längsmauerscheiben nicht gehalten, und beispielsweise in Mauerwerksausführung gefährdet wären, wird dadurch wettgemacht, dass Quer- und Längswände sich gegenseitig stützen und stabilisieren. Freie Enden werden durch Ausbildung von Stumpf-, Kreuz- oder Eckstößen (**61**) konsequent umgangen. Es entsteht die **Schachtelbauweise**. Aus dieser Grundzelle wird deutlich, dass es bei diesem gerichteten System zwei Kategorien von Wänden gibt (**62**):

  - **tragende** Wände: Wände, auf denen die Balken aufliegen (**T**), und:

•• **aussteifende** Wände: Wände, die keine Balken tragen und lediglich die tragenden stützen und stabilisieren (**A**). Auch diese benötigen indessen eine ausreichende lotrechte Belastung, um ihre aussteifende Wirkung entfalten zu können, vor allem im Mauerwerksbau. Erforderlichenfalls lässt sich zumindest ein Teil der anfallenden Deckenlasten durch Wechsel der Balkenspannrichtung in übereinanderliegenden Geschosssen in diese Wände eintragen.

60 Wandpfeiler.

Bei der Querabstützung von Wandscheiben ist grundsätzlich zu beachten, dass eine quer zu ihrer Ebene belastete, mehrfach quer gestützte Wandscheibe eine nur begrenzte Spannweite zwischen Stützungen überbrücken kann. Die Wand muss nämlich die Horizontallasten über Biegung quer an die stützenden Bauteile verteilen. Die Stablage der Decke selbst ist ohne Zusatzmaßnahmen – im Gegensatz zu einer Deckenscheibe – hierzu nicht in der Lage. Eine Mauerwerkswand kann dies durch ihre eigene Steifigkeit nur in sehr begrenztem Ausmaß leisten. Zu diesem Zweck kann man eine gemauerte Wand mit einem **Ringbalken** ergänzen, welcher die Last an die Festpunkte – wie beispielsweise Querscheiben – über Biegung abgeben kann. Auch ein **Ringanker** entfaltet eine gewisse Wirkung. Der Ringbalken bindet die Balkendecke zu einer Scheibe zusammen. Auch für diese lastverteilende Biegetragwirkung ist eine überdrückende Auflast bei Mauerwerks- oder Stahlbetonwänden sinnvoll.

☞ *Siehe das Versagensbild in **Band 1**, Kap. VI-2, Abschn. 9.3.2 Verband – druckkraftwirksame Übergreifung,* **143**, *S. 633*

☞ *Kap. X-1, Abschn. 4.2 Versteifung und Stabilisierung von Wänden im Mauerwerksbau, S. 477 ff*

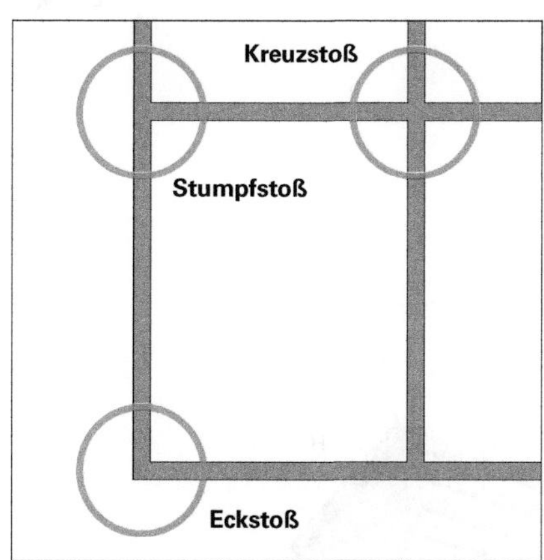

61 Bei der mauerwerkstypischen **Schachtelbauweise** werden freie, also nicht gehaltene Mauerenden durch Ausbildung von Stumpf-, Kreuz- und Eckstößen vermieden.

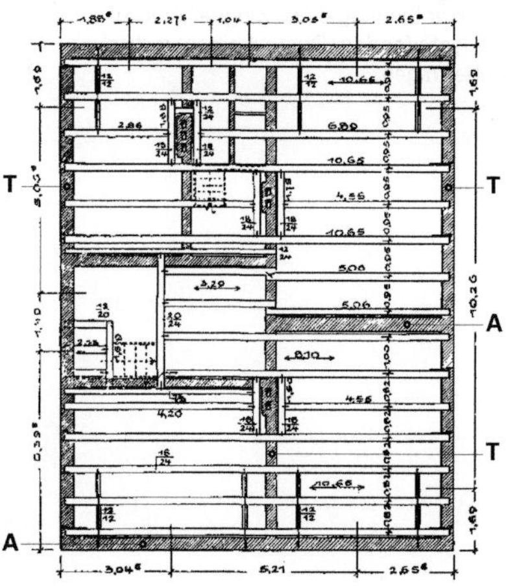

62 Differenzierung zwischen **tragenden** Mauerscheiben (**T**) und **aussteifenden** Mauerscheiben (**A**) in Funktion der Lagerung der Balkenscharen im dargestellten Geschoss. Balkenspannrichtungen werden jedoch oftmals geschossweise wechselnd ausgeführt, unter anderem mit dem Zweck, Auflast in die – ansonsten nicht belasteten – aussteifenden Wände **A** einzutragen.

63 Aussteifung der Grundzelle gegen Horizontalkräfte in Stabrichtung (→ **x**) mittels **Querwand** (**Q**). Bei Ausführung in Mauerwerk können die Horizontalkräfte jedoch nur dann auf das aussteifende Bauteil, also hier die Querwand, übertragen werden, wenn ein Ringbalken (vgl. ⇗ **70**) diese Kräfte über Biegung abträgt oder alternativ eine Deckenscheibe wie in ⇗ **68** bis **69**. Gleiches gilt für die Beispiele in ⇗ **64** bis **66**.

64 Mehrere aussteifende Querscheiben (**Q**) erzeugen geschlossene Raumzellen. Es entsteht gleichsam eine geschlossene steife *Schachtel*.

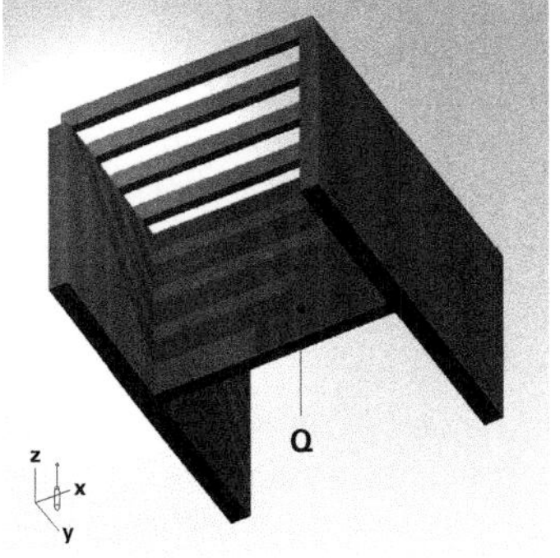

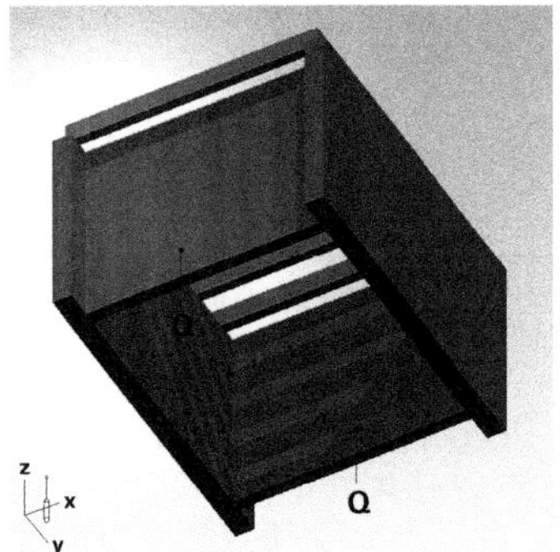

65 Aussteifende Querscheiben (**Q**) können extern angeordnet sein.

66 Alle externen horizontalen Zug- und Druckkräfte in Balkenrichtung (→ **x**) werden durch die gestützte Wandscheibe (**L, Q**) rechts aufgenommen. Horizontalkräfte auf die nicht ausgesteifte Wandscheibe links (**L'**) werden im gezeigten asymmetrischen Beispiel axial durch die Balkenlage auf die gestützte Wandscheibe (**L**, **Q**) und dann über Biegung eines Ringbalkens auf die aussteifenden Querscheiben rechts (**Q**) übertragen.

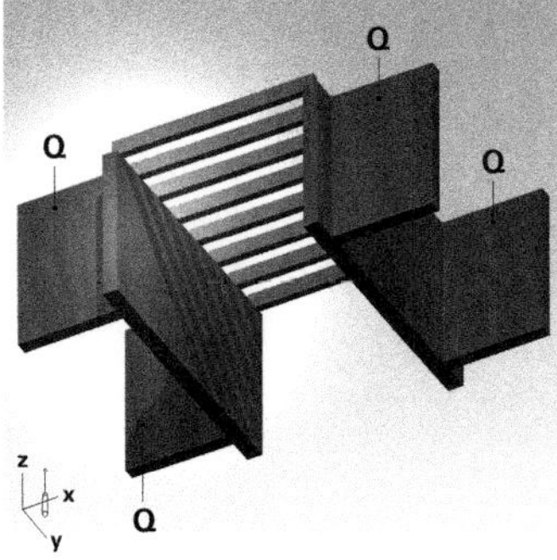

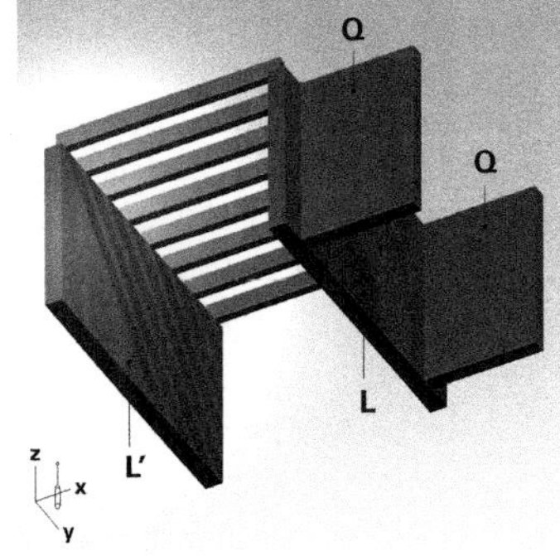

67 Stützung der Mauerscheiben in Querrichtung (→ **x**) durch **externe Halterung H** (hier symbolisch als Lager dargestellt) in Deckenebene, beispielsweise durch Deckenscheibe und Kern.

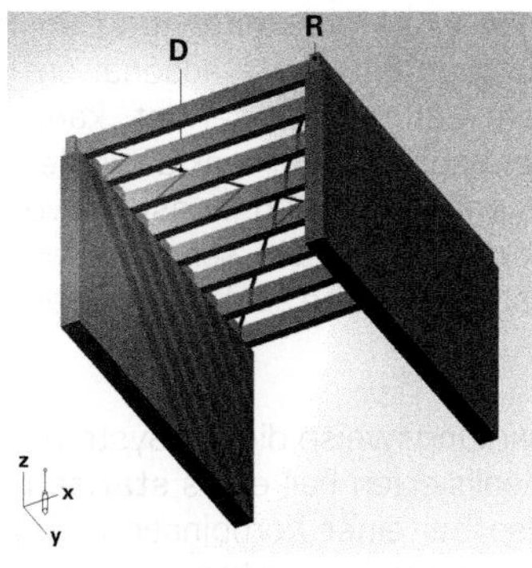

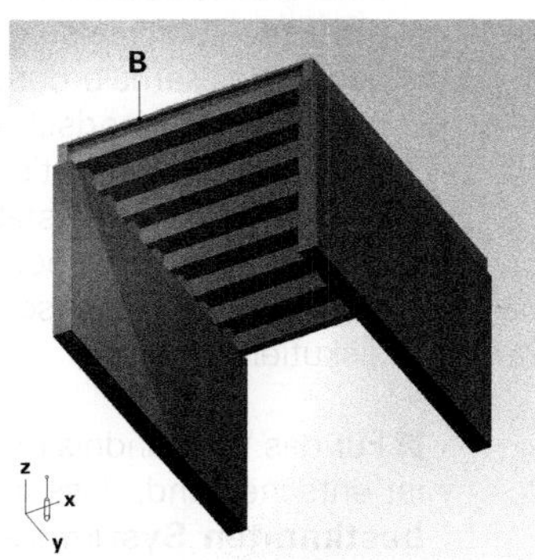

68 Ausbildung einer Deckenscheibe durch **Diagonalverband** (**D**) und **Randstäbe** (**R**). Zur Übertragung der Horizontalkräfte auf die Deckenscheibe müssen die Balken an den Kreuzungspunkten mit den Diagonalen jeweils mit diesen verbunden sein.

69 Scheibenbildung durch oberseitig auf der Balkenlage aufgebrachte **Beplankung** (**B**). Zusätzlich ist bei den üblicherweise nicht ausreichend zugfesten Beplankungswerkstoffen ein umlaufender Ringanker erforderlich.

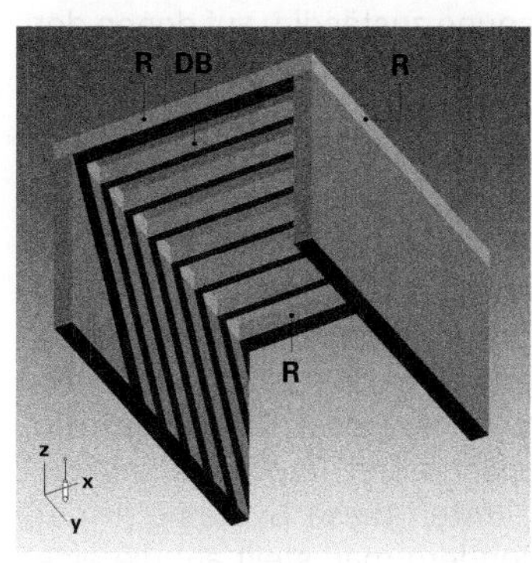

70 Scheibenbildung durch Anordnung eines umlaufenden **Ringbalkens** (**R**), der die Horizontalkraft durch Biegung in der Deckenebene (**xy**) auf die jeweils in Kraftrichtung (→ **x** oder → **y**) verlaufenden Wandscheiben abträgt. **DB** Deckenbalken.

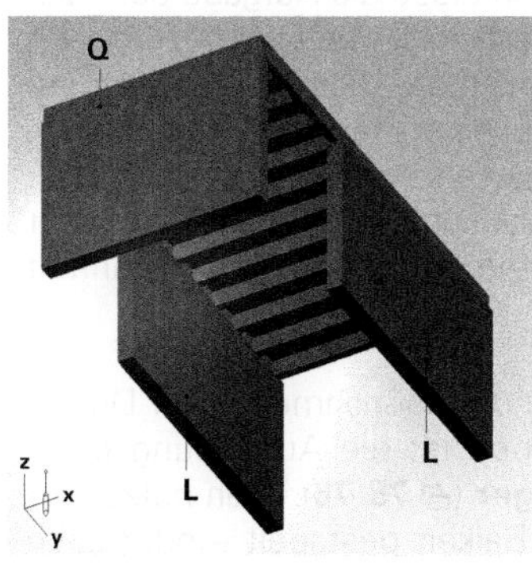

71 Eine Querscheibe (**Q**) kann aussteifende Wirkung auf die von ihr getrennten Längsscheiben (**L**) ausüben, wenn eine Deckenscheibe (hier als beplankte Balkenlage gemäß ☞ **69**) beide kraftschlüssig miteinander verbindet.

72 Verdrehungen wie sie im System in ☞ **71** bei ungünstigen Proportionen auftreten können, sind beim dargestellten symmetrischen System mit zwei Querwandscheiben ausgeschlossen.

- Eine **Deckenscheibe**, die an einen oder mehrere **Fixpunkte** – beispielsweise an einen aussteifenden Kern oder an außerhalb der baulichen Einzelzelle adäquat angeordneten Wandscheiben – angeschlossen ist, kann die Gesamtkonstruktion der baulichen Zelle inklusive der Umfassungswände stabilisieren (🗗 **67–72**). Konstruktive Maßnahmen zur Überführung eines nicht schubsteifen Stabsystems in eine schubsteife Scheibe sind weiter oben diskutiert worden.

☞ *Kap. IX-1, Abschn. 3.5 Das Aussteifen von Stabsystemen in ihrer Fläche, S. 226 ff*

Querverteilung von Lasten bei Stabsystemen

■ Für das Verständnis der Wirkungsweise dieses Systems ist entscheidend, dass im idealisierten Fall eines **statisch bestimmten Systems** – also bei einer Kombination von Einfeldbalken – zunächst nur *ein einziger* Balken von einer Einzellast betroffen ist und *er allein* diese auf die nächsttieferen Elemente abträgt. Man spricht davon, dass es keine Mitwirkung benachbarter Träger der betroffenen Trägerlage gibt. Es existiert also keinerlei **Querverteilung** von Lasten wie im Prinzipmodell in *Kapitel IX-1* exemplarisch dargestellt. Auch in der nächsttieferen Trägerlage sind im Prinzip nur die zwei Balken für die Lastabtragung zuständig, auf denen der belastete Balken der höheren Trägerhierarchie aufliegt. Ihre direkten Nachbarn erhalten keine Last.

☞ *Kap. IX-1, Abschn. 2.1 Ein- und zweiachsiger Lastabtrag,* 🗗 **58–65**, *S. 210 f*

☞ *Kap. IX-1, Abschn. 3.7 Einige grundlegende planerische Überlegungen zu Stabscharen, insbesondere* 🗗 **135**, **136**, *S. 239*

☞ *Kap. IX-1, Abschn. 3.4 Element aus Stabschar, nachgeordneter Querschar und Platte (Variante* **4***),* 🗗 **99**, *S. 225; siehe dort auch* 🗗 **100–103**

Bei dieser Art der Lastabtragung müssen die Trägerlagen nicht notwendig gestapelt sein. Auch höhengleich montierte Einfeldträgerlagen tragen die Last auf diese Weise ab. Entscheidend ist allein die **Lagerung** der Balken.

Zwar kann man bei diesem Prinzip den Lastverlauf leicht vorhersagen, weil gewissermaßen die Zuständigkeiten klar geregelt sind, doch leuchtet ein, dass die **Ökonomie** bei fehlender Mitwirkung benachbarter Tragglieder zu kurz kommt. Aus diesem Grund treten diese Systeme in der Praxis nie in Reinform auf, sondern man stellt auf die eine oder andere Art sicher, dass die Last auf *mehreren* Wegen abgetragen werden kann, was der Wirkungsweise **statisch unbestimmter Systeme** entspricht.

☞ *Vgl. auch die Überlegungen in Kap. IX-1, Abschn. 2.4 Lastabtrag und Nutzung, S. 218 ff*

Im Folgenden sollen bestimmte Stufen auf dem Weg einer **zunehmenden Lastquerverteilung** untersucht werden.

Schubsteife Platte

■ Weist die abschließende Beplankung ausreichende Biege- und Schubsteifigkeit auf, kann diese die Aufgabe der – zumindest teilweisen – Querverteilung von Lasten zwischen benachbarten Trägern übernehmen. Dies ist insbesondere bei Zwischenstufen zwischen einer Platte und einem Stabsystem der Fall, wie beispielsweise bei einer Rippenplatte. Schwere abschließende Beplankungen widersprechen eher dem Prinzip der Stabsysteme; das Tragverhalten ähnelt vielmehr dem einer Platte.

Durchlaufende Balkenlagen

■ Die erste und nächstliegende Maßnahme bei der Durchbildung von Deckensystemen ist die Ausbildung einer Trägerlage als **Mehrfeldträger** (🗗 **75, 76**). Man nutzt hierbei die Tatsache, dass die Balken gestapelt – oder auch

73 Durchlaufende Nebenträgerlage, auf Hauptträgern aufgelegt.

74 Kippsicherung von Trägerlagen aus Balken mit schlankem stehenden Querschnitt mithilfe eines Diagonalverbands (Kreuzgestake) (siehe hierzu ***Band 1***, *Kap. VI-2,* 🗗 **198** auf S. 647).

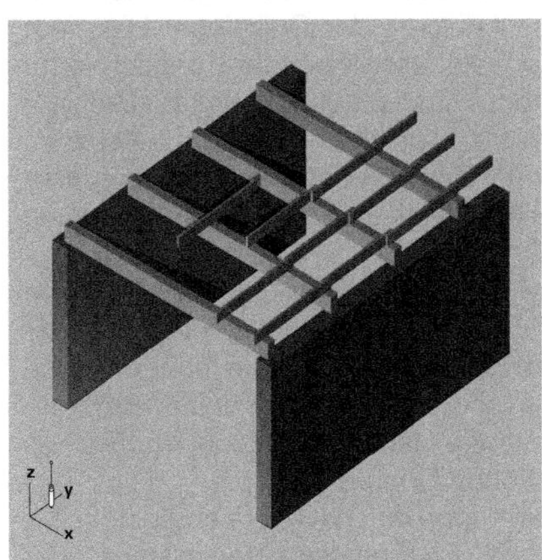

75 Gestapelte Trägerlagen erlauben die Ausnutzung der Durchlaufwirkung und eine signifikante Reduktion der Biegemomente in der aufliegenden Trägerschar. Die Durchlaufwirkung wird im Holzbau beispielsweise durch Überlappen und seitliches Vernageln erzielt – wie bei sogenannten *Koppelpfetten*.

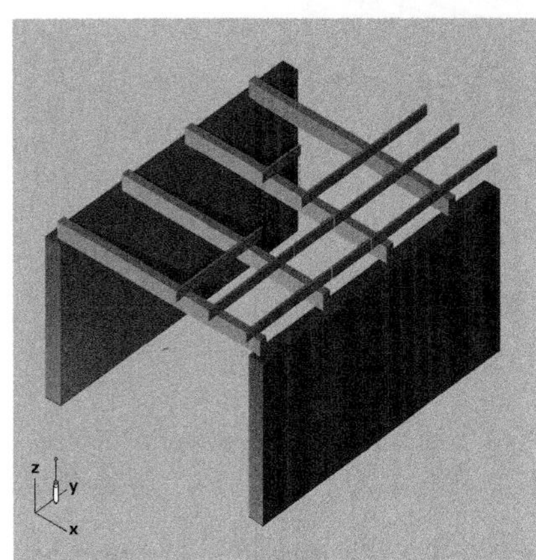

76 Lösung analog zu 🗗 **75**. Die Durchlaufwirkung wird durch gelenkige Koppelung der Träger an den Momentennullpunkten (Gelenkträger) erzielt.

77, 78 Beispiel eines Tragwerks mit gestapelten Stabscharen im Holzbau.

untergehängt – sind und lässt sie über, bzw. unter dem Auflager durchlaufen. Die Biege- und Schubsteifigkeit dieses Mehrfeldträgers zwingt benachbarte übergeordnete Träger zur Mitwirkung, sofern eine entsprechende Kopplung zwischen den beiden Trägerlagen existiert. Auch Varianten als **Gelenkträger** (**Gerberträger**) führen zum gleichen Ergebnis und sind beispielsweise im Holzbau weit verbreitet (🗗 **76**).

Diese Art der Lagerung ist **statisch unbestimmt** und führt ggf. zur Verteilung einer gedachten Punktlast, die auf einem Durchlaufträger ansetzt, über *mehrere* benachbarte nächsttiefere Balken, auf denen dieser aufliegt.

Querrippen

■ Eine zwischen den Balken einer Trägerlage spannende Querrippe (🗗 **79**) zwingt die benachbarten Träger eines bestimmten Balkens, seine Verformung mitzumachen, und damit einen Teil der auf ihn wirkenden Last zu übernehmen. Voraussetzung ist, wie auch beim Durchlaufträger, wiederum die Biege- und Schubsteifigkeit der Querrippe. Hier liegt bereits ein eindeutiger Fall der **Mitwirkung** benachbarter Träger vor. Dieser Effekt wird sich desto stärker abschwächen, je weiter entfernt die Nachbarn sich vom belasteten Balken befinden. Es findet eine gewisse Querverteilung einer Einzellast statt, die bei der reinen einachsigen Lastabtragung nicht gegeben ist.

Man beachte, dass eine Querverteilung nur dann von Bedeutung und nützlich ist, wenn es sich um **Punkt**- oder zumindest **asymmetrische Belastungen** handelt. Eine gleichmäßig quer über eine Balkenlage verteilte Streckenlast oder eine gleichmäßige Flächenlast erzeugen gleiches Tragverhalten mit und ohne Querverteilung.[a]

Wird die einzelne Querrippe durch weitere ergänzt, findet ein gleitender Übergang zu Flächenelementen mit zwei quer zueinander orientierten, gleichgeordneten Trägerscharen statt, wie sie an anderer Stelle [b] unter Variante **3** diskutiert werden. Am Ende der logischen Sequenz hin zu einer zunehmenden Querverteilung von Lasten bei Stabsystemen stehen die **Trägerroste** wie weiter unten beschrieben.[c]

☞ [a] *Siehe den analog gelagerten Fall der Platte,* 🗗 **12**

☞ [b] *Kap. IX-1, Abschn. 3.3 Element aus Stabrost und Platte (Variante* **3***), S. 224*

☞ [c] *Abschn. 3.1.3 Trägerrost zweiachsig gespannt, linear gelagert, S. 348, sowie Abschn. 3.1.4 Trägerrost zweiachsig gespannt, punktuell gelagert, S. 352*

Gerichtete Stabsysteme in Skeletttragwerken

■ Es ergibt sich keine wesentliche Änderung des Tragverhaltens gerichteter Deckensysteme, wenn sie nicht auf einer Mauerscheibe gelagert sind – wie bisher vorausgesetzt –, sondern linear auf einem Stab – einem Unterzug –, der seinerseits **punktuell** auf Stützen aufliegt (🗗 **81**): Die Mauer wird durch ein Gefache aus Stützen und Balken ersetzt, man fügt also gewissermaßen eine weitere Trägerhierarchie hinzu. Jedoch ist zu berücksichtigen, dass es sich nunmehr – anders als bei der Wandscheibe – um einen **indirekten Lastabtrag** handelt.

☞ *Kap IX-1, Abschn. 3.7 Einige grundlegende Überlegungen zu Stabscharen, S. 234 ff, insbesondere* 🗗 **130** *auf S. 238*

Typisch für gerichtete Deckensysteme in Skelettbauten sind **rechteckige Stützenfelder**, also solche mit zwei deutlich verschiedenen Spannweiten (🗗 **82**). Dabei werden aus Überlegungen des Kraftflusses bei Stabsystemen eher die **Hauptbalken** über die *kleine* Spannweite, die **Nebenträger**

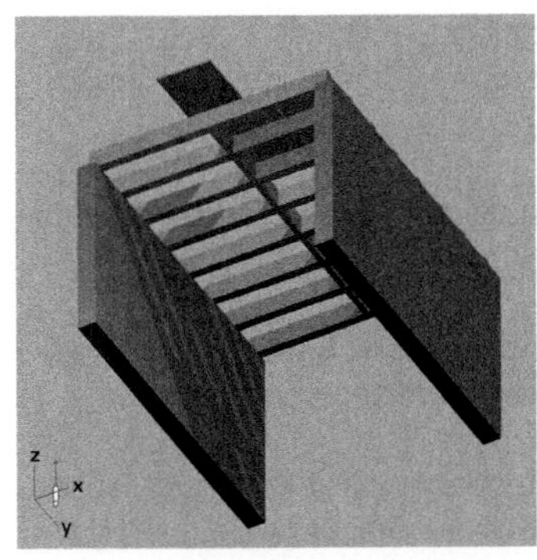

79 Gerichtetes Tragsystem mit einer lastverteilenden **Querrippe**.

80 Beispiel eines Trägersystems in Beton mit einer Querrippe. Die Lastverteilung von großen beweglichen Punktlasten (Fahrzeuge!) spielt bei einer Garage naturgemäß eine wichtige Rolle.

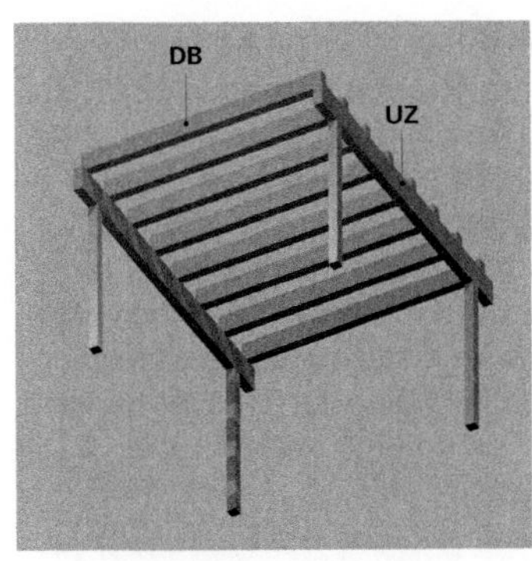

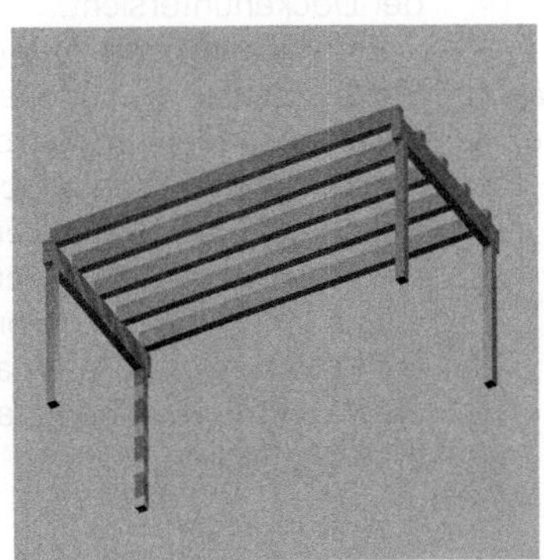

81 Grundzelle aus Deckenbalken (**DB**) auf Unterzügen (**UZ**) anstatt auf Mauerscheiben.

82 Für gerichtete Stabsysteme typisches rechteckiges Stützfeld mit zwei deutlich voneinander abweichenden Spannweiten.

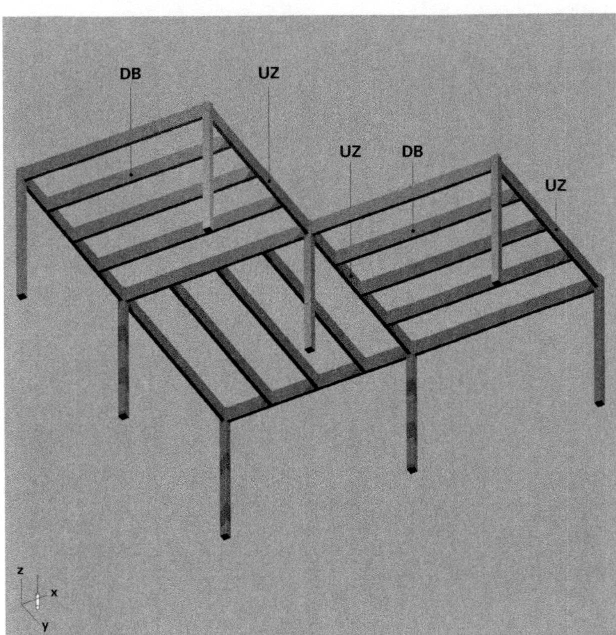

83 Windverband in Fassadenebene.

84 Beispiel eines teilweise gerichteten und ungerichteten Systems. Beim **Riegelsystem** aus dem Holzbau werden gerichtete Stabscharen (**DB**) schachbrettartig abwechselnd verlegt, sodass insgesamt eine Art (zumindest geometrisch) ungerichtetes System hervorgeht. Die Unterzüge (**UZ**) werden hierdurch entlastet, da sie jeweils immer nur die Last eines Trägerfelds (statt zweier Felder) erhalten.

über die *lange* Spannweite gelegt.

Auf diese Weise lassen ihre jeweiligen Trägerhöhen angleichen. Denn die:

- **Nebenträger** spannen über ein **größeres Feld**, während die:

- **Hauptträger** dafür wesentlich **mehr Last** zu tragen haben, da ihr Lasteinzugsbereich größer ist.

Die Entscheidung, wie die einzelnen Trägerhierarchien zu spannen sind, kann sich im Hochbau allerdings auch aus ganz anderen Überlegungen ergeben, wie beispielsweise aus der Gebäudenutzung oder aus dem visuellen Erscheinungsbild der Deckenuntersicht.

☞ *Kap. X-2 Holzbau, Abschn. 4.1.5 Vier Träger stirnseitig an Stütze (Riegelkonstruktion), S. 567 ff*

Eine **Mischform** aus gerichtetem und ungerichtetem System stellen die sogenannten **Riegelsysteme** (**84**) dar, die insbesondere im Holzbau Anwendung finden. Zwischen benachbarten quadratischen Stützenfelder wechselt die Spannrichtung der Deckenträgerlage schachbrettartig. Auf diese Weise erhält ein Hauptträger den Lastanteil nur *einer* Trägerschar. Bei gleich orientierten Deckenträgern würde die Last *zweier* Scharen auf ihm lasten. Man kann folglich die Hauptträger in ihrer statischen Höhe den Deckenträgern eher angleichen.

85, 86 Beispiel eines gerichteten Holztragwerks aus hierarchisch gestuften Stabscharen.

Aussteifung von Skeletttragwerken

■ Fragen der Aussteifung haben bei Skeletttragwerken eine besondere Bedeutung, da die versteifende Wirkung von Wandscheiben, wie sie als systembedingt vorhandenes Bauteil in beiden zu betrachtenden Richtungen (→**x**, →**y**) bislang vorausgesetzt wurden, zunächst entfällt. Die Steifigkeit gegen horizontale Last muss infolgedessen durch zusätzliche Maßnahmen gleichsam wiederhergestellt werden, also durch eine zusätzliche **Aussteifung**. Dabei ist die Art des Lastabtrags innerhalb der Überdeckung, also die Frage, ob dieser ein- oder zweiachsig erfolgt, für diese Anforderung zunächst irrelevant. Die folgenden Überlegungen gelten infolgedessen für Skeletttragwerke mit ein- wie auch zweiachsigem Lastabtrag, d. h. also sowohl für gerichtete wie auch für ungerichtete Skelettsysteme.

☞ ***Band 4**, Kap. 8., Abschn. 5.2 Die horizontale Versteifung, S. 342 ff*

Die wichtigsten geeigneten Aussteifungsmaßnahmen sind:

- Anbindung des Skeletts an **Festpunkte** durch die aussteifende Wirkung von **Deckenscheiben**. Die Scheibenwirkung ist bei Massivdecken und ähnlichen schubsteifen Flächenelementen bereits angelegt. Bei Stabsystemen, wie sie in diesem Abschnitt betrachtet werden, lässt sich ein schubsteife Scheibe durch Maßnahmen, wie weiter oben beschrieben, herstellen. Festpunkte können entweder:

☞ *Abschn. 2.1.1 Platte einachsig gespannt > Aussteifung, S. 282 ff*

☞ *Kap. IX-1, Abschn. 3.5 Das Aussteifen von Stabsystemen in ihrer Fläche, S. 226 ff*

    - einzelne in die Skelettkonstruktion integrierte **Wandscheiben** sein (🗗 **88**). Es müssen Scheiben in beiden Hauptrichtungen →**x** und →**y** mit ausreichender Länge vorhanden sein, um die Horizontallasten aufzunehmen. Ihre Achsen dürfen sich nicht in einem Punkt schneiden, da ansonsten keine Verdrehungen aufgenommen werden können. Ihre Anordnung ist so zu gestalten, dass in beiden Hauptrichtungen des Gebäudes (→ **x**, → **y**) Horizontalkräfte aufgenommen und Momente um die Vertikalachse (→ **z**) des Bauwerks abgetragen werden.

    - oder auch **Gebäudekerne** sein (🗗 **90**). Diese stellen gleichsam durch quer zueinander angeordnete Scheiben in sich versteifte *Schachteln* dar. Sie müssen in beiden Aussteifungsrichtungen → **x** und → **y** ausreichendes Widerstandsmoment gegen die wirkenden Horizontallasten sowie gegen Verdrehungen aufweisen (🗗 **92**). Zentral im Gebäude gelegene Kerne erlauben gleichmäßige, zwängungsfreie Horizontalverformungen der Konstruktion, die sich radial vom Kern weg frei entfalten können. Kritisch können Mehrfachkerne an der Gebäudeperipherie sein, insbesondere an Stirnenden riegelförmiger Bauwerke. Dadurch kann es zu Zwängungen und, als Folge davon, zu Rissen kommen. Ist eine derartige Kernanordnung aus nicht statischen Überlegungen unausweichlich, sind ggf. Dehnfugen

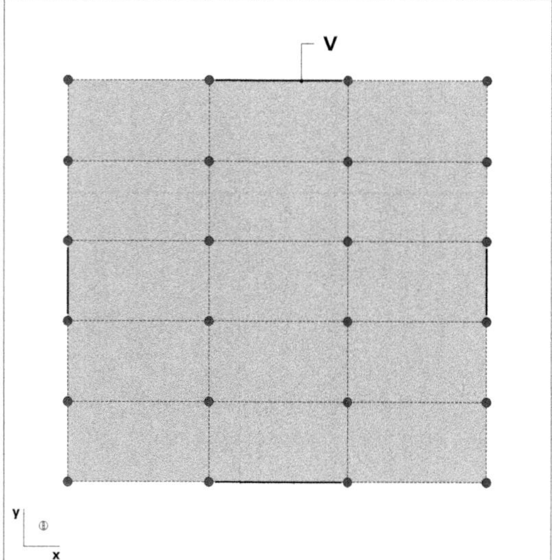

87 Aussteifung eines Skeletttragwerks mithilfe von **Windverbänden** (**V**). Voraussetzung ist für diesen Fall sowie auch für die folgenden eine schubsteife Deckenscheibe.

88 Aussteifung eines Skeletttragwerks mithilfe von **Wandscheiben** (**S**).

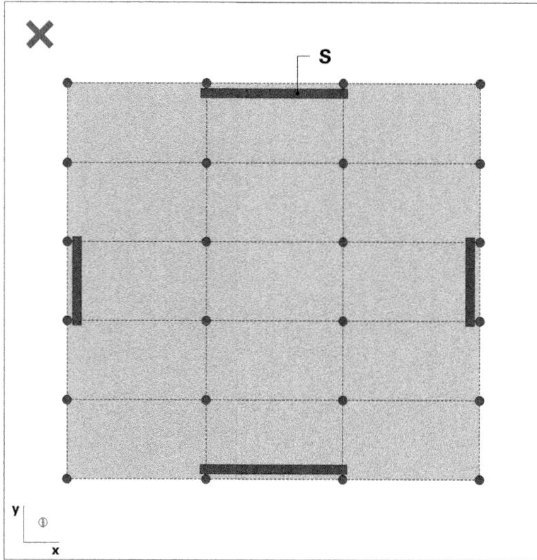

89 Anders als in 88 sind hier die Scheiben **S** aus der Tragwerksachse verschoben. Die lotrechten Lasten werden vornehmlich über die dicht an den Scheiben angeordneten Stützen abgetragen. Die Scheibe erhält nicht die für die Aussteifungsfunktion erforderliche Deckenlast.

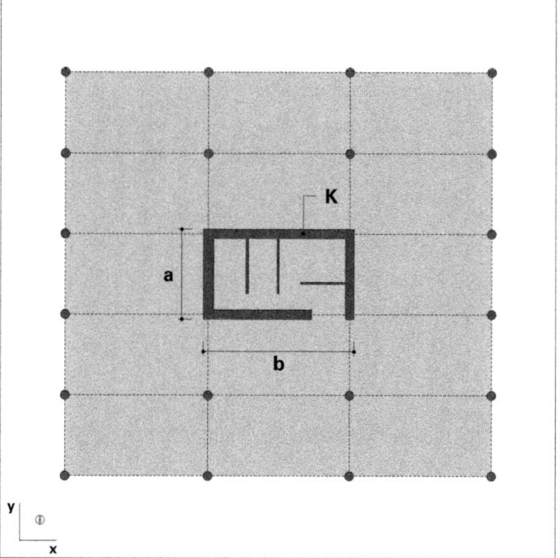

90 Aussteifung durch einen **Gebäudekern** (**K**). Die Grundrissproportionen des Kerns (**a** : **b**) sind ungünstig, da eine Seite wesentlich kürzer ist als die andere. Dadurch existiert zur Aussteifung in Richtung → **y** weniger Scheibenlänge als in Richtung → **x**. Die Fassaden- und folglich die Windangriffsflächen und gesamten angreifenden Windlasten sind hingegen in beiden Richtungen annähernd gleich.

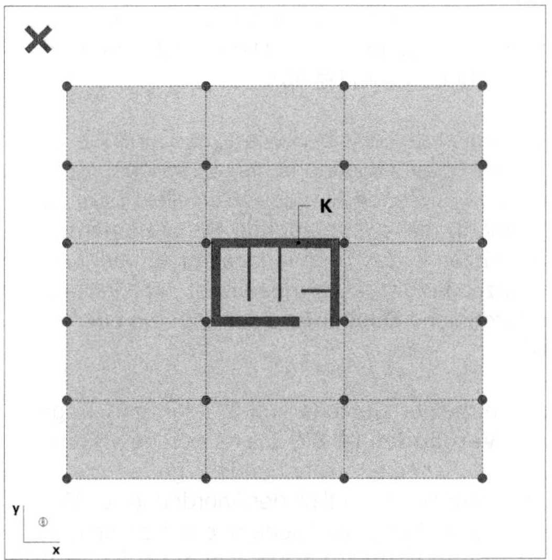

91 Analog wie in ⊟ **89** wird bei dieser Kerngestaltung zu wenig Deckenlast in den Kern eingeleitet, da diese durch die dicht am Kern angeordneten Stützen abgefangen wird.

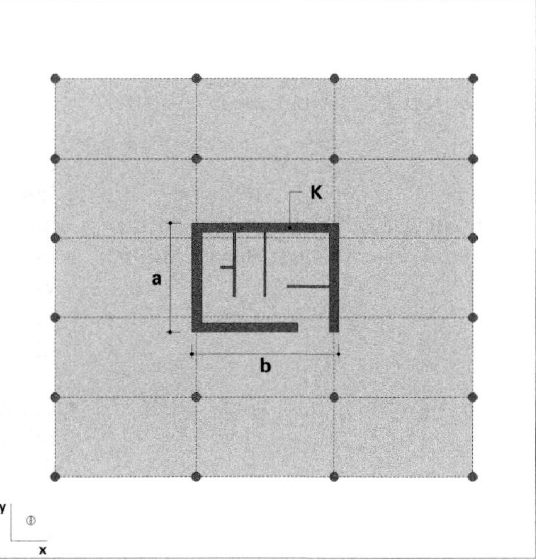

92 Kernausbildung mit gegenüber der Lösung in ⊟ **90** günstigeren Grundrissproportionen **a** : **b**.

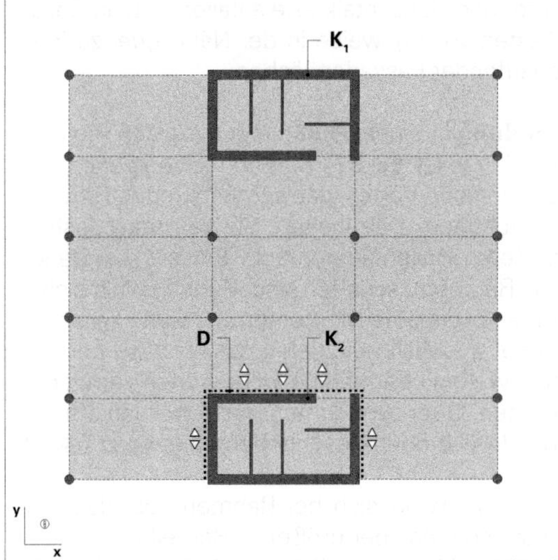

93 Bei dieser Kernanordnung (**K**$_1$, **K**$_2$) ist auf die möglichen Zwängungen zwischen den beiden steifen Fixpunkten **K**$_1$ und **K**$_2$ zu achten. Ggf. sind Dehnfugen (**D**) anzuordnen.

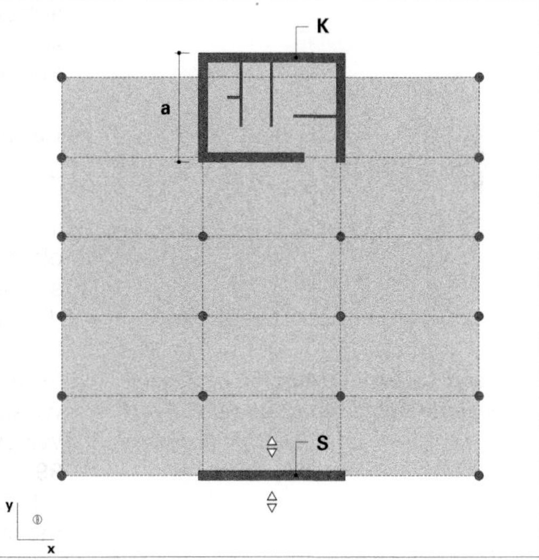

94 Alternative Aussteifung zu der Lösung in ⊟ **93** mit Wandscheibe **S** anstatt eines der Kerne. Diese kann die orthogonal zu ihrer Ebene anfallenden Verformungen aufnehmen ohne Zwängungen zu verursachen. Die dadurch reduzierte Steifigkeit des Systems in Richtung → **y** ist ggf. durch eine vergrößerte Kernabmessung **a** zu kompensieren.

an einem Kern einzuführen, sodass zumindest in einer Richtung die Anbindung der Deckenscheibe an den Kern aufgehoben wird (🗗 **93**).

☞ *Kap. IX-3 Verformungen, S. 404 ff*

Sowohl aussteifende Scheiben wie auch Gebäudekerne benötigen, wie bereits angesprochen, ausreichende **Auflast**, um ihre versteifende Aufgabe zu erfüllen. Es ist deshalb angebracht, diese als tragende Hauptelemente als Ersatz für Stützen in das Tragwerksraster zu integrieren. Werden Stützen in ihrer Nähe angeordnet, fehlt in diesem Fall die erforderliche **Deckenlast** auf Scheibe oder Kern (🗗 **89**, **91**).

☞ *Abschn. 2.1.2 Flache Überdeckung aus Stabscharen > Aussteifung, S. 300 ff*

- Versteifung einzelner Gefache aus Stützen und Trägern mithilfe von **Verbänden** (🗗 **87**). Da es sich gewissermaßen um einen *Scheibenersatz* handelt, gelten die gleichen Anforderungen hinsichtlich der Anordnung von Windverbänden wie bei Scheiben (siehe oben). Es sind geeignete Standorte für Verbände festzulegen; häufig spielen entwurfliche Kriterien eine wichtige Rolle, entweder aus formalästhetischen Überlegungen, oder weil Öffnungen in Feldern mit Diagonalstäben nur eingeschränkt möglich sind. Aus statischer Sicht empfiehlt es sich, aussteifende Verbände möglichst nahe an den Ort zu legen, wo die aufzunehmenden Horizontalkräfte anfallen, d. h. in Bezug auf Windlasten vorzugsweise in der Nähe *quer* zu ihrer Ebene verlaufender Fassadenflächen.

- **Rahmenbildung** in einer (🗗 **95**) oder in beiden Richtungen (→ **x** und → **y**) (🗗 **96**, **97**). Rahmen haben gegenüber Windverbänden den Vorteil, das auszusteifende Gefache in seinem Lichtraum freizuhalten. Sie kommen deshalb oft bei größeren Hallenräumen zum Einsatz, bei denen stützenfreie Räume zu schaffen sind. Günstig wirkt sich in diesem Fall auch die gute Momentenverteilung zwischen Rahmenriegel und Rahmenstielen aus, sodass bei größeren Spannweiten übermäßige Trägerhöhen vermieden werden können. Quer zur Rahmenebene werden oftmals Windverbände wie oben beschrieben eingesetzt (🗗 **98**, **99**).

☞ ***Band 1**, Kap. VI-2, Abschn. 7.2 Zusammengesetzte stabförmige Bauteile, S. 574 ff*

Eher nachteilig wirkt sich bei Rahmen aus, dass zumeist – insbesondere bei größeren Bauteilen – biegesteife Montagestöße auszuführen sind. Sofern sinnvolle Transportmaße eingehalten werden, lassen sich ggf. auch komplette Rahmensegmente – insbesondere Dreigelenkrahmenhälften – im Werk vorfertigen, sodass keine biegesteifen Montagestöße nötig sind. Man vermeidet auch möglichst, Stöße dort zu legen, wo im Regelfall die größten Biegemomente auftreten, also insbesondere an der steifen Rahmenecke.

Stiele ebener Rahmen erfordern – anders als Pendelstützen – in der Rahmenebene eine größere Steifigkeit als quer zu ihr. Als Folge davon kommen oft schmale längliche

Querschnitte zum Einsatz (⧉ **95**). Rahmensysteme lassen sich grundsätzlich auch in zwei Richtungen ausführen (→ **x** und → **y**) (⧉ **96**) und lassen sich im Geschossbau vertikal zu Stockwerksrahmen addieren.

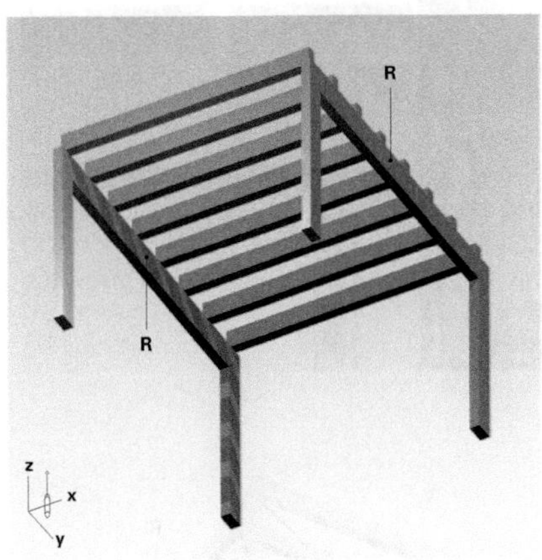

95 Rahmenausbildung (**R**) in → **y**; → **x** nicht ausgesteift.

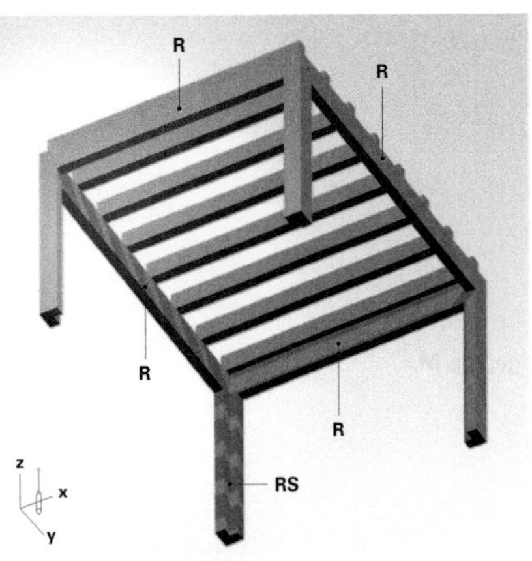

96 Rahmenausbildung (**R**) in → **x** und → **y**; Rahmenstiele (**RS**) sind in beiden Richtungen → **x** und → **y** biegesteif ausgebildet.

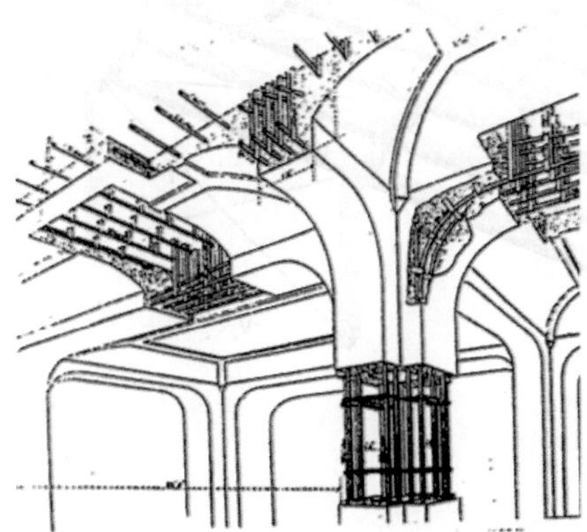

97 Rahmenausbildung in → **x** und → **y** am Beispiel einer Ortbetonkonstruktion (System Hennebique).

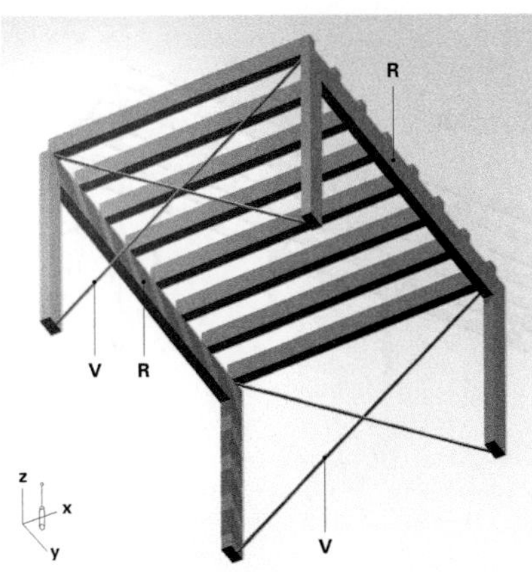

98 Rahmenausbildung (**R**) in → **y**, Windverbände (**V**) in → **x**.

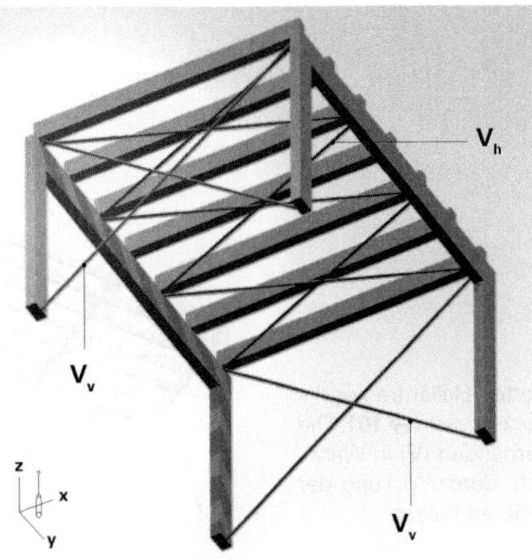

99 Versteifung wie in ⧉ **98**; zusätzlich zu den vertikalen Verbänden (**V_v**), Windverbände horizontal (**V_h**) in Deckenebene (**xy**).

100 Rahmenecke mit Montagestoß **M**.

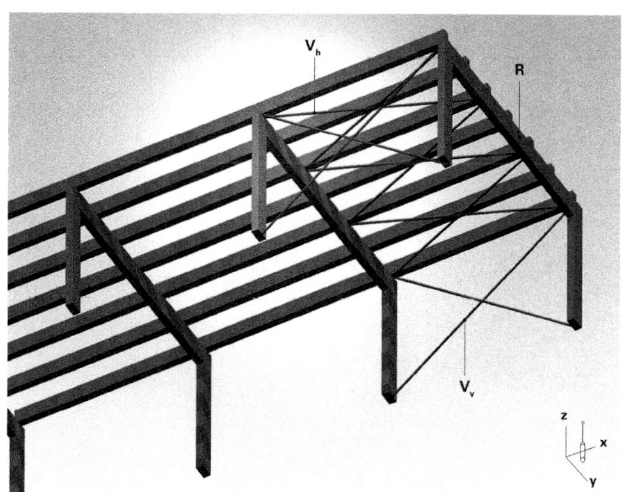

101 Abfolge von Rahmen (**R**): Ein Rahmenfeld ist mit horizontalen und vertikalen Windverbänden (**V_v**, **V_h**) versteift. Die nicht diagonalisierten Felder sind jedoch durch die Trägerlage an das stabilisierte Feld angebunden und somit ihrerseits gegen Kräfte in → **x** ausgesteift.

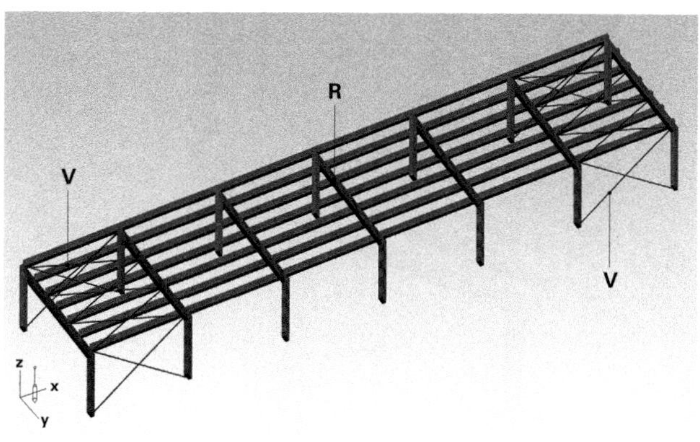

102 Ausbildung eines kompletten Hallentragwerks aus Rahmen (**R**) nach dem Prinzip wie in 🗗 **101**. Die Endfelder sind jeweils mit Verbänden (**V**) in Wand- und Deckenebene ausgesteift, durch Wirkung der Trägerlage auch sämtliche anderen Felder.

103 Rahmenhalle (Eislaufhalle München, Arch.: K. Ackermann).

104 Rahmenhalle: Die Windverbände im Wandfeld vorne sind gut erkennbar.

105 Rahmenhalle: Die Rahmen sind quer zu ihrer Ebene durch eine Einspannung gehalten. Die hierarchisch nachgeordnete Trägerlage quer zur Rahmenebene ist untergehängt (Crown Hall, IIT Chicago; Arch.: Mies van der Rohe).

106 Rahmenhalle: In der historischen Holzarchitektur Ostasiens werden die Tragkonstruktionen nicht mittels Diagonalverbänden versteift, wie zumeist in Europa der Fall, sondern durch Rahmenbildung aus Stützen und Riegeln (Verbotene Stadt, Beijing).

1.4 Geneigte ebene Überdeckung aus Stabscharen

Pfettendächer

■ Wird bei einer flachen, gerichteten Balkendecke mit einem mittleren Querträger dieser in seiner Lage erhöht, sodass die auf ihm aufliegenden Balken zu den Rändern hin geneigt sind, entsteht das statische System, das dem herkömmlichen Pfettendach zugrundeliegt (🗗 **107**). Diese konstruktive Variante soll im Folgenden am Beispiel des konventionellen Dachstuhls in Holzbauweise näher betrachtet werden.

Der Begriff **Pfette** benennt den quer zur Balkenspannrichtung, also in Firstrichtung (→ **y**) orientierten Träger, der im dargestellten Fall (🗗 **107**) als **Firstpfette** bezeichnet wird. Auch über der Mauerkrone liegen beim zimmermannsmäßig gefertigten Dachstuhl die geneigten Balken, die bei herkömmlichen Dachstühlen **Sparren** genannt werden, auf Hölzern (**Fußpfetten**) auf. Diese haben dann nicht die Funktion des Tragens, da sie vollflächig auf der Mauer aufliegen, sondern des Maßausgleichs zwischen den verschiedenen Toleranzbereichen der Mauer und der Holzkonstruktion.

Die Art der Beanspruchung dieser Dachkonstruktion unterscheidet sich im Prinzip nicht wesentlich von der einer flachen Decke. Auch hier übernimmt das mittlere Gefache aus Pfette und Pfosten, oder der sogenannte **Pfettenstrang**, die Funktion einer gedachten mittleren Mauer, also die senkrechten Lasten abzutragen. Die Balken oder Sparren wirken auch hier – zumindest vorwiegend – als Biegeträger und geben ihre Last an das Gefache und die Fußpfetten ab. Daran ändert bei diesem System ihre geneigte Lage nichts Grundsätzliches. Es entstehen indessen planmäßig auch Normalkräfte im Stab (🗗 **112**), die jedoch nicht die Hauptbemessungslast darstellen.

Wie bei den weiter unten behandelten Dachkonstruktionen auch, wird das Gefüge nach oben durch weitere konstruktive Lagen geschlossen: Hierfür wird beim herkömmlichen Dach die Sparrenlage so dicht gewählt, dass die Balkenabstände durch eine leichte, quer – also in Firstrichtung (→ **y**) – orientierte Lage aus **Latten** überbrückt werden können (🗗 **109**, **110**). In diese werden dann die Ziegel oder andere Deckungselemente eingehängt.

Das gezeigte Beispiel (🗗 **107**) stellt das **einfach stehende** Pfettendach dar, 🗗 **108** zeigt das **doppelt stehende**, bei dem zwei Pfettenstränge die Sparren stützen, die ihrerseits zum First hin frei auskragen und an ihren Enden gekoppelt sind.

Aussteifung

■ Wie bei den ebenen Überdeckungen mit inneren Gefachen anstelle innerer Wände erwähnt, verlieren diese die aussteifende Wirkung der Wandscheiben quer zur Balkenspannrichtung (→ **y**) und erfordern deshalb zusätzliche aussteifende Maßnahmen. Dies gilt in gleicher Weise auch für Pfettendächer. Die traditionelle Lösung für dieses Problem im Holzbau sind **Kopfbänder** an den Pfostenköpfen, die den Pfettenstrang in einen steifen Rahmen verwandeln (🗗 **113–115**). Dank der steifen Ecken lassen sich Horizontalkräfte in Richtung der Pfette (→ **y**) aufnehmen.

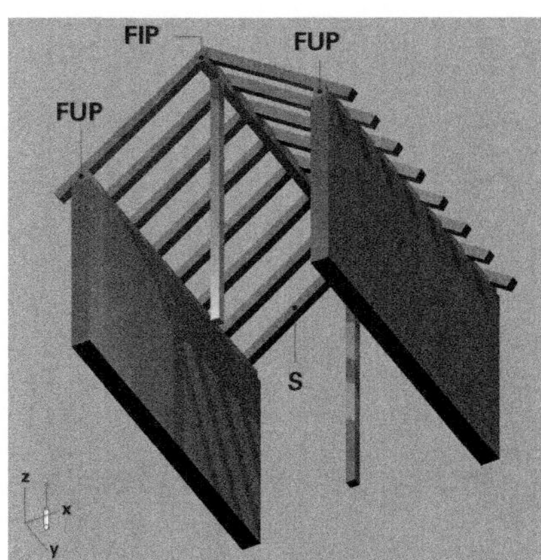

107 Prinzipschema eines **Pfettendachs** mit Firstpfette (**FIP**), Fußpfetten (**FUP**) und Sparren (**S**).

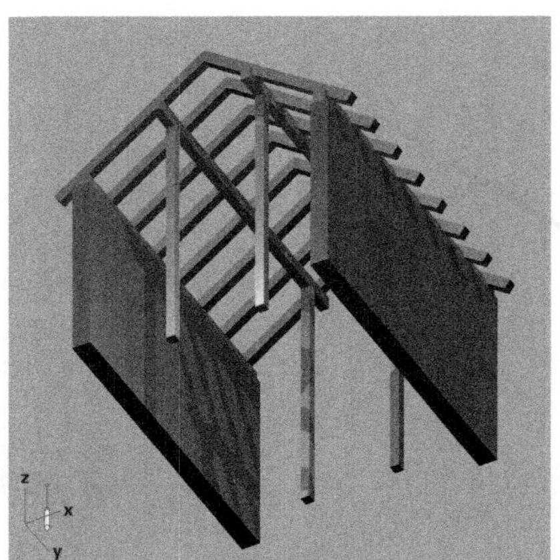

108 Prinzipschema eines doppelständigen Pfettendachs mit oben auskragenden Sparren.

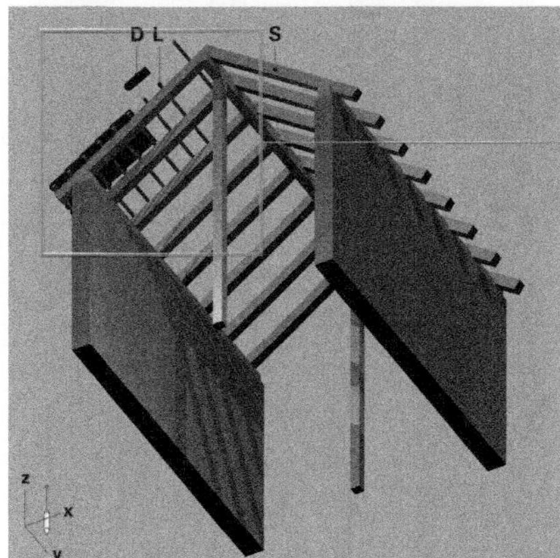

109 Die Abstände zwischen Sparren (**S**) sind auf die Tragfähigkeit der Latten (**L**) abgestimmt. Diese wiederum sind in Abständen verlegt, die von der Länge des Dachziegels (**D**) vorgegeben sind.

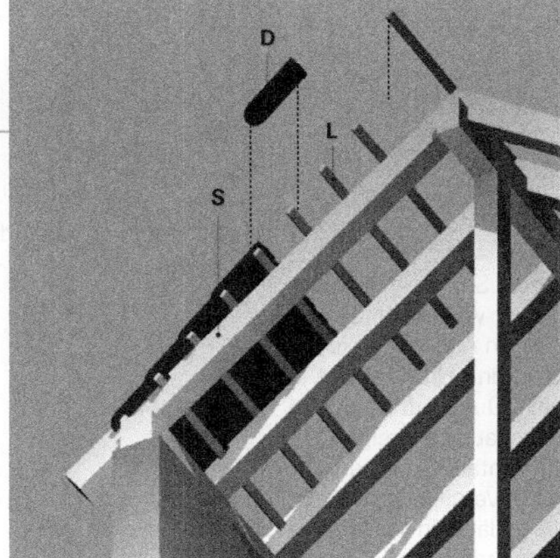

110 Detailansicht.

111 Charakteristisches flachgeneigtes südeuropäisches Pfettendach.

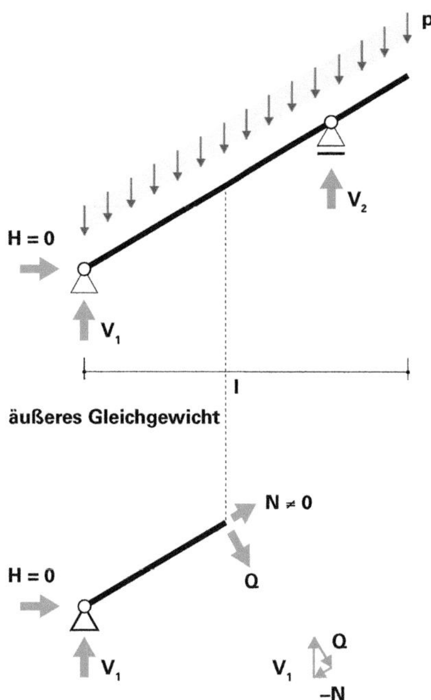

112 Darstellung des statischen Systems eines Pfettendachs (oben). Bei lotrecht wirkender Last **p** ist die horizontale Reaktion **H** am Auflager gleich Null. Werden die Schnittkräfte **Q** und **N** betrachtet (unten), ergibt sich, neben der Querkraft **Q** und des zugehörigen Biegemoments, aus der Neigung des Stabs gegenüber der Horizontalen auch eine **Normalkraft N** ungleich Null. Im Vergleich zu Normalkräften in Sparren von Sparrendächern (*Abschn. 2.2.1*) ist diese indessen untergeordnet.

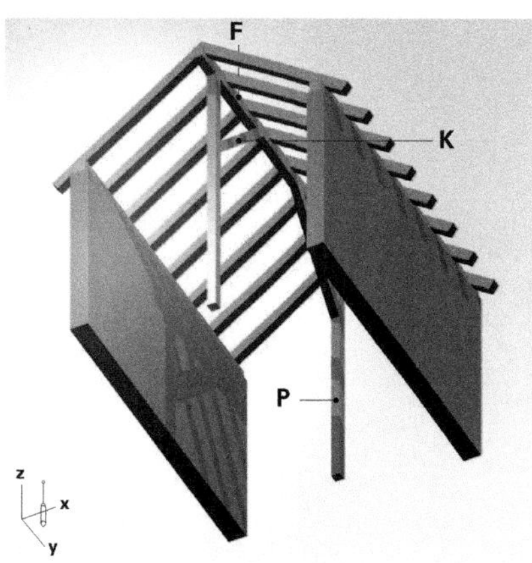

113 Aussteifung des Dachstuhls in Firstrichtung (→**y**) mithilfe eines **Pfettenstrangs** aus Firstpfette (**F**), Pfosten (**P**) und Kopfbändern (**K**).

114 Pfettenstrang mit Pfosten und Kopfbändern.

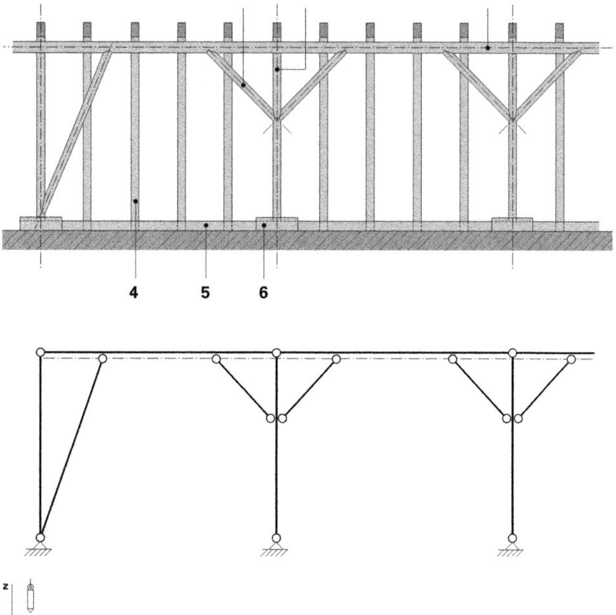

115 **Pfettenstrang** mit Pfosten und Kopfbändern. Unten statisches System.

1 Strebe
2 Stiel
3 Mittelpfette
4 Sparren
5 Fußpfette
6 Schwelle

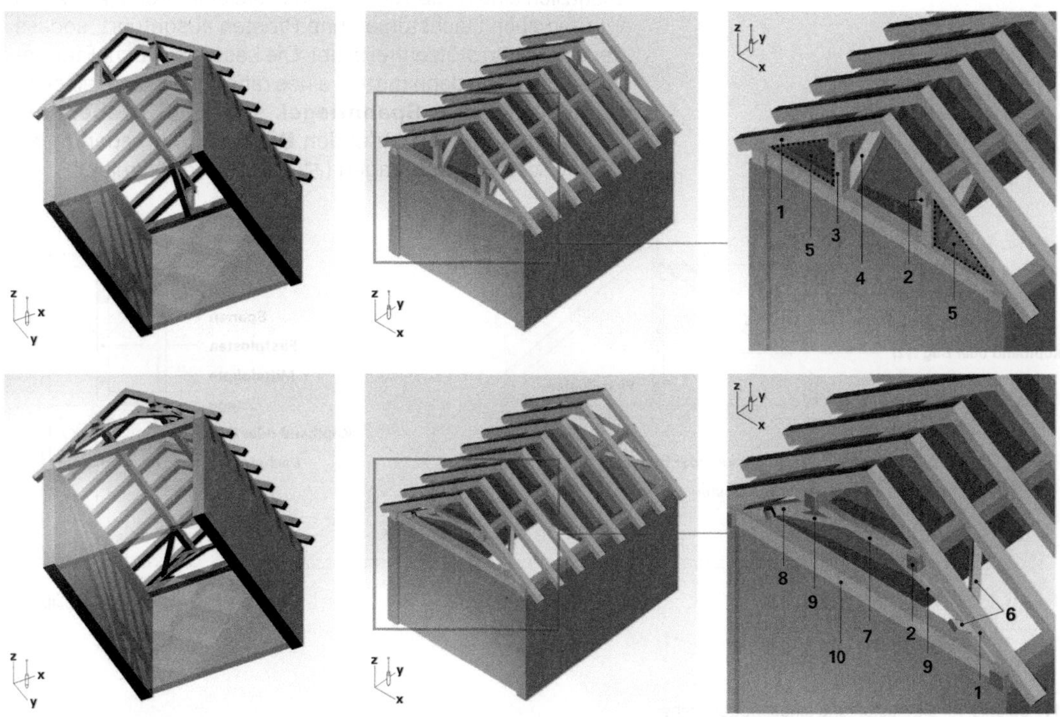

116 Prinzipschema eines **doppelständigen Pfettendachs** mit firstseitig auskragenden Sparren. Beide Pfetten sind im oberen Beispiel auf Pfosten gelagert, im unteren auf einem rahmenartigen Gefache aus Strebe, Spannriegel und Bug, sodass ein stützenfreier Dachraum entsteht. Die Auflagerschübe, welche dieser Rahmen erzeugt, sind – analog zu einem Sparrendach – mithilfe eines Bundbalkens kurzzuschließen.

1 Sparren
2 Pfette
3 Pfosten
4 Kopfband (**yz**)
5 steifes Dreiecksgefache
6 Büge (Dachebene)
7 Spannriegel (→ **x**)
8 Strebe (**xz**)
9 Büge (**xz**)
10 Bundbalken

In Gegenrichtung (→ **x**) ist der Dachstuhl aufgrund der Sparren zwar bereits als steifes Dreiecksgefache ausgebildet, doch wird die Horizontallast herkömmlicherweise stattdessen in einen dreieckförmigen und folglich steifen **Windstuhl** aus Pfosten, unterem Sparrenabschnitt und Deckenbalken eingeleitet, um zu große Lasten auf die Sparren zu vermeiden (🗗 **116**, Bild oben rechts). Statt des Sparrens lässt sich auch zusätzlich eine Strebe als Diagonalstab einführen (🗗 **117**). Es werden auch Dachstühle ohne Pfosten ausgeführt, sodass der Dachraum stützenfrei bleibt. Die Lasten aus dem Pfettenknoten werden dann mittels eines rahmenartigen Gefaches aus waagrechtem **Spannriegel**, schrägen **Streben** und kopfbandartigen versteifenden **Bügen** in die Lagerung an den Fußpfetten abgetragen (🗗 **116**, untere Bildreihe).

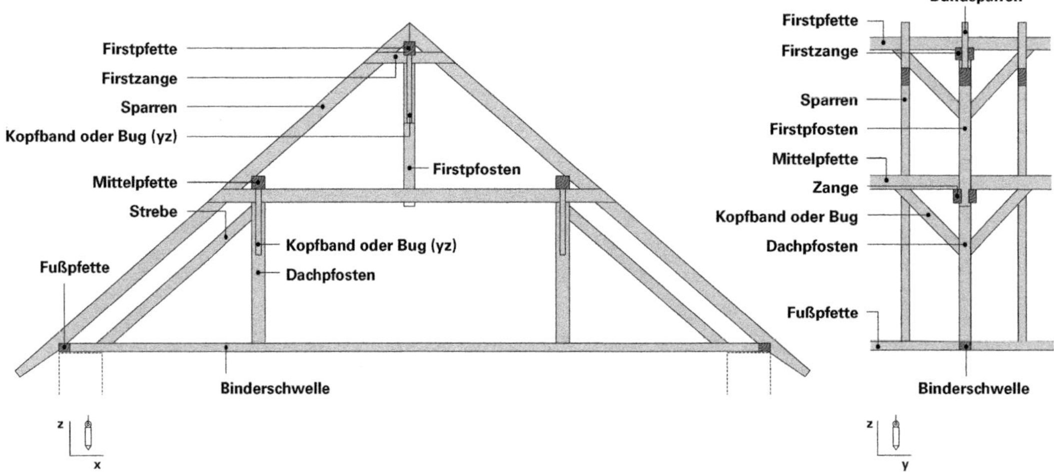

117 Beispiel für die Ausführung eines Pfettendachs mit Windstuhl (gemäß 🗗 **116** oben).

Binderdächer

Von hier aus ist es nur ein kleiner Schritt zum Binderdach, bei dem die Elemente Sparren, Bundbalken, Zugstab und Streben zu einem als Fachwerk wirkenden **Binder** zusammengeschlossen werden (🗗 **118**). Sinnvollerweise werden diese sehr steifen – weil hohen – Binder in größeren Abständen aufgestellt, sodass eine zusätzliche Balkenlage (Pfetten) in Firstrichtung (→ **y**) erforderlich wird.

Diese Art von Dächern tritt auch in abgewandelten Formen auf, wie z. B. mit gemauerten Bögen anstelle von Holzbindern (🗗 **121**, **122**). Die Horizontalschübe der Bögen werden bei den gezeigten historischen Beispielen alternativ mit innen- oder außenliegenden Mauervorlagen aufgenommen.

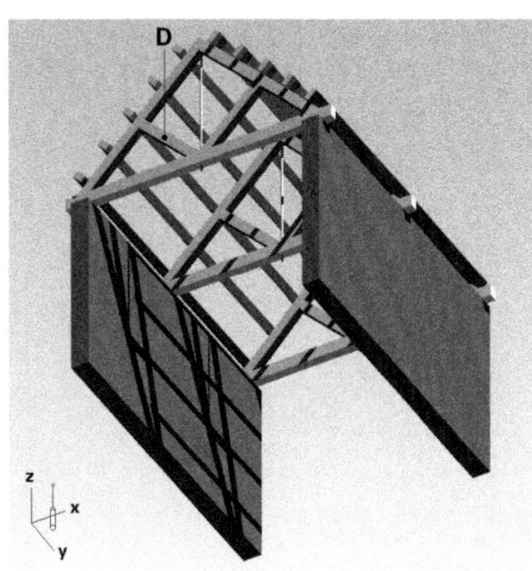

118 Ausbildung eines fachwerkartigen **Dachbinders** durch Einführung von Diagonalstreben (**D**). Sie verhindern das Ausknicken der schlanken Sparren unter Druckbeanspruchung und mindern gleichzeitig die Durchbiegung.

119 Dachbinder in Holzbauweise.

120 Dachbinder mit Zuggurt aus Stahlseilen (Polonceau-Binder).

121 Massive Bögen als Ersatz für die Hauptbinder wie in 🗗 **118**. Die längsgerichteten Pfetten liegen auf diesen auf.

122 Konstruktion wie in 🗗 **121** (Abteikirche *San Miguel de Cuxá*, Spanien).

2.2 Druckbeanspruchte Systeme – geneigte Dächer und Gewölbe

2.1 Geneigtes Dach aus Stabscharen

Sparrendächer

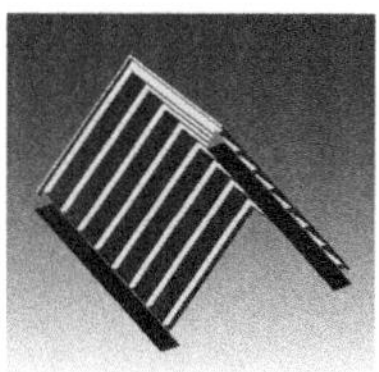

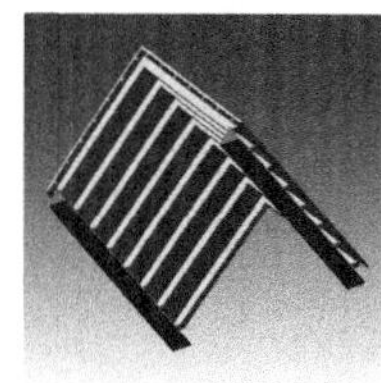

☞ [a] ***Band 1**, Kap. VI-2, Abschn. 3. Vergleichende Betrachtung von Biegemomenten/ Querkräften und axialen Beanspruchungen bzw. Membranspannungen, S. 543*

■ Sparrendächer arbeiten ohne Pfettenstränge, sind aber dennoch zur Kategorie der **gerichteten Stabtragwerke** zugehörig (🗗 **123**). Ihr konstruktives Prinzip lässt sich auf zwei Wegen herleiten:

- Die Balken einer einfachen Grundzelle mit flacher Decke werden ersetzt durch **dreieckförmige Gefache** aus drei Stäben: zwei geneigte Sparren und ein waagrechter Balken. Äußere Lasten werden nicht mehr durch reine Biegung des horizontal spannenden Balkens übertragen – wie bei der flachen Decke – sondern durch die Sparren infolge ihrer Neigung und Lagerung (zumindest teilweise) in **Längskraft** umgewandelt, eine Beanspruchung, die wesentlich materialökonomischer ist als die Biegung.[a] Je steiler die Sparren geneigt sind, desto geringer ist die in ihnen wirkende Längskraft. Das Dreieck zeigt folglich im Wesentlichen das Tragverhalten eines **Fachwerks**, bei dem Längskräfte gegenüber der Biegebeanspruchung überwiegen. So wird die systembedingt große statische Höhe des Dachs nutzbringend aktiviert.

- Um die starke **Biegung** der flach liegenden Balken teilweise in **Längskraft** umzuwandeln und diese schlanker ausführen zu können, werden die Träger *geneigt* angeordnet, sodass sie sich am First gegenseitig stützen. Die so im Sparren erzeugte Längskraft, die beim Pfettendach deutlich kleiner ist, neigt dazu, die gegen Horizontalschub äußerst empfindliche Mauerkrone nach außen zu drücken. Um dies zu verhindern, ist ein weiterer Balken nötig, der beide Sparrenfüße horizontal miteinander verbindet und verhindert, dass sie sich nach außen verlagern. Sinnvollerweise wird dieser Balken im Zimmermannsbau als **Bundbalken** bezeichnet: Seine Hauptaufgabe ist es, Zugkräfte aufzunehmen. In die Mauerkrone werden dann nur noch senkrechte Lasten übertragen.

☞ ***Band 3**, Kap. XIII-5, Abschn. 2.2.4 Dachdeckung*

Eine Neigung ist ferner dafür nötig, um Niederschlagswasser möglichst rasch von der Dachfläche abzuleiten. Steildächer sind entwicklungsgeschichtlich betrachtet baulich-konstruktive Antworten auf die beschränkten Dichteigenschaften geschuppter Dachdeckungen.

Um den unschönen Durchhang des weitspannenden Bundbalkens zu verhindern, wurde dieser gelegentlich mithilfe eines **Zugstabs** vom Firstknoten abgehängt (🗗 **124**).

In einem weiteren Schritt werden die Sparren mithilfe von schrägen Streben zwischengestützt (🗗 **118**). Auf diese Weise wirken sie wie Zweifeldträger und ihre Knicklänge unter Längsbeanspruchung wird reduziert. Auch bei herkömmlichen **Kehlbalkendächern** wird in ähnlicher Weise eine Zwischenstrebe, der Kehlbalken, eingeführt, um die Sparren miteinander zu koppeln und eine Knicksicherung gegen die Normalkraftbeanspruchung im Sparren einzuführen. Gleichzeitig erlaubt die Kehlbalkenlage eine Zwischenebene

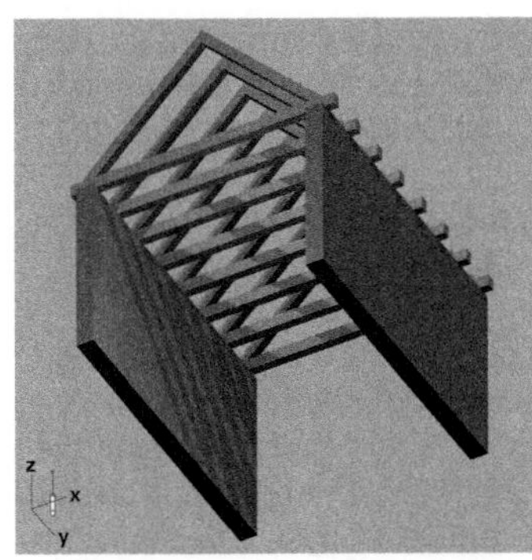

123 Prinzipschema eines **Sparrendachs**.

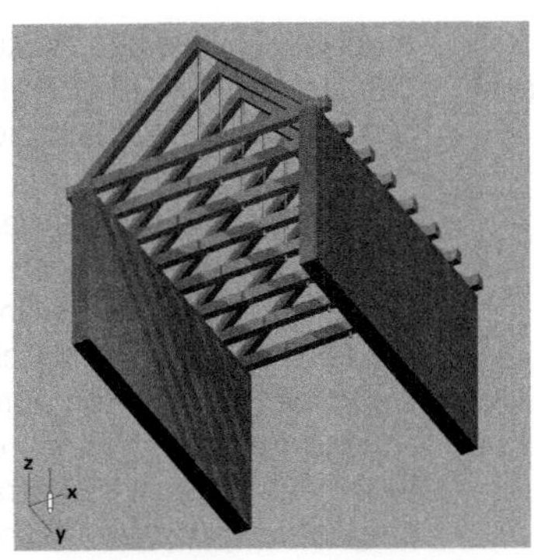

124 Abhängung des **Bundbalkens** von beiden Sparren zur Verhinderung des Durchhangs.

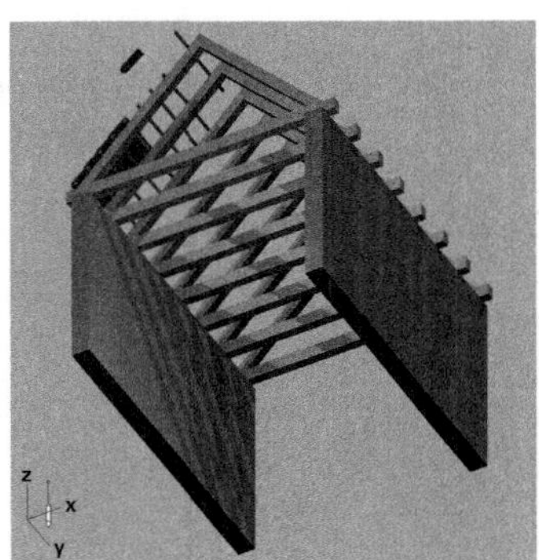

125 Sparrendach mit Lattenschar und Eindeckung.

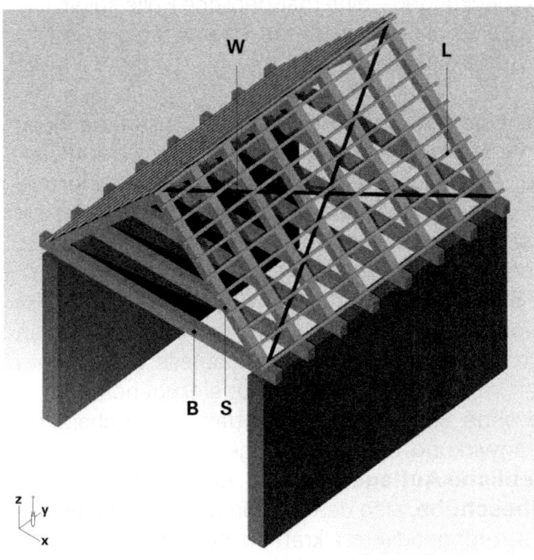

126 Aussteifung eines Sparrendachs in Firstrichtung (→ **y**) durch Ausbildung eines schubsteifen Gefaches aus Windrispen (**W**), Sparren (**S**) und Latten (**L**). In der Giebelebene (**xz**) ist das dreieckförmige Gefache aus zwei Sparren (**S**) und Bundbalken (**B**) von sich aus steif.

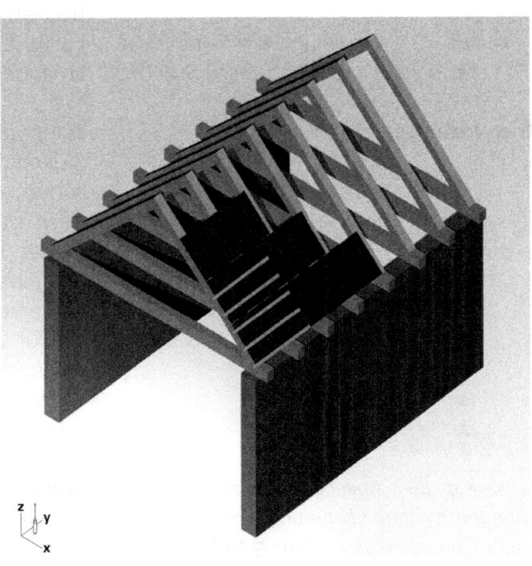

127 Aussteifung eines Sparrendachs in Firstrichtung (→ **y**) durch Ausbildung einer Scheibe mithilfe einer Beplankung.

im meist verhältnismäßig hohen – weil von steil geneigten Sparren eingegrenzten – Sparrendachraum zu schaffen.

Aussteifung

■ Sparrendächer werden in Firstrichtung (→ **y**) im Regelfall durch Scheibenbildung in der Dachebene ausgesteift. Dies geschieht üblicherweise mittels **Windrispen**. Dies sind Zugbänder, die kreuzweise diagonal auf die Sparren aufgenagelt und insbesondere mit den Giebelbindern verbunden werden (**126**). Sie bilden zusammen mit den – als Pfosten wirkenden – Sparren und der – als Riegel wirkenden – Lattung oder einem First- bzw. Fußbalken einen **schubsteifen Verband** aus, der das Sparrendach in Firstrichtung aussteift und somit die giebelseitige Aufnahme von Windlasten er-

☞ *Kap. IX-1, Abschn. 3.5.2 Diagonalverbände, S. 226ff*

☞ Kap. IX-1, Abschn. 3.5.3 Schubsteife Beplankungen, S. 230

möglicht. Die gleiche Wirkung erzielt eine Plattenbeplankung des Dachstuhls (🗗 **127**). In der Ebene der dreieckförmigen Sparrengefache (**xz**) ist die Konstruktion von sich aus steif.

2.2 Gewölbe vollwandig

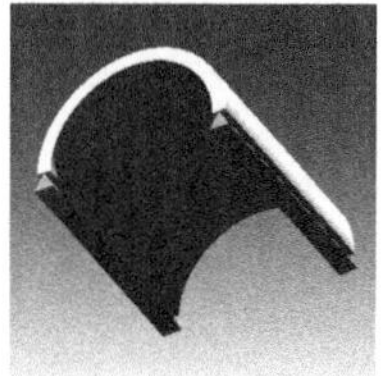

■ Analog zu den Lösungen mit flachen Decken lassen sich gerichtete Systeme auch als **Gewölbe** ausführen (🗗 **128**). Auch hier existiert – bei linearer Lagerung an den Kämpfern – eine eindeutige Spannrichtung. Wie bei Balkendecken sind Gewölbespannweiten durch die Möglichkeiten des Materials und der Konstruktion eingeschränkt. Indessen sind die Verhältnisse der Lastabtragung nicht identisch mit denen biegebeanspruchter, flacher Überdeckungen wie sie in *Abschnitt 2.1* betrachtet wurden. Gewölbe zählen zur Kategorie vorwiegend *axial* beanspruchter Tragwerke, bei denen die **Form** – analog zur statischen Höhe bei biegebeanspruchten flachen Überdeckungen – eine maßgebliche Rolle spielt. Die Formfragen bei axial beanspruchten Tragsystemen werden an anderer Stelle diskutiert.

☞ Kap. IX-1, Abschn. 4. Formfragen axial beanspruchter Tragwerke, S. 240 ff

Tragverhalten

■ Als vollwandige Gewölbe sollen in diesem Zusammenhang diejenigen verstanden werden, die aus einem kontinuierlichen, oder auch durch einzelne Rippen strukturierten, gewölbten Flächenbauteil bestehen. Je nach Ausführungsart wirken diese Tragwerke bei der Lastabtragung entweder wie eine Sequenz aus einzelnen Bögen oder wie eine kontinuierliche **Schale** im baustatischen Sinn. Entscheidend ist hierfür sowohl die Fähigkeit zur Querverteilung von Lasten wie auch die Zugfestigkeit des Flächenbauteils. Hierauf wird weiter unten im *Abschnitt 2.2.3* erneut einzugehen sein.

☞ Kap. IX-1, Abschn. 4.5.1 Schalen, S. 262 ff

Gewölbe ohne Schalenwirkung entfalten ihre charakteristische Tragwirkung, wie Einzelbögen auch, durch eine **unverschiebliche Auflagerung**, d. h. durch die Aufnahme der **Gewölbeschübe**, also des horizontalen Anteils der am Kämpfer auftretenden Normalkraft im Bauteil. Nur eine nahezu verformungsfreie Stützung in horizontaler Richtung am Kämpfer (→ **x**) erlaubt eine effiziente Gewölbetragwirkung mit vorwiegend axialen Kräften im Bauteil. Ein nachgiebiger Kämpfer führt zu Biegung im Gewölbe, welche zumindest bei Mauergewölben unerwünscht ist und sogar kritisch für die Stabilität sein kann. Durch adäquate Formgebung in bestmöglicher Anpassung an die Stützlinie der wirkenden Lasten lässt sich die Biegung in einem Gewölbe auf ein Minimum reduzieren.

☞ Kap. IX-1, Abschn. 4.1 Wechselbeziehungen zwischen Lagerung, Form und Beanspruchung, insbesondere 🗗 **137**, S. 241

Die Aufnahme der Gewölbeschübe kann bei Kämpfern in Bodenhöhe alternativ durch unmittelbare **Einleitung in den Baugrund** erfolgen oder durch **Rückbindung** mittels eines Zugglieds (🗗 **129**, **130**). Bei erhöhten Kämpfern, wie beispielsweise wenn Gewölbe auf senkrechten Umfassungswänden aufgelagert werden, wird die Abtragung von Schüben zumeist zu einer sowohl entwurflich wie auch konstruktiv heiklen Frage, die insbesondere historischen Baumeistern viel Kopfzerbrechen bereitet hat. Die einfache Rückbindung der Schübe durch im Innenraum sichtbare

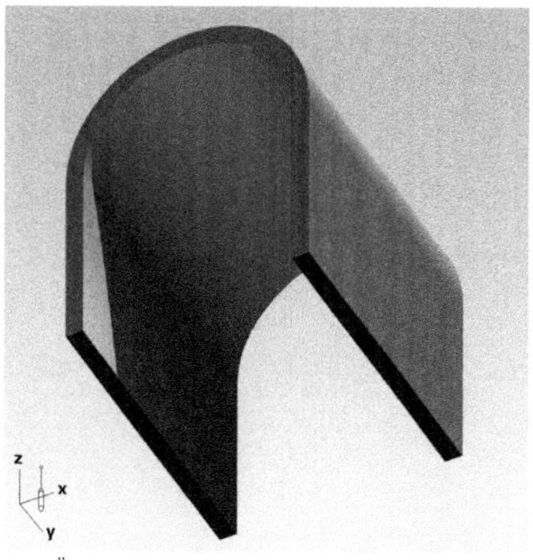

128 Überdeckung aus einem **Gewölbe**, das zwischen zwei Wandscheiben spannt.

Zugglieder (☞ **156**) ist zwar realisierbar, wurde aber beispielsweise bei historischen Kirchenschiffen – vermutlich aus raumästhetischen Gründen – niemals ernsthaft in Erwägung gezogen. Die *äußere* Abtragung von Gewölbeschüben kann entweder durch **benachbarte Gewölbe** erfolgen, indem sich die Schübe angrenzender Tonnen gegenseitig aufheben, sodass nur eine **lotrechte Lastkomponente** übrigbleibt, oder durch andere Zusatzmaßnahmen. Dies wird weiter unten diskutiert.

☞ *Absätze ‚Aussteifung' und ‚Aufnahme der Gewölbeschübe' weiter unten in diesem Abschnitt, S. 328 ff*

Gewölbe ohne echte Schalenwirkung sind insbesondere **gemauerte Gewölbe** wie sie bei historischen Bauwerken auftreten. Sie wirken vor allem dann wie eine Sequenz von Einzelbögen (☞ **133**), wenn sie auch auf diese Weise vermauert wurden, also in Einzelsegmenten unter mehrmaligem Einsatz eines schmalen Lehrgerüsts, eine sehr ökonomische Bauweise für Tonnengewölbe. Grundsätzlich gilt für Bögen und Gewölbe, dass sie stärker als andere Tragwerkstypen vom **Bauprozess** beeinflusst sind, da im Regelfall umfang-

☞ *Kap. VII, Abschn. 3.1 Ausbau einachsig gekrümmter Oberflächen > 3.1.4 bausteinförmige Ausgangselemente,* ☞ **292, 293** *auf S. 101 f*

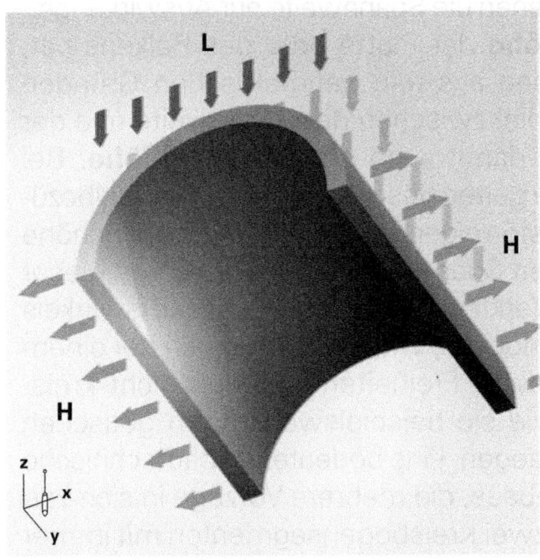

129 Eine Gewölbeschale erzeugt unter Last (**L**) einen **Gewölbeschub** (**H**) an den Auflagern, welcher zusätzlich zum lotrechten Lastanteil (hier nicht dargestellt) im Lager aufzunehmen ist.

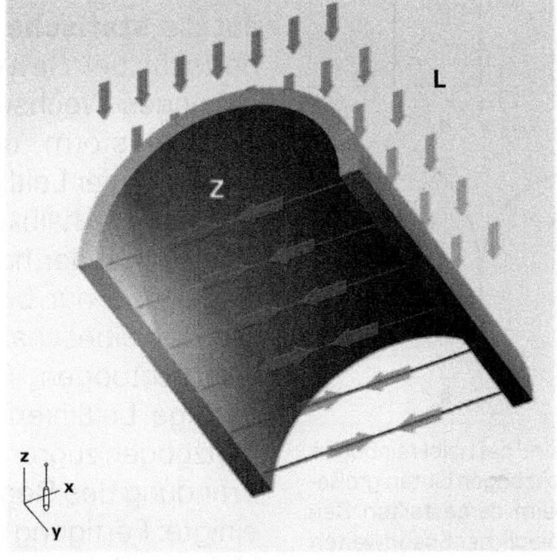

130 Zugglieder in Lagerebene können den Gewölbeschub aufnehmen. Sie lassen sich bei fehlender senkrechter Umfassung in Bodenhöhe im Fußboden integrieren und sind damit unsichtbar.

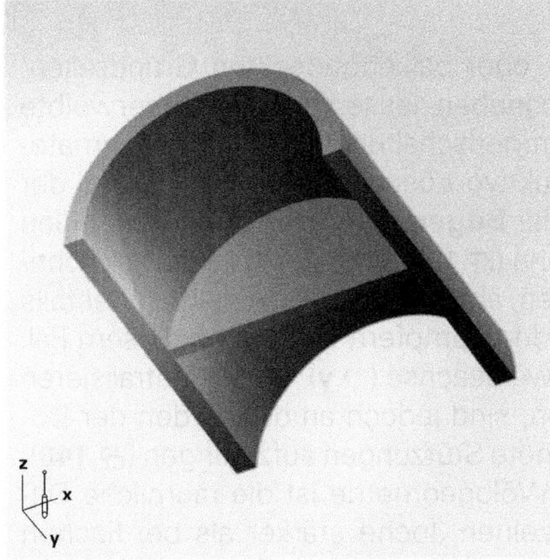

131 Versteifung der Gewölbeschale durch eine **Querscheibe**.

132 Aussteifende Querscheiben lassen sich funktional sinnvoll für die Raumbildung nutzen.

☞ *Kap. IX-1, Abschn. 4.3 Abweichungen von der Stützlinie, dort insbesondere* **148–151**, *S. 255*

reiche Vorarbeiten erforderlich sind – wie beispielsweise Rüstungen –, bis die Konstruktion ihre Tragfähigkeit erlangt. Hinsichtlich der Formgebung und des Tragverhaltens dieser Art von Gewölbe aus Mauerwerk gilt im Wesentlichen das bereits zu Mauerbögen Gesagte.

Erweiterbarkeit

■ Diese gerichteten Tragsysteme aus Gewölben lassen sich analog zu denen mit ebenen Überdeckungen erweitern, und zwar:

- seitlich (in →**x**) durch **Addieren** weiterer Zellen oder Joche (**133, 134**); im Kirchenbau werden sie als *Schiffe* bezeichnet;
- oder quer zur Spannrichtung (also in →**y**) durch einfaches **Fortsetzen** der Konstruktion (**135**).

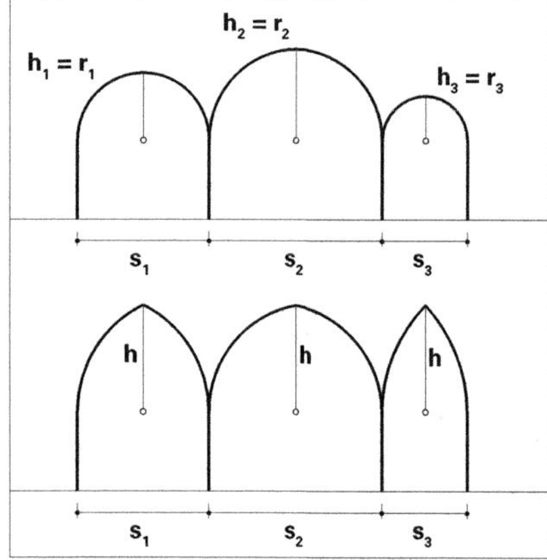

136 Bogenhöhe und -radius sind bei Halbkreisbögen notwendigerweise gleich. Spitzbögen bieten größere Gestaltungsfreiheiten: Beim dargestellten Beispiel lässt sich trotz unterschiedlicher Spannweiten s_1 bis s_3 die gleiche Höhe **h** einhalten.

Im Gegensatz zu den flachen Überdeckungen, wie Platten oder Stablagen, bei denen die Spannweite nur Auswirkungen auf die **statische Höhe** der Platte oder des Balkens hat, herrscht bei Gewölben aus rein geometrischen Gründen ein enges Wechselspiel zwischen der Spannweite und der Tragwerksform, und damit auch der **Gewölbehöhe**. Bei kreisförmiger Leitlinie gelten besonders enge Wechselbezüge: Denn bei halbkreisförmigen Tonnen ist die Gewölbehöhe stets gleich der halben Spannweite. Variationen von dieser Regel sind nur bei Verkleinerung des Ausschnittswinkels der Gewölbeschale möglich, wie beispielsweise bei einem Segmentbogen. Größere Freiheiten erlauben nicht kreisförmige Leitlinien, wie sie beispielsweise dem gotischen Spitzbogen zugrundeliegen, eine bedeutende bautechnische Erfindung des Bogenbaus, die mehrere Vorzüge in sich vereinigte: Fertigung in zwei Kreisbogensegmenten mit immer gleichen Keilsteinen, weitgehende Unabhängigkeit von der Spannweite bei Festlegung der Bogenhöhe (**136**) und bessere Anpassung an die Stützlinie der wirkenden Lasten als beim Kreisbogen.

Zusammenschalten von addierten Jochen

☞ *Abschnitte 2.1.1 Platte einachsig gespannt, S. 282 ff, und 2.1.2 Flache Überdeckung aus Stabscharen, S. 294 ff*

■ Analog zu platten- oder balkengedeckten Grundzellen, wie weiter oben beschrieben, lassen sich auch überwölbte Joche räumlich zusammenschalten. Die für das Steinmaterial geeignete konstruktive Lösung für die Abfangung der Gewölbeansätze ist der **Bogen**, der auf Pfeiler oder Säulen aufgesetzt werden kann (**137–139**). Es ist zu berücksichtigen, dass dieser Bogen, ähnlich wie die Gewölbe, ebenfalls Horizontalschübe an den Kämpfern erzeugt, in diesem Fall jedoch parallel zur Gewölbeachse (→ **y**). Diese neutralisieren sich zwar bei Addition, sind jedoch an den Enden der Bogenreihe durch geeignete Stützungen aufzufangen (**140**).

Bedingt durch die Wölbgeometrie ist die räumliche Differenzierung der einzelnen Joche stärker als bei flachen Decken. Ansonsten gelten die gleichen Prinzipien wie bei addierten Systemen mit Balkendecken. Auch überwölbte

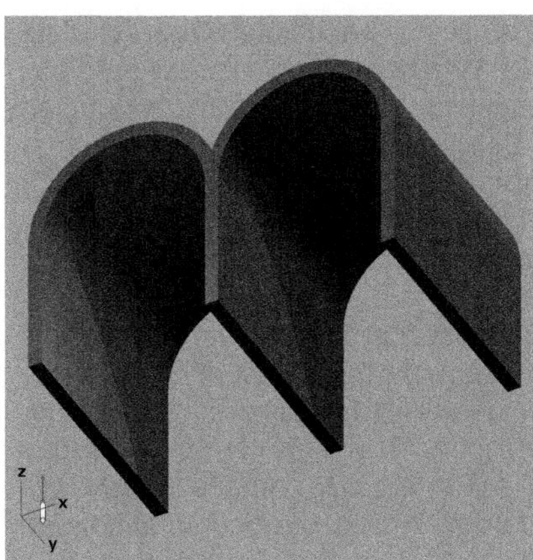

133 Analog zum gerichteten System der flachen Decke aus Stäben lässt sich auch das Gewölbe in Spannrichtung (→**x**) nur durch seitliche Addition von Jochen erweitern.

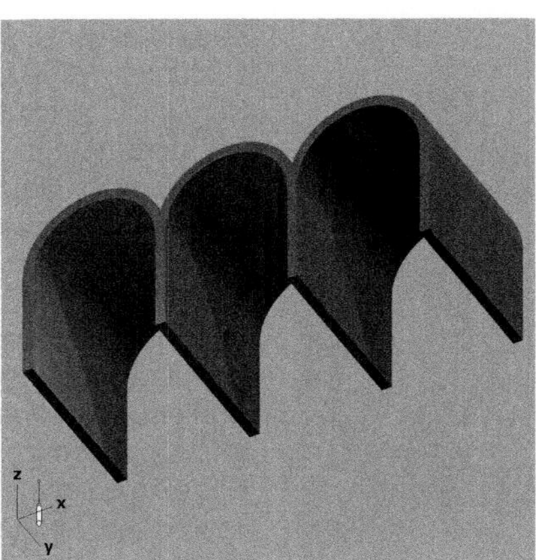

134 Charakteristische Segmentierung der Räume beim Erweitern des gerichteten Gewölbesystems in Spannrichtung (→**x**).

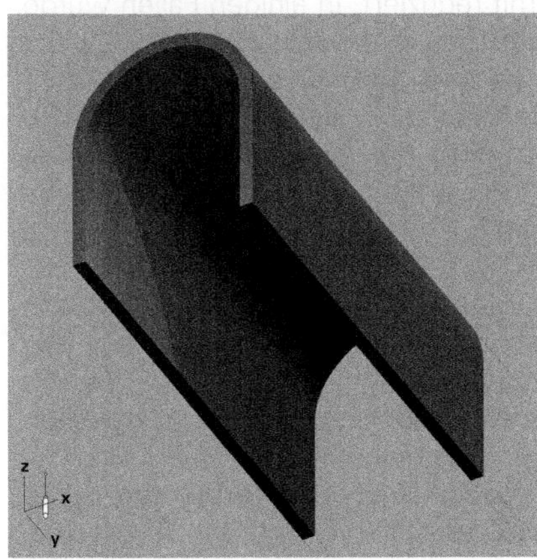

135 Beliebige Erweiterungsmöglichkeit des Gewölbes in Längsrichtung (→**y**), analog zum flachen Stabsystem.

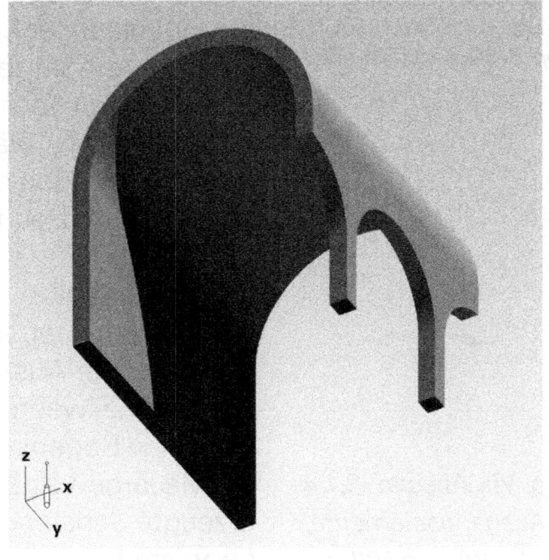

137 Ähnliches Prinzip wie in 🗗 **52**, auf ein Gewölbe angewandt. Eine Wandscheibe wird hier in Form eines Bogens geöffnet.

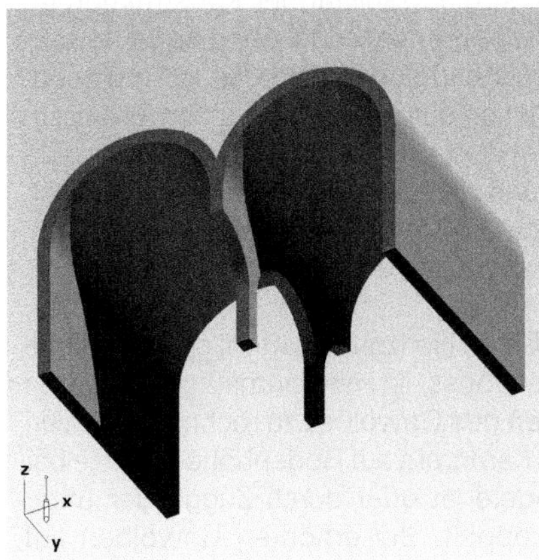

138 Räumliches Zusammenschalten zweier Joche durch Bogenöffnungen.

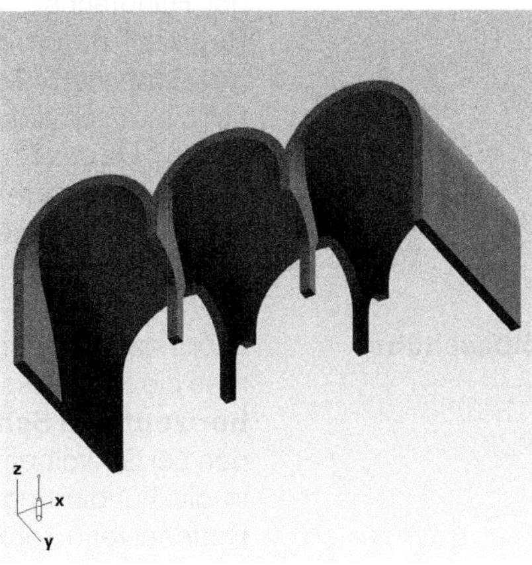

139 Beliebige Fortsetzung des Prinzips in 🗗 **137**.

140 Abstützung der Wände gegen Gewölbe- und Bogenschübe durch **Stützpfeiler**: sowohl an den Seitenwänden – Stützung der Tonnengewölbe der Seitenschiffe, Wirkung in Achsrichtung → **x**, (siehe 139) wie auch an den Stirnwänden – Stützung der Bogenarkaden zwischen Mittel- und Seitenschiff, Wirkung in Achsrichtung → **y**) (Basilika San Salvador, Nordspanien).

Räume lassen sich in Form eines **basilikalen Querschnitts** ausführen (**141, 142**). Wie bei flachen Decken wird das Mitteljoch so hoch ausgebildet, dass in den Seitenwänden Fensteröffnungen zur Belichtung und Belüftung des zentralen Bereichs Platz finden. Dies zwingt dazu, den Kämpfer des mittleren Gewölbes oberhalb der Oberkante der Fensteröffnungen anzuordnen, was vergleichsweise große Bauhöhen hervorbringt.

Ferner führt diese Lösung dazu, dass die Schübe des Mittelgewölbes sich nicht mehr mit denen der seitlich anschließenden kompensieren (**141**). Die Folge sind beträchtliche Horizontalschübe, sowohl in Kämpferhöhe des Mittelgewölbes nach außen als auch der Seitengewölbe nach innen. Letztere tendieren dazu, die inneren tragenden Mauern nach innen, in den Raum des Mitteljochs zu drücken. Diesen Horizontalkräften wirkt die erhöhte Last des größeren Mittelschiffs entgegen, welche die resultierende Kraft gewissermaßen weiter nach unten drückt und die seitlichen Schübe damit reduziert. In einigen Fällen wurde die Eigenlast der Mauern des Mitteljochs zu diesem Zweck künstlich erhöht (analog zu **144**). Quergestellte aussteifende Rippen über das Mittelschiff hinweg, die diese Kräfte kurzschließen, wären unter den gegebenen räumlichen Voraussetzungen nicht erwünscht, obgleich sich auch diese Lösung vereinzelt findet.[1]

Aussteifung

■ Das Gewölbe mit regelmäßig angeordneten Bindern (**131**) ist quer zu seiner Achse (in → **x**) standfest und bedarf keiner Aussteifung. Auch in Längsrichtung (→ **y**) gilt das Gleiche, wenn ausreichende Schubverzahnung zwischen einzelnen Bogenstreifen oder -segmenten existiert. Dies gilt bei Mauergewölben insbesondere bei **Kufverbänden**. Somit erzeugte Schalengewölbe sind in Richtung der Hauptachse (→ **y**) steif.

☞ *Kufverband: Kap. VII, Abschn. 3.1.4 bausteinförmige Ausgangselemente, S. 98 f, insbesondere* **294** *und* **302** *auf S. 102, sowie weiter unten* **158**, *S. 333*

Die Verhältnisse ändern sich indessen, wenn das Gewölbe auf senkrechten Umfassungsmauern ruht. In Richtung der Hauptachse (→ **y**) ist die Stabilität der Konstruktion im Regelfall durch die Scheibenwirkung der Längsmauern gewährleistet. Quer zur Gewölbeachse (→ **x**) ist in diesem Fall die Gesamtkonstruktion durch Zusatzmaßnahmen auszusteifen. Da das Problem der Queraussteifung der Grundzelle sich mit dem der Aufnahme der Gewölbeschübe überlagert, sollen beide Fragen im nächsten Absatz gemeinsam diskutiert werden.

Aufnahme der Gewölbeschübe

■ Zusätzlich zu den äußeren Horizontalkräften, gegen welche man die Zelle aussteifen muss, ist mit planmäßig angelegten **horizontalen Schüben** des Gewölbes zu rechnen. Sie werden bei Gewölben mit Kämpfern auf Bodenhöhe unmittelbar in die Fundierung eingeleitet oder durch Zugglieder unter Bodenniveau rückgekoppelt. Bei erhöhten Gewölben auf senkrechten Umfassungswänden muss man sie im Regelfall durch addierte konstruktive Elemente abtragen (**145**).

141 Dreischiffige Anlage mit seitlichem Abtrag der Gewölbeschübe durch Strebepfeiler. Die Gewölbeschübe zwischen Mittel- und Seitenschiffen neutralisieren sich hier aufgrund des Höhenunterschieds zwischen diesen nicht. Geeignete bauliche Maßnahmen sind hierfür erforderlich, wie beispielsweise das Minimieren der Schübe durch steile Gewölbe oder das Kurzschließen durch Zugglieder.

142 Dreischiffige Anlage mit Überwölbung und zusätzlicher Deckung durch Dachstühle. Häufige Lösung im historischen Kirchenbau.

143 Kathedrale von Amiens. Ableitung der Gewölbeschübe der Schiffe durch **Strebebogensystem** wie in 🗗 **153**.

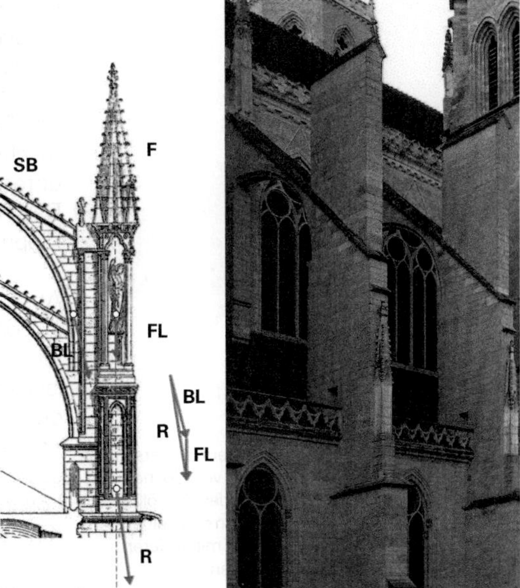

144 Überdrücken der Horizontalschübe von Kirchengewölben im gotischen Kirchenbau durch zusätzliche Auflast auf Strebebögen **SB**, hier durch aufgesetzte Fiale **F**. Die Resultierende **R** der Strebebogenlast **BL** und der lotrechten Fialenlast (**FL**) wird stärker in die Vertikale gedrückt und damit stärker in den Pfeilerquerschnitt unten. Rechts, lasterzeugende Pfeileraufsätze der Kathedrale St. Bénigne in Dijon. Die völlig ornamentlose Ausführung des Aufsatzes zeigt deutlich die beabsichtigte Funktion als reine Ballastierung.

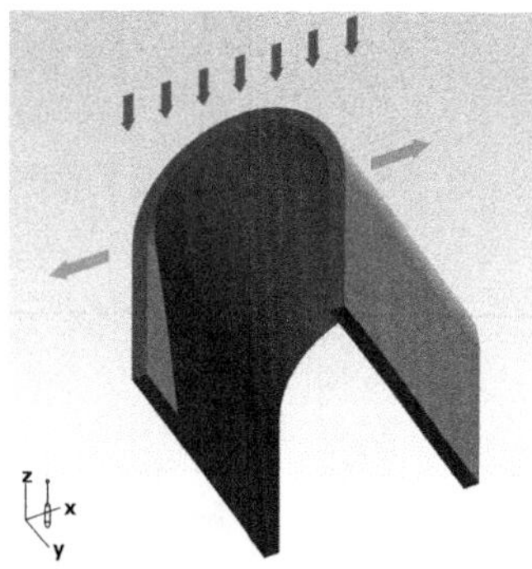

145 Im Gegensatz zu den flachen Überdeckungen aus Stäben erzeugt das Gewölbe einen **Horizontalschub** an den Auflagern bzw. Kämpfern (hier nur vorderste Ebene dargestellt).

Beide Kraftanteile werden im klassischen Gewölbebau *gemeinsam* über die gleichen Versteifungsglieder abgeleitet. Schübe treten am Gewölbeansatz oder Kämpferbereich auf, also rechtwinklig zur Wandebene auf Höhe der Mauerkrone (→ **x**), wo die Umfassung gegen Horizontallasten besonders empfindlich ist.

Bei Addition einzelner Joche mit ähnlichen Größenordnungen **neutralisieren** sich die entgegengesetzt gerichteten Schübe benachbarter Gewölbe, sodass an den Lagerungen in diesem Fall lediglich **senkrechte Lasten** auftreten (**146**). Die Schübe der **Randgewölbe** müssen indessen jeweils durch die Wand- oder eine Zusatzkonstruktion aufgenommen werden.

Wir haben gesehen, dass in Gewölbeachse (→ **y**) die Zelle aufgrund der Scheibenwirkung der Wände als ausgesteift gelten kann. Ist die Wandscheibe ebenfalls in Form von Bögen aufgelöst, müssen die Bogenschübe an den Stirnenden analog durch Abstrebungen oder vergleichbare Elemente abgetragen werden.

Quergerichtete Horizontalkräfte und Gewölbeschübe (beide in → **x**) lassen sich bei Einzelgewölben oder Flanken von Gewölbereihungen durch folgende Maßnahmen aufnehmen:

- **Wandpfeiler**, im Gewölbebau sogenannte **Strebepfeiler**: meistens außenliegend, da sie dann im Wesentlichen Druckkräfte aufnehmen (**147**). Dies entspricht dem Tragverhalten der bei Gewölben üblichen gemauerten Konstruktionen, bei denen Zugspannungen möglichst ausgeschlossen sein sollten. Innenpfeiler würden zudem mit der Gewölbeinnenfläche im Kämpferbereich in geometrischen Konflikt geraten. Aus diesen Gründen sind sie unter diesen Voraussetzungen nur selten anzutreffen. Die Tiefe der Strebepfeiler lässt sich in ihrer Höhe den Kippmomenten entsprechend abstufen.

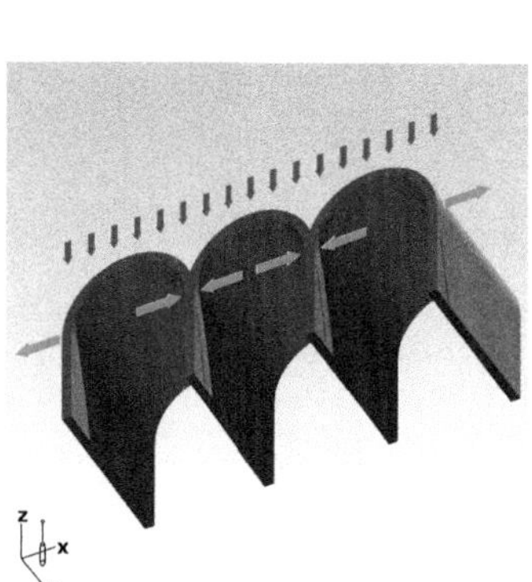

146 Die Gewölbeschübe neutralisieren sich bei seitlicher Addition von Jochen an den Berührungspunkten der Gewölbe gegenseitig. Nur die Schübe an den beiden Enden des Systems müssen mit anderen Mitteln aufgenommen werden.

- Abstützende **flankierende Gewölbeschalen**, zumeist in Form von viertelkreisförmigen Halbschalen (**152**), leiten die Schübe schräg in Richtung des Baugrunds und lassen sich dann ihrerseits durch Pfeiler verstreben oder durch weitere Halbtonnen abstützen. Es entstehen dann *kaskadierende* Gewölbesequenzen, wobei jedes Randgewölbe ein eigenes Joch oder Schiff überspannt. Diese Lösung ist beim fünf- oder mehrschiffigen mittelalterlichen Kirchenbau anzutreffen.

- Ein **geneigtes Strebewerk** aus Bögen (**153**) zeigt eine ähnliche Wirkung wie die Gewölbeschalen; die Kräfte werden jedoch in jeder Hauptachse eines Strebebogens gebündelt. Diese Lösung eignet sich folglich insbesondere für Gurtgewölbe oder für die Kreuzrippengewölbe des gotischen Kirchenbaus.

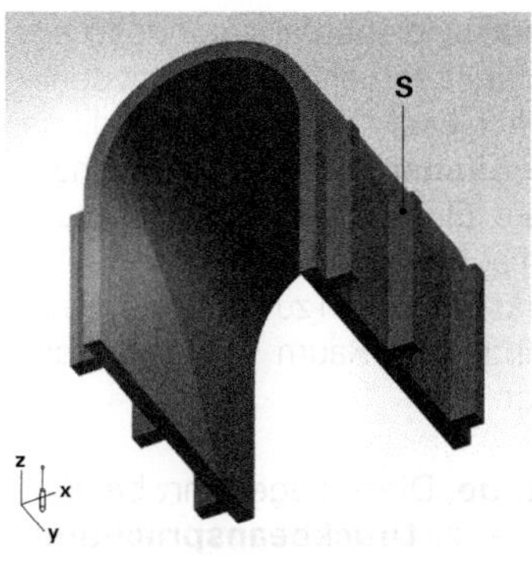

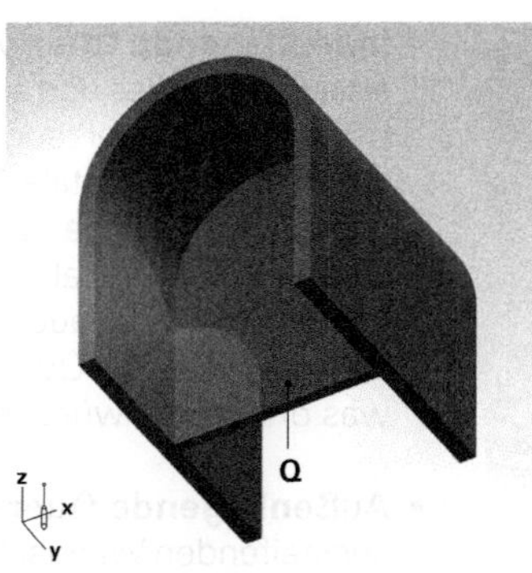

147 Horizontale Aussteifung der überwölbten Grundzelle durch **Wand-** oder **Strebepfeiler** (**S**) an den Wandscheiben. Diese müssen, anders als bei flachen Systemen, neben den externen Horizontallasten auch die planmäßig angelegten Gewölbeschübe aufnehmen. Sie sind folglich in Gewölbespannrichtung (→**x**) breiter auszuführen als dort.

148 Horizontale Aussteifung der überwölbten Grundzelle durch eine **Querwand** (**Q**), die gleichzeitig die Gewölbeschale gegen Beulen aussteift (vgl. auch **131**).

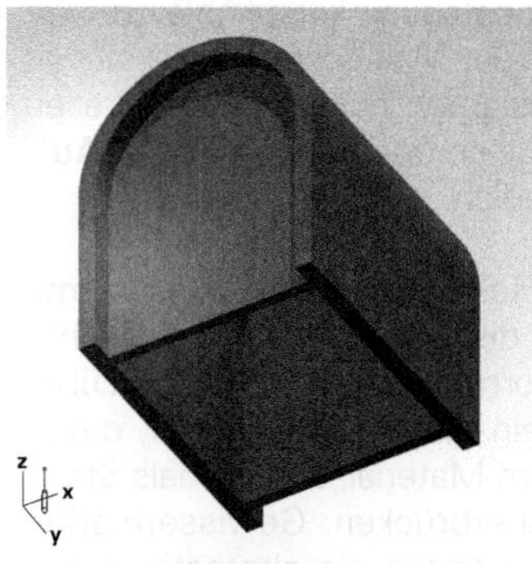

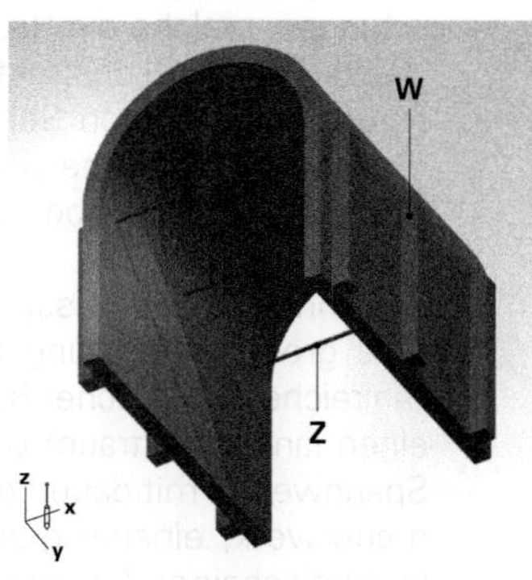

149 Aussteifung der Grundzelle wie in **128** durch mehrere raumbildende Querwände (vgl. auch **64**). Insbesondere die Stirnmauern wurden traditionell für diese Zwecke herangezogen, da die überwölbten Räume oftmals wie bei Kirchenschiffen durchgehend ausgebildet wurden und keine trennenden Zwischenwände erwünscht waren.

150 Neutralisierung der Gewölbeschübe durch **Zugbänder** (**Z**) und Horizontalaussteifung durch **Wandpfeiler** (**W**), welche gegenüber **153** entlastet und folglich kleiner dimensioniert werden können. Entwicklungsgeschichtlich stellt diese Variante wegen der unerwünschten räumlichen Wirkung der sichtbaren Zugglieder eine seltene Ausnahme dar.

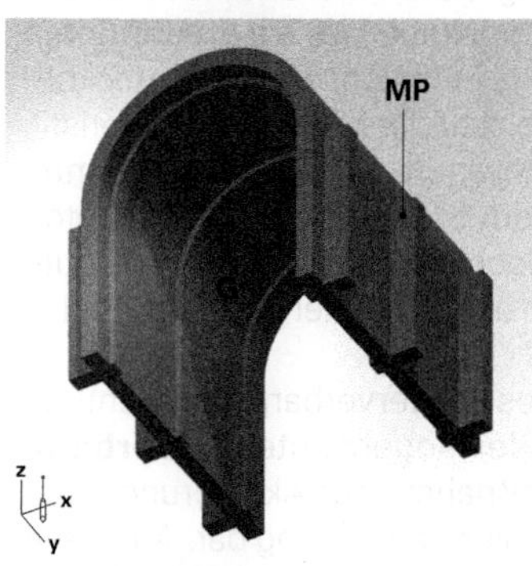

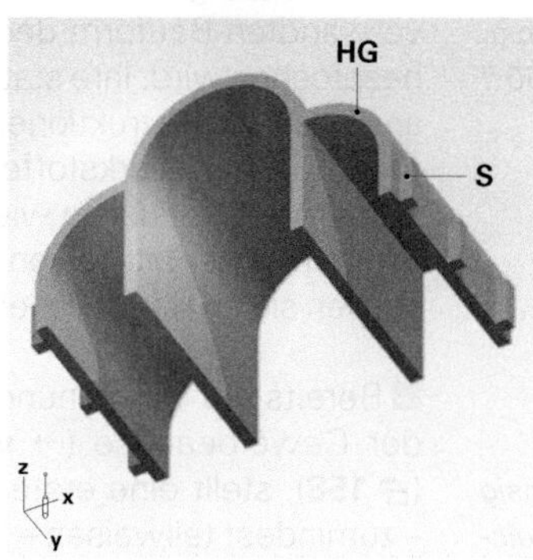

151 Versteifung der Gewölbeschale durch **Gurte** (**G**) mit Lastkonzentration auf die aussteifenden Mauerpfeiler (**MP**), die hier entsprechend kräftiger ausgeführt sind.

152 Aufnahme der Schübe des Mittelgewölbes durch seitliche **Halbgewölbe** (**HG**) und **Strebepfeiler** (**S**). Schaffung dreier paralleler Schiffe.

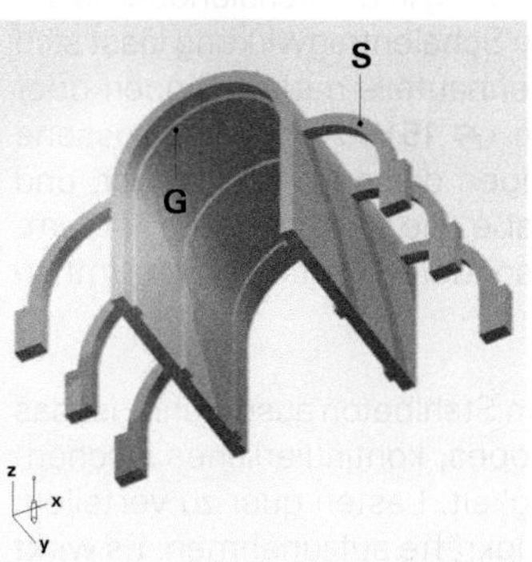

153 Aufnahme der Schübe des Mittelgewölbes durch seitliche **Strebebögen** (**S**). Versteifung der Gewölbeschale durch **Gurte** (**G**) zur Lastkonzentration auf die Strebebögen. Unter den Strebebögen kann jeweils ein Seitenschiff geschaffen werden.

154 Raumüberdeckung aus gewölbeartigen Betonschalen auf punktuellen Stützungen (Wochenendhaus bei Paris, Le Corbusier).

- **Innenliegende Querwände** sind ebenfalls grundsätzlich als aussteifendes und schubaufnehmendes Element denkbar. Die Schübe erzeugen in dieser Quermauer allerdings wiederum horizontale **Zugbeanspruchungen**, weshalb dieses Mittel ohne weitere Elemente für die Queraussteifung – anders als bei flachen Deckensystemen – im herkömmlichen Mauerwerksbau selten zu finden ist; auch deshalb, weil die Querwände den Raum segmentieren, was oft nicht erwünscht ist.

- **Außenliegende Querwände**. Diese Lage führt bei den aussteifenden Wandscheiben zu **Druckbeanspruchung**, was dem Tragverhalten des Steinmaterials entspricht. Weiterhin ist der überwölbte Raum frei von konstruktiv in regelmäßigen Abständen erforderlichen Querabschottungen, welche die Raumgestaltung konditionieren würden. Die Stützkonstruktion aus Wandscheiben lässt sich zur Schaffung von Seitenräumen nutzen. Wie bei allen aussteifenden Scheiben aus sprödem Werkstoff ist **Auflast** für ihre Aufgabe förderlich.

☞ *Abschn. 3.2.4 Kuppel vollwandig, S. 360 ff*

Zusammenfassend lässt sich festhalten, dass Wölbsysteme eine große Bedeutung für die Entwicklungsgeschichte zahlreicher historischer Bauformen haben. Sie stellten über einen langen Zeitraum die einzige Möglichkeit dar, große Spannweiten mit dauerhaftem Material, also damals Steinmauerwerk, einachsig zu überbrücken. Gewissermaßen in zweiachsiger Abwandlung traten sie alternativ in der verwandten Bauform der Kuppel auf, wie sie weiter unten besprochen wird. Ihre statische Funktionsweise als druckbeanspruchte Konstruktionen kommt der Materialcharakteristik mineralischer Werkstoffe entgegen. Mit dem Aufkommen moderner Materialien wie dem Stahl oder dem Stahlbeton verloren diese Bauweisen jedoch rasch an Bedeutung. Heute spielen sie im Baugeschehen eine nur untergeordnete Rolle.

Gewölbe gerippt

☞ *Kap. VII, Abschn. 3.1 Ausbau einachsig gekrümmter Oberflächen > 3.1.4 bausteinförmige Ausgangselemente,* **293** *auf S. 102*

■ Bereits die Verzahnung des Mauerverbands in Richtung der Gewölbeachse (→ **y**), der sogenannte **Kufverband** (**158**), stellt eine erste Maßnahme zur Aktivierung einer – zumindest teilweisen – Schalentragwirkung dar. Auf diese Weise wird eine Schubaussteifung in der Schalenoberfläche ermöglicht. Eine verbesserte Schalentragwirkung lässt sich durch Verstärken des Flächenbauteils mittels Rippen oder sogenannter **Gurte** erzielen (**151**). Auch geschlossene **Querscheiben** (**131**) bringen diesen Effekt hervor, und zwar in noch verstärktem Maße. Sie sind naturgemäß raumbildend und kommen insbesondere als stirnseitige Umfassung (**159**) infrage.

2.3 Gewölbeschale vollwandig

■ Wird das Tonnengewölbe in Stahlbeton ausgeführt, ist das Tragwerk nicht nur ein isotropes, kontinuierliches Flächenbauteil mit einer guten Fähigkeit, Lasten quer zu verteilen, sondern ist auch befähigt, Zugkräfte aufzunehmen. Es wirkt

155 Geschossbau mit gewölbeförmigen Geschossdecken aus Ziegelschalen (siehe rechts). Am Stirnende sind die aussteifenden Mauerpfeiler erkennbar (Wohnhaus in Madrid, Arch.: L Moya).

156 Gewölbeförmige Zwischendecke des Gebäudes links.

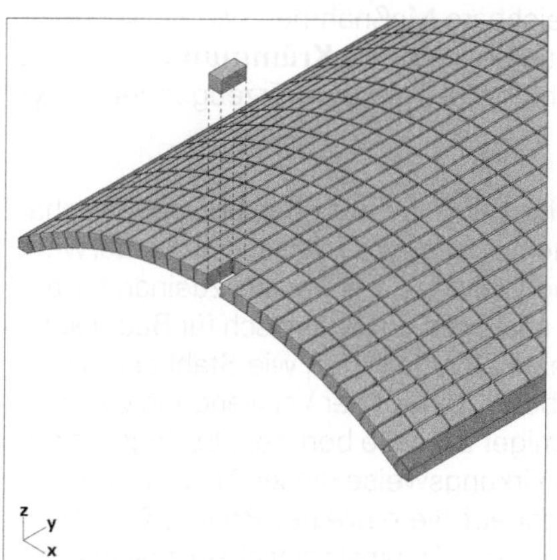

157 Mauergewölbe aus getrennten, bogenartigen Streifen.

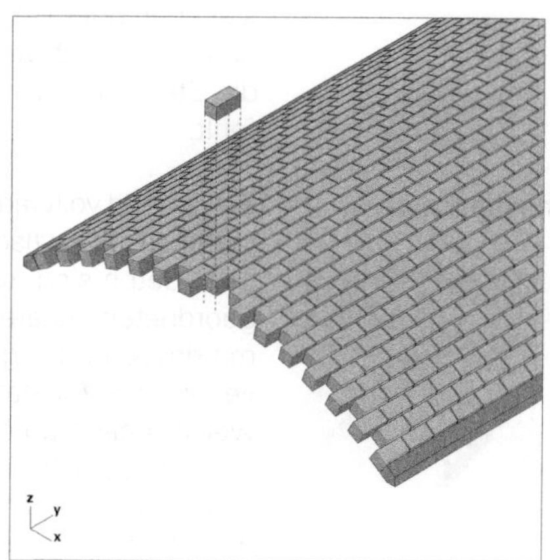

158 Mauergewölbe im **Kufverband**.

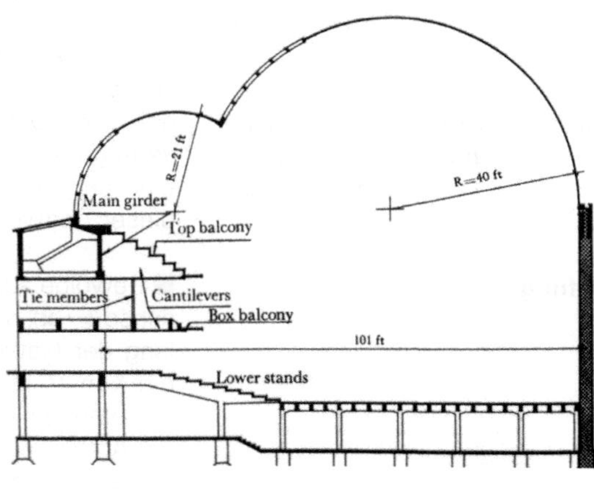

159, **160** Beton-Zylinderschale des *Frontón Recoletos* in Madrid, Innenaufnahme und Querschnitt (rechts) (Ing.: E Torroja).

aufgrund dessen als echte **Zylinderschale**, also als einachsig gekrümmte Schalenfläche (🗗 **159**, **160**). Ihre Hauptspannrichtung ist dann nicht zwangsläufig die bogenförmige Leitlinie (→ **x**), wie beim herkömmlichen Gewölbe, sondern es bilden sich in Abhängigkeit von der Belastung und den aussteifenden Binderscheiben zwei Haupttragrichtungen in der Schale aus, die über die Schalenfläche ihre Ausrichtung ändern (🗗 **161**).

Die zweiachsige Tragwirkung von echten Gewölbeschalen erlaubt – im Gegensatz zu nicht schalenartig wirkenden Gewölben – eine **punktuelle Auflagerung** des Tragwerks. Der Lastabtrag erfolgt ähnlich wie bei synklastisch gekrümmten, punktuell gelagerten Schalen, wie sie weiter unten diskutiert werden. Damit die Schalenwirkung des nur *einachsig* gekrümmten Flächentragwerks aktiviert wird, muss man die Gewölbeschale in regelmäßigen Abständen durch Querscheiben oder vergleichbare Maßnahmen wie Seilverspannungen (🗗 **162**) versteifen, da ihr die **Krümmung** und damit die Steifigkeit in Richtung der geraden Erzeugenden (→ **y**) fehlt.

☞ *Abschnitt 3.2.6 Schale vollwandig, synklastisch gekrümmt, punktuell gelagert, S. 374 ff*

2.4 Gewölbe aus Bogenscharen

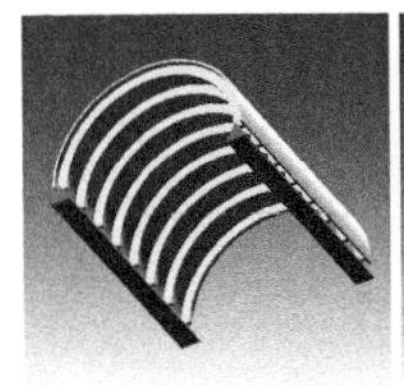
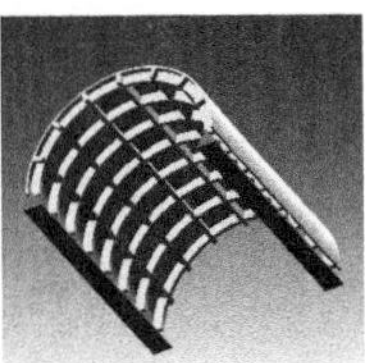
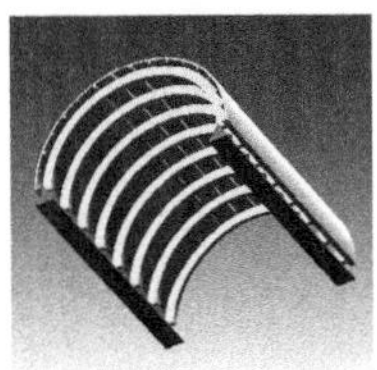

■ Während vollwandige Gewölbe wie oben besprochen charakteristisch für flächenbildende Bauweisen wie Mauerwerk oder Beton sind, sind Gewölbe aus parallel zueinander angeordneten Scharen aus Einzelbögen typisch für Bauweisen mit druck- und zugfesten Werkstoffen wie Stahl oder Holz, vereinzelt auch Stahlbeton, die auf der Verwendung vorzugsweise linear-stabförmiger Bauteile beruhen. Es liegt auf der Hand, dass sich die Wirkungsweise dieser Art von Tragwerken zurückführen lässt auf die einzelner Bögen, welche in der idealisierten Reihung zunächst als einachsig spannendes System ohne Querverteilung von Lasten arbeiten. Wie bei flachen Überdeckungen aus Stabscharen, muss diese durch geeignete, quer zu den Bögen spannende Zusatzelemente geleistet werden. Dies können aufgesetzte, in Richtung der Gewölbeachse (→ **y**) durchlaufende gerade Stäbe (Pfetten) sein (Variante **4** in *Kapitel IX-1*) oder auch mit den Bögen schub- und biegesteif angeschlossene Querstäbe (Variante **3** ebendort). Die durch das Gefüge aus Bögen und Querstäben verringerten Spannweiten lassen sich abschließend durch eine dünne Beplankung abdecken. Oftmals kommen bei dieser Tragwerksvariante Glasüberdeckungen zum Einsatz.

☞ *Kap. IX-1, Abschn. 3. Der konstruktive Aufbau des raumabschließenden Flächenelements, S. 222 ff*

Aussteifung

■ Gewölbe aus Bogenscharen sind in Richtung ihrer Querachse (→ **x**), wie alle Einzelbögen für sich, standfest. Entlang der Gewölbelängsachse (→ **y**) hingegen muss man die Konstruktion wegen der fehlenden Kippstabilität der Einzelbögen aussteifen. Die bereits aus Notwendigkeiten der Abtragung und Querverteilung von Lasten unerlässliche Lage aus querorientierten Stäben hat, zusammen mit den Bögen, die folgenden Auswirkungen:

- Es entstehen rechteckige Felder, die durch **Diagonalverbände** wie in 🗗 **167** dargestellt versteift werden können. Durch die geeignete Verteilung triangulierter Felder lässt sich die Gewölbefläche entlang ihrer Längsachse (→ **y**) versteifen. Bevorzugt wird in der Regel die Diagonalversteifung nur vereinzelter Querachsen aus jeweils einem Bogenpaar derart, dass die Horizontalkräfte in die Fundierung eingeleitet werden können. Aus Sicht der Kraftleitung

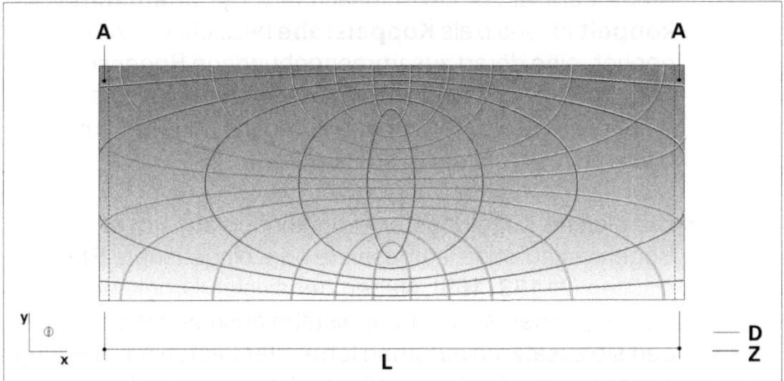

161 Kraftfluss in einer tonnenförmigen Gewölbeschale, frei über einer Stützweite **L** spannend (Hauptspannungstrajektorien), Draufsicht. **A**: Auflagerung; **D** Druck; **Z** Zug.

162 Querscheibenversteifung bei einer Gewölbeschale: hier in Form einer radialen Seilschar unter Vorspannung (Bosch-Areal, Stuttgart).

163 Tonne aus parallelen Bogenscharen in Stahl (Designcenter Linz, Arch.: T Herzog). Kopplung der Einzelbögen mittels Längsträgern (Pfetten).

164 Verglastes Tonnengewölbe aus parallelen Bögen (Galerie Vittorio Emmanuele in Mailand).

165 Zwei mit Windverbänden versteifte Felder, Mitte und rechts (Designcenter Linz, Arch.: T Herzog). Das Aussteifungsprinzip ist in 🗗 **167** erkennbar.

166 Bogentragwerk aus Stahlbeton (Stadtbad Heslach, Stuttgart).

ordnet man diese versteiften Achsen vorzugsweise dort an, wo die aufzunehmenden Windlasten auftreten, nämlich möglichst unmittelbar hinter den abschließenden Stirnfassaden, mit dem Ziel, die Kraftwege möglichst kurz zu halten. Die restlichen Bögen werden dann wie im Folgenden beschrieben stabilisiert:

- Die einzelnen Bögen werden quer zu ihrer Ebene durch Stäbe parallel zur Gewölbeachse (→ **y**) **aneinandergekoppelt** (deshalb als **Koppelstäbe** bezeichnet), sodass es genügt, eine derart zusammengebundene Bogenschar an Festpunkte – wie beispielsweise die oben beschriebenen diagonalisierten Bogenpaare – anzuschließen, um die Gesamtkonstruktion zu stabilisieren.
- Die gleiche Kopplungsfunktion können auch quer zu den Bögen verlaufende, aufgesetzte oder eingehängte **Pfetten** erfüllen (🗗 **163**, **165**). Neben der axialen Druck- und Zugkräften, denen sie als Koppelstäbe ausgesetzt sind, werden sie zusätzlich aufgrund lotrechter Lasten auf Biegung beansprucht. Auch sie müssen horizontal an Fixpunkte, beispielsweise ausgesteifte Bogenpaare, angeschlossen werden. Sie werden als **Koppelpfetten** bezeichnet.
- Auch ein abdeckendes Flächenbauteil, das auf den Bögen aufgesetzt ist, kann unter bestimmten Verhältnissen die Bogenscharen koppeln. Dies erfolgt beispielsweise durch eine Trapezblechschale. Die dünne Schale muss in der Lage sein, die anfallenden Horizontalkräfte ohne Beulgefahr aufzunehmen, was im Regelfall das zulässige Kraftniveau einschränkt. Auch diese Schale muss an einen Fixpunkt angeschlossen werden.

Für erhöhte Gewölbe aus Bogenscharen auf senkrechten Umfassungswänden gelten hinsichtlich der Aussteifung und der Aufnahme von Schüben die gleichen Überlegungen wie zu vollwandigen Gewölben.

2.5 Gewölbeschale aus Stäben

☞ [a] *Kap. IX-1, Abschn. 3. Der konstruktive Aufbau des raumabschließenden Flächenelements, S. 222 ff*

■ Eine interessante Abwandlung eines Gewölbes aus Längs- und Querstäben (analog zur Variante **3** in [a]) ist ein zylinderförmig gekrümmtes Gitter aus gelenkig miteinander verbundenen Einzelstäben, das insgesamt als eine **Schale** im baustatischen Sinn wirkt. Man spricht dabei von einer **Gitterschale**. Es lässt sich auch als die Auflösung eines vollwandigen Schalengewölbes, wie in *Abschnitt 2.2.3* weiter oben besprochen, in ein Gitterwerk auffassen. Wesentlich ist dabei, dass sich nicht eine Haupttragwirkung in Richtung von querorientierten Hauptbögen (→ **x**) einstellt, sondern eine **zweiachsige** Tragwirkung in beiden Richtungen der Gitterstäbe. Die hierfür erforderliche Schubsteifigkeit des Stabgefüges erzielt man entweder durch Verwendung eines **Dreiecksgitters** (🗗 **171**, **172**) bzw. bei Quadrat- oder Rechteckgittern durch **Diagonal-**

☞ *Kap. IX-1, Abschn. 3.5.1 Dreiecksmaschen, S. 226*

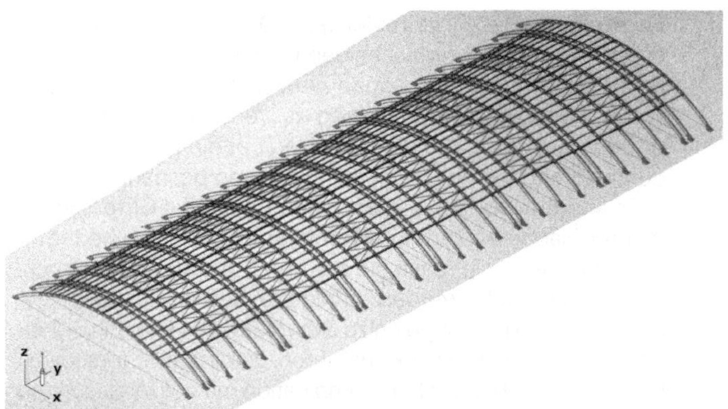

167 Kongresszentrum Linz. Aussteifung des Tonnengewölbes aus Einzelbögen mit einzelnen diagonalversteiften Jochen (Arch. T Herzog).

168 Bogentragwerk: Rückbindung der Bogenschübe mittels Zugbändern.

169 Gitterschalenartiges Tonnengewölbe mit viereckigen Maschen und diagonaler Seilversteifung. Schalentragwerk mit äquidistant angeordneten Bogenrippen zur Aussteifung, hier als kräftigere Fachwerkrippen erkennbar. Diese übernehmen eine ähnliche Versteifungsfunktion für die Gitterschale wie auch Binderscheiben oder radiale Seilversteifungen. Die Schale kann jede stetige Last über Normalkräfte abtragen (Petrówskij-Passage, heute Warenhaus, Moskau; Ing.: W G Schuchow).

170 Verglaste Gitterschale. Das Quadratgitter ist durch die Wirkung einer diagonalen Seilversteifung schubsteif. (Museum für hamburgische Geschichte; Ing.: Schlaich, Bergermann & P.)

171 Tonnengitterschale im Dreiecksraster. Die Schubsteifigkeit ist dadurch bereits ohne Zusatzmaßnahme gewährleistet (Projekt Waldstadion FfM; Arch.: N. Foster).

172 Tragwerk der Gitterschale in 🗗 **171** links.

versteifung der Einzelfelder (⧉ **170**). Zur Gewährleistung einer vollflächigen zweiachsigen Lastabtragung werden im Regelfall *alle* Felder diagonal versteift. Um eine Vielzahl von aufwendigen Anschlüssen zu vermeiden, werden zu diesem Zweck vorzugsweise Seile über die Knoten hinweg durchlaufend in zwei Diagonalrichtungen gespannt.

Es entsteht auf diese Weise eine tragfähige Gitterschale. In ihrer Fläche wirken nur **Membrankräfte**. Dies bedeutet für die Gitterstäbe, dass sie nur durch **Axialkräfte** (Druck, Zug) beansprucht werden. Infolgedessen lassen sie sich – insbesondere im Vergleich zu Gewölben aus Bogenscharen – außerordentlich schlank ausführen. Derartige Gitterschalen werden deshalb oftmals in Kombination mit Vollverglasungen eingesetzt.

Gitterschalen müssen, wie vollwandige Gewölbeschalen auch, zur Wahrung ihrer Formstabilität in regelmäßigen Abständen durch **Binderscheiben** in Ebenen rechtwinklig zur Gewölbeachse (**xz**) versteift werden (wie in ⧉ **131** gezeigt). Bei Gitterschalen werden im Regelfall keine geschlossenen Scheiben verwendet, die das feingliederige Erscheinungsbild der Konstruktion beeinträchtigen würden, sondern fächerförmige Seilversteifungen, welche die Schale unter Druckvorspannung versetzen und die gleiche Wirkung erzielen (⧉ **170**) bzw. alternativ auch lokale biegesteife Bogenrippen (⧉ **169**).

2.3 Zugbeanspruchte Systeme

2.3.1 Band

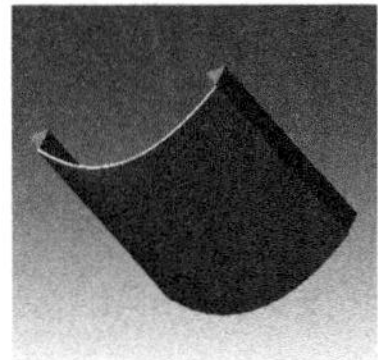

☞ [a] *Abschnitte 2.2.2 Gewölbe vollwandig, S. 324 ff, und 2.2.4 Gewölbe aus Bogenscharen, S. 334 ff*

☞ [b] *Kap. IX-1, Abschn. 4.5.2 Membranen und Seilnetze, S. 266 ff, sowie auch **Band 1**, Kap. VI-2, Abschn. 9.9 Mechanisch vorgespannte Membran, S. 665 ff*

■ **Bänder** sind einachsig gekrümmte, zwischen zwei linearen Auflagern spannende Tragwerke unter Zugbeanspruchung. Sie stellen in gewisser Hinsicht die Umkehrung eines druckbeanspruchten Tonnengewölbes dar wie oben besprochen.[a] Als nicht biegesteifes Tragwerk ausgeführt (Seil- oder Membrantragwerk), nimmt es selbsttätig die Seillinie der herrschenden Lasten an und arbeitet infolgedessen unter reiner Zugbeanspruchung. Wird es aus biegesteifen Traggliedern ausgeführt, lässt es sich der Seillinie zumindest der Hauptlasten nachbilden und erfährt wiederum größtenteils reine Zugbeanspruchungen.

Bänder ohne Biegesteifigkeit sind *bewegliche* Tragwerke und reagieren infolgedessen auf Wechsel im Belastungsbild, wie sie im Bauwesen unvermeidbar sind, mit dehnungslosen **Formänderungen**. Wie bereits angesprochen, müssen diese Formänderungen innerhalb tolerierbarer Grenzen bleiben,[b] weshalb bei Bändern, wie bei allen anderen beweglichen Systemen auch, **versteifende Maßnahmen** unerlässlich sind, welche die Tragwerksgestaltung maßgeblich beeinflussen. Bänder können versteift werden durch:

- eine **Unterspannung**. Diese ist bei Bändern nur *längs* der Spannrichtung (→**x**, ⧉ **180**) möglich, da *quer* dazu (→**y**) keine Krümmung existiert. Diese Maßnahme stellt eine **Vorspannung** dar, also eine zusätzliche Last, die auch das Lastbild und damit die Form der Seillinie entsprechend beeinflusst. Werden die Vorspannkräfte punktuell eingeleitet, wie es dem Regelfall entspricht, verändert sich die Tragwerksform hin zu einer Polygonlinie. Durch Tragseil und Unterspannung entsteht eine Art Seilbinder, der befähigt ist, wechselnde Lasten aufzunehmen.

- erhöhtes Eigengewicht, also **Ballastierung**. Man spricht dann von **eigengewichtsversteiften** Membrantragwerken. Ähnlich wie bei druckbeanspruchten Tragwerken die ungünstige Wirkung wechselnder Lasten, die dort zu einer Abweichung der Systemlinie von der Stützlinie und folglich zu Biegemomenten führt, durch Erhöhung des Eigengewichts und damit Verbesserung des **Lastverhältnisses** eingegrenzt wird, reduziert auch bei Bändern der erhöhte *unveränderliche* Lastanteil der Ballastierung die Effekte – Formänderungen – der *wechselnden* Lastanteile.

☞ *Kap. IX-1, Abschn. 4.3 Abweichungen von der Stützlinie, S. 248ff*

- ausreichende **Biegesteifigkeit** der Tragglieder. Damit wird indessen ein großer Vorzug dieser Tragwerke, nämlich die außerordentlich hohe Materialeffizienz dank der reinen Zugbeanspruchung, in gewisser Hinsicht vergeben, weil dann die Momentenbeanspruchung – gleichsam durch die Hintertür – wieder ins Spiel kommt und das Tragwerk wieder materialaufwendig und schwerfällig macht.

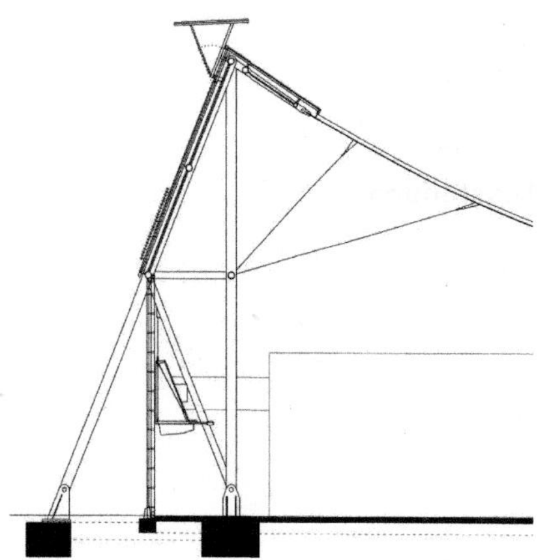

173 Zusätzliche Abspannung eines ballastierten Bands. Messehalle Hannover (Arch.: T Herzog und Partner)

Manchmal ist der günstigste Weg eine Kombination dieser Maßnahmen (wie im Beispiel in ⧉ **173**).

Kennzeichnend für Bänder ist – wie wir gesehen haben – die fehlende Krümmung *quer* zur Spannrichtung. In dieser Richtung (⧉ **180**, → **y**) sind Bänder geradlinig. Eine quer orientierte Vorspannung des Hängewerks wie bei klassischen mechanisch vorgespannten, antiklastisch gekrümmten Membranen ist deshalb nicht möglich, bzw. gar

174 Neue Messehallen in Stuttgart: eine einachsig spannende Hängekonstruktion (Arch.: T Wulf und Partner).

175 Neue Messehallen in Stuttgart, Ansicht der Querseite.

nicht vorgesehen. Es stellt sich in dieser Richtung → **y** – wie bei allen Flächentragwerken – die Frage der **Querverteilung von Lasten**. Diese lässt sich quer zur Spannrichtung nur durch ausreichende Biegesteifigkeit eines quer zu den Haupttragelementen (z. B. Seilen) spannenden sekundären Elements gewährleisten. Dies ist im Allgemeinen nur bei entsprechender Dachkonstruktion, beispielsweise aus zweischaligen Holzkassetten, sinnvoll. Es ergibt sich dann ein Aufbau nach dem Aufbauprinzip der Variante **2** (in *Kapitel IX-1*). Auch eine gerade Querstabschar erfüllt den Zweck (Variante **4** ebendort). Ansonsten bietet sich eher die Ballastierung an, bei der keine Querverteilung von Lasten erforderlich ist.

☞ *Kap. IX-1, Abschn. 3. Der konstruktive Aufbau des raumabschließenden Flächenelements, S. 222 ff*

Erweiterbarkeit

■ Hinsichtlich der **Erweiterbarkeit** gilt das Gleiche wie für andere gerichtete Systeme: In Spannrichtung (→ **x**, ⧉ **180**) ist nur eine Addition einzelner Joche möglich, quer zur Spannrichtung (→ **y**) theoretisch ein unbegrenztes Fortsetzen der Konstruktion.

Aussteifung

■ Die Konstruktion eines Bands ist in keiner der beiden Hauptrichtung (→ **x**, → **y**) ausgesteift. Es ist jeweils die bauliche Grundzelle aus dem eigentlichen Band und zwei erhöhten linearen Auflagerungen inklusive der zugehörigen Stützkonstruktion in Betracht zu ziehen. In Spannrichtung (→ **x**) muss man die Stützkonstruktionen ohnehin als standfeste Gerüste ausführen, da sie die horizontale Kraftkomponente am Bandauflager aufnehmen müssen. Hieraus ergibt sich von selbst eine Stabilisierung der Gesamtkonstruktion. Quer zur Spannrichtung (→ **y**) sind diese Stützungen entsprechend ihrerseits durch geeignete Maßnahmen zu stabilisieren. Das Band selbst muss durch ausreichende **Schubsteifigkeit** in seiner Fläche befähigt werden, horizontale Lasten auf die Lagerungen zu übertragen.

Einsatz im Hochbau – planerische Aspekte

■ Bänder erlauben große Spannweiten bei extrem reduzierter Konstruktionshöhe. Sie werden folgerichtig oftmals zur Überspannung größerer Hallenräume eingesetzt. In gewisser Hinsicht wird die Leichtigkeit und konstruktive Einfachheit des Bands selbst durch gesteigerten baulichen Aufwand für die Schaffung der erhöhten linearen Auflager erkauft, und insbesondere für die Aufnahme der dort systembedingt auftretenden horizontalen Kräfte.

176 *Lowara*-Niederlassung in Montecchio, Italien, von Renzo Piano Building Workshop. Beispiel für die Verwendung von Hängedächern im eingeschossigen Verwaltungsbau.

177 Hängekonstruktion aus gekrümmten Holzprofilen (Werkhalle für *Wilkhahn*, Arch.: F Otto).

178 Olympiabauten 1964 in Tokio. Die quer zur Mittelachse gerichteten Zuglieder sind keine Seile, sondern gekrümmte Stahlträger (Arch.: K Tange).

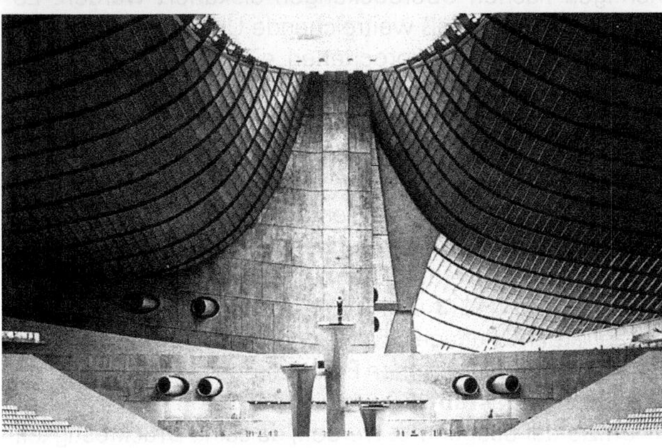

179 Olympiabauten 1964 in Tokio, Innenraum.

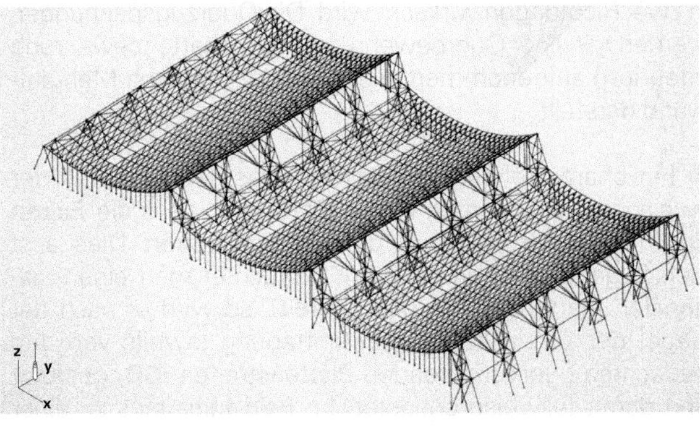

180 Erweiterungsprinzip eines Bands. Wie bei allen gerichteten Systeme erfolgt eine Addition einzelner Module in Spannrichtung (→ **x**). Quer dazu (→ **y**) ist eine unbegrenzte Fortsetzung der Konstruktion möglich.

3. Ungerichtete Systeme

☞ Kap. IX-1, Abschn. 2.1 Ein- und zweiachsiger Lastabtrag, S. 208 ff

■ Während bislang gerichtete, also einachsig spannende Tragwerke im Mittelpunkt der Betrachtung standen, sollen im Folgenden solche untersucht werden, die Lasten **zweiachsig** im Sinn unserer Definition abtragen, und zwar zunächst unter der Einschränkung einer vierseitigen Lagerung, sowohl in der Variante der linearen wie auch in derjenigen der punktuellen. Wenngleich dann im Wesentlichen zwei Spannrichtungen existieren, hat sich dennoch die Bezeichnung als **ungerichtete Tragwerke** eingebürgert. Tragwerke mit mehr als zwei Spannrichtungen und ringartigen Auflagerungen gelten ebenfalls als zweiachsig gespannt, da der Kraftfluss mit Erfassung der zwei Hauptkraftkomponenten in der Fläche bereits vollständig beschrieben werden kann.

Ungerichtete Tragwerke sind – insbesondere in der Ausführung als Stabwerk – im Allgemeinen aufwendiger in der Herstellung als gerichtete. Sie sind grundsätzlich effizienter und materialökonomischer in ihrer Tragwirkung, da eine stärkere Mitwirkung der Bauteile untereinander aktiviert wird. Sie sind infolgedessen zumeist durch innere statische Unbestimmtheit gekennzeichnet. Ungerichtete Tragwerke, bzw. Grundzellen zusammengesetzter ungerichteter Tragwerke, sind bereits durch ihre – zumindest annähernd – punktsymmetrische Geometrie als solche erkennbar.

3.1 Biegebeanspruchte Systeme – flache Überdeckungen

☞ Abschnitte 2.1.1 Platte einachsig gespannt, S. 282 ff, und 2.1.2 Flache Überdeckung aus Stabscharen, S. 294 ff

■ Zunächst sollen die für den Hochbau außerordentlich wichtigen flachen Überdeckungen diskutiert werden. Es existieren naturgemäß weitreichende Übereinstimmungen mit den bereits angesprochenen einachsig spannenden flachen Überdeckungen.

3.1.1 Platte zweiachsig gespannt, linear gelagert

☞ [a] Kap. IX-1 Grundlagen, 🗗 **62**, **63**, S. 211; in diesem Kap. 🗗 **10–12**, S. 283
☞ [b] Kap. IX-1, Abschn. 2.1 Ein- und zweiachsiger Lastabtrag, S. 208 ff

■ Die bei der einachsig gespannten Variante ungestützten seitlichen Ränder weisen unter Belastung eine Durchbiegung auf.[a] Diese wird bei der allseitig gelagerten Platte durch die Auflagerung verhindert, sodass die **Querbiegung** vollständig aktiviert werden kann, und zwar nicht nur aus der Lastverteilung (Fall **3** und **3'**),[b] sondern in einem *direkten* Lastabtrag am Auflager (Fall **4** und **4'**, ebendort). Es stellt sich dann bei quadratischen Plattenproportionen eine echte **zweiachsige Lastabtragung** ein. Der Beton kann auf diese Art effizienter ausgenutzt werden, da seine Druckfestigkeit in zwei Richtungen wirksam wird. Die Querzugspannungen werden mit einer Querbewehrung (in der Mattenbewehrung integriert) aufgenommen, die einen nur mäßigen Mehraufwand darstellt.

Tragverhalten

☞ ***Band 1***, Kap. VI-2, Abschn. 7.3.8 Vierseitig gelenkig linear gelagertes Element (Platte) unter orthogonaler Flächenlast, S. 594 f

■ Ein charakteristischer Verformungsmechanismus der zweiachsig gespannten Platte führt dazu, dass die **Ecken** der Platte unter Belastung des Felds **abheben**. Dies lässt sich folgendermaßen erklären: Betrachtet man einen diagonalen Plattenstreifen (**AB**, 🗗 **184**), so wird er nach der Regel der zweiachsigen Lastabtragung jeweils von den gedachten querverlaufenden Plattenstreifen (**CD**) gestützt und damit teilweise entlastet. Im Feld führt dies zu einer

181 Vierseitig linear gelagerte **Platte** mit zweiachsiger Lastabtragung. Es gelten ähnliche Verhältnisse wie bei Trägerrosten (vgl. *Abschn. 3.1.3*): Die beste Materialausnutzung wird bei gleichen Spannweiten in beiden Richtungen, also bei quadratischen Stützfeldern erzielt.

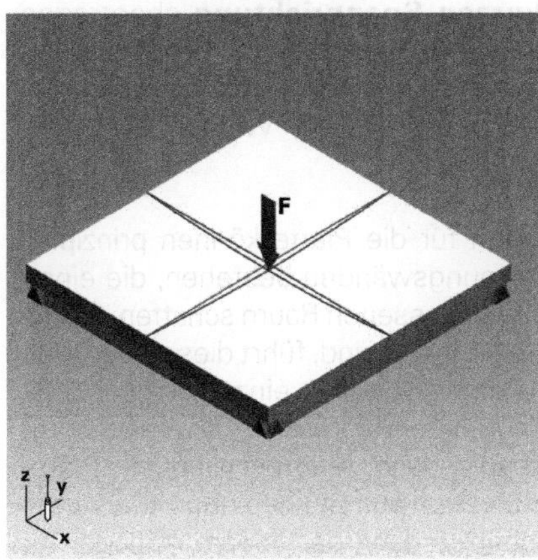

182 Zweiachsige Lastabtragung einer zentrischen Einzellast in einer quadratischen vierseitig linear gelagerten Platte. Die Durchbiegungen sind bei gleichen Spannweiten verglichen mit denen in 🗗 **148** kleiner.

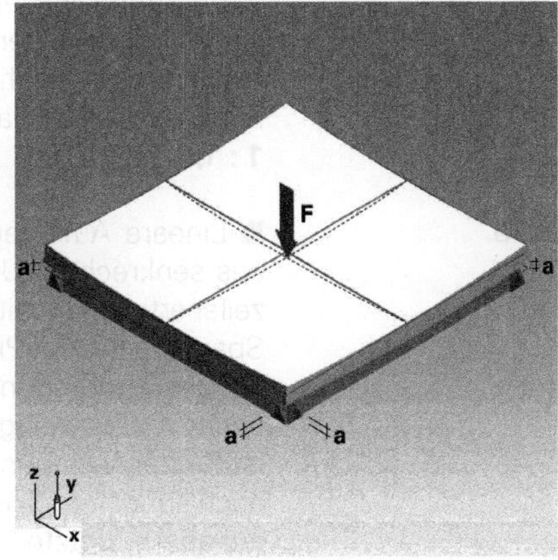

183 Abheben der Plattenecken bei einer drillweichen Platte.

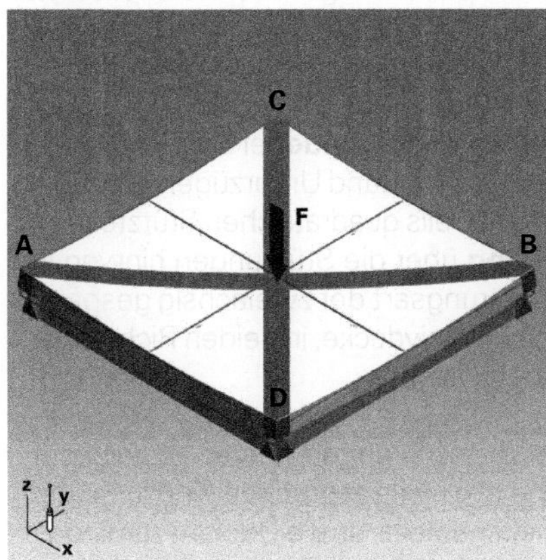

184 Betrachtung der Diagonalstreifen (**AB**, **CD**) der Platte.

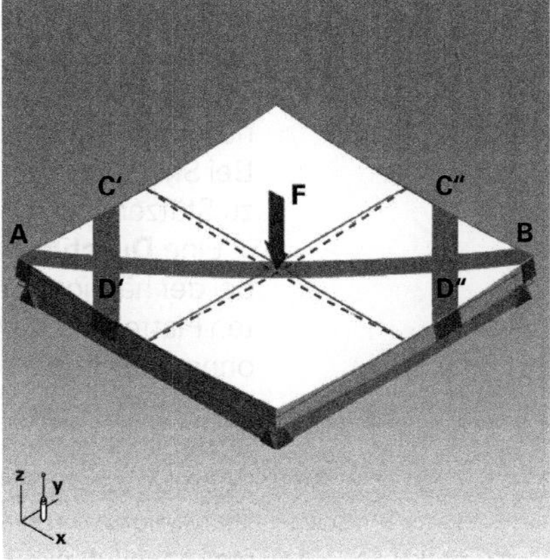

185 Die Diagonalstreifen (**AB**) werden durch die wesentlich steiferen (weil kürzeren) Querstreifen (**C'D'**, **C"D"**) gestützt, sodass sich eine Art Kragwirkung einstellt: Die Enden der Diagonalstreifen heben ab.

Verminderung seiner Durchbiegung; im **Eckbereich** sind die stützenden Querstreifen (**C'D'** und **C''D''**, 🗗 **185**) jedoch sehr kurz, und folglich auch sehr steif. Sie wirken dann wie ein **starres Auflager**, was dazu führt, dass der diagonale Plattenstreifen sich wie ein **Träger mit zwei Kragarmen** verhält: Seine auskragenden Endabschnitte heben vom Lager ab.

☞ *Siehe das Schaubild in **Band 1**, Kap. VI-2, Abschn. 7.3.8,* 🗗 ***83** auf S. 596 f*

Wird diese Verformung durch geeignete Maßnahmen behindert, beispielsweise durch Auflast, werden die Enden des Diagonalstreifens eingespannt, was eine zusätzliche Verbesserung des Tragverhaltens der Platte zur Folge hat.

✏ *Siehe auch die Torsionsbehinderung des Randbereichs beim Trägerrost*

Wie bereits beschrieben, wirkt eine zweiachsig gespannte Platte bei *direktem Lastabtrag* nur als solche, wenn die Proportion ihrer Kanten annähernd **quadratisch** ist (🗗 **181**). Rechteckige Grundrissformate führen dazu, dass die Last vorwiegend in der **kurzen Spannrichtung** abgetragen wird, nämlich in der **steiferen**. Die zweiachsige Ausnutzung der statischen Höhe der Platte ist dann nicht gegeben. Als Faustregel gilt, dass dies bereits bei Verhältnissen von **1 : 1,5** der Fall ist.

Die bauliche Grundzelle

■ Lineare Auflagerungen für die Platte können prinzipiell aus senkrechten Umfassungswänden bestehen, die einen zellenartigen, allseits umschlossenen Raum schaffen. Da die Spannweiten der Platte begrenzt sind, führt diese Bauweise bei Erweiterungen zu einer Sequenz einzelner geschlossener, maßlich eingeschränkter Raumzellen. Diese Bauform ist für den Wohnungsbau typisch. Alternativ kann die Platte auch auf einem Skelettsystem aus Stützen und Unterzügen auflagern. Letztere schaffen dann das lineare Auflager für die Platte. Systembedingt verlaufen die Unterzüge in zwei Richtungen.

Erweiterbarkeit

■ Infolge des zweiachsigen statischen Wirkprinzips und der daraus folgenden geometrischen Ungerichtetheit der Platte mitsamt der Auflagerung, sind beide Hauptrichtungen hinsichtlich der Erweiterbarkeit der Konstruktion gleichwertig: Wegen begrenzter Spannweiten kann in beiden Richtungen nur durch **Addition weiterer Stützfelder** erweitert werden. Bei Skelettsystemen aus Stützen und Unterzügen führt dies zu Stützenstellungen mit jeweils quadratischen Stützfeldern.

Eine **Durchlaufwirkung** über die Stützungen hinweg ist bei der häufigsten Ausführungsart der zweiachsig gespannten Platte, der Stahlbetonmassivdecke, in beiden Richtungen ohne Einschränkungen realisierbar.

Aussteifung

■ Bauliche Zellen aus ringsum angeordneten scheibenartigen Umfassungen wie oben angesprochen sind in beiden Richtungen (→ **x**, → **y**) ausgesteift, da die Decke – zumindest als Massivdecke – zusätzlich eine stabilisierende Scheibenwirkung entfaltet. Mit einem Skelettsystem kombiniert muss die Grundzelle durch geeignete Aussteifungsmaßnahmen zur Aufnahme von Horizontallast befähigt werden – also durch

Windverbände, durch den Anschluss an Festpunkte mittels der Scheibenwirkung der Überdeckung, etc. Alternativ ist auch – insbesondere in der Ausführung als monolithische Stahlbetonkonstruktion – eine Rahmenwirkung der dann zu einem Rahmen kombinierten Elemente der Stütze und des Unterzugs möglich. Folgerichtig lässt sich bei dieser zweiachsig spannenden Überdeckung eine **zweiachsige Rahmenwirkung** schaffen. Die doppelt orientierten steifen Rahmenecken lassen sich monolithisch in einem Stück vergießen. Diese Bauweise bedeutete in den Anfängen des Stahlbetonskelettbaus einen entscheidenden Entwicklungsschritt, hat heute indessen wegen des hohen Schalungs- und Bewehrungsaufwands keine bauliche Bedeutung mehr. In gewisser Hinsicht lässt sich behaupten, dass diese Lösung durch moderne punktgestützte Flachdecken abgelöst wurde.

☞ *Vgl.* ⎘ **97**, *S. 313*

☞ *Abschn. 3.1.2 Platte zweiachsig gespannt, punktuell gelagert, S. 346 ff*

Einsatz im Hochbau – planerische Aspekte

☞ *Abschn. 2.1.1 Platte einachsig gespannt, S. 282 ff*

■ Es gelten im Wesentlichen die gleichen Aussagen wie zur einachsig gespannten Platte. Noch weitreichender als bei der einachsigen Variante ist bei der zweiachsigen Platte die Freiheit bei der Gestaltung der Auflagerungen. Die ausgeprägte Fähigkeit der Platte zur Verteilung von Lasten erlaubt eine – innerhalb gewisser Grenzen – weitgehend freie Festlegung von linear aufgelagerten und frei spannenden Plattenbereichen. Es sind auch unregelmäßige, nicht an geometrische Raster gebundene Lagerkonfigurationen realisierbar.

✏ *Siehe die Überlegungen oben im Absatz ‚Aussteifung'*

Rippenplatte zweiachsig gespannt (Kassettendecke)

■ Wie bei der einachsig gespannten Platte wird die zweiachsig gespannte ab einer gewissen Spannweite so schwer, dass sie ihre Tragreserven dazu aufbraucht, sich selbst zu tragen. Man kann dann ebenfalls **Rippenplatten** ausführen, wobei zwei sich kreuzende Rippenscharen eine **Kassettendecke** bilden.

Kassettendecken werden zumeist vor Ort gegossen. Auf diese Weise lassen sich die vielfältigen Durchdringungen der Rippen ohne weitere Anschlussprobleme monolithisch

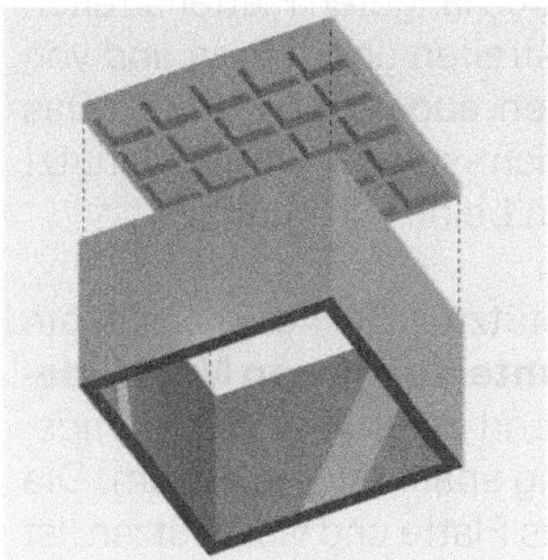

186 Auch die vierseitig linear gelagerte Platte mit zweiachsiger Lastabtragung kann nach dem Muster in ⎘ **22** und **23** in gerippter Ausführung in Erscheinung treten. Im Stahlbetonbau werden diese Bauteile als **Kassettendecken** bezeichnet.

187 Auf einer Tragschalung ausgelegte individuelle Schalkörper aus Stahl vor dem Betonieren einer Kassettendecke.

188 Ortbeton-Kassettendecke (Arch.: L Kahn).

ausführen. Hierfür existieren industrialisierte Schalungssysteme (vgl. **187**).

Platte zweiachsig gespannt, punktuell gelagert

☞ ***Band 1**, Kap. VI-2, Abschn. 7.3.10 Vierseitig gelenkig punktuell gelagertes Element (Platte) unter orthogonaler Flächenlast, S. 600f*

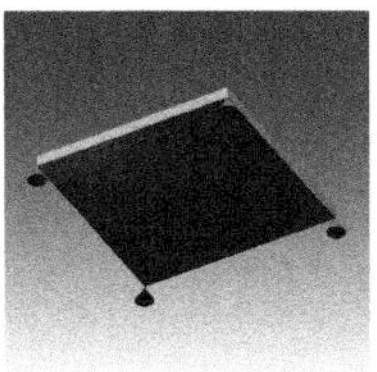

■ Die punktuelle Stützung der Platte kommt ihrem Tragverhalten zunächst nicht entgegen, da die Lasten an der Stützung auf einem geometrisch sehr beschränkten Bereich abgetragen werden müssen. Die sozusagen konzeptbedingt vergleichsweise geringe Materialdicke der Platte (s. o.), die ansonsten einen großen Vorzug der Plattendecke darstellt, erweist sich aus dieser Sicht als ein Schwachpunkt, da im Bereich um den Stützungspunkt hohe **Querkraftkonzentrationen** entstehen. Es besteht Gefahr des **Durchstanzens**.

Die konstruktive Antwort auf dieses Problem entwickelte sich in Form der **Pilzdecke** heraus (**190**). Durch die pilzförmige Verbreiterung des Stützenkopfs wird der sogenannte **kritische Rundschnitt** im stützennahen Bereich, an dem die größten Querkräfte auftreten, vergrößert. Dies entschärft die Effekte der punktuellen Lagerung.

✎ *Sie wird dennoch auch heute oftmals weiterhin als Pilzdecke bezeichnet*

Da diese Art von Decke mit vergleichsweise hohem Schalungsaufwand verbunden ist, wird sie heute vorzugsweise ohne Pilzköpfe als **punktgestützte Flachdecke** ausgeführt (**191**). Die erhöhten Querkräfte werden hierbei mithilfe einer **Dübelleistenbewehrung** (**192**) aufgenommen. Diese lässt sich in der regulären Deckenstärke integrieren, sodass ein kontinuierlicher Plattenquerschnitt eingehalten wird. Die Schalungskosten sind dann mit denen einer herkömmlichen Massivdecke vergleichbar.

Die statische Höhe der Platte wird in zwei Richtungen optimal ausgenutzt, wenn die Stützweiten in beiden Richtungen annähernd gleich, die Stützenfelder also **quadratisch** sind. Aber auch bei rechteckigen Stützfeldern mit unterschiedlichen Spannweiten stellt sich – anders als bei der *linear* gelagerten zweiachsig gespannten Platte mit stark voneinander abweichenden Spannweiten – infolge des indirekten Lastabtrags dennoch eine **zweiachsige Tragwirkung** ein. Hierbei wird – bewehrungstechnisch betrachtet – eine beliebige Einzellast zunächst über den längeren Plattenstreifen auf den steiferen, kurzen Randstreifen übertragen und von diesem dann auf die Stützungen abgeleitet (**189**). Das Material wir hierbei indessen nicht so effizient ausgenutzt wie bei gleichen Spannweiten in beiden Richtungen.

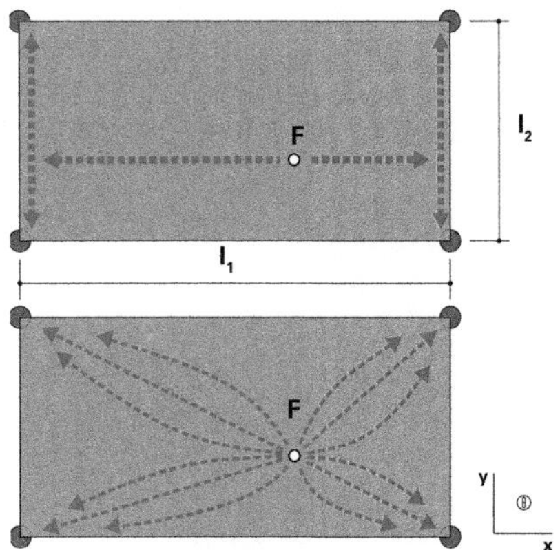

189 Indirekter Lastabtrag bei rechteckiger Platte: oben bewehrungstechnisch betrachtet, unten Hauptspannungstrajektorien.

Die bauliche Grundzelle

■ Die Entwicklung der punktgestützten Flachdecke erlaubte den ökonomischen Einsatz der **unterzugslosen Massivdecke** im modernen Skelettbau, und zwar in ihrer leistungsfähigsten Variante als zweiachsig spannendes System. Die Grundzelle, eine Kombination aus Platte und vier Stützen, ist zunächst nicht ausgesteift: Eine Rahmenwirkung zwischen Stütze und Platte ist bei der stark reduzierten Dicke der Decke nicht realisierbar. Folglich sind für solche Tragwerke zusätzliche aussteifende Elemente wie beispielsweise **Kerne** erforderlich. Das Skelettragwerk lässt sich dank der horizontalen Scheibenwirkung der Decke kraftschlüssig mit diesen Fixpunkten verbinden.

■ Dort wo sich die Kombination der Massivplatte mit einem Skeletttragwerk anbietet, also beispielsweise im **modernen Verwaltungsbau**, findet die punktgestützte Flachdecke extensiven Einsatz. Sie weist einige wesentliche Vorteile auf:

- Die üblichen Anforderung an eine Geschossdecke im Hochbau werden erfüllt:
  - •• **Luftschallschutz**;
  - •• **Trittschallschutz**;
  - •• **Brandschutz**;
- ferner erweist sich die **thermische Speicherfähigkeit** als Vorteil bei aktuellen Verwaltungsbauten. Dort können die hochwärmedämmenden Fassaden sowie insbesondere die hohen internen Wärmelasten (aus Beleuchtung, Büromaschinen etc.) bei mittleren bis hohen Außentemperaturen zu überhöhten Raumtemperaturen führen. Die große Speichermasse der Geschossdecke zeigt hier ein günstiges thermisches Verhalten.
- **Nutzungsbezogen** bietet ein Skelettsystem mit Flachdecke den Vorteil der:
  - •• großen **Grundrissflexibilität**. Durch die wenigen Fixpunkte im Grundriss (Stützen, Kerne) lassen sich durch Umsetzen der leichten Trennwände weitgehend ungehindert vielfältige Grundrissaufteilungen realisieren.
  - •• großen Freiheit bei der Festlegung der Stützenstellungen. Dank der ausgeprägten Fähigkeit der Platte zur Querverteilung von Lasten lassen sich – innerhalb gewisser Grenzen – **freie Stützenstellungen** realisieren, die nicht notwendigerweise einem Achsraster folgen müssen. Diesen Vorzug hat die punktgestützte Platte im Wesentlichen mit allen anderen zweiachsig lastabtragenden Systemen – wie beispielsweise auch dem Trägerrost – gemeinsam. Grenzen sind der freien Stützenanordnung selbstverständlich durch die begrenzten Spannweiten der Decke – bis knapp über 7 m – gesetzt.
  - •• freien **Installierbarkeit** unter der Decke, da keinerlei Unterzüge die Leitungsführung behindern.
  - •• Sicherstellung eines guten **Tritt-** und **Luftschallschutzes** bei gleichzeitig hoher **Variabilität der Trennwandstellungen**. Hierfür wird ein Verbund-

Einsatz im Hochbau – planerische Aspekte

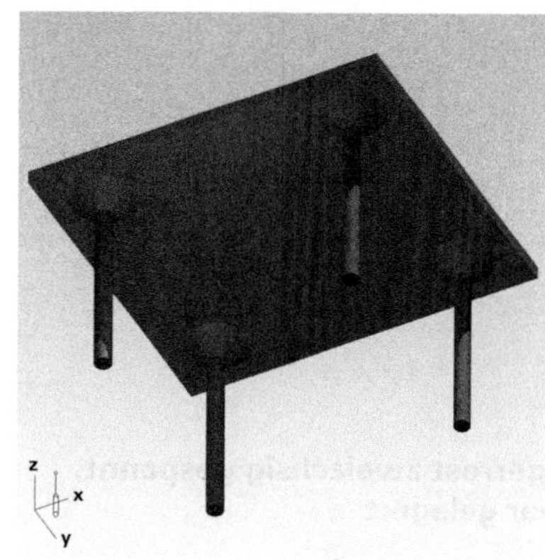

190 Pilzdecke.

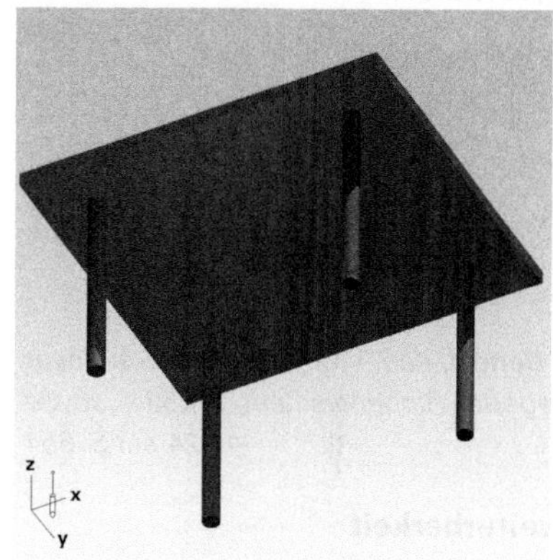

191 Punktgestützte Flachdecke, häufig ebenfalls als *Pilzdecke* bezeichnet. Die Tragwirkung ist wie bei der Pilzdecke in 🗗 **190**, jedoch fehlen die Pilzköpfe. Die starken Querkräfte an der Stützung werden durch geeignete Bewehrung aufgenommen (🗗 **192**).

192 Einlegen einer vorgefertigten **Dübelleistenbewehrung** in die Schalung (Herst.: *Halfen®*).

estrich oder ein Estrich auf Trennlage ausgeführt, der in Kombination mit der Deckenmasse und einem weichfedernden Bodenbelag (z. B. Teppichboden) den erforderlichen Trittschallschutz gewährleistet.

•• einer großen nutzbaren **thermischen Strahlfläche** in Form der unverkleideten Massivdeckenflächen. Die Decke oder der Verbundestrich werden zu diesem Zweck mit einem System von Heiz- und Kühlleitungen ausgestattet. Man spricht dabei von einer thermischen **Bauteilaktivierung**.

Auch punktgestützte Flachdecken lassen sich heute mithilfe halbvorgefertigter **Elementdecken** realisieren.

1.3

Trägerrost zweiachsig gespannt, linear gelagert

Tragverhalten

■ Das prinzipielle Tragverhalten linear gelagerter Trägerroste wird an anderer Stelle eingehend besprochen.[a] Die Vorteile der zweiachsigen Lastabtragung lassen sich analog zur homogenen Platte beim *direkten Lastabtrag* dieses Tragsystems durch **quadratische** Rostformate mit gleichen Spannweiten in beiden Spannrichtungen am besten ausnutzen. Trägerroste mit unterschiedlichen Spannweiten wie in 🗗 **195** führen zu einer Bevorzugung einer Spannrichtung und somit zu einer unzureichenden Ausnutzung einzelner Tragglieder, bzw. einer Überbelastung anderer. Die Vorteile der zweiachsigen Lastabtragung lassen sich auf diese Weise nicht vollständig ausschöpfen.

Das Phänomen der **abhebenden Ecken** stellt sich beim linear gelagerten Trägerrost genauso ein wie bei der linear gelagerten Platte.

☞ [a] ***Band 1**, Kap. VI-2, Abschn. 9.5.1 Linear gelagertes Rippenelement, S. 653 ff, sowie* 🗗 **224** *auf S. 654*

Erweiterbarkeit

■ Aufgrund der gleichen Spannweiten in beiden Richtungen lässt sich ein Tragwerk aus Trägerrosten in beiden Orientierungen unter identischen Voraussetzungen durch einfaches Anfügen eines Elements erweitern (🗗 **198**). Eine **Durchlaufwirkung** über mehrere Stützfelder hinweg ist wie bei Massivdecken gut realisierbar.

Ausführungsvarianten

■ Die **Knotenausbildung** ist bei Trägerrosten immer ein heikles Konstruktionsdetail, das wegen seiner – gewissermaßen systembedingten – Häufigkeit im Element stets mit vergleichbar großem Herstellungsaufwand verbunden ist. Da Roste in den seltensten Fällen Transportmaße aufweisen, sind diese Verbindungen zudem als **Montageverbindungen** auszuführen, was bestimmte Verbindungstechniken zumeist von vornherein ausschließt – beispielsweise im Stahlbau meistens das Schweißen, oder im Holzbau das Leimen. Erschwerend kommt ferner dazu, dass man die Verbindungen – wiederum systembedingt – stets **biegesteif** ausführen muss, was immer mit erhöhtem technischen Aufwand verbunden ist.

Eine Möglichkeit, den Herstellungsaufwand der Knoten zu verringern, ist, eine Rippenschar im Knoten durchgehend

193 Trägerrost mit schlanken Rippen aus Holzwerkstoffplatten. Die Rippe an der Auflagerung ist zur Aufnahme der konzentrierten Querkräfte höher ausgebildet. Man beachte die außerordentlich schmalen Rippenquerschnitte, die deshalb ermöglicht werden, weil sich die zahlreichen Längs- und Querrippen in kurzen Abständen gegenseitig seitlich versteifen.

194 Trägerrost mit dreieckförmiger Rastergeometrie.

195 Aus der Überlegung in *Kap. IX-1*, 🗗 **84** und **85**, S. 217, ergibt sich, dass bei ungerichteten Tragsystemen unterschiedliche Spannweiten in jeweils beiden Richtungen sich ungünstig auf das Tragverhalten auswirken.

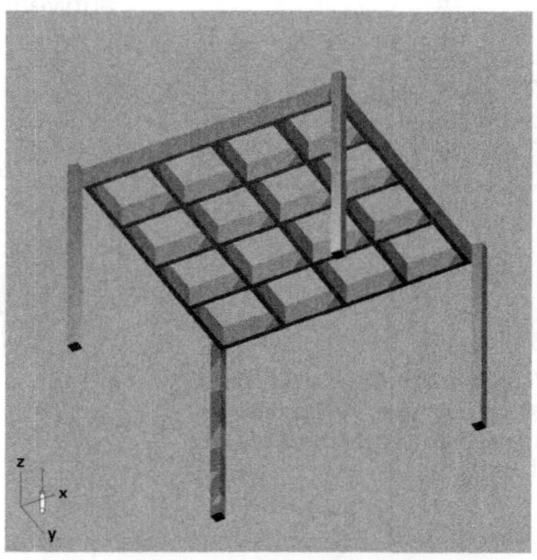

196 Die Vorteile der zweiachsigen Lastabtragung werden am besten bei **quadratischen Stützfeldern** mit gleichen Spannweiten in beiden Spannrichtungen ausgenutzt.

197 Trägerrost aus Stahlfachwerkrippen (Schulgebäude Solothurn, Arch.: F Haller).

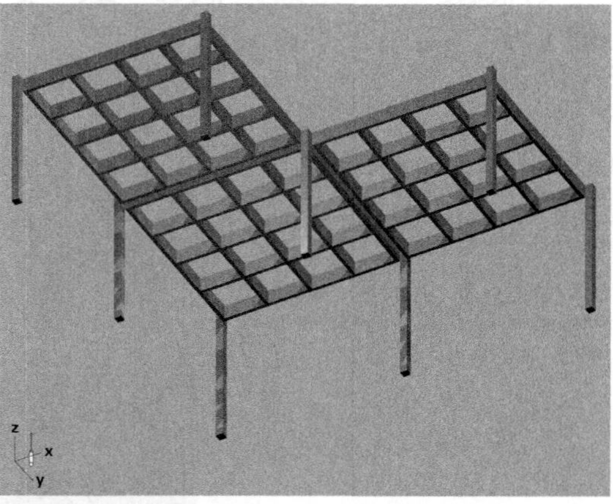

198 Ein System aus Trägerrosten kann durch Addition in zwei gleichwertigen Richtungen erweitert werden.

☞ Vgl. auch die Darstellung dieses Trägerrosts in Kap. X-4 Fertigteilbau, 🗗 **80** bis **87**, S. 686 f

☞ **Band 1**, Kap. IV-5, Abschn. 4. Mechanische Eigenschaften, S. 285 f

auszuführen und nur die quer dazu verlaufende am Knoten zu stoßen. Auf diese Weise wirkt die im ersten Schritt montierte durchgehende Rippenschar als Montagegerüst für die anschließend einzuhängenden, quer orientierten Rippenabschnitte (🗗 **200, 201**). Ein interessantes Beispiel in Spannbetonausführung, bei dem die Knotenproblematik durch nachträgliches Vorspannen gelöst wurde, zeigen 🗗 **199–202**.

Im Holzbau ist es schwierig, die bei dieser konstruktiven Lösung am Knoten quer zur durchgehenden Rippe angreifenden Kräfte über Querdruck und -zug über den durchlaufenden Rippenquerschnitt zu übertragen, da Holz quer zum Faserverlauf derartige Beanspruchungen nicht verträgt. Stattdessen sind die Kräfte über Stahlverbindungen durchzuleiten, beispielsweise durch eingeschlitzte Knotenbleche (🗗 **204**). Grundsätzlich wird im Holzbau die Realisierung von Trägerrosten durch die für die Bauweise typische verhältnismäßig aufwendige Herstellung biegesteifer Anschlüsse erschwert.

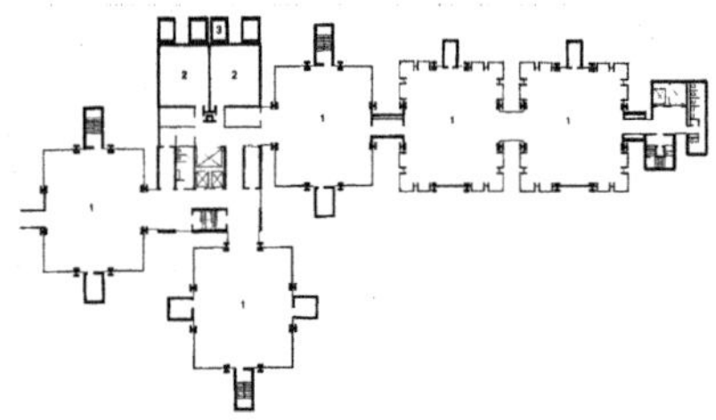

199 (Oben) *Medical Research Center*, Grundriss. Die einzelnen Rosteinheiten sind am Grundriss der Einzelgebäude als quadratische Deckenfelder zu erkennen (Arch.: L Kahn).

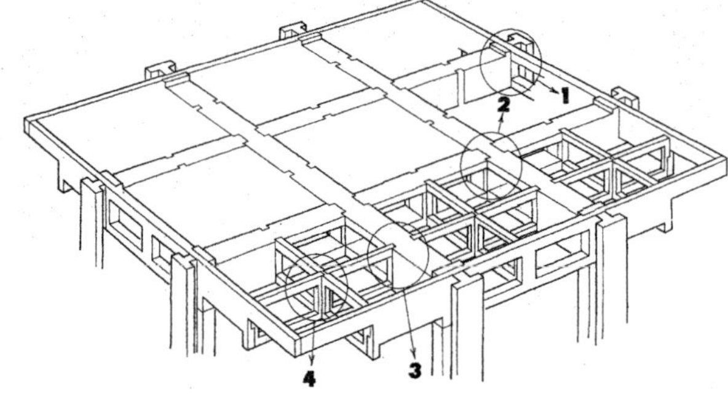

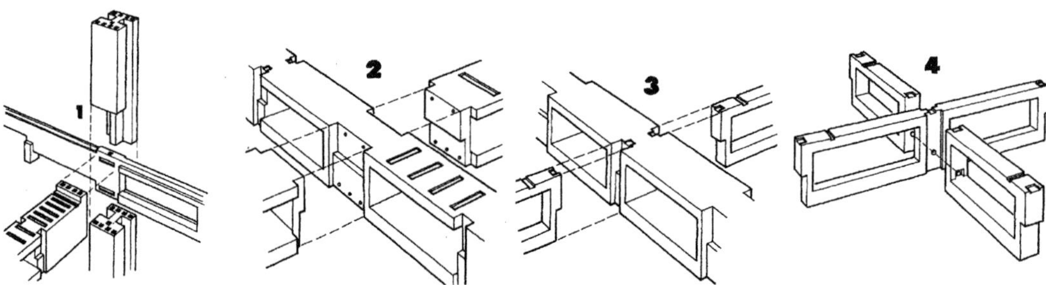

200 (Oben rechts) *Medical Research Center*, räumliche Darstellung des Trägerrosts in nachträglich vorgespanntem Spannbeton.

201 (Mitte) Knotendetails mit jeweils durchgehender und quer dazu gestoßener Rippe.

202 (Unten) Fotos vom Bauzustand.

Am einfachsten lassen sich die Knoten von Trägerrosten monolithisch durch Verguss in Stahlbeton herstellen. Der Schritt zur monolithischen Anbindung der abdeckenden Platte an das Rippensystem ist dann naheliegend, sodass eine **Kassettendecke** entsteht, wie weiter oben diskutiert.

☞ *Abschn. 3.1.1 > Rippenplatte zweiachsig gespannt (Kassettendecke), S. 345 ff*

Die angesprochenen Fragen der konstruktiven Ausführung von Trägerrosten gelten naturgemäß auch für **punktuell gestützte Trägerroste** wie sie im folgenden Kapitel diskutiert werden.

■ Linear gelagerte Trägerroste sind im Sinn unserer Betrachtung solche, die ringsum auf tragenden Wandscheiben auflagern. Eine Auflagerung auf einem Skelettsystem aus Stützen und Unterzügen, die dem Rost eine lineare Auflagerung bieten, ist konzeptionell unsinnig, da der Rost durch seine Doppelausrichtung von sich aus die Fähigkeit zum indirekten Lastabtrag besitzt und die Funktion eines – hypothetischen – stützenden Unterzugs selbst übernehmen kann. Linear gelagerte Trägerroste finden sich infolgedessen dort, wo sie ihre Fähigkeiten ausspielen können, also zumeist beim Überspannen großer Räume mit im Grundriss eher gedrungenen Raumproportionen. Dabei sind sowohl quadratische wie auch – bei Anwendung von Dreiecksrastern – drei- oder sechseckige Grundrissgeometrien realisierbar. Die zweiachsige Lastabtragung erlaubt aufgrund ihrer guten Materialeffizienz, die Rippenhöhen wesentlich niedriger auszuführen als bei einachsig spannenden Trägersystemen.

Ihre Fähigkeit, die Kräfte, ähnlich wie auch die Platten, in ihrem konstruktiven Gefüge zu verteilen und verschiedene alternative Kraftpfade zu erlauben, bietet eine vergleichsweise große Freiheit bei der Gestaltung der Auflagerung, sodass lineare Auflagerungen mit größeren, weitgehend frei angeordneten Öffnungen bzw. weitgehend freie Stützungen realisierbar sind.

Einsatz im Hochbau – planerische Aspekte

☞ *Vgl. die punktuell gelagerten Trägerroste im nächsten Abschnitt 3.1.4, S. 352 f*

203 In seinen Umrissen gekrümmt geformtes, in seiner Grundstruktur wie in seinem Tragverhalten jedoch ähnlich wie ein Trägerrost wirkendes Tragwerk aus Holzwerkstoffplatten (Überdachung Plaza de la Encarnación, Sevilla; Arch.: J Meyer-H).

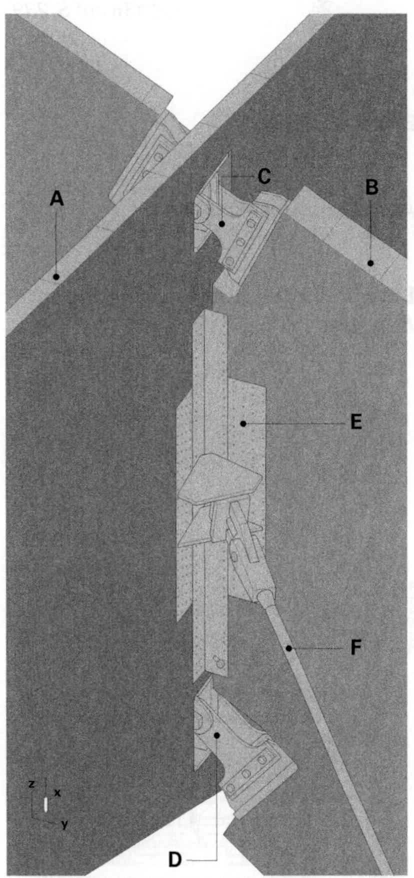

204 Knoten des Rosts in ☐ **203**. Eine Rippe (**A**) läuft durch, während die andere (**B**) gestoßen wird. Die Biegezug- und -druckkraft wird jeweils über Stahlteile durch eine Öffnung in der durchlaufenden Rippe durchgeleitet (**C**, **D**). Querkräfte werden mit Blechverbindern (**E**) aufgenommen. Diagonal schließt der Stab eines Kreuzverbands an (**F**).

Trägerrost zweiachsig gespannt, punktuell gelagert

☞ [a] **Band 1**, *Kap. VI-2, Abschn. 9.5 Element aus zwei- oder mehrachsig gespannten Rippen > 9.5.2 punktuell gelagertes Rippenelement, S. 657*

☞ [b] *Abschn. 2.2 Einflüsse des Lastabtrags auf die Geometrie der Grundzelle, S. 212, sowie* **136** *auf S. 239*

■ Das prinzipielle Tragverhalten punktuell gelagerter Trägerroste wird an anderer Stelle eingehend diskutiert.[a] Im Gegensatz zum linear gelagerten Trägerrost wie er im vorigen Abschnitt besprochen wurde, liegt in diesem Fall ein **indirekter Lastabtrag** vor (**205**).[b] Die Grundrissproportionen des Stützfelds eines punktuell gelagerten Trägerrosts, also das Verhältnis zwischen den beiden Stützweiten, spielen nicht die gleiche Rolle wie bei linearer Lagerung. Analog zur punktuell gelagerten Platte nimmt eine an einem beliebigen Ort angreifende Einzellast zunächst den Weg der **längeren Rippe**, um dann in Querrichtung von der steiferen **kurzen Randrippe** auf die Stützungen abgetragen zu werden (**205**). Wenngleich auch die anderen Rippen zum Teil an diesem Lastabtrag beteiligt sind, so ist dies doch der Hauptlastpfad im Rost. Je größer die Divergenz zwischen den Spannweiten ist, desto stärker wird auch die kurze Rippe – gleiche Bauhöhen jeweils vorausgesetzt – überdimensioniert sein. Dennoch herrscht in allen Fällen – unabhängig von den Feldproportionen – grundsätzlich ein **zweiachsiger Lastabtrag**.

Erweiterbarkeit

■ Die Verhältnisse sind vergleichbar mit denen linear gelagerter Trägerroste in *Abschnitt 3.1.3.*

Ausführungsvarianten

■ Es gilt das unter *Abschnitt 3.1.3* zu den linear gelagerten Trägerrosten Gesagte.

Einsatz im Hochbau – planerische Aspekte

■ Punktuell gestützte Trägerroste eignen sich für den Einsatz in Skeletttragwerken zur Überdeckung größerer zusammenhängender Räume aus der Addition einzelner Roste in zwei Richtungen. Insbesondere bei Raumnutzungen oder Gebäudekonzeptionen, für welche gleiche Stützfelder in zwei Ausrichtungen vorteilhaft sind, können Trägerroste ihre Stärken ausspielen.

Werden die Einzelfelder über die Stützenachsen hinweg biegesteif miteinander gekoppelt, lassen sich die Biegemomente dank der Durchlaufwirkung im Feld reduzieren.

206, 207 Rost aus Fachwerkelementen in Stahlbauweise (Bausystem *Maxi*; Arch.: F Haller).

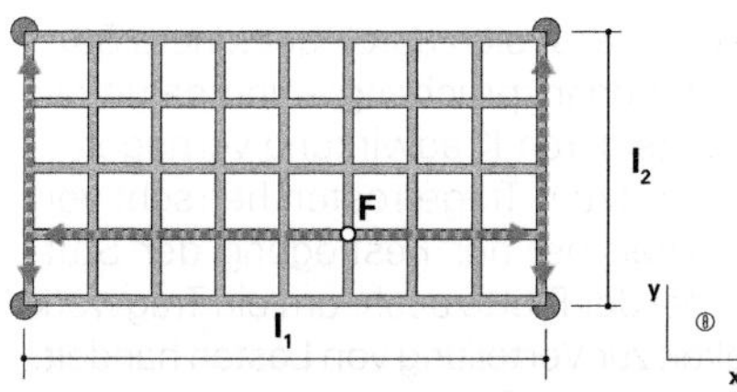

205 Indirekter Lastabtrag bei rechteckigem Trägerrost (drillweich angenommen).

208, 209 Quadratischer Trägerrost in Stahlbauweise (Neue Nationalgalerie Berlin; Arch.: L Mies v d Rohe).

210 Der Trägerrost wurde, u. A. wegen der leichteren Ausführung der Baustellenschweißungen für die vielfältigen Knoten, am Boden vormontiert und an einem Stück mitsamt den Stützen hochgehoben (Neue Nationalgalerie Berlin; Arch.: Mies v. d. Rohe).

211 Verringerung der Biegemomente auf dem Trägerrost durch Einrücken der Stützen und Schaffung einer Auskragung (Neue Nationalgalerie Berlin; Arch.: L Mies v d Rohe).

212 Trägerrost in Stahlbetonbauweise.

213 Trägerrost in Holzbauweise.

☞ *Wie beispielsweise in der Neuen Nationalgalerie Berlin, siehe* **211**

Auch bei einzelnen Feldern lässt sich durch geeignete Stützenstellung die Momentenbeanspruchung – und damit die Bauhöhe – des Trägerrosts durch Kragwirkung verringern.

Auch bei punktuell gestützten Trägerrosten herrscht vergleichsweise große Freiheit bei der Festlegung der Stützungen, da es sich, wie bei der Platte auch, um ein Tragwerk mit ausgeprägter Fähigkeit zur Verteilung von Lasten handelt. Sinnvollerweise ordnet man eine Stützung vorzugsweise an einem Rippenknoten an.

1.5 Platte ringförmig gelagert

☞ *Kap. IX-1, Abschn. 2.1 Ein- und zweiachsiger Lastabtrag, S. 208 ff*

☞ *Kap. IX-1, Abschn. 1.6.1 Das vertikale ebene Umfassungselement, S. 198 ff*

■ Während bei den bislang im *Abschnitt 3.* betrachteten Tragwerken mit vierseitiger linearer Lagerung zwei Spannrichtungen erkennbar sind, existieren bei radialer Lagerung viele Spannrichtungen. Tragwerke dieser Art gelten in der Statik trotzdem als **zweiachsig gespannt**, weil es für die statische Erfassung des Lastabtrags genügt, diesen in *zwei* orthogonale Lastrichtungen aufzugliedern. Die zu zweiachsig gespannten Tragwerken angestellten Grundsatzüberlegungen gelten sinngemäß.

Ebene Platten auf ringförmigen Lagerungen sind im Hochbau eher selten anzutreffen. Auf die vermutlich ursächlich damit zusammenhängenden Schwierigkeiten runder Bauformen wurde weiter oben bereits eingegangen. Kreisförmige Platten weisen indessen eine günstigeres Tragverhalten als rechteckige und sogar als quadratische Platten auf: Es sind keine Ecken vorhanden, die abheben könnten. Es gibt keine Differenz zwischen diagonaler und orthogonaler Spannrichtung. Man kann behaupten, dass hinsichtlich Form und Lagerung ringförmig gelagerte Platten einen Idealfall darstellen.

Ferner gilt bei Lagerung auf lotrechten Wänden, dass die gewissermaßen systembedingte zylindrische Tambourgeometrie von sich aus gegen Horizontalkräfte standfest ist und die bauliche Grundzelle folglich keine weiteren Aussteifungsmaßnahmen erfordert.

1.6 Stablage radial, ringförmig gelagert

☞ [a] *Kap. IX-1, Abschn. 2.2.2 Wechselwirkung zwischen Spannweite, statischer Höhe und Grundrissgeometrie > paralle Stabschar auf gekrümmten Auflagern,* **83**, *S. 217*

■ Ringförmig gelagerte Überdeckungen sind mit parallelen Stabscharen nicht sinnvoll zu realisieren,[a] weshalb hier üblicherweise **radiale Stabmuster** zum Einsatz kommen (**215**). Diese geometrische Organisationsform führt zu einem zentralen Durchdringungspunkt, an dem sämtliche Rippen zusammentreffen. Da naturgemäß hier nur eine einzige Rippe durchlaufend ausgebildet werden könnte, werden grundsätzlich *alle* Stäbe an dieser Stelle gestoßen und kraftschlüssig miteinander angebunden. Bei großer Stabzahl, also kleinem Winkel der Kreissektoren, kann es an diesem Knotenpunkt zu flachen Anschnitten zwischen Stäben kommen, die konstruktiv manchmal schwer zu bewältigen sind. Günstigere geometrische Bedingungen lassen sich durch Einführung eines **zentrischen Anschlussrings** oder **-zylinders** schaffen. Er muss in der Lage sein, die Biegemomente an den Stabanschlüssen, die exakt an diesem Zentrum ihren maximalen Wert erreichen, aufzunehmen. Im oberen Bereich wird der Zylinder radial gedrückt, im unteren gezogen. Man spricht von einem **Krempelmoment**.

Wie bei allen gefächerten Stabanordnungen sind auch hier wechselnde Lasteinzugsbereiche für die Träger gewissermaßen im System angelegt und schmälern die Effizienz des Tragwerks.

In einer interessanten Abwandlung lässt sich dieses Tragsystem als rein zugbeanspruchtes **Ringseilsystem** bzw. **Speichenrad** ausführen. Dadurch wird es in ein zugbeanspruchtes Tragwerk überführt. Es wird an anderer Stelle näher untersucht (🗗 **214**).

☞ *Kap IX-1, Abschn. 2.2.2 Wechselwirkung zwischen Spannweite, statischer Höhe und Grundrissgeometrie > konzentrisch gekrümmte Auflager,* 🗗 **81, 82**, *S. 217*

☞ *Ein Speichenrad lässt sich auch als ein mechanisch vorgespanntes Seiltragwerk auffassen wie Abschn. 3.3.2 Membran und Seiltragwerk, mechanisch gespannt, linear gelagert, S. 392 ff, behandelt;*
siehe auch Kap. X-3, Abschn. 3.7.4 Seiltragwerke > Radiale Ringseiltragwerke – Speichenräder, S. 644 ff

214 (Links) Ringseilsystem.

215 (Unten links) Beispiel einer **radialen Balkenlage** auf einem tambourartigen Unterbau aus Mauerwerk. Der mittig im Bild liegende Balken ist als einziger durchlaufend ausgeführt.

216 (Unten) Radiale Rippenschar an der Haarnadelkurve der berühmten Autorampe im Fiat-Fabrikgebäude in Lingotto (Arch.: M Trucco). Die Rippenschar ist in diesem Fall im Mittelpunkt durch einen Pfeiler gestützt.

3.2 Druckbeanspruchte Systeme

☞ *Abschn. 2.2 Druckbeanspruchte Systeme – geneigte Dächer und Gewölbe, S. 322 ff*

■ In dieser Kategorie sollen im Folgenden insbesondere Überdeckungen aus **Kuppeln** und **Kegeln** betrachtet werden. Sie lassen sich jeweils als die punktsymmetrische Rotationsform der bereits angesprochenen geneigten Dächer und Gewölbe auffassen. Sie zeigen gegenüber ihren linearen achsensymmetrischen Pendants indessen ein qualitativ unterschiedliches Tragverhalten.

2.1 Pyramide

☞ [a] *Abschn. 2.2.1 Geneigtes Dach aus Stabscharen > Sparrendächer, S. 322 f*

■ Überdeckungen in Pyramidenform ähneln in ihrem prinzipiellen Tragverhalten den geneigten ebenen Dächern wie weiter oben diskutiert [a] (⊞ **217, 218**). Abweichend von Satteldächern wie dort beschrieben, liegt bei Pyramiden ein in beiden Hauptrichtungen (→ **x** und → **y**) schubsteifes Tragwerk vor. Zusätzliche Aussteifungsmaßnahmen erübrigen sich infolgedessen. Die einzelnen ebenen Begrenzungsflächen der Pyramide entfalten eine kombinierte Scheiben- und Plattenwirkung. Sie sind über die Grate miteinander gekoppelt und steifen sich dadurch gegenseitig aus. Die gegenseitige starre Stützung entspricht zusammen mit dem unterseitigen Lagerelement, beispielsweise einer tragenden Wand, insgesamt einer komplett umlaufenden linearen Lagerung. Aufgrund ihrer Dreiecksform benötigen sie auch in ihrer Ebene keine weiteren versteifenden Elemente.

Wie bei Sparrendächern auch, entsteht an den Auflagerungen infolge des schrägen Krafteintrags neben der vertikalen auch eine horizontale Kraftkomponente, die am Auflager aufzunehmen ist. Diese Schübe lassen sich beispielsweise in eine scheibenartige Geschossdecke in Auflagerhöhe eintragen – mit *Ringanker* im Randbereich – oder können auch ringsum durch einen *Ringbalken* aufgenommen werden. Horizontalschübe lassen sich bei fehlendem Horizontallager auch im System kurzschließen, beispielsweise durch ein umlaufendes Ringzugglied in der Dachebene.

2.2 Zylindrische Kuppel

☞ [a] *Siehe nächsten Abschn. 3.2.6 Schale vollwandig, synklastisch gekrümmt, punktuell gelagert, S. 374 ff*

☞ [b] *Kap. IX-1, Abschn. 1.5 Planerische Grundsätze der Addition von baulichen Grundzellen, S. 194 f*

■ Vierseitig linear gelagerte Kuppeln aus sich gegenseitig verschneidenden Zylinderflächen werden im historischen Gewölbebau als **Klostergewölbe** bezeichnet (⊞ **219**). Entwicklungsgeschichtlich lassen sie sich, ähnlich wie einige Kuppeltypen (Innen-, Außenkreiskuppel),[a] als ein Kompromiss zwischen zwei Grundgeometrien auffassen: der gekrümmten, zumindest in Richtung der Krümmung annähernd axial beanspruchten Schale und der viereckigen Lagerung, beispielsweise auf einem Mauergeviert, die hinsichtlich der Gebäudenutzung und der Addierbarkeit Vorteile bietet.[b]

Nachteilig erweist sich an den vierseitigen Klostergewölben, dass die zylindrischen Kappen nur *einachsig* gekrümmt sind und insbesondere im unteren Bereich, wo die Spannweite zwischen den Graten am größten ist, beulgefährdet sind. Die nur schwach gekrümmten Kappen wirken dort annähernd wie eine Platte. Ihre Steifigkeit lässt sich deutlich verbessern, wenn sie auch in horizontaler Richtung eine leichte Überhöhung, und damit eine Krümmung erhalten. Sie wirken dann wie eine doppelt gekrümmte Schale.

217 (Links) Turmspitze mit pyramidaler Geometrie auf oktogonalem Grundriss.

218 (Oben) Pyramidendach auf oktogonalem Tambour (Baptisterium des Doms von Florenz, s. u.).

219 Kuppel aus zylindrischen Kappen auf oktogonalem Grundriss (*Santa Maria del Fiore*, Florenz; Arch.: F Brunelleschi).

Alternativ lässt sich zur Reduktion der Kappenspannweiten der viereckige Grundriss in einen oktogonalen umwandeln, eine Lösung, die bei der berühmten Florentiner Kuppel von Brunelleschi zur Anwendung kam (⧉ **219**).

Die Grate wirken – wie bei Faltwerken, beispielsweise dem Pyramidendach – versteifend. Ein Ringzug im unteren Bereich stellt sich hier – anders als bei der sphärischen Kuppel – nicht ein. Es herrscht stattdessen ein Scheibendruck aus der gegenseitigen Querstützung der Gewölbekappen.

2.3 Kegel

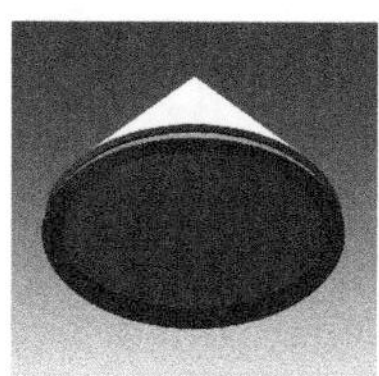

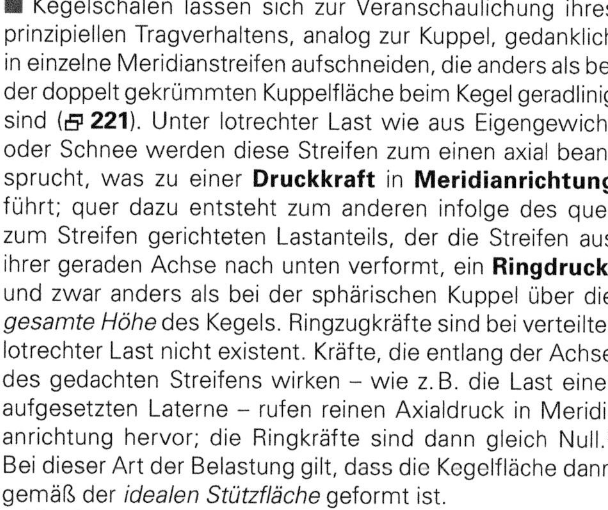

■ Kegelschalen lassen sich zur Veranschaulichung ihres prinzipiellen Tragverhaltens, analog zur Kuppel, gedanklich in einzelne Meridianstreifen aufschneiden, die anders als bei der doppelt gekrümmten Kuppelfläche beim Kegel geradlinig sind (⧉ **221**). Unter lotrechter Last wie aus Eigengewicht oder Schnee werden diese Streifen zum einen axial beansprucht, was zu einer **Druckkraft** in **Meridianrichtung** führt; quer dazu entsteht zum anderen infolge des quer zum Streifen gerichteten Lastanteils, der die Streifen aus ihrer geraden Achse nach unten verformt, ein **Ringdruck**, und zwar anders als bei der sphärischen Kuppel über die *gesamte Höhe* des Kegels. Ringzugkräfte sind bei verteilter lotrechter Last nicht existent. Kräfte, die entlang der Achse des gedachten Streifens wirken – wie z.B. die Last einer aufgesetzten Laterne – rufen reinen Axialdruck in Meridianrichtung hervor; die Ringkräfte sind dann gleich Null.[2] Bei dieser Art der Belastung gilt, dass die Kegelfläche dann gemäß der *idealen Stützfläche* geformt ist.

Hinsichtlich der Herstellung ist bedeutsam, dass es sich beim Kegel – im Gegensatz zur Kugel – geometrisch um eine (abwickelbare) **Regelfläche** mit nur **einachsiger Krümmung** – in Richtung der Breitenkreise – handelt. Die Vorteile dieser Bauform bei der Herstellung aus stab- oder plattenförmigem Material – dies gilt auch für eine Betonschalung – werden an anderer Stelle diskutiert.

☞ *Kap. VII, Abschn. 2.3 Regelmäßige Oberflächentypen, S. 46 ff*

☞ *Kap. VII, Abschn. 3.1 Ausbau einseitig gekrümmter Oberflächen, S. 92 ff*

220 Die *Trulli* sind eine alte kegelförmige Bauform aus stufenweise vorkragenden Steinringen (Kragkuppel) (Apulien, Italien).

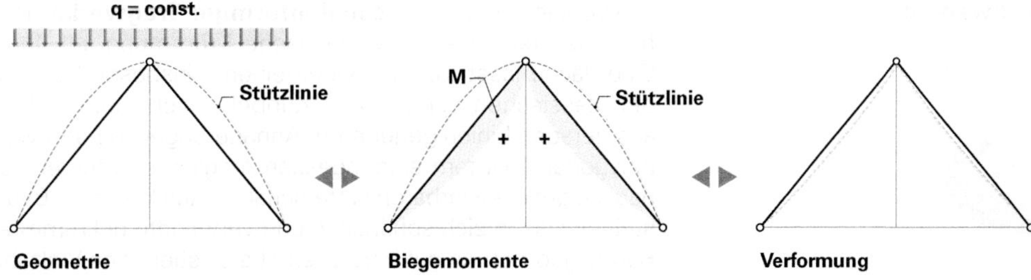

ebenes Vergleichssystem Sprengwerk

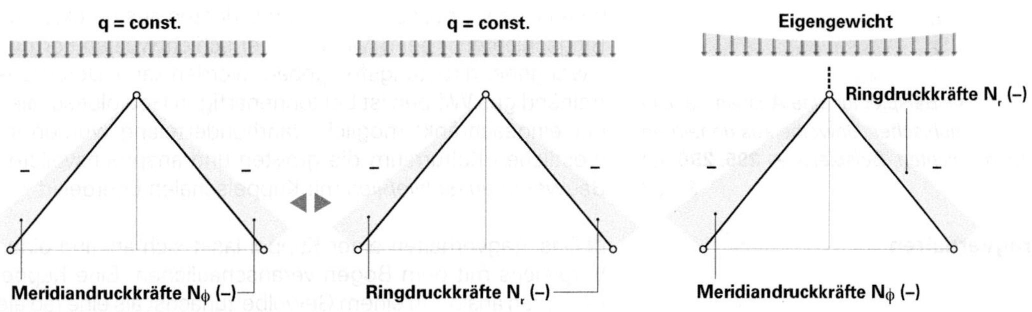

Kreiskegel (Schnitt)

221 Darstellung des prinzipiellen Tragverhaltens einer kreiskegelförmigen Kuppel im Vergleich mit dem ebenen Sprengwerk gleicher Schnittgeometrie. Es entstehen Meridiandruckkräfte N_ϕ und ausschließlich Ringdruckkräfte N_r (vgl. hierzu auch das Tragverhalten der sphärischen Kuppel in 🗗 **230**).

2.4

Kuppel vollwandig

☞ [a] *Die geometrischen Fragen im Zusammenhang mit sphärischen Kuppeln werden in Kap. VII, Abschn. 3.2.2 Die Kugel, S. 110 ff, besprochen*

■ Kuppeln können als **schalenförmige Tragwerke** gelten. Sie weisen eine synklastische Krümmung auf. Ihre Oberfläche lässt sich im Allgemeinen – insbesondere bei der klassischen sphärischen Kuppel – nicht unmittelbar aus geraden Linien generieren. Annäherungen in Form von polygonalen Gittern sind indessen möglich und führen zu baulich gut realisierbaren Gitterschalen. Aus kleineren Bausteinen lassen sich sphärische und verwandte gekrümmte Bauteilgeometrien gut herstellen.[a] Es existiert eine Vielzahl von geometrisch verwandten Alternativen zur reinen sphärischen Kuppel.

Kuppeln haben eine sehr große bauhistorische Bedeutung. Als vorwiegend druckbeanspruchte Tragwerke sind sie, wie die Gewölbe, eine für sprödes Stein- oder Betonmaterial prädestinierte Tragwerksform. Dem Gewölbe hat die Kuppel sogar noch einige herstellungstechnische Vorteile voraus, da sie bei schrittweisem Errichten aus druckfesten Ringschichten – beim Mauern oder schichtweisen Formen – weitgehend rüstungsfrei gebaut werden kann. Derartiges freihändiges Wölben ist bei tonnenartigen Gewölbeschalen nur eingeschränkt möglich. Jahrhundertelang wurden im westlichen Kulturraum die größten und anspruchsvollsten Bauwerke *ausschließlich* mit Kuppelschalen überdeckt.[3]

☞ *Beispiel für eine Ausnahme: Die nubischen Gewölbe aus geneigten Ringschichten, Beispiel in* 🗗 **295**, **296** *auf S. 102*

Tragverhalten

■ Das Tragverhalten einer Kuppel lässt sich anhand eines Vergleichs mit dem Bogen veranschaulichen. Eine Kuppel kann man analog zu einem Gewölbe zunächst als eine radiale Sequenz von einzelnen Bögen verstehen (🗗 **229**). Wird die Kuppel so aufgefasst, trägt jeder Bogen einzeln die Last durch reine Druckbeanspruchung (**Meridiandruck** N_ϕ) ab, sofern er der Stützlinie des wirkenden Lastbilds – in seiner jeweiligen Ebene betrachtet – nachgeformt ist. Es entstehen bei den üblichen verteilten lotrechten Lasten die ungefähr parabelförmigen Leitlinien und die zu erwartenden Horizontalkräfte (Schübe) an den Auflagern. Unter Annahme dieser idealen Bedingungen sowie einer geeigneten Lagerung, welche die Horizontalschübe aufnimmt, trägt die Kuppelschale, die einer aus der Rotation der Stützlinie hervorgehenden **Stützfläche** (🗗 **222**) nachgebildet ist, die Last unter *reiner* Druckbeanspruchung entlang der Meridianlinien ab (🗗 **223**). Es entsteht quer zu dieser Richtung – entlang der Breitenkreise – *keine* Beanspruchung, weder Zug noch Druck.

☞ *Kap. IX-1, Abschn. 4.4.3 Formfindung von Flächentragwerken unter Membrankräfte, S. 260 f*

Dieser Idealzustand wird in der Praxis aus verschiedenen Gründen, die anschließend diskutiert werden sollen, selten erreicht. Abweichungen von diesen theoretischen Verhältnissen, die erstmals von Wren und Gaudí erkannt und in angenäherter Form baulich realisiert wurden (🗗 **224**, **227**, **228**) und die sich in einigen autochthonen Bauformen finden (🗗 **226**), führen zu quer – in Breitenkreisrichtung – orientierten Kräften, die sich beim – allerdings bedeutsamen – Spezialfall der sphärischen Kuppel aufteilen in (🗗 **230**):

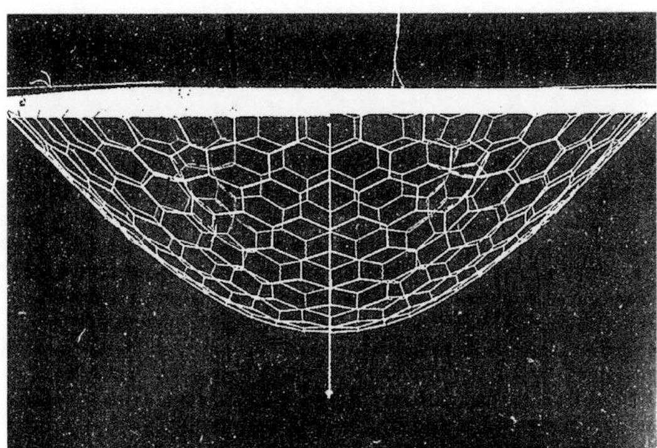

222 Ermittlung der **Membran**- oder **Stützfläche** einer Kuppel mithilfe eines Hängemodells. Das etwa kettenlinienförmige Profil ist deutlich erkennbar (F Otto).

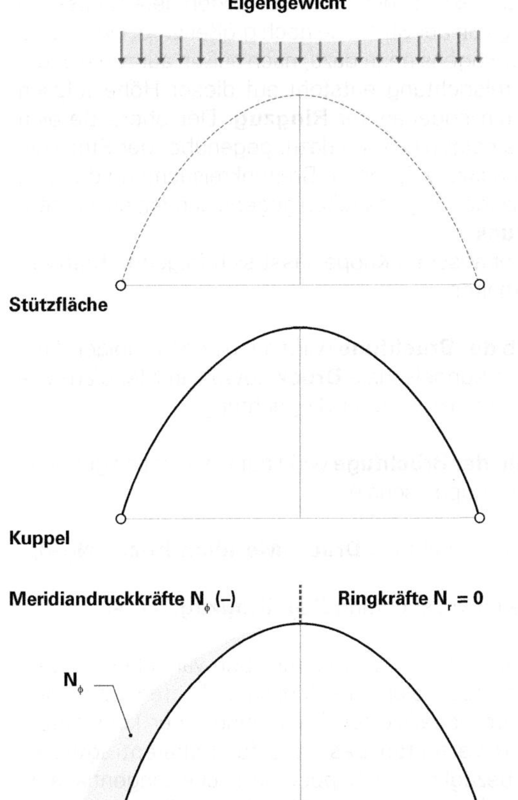

223 Gemäß der Stützfläche der wirkenden Kräfte nachgebildete Kuppel. Es entsteht unter der angenommenen Belastung ein kettenlinienförmiges Profil. Unter diesen idealisierten Bedingungen treten ausschließlich **Meridiandruckkräfte N**ϕ auf, die am Auflager eine *nicht vertikale*, wenngleich wenig geneigte, Auflagerkraft **R** ergeben, und folglich eine horizontale Kraftkomponente (Kuppelschub) $\mathbf{R_H}$. Es gibt keine Ringkräfte $\mathbf{N_r}$.

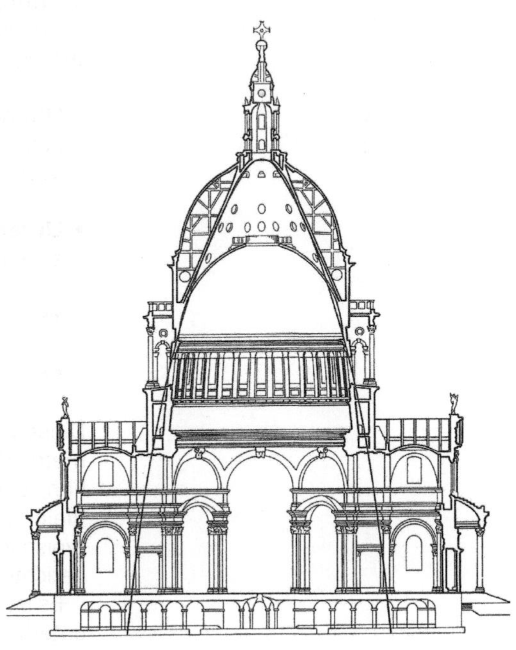

224 Kuppel der *St. Paul's Cathedral* in London von Christopher Wren. Die Gesamtkonstruktion ist dreischalig, die eigentliche tragende Kuppelschale ist die mittlere und ist nach einer **Stützfläche** geformt (Stützlinie grafisch überlagert). Es war die erste wissenschaftlich fundierte Anwendung der damals bereits von Hooke und Newton entwickelten Stützlinientheorie auf den Kuppelbau.

✏ *Ringkräfte werden oft auch – in Analogie zu den Meridiankräften* $\mathbf{N}_\phi$ *– mit der Notation* $\mathbf{N}_\theta$ *bezeichnet*

- **Druckkräfte (Ringdruck N_r –)** im oberen Bereich, oberhalb der sogenannten **Bruchfuge**;

- **Zugkräfte (Ringzug N_r +)** im unteren Bereich, unterhalb der Bruchfuge.

Dies lässt sich anschaulich am Bild einer von oben zusammengedrückten Halbkugel nachvollziehen, die im unteren Bereich – infolge Zugs – reißt und oben – infolge Drucks – beult. Der Begriff der Bruchfuge leitet sich naturgemäß aus der Mauertechnik ab. Die Existenz einer Bruchfuge bei der sphärischen Kuppel lässt sich folgendermaßen herleiten:

Kreisförmige Bögen wie sie als Grundelement einer in Gedanken radial aufgeschnittenen sphärischen Kuppel betrachtet werden können, weichen von der idealen Stützlinie einer bauüblichen Belastung wie in **232** dargestellt ab. Unter großer Last verformt sich der Bogen derart, dass die Abweichung von der Stützlinie noch größer wird. Der untere Bereich des Bogens neigt dazu, nach außen auszuweichen, in Breitenkreisrichtung entsteht auf dieser Höhe folglich **Zugkraft**, ein sogenannter **Ringzug**. Der obere Bereich des Bogens neigt hingegen dazu, gegenüber der Stützlinie nach unten auszuweichen. In Breitenkreisrichtung drücken sich die einzelnen Bogenstreifen gegeneinander, es entsteht ein **Ringdruck**.

☞ *Siehe auch Kap. IX-1 Grundlagen,* **147**, *S. 254*

Bei der sphärischen Kuppel lässt sich folgende Kraftverteilung festhalten:

- **Oberhalb der Bruchfuge** wirkt auf einen beliebigen Ausschnitt der Kuppelschale **Druck** sowohl in Meridian- wie auch in Breitenkreis- oder Ringrichtung.

- **Unterhalb der Bruchfuge** wirkt auf einen beliebigen Ausschnitt der Kuppelschale:

  - •• in Meridianrichtung **Druck (Meridiandruck)** ($\mathbf{N}\phi$ –);

  - •• in Breitenkreisrichtung **Zug (Ringzug)** ($\mathbf{N_r}$ +).

Diese Verhältnisse können sich mit abgewandelter Leitgeometrie der Kuppel selbstverständlich umkehren. Es entstehen, unter der idealisierten Bedingung einer konstanten, gleichmäßig verteilten Last, die für Schalentragwerke typischen, bezüglich der Kuppeloberfläche tangential ausgerichteten, biaxial wirkenden **Membrankräfte**.

Es ist interessant, dass viele historische Kuppelbauwerke unterhalb der Bruchfuge infolge Ringzugs tatsächlich radial aufgerissen sind, da das Steinmaterial die anfallenden Zugkräfte nicht aufnehmen konnte (**231**).[4] Die Kuppeln wirken dann also im unteren Bereich *effektiv* wie eine radiale Anordnung einzelner voneinander getrennter Bogenstreifen. Ihre Standfestigkeit verdanken sie der Tatsache, dass die Stützlinie innerhalb des Bogenquerschnitts verblieb.

225 Nach einer Membranfläche (mithilfe eines Hängemodells) geformte kontinuierliche Schale auf quadratischem Auflager. Sie lässt sich dadurch zu einem größeren zusammenhängenden Hallenraum addieren (Ing.: H Isler).

226 Ähnlich wie eine echte Membranfläche geformte afrikanische Lehmkuppel (Tschad).

227 Ermittlung der Stützflächen der Kuppeln der *Krypta Güell* anhand eines Hängemodells (Nachbau des Originalmodells von A Gaudí, hier umgekehrt abgebildet).

228 *Sagrada Familia* in Barcelona (Arch.: A Gaudí).

Das Problem der Ringzugkräfte wurde zwar vereinzelt erkannt, wirklich gegen Ringzug bewehrte Kuppeln konnten jedoch erst im 18. Jh. realisiert werden. Kuppeln aus druck- und zugfestem Material, wie sie heute ohne Schwierigkeiten technisch realisierbar sind, können nicht nur die anfallenden Zugkräfte aufnehmen, sondern auch – im Unterschied zum Bogen – jede kontinuierliche Last über reine Membrankräfte, also im Querschnitt axial verlaufende Kräfte abtragen.

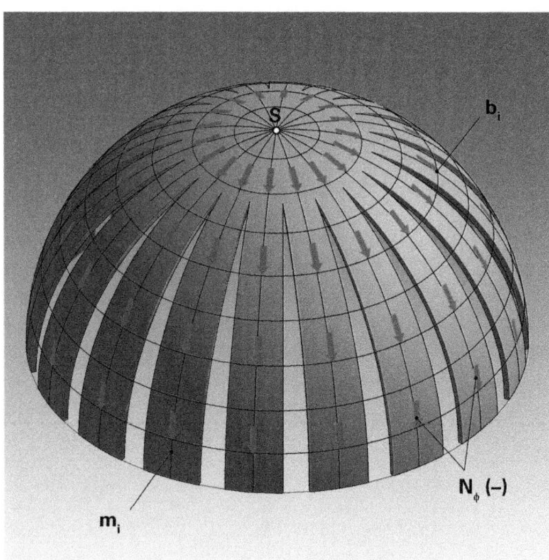

229 In einzelne (gedachte) Bogenstreifen aufgeteilte Kuppel. Es wirken die für Bögen kennzeichnenden Druckkräfte ($\mathbf{N}_\phi$) in Meridianrichtung ($\mathbf{m}_i$); $\mathbf{b}_i$ Breitenkreise.

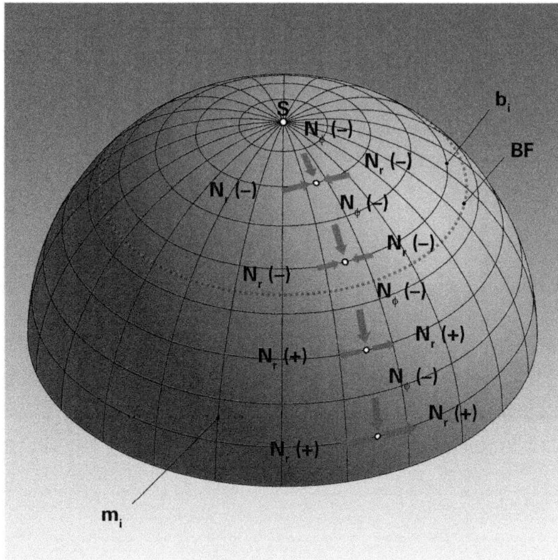

230 Kraftverteilung bei der sphärischen Kuppel. Es wirken in Meridianrichtung ($\mathbf{m}_i$) Druckkräfte $\mathbf{N}_\phi$; in Breitenkreisrichtung ($\mathbf{b}_i$) oberhalb der Bruchfuge Druckkräfte $\mathbf{N}_r$ **(–)** sowie unterhalb der Bruchfuge Zugkräfte $\mathbf{N}_r$ **(+)**. Die Größenordnung des Kraftbetrags ist in **232** wiedergegeben.

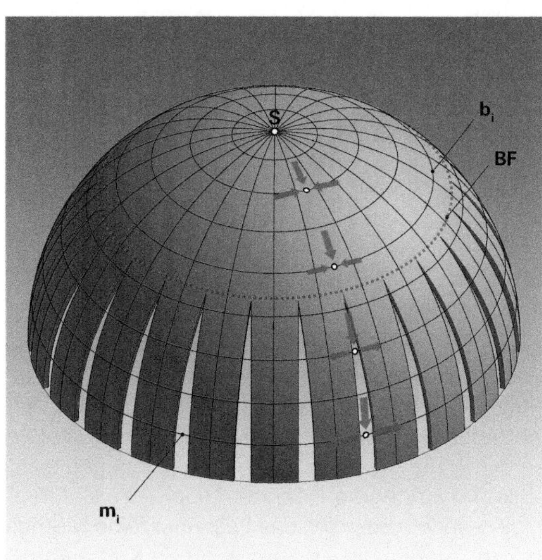

231 Für viele sphärische Kuppeln aus sprödem Werkstoff wie Mauerwerk typisches Rissbild (hier überzeichnet dargestellt), das infolge fehlender Zugfestigkeit unterhalb der Bruchfuge entsteht. Die Wirkungsweise in diesem Bereich entspricht dann der radialen Sequenz einzelner Bögen wie in **229** abstrahiert dargestellt.

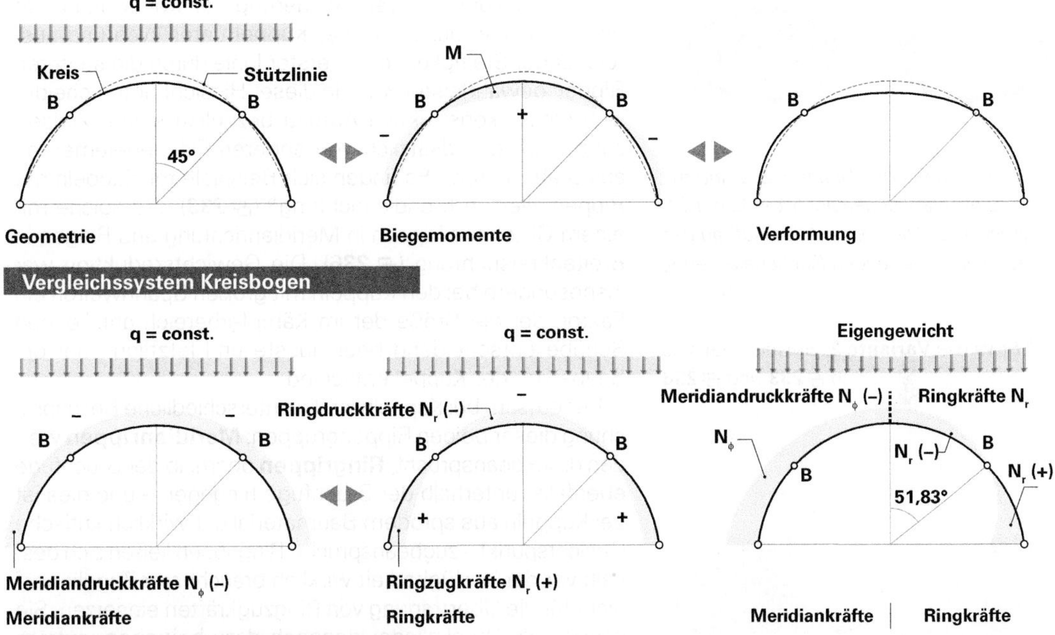

232 Darstellung des prinzipiellen Tragverhaltens einer sphärischen Kuppel im Vergleich mit dem ebenen Bogen gleichen Radius. Die **Bruchfuge B** stellt sich am Wechselpunkt zwischen ausbauchendem und eingedrücktem Bogenabschnitt (Verformungsbild rechts oben) ein. Unter Annahme gleichmäßig verteilter Last **q** entsteht die Bruchfuge **B** unter einem Winkel von 45°. Bezogen auf die Eigenlast (rechts unten) liegt sie bei 51,83° und die Meridiankräfte $\mathbf{N_\phi}$ und Ringkräfte $\mathbf{N_r}$ variieren entsprechend.[5]

233 Kuppel der *Hagia Sophia* mit Meridianrippung. Die Meridiankräfte werden kurz vor dem Rippenauflager über die Schalenkappen und Fensterbögen in den Rippen konzentriert, sodass ein Fensterkranz entsteht, welcher der Kuppel einen fast schwebenden Charakter verleiht.

Kuppel gerippt

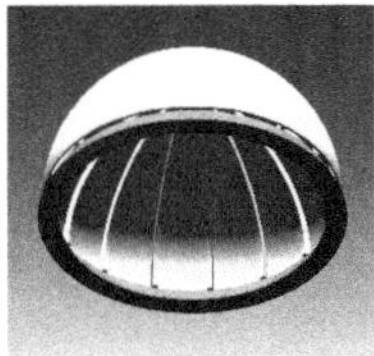

☞ [a] *Siehe die Varianten* **2, 3** *und mit Einschränkungen auch* **4** *in Kap. IX-1, Abschn. 3. Der konstruktive Aufbau des raumabschließenden Flächenelements, S. 222 ff*

☞ [b] *Etwa wie* **Variante 2**, *Beispiele jeweils in* ⊟ **233** *und* ⊟ **236**

■ Eine Differenzierung der kontinuierlichen Kuppelschale in einzelne, steifere **Rippen** und dazwischen spannende dünnere **Schalenkappen** lässt sich bereits an historischen Beispielen gemauerter Kuppeln beobachten. Wichtigstes Ziel dieser konstruktiven Gliederung der Konstruktion ist die Gewichtsreduzierung der Kuppel unter Wahrung ausreichender Steifigkeit, die in erster Linie durch die steiferen Rippen gewährleistet wird. In dieser Hinsicht unterscheidet sich dieser konstruktive Aufbau bezüglich seiner Zielsetzung nicht grundsätzlich von anderen Flächenelementen aus Stabscharen.[a] Es finden sich Beispiele für Kuppeln mit Rippen allein in Meridianrichtung[b] (⊟ **233**) und solche mit einem Gitter aus Rippen in Meridianrichtung und Ringen in Breitenkreisrichtung (⊟ **236**). Die Gewichtsreduktion war insbesondere bei den Kuppeln mit großen Spannweiten ein Faktor, der die Größe der im Kämpferbereich anfallenden Schübe entscheidend beeinflusste und letztlich über die Baubarkeit der Kuppel entschied.

Bedeutsam bei Kuppeln ist die unterschiedliche Beanspruchung dieser beiden Rippengruppen: **Meridianrippen** werden druckbeansprucht, **Ringrippen** oberhalb der Bruchfuge ebenfalls, unterhalb der Bruchfuge hingegen – und dies ist bei Kuppeln aus sprödem Baumaterial der wirklich kritische Gesichtspunkt – zugbeansprucht. Ringrippen ließen sich deshalb vor der Verfügbarkeit wirklich brauchbarer Zugglieder[6] nicht für die Übertragung von Ringzugkräften einsetzen. Sie können als Druckglieder dennoch dazu beitragen, extrem schlanke und schwer beanspruchte Meridianrippen seitlich gegen Knicken zu versteifen. Indessen tritt der für gemauerte Kuppeln gefährliche Ringzug nicht *notwendigerweise* auf: Entscheidend ist das Verhältnis zwischen Meridian- und Stützlinie. Vernachlässigbaren Ringzug weist beispielsweise die Kuppel des Florentiner Doms auf dank der steilen Kuppelform und der Beschwerung am Scheitel durch die Laterne (⊟ **236**). Anders der Petersdom, der aus diesem Grund schon frühzeitig saniert werden musste (⊟ **235**).

Die Aufgliederung der Kuppelschale in Rippen und dünnere Schalenkappen führt zu einer Kraftkonzentration in den steiferen Elementen, den Rippen, und hebt zumindest teilweise die flächige Schalenwirkung eines kontinuierlichen Flächenelements auf. Vorteile können sich bei Kuppeln aus sprödem Material ergeben, wie oben angesprochen, ein Werkstoff, der die für Schalen typische biaxiale kombinierte Druck- und Zugkraft – wegen fehlender Zugfestigkeit – ohnehin nicht aufnehmen kann. Anders verhält es sich bei Stahlbetonkuppeln, die nicht nur wegen ihrer Fähigkeit zur Aufnahme von Druck *und* Zug, sondern auch wegen ihres kontinuierlichen fugenlosen Materialgefüges prädestinierte Schalen darstellen. Dennoch und trotz des erhöhten Schalungsaufwands bei Rippenkuppeln aus Stahlbeton lassen sich zahlreiche Beispiele für diese Lösung finden. Besonders erwähnenswert sind die Kuppeln Nervis, die auf verlorenen Schalungen aus Ferrozement gegossen wurden (⊟ **237**).

234 Kuppel des *Pantheons* in Rom mit kassettenartiger Gliederung. Es handelt sich hierbei im engeren Sinne nicht um Rippen, da die Betonkuppel wie eine kontinuierliche Schale wirkt. Die Hohlräume führen zu einer gewissen Gewichtsreduktion.

235 Kuppel des Petersdoms mit Rippung in Meridianrichtung. Am Petersdom wurden zum ersten Mal wirksame Zugglieder im Ringzugbereich eingebaut.

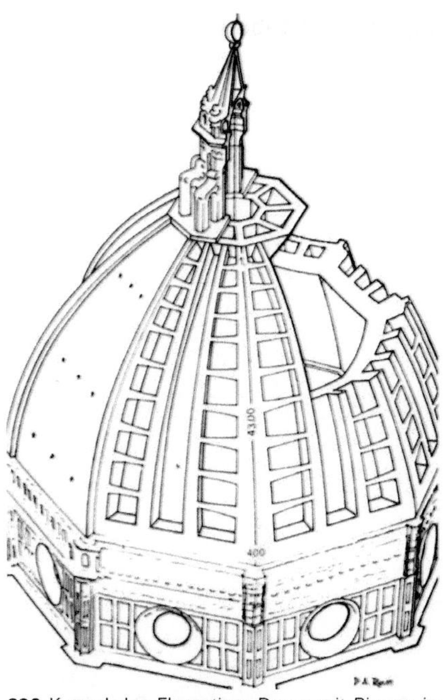

236 Kuppel des Florentiner Doms mit Rippen in Meridian- und Breitenkreisrichtung (siehe **219**). Das Klostergewölbe auf einem Oktogon entfaltet ein kuppelähnliches Tragverhalten (siehe zum Klostergewölbe auch *Abschn. 3.2.1 Pyramide*, S. 356, und *3.2.2 Zylindrische Kuppel*, S. 356) .

237 Auch bei diesem modernen Beispiel des *Palazetto dello Sport* von Nervi liegt eine Schalenwirkung vor. Die Rippen leiten sich in erster Linie vom Herstellungsprozess her (verlorene Schalungselemente aus Ferrozement).

238 Rahmenkuppel aus Stahlbeton: Jahrhunderthalle in Breslau (Arch.: M Berg).

2.5

Kuppel aus Stäben

■ Diese Art von Kuppel gilt als **Gitterschale** mit einer Haupttragstruktur aus Stäben, die aus einem druck- und zugfesten Material wie Holz oder Stahl ausgeführt sein können. Sie werden zur Flächenbildung durch ein dünnes, meist nicht an der Haupttragfunktion beteiligtes Flächenelement – beispielsweise Holzschalung, Glas oder auch Membran – abgedeckt.

Ähnlich wie bei der Rippenkuppel, erfolgt bei der klassischen radialen Gliederung grundsätzlich eine Arbeitsteilung zwischen den Stäben derart, dass Meridianrippen wiederum Druckkräfte übertragen, Ringrippen jeweils Druckkräfte – oberhalb der Bruchfuge – oder Zugkräfte – unterhalb derselben. Es entstehen bei diesem Aufbau viereckige Einzelfelder zwischen Stäben, die nicht schubsteif sind (🗗 **239**). Schubbeanspruchung der Gitterschale, z. B. aus Wind oder aus diskontinuierlicher Last, kann nur durch die Biegesteifigkeit der Stäbe und der Stabknoten aufgenommen werden. Es entstehen Rahmen und dementsprechend insgesamt eine **Rahmenkuppel**.[7]

Wesentlich effizienter für die Schubversteifung der Gitterkonstruktion wirkt eine Diagonalauskreuzung der Felder (**Schwedlerkuppel**, 🗗 **240**), besonders wenn es sich um reine Zugglieder handelt, die nur wenig sichtbar sind, was insbesondere bei glasgedeckten Kuppeln – eine wichtige Domäne von Gitterkuppeln – von Bedeutung ist.

☞ *Aussteifungsvarianten von Stabgittern in Kap. IX-1, Abschn. 3.5.2 Diagonalverbände, S. 226 ff*

Wir sind bislang von einer radialen Teilung der Kuppelfläche ausgegangen, wie sie die Unterscheidung in Meridiane und Breitenkreise nahelegt. Die geometrischen Schwierigkeiten einer derartigen Flächenaufteilung in grob trapezförmige Einzelfacetten sind bereits an anderer Stelle angesprochen worden. Hinsichtlich des Kraftflusses ist festzuhalten, dass die radiale Staborganisation zu einer großen Stabdichte am Scheitel führt, wo die abzutragenden Lasten indessen am kleinsten sind und wo es schwierig ist, diese Stäbe in einem Punkt zusammenzuführen. Im Kämpferbereich, wo die Lasten am größten sind und größere Stabanzahl hilfreich wäre, ist die Stabdichte hingegen am geringsten. Alternative Aufteilungen der Kuppelfläche werden an anderer Stelle untersucht. Interessant ist die Gliederung der Kuppelfläche durch Verschneidung mit zueinander parallelen Ebenen, die zu einer Aufteilung in annähernd gleichgroße Vierecksfelder (🗗 **241**) oder Dreiecksfelder (🗗 **242**) führt. Stabkonzentrationen werden dadurch vermieden. Dreiecksfelder sind dann ohne weitere Maßnahmen schubsteif und unterstützen die Schalenwirkung des Gitters.

☞ *Kap. VII, Abschn. 3.2.2 Die Kugel, S. 110 ff*

☞ *Kap. VII, Abschn. 3.2.2 Die Kugel, S. 110 ff*

Dennoch kann die fehlende Schubsteifigkeit viereckiger Gittermaschen ein Vorteil beim Kuppelbau sein. Quadratische Gitter mit gelenkigen Knoten erlauben es, die Kuppeloberfläche durch Rautenbildung in jede beliebige Form zu bringen (🗗 **246**). Dabei genügt es, das Gitter flach am Boden ausgelegt, gewissermaßen in die Ebene abgewickelt, zu montieren (🗗 **251**) und anschließend in die gewünschte Form zu heben (🗗 **252**). Voraussetzung hierfür ist, dass die Stäbe so schlank und elastisch sind, dass sie die Krümmung

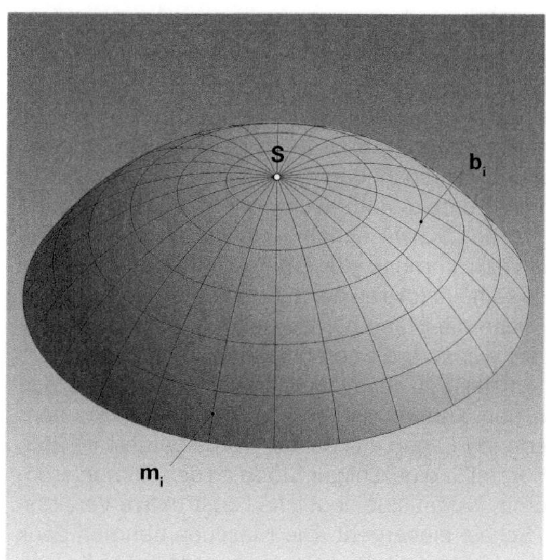

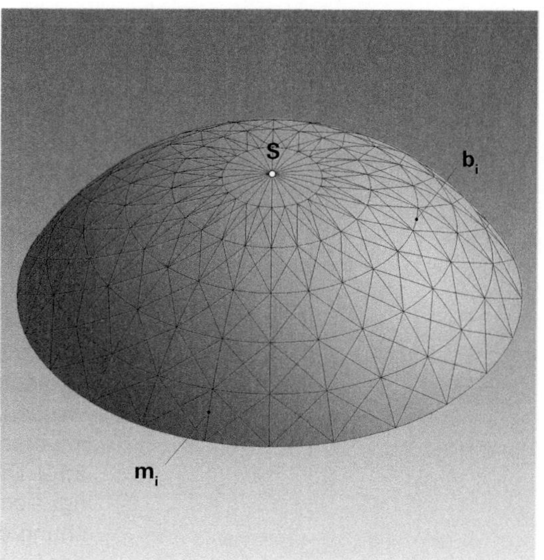

239 Radiale Unterteilung einer Kugelfläche mithilfe von Meridiankreisen $\mathbf{m}_i$ und Breitenkreisen $\mathbf{b}_i$. Es entstehen Vierecksmaschen, die durch eine Rahmenbildung (Rahmenkuppel) zur Aufnahme von Schubkräften in der Schalenoberfläche befähigt werden können.

240 Versteifung der Kuppel aus viereckigen Maschen (wie links) durch Diagonalverbände (Schwedlerkuppel).

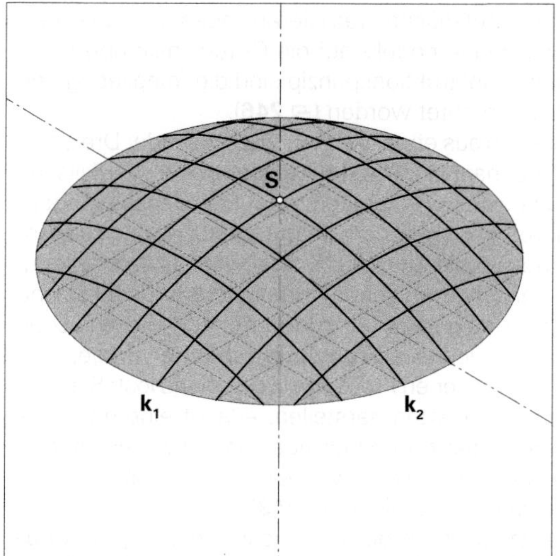

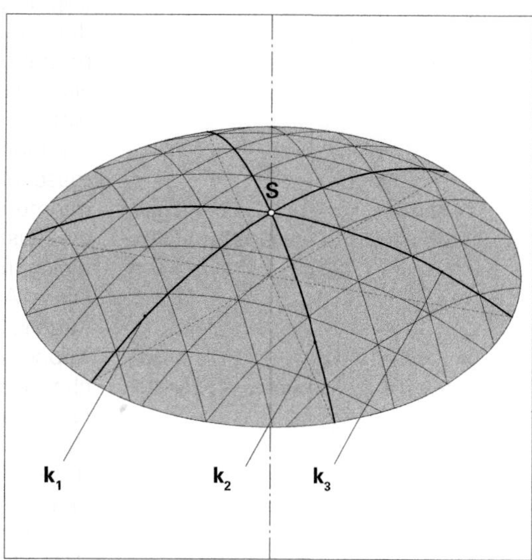

241 Unterteilung einer Kugeloberfläche mithilfe zweier Scharen jeweils zueinander paralleler Ebenen. Es entstehen wiederum in sich nicht steife Vierecksmaschen, jedoch sind die Einzelstäbe – anders als bei radialen Aufteilungen – gleichmäßig über die Kuppeloberfläche verteilt und annähernd gleich lang. Aus geometrischen Gründen ist diese Aufteilung insbesondere für flache Kuppeln gut geeignet; $\mathbf{k}_i$ Schnittkurven.

242 Unterteilung einer flachen Kugelkalotte wie links, jedoch mit *drei* Ebenenscharen, sodass in sich steife Dreiecksmaschen entstehen (Lamellenkuppel).

der Schalenoberfläche durch elastische Verformung, d.h. Verbiegung, erzeugen können. Dieser Umstand löst bereits im Vorfeld das Problem der bei anderen Schalenkonstruktionen nur schwer zu generierenden doppelten Krümmung. Die schlanken Stäbe werden durch die Verbiegung zwar vorab unter Biegevorspannung versetzt, was einen Teil ihrer Biegesteifigkeit bereits aufbraucht, doch ist diese für den Lastabtrag in der Schale ohnehin nur nachrangig. Dieses Prinzip der Verkrümmung der Oberfläche hat ferner den Vorteil, dass keine Knicke an den Knoten entstehen, wie der Fall wäre, wenn die Stäbe gerade und die Schalenoberfläche facettiert wären. Die Knoten liegen somit jeweils stets tangential an der Schalenfläche an. Die schlanken Stäbe werden an den Knotenpunkten nicht gestoßen, sondern in verschiedenen Lagen aneinander vorbeigeführt (🗗 **253**, **254**). Die Herstellung unzähliger Stöße an den Knoten erübrigt sich somit, womit eine deutliche konstruktive Vereinfachung der Schale einhergeht. Die Maschen nehmen dank der freien Verdrehbarkeit der gelenkig ausgeführten Knoten selbsttätig eine lokal jeweils unterschiedliche, für die zu generierende dreidimensionale Geometrie nötige Rautenform an. Anschließend werden die Knoten fixiert, das Gitter mit Diagonalseilen gegen Schub versteift und die Schale ist tragfähig. Es lassen sich – mathematisch vorab nur schwer definierbare – Stützflächen realisieren, indem man die Geometrie eines Hängemodells auf die Gitterschale überträgt. Nach diesem Konstruktionsprinzip sind die feingliedrigsten Gitterschalen errichtet worden (🗗 **246**).

☞ *Kap. VII, Abschn. 3.2.2 Die Kugel, S. 110 ff, insbesondere* 🗗 **323** *und* **324**, *S. 112 f*

☞ *Kap. VII, Abschn. 3.2.2 Die Kugel, S. 110 ff, insbesondere* 🗗 **325–327**

Kuppelflächen aus etwa gleichen Vierecks- oder Dreiecksmaschen, sogenannte **Lamellenkuppeln**, sind ebenfalls mit geometrischen Schwierigkeiten verbunden. Insbesondere die Ausführung aus ebenem Plattenmaterial und die Angleichung der Stablängen und Knotenwinkel ist schwierig. Diese Art von geometrischer Aufteilung ist nur für flache Kugelkalotten geeignet. Alternativ kommt für solche flachen Kuppelschalen auch eine **Translationsfläche** infrage, welche die angesprochenen Probleme weitgehend löst: Sie lässt sich aus ebenen Platten herstellen, erlaubt eine deutliche Reduktion der Varianz von Stablängen und ist visuell – sofern die Kalotte flach ist – kaum von einer reinen sphärischen Oberfläche zu unterscheiden (🗗 **243**).

☞ ***Band 1***, *Kap. II-2, Abschn. 4.2 Einsatz neuer digitaler Planungs- und digital gesteuerter Fertigungstechniken im Bauwesen, S. 60 f*

Nicht zuletzt sollte in diesem Zusammenhang die **geodätische Aufteilung**[8] der Kuppel erwähnt werden, die es erlaubt, mit einem Mindestmaß unterschiedlicher Stäbe und Knotenwinkel zu arbeiten. Sie wurde in erster Linie entwickelt, um der herstellungstechnischen Schwierigkeit unzähliger verschiedener Einzelteile Herr zu werden. Dieses Problem hat sich in den letzen Jahren durch digitalisierte Fertigungsmethoden (CNC) indessen relativiert. Geodätische Kuppeln werden durch die Projektion eines Ikosaeders (regelmäßiger Zwanzigflächner) auf die Kugelfläche vom Kugelmittelpunkt aus generiert. Die so entstehenden 20 Dreieckskappen werden in Sechsecke unterteilt; an ihren

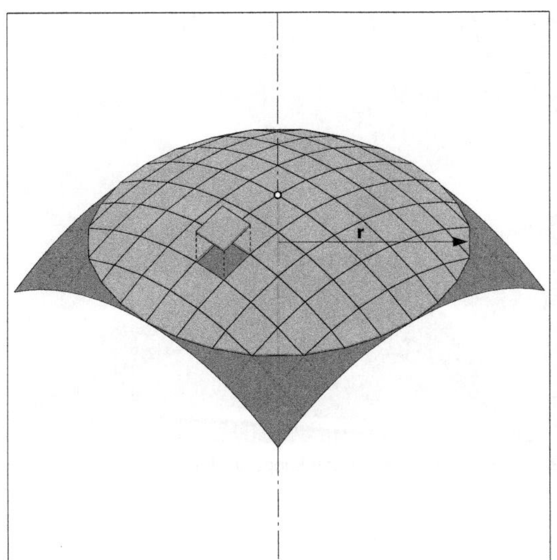

243 Eine Substitutionsform der Kugelkalotte ist die **Translationsfläche** aus jeweils kreisförmiger Leitlinie und Erzeugender. Die Vierecksmaschen sind eben. Bei flachen Kalotten ist der Formunterschied zu einer reinen Kugelfläche vernachlässigbar.

244 Beispiel einer Gitterkuppel mit diagonal seilversteiften Vierecksmaschen. Ihre Geometrie entspricht einer Translationsfläche (*AQUAtoll*, Neckarsulm; Ing.: Schlaich Bergermann & P).

245 Gitterschale mit Vierecksmaschen und Seilversteifung (Überdachung Bosch-Areal Stuttgart, Ing: Schlaich Bergermann & P.).

246 Multihalle Mannheim (Arch.: K Mutschler und F Otto).

Ecken bilden sich jeweils Fünfecke (🗗 **250**).[9]

247 Gitterkuppel mit Dreiecksmaschen.

248 Scheitelknoten einer Stabkuppel in Holzbauweise.

249 Olympia-Palast in Mexiko City, Distrito Federal (Arch.: E. Castañeda, A. Peiri, Ing.: F Candela).

250 Geodätische Aufteilung der Kugel in ein Stabgitter (USA-Pavillon auf der Expo in Montreal; Arch.: B Fuller) (vgl. auch **343** auf S. 118).

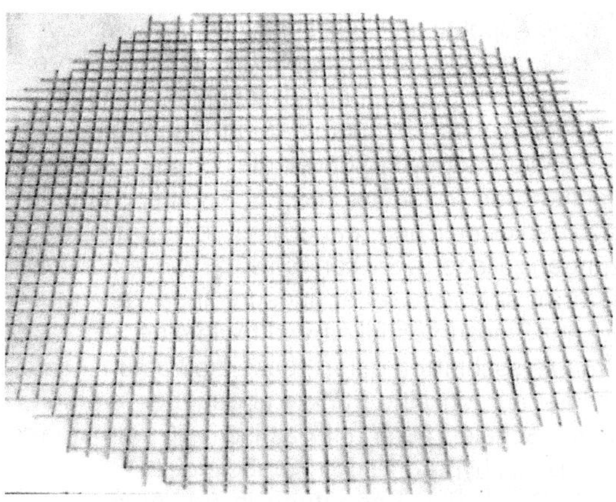

251, 252 Gitterschale aus einem Quadratmaschengitter wie links flach ausgelegt fotografiert. Aufgrund der verdrehbaren Knoten kann es während des Bauzustands durch Aufrichten in jede erwünschte Form gebracht werden.

253, 254 Gelenkige Knotenausbildung einer Gitterschale aus sich kreuzenden Holzstäben mithilfe von Schraubenbolzen. Stabdurchdringungen werden durch dieses Konstruktionsprinzip konsequent vermieden. Im Montagezustand sind die Bolzenverbindungen frei verdrehbar. Anschließend werden sie festgedreht und die Schale wird diagonalisiert. Je nach Beanspruchung werden zwei (oben) oder vier Stäbe (links) verlegt (Multihalle Mannheim).

2.6

Schale vollwandig, synklastisch gekrümmt, punktuell gelagert

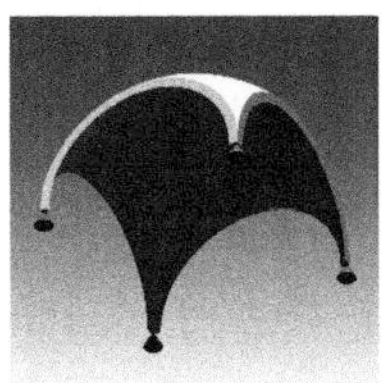

☞ [a] Kap. IX-1, Abschn. 4.5.1 Schalen, S. 262 ff

☞ [b] Abschn. 2.2.2 Gewölbe vollwandig > Tragverhalten, S. 324 ff

✏ [c] Beim Schaubild rechts auf vier Punkte.

☞ [d] Kap. VII, Abschn. 2.3 Oberflächentypen > 2.3.3 nach Entstehungsgesetz > Regelflächen, S. 54 ff, und > Translations- oder Schiebflächen, S. 58 ff

☞ [e] Abschn. 3.2.4 Kuppel vollwandig, S. 360 ff, sowie Abschn. 3.2.5 Kuppel aus Stäben, S. 368 ff

■ Grundlegende Aspekte der statischen Wirkungsweise von **Schalen** werden an anderer Stelle diskutiert.[a] Schalen erlauben vielfältige Formgebungen und lassen sich in unserer gewählten Klassifikation nicht in einer einzelnen Kategorie eingliedern. Schalentragwerke können die Form von Tonnengewölben annehmen (Zylinderschalen),[b] sind dann aber im Gegensatz zu herkömmlichen Tonnen imstande, auf punktuellen Stützungen zu lagern. Sie können auch wie sphärische Kuppeln geformt sein, entweder ringsum linear gelagert – jede Kuppel mit Ringzugfestigkeit wirkt wie eine Schale –, oder auch mit Ausschnitten derart, dass die Lasten – ganz oder teilweise – auf einzelne Punkte abgegeben werden.[c] Ferner können Schalen auch antiklastische Krümmungen annehmen (z. B. als hyperbolische Paraboloide).[d]

Wegen ihrer baulichen Bedeutung in der Ausprägung als vorwiegend druckbeanspruchte Betonschalen, sollen in diesem Abschnitt **synklastisch gekrümmte Schalentragwerke** in ihrer *punktuell* gestützten Variante behandelt werden. Weiter oben ist die *linear* gestützte Variante unter der Kategorie der Kuppeln bereits untersucht worden.[e]

Tragverhalten

☞ Kap. IX-1, Abschn. 1.6.1 Das vertikale ebene Umfassungselement, S. 198 ff

■ Entwicklungsgeschichtlich betrachtet sind diese Art von Schalentragwerken verhältnismäßig alt. Sie ergaben sich im historischen Kuppelbau aus der Notwendigkeit, die statische Leistungsfähigkeit rotationssymmetrischer, druckbeanspruchter Schalen mit der überlegenen Addierbarkeit und funktionalen Eignung orthogonaler Gebäudegeometrien zu vereinbaren. Mit dieser Zielsetzung wurden im historischen Werdegang dieses Tragwerkstyps zwei Kuppelvarianten entwickelt, die im weiteren Sinn zur Kategorie dieses Abschnitts zählen: [10]

- Die **Kuppel** auf **Pendentifschalen** (🗗 **255**). Sie ergibt sich durch die kontinuierliche lineare Auflagerung einer Kuppel, einer *Innenkreiskuppel* in Relation zum zugrundeliegenden Quadrat der vier Eckstützungen, auf vier sphärischen Kappen – den *Pendentifs* –, welche die Lasten auf die vier Stützungspunkte leiten. Die vier Pendentifs sind Ausschnitte aus einer *Außenkreiskuppel* wie im Folgenden beschrieben. Eine Variation der Pendentifs sind die *Trompen* (🗗 **255**).

- Die **Außenkreiskuppel** (🗗 **256**). Ihr Durchmesser ist die Diagonale des eingeschriebenen Quadrats. Sie ist durch vertikale Ebenen über den Seiten des Quadrats abgeschnitten, sodass sich vier kreisförmige seitliche Öffnungen ergeben – **Schildbögen** bei historischen Bauwerken. Es entsteht eine kontinuierliche Kuppelschale, ohne Kehlen wie bei der Pendentifkuppel, mit vier Punktstützungen. Bezogen auf das zu überdeckende Quadrat hat die Außenkreiskuppel naturgemäß einen größeren

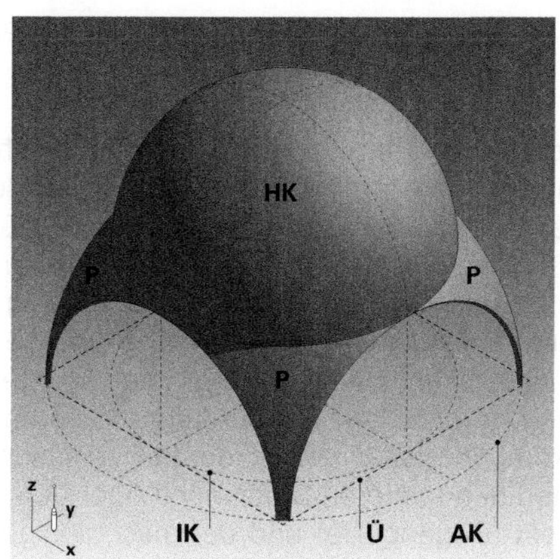

255 Pendentifkuppel (**AK**: Außenkreis, **IK** Innenkreis, **Ü** überdeckte Fläche, **P** Pendentif, **HK** Hauptkuppel = Innenkreiskuppel).

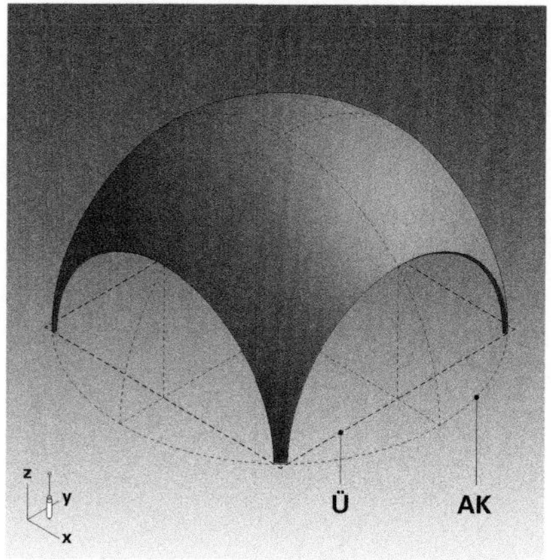

256 Außenkreiskuppel (**AK**: Außenkreis, **Ü** überdeckte Fläche).

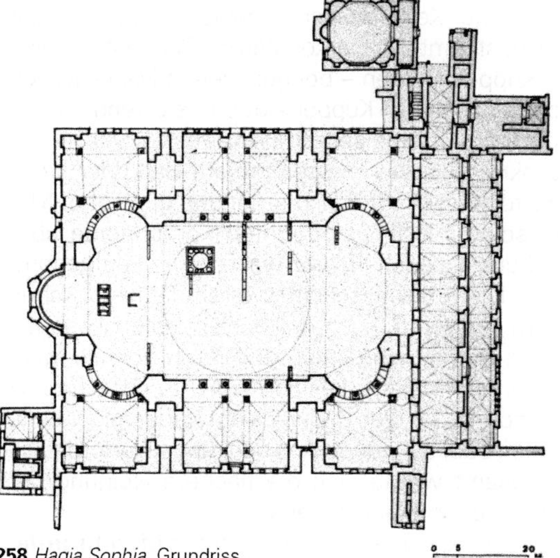

258 *Hagia Sophia*, Grundriss.

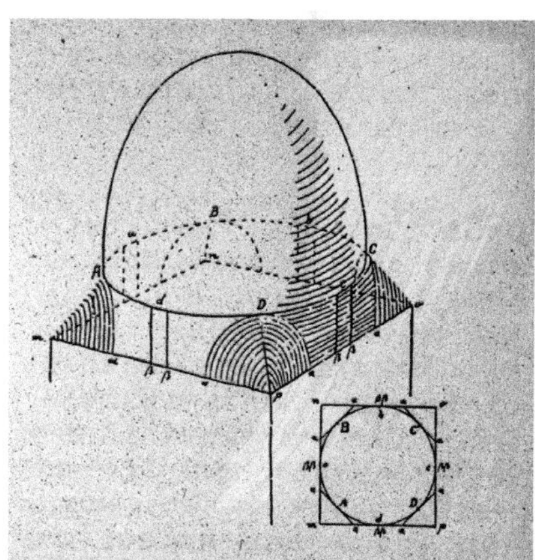

257 Übergang zwischen Kuppel und quadratischem Unterbau mithilfe von **Trompen**.

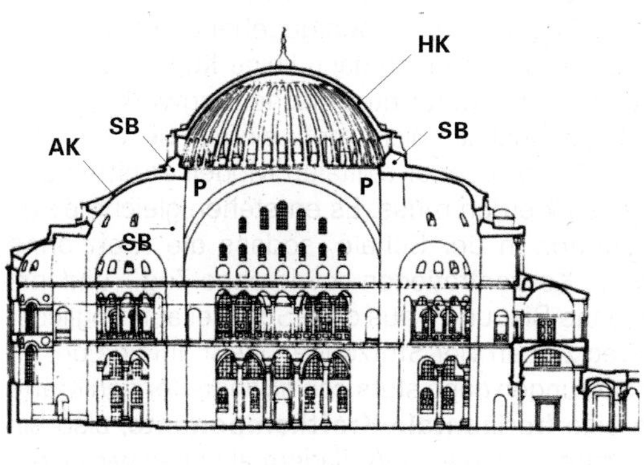

259 *Hagia Sophia*, Längsschnitt (**HK** Hauptkuppel, **AK** Apsidenkuppel, **P** Pendentif, **SB** Schildbogen).

260 *Hagia Sophia*, Innenraum.

Radius, sie ist also wesentlich flacher als die Pendentifkuppel.

☞ *Abschn. 3.2.4 Kuppel vollwandig > Tragverhalten, S. 360 ff*

Das grundlegende Tragverhalten dieser angeschnittenen bzw. zusammengesetzten sphärischen Kuppeln leitet sich von dem der reinen sphärischen Kuppel ab. Eine Kuppel auf Pendentifs verhält sich wie eine ringförmig linear gelagerte Kuppel, sofern der Pendentifring gleichmäßig steif ist. Kräfte werden wie bei jener kontinuierlich und gleichmäßig über den Querschnitt an die Lagerung abgegeben. Bei historischen gemauerten Konstruktionen waren die Verhältnisse komplizierter, da wegen der Steifigkeitsunterschiede zwischen den steiferen Stützungen über den Schildbogenscheiteln (Bogengurte) und den nachgiebigeren Pendentifschalen Lastumlagerungen in der Kuppelschale stattfinden mussten. Im Wesentlichen war das Tragverhalten derartiger zusammengesetzter Schalen maßgeblich von den jeweiligen Steifigkeiten der beteiligten Elemente der Kuppel, der Pendentifs, der Kehle zwischen beiden sowie auch der Schildbögen bestimmt.[11] Dabei konnten die Pendentifschalen gegenüber Kuppelschüben – bei gerissenen Mauerwerkskuppeln oder bei flacheren Kuppelkalotten – stützend wirken, desgleichen auch allfällige seitliche Apsidenkuppeln.

☞ *Hagia Sophia in* 🗗 **259**

Bei Außenkreiskuppeln müssen die am Rand der kreisförmigen Seitenausschnitte ankommenden geneigten Meridiankräfte sowohl in ihrer lotrechten Komponente über den Bogendruck als auch in ihrer waagrechten aufgenommen werden. Die Kreisausschnitte waren bei historischen Kuppelbauten zur Verstärkung der Schale als Schildbögen gemauert. Ein Bogen kann indessen die horizontale, quer zu seiner Ebene orientierte Lastkomponente nur begrenzt aufnehmen, sodass für diesen Zweck entweder angelehnte Tonnenschalen oder stützende Apsidenkuppeln erforderlich waren. Insgesamt wirkte sich die flachere Neigung der Kuppel statisch eher ungünstig aus.

✏ *Offensichtlich war nach [12] die erste, nach wenigen Jahren eingestürzte Kuppel der Hagia Sophia eine Außenkreiskuppel, von der noch die Pendentifs erhalten sind. Die heute noch erhaltene Hauptkuppel ist demnach eine steilere Innenkreiskuppel auf diesen Pendentifs.*

Anders verhält sich eine nach einer echten **Membranfläche** geformte Schale, die sich aus der Umkehrung einer Hängeform ergibt. Diese ist unter den gegebenen Lastverhältnissen lotrechter Belastungen dann keine Kugeloberfläche mehr, sondern ein frei geformtes Flächentragwerk, dessen Geometrie mathematisch nicht mehr einfach beschreibbar ist und am physischen oder digitalen Modell ermittelt und ggf. vermessen werden muss. Es entstehen gleichmäßige Kraftverteilungen in der Schale, sodass die Kraft ohne unerwünschte Konzentrationen sowie ohne Zug – und insbesondere ohne Biegung – aus dem Scheitel auf möglichst direktem Weg zu den vier Stützungen fließt. Infolge der an den Punktlagerungen dann stets *schräg* angreifenden Kräfte ergibt sich eine **horizontale Kraftkomponente**, also ein **Schub**. Nur lotrecht wirkende Auflagerreaktionen wie an der Halbkugelschale (mit Ringzugfestigkeit) sind bei Membranschalen unter lotrecht wirkender äußerer Last nicht möglich.

☞ *Vgl. hierzu auch die Aussagen zur linear gelagerten Kuppel im Abschn. 3.2.4 Kuppel vollwandig > Tragverhalten, S. 360 ff*

261 Pendentifs der *Mihrimah-Moschee* in Istanbul (Arch.: Y Sinan, 1555).

262 Außenkreiskuppel (Bibliothèque St. Geneviève, Paris; Arch: H Labrouste).

263 Addition von Außenkreiskuppeln – hier in einer Annäherung als Klostergewölbe gemauert – zu einem großen Hallenraum (*Yerebatan*-Zisterne in Istanbul, 532 n. Chr.).

Erweiterbarkeit

■ Es lässt sich behaupten, dass die beiden historischen Kuppelvarianten der Pendentif- und Außenkreiskuppel speziell mit der Zielsetzung der vereinfachten Erweiterbarkeit entwickelt wurden. Beide Varianten lassen sich in beiden Richtungen durch Aneinanderfügen unbegrenzt erweitern (🗗 **259, 262**). Auch in der modernen Variante der Membrankuppel lassen sich aus einem Grundmodul addierte Bauformen erzeugen. Es sind auch gerichtete Gruppierungen aus Moduln auf rechteckigem Grundriss realisierbar.

Einsatz im Hochbau – planerische Aspekte

✏ *Zum Vergleich: Eine Eierschale weist Schlankheiten von rund l/100 auf.*

■ Moderne vollwandige Membranschalen werden heute fast ausschließlich in Stahlbeton ausgeführt. Es lassen sich sehr große Schlankheiten realisieren im Bereich von bis zu **l/500**. Auch derartige Schalen zeigen das extrem effiziente Tragverhalten axial – in diesem Fall unter Druck – beanspruchter Membrantragwerke. Mit synklastischer Krümmung lassen sie sich mit nahezu reiner Druckbeanspruchung ausführen. Wenngleich Stahlbeton auch in der Lage ist, Zug aufzunehmen, so hat diese Drucktragwirkung doch den Vorteil, dass der Beton unter gleichmäßiger Druckspannung steht und deshalb nicht reißt. Es lassen sich auf diese Weise wasserundurchlässige Schalen erzeugen, die keiner weiteren Abdichtung bedürfen.

Hingegen stellt der unzureichende Wärmeschutz einer nackten Betonschale durchaus ein Hindernis beim Einsatz von Schalen im Hochbau dar. Mindestens eine Seite der Schale muss zu diesem Zweck mit einer dämmenden Schicht belegt werden, wodurch die formale Leichtigkeit und Eleganz dieser hocheffizienten Tragwerke leidet.

Analog zu den punktuell gehaltenen zugbeanspruchten Membrantragwerken ist auch bei den druckbeanspruchten Schalen der seitliche Raumabschluss in den Öffnungen zwar technisch ausführbar, jedoch formalästhetisch schwer zu lösen. Oftmals wirken durch ebene Seitenwände abgeschlossene Schalen stumpf und plump. Zurückgesetzte Wände mit weit ausladenden Schalenrändern wahren eher den frei schwebenden Charakter dieser Tragwerke.

Vermessungs- und schalungstechnisch geht bei Anwendung von Hängeformen, also nicht regelmäßigen, empirisch

264 Markthalle in Algeciras (Ing: E Torroja).

265 Synklastisch gekrümmte Betonschalen mit Dreipunktlagerung (Ing.: H Isler).

266 Modulare Addition von punktförmig gelagerten Schalen entlang einer Achse zu einem zusammenhängenden Hallenraum (Ing.: H Isler).

gefundenen Membranflächen, der Vorteil der leichten Erzeugung wie bei den geometrisch leicht definierbaren sphärischen Formen verloren. Dennoch hat sich diese Aufgabe in den letzten Jahren durch die Möglichkeiten der computergestützten Fertigung deutlich vereinfacht. Es existieren auch ausgeklügelte Verfahren zur pneumatischen Erzeugung von Schalflächen, die den Schalungsaufwand deutlich reduzieren.

☞ **Band 1**, *Kap. II-2, Abschn. 4.2 Einsatz neuer digitaler Planungs- und digital gesteuerter Fertigungstechniken im Bauwesen, S. 60 f*

■ Neben der Ausführung in Beton lassen sich punktgestützte Schalen auch als **Gitterschalen** ausführen. Es kommen Stäbe aus zug- und druckfesten Materialien wie Stahl oder Holz zum Einsatz. Morphologisch zählen diese Flächentragwerke zur **Aufbauvariante 3** wie in *Kapitel IX-1* eingeführt.[a]

Für diese Art punktgestützter Schalen kommt auch das Verfahren wie bei den linear gelagerten Gitterschalen beschrieben infrage:[b] Zwei gleichgeordnete, sich kreuzende Stabscharen werden in einem zweiachsig spannenden Raster oder Gitter verlegt. Die Maschen werden anschließend mit einer dünnen Platte oder Haut abgedeckt, zumeist Glas oder Membranen. Dabei ist die fehlende Schubsteifigkeit dieser quadratischen – zunächst nicht triangulierten – Gitter im Bauzustand ein großer Vorteil, da sich ein solches Gitter mit verdrehbaren Knoten durch Aufstützen in jede erdenkliche stetig gekrümmte Form bringen lässt, und damit auch in die ideale **Stützflächenform**, die man vorab experimentell oder rechnerisch ermittelt hat. Die Gittermaschen verlassen dafür ihre quadratische Form und gehen in Rautenformen mit variablen Winkeln über, jeweils angepasst an die sich einstellende Oberflächenkrümmung. Nach Schaffung dieser Membranform werden die Knoten fixiert und die Maschen diagonal mit Seilen versteift. Die Fußpunkte werden gegen Horizontalschub gesichert. Anschließend stellt sich die erwünschte Schalenwirkung ein.

Schale aus Stäben, synklastisch gekrümmt, punktuell gelagert

☞ [a] *Kap. IX-1, Abschn. 3. Der konstruktive Aufbau des raumabschließenden Flächenelements > 3.3 Element aus Stabrost und Platte (Variante* **3***), S. 224 f*

☞ [b] *Abschn. 3.2.5 Kuppel aus Stäben, S. 368 ff*

3.3 Zugbeanspruchte Systeme

■ Nach Betrachtung einachsig spannender zugbeanspruchter Systeme in Form der Bänder, sollen im Folgenden zweiachsig spannende, also ungerichtete Varianten untersucht werden. Kennzeichnend für alle zu diskutierenden Tragwerke ist folglich der **biaxiale Zug**, welcher in der Konstruktion auftritt.

☞ *Kap. IX-1, Abschn. 3. Der konstruktive Aufbau des raumabschließenden Flächenelements, S. 222 ff*

Als Strukturvariante für das flächenbildende Bauteil im Sinn unserer Definition tritt bei dieser Kategorie von Tragwerken zumeist die Variante **3** in Erscheinung, also ein Element aus gleichwertigen, geflechtartig sich kreuzenden – in diesem Fall sich nicht durchdringenden – linearen Elementen: hier keine biegesteifen Stäbe, sondern stattdessen biegeweiche Fasern oder Seile, wie sie bei **gewebten Membranen** und **Netzen** auftreten. Um eine dichte Oberfläche bei Geweben bzw. um eine geschlossene Fläche bei Netzen zu schaffen, wird das Textilgeflecht beschichtet, bzw. die Maschen des Netzes zu diesem Zweck mit einer geeigneten Folie abgedeckt, welche dann nur noch Witterungsschutz bietet und keine statische Wirksamkeit entfaltet.

Vereinzelt taucht auch die Strukturvariante **1** auf, also ein vollständig homogenes flächenhaftes Element unter biaxialem Zug, wie beispielsweise bei **Folien**.

3.3.1 Membran und Seiltragwerk, mechanisch gespannt, punktuell gelagert

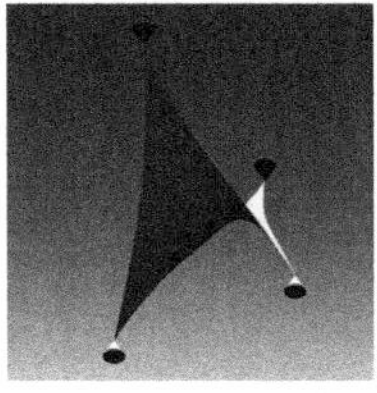

■ Unter dieser Kategorie sollen zugbeanspruchte Tragwerke mit vorwiegend punktueller Lagerung besprochen werden.[a] Die wichtigste Variante dieser Gruppe bilden die **mechanisch vorgespannten** und **versteiften Membranen** und **Seiltragwerke**. Ihr prinzipielles Tragverhalten wird in ***Band 1*** ausführlich besprochen.[b] Einige weiterführende Gesichtspunkte sind in diesem Zusammenhang von Bedeutung und sollen im Folgenden angesprochen werden:

- Um die für die Tragfähigkeit dieser Art von Tragwerken unerlässliche ausreichende **antiklastische Krümmung** herzustellen, ist die Schaffung einer Reihe von tief- und hochgelegten Stützungen oder Lagerungen notwendig. Die Höhendifferenz dieser Lagerungen und ihre richtige Anordnung im Raum spannen die Membran in der nötigen **Sattelform** (🗗 **268**). Es versteht sich von selbst, dass diese Punkte auch nicht annähernd in einer Ebene liegen dürfen.

  Hochpunkte sind durch geeignete Bauelemente wie beispielsweise **Maste** zu schaffen (🗗 **268**). Membranen können auch von linearen Elementen gestützt werden: beispielsweise druckbeanspruchte wie **Bögen** oder auch zugbeanspruchte wie **Stützseile**.[c] Je nach Angriff der Membranzugkräfte an einer Mastspitze lassen sich stützende Maste durch die Membran selbst stabilisieren (🗗 **273**), oder zusätzlich durch gesonderte **Abspannungen** (🗗 **269**). Letzteres ist insbesondere bei außerhalb der Membran angeordneten Masten notwendig. Dabei sind die Neigungswinkel von Mast und Abspannung zu beachten, um die Kräfte möglichst klein zu halten. Oftmals ist für die notwendigen Verankerungen entsprechender

✏ [a] *Der in* 🗗 ***4–7*** *dargestellten gewählten Systematik folgend, werden linear gehaltene Membrantragwerke gesondert in Abschn. 3.3.2, S. 392 f, besprochen.*

☞ [b] ***Band 1****, Kap. VI-2, Abschn. 9.9 Mechanisch vorgespannte Membran, S. 665 ff, sowie in diesem Kapitel, Abschn. 3.3.1, 3.3.2*

☞ [c] *Abschn. 3. Ungerichtete Systeme > 3.3 Zugbeanspruchte Systeme, S. 380 ff*

267 Sonnenschutz in Membranenform (*Expo 92*, Sevilla).

268 Seilnetz mit zwei gegensinnig gekrümmten Seilscharen (Trag- und Vorspannrichtung). Die sich stärker abzeichnenden quadratischen Felder rechts oben entstehen durch die plattenförmige Eindeckung (Überdachung des Olympiastadions München).

269 Abhängung der Membran (hier Seilnetz) von extern angeordneten, abgespannten Masten, die wie Pendelstäbe gelagert sind (Olympia-Überdachung München).

270 (Links) Nahaufnahme der Masten in ☞ **268** und **269**.

271 (Rechts) Knotenausbildung eines Seilnetzes mit jeweils zwei durchgehenden, sich kreuzenden Seilen (Ing.: Schlaich, Bergermann & Partner).

272 Puntuelle Stützung einer Membran und Randseil in einer Membrantasche zur Einleitung der Zugspannungen der Membran in die Stützung.

☞ *Anmerkungen in Kap. IX-1, Abschn. 4.5.2 Membranen und Seilnetze, S. 266 ff.*

273 Hinter dem vorkragenden Zipfel ist die Seilschlaufenhalterung des Seilnetzes am Mast erkennbar (Olympia-Überdachung München).

Freiraum in Bauwerksnähe zu schaffen, was bei der Planung zu berücksichtigen ist. Die Masten sind bei dieser Art der Stabilisierung nur axial druckbeansprucht, wirken also als **Pendelstäbe**.

Grundsätzlich lassen sich Maste zwar auch eingespannt ausführen, um an der Mastspitze quer zu ihrer Achse angreifende Kraftkomponenten ohne Abspannung aufzunehmen. Diese Lösung findet sich aber wegen der vergleichsweise großen anfallenden Biegebeanspruchung nur bei kleineren Konstruktionen.

- Freie Membranränder, wie sie vor allem an den Randgirlanden auftreten, sind mit Randelementen wie beispielsweise eingenähten Seilen zu verstärken. Ein **Randseil** dient der kontinuierlichen Lasteinleitung aus der flächigen Membrane (🗗 **272**). Die Seiltasche bzw. Aufdopplung der Membran schützt den empfindlichen Schnittrand.

- Membranen sind außerordentlich empfindlich gegen **große Punktlasten**, wie sie bei punktueller Stützung aus einleuchtenden Gründen nahezu unvermeidlich sind. Neben geeigneten Verstärkungen oder Aufdopplungen, wie sie für kleinere Beanspruchungen an der Membran selbst konfektioniert werden können (🗗 **276**), lassen sich auch folgende Lösungen realisieren:

  - Radiale Orientierung der Membran mit ihrer tragfähigeren Kette in Hauptkraftrichtung mittels eines radial gefächerten Nahtbilds (🗗 **276**, **295**).

  - Vereinzelte in Membrantaschen geführte Meridianseile oder -gurte.

  - **Rosetten**: Dabei wird die Membran an mehreren Punkten angeknüpft und mit einem Seilkranz am Lagerungspunkt (z. B. eine Mastspitze) angeschlossen (🗗 **275**).

  - **Seilschlaufen**, die mit der Mastspitze verbunden sind und die Zugkraft über den kompletten Schlaufenumfang in die dünne Membran eintragen. Da die Seilschlaufe nicht biegesteif ist, passt sie sich tangential der Membranoberfläche an (🗗 **273**).

  - Analog lässt sich die Kraft auch über biegesteife **Ringe** einleiten (🗗 **276**).

  - **Sättel** oder **Kalotten**. Die Krafteinleitung findet hierbei flächig über stetig gekrümmte Stützelemente statt.

  - Und nicht zuletzt die planerische Vermeidung einer punktuellen Membrananbindung bereits im Vorfeld.

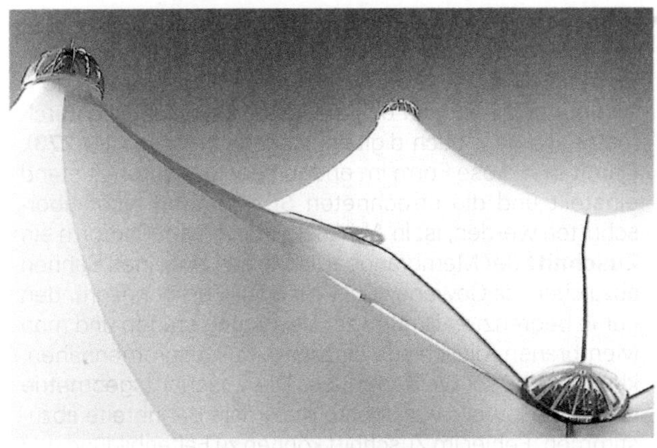

274 Membranfläche mit Hoch- und Tiefpunkten. Stützseile sind deutlich an den Graten und Kehlen erkennbar. Am Tiefpunkt rechts unten wird das Niederschlagswasser gesammelt und abgeleitet.

275 Aufhängung einer Membran in Rosettenform durch sechs Seilschlaufen. Blick von unten.

276 Sternförmiger Zuschnitt einer Membran an ihrer Aufhängung mit verstärkender Wirkung. Es ist auch der lineare Membrananschluss an einem Ring erkennbar. Blick von unten.

277 Geradlinige Fassung einer Membran an einem biegesteifen Randglied (hier Betonmauer).

☞ *Kap. VII, Abschn. 1.3 Flächenbildung durch Zusammenlegen von Einzelelementen > 1.3.2 bandförmige Ausgangselemente, S. 18ff*

- Unter festgelegten Randbedingungen wie der Lagerung, der Membranbeschaffenheit sowie der aufgebrachten Vorspannung, nehmen Membranen eine spezifische – und *nur diese* – **Form** ein. Sie lässt sich planerisch durch materielle oder auch digitale Modelle ermitteln (⧉ **278**). Damit sich diese Form im endgültigen gebauten Zustand einstellt und die errechneten Spannungen nicht überschritten werden, ist in Abhängigkeit von der Endform ein **Zuschnitt** der Membranoberfläche aus einzelnen Bahnen abzuleiten, da Gewebe oder Folien aus Fertigungsgründen nur in begrenzten Breiten zur Verfügung stehen und man Membranen folglich aus Einzelstreifen zusammennähen, kleben oder schweißen muss. Die Zuschnittsgeometrie ist auf die jeweils verfügbare maximale Bahnbreite abzustimmen. Fehler im Zuschnitt können zu Faltenbildung und in letzter Konsequenz zum Reißen der Membran führen (⧉ **279**, **280**).

- Die freien Ränder einer Membran nehmen die charakteristische konkave Kurvenform einer **Girlande** an. Sie stellt sich aufgrund der stets in der Membran wirkenden, rechtwinklig zum Randseil ausgerichteten Zugkraft ein, welche die dünne Haut gleichsam vom Rand weg nach innen zieht. Die tangential entlang des Randseils in der Membran wirkenden Zugkräfte lassen sich grundsätzlich nicht über Reibung in das Seil einleiten. Zu diesem Zweck ist ein eingenähter **Randgurt** notwendig, der an beiden Enden an den punktuellen Lagern befestigt wird.

  Weder geradlinige noch konvex nach außen gekrümmte Membranränder lassen sich ohne lineare Anbindung der Membran an entsprechend geformte **biegesteife Randglieder** herstellen (⧉ **277**). Weitere Beispiele für diese Lösung finden sich weiter unten.

☞ *Siehe auch* ***Band 3****, Kap. XIII-8,* ⧉ **42–44**

☞ *Abschn. 3.3.2 Membran und Seiltragwerk, mechanisch gespannt, linear gelagert, S. 392ff*

- Die für die Tragwirkung der Membran unerlässliche Vorspannkraft muss über die Fundierung in den Baugrund abgetragen werden. Die anfallenden, manchmal nicht unerheblichen Kräfte führen oftmals zu aufwendigen Gründungen, die in deutlichem Kontrast zur Feingliedrigkeit und Eleganz der sichtbaren Membrankonstruktion stehen.

Die bauliche Grundzelle

■ Eine Grundform des Membranbaus ist die **Vierpunktmembran**. Sie entsteht, wenn eine Membran zwischen vier nicht in einer Ebene liegende Punkte gespannt wird. Sie weist die für Membranen charakteristische **Sattelfläche** auf. Vierpunktmembranen können zwar aus geometrischen Gründen keinen Raum für sich selbst allseitig umschließen; hierfür sind zusätzliche Elemente wie beispielsweise leichte Raumabgrenzungen aus biegesteifen Elementen oder auch aus weiteren Membranflächen geeignet. Die Anschlüsse an die Hauptmembran lassen sich durch angenähte oder -geschweißte Membranlappen oder auch Pneus ausführen. Indessen lassen sich Kombinationen von mehreren

278 Ermittlung einer Membranfläche an einem Seifenhautmodell (IL, Universität Stuttgart, F Otto).

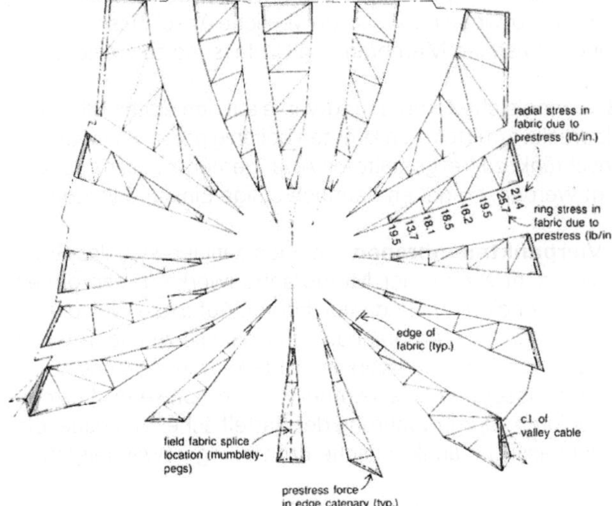

279 Beispiel eines Membranzuschnitts in Bahnen.

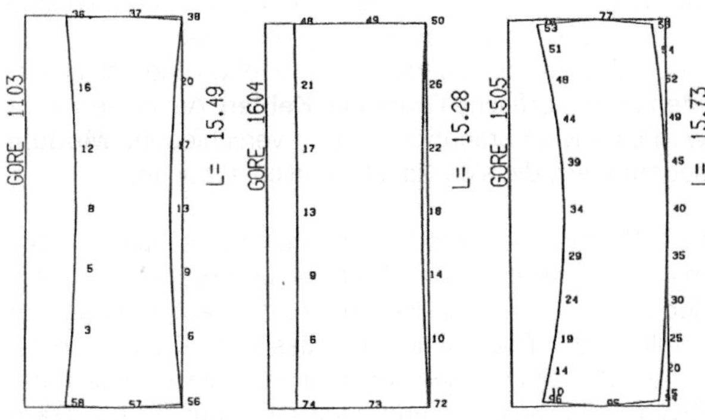

280 Zuschnitt von Gewebebahnen. Die Rechtecke stellen die unbeschnittene Bahn dar.

Vierpunktmembranen durchaus zu raumumschließenden Hüllen formen. Randgirlanden kann man zu diesem Zweck so niedrig legen, dass sich Restöffnungen mühelos abschließen lassen (wie im Beispiel in 🗗 **286**). Ferner ist auch eine lineare Fassung von Membranen möglich (🗗 **277**), wodurch der Innenraum ohne zusätzliche Umschließungsflächen eingeschlossen werden kann (🗗 **287**).

☞ *Siehe auch Abschn. 3.3.2 Membran und Seiltragwerk, mechanisch gespannt, linear gelagert, S. 392 ff*

Obgleich zu Membranen hinzuaddierte Umschließungsflächen technisch realisierbar sind, beeinträchtigen sie dennoch sehr stark das so markante und eigenwillige Erscheinungsbild dieser Tragwerke. Dies gilt insbesondere für *ebene* Umfassungen, die in visuellen Konflikt mit der formal sehr bestimmenden Membrankrümmung geraten. Bei ihrer konstruktiven Gestaltung ist zu berücksichtigen, dass zwar *starre* Membranränder an biegesteife Hüllbauteile unbeweglich angeschlossen werden können, dass aber *bewegliche* Membranränder, wie Seilränder bzw. freie Ränder, in ihrer Beweglichkeit nicht eingeschränkt werden dürfen. Im letzten Fall sind notwendigerweise bewegliche Anschlusskonstruktionen zwischen Membran und Umfassung zu wählen.

Erweiterbarkeit

■ Wenngleich Membrantragwerke auf den ersten Blick den Eindruck vermitteln, sie könnten beliebig geformt und uneingeschränkt zu frei gestalteten Arrangements zusammengefügt werden, so gelten dennoch einige Einschränkungen:

- **Vierpunktmembranen** wie oben definiert sind das Grundelement zahlreicher Membrantragwerke. Diese gehen aus ihrer einfachen Addition hervor. Auf diese Weise lässt sich auch im Membranbau – in Analogie zu anderen hier besprochenen Tragwerksvarianten – ein einfaches, gut zu erfassendes Basiselement zu komplexeren Formen addieren. Durch Wahrung der Sattelfläche wird dabei die unerlässliche antiklastische Krümmung gewährleistet.

- Die begrenzte Festigkeit von Membranen beschränkt auch ihre freie Spannweite zwischen Stützungen. Für große Spannweiten ist deshalb eine Ertüchtigung bzw. eine Segmentierung durch **Gurtseile** erforderlich, an denen die dünne Haut linear gehalten wird, und durch welche die Kräfte konzentriert in die punktuellen Stützungen eingeleitet werden können. Es entstehen dadurch an der Membranoberfläche **Grate** und **Kehlen**. Auf diese Weise wird eine Membranoberfläche in verschiedene **Module** segmentiert, die sich visuell deutlich abzeichnen.

- Es trifft zwar zu, dass Membranen große Spannweiten mit einem Minimum an Material überbrücken können, doch ist stets zu berücksichtigen, dass aufgrund der zur Erfüllung der Tragfunktion unerlässlichen Krümmung bei reinen Membrantragwerken dafür auch ein ausreichender **Stich** notwendig ist, und zwar nicht nur für die **Tragrichtung**, sondern auch für die gegensinnig gekrümmte

283 Vierpunktmembran.

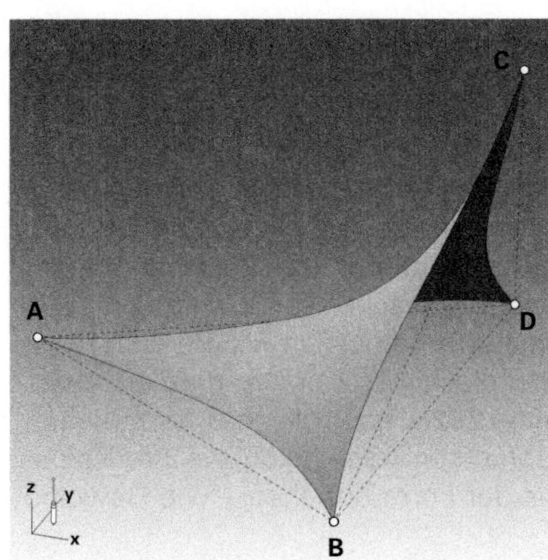

281 **Vierpunktmembran**. Die Eckpunkte **A** bis **D** liegen nicht in einer Ebene, damit die erforderliche doppelte antiklastische Krümmung entsteht.

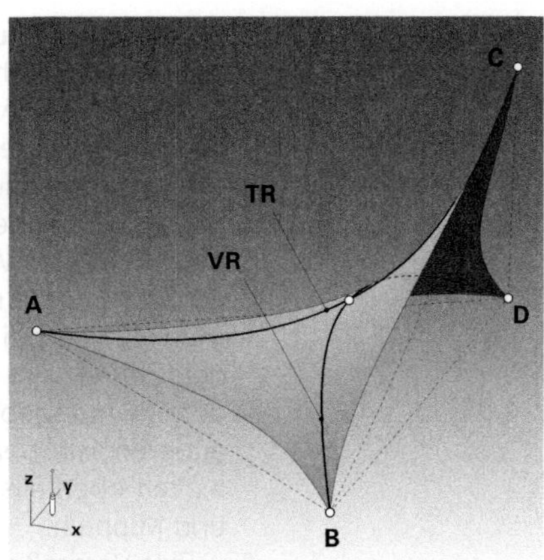

282 **Vierpunktmembran**. Tragrichtung **TR** und Vorspannrichtung **VR** der biaxialen Zugkraft in der Membran.

284 Vierpunktmembran. Der Hochpunkt wird durch einen abgespannten Mast (Pendelstab) gehalten.

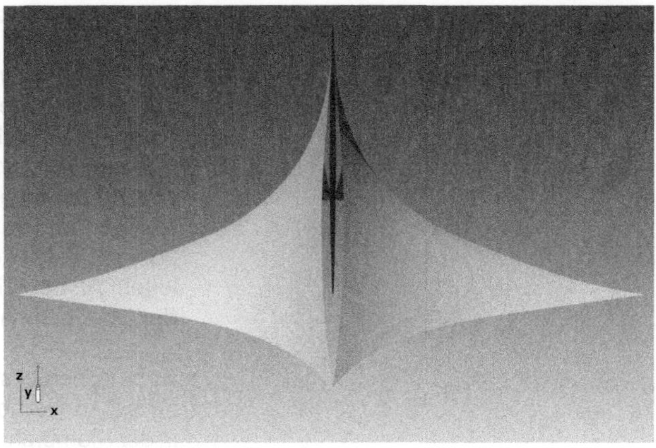

285 Vierpunktmembranen sind ein Grundmodul des Membranbaus und lassen sich modular zu vielfältigen Kombinationen zusammenstellen. Hier: zwei an einem gemeinsamen Mast befestigte Vierpunktmembranen.

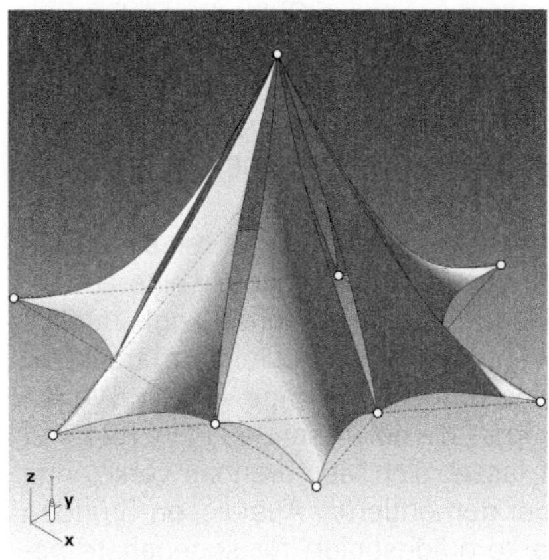

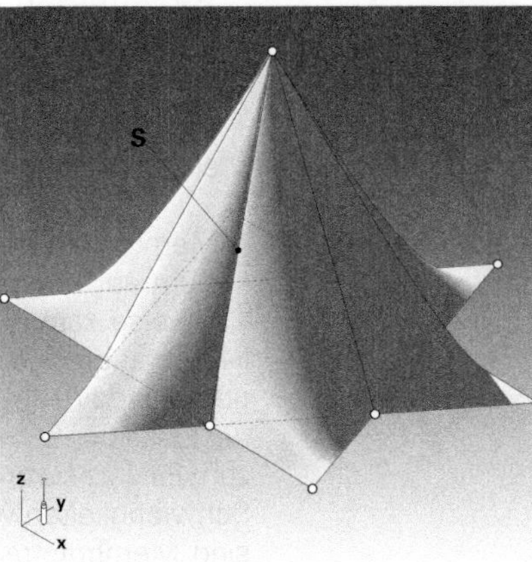

286 (Links) Sechs Vierpunktmembranen um ein Sechseck. Die freien Seitenränder zwischen den Modulen bilden jeweils Doppelgirlanden.

287 (Rechts) Sechs Vierpunktmembranen wie links. Die beiden Seitenränder sind hier an einem Seil angeknüpft und bilden eine geschlossene Membranfläche. Die unteren Ränder sind ebenfalls linear gehalten.

Vorspannrichtung. Insbesondere die Krümmungslinie der Vorspannrichtung ist für das Raumprofil relevant und deshalb zudem von Anforderungen der Gebäudenutzung bestimmt. Diese Notwendigkeiten führen bei der Überdeckung großer Räume im Regelfall zu einer verhältnismäßig großen Gebäudehöhe, die sich zumeist aus der Summe der Stiche der Vorspann- und der Tragkrümmung ergibt (🗗 **291**). Nur bei ringförmig geschlossener Vorspannkrümmung – wie bei radialsymmetrischen Membranformen, den Zelten – ist allein die Tragkrümmung für die Gebäudehöhe maßgeblich (🗗 **292**). Hierin gleichen Membranen anderen axial beanspruchten Tragwerken, die ihre Tragfähigkeit ebenfalls aus der Form beziehen – wie Gewölbe und Kuppeln.

Eine Vergrößerung der Krümmung, bzw. eine Verminderung des Krümmungsradius, lässt sich bei vorgegebener Spannweite – also ohne Einführung von zusätzlichen Bodenstützungen – durch abgespannte **Luftstützen** erzielen. Membranen sind zu diesem Zweck mit geeigneten Seiltragwerken zu ergänzen.

- Die oben beschriebene Wechselwirkung zwischen Höhe und Spannweite führt im Umkehrschluss zu der Notwendigkeit, bei **flachen** Membrantragwerken Stützungen in kleineren Abständen vorzusehen, d. h. die Spannweiten zu reduzieren, da eine Mindestkrümmung nicht unterschritten werden kann. Dabei sind an Hoch- und Tiefpunkten abwechselnd Druck- und Zugkräfte in den Baugrund einzuleiten. An den Tiefpunkten muss auch die Entwässerung der Membranfläche erfolgen.

- Es ist zu berücksichtigen, dass an den Anschlussbereichen zwischen Membranmodulen stets – wie ansonsten überall in der Membran auch – **biaxiale Zugkräfte** wirken, welche die Ränder zum Membranmittelpunkt ziehen. Die Ränder lassen sich linear kraftschlüssig koppeln – durch Verseilen oder Verknüpfen – sodass die Zugkräfte zwischen den Membranen übertragen werden (🗗 **287**, **296**). Es lassen sich auch ovale Öffnungen aus zwei Girlanden realisieren, die mit einem Füllstück – Membran oder transparente Platten – geschlossen werden können. Dies ist eine Lösung, die sich zum Zweck einer leichten Austauschbarkeit einzelner Membranfelder anbietet (🗗 **286**, **297**).

Einsatz im Hochbau – planerische Aspekte

■ Membrankonstruktionen erlauben, Räume mit einem Minimum an Materialaufwand zu überdecken. Keine andere Bauweise kann in dieser Hinsicht mit ihnen konkurrieren. Membranen sind im verpackten Zustand leicht zu transportieren und erlauben eine schnelle Montage vor Ort. Wegen der lösbaren Verbindungen, die bei dieser Bauart im Regelfall zum Einsatz kommen, lassen sich Membranbauwerke ohne Schwierigkeiten wieder demontieren. Aus diesen Gründen sind Membrantragwerke prädestiniert für sogenannte be-

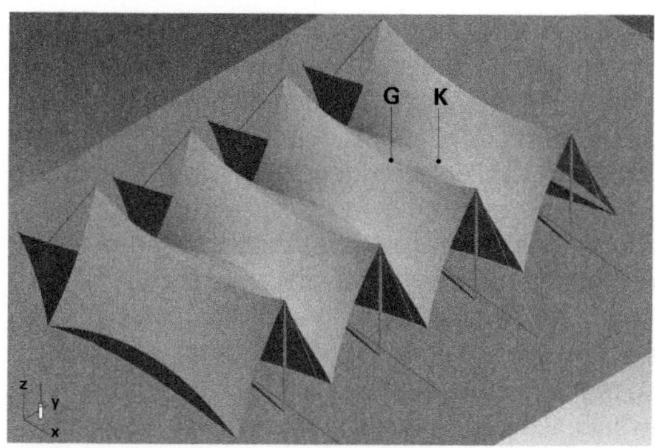

288 Modulare Sequenz zwischen Stützseilen gespannter Membranflächen: Gratseile **G** und Kehlseile **K** spannen die Membranen vor und schaffen die nötige Krümmung.

289 Seitlicher Einschluss des Raums unter einer Zeltmembran.

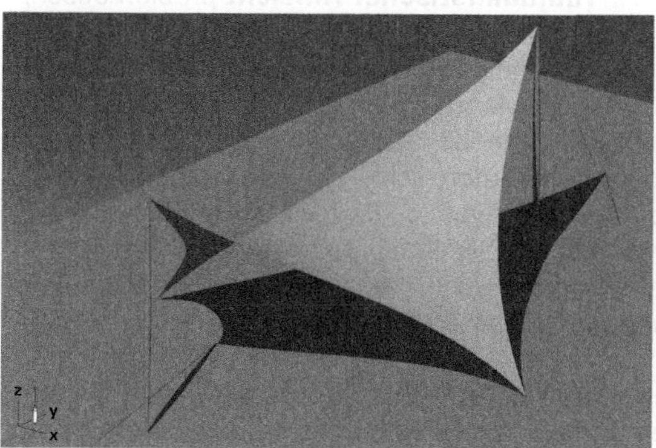

290 Vierpunktmembran mit zwei Hochpunkten an abgespannten Masten.

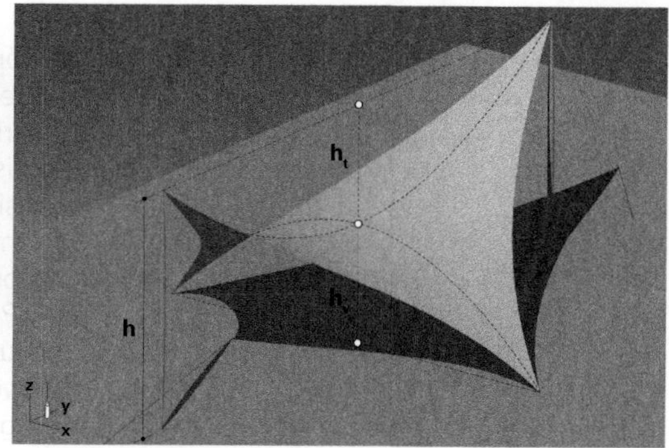

291 Gesamthöhe der Konstruktion **h** ist hier die Summe aus dem Stich der Vorspannkrümmung $\mathbf{h_v}$ und dem der Tragkrümmung $\mathbf{h_t}$.

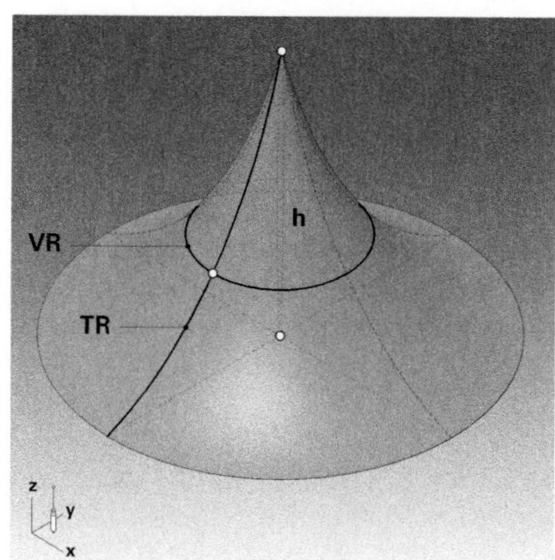

292 Zeltmembran mit ringförmig geschlossener Vorspannkraft **VR**. Die Bauwerkshöhe **h** ergibt sich hier allein aus der Tragrichtung **TR**.

293 Zelte.

wegliche, temporäre Bauten. Dieser Charakter wird unterstützt durch gewisse Nachteile, nämlich ihre Empfindlichkeit gegen mechanische Beschädigung und die – zumindest im Vergleich zu Lebenszyklen herkömmlicher Bauwerke – **eingeschränkte Dauerhaftigkeit** der dünnen Membranhäute. Diesbezüglich lassen sich indessen noch keine wirklich fundierten Aussagen treffen, da die Lebenserwartung moderner technischer Membranen, wie beispielsweise PTFE- oder silikonbeschichtete Glasfasergewebe, schwer einschätzbar sind, da sie einem sehr kurzen Innovationszyklus unterliegen.

Auch sind reguläre Nutzungen wie bei permanenten Bauwerken deshalb schwer zu realisieren, weil Membranen in **bauphysikalischer** Hinsicht Einschränkungen unterworfen sind:

☞ *Weiterführende Aussagen finden sich in* ***Band 3****, Kap. XIII-8, Abschn. 4. Bauphysikalische Gesichtspunkte*

- Sie bieten – besonders in einlagiger Ausführung ohne Zusatzmaßnahmen – nur **minimalen Schallschutz** und sind auch in **raumakustischer Hinsicht** problematisch;

- Sie können nur mit **eingeschränktem Wärmeschutz** realisiert werden. Mehrlagige Membranen schließen eine einigermaßen stehende Luftschicht ein, sofern die Abstände zwischen den Häuten nicht allzu groß werden. Dadurch lässt sich starke Konvektion verhindern und ein mäßiger Dämmwert erzielen. Mehrlagige mechanisch gespannte Membranen werden durch geeignete Abstandshalter montiert. Pneumatisch gespannte Membranen können durch Einbau von Zwischenlagen im Innern der Kissen mehr als zweilagig ausgeführt werden. Es sind auch Dämmfüllungen möglich, die einen verbesserten Wärmeschutz bieten, aber oftmals – abhängig von Dämmmaterial – die Transluzenz der Membran mindern oder ganz aufheben.

Neben ihrer extremen Materialeffizienz in Bezug auf Tragwirkung sind weitere Vorzüge zu nennen:

- Die meisten für Membranen eingesetzten Werkstoffe sind **transluzent** oder **transparent**, sodass eine gute diffuse natürliche Ausleuchtung der Innenräume ohne zusätzliche Maßnahmen möglich ist.

- Membranfolien und -gewebe sind **wasser**- und **luftdicht**. Es sind folglich mit dem gleichen Bauelement derart divergierende Teilfunktionen wie Kraftleiten und Dichten abgedeckt.

294 Zelt des *Instituts für Leichte Flächentragwerke* der Universität Stuttgart (Arch.: F Otto).

295 Membranüberdachung als Sonnenschutz (‚Palenque', Arch.: J M de Prada Poole, *Expo 92*, Sevilla).

297 Schließen einer Girlandenöffnung zwischen zwei anstoßenden Membranen mithilfe eines Füllelements.

296 Randverknüpfung zweier Membranen.

298 Membranüberdeckung (*Expo 92*, Sevilla).

- Die starke Krümmung, die gewissermaßen systembedingt vorhandenen großen Gebäudehöhen und die glatte Oberfläche von Membranen begünstigen Luftbewegungen durch **Thermik** im Innenraum. Durch geeignete Anordnung von Zuluftöffnungen im unteren Bereich – beispielsweise an den Girlandenöffnungen – und Abluftöffnungen an den Hochpunkten ist eine effiziente natürliche Belüftung möglich.

3.2

Membran und Seiltragwerk, mechanisch gespannt, linear gelagert

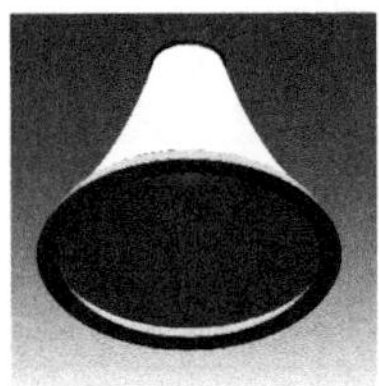

☞ [a] Abschn. 3.3.1 Membran und Seiltragwerk, mechanisch gespannt, punktuell gelagert, S. 380 ff

✏ [b] *Obgleich punktuelle Zwischenstützungen oder Stützseile streng genommen auch als Lagerungen der Membran aufgefasst werden können, sollen sie vielmehr zum Membrantragwerk selbst gezählt und deshalb in diesem Abschnitt außer Acht gelassen werden (siehe Anmerkungen in Abschn. 3.3.1 Membran und Seiltragwerk, mechanisch gespannt, punktuell gelagert, S. 380 ff*

■ In Ergänzung der Betrachtung *punktuell* gelagerter, mechanisch vorgespannter Membranen und Seiltragwerke[a] sollen diese im vorliegenden Abschnitt abschließend in ihrer *linear* gelagerten Variante untersucht werden.[b] Zu ihrem Tragverhalten sowie zu anderen Aspekten gelten sinngemäß die gleichen Aussagen. Abweichend sind folgende Besonderheiten zu berücksichtigen:

- Die lineare Lagerung oder Einfassung einer Membran kommt ihrem Tragverhalten grundsätzlich entgegen, da die Kräfte in der dünnen Haut besser verteilt und lokale Kraftkonzentrationen – wie im Bereich punktueller Stützungen – vermieden werden können. Ist die Membranhaut am Boden verankert, kann sie bei kippgefährdeten linearen Stützungen (z. B. Bögen) – wie auch bei Masten – eine stabilisierende Funktion ausüben.

- Lineare Anschlüsse von Membranrändern lösen das Problem des **Raumabschlusses** – wie oben angesprochen – von sich aus. Es lassen sich dadurch Membranen an biegesteife Umfassungswände oder auch an feste Fundierungen lückenlos anschließen.

- Es liegt auf der Hand, dass lineare Anschlüsse entsprechende **bauliche Elemente** erfordern, wie linienförmige Fundamente oder biegesteife Randglieder, die mit einem erhöhten baulichen Aufwand verbunden sind. Bei der einfachsten und elementarsten Membranform, der punktuell gestützten, sind diese Elemente auf ein Minimum reduziert (Punktfundamente, einzelne Masten). Indessen kann dieser Zusatzaufwand insbesondere aus Überlegungen der Gebäudenutzung (Raumabschluss, siehe oben) durchaus gerechtfertigt sein.

- Bei ringförmigen Lagerungen, die dann infolge der von der Membran aufgebrachten, meist zur Ringmitte orientierten Zugkraft als geschlossene **Druckringe** wirken, lässt sich die Kraftkomponente in Ringebene **kurzschließen**, sodass dann nur noch Kräfte *orthogonal zur Ringebene* – zumeist lotrechte Lasten – wirken (🗗 **300**). Je nach wirkender Membrankraft kann der Ring verschiedene Geometrien annehmen: kreisförmig, oval, etc. Auch **nichtebene**, annähernd ringförmige Randlagerungen, wie beispielsweise zwei sich kreuzende Bögen, erzielen

299 Abfallbehandlungsanlage in Wien; Arch.: Lang, Ing. J Natterer.

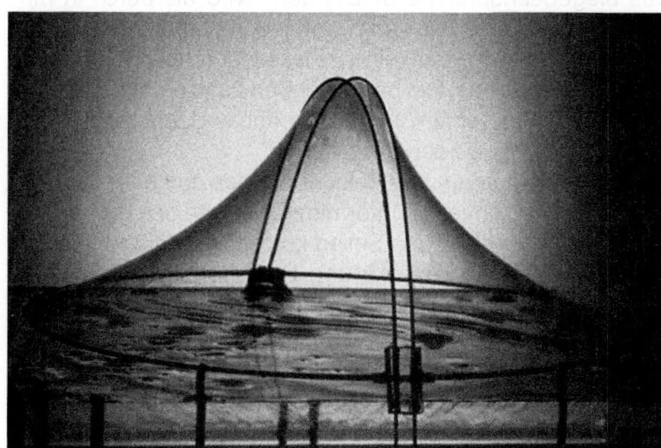

301 Experimentelle Formfindung einer **Minimalfläche** mithilfe einer Seifenhaut am Beispiel einer linear gelagerten Membran (*IL*, Universität Stuttgart, F Otto).

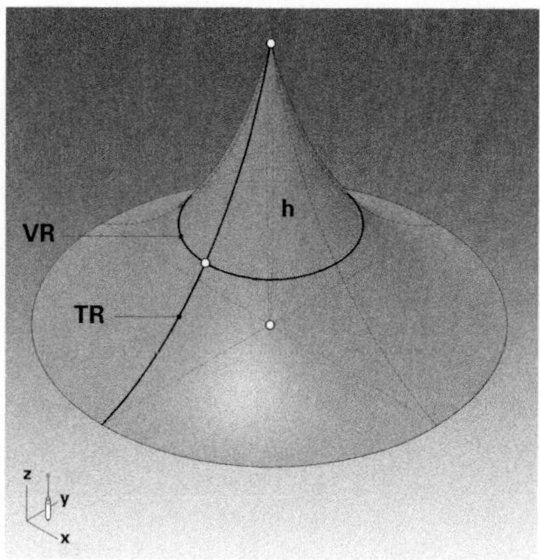

300 Krümmungen in Tragrichtung **TR** und in Vorspannrichtung **VR** bei einem rotationssymmetrischen Zelt. Die Vorspannrichtung ist ringförmig in sich kurzgeschlossen.

302 Stadion in Raleigh: sattelförmig gespanntes Seilnetz zwischen gekippten Bögen (Arch.: H Stubbins).

einen ähnlichen Effekt (⊡ **302**). Sie können darüber hinaus durch ihre Geometrie gleichzeitig eine antiklastische Krümmung der Membran gewährleisten und zusätzliche Stützelemente wie Bögen oder Masten dadurch überflüssig machen.

Zur Gruppe der mechanisch gespannten, linear gelagerten Seiltragwerke lassen sich auch die **Ringseilsysteme** bzw. **Speichenräder** zählen, die in ihrer Tragwerksgeometrie vergleichbar mit Radialstabwerken sind (⊡ **302–306**). Im Vergleich mit dem Stabwerk wird jeder Stab in zwei mit einem Druckstab gegeneinander abgespreizte Zugglieder umgewandelt. Es entsteht ein ungefähr dreieckförmiger Querschnitt der Konstruktion. Um das Seilsystem zur Kraftaufnahme quer zu seiner Achse zu befähigen, ist ein Mindestneigungswinkel der Spreizung zur Horizontalen erforderlich. Das biegebeanspruchte Stabsystem wird hierdurch in ein **Seiltragwerk** überführt. Um zu verhindern, dass unter ungünstigen Lastverhältnissen eine Seilschar durchhängt, werden diese **vorgespannt**. Die herrschenden Lastzustände führen dann lediglich zu einem teilweisen Abbau der Vorspannung jeweils einer der beiden Seilscharen.

☞ *Abschn. 3.1.6 Stablage radial, ringförmig gelagert, S. 354 f; zu Ringseilsystemen siehe auch Kap. X-3, Abschn. 3.7.4 Seiltragwerke > Radiale Ringseiltragwerke – Speichenräder, S. 644 ff*

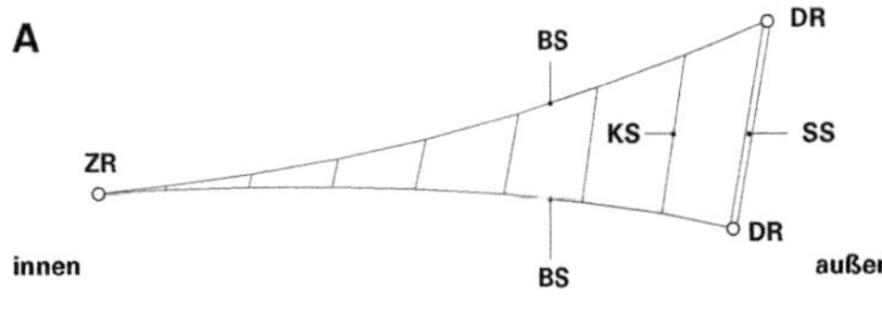

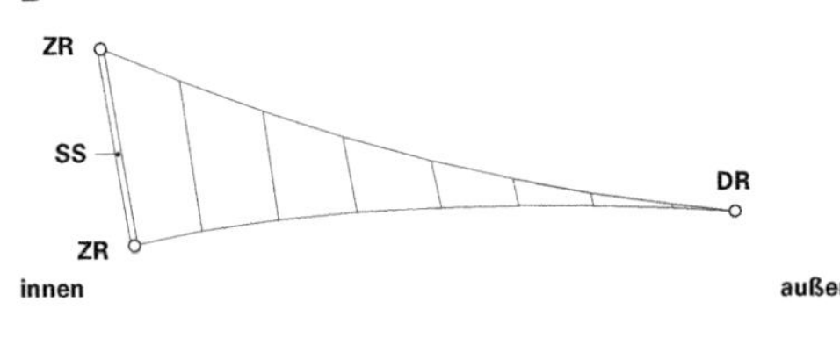

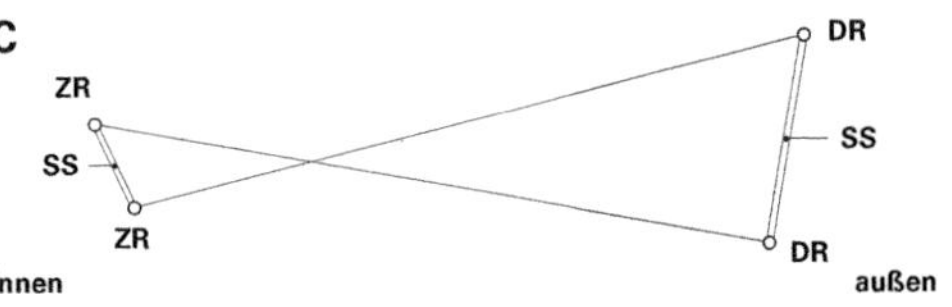

303 Varianten der Ausbildung von **Ringseilsystemen**. Querschnitt durch eine Tragwerkshälfte. **DR** Druckring; **ZR** Zugring; **BS** Binderseil; **SS** Spreizstab; **KS** Koppelseil (mindert die Verformungen und bildet zusammen mit **BS** einen Seilbinder).

Die drei Eckpunkte des Dreiecks werden durch drei für das Tragsystem essentielle ringförmige Elemente belegt, welche die Zugspannung auf den Seilen kurzschließen und folglich keinerlei externer Verankerung bedürfen. Kraftbezogen ist das Tragsystem in sich geschlossen. Eine innere Nabe (einfach oder doppelt) wirkt dabei stets als radialer **Zugring**, außen ist ein umlaufender geschlossener (einfacher oder doppelter) **Druckring** erforderlich. Die drei notwendigen Ringe lassen sich in verschiedenen Varianten kombinieren:

- ein doppelter äußerer Druckring und eine einzelne innere Nabe bzw. Zugring (⊡ **303 A**);
- ein doppelter innerer Zugring und ein einzelner äußerer Druckring (⊡ **303 B**).

Auch überkreuzte Systeme mit doppeltem Zugring und doppeltem Druckring sind ausführbar (⊡ **303 C**).

3.3 Durch Schwerkraft gespannte Membran oder Seiltragwerk

■ Wenngleich, wie bei den meisten Membranen, die versteifende Kraft zumeist durch mechanisch aufgebrachte Vorspannung erzeugt wird, die zu der kennzeichnenden antiklastischen Krümmung führt, lassen sich linear gefasste Membranen – analog zu Bändern – alternativ durch **Eigengewicht** versteifen.[13] Es sind dann wie bei Bändern wiederum Ballastierungen erforderlich, da das Eigengewicht der Membranen oder Seilnetze für diesen Zweck nicht ausreicht. Es bildet sich dann eine für mechanisch vorgespannte Membranen eher untypische **synklastische Krümmung** (⊡ **307, 308**).

304 Speichenradartiges Tragwerk einer Stadionüberdachung im Bauzustand. Außen ist der doppelte Druckring erkennbar, innen der Zugring aus mehreren parallel geführten Seilen (Ing.: Schlaich, Bergermann & P.).

305 Speichenradähnliches Tragwerk über dem Auditorium in Utica, USA (Ing.: L Zetlin).

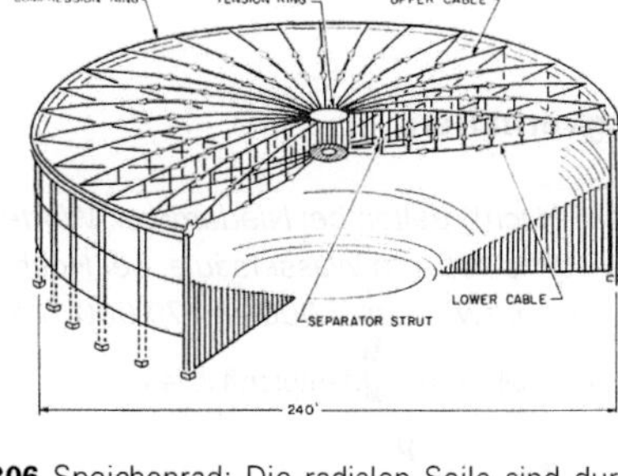

306 Speichenrad: Die radialen Seile sind durch Spreizen zu einem Seilbinder geformt. Dies ist eine Umkehrung des Seilbinders in 303 A und B, der in jenem Fall stattdessen durch Koppelseile hergestellt wird.

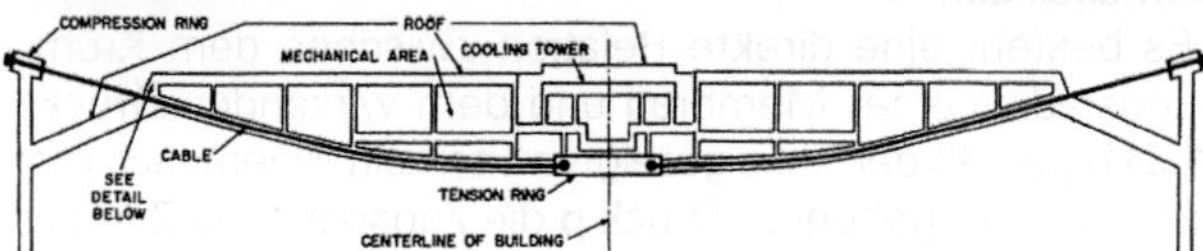

307, 308 Gewichtsversteiftes, ringförmig gelagertes Hängetragwerk. Die nötige Last wird durch das aufgesetzte Technikgeschoss gewährleistet (siehe Schnitt unten) (*Madison Square Garden Arena*, New York; Ing.: L Zetlin).

3.4

Membran und Seiltragwerk, pneumatisch gespannt

☞ [a] *Kap. IX-1, Abschn. 4.5.2 Membranen und Seilnetze, S. 266ff, sowie* ***Band 1****, Kap. VI-2, Abschn. 9.8 Pneumatisch vorgespannte Membran, S. 663ff, sowie auch* ***Band 1****, Kap. VI-2, Abschn. 4.2 Bewegliche Systeme, S. 544f*

☞ [b] ***Band 1****, Kap. VI-2, Abschn. 4.2 Bewegliche Systeme,* **44** *und* **45**, *S. 546*

■ Pneumatisch vorgespannte Membranen können, ebenso wie mechanisch vorgespannte, grundsätzlich sowohl punktuell wie auch linear gelagert sein. Ihre grundlegenden spezifischen Eigenschaften werden an anderer Stelle beschrieben.[a] Die pneumatische Vorspannung entsteht aufgrund eines Druckgefälles zwischen beiden Membranseiten. Wenngleich dieses Druckgefälle auch bei *offenen* pneumatisch gespannten Membranen herstellbar ist (Beispiel: ein Schiffsegel), so haben diese Art von Pneus keine bauliche Bedeutung. Hingegen stellen *geschlossene* Pneus im Bauwesen die Regel dar. Dabei unterscheidet man **Einfach**- und **Doppelmembransysteme**.[b] Bei beiden Varianten wird ein **geschlossener Raum** unter Über- oder Unterdruck gesetzt. Zwar lässt sich eine geschlossene Membranhülle grundsätzlich ganz ohne Zusatzelemente schaffen, doch ist der Regelfall eher, dass am Raumeinschluss auch **lineare Randelemente** wie streifenförmige Fundierungen oder biegesteife Randeinfassungen beteiligt sind. Aus diesem Grund sollen pneumatisch vorgespannte Membranen unter der Kategorie **linear gelagerter** Tragwerke besprochen werden. Rein ringförmige Lagerungen sind bei dieser Betrachtung ein Spezialfall; es sind – wie auch bei Schalen – ebenfalls andersartige Linienlager mit vielfältigen Geometrien denkbar.

Tragverhalten

✎ [a] *Nach[14] gelten bei Niederdruck Werte um 10 bis 100 mm Wassersäule, bei Hochdruck zwischen 2.000 und 70.000 mm.*

1 Für allgemeine Membranflächen

$$Z = \frac{p}{(1/r_1 + 1/r_2)}$$

Z = Zugspannung
p = Druck
r_1 = größter Krümmungsradius der Oberfläche
r_2 = kleinster Krümmungsradius der Oberfläche

2 Für sphärische Membranflächen ($r_1 = r_2 = r$)

$$Z = \frac{p \cdot r}{2}$$

3 Für zylindrische Membranflächen ($r_1 = \infty$ in Richtung der Mantelgeraden, r_2 in Ringrichtung)

$$Z = p \cdot r_2$$

☞ [b] *Vgl. auch die (umgekehrten) Verhältnisse bei der Kuppel, Abschn. 3.2.4, S. 360ff*

■ Pneumatisch vorgespannte Membranen oder Pneus entfalten ihre Tragfähigkeit – wie andere axial beanspruchte Tragwerke – aufgrund ihrer Form, d. h. dank ihrer **Krümmung**. Anders als bei mechanisch gespannten Membransystemen, bei denen die Krümmung durch gegensinnig orientierte, sich gegenseitig spannende Fasern oder Seilscharen generiert wird, entsteht diese bei Pneus durch ein Stützmedium: im Bauwesen zumeist Luft. Die Krümmung ist fast ausnahmslos gleichsinnig doppelt bzw. **synklastisch** (**309**, **310**), zumindest bei Überdrucksystemen. Es tritt die gleiche **biaxiale Zugspannung** in der Membranhaut auf wie bei mechanischer Versteifung.

Man unterscheidet bei Pneus zwei grundsätzlich verschiedene Bauarten: **Nieder**- und **Hochdrucksysteme**.[a] Bei **Hochdruckpneus** handelt es sich um in sich geschlossene, lineare Bauelemente mit starker Krümmung in einer Richtung und nahezu geradlinigem Verlauf in der anderen (Schläuche) (**309**, **310**). Sie weisen eine kennzeichnende Lagerung auf und werden zumeist entlang oder quer zu ihrer Achse extern belastet. Sie stellen einen Spezialfall dar und sollen in diesem Kontext nicht näher diskutiert werden. Sie lassen sich auch als stützende Glieder bei **Niederdruckpneus** einsetzen. Letztere stellen bei pneumatischen Bauten den Normalfall dar.

Es besteht eine direkte Relation zwischen dem Krümmungsradius einer Membran und dem wirkenden Druck[b] (**311**) gemäß den links gezeigten Formeln.[15] Demnach gilt, dass bei vorgegebenem Druck **p** die Zugspannung **Z** in der Membran desto größer wird, je größer auch der Krümmungs-

309 Bau der Schlauchkonstruktion des *Fuji*-Pavillons auf der *Expo 70* in Osaka: ein Hochdrucksystem mit einem Druck zwischen 1.000 und 2.500 mm Wassersäule[16] (Ing.: M Kawaguchi).

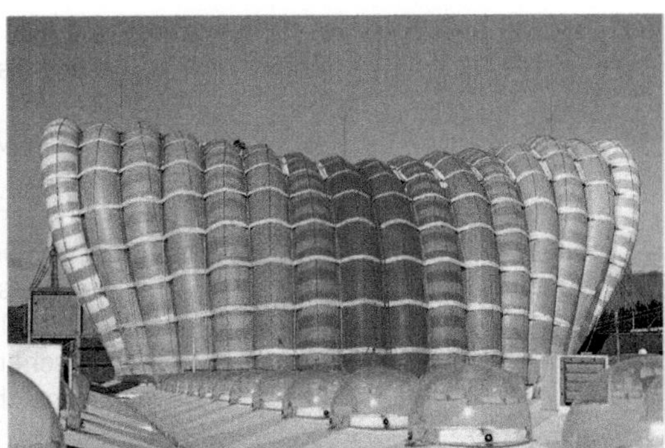

310 *Fuji*-Pavillon.

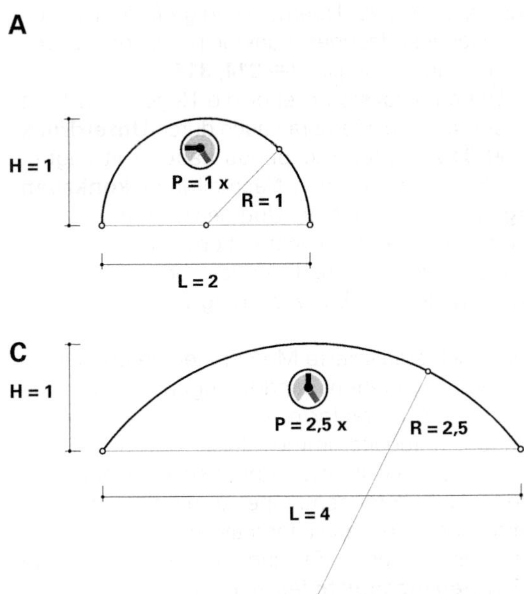

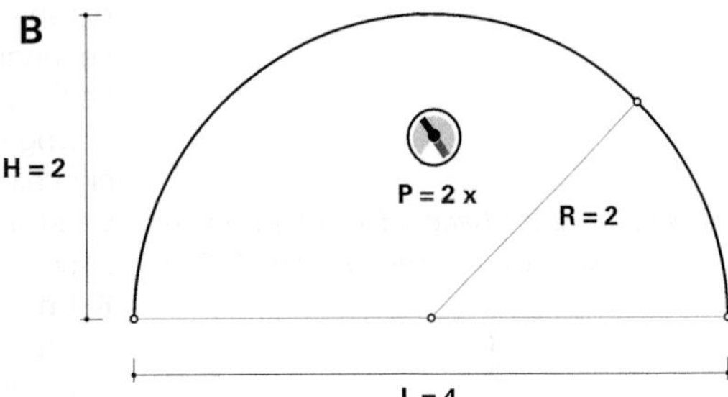

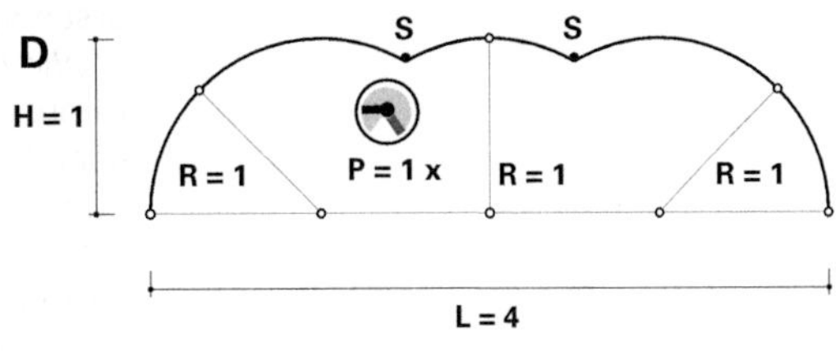

311 Verhältnis zwischen Druck, Krümmung, Höhe und Spannweite bei einem Pneu. Der Innendruck **P** steigt proportional mit dem Krümmungsradius **R** an (also mit abnehmender Krümmung).[14]

A: Kleiner Krümmungsradius **R** überbrückt kleine Spannweite **L** bei Ausgangsdruck **P**.

B: Doppelter Krümmungsradius **R** verdoppelt die Höhe **H** und den Innendruck **P**. Das Innenraumvolumen vergrößert sich stark (Raumkonditionierung!) und desgleichen die Gebäudehöhe **H** (Windlast!). Infolge des verdoppelten Krümmungsradius **R** verdoppelt sich auch der Innendruck **P**, der durch erhöhten Energieeinsatz aufrechtzuerhalten ist.

C: Reduktion der Höhe auf die ursprüngliche (**H = 1**) bei gleichbleibender Spannweite **L**. Der Krümmungsradius **R** vergrößert sich auf den zweieinhalbfachen Wert des ursprünglichen und folglich auch der Innendruck **P**.[17]

D: Durch Einführung von Stützseilen **S**, welche die Membran einschnüren und bei gleichbleibender Spannweite **L = 4** den Krümmungsradius **R** wieder auf den Ursprungswert (**R = 1**) verringern, lässt sich der Innendruck wieder auf den Wert **P = 1 x** herabsetzen.

Diese Beispiele zeigen die Notwendigkeit, zur Überdeckung größerer Flächen die Krümmung der Membran durch Einschnürungen und Segmentbildung zu erhöhen.

radius **r**, d.h. je flacher die Membran ist. Zu große Krümmungsradien **r**, d.h. extrem flache Pneus, werden in den meisten Fällen deshalb verhindert, d.h. um bei konstantem Druckniveau **p** zu große Zugspannungen **Z** im Membranmaterial auszuschließen. Als Mittel dazu dienen punktuelle, insbesondere aber lineare **Zwischenstützungen** wie Seile, Balken oder Bögen. Wird eine pneumatisch gespannte Haut beispielsweise durch Seile in mehrere Einzelabschnitte eingeschnürt, reduziert sich der Krümmungsradius durch die zwischen Stützseilen entstehenden lokalen Ausbauchungen offensichtlich drastisch (🗗 **312**, **313**). Mit diesem Mittel lassen sich auch übermäßige Gebäudehöhen vermeiden, denn die Überlegungen diesbezüglich zu mechanisch vorspannten Membranen gelten hier sinngemäß: Aufgrund der nötigen Mindestkrümmung ziehen große Spannweiten zwangsweise auch große Höhen nach sich. In gewisser Weise erfahren Pneus durch Stützseile eine zusätzliche mechanische Vorspannung. Auch diese Seile sollten eine gewisse Mindestkrümmung aufweisen, denn auch bei ihnen gilt, dass je größer der Krümmungsradius, desto größer die Zugkraft ist.

☞ *Abschn. 3.3.1 Membran und Seiltragwerk, mechanisch gespannt, punktuell gelagert > Erweiterbarkeit, S. 380ff*

Wiederum sind – wie bei mechanisch versteiften Membranen – auch bei Pneus zur Überdeckung größerer Flächen sekundäre Zwischenstützungen, punktuell oder vorzugsweise linear, nahezu unumgänglich (🗗 **314**, **315**).

Obgleich Überdrucksysteme eher die Regel sind, lässt sich eine pneumatische Membran auch durch **Unterdruck** versteifen (🗗 **316**). Unterdruckpneus haben mit zugbeanspruchten Hängeformen den Nachteil ihrer **konkaven Krümmung** gemeinsam, die bei Überdecken von Räumen umfängliche sekundäre Stützkonstruktionen an den Hochpunkten erfordert sowie – insbesondere bei synklastisch konkaver Krümmung – die Entwässerung von Dachflächen erschwert.

☞ *Abschn. 2.3.1 Band > Einsatz im Hochbau – planerische Aspekte, S. 340*

Wie mechanisch stabilisierte Membranen nehmen auch Pneus unter vorgegebenen Randbedingungen nur *eine* charakteristische Membranform ein, unter welcher reine Zugspannungen, im Idealfall immer gleiche, herrschen. Die ideale Membranform lässt sich im physischen Modell aus Seifenhäuten oder Gummimembranen ermitteln und messtechnisch erfassen, oder kann alternativ auch anhand eines digitalen Modells entstehen. Es sind auf dieser Grundlage geeignete **Bahnenzuschnitte** festzulegen.

Einsatz im Hochbau – planerische Aspekte

■ Die Vorstellung, die Tragfähigkeit einer Konstruktion dem Medium Luft anzuvertrauen und in diesem Zug größte Spannweiten mit hauchdünnen Häuten zu überspannen, hat insbesondere in den sechziger und siebziger Jahren des 20. Jh. die Phantasie von Bauschaffenden angeregt. In dieser Periode sind zahlreiche, teils sehr spektakuläre pneumatische Bauwerke bzw. unrealisierte Projekte entstanden. Mit dem langjährigen Betrieb sind auch Schwächen dieser Bauart deutlich geworden, die zu einer nüchterneren Einschätzung geführt haben. Insbesondere haben sich die hohen Unter-

312, 313 Ausstellungspavillon der USA auf der *Expo '70* in Osaka. Eine freitragende Einfachmembran mit Spannweiten von 83 m und 142 m. Die extrem flache Krümmung war nur durch Einführung eines stützenden Seilnetzes möglich (Ing.: D Geiger)

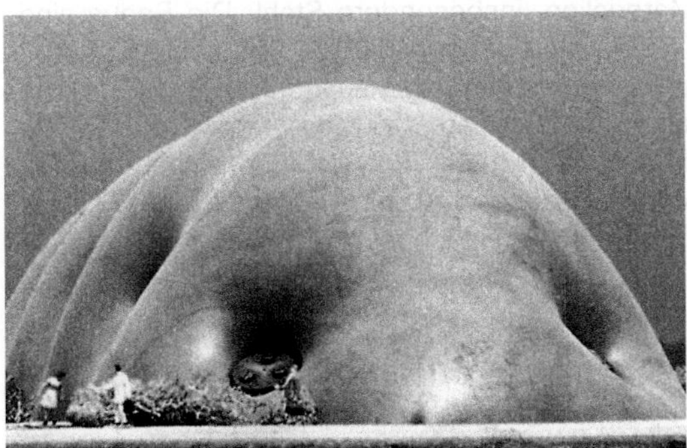

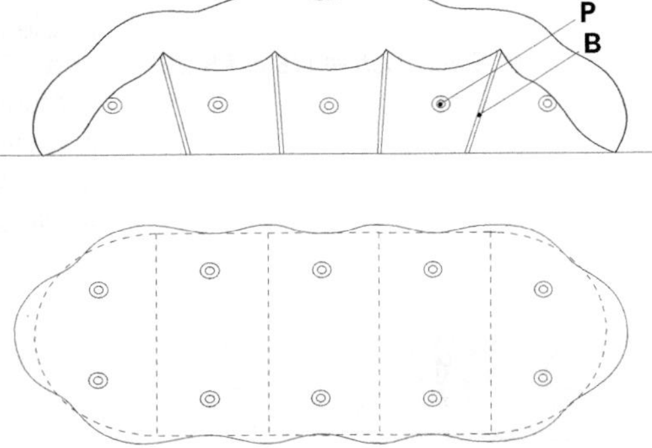

314, 315 Projekt für eine pneumatische Halle. Doppelmembransystem mit stützenden Bögen **B** unter der inneren Membran und Punktbefestigungen auf der äußeren **P** (Entwurf: A Sklenar).

316 Unterdruckpneu, Doppelmembran: außen durch Stabgerüst punktuell gehalten (Entwurf: A Sklenar).

haltskosten, die nicht zuletzt auch aus der Notwendigkeit entstehen, einen Überdruck durch Energieeinsatz kontinuierlich aufrechtzuerhalten, bemerkbar gemacht. Es gelten ferner die gleichen funktionalen Einschränkungen wie bei mechanisch versteiften Membranbauwerken.

☞ *Abschn. 3.3.1 Membran und Seiltragwerk, mechanisch gespannt, punktuell gelagert > Einsatz im Hochbau – planerische Aspekte, S. 388 ff*

Dennoch zeigen neuere spektakuläre Beispiele, dass pneumatische Tragwerke oder Bauteile bei spezifischen Nutzungen große Vorzüge entfalten können (🗗 **317**). Die Nachteile des begrenzten Wärmeschutzes können durch mehrlagige Pneus gemindert werden. Membranabschottungen innerhalb von Pneus können, neben ihrem wärmetechnischen Effekt, auch dazu dienen, die Krümmung eines Kissens durch Einschnürung zu vergrößern und folglich die Zugspannung zu reduzieren. Die für Pneus typische synklastische Krümmung begünstigt ferner die rasche Entwässerung bewitterter Oberflächen.

Neuere gebaute Beispiele sind keine Einfach-, sondern Doppelmembransysteme, und zwar als sekundäre Tragelemente in kombiniertem Einsatz mit Primärstrukturen aus anderen Materialien, insbesondere Stahl. Die Pneus sind in diesen Fällen als flächenbildende, ringsum biegesteif und luftdicht eingefasste Kissen ausgeführt (🗗 **317**). Neue leistungsfähige, sehr dauerhafte Membranwerkstoffe wie insbesondere ETFE (Ethylen-Polytetrafluorethylen) bieten günstige Voraussetzungen für einen extensiveren Einsatz derartiger Tragwerke im Hochbau.

☞ *Siehe auch* 🗗 **176** *auf S. 269*

317 Pneumatische Kissen, an einer Sekundärkonstruktion aus Stahl befestigt (*Allianz Arena*, München; Arch: Herzog & deMeuron).

Anmerkungen

1 Für eine detaillierte und sehr anschauliche Darstellung der wesentlichen konstruktiven Fragen der Entwicklung des mittelalterlichen Kirchenbaus siehe Choisy, Auguste (1899) *Histoire de l'Architecture*, Reprint 1987 bei *Slatkine Reprints*, Genf, Paris
2 Heinle, Schlaich (1996) *Kuppeln aller Zeiten – aller Kulturen*, S. 211
3 Dies gilt für den europäischen, afrikanischen und zentralasiatischen Kulturraum, nicht hingegen für Ostasien oder das präkolumbische Amerika.
4 Beispielsweise die Kuppel des Pantheons in Rom.
5 Nach Heinle, Schlaich (1996), S. 210
6 Siehe ebda.: Einzelne Versuche, zugfeste Elemente im Kuppelansatz einzubauen gab es verhältnismäßig früh (z. B. Brunelleschi in Florenz), die allerdings kaum wirksam waren. Die ersten wirksamen Zugbänder wurden nach Heinle/Schlaich bei der Sanierung der Kuppel des Petersdoms in Rom 1748 von Poleni eingebaut.
7 Ebda S. 154
8 Die geometrische Definition der geodätischen Kuppel (1954) geht zwar auf Buckminster Fuller zurück, ist aber bereits 1922 in Ansätzen von Walter Bauersfeld für das Planetarium in Jena entwickelt worden.
9 Weiterführende Literatur zu geodätischen Kuppeln: Wester Ture (1985) *Structural Order in Space – The Plate-Lattice Dualism*, Kopenhagen; Heinle, Schlaich (1996)
10 Eine gute Beschreibung des Tragverhaltens von Pendentif- und Außenkreiskuppeln findet sich in Heinle, Schlaich (1996), S. 219f
11 Ebda S. 219f
12 Ebda S. 30ff
13 Dies gilt zwar grundsätzlich in gleicher Weise für punktuell gestützte Membranen, doch sind dort die Kraftkonzentrationen an den Aufhängungen infolge der schweren Ballastierungen im Normalfall zu groß. Dem Autor sind keine Beispiele hierfür bekannt.
14 Herzog T (1976) *Pneumatic Structures – A Handbook of Inflatable Architecture*, S. 17
15 Ebda S. 8
16 Ebda S. 76
17 Ebda S. 18

IX-3 VERFORMUNGEN

J. L. Moro, *Baukonstruktion – vom Prinzip zum Detail*,
https://doi.org/10.1007/978-3-662-64827-8_5

1. Ursachen und Eigenschaften von Verformungen

☞ *Band 1, Kap. IV-1, Abschn. 11. Verformung, S. 226ff*

1.1 Ursachen

■ Tragwerke und die Bauteile, aus denen sie zusammengesetzt sind, **verformen** sich unter äußeren Einflüssen. Dazu zählen:

- **äußere Lasten**, wie beispielsweise:
  - **ständig wirkende Lasten** wie Eigenlasten;
  - **veränderliche Lasten** wie Verkehrslasten, Windlasten, Schneelasten, etc.;
  - **außergewöhnliche Lasten** wie Erdbebenlasten.

  Die durch äußere Lasten entstehenden Verformungen werden als **lastabhängige Verformungen** bezeichnet;

☞ *Band 1, Kap. IV-1, Abschn. 11.1 Temperaturdehnung, S. 227, sowie ebd. Abschn. 11.3.1 Lastunabhängige plastische Verformung, S. 228*

- oder **Umwelteinflüsse** wie:
  - Temperaturänderungen;
  - Änderungen der relativen Luftfeuchte;
- oder auch durch Auswirkungen des **Materialverhaltens**.

Verformungen aus Umwelteinflüssen und Materialverhalten werden als **lastunabhängige** oder auch **eingeprägte Verformungen** bezeichnet.

1.2 Anforderungen

■ Obgleich die **Statik**, die Lehre der Kräfte ruhender Systeme, grundsätzlich die Unverschieblichkeit der Bauwerke zum Ziel hat, sind Verformungen an einem Bauwerk dennoch eine nicht zu vermeidende Erscheinung. Sie müssen quantitativ bestimmt und gemäß den Anforderungen:

- der **Standsicherheit** sowie auch
- der **Gebrauchstauglichkeit**

begrenzt werden, denn unbehinderte Verformungen des Tragwerks können die Beanspruchungen, die in diesem wirken, erhöhen und seine **Standfestigkeit** gefährden.

Hinsichtlich der **Gebrauchstauglichkeit** sind die Verformungen auf eine für die Nutzung des Bauwerks verträgliche Größe einzugrenzen. Sie sind des weiteren bei der Konstruktion von nichttragenden Bauteilen wie z. B. Fassaden oder Installationen wie Aufzüge oder Versorgungsleitungen zu berücksichtigen. Es müssen erforderlichenfalls konstruktive Vorkehrungen getroffen werden, damit sie sich zwängungsfrei – d. h. schadensfrei – entfalten können.

Dabei sind die Anforderungen zur Sicherung der Gebrauchstauglichkeit naturgemäß weitreichender als jene zur Gewährleistung der Standsicherheit, da sie die Formänderungen während des Betriebs – d. h. Standfestigkeit bereits

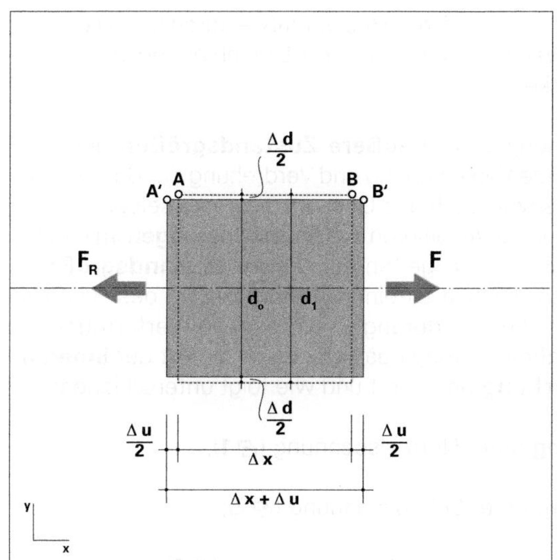

1 Dehnung infolge Normalspannung aus axialer Krafteinwirkung **F**. Es stellt sich eine **Längsdehnung** Δ **u** sowie eine **Querdehnung** Δ **d** mit umgekehrtem Vorzeichen ein.

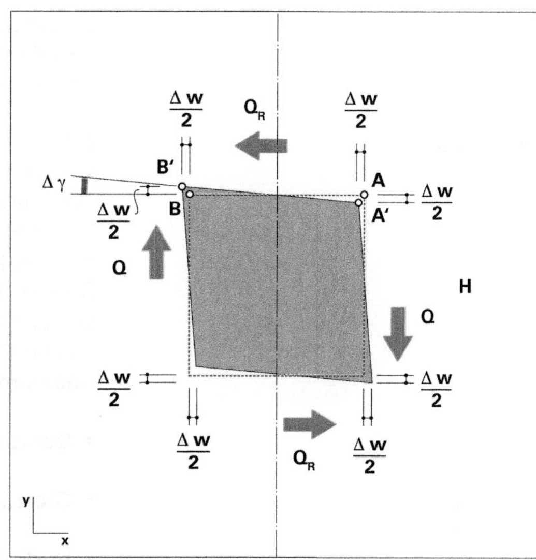

2 Gleitung infolge Schubspannung aus Querkrafteinwirkung **Q**. Sie wird durch das Gleitungsmaß Δ **w** oder anhand der Winkeländerung $\Delta\gamma$ gemessen.

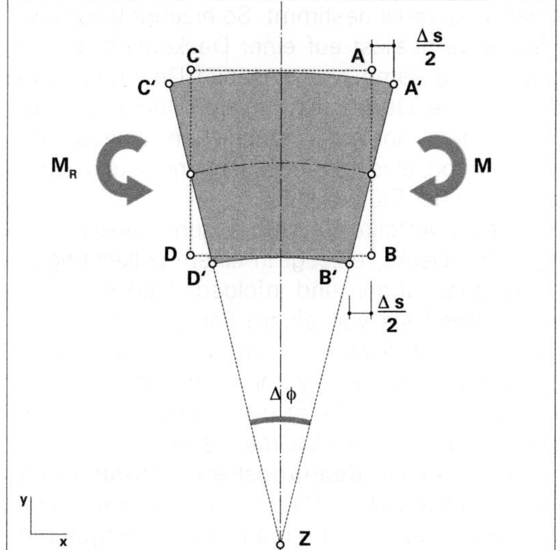

3 Verkrümmung infolge Biegespannung aus Biegemoment **M**. Dehnung und Stauchung der Querschnittsfasern beidseits der Schwerachse führen zu einer Winkeländerung $\Delta\phi$.

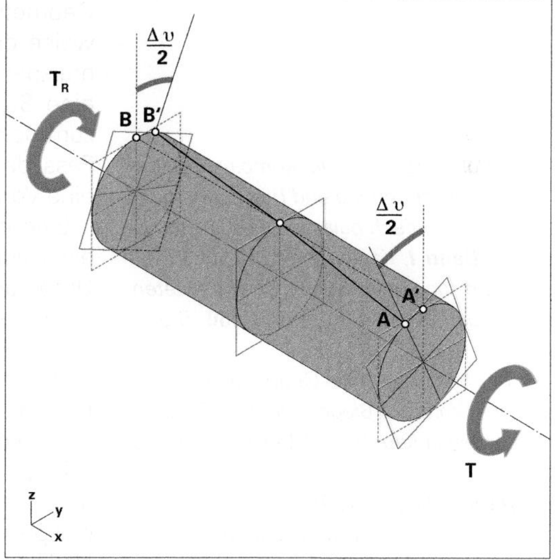

4 Verdrillung infolge Torsionsschubspannung aus Torsionsmoment **T**. Sie wird anhand der Winkeländerung $\Delta\vartheta$ gemessen.

vorausgesetzt – auf ein Höchstmaß eingrenzen. Dies gilt beispielsweise für die zulässige Durchbiegung einer Geschossdecke.

1.3

Definition

■ Verformungen sind **äußere Zustandsgrößen** und beschreiben die Verschiebung und Verdrehung der Bauteile im Tragwerk sowie auch des Gesamttragwerks selbst.

Verformungen resultieren aus **Formänderungen** im Innern der Bauteile; diese gelten als **innere Zustandsgrößen**. Sie werden deshalb an einem Differenzialteil des Bauteils betrachtet. Formänderungen werden bei Verformungen infolge Krafteinwirkung qualitativ durch die Art der **inneren Beanspruchung** bestimmt und wie folgt unterschieden:

- **Dehnung** unter Normalspannung (🗗 **1**);
- **Gleitung** unter Schubspannung (🗗 **2**);
- **Verkrümmung** unter Biegespannung (🗗 **3**);
- **Verdrillung** unter Torsionsschubspannung (🗗 **4**).

Die Art der inneren Beanspruchung des Bauteils wird durch die äußeren Einwirkungen sowie die Lagerung und Geometrie des Tragwerks bestimmt. So erzeugt beispielsweise die axiale Vertikallast auf einer Deckenstütze Normalspannungen und damit eine negative Dehnung, also eine Stauchung. Die Querbelastung der Deckenstütze, zum Beispiel aus den Windlasten auf einer anschließenden Fassadenkonstruktion, erzeugt Biegespannungen und damit eine Verkrümmung der Stütze (🗗 **5**).

☞ *Vgl. hierzu auch die Kombination von Normalspannung und Biegespannung beim exzentrisch belasteten Druckstab in* ***Band 1****, Kap. VI-2,* 🗗 **140** *auf S. 631 sowie auch beim exzentrisch belasteten Bogen in Kap. IX-1,* 🗗 **149, 150**, *S. 255*

Eine gleichmäßig verteilte Belastung, zum Beispiel aus einer aufliegenden Decke, erzeugt in einem balkenartigen Unterzug Biegespannungen und infolgedessen eine Verkrümmung, während sie von einem Parabelbogen über Normalspannungen aufgenommen wird, die im Bogen eine Stauchung zur Folge haben. Demzufolge unterscheiden sich trotz gleicher äußerer Einwirkung die inneren Formänderungen dieser beiden Bauteile *qualitativ* (🗗 **6**).

☞ *Vgl. hierzu auch die Gegenüberstellung von gekrümmtem Biegeträger und Parabelbogen in Kap. IX-1,* 🗗 **142** *oben, S. 250*

Einen Sonderfall stellen **dehnungslose Verformungen** dar, wie sie bei beweglichen Tragwerken auftreten, also beispielsweise Seilnetzen oder Membranen. Diese Systeme sind durch ihre fehlende Biegesteifigkeit gekennzeichnet. Aus diesem Grund ist der Begriff der *dehnungslosen* Verformung gerechtfertigt, auch wenn dennoch – geringste – Dehnungen auftreten.

☞ ***Band 1****, Kap. VI-2, Abschn. 4.2 Bewegliche Systeme, S. 544 ff*

Diese Verformungen stellen sich grundsätzlich immer dann ein, wenn die Form des Tragwerks **nicht affin** zur Belastung ist. Als Folge dieser Diskrepanz reagieren biegesteife und bewegliche Tragsysteme jeweils *grundlegend* verschieden:

- bewegliche Tragsysteme passen sich bei einer veränderten Last selbsttätig mit ihrer Form dem neuen Last-

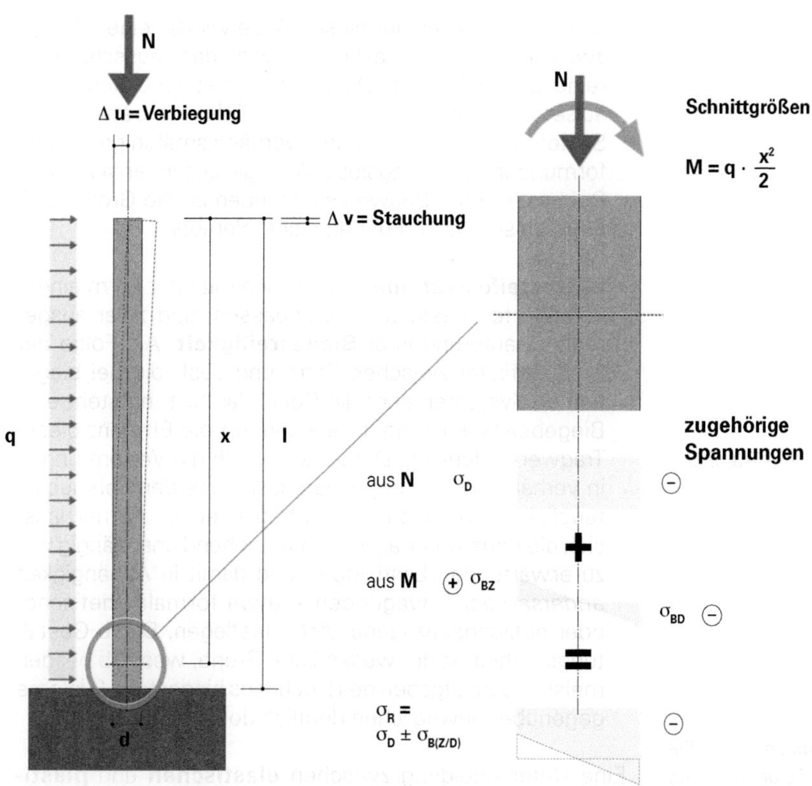

5 Kragstütze unter Normalkraft **N** und Biegemoment **M** aus der Wirkung der Querlast **q**. Im Querschnitt überlagern sich die Druckspannungen σ_D aus der Normalkraft **N** und die Biegedruck- und Biegezugspannungen σ_{BD} und σ_{BZ}. Die resultierende Spannung σ_R ergibt sich aus der Summation dieser Anteile. Es stellt sich eine Kombination aus Verkrümmung und Stauchung ein.

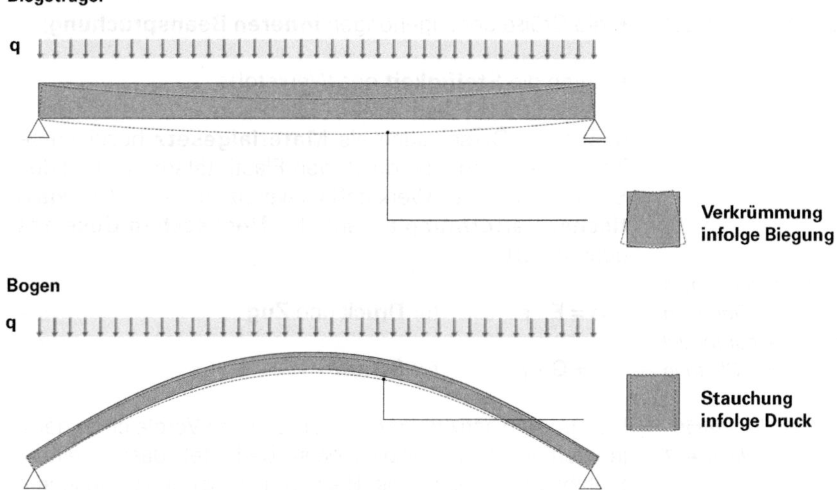

6 Qualitativ unterschiedliche Verformungen beim Biegeträger und beim Bogen unter gleichartiger Einwirkung aus der Belastung **q**. **Form** und **Lagerung** beider Tragsysteme unterscheiden sich indessen grundsätzlich voneinander.

bild an und stellen auf diese Weise wieder eine Affinität zwischen Form und Last her. Es wirkt dann ausschließlich reiner Zug im System. Diese Affinität ist der Grund für die außerordentlich große statische Effizienz beweglicher Systeme, die indessen durch verhältnismäßig große Verformungen – dehnungsloser Art – gleichsam erkauft wird. Bei bestimmten Bauwerksnutzungen ist die Größenordnung dieser Verformungen nicht tolerabel;

- **biegesteife Systeme** können sich mit ihrer Form einem veränderten Lastbild *nicht* anpassen, und zwar ausgerechnet aufgrund ihrer **Biegesteifigkeit**. Als Folge der Nicht-Affinität zwischen Form und Last, die bei biegesteifen Systemen eher die Regel darstellt, entsteht eine Biegebeanspruchung. Diese mindert die Effizienz dieser Tragwerke deutlich. Dafür halten sich die Verformungen in verhältnismäßig engen Grenzen, was der Gebrauchstauglichkeit grundsätzlich zuträglicher ist. Ferner lässt sich die Form des Tragwerks weitgehend unabhängig von zu erwartenden Lastbildern, und damit in Abhängigkeit *andersartiger* Erwägungen – etwa formalästhetischer oder nutzungsbezogener Art – festlegen. Diese Gestaltungsfreiheit ist der wesentliche Grund, weshalb bei den meisten Bauaufgaben des Hochbaus biegesteife Systeme gegenüber beweglichen deutlich dominieren.

☞ ***Band 1**, Kap. VI-2, **43**, S. 542*

☞ ***Band 1**, Kap. IV-1, Abschn. 11.2 Elastische Verformung, S. 227 f, und Abschn. 11.3 Plastische Verformung, S. 228 f*

Eine Unterscheidung zwischen **elastischen** und **plastischen** Verformungen wird in *Kapitel IV* getroffen.

1.4 Spannung und Dehnung

■ Die Größe der inneren Formänderung – also der Dehnung, Gleitung, Verkrümmung oder Verdrillung – wird bei Verformungen infolge Kraftwirkung durch:

☞ ***Band 1**, Kap. IV-1, Abschn. 11.2.1 Spannungs-Dehnungs-Diagramm, S. 227 f*

- die Größe der zugehörigen **inneren Beanspruchung**;
- durch die **Steifigkeit** des Werkstoffs

bestimmt. Dieser auch als **Materialgesetz** bezeichnete Zusammenhang wird durch den Elastizitätsmodul und den Schubmodul eines Werkstoffs gekennzeichnet und bei **elastischer Verformung** anhand des **Hookeschen Gesetzes** quantifiziert:

*σ = Normalspannung, **E** = Elastizitätsmodul*
ε = Dehnung
*τ = Tangentialspannung, **G** = Schubmodul*
γ = Gleitung

$\sigma = \mathbf{E} \cdot \varepsilon$ für **Druck** und **Zug**

$\tau = \mathbf{G} \cdot \gamma$ für **Schub**

☞ *Siehe eine Übersicht über Elastizitäts- und Schubmoduln in* **7**

Der große Elastizitätsmodul von Stahl im Vergleich zu demjenigen von Holz beispielsweise bedeutet, dass in einem Stahlbauteil unter gleicher Beanspruchung deutlich geringere innere Formänderungen zu erwarten sind als bei einem Holzbauteil.

Die Größe der inneren Beanspruchungen, also die der

	Werkstoff	E_{c0m}	E_{cm}	[8]	
Beton	**C 12/15**	25.800	21.800		
	C 16/20	27.400	23.400		
	C 20/25	28.800	24.900		
	C 25/30	30.500	26.700		
	C 30/37	31.900	28.300		
	C 35/45	33.300	29.900		
	C 40/50	34.500	31.400		
	C 45/55	35.700	32.800		
	C 50/60	36.800	34.300		
		$E_{\parallel}$	$E_{\perp}$	G	G_T
Holz [1] – Nadelholz [2]	**S 7/MS 7**	8.000	250	500	350
	S 10/MS 10	10.000 [3] [4]	300	500	330
	S 13	10.500 [3] [4]	350	500	330
	MS 13	11.500 [3]	350	550	360
	MS 17	12.500 [3]	400	600	360
	Fichte (FI), Kiefer (KI), Tanne (TA), Lärche (LA), Douglasie (DG), Southern Pine (PIR), Western Hemlock (HEM), Yellow Cedar				
Holz [1] – Laubholz [5]	**Gruppe A**	12.500	600	1.000	400
	Gruppe B	13.000	800	1.000	660
	Gruppe C	17.000 [6]	1.200 [6]	1.000 [6]	660 [6]
	Gruppe **A**: Eiche (EI), Buche (BU), Teak (TEK), Keruing (YAN) Gruppe **B**: Afzelia (AFZ), Merbau (MEB), Angelique (AGQ) Gruppe **C**: Azobé (Bongossi) (AZO), Greenheart (GRE)				
	Die Rechenwerte sind bei allseitiger Bewitterung um 1/6, bei dauernder Durchfeuchtung um 1/4 abzumindern				
		E		G	
Stahl	**Walzstahl und Stahlguss**, alle Sorten	210.000		81.000	
		E		[8]	
Glas	**Kalk-Natron-Silikat-glas** (Bauglas)	70.000 – 75.000			
		E [7]		[8]	
Mauerwerk	**Mauerziegel**	$3.500 \cdot \sigma_0$			
	Kalksandsteine	$3.000 \cdot \sigma_0$			
	Leichtbetonsteine	$5.000 \cdot \sigma_0$			
	Betonsteine	$7.500 \cdot \sigma_0$			
	Porenbetonsteine	$2.500 \cdot \sigma_0$			

[1] Vollholz sowie Konstruktionsvollholz (KVH) aus NH S 10, gemäß *DIN 1052-1* und *DIN 1052-1/A1*
[2] Sortierklasse nach *DIN 4074-1*, den Sortierklassen S 7, S 10 und S 13 entsprechen die Güteklassen III, II und I nach *DIN 4074-2*
[3] für Holz, das mit einer Holzfeuchte ≤ 15% eingebaut wird, dürfen für Durchbiegungsberechnungen die Werte um 10% erhöht werden.
[4] für Baurundholz: $E_{\parallel}$ = 12.000 MN/m²
[5] mittlere Güte, mindestens Sortierklasse S 10 im Sinn von *DIN 4074-1* bzw. Güteklasse II im Sinn von *DIN 4074-2*
[6] diese Werte gelten unabhängig von der Holzfeuchte.
[7] Rechenwert, Sekantenmodul aus Gesamtdehnung bei etwa 1/3 der Mauerwerksdruckfestigkeit.
[8] spröde Werkstoffe gelten als nicht schubtragfähig, ihnen wird folglich kein Gleitmodul zugeordnet.

7 Übersicht der **Elastizitäts**- (**E**) und **Schubmoduln** (**G**) der gebräuchlichsten Baumaterialien (nach Schneider [1]), alle Werte in N/mm².

Spannungen, hängt ihrerseits wesentlich vom **wirksamen Querschnitt** des Bauteils ab, auf den sie sich verteilen. So ergeben sich die:

- **Normalspannungen** einer axial beanspruchten Stütze und damit deren innere Formänderung aus der wirkenden Normalkraft **N** verteilt auf den Stützenquerschnitt mit der Fläche **A**;

  $\sigma = \mathbf{N/A}$

- **Biegespannungen** infolge der Querbelastung der Stütze aus der wirkenden Kraft und aus dem **Widerstandsmoment W** des Stützenquerschnitts. So ergeben sich beispielsweise für einen rechteckigen Stützenquerschnitt bei Biegung um die starke Achse deutlich geringere Biegespannungen und damit auch Verkrümmungen, also innere Formänderungen, als bei Biegung um die schwache (🗗 **8**).

Ausgehend von der **inneren Formänderung**, welche sich auf einen Bauteilquerschnitt bezieht, ergibt sich die **äußere Verformung** durch die **Summation** der inneren Formänderungen – in unserem Beispiel also der Stauchung infolge Normalkraft und der Verkrümmung infolge Biegung – entlang der Bauteilachse unter Anwendung kinematischer Beziehungen (🗗 **5**). Die Längenänderung – Verschiebung **u** – einer axial beanspruchten Stütze ergibt sich aus der Summation der Dehnungen über die Stützenlänge. Dabei sind die Lagerungsbedingungen der Stütze zu berücksichtigen.

$\varepsilon = \mathbf{du/dx}$; für ε = const. und $\mathbf{dx} = \mathbf{L} \rightarrow \mathbf{u} = \varepsilon \cdot \mathbf{L}$

Für eine am Stützenfuß anzunehmende starre Lagerung (**u**(0) = 0) ergibt sich die maximale Verschiebung **u**(**L**) am Stützenkopf.

1.5 Eingeprägte oder lastunabhängige innere Formänderungen

☞ ***Band 1**, Kap. VI-2, Abschn. 1.2 Zuweisung von Kraftleitungsfunktionen an Bauteile, S. 526 f, sowie ebd. Abschn. 2.3 Lagerung, S. 534 ff*

■ Eingeprägte innere Formänderungen von Tragwerken entstehen durch Umgebungseinflüsse wie Temperturänderungen, die bei einzelnen Bauteilen oder dem Gesamttragwerk zu Längenänderungen und ggf. zu Verkrümmungen führen. Hierbei spielen – noch viel mehr als bei lastabhängigen Verformungen – die Geometrie und die Lagerung des Tragwerks eine entscheidende Rolle.

Kann sich die innere Formänderung im Tragwerk frei einstellen, spricht man dabei von **statisch bestimmten Systemen**. Es entstehen keine inneren Beanspruchungen, unabhängig von der Höhe der Materialsteifigkeit und der Querschnittswiderstände.

Werden die inneren Formänderungen innerhalb des Tragwerks aber durch seine Lagerung behindert, spricht man dabei von **statisch unbestimmten Systemen**. Es baut sich dann im Tragwerk ein **Zwang** auf. Dies bedeutet, dass der eingeprägten inneren Formänderung eine elastische innere

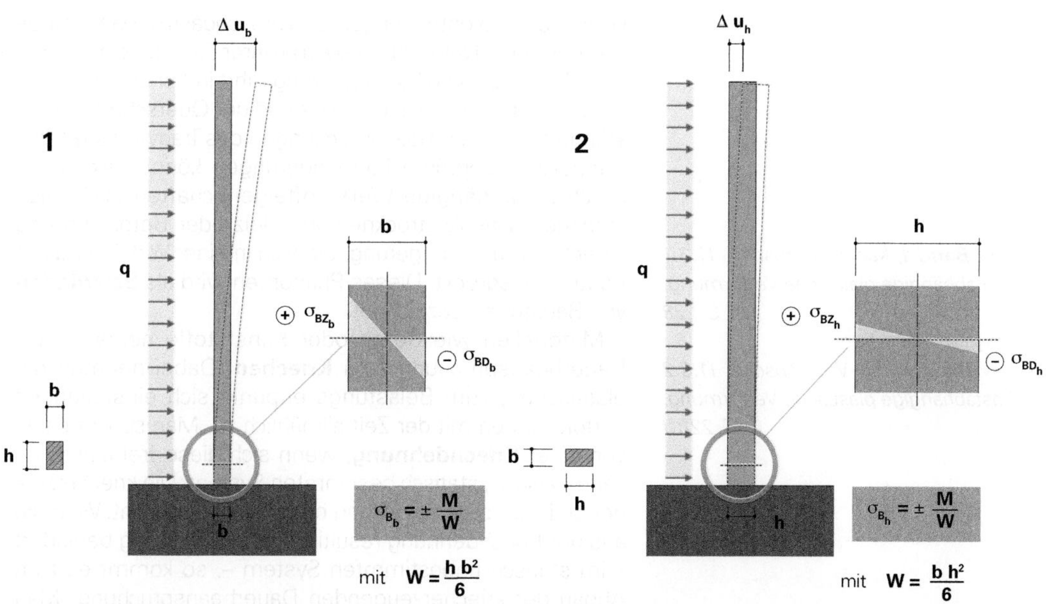

8 Verformung Δ **u** einer Kragstütze unter horizontaler Streckenlast **q**, einmal in Richtung der Querschnittsbreite **b** (Fall **1**), ein andermal in Richtung der Querschnittshöhe **h** (Fall **2**). Die Verformung $\Delta \mathbf{u}_h$ in Richtung der stärkeren Achse, also der Querschnittshöhe **h**, ist naturgemäß deutlich geringer. Das größere Maß der Querschnittshöhe **h** geht in die Berechnung des Widerstandsmoments **W** in der zweiten Potenz ein. Die Biegezug- und Biegedruckspannungen σ_B sind im Fall **2** entsprechend kleiner.

1 verschieblich (statisch bestimmt) gelagerter Biegeträger

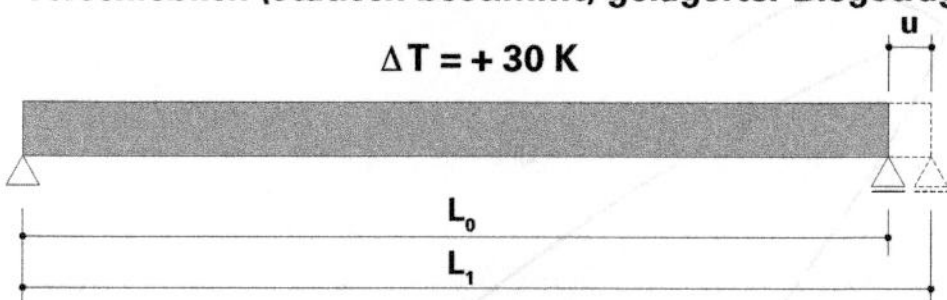

eingeprägte innere Formänderung:

$\varepsilon_{\Delta T} = \alpha_T \times \Delta T$ — wobei α_T = Wärmedehnzahl

$\varepsilon_{ges} = \varepsilon_{\Delta T}$ — $u = \varepsilon_{ges} \times L_0$

innere Beanspruchungen: $\sigma_{\Delta T} = 0$

2 unverschieblich (statisch unbestimmt) gelagerter Biegeträger

ΔT = + 30 K

L

eingeprägte innere Formänderung:

$\varepsilon_{\Delta T} = \alpha_T \cdot \Delta T$ — wobei α_T = Wärmedehnzahl

$\varepsilon_{ges} = 0 = \varepsilon_{\Delta T} + \varepsilon_u \quad u = 0$ — (Dehnungsbehinderung)

$\rightarrow \varepsilon_u = - \varepsilon_{\Delta T}$

innere Beanspruchungen: $\sigma_{\Delta T} = E \cdot \varepsilon_{el}$

wobei ε_{el} = elastischer Dehnungskoeffizient

E = Elastizitätsmodul des Werkstoffs (gemäß Hookeschem Gesetz)

9 Vergleich zwischen einem verschieblich und einem unverschieblich gelagerten Biegeträger unter Temperaturänderung von $\Delta \mathbf{T} = 30$ K. Letzterer steht infolge der Dehnungsbehinderung durch die Lagerung unter Zwangsbeanspruchung und erfährt eine Spannung $\sigma_{\Delta T}$.

Formänderung entgegengesetzt wird, sodass die Gesamtformänderung zu Null wird, da sie ja an ihrer Entfaltung gehindert wird. Die elastische Formänderung führt in Abhängigkeit von der Höhe der Materialsteifigkeit und der Querschnittswiderstände zu inneren Beanspruchungen des Tragwerks (**9**).

Innere eingeprägte Formänderungen können sich auch durch zeitabhängige Werkstoffeigenschaften allmählich aufbauen. Das Austrocknen von Holz oder Beton führt zu einer Volumenverringerung, die sich in einer Verkürzung der Bauteile ausdrückt. Dieses Phänomen wird als **Schwinden** von Baustoffen bezeichnet.

☞ ***Band 1****, Kap. IV-1, Abschn. 11.3.1 Lastunabhängige plastische Verformung, S. 228*

☞ ***Band 1****, Kap. VI-2, Abschn. 11.3.2 Lastabhängige plastische Verformung, S. 228 ff*

Materialien wie Beton oder Kunststoffe neigen unter Dauerbeanspruchung zum **Kriechen**. Dabei nehmen die elastischen, zum Belastungszeitpunkt sich einstellenden Verformungen mit der Zeit allmählich zu. Man spricht dabei von einer **Kriechdehnung**, wenn sich diese frei einstellen kann – also im statisch bestimmten System. Die kriecherzeugende Dauerbeanspruchung bleibt dabei konstant. Wird die aus der Kriechdehnung resultierende Verformung behindert – im statisch unbestimmten System –, so kommt es zum Abbau der kriecherzeugenden Dauerbeanspruchung. Man spricht dabei von **Relaxation** (**10**).

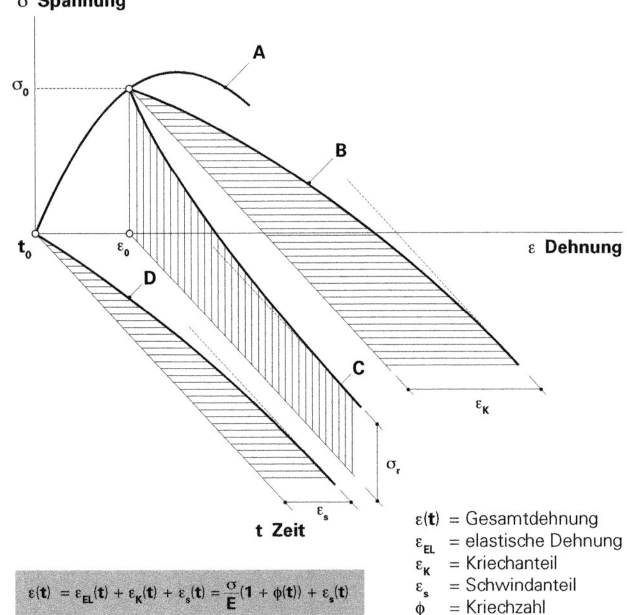

10 Spannung-Dehnungs-Verhalten in Abhängigkeit von der Zeit **t** (am Beispiel eines mineralischen Werkstoffs wie Beton) in einem räumlichen Diagramm mit den Koordinatenachsen σ, ε und **t** mit Darstellung der **Relaxation C** (gemäß Heller [2])

- **A** Spannung-Dehnungs-Linie, t_0 = const. (zeitunabhängig)
- **B** Kriechen, σ_0 = const.
- **C** Relaxation ε_0 = const.
- **D** Schwinden/Quellen σ_0 = 0

Außergewöhnliche Einwirkungen, wie beispielsweise ungleichmäßige Setzungen der Gründung eines Bauwerks, zwingen dem Tragwerk einen äußeren eingeprägten Verformungszustand auf. In diesem Fall sind die äußeren Einwirkungen keine Lasten, sondern Verformungen. Hierbei spielen ebenfalls die Geometrie und die Lagerung des Tragwerks eine entscheidende Rolle (**11**).

☞ *Kap. IX-4, Abschn. 2.4 Verformungen des Baugrunds, S. 434 ff*

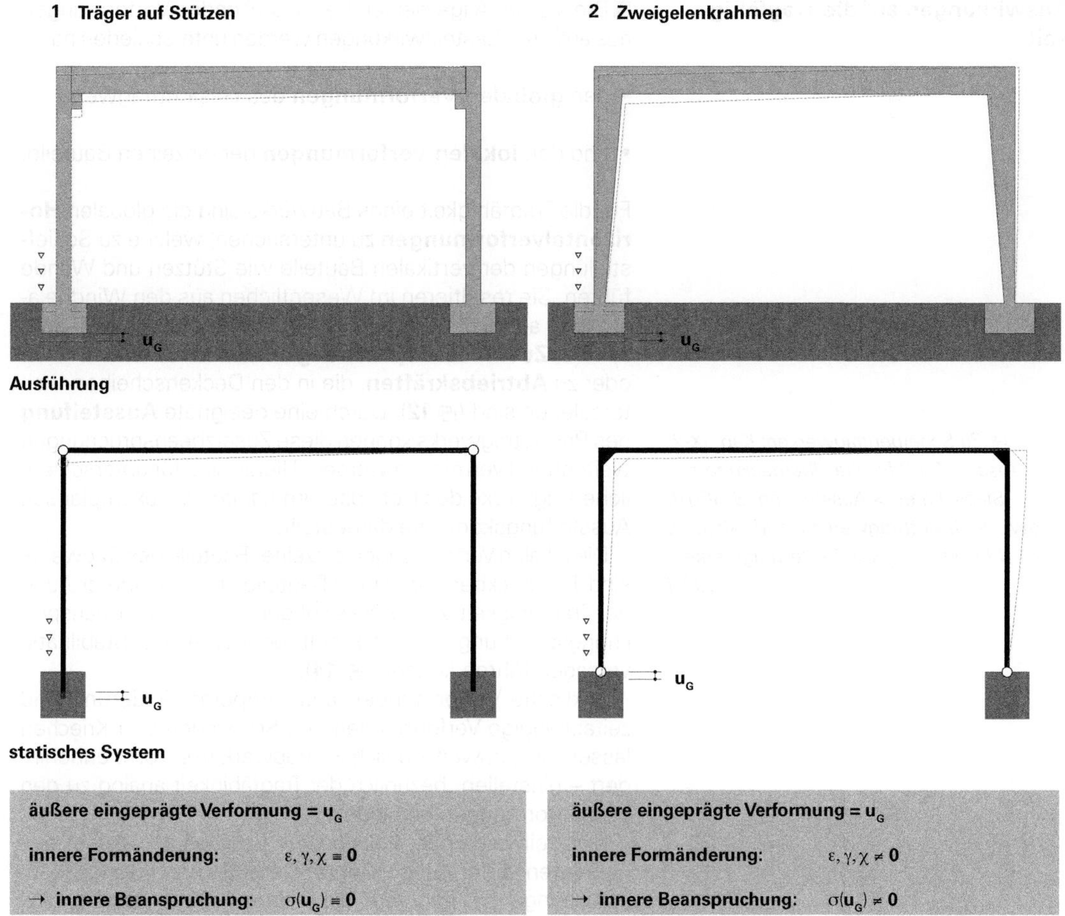

11 Vergleich zwischen dem Verformungsverhalten eines statisch bestimmten (Fall **1**) und eines statisch unbestimmten Systems (Fall **2**) bei Baugrundsetzungen.

2. Auswirkungen von Verformungen auf Hochbaukonstruktionen

■ Die Verformungen von Primärtragwerken wirken sich auf die Tragfähigkeit wie auch auf die Funktionstüchtigkeit der Bauwerke aus. Sie sind unter Ansatz der maßgebenden Lastfallkombinationen zu berechnen und sowohl global auf Tragwerksebene wie auch lokal für jedes Bauteil und seine Anschlüsse zu betrachten. Dabei sind auch die Übergänge zu sekundären Tragstrukturen, wie z. B. Fassaden, und nichttragenden Strukturen des Ausbaus zu berücksichtigen.

Das Entwerfen und Konstruieren von Anschlussdetails des Tragwerks, der Bauwerkshülle und des Ausbaus erfordert eine genaue Kenntnis der Tragwerksverformungen unter Berücksichtigung der Herstellungstoleranzen der unterschiedlichen Gewerke.

☞ ***Band 1**, Kap. II-3, Abschn. 4. Maßtoleranzen – maßliche Koordination an Bauteilstößen, S. 88 ff*

2.1 Auswirkungen auf die Tragfähigkeit

■ Die sich im Allgemeinen frei einstellenden Verformungen aus äußeren Lasteinwirkungen werden unterschieden nach:

- den **globalen Verformungen** des Gesamttragwerks
- und den **lokalen Verformungen** der einzelnen Bauteile.

Für die Tragfähigkeit eines Bauwerks sind die globalen **Horizontalverformungen** zu untersuchen, welche zu Schiefstellungen der vertikalen Bauteile wie Stützen und Wände führen. Sie resultieren im Wesentlichen aus den Windbelastungen auf die Gebäudehülle. Die Schiefstellungen führen zu einer **Zusatzbeanspruchung** $\Delta\sigma$ der Stützen und Wände oder zu **Abtriebskräften**, die in den Deckenscheiben weiterzuleiten sind (⊡ **12**). Durch eine geeignete **Aussteifung** des Primärtragwerks können diese Zusatzbeanspruchungen weitgehend vermieden werden. Hierzu sind für unterschiedliche Tragwerke des Hochbaus im *Kapitel IX-2* exemplarisch Aussteifungskonzepte dargestellt.

☞ *Zu Scheibentragwerken: Kap. IX-2, Abschn. 2.1.2 Flache Überdeckung aus Stabscharen > Aussteifung, S. 300 ff, bzw. zu Skeletttragwerken: ebd. Abschn. 2.1.3 Aussteifung von Skeletttragwerken, S. 309 ff*

Die lokalen Verformungen einzelner Bauteile des Tragwerks sind bei druckbeanspruchten Bauteilen bei der Überprüfung der Tragfähigkeit zu berücksichtigen, da sie zur Beanspruchungserhöhung im Querschnitt oder zu einem Stabilitätsversagen führen können (⊡ **14**).

Zyklische Verformungen aus Temperaturänderung und zeitabhängige Verformungen aus Schwinden und Kriechen lassen sich, soweit sie sich im Tragwerk frei – d. h. unbehindert – einstellen, bezüglich der Tragfähigkeit analog zu den Lastverformungen behandeln.

Eine teilweise oder vollständige Behinderung dieser eingeprägten Verformungen führt zu erheblichen Zwangsbeanspruchungen im Tragwerk, die in ihrer Größenordnung lokal oder global die Lastbeanspruchung deutlich überschreiten können. Deshalb sind im Zug des Entwurfs Tragwerkskonzepte zu entwickeln, die das Auftreten von Zwängungen im Tragwerk weitgehend vermeiden. Nachfolgend ist ein typisches Beispiel aus dem Hochbau dargestellt (⊡ **13**). Weitergehende konstruktive Maßnahmen werden im *Kapitel IX-4* beschrieben.

☞ *Kap. IX-4, Abschn. 3. Gründungsarten, S. 442 ff*

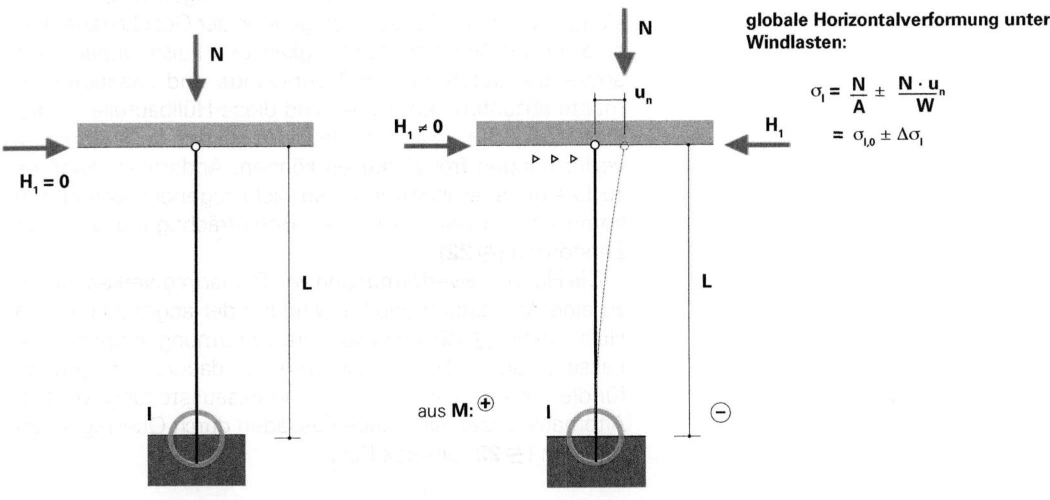

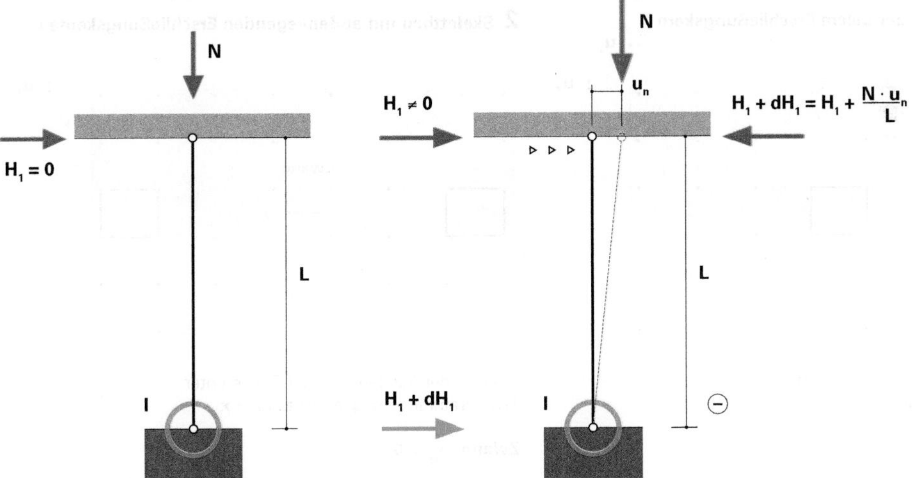

12 Stütze unter reiner Vertikallast (jeweils links) und Schiefstellung derselben unter kombinierter Vertikal- und Horizontallast (jeweils rechts).

2.2

Auswirkungen auf die Funktionstüchtigkeit

■ Die Verformungen der Tragwerke wirken sich ebenso auf die **Funktion** des Bauwerks und damit auf dessen Nutzung aus. So sind beispielsweise die vertikalen Verformungen der Dachkonstruktion mit dem Entwässerungskonzept in Einklang zu bringen. Die Durchbiegungen der Geschossdecken sind auf die Verformungsfähigkeit des Fußbodenaufbaus sowie der aufstehenden Trennwände und Fassadenelemente abzustimmen. Dabei sind diese Hüllbauteile an das Primärtragwerk so anzuschließen, dass sich die Tragwerksverformungen frei einstellen können. Andernfalls kann es zu Lastumlagerungen in diese nichttragenden Strukturen kommen und damit zu deren Beeinträchtigung oder gar Zerstörung (**22**).

Die Horizontalverformungen von Primärtragwerken führen zu einer Verrautung und Verwindung der angeschlossenen Hüllbauteile (**15**). Insbesondere verformungsempfindliche Fassaden aus Isolierverglasung können dadurch maßgebend für die Dimensionierung der Tragwerksaussteifung werden. Alternativ lassen sich lange Fassaden durch Querfugen unterteilen (**22**, unteres Bild).

1 Skelettbau mit zentralem Erschließungskern

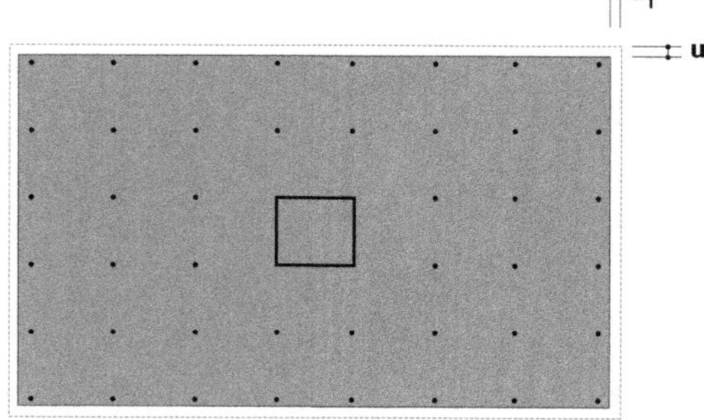

freie Ausdehnung der Decke unter Temperaturänderung

Zwang $\sigma_{xw} = 0$

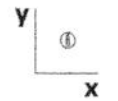

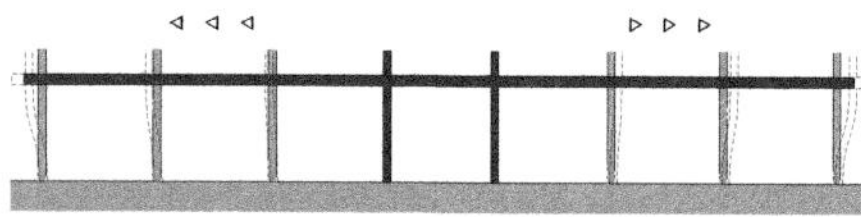

Stützen sind biegeweich

2 Skelettbau mit außenliegenden Erschließungskernen

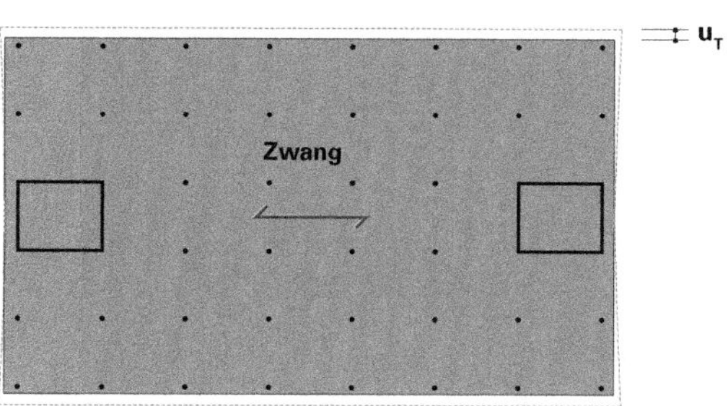

Sperren der Ausdehnung der Decke unter Temperaturänderung in Richtung → **x**

Zwang $\sigma_{xw} \neq 0$

→ Schwinden führt zu Rissbildung
→ Temperaturänderung führt zu großen Druckkräften in der Platte

Kerne sind biegesteif

z
x

13 Auswirkungen wechselnder Anordnung von aussteifenden Erschließungskernen im Skeletthochbau.

Biegeträger

a unverformtes System

b verformtes System

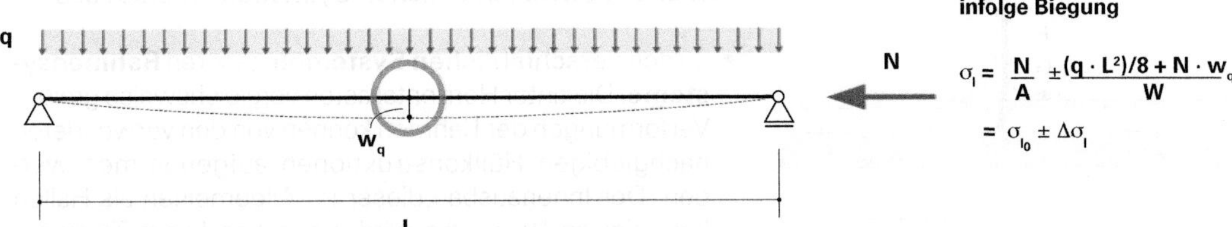

14 Zusätzliche Beanspruchung $\Delta\sigma_l$ eines Balkens unter Biegung und Normalkraft bei Verformung.

Verrautung eines Fassadenelements unter Schubbeanspruchung

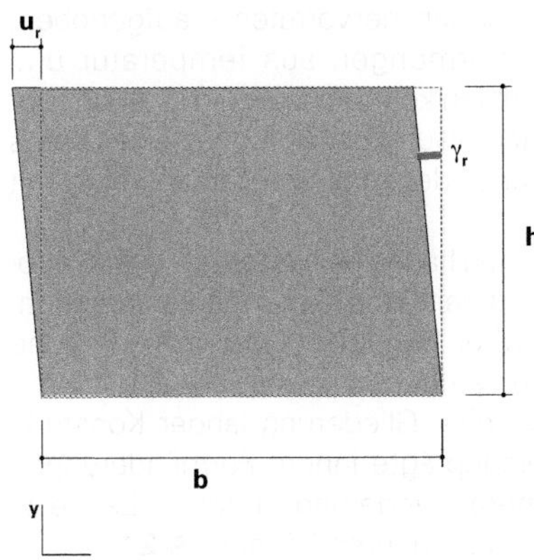

Verwindung eines Fassadenelements unter Biegebeanspruchung

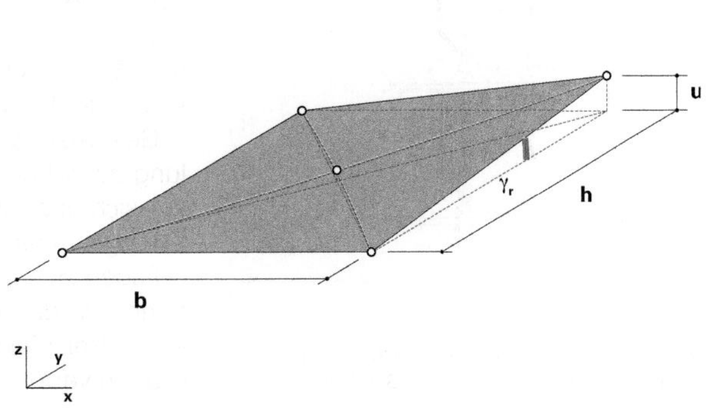

15 Verrautung (links) und **Verwindung** (rechts) von Fassadenelementen infolge Horizontalverformungen des Primärtragwerks.

3.

Statische und konstruktive Lösungen des Hochbaus

DIN 18197
DIN 18195-8
DIN 18540

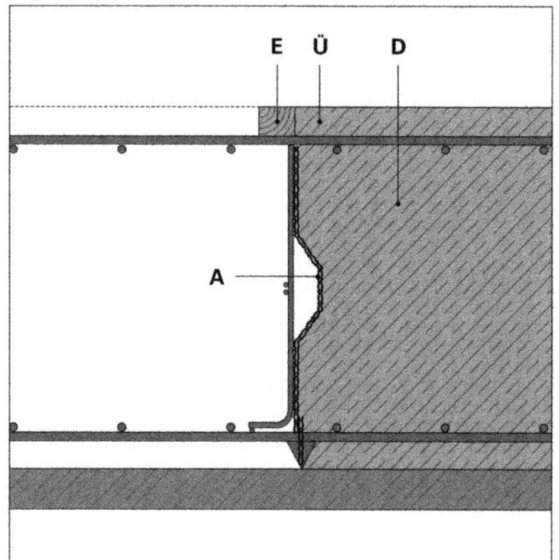

16 Abschalelement **A** für eine Dehnfuge in einer Betondecke **D**, selbststehend mit Verzahnung. Die Betonüberdeckung **Ü** ist zur Schaffung einer Sollbruchstelle mit einem Einlegeteil **E** ausgeführt.

☞ *Kap. IX-2, Abschn. 2.1.3 Aussteifung von Skeletttragwerken, S. 309 ff*

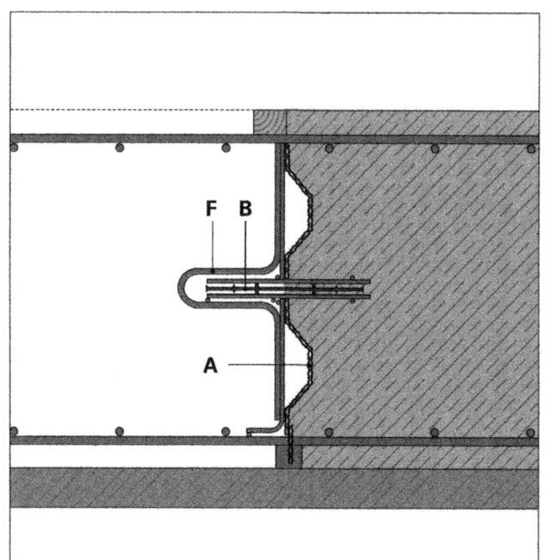

17 Abschalelement **A** wie in **16**, mit doppelt verzahnter Fuge und Fugenband **B** in Führung **F**.

■ Die im Rahmen der statischen Berechnungen ermittelten Verformungen bilden die Grundlage für die Konstruktion und für die Anschlussdetails der Sekundärstrukturen der Hülle und der technischen Gebäudeausrüstung. Somit sind die Charakteristik und die Größe der Verformungen des Gesamtbauwerks als auch einzelner Bauteile sorgfältig zu ermitteln. Hierbei spielen, wie in *Abschnitt 1* erläutert, die genaue Modellierung der äußeren Einwirkungen – die Lastansätze – und die wirklichkeitsnahe Erfassung des Werkstoffverhaltens – die Materialeigenschaften – eine fundamentale Rolle.

Die wesentlichen Grundlagen für ein auch unter dem Aspekt der Verformungen wirtschaftliches Bauwerk werden bereits im Zug des Tragwerksentwurfs gelegt. Hinsichtlich der Horizontalverformungen wird dabei zwischen **verschieblichen** und **unverschieblichen Systemen** unterschieden:

- Zu den **verschieblichen Systemen** gehören **Rahmensysteme**. Die unter Horizontallasten vergleichsweise großen Verformungen der Rahmen können von den verwendeten nachgiebigen Hüllkonstruktionen aufgenommen werden. Der Innenausbau dieser im Allgemeinen als Hallen konzipierten Bauwerke wird weitgehend vom Tragwerk entkoppelt. Die auftretenden Verformungen führen zu Zusatzbeanspruchungen im Rahmen (**11**).

- Zu den **unverschieblichen Systemen** gehören **Scheiben** und **Verbände**. Sie erlauben eine verformungsarme Aufnahme von Horizontallasten. Somit entstehen keine Zusatzbeanspruchungen im Tragwerk (**21**).

Beispiele für verschiebliche und unverschiebliche Tragwerkskonzepte sowie häufig auftretende Mischformen sind in *Kapitel IX-2* dargestellt.

Zu den konstruktiven Maßnahmen zur Verformungsaufnahme im Tragwerksentwurf gehören **Fugen**, **Lager** und **Gelenke** (**16–20**). Dadurch werden Verformungsbehinderungen – welche Zwängungen hervorrufen – aufgehoben, sodass eingeprägte Verformungen aus Temperatur und Schwinden sich frei einstellen können. Das Bild in **22** zeigt ein Hochbautragwerk mit umlaufender Abfugung eines Kerns (Fall **2**) oder Querfuge über der mittleren Stützenreihe mit Unterzug (Fall **3**).

Gelenke und Fugen dienen häufig der Verformungsentkopplung zwischen Primärtragwerk und Sekundärkonstruktion, wo sich auch wegen großer Steifigkeitsunterschiede hohe Zwangsbeanspruchungen aufbauen können (**23**).

Fugen erlauben ferner eine Gliederung langer Konstruktionen, in denen sich eingeprägte innere Formänderungen – zum Beispiel aus Temperaturänderung – über die Länge zu großen Verformungen aufsummieren können (**24**).

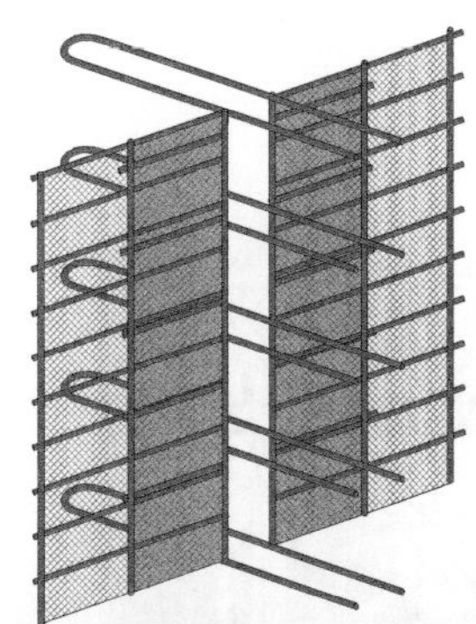

18 (Links und rechts oben), Abschalelemente mit Fugenbändern für Wand.

19 (Rechts unten) Abschalelemente für Decke vor dem Betonieren.

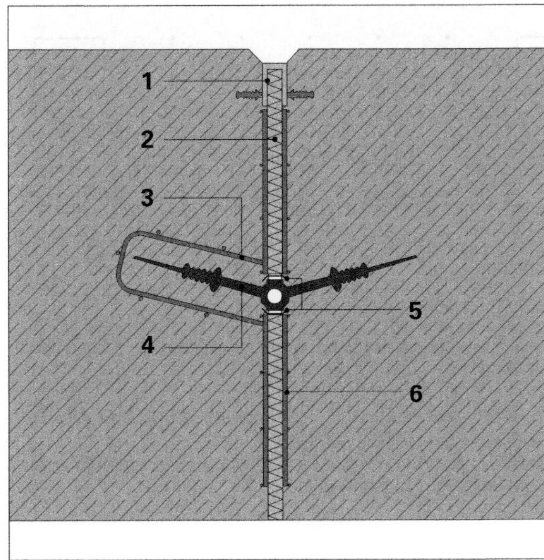

20 Abschalelement für Dehnfuge mit Fugenbändern (Herst.: *Peca®*).

1 Blech gekantet für Fugenabschlussband
2 Trennfugeneinlage nach Erfordernis
3 Fugenbandkorb zur Aufnahme des Dehnfugenbands, bei horizontalen Fugen nach oben geneigt
4 Dehnfugenbandmittelschlauch
5 DF-Fixer zum Fixieren des Dehnfugenmittelschlauchs unterhalb und oberhalb des Bands
6 Trägermatte auf beiden seiten der Fugeneinlage als Haltekonstruktion

21 Diagonalverband: Beispiel für ein hinsichtlich Horizontalverformungen **unverschiebliches System**.

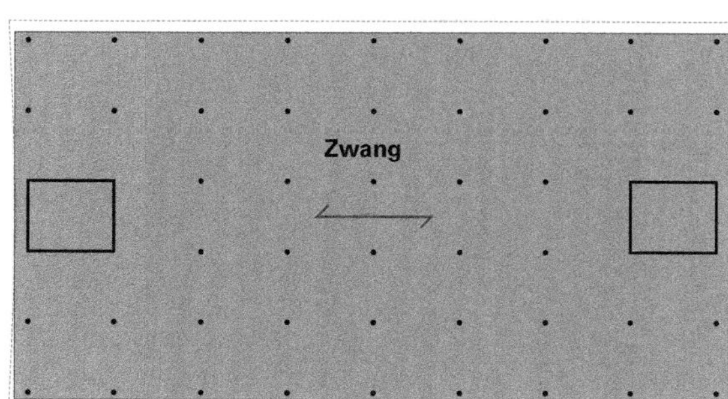

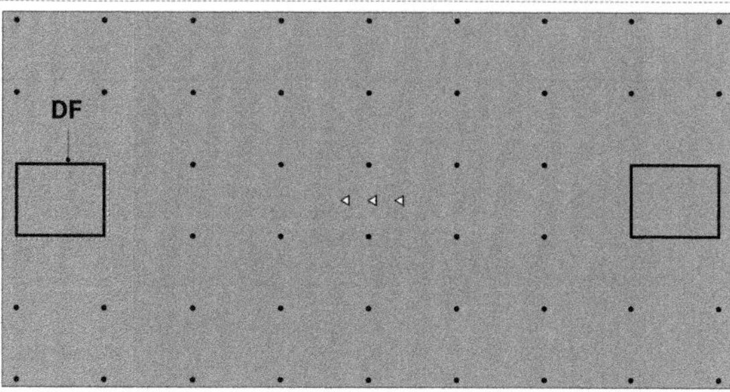

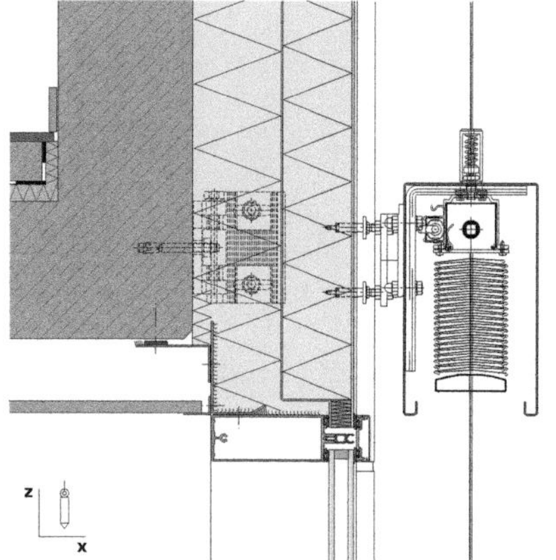

23 Verformungsentkopplung zwischen einer Geschossdecke (Primärtragwerk) und einer Pfosten-Riegelfassade (Sekundärtragwerk) durch einen verschieblichen Anschluss (s. Details in ***Band 3***, *Kap. XII-5, Abschn. 3.1.2*).

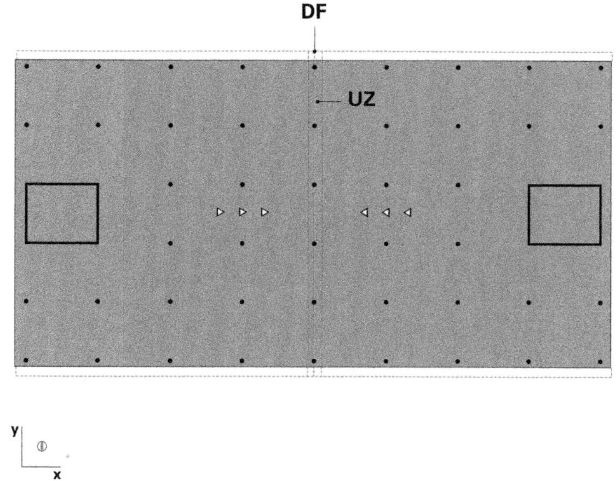

22 Konstruktive Maßnahmen zur Aufnahme des Zwangs in einem Skelettbau im Fall **1** (vgl. **13**):

2 umlaufende Abfugung eines Kerns, Verformungen ausgehend vom Fixpunkt des anderen Kerns (**DF** = Dehnfuge)

3 Querfuge **DF** über der mittleren Stützenreihe mit Unterzug **UZ**, Verformungen ausgehend von beiden Kernen

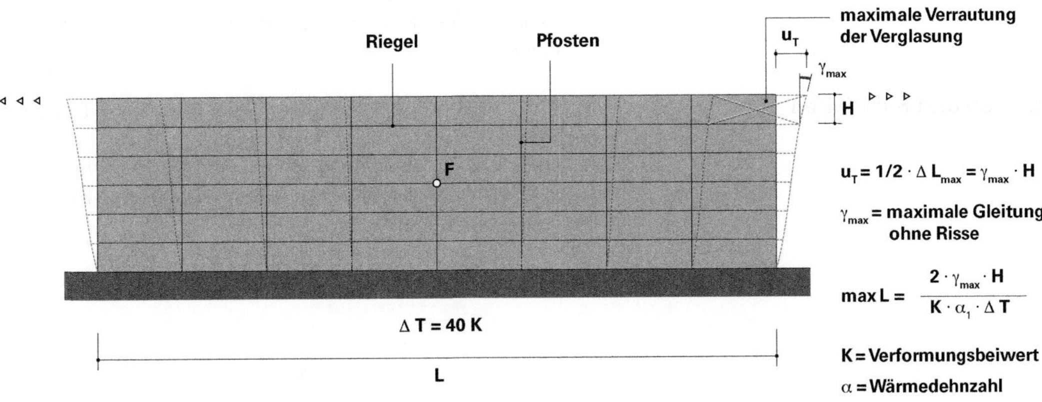

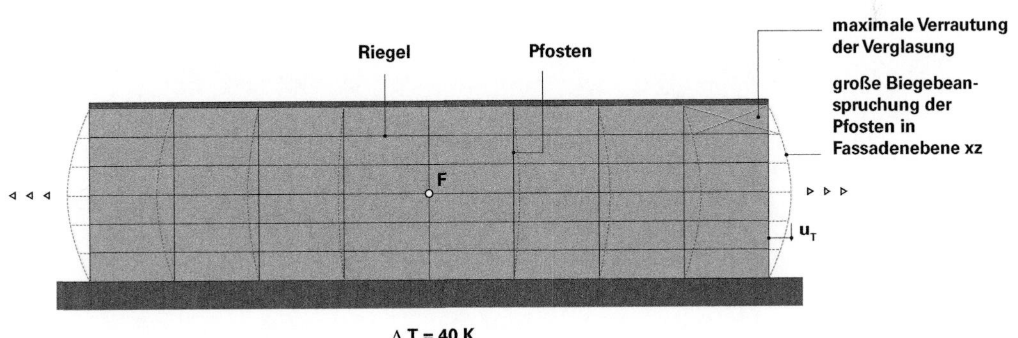

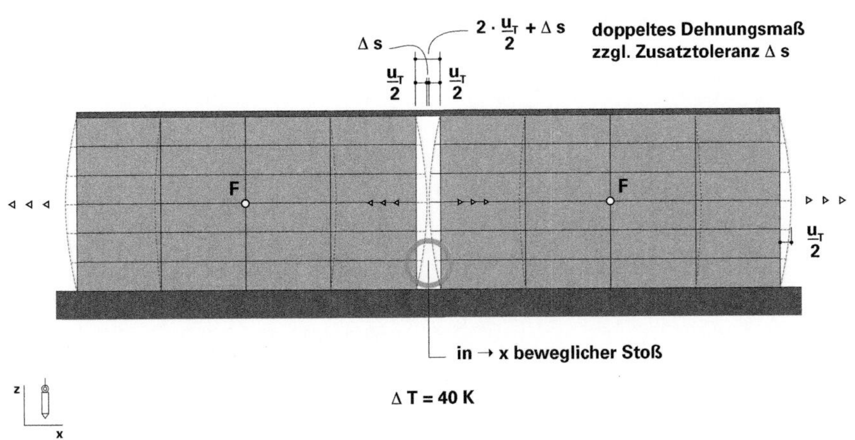

24 Verformung einer oben nicht gehaltenen (oberes Schaubild) und einer ober- und unterseitig linear gehaltenen Hallenfassade (mittleres und unteres Schaubild) unter Temperaturänderung **ΔT**, jeweils ausgehend von den Fixpunkten **F**. Beidseitig gehaltene Fassade oben ohne, unten mit Dehnfuge dargestellt (Dehnung in → **x** überzeichnet).

Anmerkungen

1 Schneider (2004) *Bautabellen für Architekten*, 16. Aufl.
2 Heller H (1998) *Padia 1 – Grundlagen Tragwerkslehre*, S. 344 unten

Normen und Richtlinien

DIN 18197: 2018-01 Abdichten von Fugen in Beton mit Fugenbändern
DIN 18195: 2017-07 Abdichtung von Bauwerken Begriffe
DIN 18540: 2014-09 Abdichten von Außenwandfugen im Hochbau mit Fugendichtstoffen

IX-4 GRÜNDUNG

VII HERSTELLUNG VON FLÄCHEN
VIII AUFBAU VON HÜLLEN
IX PRIMÄRTRAGWERKE
IX-1 GRUNDLAGEN
IX-2 TYPEN
IX-3 VERFORMUNGEN
IX-4 GRÜNDUNG
X BAUWEISEN
X-1 MAUERWERKSBAU
X-2 HOLZBAU
X-3 STAHLBAU
X-4 FERTIGTEILBAU
X-5 ORTBETONBAU
ANHANG

J. L. Moro, *Baukonstruktion – vom Prinzip zum Detail*,
https://doi.org/10.1007/978-3-662-64827-8_6

1. Allgemeines

■ Die Lagerung eines Primärtragwerks bestimmt seine Beanspruchungen und Verformungen wesentlich. Dabei ist der abstrahierte statische Begriff der **Lagerung** eines Tragwerks in letzter Konsequenz als ein Ableiten der Lasten in den Baugrund zu verstehen.

Neben dem **Eigengewicht** des Gebäudes sind die **Nutz-** und **Schneelasten** über vertikale Bodenpressungen in den Baugrund einzuleiten. Weiterhin sind die Beanspruchungen aus **horizontal wirkenden Lasten**, wie beispielsweise Wind, ebenfalls sicher im Baugrund aufzunehmen.

DIN 1054

Für eine sichere Übertragung dieser Bauwerkslasten in den Baugrund ist eine **Gründung** zu konstruieren. Sie ist Bestandteil des Tragwerks und verkörpert die statische Verbindung zwischen Bauwerk und Baugrund. Das sehr unterschiedliche Trag- und Verformungsverhalten von Baugrund und Baukonstruktion bedingt eine geeignete Gründungskonstruktion, welche die Standsicherheit und Gebrauchstauglichkeit der Bauwerke gewährleistet.

DIN 4020
DIN 4020 Beiblatt 1

Während die Materialität und Struktur der in diesem Kapitel diskutierten Primärtragwerke des Hochbaus wesentlich durch die Entscheidungen des entwerfenden Ingenieurs bestimmt wird, ist die Gründung eines Tragwerks durch den vorgefundenen materiellen und strukturellen Aufbau des Baugrunds vorgegeben. Die Baugrundgegebenheiten des Ortes sowie die sich daraus ableitenden technisch umsetzbaren Gründungskonzepte sind deshalb als wesentliche Randbedingung für ein Bauwerk und dessen Primärtragwerk im Entwurfsprozess von Beginn an zu berücksichtigen.

Der Baugrund nimmt jedoch nicht nur Lasten und Verformungen des Tragwerks auf, sondern stellt seinerseits eine Beanspruchung für das Tragwerk dar. So können Erd- und Wasserdrücke sowie Setzungen des umgebenden Bodens zu relevanten Tragwerksbeanspruchungen führen. Weiterhin leitet der Baugrund als kontinuierlicher Halbraum dynamische Einwirkungen über große Entfernungen weiter und überträgt diese auf unsere Bauwerke. Somit ist für das Verhalten von Primärtragwerken eine Betrachtung der **Tragwerk-Baugrund-Interaktion** von wesentlicher Bedeutung. Diese wird im Folgenden näher betrachtet.

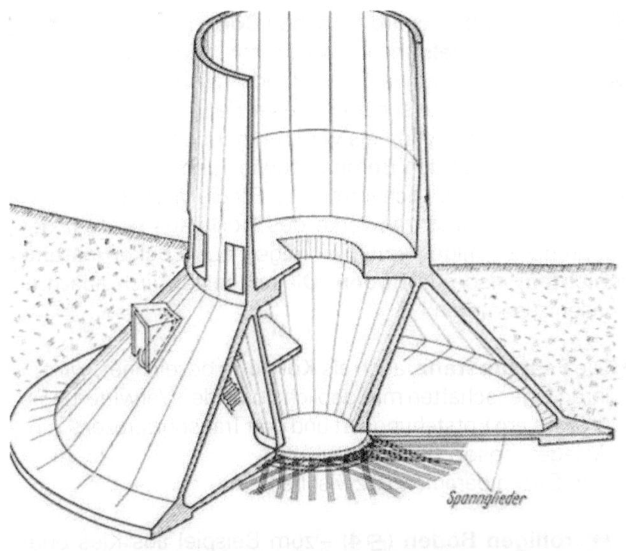

1 Fundamentkegel des Stuttgarter Fernsehturms (Ing.: F Leonhardt).

2 Ausgeschaltes Streifenfundament (links), Schalen eines Streifenfundaments (rechts oben).

3 Einzelfundamente eines Skelettbaus nach dem Ausschalen.

2. Interaktion zwischen Tragwerk und Baugrund

2.1 Der Baugrund

📖 *DIN 18196*
📖 *DIN EN 1997-1*
DIN EN 1997-2

■ In der Geotechnik wird zwischen **Böden** im Sinn von Lockergestein und **Fels** im Sinn von Festgestein unterschieden. Diese Trennung beruht auf den grundsätzlich verschiedenen mechanischen Eigenschaften dieser Baugrundmaterialien. Das Tragverhalten von Fels wird mit der noch recht jungen Felsmechanik für den Bergbau sowie Tunnel- und Talsperrenbau wissenschaftlich formuliert. Für die in diesem Kapitel betrachteten Primärtragwerke des Hochbaus besteht der Baugrund im Allgemeinen hingegen aus **Lockergesteinschichten**, also aus **Böden**. Diese setzen sich aus drei Phasen zusammen:

- Die **Festsubstanz**, auch als **Körnung** bezeichnet, wird in ihren Eigenschaften maßgeblich durch den Verwitterungsprozess am Entstehungsort und den Transportprozess zum Ablagerungsort bestimmt.
  In Bezug darauf wird zwischen:
  - **rolligen Böden** (**4**) – zum Beispiel aus Kies oder Sand – und
  - **bindigen Böden** (**5**) – zum Beispiel aus Ton oder Lehm –

  unterschieden. Darüber hinaus können Böden **organische Bestandteile** – wie z. B. Faulschlamm oder Torf enthalten (**6**).

  Die Korngröße bzw. spezifische Oberfläche der Festsubstanz beeinflusst ganz wesentlich die mechanischen Eigenschaften der Böden. So führt die vergleichsweise große Körnung von rolligen Böden zu Reibung zwischen Körnern im Haufwerk. Die sehr kleine Körnung und somit große spezifische Oberfläche bindiger Böden bewirkt in Verbindung mit Wasser eine Dominanz von kohäsiven Kräften infolge Adsorption.

☞ ***Band 1**, Kap. IV-1, Abschn. 9.1.2 Künstliches Gestein > Lehmprodukte, S. 210 ff, sowie auch ebd. Abschn. 11.3.2 Lastabhängige plastische Verformungen > Gleiten > wassergebundene Granulate, S. 229 f*

  Die Korngrößenverteilung beschreibt die Zusammensetzung des Bodens aus unterschiedlichen Korngrößen, dargestellt durch Körnungslinien in Gewichtsprozent (**7**). Hiernach werden Bodenarten weitergehend klassifiziert, zum Beispiel in grob-, gemischt- oder feinkörnige Böden oder auch in eng-, mittel- oder weitgestufte Böden.

  Die Korngrößenverteilung ist für die Verdichtbarkeit sowie die Reibungsbegabung – also die Tragfähigkeit – des Bodens, seine Filterfestigkeit und Frostgefährdung von wesentlicher Bedeutung.

  Im Gefüge der Körnung sowie zwischen den Körnern wird der Porenraum des Bodens eingeschlossen. Der Porenanteil des Bodens – in Volumenprozent – sowie auch die Porenart und Porengröße beeinflussen die Eigenschaften des Bodens.

  Im Porenraum des Bodens befinden sich **Luft** und **Wasser** als weitere wesentliche Phasen des Baugrunds:

- **Luft** befindet sich im geschlossenen als auch offenen Porenraum der Böden. Im geschlossenen Porenraum beeinflusst die Luft die Wichte der Festsubstanzbestandteile und damit auch die hydraulische Stabilität des Korngerüsts.
- **Wasser** tritt im Boden in drei verschiedenen Zuständen auf. Dabei wird unterschieden zwischen:
  - **molekular gebundenem Wasser**,
  - **Oberflächen**- bzw. **Kapillarwasser** und
  - **freiem Grundwasser**.

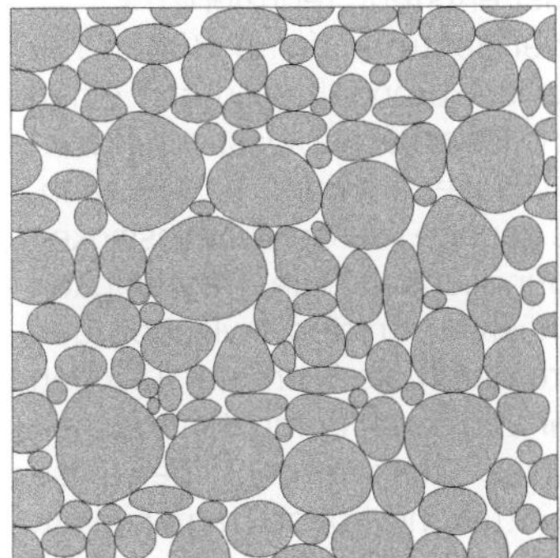

4 **Rolliger Boden** – körnige Bodenstruktur.

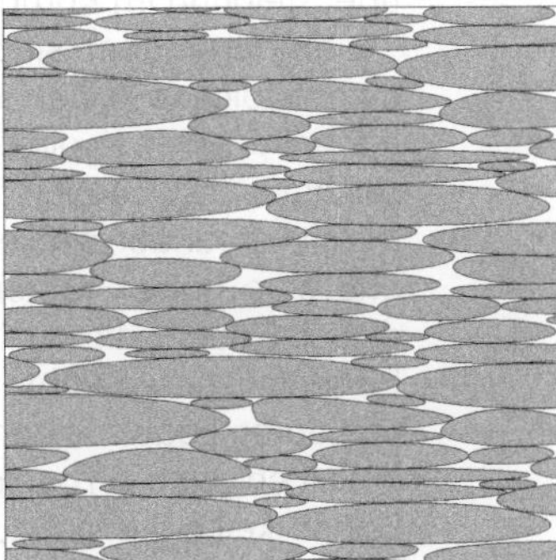

5 **Bindiger Boden** – plättchenförmige Beschaffenheit.

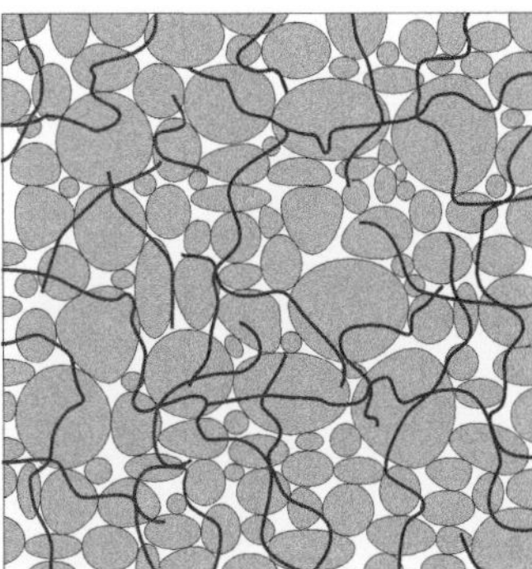

6 **Organischer Boden** – mit Fasergeflecht durchsetzt.

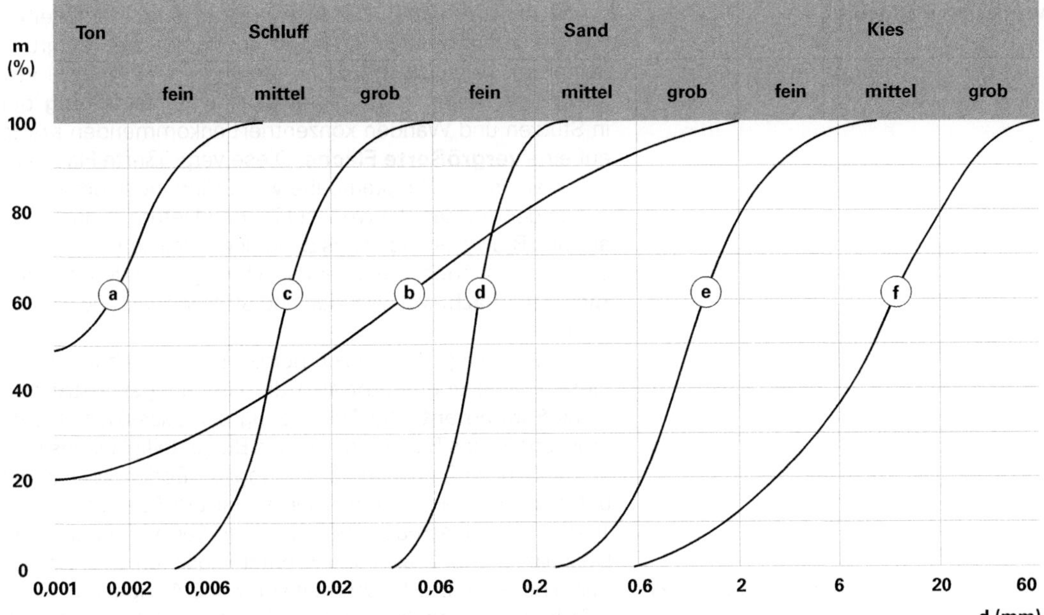

Kornverteilungskurven: **a** schluffiger Ton, **b** tonig-sandiger Schluff, **c** Schluff, **d** Feinsand, **e** Grobsand, **f** Kies

7 Diagramm der **Kornverteilungskurven** für verschiedene Bodenarten.

Der im Baugrund vorhandene Anteil an Wasser und dessen Zustand wird vom Porenanteil sowie der Porenart und Porengröße beeinflusst.

So enthalten enggestufte, grobkörnige Böden mit dementsprechend großem und grobem Porengefüge überwiegend freies Wasser. Sie besitzen eine hohe Wasserdurchlässigkeit, Filterfestigkeit und sind allgemein frostunempfindlich. Ihre Tragfähigkeit wird durch den Wassergehalt vergleichsweise geringfügig beeinträchtigt. Erst mit Erreichen des Wassersättigungsgrads – Bodenschichten im Grundwasser – tritt bei gleichbleibender Auflast eine Abnahme der effektiven Spannungen zwischen den Körnern auf. Damit wird die Tragfähigkeit des Bodens, die über Reibung im Korngerüst entsteht, reduziert.

Demgegenüber sind weitgestufte, feine Böden mit einem folglich feinen Kapillar-Porengefüge durch einen hohen Anteil an Kapillar- und Oberflächenwasser gekennzeichnet, das bereits zur Wassersättigung führen kann. Damit verbunden sind eine geringe Wasserdurchlässigkeit und eine hohe Frostempfindlichkeit. Die Tragfähigkeit dieser Böden, die auf kohäsiven Kräften zwischen den Bodenteilchen beruht, wird durch die Form der Teilchen und deren Lage zueinander und somit durch den Wassergehalt empfindlich beeinflusst. Einerseits benötigen diese Böden keine Auflast zur Entfaltung hoher Tragfähigkeit, andererseits sind sie sehr empfindlich gegenüber Belastungsänderungen und Frost-Tau-Wechsel.

2.2 Lastübertragung zwischen Tragwerk und Baugrund

■ Das Zusammenwirken von Tragwerk und Baugrund wird durch das Verhältnis der Festigkeiten und Steifigkeiten beider Partner bestimmt. Der Baugrund erfordert aufgrund seiner im Vergleich mit dem Tragwerk im Normalfall vergleichsweise geringen Tragfähigkeit eine **Verteilung** der in Stützen und Wänden konzentriert ankommenden Kräfte auf eine **vergrößerte Fläche**. Diese vergrößerte Fläche zu schaffen, ist die Hauptaufgabe von Gründungselementen.

Aus den für das Bauwerk zulässigen Deformationen und aus den Bruchzuständen des Baugrunds resultieren zulässige Bodenpressungen, die einer Berechnung der erforderlichen **Aufstandsfläche** von Wänden und Stützen zugrundezulegen sind.

Die Verteilung der konzentrierten Beanspruchungen auf diese Fläche übernimmt also die Gründungskonstruktion – das **Fundament**. Die Ausnutzung der zulässigen Bodenpressungen des Baugrunds und die Biegesteifigkeit des Fundaments beeinflussen die Verteilung der Bodenpressungen unter der Fundamentsohle und somit die Ausnutzung der Tragfähigkeit des Bodens bei minimalen Verformungen (🗗 **8**). Deshalb wird für reale Fundamentsteifigkeiten im Allgemeinen eine Grundbruchsicherheit von η = **2.0** angesetzt.

☞ *Zu Grundbruch siehe* 🗗 **21**

Teile des Bauwerks binden in den Baugrund ein. Dadurch sind sie dem **Erddruck** und dem **hydrostatischen Druck** des Grundwassers ausgesetzt. Diese Beanspruchungen sind durch das Primärtragwerk des Bauwerks lokal und global aufzunehmen.

Der **Erddruck** ist der räumliche Spannungszustand im kontinuierlichen Halbraum des Baugrunds, der durch den in den Baugrund eindringenden Baukörper aufzunehmen ist. Er resultiert aus dem Bodeneigengewicht und aus vorhandenen Auflasten. Die Größe des Erddrucks nimmt mit der Tiefe unter Geländeoberkante zu. Die horizontale, die Umfassung des Bauwerks belastende Komponente des Erddrucks hängt von den Festigkeitseigenschaften des Baugrunds und den Verformungen zwischen Bauwerk und Baugrund ab. Letzteres führt zur Unterscheidung zwischen:

- **aktiven Erddrücken**;
- **ruhenden Erddrücken** und
- **passiven Erddrücken**,

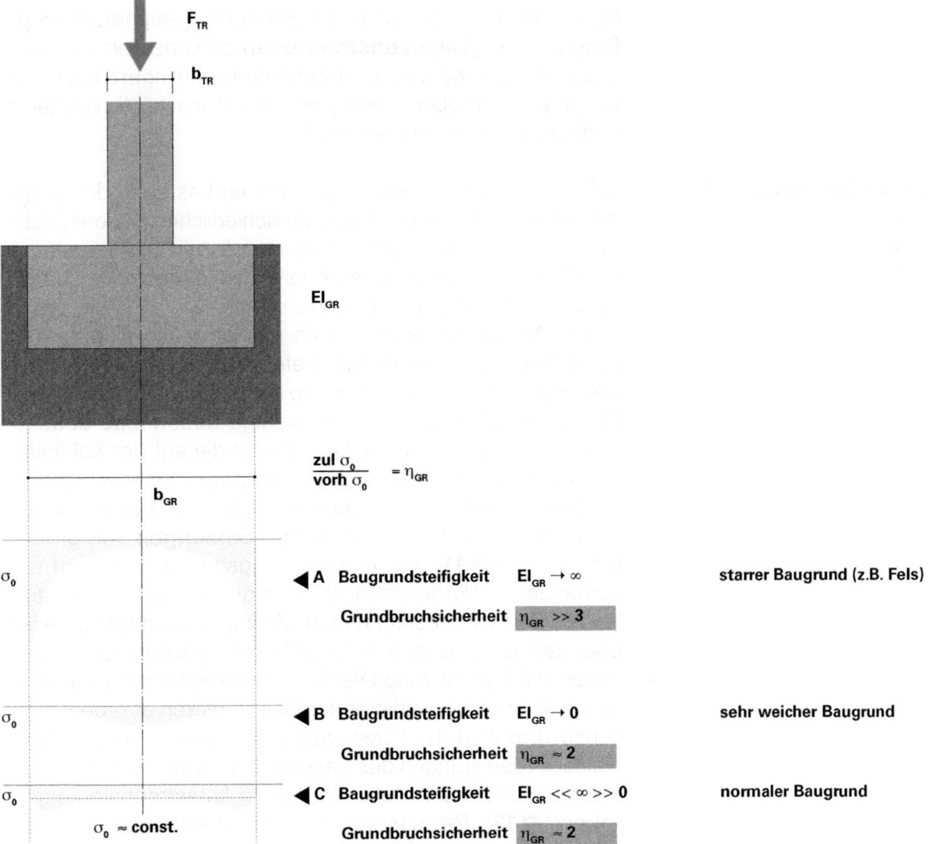

8 Verteilung der Bodenpressung unter einem Fundament bei rolligen Böden.

die sich in der Höhe der Beanspruchung des Primärtragwerks deutlich unterscheiden (🗗 **9**).

Der **Erdruhedruck** entspricht dem Spannungszustand im ungestörten Baugrund und setzt deshalb einen quasi starren unverschieblichen Baukörper voraus.

Treten unter Erddruck signifikante Verformungen oder Verschiebungen des Baukörpers bzw. einzelner Bauteile auf, die im Allgemeinen vom Baugrund weggerichtet sind, dann reduziert sich der Erddruck deutlich. Dieser entspricht der Last des hinter dem Baukörper nachrutschenden Erdkeils – man spricht dann vom **aktiven Erddruck**.

Bewegen sich der Baukörper oder Teile von ihm unter äußeren Belastungen (Last, Temperatur, etc.) gegen den Baugrund, was dem Aufschieben eines Erdkeils entspricht, so nimmt der Erdruhedruck deutlich zu. Man spricht dann vom **passiven Erddruck**.

Für die Übertragung von dynamischen Lasten des Baugrunds – zum Beispiel aus Erdbeben – sind die Steifigkeits- und Dämpfungseigenschaften des Baugrunds einerseits und die dynamische Kopplung des Tragwerks an den Baugrund – die Gründungskonstruktion – andererseits von entscheidender Bedeutung. Letztere kann durch geeignete **Dämpfungs**- sowie **Tilgerkonstruktionen** so konzipiert werden, dass der Eintrag von Erbebenlasten verringert bzw. die eingetragene Erdbebenenergie tragwerkunschädlich verzehrt und damit aufgenommen wird.

2.3 Lastweiterleitung im Baugrund

■ Die an den Baugrund abgegebenen Lasten in der Gründungssohle werden über die unterschiedlichen Bodenschichten weitergeleitet. Dabei erfolgt eine räumliche Ausbreitung der Belastung mit zunehmender Tiefe, die eine Reduktion der Bodenspannungen bewirkt.

Der Winkel, unter dem sich die Belastungsfläche des Baugrunds mit zunehmender Tiefe vergrößert, hängt von der Reibung bzw. Kohäsion innerhalb der einzelnen Bodenschichten ab (🗗 **10**). Hierbei zeigen bindige Böden eine deutlich bessere Lastausbreitung. Ursache ist die auf der Kohäsion beruhende auflastunabhängige Tragfähigkeit dieser Böden.

Die Ausbreitung der Bauwerklasten im Boden ist für die Prognose der zu erwartenden **Setzungen** von großer Bedeutung (🗗 **11**). Für eine Setzungsberechnung sind die vorhandenen Vorbelastungen und die aus dem zu erstellenden Bauwerk resultierenden Zusatzbelastungen in jeder Bodenschicht zu ermitteln. Die sehr unterschiedlichen Steifigkeiten und Zeit-Setzungs-Verläufe dieser Bodenschichten mit teilweise erheblich variierenden Schichtdicken erfordern eine genaue Ermittlung der Lastausbreitung. So können beispielsweise Vorbelastungen des Baugrunds für ein zu errichtendes Bauwerk enorme Vorteile, aber auch katastrophale Folgen haben (🗗 **12**). Beispielsweise durch mechanische Verdichtungen oder Überschüttungen von zu bebauenden Flächen lassen sich Steifigkeit und Tragfähigkeit des Baugrunds vor Baubeginn gezielt verbessern. Andererseits verursachen

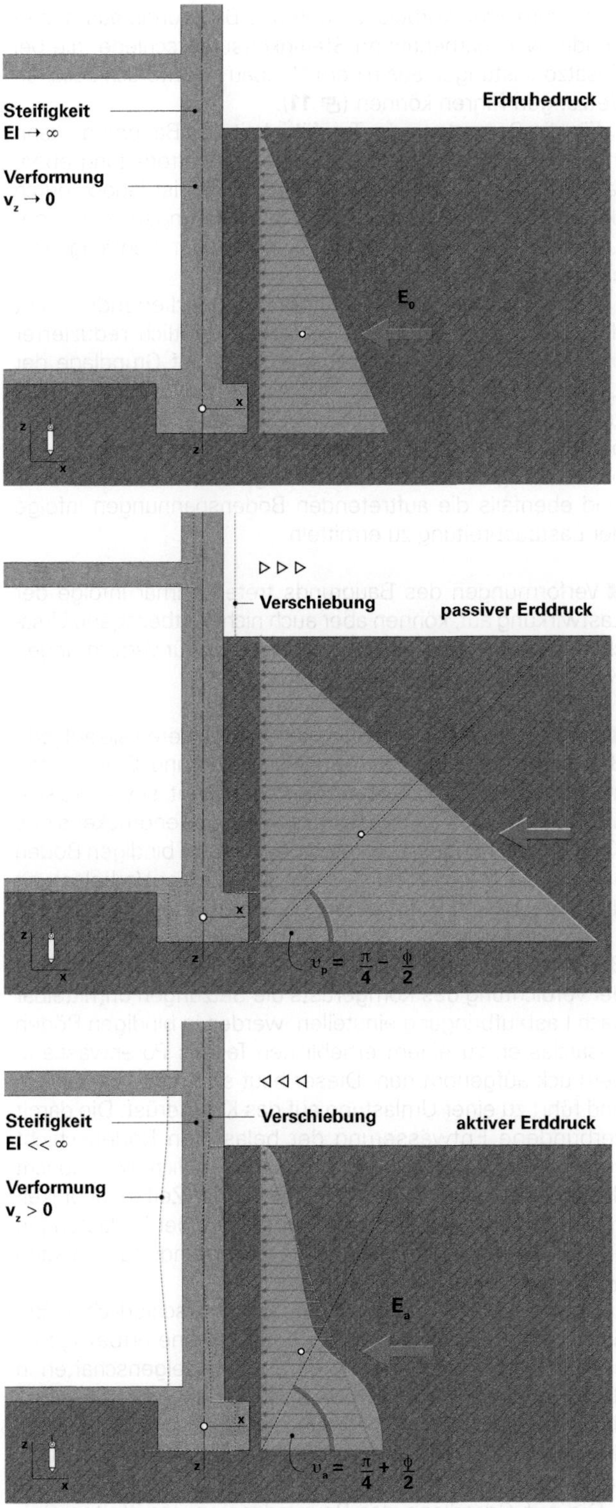

9 Erdruhedruck, passiver und aktiver Erddruck.

ϕ = Reibungswinkel des Baugrunds

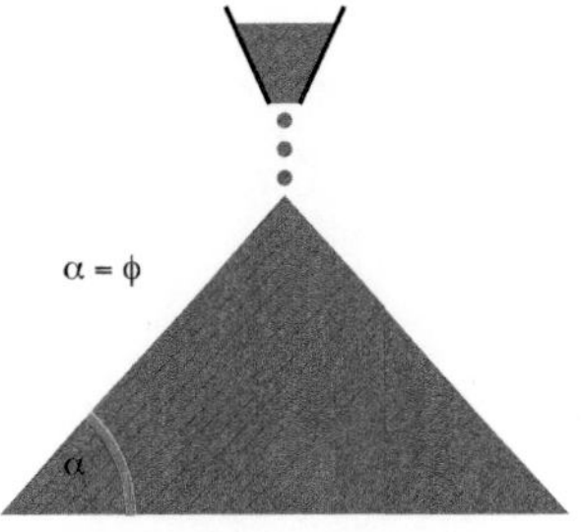

ungleichmäßige Vorbelastungen des Baugrunds aus bestehender Nachbarbebauung Steifigkeitsunterschiede, die bei Zusatzbelastungen aus einem Neubau zu unterschiedlichen Setzungen führen können (🗗 **11**).

Für die Bewertung der Tragfähigkeit des Baugrunds kann in Einzelfällen eine Verfolgung der Lastweiterleitung ebenfalls von Bedeutung sein. Im Allgemeinen ist jedoch durch den Nachweis der zulässigen Bodenpressungen am Ort der Lasteinleitung – der Gründungssohle – der Tragfähigkeitsnachweis erbracht.

Befinden sich im Baugrundprofil tieferliegende, nicht direkt belastete Bodenschichten mit deutlich reduzierter bzw. veränderlicher Tragfähigkeit, so ist auf Grundlage der Lastausbreitung dort ebenfalls ein Tragfähigkeitsnachweis zu führen. Für in unmittelbarer Umgebung des Bauwerks befindliche Geländesprünge ist ein Abgleiten des Bodenkörpers entlang der kritischen Scherfuge zu untersuchen. Dazu sind ebenfalls die auftretenden Bodenspannungen infolge der Lastausbreitung zu ermitteln.

☞ *Abschnitt 2.5 Versagen des Baugrunds, S. 438 ff*

2.4 Verformungen des Baugrunds

■ Verformungen des Baugrunds treten primär infolge der Lastwirkung auf, können aber auch nicht lastbezogene Ursachen haben. Die verschiedenen Ursachen für Verformungen werden im Folgenden näher betrachtet.

4.1 Lastbedingte Verformungen

■ Da Böden kompressible Stoffe sind, reagieren sie auf jede Belastungsänderung durch eine Formänderung. Diese Deformationen werden als **Setzungen** bezeichnet, soweit es sich um vertikale Bewegungen infolge Zusammendrückens des Korngerüsts handelt. Sie treten bevorzugt in bindigen Böden auf und sind nicht linear. Sie hängen von der Vorbelastung der betrachteten Bodenschicht und der Belastungszeit ab.

Das Einstellen der Setzungsverformung ist dabei von der Bodenart abhängig. Während bei rolligen Böden sich als Folge der Verdichtung des Korngerüsts die Setzungen unmittelbar nach Lastaufbringung einstellen, werden in bindigen Böden Zusatzlasten zu einem erheblichen Teil als Porenwasserüberdruck aufgenommen. Dieser baut sich sehr langsam ab und führt zu einer Umlastung auf das Korngerüst. Die damit verbundene Entwässerung der belasteten Bodenschicht verstärkt die Setzungsverformungen erheblich. Man spricht deshalb bei bindigen Böden aufgrund der Zeitabhängigkeit von einer **Baugrundkonsolidierung**, die bei Entlastungen auch wieder zu einer Hebung des Baugrunds führen kann (🗗 **13**, **14**).

Dieses nichtlineare Verhalten der unterschiedlichen Bodenschichten eines Baugrunds erfordert eine ortbezogene, experimentelle Bestimmung der Setzungseigenschaften in der Gründungssohle. Dazu werden im Rahmen eines Bodengutachtens durch Bohrungen ungestörte Bodenproben der einzelnen Schichten entnommen und im Labor mit Drucksetzungsgeräten geprüft.

Die auf Grundlage der Bauwerklasten ermittelten Set-

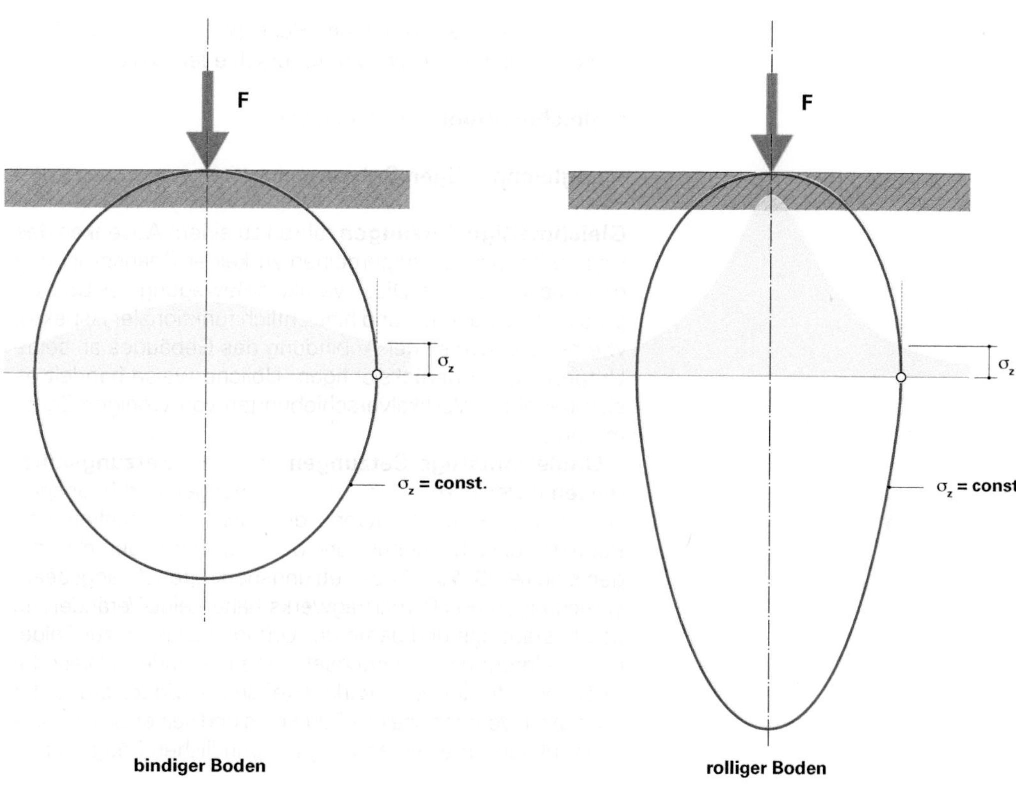

10 Linien gleicher σ_z-Spannungen, sogenannte **σ_z-Isobaren**.

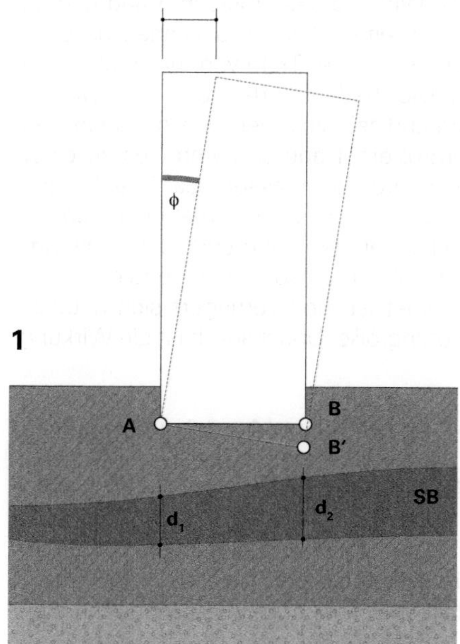

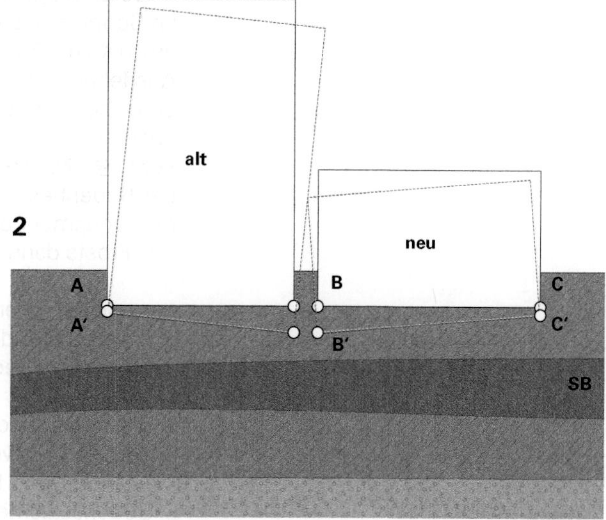

11 Setzungsdifferenz erster (**1**) und zweiter (**2**) Ordnung:

1 ungleiche Schichtdicke $\mathbf{d_1}$, $\mathbf{d_2}$ der setzungsempfindlichen Bodenschicht **SB**

2 unterschiedliche Vorbelastung der setzungsempfindlichen Bodenschicht **SB**

zungen stellen wiederum eine Beanspruchung für das Tragwerk dar. Diesbezüglich wird unterschieden zwischen:

- **gleichmäßigen** Setzungen und
- **ungleichmäßigen Setzungen**.

Gleichmäßige Setzungen führen zu einem Absenken des Bauwerks, was im Allgemeinen zu keiner Beanspruchung des Tragwerks führt. Diese vertikale Bewegung des Baukörpers ist zu berechnen und hinsichtlich funktionaler Aspekte, wie beispielsweise der Anbindung des Gebäudes an seine Umgebung, zu berücksichtigen. Üblicherweise handelt es sich dabei um Vertikalverschiebungen von wenigen Zentimetern.

Ungleichmäßige Setzungen, auch als **Setzungsdifferenzen** bezeichnet, führen zu Verformungen und Beanspruchungen im Primärtragwerk, die auch für anschließende Bauteile der Gebäudehülle und des Ausbaus zu berücksichtigen sind (🗗 **15**, **16**). Diese setzungsbedingten Zwangsbeanspruchungen des Primärtragwerks haben eine Veränderung des Lastabtrags und damit der Gründungslasten zur Folge, die wiederum die Baugrundsetzungen verändern. Diese Interaktion erfordert eine wirklichkeitsnahe Modellierung der Steifigkeitsverhältnisse des Tragwerks und seiner Gründungskonstruktion für einen setzungsempfindlichen Baugrund.

4.2 Frostbedingte Verformungen

■ Ebenfalls zu Verformungen und Beanspruchungen führen **Hebungen** durch die Wirkung des Frosts im Baugrund. In unseren geografischen Breiten ist damit zu rechnen, dass der Baugrund im Winter bis zu einer Tiefe von maximal 80 cm (**Frosttiefe**) gefriert. Dies bedeutet, dass das Porenwasser im Boden zu Eis wird und sein Volumen sich infolgedessen um bis zu 10% vergrößert. Dadurch kommt es zu einer Ausdehnung insbesondere stark wassergesättigter Bodenbereiche und zu einer zumeist ungleichmäßigen Hebung oberflächennaher Schichten des Baugrunds (lokale **Eislinsen**) (🗗 **17**). Dieser Effekt ist umso stärker, je feinkörniger die Bodenbeschaffenheit ist, und verringert sich deutlich mit zunehmender Porengröße. Unschädlich ist die Wirkung des Frosts dann:

- wenn die Porengröße ausreichend Ausdehnungsraum für das gefrierende Bodenwasser bietet, bzw. wenn dieses zuverlässig gedränt werden kann;
- wenn die Fundamentsohle tiefer als die maximale Frosttiefe geführt wird. Unterhalb dieses Niveaus ist nicht mehr mit Frost und folglich auch nicht mit sich ausdehnenden Bodenschichten zu rechnen.

In der europäischen Norm ist die Frosttiefe mit 80 cm festgesetzt, in der Praxis wird oft bis zu einer Mindesttiefe von

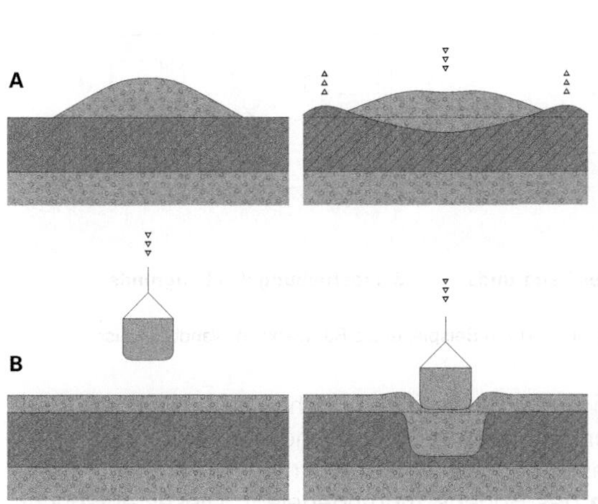

12 Verdrängung weicher Bodenschichten durch Wirkung von Auflast (**A**) (längerfristige Wirkung über einen Zeitraum von Monaten) und Aufprall (**B**).

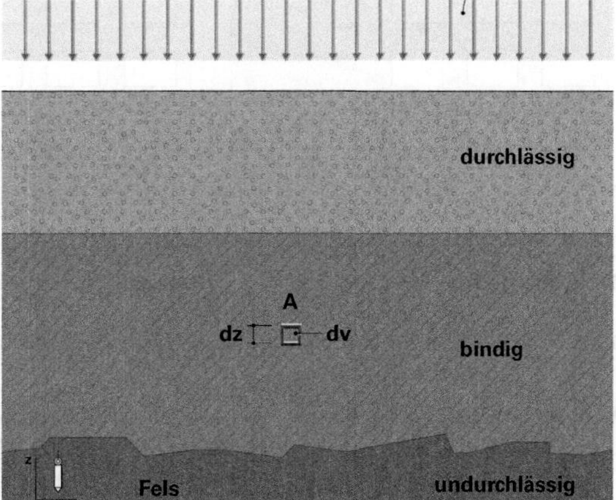

13 Setzung in der Gründungssohle (hier Punkt **A**) infolge der konstanten Auflast **Δp** (t_0) (Baugrundkonsolidierung).

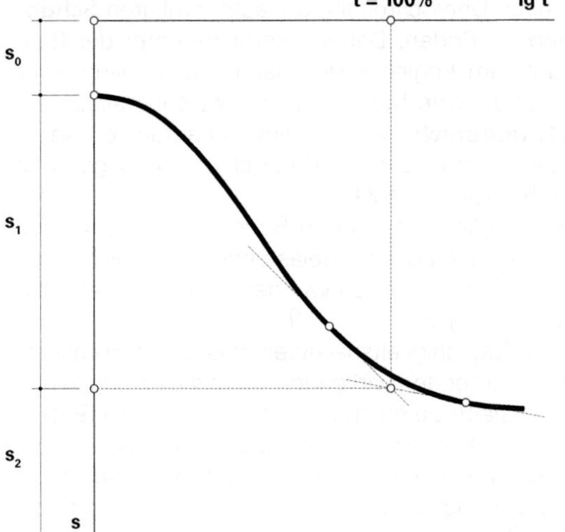

14 Halblogarithmisches **Zeit-Setzungs-Diagramm** bezogen auf den Punkt **A** in **13**.

s_0 Sofortsetzung (zeitunabhängig)
s_1 Primärsetzung (Konsolidierung)
s_2 Sekundärsetzung (Kriechen)

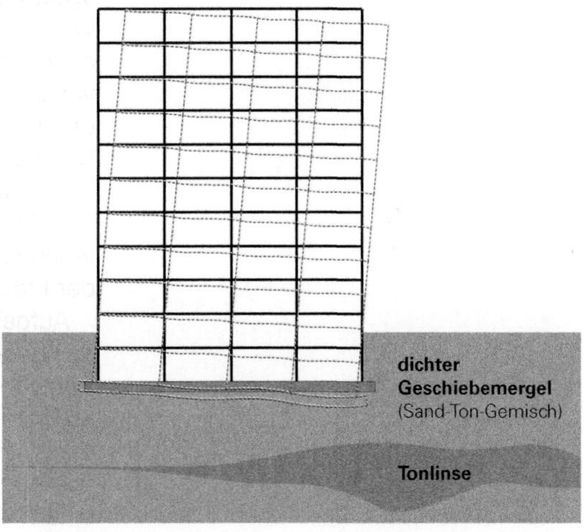

15 Einseitige Setzung infolge einer Tonlinse führt zu Beanspruchungen und Verformungen im Rahmentragwerk des Gebäudes.

100 cm gegründet (**18**).

Der Frostwirkung ausgesetzte Randbereiche von Bodenplatten lassen sich alternativ durch eine bis zur Frosttiefe geführte **Frostschürze** aus Beton (**19**) oder durch eine **Filterpackung** aus Kies (**20**) vor einer Frosthebung bewahren.

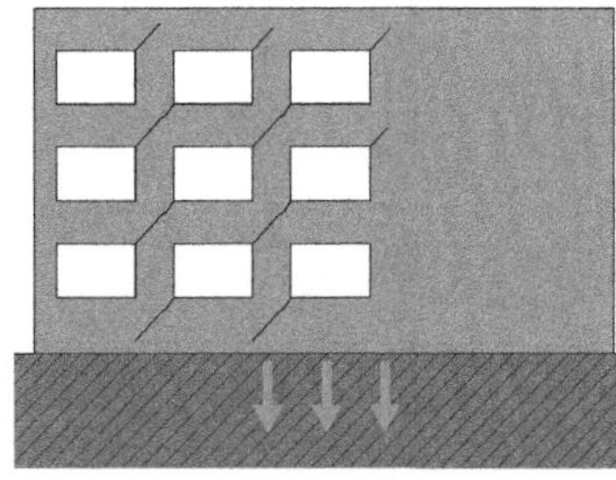

1 mittiges Setzen des Baugrunds

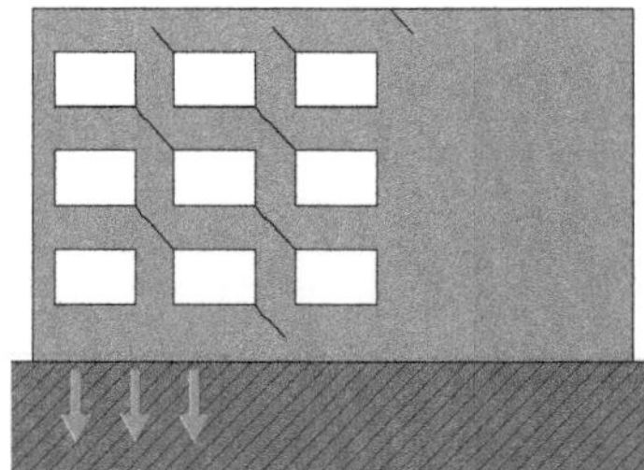

2 seitliches Setzen des Baugrunds

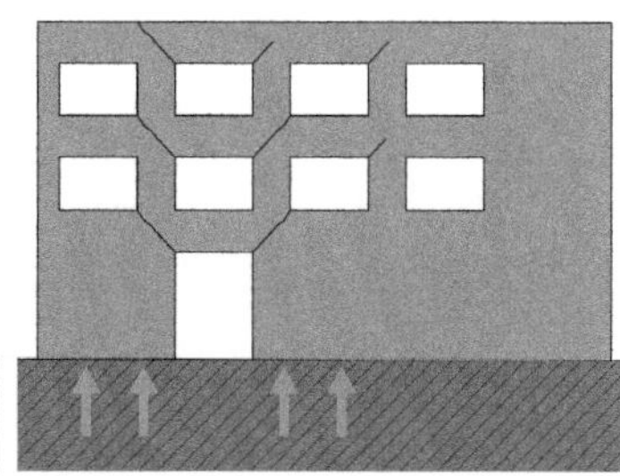

3 Frosthebung des Baugrunds

16 Setzungsschäden an Baukonstruktionen in Abhängigkeit der Setzungsart am Beispiel eines Bauwerks in Wandbauweise.

2.5

Versagen des Baugrunds

DIN 18122-1
DIN 18122-2

Wie bei jedem Baustoff des Hochbaus, ist die **Festigkeit** des Bodenmaterials die maßgebende Größe für die Tragfähigkeit des Baugrunds. Als Bruchkriterium wird ein **Scherversagen** des Bodens zugrundegelegt. Dieses entspricht dem kohäsions- wie reibungsbedingten Tragverhalten des Bodens gleichermaßen und wird seinem ausgeprägt nichtlinearen Last-Verformungs-Verhalten gerecht.

Damit beruhen die meisten Versagensformen des Baugrunds auf einer Überschreitung der aufnehmbaren **Schubspannungen** im Boden. Dabei kommt es unter der Bauwerklast zu einem Abgleiten des Baugrunds entlang einer ausgezeichneten Scherfuge. Man spricht ganz allgemein von einem **Grundbruch**, welcher dem Primärtragwerk seine definierte Lagerung entzieht und damit zum Versagen des Bauwerks führen kann (**21**).

Die Scherfestigkeit einer jeden Bodenschicht hängt von ihrer Zusammensetzung, ihrer Belastungsvorgeschichte und veränderlichen Einflussgrößen wie dem Wassergehalt oder der Frostgefährdung ab.

Aufgabe des Tragfähigkeitsnachweises ist es, im Halbraum des Baugrunds unter den wirkenden Zusatzbelastungen des Bauwerks die Gleitfuge durch die unterschiedlichen Bodenschichten zu ermitteln, die zur minimalen Scherfestigkeit bei maximaler Scherbeanspruchung führt. Überschreitet diese Scherbeanspruchung die Scherfestigkeit, so kommt es zu einem unkontrollierten Einsinken des Fundaments in den Baugrund – also zu einem Grundbruch.

Weitere Versagensformen sind das Kippen und Abgleiten des Bauwerks oder eines Bauwerkteils auf dem Baugrund. Dabei ist die Scherfestigkeit des Baugrunds wiederum die maßgebende Widerstandsgröße. Diese Versagensformen sind für Primärtragwerke, welche hohe Horizontallasten wie Wind oder einseitigen Erddruck abzutragen haben, von Bedeutung.

Die Gefahr eines **Gleitversagens** der Gründung (**22**) droht, wenn die in der Fundamentsohle abzugebende Horizontalkraft des Bauwerks aus **Wind H_a** und **Erddruck E_a** größer als die entgegenwirkende **Sohlreibung** des Fundaments **H_s** ist (**23**). Der dem Gleiten entgegenwirkende horizontale **Erddruck E_{pr}** darf dabei als stabilisierend angesetzt werden, wenn eine Horizontalverschiebung der Gründung zugelassen wird.

Das **Kippen** eines Bauwerks in der Gründung resultiert aus dem Hebelarm der am Bauwerk angreifenden Horizontallasten zur Gründungssohle (🗗 **24**). Das daraus resultierende Moment ist in der Gründung über die Sohldruckspannungen aufzunehmen – Zug ist nicht aufnehmbar. Dabei dürfen die zulässigen Bodenpressungen im Baugrund nicht überschritten werden und es ist unter ständigen Lasten ein **Aufklaffen** der Gründung – eine Entlastung von Teilen der Gründung – zu

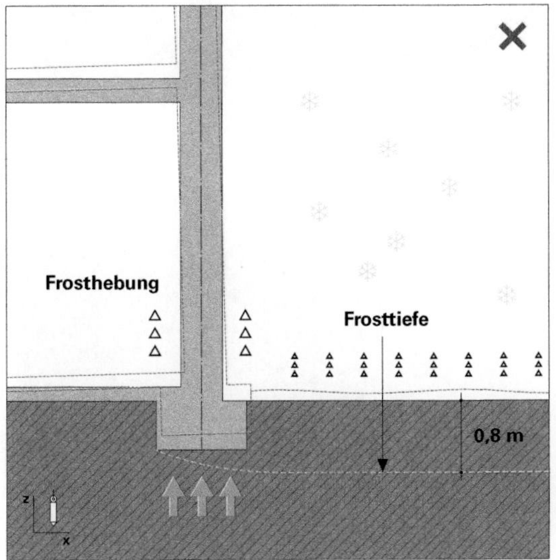

17 Nicht frostsichere Gründung einer Außenwand: Das Fundament ist nicht bis Frosttiefe geführt und wird infolge Frostwirkung hochgedrückt.

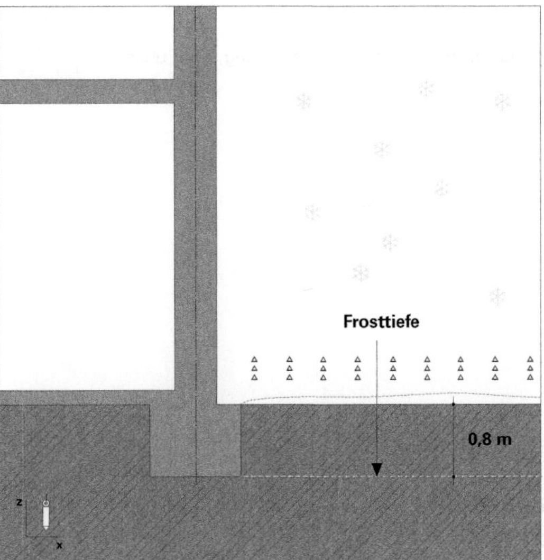

18 Frostsichere Gründung: Das Fundament ist bis Frosttiefe geführt. Eine Frosthebung ist nicht zu erwarten.

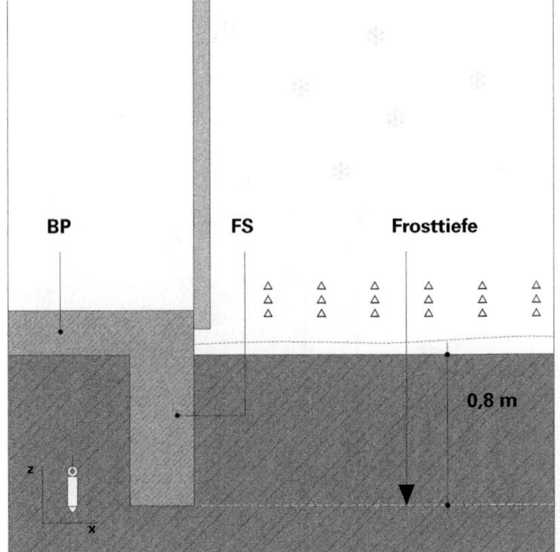

19 Frostsichere Ausführung einer Bodenplatte **BP** mithilfe einer bis Frosttiefe geführten **Frostschürze FS** aus Beton.

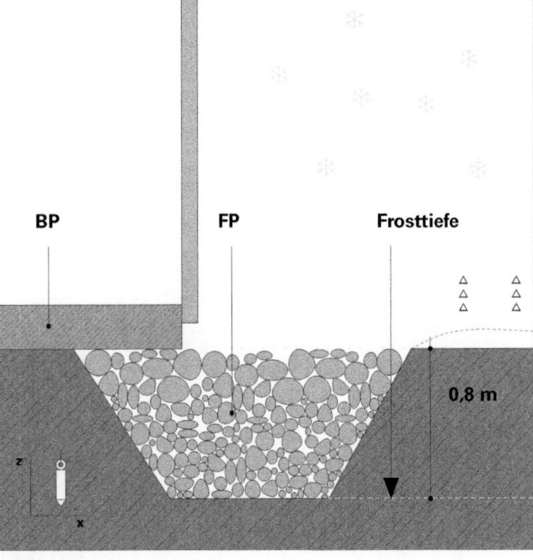

20 Frostsichere Ausführung einer Bodenplatte **BP** mithilfe einer Filterpackung **FP** aus Kies.

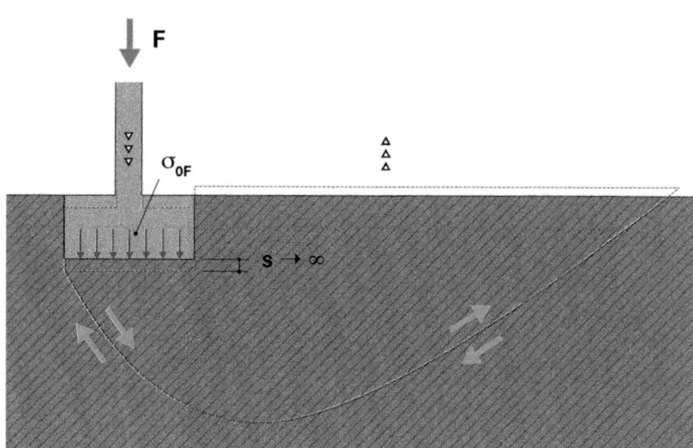

21 Grundbruch unter der Einwirkung eines überlasteten Fundaments.

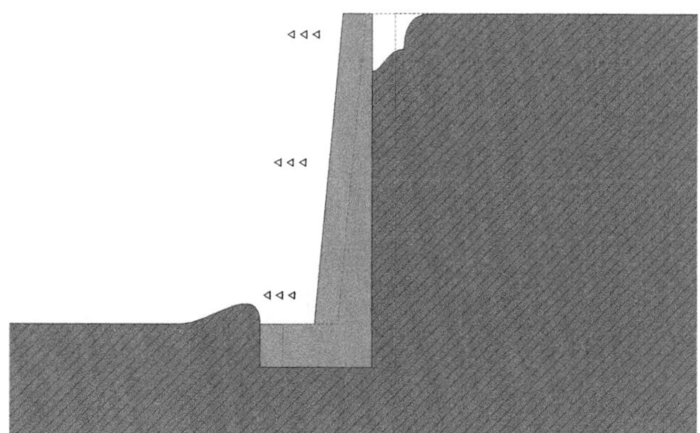

22 Gleiten einer Stützmauer unter der Einwirkung des Erddrucks. Dieses Phänomen ist typisch für Stützmauern, kann aber auch bei Gebäuden in Hanglage auftreten.

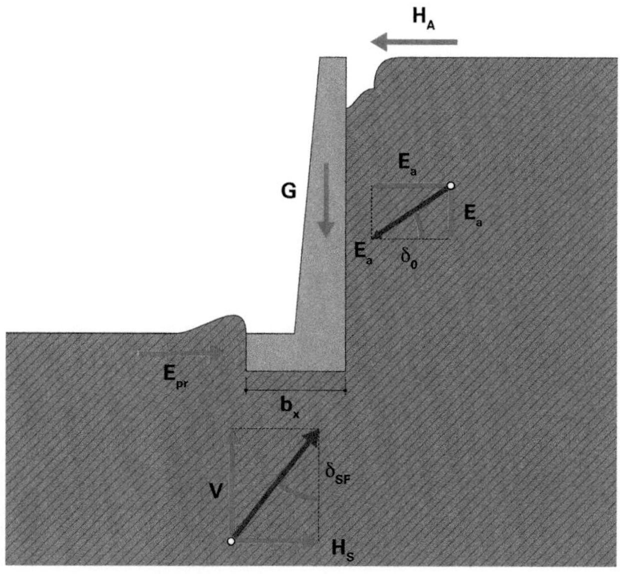

23 Kräfteverhältnisse bei der Stützmauer wie oben dargestellt bei endlicher Verschiebung.

vermeiden (⊞ **25**).

Für eine Bemessung der Gründungskonstruktion mit ausreichender Sicherheit gegenüber diesen Versagensformen ist ein Baugrundmodell mit einer Prognose der Festigkeits- und Steifigkeitseigenschaften der einzelnen Bodenschichten zu erstellen. Dies erfolgt im Allgemeinen durch geotechnische Untersuchungen im Rahmen eines Bodengutachtens für den jeweiligen Ort des Bauwerks. Bei statisch und gründungstechnisch einfachen Bauwerken lassen sich auch Erfahrungswerte zugrundelegen.

Insgesamt unterliegen die Eigenschaften des natürlich gewachsenen, sehr inhomogenen Baugrunds erheblichen Schwankungen. Diese können mit einem vertretbaren Erkundungsaufwand auch durch geotechnische Untersuchungen nicht vollends erfasst werden. Deshalb bedarf es eines im Vergleich zum Hochbau aus Stahl oder Beton hohen **Sicherheitsniveaus** für die Bemessung der Gründung von Tragwerken.

24 Kippen einer Stützmauer unter der Einwirkung des Erddrucks. Um ein Kippen zu verhindern, ist das Fundament unter der Stützmauer so anzuordnen, dass die Resultierende der Kräfte im Kernbereich der Gründungssohle verbleibt.

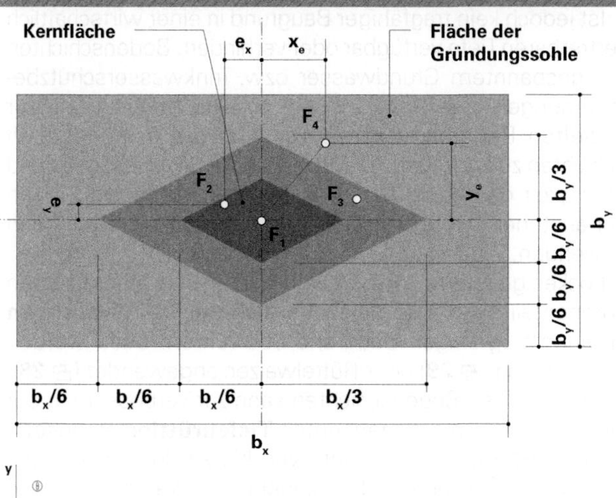

25 Beanspruchung eines Einzelfundaments: Greift die Kraft (F_1) im Schwerpunkt der Gründung an, ergibt sich eine konstante Sohldruckverteilung. Exzentrizitäten $e_{x,y}$ des Kraftangriffs (F_2) *innerhalb* der **Kernfläche** (dunkelgrau) führen zu einer veränderten Sohldruckverteilung, die Gründung bleibt aber überdrückt. Bei einem Kraftangriff *außerhalb* der Kernfläche werden die Sohlspannungen auf der Zugseite zu Null – es entsteht eine klaffende Fuge. Für den Kraftangriff (F_3) mit Exzentrizität $e \leq b_{x,y}/3$ ist das Fundament weiterhin standsicher. Bei einem Kraftangriff (F_4) mit Exzentrizität $e > b_{x,y}/3$ besteht Kippgefahr.

3. Gründungsarten

3.1 Gründung als Verbindung zwischen Bauwerk und Baugrund

■ Die Gründung eines Bauwerks hat die Aufgabe, die statischen Anforderungen des Tragwerks mit den Eigenschaften des vorliegenden Baugrunds in Einklang zu bringen. Dazu gehört die sichere Ableitung der Bauwerkslasten in den Baugrund, die Beschränkung von Setzungen auf für das Bauwerk verträgliche Verformungen und die Minimierung bzw. sichere Übertragung von Belastungen des Baugrunds auf das Bauwerk.

Die Baugrundgegebenheiten sind die entscheidende Grundlage für die Entwicklung von Gründungskonzepten und zugehörigen Konstruktionen. Sie können sich sogar auf das gesamte Tragwerkskonzept des Bauwerks auswirken.

Befinden sich tragfähige Bodenschichten nahe der Geländeoberkante bzw. im Bereich der Gebäudesohle, so ist die Ausführung einer **Flachgründung** sinnvoll (🗗 **26**). Diese versteht sich als Wand- bzw. Stützenfußverbreiterung, um die ankommenden Lasten auf den geringerfesten Baugrund zu verteilen. Diese Form der Gründung ist dann die kostengünstigste, da sie nur einen geringen Mehraushub gegenüber dem Baukörper benötigt und durch einfache Balken oder Platten aus Beton oder Stahlbeton hergestellt werden kann. Damit stellt die Flachgründung im Hochbau die Regelgründung dar.

Stehen tragfähige Bodenschichten erst in großer Tiefe unterhalb der Bauwerksohle an, so können **Tiefgründungen** auf Pfählen, Brunnen oder in Form von Senkkästen zur Anwendung kommen (🗗 **27**). Sie erweisen sich in diesem Fall deshalb als wirtschaftlich, weil für die Ausführung einer Flachgründung ansonsten Maßnahmen zur Bodenverbesserung oder gar ein Bodenaustausch für die oberen Schichten erforderlich wären.

3.2 Baugrundverbesserung und -austausch

■ Maßnahmen zur Verbesserung der Baugrundeigenschaften sind zeit- und kostenintensiv. Sie werden deshalb nur selten angewendet.

Ist jedoch kein tragfähiger Baugrund in einer wirtschaftlich vertretbaren Tiefe verfügbar oder verhindern Bodenschichten mit gespanntem Grundwasser bzw. Trinkwasserschutzbestimmungen eine Tiefgründung, so sind Maßnahmen zur gezielten Baugrundverbesserung für die geländenahen Schichten zu ergreifen. Zur Erhöhung der Scherfestigkeit und Steifigkeit des Baugrunds lassen sich in Abhängigkeit von der anstehenden Bodenschicht unterschiedliche Methoden anwenden.

Locker gelagerte, eher rollige Böden mit einem hohen Porenanteil kann man durch **Verdichten** und **Verdrängen** in einen tragfähigen Baugrund überführen. Dazu werden Rüttelplatten (🗗 **29**) oder Rüttelwalzen angewendet (🗗 **28**). Bei sehr dicken Bodenschichten kann zur Verbesserung der Tiefenwirkung ein sogenannter **Tiefenrüttler** eingesetzt werden (🗗 **31**). In einer Tiefe von bis zu 30 m wird dabei Rüttelenergie in den Boden eingebracht, was zu einer Verdichtung des Korngerüsts führt. Der infolge Nachsackens

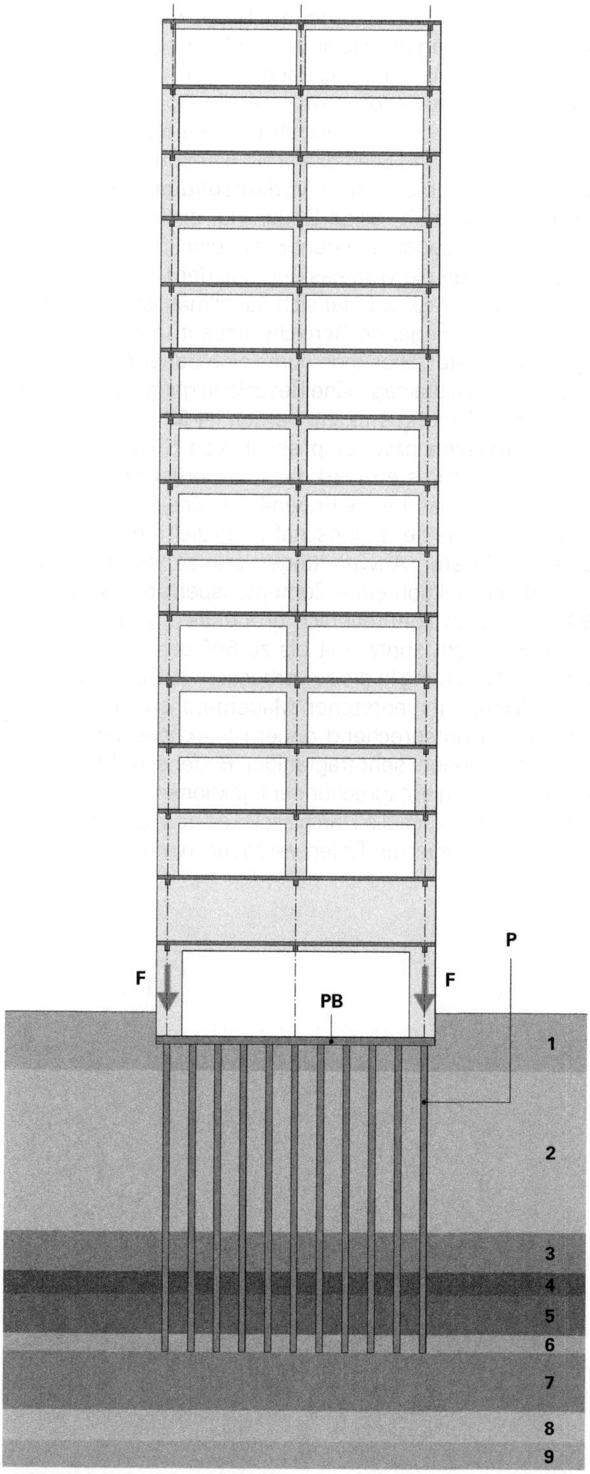

27 Tiefgründung eines Hochhauses aus Pfählen **P** und Pfahlkopfplatte **PB**, in Bodenschichten **3** bis **9**.

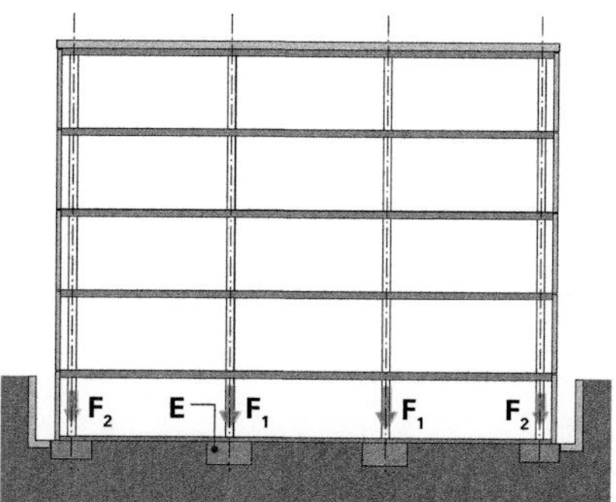

26 Flachgründung eines Skelettbaus aus Einzelfundamenten **E**.

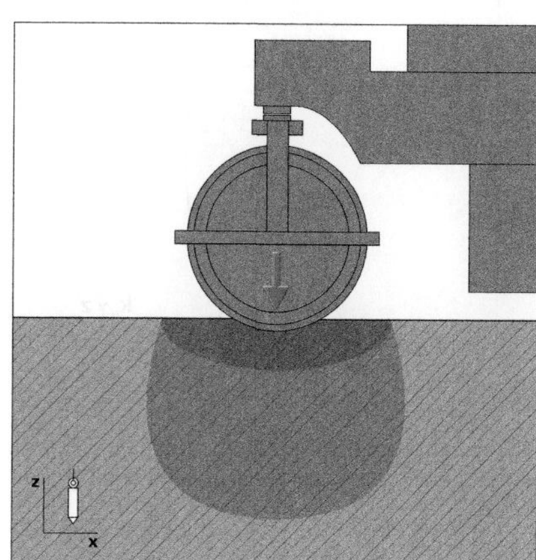

28 Verdichtungszonen unter linearem Verdichtungsdruck eines Oberflächenrüttlers.

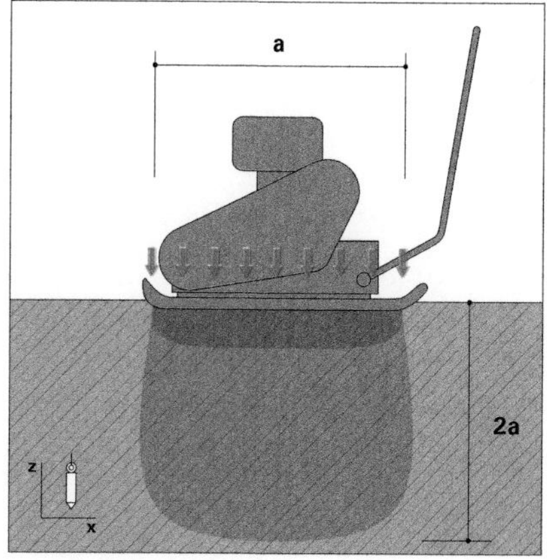

29 Verdichtungszonen unter flächigem Verdichtungsdruck eines Oberflächenrüttlers.

fehlende Boden wird beim Ziehen am Rüttlerkopf nachgefüllt.

Überschüttungen des Geländes vor Baubeginn bewirken eine gezielte Vorbelastung des Baugrunds. Dadurch werden Setzungen vorweggenommen und die Bodenschichten in eine dichtere Lagerung überführt. Somit lässt sich eine erhöhte Festigkeit und Steifigkeit des Baugrunds erreichen. Diese Maßnahme, die auch als **Vorkonsolidierung** bezeichnet wird, erfordert für rollige Böden nur einen Vorlauf von einigen Monaten gegenüber dem Baubeginn. Bindige Böden hingegen nehmen die Vorbelastung aus der Überschüttung als Porenwasserdruck auf, der sich nur allmählich durch Entwässerung in umliegende Bereiche abbaut und damit das Korngerüst belastet. Hier kann durch eine Baugrundentwässerung mit Vertikaldrainage eine Beschleunigung der Setzung und Bodenverdichtung erreicht werden (⧉ **32**).

Durch **Injizieren** bzw. Einpressen von Suspensionen, Emulsionen oder Pasten wird das Korngerüst des Bodens verdichtet. Das entstehende Boden-Injektions-Gemisch lässt sich hinsichtlich seiner Eigenschaften gezielt beeinflussen. Eine der häufigsten Anwendungen dieses Verfahrens ist die Hochdruckinjektion einer Zementsuspension (*Soilcrete*) (⧉ **33**). Eine sich kontinuierlich drehende Injektionslanze in einem Stützrohr spritzt mit bis zu 500 bar eine Wasser-Feinzement-Mischung in die zu verbessernde Bodenschicht. Nach der Aushärtung entstehen Magerbetonsäulen im Baugrund, die bei entsprechend engem Injektionsabstand zu einer geschlossenen, sehr tragfähigen Bodenschicht führen.

Bei Verwendung entsprechender Injektionsmittel kann mit diesem Verfahren auch die Durchlässigkeit bzw. Dichtheit des Baugrunds in definierten Tiefen verändert werden.

σ_x

$k_p \gamma z$

2a

$k_0 \gamma z$

z

30 Verdichtungsdruck: Zusatzspannung infolge Verdichtung bezogen auf die Wirkungstiefe **2a** wie in ⧉ **25**.

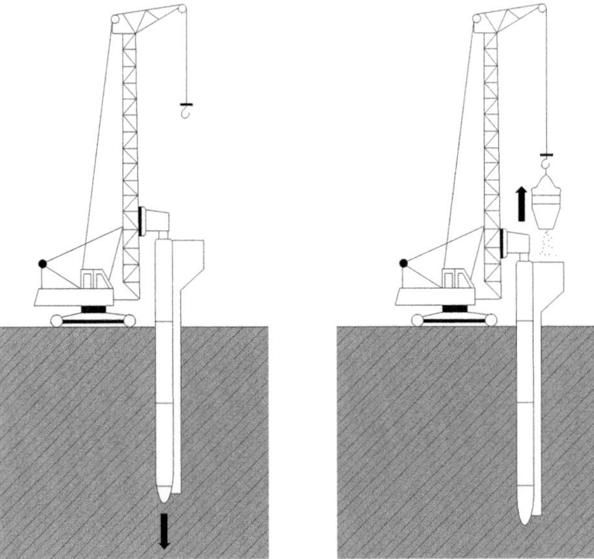

31 Tiefenrüttler: links Vortrieb, rechts Ziehen.

Bei oberflächennahen räumlich begrenzten Bodenschichten oder –linsen mit sehr geringer Festigkeit und hoher Setzungsempfindlichkeit kann auch ein **Bodenersatz** wirtschaftlich sein. Dabei wird das ungeeignete Bodenmaterial entfernt und durch tragfähigen Boden, häufig Kies oder Sande, ersetzt (🗗 **34**). Diese sind anschließend durch Rüttelwalzen oder Tiefenrüttler zu verdichten.

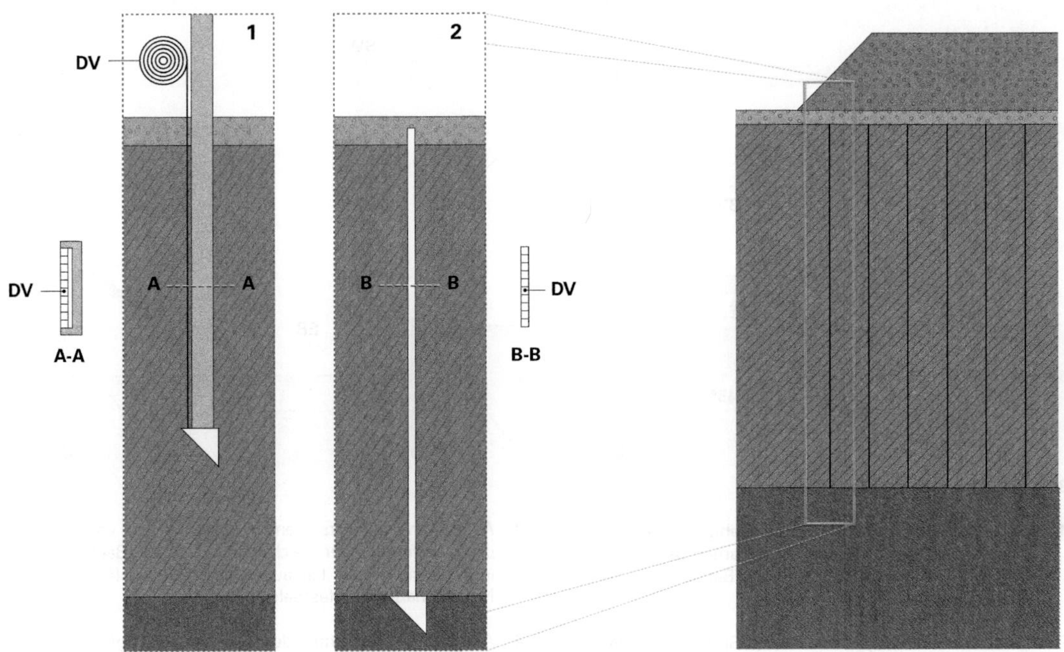

32 Vertikaldräns. **DV** = Dränvlies. Skizze **1** stellt die Herstellung, Skizze **2** den Endzustand des Vertikaldräns dar.

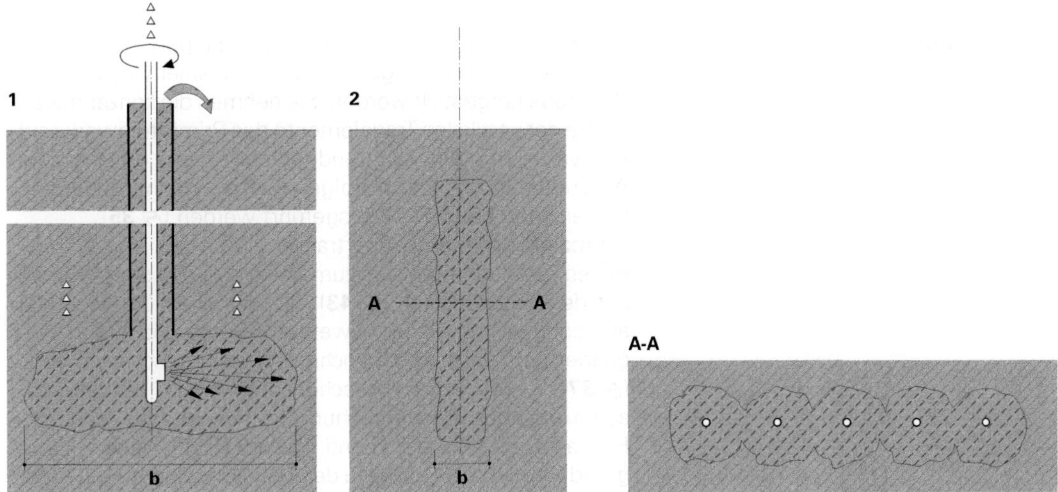

33 Bodenverbesserung durch **Hochdruckinjektion** von Feinzementsuspension. Skizze **1**: Herstellungsprozess durch rotierendes Injizieren von der Sohle nach oben. Skizze **2**: Fertige Bodensäulen.

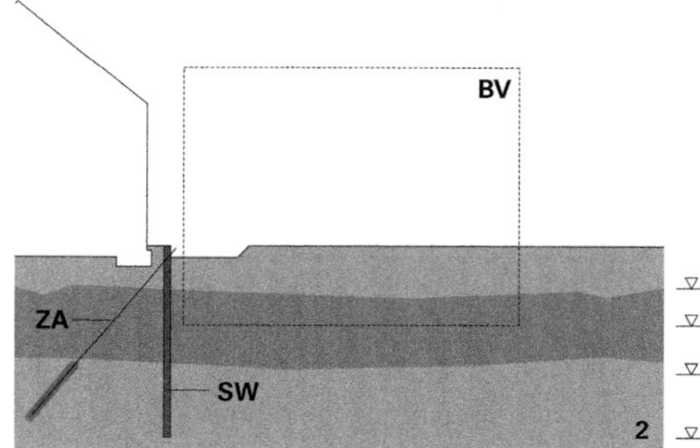

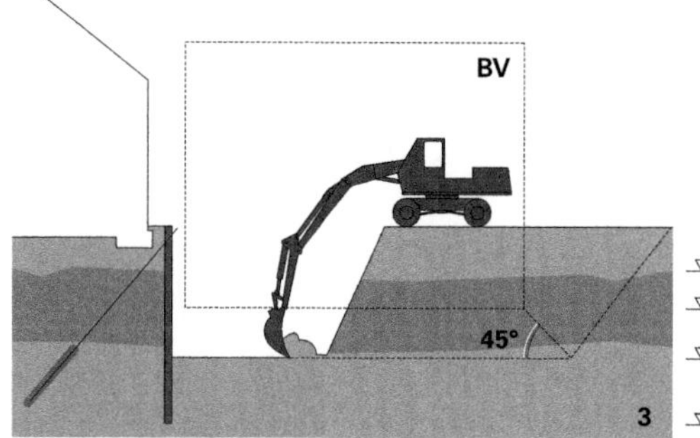

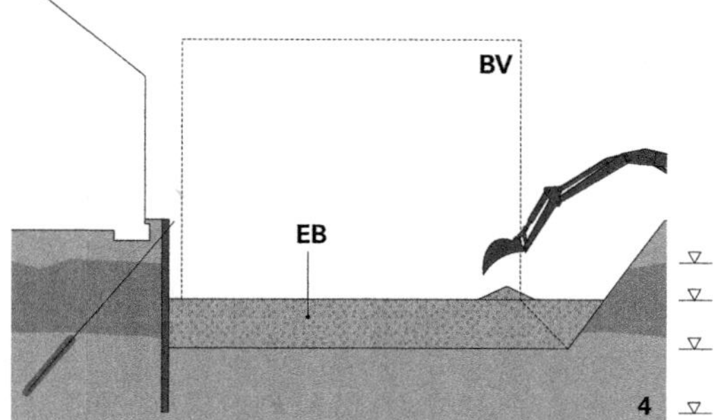

34 Beispiel für einen **Bodenersatz**.

1 Ausgangszustand: geplante Baumaßnahme in Nachbarschaft vorhandener Bebauung, Bauvolumen **BV**. Wenig tragfähige Weichschicht **WS** im Baugrund, die es zu ersetzen gilt.

2 Schutz des Nachbargebäudes durch Spundwand **SW**, mittels Zuganker **ZA** gesichert.

3 Auskoffern des zu ersetzenden Bodens bis zur vollständigen Entfernung der Weichschicht. Rand der Baugrube in Abhängigkeit des Lastausbreitungswinkels (45°) der Neubaumaßnahme festgelegt.

4 Auffüllen und Verdichten der Baugrube mit tragfähigem Ersatzboden **EB** bis zur Höhe der geplanten Bauwerkssohle.

3.3 Flachgründungen

■ Flachgründungen sind Flächengründungen, die in frostfreier Tiefe auf tragfähigem Baugrund in einer wasserfreien Baugrube hergestellt werden. Sie nehmen die konzentrieren Kräfte der vertikalen Tragelemente des Primärtragwerks auf und verteilen diese baugrundgerecht auf die erforderliche Aufstandsfläche. Demzufolge müssen Flachgründungen ausreichend **biegesteif** ausgeführt werden (🗗 **35**).

Einzelfundamente übertragen die Lasten von stabförmigen Tragelementen, wie zum Beispiel Pfeiler oder Stützen, auf den Baugrund (🗗 **36–43**). Sie bestehen überwiegend aus unbewehrtem oder bewehrtem Beton. Sie haben eine quaderförmige (🗗 **36**), manchmal oben abgeschrägte Form (🗗 **37**). Sie werden entsprechend der Art und Richtung der abzutragenden Beanspruchung so ausgebildet, dass die Fundamentsohle weitgehend überdrückt ist, da eine Flachgründung keine Zugkräfte in den Baugrund übertragen kann. Deshalb kragt das Fundament unter einer ständigen Momentenbeanspruchung auf der Druckseite aus (🗗 **39–41**). Ein

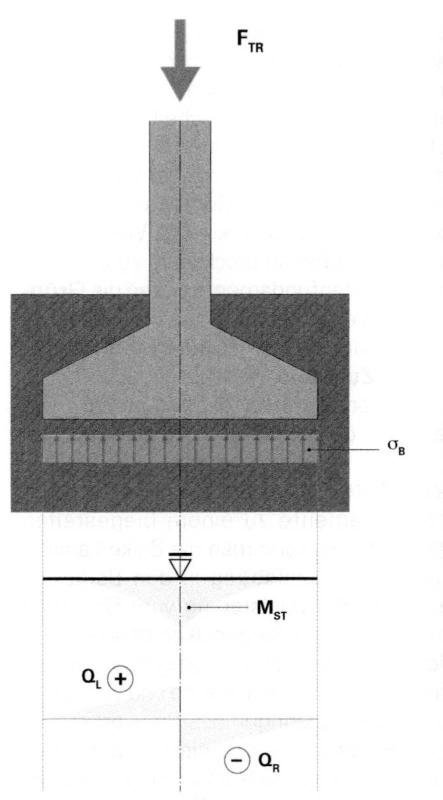

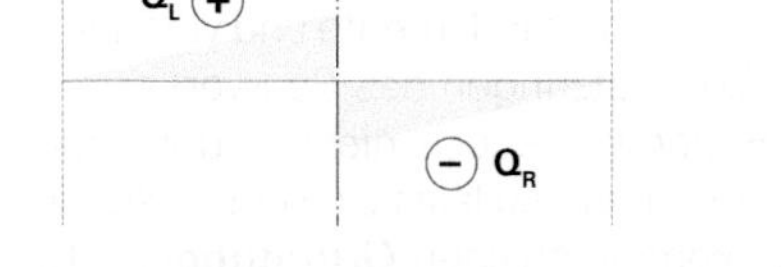

35 Statisches System des Fundaments und Schnittgrößen: Biegemoment $\mathbf{M_{ST}}$ und Querkraft $\mathbf{Q_{L/R}}$

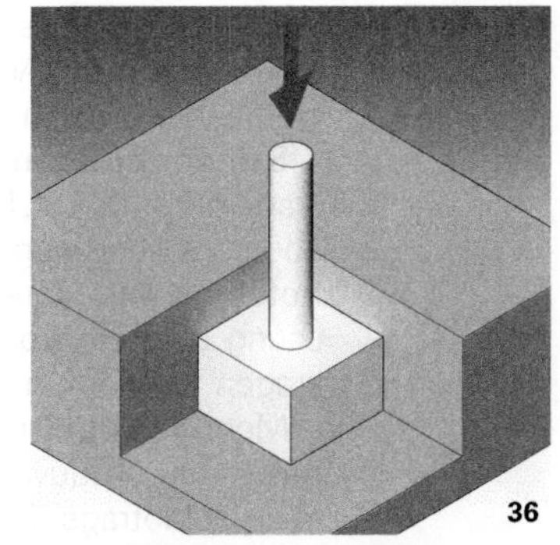

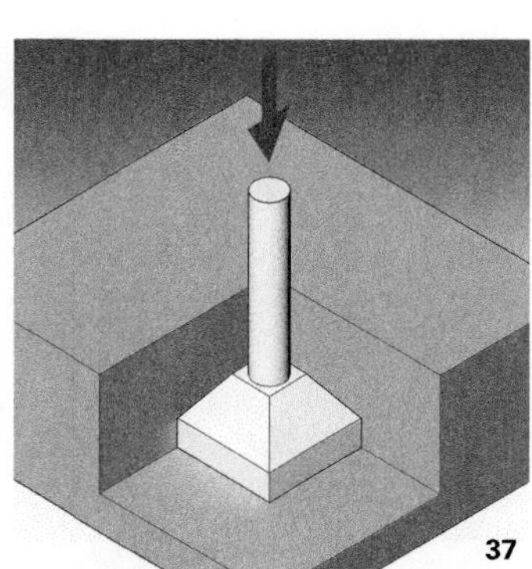

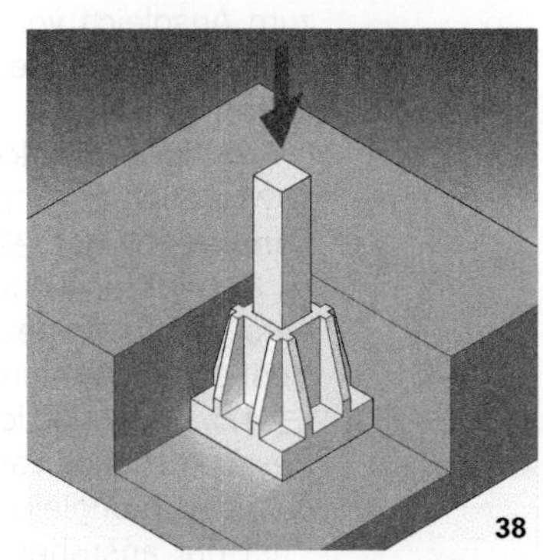

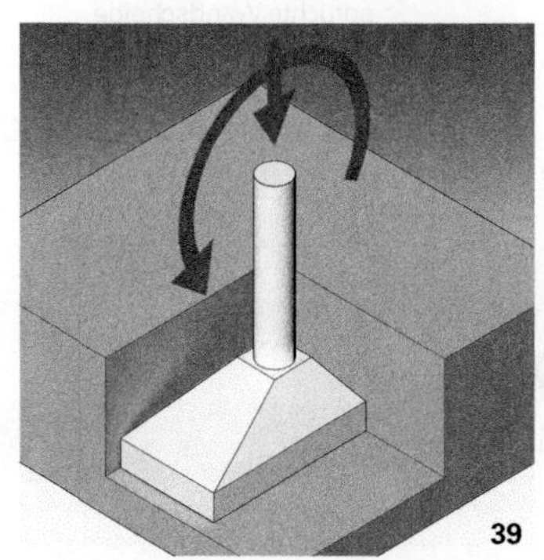

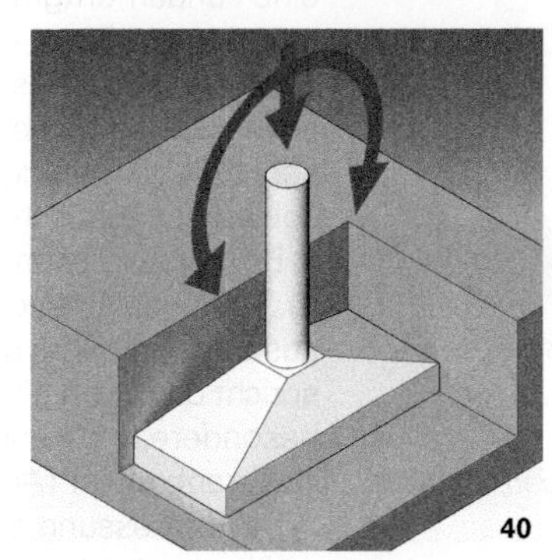

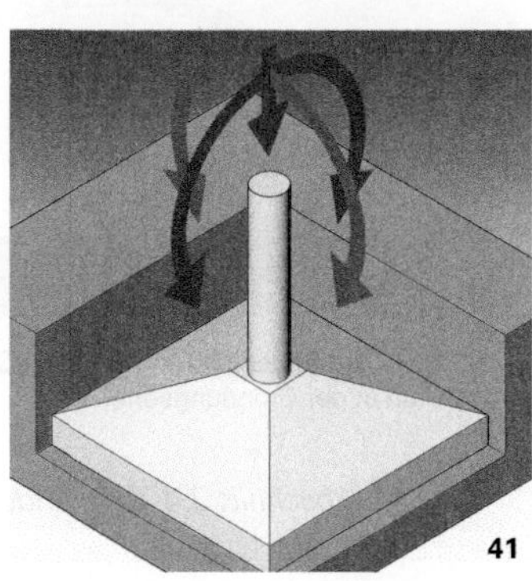

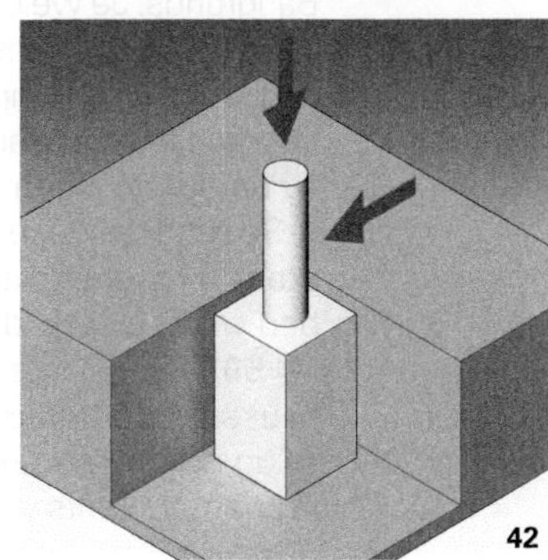

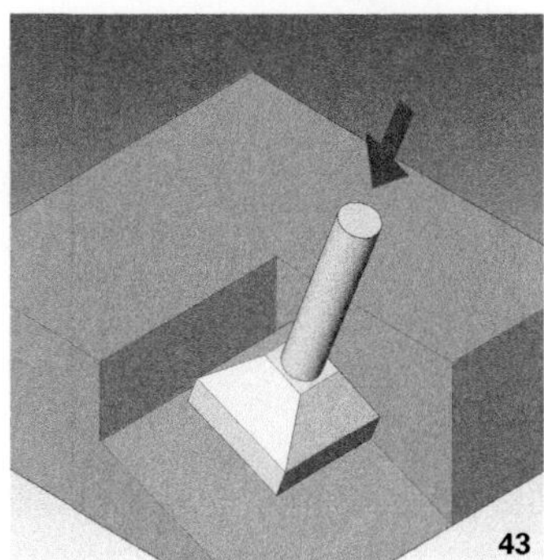

36 Einzelfundament – Blockfundament.

37 Einzelfundament – abgeschrägt.

38 Einzelfundament – vorgefertigt, z. B. Köcherfundament.

39 Einzelfundament bei Einspannung gegen einseitige Momentenbeanspruchung.

40 Einzelfundament bei Einspannung gegen zweiseitige Momentenbeanspruchung.

41 Einzelfundament bei Einspannung gegen allseitige Momentenbeanspruchung.

42 Einzelfundament – Pfeiler bei veränderlicher Horizontalbeanspruchung.

43 Einzelfundament – geneigt bei schrägem ständigen Lastangriff.

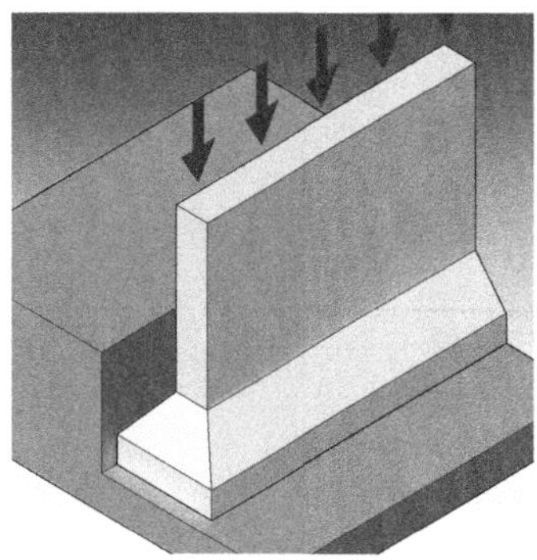

44 Streifenfundament für vertikal beanspruchte Wandscheibe.

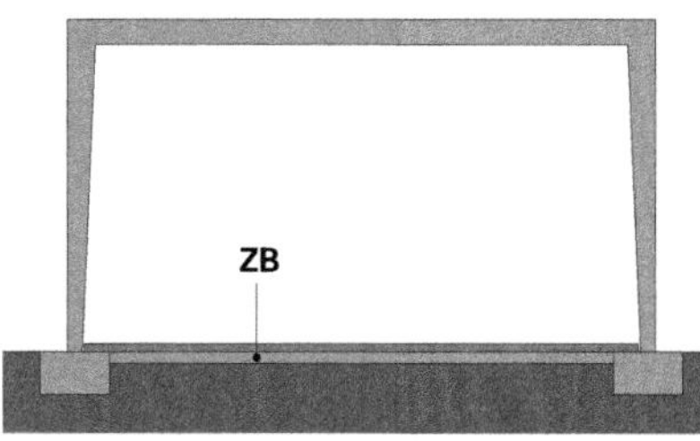

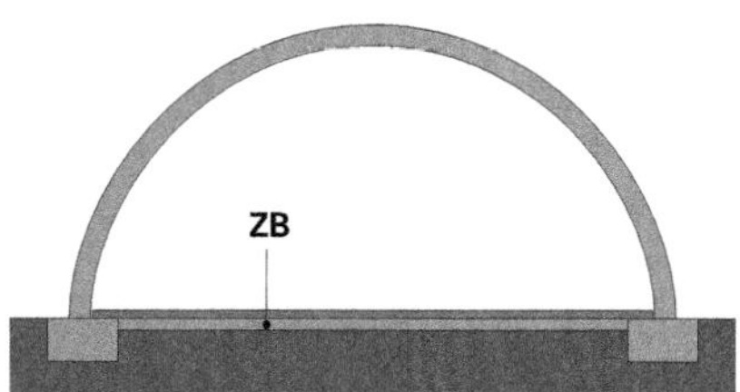

45 Zugbänder ZB zum Kurzschließen von Querkräften in der Gründungsebene.

☞ *Abschnitt 3.4 Tiefgründungen, S. 450 ff*

massiver Fundamentpfeiler (🗗 **42**) erzeugt das notwendige Eigengewicht zur Aufnahme einer veränderlichen Horizontalkraft in der Fundamentsohle durch Reibung.

Streifenfundamente werden unter scheibenförmigen Tragelementen, z. B. Wänden, angeordnet und bestehen ebenfalls überwiegend aus unbewehrtem oder bewehrtem Beton (🗗 **44**). Unter einer ständigen Momentenbeanspruchung bzw. Horizontalkräften rechtwinklig zur Wandebene kragen Streifenfundamente ebenso druckseitig aus.

Mehrere Einzel- und Streifenfundamente bilden die **Gründung** eines Bauwerks. Sie lassen sich zur Verbesserung des Lastabtrags in den Baugrund zu **Fundamentgruppen** verbinden. So dient ein **Zugband** zwischen Fundamenten zum Ausgleich von Horizontalkräften, die anderenfalls verformungsgefährdet über den Baugrund kurzzuschließen wären (🗗 **45**).

Fundamentbalken (🗗 **46**) verbinden Einzelfundamente sowie auch Streifenfundamente zu einem biegesteifen **Fundamentrost** (🗗 **48**). Dabei kann man die Balken analog zu Streifenfundamenten am Lastabtrag in den Baugrund beteiligen oder gezielt durch Abpolsterung vom Baugrund trennen und auf ihre Funktion als Biegebalken beschränken (🗗 **47**). Sie ermöglichen die Übertragung von großen lokalen Beanspruchungen auf die Nachbarfundamente und verringern damit auch ungleichmäßige Setzungen des Bauwerks.

Ist der anstehende Baugrund jedoch nicht in der Lage, eine Fundamentgruppe zu tragen, so lässt sich eine Flächengründung in Form einer kontinuierlichen **Gründungsplatte** ausbilden. Diese ist insbesondere in Verbindung mit einer notwendigen Abdichtung gegen drückendes Wasser und bei sehr unregelmäßigen Bodenverhältnissen in der Gründungssohle wirtschaftlich.

Bei sehr weichen, setzungsempfindlichen Böden kann die Gründungsplatte so tief gelegt werden, dass die Sohlauflast aus dem Bauwerk geringer als das Aushubgewicht ist. Man spricht dann von einer **schwimmenden Gründung**, die insbesondere im Grundwasser unter Auftrieb durch Zugpfähle zu verankern ist (🗗 **49**).

Die Bemessung einer Flachgründung richtet sich neben den zu übertragenden Lasten vor allem nach der **Steifigkeit** des Baugrunds. Je weicher und unregelmäßiger der Baugrund ist, desto biegesteifer ist die Flachgründung auszuführen. Dabei ist die Setzungsempfindlichkeit des Primärtragwerks und der anschließenden Bauteile, zum Beispiel der Hüllkonstruktion, zu berücksichtigen.

So kann die Ausbildung eines quasi starren **Gründungskastens**, bestehend aus der Gründungsplatte, den Wandscheiben und Decken der Kellergeschosse, notwendig werden (🗗 **50**). Ein solcher Kellerkasten ist insbesondere bei Hochhäusern erforderlich, um die großen Lasten bei einer gleichzeitig schlanken und nachgiebigen Skelettkonstruktion des Primärtragwerks verformungsarm im Baugrund zu verteilen.

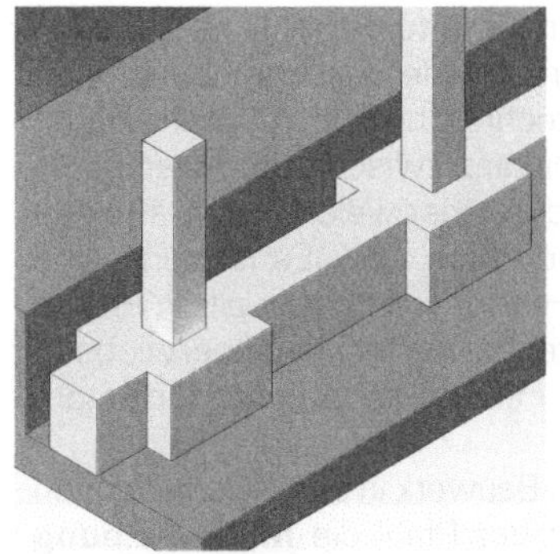

46 **Fundamentbalken**.

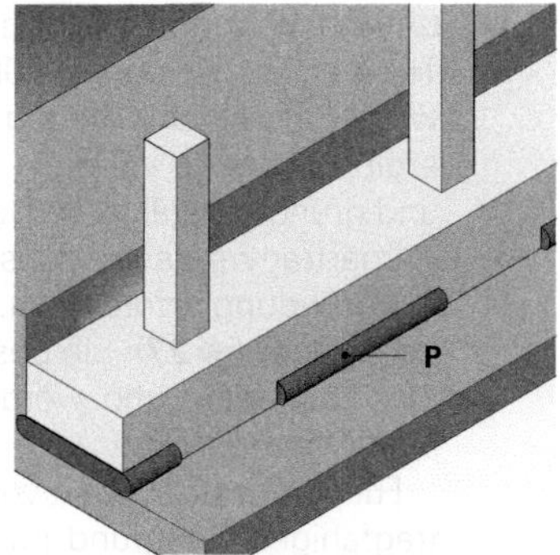

47 **Fundamentbalken** mit Polstern (**P**).

48 **Fundamentrost.**

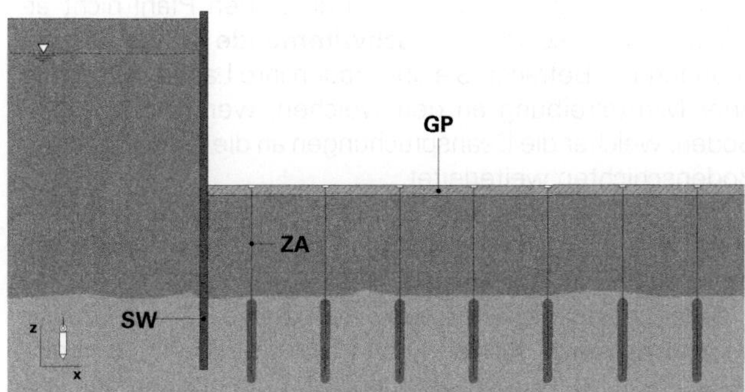

49 **Schwimmende Gründung** mit Sicherung durch Zuganker.

GP Gründungsplatte
SW Schlitzwand
ZA Zuganker

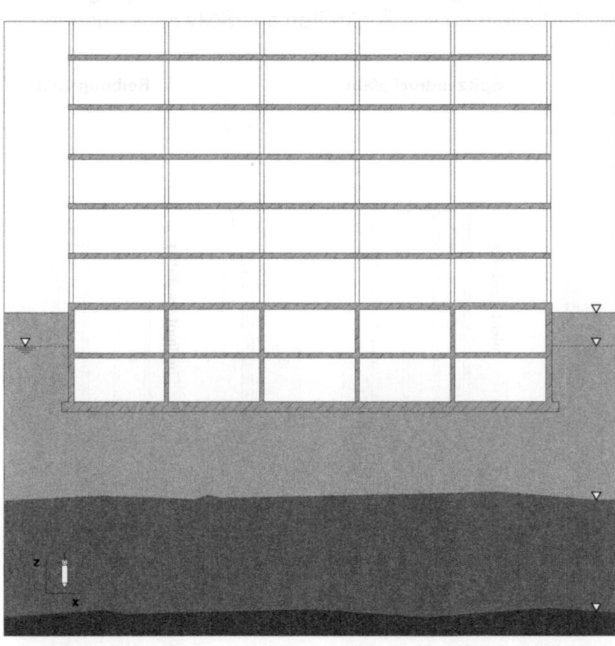

50 **Gründungskasten** eines Hochhauses.

3.4 Tiefgründungen

■ Stehen tragfähige Bodenschichten erst in sehr großer Tiefe an, so ist die Ausführung einer Flachgründung nicht wirtschaftlich und häufig technisch nicht möglich. Damit ergibt sich eine vertikale Distanz zwischen Bauwerksohle und gründungsfähigem Boden, über welche die Kräfte des Primärtragwerks zu transportieren sind. Es ist dann eine Tiefgründung erforderlich. Hierfür werden vor allem **Pfähle** verwendet (**27**). Sie bestehen im Hochbau überwiegend aus Stahlbeton und werden als Fertigteil- oder Ortbetonpfähle hergestellt.

Für den Lasttransport vom Bauwerk in den tieferliegenden tragfähigen Baugrund nutzt der Pfahl die **Mantelreibung** zum umgebenden Boden und die **Sohlpressung** am Pfahlfuß (**51**). Demnach bezeichnet man im Grundbau Pfähle, welche den überwiegenden Teil ihrer Last bis zum Pfahlfuß transportieren und dort direkt an den tragfähigen Boden abgeben, als sogenannte **Spitzdruckpfähle**.

Kann der tragfähige Baugrund durch den Pfahl nicht erreicht werden, so kommen **schwimmende Pfähle** für eine Gründung in Betracht. Sie übertragen ihre Lasten allmählich über Mantelreibung an den weichen, wenig tragfähigen Boden, welcher die Beanspruchungen an die tieferliegenden Bodenschichten weiterleitet.

Diese Art der Lastübertragung durch Reibung zwischen dem Pfahl und dem umgebenden Baugrund ermöglicht die Ausbildung von **Zugpfählen** (**52**).

DIN EN 1537

Damit lassen sich im Gegensatz zu einer Flachgründung auch **abhebende Kräfte** durch Pfähle im Baugrund verankern. Dies findet Anwendung bei der Auftriebsicherung von Flächengründungen unterhalb des Grundwasserspiegels und bei der Einleitung von Zugkräften aus Seilverankerungen.

☞ *Abschn. 3.3 Flachgründungen, S. 446*

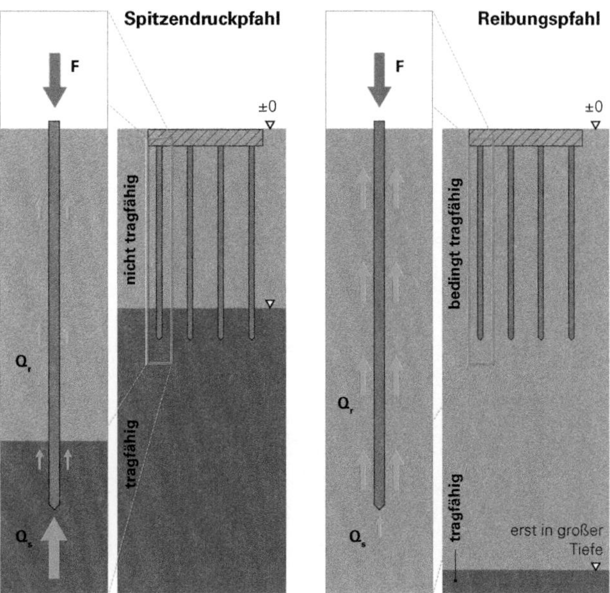

51 Tragprinzipien von Pfählen.

Pfähle werden weiterhin nach der Art ihres Einbringens in den Boden unterschieden. Für Gründungen des Hochbaus werden dabei überwiegend **Bohr**- oder **Rammpfähle** ausgeführt:

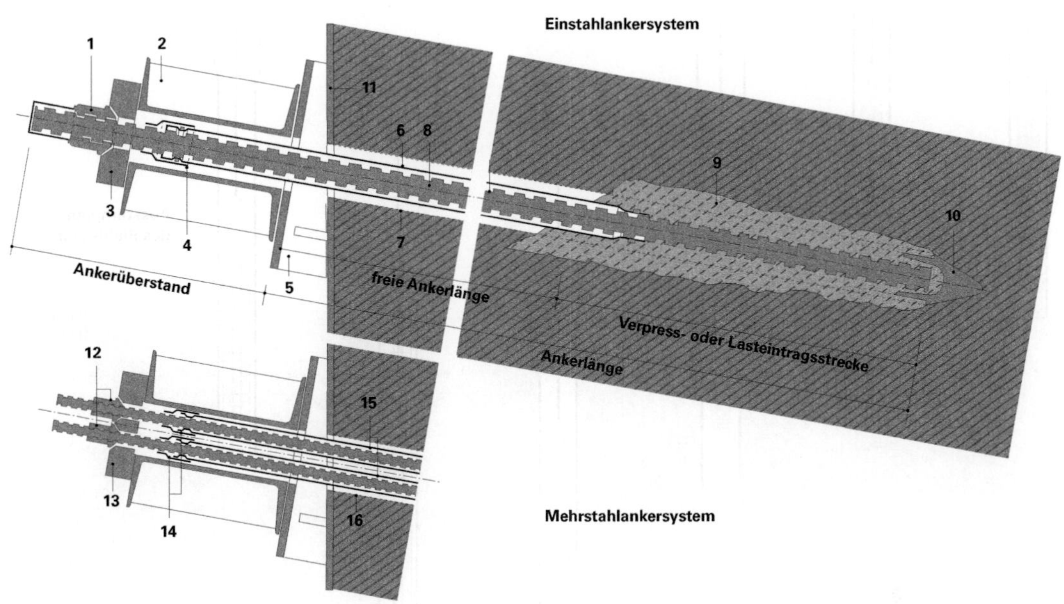

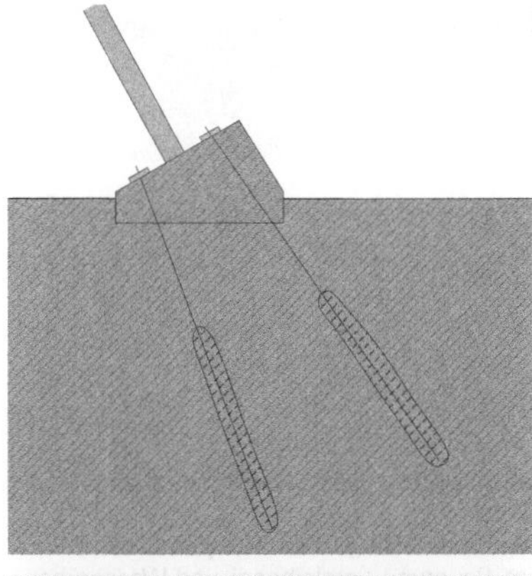

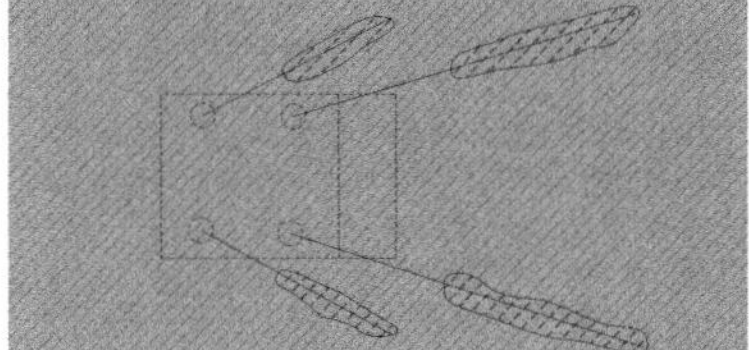

52 Zugpfähle (Verpressanker), links unten Ankergruppe.

1 Verankerungsmutter mit Gelenkkonus
2 Gurtung mit Stegaussteifung im Ankerbereich
3 Ankerkopfplatte
4 Muffe zum Verschluss des Hüllrohrs
5 Keilfutter
6 Hüllrohr
7 Bohrrohr
8 Gewindestahl
9 Verpresskörper (Zementmörtel)
10 Bohrspitze
11 Spundwand
12 Verankerungsmuttern
13 Ankerkopfplatte
14 Verschlussmuffen
15 Hüllrohr
16 Bohrrohr

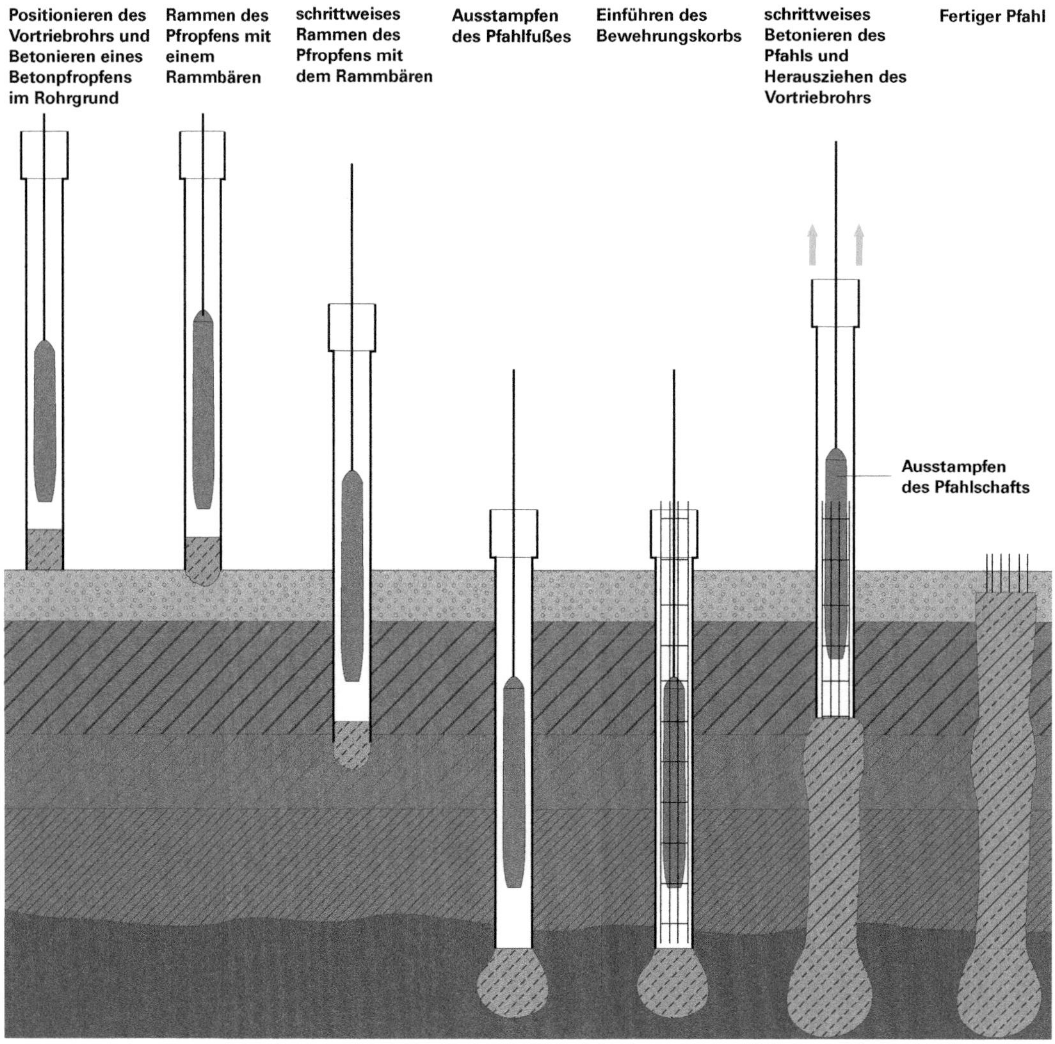

Positionieren des Vortriebrohrs und Betonieren eines Betonpfropfens im Rohrgrund

Rammen des Pfropfens mit einem Rammbären

schrittweises Rammen des Pfropfens mit dem Rammbären

Ausstampfen des Pfahlfußes

Einführen des Bewehrungskorbs

schrittweises Betonieren des Pfahls und Herausziehen des Vortriebrohrs

Fertiger Pfahl

Ausstampfen des Pfahlschafts

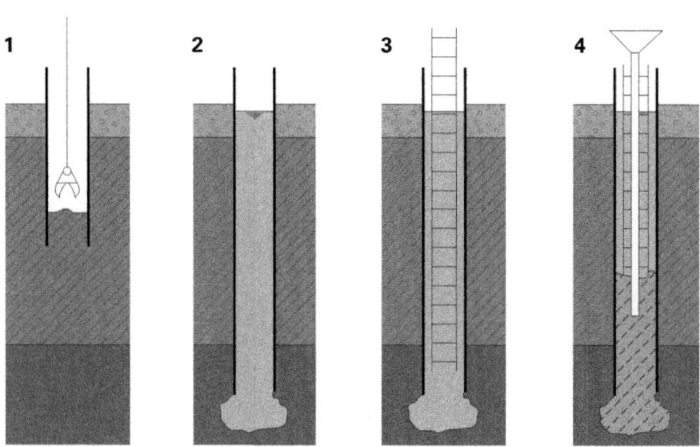

53 (Oben) Herstellung eines **Ortbetonrammpfahls**.

54 (Links) Herstellung eines **Bohrpfahls** mit Stützrohr (im Baugrund verbleibend) und Wasserüberdruck infolge gespannten Grundwassers.

1 Beginn des Aushebens im Stützrohr
2 selbsttätiges Füllen des Bohrraums durch Bodenwasser
3 Einführen der Bewehrung
4 Einfüllen des Betons mithilfe eines Trichters und eines Fallrohrs

- Beim **Rammen** oder **Einpressen** verdrängt der Pfahl bzw. das Vortriebrohr den Boden (53). Dieser wird dadurch verdichtet und ermöglicht so eine höhere Mantelreibung für den Lastabtrag. Die in den Boden einzubringende Energie kann bei angrenzenden Nachbarbebauungen zu Setzungsschäden führen. Rammpfähle sind im Durchmesser und in ihrer Länge begrenzt. Sie eignen sich in Verbindung mit einer Gründungsplatte, einer sogenannten **Pfahlkopfplatte**, besonders für großflächig verteilte Bauwerklasten.

DIN EN 12699

- **Bohrpfähle** verdrängen keinen Boden, da ihr Volumen durch Bohren oder Spülen aus dem Boden zu entfernen ist, bevor der Pfahl im Bohrloch hergestellt wird (54). Das Bohren und Betonieren erfolgt meistens mit einer Verrohrung des Bohrlochs. Bohrpfähle lassen sich mit sehr großen Durchmessern (< 2 m) und bis in sehr große Tiefen herstellen. Sie eignen sich besonders für hohe konzentrierte Bauwerklasten.

DIN EN 1536

Die Gründung eines Bauwerks setzt sich aus einer Gruppe von Einzelpfählen zusammen. Diese werden über eine ca. 2 m dicke Pfahlkopfplatte oder einen Pfahlrost miteinander verbunden und an das Primärtragwerk des Bauwerks angeschlossen (55). Die Pfahlkopfplatte bzw. der Pfahlrost verteilt die Bauwerklasten entsprechend der einzelnen Pfahlsteifigkeiten und gleicht damit baugrundseitige Setzungsunterschiede und bauwerkseitige Lastkonzentrationen aus.

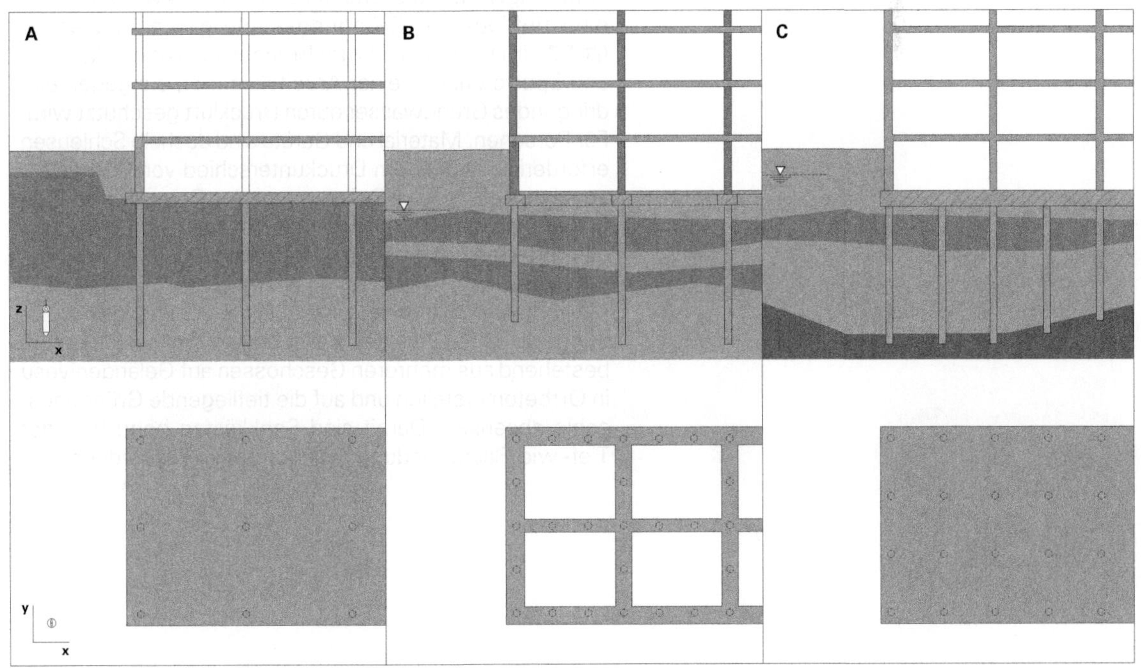

55 Lotpfahlroste. A Skelettbau auf Bohrpfählen, **B** Mauerwerksbau auf Rammpfählen, **C** Betonkasten auf Bohrpfählen.

Die Einleitung sehr großer, konzentrierter Kräfte in einen Baugrund mit sehr tiefliegender Tragschicht bedingt bei der Ausführung von Bohrpfählen sehr große, unwirtschaftliche Pfahldurchmesser und eine statisch ineffiziente Lastverteilung über eine mächtige Pfahlkopfplatte, um die statischen Mindestabstände der Pfähle einzuhalten. Dies betrifft insbesondere turmartige Bauwerke und wird bei einer für eine schwimmende Pfahlgründung nicht ausreichenden Mantelreibung erforderlich. Hier eignen sich deshalb besonders pfeilerartige Tiefgründungen, wie zum Beispiel **Brunnengründungen** oder **Senkkästen**:

- **Brunnen** werden im Absenkverfahren hergestellt (☞ **56**). Durchmesser und Tiefen sind dabei grundsätzlich unbegrenzt. Sie bestehen aus Stahlbetonfertigteilen, die in Schüssen montiert werden und sich über eine **Schneidlagerung** unter ihrem Eigengewicht in den Boden senken. Der Vorgang wird durch einen mit Bentonitsuspension gestützten Gleitmantel, dem Innenaushub und kontrolliertem Spülen unter den Schneiden vorangetrieben.

  Nach Erreichen des Gründungshorizonts wird der Gleitmantel mit Zementsuspension injiziert und die Brunnensohle mit Beton verschlossen. Abschließend wird der Brunnen von innen ausgekleidet oder bei Bedarf zur Erhöhung der Auflast verfüllt. Es entsteht so ein auf Mantelreibung und Spitzendruck sehr tragfähiger Gründungspfeiler.

*✏ **Bentonit** ist eine Mischung von Tonmineralien. Während es gerührt wird, ist es flüssig, verfestigt sich aber im ruhenden Zustand. Es wird im Tiefbau als Stützflüssigkeit verwendet.*

- **Senkkästen** sind geschlossene, in sich quasi starre Stahlbetontragwerke, die ebenfalls im Absenkverfahren auf eine tiefliegende Gründungssohle gebracht werden (☞ **57**). Im Unterschied zum Brunnen erfolgt der Aushub- und Spülvorgang in einer Arbeitskammer, die gegen eindringendes Grundwasser durch Druckluft geschützt wird. Für Personen, Material und Geräte sind deshalb Schleusen erforderlich. Ab einem Druckunterschied von 20 m Wassersäule nehmen die Belastungen des Personals und die gesundheitlich erforderlichen Schleusenzeiten derart zu, dass nur eine unbemannte Arbeit in der Druckluftkammer möglich wird.

  Mit diesem Verfahren lässt sich bei ungünstigen Gründungsverhältnissen der Kellerkasten eines Hochbaus, bestehend aus mehreren Geschossen auf Geländeniveau in Ortbeton erstellen und auf die tiefliegende Gründungssohle absenken. Damit sind Senkkästen begrifflich der Tief- wie Flachgründung gleichermaßen zuzuordnen.

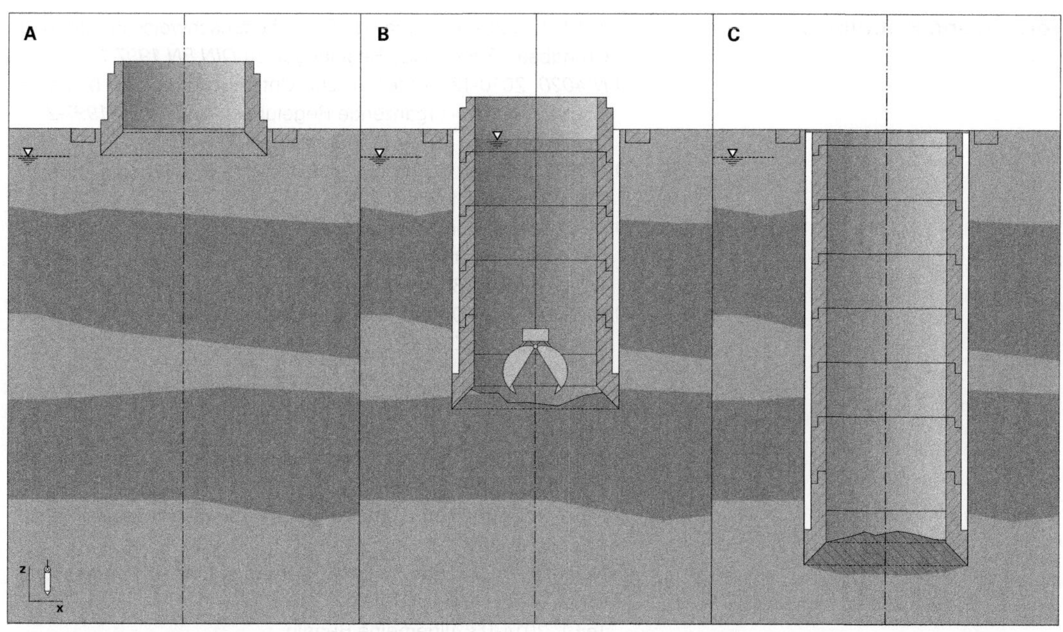

56 Absenkbrunnen.

A Aufsetzen des Schneidenteils
B Absenken mit Gleitmantel
C Schließen der Sohle

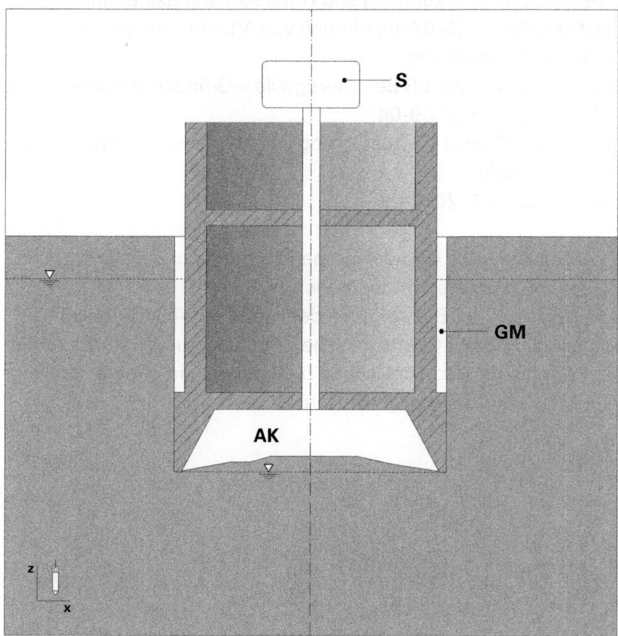

57 Druckluftabsenkung.

AK Arbeitskammer
S Schleuse
GM Gleitmantel

Normen und Richtlinien

DIN 1054: 2020-04 Baugrund - Sicherheitsnachweise im Erd- und Grundbau - Ergänzende Regelungen zu *DIN EN 1997-1*

DIN 4020: 2010-12 Geotechnische Untersuchungen für bautechnische Zwecke – Ergänzende Regelungen zu *DIN EN 1997-2*
Beiblatt 1: 2003-10 Anwendungshilfen, Erklärungen

DIN 4124: 2012-01 Baugruben und Gräben – Böschungen, Verbau, Arbeitsraumbreiten

DIN 18122: Baugrund – Untersuchung von Bodenproben; Zustandsgrenzen (Konsistenzgrenzen)
Teil 2: 2020-11 Bestimmung der Schrumpfgrenze

DIN 18196: 2011-05 Erd- und Grundbau – Bodenklassifikation für bautechnische Zwecke

DIN EN 1536: 2015-10 Ausführung von Arbeiten im Spezialtiefbau – Bohrpfähle

DIN EN 1537: 2014-07 Ausführung von Arbeiten im Spezialtiefbau – Verpressanker

DIN EN 1538: 2015-10 Ausführung von Arbeiten im Spezialtiefbau – Schlitzwände

DIN EN 1997: Eurocode 7 – Entwurf, Berechnung und Bemessung in der Geotechnik
Teil 1: 2014-03 Allgemeine Regeln
Teil 2: 2010-10 Erkundung und Untersuchung des Baugrunds

DIN EN 12699:2015-07 Ausführung von Arbeiten im Spezialtiefbau – Verdrängungspfähle

DIN EN 12794: 2007-08 Betonfertigteile – Gründungspfähle
Berichtigung 1: 2009-04

DIN EN 14199: 2015-07 Ausführung von Arbeiten im Spezialtiefbau – Mikropfähle
Berichtigung 1: 2016-09

DIN EN ISO 17892: Geotechnische Erkundung und Untersuchung - Laborversuche an Bodenproben
Teil 12: 2020-07 Bestimmung der Fließ- und Ausrollgrenzen

DIN EN ISO 22477: Geotechnische Erkundung und Untersuchung – Prüfung von geotechnischen Bauwerken und Bauwerksteilen
Teil 5: 2019-05 Prüfung von Verpressankern

X-1 MAUERWERKSBAU

J. L. Moro, *Baukonstruktion – vom Prinzip zum Detail*,
https://doi.org/10.1007/978-3-662-64827-8_7

1. Grundsätzliches

☞ **Band 1**, *Kap. I, Abschn. 3.1.1 bis 3.1.5, S. 14 ff*

■ Der Begriff der **Bauweise** wird in *Kapitel I* definiert und erläutert. In diesem und in den folgenden Unterkapiteln sollen einige für das heutige Baugeschehen repräsentative Bauweisen untersucht werden. Das Ziel dabei ist insbesondere, die Verknüpfung und den wechselseitigen Zusammenhang von:

- **bautechnischen**,
- **funktionalen** und
- **formalästhetischen**

Gesichtspunkten des Entwerfens und Konstruierens im Rahmen der charakteristischen Regeln einer bestimmten Bauweise darzustellen.

2. Kategorisierung von Bauweisen

■ Eine fundamentale Kategorisierung von Bauweisen, die auch auf die in diesem Kapitel untersuchten Beispiele anwendbar ist, unterscheidet zwischen zwei grundlegenden Arten der **Lastabtragung** und des **Raumeinschlusses**, nämlich zwischen dem:

☞ **Band 4**, *Kap. 8, Abschn. 2.1 Definition von Wandbauweisen sowie ebd. 3. Merkmale von Wandbauweisen*

- **Wandbau** – Die Funktionen der Kraftleitung und der Raumeinhüllung werden vom *gleichen* Bauteil, nämlich der Wand, einem Flächenbauteil, geleistet (⊡ **1**). Lasten werden weitestgehend **verteilt** im lotrechten Flächenbauteil abgeleitet. Wandbauweisen sind im statischen Sinn **Scheibentragwerke**.

☞ **Band 4**, *Kap. 8, Abschn. 2.2 Definition von Skelettbauweisen sowie ebd. Abschn. 5. Skelettbauweisen*
☞ **Band 1**, *Kap. II-1, Abschn. 2.2 Gliederung nach funktionalen Gesichtspunkten > 2.2.1 nach Hauptfunktionen, S. 33 f*
☞ **Band 1**, *Kap. VI-2, Abschn. 1.1 Kategorien von Tragwerken, S. 526*

- **Skelettbau** – Die Funktionen der Kraftleitung und der Raumeinhüllung sind jeweils *getrennten* Bauteilen bzw. Subsystemen zugeordnet. Lasten werden in lotrechten Stützen, also stabförmigen Bauteilen, abgetragen (⊡ **2**). Räume werden von Wänden, also Flächenbauteilen, umhüllt, welche keine primäre Kraftleitungsfunktion mehr wahrnehmen. Die Lasten werden folglich – anders als bei den Wandbauweisen – **konzentriert** im Stützenquerschnitt abgetragen.

☞ **Band 3**, *Kap. XIII-1, Abschn. 2. Baugeschichtliche Entwicklung*
☞ *Kap. IX-1, Abschn. 1.6 Die Elemente der baulichen Zelle, S. 196 ff*

Es versteht sich von selbst, dass derlei Klassifikation grundsätzlich auf **orthogonal-prismatische Bauformen** des Hochbaus mit waag- und lotrechten Hauptbauteilen bezogen ist. Auf die entwicklungsgeschichtliche Bedeutung des Übergangs von historischen Wand- zu modernen Skelettbauweisen in Europa und Amerika wird in *Kapitel IX* näher eingegangen.

2.1 Wandbau

■ Beim Wandbau – auch als **Scheibenbau** bezeichnet – sind die vertikalen Tragelemente flächig. Dadurch wird das lineare Auflagern der Decken und ein **gleichmäßiges Abtragen** von Vertikallasten unter Vermeidung von hohen Lastkonzentrationen ermöglicht. Letztere sind dem Tragverhalten der Wandscheiben abträglich, widersprechen der inhärenten

1 Wandbau in Mauerwerksbauweise aus dem 19. Jh. in Stuttgart. Lot- und waagrechte Lasten werden grundsätzlich über Wandscheiben (Außen- und Innenmauern) übertragen, die sich in einem orthogonalen Gefüge gegenseitig versteifen und stabilisieren. Öffnungen mit eingeschränkten Dimensionen sind in die Scheiben eingearbeitet und erlauben das notwendige Belichten und Belüften der Innenräume. Sie sind gerade so groß dimensioniert, dass sie das tragende Wandgefüge nicht übermäßig schwächen.

2 Früher **Skelettbau**: Wainwright Building, 1890–91, St. Louis (USA) (Architekt: L H Sullivan). Die Außenwände sind noch in Mauerwerk ausgeführt, tragen aber keine Deckenlasten, sondern nur sich selbst. Dies erkennt man an den fassadennahen Stützen unmittelbar hinter der Mauer. Bei dieser Höhe wären die Außenmauern aber für sich alleine nicht standfest gegen Horizontallasten wie Wind, weshalb sie an den Deckenkanten an das in sich versteifte Skeletttragwerk angeschlossen werden müssen.

Logik der Bauweise und sind infolgedessen im konstruktiven System nicht vorgesehen: Eine konzentrierte Last auf der Wandscheibe (☐ **3**) ist mit erhöhter Knickgefahr verbunden, die stets in der **schwachen Richtung** der Wand droht, d. h. **quer zur Wandebene** (→**x**). Um diese Gefahr ohne weitere Zusatzelemente zu bannen, müsste die Wanddicke, und somit die Biegesteifigkeit, am Angriffsort der Punktlast (☐ **4**) oder alternativ über die gesamte Wandlänge (☐ **5**) erhöht werden. Erstere Lösung entspricht einem lokalisierten Wandpfeiler, der über die Wandfläche hervortritt, bereits räumliche Wirkung hat und schon eine Art Skelettstütze darstellt; Letzteres hätte eine unnötige Überdimensionierung der Wanddicke über die komplette Wandfläche jenseits des Angriffsorts der konzentrierten Last zur Folge, was dem allgemeinen Gebot der Materialökonomie einer Bauweise eklatant widerspricht. Dies verdeutlicht die unbedingte Notwendigkeit, Lasten bei Wandbauweisen stets weitestmöglich zu verteilen.

Weil keine hohen Lastkonzentrationen auftreten, lassen sich bei dieser Bauart auch Werkstoffe mit begrenzter Tragfähigkeit, wie beispielsweise leichtere Mauersteine oder auch liegende, quer zur Faser druckbeanspruchte Hölzer, einsetzen, die gleichzeitig eine gute Wärmedämmfähigkeit besitzen. Traditionell kam dies der Doppelfunktion der Wand entgegen, nämlich simultan für die Lastabtragung *und* für die Wärmedämmung verantwortlich zu sein. Dieser Gesichtspunkt hat sich heute zwar durch die technische Entwicklung hochgedämmter mehrschichtiger und -schaliger Wandkonstruktionen relativiert, da dort die Dämmfunktion nicht von der tragenden Schale selbst, sondern von einer addierten spezialisierten, nichttragenden Schicht, der Wärmedämmschicht, geleistet wird. Dennoch ist auch heute noch die gute Lastverteilung des Wandbaus die Grundvoraussetzung für

☞ ***Band 1**, Kap. II-1, Abschn. 2.2 Gliederung nach funktionalen Gesichtspunkten > 2.2.2 nach baulicher Einzelfunktion, S. 34 f*

3 Große Einzellast auf einer Wand **W**: Es besteht Knickgefahr in der schwachen Richtung der Wand (→**x**).

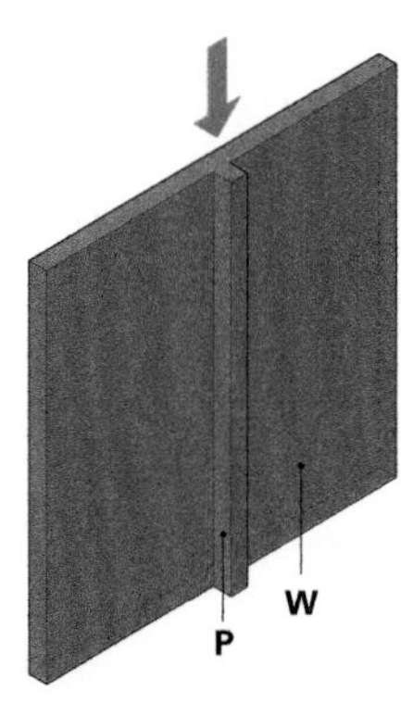

4 Verstärkung der Wand **W** durch lokale Verdickung im Wandpfeiler **P** und somit Erhöhung der Knickstabilität in der schwachen Richtung (→**x**). Diese Lösung entspricht einem **Wandpfeiler**.

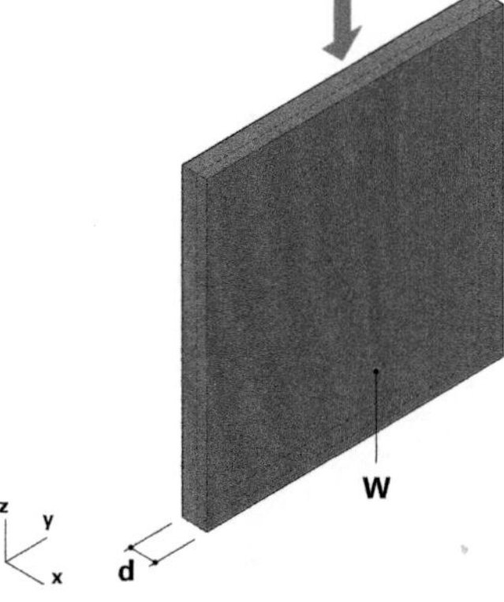

5 Verdickung der Wand **W** insgesamt auf Dicke **d**, womit ebenfalls eine Erhöhung der Knickstabilität in der schwachen Richtung (→**x**) erzielt wird. Diese Lösung ist jedoch materialaufwending und widerspricht dem Wandbauprinzip.

den Einsatz hochdämmender einschaliger Außenwände aus Mauerwerk im niedriggeschossigen Wohnungsbau.

Die durch die Wände bereitgestellten linearen Auflager eignen sich gut zur Auflagerung von Decken, insbesondere von Massivdecken, wie sie heute fast ausschließlich im Wandbau eingesetzt werden. Insgesamt ergibt sich dadurch in statischer Hinsicht ein System von vertikalen und horizontalen Scheiben mit großer Steifigkeit.

Die Stabilisierung bzw. **Aussteifung** des Gebäudes gegenüber Horizontallasten erfolgt dabei – zumindest teilweise – durch die Ausnutzung der **Scheibenwirkung** der flächigen Wandbauteile, d. h. der **Scheibensteifigkeit *in* ihrer Ebene**. Eine Aufnahme größerer Lasten *quer* zur Wandebene ist in der Wandbauweise planmäßig nicht vorgesehen, da die konzeptbedingt dünnen Wandelemente in dieser Kraftrichtung keine ausreichende Steifigkeit aufbringen können (noch sollen). Somit muss in beiden möglichen horizontalen Angriffsrichtungen der Last zumindest eine Wandscheibe existieren, welche die auftretenden Horizontallasten über Scheibensteifigkeit (nicht Plattensteifigkeit, welche die Wand nicht in größerem Maß besitzen muss) abträgt. Oder anders formuliert: Jede Wandscheibe, die in ihrer eigenen Ebene ausreichend Steifigkeit besitzt, um Kräfte in ebendieser Richtung abzutragen, muss quer zu ihrer Ebene (wo sie außerordentlich empfindlich gegen Kraftangriff ist) durch eine Art rechtwinklig anschließende *Partnerwand* (oder zumindest durch einen Wandpfeiler wie in **4**) gestützt werden, welche die angreifende Kraft wiederum in ihrer eigenen Ebene aufnimmt und durch ihre Scheibensteifigkeit abträgt.

Die Abstände zwischen den quer versteifenden Wänden (bzw. ggf. zwischen versteifenden Wandpfeilern wie in **4** dargestellt) müssen so klein sein, dass die für die Abtragung lotrechter Lasten ohnehin vorgehaltene Wanddicke ebenfalls ausreicht, um die zwischen Querwänden auftreffenden Horizontallasten über Plattensteifigkeit, d. h. Biegung, seitlich auf diese zu verteilen (**6**, **7**; vgl. auch **38**). Nur insoweit ist eine (nur begrenzte) Plattensteifigkeit der Wand erforderlich.

☞ *Leichthochlochziegel (LHlz) in **Band 1**, Kap. V-1, Abschn. 2.6 Ziegelformen, S. 370 ff, sowie **Band 3** Kap. XIII-3, Abschn. 1.1.3 Einschalige Außenwände aus porosiertem Mauerwerk*

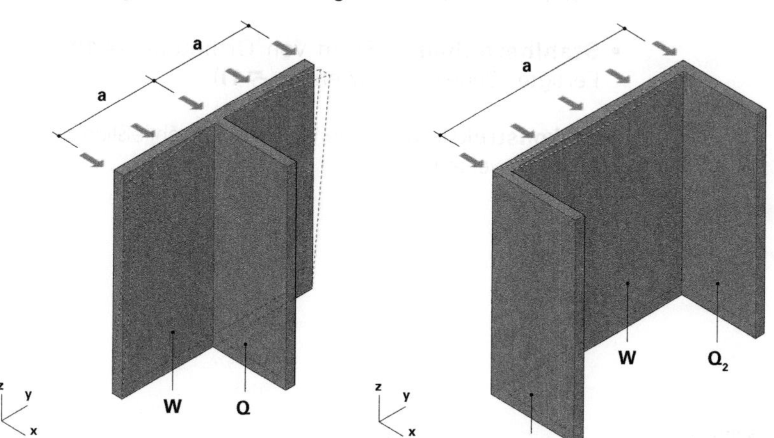

6 Notwendige Plattensteifigkeit der Wand **W** (also in →**x**), damit die auftreffenden Kräfte auf die aussteifende Querscheibe **Q** seitlich (also in →**y**) verteilt werden können. Das Maß **a** ist begrenzt (untere lineare Lagerung angenommen).

7 Vergleichbare Verhältnisse wie in **6** herrschen auch bei zwei aussteifenden Querscheiben $\mathbf{Q_1}$ und $\mathbf{Q_2}$. Hier ist der Abstand **a** zwischen den Querscheiben begrenzt (ebenfalls untere lineare Lagerung angenommen).

Wird dieses Abstandsmaß überschritten, sind zusätzliche versteifende Maßnahmen erforderlich. An der unteren Lagerung der Wand, also beispielsweise auf Bodenhöhe, existiert bereits eine horizontale Halterung. Am oberen Rand der Wand hingegen, der nicht seitlich versteift ist, ist ggf. eine weitere Versteifungsmaßnahme erforderlich (**38**). Dies kann ein horizontal wirkender Biegebalken (**39**) oder eine Deckenscheibe sein (**46**).

☞ *Abschn. 4.2.4 Versteifung durch Ringbalken oder Deckenscheiben, S. 480 ff*

Gleichzeitig verhindert die seitliche Versteifung der dünnen Wandscheiben durch quergestellte, in ihrer eigenen Richtung steifere Scheiben das seitliche Ausknicken rechtwinkling zur Wandebene infolge lotrechter Lastwirkung. Diese ist die Richtung, in welcher die Wandscheiben besonders dünn sind und infolgedessen die geringste Steifigkeit gegen Knicken aufweisen. Zusätzlich zur **Aussteifung** gegen Horizontallast erfolgt durch die quergestellten Wandscheiben folglich auch eine **Knickstabilisierung** gegen lotrechte Last.

Somit entsteht ein Gefüge von rechtwinklig zueinander stehenden, sich gegenseitig sozusagen kooperativ aussteifenden dünnen Wandscheiben, die in ihrer Ebene außerordentlich steif, quer dazu allerdings außerordentlich empfindlich sind. In der reinen Ausprägung des Wandbaus (Schachtelbauweise) existieren genügend quer zueinander stehende Wandscheiben, die sich durch Knotenbildung und kraftschlüssige Kopplung gegenseitig abstützen und dadurch stabilisieren.

☞ *Näheres in Abschn. 5.1. Schachtelbauweise (Allwandbauweise), S. 484 f*

☞ *Kap. IX-2, Abschn. 2.1.2 Flache Überdeckung aus Stabscharen > Aussteifung, S. 300 ff, insbesondere* **63–67**, *S. 302*

☞ *Näheres in Abschn. 5.3 Offene Scheibenbauweise, S. 488 f*

Die gegenseitige Stützung kann alternativ, auch ohne die Wände aneinander anzubinden, durch Mitwirkung von Deckenscheiben erfolgen – wie beispielsweise bei der offenen Scheibenbauweise.

Für den Wandbau geeignet sind grundsätzlich die Folgenden Bauweisen:

- **Mauerwerksbau** (**1**);
- **Holzbau** in Form von Block-, Holzrippen-, Holzrahmen-, Holztafel- und Massivholzbauweisen;
- **Stahlbetonbau** in Form von Ortbeton- (**10**) und Fertigteil-Scheibentragwerken (**11**).

Stahlkonstruktionen zählen nahezu ausschließlich zu den Skelettbauweisen.

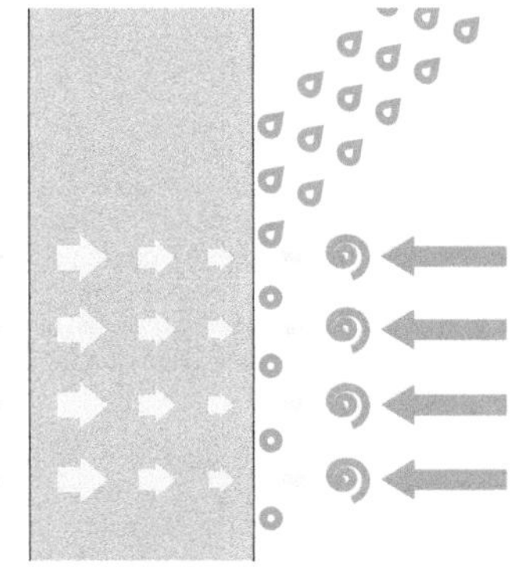

8 Funktionen der Außenwand: Wärmedämmung, Feuchteschutz, Windschutz, Wärmespeicherung.

9 Traditioneller Lehmziegelbau in Saudi-Arabien.

10 Gerrit Rietveldts 1924 gebautes *Haus Schroeder* in Utrecht, Niederlanden, gilt als Prototyp der für die 1920er Jahre neuen räumlich offenen Scheibenbauweise.

11 Halbfertigteilelementwände im Einsatz als erdberührende Untergeschosswände kurz vor dem Verbau.

2.2 Skelettbau

■ Der moderne Skelettbau ist ein Ergebnis der Anwendung von druck- und zugfesten Werkstoffen im Bauwesen – in erster Linie Stahl und Stahlbeton, aber auch Holz. Zu seinen charakteristischen Merkmalen zählen die **Konzentration von Vertikallasten** in Stützen und die klare Trennung des Tragwerks von den Bauelementen andersartiger Zweckbestimmung – z. B. von Hülle und Ausbau. Decken und Dächer werden hingegen, aus offensichtlichen funktionalen Notwendigkeiten, wie bei Wandbauweisen auch, flächig tragend ausgebildet. Die funktionale Spezialisierung in tragende stabförmige Stützelemente und nichttragende lotrechte flächige Hüllelemente stellt einen wichtigen qualitativen Schritt in Richtung der generell zunehmenden funktionalen und konstruktiven Ausdifferenzierung moderner Baustrukturen dar. Sie gestattet die Ausnutzung moderner hochbelastbarer Werkstoffe wie Stahl oder Stahlbeton für die Stützen und eröffnet gleichzeitig weitreichende Freiheiten bei der Gestaltung der Hüllelemente, und hier insbesondere ihre großflächige Verglasung. Skelettbauten bieten wegen der nur wenigen Festpunkte (Stützen und ggf. aussteifende Kerne oder einzelne Scheiben bzw. Verbände) ein hohes Maß an Nutzungsflexibilität, da die nichttragenden Raumeinfassungen im Grundriss frei organisiert bzw. verändert werden können. Die bei gemauerten Wandbauweisen strikt geltende Notwendigkeit, tragende und aussteifende Wände geschossweise exakt übereinander zu verorten, damit ein kontinuierlicher vertikaler Lastabtrag ermöglicht wird, gilt nicht bei Skelettbauweisen, sodass nichttragende Trennwände auch in geschossweise variierenden Stellungen organisiert werden können.

Da im Gegensatz zur Wandbauweise das konstruktive Prinzip des Skelettbaus keine tragenden und schubsteifen Wandscheiben vorsieht, ist das Skelett – ein reines Stabwerk – falls nötig durch geeignete Maßnahmen gegen Horizontallasten zu versteifen. Zusätzlich zur Skelettstruktur muss deshalb oftmals eine **Aussteifung** aus hierfür geeigneten Bauteilen vorgesehen werden. Eine Ausnahme bilden Rah-

☞ *Kap. IX-2, Abschn. 2.1.3 Aussteifung von Skeletttragwerken, S. 309 ff*

12 Stahlskelett.

mensysteme, bei denen Stützen und Träger zu einem in sich steifen Tragwerk gekoppelt werden.

Als Skelettbauweise eignet sich der:

- **Holzbau** bzw. **Holz-Beton-Verbundbau** (**13**);[a]
- **Stahlbau** bzw. **Stahl-Beton-Verbundbau** (**12**);[b]
- **Stahlbetonbau** (**14**).[c]

Zwar lässt sich auch ein **Mauerwerksbau** grundsätzlich als Skelettbau mit Mauerpfeilern ausführen, doch hat diese Bauweise keine baupraktische Bedeutung.

☞ [a] *Kap. X-2, Abschn. 5. Holz-Beton-Verbundbau, S. 578 ff;* ***Band 3****, Kap. XIV-2, Abschn. 5.1.4*
☞ [b] *Kap. X-3, Abschn. 3.1 Bauen mit genormten Profilen und gelenkigen Anschlüssen > Verbundbau, S. 614 f, sowie 3.3.1 Decken in Verbundbauweise, S. 623 ff;* ***Band 3****, Kap. XIV-2, Abschn. 6.2.2*
☞ [c] *Kap. X-4 und -5*

13 Holzskelett.

14 Stahlbetonskelett.

3. Grundlagen des gemauerten Wandbaus

☞ *Kap. X-5, Abschn. 8. Ortbetonbauweisen, S. 728ff*

■ Einige wesentliche Merkmale von Wandbauweisen sollen zum Zweck des besseren Verständnisses der konstruktiven und formbezogenen Gesetzmäßigkeiten, denen sie unterworfen sind, am Beispiel der Mauerwerksbauweisen im Folgenden weiter vertieft werden. Wandbauweisen in Stahlbeton sind andersartigen Regeln unterworfen, weil sie im Gegensatz zum Mauerwerk in der Lage sind, Zugbeanspruchung aufzunehmen. Sie werden an anderer Stelle besprochen.

3.1 Wechselbeziehung von Trag- und Hüllfunktion der Wand

■ Die teilweise sich ergänzenden, teilweise aber auch im Konflikt miteinander stehenden, fundamentalen Aufgaben einer Wand, nämlich **Tragen** und **Einhüllen**, sind in ihrem komplexen gegenseitigen Wechselspiel grundlegend für das Verständnis der Bauformen des Wandbaus im Allgemeinen, und des klassischen Mauerwerksbaus im Besonderen.

Die wesentlichen Aufgaben eines Wandbauteils aus der **Tragfunktion** sind:

- Aufnahme **lotrechter** Lasten;

- Aufnahme **waagrechter** Lasten, jeweils in der Bauteilebene oder – mit Einschränkungen – rechtwinklig zu ihr.

☞ *Vgl.* ***Band 1****, Kap.VI-2, Abschn. 9.3.2 Verband – druckkraftwirksame Übergreifung, insbesondere* **131, 132, 139** *und* **146***, S. 629ff*

Wesentlich für das Verständnis des statischen und konstruktiven Grundprinzips des Mauerwerksbaus ist die große Steifigkeit der eingesetzten Wandscheiben *in* ihrer Ebene (Scheibensteifigkeit) und die Schwäche dieser Bauteile gegen Kräfte *quer* zu ihrer Ebene bzw. im Hinblick auf Knickgefahr in diese Richtung unter lotrechter Last.

Die mit dem Tragen verknüpfte **Hüllfunktion** führt zu einer ganzen Reihe weiterer zusätzlicher Aufgaben der Hülle:

☞ ***Band 3****, Kap. XIII-9 Öffnungen*

- Vorhalten von Fenster- oder Türöffnungen. Da Innenräume adäquat zu belichten und zu belüften sind, ist es bis auf seltene Ausnahmen stets erforderlich, die Außenwand mit ausreichenden, sozusagen in die Wandfläche eingeschnittenen, **Öffnungen** zu versehen (**15**). Man spricht bei herkömmlichen Wandbauweisen deshalb auch von einer **Lochfassade**. Diese notwendigen Öffnungen stellen eine **Schwächung** des tragenden Gefüges der Wandscheibe dar. Dies ist der Fall, weil:

  - •• für die Abtragung lotrechter Lasten nach Abzug der Öffnungen lediglich ein nutzbarer **Restquerschnitt** der Mauer, also die Summe der Querschnitte der Mauerpfeiler, übrigbleibt (**15, 16**). Als Folge davon vergrößern sich die Druckkräfte auf die Wandquerschnitte entsprechend. Pfeilermaße zwischen Fensteröffnungen müssen im herkömmlichen Mauerwerksbau deshalb gewisse Mindestabmessungen einhalten.

•• für die Abtragung horizontaler Lasten die geschlossene Wandscheibe durch die Öffnungen – je nach Fensteranteil – in eine perforierte Scheibe oder in ein weitgehend hohles, rahmenartiges Element überführt wird (🗗 **17**, **18**). Dies kann die statische Scheibenwirkung des Wandbauteils beeinträchtigen.

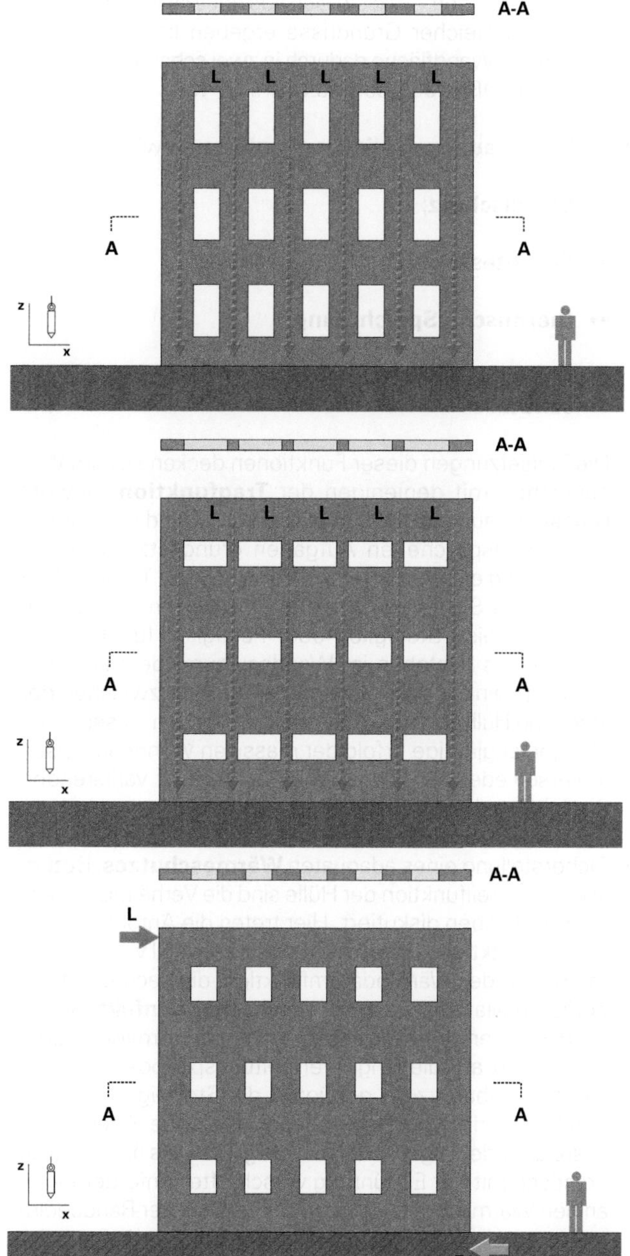

15 Lochfassade. Schmale hohe Fensterformate ermöglichen breite Wandpfeiler zur Abtragung von Lasten. Tragender Restquerschnitt im Schnitt **A-A**.

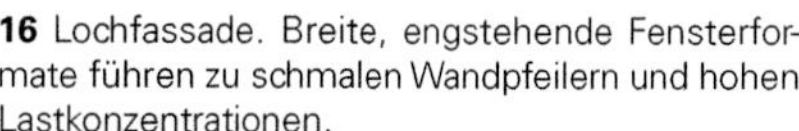

16 Lochfassade. Breite, engstehende Fensterformate führen zu schmalen Wandpfeilern und hohen Lastkonzentrationen.

17 Lochfassade. Kleiner Fensteranteil an der Wand, weitgehende Wahrung der Scheibe.

Auch einzelne **Türöffnungen**, wie sie bei inneren Trennwänden für den Betrieb einer zusammenhängenden Nutzungseinheit unerlässlich sind, können unter bestimmten Voraussetzungen zu einer Beeinträchtigung der statischen Funktionalität einer Mauerscheibe führen. Für die Abtragung lotrechter Lasten gilt das für Lochfassaden Gesagte. Für die aussteifende Wirkung einer Scheibe kann eine Sequenz übereinanderliegender, insbesondere geschosshoher Türöffnungen – wie sie sich aus der wandbauüblichen Stapelung gleicher Grundrisse ergeben kann – kritisch sein, da die Wandfläche dadurch in zwei schmalere Hälften gewissermaßen aufgeschlitzt wird (🗗 **19**);

- Erfüllung **bauphysikalischer Funktionen** wie:
    - **Schallschutz**;
    - **Feuchteschutz**;
    - **thermische Speicherung**
    - sowie die Gewährleistung eines ausreichenden **Brandschutzes**.

Die Zielsetzungen dieser Funktionen decken sich im Wesentlichen mit denjenigen der **Tragfunktion**. Sowohl **Masse** als auch **stoffliche Dichte** der Wand sind für alle oben angesprochenen Aufgaben grundsätzlich förderlich, wenngleich naturgemäß bei einzelnen Teilaufgaben zusätzliche Stoffeigenschaften hinzukommen müssen, beispielsweise Steifigkeit oder Festigkeit für die Tragfunktion. Es bestehen im Wandbau zumindest in dieser Hinsicht keine fundamentalen Zielkonflikte zwischen der Trag- und Hüllfunktion. Unter anderen ist auch dieser Tatsache der langjährige Erfolg der massiven Wandbauweisen in verschiedenen Weltregionen unter stark variierenden Begleitumständen zuzuschreiben.

- Sicherstellung eines adäquaten **Wärmeschutzes**. Bezüglich dieser Teilfunktion der Hülle sind die Verhältnisse ganz anders als oben diskutiert. Hier treten die Anforderungen der Tragfunktion, die festes, dichtes Material voraussetzt, mit denen der Wärmedämmfunktion, die nach leichtem, porösem Material verlangt, in **scharfen Konflikt**. Solange die geltenden Wärmeschutzstandards mäßig waren – dies trifft auf die lange Verbreitungsperiode des massiven Steinbaus zu – genügten die Stoffeigenschaften durchschnittlichen Ziegelmaterials für beide Zwecke: für ausreichende Trag- und Dämmfähigkeit. Dies änderte sich drastisch mit der Einführung verschärfter Anforderungen an den Wärmeschutz: Angesichts veränderter Randbedingungen wurden bei einschaligen gemauerten Außenwänden Einschränkungen in der Funktionalität unumgänglich:

- •• entweder durch Begrenzung des Wärmeschutzes und Wahrung einer besseren Tragfähigkeit bei Verwendung dichteren, schwereren Ziegelmaterials;
- •• oder alternativ durch Sicherung eines guten Wärmeschutzes und Hinnahme einer eingeschränkten Tragfähigkeit – dieser Weg wird im niedriggeschossigen, hochgedämmten Wohnungsbau beschritten.

Bei der **einschaligen Variante** von Wandbauweisen im Hochbau haben sich – unter den genannten Einschränkungen – die alten Vorzüge des herkömmlichen Massivbaus, nämlich seine konstruktive Einfachheit und Robustheit, zumindest teilweise erhalten. Als Folge dieser Entwicklung sind aber auch **mehrschichtige** und zuletzt auch **mehrschalige** massive Außenwandkonstruktionen entstanden. Sie alle

☞ ***Band 3**, Kap. XIII-3 Schalensysteme*

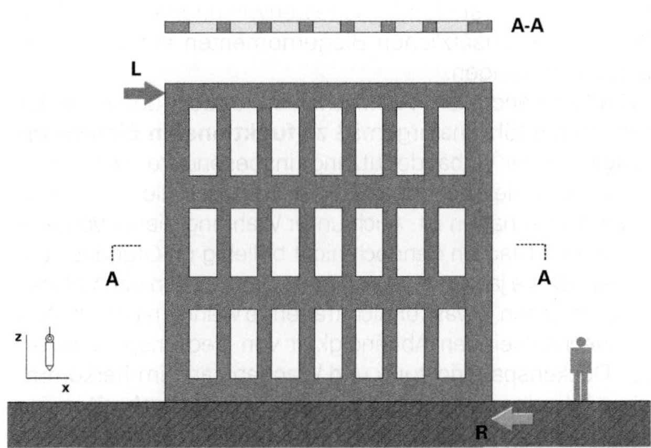

18 Lochfassade. Großer Fensteranteil an der Wand, weitgehende Überführung der Scheibe in ein Rahmenelement.

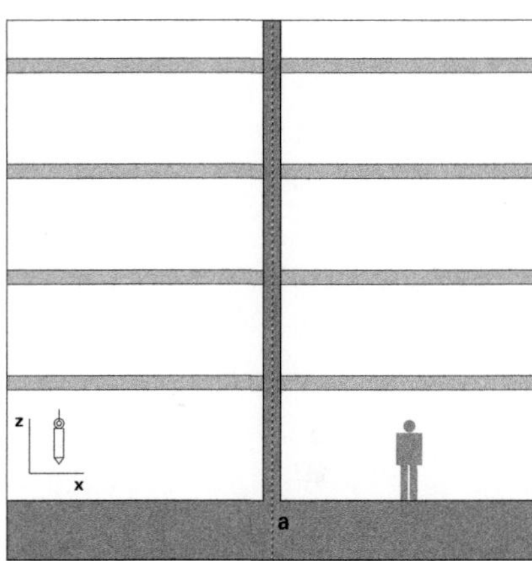

20 Aussteifende Scheibenwirkung bei durchgehender Wand. Kräfte in → **y** werden in Scheibenebene (Achse **a**) abgetragen.

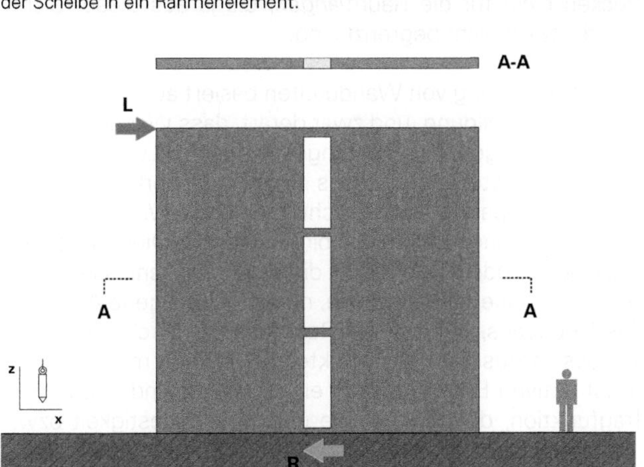

19 Trennung der Wandscheibe in zwei schmalere Hälften durch eine Sequenz hoher, übereinanderstehender Tür- oder Fensteröffnungen.

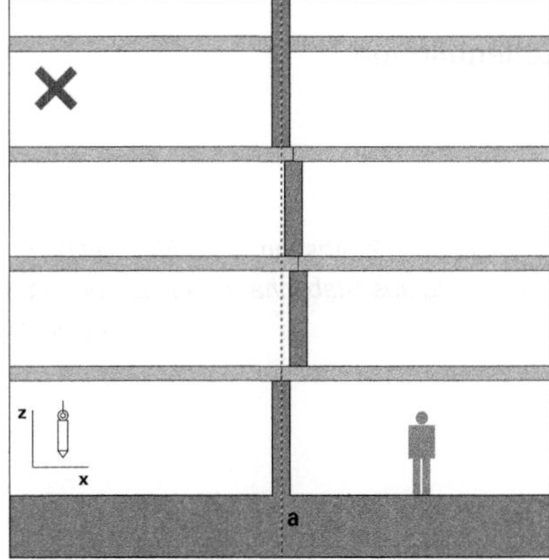

21 Versätze in der Scheibe heben die aussteifende Wirkung auf. Kräfte in → **y** können nicht mehr übertragen werden. Ferner entstehen Versatzmomente, also zusätzliche Beanspruchung, auf den Decken.

verlagern die Wärmeschutzfunktion von der Tragschale weg auf eine hierfür spezialisierte, addierte Wärmedämmschicht. Dadurch kamen konstruktive Konflikte auf, die teilweise aufwendige Konstruktionen nach sich gezogen und welche die Vorteile des Wandbaus gegenüber konkurrierenden Bauweisen deutlich gemindert haben.

☞ *Kap. VIII, Abschn. 3. Doppelte Schalensysteme, S. 144 ff*

3.2 Exzentrizitäten

☞ *Kap. IX-2, Abschn. 2.1.2 Flache Überdeckung aus Stabscharen > Erweiterbarkeit, S. 294 ff, insbesondere* ⊡ **49** *und* **50**, *S. 297*

■ Ähnlich wie bei Stützen im Skelettbau erfordert die statisch effiziente Ableitung der Lasten in das Fundament das **geschossweise Übereinanderstehen** der tragenden Scheiben und ihre Durchführung bis zur Gründung. **Exzentrizitäten** im Mauerwerksbau aus Versätzen zwischen übereinanderstehenden Mauern rufen erhöhte Biegemomente und Querkräfte in den Decken hervor. Sie sind kostspielig und stören nicht nur das Lastabtragungsprinzip des Mauerwerksbaus empfindlich, sondern auch das Aussteifungskonzept, da eine mehrgeschossige Mauer durch Versätze der Wandebene ihre versteifende Scheibenwirkung verliert (⊡ **20**, **21**), von den zusätzlichen Biegemomenten auf die Decke ganz zu schweigen.

Die Notwendigkeit, Wandscheiben lotrecht übereinander anzuordnen führt naturgemäß zu **funktionalen Einschränkungen** in der Gebäudenutzung, insbesondere weil grundsätzlich eine gleiche Grundrissaufteilung über alle Geschosse hinweg einzuhalten ist. Auch unter Wahrung dieser Vorgabe lassen sich Mauern dennoch nicht beliebig im Grundriss anordnen, da sie ja notwendigerweise den Decken ein Auflager bieten müssen – was für nichttragende Wände nicht gilt. Aus der wechselseitigen Abhängigkeit von Deckenspannweite, ggf. Deckenspannrichtung und Wandabstand im herkömmlichen Wandbau ergeben sich **maximale Raumbreiten**, da diese im Regelfall auch mit den **maximalen Deckenspannweiten** einhergehen. Dies gilt bei einachsig spannenden Decken nicht für die Raum*längen*, die ja aus dieser Sicht grundsätzlich nicht begrenzt sind.

☞ *Kap. IX-2, Abschn. 2.1.2 Flache Überdeckung aus Stabscharen > Erweiterbarkeit, S. 294 ff*

3.3 Zellenbildung

■ Die Versteifung von Wandbauten basiert auf dem Prinzip der Scheibenbildung, und zwar derart, dass Wandscheiben in zwei orthogonalen Richtungen aufgestellt werden. Am konsequentesten wird dieses Prinzip bei herkömmlichen Mauerwerksbauten verwirklicht, indem die Wandscheiben zu geschlossenen **Zellen** kombiniert werden. Diese schaffen Einzelräume oder Raumzellen, die allseits umschlossen sind. Hiermit ist eine fundamentale, nutzungsbezogene Aufgabe des Hochbaus, nämlich die Raumbildung durch Raumeinschluss, sozusagen in perfekter Kongruenz mit statisch-konstruktiven Erfordernissen erfüllt. Dabei sind neben der Tragfunktion, die durch Dicke und Materialfestigkeit bzw. -steifigkeit der Wand gewährleistet ist, wie angesprochen ohne Zusatzmaßnahmen auch andere Teilfunktionen erfüllt: so beispielsweise auch der Schall- oder der Brandschutz. Die Domäne des Mauerwerksbaus ist deshalb vor allem im **Wohnungsbau** zu sehen, bzw. jede Gebäudenutzung, die

☞ *Kap. IX-2, Abschn. 2.1.2 Flache Überdeckung aus Stabscharen > Aussteifung, S. 300 ff* eine funktional bedingte Vielzahl von abgetrennten Räumen und Zimmertrennwänden aufweist und keine kurzfristigen Veränderungen der Wandstellungen erfordert.

Flexibilität

■ Der klassische Mauerwerksbau kann Forderungen nach einer hohen Nutzungsflexibilität aus gleichsam systemspezifischen Gründen *nicht* erfüllen. Wandstellungen sind aus den diskutierten Gründen der Lastabtragung grundsätzlich unveränderlich. Auch die Herstellung von Wanddurchbrüchen mit dem Ziel, benachbarte Raumzellen räumlich stärker miteinander zu koppeln, ist stark eingeschränkt, insbesondere was breite Öffnungen angeht. Hier herrschen die gleichen Verhältnisse wie bei Fensteröffnungen. Diese Einschränkungen gelten in dieser Form nicht für den Stahlbetonbau.

☞ *Siehe* **10–14** *und nächsten Abschnitt; siehe auch Kap. IX-1, Abschn. 1.6.1 Das vertikale ebene Umfassungselement, S. 198ff*

Lage und Form von Wandöffnungen

DIN EN 1996-1-1, 8.5

■ Da Wandöffnungen aus den angesprochenen Gründen stets eine Schwächung des tragenden Wandgefüges mit sich ziehen, gilt:

- Je breiter die Öffnungen und je schmaler die dazwischenliegenden Wandpfeiler sind, desto größer sind die Druckkräfte in den verbleibenden tragenden Pfeilerquerschnitten (**16**). Am ungünstigsten sind Öffnungsraster mit extrem breiten Öffnungen und sehr schmalen Wandpfeilern dazwischen. Die Höhe der Öffnung beeinträchtigt die Tragfähigkeit der Wandscheibe nicht wesentlich, solange ein ausreichend hoher, querverlaufender Mauerstreifen – zumeist eine Brüstung – existiert, der die Scheiben- oder zumindest Rahmenwirkung des Flächenelements sichert. Diese Einschränkungen gelten vorrangig für den Mauerwerksbau, sodass die kennzeichnende, systemkonforme Lochfassade aus Mauerwerk stets schmale hochkant stehende, rechteckige Öffnungsformate aufweist (**22**).

- Störungen oder Wechsel in einem regelmäßigen Öffnungsraster aus streng übereinanderliegenden, immer gleich breiten Öffnungsformaten führen notwendigerweise zu **Kraftumlenkungen** (**23**). Diese rufen zwangsläufig **Zugkräfte** im Wandgefüge hervor, gegen welche Mauerwerk sehr empfindlich ist. Dabei kommt es im Regelfall auch zu Lastkonzentrationen in den betroffenen Wandpfeilern. Auch geschossweise Versätze innerhalb eines ansonsten regelmäßigen Öffnungsrasters (**24**) haben vergleichbare Auswirkungen.

- Öffnungen dürfen nicht zu nahe bei einer Gebäudeecke liegen, da dort ein ausreichend breiter Mauerpfeiler erforderlich ist. Dies ist nicht nur zur Übertragung der lotrechten Last erforderlich, sondern gleichfalls für die Stützung der an der Ecke orthogonal anstoßenden Quermauer. Man spricht von der Vermeidung **freier Ränder**. Typisch für die Mauerwerksbauweise ist deshalb ein ausreichender Abstand von Randöffnungen zur Gebäudeecke.

☞ ***Band 1****, Kap. VI-2, Abschn. 9.3.2 Verband – druckkraftwirksame Übergreifung, S. 626, insbesondere* **143**

Als Folge dieser Eigenheiten der Lastabtragung in Wandscheiben aus Mauerwerk lässt sich vereinfachend festhalten, dass die mauerwerkstypische Lochfassade mit einem regelmäßigen orthogonalen Raster stehender schmaler, nicht zu dicht stehender Öffnungen versehen ist.

3.6 Besonderheiten bei Bogenöffnungen

■ Zu den bereits diskutierten Gestaltungsregeln mauerwerkstypischer Lochscheiben treten bei bogenüberspannten Öffnungen weitere Einschränkungen hinzu. Sie betreffen insbesondere historische Bauformen, da der Bogen heute für diesen Zweck nur in Ausnahmefällen angewendet wird.

- Bögen erzeugen an den Kämpfern einen **Schub**. Dieser neutralisiert sich bei den üblichen rasterartigen Öffnungsmustern immer dann, wenn zwei gleiche Öffnungen aneinanderstoßen. Die Kraftresultierende ist dann lotrecht und wird im Mauerpfeiler abgetragen. An der Außenseite der Randöffnungen ist dies nicht der Fall, sodass dort für einen ausreichend breiten Mauerpfeiler zu sorgen ist (**25**). Diesen muss man ausreichend bemessen, um nicht nur die an der Gebäudeecke orthogonal angreifende Quermauer

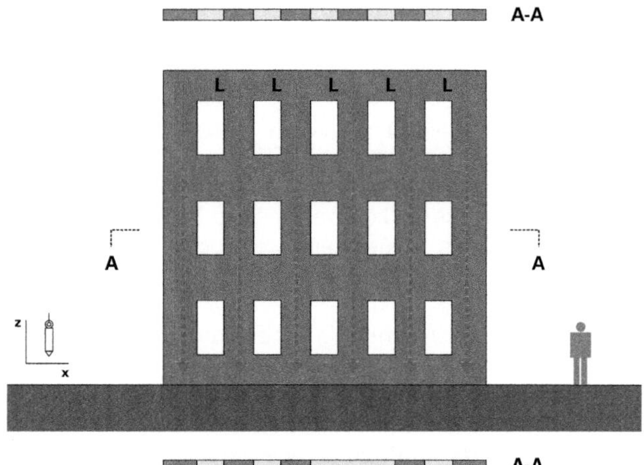

22 Systemgerechte direkte Abtragung lotrechter Lasten in den übereinanderliegenden Wandpfeilern im klassischen Mauerwerksbau. Typische Formatierung der Öffnungen in Form schmaler stehender Rechtecke.

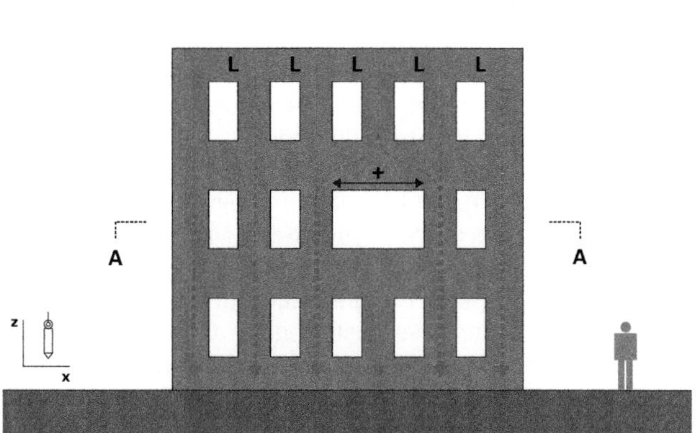

23 Notwendige Umleitung von Kräften durch singuläre Öffnung mit großer Breite. Es entstehen Zugkräfte (**+**) im Mauerwerk.

zu versteifen (s. o.), sondern auch den Bogenschub der letzten Öffnung aufzunehmen.

- Zur gezielten Kraftleitung im Mauergefüge lassen sich **Entlastungsbögen** mauern (⊟ **26**). Dies sind im Radialverband gefügte, im regulären Mauerverband eingeschlossene Bögen. Durch ihre Wirkung lassen sich über Teilbereichen Lasten umleiten und in ausgesuchte

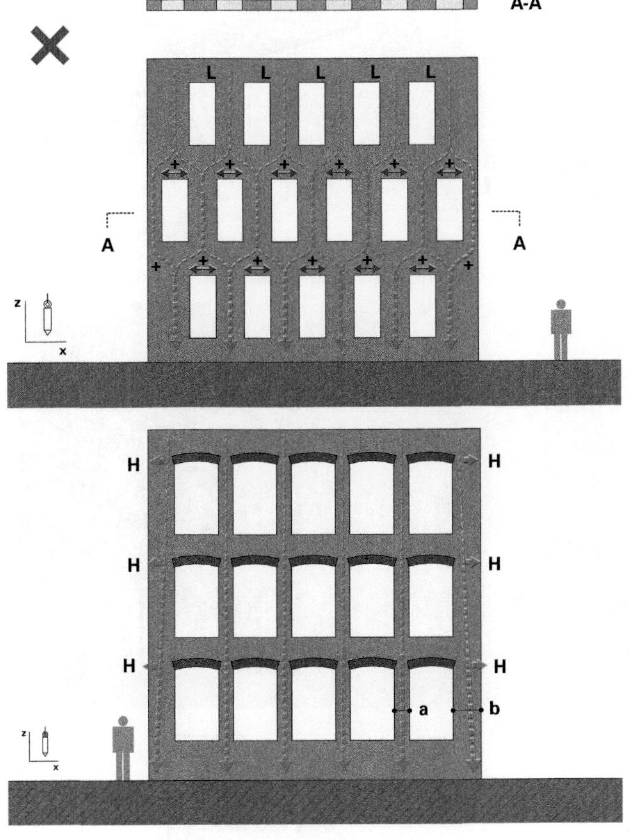

24 Mehrfache Umleitung von Kräften durch geschossweisen Versatz der Öffnungen. Es entstehen Zugkräfte (+) im Mauerwerk. Keine Mauerwerksgerechte Anordnung von Öffnungen.

25 Umlenkung der Last in den äußeren Wandpfeilern durch Wirkung des Bogenschubs der Randöffnungen. Es ist eine Mindestpfeilerbreite **b**, größer als **a**, erforderlich, damit die Resultierende innerhalb des Querschnitts bleibt.

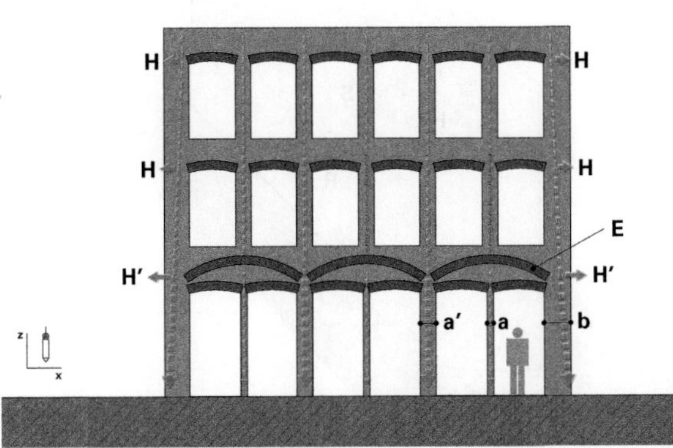

26 Entlastungsbögen **E** lenken die Last über jeweils zwei Öffnungen im untersten Geschoss um und erlauben schmalere Stützungen (**a**).

Wandpfeiler lenken, nämlich in diejenige, an denen die Entlastungsbögen enden.

27 (Rechts) Traditionelle Lochfassade.

28 (Rechts unten) moderner Mauerwerksbau mit zweischaligem Mauerwerk.

29 (Unten) Chilehaus in Hamburg-Kontorhausviertel, 1922–24 (Arch.: Fritz Höger)

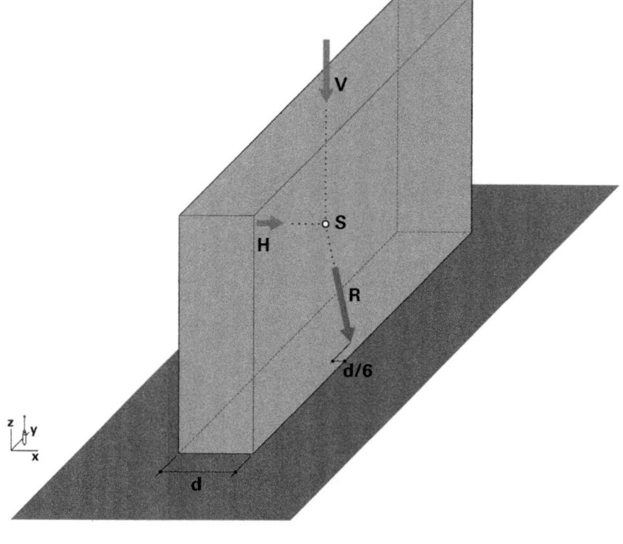

30 Kippsichere **Schwergewichtswand**. Infolge der gleichzeitig wirkenden Lasten **H** und **V** entsteht aus dem Kräfteparallelogramm die Resultierende **R**. Sofern diese sich in der Auflagerfläche nicht weiter als **d/6** an den Mauerrand nähert, bleibt die Mauer aufgrund ihres Eigengewichts standfest. Es leuchtet ein, dass die Vergrößerung der Last **V** sich *günstig* auf die Stabilität der Mauer auswirkt, da sie die Kraft **R** weiter in → **–x** in den Mauerkern ‚hineinzwingt'.

Konstruktive Fragen im Einzelnen

📖 *DIN EN 1996-1-1, -1-2, -3*
📖 *DIN 105-100, -4, -5, -6*
📖 *DIN EN 771-1 bis -6*

■ Weitere Gesichtspunkte konstruktiver Art sind bestimmend für die Mauerwerksbauweisen. Sie sind ursächlich verknüpft mit der ausgeprägten Verschiedenheit der Steifigkeit und Standfestigkeit einer Wandscheibe jeweils *in* ihrer Ebene und *rechtwinklig* zu ihr: Wie ausgeführt, besitzt eine Wandscheibe in ihrer Ebene eine große Steifigkeit; quer zu ihr muss sie in den meisten Fällen durch stützende Bauteile stabilisiert werden.

☞ *Abschn. 2.1 Wandbau, S. 460 ff*

Werkstoffe

📖 *DIN EN 771-1 bis -6*
📖 *DIN V 20000-401 bis -404*

■ Nach Norm sind die folgenden Werkstoffe für Mauerwerkskonstruktionen zulässig:

- **Mauerziegel** nach *DIN EN 771-1* (in Verbindung mit *DIN 20000-401*);
- **Kalksandsteine** nach *DIN EN 771-2* (in Verbindung mit *DIN 20000-402*);
- **Mauersteine aus Beton** (mit dichten und porigen Zuschlägen nach *DIN EN 771-3* (in Verb. mit *DIN 20000-403*);
- **Porenbetonsteine** nach *DIN EN 771-4* (in Verbindung mit *DIN 20000-404*);
- **Betonwerksteine** nach *DIN EN 771-5* (in Verbindung mit *DIN 20000-403*);
- maßgerechte **Natursteine** nach *DIN EN 771-6* (inkl. *DIN EN 1996-1-1/NA* Anhang NA.L*)*.

Versteifung und Stabilisierung von Wänden im Mauerwerksbau

☞ [a] *Vgl. auch die Überlegungen in Kap. IX-2, Abschn. 2.1.2 Flache Überdeckung aus Stabscharen > Aussteifung, S. 300 ff*

■ Der Wandbau basiert auf dem Einsatz dünner Scheiben mit großer Steifigkeit in ihrer Ebene. Sie sind quer zu ihrer Ebene aber empfindlich gegen Kippen sowie gegen Knicken oder Beulen. Sie müssen folglich **querversteift** bzw. **-stabilisiert** werden. Es bieten sich verschiedene Möglichkeiten der Versteifung von Wandbauten in Mauerwerk an. [a]

Schwergewichtswand

📖 *DIN EN 1996-1-1, NA.L.4.2*

☞ *Kap. IX-4, Abschn. 2.5 Versagen des Baugrunds, insbesondere* 🗗 **25**, *S. 441*

■ Bei der kippsicheren Schwergewichtswand (🗗 **30**) reicht die Resultierende **R** aller Kräfte aus Vertikal- und Horizontallasten (**V**, **H**) nicht weiter als **d/6** an die untere Begrenzung der Wand heran – sie liegt dann innerhalb der **Kernfläche**. Die Resultierende **R** wird durch die Wirkung der großen Eigenlastkomponente **V** sozusagen stärker in die Vertikale gedrückt als bei einer leichteren Wand. Eine Schwergewichtswand ist ohne weitere Maßnahmen standfest. Schwergewichtswände sind im heutigen Bauwesen wegen des hohen Materialverbrauchs und des infolge großer Gewichte erschwerten Bauprozesses nur noch von untergeordneter Bedeutung;

Versteifung durch Wandpfeiler

■ Die Versteifung der Wand kann auch durch lokale Verdickungen mit größerer Steifigkeit als die Wand selbst erfolgen, d. h. mit einzelnen, in Abständen gesetzten **Wand-**

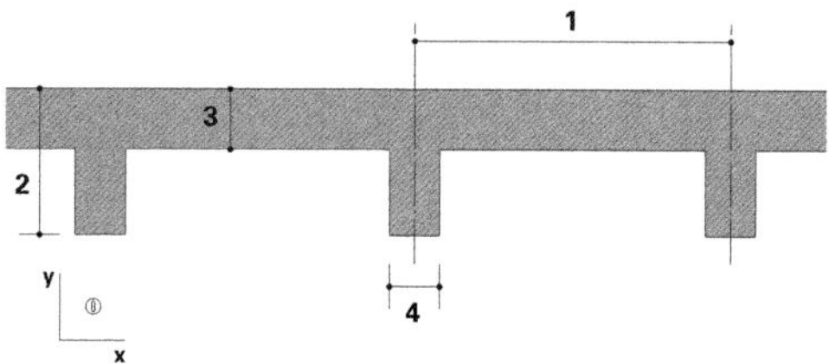

31 Schematische Darstellung der in 32 verwendeten Parameter:

1 Pfeilerabstand
2 Pfeilertiefe
3 Dicke der Wand
4 Pfeilerbreite

Verhältnis des Pfeilerabstands (Mitte bis Mitte) zu Pfeilertiefe	Verhältnis der Pfeilertiefe zur tatsächlichen dicke der verbundenen Wand		
	1	2	3
6	1,0	1,4	2,0
10	1,0	1,2	1,4
20	1,0	1,0	1,0

Anmerkung: Eine lineare Interpolation zwischen diesen Werten ist zulässig.

32 Steifigkeitsfaktor ρ_t bei der Bemessung von pfeilerversteiften Wänden gemäß *DIN EN 1996-1-1*.

35 Lochzahnung: Verbindung zwischen Längs- und Querwand durch formschlüssige Verzahnung im Verband. Wandscheiben werden gleichzeitig hochgemauert.

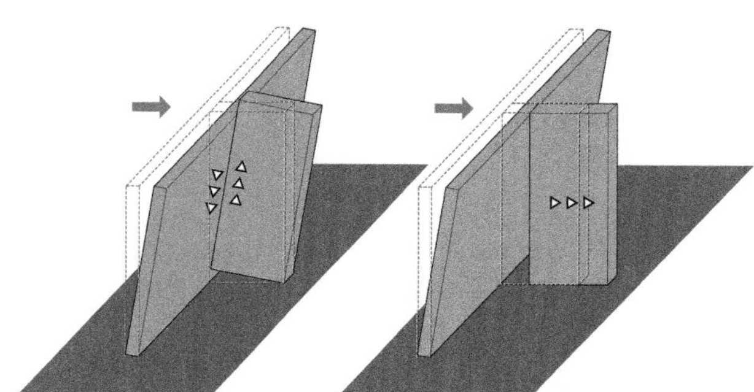

34 Längs- und **Querwände**, die nicht miteinander verbunden sind, können sich bei horizontalem Lastangriff nicht gegenseitig stabilisieren.

36 Stumpfstoßtechnik: Es erfolgt keine Verzahnung des Mauerverbands. Stattdessen werden Anker in die Lagerfugen eingelegt.

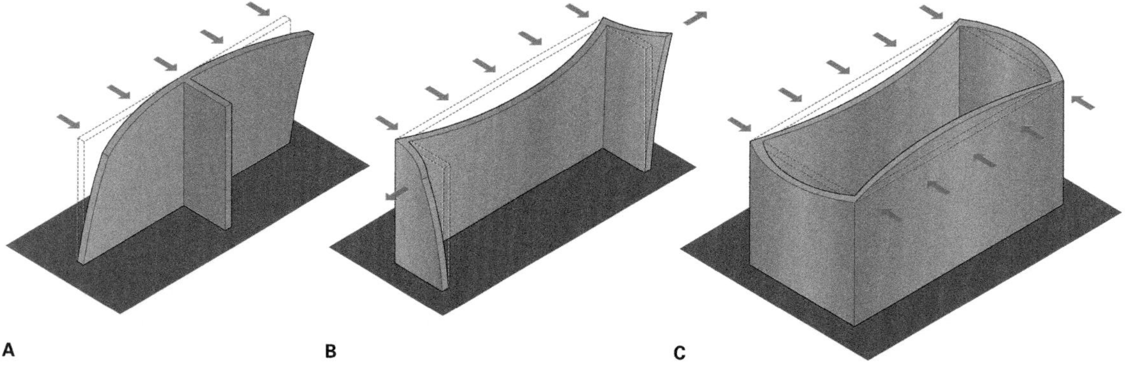

A B C

38 Nur vertikal durch Querscheiben ausgesteifte Wände; Verformung des oberen freien Rands bei fehlender Deckenscheibe oder Ringbalken (vgl. auch **6** und **7**).

pfeilern oder **Wandvorlagen**, gewöhnlich auf nur einer Wandseite (4, **31**). Die statische Wirkung ist vergleichbar mit einer Verdickung der Wand, weshalb die Norm in Abhängigkeit der Pfeilertiefe und -abstände eine **effektive Wanddicke t_{ef}** definiert:

☞ *Kap. IX-2, Abschn. 2.1.2 Flache Überdeckung aus Stabscharen > Aussteifung, S. 300 ff*

📖 *DIN EN 1996-1-1, 5.5.1.3*

$$\mathbf{t_{ef} = \rho_t\, t}$$

Der Wert ρ_t ist ein Koeffizient, der **Steifigkeitsfaktor**, der sich der Tabelle in **32** entnehmen lässt.

Versteifung durch Querwände

■ Die seitliche Abstützung mittels **Querwänden** ist der übliche Weg im Mauerwerksbau, eine Wand oder ein Tragwerk aus einem Wandgefüge auszusteifen. Die Wände lassen sich dadurch wesentlich dünner und leichter ausbilden als eine freistehende Schwergewichtswand wie oben beschrieben. Dieses Prinzip der gegenseitigen Abstützung und Bildung von schachtelartigen Wandgefügen hat einer Bauweise im Mauerwerksbau ihren Namen verliehen: der **Schachtel**- oder **Allwandbauweise**. Sie gilt als die traditionelle und ursprünglichste aller Bauweisen im Mauerwerksbau.

☞ *Die Allwandbauweise wird weiter unten in Abschn. 5.1, S. 484 ff, behandelt*

Der aus einzelnen Bausteinen zusammengesetzte, grundsätzlich zwar druck-, aber nicht zugfeste Mauerverband muss für eine aussteifende Wirkung in der Lage sein, Scheibenschubkräfte aufzunehmen. Unter horizontaler Last entsteht in der Mauer (**33**):

- **horizontaler Schub** τ_h, der durch die Schubfsteifigkeit des Steins und durch den tangentialen Kraftschluss in der Lagerfuge aufgenommen wird. Dieser kann seine Wirkung nur dann entfalten, wenn ausreichend Querdruck auf die Fuge wirkt, d. h. also ausreichende lotrechte Last (**q**).
- **vertikaler Schub** τ_v, der in seiner abhebenden Komponente (**33** links), d. h. also auf der kraftzugewandten Seite der Mauer, die Lagerfugen quer auf Zug beansprucht und Risse verursachen kann. Stein- und Mörtelzugfestigkeit sowie die Haftwirkung zwischen Mörtelschicht und Stein sind hierfür nicht ausreichend. Diese Kraftwirkung muss stattdessen durch eine ausreichende Eigenlast bzw. vorzugsweise Auflast (beispielsweise durch Deckenlasten) überdrückt werden. Aus diesem Grund empfiehlt es sich bei dieser Art der Versteifung,—neben tragende Wände—auch aussteifende Wände durch Wechsel der Deckenspannrichtung zumindest in einigen Geschossen mit Decken zu belasten. Bei den heute üblichen Massivdecken sorgt ein zweiachsiger Lastabtrag für die Verteilung von Lasten auf alle Wände, sodass die Unterscheidung zwischen tragenden und aussteifenden Wänden hinfällig wird.

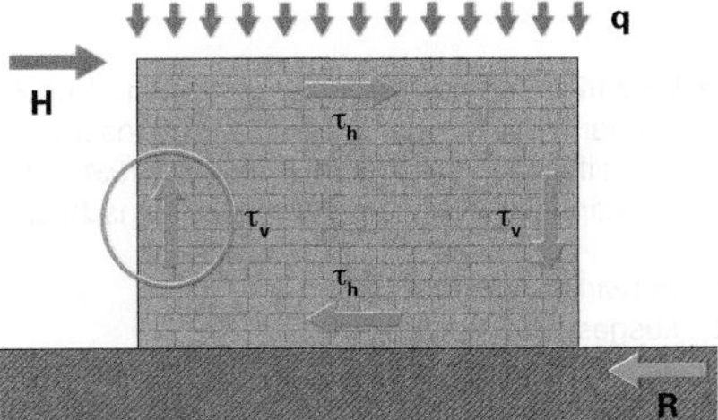

33 Schubbeanspruchung einer aussteifenden Mauerscheibe. Die infolge der Horizontalkraft **H** entstehenden Scheibenschubkräfte τ_v erzeugen abhebende Zugräfte (links). Sie müssen bei Mauerwerk durch Eigenlast **q** bzw. durch kombinierte Eigen- und Auflast überdrückt werden.

Beide Faktoren setzen ausreichende **lotrechte Last** in der

Mauer voraus, um die Schubbeanspruchung infolge horizontaler Kraft aufzunehmen.

Wesentlich ist bei der seitlichen Abstützung ferner die **schubfeste Verbindung** von tragender und aussteifender Wand. Es muss dabei das Kippen oder Gleiten des Systems an der Kontaktfuge verhindert werden (**34**). Dies wird mittels Verzahnung der Wände über den Mauerwerksverband (**35**) oder, bei der Stumpfstoßtechnik, über das Einlegen von Bandeisen in die Stoßfugen der dann stumpf gestoßenen Wände erreicht (**36**).

DIN EN 1996-1-1, 5.5.3

Schubbeanspruchte Aussteifungswände, die mit der ausgesteiften Wand entsprechend schubfest verbunden sind, werden von einer mitwirkenden Breite der Querwand nach Art eines Flansches zusätzlich versteift (**37**).

Sofern bestimmte Maximalabstände zwischen Querstützungen nicht überschritten werden, ist eine derartige Aussteifung der Wand ausreichend. Werden die Abstände größer, ist folgende Zusatzmaßnahme erforderlich.

2.4 Versteifung durch Ringbalken oder Deckenscheiben

■ Diese Option betrifft den oberen **freien Rand** von Mauerwerkswänden. Die Versteifung von Mauerwerkswänden *allein* über Querabstützung durch lotrechte Wände, wie oben beschrieben, hat zur Folge, dass der obere Rand einer Wand oben frei bleibt, also seitlich nicht gehalten ist. Dadurch kann er sich sowohl unter horizontaler Biegebeanspruchung verformen wie auch seitlich unter lotrechter Last ausknicken oder ausbeulen (vgl. Eulerfall **1**) (**38**). Dieser freie Rand tritt nicht nur bei freistehenden Wänden auf, sondern auch in Kombination mit Decken, die keine Schubsteifigkeit aufweisen – z. B. Holzbalkendecken – oder eine solche besitzen, aber dennoch nicht imstande sind, die Wand zu halten, wie beispielsweise zur Aufnahme von Temperaturverformungen gleitend auf der Mauer gelagerte Platten.

☞ **Band 1**, *Kap. VI-2, Abschn. 8. Kritische Versagensmechanismen, S. 610 f, sowie insbesondere Abschn. 9.3.2 Verband – druckkraftwirksame Übergreifung,* **132** *und* **143**, *S. 629 ff*

Um den freien Rand von Wänden unverschieblich zu halten, bieten sich grundsätzlich folgende Möglichkeiten an:

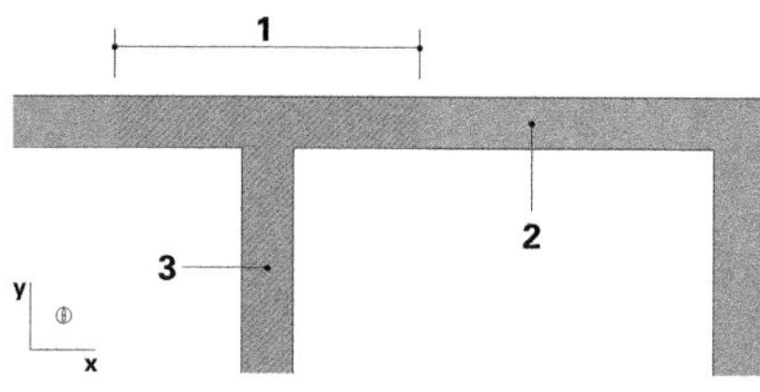

37 Mitwirkende Breite einer ausgesteiften Wand **2** mit versteifender Wirkung auf die schubbeanspruchte aussteifende Wand **3** gemäß *DIN EN 1996-1-1*. Sie verstärkt die Wand in der Art eines Flansches.

1 mitwirkende Breite
2 ausgesteifte Wand
3 aussteifende Wand

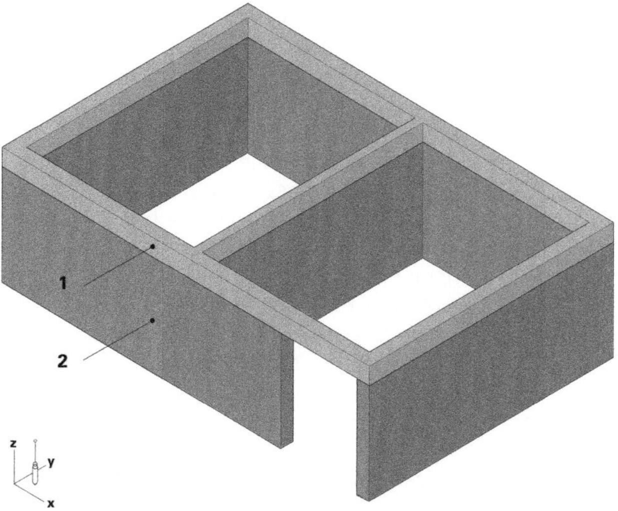

39 Ringbalkenanordnung auf allen zu versteifenden Wänden. Der Ringbalken ist umlaufend angeordnet und versteift sämtliche tragenden Wände infolge seiner Biegesteifigkeit in der Ebene **xy**.

1 Ringbalken
2 Mauerwerk

- Es kommt ein **Ringbalken** in Betracht, der wie ein liegender Biegeträger zwischen zwei aussteifenden Wänden – den Querwänden – spannt, die Horizontallast auf diese abgibt und die Verformung des oberen Rands verhindert (☐ **39–42**). Üblicherweise handelt es sich hierbei um einen entsprechend – d. h. für Biegung in der horizontalen Ebene – bewehrten Stahlbetonbalken. Als maximale Spannweite

📖 *DIN EN 1996-1-1, 8.5.1.4*

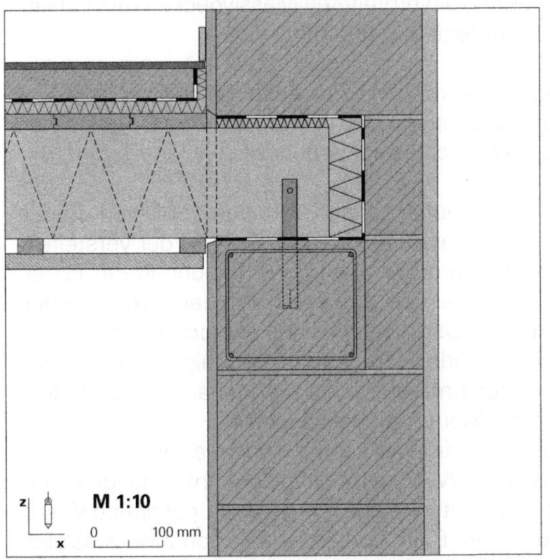

40 Holzbalkendecke. Die Balken werden auf dem Ringbalken aufgelagert und mit ihm verbunden. Die Mauerlasten werden nicht über die Balken (Querpressung!), sondern über die zwischen den Balken verbleibenden Mauerpfeiler abgetragen (vgl. auch ***Band 3***, *Kap. XIII-2*, ☐ **157**).

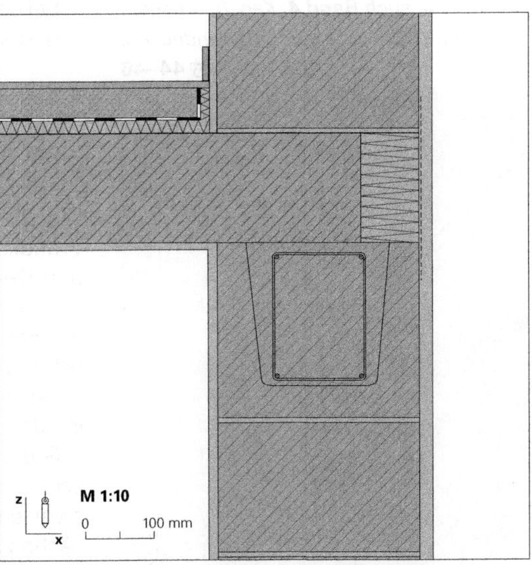

41 Ringanker in Mauerwerks-U-Schale, unter einer Stahlbetondecke angeordnet.

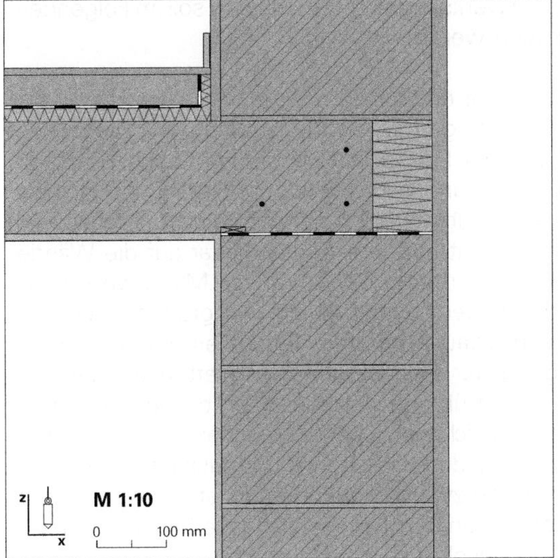

42 Ringankeranordnung im Deckenrandbereich einer Stahlbetondecke. Die Stahlbetondecke übernimmt mit ihrer Scheibenfunktion gleichzeitig die Aufgabe des Ringbalkens, also der Lagesicherung des oberen Randes der Außenwand.

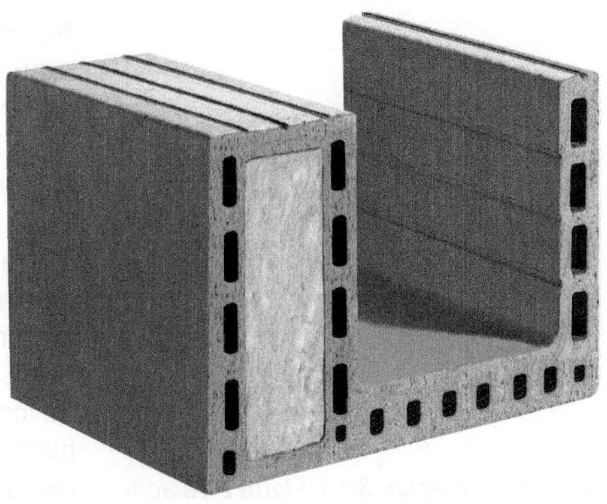

43 Ziegelschale Fa. *Wienerberger Ziegelindustrie GmbH* zur Herstellung von Ringanker und Ringbalken als Teil des Leichthochlochziegelprogramms.

eines solchen Ringbalkens kann angenommen werden:

$$\mathbf{L} \sim \leq 30 \times \mathbf{d}\ \text{Beton}$$

- Alternativ lässt sich die auf der Mauer auflagernde Decke schubsteif, also als **Deckenscheibe** mit integriertem **Ringanker** ausführen (**43, 45, 46**). Diese Lösung kommt bei den heute weitverbreiteten Massivdecken zum Einsatz und stellt heute den Standardfall dar.

- Giebelwände werden mit dem seinerseits, beispielsweise durch Beplankungen oder Windverbände, ausgesteiften Dachstuhl kraftschlüssig verbunden.

DIN EN 1996-1-1, 8.5.1.4

☞ [a] *Vgl. auch* ***Band 4****, Kap. 8., Abschn. 3.5.1 Versteifung durch Balkendecken, insbesondere* **44–46**

44 Eiserne Klammern, sogenannte Schlaudern, binden die knickgefährdete schlanke Mauer, jeweils auf Deckenhöhe, an das versteifende Deckentragwerk an.

Die Übertragung horizontaler Kräfte von der freien oberen Wandkante zum versteifenden Balken bzw. der versteifenden Decke kann grundsätzlich über Reibung in der Lagerfläche zwischen beiden Bauteilen erfolgen (wozu, neben der Rauigkeit der Oberflächen, auch entsprechende Auflast erforderlich ist); oder alternativ über geeignete Anker mit entsprechender Endbefestigung (sogenannte Schlaudern im klassischen Mauerwerksbau) (**44**).[a]

Grundsätzlich wird bei allen Wandbauarten eine unverschiebliche obere Wandkante gefordert, um zumindest eine zweiseitig, also unten und oben gelenkig gehaltene Wandfläche zu erhalten. Beim Vorhandensein von zwei zusätzlich aussteifenden Querwänden hat man es mit einer insgesamt vierseitig gehaltenen Wandfläche zu tun, d. h. bei Versteifung des freien oberen Rands durch die Deckenscheibe – gemäß der oben genannten zweiten Variante – entsteht insgesamt eine räumlich geschlossene **Schachtel**. Diese für den modernen Mauerwerksbau wichtige Variante soll im Folgenden näher diskutiert werden.

4.3 Ausbildung einer Schachtel

■ Eine Schachtel entsteht, im Grundriss betrachtet, aus einem Viereck tragender und aussteifender Wände, die horizontal von der Decke und dem Boden abgeschlossen werden. Günstig und heute üblich ist die Wirkungsweise der Decke als schubsteife Scheibe/Platte in Massivbauweise, die ihr Gewicht und ihre Auflast linear auf die Wände abgibt. Dies kommt dem Bedürfnis des Mauerwerksbaus nach gleichmäßiger Lastverteilung und grundsätzlich niedrigem Lastniveau entgegen. Durch eine zweiachsige Lastabtragung der Stahlbetondeckenplatten werden, im Unterschied zur früheren Holzbalkendecke, *alle* vier Wände der Schachtel gleichmäßig belastet, sodass die ansonsten übliche Unterscheidung in tragende und aussteifende Wände hinfällig wird. Die zweiachsige Wirkung ist im Allgemeinen bei Ortbetondecken bis zu einem Seitenverhältnis von 1:1,5 möglich und sinnvoll.

☞ *Kap. IX-2, Abschn. 3.1.1 Platte zweiachsig gespannt, linear gelagert, S. 342 ff*

3.1 Teilaufgaben des Ringankers

■ Die von Vertikallast betroffenen Wände von Mauerwerksbauten werden in ihren Ebenen beansprucht und wirken als

Scheibe. Sie sind gegen Ausknicken zu sichern. Bei mehrgeschossigen Bauten ist die auftretende Knickgefährdung über die gesamte Gebäudehöhe zu betrachten. Wegen der geringen Wandstärke wäre die Summenauslenkung über die komplette Gebäudehöhe indessen nicht zulässig. Um Knicken zu vermeiden, muss deshalb geschossweise um alle aussteifenden Wände ein umlaufender Zuggurt, der sogenannte **Ringanker**, angeordnet werden. Ähnlich den Fassreifen eines Holzfasses ausgeführt, reduziert der Ringanker die Knicklänge einer mehrgeschossigen Außenwand auf eine einzige Geschosshöhe.

📖 *DIN EN 1996-1-1, 8.5.1.4*

Eine weitere Teilaufgabe des Ringankers ist die Aufnahme der in der Deckenplatte durch den Aufbau eines Druckgewölbes entstehenden horizontalen Zugkräfte in der Randzone der Decke (🗗 **45**, **46**).

Alle Außenwände und Innenwände, die der Abtragung der Aussteifungskräfte dienen, müssen Ringanker erhalten, wenn folgende Randbedingungen vorliegen:

- Bauten mit mehr als 2 Vollgeschossen;
- Bauten mit Längen > 18 m;
- Wände mit großen Öffnungen;
- Bauwerke mit ungünstigen Baugrundverhältnissen.

Ringanker sind für eine aufzunehmende Zugkraft von mindestens $\mathbf{F_k}$= 45 kN zu dimensionieren bzw. mit mindestens zwei Bewehrungsstäben mit einem Mindestquerschnitt von 150 mm² zu bewehren. Die in einer Stahlbetondecke vorhandene Bewehrung darf dabei in bestimmten Grenzen angerechnet werden.

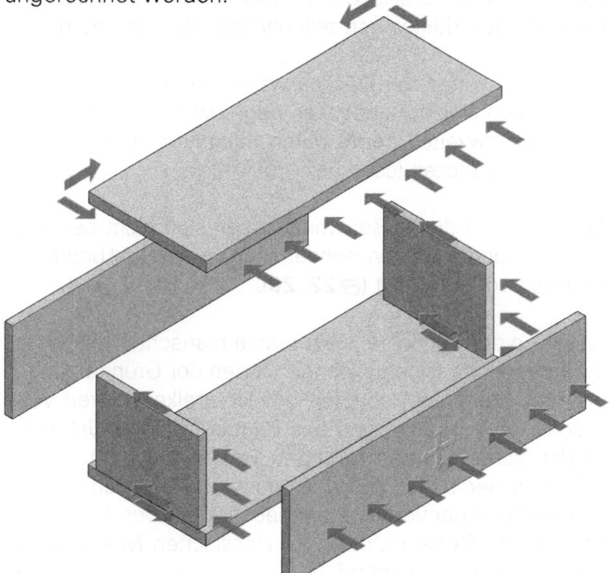

45 (Unten links) Verteilung der auf die Längswand wirkenden Horizontallasten in die Bodenplatte/Baugrund, die seitlichen Querwände und in die schubsteife Deckenplatte. Die Längswand stellt ein Beispiel für eine vierseitig gelagerte Wand dar.

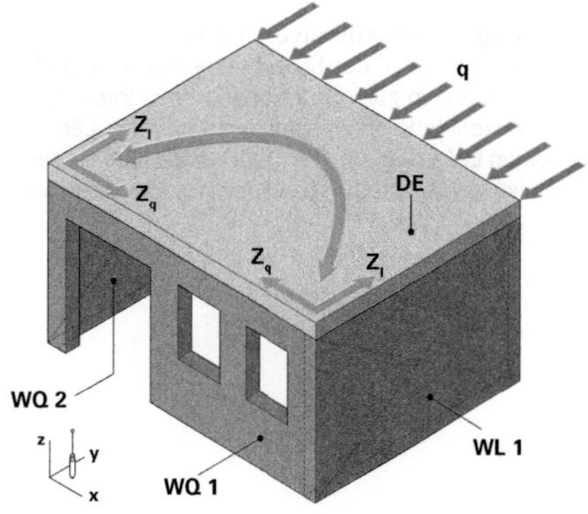

46 (Unten rechts) Darstellung des Druckgewölbes und der resultierenden Zugbeanspruchung im Deckenrand. Das Zugband (= Ringanker) ist in der Deckenscheibe **DE** integriert. Die quer zur Kraftwirkung (→ **x**) verlaufende Komponente $\mathbf{Z_q}$ wird vom Ringanker aufgenommen, die längs dazu (→ **y**) verlaufende $\mathbf{Z_l}$ in die längs (→ **y**) ausgerichteten Wandscheiben **WL 1** und **WL 2** eingetragen, welche sie durch Scheibenbeanspruchung an das Fundament weiterleiten. Die quer zur Kraftrichtung (→ **x**) verlaufenden Wandscheiben **WQ 1** und **WQ 2** sind an der Lastabtragung von **q** nicht beteiligt. Bei Lastangriff von der orthogonalen Richtung (→ **x**) kehren sich die Verhältnisse entsprechend um.

5. Mauerwerksbauweisen

5.1 Schachtelbauweise (Allwandbauweise)

47 Schachtelbauweise. Durch die Anordnung einzelner, sich gegenseitig stützender Wände entsteht ein *schachtelartiges* Gesamtgefüge.

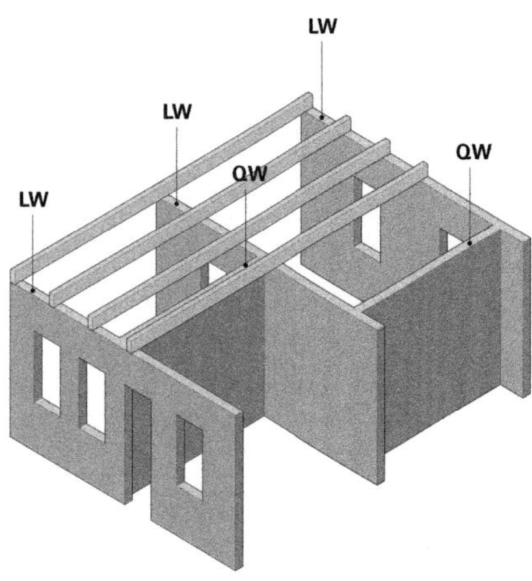

48 Längswandbauweise. Die Bauweise lässt sich als Spezialfall der Schachtelbauweise und als Übergangsform zum Schottenbau betrachten. Die Deckenkonstruktion wird auf den tragenden Längswänden **LW** aufgelegt. Die Querwände **QW** dienen lediglich der Aussteifung und dem Raumabschluss.

■ Die Schachtelbauweise, wie vorhergehend beschrieben, ist eine konsequente Entwicklung des Mauerwerksbaus, die sich wie kaum eine andere aus den statisch-konstruktiven Eigenschaften des verwendeten Werkstoffs herleitet (⧉ **47**, **48**). Sie stellt historisch betrachtet, abgesehen von der Schwergewichtswand, die älteste der Mauerwerksbauweisen dar. Das Prinzip der Verschachtelung, also das Prinzip der gegenseitigen Abstützung über querstehende Wände, ist aber auch für die neueren Mauerwerksbauweisen, wie die Schotten- oder die offene Scheibenbauweise, in Teilbereichen noch gültig oder tritt in verschiedenen Mischformen auf.

Bei der Schachtelbauweise handelt es sich um ein System aneinandergefügter, allseitig geschlossener Räume, deren Verbindung untereinander oder nach außen nur über lokale Einzelöffnungen in der Wand, wie Fenster oder Türen, erfolgt. Die charakteristische Fassade ist die Lochfassade. Die Gestalt der nach dieser Bauweise konzipierten Gebäude zeigt sich als direkte Folge dieses Versteifungssystems in seiner Erscheinungsform einfach und zumeist quaderförmig.

Das Schachtelsystem nutzt die Möglichkeiten des Mauerwerks optimal aus; alle Wände können gleichmäßig belastet werden, insbesondere bei Einsatz von Stahlbetondecken.

Folgende Merkmale sind erwähnenswert:

- Gegenseitiges Aussteifen der Wände mit der entsprechenden Möglichkeit, Wandstärken zu minimieren, die in diesem Kontext dann statisch keine fundamentale Rolle mehr spielen – ein wichtiger ökonomischer Faktor der Schachtelbauweise.

- Eingrenzung der Grundrissfreiheit, Festlegung von Raumzusammenhängen. In der Reinform der Bauweise ist lediglich die Addition von zellenartigen Räumen möglich.

- Die Spannweiten der Decken waren ehedem durch den Einsatz von Holzbalkendecken begrenzt (ca. 4,5 m maximale Spannweite), heute durch adäquate Spannweiten von Massivdecken (ca. 5 bis 7 m).

- Öffnungen in der Außenwand lassen sich nicht beliebig gestalten und anordnen, sondern nur dimensional begrenzt und tragwerksgerecht (⧉ **22–26**).

Das Prinzip der Schachtel sieht man am anschaulichsten in den mehrgeschossigen Wohngebäuden der Gründerzeit in Form von Mauerwerksbauten mit Holzbalkendecken verwirklicht, die man aufgrund des Baubooms jener Jahre in allen deutschen Städten vorfindet. Sehr konsequent wurde das Prinzip der Schachtel auch beim Bau der traditionell-handwerklich orientierten Wohnhäuser der 20er Jahre, die als bewusste Gegenmodelle zur klassischen Moderne zu verstehen sind, eingesetzt.[1]

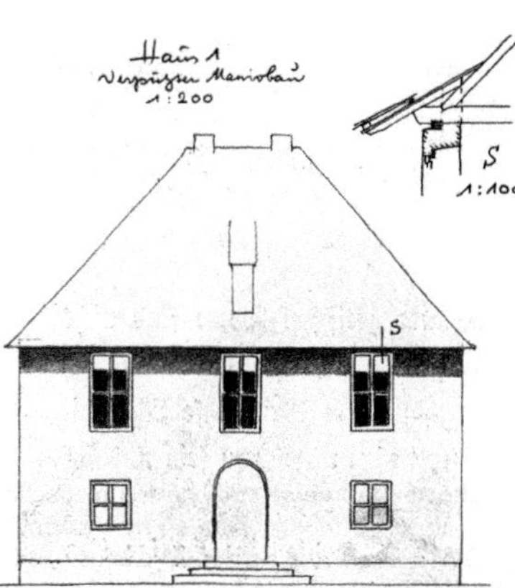

49 Zwei klassische Mauerwerksbauten in Schachtelbauweise. Die Fassade spiegelt die herkömmlichen Gestaltungsregeln der Mauerwerksbauweise in exemplarischer Weise wider: Lochfassade, streng regelmäßige Fensterordnung, übereinanderstehende Fensteröffnungen, breite Mauerpfeiler zwischen den Fensteröffnungen, breite Eckpfeiler; im linken Beispiel: flache gemauerte Sturzbögen, die mittig angeordnete Türöffnung ist zur Aufnahme der Last des darüberliegenden Mauerpfeilers mit einem Rundbogen überwölbt (Haus am Steilhang, P Schmitthenner). Ein überzeugendes Beispiel der Übereinstimmung zwischen Gestalt, Werkstoff und Konstruktion.

50 Grundriss des links oben dargestellten Gebäudes mit deutlich erkennbarer Schachtelstruktur.

51 Traditioneller Schachtelbau.

5.2

Schottenbauweise (Querwandbauweise)

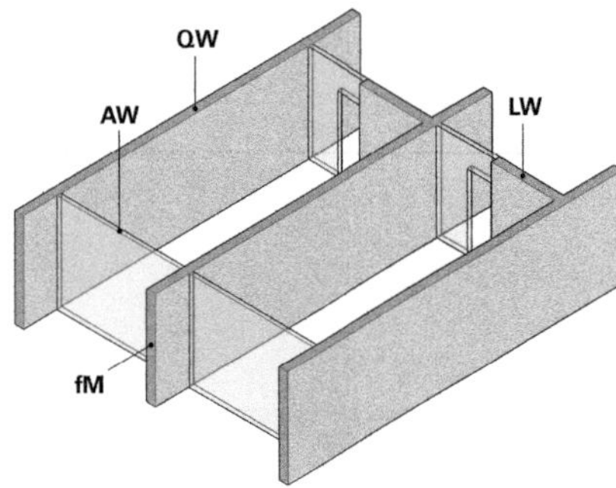

52 Schottenbauweise: gleiche Raumzuschnitte bei maximaler Öffnungsbreite an der Außenwand **AW**; **QW** Querwand = Schott; **LW** Längswand; **fM** freies Mauerende.

■ Unter der Schotten- bzw. Querwandbauweise versteht man die linear addierte Anordnung mehrerer paralleler lastabtragender Wände, sodass eine Anzahl von Räumen ähnlichen Zuschnitts und gleicher Belichtungsbedingungen entsteht. Kennzeichnend für diese Bauweise ist ihre Ökonomie sowie ihre ästhetisch und technisch einfache Grundform, die auf der simplen Reihung als Ordnungsprinzip basiert.[2]

Der Ursprung dieser modernen Bauweise liegt im Wohnungsbau der frühen 1920er Jahre. Der Bautypus wurde aus der Notwendigkeit geboren, die Erfordernisse des Massenwohnungsbaus mit industriellen Herstellungsverfahren effizient, rasch und ökonomisch zu erfüllen. Mit der Schottenbauweise ließ sich der Wunsch der Planer nach einheitlicher Wohnqualität, gleicher Ausrichtung der Gebäude, einheitlicher Besonnung und Aussicht insbesondere im verdichteten Wohnungsbau befriedigen. Diese Bauweise führte folgerichtig zu einer Organisation der Gebäude in **Zeilen.** Man spricht deshalb auch vom **Zeilenbau.**

Konstruktiv versteht man unter der Schottenbauweise ein System von tragenden Wänden, jeweils quer zur Längsachse des Gebäudes ausgerichtet, den **Schotts** oder **Schottwänden**, das mittels zusätzlich aussteifender **Längswände** stabilisiert wird, die sich im Bereich des Gebäudeinnern befinden, beispielsweise als Raumeinschluss von Nasszellen (🗗 **52**). Notwendig ist dafür der Verbund mit der aussteifenden Stahlbetondecke. Die Schottenbauweise zeigt in ihrem Aussteifungsprinzip Parallelen zur Schachtelbauweise auf, unterscheidet sich aber von dieser wesentlich darin, dass die Außenwände – vorwiegend zugunsten einer besseren Belichtung der Innenräume – *nicht* als Mauerscheiben ausgebildet sind. Damit entstehen an beiden Gebäudelängsseiten großflächig verglaste nichttragende Fassaden, aber auch notwendigerweise freie Mauerenden, nämlich diejenigen der dort endenden Schotts bzw. Querwände, die im Mauerwerksbau gemeinhin statische Probleme aufwerfen (🗗 **53**). Der Einsatz der Bauweise bleibt deshalb nicht auf den Mauerwerksbau beschränkt, sondern stellt einen Übergang zum Betonbau dar. Der sequenzielle Aufbau der Bauweise kommt dem Betonbau mit seinem verstärkten Einsatz industrieller Fertigungsmethoden sehr entgegen.

Folgende Merkmale sind für die Bauweise kennzeichnend:

- Eingrenzung/Festlegung der Zimmer-/Wohnungsbreite durch **Maximalspannweite** der **einachsig** – also von Schott zu Schott – spannenden Decken (🗗 **55**);
- schwere, tragende Innenwände/Wohnungstrennwände mit entsprechend **guter Schall-** und **Brandschutzwirkung** (🗗 **53**);
- Außenwände ohne konstruktive Einschränkungen, vor allem hinsichtlich der Größe von Belichtungsöffnungen, da diese **nichttragend** ausgebildet werden können.

Schottenbauten erlauben grundsätzlich die Ausbildung vollverglaster Außenwände (🗗 **54**).

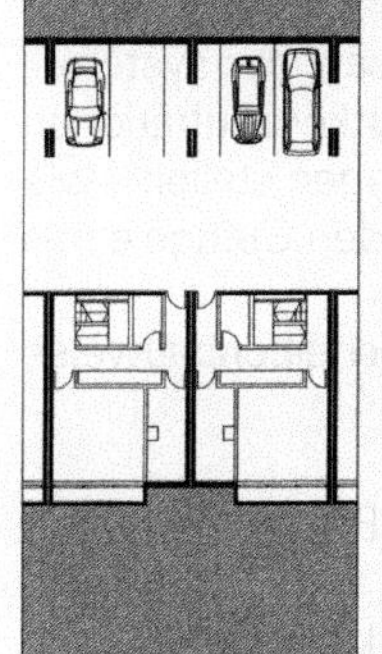

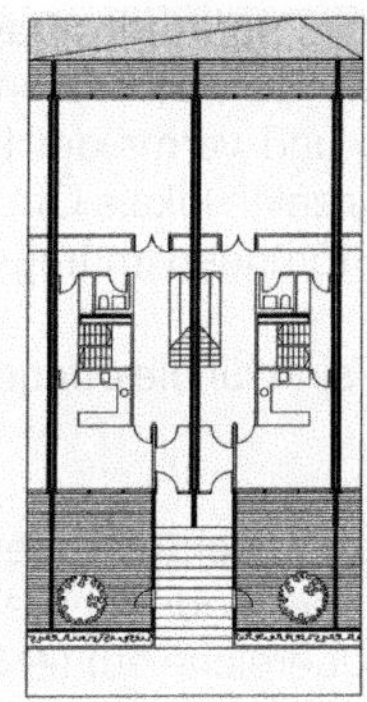

53 (Oben links) Schottenbau in Mauerwerksbauweise im Bauzustand. Die ansonsten freien Mauerenden werden mit querstehenden, im Verband gemauerten Mauerpfeilern (aus weißen Kalksandsteinen) versteift.

54 (Oben rechts) Reihenhäuser München-Harlaching in Schottenbauweise (Arch.: P C von Seidlein).

55 (Mitte) Grundriss: klar erkennbare Schottenstruktur. Die aussteifenden Querwände sind auf den Innenbereich beschränkt, wo Treppen und Nassräume angeordnet sind. Die freien Enden der Querwände sind durch die Deckenscheiben seitlich gehalten. Aus akustischen Gründen sind die Schotts entkoppelt, d. h. eine Durchlaufwirkung der Stahlbetondecken kann nicht genutzt werden. Reihenhäuser München-Harlaching.

56 Lageplan zu den Reihenhäusern in 🗗 **54** und 🗗 **55**.

5.3

Offene Scheibenbauweise

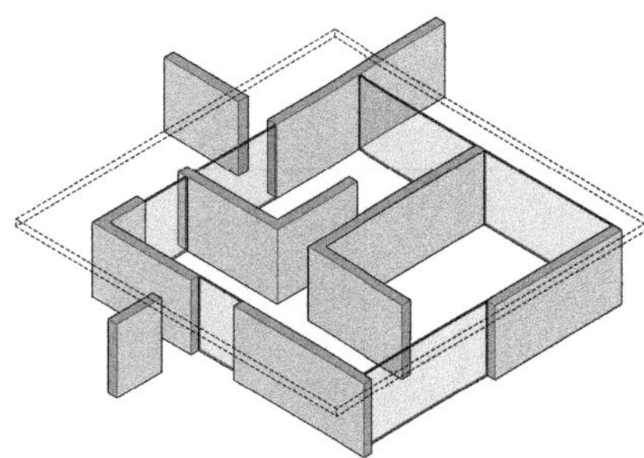

57 Die **offene Scheibenbauweise**: freie Anordnung von nicht unbedingt aneinander anbindenden, in zwei Hauptrichtungen ausgerichteten Wandscheiben.

☞ *Abschn. 3.1 Wechselbeziehung von Trag- und Hüllfunktion der Wand, S. 468 ff*

■ Die offene Scheibenbauweise ist durch die freie Anordnung von Wandscheiben unter einer aussteifenden Deckenplatte charakterisiert (**57**). Der sinnvolle Einsatz dieser Bauweise ist erst seit der Einführung des Stahlbetons möglich. Im Gegensatz zur Schachtelbauweise mit ihren vollständig umschlossenen Räumen, entstehen hier fließende räumliche Verbindungen und großflächige Öffnungen nach außen. Raumbereiche sind von den tragenden Scheiben und von den nichttragenden Hüllelementen – z. B. Glasfassaden – umschlossen.[3] Im Gegensatz zur Schachtelbauweise, bei der einzelne Öffnungen in die Mauerwerksaußenwand eingeschnitten werden, lassen sich hier ganze Wandbereiche zur Schaffung großflächiger Öffnungen auslassen. Die Möglichkeit von fließenden Übergängen von innen nach außen sind eine besondere Qualität dieser Bauweise, was an den Bauten von Mies van der Rohe,[4] Frank Lloyd Wright oder Richard Neutra besonders eindrucksvoll deutlich wird.

Die offene Scheibenbauweise im Mauerwerksbau stellt, ähnlich wie die Schottenbauweise, einen weiteren Übergang zum Stahlbetonbau dar, da diese Bauweise ohne zumindest teilweisen Einsatz von Stahlbeton nicht möglich wäre. In Bezug auf die Beanspruchung im Wandbauteil stellt der offene Scheibenbau ohnehin keine klassische Mauerwerksbauweise dar, da hier nahezu zwangsläufig Lastkonzentrationen und Kantenpressung, z. B. an den Stirnseiten der Wände oder in anderen Einzelbereichen, auftreten. Das klassische Mauerwerk arbeitet hingegen nach dem Grundsatz der systematischen Lastverteilung und vermeidet Lastkonzentrationen konsequent. Bereits einzelne lokale Öffnungen stellen – wie wir gesehen haben – Störungen im tragenden Gefüge eines Mauerwerksbaus dar.

Folgende Merkmale sind für die offene Scheibenbauweise typisch:

- Es entstehen keine schachtelartigen Räume, sondern jeder Raum weist eine oder mehrere Raumöffnungen bzw. verglaste Wandbereiche auf (**58**); dies erlaubt frei gestaltbare räumliche Verbindungen zwischen Einzelräumen sowie insgesamt eine **freie Raumgestaltung** im Innern.

- Gleichfalls charakteristisch ist die **räumlich fließende Verbindung** von Innen- und Außenraum, wie sie bei der Schotte oder Schachtel nicht möglich ist (**58**, **60**).

- Mauerwerk ohne pfeilerartige Verstärkungen aus Stahlbeton ist hier nur in Ausnahmefällen möglich. Insbesondere an den – hier bewusst sichtbar belassenen – **freien Stirnrändern** treten die im Mauerwerksbau kritischen Lastkonzentrationen auf.

58 Barcelona-Pavillon von 1929, historische Aufnahme des Innenraums mit der Ausstattung von Lilly Reich (Architekt: L Mies v d Rohe). Wenngleich kein offener Scheibenbau im engeren Sinn, da die – nicht massiv ausgeführte – Dachdecke auf Stützen lagert, verkörpert dieses Bauwerk den Gestaltkanon des Scheibenbaus dennoch in exemplarischer Weise.

59 Barcelona-Pavillon, Rekonstruktion des Bauwerks aus dem Jahr 1986. Abschluss des Außenbereichs mit Natursteinwandscheiben.

60 Barcelona-Pavillon, Rekonstruktion. Wandscheiben und schwebende Dachdecke schaffen Innen- und Außenräume.

5.4

Kombination der Bauweisen und Auflösung klassischer Bauweisen im Mauerwerksbau

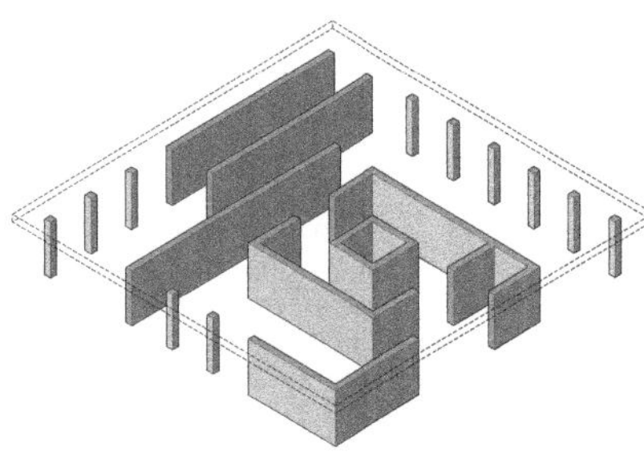

61 Kombination von Schachtel, Schott, Scheibe und Stütze.

☞ ***Band 4**, Kap. 8, Abschn. 5. Skelettbauweisen*

■ Häufig treten Kombinationen der drei Systeme **Schachtel**, **Schott** und freie **Scheibe** auf. Die reinen Bauformen sind eher selten. Die Scheibe ist bei derartigen Mischformen ein freies Element, welches bis in den Außenraum reicht, das Schott ein Mittel um gleichförmige Räume zu bilden und die Schachtel in Form einer Zelle kann als aussteifendes, abstützendes Element auftreten.[5]

Heutige Mauerwerksbauten sind von Kombinationen dieser in ihrer Reinform getrennt gedachten Bauweisen geprägt. Dies führt im Einzelfall sogar zur Integration einzelner **Stützen** bzw. **Pfeiler** in den Mauerwerkswänden zwecks Aufnahme der im Mauerwerksbau früher nicht beherrschbaren Lastkonzentrationen. Nutzungsbezogen besonders vorteilhaft, und deshalb in der Baupraxis oftmals anzutreffen, ist die Kombination aus scheibenartigen Außenwänden mit Skeletttragwerken im Gebäudeinnern. Diese bauliche Lösung, die sich bereits in historischen Speicher- und Industriebauten findet, erlaubt die Vorteile beider Bauweisen – Wand- und Skelettbau – zu verbinden: nämlich den Raumeinschluss außen und die Schaffung großer zusammenhängender Innenräume bzw. die frei ungehinderte Unterteilbarkeit des Innenraums gemäß nutzungsorientierter Bedürfnisse. Insbesondere bei Verwaltungs- und Geschäftsbauten spielt dieser Faktor eine wichtige Rolle. Oftmals hat man es deshalb nicht mehr mit Mauerwerksbau im eigentlichen Sinn zu tun, sondern mit Bauwerken, hinter deren massiver Hüllebene sich Skelettbauten mit – im Vergleich zum früheren Mauerwerksbau – weitgespannten Skeletttragsystemen verbergen. Die Horizontalversteifung der Mauerscheiben quer zu ihrer Ebene erfolgt bei diesen Tragwerken nicht mehr vorwiegend durch massive abstützende Querwände, wie beim klassischen Schachtelbau, sondern vornehmlich durch die Massivdecken, welche das Tragwerk dank ihrer Scheibenwirkung horizontal an Festpunkte anbinden. Einzelne isolierte Wandscheiben, welche die freie Raumgliederung nur wenig einschränken, oder komplette Kerne übernehmen unter diesen Bedingungen im Regelfall die Rolle von Festpunkten.

Möglich werden diese Kombinationen in erster Linie durch die enge Verbindung des Mauerwerks mit dem Baustoff Stahlbeton, bzw. durch die Einführung von Verbundbauweisen, insbesondere mit Stahl. Die Erweiterung der konstruktiven Möglichkeiten hat das Erscheinungsbild moderner Mauerwerksbauten geprägt und verändert.

62 Stadtteilzentrum Stuttgart-West. Beispiel für die zeitgenössische Verwendung von Ziegelmaterial als Verblendschalenmauerwerk. Im Unterschied zum traditionellen Mauerwerksbau erscheinen hier liegende horizontale Fensterformate im Wechsel mit großflächigen Glasfassaden.

63 Verwaltungsgebäude in Stuttgart. Die flächige Wandstruktur ist weitgehend aufgelöst und wird partiell zu einem skelettartigen Tragwerk mit Lastkonzentrationen in den Wandpfeilern.

64 Überführung der Wand in ein Skeletttragwerk, das mit einer Mauerschale verblendet ist.

6. Öffnungen in Mauerwerkswänden

✏ *Stürzen (althochdeutsch): überdecken*

☞ *DIN EN 1996-1-1/NA/A2, DIN EN 1996-1-2, DIN EN 1996-3/NA/A2*

📖 *DIN EN 845-2*

■ Öffnungen für Fenster oder Türen im Mauerwerksbau werden mit **Stürzen** oder **Bögen** überbrückt.

Bei der Dimensionierung von Stürzen oder Bögen muss nach Norm nur das Gewicht des Wandteils eingerechnet werden, das in einem **gleichseitigen Dreieck** über dem Sturz umschlossen wird. Darüberliegende Wandteile stützen sich gewölbeartig ab, d. h. die Sturz-oder Bogenkonstruktion trägt nur die Last unter dem gedachten Gewölbe ab (**66–68**). Voraussetzung ist, dass sich oberhalb oder neben der Öffnung keine weiteren Öffnungen befinden und der entstehende Gewölbeschub von den seitlichen Wandflächen bzw. Wandpfeilern aufgenommen werden kann.

Deckenlasten, die innerhalb des gleichseitigen Dreiecks angreifen, müssen nur für den Bereich innerhalb des Dreiecks angerechnet werden.

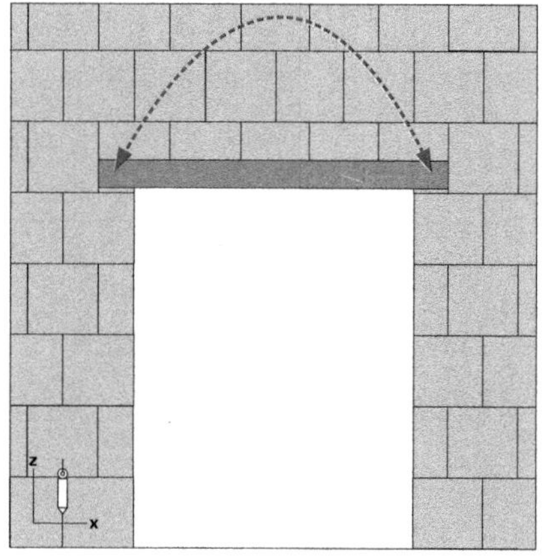

65 Druckbogen-Zugbandmodell bei Ziegel-Flachstürzen.

Werden **Stürze** im Mauerwerksbau als Biegebalken aus Stahl – z. B. nachträglich im Rahmen einer Altbausanierung – oder Stahlbeton ausgeführt, werden die Auflasten über die Biegewirkung auf die seitlichen Auflager abgetragen. Die Bemessung erfolgt auf Biegung und Querkraft. In den seitlichen Auflagern, also den Laibungen der Öffnung, entstehen Spannungskonzentrationen im Mauerwerk. Insbesondere bei der Sanierung oder beim Umbau von Mauerwerksbauten werden bevorzugt Stahlträger als Sturzkonstruktion eingesetzt, dies vor allem wegen der leichten Montage. Zu berücksichtigen sind dabei die bauphysikalischen Probleme – hinsichtlich Wärmeschutz und ggf. auch Brandschutz –, die beim Einbau von Stahlstürzen in Mauerwerkswänden auftreten können. Das unterschiedliche thermische Verhalten von Stahl und Mauerwerk führt oftmals zur Bildung von Rissen an den Putzoberflächen.

☞ ***Band 3**, Kap. XIII-3 Schalensysteme bzw. XIII-9 Öffnungen*

Stahlbetonstürze bilden heute neben Fertigstürzen mit integriertem Rollladenkasten die Regelausführung im Mauerwerksbau. Sie lassen sich als Fertigteilstürze vor Ort einbauen oder direkt in Verbindung mit der Ortbetondecke betonieren. Die Außenseiten der Stahlbetonstürze müssen zur Vermeidung von Wärmebrücken gedämmt werden. Dies führt zwangsläufig zu einer Reduzierung der Querschnittsbreite des Sturzes. Ferner ist auf Rissbildung im Außenputz und farbliches Absetzen des Sturzbereichs zu achten.

Fertigstürze werden im modernen Mauerwerksbau in der Regel als sogenannte **Ziegel-Flachstürze** ausgebildet (**80–82**). Die statische Höhe eines solchen Flachsturzes kann im Vergleich zu einfachen Biegeträgern klein sein, da im Sturz selbst fast nur Zugkräfte aufgenommen werden müssen. Es lässt sich ein **Druckbogen-Zugbandmodell** (**65**) zum Ansatz bringen, da die Schübe eines über der Öffnung entstehenden Druckgewölbes mittels des Ziegel-Flachsturzes kurzgeschlossen werden und die seitlichen Auflager somit keinen Horizontalschub aufnehmen müssen.[6]

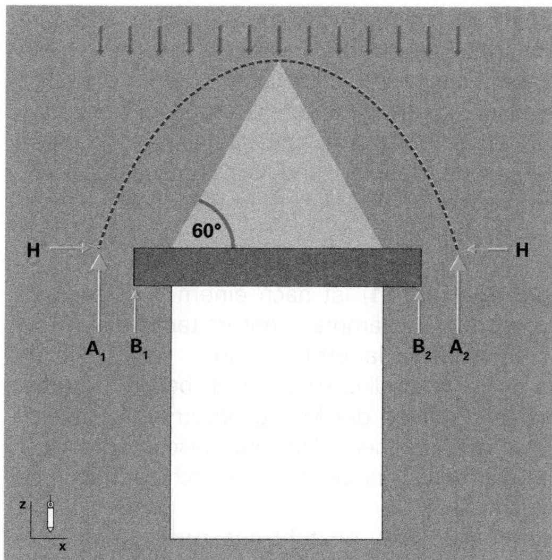

66 Druckbogenmodell zur Dimensionierung von Stürzen im Mauerwerksbau. Da sich eine Wandöffnung über einer aufgehenden Wand gewölbeartig selbst trägt (Kräfte **A**), muss der Sturz über einer Wandöffnung lediglich die Lasten **B** aufnehmen, die im Einzugsbereich eines gleichseitigen Dreiecks anfallen.

67 Innerhalb des gleichseitigen Dreiecks müssen außer den Eigenlasten der Wand ggf. auch weitere angreifende Lasten – z. B. aus einer Deckenkonstruktion – eingerechnet werden.

68 Auch Lasten außerhalb des dreieckförmigen Lasteinzugsbereichs können für die Bemessung eines Sturzes von Bedeutung sein, z. B. Einzellasten, die in ihrem Lastausbreitungsbereich in den Einzugsbereich eines Sturzes eingreifen.

69 Ein durch ein schweres Erdbeben beschädigtes Haus. Der gemauerte Sturz über dem linken Fenster wurde zerstört. Ein dreieckiges Wandteil über dem Fenster, das bisher über den Sturz abgefangen wurde, ist herausgebrochen. (Das schwer beschädigte Haus musste später abgebrochen werden.)

6.1 Ausführung von Bögen im Mauerwerksbau

■ Der Neubau von Bögen im Mauerwerksbau spielt im heutigen Baugeschehen eine nur noch untergeordnete Rolle. Selbst bei Sichtmauerwerkswänden werden meistens keine Bögen mehr ausgeführt. Lediglich bei der Sanierung oder Wiederherstellung historischer Gebäude wird diese aufwendige Form der Überstürzung noch angewandt (🗗 **70**).

Folgende besondere Bogenformen lassen sich unterscheiden.

1.1 Rundbogen, Spitzbogen

70 Seltenes Beispiel des Neubaus eines Segmentbogens über einem Lehrgerüst. Das Bild entstand 2007 in der Nähe von Mostar am Kloster Blagaij in Bosnien-Herzegowina im Rahmen eines Wiederaufbauprojekts der Europäischen Union. Das Bild verdeutlich den Rüstungsaufwand, der mit der Herstellung von Bögen im Mauerwerksbau verbunden ist.

■ Der **Rundbogen** (🗗 **71**) ist nach einem vollständigen Halbkreis geformt. Am Kämpfer geht er tangential in die stützenden vertikalen Mauerpfeiler über. Sein Stich ist stets gleich dem Kreisradius bzw. der halben Stützweite. Keilsteine können infolge der Kreisgeometrie stets gleich sein – ein entscheidender herstellunsgtechnischer Vorteil, der dazu geführt hat, dass Rundbögen historisch die häufigste Bogenform darstellen.

Der **Spitzbogen** (🗗 **72**) besteht aus zwei Kreisbogensegmenten mit Winkeln <90°, deren Mittelpunkte auf der Verbindungslinie der beiden Kämpfer liegen, sich aber in variablen Abständen anordnen lassen und somit unterschiedliche Kreisradien zur Folge haben können. Somit kann man die Höhe unabhängig von der Stützweite nahezu nach Belieben festlegen. Da Spitzbögen aus zwei Kreissegmenten bestehen, können auch bei ihnen Keilsteine immer gleich sein—nur der Schlussstein hat eine abweichende Form.

Beim Rundbogen und Spitzbogen sind folgende Gesichtspunkte zu beachten: [8]

- Ausführung aus gewöhnlichem Mauerziegel mit keilförmiger Fuge (0,5–2,0 cm Fugenbreite) oder Verwendung keilförmiger Steine;
- Fugenlinien sind beim Rundbogen zum Bogenmittelpunkt ausgerichtet; beim Spitzbogen zum jeweils gegenüberliegenden Auflager oder sonstigem Mittelpunkt auf Auflagerhöhe hin gerichtet;
- die Anzahl der Steine ist in der Regel ungerade, sodass sich im Scheitel keine Fuge befindet, sondern ein Schlussstein. Dies ist aber keine statische Notwendigkeit;
- Kreismittelpunkte liegen im Allgemeinen in Kämpferhöhe, sodass ein tangentialer Übergang zwischen Kreisbogen und vertikaler Laibung stattfindet;
- maximale Spannweiten als Richtwert:

bei 24 cm MW	≤ 200 cm
bei 36,5 cm MW	≤ 200 cm bis 550 cm
> 36,5 cm MW	> 350 bis 850 cm

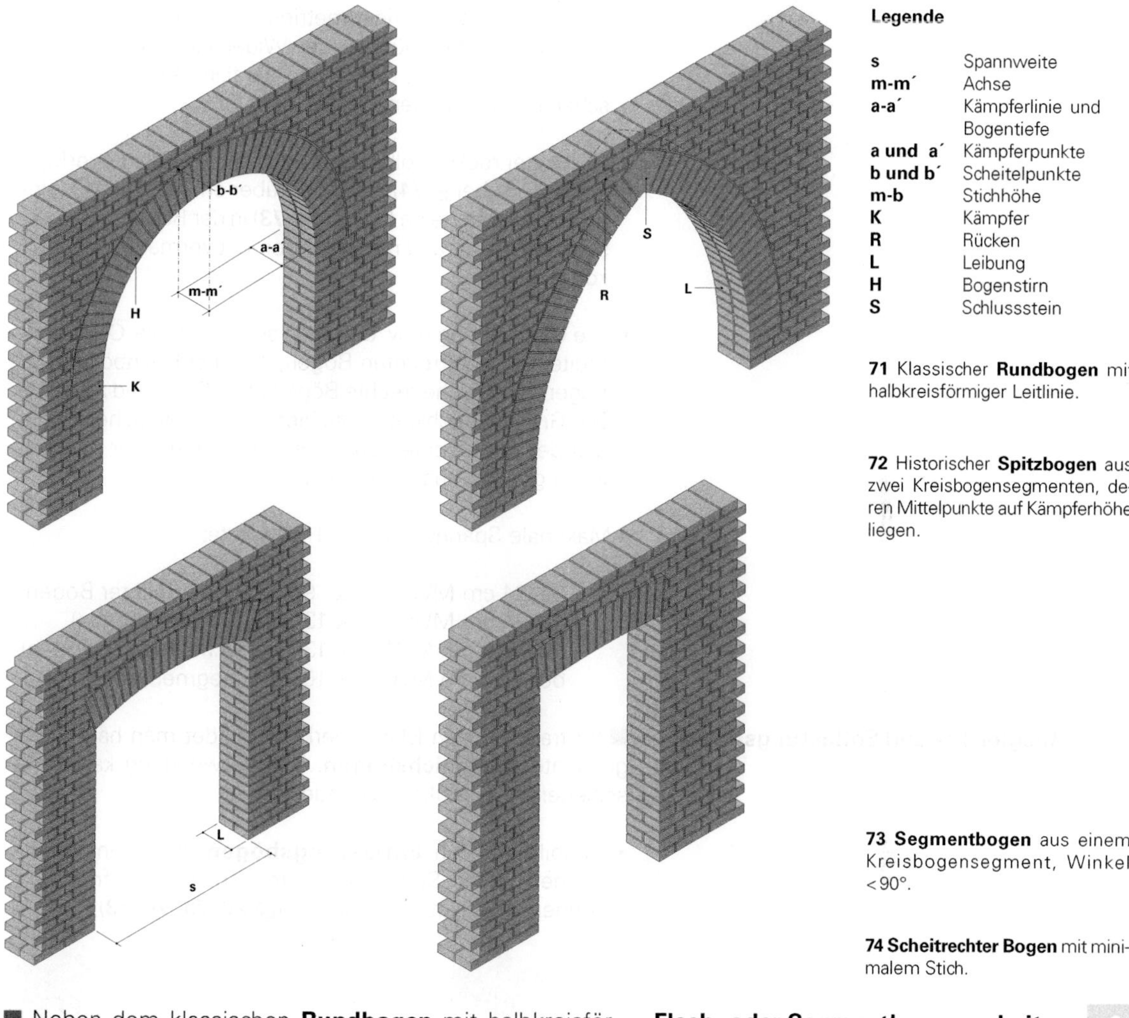

Legende

s	Spannweite
m-m´	Achse
a-a´	Kämpferlinie und Bogentiefe
a und a´	Kämpferpunkte
b und b´	Scheitelpunkte
m-b	Stichhöhe
K	Kämpfer
R	Rücken
L	Leibung
H	Bogenstirn
S	Schlussstein

71 Klassischer **Rundbogen** mit halbkreisförmiger Leitlinie.

72 Historischer **Spitzbogen** aus zwei Kreisbogensegmenten, deren Mittelpunkte auf Kämpferhöhe liegen.

73 Segmentbogen aus einem Kreisbogensegment, Winkel < 90°.

74 Scheitrechter Bogen mit minimalem Stich.

Flach- oder Segmentbogen, scheitrechter Bogen

■ Neben dem klassischen **Rundbogen** mit halbkreisförmiger Geometrie (**71**) treten auch Bögen mit flacheren Geometrien bzw. kleineren Segmentwinkeln (**Flach**- bzw. **Segmentbogen**, **73**) sowie auch gänzlich geradlinig begrenzte Bögen, sogenannte **scheitrechte Bögen** (**71, 77**), auf. Diese Varianten haben den Vorteil, wesentlich geringere Bauhöhe für die Überwölbung einer Öffnung zu benötigen als der Rundbogen. Der scheitrechte Bogen beansprucht die geringste Höhe und unterscheidet sich in seiner Formgebung nicht von einem herkömmlichen Sturzbalken. Sofern die Steine des Bogens gefächert sind, stellt sich dennoch eine Stützlinie innerhalb der Konstruktion ein, sodass de facto eine echte Bogenwirkung vorliegt.

Beim scheitrechten Bogen und beim Flach- oder Segmentbogen sind folgende Gesichtspunkte zu beachten: [7]

- Schräge Widerlager sind erforderlich, deren Begrenzungsflächen auf den Bogenmittelpunkt ausgerichtet sind; besonders flache Bogengeometrien erzeugen entsprechend große Horizontalschübe an den Widerlagern, sodass dafür Sorge zu tragen ist, dass sie in die flankierenden Mauerscheiben eingetragen werden können.

- Der Bogenrücken sollte, wenn möglich, in einer Lagerfuge enden (wie bei 🗗 **74**), da die darüber entstehenden kleinteiligen Mauersteine (wie bei 🗗 **73**) in der Regel schwer zu schneiden sind und nicht fachgerecht vermauert werden können.
- Die Überhöhung bzw. der Stich sollte 1/50 der Öffnungsbreite bei scheitrechten Bögen, 1/12 bei Flachbögen betragen. Auch scheitrechte Bögen ohne Stich sind möglich. Die Grenadierschicht muss hierfür graduell fächerförmig aus der Senkrechten austreten, die Widerlager müssen leicht geneigt ausgeführt sein.
- Maximale Spannweiten als Richtwerte:

bei 24 cm MW	≤ 90 cm (scheitrechter Bogen)
bei 24 cm MW	≤ 130 cm (Segmentbogen)
bei 36,5 cm MW	≤ 130 cm (scheitrechter Bogen)
bei 36,5 cm MW	≤ 160 cm (Segmentbogen)

6.2 Ausgleichs- und Entlastungsbögen

■ Im traditionellen Mauerwerksbau findet man häufig sogenannte **Ausgleichsbögen**. Ihre Verwendung kann verschiedene konstruktive Gründe haben:

- Ausbildung von **Entlastungsbögen** über Fensteröffnungen, deren Stürze keine große Biegung aufnehmen können, z. B. Natursteinbalken (🗗 **26**, **75**, **76**, **78**);

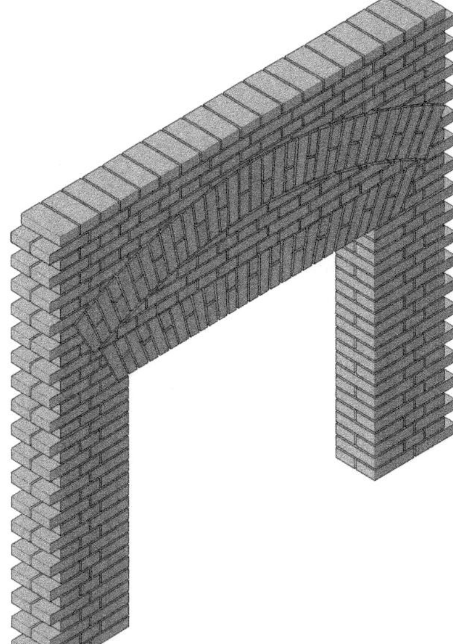

75 Mauerwerksöffnung mit scheitrechtem Bogen und darüberliegendem **Ausgleichsbogen** zur Umleitung der Vertikallasten in die seitlichen Wandbereiche.

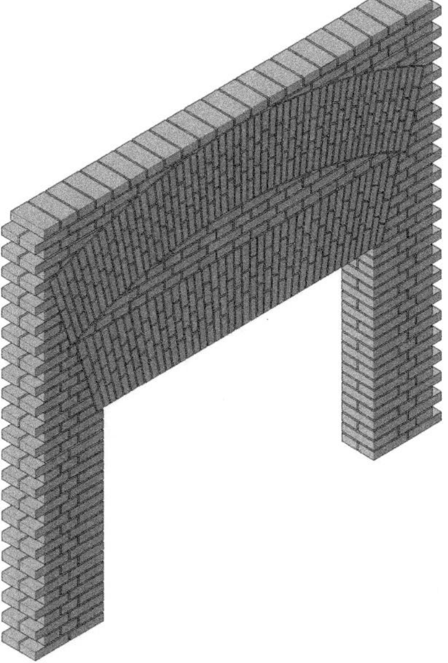

76 Entlastungsbogen aus Mauersteinen für Spannweiten bis ca. 1,90 m. Die über der Öffnung gemauerten scheitrechten Bögen wurden bei größeren Spannweiten mittels Hängeeisen an die Entlastungsbogen gehängt.

- Einbau von Entlastungsbögen in große zusammenhängende gemauerte Wandflächen zur gezielten Lasteinleitung in tragfähigere Wandbereiche oder Fundamente (**79**);
- Schaffung von Arbeits- und Baumaschinenplattformen während der Bauphase. Die Öffnungen werden später geschlossen, der Entlastungsbogen verbleibt in der Wand (vgl. **79**).[9]

77 Säulengebälk in Form eines scheitrechten Bogens.

78 Entlastungsbögen aus Ziegelstein über einem scheitrechten Bogen aus Granit.

79 Entlastungsbögen, in den zylindrischen Außenwänden des Pantheons in Rom eingemauert. Es wird vermutet, dass während des Baus in den Wandabschnitten unter den kleinen Bögen Laufräder zum Betrieb von Kränen und Hebezeug untergebracht waren. Die großen Ausgleichsbögen leiten die Vertikallasten in die innenliegenden Mauerpfeiler der Rotunde ein.

6.3

Ausbildung eines Sturzes

DIN EN 845-2
DIN EN 846-9
DIN EN 846-11

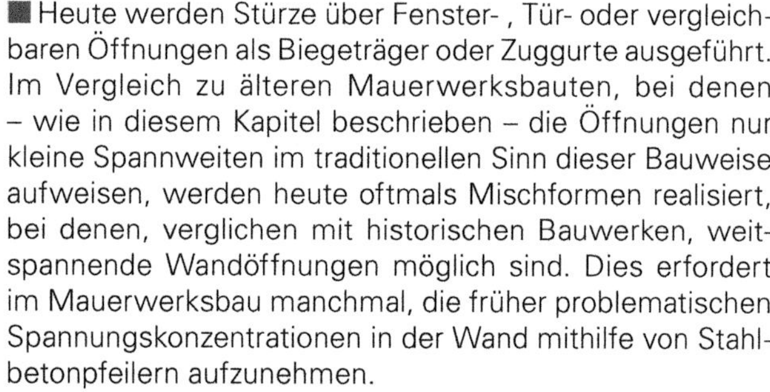

■ Heute werden Stürze über Fenster- , Tür- oder vergleichbaren Öffnungen als Biegeträger oder Zuggurte ausgeführt. Im Vergleich zu älteren Mauerwerksbauten, bei denen – wie in diesem Kapitel beschrieben – die Öffnungen nur kleine Spannweiten im traditionellen Sinn dieser Bauweise aufweisen, werden heute oftmals Mischformen realisiert, bei denen, verglichen mit historischen Bauwerken, weitspannende Wandöffnungen möglich sind. Dies erfordert im Mauerwerksbau manchmal, die früher problematischen Spannungskonzentrationen in der Wand mithilfe von Stahlbetonpfeilern aufzunehmen.

Biegeträger, die als Stürze Verwendung finden, sind in üblichen Bauweisen oft Ortbeton- oder Betonfertigteilstürze und müssen außenseitig gedämmt werden. Seit der Einführung porosierter Ziegel werden vermehrt Flachstürze aus Ziegel-U-Schalen eingesetzt. Diese Fertigteilstürze zeichnen sich durch eine geringe Bauhöhe aus (**80–82**, **84**). Die Ziegel-U-Schalen oder Ziegel-Flachstürze werden bewehrt und ausbetoniert und können werkseitig als Halbzeug bezogen werden. Die statische Funktionsweise dieser Stürze wurde in *Abschnitt 6.* beschrieben.

Insbesondere im Wohnungsbau gibt es eine Vielzahl von vorgefertigten Stürzen, in die ein Rollladen integriert ist (**87–89**). Die teilweise tragend ausgeführte Grundkonstruktion des Rollladenkastens besteht oft aus Metall und wird von Holzspanplatten oder Hartschaumdämmung, die sowohl für die Wärmedämmung, aber auch als Trägermaterial für den Putz benötigt werden, kaschiert. Der Einfachheit dieser kombinierten Lösung stehen heute die wesentlich gestiegenen Anforderungen im Wärmeschutz gegenüber; denn Rollladenkästen dieser Art stellen im Hüllbereich oft extreme wärmetechnische Schwachstellen dar wegen der Gefahr von Wärmebrücken durch das Verspringen der Dämmebene oder wegen partiell zu dünn ausgebildeter Dämmschicht. Dieser Problematik begegnet man bei Niedrigenergie- oder Passivhäusern heute oftmals mit außenliegenden Rollladenkästen, um thermische Schwachstellen in der Dämmebene zu vermeiden. Dies hat zuletzt auch dazu beigetragen, dem Fensterladen als alternatives Verschattungs- und Sichtschutzelement neue Geltung zu verschaffen.

Oft werden heute Stürze als eigenständiges Bauelement auch einfach vermieden, indem Wandöffnungen raumhoch ausgebildet und von der Stahlbetondecke abgeschlossen werden. Diese lässt sich zu diesem Zweck, insbesondere bei größeren Öffnungsbreiten, im Randbereich verstärken (**85**, **86**).

80–82 Ziegel-Flachsturz der Fa. *Wienerberger* für 36,5 cm Mauerwerk. Er besteht aus drei Kammern, wobei die äußeren bewehrt und ausbetoniert sind und die innere zur Reduzierung von Wärmebrücken mit Hartschaumdämmung gefüllt wurde.

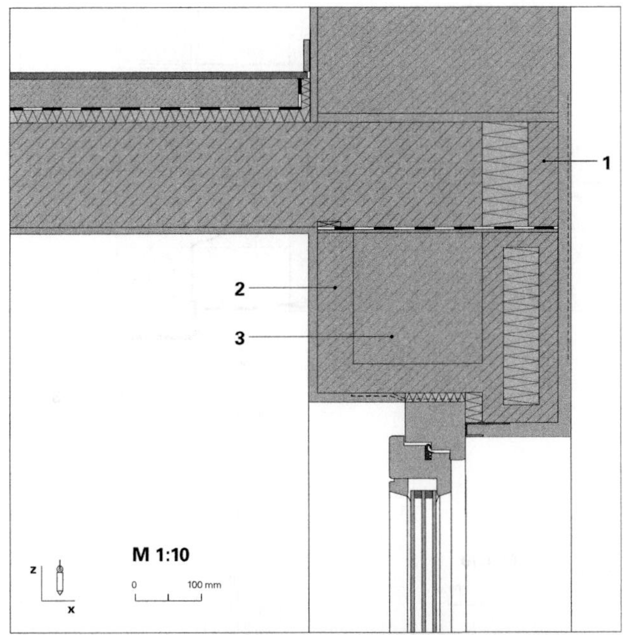

83 Sturzausbildung mittels einer WU-Schale aus porosiertem Ziegelmaterial mit Anschlag bei einschaligem Außenmauerwerk 42,5 cm (Regeldetail Fa. *Wienerberger Ziegelindustrie GmbH*).

1 Ziegel-Deckenrandschale
2 Ziegel-WU-Schale
3 Stahlbetonbalken

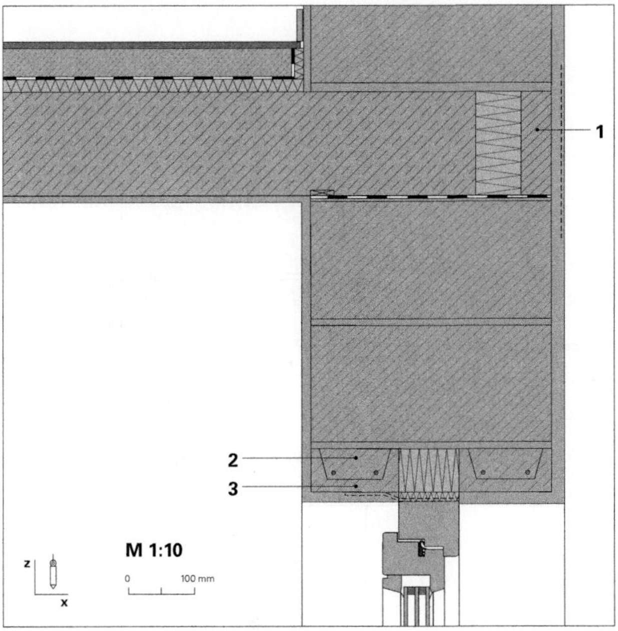

84 Beispiel einer Sturzausbildung nach dem beschriebenen Druckbogen-Zugbandmodell durch die Verwendung von Ziegel-Flachstürzen bei einschaligem Außenmauerwerk 42,5 cm.

1 Ziegel-Deckenrandschale
2 Betonfüllung mit Zugbewehrung
3 Ziegel-U-Schale

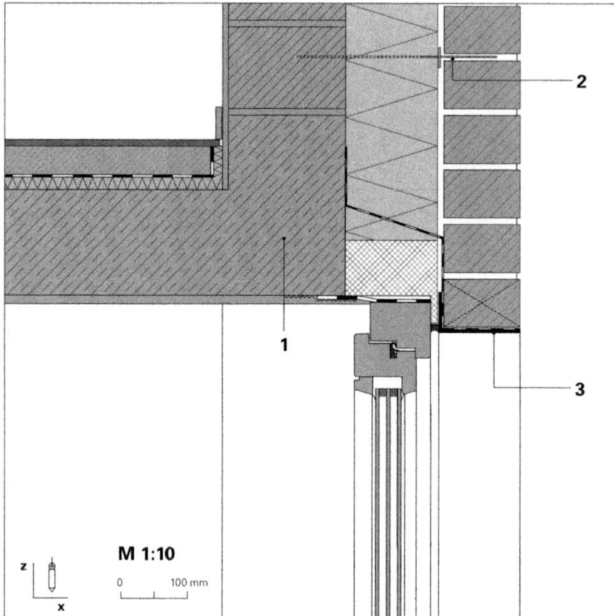

85 Sturzausbildung durch einen Betonüberzug in Verbindung mit 11,5 cm Verblendschalenmauerwerk und 17,5 cm Innenmauerwerk.

1 Stahlbetonüberzug
2 Maueranker (Edelstahl)
3 Stahlsturz für Blendschale

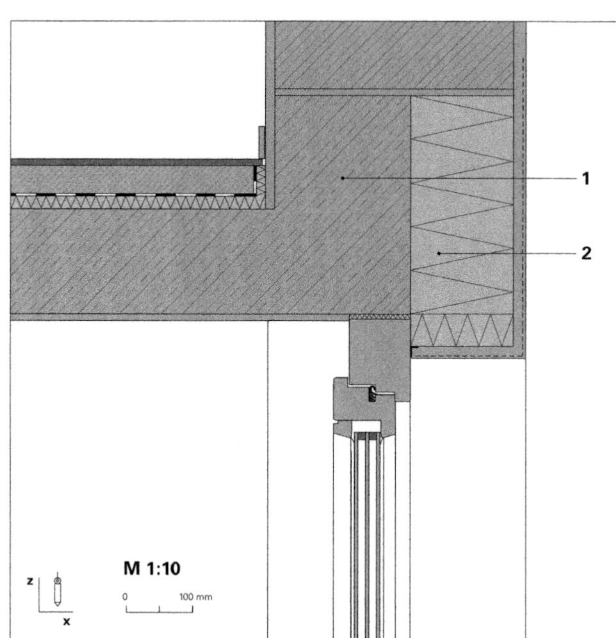

86 Sturzausbildung durch einen Stahlbetonüberzug mit addierter Dämmschicht bei 36,5 cm Außenmauerwerk.

1 Stahlbetonüberzug
2 Wärmedämmung

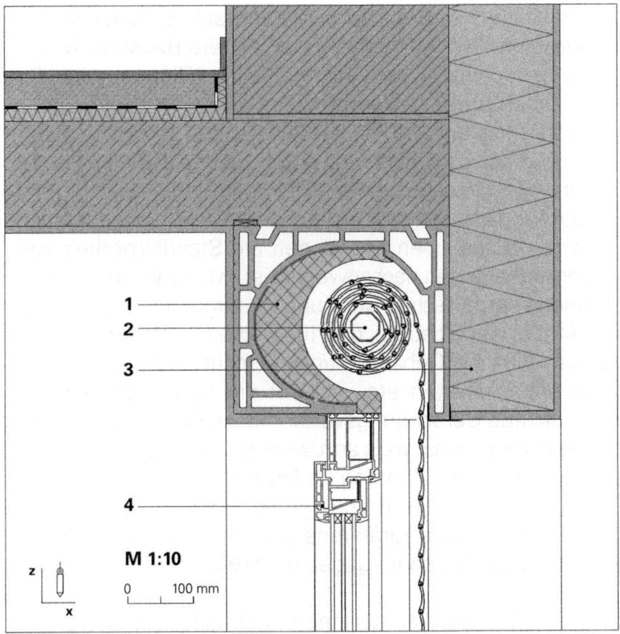

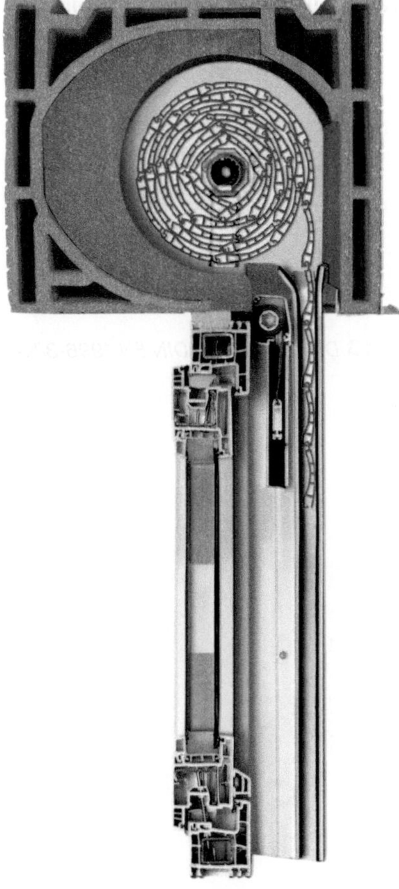

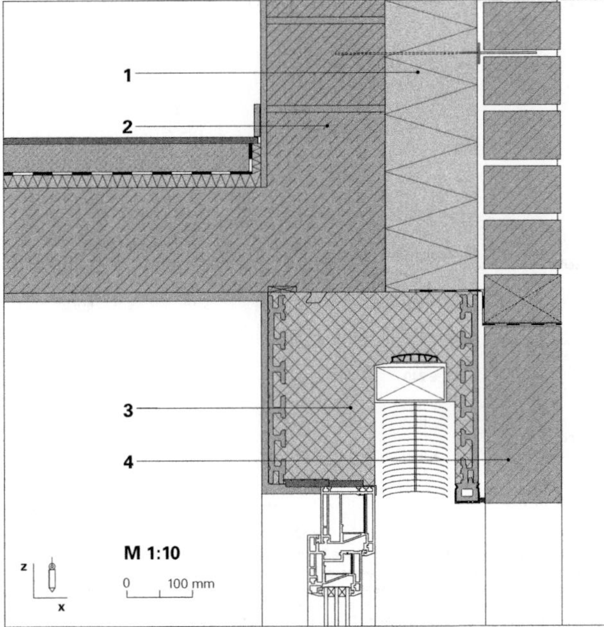

87 Rollladenkasten aus porosiertem Leichtziegelmaterial mit integrierter Hartschaumdämmung zur Schaffung einer durchgehenden Dämmebene für 36,5 cm Mauerwerk (Hersteller Fa. *Wienerberger Ziegelindustrie GmbH*).

88 (Oben links) Stahlbetondecke und Rollladenkasten aus porosiertem Leichtziegelmaterial.

1 Wärmedämmung
2 Rollladenkasten
3 Wärmedämmverbundsystem
4 Kunststofffenster

89 Beispiel für eine Sturzausbildung mit Jalousiekasten innerhalb eines zweischaligen Mauerwerks.

1 Wärmedämmung
2 Stahlbetonüberzug
3 nichttragender Ziegel-Jalousiekasten
4 Betonbalken mit Verblendschale

7. Wandbau mit künstlichen Steinen

■ Künstliche Steine sind aktuell der praktisch durchweg in modernen Mauerwerksbau angewendete Baustoff. Natursteine werden nur in sehr seltenen Einzelfällen bzw. bei der historischen Altbausanierung verarbeitet.

Die Bemessung von Mauerwerksbauten erfolgt nach der neuen europäischen Normung des *Eurocode 6*. Die Praxis der mittlerweile zurückgezogenen *DIN 1053-2*, ein *vereinfachtes Berechnungsverfahren* und ein *genaueres Berechnungsverfahren* zu erlauben, mit denen die Standsicherheit von Mauerwerksbauten nachzuweisen ist, wurde von der aktuell geltenden europäischen Normung weitergeführt. Für die meisten Mauerwerksbauten, d. h. für solche mit Merkmalen wie durchschnittliche Gebäude- und Geschosshöhe, begrenzte Deckenspannweiten etc., erlaubt die *DIN EN 1996-3*, ein vereinfachtes Berechnungsverfahren als Grundlage für den Standsicherheitsnachweis anzuwenden. Diese Vereinfachung resultiert aus der Erfahrung im Umgang mit dem Baustoff. Dabei werden einige grundlegende Voraussetzungen für die Anwendung des Verfahrens auf vertikal und durch Wind beanspruchte Wände vorgegeben (**90**): [10]

DIN EN 1993-3, DIN EN 1996-3/NA

- Mindestwanddicken für Innen- und Außenwände;
- lichte Raumhöhe (in der Regel ≤ 2,75 m);
- Verkehrslast der Decke (in der Regel ≤ 5,0 kN/m²);
- Gebäudehöhe ≤ 20 m;
- Stützweite aufliegender Stahlbetondecken ≤ 6,0 m.

Bauteil	Voraussetzungen: Wanddicke t mm	lichte Wandhöhe h m	aufliegende Decke: Stützweite l_f m	Nutzlast [a] q_k kN/m²
tragende Innenwände	≥ 115 < 240	≤ 2,75	≤ 6,00	≤ 5
	≥ 240	–		
tragende Außenwände und zweischalige Haustrennwände	≥ 115 [b] < 150 [b]	≤ 2,75	≤ 6,00	≤ 3
	≥ 150 [c] < 175 [c]			
	≥ 175 < 240			≤ 5
	≥ 240	≤ 12t		

[a] Einschließlich Zuschlag für nichttragende innere Trennwände

[b] Als einschalige Außenwand nur bei eingeschossigen Garagen und vergleichbaren Bauwerken, die nicht zum dauernden Aufenthalt von Menschen vorgesehen sind. Als Tragschale zweischaliger Außenwände und bei zweischaligen Haustrennwände bis maximal zwei Vollgeschosse zuzüglich ausgebautes Dachgeschoss; aussteifende Querwände im Abstand ≤ 4,50 m bzw. Randabstand von einer Öffnung ≤ 2,0 m.

[c] Bei charakteristischen Mauerwerksdruckfestigkeiten f_k < 1,8 N/mm² gilt zusätzlich Fußnote b.

90 Voraussetzungen für die Anwendung des vereinfachten Nachweisverfahrens nach *DIN EN 1996-3/NA*.

91 Kellererstellung in Ziegelbauweise (Hersteller Fa. *Wienerberger Ziegelindustrie GmbH*).

Die von der Norm vorgegebenen Randbedingungen erfüllen die meisten Mauerwerksbauten. Das genauere Berechnungsverfahren wird entsprechend beim Überschreiten der o. g. Randbedingungen angewandt oder beim Anstreben von besonders materialsparenden Lösungen. Es berücksichtigt die Rahmenwirkung zwischen Decken und Wänden näherungsweise und darf auch bei einzelnen Bauteilen angewandt werden.

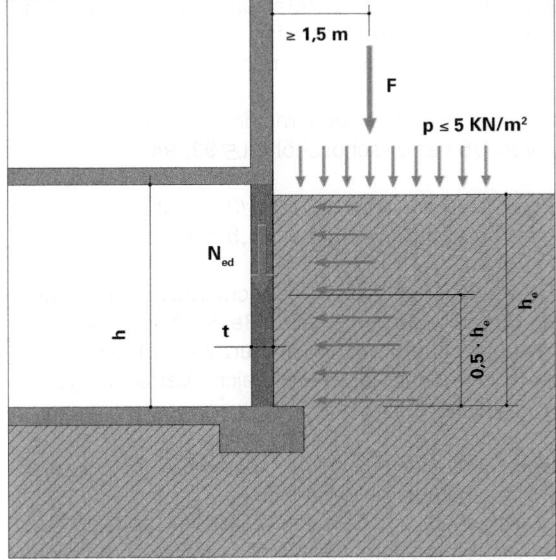

92 Ausführung von gemauerten Kellerwänden ohne rechnerischen Nachweis gemäß *DIN EN 1996-3*.

- **N_{ed}** Bemessungswert der vertikalen Belastung in halber Höhe der Anschüttung
- **t** Wanddicke
- **h** lichte Höhe der Kellerwand
- **h_e** Höhe der Anschüttung
- **F** Einzellast
- **p** charakteristische Verkehrslast auf der Geländeoberfläche

7.1

Kelleraußenwände aus künstlichen Steinen ohne besonderen Nachweis

📖 *DIN EN 1996-3, 4.5 und DIN EN 1996-3/NA*

■ Kelleraußenwände werden heute vor allem in Beton ausgeführt. Sie können aber auch gemauert werden, wenn die auf die Kelleraußenwand wirkenden Horizontalkräfte durch die Vertikalkräfte im Bauwerk überdrückt werden.

Die Norm erlaubt ein vereinfachtes Berechnungsverfahren, bei dem ein rechnerischer Nachweis entfallen kann, wenn folgende Rahmenbedingungen erfüllt sind (🗗 **92**):

- lichte Höhe der Kellerwand ≤ 2,60 m und Wandstärke des Mauerwerks ≥ 200 mm;
- Kellerdecke kann als Scheibe die aus dem Erddruck kommende Kräfte aufnehmen;
- die Verkehrslast im gebäudenahen Einflussbereich übersteigt nicht 5 kN/m²; keine Einzellast > 15 kN im Abstand < 1,5 m zur Wand; die Geländeoberfläche darf nicht ansteigen und die Aufschütthöhe darf die Höhe der Kellerwand nicht überschreiten;
- es darf kein dauernd einwirkendes (drückendes) Grundwasser auf die Kellerwand einwirken;
- es ist keine Gleitfäche vorhanden (z. B. infolge Abdichtung), oder es werden Maßnahmen zur Sicherung der Schubtragfähigkeit ergriffen.

7.2

Aussteifende Wände

📖 *DIN EN 1996-1-1/NA*

■ Im Zusammenhang der oben eingeführten Schachtelbauweise wurde das im Mauerwerksbau übliche Prinzip der Aussteifung dünner, kipp- und knickgefährdeter Wände über die gegenseitige Abstützung in der Regel mehrseitig gehaltener Wände beschrieben. Das Grundprinzip der Aussteifung besteht in der Verschachtelung, d. h. im Querstellen einzelner Wände, die schubsteif untereinander verbunden sind. Damit das gegenseitige Aussteifen wirksam ist, müssen aussteifende Wände folgende Dimensionen aufweisen: [11]

- Aussteifende Wände müssen mindestens eine wirksame Länge von 1/5 der Geschosshöhe (🗗 **93**, **94**)
- und eine Stärke von mindestens 1/3 der Stärke der auszusteifenden Wand haben (min. 11,5 cm);
- sie müssen unverschieblich und rechtwinklig zur aussteifenden Wand angeordnet sein. Beide Wände müssen gleichzeitig hochgeführt werden (Verzahnung). Dazu müssen beide Wandmaterialien das gleiche Verformungsverhalten aufweisen.

Alternativ ist auch eine Aussteifung durch Stahlbetonpfeiler oder integrierte Stahlprofile möglich.

☞ *Abschn. 5.1 Schachtelbauweise (Allwandbauweise), S. 484 f*

Wie im Abschnitt zur Schachtelbauweise beschrieben, reicht die Aussteifung durch rechtwinklig anstoßende Wände allein nicht aus. Die bereits beschriebene Problematik des oberen freien Randes einer Wand, der Geschossbau und das Auftreten von Zugkräften in der Randzone der Geschossdecken erfordern weitere ergänzende oder auch überlagernde Aussteifungsmaßnahmen.

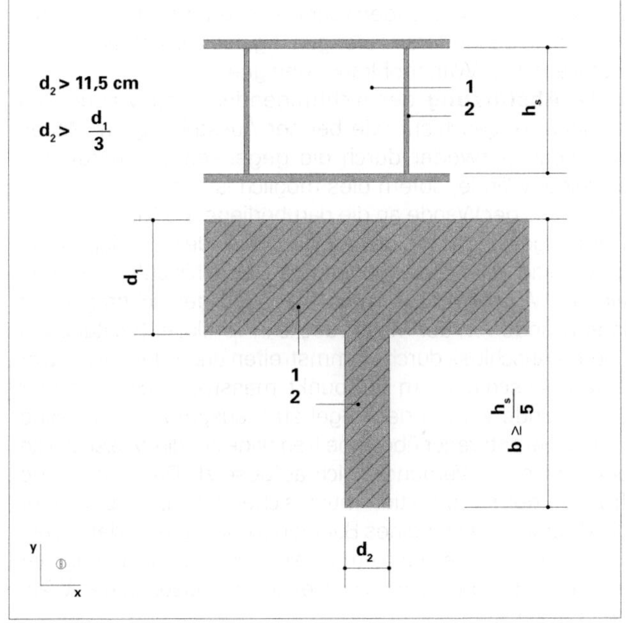

93 Mindestabmessungen für Wände mit aussteifender Funktion nach *DIN EN 1996-1-1*.

1 Tragwand (auszusteifende Wand)
2 Querwand (aussteifende Wand)

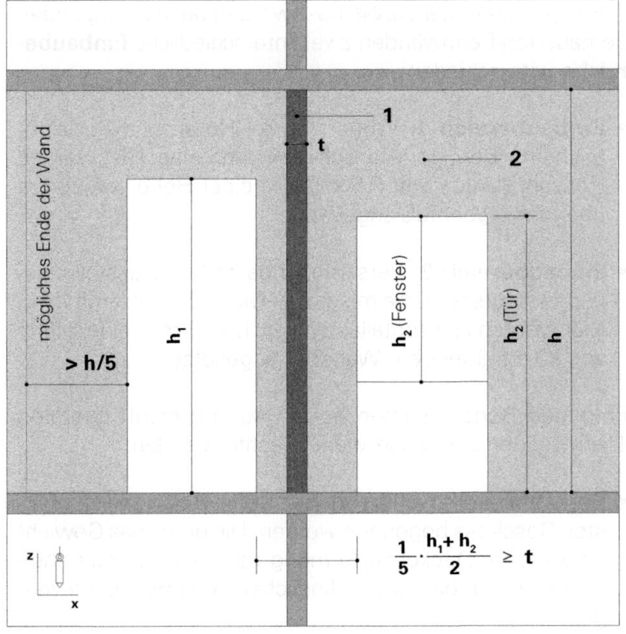

94 Mindestlängen für Wände mit Öffnungen, die aussteifende Funktion übernehmen, nach *DIN EN 1996-1-1*.

7.3 Nichttragende Innenwände

DGfM (2017) Merkblatt nichttragende innere Trennwände aus Mauerwerk

☞ [a] ***Band 3**, Kap. XIV-3, Abschn. 2. Einschalige Trennwände*

☞ ***Band 3**, Kap. XIV-3, Abschn. 4. Trennwände in Rippenbauweise*

■ Unter nichttragenden Innenwänden versteht man Wandbauteile, die ausschließlich raumteilende und -abschirmende Funktionen erfüllen und keine tragende Funktion im Rahmen des Primärtragwerks übernehmen.[a] Sie werden im Mauerwerksbau in der Regel in 11,5 cm starkem Mauerwerk – z. B. aus Kalksandsteinen – ausgeführt. Andere nichtgebrannte Mauersteine kommen im Innenausbau heute verstärkt zur Ausführung, z. B. Porenbetonsteine, Gipsdielen und andere. Nichttragende Innenwände werden heute vermehrt auch als Gipskarton- bzw. Ständerwände ausgeführt. Diese Wandtypen sind besonders kostengünstig und zur Aufnahme von Installation im Wandhohlraum geeignet.

Die **Abstützung** der nichttragenden Innenwände aus Mauerwerk geschieht wie bei der Aussteifung im Mauerwerksbau entweder durch die gegenseitige Abstützung einzelner Wände, sofern dies möglich ist, oder durch einen Anschluss der Wände an die darüberliegende Massivdecke, welcher gewährleistet, dass die Innenwände nicht kippen und gleichzeitig Relativbewegungen zur Decke hin aufgenommen werden. Wichtig ist somit das Abkoppeln der nichttragenden Innenwände von der Massivdecke in vertikaler Richtung am oberen Anschluss durch Dämmstreifen und/oder Folien. Der untere Anschluss am Fußpunkt massiver nichttragender Innenwände wird in der Regel starr ausgeführt. Die Wand wird dabei entweder über eine Trennlage auf die Massivdecke oder auf einen Verbundestrich aufgesetzt. Das langfristige Trennen der Konstruktion muss sicherstellen, dass es über die Gebrauchsdauer eines Bauwerks durch Laständerungen, -umleitungen oder Verformungen nicht zur Belastung der Innenwände kommt, was schließlich zu Rissen in den Wänden führen kann.

☞ *DIN 4103-1, Abschn. 4, S. 8, und 5.2, S. 9*

Entsprechend der *DIN 4103-1* werden bei nichttragenden gemauerten Trennwänden zwei unterschiedliche **Einbaubereiche** unterschieden:

- **Einbaubereich 1**: Wohn-, Büro-, Hotel- und Sozialbereiche mit geringer Menschenansammlung. Hier werden Horizontallasten von 0,5 kN/m in einer Höhe von 90 cm über dem Wandfuß angesetzt.

- **Einbaubereich 2**: Versammlungsstätten, Ausstellungs- und Verkaufsbereiche mit großer Menschenansammlung. Hier werden Horizontallasten von 1,0 kN/m in einer Höhe von 90 cm über dem Wandfuß angesetzt.

Folgende Regeln sollten beim Bau von nichttragenden Trennwänden aus Mauerwerk beachtet werden:

- Das Aufmauern nichttragender Trennwände soll im obersten Geschoss begonnen werden. Die durch das Gewicht verursachte Deckenverformung darf keine zusätzlichen Lasten in den darunter befindlichen Trennwänden erzeugen.

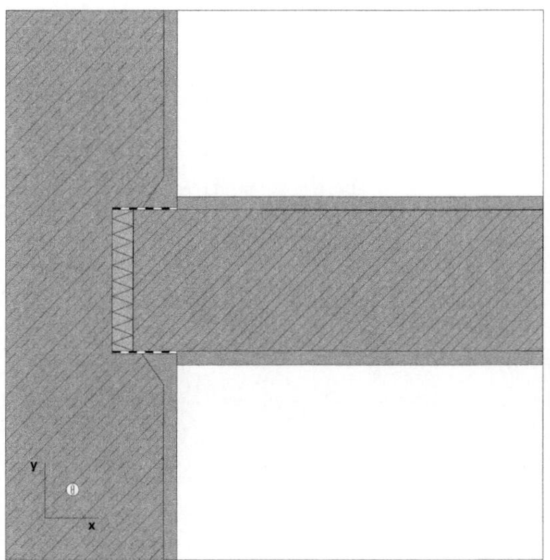

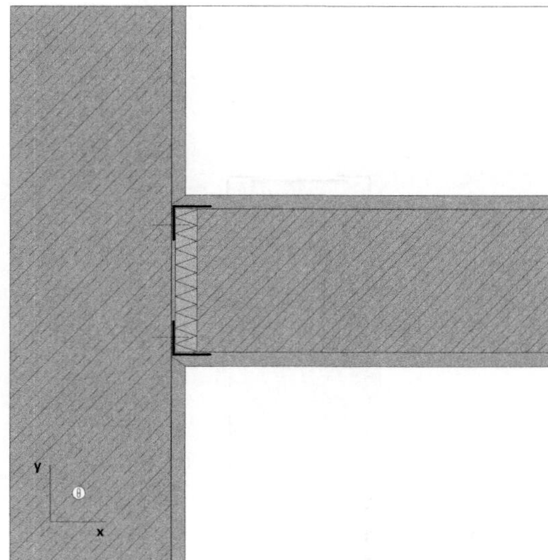

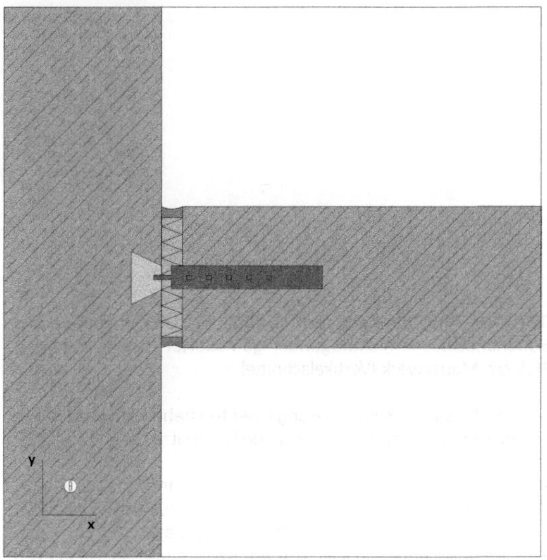

95–97 (Von links nach rechts) Anschlüsse nichttragender gemauerter Innenwände aus 11,5 cm Mauerwerk an eine tragende Wand (Horizontalschnitte):

- gleitender und formschlüssiger Anschluss über eine Nut. Nur so lassen sich schallschutztechnisch hochwertige Wandanschlüsse herstellen;
- nachträglich hergestellter Wandanschluss und Sicherung mittels Winkel;
- stumpfer Wandanschluss über eine einbetonierte Anschlussschiene, z. B. bei Verwendung von Sichtmauerwerk.

- Bis zu einer Spannweite von 7 m ist die Lastabtragung einer Trennwand über Gewölbewirkung möglich. Die Aufnahme des Horizontalschubs an den seitlichen Anschlüssen muss gewährleistet sein.

- Die Deckendurchbiegung soll auf **l**/500 begrenzt sein.

- Durch das Einhalten der Abbindefristen des Betons und durch eine spätere Nachbehandlung (z. B. zur Verhindern einer schnellen Austrocknung) lässt sich die Deckendurchbiegung durch Kriechen und Schwinden reduzieren. Das Aufmauern der Trennwände sollte möglichst spät erfolgen.

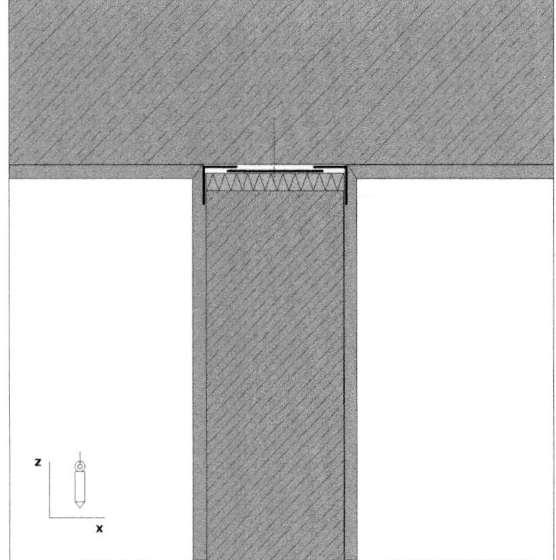

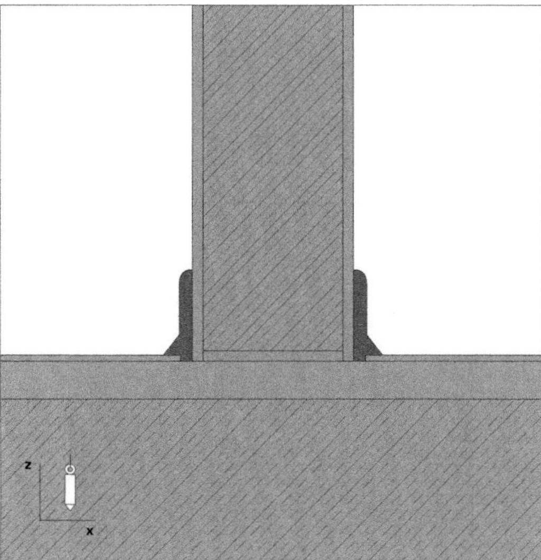

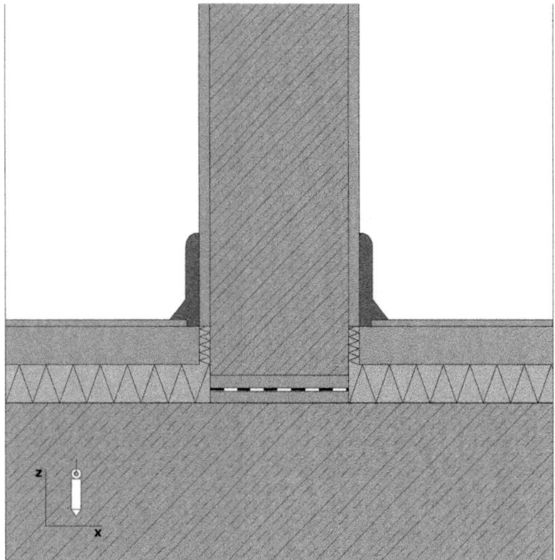

98 (Oben links), **99** (oben rechts), **100** (unten links) Decken- und Bodenanschlüsse nichttragender gemauerter Innenwände aus 11,5 cm Mauerwerk (Vertikalschnitte):

- Anschluss und Kippsicherung einer freistehenden Innenwand an die Stahlbetondecke, nachträglich verputze Oberflächen inkl. Kellenschnitt in der Ecke;
- auf Verbundestrich gemauerte Innenwand; insbesondere zur Erfüllung von Anforderungen an die räumliche Flexibilität werden heute oft Verbundestriche eingesetzt;
- gleitender Bodenanschluss mit Trennlage und Anschluss von schwimmendem Estrich;

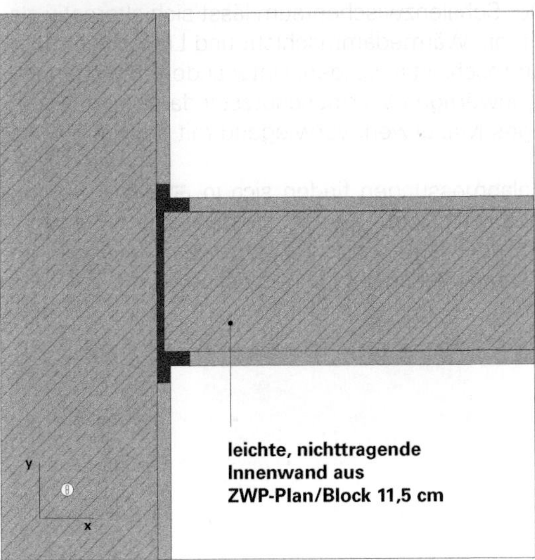

101 (Oben links), **102** (oben rechts), **103** (unten links) Decken- und Wandanschlüsse über ein neues formschlüssiges Anschlusssystem der Fa. *Wienerberger Ziegelindustrie GmbH* (*System ZIS*): einfache Verlegung des Anschlusssystems für gleitende Anschlüsse. Das Anschlusssystem nimmt Verformungen auf und dient gleichzeitig als Anputzschiene. Das System dient darüber hinaus der akustischen Verbesserung durch Reduzierung der Schallflankenübertragung infolge vollständiger Entkopplung.

7.4 Nichttragende Außenwände

DIN EN 1996-3/NA, NCI Anhang NA.C

Nichttragende, lediglich ausfachende Außenwände erfordern nach Norm keinen rechnerischen Nachweis, wenn die folgenden Voraussetzungen erfüllt sind:

- Die Wände sind vierseitig gehalten, z. B. durch Verzahnung, Versatz oder Anker;
- die Größe der Ausfachungsflächen $\mathbf{h_i} \cdot \mathbf{l_i}$ überschreiten nicht die in **104** angegebenen Werte, wobei $\mathbf{h_i}$ die Höhe und $\mathbf{l_i}$ die Länge der Ausfachungsfläche ist;
- es sind die weiteren Bedingungen der **104** erfüllt.

7.5 Zweischalige Außenwände

Kap. VIII, Abschn. 3. Doppelte Schalensysteme, S. 144 ff

*Weitere Fragen der Ausführung werden behandelt in **Band 3**, Kap. 3. Doppelte Schalensysteme*

Zweischaliges Mauerwerk besteht aus einer äußeren Verblendschale und einer Hintermauerung (**105**). Beide Schalen sind mithilfe von Drahtankern kraftschlüssig untereinander gekoppelt. Hauptverantwortlich für die Tragfähigkeit und somit maßgeblich für die Bemessung ist allein die Hintermauerung. Die Verblendschale ist nicht imstande, sich selbst zu tragen und muss an die Hintermauerung rückverankert werden. Der Schalenzwischenraum lässt sich alternativ als Luftschicht, als Wärmedämmschicht und Luftschicht oder als Kerndämmschicht ausbilden. Unter anderem wegen der hohen gegenwärtigen Wärmeschutzstandards wird heute zweischaliges Mauerwerk vorwiegend mit Kerndämmung ausgeführt.

Die Regelabmessungen finden sich in **105**. Eine ggf. vorhandene Luftschicht muss mindestens 6 cm dick sein; sie lässt sich auch auf 4 cm verkleinern, wenn der Mörtel an mindestens einer Wandseite abgestrichen wird.

Wanddicke t mm	Größte zulässige Werte [a,b] Ausfachungsfläche m² bei einer Höhe über Gelände von			
	0m bis 8m		8m bis 20m [c]	
	$h_i/l_i = 1{,}0$	$h_i/l_i \geq 1{,}0$ oder $h_i/l_i \leq 1{,}0$	$h_i/l_i = 1{,}0$	$h_i/l_i \geq 2{,}0$ oder $h_i/l_i \leq 0{,}5$
115 [c,d]	12	8	–	–
150 [d]	12	8	8	5
175	20	14	13	9
240	36	25	23	16
≥ 300	50	33	25	23

[a] Bei Seitenverhältnissen $0{,}5 < \mathbf{h_i/l_i} < 1{,}0$ und $1{,}0 < \mathbf{h_i/l_i} < 2{,}0$ dürfen die größten zulässigen Werte der Ausfachungen geradlinig interpoliert werden.

[b] Die angegebenen Werte gelten für Mauerwerk mindestens der Steindruckfestigkeitsklasse 4 mit Normalmauermörtel mindestens der Gruppe NM IIa und Dünnbettmörtel.

[c] In Windlastzone 4 nur im Binnenland zulässig.

[d] Bei Verwendung von Steinen der Festigkeitsklassen ≥ 12 dürfen die Werte dieser Zeile um 1/3 vergrößert werden.

104 Größte zulässige Werte der Ausfachungsfläche von **nichttragenden Außenwänden** ohne rechnerischen Nachweis, nach *DIN EN 1996-3/NA.*

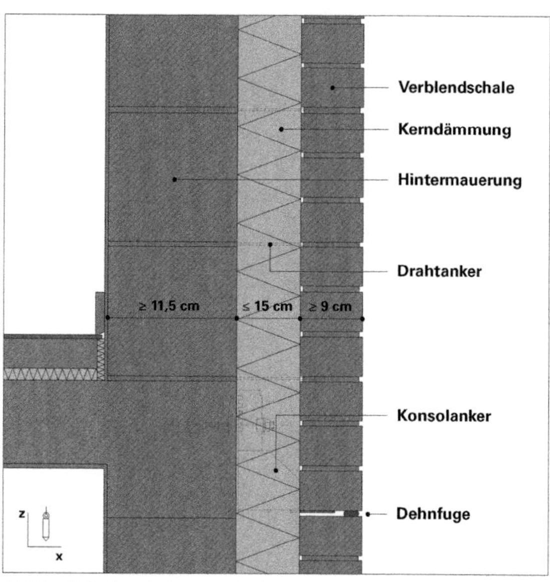

105 Zweischaliges Mauerwerk mit Kerndämmung: Hauptbestandteile und Regelabmessungen.

Schlitze und Aussparungen (Integration von Installation)

■ Zur Integration von wandbündigen **Installationen** werden im Mauerwerksbau Schlitze und Aussparungen in das in der Regel kurz davor erstellte Mauerwerk gesägt oder gefräst. Größere Aussparungen, z. B. für Steigleitungen oder Schächte, werden üblicherweise in der Planung frühzeitig berücksichtigt und bereits im Prozess des Mauerns geschaffen – z. B. durch geeignete Form- oder U-Steine (**106**).

Auch Schlitze ließen sich in dieser Weise ausführen, aber dies stellt in der Baupraxis eher eine Ausnahme dar. So ist ein eigentlich sinnwidriger partieller Rückbau mit einem hohen Anteil an handwerklicher Arbeit im Mauerwerksbau bis heute der Regelfall. (Allerdings stehen auch Alternativen zur Verfügung beispielsweise vorgesetzte Installationswände.) Eine nachträgliche Installation in der Wand ist somit nur mit erhöhtem Aufwand durch entsprechendes Fräsen möglich. Neue Wege in der Installations- und Gebäudeleittechnik lassen hoffen, dass die bis heute übliche aufwendige Integration von Installationen im Wandbau in Zukunft generell überflüssig wird oder zumindest reduziert werden kann.

106 Beispielhafte Integration von vertikalen Steigleitungen innerhalb großformatiger Form- bzw. U-Steine (Fa. *Wienerberger Ziegelindustrie GmbH*).

Wanddicke mm	Nachträglich hergestellte Schlitze und Aussparungen [c]		Mit der Errichtung des Mauerwerks hergestellte Schlitze und Aussparungen im gemauerten Verband			
	maximale Tiefe [a] $t_{ch,v}$ mm	maximale Breite [b] (Einzelschlitz) mm	Verbleibende Mindestwanddicke mm	maximale Breite [b] mm	Mindestabstand der Schlitze und Aussparungen von Öffnungen	Mindestabstand der Schlitze und Aussparungen untereinander
115 bis 149	10	100	-	-	≥ 2fache Schlitzbreite bzw. ≥ 240 mm	≥ Schlitzbreite
150 bis 174	20	100	-	-		
175 bis 199	30	100	115	260		
200 bis 239	30	125	115	300		
240 bis 299	30	150	115	385		
300 bis 364	30	200	175	385		
≥365	30	200	240	385		

[a] Schlitze, die bis maximal 1m über den Fußboden reichen, dürfen bei Wanddicken ≥ 240 mm bis 80 mm Tiefe und 120 mm Breite ausgeführt werden.

[b] Die Gesamtbreite von Schlitzen nach Spalte 3 und Spalte 5 darf je 2 m Wandlänge die Maße in Spalte 5 nicht überschreiten. Bei geringeren Wandlängen als 2m sind die Werte in Spalte 5 proportional zur Wandlänge zu verringern.

[c] Abstand der Schlitze und Aussparungen von Öffnungen ≥ 115 mm.

107 Ohne Nachweis zulässige Größe $t_{ch,v}$ vertikaler Schlitze und Aussparungen in Mauerwerk, nach *DIN EN 1996-1-1/NA*.

Wanddicke mm	maximale Schlitztiefe $t_{ch,h}$ [a] mm	
	unbeschränkte Länge	Länge ≤ 1.250 mm [b]
115 bis 149	–	–
150 bis 174	–	0 [c]
175 bis 239	0 [c]	25
240 bis 299	15 [c]	25
300 bis 364	20 [c]	30
≥ 365	20 [c]	30

[a] Horizontale und schräge Schlitze sind nur zulässig in einem Bereich ≤ 0,4 m ober- oder unterhalb der Rohdecke sowie jeweils an einer Wandseite. Sie sind nicht zulässig bei Langlochziegeln.

[b] Mindestabstand in Längsrichtung von Öffnungen ≥ 490 mm, vom nächsten Horizontalschlitz zweifache Schlitzlänge.

[c] Die Tiefe darf um 10 mm erhöht werden, wenn Werkzeuge verwendet werden, mit denen die Tiefe genau eingehalten werden kann. Bei Verwendung solcher Werkzeuge dürfen auch in Wänden ≥ 240 mm gegenüberliegende Schlitze mit jeweils 10 mm Tiefe ausgeführt werden.

108 Ohne Nachweis zulässige Größe $t_{ch,h}$ horizontaler und schräger Schlitze in Mauerwerk, nach *DIN EN 1996-1-1/NA*.

📖 [a] *DIN 1996-1-1/NA, Tabellen NA.19 und NA.20*

109, 110 Kontrolliertes Einbringen von Öffnungen und Schlitzen in Mauerwerkswände durch Bohren und Fräsen. Unkontrollierbare Stemmarbeiten dürfen nicht mehr durchgeführt werden. (Firma *Wienerberger Ziegelindustrie GmbH*).

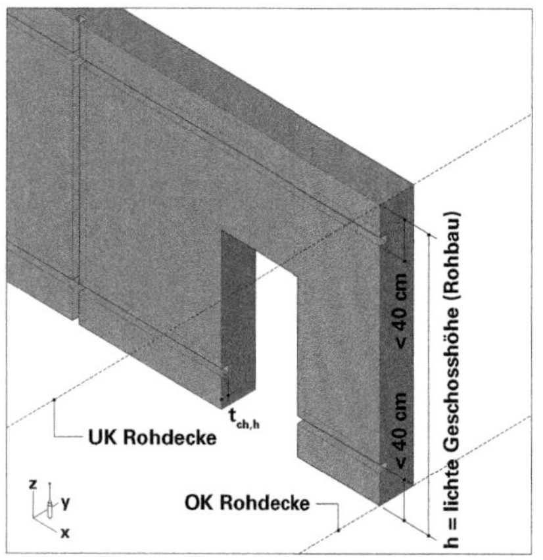

111 Horizontales und schräges Schlitzen in dünnwandigen Wandbauteilen darf lediglich im Bereich von 40 cm über oder unter der Rohdecke erfolgen.

Insbesondere für das nachträgliche Einbringen von Schlitzen schreibt die Norm [a] Dimensionen für Schlitze und Aussparungen vor, die ohne weitere Nachweise ausgeführt werden dürfen (**107, 108**). Für solche jenseits dieser Dimensionen müssen entsprechende statische Nachweise im Einzelfall geführt werden.

Besonders problematisch sind **horizontale** oder **schräge Schlitze**, da sie die Tragfähigkeit des lotrecht druckbeanspruchten Wandbauteils nachhaltig schwächen.

Folgende grundlegende Regelungen sind zu betrachten:

- Schlitze müssen grundsätzlich gefräst und dürfen nicht gestemmt werden (**109, 110**).
- Empfohlene maximale Schlitztiefen für Elektroleitungen reichen normalerweise aus. Schlitze sollen nicht übertrieben groß dimensioniert werden.
- Schlitze und Aussparungen sollen nicht in tragenden und hochbelasteten Mauerwerkszonen ausgeführt werden – in Auflagerbereiche von Stützen, Pfeilern o. Ä.
- Horizontale Schlitze dürfen nur in Mauerwerkswänden mit Dicken > 11,5 cm ausgeführt werden. Generell sind horizontale und schräge Schlitze in den Installationszonen nach *DIN 18015-3* anzuordnen; sie sind jedoch in Langlochziegeln allgemein nicht zulässig. Sie müssen immer dicht unter der Decke oder über dem Fußboden eingebracht werden, damit die Knicksteifigkeit der Wand nicht geschwächt wird (vgl. **111**).
- Vorwandinstallationen – evtl. auch Vorwandelektroinstallationen – sind grundsätzlich zu bevorzugen, wenn genügend Raum vorhanden ist.
- In Schornsteinwangen sind Aussparungen und Schlitze unzulässig.

Schlitze und Aussparungen in Wänden verschlechtern nicht nur das Tragverhalten der Wände, sondern auch ihre bauphysikalischen Eigenschaften.

Anmerkungen

1 Schmitthenner, Paul (1984) *Das deutsche Wohnhaus*, DVA Stuttgart, S. 62
2 Belz, Gösele, Jehnisch, Pohl, Reichert (1991) *Mauerwerksatlas*, Köln, S. 34
3 Ebda. S. 34
4 David Speath (1986) *Mies van der Rohe*, Stuttgart, S. 27 ff
5 Belz, Gösele, Jenisch, Pohl, Reichert (1991) Mauerwerksatlas, Köln, S. 35
6 Ohler, A (1988) *Richtlinien für die Ausführung von Flachstürzen. Mauerwerkskalender 1988*, S. 497–505, sowie Schmidt, U (2004) *Bemessung von Flachstürzen, Mauerwerkkalender 2004*, S. 275–309
7 Frick, Knöll, Neumann, Weinbrenner (1992) *Baukonstruktionslehre Teil 1*, Stuttgart, S. 124,
8 Belz, Gösele, Jenisch, Pohl, Reichert (1991) *Mauerwerksatlas*, Köln, S. 248
9 Vgl. den Fall des Pantheons in Roms. Der Author Heene G (2008) mutmaßt eine entsprechende Funktion der Entlastungsbögen im Tambour (🗗 **79**)
10 Im deutschen Nationalen Anhang der *DIN EN 1996-3/NA*, 4.2.1.1
11 Mauerwerksbau aktuell, 1999, Beuth Verlag, Werner Verlag, S. I.91

Normen und Richtlinien

DIN 105: Mauerziegel
- Teil 4: 2019-01 Keramikklinker
- Teil 4/A1: 2021-04 Keramikklinker; Änderung A1
- Teil 5: 2013-06 Leichtlanglochziegel und Leichtlanglochziegelplatten
- Teil 6: 2013-06 Planziegel
- Teil 41: 2019-01 Konformitätsnachweis für Keramikklinker nach *DIN 105-4*

DIN 1045: Bemessung und Konstruktion von Stahlbeton- und Spannbetontragwerken
- Teil 100: 2017-09 Ziegeldecken

DIN 1053-4: Mauerwerk
- Teil 4: 2018-05 Fertigbauteile

DIN 4103: Nichttragende innere Trennwände
- Teil 1: 2015-06 Anforderungen und Nachweise

DIN 4159: 2014-05 Ziegel für Ziegeldecken und Vergusstafeln, statisch mitwirkend

DIN 18100: 1983-10 Türen; Wandöffnungen für Türen; Maße entsprechend DIN 4172

DIN EN 845: Festlegungen für Ergänzungsbauteile für Mauerwerk
- Teil 2: 2016-12 Stürze

DIN EN 771: Festlegungen für Mauersteine
- Teil 1: 2015-11 Mauerziegel
- Teil 2: 2015-11 Kalksandsteine
- Teil 3: 2015-11 Mauersteine aus Beton (mit dichten und porigen Zuschlägen)
- Teil 4: 2015-11 Porenbetonsteine

Teil 5: 2015-11 Betonwerksteine
Teil 6: 2015-11 Natursteine

DIN EN 1996: Eurocode 6: Bemessung und Konstruktion von Mauerwerksbauten
Teil 1-1: 2013-02 Allgemeine Regeln für bewehrtes und unbewehrtes Mauerwerk
Teil 1-2: 2011-04 Allgemeine Regeln – Tragwerksbemessung für den Brandfall
Teil 2: 2010-12 Planung, Asuwahl der Baustoffe und Ausführung von Mauerwerk
Teil 3: 2010-12 Vereinfachte Berechnungsmethoden für unbewehrte Mauerwerksbauten

DIN EN 1996/NA: Nationaler Anhang – National festgelegte Parameter – Eurocode 6: Bemessung und Konstruktion von Mauerwerksbauten
Teil 1-1: 2019-12 Allgemeine Regeln für bewehrtes und unbewehrtes Mauerwerk
Teil 1-2: 2013-06 Allgemeine Regeln – Tragwerksbemessung für den Brandfall
Teil 2: 2012-01 Planung, Auswahl der Baustoffe und Ausführung von Mauerwerk
Teil 3: 2019-12 Vereinfachte Berechnungsmethoden für unbewehrte Mauerwerksbauten

X-2 HOLZBAU

J. L. Moro, *Baukonstruktion – vom Prinzip zum Detail*,
https://doi.org/10.1007/978-3-662-64827-8_8

1. Geschichte des Holzbaus

■ Die Tradition des Holzbaus reicht sehr weit bis zu den Ursprüngen der Menschheitsgeschichte zurück. Bemerkenswert ist das hohe Maß an holzbautechnischem Wissen, auf das man beim historischen Umgang mit Holz im Bauen stößt und das uns die noch heute vorhandene lange Erfahrung und Bautradition im Holzbau erahnen lässt. Das Wissen um diesen Baustoff ist bis heute in tradierter gebauter Form an den erhaltenen historischen Holzbauten ablesbar.

1.1 Frühe Holzbauweisen

Viollet-le-Duc (1875) "Histoire de l´habitation humaine depuis les temps préhistoriques jusqu'à nos jours," Paris

☞ *Vgl. auch **Band 4**, Kap. 8., Abschn. 4.2 Wandbauweisen in Holz, sowie ebda. Abschn. 6.1 Skelettbauweisen in Holz*

■ Wegen der leichten Verfügbarkeit und Bearbeitbarkeit von Holz wurde es sehr frühzeitig für Bauzwecke eingesetzt. Holzbauten zählen deshalb zu den ältesten Bauwerken der Menschheit. Die ersten Holzbauwerke sind vermutlich als einfache Behausungen zum Schutz vor der Natur oder Feinden errichtet worden (**1**, **2**). Wegen der Vergänglichkeit des Werkstoffs haben sich diese Bauwerke, im Gegensatz zu zahlreichen frühen Steinbauten, nicht erhalten. Man trifft bestenfalls nur auf sehr spärliche Reste urtümlicher Holzbauten. Holz als der einzige biologische Baustoff muss vor der Zerstörung durch Fäulnis, Schimmelbildung oder Schädlingen geschützt werden, was während der Lebenszeit der Holzbauten schon in früher Zeit insbesondere durch baulich-konstruktive Maßnahmen sichergestellt wurde.

☞ *Kap. IX-2, Abschn. 2.1.2 Flache Überdeckung aus Stabscharen, S. 294 ff*

Beim Einsatz als Tragwerkselement erlaubt Holz die Herstellung von Pfosten und Biegeträgern und ermöglicht auf diese Weise die Schaffung von Raumüberdeckungen mit vergleichsweise geringem baulichen Aufwand. Räume mit Steinmaterial zu überdecken bzw. zu überwölben, war hingegen stets mit bedeutend größerem Aufwand und technischem Wissen verbunden. Aus diesem Grund blieb Holz, obwohl sich Stein- und Mauerwerksbauten in vielen Hochkulturen durchsetzten, ein unverzichtbarer Grundbaustoff, selbst in denjenigen Regionen, in denen es schon immer knapp und teuer war. Insbesondere in den kalten und waldreichen Gebieten der Nordhalbkugel blieb das Holzhaus bis in die Zeit der industriellen Revolution hinein der Standard im Profanbau. Dies hatte vordergründig mit den klimatischen Gegebenheiten zu tun, die einerseits die Voraussetzungen für üppigen Holzbestand schufen und für welche andererseits das Holz mit seinem günstigen thermischen Verhalten gleichsam prädestiniert war. Auch die gemessen am Stein technisch einfachere Verarbeitung des Holzes begünstigte die weite Verbreitung des Werkstoffs, insbesondere bei alltäglichen Bauten.

Die frühen Holzbauweisen waren in ihrer Grundstruktur und ihrem konstruktivem Prinzip verhältnismäßig materialaufwendig. Frühe Bohlenständer- und Blockbauweisen (**3**) sind massive Wandkonstruktionen aus Vollholz. Lediglich die Dächer waren mit Schindeln, Stroh oder Reet eingedeckte, leichtere Rippenkonstruktionen. In der Fortentwicklung der Hochkulturen wurde Holz ein immer teurerer Rohstoff. Holzknappheit entstand im Mittelmeerraum z. B. aufgrund seiner Verfeuerung für die Eisen- und Stahlerzeugung sowie für die

Herstellung hydraulischer Bindemittel, wofür große Mengen Holz verbraucht wurden. Auch der Schiffbau beanspruchte beträchtliche Holzressourcen. In Nordeuropa gingen ausgedehnte Waldflächen durch Roden zum Zweck der Gewinnung landwirtschaftlich nutzbarer Flächen verloren. Die traditionelle Fachwerkbauweise, die einen materialeffizienteren Einsatz des Werkstoffs erlaubte, kann als eine Antwort auf diese ökonomischen Gegebenheiten verstanden werden. Das aufwendige äußere Darstellen des seitdem verteuerten Holzes war nur wenigen Repräsentationsbauten vorbehalten. Die Gefache wurden nicht mehr mit Holzbohlen, sondern mit billigerem Geflecht, Lehm oder mit Feldsteinen geschlossen.

Das gesellschaftliche Verhältnis zum Holzbau veränderte sich seit dem späten Mittelalter, insbesondere in Mitteleuropa, daraufhin stark. Brandkatastrophen spielten in der Wertschätzung – bzw. Geringschätzung – des Baustoffs Holz zweifellos eine wesentliche Rolle. Dem Holzbau haftet bis heute vielfach der Beigeschmack des Billigen, Einfachen und nicht Dauerhaften an, was den Fähigkeiten des Werkstoffs nicht gerecht wird. Einige der ältesten noch heute genutzten Bauwerke in Zentraleuropa sind Holzbauten. Als älteste Holzkonstruktion Deutschlands gilt das Haus der Äbtissin Sophia aus dem Jahr 1233 in Quedlinburg, Sachsen-Anhalt. Die Eichenbalken der Decken wurden 1215, die verwendeten Fichtenbalken 1230 geschlagen.

1 Umgestürzter Baum als Beispiel für eine Einfachstform eines Schutzbaus.

2 (Links) Einfache Urhütte aus jungen Bäumen und Flechtwerk, nach Viollet-le-Duc, *Histoire de l'habitation humaine*; hypothetische Urform früher Holzkonstruktionen.

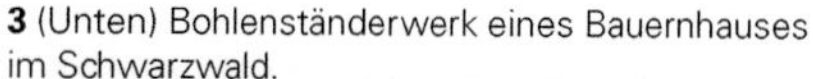

3 (Unten) Bohlenständerwerk eines Bauernhauses im Schwarzwald.

1.2 Amerikanische Holzbauweisen

■ Eine neue Blüte erlebte der Holzbau in Nordamerika mit der Entwicklung der **Holzrippenbauweise**, die sich aus dem traditionellen europäischen Fachwerkbau herleitet (🗗 **4**). Die Voraussetzungen waren die industrielle Herstellung maschinell zugesägter, standardisierter Holzquerschnitte sowie die industrielle Massenproduktion von preiswerten Stahlnägeln in hoher, gleichbleibender Qualität. Mit der Erfindung des **balloon frame** (früher *Chicago Construction*) durch George Washington Snow um 1830 begann der Siegeszug dieser äußerst effizienten Bauweise mit der Besiedlung des amerikanischen Westens. Wenngleich die Standardisierung von Holzquerschnitten zeitweise bereits in der Antike gebräuchlich war, bedeutete der konsequente Einsatz industriellen Halbzeugs einen echten qualitativen Entwicklungsschritt. Fortan wurden aus Neuengland in ihren Einzelteilen komplett industriell gefertigte Holzhäuser und Wandelemente mehrere Tausend Kilometer zur Montage in den Westen der USA verschickt. Bis heute sind die amerikanischen Holzrippenbauweisen mit ihrer charakteristischen Stulpschalung exzellente Beispiele für effizienten Holzbau.[1]

☞ *Abschn. 3.4 Holzrippen-, Holzrahmenbau, S. 533 ff*

1.3 Der industrialisierte Holzbau

■ Von den Weltausstellungen und von Reisen in die USA beeindruckt, versuchten auch europäische Architekten den Holzbau auf der Suche nach kostengünstigen Lösungen im Wohnungsbau zu Beginn des 20. Jh. wieder verstärkt voranzutreiben. In diesem Zusammenhang sind die in Europa und in den USA entstandenen Arbeiten von Konrad Wachsmann und Walter Gropius (🗗 **6**–**9**) aus der Zeit nach dem ersten Weltkrieg zu nennen. Die Erfahrungen von Bruno Taut in Japan und seine Beschäftigung mit dem japanischen Wohnhaus prägten den modernen europäischen Holzbau darüber hinaus. Die Loslösung von den überlieferten reinen Wandbauweisen und die Entwicklung der modernen Skelettbauweisen, die auf ostasiatische Vorbilder zurückzuführen ist, haben die Möglichkeiten des modernen Holzbaus ferner entscheidend vorangetrieben.

☞ *Abschn. 4. Holzskelettbau, S. 556 ff*

Die Vorteile des modernen Holzbaus liegen, neben der Materialökonomie, in der hochentwickelten Montagetechnik, der Vorfertigung und der Standardisierung. Diese Vorzüge bilden die Grundlage des Erfolgs von heutigen Fertighausanbietern. Im Unterschied zu anderen Regionen – z. B. Skandinavien – konnte der Holzbau sein negatives Image in Zentraleuropa bis vor Kurzem nicht vollständig überwinden. Die gesundheitliche und umweltbezogene Problematik des chemischen Holzschutzes warf das Holz im Bauwesen zeitweise weit zurück. Erst in den[1] letzten Jahren hat sich bei Planern und Bauherren ein Umdenken vollzogen, was auch zu entsprechenden Veränderungen im Baurecht geführt hat.

1.4 Moderner Holzbau

■ Die Entwicklung neuer **Holzwerkstoffe**, neuer **Verbindungen** und neuer **Verbundbauweisen**, hier insbesondere der Holz-Beton-Verbundbau, hat dem Holzbau völlig neue Möglichkeiten erschlossen.

Neuartige **Holzwerkstoffe** sind eine Antwort auf die Diskrepanz zwischen der schwer zu erfassenden, unregelmäßigen natürlichen Struktur von Schnittholz, mit den entsprechenden Unwägbarkeiten bei seinem baulichen Einsatz, einerseits und den Erfordernissen herkömmlicher Industrieproduktion nach Einheitlichkeit und Standardisie-

☞ *Zu Holzwerkstoffen:* ***Band 1****, Kap. V-2, Abschn. 3., 4. und 5., ab S. 408*

4 (Links) Aufrichten eines einseitig beplankten Wandabschnitts in Platform-Bauweise.

5 (Rechts) Tragstruktur eines Fachwerkbaus aus den 1920er Jahren, Architekt: P Schmitthenner, Bauzustand. Das Gebäude wurde in einer späteren Bauphase komplett verputzt.

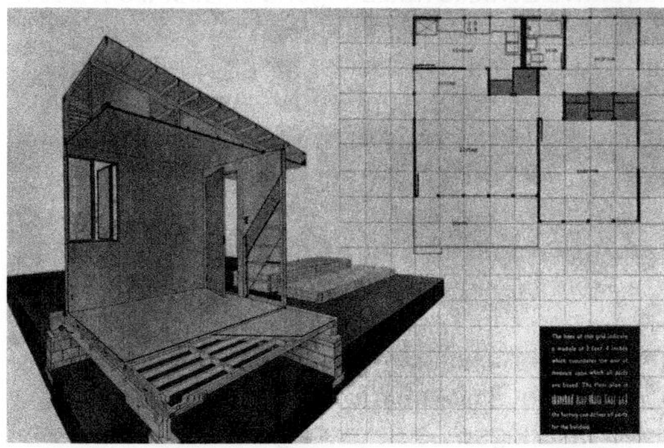

6 Wohnhaus Albert Einstein, Caputh bei Potsdam, 1928. Der berühmte Beitrag Wachsmanns zur Neubelebung des Holzbaus aus den späten 1920er-Jahren (Arch.: K Wachsmann).

7 Wohnhaus Albert Einstein.

8 Dachkonstruktion eine Siedlungshauses in Merseburg, im Selbstbau errichtet, 1922. Hier kommt die in den 1920er Jahren entwickelte Zollinger-Holzbauweise zur Anwendung.

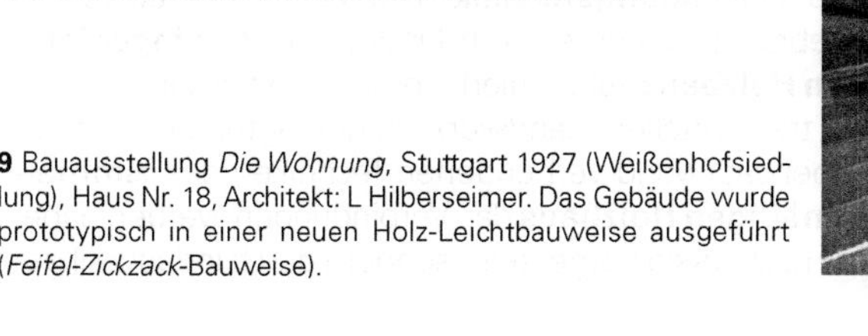

9 Bauausstellung *Die Wohnung*, Stuttgart 1927 (Weißenhofsiedlung), Haus Nr. 18, Architekt: L Hilberseimer. Das Gebäude wurde prototypisch in einer neuen Holz-Leichtbauweise ausgeführt (*Feifel-Zickzack*-Bauweise).

rung andererseits. Holz wir dabei planmäßig in kleinere Teile geschnitten bzw. zu Partikeln zerkleinert und durch verschiedene Methoden, insbesondere Klebung, wieder zu tragfähigen Elementen zusammengesetzt (**10**). Dieser Prozess umfasst sowohl eine sorgfältige Sortierung (d.h. Aussortierung schadhafter Teile); eine Entfernung von Schwachstellen (z.B. Astlöcher); eine gezielte Wahl der Faserausrichtung und damit eine praktisch beliebige Beeinflussung der Iso- oder Anisotropie des Endelements; und, nicht zuletzt, die Realisierung nahezu beliebiger, auch komplex gekrümmter Bauteilgeometrien, sofern die Basisteile dünn und elastisch genug sind, um zu entsprechenden Formen zusammengeklebt zu werden (**11**).

Eine andere, noch in den Anfängen befindliche Entwicklungstendenz im modernen Holzbau bemüht sich, die gegebenen Merkmale natürlich gewachsenen Holzes, anders als die eben beschriebene Holzwerkstofftechnik, zu akzeptieren und für konstruktive Zwecke nutzbringend einzusetzen. Dazu gehört das Scannen der vorgefundenen Geometrie bzw. Materialstruktur des Grundmaterials, ihr digitales Erfassen und Einbeziehen in die weitere Entwurfs- und Konstruktionsplanung; das digitale Vermessen von natürlich gewachsenen Krümmlingen und Verzweigungen zur planmäßigen Nutzung für gekrümmte Baustrukturen; und letztlich das Monitoring von Verformungen, insbesondere hygroskopischer Art, während des Herstellungsprozesses und die unmittelbare (*real-time*-) Rückspeisung der Daten in den weiteren Fertigungsprozess (somit lassen sich z.B. Verformungen des Grundmaterials nach Zuschneiden bei der nachfolgenden Fräsung der Verbindungen berücksichtigen).[2]

10 Aus ausgesuchten Einzellamellen zusammengesetzter und dadurch homogenisierter Brettschichtholzquerschnitt, wie er kennzeichnend für den modernen Holzbau mit Holzwerkstoffen ist.

11 Aus dünnen Einzellamellen zusammengesetztes gekrümmtes Brettschichtholz-Bogenelement. Die Elastizität der Lamellen erlaubt, sie vor dem Leimen in der Presse in diese Form zu bringen.

Die weitreichende Entwicklung des Holzleimbaus der letzten Jahre hat ferner zusammengesetzte, großflächige tafelartige Bauteile aus Vollholz hervorgebracht, die erlauben, vollwandige Wand- und Deckenelemente zu realisieren (**12**): ein absolutes Novum im Holzbau, das traditionellerweise stets ein Stabwerk aus linearen Vollholzbauteilen war. Scheibenbauähnliche Bauweisen sind heute somit auch in Holz nahezu in Reinform umsetzbar. Ferner erlauben automatisierte Fertigungsanlagen sowohl komplexe Formen zu realisieren wie auch ein hohes Maß an Präzision zu erzielen. Formschlüssige Verbindungstechniken, wie sie bereits im historischen Zimmermannsbau üblich waren, halten heute deshalb in Einzelfällen wieder Einzug in die Baupraxis in Form vollautomatisch gefertigter Steckverbindungen ohne mechanische Verbindungsmittel.

Neben den neuentwickelten Holzwerkstoffen hat auch die moderne **Verbindungstechnik** ganz neue Holzbauweisen hervorgebracht, die unter dem Oberbegriff des **ingenieurmäßigen Holzbaus** subsumiert werden. Er stellt eine Abkehr von den traditionellen, handwerklich geprägten und mit hohem Arbeitsaufwand verbundenen Techniken des **zimmermannsmäßigen Holzbaus** dar. Verbindungen werden dabei nicht formschlüssig hergestellt, sondern durch industriell gefertigte Stahlteile, häufig genormte industrielle Massenware wie Bolzen, Dübel oder Nägel. Gerade die deutlichste Schwäche des Werkstoffs, nämlich die schwierige Kraftübertragung an den Verbindungen, die nicht zuletzt auf seine ausgeprägte Anisotropie zurückzuführen ist, wird durch den konsequenten Einsatz von Stahlverbindungen sozusagen umgangen. Das Resultat ist eine Art **Hybridbauweise**, bei der hochbelastete Teile nicht in Holz, sondern aus dem festeren und steiferen Werkstoff Stahl hergestellt werden (**13**). (Allerdings ist in der letzten Zeit – wie angemerkt – eine Rückkehr zu reinen formschlüssigen Holzverbindungen feststellbar, was auf den Einsatz von automatisierten Abbundanlagen zurückzuführen ist.) Ein ebenfalls wichtiger Antrieb hin zum ingenieurmäßigen Holzbau waren geeignete, zu diesem Zweck entwickelte **statische Berechnungsmethoden** und **Normen** (deshalb *ingenieurmäßig*).

Nicht zuletzt spielt heute die von konkurrierenden Werkstoffen nicht einmal ansatzweise erreichbare **Nachhaltigkeit** von Holz eine wichtige Rolle. Der Verbrauch an nichterneuerbarer Energie zur Bereitstellung des Werkstoffs ist gering bis mäßig im Vergleich zu einigen anderen Materialien. Gleiches gilt für umweltschädliche Emissionen, die auf die Verarbeitung und den Verbau von Holz zurückzuführen wären. Nicht nur sind die Beeinträchtigungen der Umwelt durch Bauholz auf seine gesamte Lebensdauer im Bau bezogen insgesamt minimal, sondern der Werkstoff weist sogar eine positive Bilanz bei Treibhausgasemissionen auf, da er Kohlendioxid aus der Luft während seines Wachstums bereits gebunden und somit der Atmosphäre entzogen hat.[3] Holz lässt sich infolgedessen als ein Kohlenstoffspeicher betrachten, der das schädliche Treibhausgas Kohlendioxid zeitweilig – d. h. solange es verbaut ist und noch nicht thermisch verwertet wurde oder verfault – der Umwelt entnimmt und dadurch einen wertvollen Beitrag zur Verlangsamung der Klimawandels leistet.

Darüber hinaus werden heute Holzsorten, die bis vor Kurzem, z. B. wegen starker Verformungstendenz oder mangelnder Dauerhaftigkeit wie im Fall der Buche, als nicht bautauglich galten, dank neuer Holzwerkstofftechnik für Bauzwecke ertüchtigt (z. B. als Furnierschichtholz, **14**). Dadurch werden nicht nur ihre hohen Festigkeiten ausgenutzt, sondern es wird auch ein wichtiger ökologischer Beitrag im Hinblick auf die biologische Diversität der Wälder geleistet.[4]

Als Konsequenz dieser Entwicklungen erobert der Werkstoff Holz immer mehr Bereiche des Baugeschehens, sodass heute selbst Hochhäuser aus diesem Material gebaut werden. Auch in der Ausbildung von Architekten und Bauingenieuren spielt der Holzbau mittlerweile wieder die Rolle, die der Werkstoff verdient. Das in der Ausbildung propagierte neue werkstoffübergreifende Denken sucht die jeweiligen Möglichkeiten der Werkstoffe in das Betrachtungsfeld der Planer zu rücken und hat damit auch dem Baustoff Holz wieder einen angemessenen Platz im Baugeschehen unserer Tage eingeräumt.

12 Montage einer unterzugslosen Brettsperrholzdecke wie sie bis vor Kurzem nur in Beton ausführbar war.

☞ ***Band 1**, Kap. III-2 Ökologie, S. 108 ff, sowie Kap. III-5, Abschn. 3. Vergleichende Betrachtung der Ökobilanzen der wichtigsten Werkstoffe, S. 160 f*

13 Ingenieurmäßiger Holzbau: eine Hybridbauweise, bei welcher der Werkstoff Stahl in hochbeanspruchten Bereichen eingesetzt wird: z. B. bei Verbindungen und Zugstäben (Schottisches Parlament, Edinburgh; Arch.: E Miralles).

14 Buchenfurnierschichtholz.

2. Holzbauweisen

☞ *Vgl. auch Kap. X-1, Abschn. 2. Kategorisierung von Bauweisen, S. 460 ff*

■ Eine fundamentale Kategorisierung der Holzbauweisen beruht zunächst auf der Unterscheidung zwischen **Wand-** und **Skelettbauweisen**. Im Wesentlichen betrifft diese Differenzierung die Art, wie lotrechte Lasten in vertikalen Tragelementen abgeleitet werden: bei Wandbauweisen in flächigen, scheibenartigen Bauteilen; bei Skelettbauweisen in stabförmigen Stützen. Deckenkonstruktionen werden hingegen bei dieser Untergliederung außer Acht gelassen, da sie funktionsbedingt naturgemäß immer flächig tragend sein müssen.

Selbstredend beschränkt sich diese Kategorisierung auf konventionelle quaderförmige Bauformen aus vertikalen und horizontalen Bauelementen wie sie im Hochbau, insbesondere im Geschossbau, vorherrschen. Gekrümmte Bauformen wie beispielsweise **Schalen** kennen keine Unterscheidung in Wand (bzw. Stütze) und Decke und werden somit einer eigenen Kategorie zugeordnet.

☞ *Abschn. 6. Schalenbauweisen, S. 581 ff*

3. Wandbau

☞ *Vgl. auch **Band 4**, Kap. 8., Abschn. 4.2 Wandbauweisen in Holz*

☞ *Vgl. auch Kap. VII, Abschn. 1.3 Flächenbildung durch Zusammenlegen von Einzelelementen, S. 16 ff*

■ Innerhalb des Wandbaus lassen sich wiederum verschiedene Bauweisen identifizieren, die sich jeweils vornehmlich in der Art unterscheiden, wie die lotrechten Wandelemente aus Vollholzstäben zusammengesetzt werden. Dies ist eine holzbautypische Aufgabe, da die Ausgangselemente werkstoffbedingt stets stabförmig sind und nach verschiedenen Additionsprinzipien zur Fläche zusammengesetzt werden müssen.

Prähistorische Holzbauten bestanden zumeist aus Holzstämmen, die in den Boden eingegraben wurden. Diese einfachste Art des baulichen Umgangs mit Holz, eine Art **Palisadenbau**, ist mit einem gravierenden Nachteil verbunden, nämlich das unumgängliche Faulen des Holzes im feuchten Erdreich. Sie wurde in einem wichtigen technischen Entwicklungsschritt aufgegeben zugunsten von Holzbauweisen, bei denen die Holzkonstruktion durchweg auf einen massiven Sockel aus mineralischen Werkstoff aufgesetzt wird zum Schutz gegen Bodenfeuchte. Alle heute existierenden Holzbauweisen gehen von diesem fundamentalen Konstruktionsprinzip aus. Gleichzeitig führte diese Innovation zur Aufhebung der Einspannung der Holzbauteile im Boden und warf somit die Frage nach der Aussteifung gegen Horizontalkräfte auf, also beispielsweise Wind- oder Erdbebenkräfte. Auch in diesem Punkt unterscheiden sich verschiedene Holzbauweisen untereinander, nämlich in der Art, wie Schubkräfte innerhalb der Wandscheiben in die Fundierung geleitet werden.

Folgende Bauweisen oder **Konstruktionsarten** lassen sich anhand dieser Kriterien voneinander unterscheiden:

- **Blockbau**: liegende Holzstämme werden vertikal zu einem Wandelement geschichtet; an den Ecken und an Innenwandanschlüssen werden die Holzstapel schubfest miteinander verbunden, sodass insgesamt schubsteife Wandscheiben entstehen (⊡ **15**).

- **Bohlenständerbau**: Lotrechte Lasten werden in Ständern konzentriert, die in Abständen aufgestellt werden. Die Zwischenräume werden mit liegenden oder stehenden Bohlen gefüllt; wegen der Lastkonzentration in den Ständern liegt hier eine Art Übergangsform zum Skelettbau dar, insbesondere wenn die ausfachenden Bohlen liegend verbaut werden und somit nicht am Lastabtrag beteiligt sind; Schubsteifigkeit in Wandebene wurde gemeinhin durch außenseitig addierte Diagonalstreben gewährleistet (🗗 **16**).
- **Fachwerkbau**: In Abständen aufgestellte Ständer tragen die lotrechten Lasten ab. Horizontale Stäbe ergänzen das Gerüst zu kompletten Wandelementen. Die zwischen den Stäben verbleibenden Gefache sind mit andersartigem

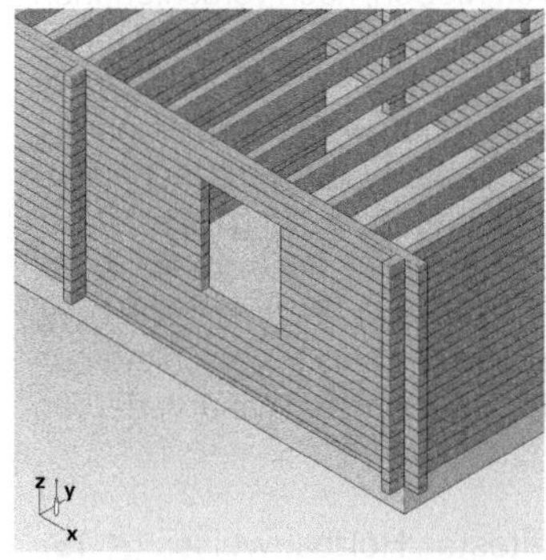

15 Blockbau: Liegende gestapelte Holzteile tragen lotrechte Lasten über Querpressung ab. Schubsteifigkeit durch Verbinden der Holzstäbe an den Ecken (rechts) und an Trennwandanschlüssen (links).

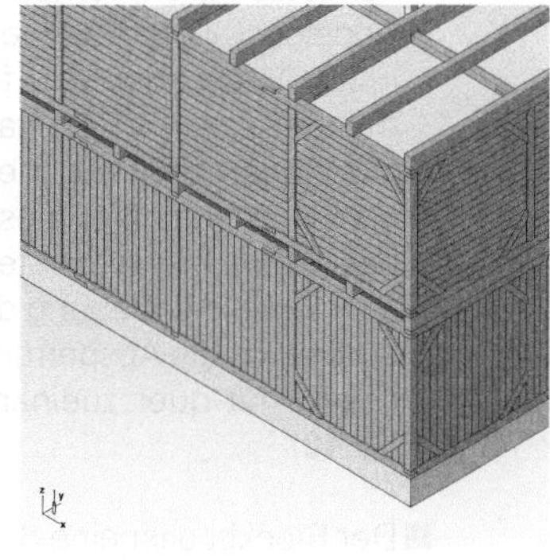

16 Bohlenständerbau: Ständer tragen lotrechte Lasten entlang der Faser ab; Gefache werden mit stehenden (unten) oder liegenden (oben) Bohlen geschlossen. Schubversteifung durch außenseitig angebrachte Diagonalstreben.

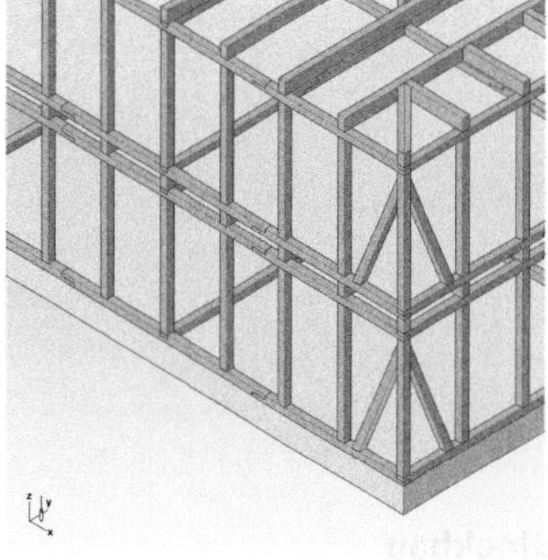

17 Fachwerkbau: Ständer tragen lotrechte Lasten entlang der Faser ab; Gefache werden mit andersartigem Material geschlossen und beteiligen sich nicht am Lastabtrag. Schubversteifung durch Diagonalstreben in Wandebene.

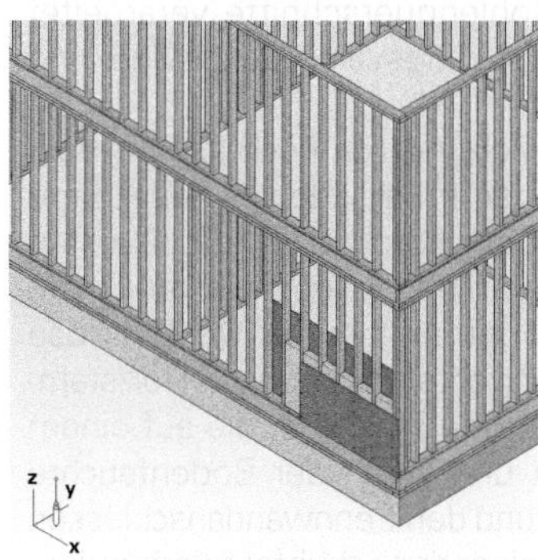

18 Holzrippen-, Holzrahmenbau: Schmale, dicht gesetzte Ständer tragen lotrechte Lasten entlang der Faser ab; Gefache werden mit Dämmstoff und beidseitiger Beplankung geschlossen. Schubversteifung durch schubsteife Beplankung.

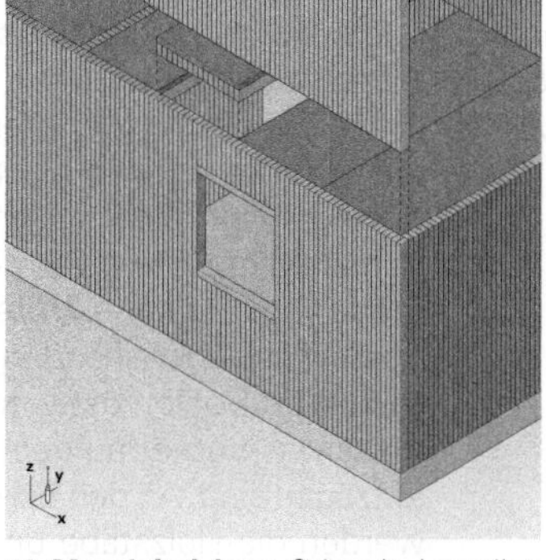

19 Massivholzbau: Schmale Lamellen werden zu großflächigen Wand- und Deckenelementen verklebt. Wände (hier aus stehenden Brettstapeln) leiten die lotrechte Last entlang der Faser; Schubsteifigkeit der Wände durch Verklebung der Lamellen oder durch zusätzliche Elemente (Riegel, Zusatzbeplankung).

Material gefüllt, beispielsweise mineralischem. Die Schubsteifigkeit der Wandscheibe wird durch Diagonalstreben gewährleistet, die im Stabgefache integriert sind (🗗 **17**).

- **Holzrippen**- bzw. **Holzrahmenbau**: Auch hier bestehen die Wandscheiben aus einem Gerüst aus vertikalen, in Abständen gesetzten Ständern und ergänzenden horizontalen Stäben. Im Gegensatz zum Fachwerkbau wird hier die Schubsteifigkeit des Wandelements nicht durch Diagonalstreben, sondern durch schubsteife Beplankungen aus Holzwerkstoffen gewährleistet (🗗 **18**); eine Variante dieser Bauart mit hohem Vorfertigungsgrad ist der **Holztafelbau**.

- Moderne **Massivholzbauweisen**: Stabförmige Vollholzquerschnitte werden hier mittels verschiedener Verbindungstechniken, vornehmlich Kleben, nach verschiedenen Additionsmustern sowie in verschiedenartiger Schichtung in der Wandebene zu flächigen Wandbauteilen zusammengesetzt. Als Resultat entstehen weitgehend massive Wandquerschnitte ohne Hohlräume, oder mit nur geringem Hohlraumanteil (deshalb die Bezeichnung Massivholzbauweise). Die Schubsteifigkeit des Wandelements ergibt sich durch die Klebung der Vollholzquerschnitte und bzw. oder durch die Absperrung des Elements in verschiedenen Lagen mit quer zueinander orientierten Faserverläufen (🗗 **19**).

3.1 Blockbau

☞ ***Band 3**, Kap. XIII-3, Abschn. 1.1.5 Außenwände aus Massivholz*

☞ ***Band 1**, Kap. VI-2, Abschn. 9.2 Element aus gemäß **y/z** aneinandergelegten Stäben, S. 622 ff*

■ Der Blockbau ist eine der ältesten Holzbauweisen (🗗 **15**). Er wird, insbesondere in der modernen Variante als **Blockbohlen**-Konstruktion (🗗 **21**, **22** rechts), noch heute eingesetzt, insbesondere in Regionen mit langer Holzbautradition – wie in der Schweiz, im Vorarlberg oder in Russland.[5, 6] Bei dieser werden, statt unbearbeiteter, allenfalls entrindeter Stämme, zugeschnittene Bohlenquerschnitte verarbeitet und meist mit formschlüssiger Längsverbindung wind- und wasserdicht gestoßen.

Als technische Weiterentwicklung von noch älteren Bauweisen, bei denen Holzständer in Palisadenart in der Erde eingegraben wurden, gehört der Blockbau zu den ältesten Konstruktionsarten, bei denen die Holzkonstruktion konsequent vom feuchten Erdreich getrennt wurde. Der Blockbau besteht aus übereinandergeschichteten liegenden Holzstämmen oder Bohlen (bzw. Kanthölzern) (🗗 **20**), die auf einem massiven Sockel aufgesetzt und somit der Bodenfeuchte entzogen sind. An den Ecken und den Trennwandanschlüssen werden die Holzstäbe untereinander schubfest verbunden. Der Blockbau setzt sich somit aus einem Gefüge aus Scheiben zusammen, das mit klassischen Wandbauweisen, wie z. B. der Schachtelbauweise im Mauerwerksbau, vergleichbar ist, und in seinem Aussteifungsprinzip auch ähnlich wirkt.[7] Die ohne Zusatzmaßnahmen nicht existente Schubsteifigkeit der aus einzelnen stabförmigen Gliedern gestapelten Blockwände wird an den Gebäudeecken – sowie auch an

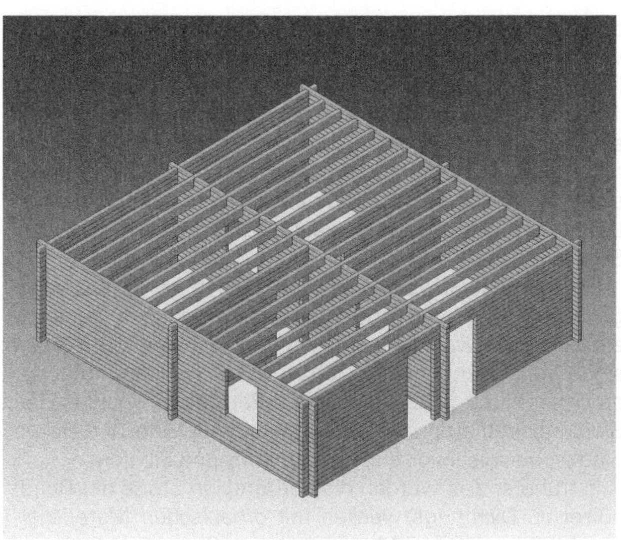

20 Tragwerksaxonometrie: **Holzblockbauweise** mit typischer formschlüssiger Eckausbildung, welche die Stabilisierung der sich gegenseitig aussteifenden Wandscheiben bewirkt sowie auch den Schubverbund zwischen den aufeinanderliegenden Bohlen schafft. Die Höhe der Lochfenster ist aus Stabilitätsgründen begrenzt, da durch sie die liegenden Bohlenlagen unterbrochen werden.

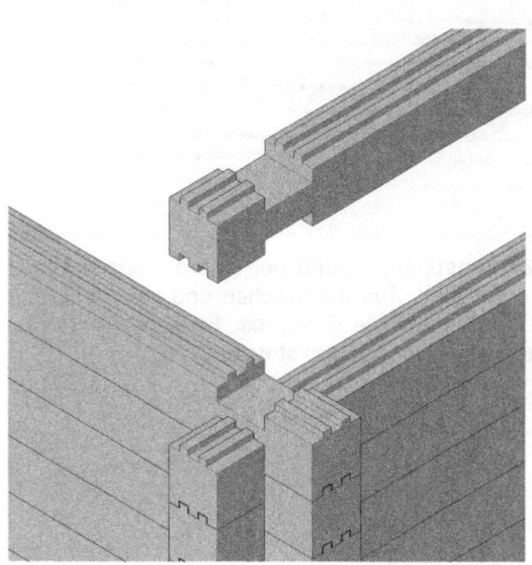

21 Eckdetail eines modernen Holzblockbaus aus profilierten Holzbohlen mit Dichtwirkung am Längsstoß.

22 Eckausbildung im Holzblockbau: mit gekerbten Vollholzquerschnitten bei einem Speicherbau in Finnland.

23 Beispiel einer neuzeitlichen Übersetzung des Holzblockbaus mit genuteten Holzbohlen für eine verbesserte Dichtheit der Bohlenstöße, wie in ☞ **21**.

24 Fensterausbildung bei einem Holzblockbau in Finnland. Aus thermischen und konstruktiven Gründen war die Größe der Fensterformate im traditionellen Blockbau stets begrenzt.

25 Bohlenständerbauweise: Wandgefache aus Eckständer (links); Bundständer (rechts im Schatten); Rähm (oberer Riegel); liegenden Bohlen (unter Wandabschnitt); stehenden Bohlen (oberer Wandabschnitt) sowie angeblatteten Kopfbändern (oben) und Fußbändern (unten).

dazwischen einbindenden inneren Trennwänden – durch Verzahnung rechtwinklig anstoßender Wandebenen aktiviert (⊟ **21, 22**). Diese Verbindung sperrt das Entlanggleiten der liegenden Stäbe aneinander. So ergibt sich im statischen Sinn eine echte Wandscheibe. Gleichzeitig entsteht die statisch notwendige schubfeste Verbindung zwischen sich gegenseitig versteifenden, rechtwinkling aufeinanderstoßenden Längs- und Querwänden – kennzeichnendes Merkmal des Schachtelbaus.

Die Blockbauweise erlaubt es, mit einem vergleichsweise geringen Aufwand an Arbeit, Zeit und Werkzeugen – lediglich ein Beil ist notwendig –, sowie mit einfachsten formschlüssigen Verbindungen, ein Gebäude aus Rundstämmen zu errichten. Nicht umsonst war diese Bauweise in waldreichen Siedlungsgebieten die Konstruktionsmethode der ersten Siedler, beispielsweise in Nordamerika und Sibirien.

In früherer Zeit wurden die horizontalen Stöße der Rundhölzer zu Dichtungszwecken mit organischen Materialien geschlossen, z. B. mit Moos und Lehm. Charakteristisch und fundamental für die statische Wirkungsweise dieser Bauweise ist, wie angemerkt, die Ausbildung einer formschlüssigen Verbindung im Eckstoß der Wände. In der Regel wird hier mit einer einfachen **Verschränkung** gearbeitet, d. h. die Rundstämme oder Blockbohlen werden im Stoß bis zu einem Viertel der Querschnittshöhe eingeschnitten (⊟ **22**) und übereinandergeschichtet. Der Horizontalstoß bei Blockbohlen wird heute als einfacher oder doppelter Nut-und-Feder-Stoß ausgebildet. Die Fugen lassen sich auch mit zusätzlichen Dichtungsbändern – z. B. zwecks Winddichtung – schließen.

Für diese Bauweise ist der verhältnismäßig große Materialverbrauch charakteristisch. Üblicherweise wird Nadelholz verwendet, da dieses eine ideale geradlinige Wuchsform aufweist. Bei manchen Blockbauten wurde der Schwellenkranz, d. h. der unterste Stabkranz, aus Eichenholz hergestellt, da dieses Hartholz eine höhere Festigkeit gegen Querpressung und vor allem eine bessere Dauerhaftigkeit gegen Fäule besitzt. Das Holz der Lärche ist das für den Blockbau am Besten geeignete Nadelholz. Lärchenholz wird mit zunehmendem Alter immer härter. Das Holz ist besonders harzreich. Durch den Austritt des Harzes unter der Einwirkung von Sonnenlicht bildet sich ein natürlicher Überzug, der Schutz gegen Bewitterung und Schädlingsbefall bietet.

Das Schwinden des Holzes ist bei dieser Bauweise besonders zu berücksichtigen. Dies macht sich besonders durch die schleichende Verringerung der Wandhöhe bemerkbar, da das liegende Holz vorwiegend quer zur Faser schwindet, also vertikal. Einbauten wie Fenster oder Türen müssen deshalb seitlich gleitend angeschlossen werden (⊟ **25**).

Moderne Blockbohlenbauweisen lassen sich heute im Werk mit großer Maßgenauigkeit vorfertigen und vor Ort mittels vorbereiteter Verbindungen passgenau zusammensetzen.

Ein wesentlicher planerischer Nachteil dieser Bauweise ist

die für alle Wandbauweisen typische verhältnismäßig starre Grundrisskonfiguration, die nachträgliche Veränderungen nur sehr eingeschränkt zulässt.

Bohlenständerbau

■ Möglicherweise als Antwort auf die blockbautypische Schwierigkeit des Querschwindens des Holzes, entstand in einem weiteren Entwicklungsschritt der Bohlenständerbau, bei dem die lotrechten Hauptlasten über einzelne, in Abständen aufgestellte Ständer abgetragen werden: den Bund- und Eckständern (🗗 **3**, **11**, **25**). Die Kraftübertragung erfolgt somit in Faserrichtung des Holzes, sodass größere Setzungen ausgeschlossen werden. Die so zwischen den Ständern entstehenden Wandgefache werden mit Bohlen geschlossen, die entweder liegend verlegt und seitlich an den Ständern eingenutet werden, oder alternativ vertikal ausgerichtet und jeweils in Schwelle und Rähm eingelassen sind. Übliche Längen von Rähm und (bei liegender Verlegung) ausfachenden Bohlen, also 3 bis 4 m, geben somit die Abstände der Ständer untereinander vor.

Liegende Bohlen (🗗 **16**, oberer Wandabschnitt) entziehen sich mit der Zeit durch Schwinden dem vertikalen Lastabtrag, wodurch die Deckenlasten und Dachlasten vollständig vom Rähm aufgenommen und durch Biegung an die Ständer abgegeben werden. Dies entspricht im Wesentlichen dem Tragverhalten eines Skelettbaus mit nichttragender Ausfachung. Vertikal verlegte Bohlen (🗗 **16**, unterer Wandabschnitt) schwinden in Faserlängsrichtung hingegen kaum, weshalb sie beim Abtrag der lotrechten Lasten dauerhaft mitwirken. Dies entspricht dem Tragverhalten eines Wandbaus.

Im Gegensatz zur Blockbauweise ist durch diesen Aufbau zunächst keine Schubsteifigkeit der Wandflächen gegeben. Während bei älteren Bohlenständerbauten auf eine begrenzte Rahmenwirkung zwischen Ständer und Rähm bzw. Schwelle sowie auf eine teilweise Schubfestigkeit der Fuge zwischen den Bohlen infolge Reibung vertraut wurde, führte man in der weiteren Entwicklung dieser Bauweise an den Ecken angeblattete Kopf- und Fußbänder ein, die für die notwendige Schubsteifigkeit der Wandflächen sorgten.

Fachwerkbau

☞ ***Band 3***, *Kap. XII-5, Abschn. 2.1.3 Holzfachwerkwände*

☞ *Einführung zur Alemannischen Holzbaukunst von Hermann Phleps (1967); er weist hier auch auf den engen Zusammenhang mit Steinbauten hin.*

■ Der traditionelle Fachwerkbau lässt sich weder der Wand- noch der Skelettbauweise eindeutig zuordnen. In seiner ursprünglichen Konzeption wurden Lastkonzentrationen mithilfe von wandähnlichen Holzgefachen aus vergleichsweise kleinformatigen Gliedern konsequent vermieden. So sind die Ständerabstände deutlich kleiner als bei Skelettbauten. Indessen gibt es im Fachwerkbau manchmal auch Tragwerkskonzepte, die in ihrer Lastkonzentration dem Skelettbau sehr nahekommen, insbesondere im Gebäudeinnern, wo oftmals größere zusammenhängende Räumlichkeiten geschaffen wurden.

Der mittelalterliche Fachwerkbau hat sich aus der frühen **Bohlenständerwand** (🗗 **16**) entwickelt, bei der Ständer die lotrechten Lasten übertrugen und die Gefache dazwischen

☞ *Vgl. hierzu* ***Band 4***, *Kap. 8., Abschn. 4.2.2 Bohlenständerbau*

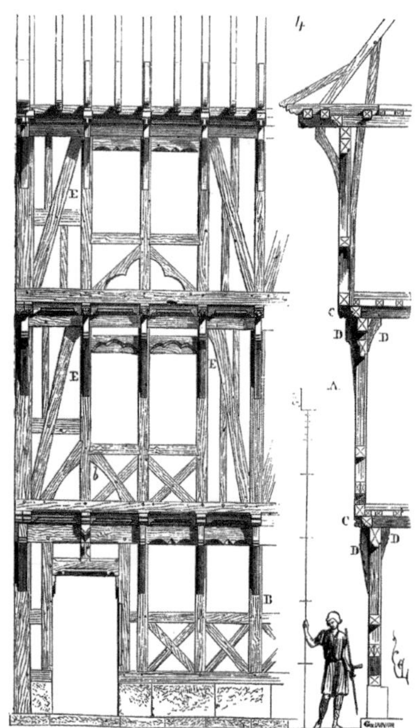

26 Ansicht und Schnitt eines französischen Fachwerkbaus nach Viollet-le-Duc. Sämtliche geschlossenen Gefache sind mithilfe verschiedenartiger Verstrebungen versteift.

27 Typische Hauptkonstruktion eines **alemannischen Fachwerkbaus**: Ständer ca. in Fensterbreite gesetzt; geschosshohes Wandelement aus Schwelle, Ständer und Rähm; angeblattete Kopf- und Fußbänder, durch Verzahnung schubfest am Bundständer (Mitte) angeschlossen, mit Holznägeln gesichert; Verstrebung jeweils immer innerhalb eines einzelnen Gefachs, sodass die Bänder keinen Ständer kreuzen müssen; Brustriegel unter dem Fenster; Fenster in diesem Fall bis zum Rähm geführt (Sturzriegel fehlt hier); Deckenbalken sind oben auf dem Rähm aufliegend erkennbar, darüber aufgesetzt die nächste Schwelle.

mit liegenden oder stehenden Bohlen geschlossen wurden. Der Entwicklungsschritt hin zum Fachwerkbau lässt sich verstehen als eine Rationalisierung der materialaufwendigen Block- oder Bohlenständerbauweisen. Dies erfolgte durch Einsatz einer Mischkonstruktion aus tragendem Gerippe aus Holz und Gefachen aus billigerem Material, meistens Lehm oder Bruchsteinen. Aufschlussreich in dieser Beziehung ist die englische Bezeichnung für Fachwerk (*half-timbered construction* = Halbholzbauweise). Ebenfalls kennzeichnend für diese Bauweise ist die Horizontalversteifung der Konstruktion mittels in den Gefachen integrierter Diagonalstreben. Ständerabstände waren deutlich kleiner als bei der Bohlenständerbauweise.

Das traditionelle Fachwerk brachte in seinem strukturellen Aufbau verschiedene regionale Ausprägungen hervor, z. B. das fränkische, alemannische oder englische Fachwerk (**25**). Grundsätzlich lässt sich in Deutschland niederdeutsches, mitteldeutsches und oberdeutsches Fachwerk unterscheiden.[8]

Fachwerkbauten wurden aus quadratischen oder rechteckigen Vollholzquerschnitten gefügt. Im frühen Mittelalter wurden die Querschnitte mit dem Beil behauen – die Bearbeitungsspuren lassen sich an den Hölzern noch heute erkennen. Die Querschnitte waren im Mittelalter bereits genormt, weshalb hier von einer frühen Form von Vorfertigung gesprochen werden kann.[9, 10]

Fachwerke bestehen in der Regel aus einer geschosshohen Wandtragstruktur aus Ständern, Schwelle und oberseitigem Rähm. Die Pfosten stehen im alemannischen Fachwerk oft in einem Rastermaß von 1,25 m, was die Integration sowohl einer Tür- wie einer Fensteröffnung zulässt, ohne Ständer absetzen zu müssen (**27**). Streben werden entweder auf ein einzelnes Gefache zwischen benachbarten Ständern beschränkt, oder über mehr als ein Gefache gelegt, wobei sie dann mit dem kreuzenden Ständer verblattet werden müssen. Horizontale Brust- oder Sturzriegel versteifen die Ständer seitlich zusätzlich.

Das Fachwerk besteht folglich aus folgenden Grundelementen (**32**):

- **Ständer** oder **Stiele** als Vertikalelemente der Wandfelder.
- **Schwelle** und **Rähm**: unterer und oberer horizontaler Abschluss der Wandfelder. Auf dem Rähm liegen die Deckenbalken der darüberliegenden Decke auf.
- **Deckenbalken** oder **Bohlen**: als Vollholzquerschnitte ausgebildet; die Spannweiten sind auf ca. 5 m begrenzt.
- Diagonalen bzw. **Streben** für die Aussteifung, also zur Ableitung der Horizontalkräfte wie Windkräfte in die Schwellen. Die Streben wurden beim traditionellen Fachwerkbau in regional sehr unterschiedlicher Form ausgebildet und

weisen oftmals dekorativen Charakter auf (**25**, **26**). Sie werden im traditionellen Zimmermannsbau je nach ihrer Lage auch als **Kopf**- oder **Fußbänder** bezeichnet (**27**).

- **Sturz**- und **Brustriegel**: kurze horizontale Zwischenhölzer zwischen Ständern; sie versteifen diese seitlich und bieten einen Anschlag für Tür- oder Fensteröffnungen.

Der überlieferte Fachwerkbau ist als historische Holzbauweise deutlich von der Handwerkstechnik geprägt. Die Holzkonstruktion wurde in zimmermannsmäßiger Weise in Handarbeit unter Verwendung standardisierter Verbindungen wie Versatz, Verzapfung und Verblattung errichtet. Die dadurch entstehende Schwächung der Querschnitte, die unvermeidliche Querpressung an den Schwellen sowie das Schwinden des Vollholzes sind deutliche Nachteile dieser Bauweise (**29**, **30**). Bauphysikalische Probleme entstehen an den Außenwänden vor allem im Bereich der

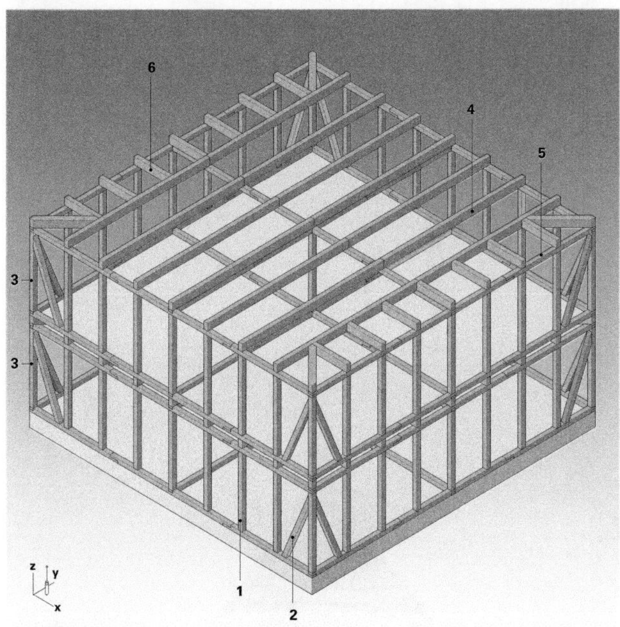

28 Tragwerk eines Fachwerkbaus mit der für diese Bauweise typischen Wandstruktur aus Ständern **1** und Diagonalstreben **2**. Die Wandelemente **3** sind geschosshoch segmentiert. Das Deckentragwerk **4** ist als Balkenkonstruktion gerichtet ausgeführt. An den Wänden **5** parallel zur Balkenspannrichtung werden kurze Balkenabschnitte **6**, sogenannte Stichbalken, quer zur Hauptspannrichtung ausgewechselt. Dadurch wird sowohl ein Auflager für die Schwelle des oberen Wandabschnitts wie auch ein umlaufend einheitliches Erscheinungsbild der Balkenköpfe an der Fassade geschaffen. Diese Lösung ist typisch für den historischen Fachwerkbau.

29, 30 Beispiele zimmermannsmäßiger, formschlüssiger Holzverbindungen im historischen Fachwerkbau (Museumsdorf von Maribo, Lolland, Dänemark).

31 Füllung der Gefache eines Fachwerkbaus durch Bruchsteine und Mörtel.

Gefache, also der Felder zwischen den Holzbauteilen, die mittels Holzgeflechts (Weiden), Strohlehm oder Feldsteinen geschlossen wurden. Später wurden sie mit Ziegelsteinen ausgemauert und die ganze Wand verputzt (🗗 **31**).

Fachwerkbauweisen haben heute praktisch keine bauliche Bedeutung mehr. Die fachwerktypische Versteifung durch Diagonalstreben ist heute dem effizienteren Prinzip des Aussteifens durch die Beplankung gewichen, wie es bei Holzrahmen- und Holztafelbauweisen praktiziert wird.

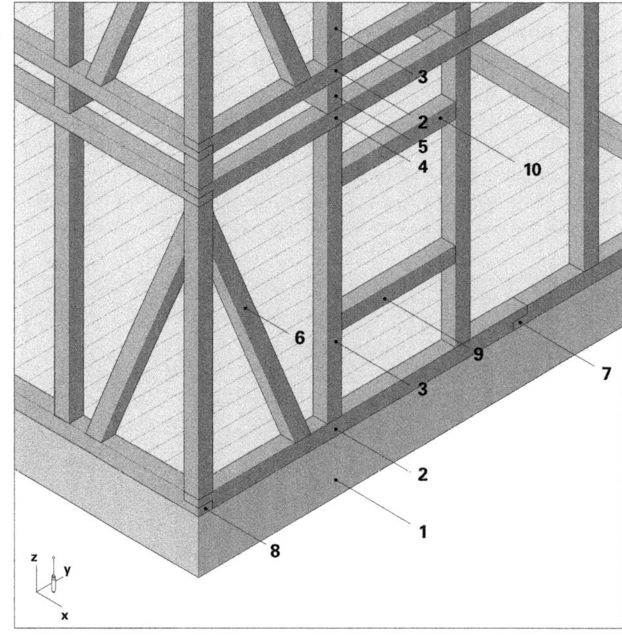

32 Detailansicht des Tragwerks: Die für den historischen Fachwerkbau typische Stapelung bzw. das Aufeinander-Aufsetzen der Tragwerkselemente ist gut erkennbar (Abfolge von Schwelle-Ständer-Rähm und Deckenbalken). Weiterhin sind die formschlüssigen Verbindungen – hier vor allem die horizontalen Blattstöße – dargestellt. Die diagonalen Streben übernehmen die Gebäudeaussteifung und sind in ihrer jeweils lokalen Ausführungsart für viele Fachwerkbauten gestaltprägend.

1 Steinsockel
2 Schwelle
3 Ständer
4 Rähm
5 Deckenbalken/Stichbalken
6 Strebe
7 Blatt
8 Eckblatt
9 Brustriegel
10 Sturzriegel

33 Traditioneller Fachwerkbau (Rathaus Markgröningen).

■ Ursprünglich als preiswerte, materialsparende und einfach auszuführende Bauweise für die amerikanischen Siedler entwickelt, hat der **Holzrippen**- bzw. **Holzrahmenbau** in Nordamerika und Skandinavien bis heute eine dominierende Stellung im Wohnhausbau bewahrt, was nach über 170 Jahren für die ungewöhnliche technische und kostenbezogene Konkurrenzfähigkeit dieser Konstruktionsart spricht.[11, 12]

Verwendet wurde eine begrenzte Auswahl modular gestaffelter Holzquerschnitte (**34**): 2 auf 4 Zoll (*two by four inches*), d. h. ca. 5 auf 10 cm bzw. das Vielfache davon für Deckenträger (2 auf 8, 2 auf 10, 2 auf 12 Zoll), Brettquerschnitte, später auch Holzplattenmaterial und industriell hergestellte Stahlnägel, die ursprünglich als einziges Verbindungsmittel Verwendung fanden.[13] Die extreme Materialsparsamkeit dieser Bauweise beruht auf der Kombination dünner Rippen, die, senkrecht im Abstand von ca. 60 cm angeordnet, das Grundgerüst der Wand schaffen, und einer beidseitigen Beplankung: in der Frühphase zunächst aus diagonal verlegten Brettern zwecks Scheibenbildung. Alternativ erfolgte die Aussteifung mithilfe bündig verblatteter Diagonalstreben an den Gebäudeecken. Später wurde industriell produziertes Plattenmaterial aus Holzwerkstoffen zur Beplankung und Scheibenbildung verwendet.

In dieser Konstruktionsart entsteht ein scheibenähnliches Außenwandbauteil in extremer Leichtbauweise, das dennoch wesentliche Vorteile massiver Wände bewahrt; denn die Holzrippenbauweisen sind durch Merkmale der Wandbauweisen gekennzeichnet. Das Außenwandbauteil setzt der kombinierten Belastung durch vertikale und horizontale

Holzrippen-, Holzrahmenbau

☞ **Band 3**, *Kap. XIII-5, Abschn. 2.1.1 Holzrahmenwände*

☞ **Band 3**, *Kap. XII-5, Abschn. 4.1 Nagelverbindungen in Holz und Holzwerkstoffen*

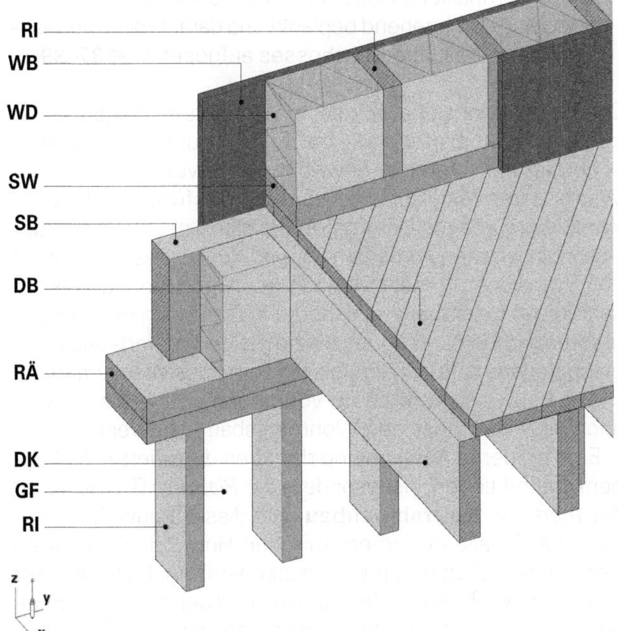

34 Idealtypischer Grundaufbau einer **Platform-Holzrippenbauweise** mit ihren wesentlichen Bestandteilen (keine Dichtschichten und kein äußerer Wandaufbau dargestellt).

RI Rippe
WB Wandbeplankung
WD Wärmedämmung
SW Schwellholz
SB Stirnbalken
DB Deckenbeplankung
RÄ Rähmholz
DK Deckenbalken
GF Gefache, mit Wärmedämmung ausgefüllt

Kräfte in seiner Ebene seine Schubsteifigkeit entgegen und vermeidet, ähnlich wie beim traditionellen Fachwerkbau, Lastkonzentrationen im Bauteil konsequent. Die Aussteifung des Bauwerks erfolgt über die gegenseitige Abstützung der einzelnen orthogonal zueinander ausgerichteten Wandscheiben, ähnlich wie beim gemauerten Schachtelbau.

☞ *Kap. X-1, Abschn. 2.1 Wandbau, S. 460 ff*

Bei den historischen amerikanischen Holzrippenbauweisen werden zwei Grundtypen unterschieden:[14]

- Die ältere Bauweise ist der **Balloon Frame**. Hier laufen die Rippen über zwei Geschosse durch. Für die Auflagerung der Deckenträger werden Bohlen mit stehendem Querschnitt in die Rippen eingelassen und bieten dadurch eine schwellenähnliche Aufstandsfläche. Die auf ihnen aufliegenden Deckenträger, die für den Holzbau gängige Spannweiten von ca. 4–5 m überspannen, geben ihre Last über diese Querriegel an die Rippen ab und sind zur Kippsicherung seitlich an die Ständer angenagelt. Die *Balloon-Frame*-Wände waren die ersten, die aus standardisierten, industriell gefertigten Teilen in den Westen ausgeliefert wurden (🗗 **35**, **36**).

- Der etwas jüngere **Platform Frame** ähnelt in seiner Struktur und seinem geschossweisen Aufbau dem traditionellen Fachwerkbau und ist mit Sicherheit von ihm inspiriert. Bei dieser Bauweise werden die Wandelemente geschosshoch ausgebildet. Die Rippenwände sind zuoberst mit einem zusätzlichen Rähmholz versehen. Darauf werden die Deckenträger aufgesetzt und gegen Kippen, im Unterschied zum *Balloon Frame*, mittels eines zusätzlichen Stirnbalkens gesichert. Die Deckenträger werden oberseitig durchgehend beplankt und darauf dann die Wandelemente des Obergeschosses aufgesetzt (🗗 **37**–**39**).

Der Holzrippenbau hat seit seiner Entstehung wegen seiner konstruktiven Einfachheit bei Planern und Baumeistern schon immer Interesse geweckt. Seine von sich aus gute Wärmedämmfähigkeit, die sich durch Ausfüllen der Rippenzwischenräume mit Dämmstoff erzielen lässt, wurde später – skandinavischen Vorbildern folgend – durch das Aufdoppeln von Wärmedämmmaterial noch gesteigert. Infolgedessen kann diese Leichtbauweise heute in ihrer noch weitgehend ursprünglichen Ausprägung die höchsten Komfort- und Energiesparansprüche erfüllen, bis hin zum Passivhausstandard. Diese Bauweise wird heute vorwiegend im 1- bis 2-, aber auch bis 7-geschossigen Wohnungsbau angewendet.

Eine moderne Abwandlung der oben diskutierten Holzrippenkonstruktionen, insbesondere der *Platform*-Bauweise, ist der moderne **Holzrahmenbau**. Mit dieser Bauweise passt man die Vorteile der amerikanischen Holzrippenbauweisen den europäischen Anforderungsstandards an. Im Gegensatz zum sehr beschränkten Teilekatalog und der damit verknüpften nur eingeschränkten Variationsfreiheit der amerikanischen

Holzrippenbauweise ist hier eine variablere Anwendung von Raster und Querschnitten möglich, was eine vielseitigere Anwendung dieser Bauweise möglich macht. Auch im Holzrahmenbau wird in erster Linie mit Nagelverbindungen gearbeitet. Die Bauweise selbst kann als ausgesprochen unkompliziert und kostengünstig gelten (🗗 **41–43**).

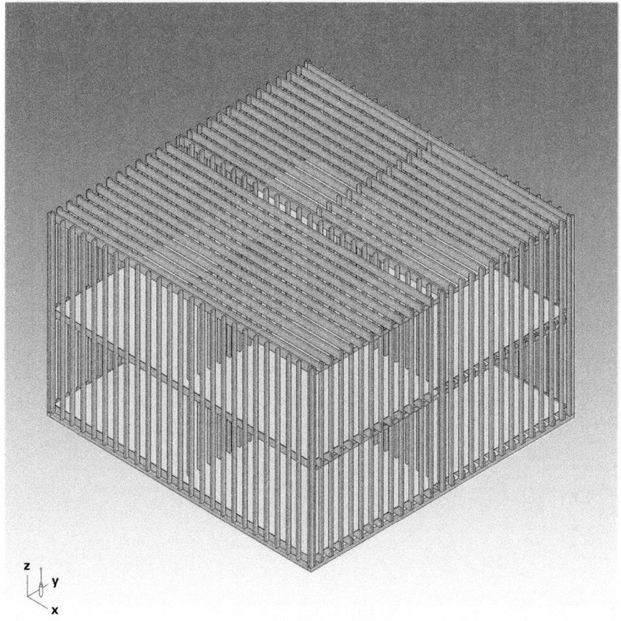

35 Schemadarstellung des Tragwerks eines **Balloon-Frames**. Über zwei Geschosse durchlaufende Rippen.

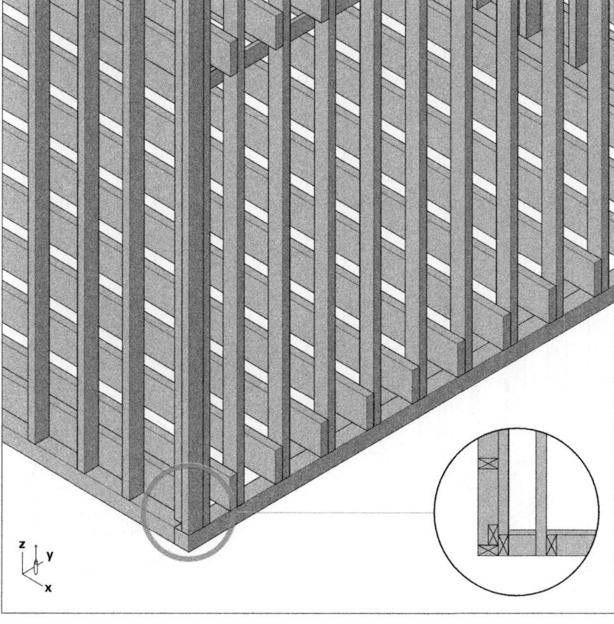

36 Detailansicht eines **Balloon-Frame**-Holzrippenbaus mit Darstellung der aufgehenden Wandrippen und der Deckenbalken. Im Horizontalschnitt die Ausbildung des Eckanschlusses zur Verbindung und gegenseitigen Halterung und Versteifung der einzelnen auf dem Boden vormontierten Wandabschnitte. Diese Eckanordnung der Rippen ist erforderlich, um die Beplankung innen- und außenseitig übereck an ihnen befestigen zu können.

37 Platform-Bauweise in den USA im Bauzustand. Ein großer Anteil des Wohnungsbaus wird dort noch heute in dieser Bauweise erstellt.

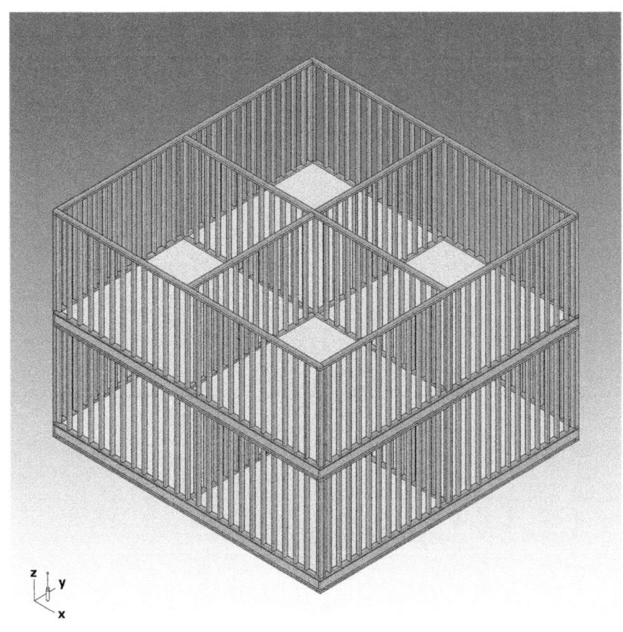

38 Tragwerk bei der **Platform-Bauweise**. Schemadarstellung eines zweigeschossigen Gebäudes mit jeweils stockwerkshohen Außenwandbauteilen.

39 Modernes Wohngebäude in Holzrahmenbauweise.

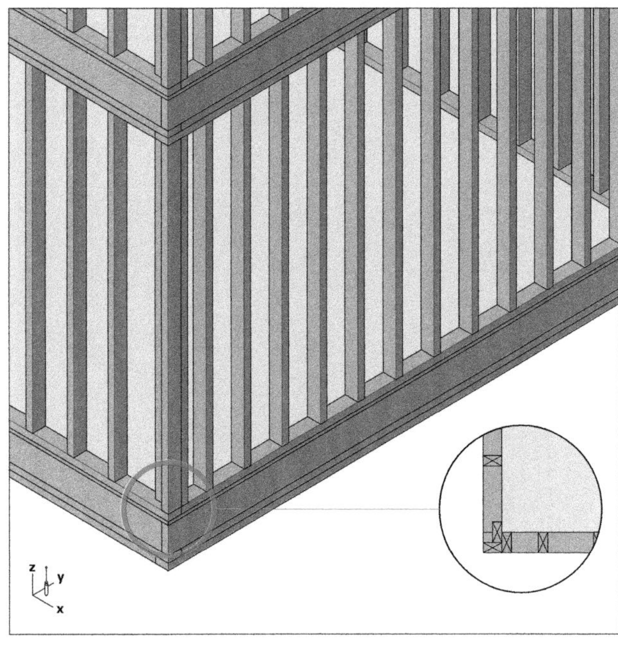

40 Detailansicht des Tragwerks bei der **Platform-Bauweise** mit aufgehenden Wandrippen. Im Horizontalschnitt die Ausbildung des Eckanschlusses zur Verbindung und Versteifung der einzelnen auf dem Boden vormontierten Wandelemente. Diese Eckanordnung der Rippen ist erforderlich, um die Beplankung innen- und außenseitig übereck an ihnen befestigen zu können.

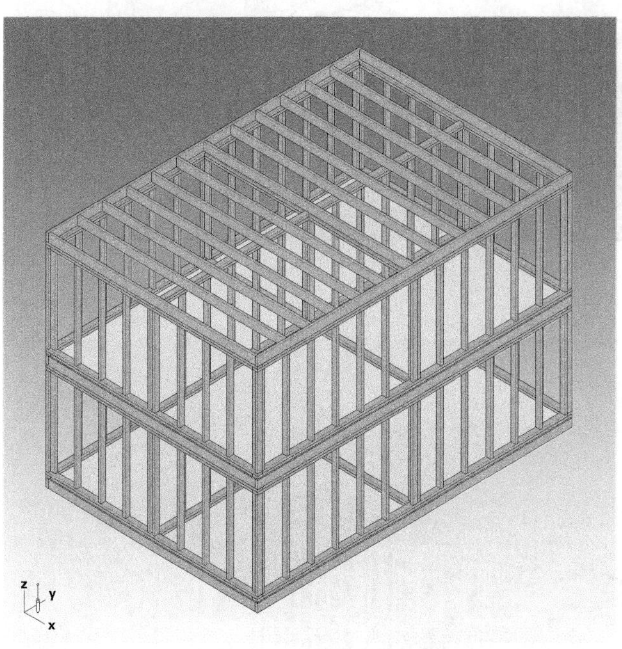

41 Tragwerk bei der **Holzrahmenbauweise**. Schemadarstellung eines zweigeschossigen Gebäudes mit jeweils stockwerkshohen Außenwandbauteilen.

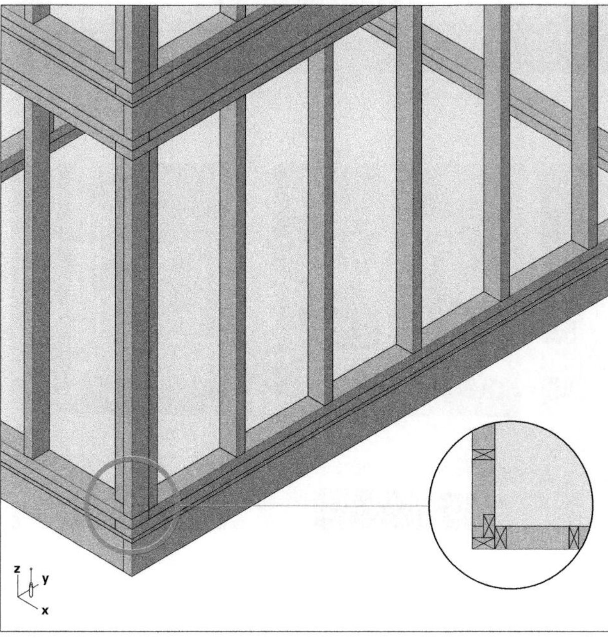

42 Moderner Holzrahmenbau.

43 Detailansicht des Tragwerks bei der **Holzrahmenbauweise** mit Darstellung der aufgehenden Wandrippen. Im Horizontalschnitt die Ausbildung des Eckanschlusses zur Verbindung und Versteifung der einzelnen im Werk vorgefertigten Wandelemente. Diese werden in der Regel innenseitig beplankt ausgeliefert und vor Ort gedämmt. Anschließend wir die Wetterhaut vor Ort aufgebracht. Die Eckanordnung der Rippen ist erforderlich, um die Beplankung innen- und außenseitig übereck an ihnen befestigen zu können.

44 Traditioneller amerikanischer Wohnbau in Balloon-Frame-Bauweise.

45 Holzrahmenbau im Bau.

46 Detail des Wandaufbaus des Gebäudes in **45** während des Baus. Die diffusionsfähige (schwarze) Bahn ist außenseitig an der bereits montierten Rippung und der Wärmedämmung angebracht (deshalb hier nicht sichtbar). Die stehenden Hölzer sind die Unterkonstruktion für die Wetterhaut und schaffen ggf. eine Hinterlüftung.

■ Die konstruktiven Grundsätze der Holzrippenbauweise waren und sind einer weitgehenden Vorfertigung von kompletten großformatigen Bauelementen für Decken oder Wände sozusagen prädestiniert. Die weitestgehend vorgefertigte Abwandlung des Holzrippen- oder Holzrahmenbaus wird gemeinhin als **Holztafelbau** bezeichnet.[a] Der Wunsch nach Kosteneffizienz und allgemeingültigen Standards im Hochbau verlangte eine Verlegung der Herstellung in die Werkstatt. Vorgefertigte Verbundelemente aus Rippen und mittragenden und aussteifenden Beplankungen bieten auch im Sinn von Rationalisierung und Industrialisierung der Bauprozesse deutliche Vorteile. Als wesentliche Meilensteine dieser Entwicklung sind hier vor allem zu nennen:

- Entwicklung von standardisierten eingeschossigen Wohngebäuden für die Firma *Hirsch* durch Walter Gropius. Die Wände wurden aus Holzrahmenelementen mit einer Aluminiumeinlage sowie einer innenseitigen Beplankung aus Asbestzementplatten und einer außenseitigen Wetterhaut aus Kupferplatten gefertigt. Die Wandelemente der Firma *Kupfer* waren bereits großformatig.
- Von 1943 bis 1954 entwickelten Konrad Wachsmann und Walter Gropius in den USA das *Packaged House System*, das den Prototyp für alle weiteren Holztafelbauten lieferte. Im Unterschied zum oben erwähnten *Kupfer*-Haus handelte es sich hierbei um kleinteilige Holztafelelemente, die außenseitig eine vertikale Holzschalung erhielten. Die kleinteiligen Holztafeln wurden durch den sogenannten *Konnektor* (**47**) verbunden, ein vierteiliges stählernes Verbindungselement, das einen kraft- und formschlüssigen Verbund der einzelnen Tafeln ermöglichte. Dieses System erlaubte die Herstellung vielfältig kombinierbarer und individueller Grundrisse.
- Ein weiterer bedeutender Meilenstein im Holztafelbau war die Entwicklung des *General Panel Systems* durch Walter Gropius und Konrad Wachsmann (**48–50**).

Holztafelbau

☞ *Allgemeines zu Rippensystemen:* ***Band 3**, Kap. XIII-5, Abschn. 1. Allgemeines*

☞ [a] ***Band 3**, Kap. XIII-5, Abschn. 2.1.2 Holztafelwände*

47 Der sogenannte *Konnektor*, von Walter Gropius und Konrad Wachsmann entwickelt. Ein gestanzter Metallhakenverschluss, der zur universellen Verbindung modularer Holzwände und -tafeln diente.

48 Holztafelbau: Beispiel von K Wachsmann.

49 Holztafelbau: Holztafelelemente (K Wachsmann).

50 Holztafelbau: Montage kleinteiliger Elemente.

Der moderne Holzrahmenbau tritt heute vornehmlich in Form des weitgehend vorgefertigten Holztafelbaus in Erscheinung. Statt die Rippenelemente vor Ort zusammenzubauen, fertigt man heute im Sinn einer schnellstmöglichen Montage großformatige Holztafeln bis zu den maximalen Transportgrößen vollständig vor.

Holztafeln wurden bis vor Kurzem in Allgemeinen für niedriggeschossige Bauten eingesetzt – insbesondere für Wohnhäuser. In der Regel waren zu Beginn des modernen Holztafelbaus nur maximal zweigeschossige Gebäude möglich. Diese größte realisierbare Gebäudehöhe wurde auch durch verhältnismäßig strenge Brandschutzregeln vorgegeben. In den letzten Jahren wurden aber auch mehrgeschossige Gebäude mit bis zu 7 Geschossen in dieser Bauweise realisiert, wofür die Brandschutzbestimmungen flexibilisiert und deutlich anforderungs- und situationsbezogener angewandt wurden. Mit dieser Höhe sind indessen auch gewisse **konstruktive Grenzen** des herkömmlichen Holztafelbaus erreicht. Dies liegt zum einen an den sinnvollen maximalen Dimensionen der Vollholzquerschnitte der Rippen, die 24 cm an der langen Querschnittsseite nicht überschreiten sollten, wenngleich auch Lösungen mit Brettschichtholz oder zusammengesetzten Steg- oder Kastenrippen möglich sind,

51 Montage moderner großformatiger Holztafeln im Fertighausbau.

52 Fertigung großformatiger Holztafeln im Werk.

die noch größere Rippentiefen und -steifigkeiten ermöglichen. Maßgeblich für diese Höhengrenze ist hingegen vor allem die maximal zulässige Querpressung der bei Holztafeln planmäßig angelegten horizontalen Holzglieder, nämlich Deckenbalken oder -platten, Rähme und Schwellen. Insbesondere die liegenden Holzglieder der Holztafelelemente und Decken der unteren Geschosse werden durch die sich aufsummierende lotrechte Last besonders stark quer zur Faser beansprucht, sodass als Folge merkbare Setzungen auftreten können. Die Höhengrenze lässt sich nach oben erweitern, wenn man diese Elemente aus Hartholz herstellt bzw. besondere konstruktive Lösungen anwendet (☐ **53**), die eine Durchleitung der Kraft durch die liegenden Hölzer hindurch erlaubt. Auch das konsequente Wechseln der Deckenspannrichtung in verschiedenen Geschossen und die damit verbundene bessere Lastverteilung entlastet die Wandelemente und macht größere Gebäudehöhen möglich.

Sofern die Höhengrenze von fünf bis sieben Geschossen nicht überschritten wird, haben Tafelwände gegenüber Massivholzwänden wie weiter unten besprochen einen wichtigen Vorteil, nämlich, dass sie eine Wärmedämmung in der gleichen Ebene wie die Tragelemente, d. h. in den Rippenzwischenräumen, zulassen. Bei Massivholzwänden muss die komplette Wärmedämmschicht hingegen (meist außenseitig) aufaddiert werden. Dadurch lassen sich bei Holztafelwänden hohe Dämmwerte bei verhältnismäßig geringen Wanddicken erzielen.

☞ *Abschn. 3.6 Moderne Massivholzbauweisen, S. 543 ff*

Ein großer Vorteil dieser Bauweise liegt in den außerordentlich kurzen Montagezeiten durch die einfache Montierbarkeit. Der Transport- und Montageaufwand ist verhältnismäßig gering und die Bauwerke sind im Vergleich mit anderen Bauweisen kostengünstig.

Die üblichen Abmessungen von Holztafeln sind:

- **Kleintafeln**: **b** = 1,00 bis 1,25 m; diese Kleinformate werden heute wegen der daraus entstehenden Vielzahl von Stoßfugen und dem vergleichsweise hohen Lohnanteil auf der Baustelle allerdings nicht mehr verwendet.

- **Großtafeln**: Länge bis 10 m; damit deutliche Verringerung der Anzahl von Stoßfugen. Diese Bauweise umgeht konsequent fugenbedingte Schwachstellen insbesondere im Hinblick auf Windschutz und Luftdichtheit, welche die Vorteile dieser Bauweise rasch zunichte machen können. Die Abmessungen der Tafeln werden an die im Einzelfall maximal realisierbaren Transportgrößen angepasst (☐ **51**, **52**).

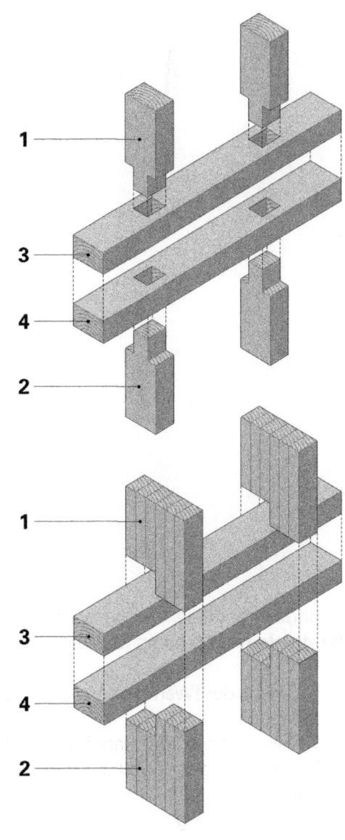

53 (Rechts) konstruktive Lösungen zur direkten Durchleitung der lotrechten Last durch Schwelle und Rähm hindurch.

1 oberer Ständer
2 unterer Ständer
3 Schwelle des oberen Wandelements
4 Rähm des unteren Wandelements

5.1

Statische Wirkungsweise der Holztafeln

☞ [a] ***Band 3***, *Kap. IX-5 Rippensysteme*

☞ [b] *Vgl. zum Zusammenwirken von Rippe und Platte:* ***Band 1***, *Kap. VI-2 Kraftleiten, Abschn. 9.4 Element aus einachsig gespannten Rippen, S. 635ff*

■ Holztafeln sind typische Hüllelemente mit dem Aufbau eines Rippensystems.[a] Ihr Tragverhalten erklärt sich aus dem Zusammenspiel des stabförmigen Gerippes und der flächigen Beplankung.[b] Nach einem arbeitsteiligen Prinzip übernehmen die Rippen sowohl Axialkräfte (Druck, Zug) als auch Biegemomente entlang ihrer starken Achse, d. h. also in Richtung ihrer langen Querschnittsdimension quer zur Tafelebene (→**x**). Sofern die Verbindung zwischen Rippe und Beplankung ausreichend schubfest ist, helfen die flächenbildenden Platten bei der Biegebeanspruchung mit, da sie in einer gewissen Breite (mitwirkende Plattenbreite) wie Druck- und Zuggurte an den beiden Enden der Rippen wirken und somit das Widerstandsmoment des Tafelquerschnitts deutlich erhöhen. Gegen die Gefahr des Knickens bei starken axialen Druckkräften hilft der Rippe einerseits ihre eben angesprochene Steifigkeit quer zur Elementebene (→**x**) sowie andererseits die Beplankung in Richtung der Hüllebene rechtwinklig dazu (→**y**).

Die Beplankung übernimmt vornehmlich Scheibenschubkräfte in der Elementebene (**yz**). Die diagonal orientierte Druckkomponente dieser Querkraft, welche die dünnen Platten auf Beulen gefährdet, wird durch die Verbindung der Platten mit den Rippen gesperrt, die in der möglichen Knick- oder Beulrichtung, d. h. rechtwinklig zur Elementebene (→**x**), ihre starke Achse haben und entsprechend biegesteif sind.

Holztafeln entfalten somit sowohl **Plattensteifigkeit** quer zu ihrer Ebene (→**x**) wie auch **Scheibensteifigkeit** in ihrer Ebene (**yz**). Erstere Charakteristik kommt ihnen beim Einsatz in Decken sowie auch bei windbeanspruchten Außenwänden zugute; letztere bei tragenden und insbesondere aussteifenden Wänden oder Deckenscheiben.

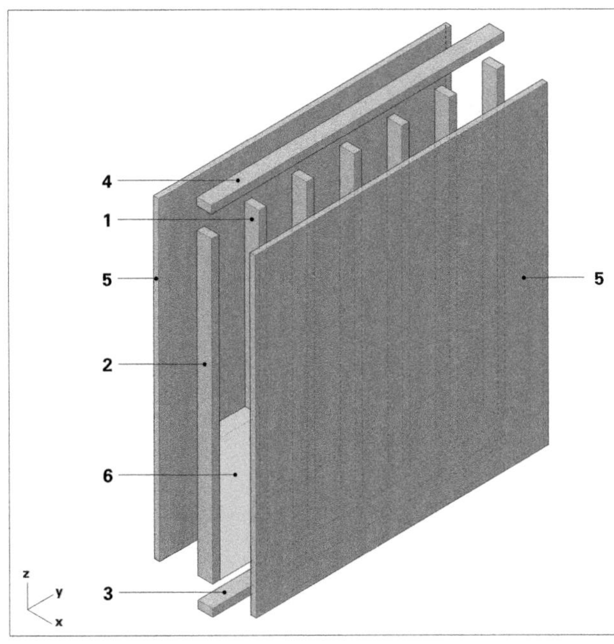

54 Grundbestandteile und typischer Aufbau eines **Holztafelelements**, gültig für Wände und Decken.

1. **1** Rippe: Ständer (Wand) oder Balken (Decke)
2. **2** Randrippe
3. **3** Schwelle (Wand) oder Randholz (Decke)
4. **4** Rähm (Wand) oder Randholz (Decke)
5. **5** Beplankung
6. **6** Dämmstofffüllung

Aufbau der Holztafeln

☞ **Band 3**, Kap. XII-5 Rippensysteme, 2.1.1 Holzrahmenwände und 2.1.2 Holztafelwände

■ Moderne **Holztafelwände** bestehen zumeist in ihrer einfacheren Ausführung aus einem Gerippe aus Konstruktionsvollholz (KVH) bis zu einem Rippenquerschnittsmaß von 24 cm (🗗 **54**). Tragfähigere Tafeln lassen sich durch noch größere Rippenquerschnitte aus Brettschichtholz (BSH) herstellen; größere Tafeldicken zur Unterbringung dickerer Wärmedämmschichten für hochdämmende Gebäudehüllen lassen sich durch doppel-T-förmige Stegrippen, Leiterrippen oder Kastenrippen erzielen. Für Beplankungen werden, statt wie früher üblich Diagonal-Brettschalungen, Holzwerkstoffplatten verwendet; als innere Beplankung vorzugsweise OSB-Platten, die luftdicht und dampfdiffusionshemmend sind, d. h. von sich aus als Dampfbremse wirken. Auch Mehrschichtplatten oder Furnierschichthölzer sind für diesen Zweck geeignet.

Holztafeldecken, auch als **Kastendecken** bezeichnet, sind analog aufgebaut. Ihre entlang der Rippen ausgerichtete Grundstruktur macht aus ihnen vorzugsweise einachsig spannende Deckenelemente, die allerdings auch eine Durchlauf- bzw. Kragwirkung entfalten können. Während bei kleineren Spannweiten für das Rippenwerk Konstruktionsvollhölzer geeignet sind, können bei größeren auch höhere und schlankere Brettschichtholz- oder auch Furnierschichtholzquerschnitte zum Einsatz kommen. Das Kippen der schlanken Rippen wird durch Randbalken am Element verhindert, das Biegeknicken infolge seitlichen Ausweichens des Druckgurts der Rippe durch die oberseitige Beplankung.

☞ **Band 3**, Kap. XIV-2 Horizontale Raumabtrennungen, 6.1.4 Holztafeldecke

Eine mitwirkende Plattenbreite der Beplankung wird durch eine ausreichend schubfeste Verbindung zwischen Platte und Rippe aktiviert, beispielsweise durch Nagel- oder Schraubenleimung.

Eine verbesserte Lastquerverteilung, beispielsweise für punktuelle Lagerung, bzw. eine seitliche Kragwirkung, kann durch den Einbau von geeigneten Querhölzern erzielt werden (🗗 **55**). Eine Unterbrechung einer der Rippen am Kreuzungspunkt, sei es Haupt- oder Querrippe, ist möglich, da die ober- und unterseitig durchlaufende Beplankung an diesem Punkt auf eine sehr beschränkte Länge (der Breite der durchdringenden Rippe) als Druck- und Zuggurt wirkt. Dies ist ein weiteres Beispiel des quasi symbiotischen Zusammenspiels zwischen Rippung und Beplankung.

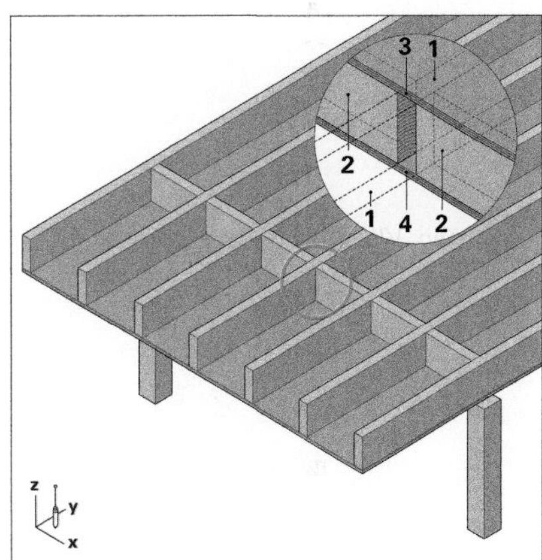

55 Holztafeldecke auf punktueller Stützung mit Querrippe für zweiachsigen Lastabtrag. Eine der Rippen (hier Querrippe) kann unterbrochen werden, da die beiden Beplankungen als Gurte wirken (Detail).

1 Längsrippe, durchgehend
2 Querrippe, unterbrochen
3 obere Beplankung (Obergurt)
4 untere Beplankung (Untergurt)

Moderne Massivholzbauweisen

☞ Vgl. auch **Band 4**, Kap. 8., Abschn. 4.2.4 Moderne Massivbauweisen in Holz

■ Eine vergleichsweise neue Entwicklung im Holzbau sind flächige **massive Wand-** und **Deckenelemente**, wie sie eingebunden in offene Holzbausysteme von verschiedenen Herstellern angeboten werden. Die modernen Massivholzbauweisen basieren zum Teil auf der Verfügbarkeit neuartiger Holzwerkstoffe, d. h. von Komponenten aus Furnierlagen oder zusammengesetzten Vollholzquerschnitten. Insbesondere die Vorfertigung und die vorausgehende integrative Planung der Gebäudever- und -entsorgung spielt bei diesen Bausystemen eine wichtige Rolle.[15] Im Vergleich zu rahmenartigen Holztafeln haben die meist homogen plattenförmigen Massivholzelemente wesentlich größere kraftleitende Quer-

☞ **Band 1**, Kap. V-2 Holzprodukte, S. 402 ff

schnitte (deshalb die Bezeichnung) und können auch deutlich größere Lasten tragen. Im weiteren Ausbau sind Massivholzelemente konstruktiv einfacher und kostensparender als Rahmenelemente, da deren enge räumliche Verstrickung von Tragwerk und Ausbau im Rahmengerüst (Ausfachung mit Wärmedämmung, Dampf- und Luftsperren) (**54**) beim strikt lagenweise Aufbau der Massivholzbauteile entfällt – ein nicht unerheblicher Lohnkostenfaktor.

6.1 Massivholz im baulichen Einsatz

■ Der wesentliche neuartige Beitrag der modernen Massivholzbauweisen liegt in der Bereitstellung von tragfähigen, in sich homogenen Flächenelementen, die sich zu raumabschließenden Wänden oder Decken verarbeiten lassen. Dies ist für den Holzbau ein Novum, da zuvor nur stabförmige Elemente wie Balken, Ständer oder Stützen aus Schnittholz verfügbar waren, die zu funktionsfähigen Hüllflächen zusammengesetzt wurden. Holzrahmenelemente aus dicht gesetzten Rippen lassen sich als eine Art Übergangsform zwischen Stab- und Massivholzbauweisen auffassen, waren aber auch als Stabwerk betrachtet erst seit Verfügbarkeit von plattenförmigem Holzwerkstoffen für Beplankungen wirklich effizient einsetzbar. Im Gegensatz zu Holztafeln, die Rippensysteme sind, zählen die meisten Massivholzelemente zu den Schalensystemen und sind in vielerlei Hinsicht den gleichen konstruktiven Randbedingungen unterworfen wie beispielsweise Massivbauweisen aus mineralischen Werkstoffen.[16]

☞ *Kap. VIII Aufbau von Hüllen, S. 130 ff*

Durch den geschichteten, zusammengesetzten Aufbau der Massivholzelemente lassen sich verschiedene Vorteile nutzen:

- Ähnlich wie bei anderen Holzwerkstoffen, lassen sich bei ihnen durch Zuschnitt des Holzstamms und geeignete **Sortierung** der Grundbestandteile homogenere Bauteile herstellen als bei Schnittholz, das durch die natürlichen Wuchseigenschaften gemeinhin starke Unregelmäßigkeiten in seiner Struktur aufweist. Es ist z. B. technisch wesentlich effizienter, schadhafte kleinere Lamellen auszusortieren als ganze Baumstämme.

- Der **regelmäßige Aufbau** aus einzelnen kleineren Elementen (Brettlamellen, Furnieren) (**56**) verstärkt die Homogenität zusätzlich.

- Der Faserverlauf der Furniere oder Brettlamellen lässt sich gezielt auf die Einbaulage bzw. statische Beanspruchung abstimmen. So ist ein einheitlicher Faserverlauf beispielsweise bei Schichtholz- oder Brettstapelelementen realisierbar, wenn die Last in nur einer Richtung wirkt. Dies gilt beispielsweise für lotrecht beanspruchte Wände oder einachsig spannende Decken. Mit vereinzelten Sperrlagen, also solchen, die quer zur Hauptfaserrichtung verlaufen, lässt sich die Lastquerverteilung der Elemente verbessern.

56 Aus einzelnen Brettlamellen geklebter Holzwerkstoff.

Dies ist z. B. bei Furnierschichtholz- oder Brettsperrholzelementen der Fall. Zuletzt sind auch insgesamt nahezu vollständig isotrope Elemente aus abwechselnd abgesperrten Lagen herstellbar. Diese sind beispielsweise für zweiachsig spannende Decken (🗗 **57**) oder für gleichzeitig lot- und waagrecht beanspruchte aussteifende Wände geeignet.

- Verschiedene Lagen lassen sich gezielt aus festerem (oder schwächerem) Material herstellen zur Verbesserung der Tragfähigkeit (bzw. aus ökonomischen Gründen). So lassen sich beispielsweise Ober- und Untergurtlamellen eines Querschnitts zur Verbesserung der Biegesteifigkeit aus festerem Holz herstellen.

☞ *Z. B. sogenanntes kombiniertes Brettschichtholz nach DIN EN 14080*

- Durch die Verarbeitung dünner Lamellen lassen sich auch gekrümmte Bauteile verleimen, grundsätzlich sogar doppelt gekrümmte. Die möglichen Krümmungsradien sind nur durch die Dicke der Lamellen eingeschränkt; die Krümmungsrichtung (z. B. ein- oder zweiachsig) durch ihre Querschnittsform: d. h. Biegerichtung einachsig bei Rechteckquerschnitten (in Richtung der schwachen Achse) und zweiachsig bei sehr dünnen flachen Querschnitten oder quadratischen. Diese Art gekrümmter Massivholzelemente sind heute indessen noch eine Ausnahme.

☞ 🗗 **11**

Durch die Verwendung von flächigen Bauteilen ergibt sich bei Massivholzbauweisen insgesamt ein Tragwerk aus scheiben- und plattenförmigen Elementen, also ein Wandbau, der sich statisch ähnlich verhält wie ein Holzrahmen- oder -tafelbau bzw. wie ein massiver Schachtel- oder Allwandbau aus mineralischem Werkstoff (Mauerwerk, Beton). Er kennzeichnet sich somit durch konsequente Lastverteilung sowie durch gegenseitiges Abstützen der quer zu ihrer Ebene schwachen und nicht standfesten Wandelemente.

☞ *Kap. X-1 Mauerwerksbau, S. 460 ff*

Im Vergleich zu Holztafelelementen aus Vollholzrippen können Massivholzelemente dank ihres insgesamt wesentlich größeren Querschnitts deutlich größere Kräfte aufnehmen. Bei entsprechendem günstigen Faserverlauf entlang der Kraftachse lassen sich Kräfte beispielsweise bei Wänden im Geschossbau gut zwischen anstoßenden Elementen durchleiten. Bei Holztafeln ist, wie oben angesprochen, die Durchleitung hingegen durch die Querpressung der liegenden Stäbe des Elements, d. h. der Schwelle und des Rähms, deutlich behindert. Ab einem gewissen Lastniveau führt dies zu Setzungen in der Konstruktion. Diese günstigen statischen Eigenschaften haben dem modernen Massivholzbau neue Einsatzfelder eröffnet, insbesondere den mehrgeschossigen Wandbau.

Aber auch die günstigen Brandschutzeigenschaften der Flächenbauteile, die dank ihrer nur geringen Fugenzahl das Risiko des Branddurchschlags minimieren und durch ihre massiven Querschnitte und den günstigen Profilfaktor die

57 Isotropes, zweiachsig spannendes Brettsperrholzelement (5-lagig) für eine Geschossdecke; vgl. auch 🗗 **12**.

Brandzehrung verlangsamen, haben den Einsatz von Massivholzelementen im Geschossbau begünstigt. Ein weiterer Vorzug dieser Holzprodukte ist der verhältnismäßig gute Schallschutz, der hauptsächlich ihrer erhöhten Masse geschuldet ist. Aufwendige Zusatzmaßnahmen sowohl in Form von Unterdecken, wie sie bei herkömmlichen Rippen- bzw. Balkendecken für den Brand- wie auch für den Schallschutz unerlässlich sind, erübrigen sich somit zumeist.

Auch die großen Formate der Massivholzelemente kommen dem modernen Baubetrieb entgegen. Gegenüber den Stabwerksbauweisen des herkömmlichen Holzbaus erlauben Sie Lohnkosteneinsparungen und tragen dazu bei, die Montagezeit auf der Baustelle kurz zu halten. Der verhältnismäßig geringe Fugenanteil dieser Bauweisen erlaubt ferner, Luftdichtheit mit verhältnismäßig einfachen Mitteln und vergleichsweise geringem Leckagenrisiko zu gewährleisten.

Zuletzt ermöglicht die zusammengesetzte Struktur der Massivholzelemente, Hölzer größerer Festigkeit im Element lokal gezielt einzusetzen. Dies betrifft hauptsächlich Laubhölzer, die auch aufgrund des bereits spürbaren Klimawandels zunehmend am Markt vertreten sind und es in Zukunft verstärkt sein werden. Der Nachteil der im Vergleich zu Nadelholz bei einigen Laubhölzern erkennbaren stärkeren Verformungstendenz (beispielsweise bei Buche) lässt sich durch die Verarbeitung von kleineren Lamellen deutlich mildern.

Durch die Plattencharakteristik der meisten Massivholzelemente geht indessen die für Holztafel-Außenwände typische Verschränkung von Rippen und Wärmedämmung in der gleichen Ebene verloren. Um die hohen gegenwärtigen Dämmstandards einzuhalten, muss deshalb im Normalfall außenseitig an Außenwandelementen eine Dämmschicht und eine Wetterhaut aufgebracht werden. Es sind bei diesem Aufbau dann die gleichen bauphysikalischen und konstruktiven Fragen zu lösen wie bei anderen Wandbauweisen, beispielsweise aus mineralischen Werkstoffen. Begünstigend wirkt allerdings in dieser Hinsicht die niedrige Wärmeleitfähigkeit des Hauptwerkstoffs Holz.

☞ **Band 3**, *Kap. XIII-3 Schalensysteme > Abschn. 2. Schalensysteme mit addiertem funktionalen Aufbau*

Die jedoch insgesamt überwiegenden Vorzüge der Massivholzbauweisen haben den Holzbau in den letzten Jahren eine neue Blüte erleben lassen und ihm Einsatzfelder eröffnet, die ihm davor (nicht nur technisch, sondern auch baurechtlich) verwehrt waren. Klassische Stabwerke aus Vollholz, wie sie im herkömmlichen Holzbau bis vor nicht allzu langer Zeit den Standard darstellten, treten heute als Skelettkonstruktionen praktisch nur in Fällen auf, in denen hohe Nutzungsflexibilität, große Spannweiten oder große Gebäudehöhen gefordert sind.

☞ *Vgl. Abschn. 4. Holzskelettbau, S. 556 ff*

6.2 Plattenförmige Massivholzelemente

■ Massivholzbauweisen bedienen sich grundsätzlich folgender Bauelemente.

Brettstapelelemente

■ Brettstapelelemente sind Schichtholzerzeugnisse, bei denen Bretter zu massiven Wand- und Deckenbauteilen gefügt

58 U-förmiges **Trogelement**, aufgefüllt mit mineralischer Wärmedämmung (Herst.: *Lignatur AG*).

59 **Brettsperrholz-Rippenelemente**: Beispiele kreuzweise verklebter Tragschalen.

60 **Brettsperrholz-Rippenelementbauweise**: Beispiel für ein mehrgeschossiges Wohnhaus in der Rohbauphase vor dem Aufbringen der zusätzlichen Dämmschicht und der Wetterhaut.

61 Montage einer Decke aus kastenförmigen Holzbauelementen.

☞ **Band 1**, *Kap. V-2 Holzprodukte, Abschn. 4.2.4 Brettstapelholz, S. 412*

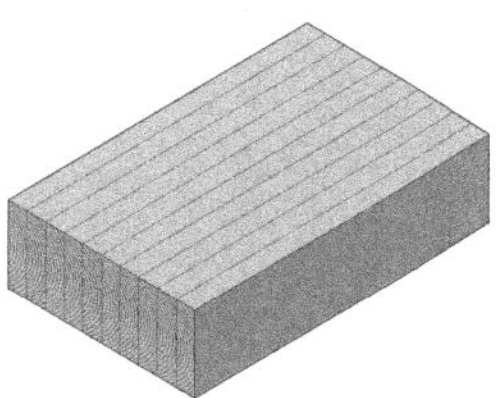

werden. Dabei werden vorgetrocknete Brettquerschnitte rechtwinklig mit ihrer Langseite zur Bauteilebene orientiert zu einem flächigen, tragenden Element vernagelt, verdübelt und/oder verleimt. Anwendung finden diese vorwiegend bei Decken und massiven Dachkonstruktionen, bei denen die einzelnen Brettlamellen über ihre starke Querschnittsseite auf Biegung beansprucht werden. Brettstapelelemente sind aber auch als lotrecht belastete Wandelemente mit vertikal verlaufenden Brettlamellen einsetzbar, bei denen eine Kraftleitung entlang der Faser stattfindet.

Die Bretter oder Bohlen laufen über das komplette Element durch bzw. sind durch eine Verklebung mit Keilzinkung in Längsrichtung gestoßen. Der Verbund zwischen den Brettlamellen verleiht dem Element eine gewisse Scheibencharakteristik, deren Ausmaß stark von der Art der Verbindung abhängt: Schubfest ist die Verklebung; eine Verdübelung oder Vernagelung ist deutlich nachgiebiger. Brettstapel lassen sich auch nachträglich an ihrer Seitenfläche mit plattenartigen Holzwerkstoffen beplanken, die dem Element zusätzliche Scheibenschubsteifigkeit verleihen. Auch riegelartige Holzstäbe an den Enden des Elements zeigen ähnliche Wirkung. Die schubfeste Querverbindung der Lamellen erlaubt bei Decken eine begrenzte Lastquerverteilung (s. u.); bei Wandelementen den Einsatz als aussteifende Scheibe.

Kräfte können bei diesem deutlich anisotropen Element (starke Längsrichtung entlang der Faser, schwache quer dazu) praktisch nur entlang der Brettlamellen aufgenommen werden. Bei lotrecht beanspruchten Wandelementen bedeutet dies, dass Bretter stehend verbaut werden müssen; im Einsatz als Deckenelement unter Biegebeanspruchung wirkt der Brettstapel als einachsig spannende Platte mit nur begrenzter Lastquerverteilung, die deutlich geringer ist als beispielsweise bei einem Brettsperrholz (s. u.). Dies liegt an der sehr niedrigen Querzugfestigkeit des Holzes, die bei dieser Variante ganz ohne querverlaufende Brettlagen für die Lastquerverteilung maßgeblich ist.

Kennzeichnend für Brettstapelelemente ist die maximale Ausnutzung des kompletten Elementquerschnitts für

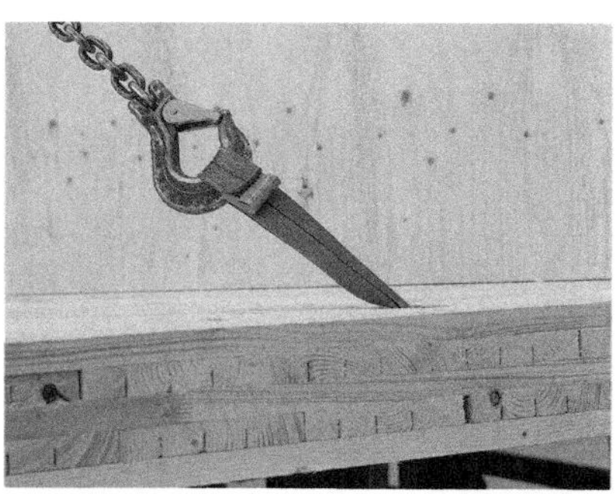

62, 63 Montage massiver Brettsperrholzelemente aus kreuzweise verklebten Brettlagen. Die Bauweise lässt die Vorfertigung großer Wand- und Deckenelemente zu, maximale Längen bis zu 20 m sind möglich.

64 Werkseitige Integration von technischer Gebäudeausstattung ist möglich und wird durch den Einsatz von CAD/CAM erleichtert.

Kraftleitung entlang der Faser. Dies kommt sowohl lotrecht belasteten Wandelementen zugute, in denen Axialkräfte entlang der Faser über den vollen Wandquerschnitt fließen, wie auch einachsig spannenden Deckenplatten, in denen axiale Biegezug- und Biegedruckkräfte wirken und die von der maximalen Ausnutzung der statischen Höhe profitieren. Diese in Faserrichtung betrachtet hohe Tragfähigkeit der Elementstruktur geht indessen wie angemerkt auf Kosten der nur geringen Lastquerverteilung.

Brettsperrholzelemente (BSP)

📖 *DIN EN 16351*

☞ ***Band 1**, Kap. V-2 Holzprodukte, Abschn. 4.3 Brettsperrholz (BSPH, X-Lam), S. 412f*

■ Bei Brettsperrholzelementen werden 15 bis 30 mm starke Brettlagen kreuzweise zu Wand- und Deckenelementen verleimt. Auch bis zu 80 mm starke Holzspanflachpressplatten mit bauaufsichtlicher Zulassung lassen sich im Element verarbeiten. Vorgefertigte Elementgrößen mit Transportmaßen von max. 5 m Höhe und max. 22 m Länge ermöglichen den Abbund von BSP im Werk, den einfachen Transport sowie, mittels Verschraubung, die einfache Montage vor Ort. Im Zug des Zuschnitts werden Wandöffnungen und Durchbrüche vorbereitet. Die Wände werden entweder geschossweise auf den Decken aufgesetzt, oder die Wände werden über die Geschosse durchlaufend ausgeführt und die Decken mittels einer Anschlusskonstruktion (in Stahl) verbunden (🗗 **68–73**). Diese Bauweise eignet sich für den Bau mehrgeschossiger Gebäude (bis hin zum Hochhausbau). Außenwände sind, wie bei den meisten Massivholzbauweisen notwendig, zusätzlich außenseitig zu dämmen und mit einer Wetterhaut zu schützen (🗗 **62–65**).

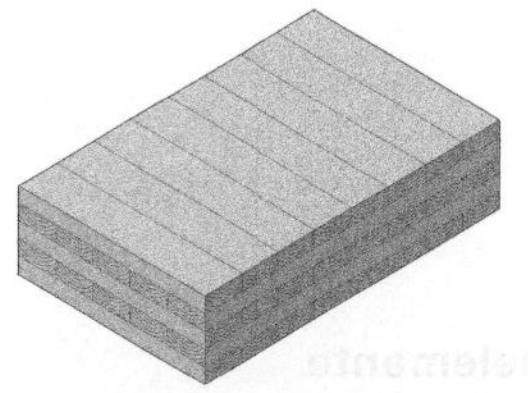

Aus statischer Sicht ist, insbesondere beim Einsatz als biegebeanspruchte Deckenplatten, stets die Ausrichtung der zwei äußeren Brettlagen zu berücksichtigen, die jeweils gleich ist (da Lagenzahl ungerade). Die Faserrichtung dieser Lagen gibt die Hauptspannrichtung der Decke vor, da dort die größten Biegezug- und Biegedruckkräfte fließen (Randspannungen) und das Holz dort mit seiner Faserrichtung entlang dieser ausgerichtet ist. Somit entsteht, trotz annähernder Anisotropie des Gesamtelements, dennoch eine einachsig (nicht zweiachsig) spannende Decke, allerdings mit guter Lastquerverteilung. Dank dieser sind auch seitliche Auskragungen und punktuelle Lagerungen realisierbar. Als Deckenscheibe ist Brettsperrholz wegen seiner weitgehenden Isotropie zur Aufnahme von Scheibenschubkräften gut geeignet.

Im Einsatz als Wandelement ist, vor allem im Vergleich mit Brettstapel- und Furnierschichtholzelementen, zu berücksichtigen, dass der tragende Querschnitt von Brettsperrholz wegen der Absperrung nur in etwa zur Hälfte zur Kraftaufnahme entlang der Faser bereitsteht. Dies mindert seine Tragfähigkeit entsprechend. Indessen kommt dem Element im Einsatz als aussteifende Wandscheibe wiederum seine Isotropie zugute.

65 Montage eines kompletten Wandelements aus Brettsperrholz inklusive ausgeschnittener Fensteröffnungen.

Furnierschichtholzelemente

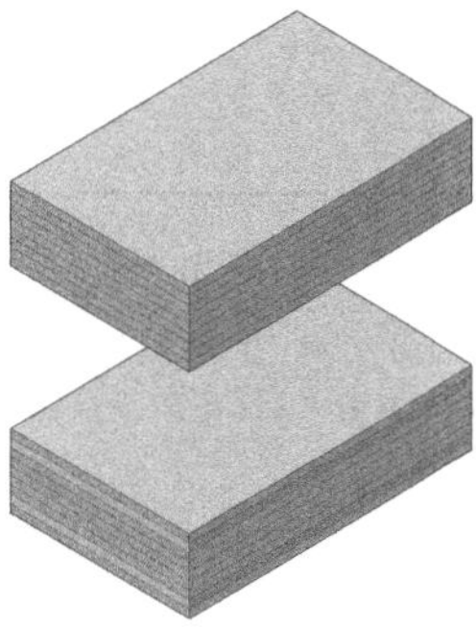

■ Furnierschichthölzer bestehen aus mehreren untereinander verklebten Lagen Nadelholzfurnier. Sie werden in letzter Zeit auch aus Buchenholzfurnier gefertigt, das eine deutlich höhere Festigkeit besitzt (**14**). Die Faser der Schichten verläuft grundsätzlich in die gleiche Richtung, sodass insgesamt ein deutlich anisotropes Element entsteht. Ähnlich wie bei Brettstapelholz bietet Furnierschichtholz einen homogenen tragfähigen Querschnitt zur Kraftleitung entlang der Faser, sodass die statischen Möglichkeiten des Elements hinsichtlich axialer Kraftleitung praktisch optimal ausgeschöpft sind. Furnierschichtholzelemente sind deshalb in der Lage, hohe Lasten aufzunehmen. Anders als (nicht verklebte) Brettstapelelemente zeichnet sich Furnierschichtholz durch gute Schubsteifigkeit in seiner Ebene aus, weshalb das Element sowohl für aussteifende Wand- wie auch Deckenscheiben gut geeignet ist.

Deckenplatten aus Furnierschichtholz sind wegen der ausgeprägten Anisotropie eindeutig durch einachsigen Lastabtrag gekennzeichnet. Biegedruck- und Biegezugkräfte werden strikt entlang der Faser geleitet. Die Lastquerverteilung ist nur begrenzt, weshalb lineare Auflager erforderlich sind. Diese lässt sich jedoch durch einzelne quer zur Hauptfaserrichtung verlaufende Sperrlagen verbessern. Dies erlaubt wiederum seitliche Auskragungen und punktuelle Auflager.

6.3 Holzbauelemente

☞ **Band 3**, *Kap. XIV-2, Abschn. 6.1.5 Decke aus Holzbauelementen*

■ Am Markt existieren verschiedene kasten- bzw. trogartige Holzbauelemente mit Hohlräumen, die sich in ihrem Aufbau im Gegensatz zu den eben beschriebenen plattenartigen Massivholzelementen den Rippensystemen zuordnen lassen. Sie kennzeichnen sich durch in Abständen gesetzte Querrippen im Element, die ihm einerseits eine deutlich erhöhte Plattensteifigkeit verleihen und zum anderen Räume zum Installieren, zum Ballastieren oder zum Dämmen bereitstellen. Bei Deckenkonstruktionen lassen sich einerseits größere Spannweiten erzielen sowie auch andererseits verschiedene bauphysikalische Charakteristika des raumabschließenden Flächenbauteils günstig beeinflussen. Dies gilt insbesondere für den Schallschutz, der von der biegeweichen Masse des Ballasts sowie von der Dämpfung der Hohlräume durch Faserdämmstoff profitiert. Durch Perforierungen an der Deckenunterseite lässt sich auch die Raumakustik verbessern.

Zwei Varianten von Holzbauelementen haben sich derzeit am Markt durchgesetzt, die im Folgenden näher betrachtet werden.

6.3.1 Trogelemente

☞ *Vgl.* **Band 3**, *Kap. XIV, Abschn. 6.1.5 Decke aus Holzbauelementen*

■ Die charakteristischen Abmessungen bei der trogartigen Ausführung aus seitlich gekoppelten Trogmodulen sind: Schichtdicken der Brettlamellen zwischen 31 und 64 mm, Elementhöhen zwischen 120 und max. 480 mm und Elementbreiten zwischen 20 und 100 cm. Die einzelnen Kastenmodule werden über Nut-und-Feder-Verbindungen untereinander gekoppelt. Als Material wird in der Regel Fichtenholz eingesetzt. Es sind verschiedene Sicht- und

Oberflächenqualitäten möglich.

Aufgrund der Rippenstruktur und der verhältnismäßig großen erhältlichen Bauhöhen, lassen sich mit Trogelementen große Spannweiten bis zu 14 m überbrücken. Günstig wirkt sich auf die Tragfähigkeit die Gestaltung der Rippen aus, da ihre Höhe identisch ist mit der kompletten Bauhöhe des Elements, sodass die flächenbildenden ober- und unterseitigen Bretter seitlich an ihnen gestoßen werden. Auf diese Weise lässt sich die maximale statische Höhe nutzen. Ferner ist die Ausbildung von durchlaufenden Deckenkonstruktionen möglich (z. B. zweifeldrige Decken).

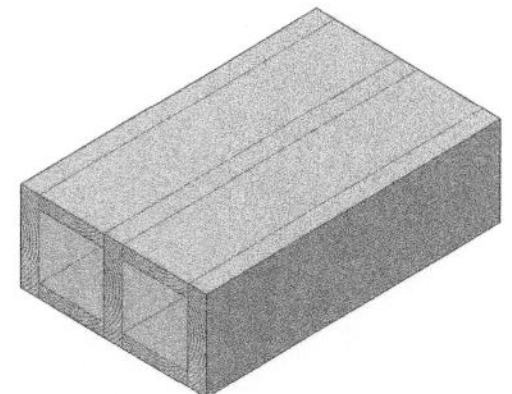

Je nach Anforderung lassen sich die Hohlräume der Kastenelemente mit Wärmedämmung, Absorbern oder Splitt füllen. Weiterhin ist die Integration von Leitungen, Trassen und Kanälen im Hohlraum der Elemente denkbar. Es sind oben offene Ausführungen erhältlich, die ein Installieren auf der Baustelle von der Oberseite erlauben (🗗 **50**).

Eine Anpassung an die jeweiligen Anforderungen des Brandschutzes ist vorgesehen (bis F90 bzw. REI90). Zu diesem Zweck lassen sich die ober- bzw. unterseitigen Deckbretter dicker ausführen, um die notwendige zusätzliche Abbranddicke zu gewährleisten.

Kasten- und **Flächenelemente** werden sowohl beim Bau flacher Decken wie auch geneigter Dächer eingesetzt (🗗 **58**).

Brettsperrholz-Rippenelemente

■ Im Gegensatz zu den durchgängig massiven Holzbauweisen und der Brettstapelbauweise, bestehen die Wandbauteile der Brettsperrholz-Rippenbauweise außenseitig aus jeweils einer oder mehrerer, mit der Faser parallel zueinander verlaufender Brettlagen, die im Verbund mit kreuzweise dazu angeordneten, in Abständen gesetzten, rippenartigen Brettlagen ein Decken- oder Wandbauteil mit Hohlräumen schaffen.

☞ ***Band 3***, *Kap. XIII-2, Abschn. 5.1.6 Decke aus Holzblockelementen*

☞ *Vgl.* ***Band 3***, *Kap. XIV, Abschn. 6.1.5 Decke aus Holzbauelementen*

Das somit nicht komplett massive, mit Hohlräumen durchsetzte Decken- oder Wandelement weist eine hohe Steifigkeit rechtwinklig zur seiner Ebene auf. Ver- und Entsorgungsleitungen, vor allem Elektroinstallationen, können in diesen Hohlräumen geführt werden. Die Standardlänge eines Elements beträgt 2,50 bzw. 3,00 m; Gesamtlängen bis zu 18 m sind durch keilgezinkte Stöße möglich. Holzbauelemente dieser Art können für alle Teile des Primärtragwerks eingesetzt werden, lassen sich aber auch mit Elementen anderer Massivholzsysteme kombinieren.

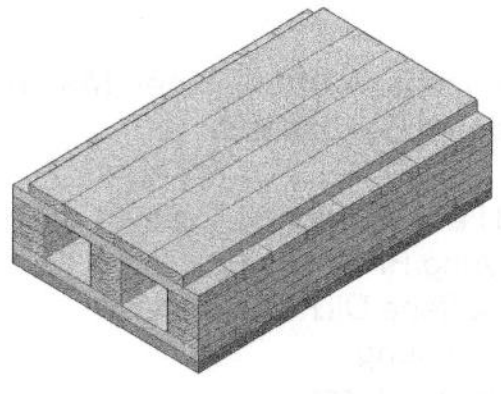

Hohe Schallschutzwerte sind durch Verfüllen der Kammern mit Splitt oder schwerem Sand erzielbar. Übliche Schallschutzanforderungen an Wohnungsdecken lassen sich damit mühelos gewährleisten (🗗 **58**, **59**).

Ausbau

■ Flächenelemente wie Wände oder Decken aus Massivholz müssen in den meisten Fällen mit zusätzlichen Elementen oder Schichten ausgestattet werden, um die bauphysikalischen Anforderungen zu erfüllen (🗗 **66**, **67**). Folgende bauliche Teilfunktionen sind davon betroffen:

- **Wärmedämmung**: Außenwände und Dächer werden in der Regel mit zusätzlichen Wärmedämmschichten ausgestattet, fast ausnahmslos außenseitig. Trotz der günstigen Wärmeleitfähigkeit von Holz sind Massivholzelemente in den statisch notwendigen Dicken nicht geeignet, die von der *EnEV* geforderten Wärmedurchgangskoeffizienten zu gewährleisten.

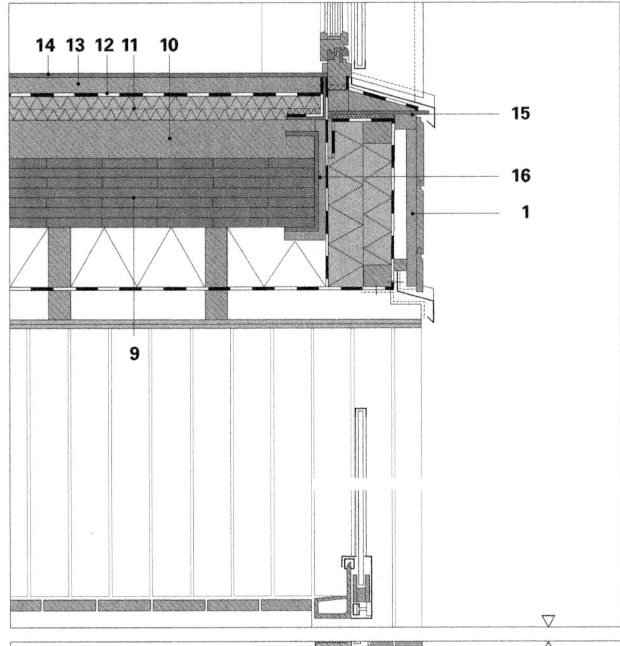

66 Exemplarischer Aufbau einer **Massivholz-Geschossdecke** (über Balkon) (Wohnhaus IBA Hamburg; Arch.: Adjaye Ass. London).

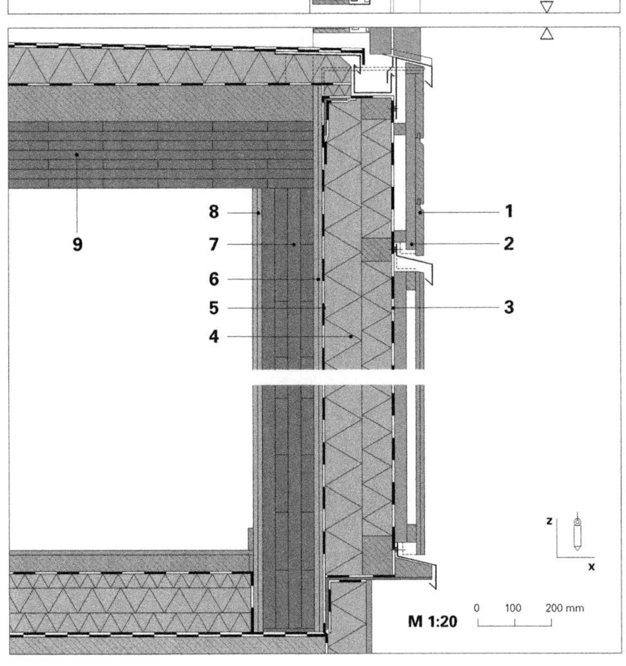

67 Exemplarischer Aufbau einer **Massivholz-Außenwand** und Balkondecke.

1 Nut- und Federschalung Lärche 21 mm
2 Konterlattung/Hinterlüftung
3 diffusionsoffene Dichtungsbahn
4 Wärmedämmung
5 Luftdichtheitsschicht
6 Gipskartonplatten 2 x 12,5 mm
7 Brettsperrholzwand 120 mm
8 Gipskartonplatten 2 x 12,5 mm
9 Brettsperrholzdecke 182 mm
10 Aufbetonschicht im Verbund mit Brettsperrholz
11 Trittschalldämmung und EPS-Schicht als Installationsebene
12 Trennlage
13 Zementestrich 45 mm
14 Parkett 10 mm
15 Brandschott Stahlblech 1,5 mm
16 Stahlprofil C 260/100 mm mit Gipskarton verkleidet

- **Windschutz**: Großformatige massive Flächenelemente aus Holz zeichnen sich durch eine geringe Anzahl von Fugen aus. Dies vereinfacht es, die Luftdichtheit der Gebäudehülle zu gewährleisten, ein Faktor, der insbesondere bei Stabwerksbauweisen in Holz deutlich kritischer ist. In der Regel ist es ausreichend, die wenigen Montagefugen fachgerecht abzudichten.
- **Brandschutz**: Dieser Faktor betrifft insbesondere Geschossdecken. Anders als herkömmliche Holzbalkendecken, die man aus Gründen des Brandschutzes gewöhnlich mit aufwendigen Zusatzelementen wie etwa Unterdecken ausstatten muss, bieten Massivholzdecken von sich aus einen guten Brandschutz. Von unten exponieren sie dem Feuer die geringstmögliche Oberfläche, nämlich eine unprofilierte Ebene, und lassen sich mit der nötigen Abbranddicke dimensionieren. Von oben bietet entweder ein schwimmender Estrich oder die Betonplatte einer Holz-Beton-Verbundkonstruktion ausreichenden Schutz. Bei höheren Brandschutzanforderungen, die ein weiteres Verdicken der Holzkonstruktion nicht vernünftig erscheinen lassen, lässt sich diese mit Brandschutzplatten (z. B. GK) verkleiden.
- **Schallschutz**: Wegen ihrer größeren Masse und der relativen Fugenarmut erzielen Massivholzdecken von vornherein einen besseren Schallschutz als herkömmliche Holzbalkendecken, ohne besondere Zusatzmaßnahmen. Dennoch können Sie die geforderten Schallschutzwerte in der Regel ganz ohne Zusatzschichten nicht erfüllen. Die zusätzliche Masse des Massivholzquerschnitts ist zwar ein günstiger Faktor, doch ist diese Masse biegesteif, was ihren bauakustischen Effekt deutlich mindert. Übliche Zusatzmaßnahmen zur Verbesserung des Schallschutzes von Massivholzdecken sind, neben schwimmenden Estrichen, aufgelegte Splittschüttungen, gebunden oder ungebunden, welche biegeweiche Masse beisteuern. Auch die Betonschicht von Holz-Beton-Verbunddecken verbessert durch ihren Massenbeitrag den Schallschutz merkbar. Untergehängte leichte Unterdecken verbessern sowohl den Schallschutz als auch den Brandschutz von unten, wobei jedoch die manchmal gewünschte Holz-Untersicht verlorengeht.

Wand-Deckenknoten 3.6.

■ Dem Deckenanschluss an eine tragende Wand ist beim Bauen mit Massivholzbauteilen – ähnlich wie beim Holztafelbau, wo ihm noch größere Aufmerksamkeit zukommt – besondere Beachtung zu schenken. Dies liegt an einem fundamentalen konstruktiven Konflikt, der sich an diesem Knotendetail stellt. Er hängt ursächlich mit der deutlichen Anisotropie des Werkstoffs Holz zusammen, der quer zur Faserrichtung deutliche Schwächen zeigt. Am Wand-Deckenknoten äußert sich dies, ab einer bestimmten Geschosszahl zwischen drei und fünf Geschossen, in der Unmöglichkeit, liegende Holzquerschnitte mit lotrechten Wandlasten zu belegen, da die Querpressungen dadurch zu groß werden. Auf die konstruktiven und statischen Verhältnisse des Wand-Deckenknotens übertragen ergibt sich, dass die Deckenkonstruktion, die ja planmäßig und notwendigerweise aus liegenden Holzquerschnitten besteht, nicht in die vertikale Außenwand eingebunden werden kann. Gerade dies wäre aber aus konstruktiver Sicht wünschenswert, da der untere Wandabschnitt ein vorteilhaftes Auflager für die Decke böte. Typische traditionelle Lösungen der Auflagerung von Holzbalkendecken an massiven Mauerwerkswänden, nämlich das lokale Einbinden von Balken und das Durchleiten von lotrechten Lasten in den zwischen den Balken verbleibenden Mauerabschnitten, sind bei den plattenartigen durchgehenden Massivholzdecken nicht umsetzbar. Das lineare Einklinken der Decke in einen Einschnitt der Wand führt wiederum zu einer deutlichen Schwächung des Wandquerschnitts, der sich insbesondere in den unteren Geschossen wegen der Kumulierung der Last ungünstig auswirkt.

Folgende konstruktive Lösungen bieten sich im Massivholzbau stattdessen für den Wand-Deckenknoten an:

- Seitlicher Anschluss der Deckenplatte an die ungeschwächte Wand aus lotrechten Brettstapeln oder aus Brettsperrholz mittels einer Art **Streichkonsole**. Dies kann entweder ein z-förmiger Stahlwinkel sein (🗗 **68**) oder ein Holzprofil (🗗 **69**), das entweder von unten sichtbar verbleibt oder ansonsten in eine Ausklinkung in der Decke eingreift. Der verbleibende Deckenquerschnitt muss im letzten Fall in der Lage sein, die anfallenden Querkräfte zu übertragen.

- Ausnehmung an der Oberkante der Wandscheibe, sodass ein Deckenauflager entsteht, aber ausreichender Restquerschnitt verbleibt, um die lotrechten Lasten entlang der Faser ohne Querpressung der Decke abzutragen (🗗 **70**).

- Vollständige Einbindung der Deckenplatte aus Massivholz in den Wandquerschnitt, sodass die Decke ein geeignetes Auflager auf dem unteren Wandabschnitt findet und der obere Wandabschnitt auf dem Rand der Deckenplatte aufgesetzt wird. Diese Lösung eignet sich nur für geringe Geschosszahlen; ansonsten wird die Querpressung des Deckenholzes zu groß. Bei höheren Gebäuden findet Durchleitung der Last zwischen oberem und unterem Wandelement nicht mehr durch Querpressung der Deckenplatte statt, sondern lokal durch Betondübel, die vor Montage des oberen Wandabschnitts in Bohrungen des Deckenrands eingegossen werden (🗗 **71**),[17] oder durch vergleichbare Stahlelemente. Die Scheibencharakteristik der Wandelemente, die eine Voraussetzung für diese Lösung ist (deshalb Elemente aus Brettsperrholz oder verklebte, nicht gedübelte oder genagelte Brettstapel einsetzen), sorgt dafür, dass die lotrechten Lasten am Deckenanschluss in den punktuellen Dübeln konzentriert werden können. Dies erfordert ausreichende Lastquerverteilung.

- **Spiegellagerung** einer Holz-Betonverbunddecke. In diesem Fall wird entweder die Betonplatte am Deckenrand verlängert, sodass sie auf dem unteren Wandabschnitt aufliegt und somit der Decke ein Auflager bietet (🗗 **72**); oder ansonsten wird die Betonplatte am Deckenrand in einer Art Randbalken bis zur kompletten Deckenstärke verdickt (🗗 **73**). Für eine gute Aufnahme der Querkräfte zwischen Betonrandbalken und Massivholzplatte kann diese im letzteren Fall zwecks Verzahnung am Rand ausgeklinkt werden. Bei beiden Lösungen erfolgt die Durchleitung der lotrechten Last zwischen Wandabschnitten stets durch einen Betonquerschnitt, sodass eine Querpressung des empfindlichen Holzes der Decke umgangen wird.

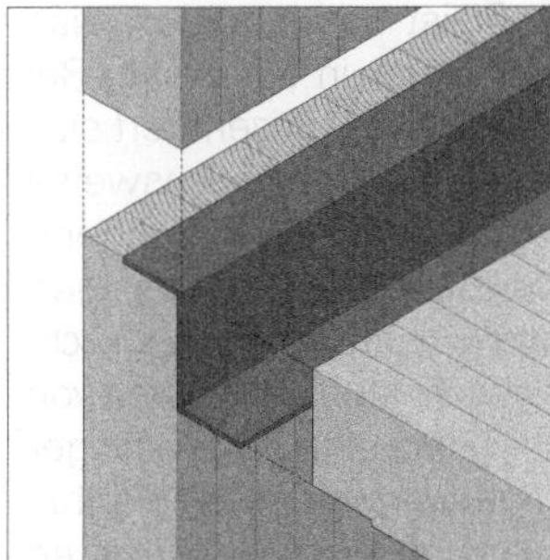

68 Lagerung der Decke auf z-förmigem Stahlwinkel. Durchleitung lotrechter Lasten in der Wand ohne Querschnittsschwächung entlang der Faser. Für hohe Gebäude geeignet. Winkel muss unterseitig vor Brand geschützt werden. Keine Querpressung der Decke.

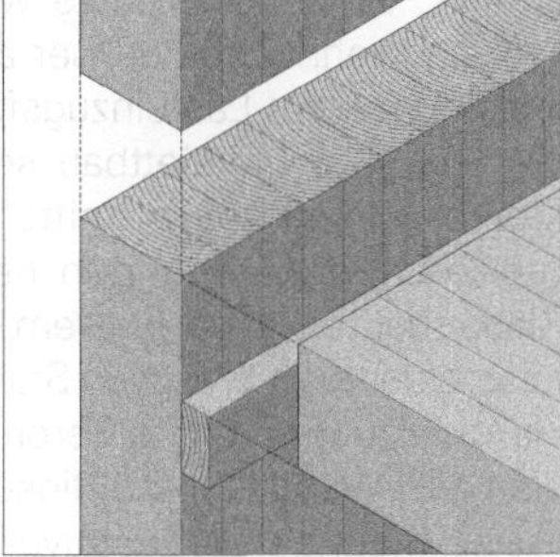

69 Lagerung der Decke auf Streichkonsole aus Holzprofil. Verhältnisse vergleichbar mit denen in 🗗 **68**. Streichbalken ist von unten sichtbar und muss für Brandschutz dimensioniert werden. Keine Querpressung der Decke.

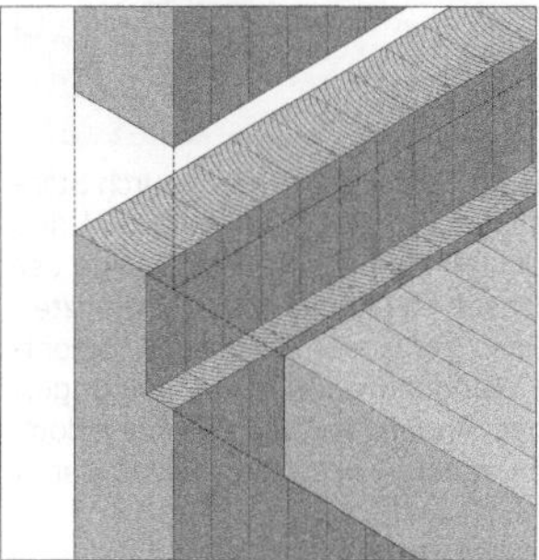

70 Lagerung der Decke auf Ausnehmung in der Wandscheibe. Schwächung des tragenden Querschnitts der Wand. Ansonsten Durchleitung lotrechter Lasten in der Wand entlang der Faser. Lagerung von unten unsichtbar. Geschosszahl eingeschränkt. Keine Querpressung der Decke.

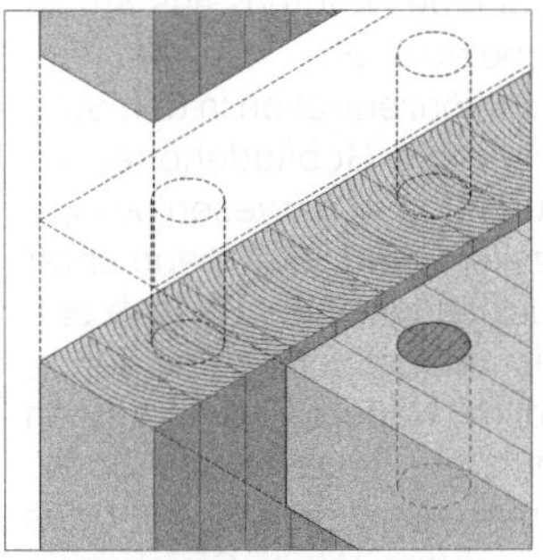

71 Lagerung der Decke auf unterem Wandbauteil durch vollständige Einbindung in die Wandebene. Durchleitung der lotrechten Last durch die Decke hindurch über lokale Betondübel. Wandelement hier aus geklebtem Brettstapelholz.

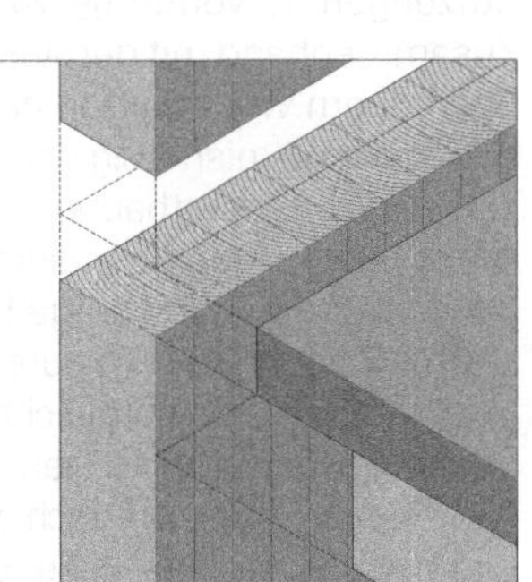

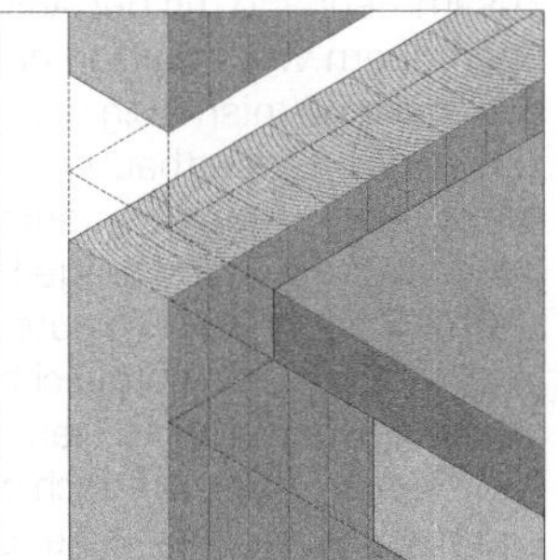

72 Spiegellagerung durch überstehende Betonplatte. Gute Durchleitung der lotrechten Last in der Wand durch den druckfesten Beton hindurch. Querkraftbewehrung im Beton erforderlich. Für hohe Gebäude geeignet.

73 Spiegellagerung durch Beton-Randbalken. Verzahnung des Holzdeckenrands mit dem Randbalken. Verhältnisse wie in 🗗 **72**.

4. Holzskelettbau

☞ *Vgl. auch* ***Band 4****, Kap. 8., Abschn. 6.1 Skelettbauweisen in Holz*

74 Querpressung des Schwellenholzes durch Ständer im historischen Fachwerkbau. Aufgrund des verhältnismäßig niedrigen Lastniveaus infolge der engen Ständerabstände und der meist begrenzten Gebäudehöhe sind bei dieser Bauweise – eigentlich eher eine Wandbauweise – die Setzungen vernachlässigbar. Anders verhält es sich jedoch beim reinen Skelettbau, insbesondere bei größeren Gebäudehöhen.

75 Hochhaus in Holzskelettbauweise (*USB Brock Commons*, Vancouver; Arch.: Acton Ostry Architects) (siehe auch 🗗 **102** bis **105**).

☞ ***Band 4****, Kap. 1., Abschn. 8. Maßstab im Kontext der geschichtlichen Entwicklung von Bauformen*

■ Die bisher betrachteten Holzbauweisen sind in ihrer Tragwirkung mit den massiven Wandbauweisen vergleichbar. Wie auch bei diesen, erfolgt die Lastabtragung über die Wandscheiben und die Versteifung der Wände über deren gegenseitige Abstützung in zumeist orthogonalen Grundrissanordnungen. Mit ihren schwer veränderbaren Wandstrukturen sind sie ähnlichen nutzungsbezogenen Einschränkungen unterworfen wie ein klassischer Mauerwerksbau. Die entstehenden Räume charakterisieren sich durch ihre zellenartige Ausformung.

Kennzeichnend für den Skelettbau ist die Art der Ableitung lotrechter Lasten, die anders als beim Wandbau nicht linear verteilt über einen Wandquerschnitt stattfindet, sondern punktuell konzentriert in einem Stützenquerschnitt (🗗 **75–79**). Gewisse Randbedingungen, die sich ursächlich aus dieser prinzipiellen Tragwerkslösung ableiten, haben weitreichenden Einfluss auf die skelettbautypischen konstruktiven Lösungen und sollen im Folgenden kurz angerissen werden.

Die erste daraus ableitbare Konsequenz ist die Größe des Drucks, der in der Stütze wirkt. Er ist notwendigerweise um ein mehrfaches größer als der Druck in der Wand. Bei vergleichbarem Lasteinzugsfeld der Decke konzentriert sich die Last beim Skelettbau somit auf eine vergleichsweise kleine Stützenquerschnittsfläche und ruft entsprechend große Druckspannungen hervor. Bei mehrgeschossigen Skelettbauten ist aus diesem Grund eine unmittelbare Durchleitung der Kraft zwischen Stützenabschnitten, am besten von Hirnholz zu Hirnholz, außerordentlich wichtig, noch wichtiger als beim Wandbau, wo diese Frage wegen des vergleichsweise niedrigeren Lastniveaus erst ab einer bestimmten Geschosszahl kritisch wird. Zwischengeschaltete liegende Holzteile, wie beispielsweise Balken oder Schwellen, sind unter diesen Bedingungen einer großen lokalen Querpressung ausgesetzt, die das Holz aufgrund seiner Werkstoffeigenschaften nicht verträgt und die über die Zeit merkbare Setzungen hervorruft (🗗 **74**). Dieser Gesichtspunkt wird im Zusammenhang mit der Ausbildung des Knotens aus Stütze und Trägern weiter unten näher beleuchtet.

Trotz verhältnismäßig hoher Lastkonzentration in den Stützen haben Skelettbauten mittlerweile Gebäudehöhen erreicht, die vor einigen Jahren undenkbar gewesen wären. Der höchste gegenwärtige Holzskelettbau liegt knapp unter 100 m Höhe (🗗 **75**). Die gute Druckfestigkeit von Bauholz entlang der Faser, die vergleichbar ist mit der von Normalbeton, macht diese großen Höhen möglich. Neuere Entwicklungen wie Furnier- oder Brettschichtholz aus festerem Laubholz, wie beispielsweise Buche, steigern die Druckfestigkeit des Werkstoffs auf nahezu den doppelten Wert. Gleichzeitig gibt hier auch ein wesentlicher Vorteil von Skelettbauten gegenüber Wandbauten den Ausschlag, nämlich dass das Eigengewicht der Konstruktion anteilig wesentlich kleiner ist als bei Letzteren. Die Kumulierung des Eigengewichts bei Stockwerksbauten, die im Wandbau verhältnismäßig

76 Ostasiatischer Holzskelettbau (Verbotene Stadt, Beijing).

77 Skelettbau in Holzzangenkonstruktion (Staatliches Hochbau- und Universitätsbauamt Ulm).

78 Träger auf Stütze: Der Unterzug ist mithilfe der zangenförmig ausgeführten Stütze gegen Kippen gesichert. Druckereigebäude in Paderborn (Arch.: P C von Seidlein).

79 Skelettbau in Holz, Druckereigebäude in Paderborn.

frühzeitig die Grenzen des Baubaren vorgibt, findet beim Skelettbau aus diesem Grund wesentlich langsamer statt, sodass deutlich größere Gebäudehöhen realisierbar sind.

Da Stützen wegen hoher Lastkonzentrationen im Skelettbau bevorzugt über die Geschosse durchgängig ausgeführt werden (wenngleich gestoßen), ergibt sich ferner als weitere Konsequenz die Notwendigkeit, Träger entweder stirnseitig oder seitlich an der Stütze aufzulagern. Bei historischen Bauweisen war diese Aufgabe technisch unlösbar, weshalb stumpf oder seitlich an einer Stütze anschließende Balken bei ihnen praktisch nicht vorkommen. Der moderne Holzbau hat indessen technische Lösungen für reine Querkraftanschlüsse entwickelt, ermöglicht durch metallische Dübel besonderer Bauart nach Norm. Zangenkonstruktionen, bei denen zwei Zwillingsträger an zwei Seiten einer Stütze anschließen und die damit sowohl durchgehende Stützen wie auch Durchlaufträger ermöglichen, wären ohne diese Verbindungsmittel nicht realisierbar.

☞ *Band 3, Kap. XII-5, Abschn. 5.2 Verbindungen aus Dübeln besonderer Bauart*
DIN EN 912
DIN EN 14545

Punktuelle Auflagerungen von Deckenplatten aus Massivholz, wie sie heute zunehmend im Skelett-Geschossbau vorkommen, erfolgen vorzugsweise durch Aufsetzen auf dem unteren Stützenabschnitt. Die lotrechte Last, die am oberen Stützenabschnitt ankommt, muss durch geeignete Stahlteile durch die Deckenplatte durchgeleitet werden. Dies schließt eine übermäßige Querpressung des Holzes in der Decke aus. Ähnliche Lösungen mit durchgesteckten Stahlteilen lassen sich auch auf Holzträger anwenden.

Ein weiteres wichtiges Kennzeichen von Skelettbauten, das sich im Vergleich zu Wandbauweisen ungünstig bemerkbar macht, ist das Fehlen schubsteifer vertikaler Scheiben, die beim Wandbau eine bedeutende aussteifende Rolle gegenüber Horizontallasten übernehmen. In Reinform sind Skelettbauten gelenkig verbundene Stabwerke, die zur Gewährleistung der Standfestigkeit gegenüber Horizontallasten zusätzlicher Aussteifungselemente bedürfen. Eine biegesteife Verbindung zwischen Stütze und Träger, also die Ausbildung von **Rahmen**, ist im Holzbau konstruktiv grundsätzlich schwer zu realisieren, weshalb diese Option im Holzskelettbau eine seltene Ausnahme darstellt. Es ist allerdings wahr, dass in einer gewissen Abwandlung, nämlich in Form der Kopfbandstrebe, diese Lösung tatsächlich gelegentlich vorkommt. Aus Gründen der Nutzung werden Kopfbänder im modernen Skelettbau aber gemeinhin vermieden. Stattdessen ist die häufigste Art der Aussteifung des modernen Holzskelettbaus der **Diagonalverband**. Dieser kann auf wenige Felder beschränkt werden, sodass nur minimale Nutzungseinschränkungen entstehen. Die daraus folgenden Lastkonzentrationen in den Diagonalen lassen sich im Bedarfsfall auch durch Stahlstäbe aufnehmen. Alternativ kann man einzelne Stützengefache auch mit schubsteifen Wandelementen schließen, deren Aufgabe es ist, horizontale, nicht vertikale Lasten abzutragen. Hierzu sind beispielsweise moderne Massivholzelemente wie etwa Brettsperrholz

☞ *Vgl. Abschn. IX-2 Typen, Abschn. 2.1.3 Aussteifung von Skeletttragwerken, S. 309ff*

geeignet. Im festpunktarmen Verwaltungsbau lassen sich diese aussteifenden Wandscheiben zu einem Erschließungskern bündeln. Der dafür nötige Brandschutz kann durch zusätzliche Abbranddicke der Wandelemente gewährleistet werden. Geschossdecken lassen sich im Holzskelettbau heute grundsätzlich als schubsteife Scheiben ausbilden. Dies geschieht entweder durch fachgerecht ausgeführte Beplankung, geeignete Massivholzelemente oder durch Holz-Beton-Verbundkonstruktionen.

Wesentlicher Vorzug der Skelettbauweisen im Vergleich zu Wandbauweisen ist naturgemäß die Möglichkeit, Innenräume zu großen zusammenhängenden Bereichen zusammenzuschließen, was bei bestimmten Gebäudenutzungen eine fundamentale Notwendigkeit darstellt, beispielsweise im Verwaltungsbau, im Industriebau oder in vielen öffentlichen Gebäuden. Dies ist sozusagen die positive Kehrseite der planmäßig fehlenden schubsteifen Flächenelemente, seien es Wände oder Diagonalverbände. Möglicherweise war der Wunsch nach größeren zusammenhängenden Innenräumen in der Entwicklungsgeschichte der Bauweisen ohnehin das treibende Motiv, um aus der älteren Wandbauweise die modernere und sowohl konzeptionell wie auch konstruktiv komplexere Skelettbauweise zu entwickeln. Aussagekräftige Beispiele für frühe Skelettbauten sind mittelalterliche europäische Speicherbauten, die eigentlich Mischkonstruktionen aus tragenden Außenwänden und innerem Skelett sind. Eine Skelettkonstruktion wurde bei ihnen aus pragmatischen Gründen nur dort realisiert, wo sie wirklich notwendig war, nämlich in den Innenräumen. Es darf jedoch nicht vergessen werden, dass auch Steildachkonstruktionen massiver Gebäude in Europa stets Skelettkonstruktionen waren. Diese zeigen bei heute erhaltenen mittelalterlichen Dachstühlen teilweise hohe Komplexitätsgrade und technisch anspruchsvolle Knotenlösungen. Viel frühere und deutlich komplexere und technisch ausgereiftere reine Skelettbauten finden sich hingegen in Ostasien (🗗 **76**).

☞ ***Band 4***, *Kap. 8., Abschn. 5. Skelettbauweisen*

Ebenfalls skelettbautypisch ist der hohe Grad an **Nutzungsflexibilität**, der sich aus der geringen Zahl unveränderbarer Festpunkte, nämlich der Stützen und gegebenenfalls der Erschließungskerne, ergibt. Nichttragende vertikale Raumabschlüsse lassen sich beim Skelettbau nach Belieben verändern. Anders als beim Wandbau müssen sie in verschiedenen Geschossen auch nicht strikt übereinander angeordnet werden, sodass geschossweise wechselnde Grundrisskonfigurationen möglich sind.

Hinzu kommt beim Skelettbau noch die Möglichkeit, Außenwandflächen großflächig zu verglasen und dadurch die Tageslichtversorgung der Innenräume deutlich zu verbessern, oder sie bei verhältnismäßig geringer Wanddicke hochwärmedämmend auszuführen. Dies wird durch die in ihrem Querschnitt nur sehr begrenzten Tragelemente, nämlich die Stützen, ermöglicht. Sorgfältig zu überlegen ist in diesem Kontext indessen die Lage der Außenstütze bezüglich der

Außenwand. Aus bauphysikalischen Gründen hat sich bei Skelettbauten die Innenlage der Stütze bewährt.

Folgende weitere Merkmale kennzeichnen den Holzskelettbau:

- große Freiheit bei der Gestaltung des Tragwerks, da dieses von der Hüllfunktion entbunden ist;
- große Auswahl an modernen ingenieurmäßigen Verbindungen mit Verbindungsmitteln aus Stahl und Stahlguss;
- umfangreiche Anwendungsmöglichkeiten auf verschiedene Gebäudenutzungen: Wohnbauten, Hallenbauten, Industriebauten, Hallenbäder, landwirtschaftliche Gebäude etc.

4.1 Prinzipielle Tragwerksvarianten

■ Im Folgenden sollen die gängigen unterschiedlichen Tragwerksvarianten, die heute im Holzskelettbau Anwendung finden, im Einzelnen besprochen werden. Sie sind maßgeblich für die Klassifikation einzelner Skelettbauweisen. Dabei stellt insbesondere die Lagebeziehung der drei Hauptelemente **Unterzug**, **Deckenträger** und **Stütze** im konstruktiven Anschluss sowie ihre Koordination im Gesamttragwerk das wesentliche Unterscheidungskriterium dar.

Zwar werden heute Nebenträger zumeist vermieden und stattdessen großflächige Massivholzplatten verlegt, doch sollen hierarchisch gestufte, gestapelte Trägerdecken im Folgenden aus Gründen der Vollständigkeit und des konstruktiven Verständnisses dennoch angesprochen werden. Die statischen Verhältnisse von Nebenträgerlagen lassen sich auf die Rippenelemente des Holztafelbaus, also auf Kastendecken, weitgehend übertragen sowie zum Teil auch die konstruktiven.

4.1.1 Träger auf Stütze

■ Bei der Variante *Träger auf Stütze* handelt es sich um ein einfaches Konstruktionsprinzip, das häufig bei eingeschossigen Holzskelettbauten angewendet wird. Bei diesen besteht keine Notwendigkeit, die Stütze in der Höhe zu stoßen, wie dies bei durchlaufendem Träger bei mehr als einem Geschoss unumgänglich ist. Der Träger lässt sich direkt auf der Stütze auflagern, womit der denkbar einfachste Anschluss realisiert wird. Er kann über den Stützenanschluss hinweg durchlaufend, d. h. als Mehrfeldträger ausgebildet werden, womit sich seine Biegebeanspruchung im Stützfeld verringert. Erforderlichenfalls lassen sich Gerbergelenke in den Momentennullpunkten einführen. In Hauptträgerrichtung sind bei üblichen Stützfeldgrößen Auskragungen bis zu ca. 1,50 m herstellbar. Eine Auskragung in Nebenträgerrichtung ist ebenfalls möglich, da die Deckenträger auf den Unterzügen gewöhnlich aufgesetzt sind und folglich ihrerseits die Durchlauf- bzw. Kragwirkung nutzen können. In diesem Fall ist es vorteilhaft, den Nebenträger auf der Stützenachse als Zwillingsbalken auszuführen und dadurch

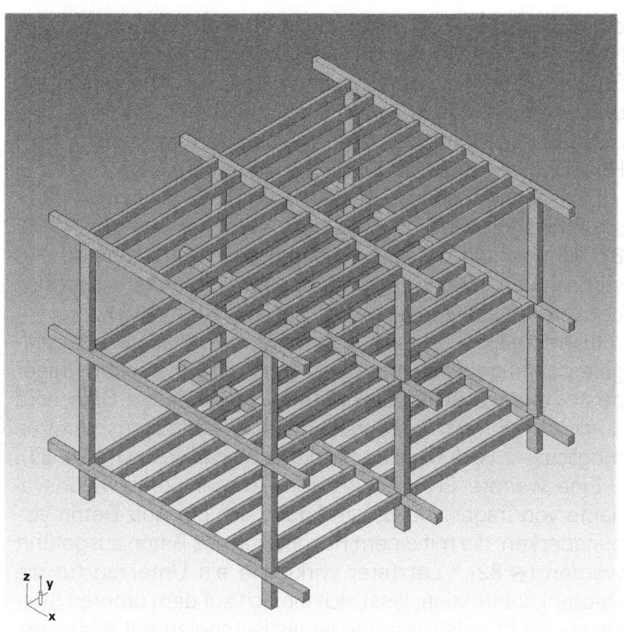

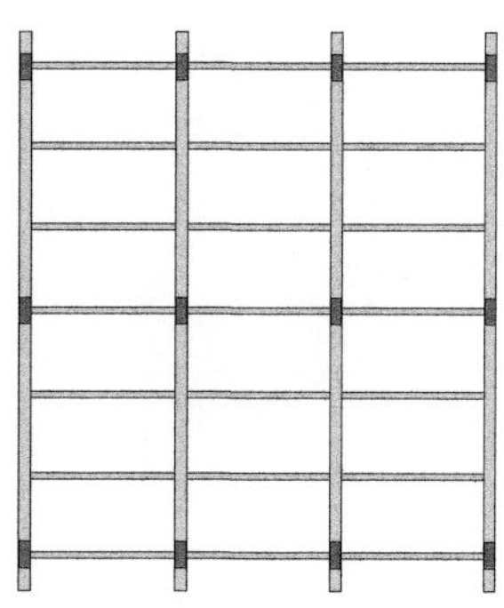

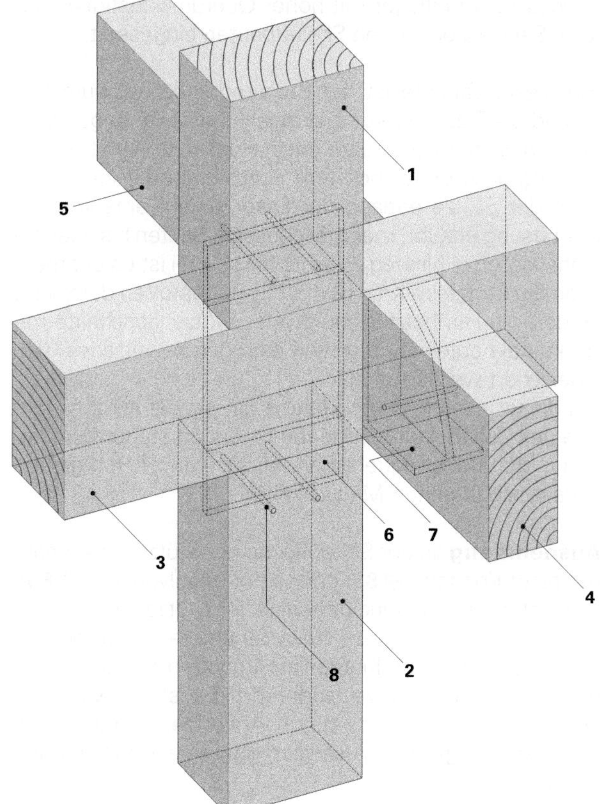

80, 81 Konstruktionsart **Träger auf Stütze**: schematische Darstellung des Tragwerks (oben) sowie einer möglichen Ausführung des konstruktiven Hauptknotens (unten; Deckenbalken hier versetzt zur Freihaltung des Stützenanschlusses). Deckenbalken lassen sich alternativ auch durchlaufend aufgesetzt ausführen.

1 Stützenabschnitt oben
2 Stützenabschnitt unten
3 Unterzug, durchlaufend
4 Deckenbalken vorne
5 Deckenbalken hinten
6 eingeschlitztes Stahlblech
7 eingeschlitzter Stahlwinkel
8 Stabdübel

☞ *Siehe z. B. in* 🗗 **91**

einen stumpfen Stützenanschluss zu vermeiden. Auch ein halbmodularer Versatz der Nebenträgerlage bezüglich der Stützenachse führt zum gleichen Resultat. Auskragungen, d. h. Dachüberstände, sowohl in Richtung der Unterzüge wie auch der Deckenträger sind insbesondere als konstruktive Holzschutzmaßnahme für die Fassade vorteilhaft.

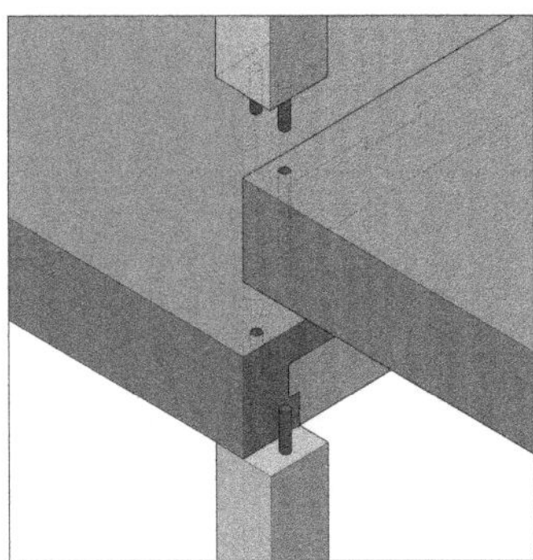

82 Ein Beton-Randbalken an einer Holz-Beton-Verbunddecke, aufgesetzt auf die Stütze, leitet lotrechte Stützenlasten ohne Querpressung des Holzes durch die Decke hindurch.

Eine Nebenträgerlage lässt sich zwecks Einsparung an Konstruktionshöhe auch in Höhe der Unterzüge verlegen (🗗 **80**, **81**). Um ein lokales Zusammentreffen von Stützenstoß und stirnseitigem Nebenträgeranschluss zu umgehen, lässt sich Letzterer durch Versatz räumlich entflechten (🗗 **81**)

In mehrgeschossiger Ausführung ist die Pressung des aufgelegten Trägers quer zur Faser durch Wirkung der am Träger gestoßenen Stützenabschnitte zu verhindern.[a] Dies wird durch den Einsatz lastdurchleitender Verbindungsmittel ermöglicht – z. B. durch eingeschlitzte Blechlaschen (🗗 **80**, **81**).

Eine weitere Erscheinungsform dieser Kombinationsvariante von Träger und Stütze findet sich bei Holz-Beton-Verbunddecken, die mit einem Randbalken aus Beton ausgeführt werden (🗗 **82**).[b] Letzterer wirkt wie ein Unterzug für die Deckenkonstruktion, lässt sich einfach auf dem unteren Stützenabschnitt aufsetzen und ist als Betonelement imstande, auch hohe konzentrierte lotrechte Lasten aus den Stützen durch die Decke durchzuleiten. Diese Lösung verbindet ein einfaches Trägerauflager mit hoher Querdruckfestigkeit der Decke. Sie wird bei hohen Skelettbauten eingesetzt.

☞ [a] *Vgl. die Diskussion in* ***Band 4****, Kap. 8., Abschn. 6.1.1 Durchlaufende Stütze und 6.1.2 Gestoßene Stütze*

☞ [b] *Vgl. auch Randbalken in* 🗗 **73**

1.2 Zwei Träger stirnseitig an Stütze

☞ *Vgl. die Diskussion in* ***Band 4****, Kap. 8., Abschn. 6.1.1 Durchlaufende Stütze und 6.1.2 Gestoßene Stütze*

■ Bei dieser Variante ist der Stützenquerschnitt durchlaufend und die Träger werden stirnseitig an zwei gegenüberliegenden Seiten der Stütze angeschlossen. Damit ist der Forderung nach ungehindertem Durchleiten der lotrechten Last in der Stütze entlang der Faser vollauf entsprochen. Diese Lösung erlaubt, mehrgeschossige Bauten bis über die Hochhausgrenze hinweg zu errichten. Dabei ist es unerheblich, ob die Stütze im Knoten effektiv ungestoßen durchläuft oder dort die Hirnholzflächen zweier Stützenabschnitte mit Druckkontakt aufeinandertreffen (und gegen seitliches Gleiten gesichert werden).

Bei dieser konstruktiven Lösung gilt es, die an der Stirnfläche des Balkens ankommende Querkraft an der Kontaktfläche in den Stützenquerschnitt einzuleiten. Hierzu gibt es grundsätzlich folgende Möglichkeiten:

- **Ausnehmung** an der Seitenfläche der Stütze zur Aufnahme einer Konsole (🗗 **83**) oder eines Stahlwinkels (🗗 **84**). Dies schwächt notwendigerweise den Stützenquerschnitt. Die Last aus dem Träger wird an der unteren Kontaktfläche der Konsole bzw. der Knagge in Hirnholz, d. h. also entlang der Faser, in die Stütze eingeführt. Es ist ein einfaches Montieren des Balkens durch Aufsetzen möglich. Bei schlanken Trägern ist zusätzlich ggf. eine Kippsicherung erforderlich.

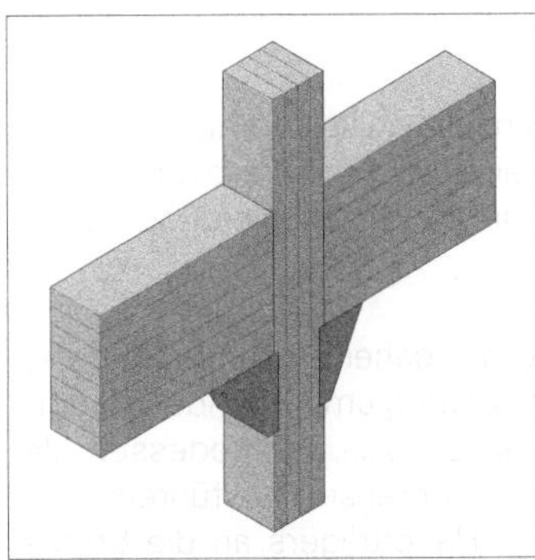

83 Träger auf Hartholzkonsole, in die Stützenseite eingelassen.

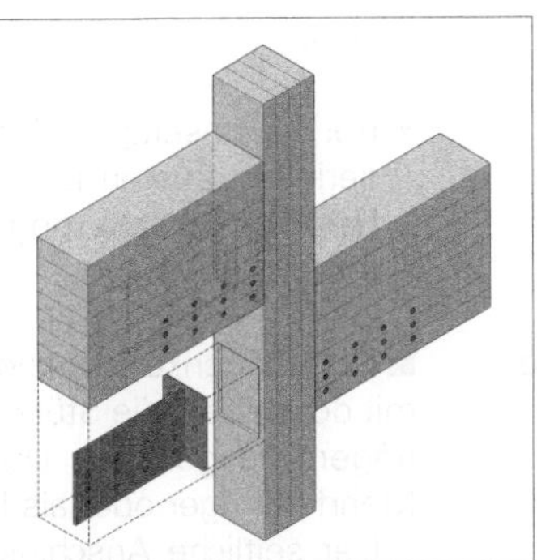

84 Träger an eingeschlitztem Blech befestigt; Blech stirnseitig in Ausnehmung der Stütze eingelassen.

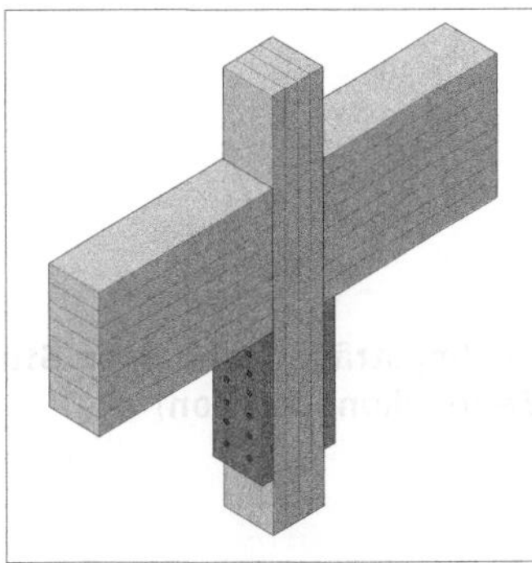

85 Träger auf seitlich befestigter Knagge aus Holzwerkstoff.

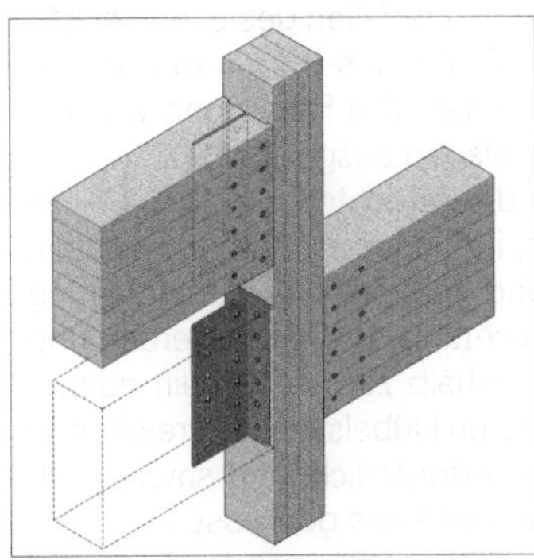

86 Träger an eingeschlitztem Blech befestigt; gleichmäßige Verteilung der Verbindungsmittel über die Trägerhöhe.

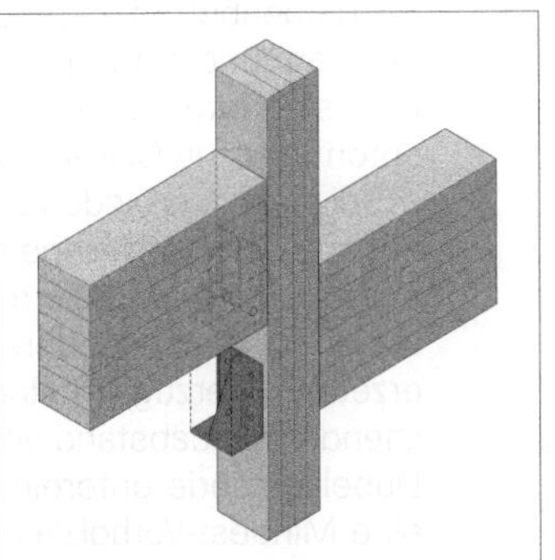

87 Träger auf seitlich an die Stütze angeschlossenem Stahlwinkel mit Zentrierblech zur seitlichen Gleitsicherung.

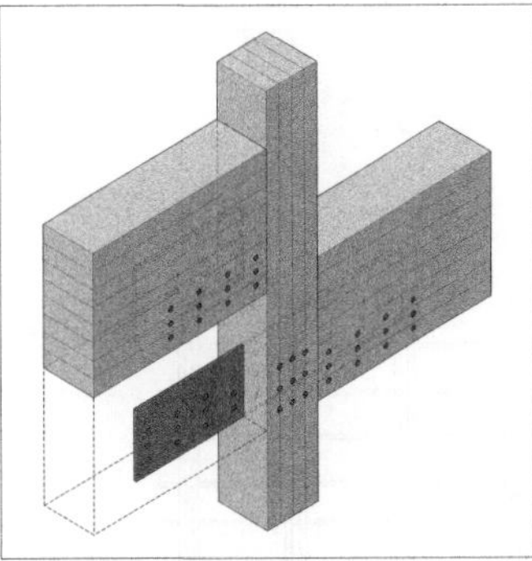

88 Träger an eingeschlitztem, durch die Stütze durchgesteckten Blech befestigt.

- Addition von **knaggenartigen Hölzern** an die Stütze, die dem Träger ein Auflager bieten (🗗 **85**). Diese Lösung belässt zwar den Stützenquerschnitt ungeschwächt, kommt aber insgesamt der oben beschriebenen Lösung gleich. Visuell treten die Seitenhölzer stark in Erscheinung, unter Umständen störend.

- Seitliches Addieren eines **Stahlwinkels** an die Stütze zur Aufnahme des Balkens (🗗 **86, 87**). Der Stützenquerschnitt bleibt ungeschwächt. Die Auflagefläche sollte im unteren Bereich des Balkens liegen, damit kein Querzug entsteht, der den Balken aufreißen könnte.

- Durchstecken einer Stahllasche durch den Stützenquerschnitt mit doppeltem seitlichen Laschenanschluss für die anschließenden Träger (🗗 **88**). Durch die Schlitzung findet eine leichte Schwächung des Stützenquerschnitts statt. Die Querkraftübertragung zwischen Lasche und Träger bzw. Stütze kann mittels Stabdübeln erfolgen. Wiederum sollte die Stabdübelanordnung zwecks Verhinderung von Querzug im Balken entweder gleichmäßig über die Höhe verteilt oder ansonsten im unteren Bereich konzentriert

89 Anschluss eines Balkens an eine Stütze mithilfe eines eingeschlitzten Blechs, gemäß 🗗 **84**, **86** oder **88**.

sein.

- Bei nur einseitigem Trägeranschluss und verhältnismäßig geringen Lasten ist auch eine stumpfe Verbindung mit **Hirnholzdübeln** möglich (nur für Brettschichtholz zugelassen) (**90**).

Zwillingsträger seitlich an Stütze (Zangenkonstruktion)

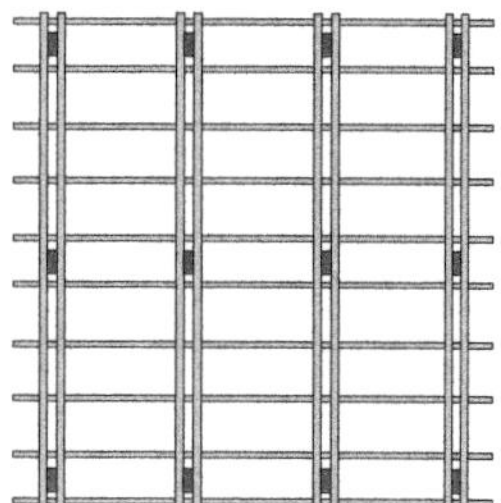

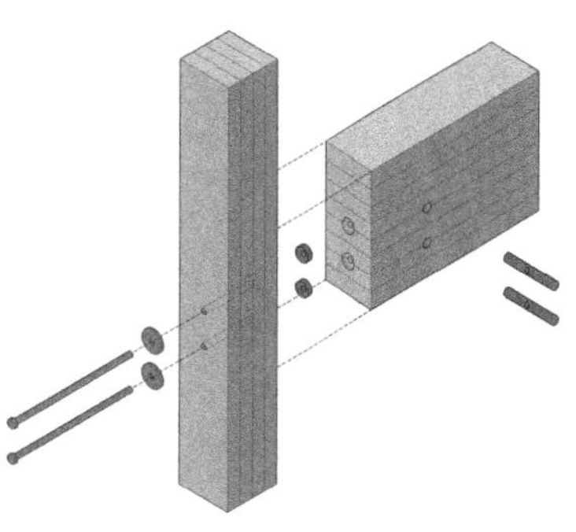

90 Träger einseitig mittels Hirnholzdübeln an der Stütze befestigt.

■ Die Zangenkonstruktion wird – daher auch der Name –, mit doppelten, die Stütze zangenartig umgreifenden Hauptträgern ausgebildet. Diese lassen sich infolgedessen als Mehrfeldträger oder als Träger mit Kragarm ausführen.

Der seitliche Anschluss des Hauptträgers an die Stütze ist eine Querkraftverbindung, die mit Dübeln besonderer Bauart nach Norm ausgeführt wird. Wie üblich bei dieser Art von Verbindung wird sie mithilfe von durchgesteckten Schraubenbolzen gegen Auseinanderfallen gesichert (**91**). Verwendung finden heute oft Einlass-Ringdübel, die in gefräste Nuten eingesetzt werden. Die Fräsungen werden automatisch in CNC-Abbundanlagen ausgeführt.

Bei dieser Verbindung wird die lotrechte Last in die Stütze entlang der Faser eingeleitet, im liegenden Träger indessen quer zu ihr. Aus diesem Grund verdient die Krafteinleitung in den Träger besondere Beachtung: Die Dübelverbindung erzeugt Querzug im Holz, weshalb zum einen ein ausreichender Randabstand des oberen Dübels und ausreichende Dübelabstände untereinander erforderlich sind sowie auch eine Mindest-Vorholzlänge des Balkens gemessen von der Verbindung bis zur Vorderkante des auskragenden Trägerabschnitts (**91**).

Ferner verringern schlanke Zwillingsträger die Exzentrizität zwischen ihrer Schwerachse und derjenigen der Stütze. Grundsätzlich lassen sich die Träger auch seitlich in die Stütze einklinken, doch unterstützt diese Maßnahme wegen der Steifigkeitsunterschiede zwischen der Dübelverbindung und des quer zur Faser gepressten Holzes der aufgelegten Trägerfläche die Kraftübertragung kaum (**91**). Ausklinkungen schwächen darüber hinaus den Stützenquerschnitt. Sie werden gemeinhin allenfalls als Montagehilfe verwendet.

Die Nebenträger werden gewöhnlich auf die Hauptträger aufgelegt und sind ihrerseits durchlaufend und ggf. auskragend realisierbar, sofern sie gegen den Stützenraster versetzt oder ihrerseits an der Stütze aufgedoppelt werden (**92**). Auskragungen in beiden Hauptrichtungen sind deshalb möglich. Auch die Stütze lässt sich – anders als bei der Variante Träger auf Stütze – durchlaufend aus einem Stück herstellen bzw. mit einem einfachen Kontaktstoß an den Stirnflächen verbinden, sodass die normale Drucklast ohne Unterbrechung entlang der Faser abgetragen wird. Es lassen sich deshalb auch mehrere Geschosse ausführen. Diese Konstruktionsvariante ist folglich durch eine konsequente räumliche Entflechtung der im Hauptknoten aufeinanderstoßenden Bauglieder, also Stütze, Haupt- und ggf. Nebenträger, gekennzeichnet (**91–94**).

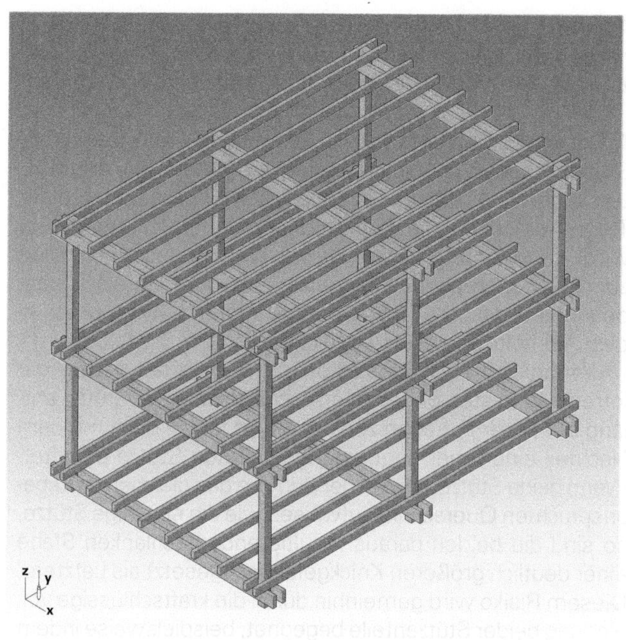

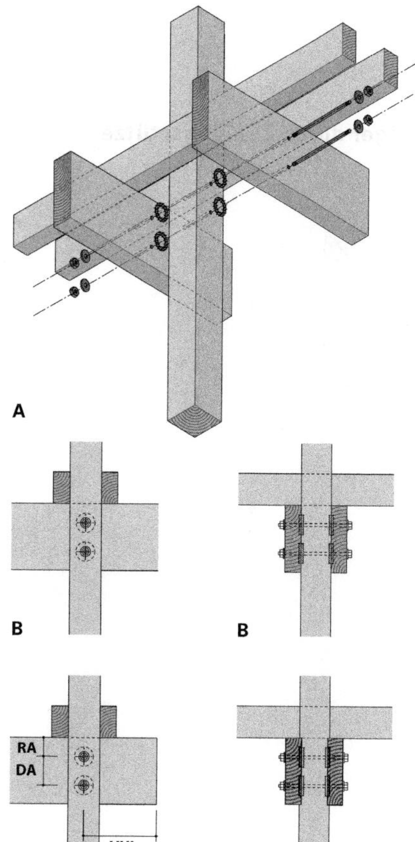

91 (Oben) Zangenverbindung: mögliche Ausführung des Hauptknotens.

- **A** Standardausführung, Explosionszeichnung
- **B** Standardausführung, zwei Schnitte
- **C** Standardausführung; **RA** Randabstand, **DA** Dübelabstand, **VHL** Vorholzlänge.
- **D** Sonderausführung mit Einklinkung der Träger in die Stütze

92 (Links oben) Zangenkonstruktion in Haupt- und Nebenträgerebene: schematische Darstellung des Tragwerks.

93, 94 (Links Mitte, links unten) Bauwerk in **Zangenkonstruktion**: Landsratsamt Villingen-Schwenningen (Arch.: Auer und Weber).

Auf den Holzschutz der bewitterten auskragenden Hirnholzflächen der Balken ist besonders zu achten. Diese sollten z. B. mit Stirnbrettern ab- oder zumindest überdeckt werden.

1.4 Träger durch Zwillingsstütze

■ Die am Knoten beteiligten Elemente, nämlich Träger und Stütze, lassen sich auch räumlich und konstruktiv entflechten, indem die Stütze aufgedoppelt wird und ein einzelner Träger zwischen die beiden Stützenquerschnitte gelegt wird. Die so entstehende Querkraftverbindung wird analog zur oben besprochenen Zangenkonstruktion mittels Dübeln besonderer Bauart nach Norm ausgeführt. Die konstruktiven Verhältnisse sind vergleichbar.

Wenngleich auch diese Lösung den Vorteil bietet, die lotrechten Lasten ohne Unterbrechungen in der Stütze entlang der Faser abtragen zu können, so ist sie doch mit dem Nachteil einer eher ungünstig gestalteten Stütze behaftet. Wenn beide Stützenteile in der Summe den gleichen druckbeanspruchten Querschnitt aufweisen wie die einteilige Stütze, so sind die beiden daraus resultierenden schlanken Stäbe einer deutlich größeren Knickgefahr ausgesetzt als Letztere. Diesem Risiko wird gemeinhin durch die kraftschlüssige Verbindung beider Stützenteile begegnet, beispielsweise indem man an verschiedenen Punkten Futterhölzer zwischen beide einsetzt. Auf diese Weise entsteht ein leiterartiges Stützenelement, das in der Grundrissprojektion notwendigerweise mehr Platz verbraucht als eine einteilige Stütze – ein weiterer Nachteil dieser Lösung, ganz abgesehen von der mächtigeren visuellen Erscheinung dieser Stützenform.

Da die Stütze des betrachteten Skelettsystems als Pendelstütze angenommen wird, sollte ihr Querschnitt tendenziell

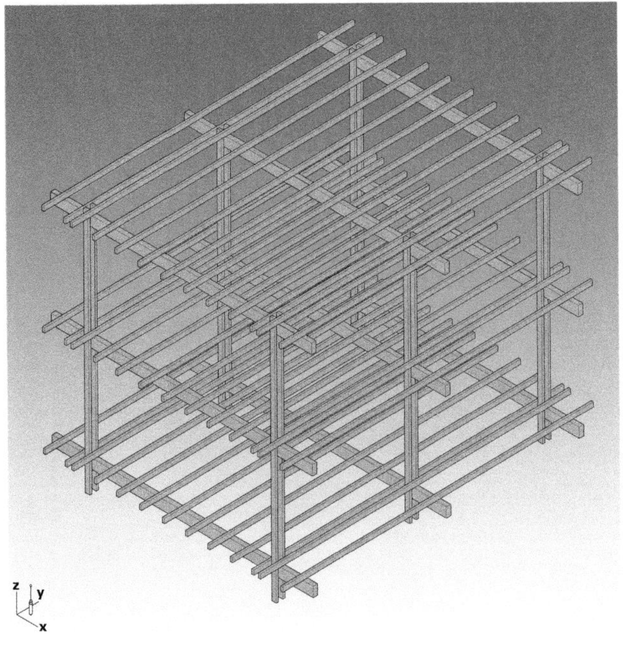

95 (Rechts) Stützen und Nebenträger geteilt: schematische Darstellung des Tragwerks.

96 (Oben) Stützen und Nebenträger geteilt: Schema des Hauptknotens.

die gleiche Steifigkeit in beiden Hauptrichtungen besitzen (also →**x** und →**y** in ⧉ **95**). Da die starke Seite des Stützenquerschnitts (die Verbindungslinie zwischen beiden Stützenteilen, →**y**) von vornherein den deutlich größeren Hebelarm als die andere Beanspruchungsrichtung (die Breite jedes Stützenteils, →**x**) aufweist, ist es vorteilhafter, in der starken Richtung (→**x**) die Gurte der Stütze als Rechteckquerschnitte auszubilden, und zwar mit der Schmalseite in Richtung der starken Achse (→**y**). Dies begünstigt auch die Querkraftverbindung zwischen Träger und Stützengurten.

Sofern Nebenträger vorhanden sind, werden diese sinnvollerweise aufgesetzt und entweder in der Stützenachse aufgedoppelt oder durch halbmodularen Rasterversatz an der Stütze vorbeigeführt.

Vier Träger stirnseitig an Stütze (Riegelkonstruktion)

■ Die Riegelkonstruktion im Holzbau besteht aus einachsig spannenden Trägerlagen, die jedoch – anders als bei den bisher behandelten Bauweisen – auf ein einziges Stützenfeld beschränkt sind und ihre Spannrichtung jeweils in einem schachbrettartigen Muster wechseln (⧉ **97**). Daraus erklärt sich, dass bei diesem Fall nicht zwei, sondern vier Hauptträger aus vier Richtungen an der Stütze anschließen.

Die Stützen sind durchgehend; sämtliche Träger – sowohl die Unterzüge, die sogenannten Riegel, wie auch die Deckenträger – haben die gleiche Baulänge, sofern die Stütze ebenfalls die gleiche Seitenlänge wie der Unterzug aufweist. Da die Stützen durchlaufend ausgeführt sind, lassen sich die Träger in beliebiger Höhe anschließen, d. h. die Ausbildung eines Zwischengeschosses ist ebenfalls möglich.

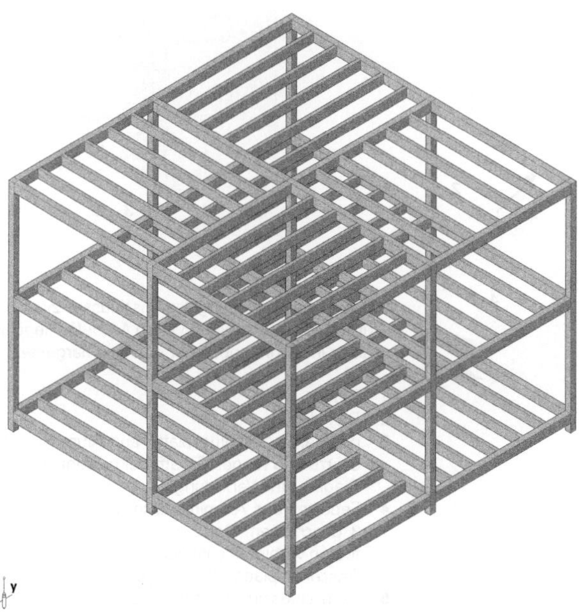

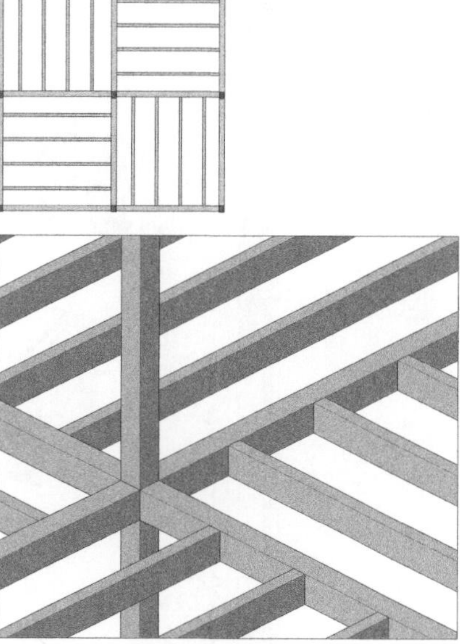

97 (Links) **Riegelkonstruktion**: schematische Darstellung des Tragwerksprinzips.

98 (Oben) **Riegelkonstruktion**: schematische Darstellung des konstruktiven Hauptknotens.

☞ *Vgl. zum Tragprinzip auch* ***Band 3****, Kap. XIII-5, Abschn. 4.2 Dächer und Decken aus Trägerrosten, insbesondere* **293**.

Da sich die Trägerrichtung beim jeweils benachbarten Feld ändert, wird in jeden Riegel die Last aus nur einem einzigen Deckenfeld eingetragen, nämlich von jenem, dessen Deckenträger – einseitig – an ihm anschließen. Auf diese Weise lässt sich die Last auf dem Unterzug auf die Hälfte verringern, sodass dieser sich in seiner Bauhöhe an die Deckenträger – die kleinere Lasteinzugsfelder haben und folglich weniger Last tragen – angleichen kann. Da wegen der wechselnden Spannrichtung ohnehin keine Durchlaufwirkung existieren kann und Unterzug und Deckenträger mit gleicher statischer Höhe ausführbar sind, werden beide Trägerhierarchien sinnvollerweise in die gleiche Ebene gelegt. Als Konsequenz ergibt sich eine – gegenüber anderen Skelettbauweisen – deutlich reduzierte Deckenstärke. Der Preis für diesen Vorteil ist eine verdoppelte Anzahl an Unterzügen sowie ein konstruktiv etwas schwerer zu lösender Hauptknoten Stütze/Unterzug, wie weiter unten zu diskutieren sein wird.

Wenngleich jedes Stützenfeld für sich betrachtet eine gerichtete Deckenkonstruktion darstellt, gilt das Tragsystem in gesamtheitlicher Betrachtung dennoch als ein ungerichtetes Tragwerk. Der Logik des konstruktiven Prinzips entsprechend, sind die Stützfelder stets quadratisch, d.h. mit jeweils gleichen Spannweiten in beiden Spannrichtungen ausgeführt. In gewisser Weise entstand dieses statisch-konstruktive Prinzip als eine Ersatzlösung, um die Vorteile eines ungerichteten Tragwerks auch im Holzbau nutzen zu können, wo material-

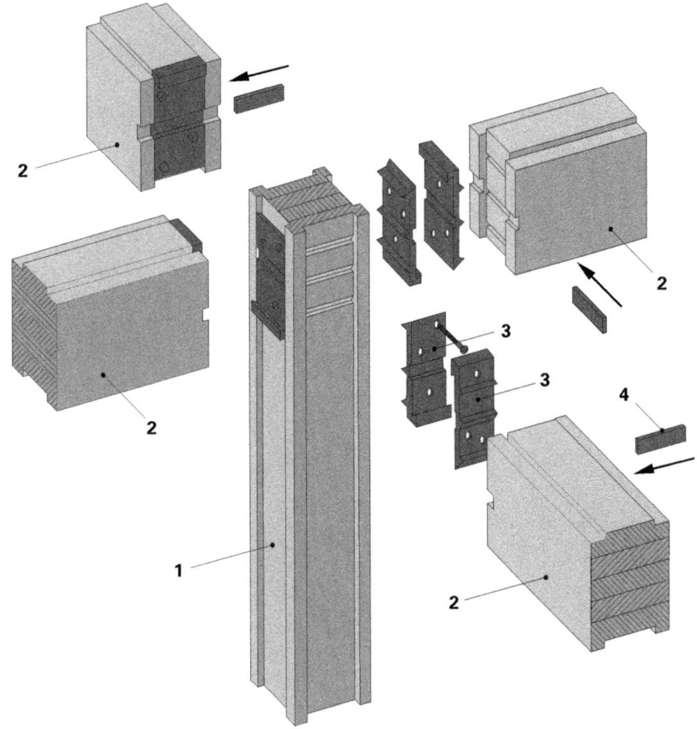

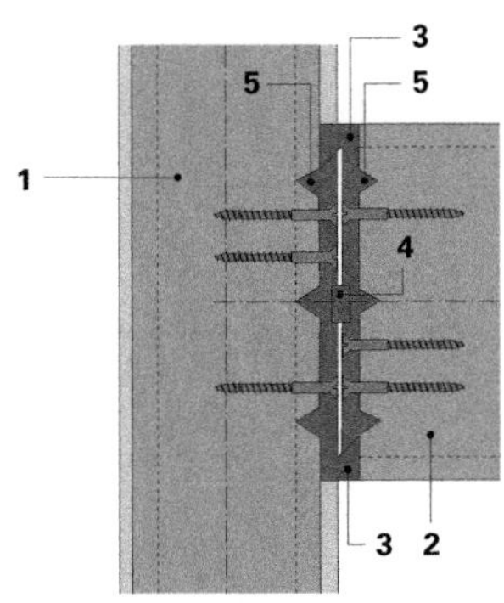

99 Mögliche Ausführung des Anschlusses zwischen Stütze und Unterzügen (System *Moduli*). Riegelanschluss im Schnitt oben nur einseitig dargestellt.

1 Stütze
2 Riegel
3 profilierte Anschlussplatte aus Aluminium für Stütze und Riegel. Schafft beim Montieren des Riegels eine Verkeilung.
4 Federteil aus Aluminium, in eine Nut von Teil **3** geschlagen. Der Zusammenhalt der schubfesten Verbindung ist durch die Keilwirkung der Anschlussplatten **3** sichergestellt.
5 formschlüssige Verzahnung der Anschlussplatte **3** mit dem Stützen- und Riegelholz.

bedingt biaxial tragfähige Flächenelemente bis vor Kurzem nicht verfügbar waren, sondern ausschließlich stabförmige Bauelemente.

Aus der geometrisch-modularen Ordnung dieser Bauweise folgt der typische stirnseitige Anschluss des Unterzugs an die Stütze, und zwar in beiden Hauptrichtungen, sodass insgesamt stets vier Unterzüge an einer Stütze ringsum anschließen (🗗 **98**, **99**). Der Hirnholzanschluss des Riegels an der Stützenflanke unter verhältnismäßig beengten Raumverhältnissen erfordert besondere Anschlusskonstruktionen unter Einsatz ingenieurmäßiger Verbindungsmittel (🗗 **99**).

Riegelkonstruktionen werden oft zweigeschossig mit Spannweiten bis zu 4 m ausgeführt. Dachüberstände können in diesem Fall nur durch zusätzliche Maßnahmen hergestellt werden, da Auskragungen systembedingt nicht möglich sind. Ansonsten bietet diese Tragwerkslösung günstige Bedingungen für die Koordination mit der Gebäudehülle, da in beiden Hauptrichtungen gleiche geometrische Bedingungen herrschen und keinerlei vorstehende – weil auskragende – Bauteile existieren.

Platte auf Stütze

4.1.6

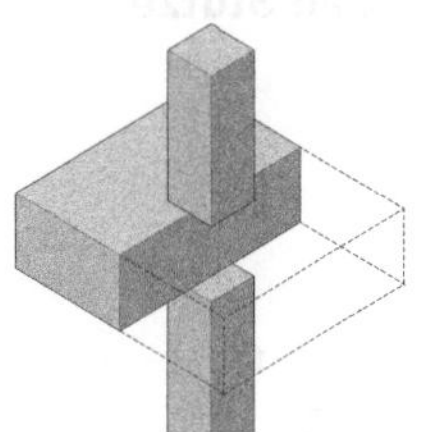

■ Bei dieser Variante geht es um ein **punktuelles** Plattenauflager, bei dem die Deckenplatte zwischen Stützenabschnitten zu liegen kommt. Die Decke ist infolgedessen **zweiachsig** gespannt. Diese Variante ist für den Geschossbau relevant, da die unterzugslose Flachdecke, zumeist aus Massivholz, ein vorteilhaftes Auflager auf dem unteren Stützenabschnitt findet, der nicht über den Stützenumfang hinausragt und folglich unsichtbar ist und zum größten Teil mit der Holzkonstruktion gegen Brand geschützt werden kann. Vor allem im Geschossbau, für welches sich diese Variante besonders gut eignet, ist von vornherein ohnehin mit hohen Brandschutzanforderungen zu rechnen. Möglicherweise seitlich exponierte Stirnkanten von Stahlplatten lassen sich entweder durch Einlassen in die Holzdecke oder oberseitig durch einen Fußbodenaufbau sowie gegebenenfalls unterseitig durch eine Unterdecke vor Brand schützen.

Indessen ist eine Durchleitung der lotrechten Stützenlast quer durch die Deckenplatte hindurch, d. h. also quer zur notwendigerweise liegenden Faserrichtung des Holzes der Decke, im vorliegenden Fall des Skelettbaus nicht möglich. Dies liegt an den hohen Kraftkonzentrationen, mit denen in der Stütze zu rechnen ist, die wesentlich größer sind als die stärker verteilten lotrechten Lasten in einem Wandelement. Die Konsequenzen wären starke Querpressung und deutliche Setzungen. Eine Stahlkonstruktion, die beiden Stützenquerschnitten ein möglichst vollflächiges Auflager bietet und gleichzeitig die lotrechten Lasten in einer Aussparung der Decke durchleitet, ohne diese quer zu pressen, ist bei diesen Verhältnissen praktisch unerlässlich (🗗 **100**) (🗗 **102–105**).

Bei dieser Art des punktuellen Deckenauflagers ist wegen des zweiachsigen Lastabtrags nur ein **isotropes Deckenelement** verwendbar. Infrage kommt insbesondere

Brettsperrholz. Aufgrund der maximalen Transport- und Fertigungsgrößen ergibt sich für die kurze Seite der Platte eine Elementbreite im Bereich von 3 bis 4 m. Diese gibt auch gleichzeitig den Stützenabstand in dieser Richtung (→ **x**) vor. In der anderen Richtung (→ **y**) sind größere Elementdimensionen realisierbar, sodass sich sinnvolle Stützenabstände im Bereich von 4 bis 6 m ergeben. In dieser Richtung lässt sich das Element mehrfeldrig durchlaufend ausführen. Die sich somit ergebenden unterschiedlichen Spannweiten der Platte entsprechen auch gut dem tatsächlichen Tragverhalten des Brettsperrholzes, das ja aufgrund seines Aufbaus eine starke und eine schwache Spannrichtung besitzt. Dies bedeutet, dass die beiden Decklagen mit ihrer Faserrichtung in Richtung der großen Spannweite orientiert sind.

☞ *Abschn. 3.6.2 Plattenförmige Massivholzelemente > Brettsperrholzelemente (BSP), S. 549*

Dieser gelenkige Anschluss der Decke an die Stütze erfordert Scheibensteifigkeit in der Deckenebene, um das Skelett an Festpunkte anzubinden, in diesem Fall vorzugsweise Erschließungskerne. Zu diesem Zweck lassen sich die Deckenelemente an der Stoßfuge beispielsweise mit einem oberseitig eingelassenen Sperrholzstreifen schubsteif koppeln (**100**, Element **8**, **103–105**).

Platte seitlich an Stütze

■ Soll die Platte seitlich an den durchgehenden Stützenquerschnitt angeschlossen werden, muss man ein seitlich hervortretendes konsolartiges Auflager schaffen (**101**). Dies

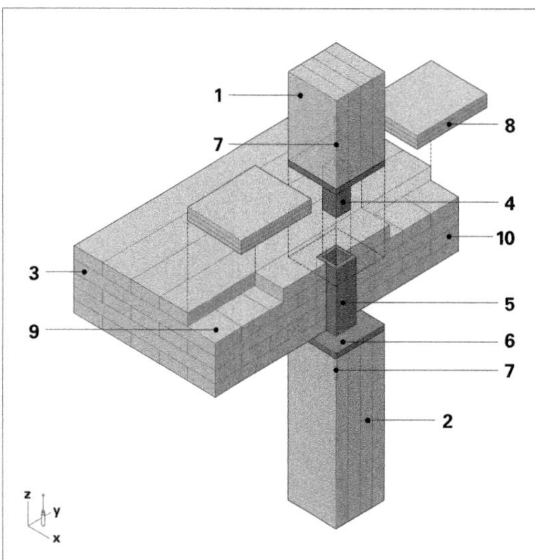

100 Punktuelle Plattenlagerung auf unterem Stützenabschnitt mithilfe eines Stahlteils; die Kraftdurchleitung erfolgt über das Stahlrohr und vermeidet Querpressung des Brettsperrholzes. Eine ähnliche Lösung wurde in Projekt in **101** bis **104** ausgeführt.

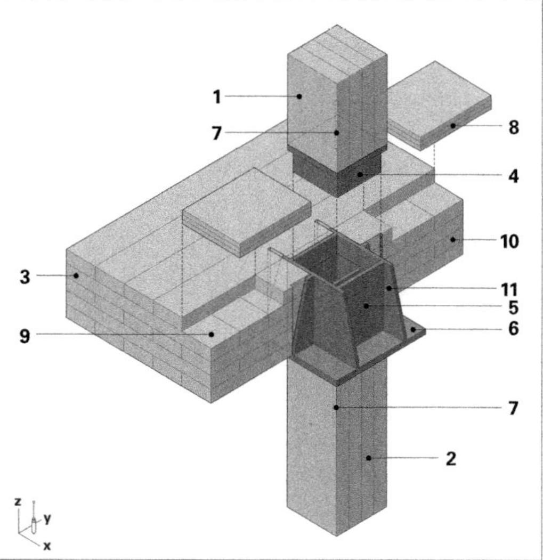

101 Punktuelle Plattenlagerung auf einem hervortretenden konsolartigen Stahlteil **4/5**. Die Stahlplatte des Auflagers **6** wird durch Bleche versteift. Die Kraft wird im Stahlteil ohne Querpressung des liegenden Deckenholzes durchgeleitet.

1 oberer Stützenabschnitt, geschosshoch; BSH oder FSH
2 unterer Stützenabschnitt, geschosshoch; BSH oder FSH
3 Deckenplatte, Brettsperrholz
4 Lagerelement aus Stahl, obere Hälfte, mit Teleskopstutzen
5 Lagerelement aus Stahl, untere Hälfte, mit Teleskoprohr
6 Auflagerfläche für die Decke
7 Zentrierstift und Gleitsicherung
8 Verbindungsbrett zur Scheibenbildung; Sperrholz
9 Ausnehmung zur Aufnahme von **8**
10 Elementstoßfuge
11 Steife

lässt sich wiederum durch ein kastenartiges Stahlelement bewerkstelligen, das an der unteren Kante eine auskragende Stahlplatte hat, die das nötige Auflager bereitstellt. Um die anfallenden Querkräfte aufzunehmen, muss die Stahlplatte entweder ausreichend dick bemessen sein oder mit Blechen versteift werden. Die lotrechte Stützenlast wird wiederum im Stahlkasten durch die Decke durchgeleitet und vollflächig an das Hirnholz des unteren Stützenquerschnitts abgegeben.

Im Gegensatz zur vorigen Lösung bleibt hier die Auflagerplatte unterseitig exponiert (und sichtbar) und muss gegebenenfalls zusätzlich gegen Brand geschützt werden. Diese lässt sich entweder in die Deckenplatte einlassen und unterseitig mit einer Holzblende schützen. An der ausgeklinkten Deckenplatte muss allerdings noch ausreichend Querschnitt verbleiben, damit die verhältnismäßig hohen Querkräfte der punktuellen Lagerung übertragen werden können und damit die unteren Holzlagen nicht infolge Querzug ausreißen. Alternativ kann eine Unterdecke abgehängt werden. Diese kann zusätzlich zum Brandschutz der Stahlkonstruktion auch eine Verbesserung des Schallschutzes der Decke bewirken. Dies

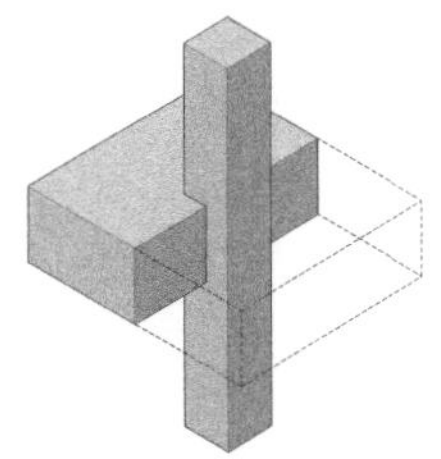

102 Hochhaus in Holzskelettbauweise mit zweiachsig spannenden, punktgestützten Flachdecken aus Brettsperrholz. (Die sichtbaren Riegel im obersten Stockwerk sind Montagehilfen.) (*USB Brock Commons*, Vancouver; Arch.: Acton Ostry Architects) (siehe auch 🗗 **75**).

103 Skeletttragwerk in 🗗 **102**, nach Stützenmontage. Auf den Stützenköpfen sind die Stahlrohre zur Aufnahme des nächstfolgenden Stützenabschnitts (analog zu Element **5** in 🗗 **100**) sowie die Stifte zur Zentrierung der Deckenelemente erkennbar.

104 Skeletttragwerk in 🗗 **102**, nach Deckenmontage. Auf dem Boden sind, z. B. in den Stützenachsen, die Deckstreifen zur Herstellung der Schubsteifigkeit der Deckenscheibe erkennbar (Element **8** in 🗗 **100**).

105 Skeletttragwerk in 🗗 **102**, Stützenmontage.

empfiehlt sich bei den dynamisch verhältnismäßig steifen Brettsperrholzdecken ohnehin.

Hinsichtlich der Elementgrößen, Stützenabstände sowie der Scheibenbildung gelten die gleichen Aussagen wie bei der vorigen Variante.

4.2 Hallenbau

■ Der Hallenbau in Holz tritt praktisch ausnahmslos in Skelettbauweise in Erscheinung und soll deshalb hier in dieser Ausführung in seinen wichtigsten Merkmalen und Knotenlösungen charakterisiert werden.

Hallentragwerke sind vorwiegend gerichtete Tragwerke mit einachsigem Lastabtrag, bei denen Durchdringungen von Traggliedern gleicher Hierarchie (wie beispielsweise bei ungerichteten Trägerrosten planmäßig vorhanden) systematisch vermieden werden. Den typischen Raumzuschnitten gerichteter Systeme entsprechend, sind Hallenräume zumeist im Grundriss länglich rechteckige Formate mit einer deutlich kleineren Spannrichtung, in der die Hauptelemente der Dachkonstruktion gespannt sind (🗗 **115**, **116**; →**y**). Rechtwinklig dazu, d. h. in Hallenlängsrichtung (→**x**), spannt eine Sekundärkonstruktion zwischen den Hauptgebinden aus Stützen und Träger bzw. aus Rahmen. Sofern die Stützen nicht eingespannt sind, was im Holzbau ohnehin eine Ausnahme darstellt, sind zusätzliche Aussteifungselemente vorzusehen, im Regelfall Windverbände, es sei denn, Rahmen übernehmen in einer Richtung (→**y**) bereits diese Aufgabe.

Das Haupttragwerk einer typischen Halle in Holzbauweise lässt sich grundsätzlich in zwei Varianten ausführen:

☞ *Vgl. hierzu **Band 1**, Kap. V-2, Anmerkung 9.*

- Das Hauptgefache besteht aus **Pendelstützen** und **Träger**, jeweils mit gelenkigen Verbindungen (🗗 **115**): Es sind sowohl Einfeld- wie auch Mehrfeldlösungen realisierbar. Der gelenkige Anschluss zwischen Stütze und Träger ist konstruktiv verhältnismäßig einfach. Bei den üblicherweise im Querschnitt schlanken und hohen Hallenbindern, die in ihrer Querschnittsbreite zumeist auf die maximale Lamellenbreite von 28 cm beschränkt sind, ist auf eine Kippsicherung zu achten. Hierfür gibt es verschiedene konstruktive Lösungen (🗗 **106–109**). Ferner ist sicherzustellen, dass der schlanke Binder infolge der Biegebeanspruchung nicht durch seitliches Ausknicken des Obergurts seitlich abkippt. Diese Aufgabe übernimmt im Regelfall die quer zum Binder (→**x**) orientierte Sekundärkonstruktion (Pfetten oder Holztafelelemente).

  Wegen der gelenkigen Anschlüsse, sowohl am Stützenfuß wie auch am Stützenkopf, ist das Hauptgefache in seiner Ebene (**yz**) nicht standfest. Gleiches gilt für die Richtung rechtwinklig dazu (**xz**). Das übliche Aussteifungsprinzip bei Hallenbauten in Holz unter diesen Voraussetzungen ist das Ausbilden einer Dachscheibe mithilfe von Diagonalverbänden, an welche alle Hauptgefache mit dem Binder angeschlossen sind, und das Anschließen der Dachscheibe an vertikale Festpunkte in den zwei Hauptrichtungen der

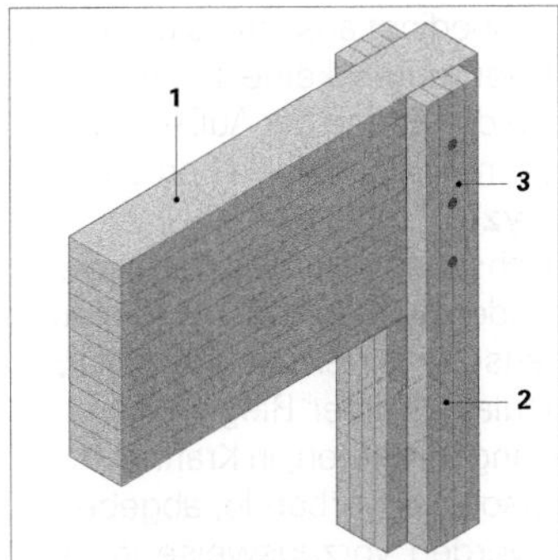

106 Hallenbinder **1** auf dreiteiliger Kreuzstütze **2**. Die am Binder vorbeilaufenden Stützenteile **3** sichern ihn gegen seitliches Kippen. Alle Teile aus Brettschichtholz.

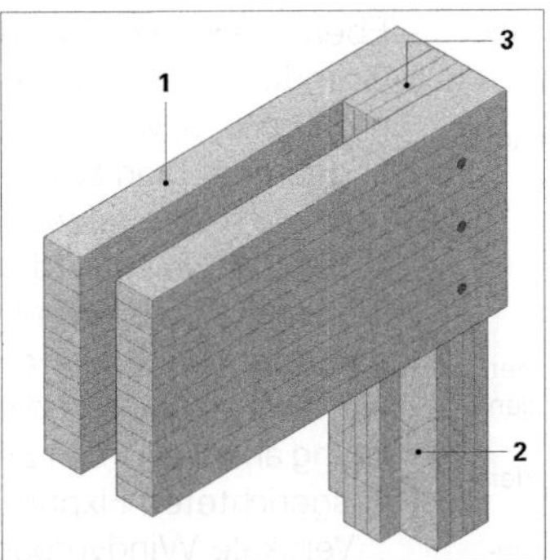

107 Zwillings-Hallenbinder **1** auf dreiteiliger Kreuzstütze **2**. Das zwischen den Bindern vorbeilaufende mittlere Stützenteil **3** sichert diese gegen seitliches Kippen. Alle Teile aus Brettschichtholz.

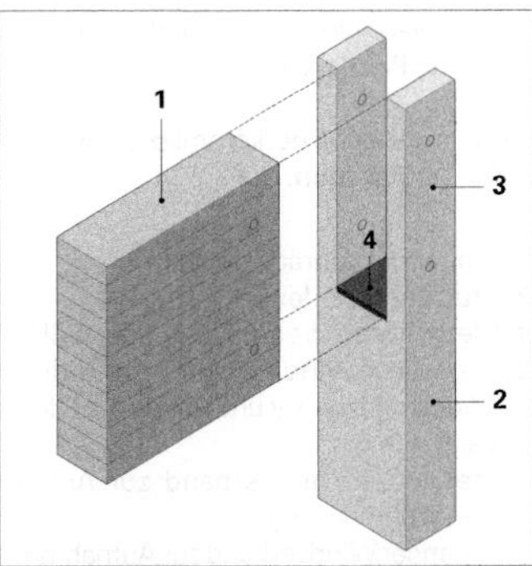

108 Hallenbinder **1** auf Gabelstütze **2** (Betonfertigteil). Die Gabel **3** sichert den Binder gegen seitliches Kippen. Er wird auf ein Elastomerlager **4** aufgesetzt.

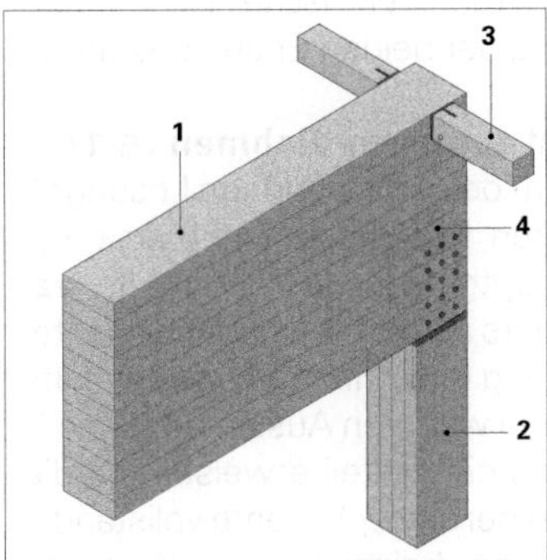

109 Hallenbinder **1** auf Holzstütze **2**. Die am Binder seitlich anschließenden Riegel **3** sichern ihn gegen seitliches Kippen. Diese können in einzelnen Feldern an Diagonalverbände gekoppelt werden. Auflagerverstärkung und Gleitsicherung durch Schlitzblech **4**.

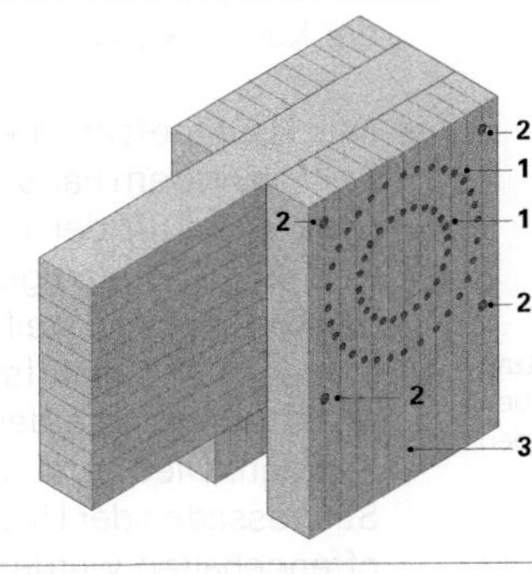

110 Biegesteife Rahmenecke, vor Ort mithilfe zweier Stabdübelkreise **1** zusammengesetzt und mit vier Schraubenbolzen **2** gegen Auseinanderfallen gesichert. Rahmenstiel **3** aufgedoppelt.

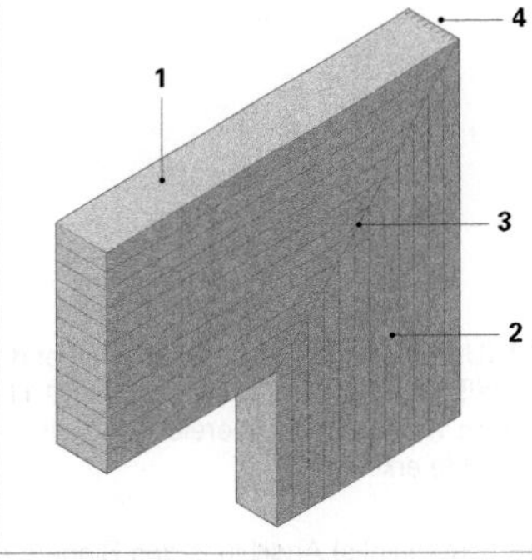

111 Biegesteife Rahmenecke mit Gehrungsschnitt **3** zwischen Riegel **1** und Stiel **2**, im Werk mithilfe einer Universal-Keilzinkenverbindung **4** geklebt.

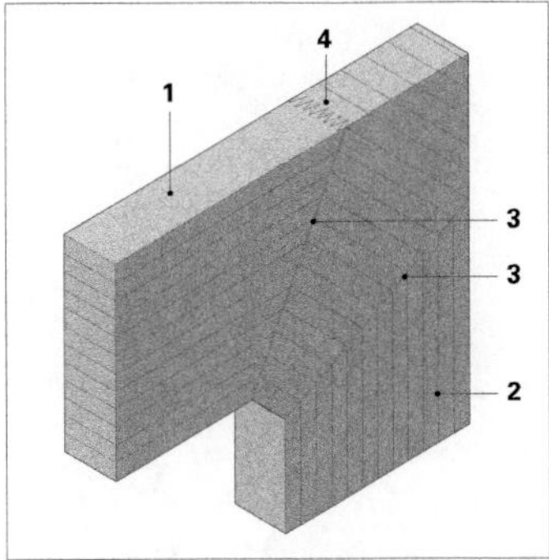

112 Biegesteife Rahmenecke mit doppeltem Gehrungsschnitt **3** zwischen Riegel **1** und Stiel **2**, im Werk mithilfe von Universal-Keilzinkenverbindungen **4** geklebt.

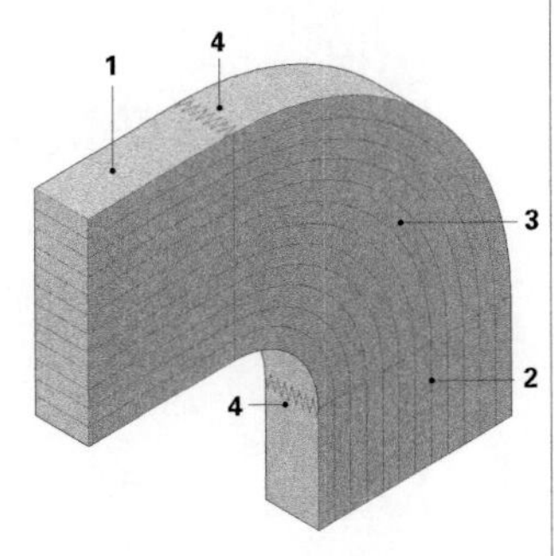

113 Biegesteife Rahmenecke mit gekrümmt laminiertem Übergangsstück **3** zwischen Riegel **1** und Stiel **2**. Auf die Keilzinkenstöße **4** kann verzichtet werden, wenn das Element am Stück laminiert wird.

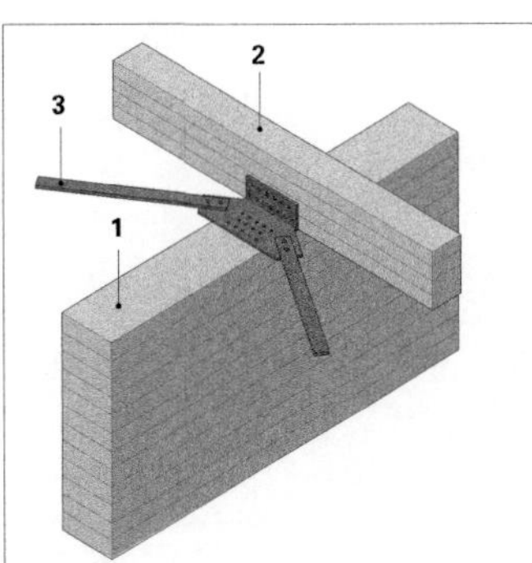

114 Knoten aus Binder **1**, Pfette **2** und Windverband **3**. Letzterer wird am besten auf die Ebene zwischen Binder und Pfette gelegt.

115 Beispiel eines herkömmlichen Holz-Hallentragwerks mit **Pendelstützen**.

116 Beispiel eines herkömmlichen Holz-Hallentragwerks mit **Rahmen**.

1 Binder (Hauptträger) (BSH)
2 Stütze (KVH oder BSH)
3 Pfette (Nebenträger) (KVH oder BSH)
4 liegender Windverband zur Aufnahme der Windkräfte in → **y** und Abgabe an die vertikalen Verbände **5**
5 stehender Windverband zur Aufnahme der Windkräfte in → **y**
6 liegender Windverband zur Aufnahme der Windkräfte in → **x** und Abgabe an die Verbände **7**
7 stehender Windverband zur Aufnahme der Windkräfte in → **x**
8 Pfosten zur Aufnahme der lotrechten Kraftkomponente aus dem Verband **5**
9 Rahmenriegel (BSH)
10 Rahmenstiel (BSH)

117 (Unten rechts) Binderhalle mit Pendelstützen gemäß dem Tragwerksschema in ⊡ **115**. Oben und im mittleren Dachbereich sind die liegenden Verbände erkennbar.

118 (Unten links) Anschluss des Binders der Halle in ⊡ **117** an die Stütze gemäß der Knotenlösung in ⊡ **106**. Die beiden seitlichen Abschnitte des dreiteiligen Stützenquerschnitts werden als Kippsicherung für den schmalen Binder hochgezogen.

Ebene (→ **x**, → **y**). Da nutzungsbedingt aus offensichtlichen Gründen innerhalb des Hallenraums keine Festpunkte möglich sind, werden diese in der Ebene der Außenwände angeordnet, und zwar in diesem Fall sowohl in den Seiten- (**xz**) wie auch Stirnwänden (**yz**).

Üblicherweise wird die Dachscheibe durch einen umlaufenden Kranz von Windverbänden ausgebildet. Als Resultat entstehen an jeder Fassadenseite jeweils liegende Fachwerkbinder, welche die Windlasten über Biegebeanspruchung an die an ihren Enden angeordneten, in Kraftrichtung ausgerichteten Fixpunkte, also Windverbände, abgeben.

Vertikale Windverbände werden vorzugsweise in den äußersten Stützenfeldern der Halle angeordnet, da von dort die an den Fassaden wirkenden Horizontalkräfte schnellstmöglich in den Baugrund abgeleitet werden können, ohne zuerst durch die Hallenkonstruktion übertragen zu werden. Aber auch Anordnungen in der Fassadenmitte sind möglich, da diese eine freie thermische Ausdehnung der Konstruktion in Richtung der beiden Enden gestatten.

- Das Hauptgefache besteht aus einem **Rahmen** (⊡ **116**): Auch in diesem Fall sind ein- oder mehrfeldrige Lösungen realisierbar. In der kleineren Hauptspannrichtung (→ **y**) sind die rahmenartigen Hauptgefache in ihrer Ebene (**yz**) bereits horizontal steif. Anders als bei der vorigen Variante, ist diese Windangriffsrichtung (→ **y**) infolgedessen bereits gesichert und erfordert keine weiteren Aussteifungsmaßnahmen. Dies kann sich als ein Vorteil erweisen, da die Stirnfassaden der Halle (**yz**) bei dieser Variante vollständig offengehalten werden können, beispielsweise für breite Toröffnungen.

Ebenfalls vorteilhaft erweist sich bei dieser Lösung die etwas kleinere Bauhöhe des Rahmenriegels im Vergleich

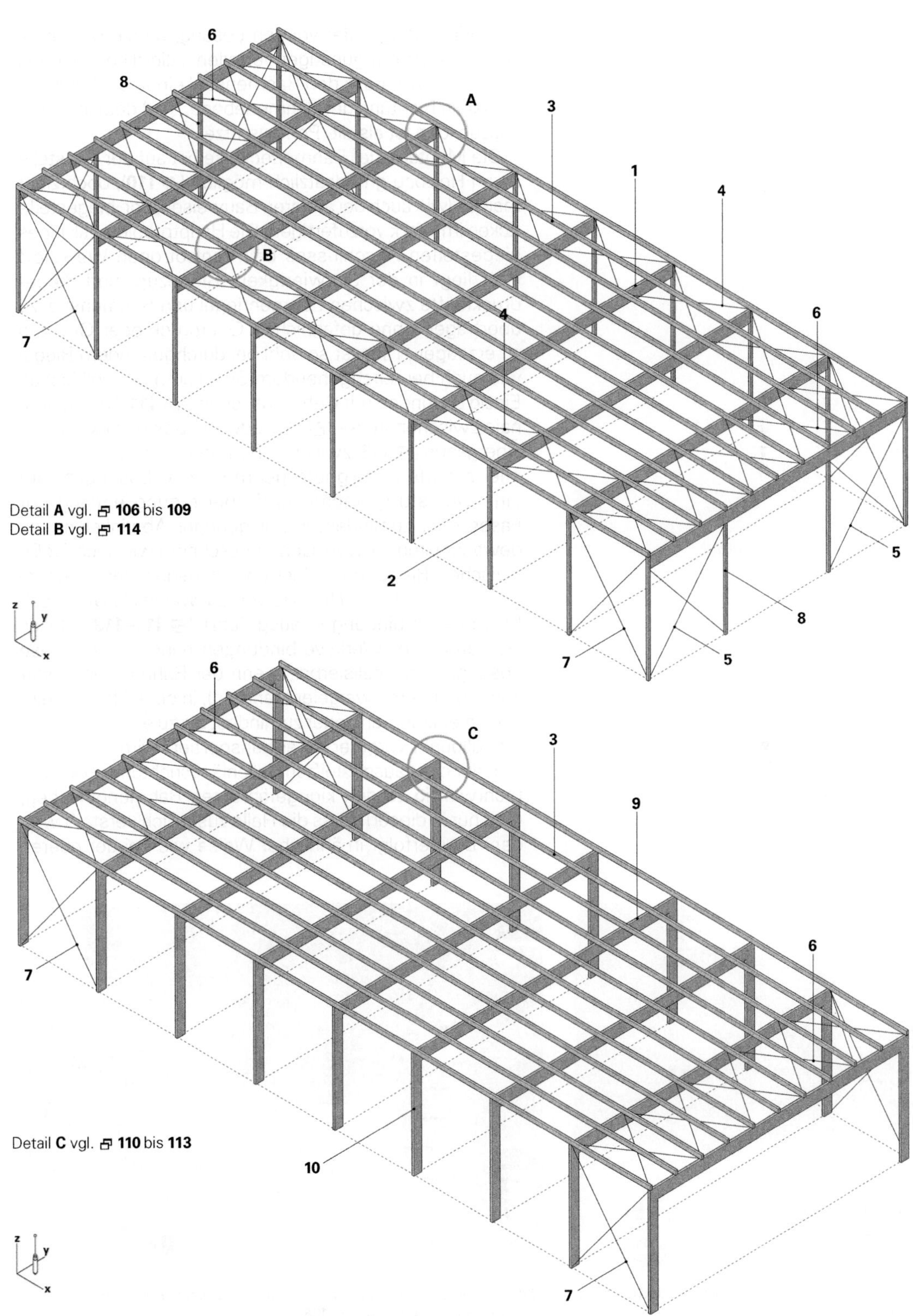
6
8
A
3
1
4
B
4
6
7
Detail A vgl. 106 bis 109
Detail B vgl. 114
2
5
8
7
5
z
y
x
6
C
3
9
7
6
Detail C vgl. 110 bis 113
10
z
y
x
7

zum Einfeldträger der vorigen Lösung, da die Momente sich beim jenem günstiger verteilen. Allerdings wird ein Teil der Momente in den Rahmenstiel eingeleitet, sodass dieser (in Richtung der Rahmenebene, → **y**) deutlich tiefer auszubilden ist als die Pendelstütze.

Die Montage der Rahmenecke selbst auf der Baustelle ist im Holzbau grundsätzlich möglich (🗗 **110**), doch zieht man es (wie auch bei anderen Bauweisen) vor, biegesteife Ecken im Werk vorzufertigen. Die Hauptproblematik eines biegesteifen Anschlusses beim anisotropen Werkstoff Holz liegt in der Schwierigkeit, Biegezug- und Biegedruckkräfte zwischen Rahmenriegel und Rahmenstiel zu übertragen ohne gefährlichen Querdruck oder Querzug zu erzeugen. Dies ist sowohl bei durchgehendem Riegel wie auch bei durchgehendem Stiel kaum sinnvoll lösbar. Einzig Lösungen mit Gehrungsschnitt (🗗 **111**) bzw. diagonale Zwischenstücke (🗗 **112**) oder am besten gekrümmte Übergänge (🗗 **113**) zwischen Rahmenriegel und Rahmenstiel schaffen geeignete geometrische Lösungen, um eine werkstoffgerechte Kraftübertragung entlang der Faser, oder zumindest in nur geringer Abwinkelung, zu gewährleisten. Sowohl Gehrungsschnitte wie auch Stöße zwischen Riegel oder Stiel und etwaigen Verbindungsstücken werden im Holzbau vorzugsweise als Universal-Keilzinkenverbindungen ausgeführt (🗗 **111–113**). Da es sich dabei um Werksverbindungen handelt, sind diese Lösungen nur realisierbar, wenn der Rahmen entweder komplett (beim Zweigelenkrahmen), in einer Hälfte (beim Dreigelenkrahmen), oder zumindest bis zu einem Momentennullpunkt vorgefertigt antransportiert wird.

In der nicht ausgesteiften Hallenlängsrichtung (→ **x**), d. h. rechtwinklig zu den kippgefährdeten Rahmengefachen, (und nur in dieser) muss die Halle zusätzlich versteift werden. Dies erfolgt in ähnlicher Weise wie bei der oberen

123 Sporthalle mit schlanken Brettschichtholzbindern auf linearer Lagerung.

124 Halle mit Brettschichtholzbindern auf Fertigteilstützen mit Gabellagerung, entsprechend der Lösung in 🗗 **108**.

119 Gabellagerung eines Dachbinders aus BSH auf einer Betonstütze mit Kippsicherung gemäß der Knotenlösung in 🗗 **108**.

120 Horizontale Dachverbände zur Hallenaussteifung wie in 🗗 **115** und **116** dargestellt.

121 Brückenkonstruktion aus Bogenbindern (Dreigelenkbogen).

122 Scheitelgelenk der Bogenkonstruktion in 🗗 **121** aus einer Gelenkbolzenverbindung.

Variante durch Diagonalverbände in der Ebene der Längswände (**xz**). Es gelten ähnliche Bedingungen wie dort.

Die Anbindung der einzelnen Rahmengefache an die Festpunkte (in →**x**) erfolgt durch die sekundäre Dachkonstruktion, im Holzbau entweder Nebenträger (Pfetten), Holztafelelemente oder ansonsten gesonderte Koppelstäbe, die als reine axial beanspruchte Druck- und Zugstäbe wirken und keine Biegemomente übernehmen.

Auf die Stirnfassaden auftreffende Windkräfte beanspruchen unter diesen Verhältnissen die Rahmen in ihrer schwachen Richtung quer zu ihrer Ebene (→**x**) und müssen deshalb durch liegende Windverbände, meist in den Endfeldern der Dachebene, aufgenommen werden. Es empfiehlt sich, vertikale und liegende Windverbände in die gleichen Stützenfelder zu legen, vorzugsweise in die beiden Endfelder, sodass insgesamt so etwas wie umlaufende aussteifende Böcke entstehen.

Es werden auch Mischkonstruktionen realisiert aus eingespannten Stahlbeton-Fertigteilstützen mit Gabelkopf zur Kippsicherung und gelenkig gelagerten Hallenbindern (🗗 **108**). Zwecks Verkürzung der Montagezeit lassen sich die Stützen bereits mit angegossenen Fundamenten vorfertigen. Ein Vorteil dieser Lösung liegt darin, dass keinerlei zusätzliche aussteifende Konstruktionen erforderlich sind.

5. Holz-Beton-Verbundbau

■ Die konstruktive Zielsetzung des Verbunds von Holz und Beton liegt, ähnlich wie beim Stahlbetonverbund, in der nutzbringenden Verbindung sehr unterschiedlicher, auf den ersten Blick sogar gegensätzlicher, Materialien in einer Art, bei der beide sich in ihren konstruktiven Aufgaben gegenseitig unterstützen.

Der Verbund von Holz und Beton hat für den traditionell ausgebildeten Bauschaffenden sicher etwas Ungewohntes an sich, ist aber keine völlig neue Entwicklung. Bereits 1922 reichte Müller ein Patent für einen Holz-Beton-Verbundträger ein; 1936 führte Datta Untersuchungen über bambusbewehrte Betonbauteile durch und 1943 gab es von Sperrle einen Vorschlag zu holzbewehrten Betonbalken in Hohlkörperdecken. Immer in Krisenzeiten, in denen Stahl als Zugeinlage im Beton knapp und teuer war, wurde über diese Möglichkeit nachgedacht. Das Hauptproblem der Pionierzeit des Holz-Beton-Verbunds war, geeignete Verbindungsmittel zu entwickeln, die den Schubverbund zwischen beiden Werkstoffen gewährleisten. Vermutlich sind die frühen Entwicklungen an diesem Problem gescheitert und konnten sich deshalb nicht durchsetzen.

☞ **Band 1**, *Kap. III-2 Ökologie, S. 108ff*

Insbesondere vor dem Hintergrund des ressourcenschonenden und nachhaltigen Bauens, hat der umweltfreundliche und nachwachsende Rohstoff Holz in den vergangenen 20 Jahren wieder stark an Bedeutung gewonnen. Die Kombination mit Beton in einem Verbundkonstruktion erlaubt dem Werkstoff Holz, in Anwendunsgbereiche vorzudringen, die ihm zuvor verwehrt waren. Dies ist beispielsweise den verbesserten Brand- und Schallschutzeigenschaften geschuldet, die auf den Einsatz des Betons zurückzuführen sind, sowie der erhöhten Steifigkeit der Bauteile, die größere Wandhöhen oder insbesondere größere Deckenspannweiten bei kleineren Verformungen gestattet.

Anwendungen der Holz-Beton-Verbundbauweise

5.1

■ Holz-Beton-Verbundbauweisen finden heute bei Umbau- und Sanierungsmaßnahmen Anwendung, wie z. B. als Holz-Beton-Verbunddecke bei der Sanierung historischer Holzdecken, aber auch beim Neubau von Geschossdecken im Wohnungs- und Verwaltungsbau. Ein weiteres, relativ neues Anwendungsgebiet dieser Verbundbauweise ist der Brückenbau.

Die sogenannte **Verbundschalbauweise** erlaubt die Holz-Beton-Verbundanwendung als wandscheibenartiges Bauteil. Häufig wurden diese Verbundbauweisen in der Schweiz, Italien und Skandinavien eingesetzt. Weiterhin sind hier **Holzbeton-Mantelstein-Wandbauweisen** (inkl. Holzfaser-Dämmblöcken) zu nennen.

☞ *Siehe weiter unten, Abschn. 5.4 Wandbauweisen, S. 580*

Grundsätzliches

5.2

■ Holz-Beton-Verbundkonstruktionen sind Tragwerkselemente, bei denen eine Holzunterkonstruktion und Betonplatten, zumeist aus einer Schicht Aufbeton, schubfest miteinander verbunden sind. Holz nimmt dabei mit seiner guten Biegezugfestigkeit die Zugkräfte auf; die vergleichsweise dünne Betonplatte wirkt mit ihrer guten Biegedruckfestigkeit als Druckgurt. Aufgrund des elastischen, also nachgiebigen Verbunds, nimmt das Holz auch Druckspannungen auf und der Beton entsprechend Zugspannungen, weshalb dieser bewehrt werden muss. Dennoch gilt im Wesentlichen die oben genannte Arbeitsteilung zwischen den Verbundpartnern, weshalb Momentenumkehrungen wie bei Durchlaufwirkung und großen Auskragungen problematisch sind. Die Betonschicht kann indessen Scheibenkräfte in ihrer Ebene gut übertragen, vor allem wenn sie als homogene Scheibe vor Ort gegossen wird.

Der Beton, in der Regel als fugenlose Platte verarbeitet, dient darüber hinaus der Erfüllung wichtiger bauphysikalischer Anforderungen wie Brand- und Schallschutz. Im Brückenbau kommt der konstruktive Holzschutz hinzu.

Das Holz zeichnet sich seinerseits durch sein geringes Eigengewicht bei hoher Festigkeit aus. Als ein weiterer wesentlicher Vorteil kann der gestalterische Wert des Holzes angesehen werden, der von vielen als Wert an sich betrachtet wird.

Holz-Beton-Verbundtragwerke erlauben in der Regel einen hohen Vorfertigungsgrad. Bei vor Ort aufgebrachtem Aufbeton wirkt die Holzunterkonstruktion als verlorene Schalung. Es sind auch elementweise vorgefertigte Systeme im Gebrauch, bei denen bereits im Verbund ausgeführte Bauteile trocken montiert werden.

5.3

Holz-Beton-Verbunddecken

☞ *Vgl.* ***Band 3****, Kap. XIV-2 Horizontale Raumabtrennungen, Abschn. 5.1.4 Holz-Beton-Verbunddecke*

■ Holz-Beton-Verbunddecken bestehen aus einer Holzkonstruktion, die mit einer darüberliegenden Betonplatte schubfest verbunden ist. Bei der Deckenausbildung werden grundsätzlich zwei Konstruktionsweisen unterschieden:

- **Massivholzbauweise:** Ausbildung der Zugzone mittels einer flächenbildenden plattenartigen Brettsperrholz-, Brettstapel- oder Furnierschichtholzebene;

- **Balkenbauweise** (Rippenbauweise): Die Holzkonstruktion besteht aus einer klassischen, einachsig gespannten Holzbalkendecke mit flächenbildender Holzschalung.

125 Holz-Beton-Verbunddeckenelement auf dem Prüfstand.

In der Regel wird ein Aufbeton vor Ort aufgegossen (Stärke ca. 8–15 cm), oder es kommen alternativ werkseitig hergestellte Holz-Beton-Deckenelemente zum Einsatz. Zum Schutz der Holzkonstruktion vor der Zementmilch während des Aufbetonvergusses wird oft eine Trennlage zwischen dem Holz und dem Beton eingelegt.

Es sind Decken sowohl mit ein- wie auch zweiachsigem Lastabtrag realisierbar. Die Verbundmittel müssen entsprechend der Hauptbeanspruchungsrichtung orientiert sein (siehe z. B. ☐ **127**, **128**), desgleichen der Faserverlauf der Holz-Unterkonstruktion. Für einachsig spannende Decken eignen sich Brettstapel-oder Furnierschichtholzelemente; für zweiachsig spannende, Brettsperrholzelemente (☐ **129**).

5.4

Wandbauweisen

■ Als Wandbauweise ist weiterhin noch die **Verbundschalbauweise** zu erwähnen: Die Holzschalung verbleibt an den mit Beton vergossenen Wänden. Die Bauweise wird von zwei europäischen Herstellern eingesetzt (Fa. *Kewo* und Fa. *Girhammar*). Vorteile sind die niedrigen Baukosten und der hohe Vorfertigungsgrad. Alle Einbauelemente werden

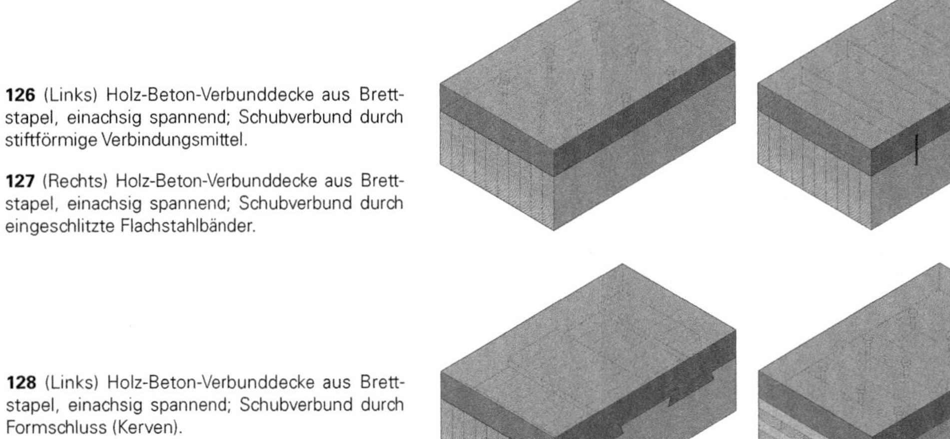

126 (Links) Holz-Beton-Verbunddecke aus Brettstapel, einachsig spannend; Schubverbund durch stiftförmige Verbindungsmittel.

127 (Rechts) Holz-Beton-Verbunddecke aus Brettstapel, einachsig spannend; Schubverbund durch eingeschlitzte Flachstahlbänder.

128 (Links) Holz-Beton-Verbunddecke aus Brettstapel, einachsig spannend; Schubverbund durch Formschluss (Kerven).

129 (Rechts) Holz-Beton-Verbunddecke aus Brettsperrholz, zweiachsig spannend; Schubverbund durch stiftförmige Verbindungsmittel.

werkseitig in die Schalung eingebracht. Außenwände erhalten eine zusätzliche Wärmedämmung. Die Wände erfüllen einen Feuerwiderstand bis F 180.

Schubverbund

☞ *Vgl. **Band 3**, Kap. XIV-2, Abschn. 5.1.4 Holz-Beton-Verbunddecke*

■ Dem Verbindungsmittel kommt im Hinblick auf die Tragfähigkeit und das Verformungsverhalten eine entscheidende Bedeutung zu. Folgende Möglichkeiten des Schubverbunds zwischen Holz und Beton lassen sich heute unterscheiden:

- mechanische Verbindungen mit **stiftförmigen Verbindungsmitteln** (⊡ **126**);
- mechanische Verbindungen mit **Spezialverbindern** (Flachstahlbänder in Sägenuten, eingeklebte Streckmetallbänder) (⊡ **127**);
- Verbindungen durch **reinen Formschluss** ohne zusätzliche Hilfsmittel (Kerben oder Kerven) (⊡ **128**);
- Verbindungen durch **Verklebung**; diese befinden sich noch in der Entwicklung.

Die Kombination der einzelnen Varianten ist ebenfalls möglich und sinnvoll (z. B. Kerven und stiftförmige Verbindungen).

6. Schalenbauweisen

☞ *Kap. X-3, Abschn. 3.6 Gitterschalen, S. 638 ff*

■ Auch wenn Schalentragwerke in Holz, analog zu solchen in Stahl, keine Standardbauweise im Sinn einer Konstruktionsart der Massenbautätigkeit darstellen, sollen sie wegen ihres konstruktiven Interesses und wegen der vielfältigen werkstoffbezogenen Konstruktionslösungen, die bei Ihnen zum Einsatz kommen, dennoch an dieser Stelle zumindest im Überblick angesprochen werden. Schalentragwerke in Holz, insbesondere in Holzwerkstoffen, sind auch deshalb von aktuellem Interesse, weil sie im Rahmen des parametrischen Entwerfens und der engen Kopplung von Planung und Herstellung, wie sie in den letzten Jahren in immer zahlreicheren Beispielen baupraktisch umgesetzt wurde, in einer ganzen Zahl experimenteller Bauvorhaben in Erscheinung getreten sind, die weitere sehr vielversprechende Entwicklungslinien für den modernen Holzbau aufzeigen.

6.1 Werkstoff und Tragverhalten

■ Wie bei gekrümmten Bogenformen stellt sich auch bei doppelt gekrümmten Schalentragwerken die Schwierigkeit des Zusammenbaus aus grundsätzlich geradlinig wachsenden stabförmigen Holzbauteilen. Das Anpassen an die Krümmung setzt entweder den Einsatz sehr schlanker, dadurch biegeweicher Stäbe voraus (eine Lösung die bei sogenannten Lattenrosten zum Einsatz kommt) oder ansonsten das Arbeiten mit kurzen geradlinigen Stababschnitten, die mithilfe zahlreicher Knoten zu einer zusammenhängenden Schale verbunden werden.

Um den schalentypischen zweiachsigen Lastabtrag zu ermöglichen, müssen beim anisotropen Werkstoff Holz ferner bestimmte konstruktive Vorkehrungen getroffen werden:

☞ Kap. VIII, Abschn. 2. Einfache Schalensysteme, S. 132 ff

- Einerseits lässt sich durch lagenweises Verbinden in zwei Hauptrichtungen orientierter Holzstäbe eine flächige Schale herstellen, bei denen biaxiale Membrankräfte stets entlang der Faser abgetragen werden können. Hieraus entsteht ein reines Flächentragwerk [18] ohne Diskontinuitäten bzw. nur wenig hervortretenden versteifenden Rippen. Im Sinn der in diesem Werk gewählten Klassifikation von Hüllen, gelten diese Konstruktionen als **Schalensysteme**. Geeignete Grundwerkstoffe für diese Lösung sind weitgehend isotrope Bauelemente wie beispielsweise Brettsperrhölzer. Diese Flächenbauteile sind in der Lage, sowohl tangentiale Normalkräfte wie auch tangentiale Schubkräfte aufzunehmen.

☞ Kap. VIII, Abschn. 5. Rippensysteme, S. 158 ff

- Andererseits lässt sich – analog zu Gitterschalen aus Stahl – ein Gerüst aus mindestens zweiachsig orientierten geraden oder leicht gekrümmten Holzstäben schaffen, dessen Zwischenräume mit einem flächenbildenden Sekundärtragwerk geschlossen werden. Im Sinn der in diesem Werk gewählten Klassifikation von Hüllen, gelten diese Konstruktionen als **Rippensysteme**. Rippenstäbe werden bei diesem System durch Normalkräfte beansprucht und weisen einen Faserverlauf entlang ihrer Systemachse auf. Sie können folglich aus Vollholz, Brettschichtholz oder aus geschichteten Brettlamellen bestehen. Auch das raumeinschließende sekundäre Flächentragwerk, das jeweils von Rippe zu Rippe spannt, lässt sich aus Holz, entweder aus Bretterschalungen oder Holzwerkstoffen, herstellen. Oftmals übernimmt diese flächige Beplankung auch die Schubversteifung des Stabwerks in tangentialer Richtung.

Entscheidend für das Schalentragverhalten ist sowohl die Formgebung wie auch die schalengerechte Lagerung des Tragwerks. Bevorzugt werden oftmals Hängeflächen, die entweder experimentell an physischen Modellen oder heute zumeist mithilfe digitaler Modelle ermittelt werden. Diese Formen schaffen die günstigsten Kraftverhältnisse. Wegen der wechselnden Lastbilder, denen die Schale durch verschiedene zeitgebundene Wirkungen wie Wind oder Schnee ausgesetzt ist, benötigen diese Art von Schalen, trotz Membranwirkung, zumeist eine Mindestbiegesteifigkeit, um die Differenzen zwischen Belastung und ideeller Membranfläche aufnehmen zu können. Dies äußert sich im Regelfall in einer vergrößerten Rippenquerschnittshöhe.

6.2 Frühe Holzschalen

■ Der französische Architekt und Theoretiker Philibert de l'Orme hat bereits im 16. Jahrhundert schalenähnliche Holztragwerke aus zusammengesetzten gekrümmten Rippen vorgeschlagen, die seitlich durch Querstäbe stabilisiert wurden (⧉ **130**, **131**). Zwar entstand dadurch noch kein echter zweiachsiger Lastabtrag, wie für eine Schale kennzeichnend, weil die Kraft vorwiegend durch die Hauptrippen in Meridianrichtung floss, doch zeigte diese frühe Konstruktionslösung bereits schalentypische Merkmale wie die polygonale Zusammensetzung gekrümmter Rippen aus kurvig geschnittenen, kurzen Einzelsegmenten sowie eine konstruktiv auf der Baustelle herstellbare Gitterstruktur.

Anfang des 20. Jahrhunderts entwickelte Friedrich Zollinger eine echte Schalenbauweise aus statisch gleichrangigen, diagonal ausgerichteten Stabscharen, zusammengesetzt aus immer gleichen, industriell vorgefertigten Bohlensegmenten (**132, 133**). Die Einschränkung der Schalenform auf Zylinderflächen, die aus dem Einsatz immer gleicher Rippenstäbe folgte, sowie die nachgiebige Bolzenverbindung und Schwindverformungen der Vollholzstäbe erwiesen sich als gravierende Nachteile dieser Bauart. Erst moderne Holzbautechniken haben diese Schwierigkeiten überwunden und in jüngster Zeit neue weitspannende Zollinger-Schalen hervorgebracht (**134**).

☞ ***Band 3***, *auch Kap. XIII-5, Abschn. 4.3.2 Herstellung des gekrümmten Schalenstabwerks*

130, 131 Philibert de l'Orme: schalenähnliche Holzbauweise aus zusammengesetzten, gekrümmten Hauptrippen und versteifenden Querstäben. Letztere wurden durch die Hauptrippe durchgesteckt und beidseitig keilgesichert.

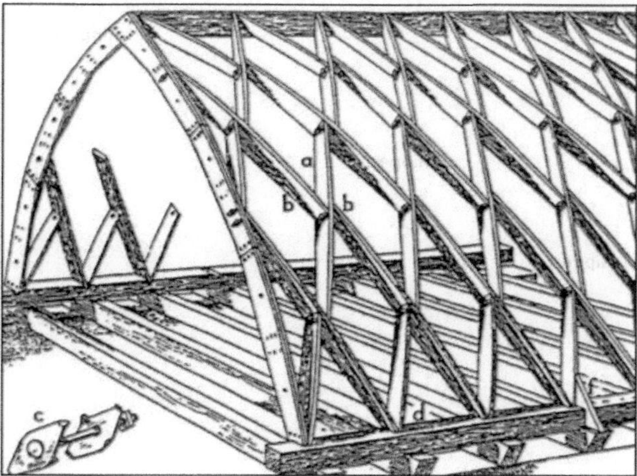

133 Zollinger-Bauweise: Eine echte Gitterschale entsteht durch Zusammensetzen kurzer, oberseitig gekrümmt geschnittener Bohlen, die maximal über zwei Rautenfelder verlaufen und an den Enden gestoßen werden.

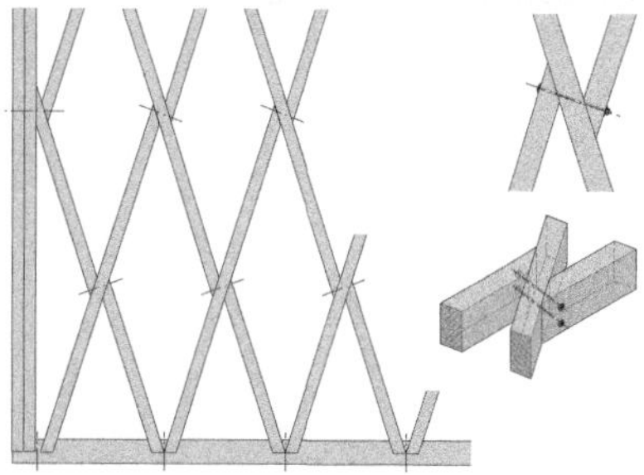

132 (Oben) **Zollinger-Bauweise**: Die Knoten, an denen stets ein Holz durchläuft und zwei seitlich anstoßende unterbrochen werden, werden durch leichten Versatz der letzteren derart gelöst, dass Schraubbolzen quer durchgesteckt werden können.

6.3 Neuere Schalentragwerke

■ Die entwicklungsgeschichtlich früheren Lösungen neuerer Schalentragwerke sind durchweg Gitterschalen, wie beispielsweise die angesprochene Zollinger-Bauweise (🗗 **132**, **133**), da zunächst keine flächigen Holzmaterialien verfügbar waren, welche die anfallenden Kräfte hätten aufnehmen können. Dies hat sich in den letzten Jahren durch die Entwicklung moderner Holzwerkstoffe grundlegend geändert, sodass unlängst auch reine Flächentragwerke aus Plattenmaterial entstanden sind. Es handelt sich dabei noch um kleine experimentelle Pavillonbauten, die allerdings als Vorboten einer raschen Weiterentwicklung dieser Bauweise gelten können.

Eine aus konstruktiver Sicht fundamentale Herausforderung des Schalenbaus in Holz ist, wie angemerkt, die Schaffung eines zweiachsig lastabtragenden Tragwerks aus einem stabförmig gewonnenen, deutlich anisotropen Werkstoff wie Holz. In einem kurzen Überblick sollen im Folgenden verschiedene konstruktive Ansätze, insbesondere der Knotenausbildung, diskutiert werden, die unterschiedliche Schalenbauweisen hervorgebracht haben.

3.1 Moderne Zollinger-Bauweisen

■ Kennzeichnend für diese Bauweise ist der Knoten aus einem durchlaufenden Holzstab und zwei seitlich anstoßenden Stäben (🗗 **132**). Der Versatz zwischen den gesto-

134 Moderne **Zollinger-Bauweise**: Gitterschale der Messehalle Rostock mit 65 m Spannweite (Ing.: Schlaich, Bergermann & P).

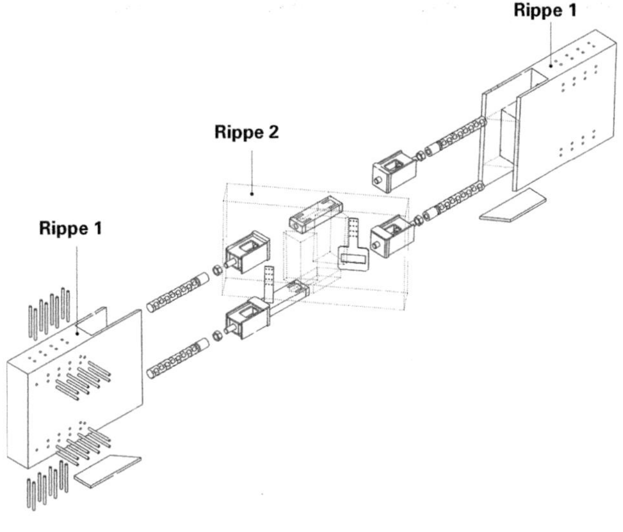

135 Knotendetail der Gitterschale der Messehalle in 🗗 **134**. Eine Rippe (Rippe **2**) ist durchlaufend ausgeführt, die andere (Rippe **1**) gestoßen. Die Normalkraft wird im Knoten mittels Stahlteilen zwischen den gestoßenen Abschnitten (Rippe **1**) entlang der Faser durchgeleitet, ohne Querpressung des querenden Holzes (Rippe **2**) hervorzurufen.

ßenen Hölzern schafft zwar eine leichte Exzentrizität, erlaubt aber die einfache Kopplung der drei Verbindungspartner mit einer einfachen Bolzenverbindung. Neben den oben bereits angesprochenen Schwierigkeiten erlaubt diese Knotenkonstruktion keine gute Durchleitung der Axialkraft der gestoßen Stäbe, nicht nur wegen des geometrischen Versatzes, sondern auch wegen der Notwendigkeit, diese Kraft über Querpressung des durchlaufenden Stabs zu übertragen. Durch eine verbesserte, steifere Ausgestaltung der Knoten und eine Ausführung in Brettschichtholzbauweise wurde diese Schwierigkeit in aktuellen Schalenbauten überwunden (🗗 **134**, **135**). Die Schubversteifung der geometrisch nicht steifen Rauten erfolgt über die oberseitige Beplankung.

Lattenrostschalen

☞ *Kap. IX-2, Kap. 3.2.5 Kuppel aus Stäben, S. 368 ff, insbesondere* 🗗 **246**, **251–254**

■ Die Schale wird aus einem regelmäßigen, quadratmaschigen Lattenrost mit gelenkigen Knoten hergestellt. Die dünnen Holzstäbe kreuzen sich in zwei oder mehr Lagen an den Knoten und sind folglich durchlaufend. Beim Aufrichten verkrümmen sich die elastischen schlanken Hölzer in zwei Richtungen und erzeugen somit ohne weitere Vorkehrungen die gewünschte zweiachsige Krümmung. Auch die damit zusammenhängende Verdrillung der Holzstäbe können diese dank ihrer Schlankheit und Elastizität vertragen. Die Maschen verformen sich bei diesem Vorgang zu Rauten, sodass praktisch jede beliebige Form herstellbar ist. Zuletzt werden die frei verformbaren Rauten mit Diagonalseilen schubversteift, sodass eine tragfähige Schale entsteht. Das feinmaschige Gitterwerk kommt einer reinen Flächenschale sehr nahe. Eine flächige Abdeckung kann beispielsweise durch Textilien erfolgen.

Brettrippenbauweise [19]

■ Das zugrundeliegende Konzept dieser Bauweise ist, analog zur Lattenrostbauweise, die Durchleitung der Kraft in zwei Achsen durch den Knoten hindurch, indem flache Brettlagen derart geschichtet werden, dass abwechselnd ein Brett pro

137 Brettrippenbauweise: EXPO-Dach Hannover (Arch.: Herzog & P; Ing.: J Natterer).

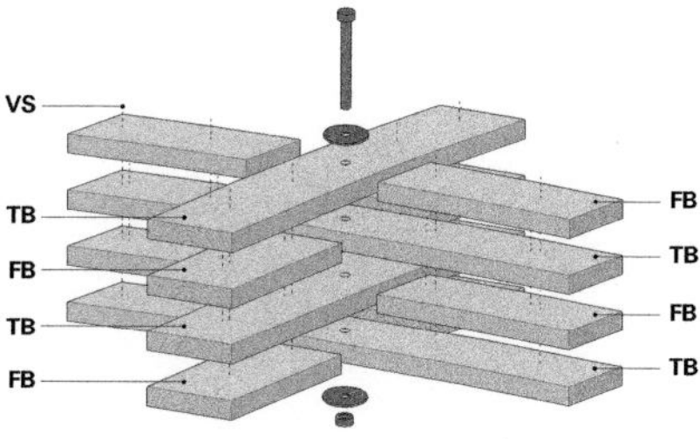

136 Brettrippenbauweise: Knotenausbildung aus geschichteten flachen Brettlagen mit abwechselnd durchgehenden und gestoßenen Einzelbrettern: **TB** Tragbrett; **FB** Füllbrett; **VS** Verschraubung zwischen den Brettlamellen.

Lage stets durchläuft (⊡ **136**). Die flachen, in Richtung ihrer Schmalseite biegsamen Brettlamellen passen sich ohne größere Biegerandspannungen an die Schalenkrümmung an. Als kraftleitender Querschnitt stehen nur die durchlaufenden Tragbretter zur Verfügung. Die gestoßenen Füllbretter übertragen zwar keine Axialkraft, werden jedoch durch Verschraubung mit den Tragbrettern zwischen den Knoten zu einem mehrlagigen Gitterstab mit begrenzter Biegesteifigkeit zusammengefügt. Eine oberseitig aufgebrachte Decklage aus Platten, Bretterschalung oder auf Lücke verlegten Latten schließt die Fläche und versteift das Gitter gegen Schub (⊡ **137**). Die Schale wird vor Ort auf einem Lehrgerüst, das die Schalenform vorgibt, lagenweise aufgebaut.[20] Die Schalengeometrie folgt im der Regel einer Hängeform.

3.4 Zugbeanspruchte Schalen

■ Holz ist ein Werkstoff mit annähernd gleicher Zug- und Druckfestigkeit. Diese Materialcharakteristika sind somit nicht nur für die am häufigsten anzutreffenden kuppelartigen, d. h. druckbeanspruchten Schalentragwerke, sondern grundsätzlich auch für zugbeanspruchte Tragwerke günstig. Schwierig gestaltet sich hingegen die Übertragung von Zugkräften an Verbindungen zwischen Holzbauteilen. Während diese Schwäche des Werkstoffs durch geschichtete Lamellenknoten, wie oben angesprochen, gemildert werden

138 Hängeschale aus ungestoßenen gekrümmten Rippen aus BSH (Solebad Bad Dürrheim, Arch: Geier & Geier; Ing.: K Linkwitz).

139 Triangulierte Gitterschale des *Tacoma Domes* aus den 1980-er Jahren. BSH-Gitterstäbe mit stählernen Knoten (SPS+ Architects).

kann, beispielsweise bei Brettrippenkonstruktionen wie dem Expo-Dach in Hannover, hat insbesondere die moderne Leimbautechnik überzeugende Lösungen für Hängeschalen ermöglicht: Brettschichtholzrippen lassen sich ungestoßen in nahezu beliebiger Länge sowie mit praktisch beliebigen Krümmungen, auch Tordierungen, herstellen.

Diese Lösung kam beispieslsweise bei der Hängeschale des Solebads Bad Dürrheim zum Einsatz (🗗 **138**). Eine quer orientierte sekundäre Ringrippenschar sowie eine diagonal verlaufende, raumschließende und schubversteifende Bretterschalung führen, zusammen mit den zugbeanspruchten Hauptrippen, insgesamt zu einem flächigen, zweiachsig wirkenden Gesamttragwerk.[21]

Bauweisen mit Stahlknoten

■ Zahlreiche, teilweise sehr weit spannende Holzschalen bestehen aus einem Gitterwerk aus Stäben, basierend auf verschiedenen Möglichkeiten der geometrischen Untergliederung einer Kuppelfläche, die mit hochfesten stählernen Knotenelementen zu einem Stabwerk verbunden werden. Da ein Durchleiten der Kraft im Knoten durch eine gegebenenfalls durchlaufende Rippe hindurch wegen der Empfindlichkeit von Holz gegen Querdruck und -zug nur schwer realisierbar ist, werden bei diesen Bauweisen alle einzelnen Stäbe am

☞ *Siehe hierzu Kap. VII, Abschn. 3.2.2 Die Kugel, S. 110 ff*

☞ *Vgl. die Komplexität der Verbindung in* 🗗 **135**, *bei der eine solche Durchleitung erfolgt.*

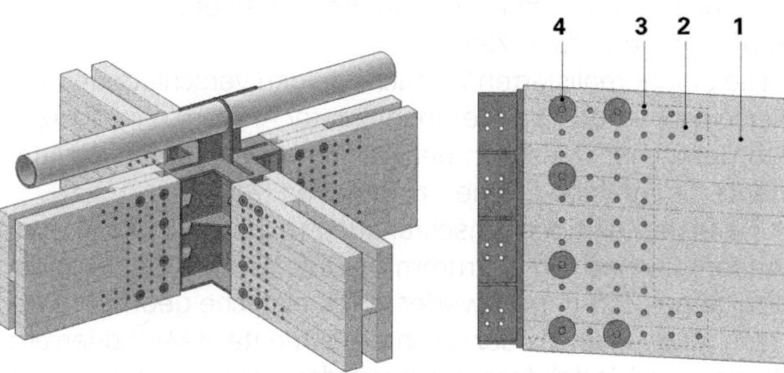

141 *Konohama Dome*: Konstruktion der Gitterschale. Gitterstäbe bestehen aus schlanken Zwillingsquerschnitten aus BSH mit Füllhölzern. Eingeschlitzte stählerne Anschlusslaschen (siehe rechts) werden vor Ort in die kreuzförmigen Knoten aus Stahl eingeführt und befestigt (links). Die Kraftübertragung von Holz zu Stahl erfolgt über Stabdübel. Schubaussteifung über Diagonalverbände. Die größte Spannweite der Schale ist 200 m.

140 *Konohama Dome*: Innenansicht; Eindeckung aus transluzentem Membranmaterial. Die Maschengröße ist 8 x 8 m oder kleiner (Planung: Structural Design Division Daiken Sekkei).

Legende

1 BSH-Gitterstab, Zwillingsprofil 150x1200 mm
2 eingelassenes Anschlussblech
3 Stabdübel
4 Schraubenbolzen

Knoten gestoßen. Die Rippen selbst werden zumeist aus Brettschichtholz gefertigt. Zur Aufnahme der tangentialen Schubkräfte sind wiederum oberseitige Beplankungen oder Verbretterungen möglich. Bei transparenten oder transluzenten Abdeckungen sind auch Diagonalversteifungen in den Rahmenfeldern ausführbar (**141**). Alternativ ist auch ein trianguliertes Gitterwerk geeignet, um der Schale Schubsteifigkeit zu verleihen (**139**).

Ein repräsentatives Beispiel dieser Schalenbauweise, der *Konohama Dome* in Miyazaki City, Japan, ist in **140, 141** dargestellt.

3.6 Reine Flächentragwerke

■ Neben den gerippten Schalentragwerken, wie bisher betrachtet, sind in den letzten Jahren auch einzelne reine, rippenlose Flächentragwerke in Erscheinung getreten, eine Tragwerksform, die bislang nur Betonschalen vorbehalten war. Es handelt sich dabei um kleine experimentelle Bauten, die echte Bauwerksgröße zumeist noch nicht erreicht haben (**142**, **143**, **147**). Es bleibt infolgedessen noch fraglich, welche der realisierten baulichen Lösungen sich in Zukunft im regulären Baugeschehen gegebenenfalls durchsetzen wird. Dennoch zeigen sie erfolgversprechende Wege für eine neue Bauweise auf, und vor allem für eine neue computerbasierte Methodik des Entwerfens, Konstruierens und Ausführens.

Digitale Techniken stehen im Mittelpunkt dieser Bauweisen. Sowohl die Formfindung und die präzise Formdefinition, die statische Berechnung, die konstruktive Entwicklung der Verbindungen, die Datensätze für die ausführenden Roboter sowie gegebenenfalls auch für die robotisierte Montage und das Monitoring und zeitnahe Rückspeisen von Sensordaten zu Fertigungstoleranzen werden als ein integrierter Prozess begriffen, bei dem das interdisziplinäre Zusammenspiel von Architekt, Tragwerksplaner, gegebenenfalls andere Fachplaner sowie ausführende Firmen von der frühesten Planungsphase an eng miteinander kooperieren. Die Anwendung dieser Methodik ist indessen nicht auf diese spezielle Bauweise begrenzt, sondern hat alle Aussichten, sich in näherer Zukunft auch in anderen Bereichen des Bauwesens langfristig durchzusetzen.

Die bisher realisierten Versuche zeigen verschiedene, teilweise sehr innovative Methoden, unter Anwendung diverser geometrischer Prinzipien der Flächenbildung aus Einzelelementen tragfähige Flächen zu schaffen (**143**).

Die bisher gültigen Einschränkungen der Definition insbesondere zweiachsig gekrümmter Oberflächen, die vor nicht allzu langer Zeit nur entweder durch einfache geometrische Erzeugungsgesetze oder durch experimentelle Methoden am physischen Modell festgelegt werden konnten, haben sich durch den Einsatz von parametrischen CAD-Programmen weitgehend aufgelöst. In Analogie zu physischen Modellen der Formfindung, manipuliert der Planer dabei verschiedene Randbedingungen (Parameter), die über einen mathematischen Algorithmus eine geometrisch präzise definierte

Oberfläche erzeugen (🗗 **144**).

Bemerkenswert sind auch die verschiedenen Verbindungstechniken, die bei diesen fast durchweg aus ebenem Plattenmaterial gefertigten facettierten Tragwerken an den angestoßenen Kanten eingesetzt werden (🗗 **143**, **144**). Die infolge der komplexen Geometrie lokal sehr unterschiedlichen geometrischen Randbedingungen dieser Verbindungen erfordern eine individualisierte Fertigung der Anschlüsse. Dies geschieht durch den Einsatz von Robotern (🗗 **146**).

Es ist ein interessantes Phänomen, dass Merkmale der ehedem hochentwickelten Handwerkstechnik im Holzbau, die durch die Industrialisierung weitgehend im Verschwinden begriffen waren, durch diesen innovativen Einsatz digitaler Technologie der Planung und Ausführung – möglicherweise in etwas veränderter, gegenwartsgerechter Form – wieder in Erscheinung treten. Geometrisch anspruchsvolle, außerordentlich präzise formschlüssige Verbindungen, wie sie beispielsweise im ostasiatischen Holzbau zur Tradition gehörten, werden heute wieder digital geplant und ausgeführt (🗗 **146**). Sie bilden ein möglicherweise zukunftsfähiges Gegenmodell zum Grundansatz des ingenieurmäßigen Holzbaus, nämlich den in seinen natürlichen Unregelmäßigkeiten schwer zu erfassenden Werkstoff Holz an den Stellen, wo es kritisch wird, d. h. vor allem an den Verbindungen, durch den wesentlich festeren und auch besser kontrollierbaren Werkstoff Stahl zu ersetzen. In gewisser Weise bedeutet dies ein Zurückfinden zu den ursprünglichen, strikt materialbezogenen Grundsätzen des handwerklichen Holzbaus.

142 Aus Einzelpolygonen zusammengesetzte Flächenschale (Pavillon der Landesgartenschau Schwäbisch-Gmünd; ICD/ITKE, Universität Stuttgart).

143 Die polygonalen Holzwerkstoffplatten aus Sperrholz werden formschlüssig über Verzahnung verbunden. Die Schalenfläche entsteht über die Facettierung in eine Polyederfläche. Drei an einem Punkt zusammenlaufende Kanten liegen nicht in einer Ebene und schaffen dadurch die Schalenkrümmung.

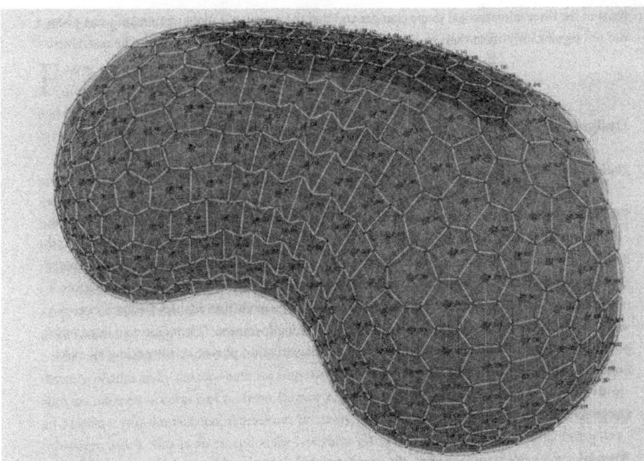

144 (Oben) Die Freiform der Schale wird facettiert: Jeder dunkle Punkt auf der Oberfläche definiert eine Tangentialebene, die sich mit den benachbarten verschneidet und dadurch den polygonalen Umriss der individuellen Platte definiert. Die Flächen sind eben; die Kanten geradlinig; die Polygonformen jeweils individuell, desgleichen die Diederwinkel (Winkel zwischen zwei Ebenen).

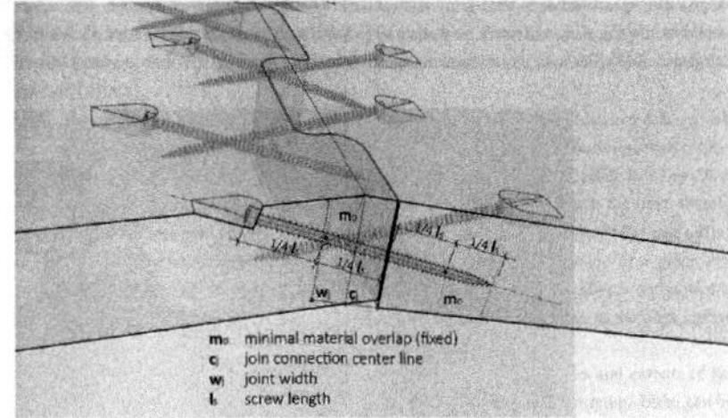

145 Kombination von formschlüssiger Verbindung durch Verzahnung (für tangentiale Querkräfte) und Verschraubung (für rechtwinklige Querkräfte); sowohl die Plattenkanten als auch die Schraubentaschen werden durch den Roboter gefräst.

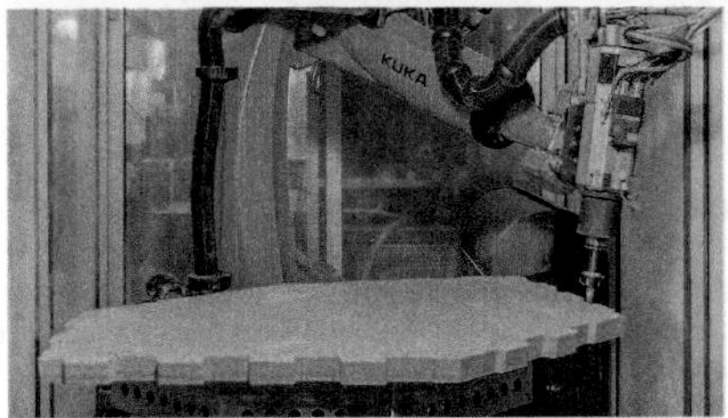

146 (Rechts) Roboterfertigung der gezinkten Plattenkanten. Während vergleichbare Verbindungen des traditionellen Schreinerhandwerks (z. B. Schwalbenschwanzverbindungen) nur in Faserrichtung realisierbar waren (weil die Zinken ansonsten abbrechen), erlaubt die Isotropie des Sperrholzmaterials stattdessen eine umlaufende Zinkung.

147 Montage der Facetten der Holzschale in ⧉ **142**.

148 (Rechts) Herstellung der Kantenverbindung wie in ⧉ **145** dargestellt.

149 (Unten) Origamiartiges Faltwerk aus Sperrholzplatten (Versuchsbau des *IBOIS-Instituts* an der EPFL).

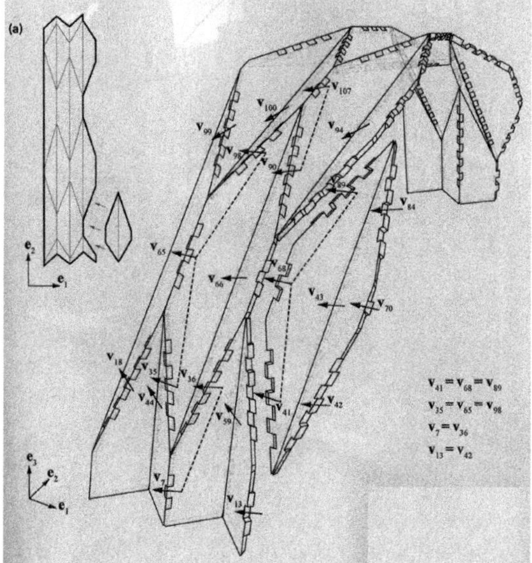

150 (Rechts) Verzahnung der Kanten zwischen anstoßenden Platten beim Bauwerk in ⧉ **149**. Wie bei echten formschlüssigen Verbindungen, existiert nur eine einzige Montagerichtung, in welche allerdings jeweils drei Kanten zusammenzuführen sind (hier jeweils mit $\mathbf{V}_i$ gekennzeichnet. Die Zinken müssen entsprechend zugeschnitten werden.

Anmerkungen

1 Siegfried, Giedion (1976) *Der Ballonrahmen und die Industrialisierung*. In: *Raum, Zeit, Architektur*, Zürich ab S. 233

2 Menges A, Schwinn T, Krieg O D (Hg) (2017) *Advancing Wood Architecture*, S. 32, 120, 149

3 Die wahren Verhältnisse scheinen indessen anders gelagert zu sein, als die Zahlenwerte, die üblicherweise in den Ökobilanz-Datenbanken zu finden sind, vermuten lassen: Die Kohlenstoffspeicherung aus der Atmosphäre ist genau genommen dem *Baum* und nicht dem *Bauholz* zuzuschreiben. Dem Akt des Verbauens von Holz dürfte deshalb keine Gutschrift im Hinblick auf das Treibhausgaspotenzial zugute kommen, denn er verbessert – für sich gesehen – die CO_2-Bilanz in keiner Weise. Im Gegenteil: Etwa 50% des geschlagenen Holzes wird beim Verarbeitungsprozess zu Abfall. Dieser wird anschließend thermisch verwertet, sodass etwa die Hälfte des im Baum bereits abgespeicherten CO_2 wieder in die Atmosphäre entlassen wird – eine deutliche Verschlechterung der Situation aus Sicht des Treibhausgaspotenzials im Vergleich mit dem ungeschlagenen Baum (der übrigens noch einige Zeit weiterhin CO_2 binden könnte) [Angaben von Herrn D Röver, proHolz Baden-Württemberg]. Dies legt nahe, das Treibhausgaspotenzial des Bauholzes *positiv* (nicht negativ, wie in den Ökobilanz-Datenbanken) anzusetzen, und zwar mit der Hälfte der angegebenen (Minus-)Werte: also für gewöhnliches Bauschnittholz rund +390 kg CO_2-Äqu. (statt –780 CO_2-Äqu.).

4 Menges A et al (2017), S. 158

5 Natterer, Herzog, Volz (1991) *Holzbau Atlas Zwei*, München, S. 62

6 Herzog, Natterer, Schweitzer, Volz, Winter (2003) *Holzbau Atlas*, München, ab S. 222

7 Konrad Wachsmann (1930) *Holzhausbau – Technik und Gestaltung*, Berlin, S. 30

8 Wolfgang Ruske (1930) *Holzskelettbau*, Stuttgart, S. 23

9 Pfeifer, Liebers, Reiners (1998) *Der neue Holzbau*, München, S. 58 ff

10 Scheer, Muszala, Kolberg (1984) *Der Holzbau, Material-Konstruktion-Detail*, Leinfelden-Echterdingen, S. 86 ff

11 Konrad Wachsmann (1930), S. 14

12 Wolfgang Ruske (1930), S. 26

13 Canada Mortgage and Housing Corporation (Hg) (1980) *Canadian Wood-Frame House Construction*, Ottawa , S. 27 ff

14 Siegfried, Giedion (1976), ab S. 233

15 Natterer, Herzog, Volz, Winter (2003), S. 63

16 Zwar drückt der Begriff *massiv* durchaus diese Schalencharakteristik aus, doch bleibt dieser mittlerweile eingeführte Fachbegriff des Massivholzes dennoch verwirrend, weil bis anhin massive Werkstoffe stets mineralische waren.

17 Kaufmann H et al (2017) *Atlas Mehrgeschossiger Holzbau*, S. 44

18 Der Begriff des Flächentragwerks soll in unserem Kontext, in Abgrenzung zu Gitterschalen, etwas enger verwendet werden als zumeist in der Fachliteratur, wo manchmal auch

letztere als Flächentragwerke bezeichnet werden. Die Übergänge sind fließend.

19 Wir übernehmen die Bezeichnung aus der Dissertation von Andreas Scholz (2004). Er argumentiert (aus unserer Sicht richtigerweise), dass die von Julius Natterer verwendete Bezeichnung "Brettstapelbauweise" irreführt, da dieser Begriff heute eher für Brettstapeldecken oder -wände aus rechtwinklig zur Bauteilfläche verbundenen Querschnitten verwendet wird ; vgl. Natterer J et al (2000) *Holzrippendächer in Brettstapelbauweise – Raumerlebnis durch filigrane Tragwerke*.

20 Natterer J et al (2000), S. 3

21 Scholz A (2004) *Beiträge zur Berechnung von Flächentragwerken in Holz*, Dissertation TU München, S. 16

Normen und Richtlinien

DIN 436: 1990-05 Scheiben, vierkant, vorwiegend für Holzkonstruktionen

DIN 440: 2001-03 Scheiben mit Vierkantloch, vorwiegend für Holzkonstruktionen

DIN 1052: Herstellung und Ausführung von Holzbauwerken
Teil 10: 2019-12 Ergänzende Bestimmungen

DIN 4103: Nichttragende innere Trennwände
Teil 4: 1988-11 Unterkonstruktion in Holzbauart

DIN 18203: Toleranzen im Hochbau
Teil 3: 2008-08 Bauteile aus Holz und Holzwerkstoffen

DIN 20000: Anwendung von Bauprodukten in Bauwerken
Teil 3: 2021-06 Brettschichtholz und Balkenschichtholz nach *DIN EN 14080*
Teil 5: 2016-06 Nach Festigkeit sortiertes Bauholz für tragende Zwecke mit rechteckigem Querschnitt

DIN 68364: 2003-05 Kennwerte von Holzarten – Rohdichte, Elastizitätsmodul und Festigkeiten

DIN EN 1995-1-1: Eurocode 5: Bemessung und Konstruktion von Holzbauten,
Teil 1-1: 2010-12 Allgemeines – Allgemeine Regeln und Regeln für den Hochbau
Teil 1-1/A2: 2014-07 Allgemeines – Allgemeine Regeln und Regeln für den Hochbau; Änderung A2
Teil 1-1/NA: 2013-08 Nationaler Anhang – National festgelegte Parameter – Allgemeines – Allgemeine Regeln und Regeln für den Hochbau

DIN EN 336: 2013-12 Bauholz für tragende Zwecke – Maße, zulässige Abweichungen

DIN EN 338: 2016-07 Bauholz für tragende Zwecke – Festigkeitsklassen

DIN EN 380: 1993-10 Holzbauwerke; Prüfverfahren; Allgemeine Grundsätze für die Prüfung unter statischen Belastungen

DIN EN 594: 2011-09 Holzbauwerke – Prüfverfahren – Wandscheiben-Tragfähigkeit und -Steifigkeit von Wandelementen in Holztafelbauart

DIN EN 912: 2011-09 Holzverbindungsmittel – Spezifikationen für

Dübel besonderer Bauart für Holz
DIN EN 14080: 2013-09 Holzbauwerke – Brettschichtholz und Balkenschichtholz – Anforderungen
DIN EN 15497: 2014-07 Keilgezinktes Vollholz für tragende Zwecke – Leistungsanforderungen und Mindestanforderungen an die Herstellung
DIN EN 26891: 1991-07 Holzbauwerke; Verbindungen mit mechanischen Verbindungsmitteln; Allgemeine Grundsätze für die Ermittlung der Tragfähigkeit und des Verformungsverhaltens

EGH Holzbau Handbuch, Reihe 0, Teil 5, Folge 1: 2008-01 Holzhäuser – Werthaltigkeit und Lebensdauer
EGH Holzbau Handbuch, Reihe 1, Teil 1, Folge 5: 2006-09 Holzkonstruktionen in Mischbauweise
EGH Holzbau Handbuch, Reihe 1, Teil 1, Folge 7: 2015-02 Holzrahmenbau
EGH Holzbau Handbuch, Reihe 4, Teil 1, Folge 1: 2008-12 Holz als konstruktiver Baustoff
EGH Holzbau Handbuch, Reihe 4, Teil 2, Folge 1: 2018-05 Konstruktionsvollholz KVH, Duobalken, Triobalken
EGH Holzbau Handbuch, Reihe 4, Teil 2, Folge 2: 2019-05 Herstellung und Eigenschaften von geklebten Vollholzprodukten
EGH Holzbau Handbuch, Reihe 4, Teil 6, Folge 1: 2010-04 Bauen mit Brettsperrholz – Tragende Massivholzelemente für Wand, Decke und Dach

X-3 STAHLBAU

J. L. Moro, *Baukonstruktion – vom Prinzip zum Detail*,
https://doi.org/10.1007/978-3-662-64827-8_9

1. Geschichte des Eisen- und Stahlbaus

☞ *Band 1*, *Kap. IV-6, Abschn. 1. Geschichtliche Entwicklungsstufen, S. 294, sowie Kap. V-3, Abschn. 1. Geschichte der Herstellung von Eisen- und Stahlprodukten, S. 430 f*

■ Eine frühe Blüte der Eisenindustrie begann in Indien um 2000 v. Chr. Die Kutubsäule in der Nähe von Delhi besteht aus fast chemisch reinem Roheisen. Sie wurde aus einzelnen Eisenblöcken zusammengeschmiedet. Sie datiert aus dem 9. Jh. v. Chr. Das Gewicht der Säule beträgt 17.000 kg, ihre Länge ca. 16 m. Bis heute zeigen sich keine Spuren von Korrosion.

Eisen wurde in der vorindustriellen Bautechnik nicht als primärer Baustoff, sondern lediglich als Werkstoff für spezielle Anwendungen wie z. B. Verbindungsmittel im Holzbau, oder Zugstäbe und Klammern im Mauerwerksbau verwendet. Die frühen Herstellungsmethoden erlaubten nur, Eisenteile mit verhältnismäßig spröden Eigenschaften in begrenzten Dimensionen herzustellen. Eisen blieb aufgrund der aufwendigen und schwierigen Fertigung über Jahrhunderte hinweg stets ein knappes, teures und begehrtes Material.

1.1 Der Brückenbau während der industriellen Revolution

■ Dies änderte sich grundlegend mit der Einführung neuer industrieller Herstellungsverfahren im 18. Jh. Die Brücke in **Coalbrookdale** über den Severn aus dem Jahr 1779 ist der erste bedeutende Eisenbau des industriellen Zeitalters (🗗 **1**, **2**). Bis auf die Pfeiler besteht die komplette tragende Konstruktion aus Eisen. Die Spannweite der Bogenbrücke beträgt 100 englische Fuß (ca. 30 m). In Deutschland wurde die erste Stahlbrücke 1796 bei Labbaan in Niederschlesien gebaut. Die Verwendung von Eisen setzte in Mitteleuropa im Vergleich mit England aufgrund der verzögerten Industrialisierung erst später ein.

Es folgten rasch neue Brückentypen, die sich den zähfesten Baustoff Schmiedeeisen zunutze machten:

- Frühe englische und amerikanische Kettenbrücken, wie die **Bangor Bridge** von Thomas Telford mit einer Spannweite von 173 m.

  Nach der Ablösung der Kette durch das Seil wurde innerhalb kürzester Zeit die Spannweite von Brückenbauwerken wesentlich erhöht: 1870 kommt John August Roebling mit der **Brooklyn Bridge** an die 500 m-Grenze heran.

- Als eine weitere kühne Ingenieurleistung kann der Bau der ersten weitgespannten Balkenbrücke, der **Britannia Bridge**, durch Stephenson über die *Menai-Straits* in Wales gelten (🗗 **3**). Der Überbau besteht aus einem 9 m hohen Kastenträger aus Stahlblechen und Walzprofilen.

- 1859 baut Isambard Kingdom Brunel in Plymouth die **Saltash Bridge**, auch bekannt als **Royal Albert Bridge**, eine der ersten Rohrfachwerkkonstruktionen (🗗 **4**).

Bis zur Mitte des 19. Jh. hatten die Ingenieure alle wesentlichen Konstruktions- und Tragkonzepte für den Brückenbau entwickelt, die den Bau von Stahlbrücken noch bis heute bestimmen.

1, 2 Die erste Eisenbrücke der Welt über den Severn bei *Coalbrookdale* in Wales, dem Herzen der frühen britischen Eisenindustrie, 1779 entworfen und gebaut von Thomas Pritchard und Abraham Darby III. Die Detailausbildung der Brückenkonstruktion ist noch vom traditionellen Verständnis formschlüssiger Holzverbindungen geprägt.

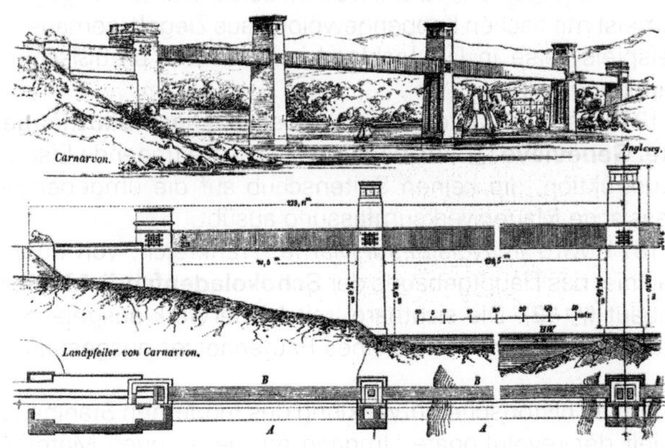

3 Britanniabrücke von Robert Louis Stephenson über die *Menai Straits* mit einer Spannweite von 140 m. Die Brücke war, zusammen mit der fast zeitgleich errichteten *Conwaybrücke*, der erste aus Blech konstruierte Hohlkasten. Erst 75 Jahre später wurde wieder ein Hohlkasten in dieser Größe geschaffen.

4 Isambard Kingdom Brunel, Royal-Albert-Brücke in Plymouth für die *Great Western Railway Company*, 1859.

1.2 Erste Hochbauten in Eisen und Stahl

■ Es ist wohl kein kompletter Zufall, dass nach der frühen Erfahrung im Bau von Gewächshäusern aus Stahl und Glas das Konzept für den Bau des Pavillons der Weltausstellung 1851 ausgerechnet vom Gärtner Joseph Paxton entwickelt wurde (🗗 **5**, **6**). Der **Kristallpalast** zur Weltausstellung 1851 in London stellt ein Schlüsselbauwerk für den Stahlbau dar, der alle wesentlichen Merkmale eines modernen Skelettbaus aufweist und die Logik der Bauweise in bemerkenswert konsequenter Form umsetzt. Der Bau ist ein frühes Produkt moderner industrieller Vorfertigung und industrieller Montageverfahren.

Im endenden 18. Jahrhundert wurde Eisen vermehrt auch für Funktionsbauten, wie Lager- und Speichergebäude, verwendet (🗗 **8**, **9**). Man erzielte mit diesem neuen Werkstoff eine höhere Tragfähigkeit, größere Spannweiten und schlankere Dimensionen im Vergleich mit Bauholz. Weiterhin bot das nichtbrennbare Eisen im Vergleich mit Holz Vorteile hinsichtlich des Brandschutzes. Die Deckenträger wurden bei diesen Gebäuden zum ersten Mal mit einer Art von Doppel-T-Profilierung ausgeführt. Die Decken selbst wurden hingegen zumeist mit flachen Kappengewölben aus Ziegeln gemauert, beispielsweise in Deutschland in Form des preußischen Kappengewölbes.

1843 bis 1850 baute Henri Labrouste mit der **Bibliothèque Ste. Geneviève** (🗗 **10**) in Paris die erste freitragende Eisenkonstruktion, die keinen Seitenschub auf die umgebende klassische Mauerwerksumfassung ausübt.

1871 wird in *Noisiel-sur-Marne*, Frankreich, von Jules Saulnier das Hauptgebäude der **Schokoladenfabrik Menier** gebaut (🗗 **12**). Die sichtbare, mit Mauerwerk ausgefachte Stahlstruktur wird mittels eines Rautennetzes ausgesteift.

1.3 Die Schule von Chicago

■ Für die historische Entwicklung des modernen Stahlbaus spielt der revolutionäre Umgang mit dem neuen Material Stahl im Rahmen der Stadtentwicklung des Wirtschaftszentrums Chicago nach dem amerikanischen Bürgerkrieg eine bedeutende Rolle, auch wenn es bereits seit den 1840er Jahren weite Anwendungsbereiche von Eisen im Hochbau in den USA gab (🗗 **8**, **9**). Chicago, bis dahin eine Stadt mit einer Bausubstanz in typischer amerikanischer Holzbauweise, brannte 1871 komplett nieder. Der Wiederaufbau war mit einem wirtschaftlichen Aufschwung unerhörten Ausmaßes verbunden und führte zur Notwendigkeit, die innerstädtischen Flächen deutlich zu verdichten. Den ersten Hochhäusern, die diesem Bedürfnis entgegenkamen, folgten die ersten **Wolkenkratzer** der Baugeschichte (🗗 **13**). Von Anfang an wurde ein offener Grundrisstyp entwickelt. Die Hochhausbauten, die bereits frühzeitig in Stahlskelettbauweise errichtet wurden, waren möglichst nutzungsneutral konzipiert. Notwendige Voraussetzungen für den Betrieb – und damit für die Entstehung – dieser Gebäude war die Erfindung des Aufzugs durch Elisha Otis 1857, aber auch die Entwicklung angemessener

5 Joseph Paxton, *Crystal Palace* in London, Ausstellungsgebäude für die Weltausstellung 1851.

6 Gewächshaus in *Kew Gardens* im Bauzustand. Bau des Palmenhauses der *Royal Botanical Gardens* in Kew; ältestes Beispiel eines viktorianischen Gewächshauses (1841–1849).

7 Als Maschinenhalle oder *Galerie des Machines* wurden insgesamt drei Ausstellungspavillons aus Eisen und Glas bezeichnet, die anlässlich der Pariser Weltausstellungen von 1867, 1878 und 1898 entstanden.

Die bekannteste dieser Hallen war die aus dem Jahr 1898, ein Gemeinschaftswerk des Architekten Charles Louis Ferdinand Dutert und des Ingenieurs Victor Contamin. Sie wurde 1910 demontiert.

Die Halle hatte einen rechteckigen Grundriss von 422,49m x 114,38m und gliederte sich in ein breites Hauptschiff und zwei schmale Seitenschiffe. Ihre mächtigen, auf 40 Steinsockeln ruhenden Rahmen erregten mit ihren punktuellen Auflagern damals großes Aufsehen. Die Gurtbögen stiegen ohne Zwischenstützen frei schwebend bis zu dem 46,67 m hohen Gewölbescheitel auf. Damit übertraf die *Galerie des Machines* alle damals vorstellbaren Ausmaße eines stützenfrei überspannten Raums (Gesamtfläche der drei Schiffe: 48.324,9 m^2).

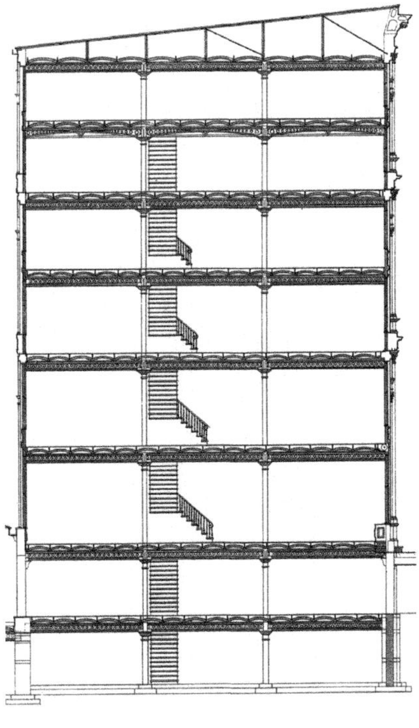

8, 9 J. M. Singer – Nähmaschinenfabrik in New York, ca. 1850. Ansicht und Schnitt des Gebäudes, das als nutzungsoffener früher Eisenskelettbau von der *D. D. Badger Iron Works Company* geplant und errichtet wurde. Die Fassade des Eisenbaus zeigt noch die formale Gestalt klassischer Steinarchitektur, während die Innenräume in Skelettbauweise einen unzweifelhaft modernen Charakter aufweisen. Die Außenwandkonstruktion bestand noch teilweise aus Mauerwerk, wie auch die klassischen Kappengewölbe der Decken. Diese Bauweise wurde im Laufe der Jahre weiter perfektioniert. Zuletzt wurden komplette Bausätze angeboten.

Viele dieser Gebäude sind bis heute erhalten und stehen unter Denkmalschutz. Die New Yorker Eisenbauten entstanden als Antwort auf die ökonomische Entwicklung der Stadt und Notwendigkeiten des Brandschutzes lange vor dem großen Brand in Chicago 1871.

10 *Bibliothèque Ste. Geneviève,* Paris, 1845–51 (Arch.: Henri Labrouste).

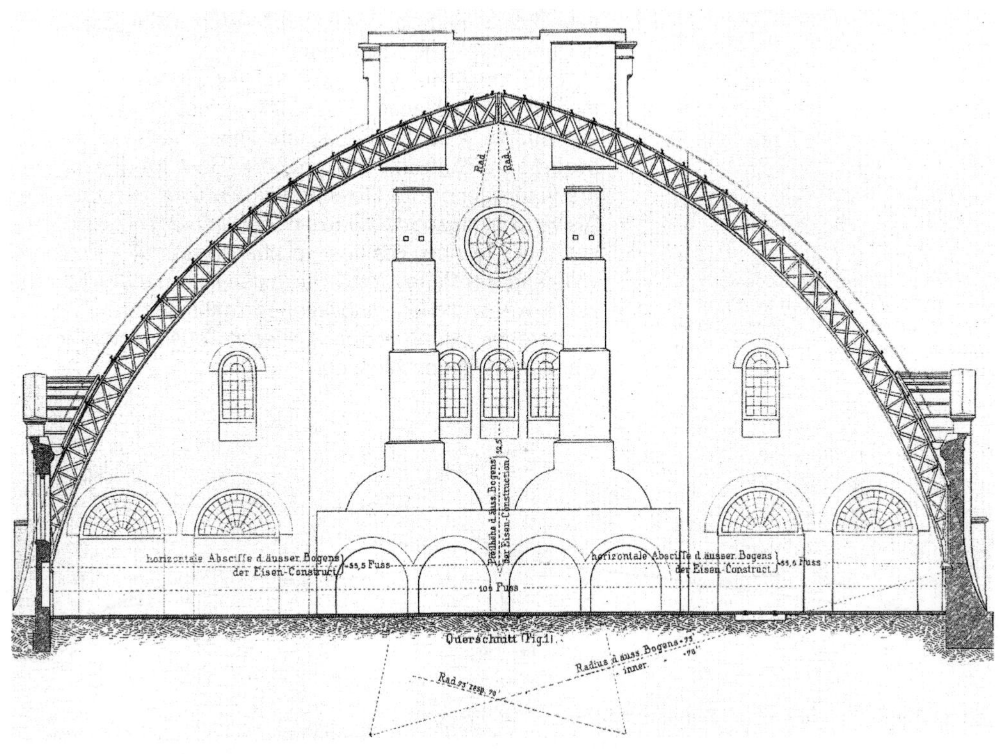

11 Industriehalle in Berlin von Johann Wilhelm Schwedler um 1863. Zum ersten Mal wird hier ein statisch bestimmter Dreigelenkbogen eingesetzt.

12 Hauptgebäude der Schokoladenfabrik *Menier* in *Noisiel-sur-Marne* von 1871.

13 Erster Wolkenkratzer in Chicago, *Home Insurance Building* von William Le Baron Jenney, 1883–1885.

technischer Installationen wie Telefon, Rohrpost, Zentralheizung und Lüftungsanlagen.

1885 hatte die *Carnegie Steel Company* den ersten Flussstahlträger ausgewalzt, der die gewalzten Schmiedeeisenträger ablöste. Flussstahl besaß verbesserte Werkstoffeigenschaften, wie größere Homogenität. Schnell ersetzten genormte Flussstahlprofile auch das Gusseisen. Als Verbindungsmittel hatte sich die Nietverbindung durchgesetzt. Die Technologie des Hochhausbaus hatte sich bereits vollständig entfaltet und sollte in den kommenden 50 Jahren keine wesentlichen Innovationen mehr erfahren. Auch die Weiterentwicklung von der *Skeleton-Construction* zum *Cage* war bereits abgeschlossen.

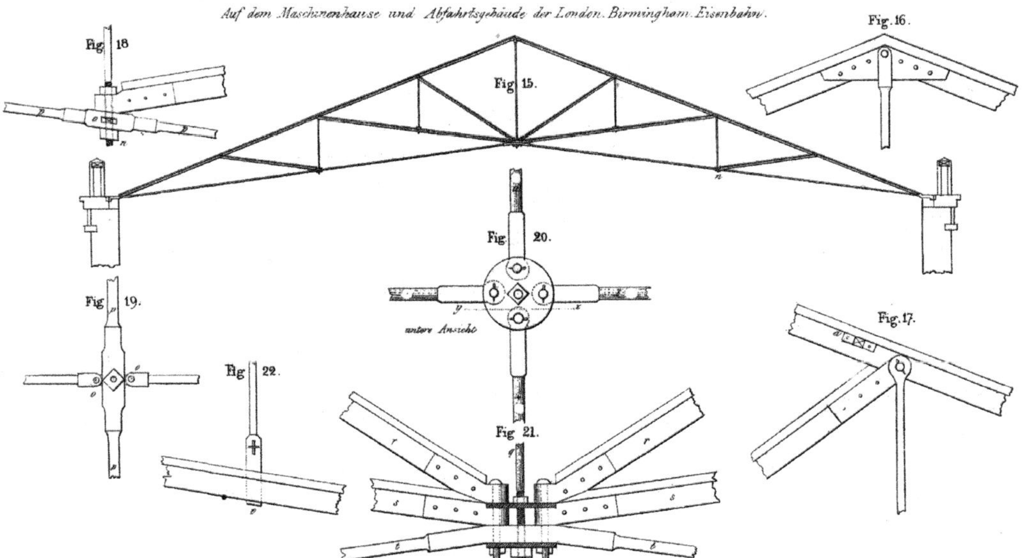

14 Englischer Binder aus Schmiedeeisen, erbaut als Dachkonstruktion der London-Birmingham-Eisenbahn in London 1835. Beispiel einer filigranen Dachkonstruktion aus der Frühzeit der Industrialisierung.

1.4 Die Entwicklung des Stahlbaus im 20. Jahrhundert

■ Der Stahlbau setzte sich rasch in England, Frankreich und Belgien durch. Erst mit dem Beginn des 20. Jahrhunderts wurden auch in Deutschland vermehrt Stahlbauten im Geschoss- und Industriebau verwirklicht (**15**). Umso wichtiger waren diese Bauwerke für die weitere Entwicklung der Moderne ab 1910. Schlüsselbauwerke waren die *AEG*-Turbinenhalle in Berlin von Peter Behrens (**16**), die chemische Fabrik in Luban bei Posen von Hans Poelzig und das Faguswerk von Walter Gropius in Alfeld.

Insbesondere die Weiterentwicklung des Skelettbaus und der *curtain wall* bereitete den modernen Stahlskelettbau mit der vorgehängten Stahl-Glas-Fassade vor, wie ihn bereits Mies van der Rohe in einem Hochhausprojekt 1920 visionär skizzierte.

Der wirkliche internationale Durchbruch des Stahlbaus wurde von Mies van der Rohe 1938 am *IIT* in Chicago vorbereitet, wohin Mies nach seiner Tätigkeit als Leiter des Bauhauses berufen worden war. Nach dem 2. Weltkrieg trat die wirkliche Blüte des Stahlbaus ein, der sich im Hochhausbau, Verwaltungsbau und auch im Wohnungsbau mit der architektonischen Erscheinungsform des *International Style* sehr schnell entwickelte.

15 Zeppelinhalle in Deutschland um 1910. Bis zum ersten Weltkrieg waren alle für den Stahlbau bis heute gängigen Tragwerke entwickelt. Der Weg zum modernen Stahlleichtbau war auch im Industriebau bereits eingeschlagen.

16 *AEG*-Produktionshalle von Peter Behrens. Dreigelenkrahmen mit Kranbahn, um 1910. Peter Behrens errichtete für die *AEG* Berlin eine Reihe von wegweisenden Industriehallen. Die bedeutendste war die gezeigte AEG-Maschinenhalle.

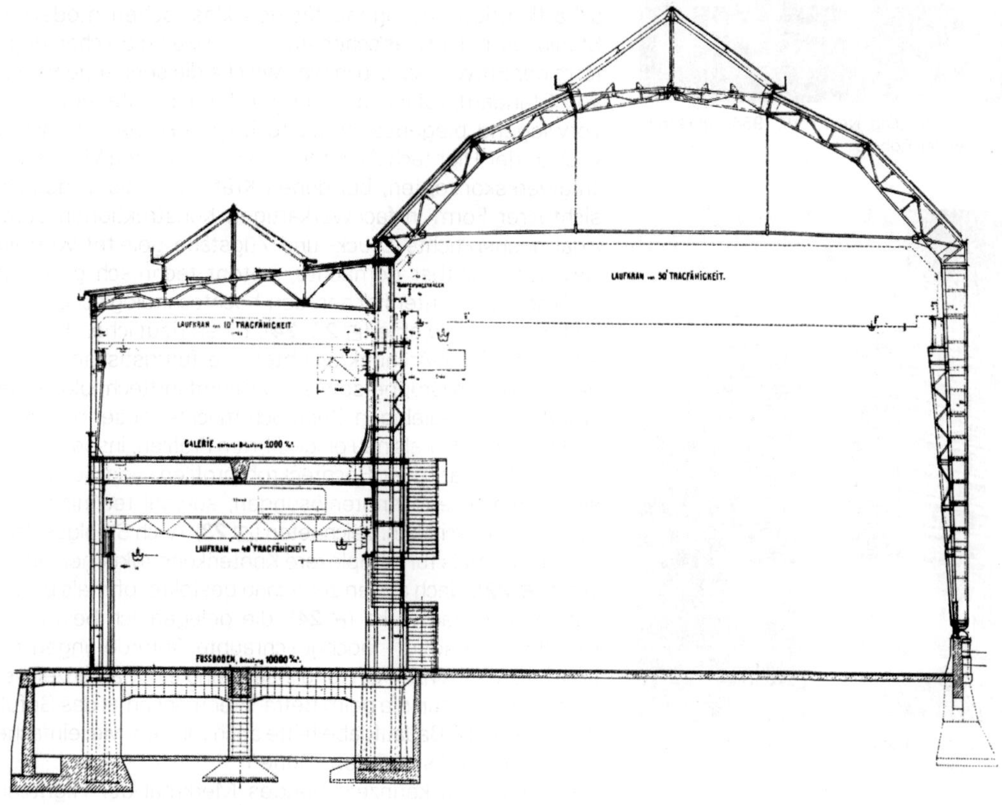

17 *Seagram Building*, New York, 1954–58 (Arch.: L Mies van der Rohe).

19 Hauptverwaltung der Firma *Olivetti* in Frankfurt am Main von E Eiermann, 1968–1970.

In den USA sind hier insbesondere die Bauwerke von Mies van der Rohe (1949/50 *Lake Shore Drive, Seagram Building 1954,* **17**) und Skidmore, Owings and Merrill (*Alco-Building* 1951, *Lever-Building* 1951, *John-Hancock Center* **18**) zu nennen. Im Wohnungsbau in den USA lässt sich ergänzend das innovative *Case Study Program* als prototypischer Ansatz für neue Wohnbaukonzepte anführen. Diese Entwicklung brachte nach dem Beginn des Wiederaufbaus am Anfang der 1950er Jahre – davor waren Stahl und Stahlbauwerke in Deutschland zu teuer – neue eigenständige Interpretationen des Stahlskelettbaus hervor, hier vor allem durch Architekten wie Sep Ruf und Egon Eiermann, die sich 1958 mit ihrem Pavillon zur Brüsseler Weltausstellung einen internationalen Ruf erwarben und Stahl für ihre folgenden, stets wegweisenden Bürobauten einsetzten (**19**). Diese Tradition des disziplinierten, manchmal asketischen Skelettbaus wurde später von weiteren Architekten wie Fritz Haller (**20**), Peter C. von Seidlein (**21**) und Kurt Ackermann weitergeführt.

Eine innovative und durchaus auf überhöhte Darstellung der Technik abzielende Fortsetzung fand der Stahlbau in der *Hightech*-Architektur seit den 1960er Jahren. Hier blieben die Ideen des industriellen Bauens, allerdings in abgewandelter Form, lebendig. Die Gedanken der Vorfertigung, des Montagebaus und des elementierten Bauens wurden in programmatischer Form neu thematisiert. Die strenge und scharfkantige Orthogonalität des klassischen modernen Stahlbaus in der Mies'schen Tradition, die eine Erscheinungsform der Entwurfsdisziplin war, welche die sehr enge Palette von Standardprofilen dem Entwerfenden auferlegte, und vorwiegend biegebeanspruchte Tragwerke hervorbrachte, wich in der Hightech-Architektur einer größeren Vielfalt von Tragwerkskonzepten, bei denen Kräfte oftmals in deutlich sichtbarer Form in fachwerkartigen Konstruktionen durch axial beanspruchte Druck- und Zugstäbe geleitet wurden. Bewusst sichtbar gemachte, betont technisch geprägte Verbindungen unterstrichen den hochtechnologischen Charakter dieser Projekte (**22–24**). Einen deutlichen Einfluss auf diese Stahl-Architektur übten die futuristischen Ideen der *Archigram*-Gruppe sowie die Raumfahrttechnologie der NASA aus. Ausgiebigen Gebrauch machte dieser neuartige Stahlbau von damals neu eingeführten Profilen, insbesondere Rund-, Quadrat- oder Rechteckrohrprofilen, und Seilen, die sich durch eigene Knotenlösungen, sowohl technisch wie formalästhetisch, kennzeichneten (**23**). Auch Stahlgussteile wurden oftmals für komplexere Knotenkonstruktionen eingesetzt (**22**). Nach außen zur Schau gestellte, oftmals betont aufwendige Tragwerke (**24**), die gelegentlich bewusst – manchmal unnötig – hochgeschraubte Anforderungen mit hohem technischen Aufwand lösen, sind ein Markenzeichen dieser Architektur, die beim Betrachter manchmal das Gefühl hinterlässt, die Bauaufgabe hätte auch mit sehr viel einfacheren Mitteln gelöst werden können.

Ein weiteres kennzeichnendes Merkmal der Hightech-

18 *John Hancock Center*, Chicago, 1970 (Arch.: SOM).

20 Beispiel für die Anwendung eines Stahlbausystems im Wohnungsbau (Arch.: F Haller).

21 Druckerei des Süddeutschen Verlags, München-Steinhausen (Arch.: P C von Seidlein).

22 Der Einsatz von industriellen Rohrprofilen, Zugstäben und individuell gefertigten Stahlgussteilen für die Knoten unterstreicht den gewollt technologischen Charakter der Hightech-Architektur (*Centre Pompidou*, Paris; Arch.: Piano & Rogers).

23 Für Hightech-Architektur kennzeichnende Aufgliederung der Kraftwirkung in ein exponiertes Gefache von Zug- und Druckstäben. Die Verbindungen werden mit in ihrem technischen Charakter deutlich überhöht (*Centre Pompidou*, Paris).

☞ [a] **Band 3**, *Kap. XIII-6 Punktgehaltene Glashüllen*

24 *Hongkong and Shanghai Bank*, Hongkong, 1979–86 (Arch.: N Foster).

25 Punktgehaltene Glasfassaden sollen in der Hightecharchitektur den Eindruck kompletter Immaterialität von Gebäudehüllen vermitteln (*Centro Reina Sofía*, Madrid; Ing: RFR Paris).

Architektur ist das Bestreben, Sekundärkonstruktionen von Glashüllen bis auf das technisch realisierbare materielle Minimum zu reduzieren und dadurch der Gebäudehülle den Anschein vollständiger Immaterialität zu verleihen. Die technische Grundlage für diese Facette war die Entwicklung seilverspannter, punktgehaltener Glaskonstruktionen (**25**).[a]

In den letzten Jahren hat sich die Tendenz verstärkt, formal expressive Entwurfskonzepte mit oftmals gekrümmten, geometrisch teilweise sehr komplexen Formen zu realisieren. Beispiele sind Projekte von Santiago Calatrava (**26**), Zaha Hadid, Frank Gehry (**27**), Daniel Libeskind, Herzog & de Meuron (**27–30**) u. a. Ein ikonischer Stellenwert wurde dabei insbesondere dem Projekt des Guggenheim-Museums in Bilbao von Frank Gehry zuteil (**27**), das mit seiner weltweiten Bekanntheit nicht nur für diese Auffassung architektonischen Schaffens, sondern selbst für die Stadtentwicklung seines Standorts sehr wichtige Impulse gegeben hat. Die mediale Verbreitung dieser außerordentlich spektakulären Projekte unterstützt ihre symbolische Bedeutung und bewirkt, dass formale Faktoren eine absolut dominierende Rolle bei der Entwicklung dieser Entwürfe spielen.

Ein weiterer unterstützender Faktor, der diese Architekturtendenzen begünstigt hat, sind moderne digitale Planungswerkzeuge und automatisierte Fertigungsanlagen. Erst diese ermöglichen, die teilweise extreme Komplexität dieser Projekte sowohl in Planung wie auch in Ausführung zu bewältigen. Ferner erlauben die besonderen Eigenschaften des Werkstoffs Stahl, hier insbesondere seine hohe Festigkeit, sowie moderne Verbindungstechniken die mitunter sehr feingliedrigen und geometrisch sehr komplexen Bauformen zu realisieren.

Mit dieser Entwicklung sind althergebrachte fundamentale Grundsätze des Entwerfens und Konstruierens, wie die klassische Vorstellung der Materialgerechtigkeit und der bautypischen Ökonomie bzw. Angemessenheit der Mittel, praktisch ausgehebelt worden. Die konstruktiv inspirierte Formgebung des klassischen Skelettbaus der Mies'schen Schule verliert bei dieser Art von Projekten ihre Signifikanz. Herkömmliche Erwägungen der vernünftigen Relation zwischen Aufwand und Ergebnis sind auf diese Architektur nicht wirklich anwendbar, da nicht der vordergründige Nutzwert und die statisch-konstruktive Effizienz im Vordergrund stehen, sondern die spektakuläre Gebäudeform, die über ihre visuelle Ausdruckskraft und geeignete mediale Verbreitung einen entsprechenden Mehrwert zu generieren verspricht.

Dabei werden, aus traditioneller ingenieurtechnischer Sicht, manchmal schlichtweg sinnwidrige, technisch mitunter selbst mit moderner Bautechnik kaum realisierbare Konzepte billigend in Kauf genommen. Moderne Planungswerkzeuge und Stahlbautechnik machen die Realisierung allen Widerständen zum Trotz möglich; nach oben offene Baubudgets dieser meist sehr prominenten, manchmal politisch relevanten Projekte öffnen auch den bizarrsten Entwürfen Tür und Tor.

Es erscheint allerdings zweifelhaft, ob diese Entwurfsphilosophie eine Richtlinie für künftige Entwicklungen der Massenbautätigkeit, wie sie die große Mehrheit in ihrem täglichen Umfeld persönlich betrifft, liefern kann. Es scheint plausibler, dass diese spektakulären und medienwirksamen, teilweise außerordentlich teuren Einzelprojekte eher kapriziöse Hervorbringungen wohlhabender Gesellschaften bleiben und kein wirklich brauchbares Modell für eine nachhaltigen, zukunftsorientierten Einsatz des Werkstoffs Stahl liefern werden.

☞ *Vgl. hierzu auch die Überlegungen in **Band 4**, Kap. 5., Abschn. 9. Die neue Fromenfreiheit – ein Appell*

27 Guggenheim-Museum Bilbao (Arch.: F Gehry).

28 Olympiastadion Beijing. Die formale Gestaltung als „Vogelnest" spielt bei diesem Projekt die alles dominierende Rolle. Weder das konstitutive Bauprinzip eines Nests (aneinander vorbeilaufende, durch Formschluss und Reibung verbundene Stäbe), noch Erwägungen des Leichtbaus durch Nutzung einer Schalenwirkung infolge Krümmung haben bei dieser schweren Rahmenkonstruktion die geringste Rolle gespielt (Arch.: Herzog deMeuron, Ai Weiwei).

26 *BCE-Place*, Toronto (Arch.: S Calatrava).

29 Olympiastadion Beijing. Umfangreiche Schweißarbeiten waren vor Ort unter den widrigsten Umständen nötig, um die zahlreichen individualisierten Knoten aus Kastenprofilen auszuführen. Herkömmliche Grundsätze eines effizienten Montageprozesses waren hierbei nachrangig.

30 Olympiastadion Beijing. Die zweiachsig gekrümmte Geometrie des Tragwerks führt zu Verkrümmung und Tordierung der kastenförmigen Gitterstäbe und somit zu windschiefen Flächen.

2. Grundsätzliche Aspekte des Stahlbaus

☞ ***Band 1,*** *Kap. IV-6 Stahl, S. 294 ff, sowie ebd. Kap. V-3 Stahlprodukte, S. 430 ff*

■ Der Begriff **Stahlbau** ist noch keine 100 Jahre alt. Er hat sich erst in den 1920er Jahren durchgesetzt. Davor sprach man vom Eisenbau. Moderner Stahl ist, im Vergleich mit dem älteren Schmiede- oder Gusseisen, durch einen verhältnismäßig niedrigen Kohlenstoffgehalt gekennzeichnet. Der Werkstoff besitzt Zähfestigkeit sowie hohe Druck- und Zugfestigkeit. Baustähle bieten große Duktilität bei mäßigen Festigkeitswerten; Hochleistungsstähle sehr hohe Festigkeiten bei erhöhter Sprödigkeit. Weitere Stahlsorten lassen sich auf bestimmte spezielle Einsatzzwecke hin optimieren, wie beispielsweise wetterfeste Stähle, nichtrostende Stähle, etc.

2.1 Eigenschaften von Stahltragwerken

📖 *DIN EN 1993-1-1, 1-2*

■ Der moderne Stahlbau ist durch die Verwendung von genormtem, industriell gefertigtem Halbzeug – stabförmige (⧉ **31**) und flächige Grundelemente (⧉ **32**) – gekennzeichnet. Die Umsetzung halbfertiger Industrieprodukte des Stahls zu Hochbaukonstruktionen führt im Hochbau nahezu ausnahmslos zu Skelettbauten, die sich insbesondere durch die hohe Tragfähigkeit und Steifigkeit ihrer Elemente auszeichnen, und somit auch durch ihre sich daraus ergebende Schlankheit (⧉ **34**). Dank dieser werkstoffbedingten Charakteristik lassen sich dem Stahl besonders anspruchsvolle Bauaufgaben zuweisen, die bis zum heutigen Zeitpunkt ausschließlich mit den einzigartigen Möglichkeiten dieses Materials bewältigt werden können. Dies gilt für Hochhausbauten wie auch für weitgespannte Brückenbauwerke und zugbeanspruchte Konstruktionen des extremen Leichtbaus.

Die günstigen Eigenschaften des Stahls im Geschossbau wurden durch die Entwicklung des modernen Stahl-Beton-Verbundbaus wesentlich erweitert. Insbesondere die mangelhaften Brandschutzeigenschaften des Stahls konnten im Verbund mit Stahlbeton verbessert werden.

📖 *DIN EN 1090-2*

Stahl ermöglicht somit die Ausführung von Tragwerken mit großen Stützweiten sowie den Bau von festpunktarmen Bauwerken, die in ihrer Nutzung im Geschossbau ein Höchstmaß an grundrisslicher Offenheit und Flexibilität ermöglichen. Die Schaffung von perforierten oder gitterförmigen Tragbauteilen mit der Möglichkeit einfacher Installationsführung (⧉ **33**), wie Loch-, Waben- oder Fachwerkträger, spielt insbesondere beim Bau hochinstallierter Gebäude oder bei Fragen der Gebäudeumnutzung eine wichtige Rolle.

☞ ***Band 1,*** *Kap. III-5, Abschn. 3. Vergleichende Betrachtung der Ökobilanzdaten der wichtigsten Werkstoffe, S. 160 f*

Weniger schmeichelhaft sind die Ökobilanzwerte des Werkstoffs, für dessen Herstellung, jedenfalls gegenwärtig noch, sehr große Mengen an nichterneuerbarer Energie aufgebraucht werden müssen und eine starke Umweltbelastung in Kauf genommen werden muss. Dies ist sozusagen der Preis, der heute für die Verfügbarmachung der extremen mechanischen Leistungswerte dieses Werkstoffs zu entrichten ist.

2.2 Baudurchführung von Stahlbauten

■ Wie beim Holzbau handelt es sich bei Stahlbau um eine **Montagebauweise**. Die Fertigung der Bauelemente, Bau-

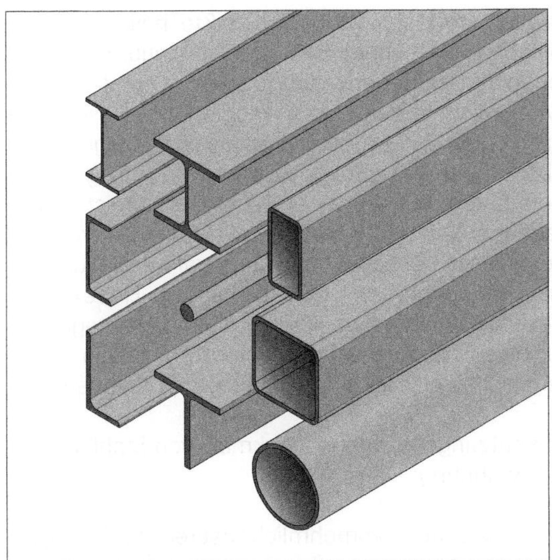

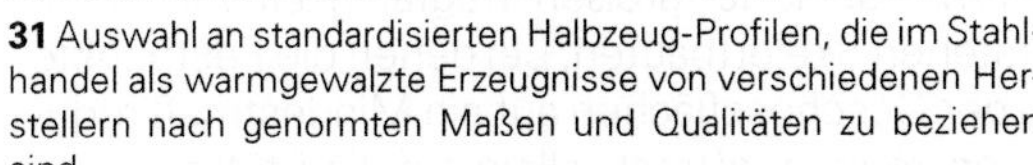

31 Auswahl an standardisierten Halbzeug-Profilen, die im Stahlhandel als warmgewalzte Erzeugnisse von verschiedenen Herstellern nach genormten Maßen und Qualitäten zu beziehen sind.

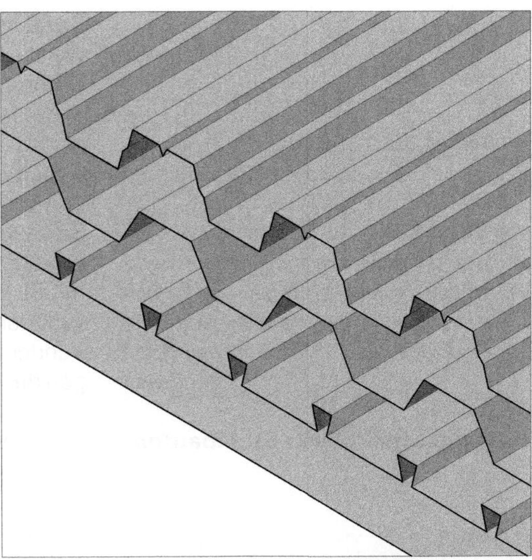

32 Warmgewalztes Stahlband (ganz unten) und kaltgewalzte Trapezbleche als Beispiele für flächenbildendes Halbzeug aus Stahl.

teile oder Bauteilgruppen erfolgt im Werk. Vor Ort auf der Baustelle werden diese trocken – d. h. ohne Abbindefristen oder Baufeuchte – in kurzen Montagezeiten zum fertigen Bauwerk zusammengefügt. Der reine Stahlbau lässt eine weitgehend witterungsunabhängige Montage des Tragwerks zu. Durch die Möglichkeiten des Montagebaus und die Einfachheit des für den modernen Stahlbau gut geeigneten Differenzialbauprinzips werden im Vergleich zu anderen Bauweisen extrem kurze Bauzeiten verwirklicht (**36**).

Das Bauen mit Stahl ermöglicht ein außerordentlich präzises Arbeiten mit engen Toleranzen, so wie dies kein anderer für Primärtragwerke geeigneter Werkstoff im Hochbau zulässt. Die Genauigkeit des Stahls lässt die passgenaue Montage der im Baufortgang folgenden Ausbauelemente zu, insbesondere der leichten Außenwände.

☞ ***Band 1**, Kap. I, Abschn. 3.1.1 Der Begriff der Bauweise, S. 14*

DIN EN 1090-2

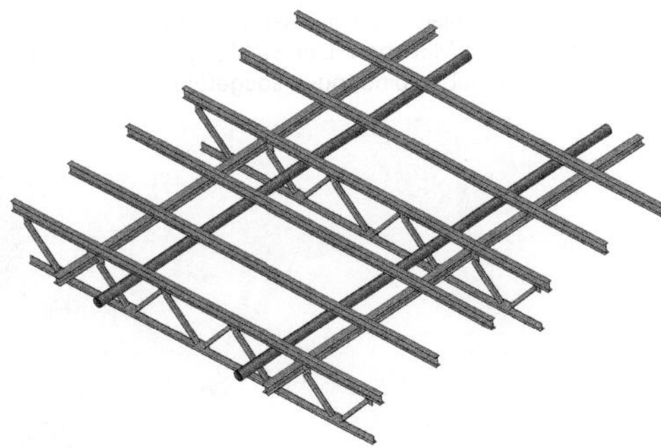

33 Schaffung von einfach installierbaren Dach- oder Deckentragwerken, die eine hohe Ausbaudichte ermöglichen.

34 Die hohe Festigkeit und Steifigkeit von Stahl erlaubt außerordentliche Schlankheit und Feingliedrigkeit des Tragwerks.

☞ ***Band 3**, Kap. XII-8, Abschn. 2. Schweißen von Stahlbauteilen*

☞ ***Band 3**, Kap. XII-5, Abschn. 2.5 Zweiseitig zugängliche Schraubverbindungen > 2.5.1 Stahl mit Stahl > Klassen von Verbindungen im Stahlbau; siehe auch ebda. Kap. XII-4, Abschn. 4.1 Verbindungen durch Auflegen*

Der Einsatz von stoffschlüssiger Schweißtechnik im Werk, welche unlösbare, dem ungestörten Stoffkontinuum sehr nahekommende Verbindungen erzeugt, stellt im Vergleich mit anderen Materialien und Fügetechnologien eine Besonderheit dar. Das Schweißen einzelner Bauteile oder Baugruppen erfolgt dabei wegen der gut kontrollierbaren Bedingungen im Werk, die Endmontage auf der Baustelle zumeist durch Schraubverbindungen (**35, 36**). Bei der Montage kommen vorzugsweise rasch herzustellende Querkraftverbindungen mit SL-Verschraubungen zum Einsatz. Längere Hebezeiten von Stahlteilen zu diesem Zweck sind im Stahl-Montagebau – anders als beispielsweise bei Stahlbeton-Fertigteilen – wegen der vergleichsweise leichten Bauteile, unproblematisch.

2.3 Nutzungsaspekte von Stahlbauten

■ Folgende nutzungsbezogene Merkmale von Stahlbauten verdienen Erwähnung:

35 Stahlbautypischer gelenkiger Schraubanschluss eines Trägers an eine Stütze. Diese Art von Differenzialverbindungen lassen sich auf der Baustelle in kürzester Zeit herstellen.

- Durch die Verwendung vornehmlich linearer, stabförmiger Bauteile sowie dank der großen Tragfähigkeit von Stahlteilen entstehen Skelettbauten, bei denen die Festpunkte innerhalb der Geschossflächen auf ein Mindestmaß reduziert werden können, oftmals allein auf die Stützen.
- Durch die verhältnismäßig leichte Veränderbarkeit von Tragwerken bieten sich zahlreiche Möglichkeiten für Ergänzung und Nutzungsanpassung – ein Faktor, der insbesondere im Industrie- und Verwaltungsbau große Bedeutung besitzt. Durch die im Stahlbau üblichen Verbindungs- und Montagetechniken lassen sich Bauwerke flexibel an veränderte Nutzungsanforderungen anpassen.
- Die leichte Demontierbarkeit von Stahlbauten bietet auch bei Rückführung und Recycling bedeutende Vorteile; darüber hinaus ist Altstahl, anders als die meisten konkurrierenden Werkstoffe, nahezu vollständig rezyklierbar und ohne Qualitätseinbußen in beliebig vielen Recyclingzyklen wiederverwendbar. Dies verbessert etwas die ansonsten eher problematische Umweltqualität des Stahls.

☞ ***Band 1**, Kap. III-6, Abschn. 3. Recycling von Stahl, S. 171 ff*

36 (Unten links) typische Schraubmontage im Stahlbau.

37 (Unten rechts) Bau einer Eislaufhalle von Ackermann & P (Arch.) und Schlaich, Bergermann & P (Ing.) auf dem Olympiagelände in München. Der Stahlbau wird als Montagebau mit Schraubverbindungen ausgeführt.

Brandschutz

■ Beim Konstruieren mit Stahl ist stets zu berücksichtigen, dass der Werkstoff angemessen gegen Brand und Korrosion zu schützen ist. Insbesondere der Brandschutz bedingt, vor allem bei längeren Feuerwiderstandsdauern, den Verbund mit Beton in einer Verbundkonstruktion oder ein Beschichten oder gehäuseartiges Verkleiden der Stahlbauteile, die den präzisen, filigranen und scharfkantigen visuellen Charakter des Werkstoffs stark beeinträchtigen.

☞ *Die werkstoffbezogenen Grundlagen zum Brandschutz von Stahl werden an anderer Stelle diskutiert:* ***Band 1****, Kap. VI-5, Abschn. 10.4 Bauteile aus Stahl, S. 810 ff*

Besonders gemessen an seinem erfolgreichsten Konkurrenten im Hochbau, nämlich dem Stahlbeton, zeigt der Werkstoff Schwächen in seiner Widerstandsfähigkeit gegen Brand, die heute vielfach dazu geführt haben, dass Hochbautragwerke in Beton statt in Stahl ausgeführt werden. Katastrophale Ereignisse wie der Einsturz der Türme des *World Trade Centers* haben dazu beigetragen, dass Betontragwerke oftmals gegenüber Stahltragwerken vorgezogen werden.

Anforderungen an den Brandschutz von Stahlbauten – Stahltragwerke müssen ab zwei Vollgeschossen gegen die Einwirkung von Bränden geschützt werden – ziehen notwendige Maßnahmen nach sich, wie beispielsweise:

📖 *DIN EN 1993-1-2*

- Anstriche/dämmschichtbildende Beschichtungen;
- Ummantelungen;
- Sprinkleranlagen/wassergefüllte Profile;
- Verbundkonstruktionen in Kombination mit Beton.

Korrosionsschutz

■ Bei der Bewitterung von Stahltragwerken wirkt sich ausgerechnet die größte Stärke des Werkstoffs, nämlich seine hohe Festigkeit, paradoxerweise als Nachteil aus, da die zumeist außerordentlich feingliedrigen Tragwerke der Korrosion eine im Verhältnis besonders große Oberfläche exponieren. Dies trifft, auf der Ebene der Tragelemente, besonders auf Fachwerke; auf der Ebene der Bauteile, auf offene Profilstähle zu, ein Standard-Halbzeug, das beim Konstruieren mit Stahl am häufigsten eingesetzt wird. Geschlossene Rohrprofile sind in dieser Hinsicht günstiger.

Für den **Korrosionsschutz** von Stahlbauten sind vom Konstrukteur geeignete Schutzmaßnahmen zu treffen:

☞ ***Band 1****, Kap. VI-6, Abschn. 2. Korrosion von metallischen Werkstoffen, S. 826 ff*

- Anstriche (🗗 **38**);
- Kunststoffbeschichtungen;
- edle und unedle Beschichtungen (v. a. Zink, Chrom);
- Duplex-Systeme: Beschichtung von feuerverzinkten Stahlbauteilen mit geeigneten Stoffen (Epoxidharz, Acrylharz);
- Wahl schutzschichtbildender/nichtrostender Stähle.

2.6

Nachhaltigkeit

☞ **Band 1**, Kap. III-2, Abschn. 2.4 Ökobilanz-Indikatoren, S. 110 ff, sowie ebda. Kap. III-5, ⧉ **7** auf S. 156, und Abschn. 3. Vergleichende Betrachtung der Ökobilanzdaten der wichtigsten Werkstoffe, S. 160 f

■ Es steht außer Zweifel, dass die Ökobilanz des Werkstoffs Stahl, was Ressourcenverbrauch und Umweltwirkungen angeht, im Vergleich mit anderen Werkstoffen für Primärtragwerke derzeit eine negative ist. Dieser Umstand lässt sich, trotz anderslautender Beteuerungen der Stahlindustrie und gewisser Verfechter ihrer Interessen, nicht wegdiskutieren und ist mit nachprüfbaren Zahlen belegbar. Selbst rezyklierter Stahl (⧉ **39, 40**) zeigt noch ein Mehrfaches an umweltbelastender Wirkung im Vergleich mit Konkurrenzwerkstoffen. Allerdings gilt gleichzeitig, dass einmal vehütteter Stahl praktisch zeitlich unbegrenzt weiterhin als rezyklierter Stahl, ohne Qualitätseinbuße, zur Verfügung steht, da beliebig viele Wiederverwendungszyklen möglich sind. Auf längere Zeiträume bezogen ist dies zumindest ein gewichtiger sachbilanzbezogener Faktor, der die ökologische Qualität des Werkstoffs wenigstens eingeschränkt verbessert, obgleich die schädlichen Umweltwirkungen dadurch nicht wesentlich gemildert werden.

☞ Zum Begriff der Sachbilanz: **Band 1**, Kap. III-2, Abschn. 2.4 Ökobilanz-Indikatoren > Sachbilanz, S. 110 f

☞ Zum Begriff des funktionalen Äquivalents: **Band 1**, Kap. III-2, Abschn. 2.1 Das betrachtete System, S. 109, sowie ebda. Kap. III-5, Abschn. 3. Vergleichende Betrachtung der Ökobilanzdaten der wichtigsten Werkstoffe, S. 160 f

Diese nachhaltigkeitsbezogenen Schwächen des Stahls werden indessen, zumindest teilweise, kompensiert, wenn man den Werkstoff anhand von funktionalen Äquivalenten mit anderen Materialien vergleicht, d. h. hinsichtlich ihrer jeweiligen Leistungsfähigkeit bei der Lösung spezifischer Bauaufgaben. Hier spielt wiederum die außerordentlich hohe Festigkeit und Steifigkeit von Stahl eine bedeutende Rolle, die extremen Leichtbau erlaubt mit den damit verbundenen Materialeinsparungen. Ferner gilt, dass gewisse anspruchsvolle bis extreme Bauaufgaben ohne den Werkstoff schlichtweg nicht realisierbar sind. Dies gilt insbesondere für weitgespannte Tragwerke. Mit dieser unbestreitbaren, sozusagen funktionalen Exzellenz des Werkstoffs wird oftmals, in Kompensation seiner umweltbezogenen Schwächen, zugunsten des Stahls argumentiert.

Auch die große Nutzungsflexibilität, die festpunktarme Stahlskelettbauten bieten, ist ein wichtiger nutzungsbezogener, vornehmlich ökonomischer Faktor, der die Ökobilanz von Stahlbauten, abhängig von ihrer Nutzung im Lauf ihres späteren Lebenszyklus, deutlich verbessern kann.

38 Mit Korrosionsschutzanstrich versehene Stahlbauteile.

39 Zu Ballen kompaktiertes Altblech, für Recycling vorbereitet.

40 Abbruch einer Stahlhalle. Anschließendes Recycling des Altstahls.

Konstruieren mit Stahl

Bauen mit genormten Profilen und gelenkigen Anschlüssen

■ Eine elementare Form des Hochbaus mit Stahl beruht auf der Verwendung von genormten **Walzstahlprofilen** als Ausgangsmaterial.[a] Die verhältnismäßig einfache Herstellung von Bauteilen aus genormten Profilen zieht gleichzeitig eine gewisse planerische Einschränkung mit sich, da man von einem begrenzten Katalog von Profilformen kaum abweichen kann. Walzstahl lässt sich unter normalen Umständen praktisch überhaupt nicht nach Spezialwünschen fertigen – anders als beispielsweise Holzquerschnitte. Dennoch verbleiben zahlreiche Möglichkeiten der Herstellung spezieller, an besondere Anforderungen angepasster Bauteile durch Verschweißen von Blechen zu zusammengesetzten Profilen oder durch Anschweißen von Ergänzungsteilen ebenfalls aus Blechen.

📖 *DIN EN 1993-1-11*

☞ [a] ***Band 1**, Kap. V-3, Abschn. 2. Warmgewalzte Baustahlerzeugnisse, S. 435ff*

Mithilfe genormter Stahlprofile lassen sich so auf sehr einfache Weise außerordentlich materialeffiziente Stahltragwerke errichten, die mühelos Spannweiten von 12–15 m und mehr im Geschossbau ermöglichen. Auf diese Weise lassen sich große zusammenhängende, weitgehend festpunktfreie Flächen schaffen, und zwar mit Tragwerken, wie sie im Stahlbetonbau in solcher Schlankheit kaum möglich wären.

📖 *DIN EN 1993-1-1*

Ein Geschossbau aus Stahl lässt sich im Allgemeinen auf wenige Elemente reduzieren: beispielsweise Stahlstützen, Deckenträger, Stahlbetonverbunddecken und aussteifende Elemente, etwa Kerne.

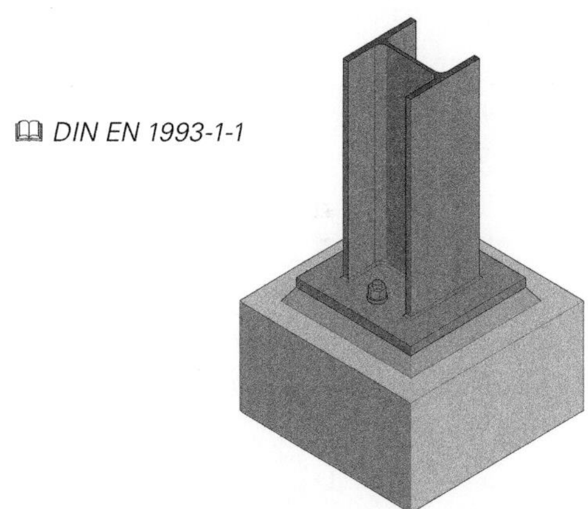

42 Gelenkiger Anschluss einer Stahlstütze an ein Fundament über eine Fußplatte. Die Verbindung ist nicht momentenfähig, die Verschraubung dient lediglich der horizontalen Lagesicherung des Stützenprofils.

Die Anschlüsse lassen sich als gelenkige Querkraftanschlüsse mit Laschen-Schrauben-Verbindungen ausführen, wodurch eine schnelle Montage der Tragwerke gewährleistet wird (**41, 42**). Anders als bei anderen Bauweisen wie Holz- oder Stahlbetonfertigteilbau, sind biegesteife Anschlüsse, wenn die Umstände es nahelegen, mit vertretbarem Aufwand auch auf der Baustelle realisierbar. Gleitfeste GV-Verbindungen, die im Hochbau – im Gegensatz zu Schweißungen – auch vor Ort ausgeführt werden, sind in ihrer Tragfähigkeit und Steifigkeit vergleichbar mit Schweißverbindungen.

☞ ***Band 3**, Kap. XII-5, Abschn. 2.5 Zweiseitig zugängliche Schraubverbindungen > 2.5.1 Stahl mit Stahl*

☞ ***Band 3**, Kap. XII-5, Abschn. 2.5 Zweiseitig zugängliche Schraubverbindungen > 2.5.1 Stahl mit Stahl > Klassen von Verbindungen im Stahlbau*

Skelettbauten werden heute zwecks Ausnutzung der realisierbaren großen Spannweiten mit **weiten Stützenstellungen** sowohl in Haupt- wie auch in Nebenspannrichtung realisiert, was ein Maximum an grundrisslicher Nutzungs-

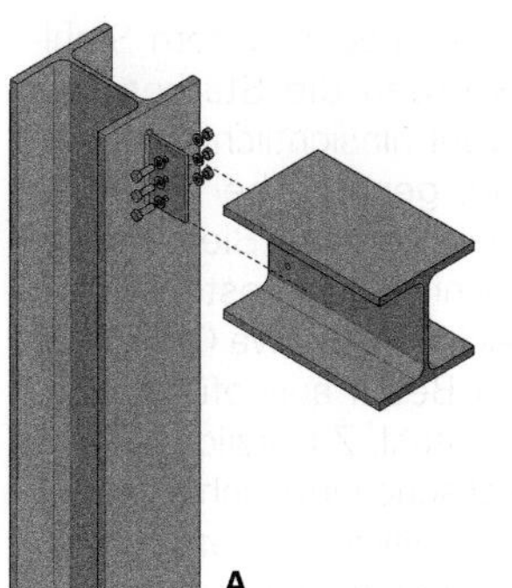

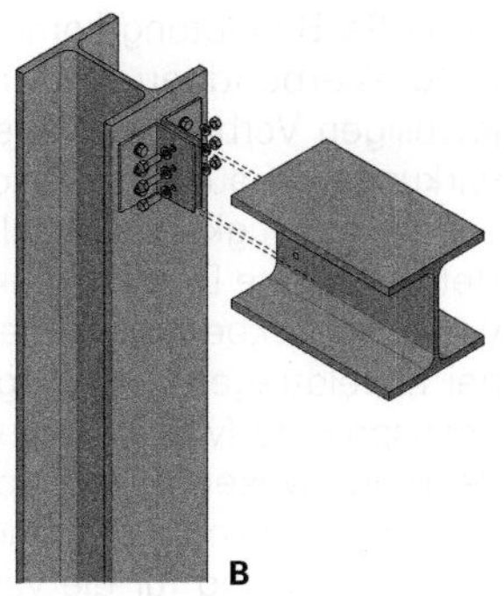

41 Gelenkiger Trägeranschluss an eine Stahlstütze. Zwei Varianten:

A Der Anschluss des Trägers erfolgt über eine einschnittige Verbindung mittels Schrauben. Die Anschlusslasche wird bereits werkseitig an das Stützenprofil angeschweißt. Exzentrizitäten und Biegebeanspruchung im Verbindungsmittel können hierbei problematisch sein.

B Der Anschluss erfolgt bei diesem Beispiel über eine zweischnittige Schraubenverbindung. Die L-förmigen Anschlusslaschen werden ebenfalls mit Schrauben an der Stütze befestigt. Es handelt sich hierbei um eine vollständig lösbare Verbindung.

flexibilität ermöglicht (43): Die Stützen sind gewöhnlich in beiden Raumrichtungen mit Stützfeldern in der Größenordnungen von > 7,20 m aufgestellt. Hier wird mit einer einachsig spannenden Trägerstruktur gearbeitet, wobei Träger bzw. Unterzüge im Regelfall mit Geschossdecken aus Beton zu einer Verbundkonstruktion gekoppelt werden.

☞ *Siehe weiter unten Abschn. 3.3.1 Decken in Verbundbauweise, S. 623 ff*

Wegen des ausgeprägt linear-stabförmigen Charakters der Grundelemente des Stahlbaus (Profilstahl), der bei dieser Bauweise noch stärker ausgeprägt ist als beispielsweise beim Holzbau, sind ungerichtete, d. h. zweiachsig spannende Tragwerke, wie etwa Trägerroste, selten. Hier spielt, wie auch bei anderen Bauweisen wie dem Holzbau, die Schwierigkeit, die zahlreichen Trägerknoten auf der Baustelle auszuführen, die ausschlaggebende Rolle.

Plattenförmige Tragelemente aus Stahl sind auf der Komplexitätsebene des Bauteils nur in Form von Trapezblechen im Einsatz. Massive plattenförmige Bleche kommen im Stahlbau als tragendes Bauelement wegen ihrer großen Gewichte nicht vor.[1]

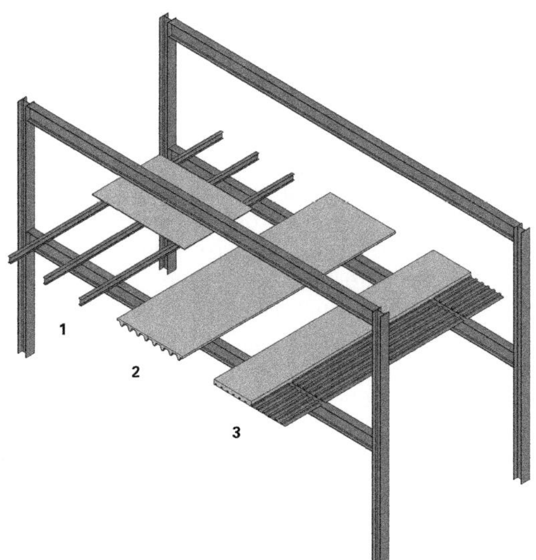

43 Verschiedene Ausführungen von Decken im herkömmlichen Stahlgeschossbau:

1 Deckenträger mit aufliegender Platte
2 Rippenplatte aus Beton
3 Stahl-Beton-Verbunddecke: Aufbeton auf Trapezblech

Verbundbau

DIN EN 1994-1-1, -1-2

■ Große Bedeutung kommt im Stahlhochbau dem Stahl-Beton-Verbundbau zu. Dabei werden die Stärken des jeweiligen Verbundpartners, sowohl hinsichtlich der Tragwirkung wie auch der Ökonomie, genutzt: bei Stahl die hohe Zugfestigkeit, sowohl normal wie unter Biegung; bei Beton die gute Druckfestigkeit bei niedrigen Kosten. Somit werden druckbeanspruchte Bereiche (wie etwa Obergurte bei Einfeldträgern) vorwiegend in Beton ausgeführt, zugbeanspruchte (wie Untergurte) in Stahl. Zusätzlich steuert der Beton wesentliche bauphysikalische Eigenschaften bei, nämlich insbesondere brand- und schallschutzbezogene.

Voraussetzung für die Verbundwirkung zwischen beiden

Werkstoffen ist ihre zug- und schubfeste Verbindung an der Verbundfuge. Das am häufigsten zu diesem Zweck verwendete Verbundmittel ist der **Kopfbolzendübel**. Er wird auf das Stahlteil aufgeschweißt und anschließend im Frischbeton eingebettet. Gleichzeitig ist diese Verbundbauweise mit dem verbundtypischen Nachteil der schwierigen Werkstofftrennung zu Recyclingzwecken behaftet; Stahl und Beton eines Verbundbauteils lassen sich praktisch nur durch seine Zerstörung trennen.

☞ ***Band 1**, Kap. III-6, Abschn. 8. Recycling- und umweltgerechte Gestaltung von Baukonstruktionen, S. 182ff*

Verbundkonstruktionen lassen sich sowohl auf der Baustelle herstellen (wie etwa bei Decken, wo ein Trapezblech als verlorene Schalung dient) (**72, 73**) wie auch im Werk vorfertigen. Die Anschlüsse können im letzteren Fall auf der Baustelle ohne größere Aufwendungen auch durch Verguss realisiert werden (**44**). Auch vergussfreier Verbund mithilfe von gleitfester Verschraubung ist möglich (dübelloser Reibungsverbund).[2]

Verbundkonstruktionen zeichnen sich durch hohe Tragfähigkeit und Steifigkeit aus und erlauben somit schlanke Bauteilabmessungen. Schlanke Stützen maximieren wiederum die Nutzfläche bei den ohnehin festpunktarmen Grundrissen von Stahlskelettbauten. Auch in Fällen, wo bei Betonbauteilen hohe Beanspruchungen zu erhöhten, nicht sinnvoll realisierbaren Bewehrungsdichten führen, stellen Verbundkonstruktionen eine realistische Alternative dar.

☞ [a] *Siehe weiter unten Abschn. 3.3.1 Decken in Verbundbauweise, S. 623ff*

Neben Verbunddecken, die weiter unten behandelt werden,[a] kommen bei stabförmigen Bauteilen insbesondere Kombinationen von Beton und Walzprofilen zum Einsatz. Dabei lassen sich Hohlprofile, wie beispielsweise Rohre, mit Beton ausfüllen (**45 D**); desgleichen die Kammern von I-Profilen (**45 B**, **E**, **F**); oder ganze Walzprofile in Beton einbetten (**45 A**, **C**).

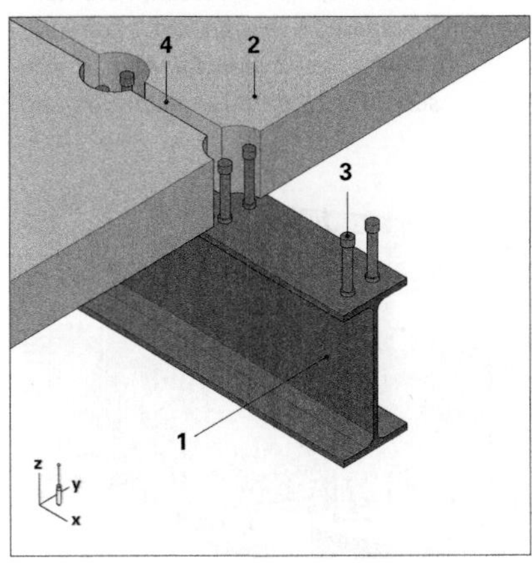

44 Vor Ort durch Verguss hergestellter Verbund zwischen Profilstahl und Fertigteildecke.

1 Profilstahl
2 Fertigteil-Deckenelement
3 Kopfbolzendübel
4 Vergussfuge

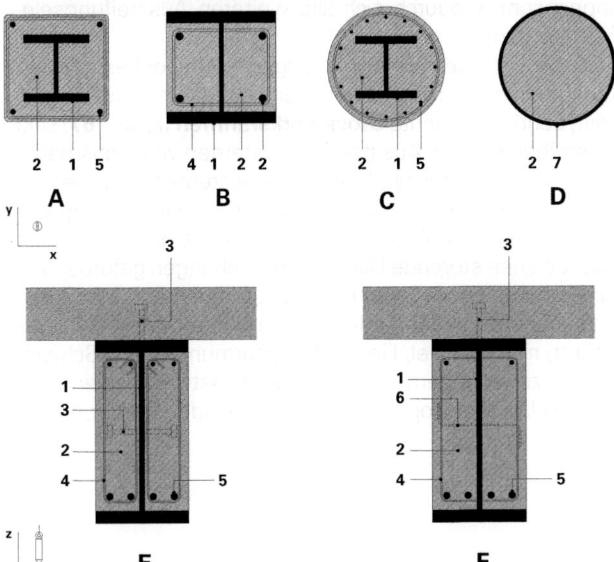

45 Verschiedene Ausführungen von Verbundstützen (oben) und Verbundträgern (unten):

1 Profilstahl
2 Füllbeton
3 Kopfbolzendübel
4 Bewehrungsbügel, geschlossen
5 Zulagebewehrung
6 Anschlussbügel
7 Stahlrohr

3.2

Rahmen und biegesteife Anschlüsse

46 Vor Ort als Montageverbindung geschraubte Rahmenecke. Die konstruktive Lösung entspricht der Variante in 🗗 **48**.

☞ ***Band 3**, Kap. XII-8, Abschn. 2.8 Konstruktive Standardlösungen, insbesondere,* 🗗 **13–20**, *sowie **Band 4**, Kap. 9., Abschn. 7.4 Übertragung von Biegung*

47 Zweigelenkrahmen im Bauzustand. AEG Berlin um 1930.

48 Ausgerundete Rahmenecke zur Stützung der abdeckenden Membrane; radiale Drucksteifen zur Versteifung des Eckblechs.

■ Rahmen entstehen aus der biegesteifen Eckverbindung der lotrechten Bauteile – der Rahmenstiele – mit den waagrechten – den Rahmenriegeln – zu einem in sich steifen ebenen Tragsystem. Hierin unterscheiden sich Rahmentragwerke grundsätzlich von Stabtragwerken mit gelenkigen Anschlüssen zwischen Pendelstützen und Trägern. Die Profile der Rahmenstiele und des Rahmenriegels lassen sich folglich nicht unabhängig voneinander wählen, denn die Profilsteifigkeiten beeinflussen sich gegenseitig. Anders als gelenkige Gefache aus Pendelstützen und Trägern, sind Rahmen in ihrer Ebene steif, ein bedeutender Vorteil insbesondere was ihren Einsatz in Hallentragwerken angeht. Materialintensive Biegebeanspruchungen, die in Hallenquerschnitten den Träger betreffen und größere statische Trägerhöhen nach sich ziehen, verteilen sich hier – beim Rahmen – weitgehend gleichmäßig auf Stiele und Riegel. Sie lassen sich durch Wahl der Steifigkeitsgrade von Riegel und Stiel sogar gezielt in ihrer Verteilung steuern. Hingegen ist bei Rahmen, im Gegensatz zu Systemen mit Pendelstützen, stets mit planmäßigen Horizontalkräften im Auflager zu rechnen, deren Abtragung mit entsprechenden konstruktiven Aufwendungen verbunden ist.

Im Industrie- und Hallenbau sind Rahmensysteme verhältnismäßig häufig anzutreffen (🗗 **46–48**). Notwendigerweise offene, durch keinerlei aussteifende Bauteile gestörte Hallenquerschnitte, wie sie aus nutzungsbezogenen Gründen erforderlich sind, legen vielfach den Einsatz von – in der Hallenquerschnittsebene bereits steifer – Rahmensysteme nahe. Die bei Rahmen unter geeigneten Voraussetzungen günstigen Momentenverteilungen gestatten verhältnismäßig schlanke Querschnitte. Typische Rahmentragwerke sind **Zwei**- und **Dreigelenkrahmensysteme**. Im Industriebau werden Rahmenstiele häufig auch quer zur Rahmenebene eingespannt, wodurch sich alle weiteren Aussteifungselemente erübrigen.

Geschossbauten werden hingegen – ab einer bestimmten Gebäudehöhe – relativ selten über biegesteife Ecken ausgesteift, denn sogenannte **Stockwerksrahmen** (🗗 **64–67**) sind gegenüber anderen Aussteifungssystemen verhältnismäßig weich. Sie entsprechen Vierendeel-Systemen und werden insbesondere dann eingesetzt, wenn in der Nutzung der Innenräume ein hohes Maß an Flexibilität oder auch eine Fassade ohne störende Diagonalverstrebungen gefordert ist.

Bei **Hochhäusern** (🗗 **67**) werden oft, zusätzlich zu anderen Aussteifungssystemen, alle Trägeranschlüsse biegesteif ausgeführt, mit dem Ziel, Horizontalverformungen und Schwingungen zu verringern oder vertikale Aussteifungselemente – beispielsweise Doppelkerne – miteinander zu koppeln.

■ Rahmen sind ein Gefache aus Riegel und Stielen. Aus Sicht des Transports zur Baustelle wird ein Rahmen am vorteilhaftesten in diese Einzelkomponenten aufgegliedert, d.h. in stabförmige Bauteile, die sich in kompakter Packung effizient auf Ladeflächen von LKWs transportieren lassen. Die Folge dieser Art der Elementierung ist, dass der Montagestoß ausgerechnet an der Stelle zu liegen kommt, wo die größten Beanspruchungen auftreten, d.h. in der biegesteifen Ecke. Wie im Stahlbau üblich, werden bei diesen Lösungen Schraubverbindungen eingesetzt (🗗 **51**, **53**).

Ausbildung von Rahmensystemen

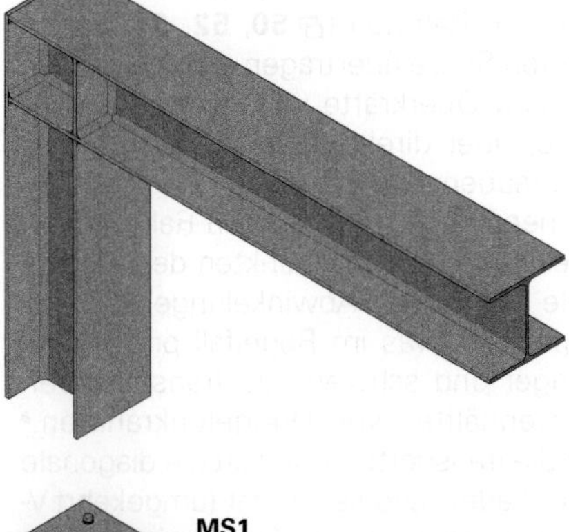

MS

MS1

h

MS2

VT

MS

VT

MS1

DS

MS

MS2

49 (Links) Werkseitig geschweißte Rahmenecke. Lösung für komplett vorgefertigte Rahmen oder Dreigelenkrahmen mit Gelenk im Scheitel.

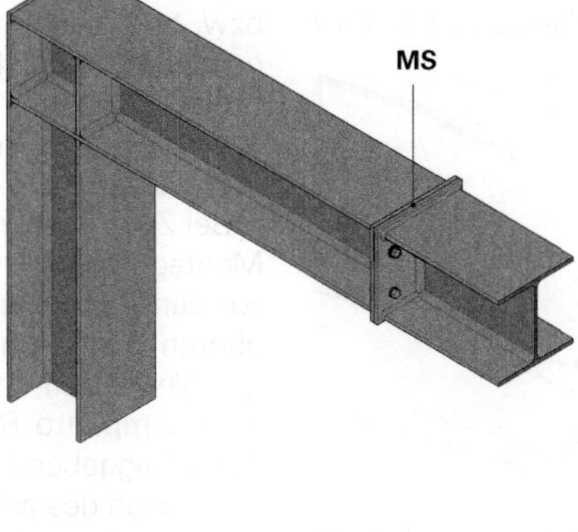

50 (Rechts) Lösung wie 🗗 **49**, jedoch mit Montagestoß **MS** im Momentenullpunkt des Riegels (Zweigelenkrahmen oder eingespannter Rahmen). Einfacher Stirnplattenstoß mit SL-Verschraubung.

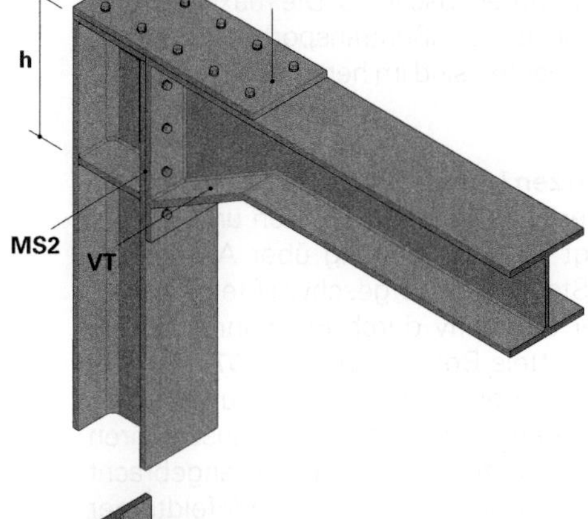

51 (Links) Montagestoß **MS** in der biegesteifen Ecke. Biegezugkräfte werden über eine aufgesetzte Platte und eine auf Scherung beanspruchte Verschraubung übertragen (**MS1**); Biegedruckkräfte über Druckkontakt an der Stirnplatte (**MS2**); Querkräfte über scherbeanpruchte Verschraubung (**MS2**). Eine Voutung **VT** am Riegelende vergrößert den inneren Hebelarm **h** der Verbindung und verringert die Biegezug- und -druckkräfte.

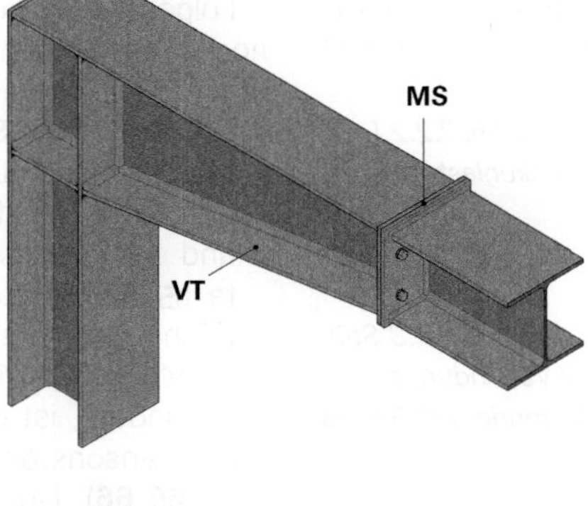

52 (Rechts) Lösung wie 🗗 **50**, jedoch mit gevoutetem Riegelende **VT** zur besseren Aufnahme der großen Biegemomente, analog zu 🗗 **34**.

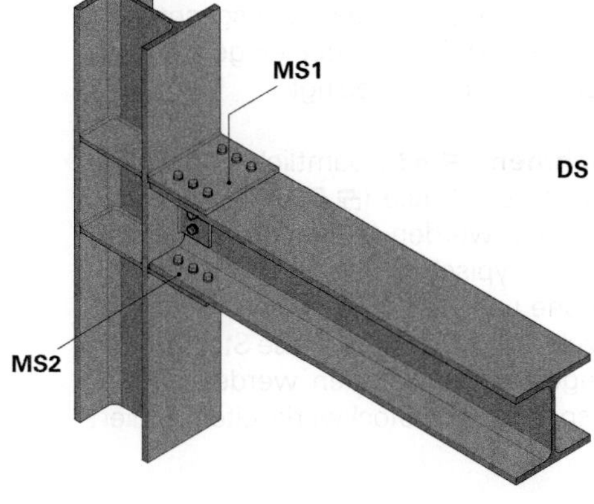

53 (Links) Montagestoß in der biegesteifen Ecke bei durchlaufendem Stiel; Typische Lösung bei Stockwerksrahmen. Biegezug- und -druckkräfte werden jeweils über scherbeanspruchte Verschraubung an den beiden Flanschen übertragen (**MS1** und **MS2**) .

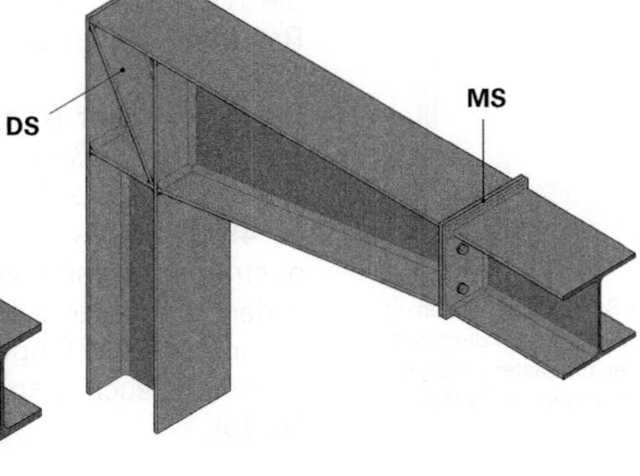

54 (Rechts) Lösung wie 🗗 **52**, jedoch mit diagonaler Drucksteife **DS** im Eckfeld zur zusätzlichen Versteifung.

Lösungen mit werkseitig geschweißten Rahmenecken (🗗 **49**, **50**, **52**, **54**) bieten demgegenüber Vorteile: Der am stärksten beanspruchte Knoten lässt sich einfacher in der Werkstatt herstellen, sodass die Montagestöße ebenfalls einfacher und rascher ausgeführt werden können. Dies setzt voraus, dass man entweder ganz ohne Montagestöße arbeitet, wie bei einem komplett vorgefertigten Rahmen (der allerdings nur bei kleineren Dimensionen als Ganzes transportiert werden kann), oder dass diese an eine andere Stelle verlegt werden. Dies kann wie beim Dreigelenkrahmen der Scheitelpunkt in Elementmitte sein oder ansonsten ein Momentennullpunkt im Riegel beim Zweigelenkrahmen bzw. beim eingespannten Rahmen (🗗 **50**, **52**, **54**). Diese geschraubt ausgeführten Stöße übertragen die anfallenden Kräfte, d.h. Normal- und Querkräfte und gegebenenfalls kleine Biegemomente, über direkten Druckkontakt bzw. durch einfache SL-Schraubenverbindungen.

☞ ***Band 1***, *Kap. VI-2, Abschn. 7.2.1 Zweigelenkrahmen unter Streckenlast, S. 574 ff*

55 Rahmenecke mit angefügter Voutung; die obere Dreifachverschraubung erhält auf der Stielseite zwei Steifen als Abstützbleche, um das Verbiegen des schwachen Stielflansches unter der Zugbeanspruchung zu verhindern und die Kraft in den in dieser Richtung steiferen Steg einzuleiten.

Bei Zweigelenkrahmen oder eingespannten Rahmen mit Montagestößen in den Momentennullpunkten des Riegels werden Rahmenstiele mit kurzen Abwinkelungen an den oberen Enden transportiert, was im Regelfall problemlos ist. Wesentlich sperriger und schwerer zu transportieren sind komplette Rahmenhälften von Dreigelenkrahmen.[a] Ausschlaggebend für die Transportfähigkeit ist die diagonale Dimension des auf der Ladefläche senkrecht (umgekehrt V-förmig) aufgestellten Rahmenabschnitts. Die maximale Größe liegt bei herkömmlichem Straßentransport bei rund 4 m.

☞ [a] ***Band 1***, *Kap. VI-2, Abschn. 7.2.2 Dreigelenkrahmen unter Streckenlast, S. 578 ff*

Folgende Rahmenvarianten sind im herkömmlichen Stahlhochbau gebräuchlich:

- **Eingespannte Stützen** (🗗 **56**): einfachste Form der Ausbildung eines steifen Gefaches aus Stützen und Balken. Im Stahlbau erfolgt die Einspannung über Ankereisen und einer auf die Stahlstütze aufgeschweißten Fußplatte (🗗 **65**, **66**) oder alternativ durch Einspannen in ein Köcherfundament mittels Betonverguss (🗗 **67**). Um bei Anfall großer Momente ein Verbiegen der Fußplatte zu verhindern, ist diese entweder dick genug auszuführen oder ansonsten werden zusätzliche Steifen angebracht (🗗 **65**, **66**). Der somit gelenkig gelagerte Einfeldträger ist wesentlich größeren Biegemomenten ausgesetzt als die Riegel der Zweigelenkrahmen oder eingespannten Rahmen, was größere Bauhöhen bedingt.

☞ ***Band 3***, *Kap. XII-4, Abschn. 4.1.3 Stützenanschlüsse und 4.2 Verbindungen mit Gelenkbolzen, insbesondere* 🗗 **50–53**

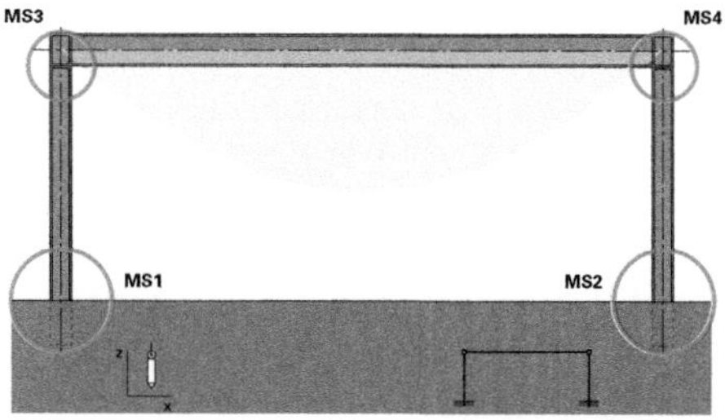

56 Gefache aus eingespannten Stützen und gelenkig gelagertem Einfeldträger; keine planmäßigen Biegemomente auf die Stützen durch lotrechte Lasten, lediglich durch Horizontallasten; große Feldmomente in Feldmitte. **MS** Montagestoß.

- **Eingespannter Rahmen** (🗗 **63**): Sämtliche Anschlüsse, d.h. die Fußpunkte der Stiele (🗗 **65–67**) sowie die Anschlüsse Stiel-Riegel, werden biegesteif ausgeführt (🗗 **49–54**). Dies ist ein typisches Rahmensystem im Industriebau, wenn hohe Lasten, z.B. aus einer Kranbahn, in den Rahmen einzuleiten und folglich große Steifigkeiten gefordert sind. Eingespannte Rahmen werden im Geschossbau auch zu sogenannten Stockwerksleitern addiert (🗗 **70**).

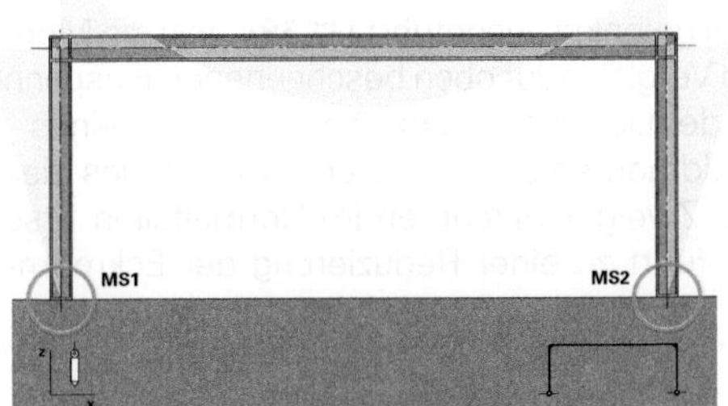

57 Zweigelenkrahmen, komplett vorgefertigt. Montagestöße **MS** an den Fußpunkten.

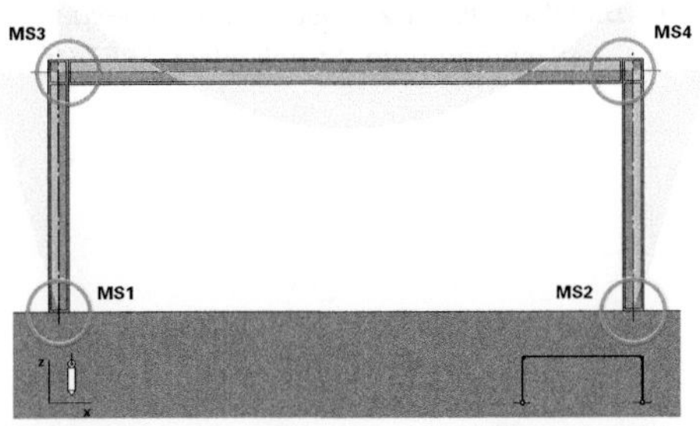

58 Zweigelenkrahmen. Montagestöße **MS** an den Ecken; größte Momente. Einfacher Transport stabförmiger Riegel und Stiele.

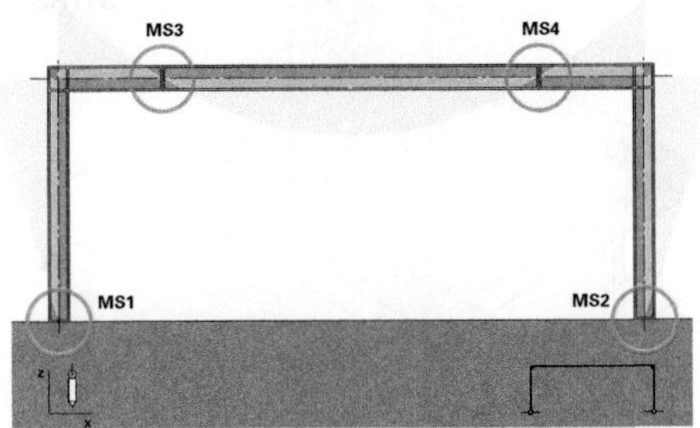

59 Zweigelenkrahmen. Montagestöße **MS3/4** an den Momentennullpunkten. Gute Transportierbarkeit, nur geringe Momentenbanspruchung an den beiden Stößen.

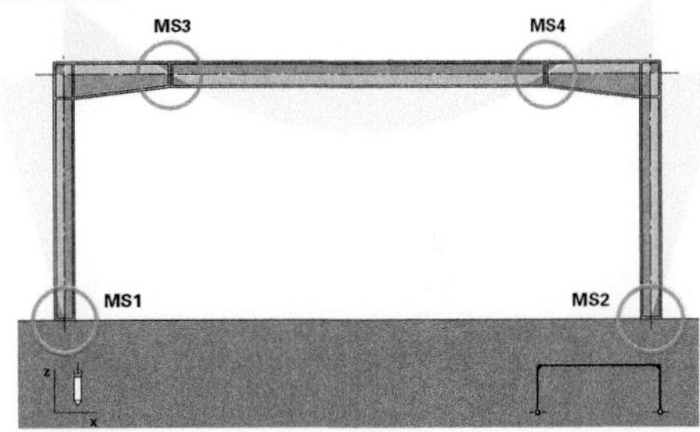

60 Zweigelenkrahmen wie in **59**; mit Voutung an den Ecken.

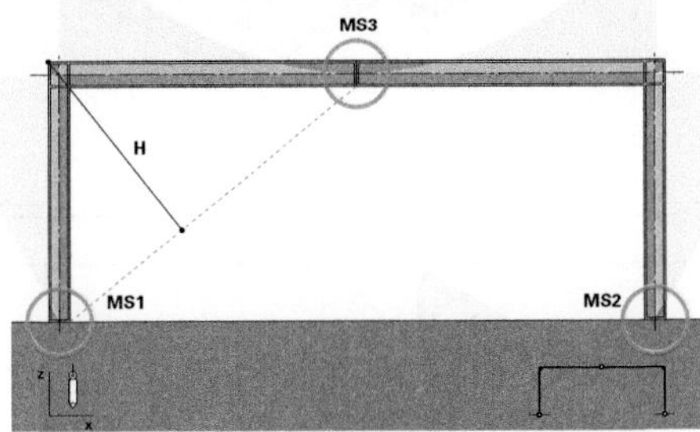

61 Dreigelenkrahmen. Montagestoß **MS3** in Riegelmitte; keine Momentenbeanspruchung am Stoß, aber größere Biegemomente an den Ecken. Komplette Rahmenhälfte transportierbar wenn **H** ≤ 4 m.

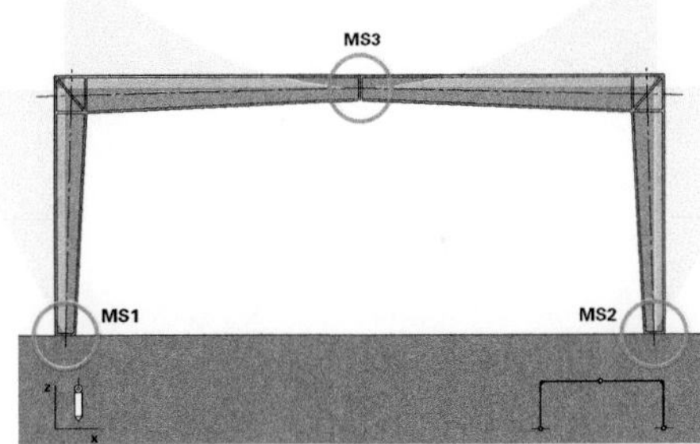

62 Dreigelenkrahmen wie in **61**; mit Voutung im Riegel und diagonale Drucksteife im Eckfeld zur Aufnahme der größeren Biegemomente.

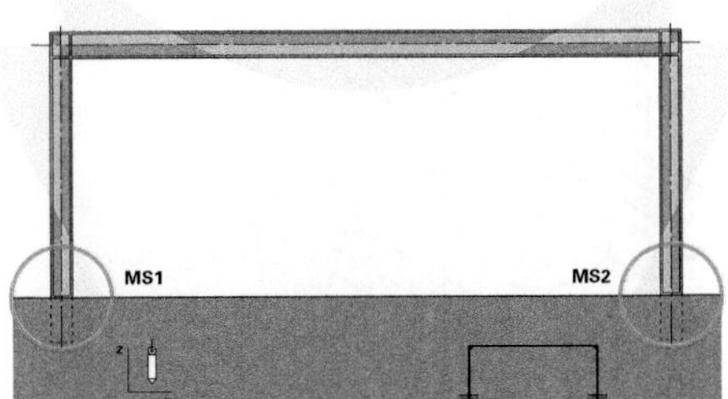

63 Eingespannter Rahmen. Herstellung von **MS2/3** auf der Baustelle, durch Verankerung oder Einsetzen in Köcherfundament. Erhöhte Momentenparabel im Vergleich zum Zweigelenkrahmen: kleineres Feldmoment, größere Eckmomente; Vorzeichenwechsel der Momente im Stiel.

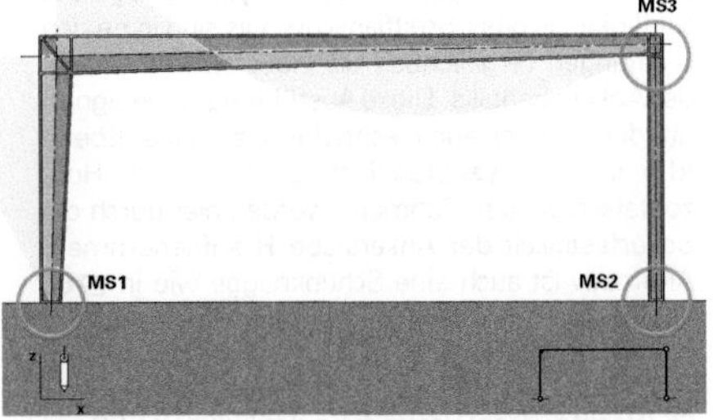

64 Einhüftiger Rahmen mit Pendelstütze rechts; maximale Momentengröße vergleichbar mit Einfeldträger, aber Rahmen insgesamt steif gegenüber Horizontalkraft.

☞ *Band 1, Kap. VI-2, Abschn. 7.2.1 Zweigelenkrahmen unter Streckenlast, S. 574 ff*

- **Zweigelenkrahmen** (🗗 **57–60**): Die Fußpunkte werden in diesem Fall gelenkig ausgeführt (🗗 **68**), was die Montage vor Ort, im Vergleich zur oben beschriebenen Einspannung der Stiele, deutlich vereinfacht. Die Aktivierung eines – positiven – Feldmoments im mittleren Abschnitt des Riegels, wie es bei Zweigelenkrahmen im Normalfall in Erscheinung tritt, führt zu einer Reduzierung der Eckmomente

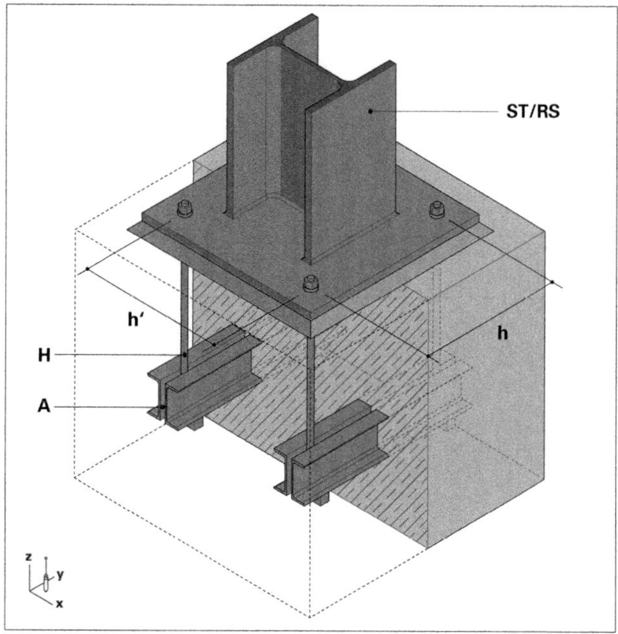

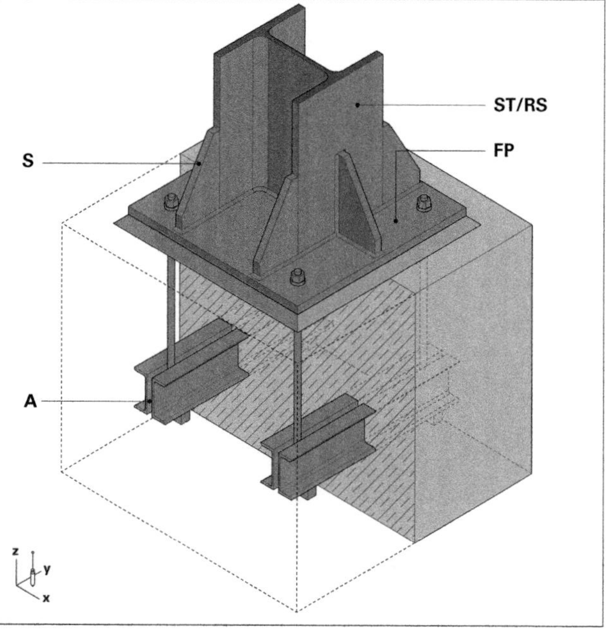

65 (Rechts oben) Ankerbarren **A** und Hammerkopfschrauben **H** bei einer im Fundament eingespannten Stütze **ST** oder Rahmenstiel **RS**. Bei diesem Beispiel ist sowohl der Rahmenstiel **RS** wie auch die Einspannung für Biegemomente in zwei Hauptrichtungen → **x** und → **y** ausgelegt: Die Steifigkeiten des I-Breitflanschprofils sind in beiden Richtungen vergleichbar; die Hebelarme **h** und **h'** der Anker ebenfalls. Diese Ausführung ist geeignet, um den Rahmen auch rechtwinklig zu seiner Ebene (d. h. in Ebene **yz**) standfest zu machen. Die Horizontalschübe des Rahmens werden hier durch die Scherfestigkeit der Ankerstäbe **H** aufgenommen. Alternativ ist auch eine Schubknagge wie in 🗗 **68** ausführbar.

66 (Rechts unten) Versteifung der Fußplatte **FP** mit Steifen **S** in beiden Hauptrichtungen → **x** und → **y** zur Aufnahme größerer Biegemomente. Alternativ lässt sich die Fußplatte zwecks größerer Biegesteifigkeit auch dicker, ohne Steifen ausführen. Art der Einspannung ansonsten vergleichbar mit 🗗 **65**.

im Vergleich zum Dreigelenkrahmen (s. u.) und insgesamt zu einer gleichmäßigen Momentenverteilung über den gesamten Rahmen. Dieses Rahmensystem lässt sich sowohl im Hallenbau als auch im Geschossbau einsetzen. Die Riegel kann man auch geneigt bzw. geknickt ausführen, beispielsweise zur Ausbildung eines Satteldachs bei Hallen. Zweigelenkrahmen erfordern im Regelfall die Herstellung biegesteifer Montageanschlüsse. Diese können in den Rahmenecken liegen (🗗 **51**, **58**), was aufwendigere Montageanschlüsse nach sich zieht, aber den Transport vereinfacht, da nur stabförmige Bauteile anfallen (Stiele und Riegel). Alternativ werden die Montagestöße auch oftmals in den Bereich der Momentennullpunkte des Riegels verlegt (🗗 **50**, **52**, **54**, **59**, **60**), wo nur geringe Momente auftreten und sich die Montageanschlüsse entsprechend vereinfachen. In diesem Fall muss allerdings ein etwas sperrigerer Stiel mit Abwinkelung transportiert werden.

- **Dreigelenkrahmen**[a] (🗗 **61**, **62**): Mit dem gelenkigen Momentennullpunkt als Montagestoß im Riegel und beiden Gelenken an den Fußpunkten (🗗 **68**) kann dieser Rahmentyp als klassisches Rahmensystem für den Hallenbau gelten. Die negativen Eckmomente sind größer als beim Zweigelenkrahmen, was sowohl die Stiele als auch den Riegel betrifft. In ihrer absoluten Größe sind sie vergleichbar mit den – positiven – Feldmomenten eines über die gleiche Stützweite spannenden gelenkig gelagerten Einfeldträgers. Es entstehen ansonsten keine positiven Feldmomente. Werden die Transportmaße nicht überschritten, lässt sich der Dreigelenkrahmen aus zwei

☞ [a] ***Band 1**, Kap. VI-2, Abschn. 7.2.2 Dreigelenkrahmen unter Streckenlast, S. 578 ff*

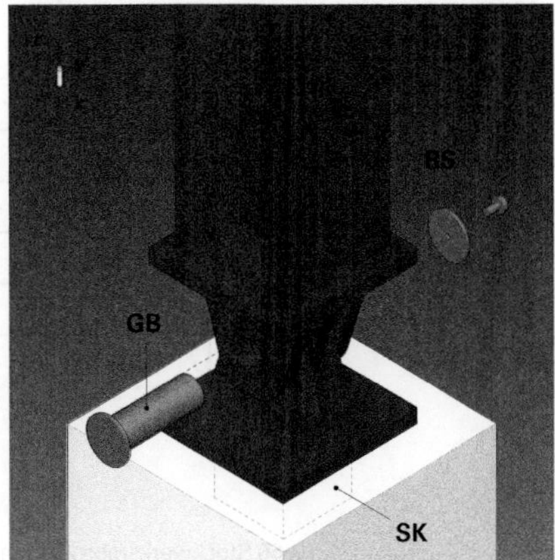

68 Gelenkiger Anschluss eines Rahmenstiels **RS**, beispielsweise eines Zwei- oder Dreigelenkrahmens, an ein Fundament mit Gelenkbolzenverbindung **GB**. Diese lässt große Verformungen des Rahmenstiels zu und verhindert Biegemomente. Die Horizontalschübe werden i. A. mit einer einbetonierten Schubknagge **SK** in das Fundament übertragen. Ebene des Rahmens: **xz**.

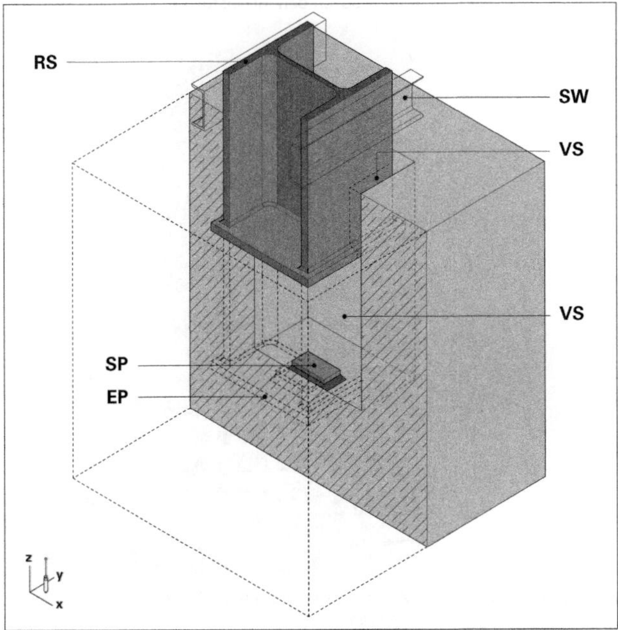

67 Einspannung eines Rahmenstiels **RS** in einem **Köcherfundament** durch Einbetonieren des Profils in einem Vergussschacht **VS**; Einjustieren des Stiels durch Aufsetzen auf eine einnivellierte Setzplatte **SP** und Ausrichten mittels Setzwinkel **SW**; **EP** Endposition des Rahmenstiels bzw. Stütze.

vorgefertigten Rahmenabschnitten mit rein gelenkigen Montageanschlüssen errichten (☞ **61**).

- **Einhüftiger Rahmen** (☞ **64**): asymmetrischer Rahmen mit biegesteif verbundenem Rahmenriegel und -stiel auf einer Seite und einer Pendelstütze auf der anderen. Das Gebinde ist in seiner Ebene insgesamt steif gegen Horizontallasten.

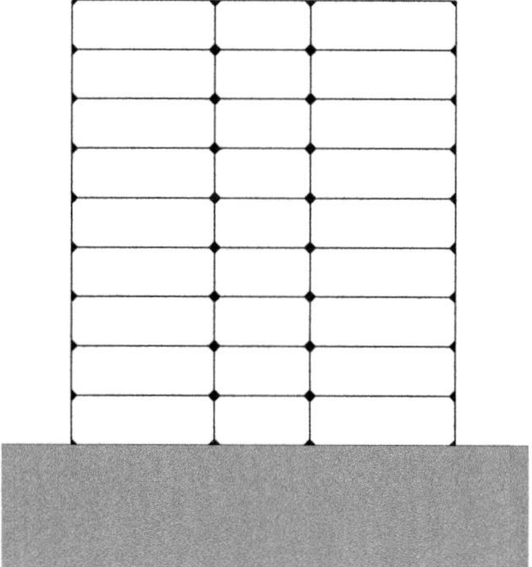

69 Stockwerksrahmen, statisches System. Dreifeldriger Stockwerksrahmen.

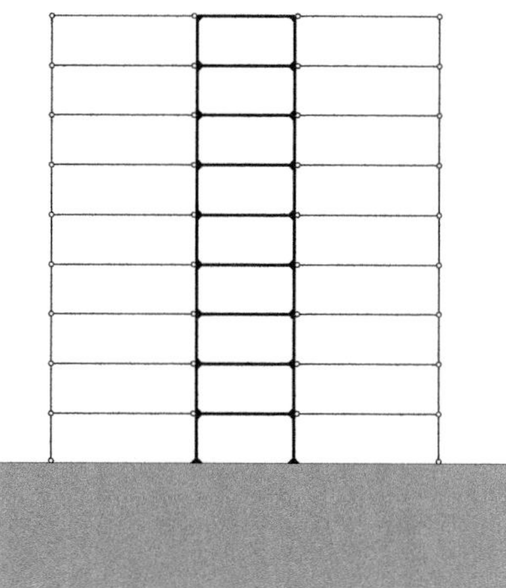

70 Stockwerksrahmen, statisches System. Rahmen nur zwischen den Innenstützen.

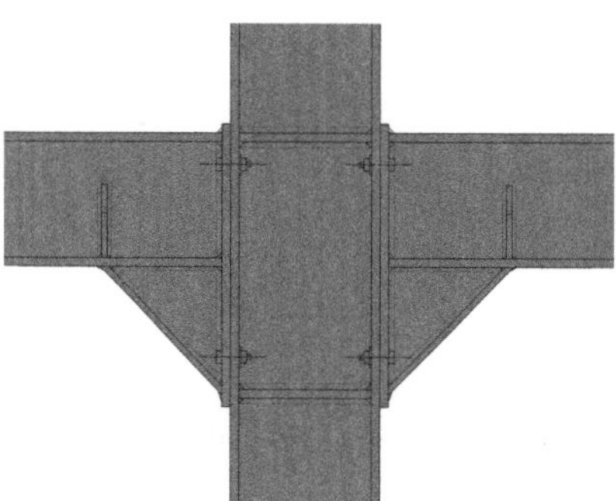

71 Mögliche Ausführung des Knotens eines Stockwerksrahmens.

72 Stockwerksrahmen (*JP Morgan Chase Building*, San Francisco).

- **Angehängte Trägerfelder**: In der gleichen Ebene können an einen Rahmen weitere, gelenkig angeschlossene Trägerfelder angehängt werden (🗗 **70**). Die Aussteifung des gesamten Tragsystems in der Ebene wird durch den Rahmen gewährleistet.

- **Rahmenketten**: An ein Rahmensystem werden weitere Rahmen angeschlossen bzw. alle Anschlüsse werden biegesteif ausgebildet (🗗 **69**).

- **Stockwerksrahmen**: Als Ersatz für einen Kern als aussteifendes Element werden Rahmen vertikal addiert (🗗 **69**, **70**). Diese Form der Aussteifung lässt sich vollständig in Stahl ausführen. An die Stockwerksrahmen kann man zusätzlich gelenkige Felder anhängen (🗗 **70**). Diese Form der Gebäudeaussteifung wird vor allem bei nutzungsoffenen oder hochinstallierten Gebäuden eingesetzt. Bei Hochhäusern sind mit dieser Konstruktion wegen ihrer verhältnismäßig großen Nachgiebigkeit bestenfalls mittlere Höhen realisierbar.

Ausbildung von Dach- und Deckentragwerken im Stahlbau

3.3

■ Je nach Nutzung und geplanter Gebäudefunktion werden im Stahlbau die Geschossdecken bzw. Dächer im Regelfall unterschiedlich ausgebildet:[a]

☞ [a] ***Band 3**, Kap. XIV-2, Abschn. 6. Decken in Rippenbauweise > 6.2 aus Stahl*

- **Geschossbau**: Verbundkonstruktion; Aufbeton auf verlorener Schalung aus Trapezblechen; hier spielen die hohen Verkehrslasten sowie die bauphysikalischen Anforderungen an die Geschossdecken (Brand-, Schallschutz) eine entscheidende Rolle;

- **Hallenbau**: reine Trapezblech-Dachkonstruktion; die verhältnismäßig geringen wechselnden Lasten (Schnee, Wind) sowie die geringen bauphysikalischen Anforderungen gestatten eine leichte Bauweise.

Decken in Verbundbauweise

3.3.1

☞ ***Band 3**, Kap. XIV-2, Abschn. 6.2.2 Stahl-Beton-Verbunddecke*

■ Auch bei Stahlskelettbauten werden Geschossdecken in der Regel aus Stahlbeton hergestellt. Sie sind sowohl in statisch-konstruktiver als auch in bauphysikalischer Hinsicht besonders günstig. Als schubsteife Scheibe tragen sie zur Gebäudeaussteifung bei und gewährleisten gleichzeitig den notwendigen Schall- und Brandschutz.

Die schubfeste Verbindung von Platte und Stahlträger dient der Aufnahme von horizontalen Querkräften aus Biegung. Biegedruckspannungen werden von der Betonplatte, Biegezugspannungen vom Stahlträger aufgenommen, weshalb für den Stahlträger ein entsprechend kleineres Profil gewählt werden kann als bei einer herkömmlichen Trägerdecke. Zur Herstellung des schubfesten Verbunds zwischen Platte und Unterzug werden **Verbundmittel** benötigt. Dies sind im Stahlbau heute fast ausschließlich **Kopfbolzendübel**.

Verbunddecken (🗗 **73–75**) werden heute vielfach aus *Holorib*-Trapezblechen gefertigt, die beim Betoniervorgang die Funktion einer verlorenen Schalung erfüllen. Zusätzlich kann das Blech unter bestimmten Voraussetzungen auch Biegezugkräfte übernehmen. Zu diesem Zweck ist eine **Verbundsicherung** an der Grenzfläche zwischen Beton und Blech nötig, sei es durch den Haftverbund selbst, durch in das Blech eingeprägte Sicken oder Noppen oder durch angeschweißte Betonstahlmatten. An die schwalbenschwanz-

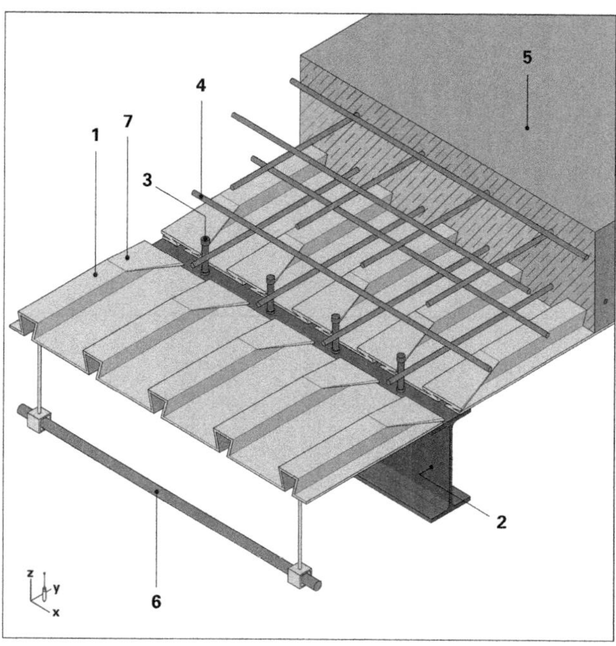

73 (Rechts) **Stahl-Beton-Verbunddecke** mit Darstellung der zusätzlichen Deckenbewehrung und einer möglichen Abhängung von Ausbauteilen von der Sickung des Trapezblechs.

1. Trapezblech
2. Stahlträger
3. Kopfbolzendübel
4. Stabbewehrung
5. Aufbeton
6. abgehängtes Ausbauteil
7. gequetschtes Trapezblechende zur Endverankerung im Beton (Blechverformungsanker) sowie zur Schließung des Schalraums

74 (Rechts unten) Stahl-Beton-Verbunddecke, Prinzipschema mit Hauptelementen.

75 (Unten) Stahl-Beton-Verbunddecke in der Ausführung, vor der Verlegung der Bleche. Die in Reihe angeordneten Kopfbolzendübel sind bereits auf dem Flansch des Trägers aufgeschweißt.

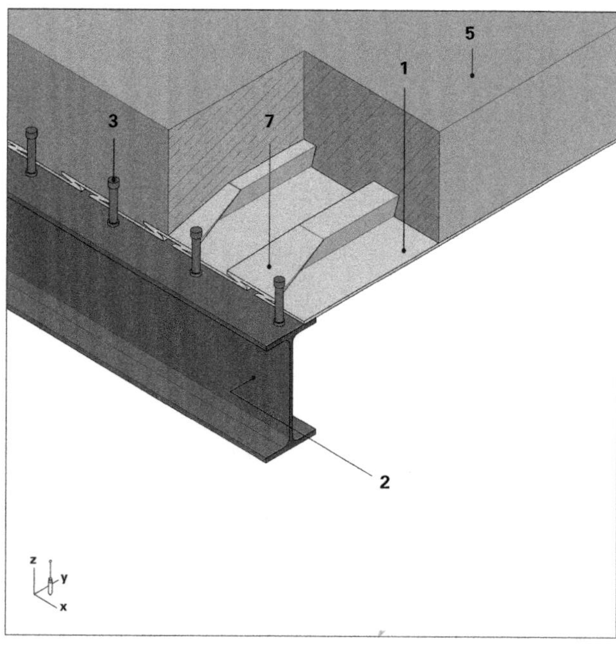

förmigen Sicken des Blechs lassen sich im Deckenhohlraum Ausbauelemente wie abgehängte Decken, Lüftungskanäle, Elektropritschen oder Ähnliches anhängen.

Ein wesentlicher Nachteil der Verbunddeckenkonstruktionen ist die verhältnismäßig große Gesamthöhe dieser Systeme, die sich aus der Höhenaddition von Stahlträger und Betondecke ergibt. Moderne ***Slim-Floor*-Deckenkonstruktionen** (**76**, **77**) sind ein Versuch, dem Problem der großen Konstruktionshöhe von Verbunddecken entgegenzuwirken. Bei ihnen wird der Unterzug ober- und unterseitig bündig in die Konstruktionshöhe der Decke integriert. I-Profile oder Hutprofile mit aufgesetzten Kopfbolzendübeln werden direkt und flächenbündig in die Stahlbetondecke einbetoniert, wodurch sich eine reduzierte Konstruktionshöhe von ca. 20–25 cm realisieren lässt.

☞ *Vgl. auch Kap. X-4,* **57**, *S. 677*

Zusätzlich zum Vorteil der Höhenreduktion der Deckenkonstruktion insgesamt, entsteht auf diese Weise eine unterzugslose Flachdecke ohne jegliche Behinderung der Leitungsführung. Dies ist deshalb ein großer Vorzug, weil die planerische Koordination von Installation und Tragwerk selten reibungslos verläuft. Darüber hinaus ist die Gebäudetechnik deutlich kürzeren Erneuerungszyklen unterworfen als das Primärtragwerk. Wegen der damit verbundenen Unvorhersehbarkeit der zukünftigen Leitungsführung ist die völlig hindernisfreie Installierbarkeit dieser Deckenart besonders vorteilhaft.

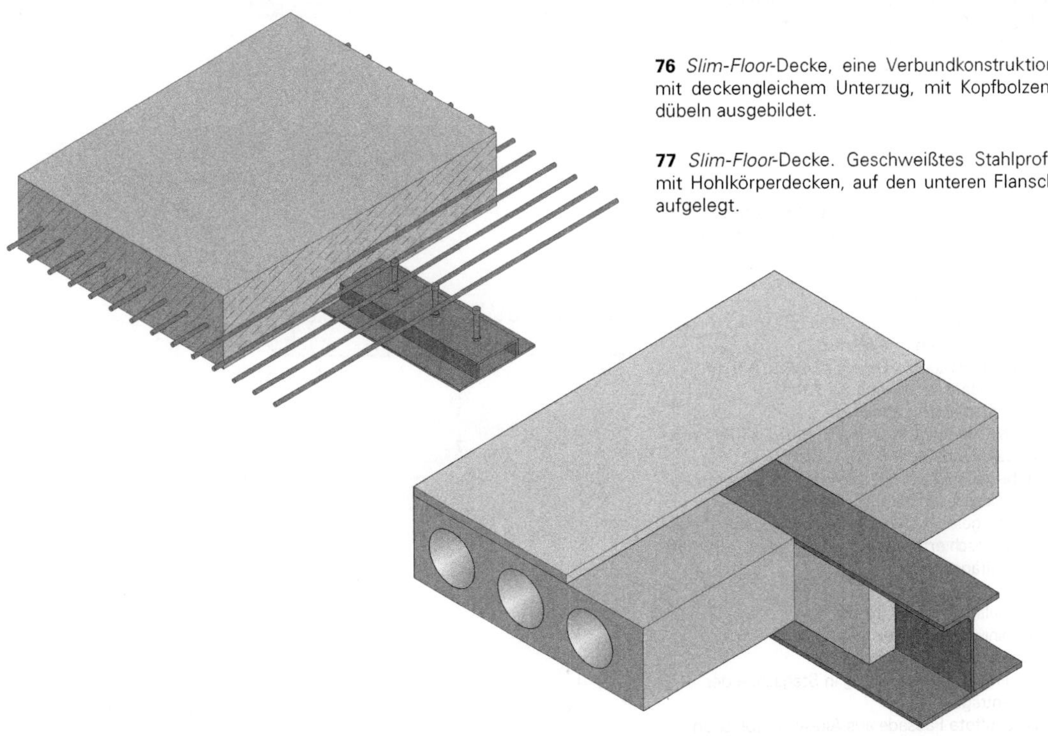

76 *Slim-Floor*-Decke, eine Verbundkonstruktion mit deckengleichem Unterzug, mit Kopfbolzendübeln ausgebildet.

77 *Slim-Floor*-Decke. Geschweißtes Stahlprofil mit Hohlkörperdecken, auf den unteren Flansch aufgelegt.

Trapezblechdecke und -dach

☞ ***Band 3**, Kap. XIV-2, Abschn. 6.2.1 Trapezblechdecke*

📖 *DIN 18807-3*

■ Im Unterschied zum herkömmlichen Geschossbau mit seinen spezifischen brand- und schallschutztechnischen Anforderungen an die Deckenkonstruktion, bei dem ein Einsatz von Beton, beispielsweise als Aufbetonschicht auf einer Stahl-Beton-Verbundkonstruktion, praktisch unverzichtbar ist, lassen sich bei einfachen Bauten mit geringen Anforderungen Geschossdecken als einfache Trapezblechlage mit ebener Deckplatte als Bodenfläche ausführen.

Das Dach lässt sich, insbesondere beim Hallenbau bzw. allgemein beim Leichtbau, in vereinfachter Form ebenfalls als reine Trapezblechkonstruktion ausführen. Auch beim Dach fallen weder größere Verkehrslasten an noch werden hohe Anforderungen an den Schall- oder Brandschutz gestellt. Nicht nur ebene Geometrien, auch gekrümmte Oberflächen können

78 Trapezblechdach in einer Industriehalle. Siehe auch 🗗 **87**, **92**.

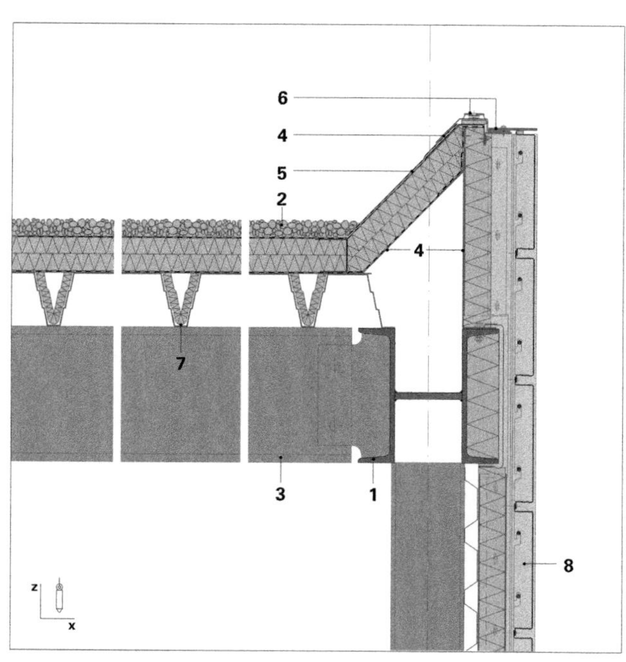

79 Zeitungsdruckerei Süddeutscher Verlag (Arch.: P C von Seidlein), Dachdetail (siehe auch 🗗 **21**).

1 Obergurt Fachwerkträger
2 Dachaufbau:
Kies 16/32 mm, h = 50 mm
Dachabdichtung 1 Lage PVC-Bahn, 1,5 mm
Mineralfaserdämmung 2 x 50 mm
Dampfsperre 1 Lage PVC-Folie
Planbleche Stahl, verzinkt 0,7 mm, als Trägerlage für den Dachaufbau
Stahl-Trapezblech 160 mm, verzinkt und raumseitig farbbeschichtet
Stege gelocht (Akustik), hinterlegt mit rieselschutzkaschierter Mineralfasermatte 20–30 mm
3 Nebenträger
4 abgekantetes Stahlblech
5 2 Bahnlagen als UV-Schutz
6 Aluminium-Klemmleisten
7 Trapezblech-Befestigung: Schuss-Bolzenverbindung in Stegachse der Nebenträger
8 hinterlüftete Fassade aus Alu-Abkantblechen

auf diese Weise gebaut werden. Bauphysikalisch betrachtet handelt es sich hierbei um belüftete oder nichtbelüftete Dachkonstruktionen. Das Trapezblech kann unter Umständen auch die Funktion einer Dampfsperre übernehmen, ist dazu aber an den Stößen in geeigneter Weise gegen Dampf zu dichten. Weiterhin lässt sich der Trapezblechebene auch die Aussteifungsfunktion zuweisen, indem Schubfelder ausgebildet werden, was aber Auswirkungen auf die Dimensionierung des Blechs und dessen Anschluss an das Tragwerk hat. Trapezbleche können heute, bei einer Konstruktionshöhe von ca. 30 cm, Spannweiten über 10 m überspannen.

✏ *Vgl. Dachaufbauten mit Klemmrippenprofilen, z. B. in* ***Band 3****, Kap. XIII-5, Abschn. 3.2.2 Ausführungsvarianten > Klemmrippenprofile*

☞ ***Band 3****, Kap. XIV-2, Abschn. 3.3.2 Ausführungsvarianten > Dächer aus Stahlträgern und Trapezblechen > Schubfelder*

In der einfachsten Ausführung wird das Trapezblech direkt auf die Träger geschraubt. Die Sicken werden zusätzlich mit mineralischer Wärmedämmung gefüllt. Auf dem Trapezblech wird horizontal die Dampfsperre verlegt und vollflächig verschweißt/verklebt. Auf diese Ebene folgt die Wärmedämmung, die durch die Dachabdichtung vor Bewitterung geschützt wird. Es entsteht auf diese Weise eine außerordentlich einfache Hüllkonstruktion, die dem Prinzip des nichtbelüfteten Dachs folgt (**79**) und mit einer einfachen Schichtenfolge sämtliche wesentlichen Hüllfunktionen – bis auf die Wärmespeicher- und Schallschutzfunktion – erfüllen kann.

80 Trapezblech als Bestandteil einer Deckenkonstruktion.

3.4 Fachwerkkonstruktionen

■ Fachwerksysteme haben im Stahlskelettbau eine große Bedeutung. Sie bieten eine prädestinierte Einsatzform für stabförmige Stahlbauteile unter reiner axialer Kraft und erlauben durch die biegespannungsfreie Beanspruchung der Querschnitte eine maximale Ausnutzung der ohnehin bereits hohen Festigkeitswerte des Werkstoffs. Begünstigend für den Einsatz von Stahl in Fachwerkkonstruktionen wirkt sich seine etwa gleiche Druck- und Zugfestigkeit aus, was ermöglicht, die für Fachwerkstäbe typischen wechselnden normalen Druck- und Zugbeanspruchungen aufzunehmen. Ferner erlaubt die hohe Festigkeit des Werkstoffs, Fachwerke mit großer Schlankheit auszuführen, was sowohl transport- und montagebezogene Vorteile bietet wie auch ein formalästhetischer Faktor ist.

Der Anwendungsbereich von Fachwerkträgern reicht von kleinen Spannweiten (ca. 10 m) bis zu Spannweiten von über 100 m. Einige ausgewählte Fachwerkkonstruktionen werden im Folgenden näher beschrieben.

3.4.1 Anwendung von Fachwerken

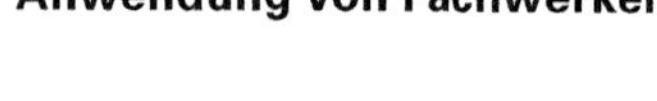

■ Fachwerke aus Stahl kommen u. a. in folgenden Formen vor:

- Biegeträger zum Abtragen vertikaler Lasten (**75–79**);
- horizontale Fachwerkverbände zum Herstellen schubsteifer Deckentragwerke;
- senkrechte Fachwerkverbände zur Gebäudeaussteifung, d. h. sogenannte Scheibenersatzsysteme.

81 *Centre Georges Pompidou*, 1975–1977, Ansicht der Westfassade von der Rue Saint Merri aus. Fachwerkhauptträger mit beidseitigem Anschluss an die sogenannte *Gerberette*, die zur Verringerung der Feldmomente dient. Weitere Fachwerkbildung zur Gebäudeaussteifung durch die geschossweise Kopplung der Träger zu einem gebäudehohen Fachwerk (Arch.: Piano & Rogers; Ing.: Arup).

Vollwandige Doppel-T-Träger sind innerhalb mittlerer Maßstabsgrenzen effiziente Biegeträger, lassen sich indessen nicht sinnvoll über sehr große Spannweiten einsetzen, da sie unter diesen Umständen zu schwer werden.[3] Ein Fachwerkträger erlaubt eine wesentliche Steigerung der Materialausnutzung, da der vollwandige Trägersteg durch schubsteife dreieckförmige Gefache aus einzelnen Stäben ersetzt wird. Diese können dann entsprechend den auftretenden, nahezu rein axialen Druck- und Zugkräften gestaltet und bemessen werden; denn im Gesamtsystem wird die Biegung des Trägers planmäßig in Normalkräfte umgewandelt, und der Träger wird in ein Gefüge gelenkig – und damit mit geringem konstruktiven Aufwand – miteinander verbundener Stäbe überführt.

Im Hoch- und Geschossbau werden heute vor allem Parallelfachwerke eingesetzt, d. h. Ober- und Untergurt verlaufen parallel zueinander. Parallelfachwerke haben eine Konstruktionshöhe von 1/10 bis 1/12 der Trägerstützweite. Es handelt sich um eine sehr ökonomische Form der Lastabtragung. In den Stäben treten bei konsequenter Lasteinleitung in den Knoten lediglich axiale Zug- und Druckkräfte auf.

Bei dieser Trägerform steht dem Vorteil des reduzierten Materialverbrauchs der Nachteil des verhältnismäßig hohen

82–85 Industrie-Stahlbausystem *MAXI*; ungerichtetes offenes Fachwerksystem mit einer Spannweite von 14,40m (Arch.: F Haller).

- Innenansicht (rechts oben)
- Montageanschluss an der Stütze (links oben)
- Axonometrie und Foto der montierten Konstruktion (unten)

Aufwands in der Fertigung gegenüber, insbesondere wenn eine ideal-gelenkige Ausbildung der einzelnen Knoten beabsichtigt ist. Übliche Fachwerkknoten im Stahlbau stellen deshalb vielmehr Annäherungen an diesen Zustand dar, sodass eine gewisse Biegebeanspruchung im Stab zugunsten einer vereinfachten Ausführung in Kauf genommen wird.

Unter Bewitterung im Freien erweist sich die – im Vergleich zu vollwandigen Konstruktionen – verhältnismäßig große exponierte Oberfläche von Fachwerken sowie die zahlreichen Ecken und Kanten der Konstruktion als ein Risikofaktor im Hinblick auf Korrosion.

4.2 Regeln für die Ausbildung von Fachwerksystemen

■ Folgende Grundregeln sind bei der konstruktiven Gestaltung von Fachwerkbauteilen in Stahl zu beachten:

- Durchgängige Dreiecksbildung bzw. Triangulierung ist ein wichtiger Gestaltungsgrundsatz: Das Stabdreieck ist aus geometrischen Gründen ein in seiner Ebene von sich aus steifes Gefache. Vier- oder weitere Mehrecke sind ohne Zusatzmaßnahmen hingegen nicht steif; sie müssen durch steife Knoten und für Biegung und Querkraft ausreichend bemessene Stäbe schubsteif gemacht werden. Dies schmälert wiederum die statische Effizienz des Fachwerks deutlich. Vierendeelträger, die auf diesem Konstruktionsprinzip basieren und keinerlei Triangulierung aufweisen, sind im Einsatz nur dann sinnvoll, wenn das Fehlen der Diagonalstäbe in anderen Bereichen (beispielsweise der Nutzung oder der Installation) angemessene Vorteile eröffnet. Vierendeelsysteme sind jedoch, im Vergleich zu triangulierten Fachwerken, stets weniger materialeffizient, schwerer und visuell weniger feingliedrig.
- Gelenkige Knotenausbildung: Sämtliche Stabanschlüsse werden idealerweise gelenkig, ansonsten als Annäherung an einen gelenkigen Anschluss ausgebildet.[a]
- Es fließen reine axiale Zug- und Druckkräfte in den Stäben: es gibt keine planmäßige Biegebeanspruchung;
- Eine Lasteinleitung in das Fachwerk muss in den Knotenpunkten stattfinden. Es darf keine Querbelastung einzelner Stäbe erfolgen, da diese ansonsten auf Biegung beansprucht werden und der Vorteil der axialen Beanspruchung verlorengeht.
- Stäbe werden stets geradlinig, d. h. weder gekrümmt noch geknickt, ausgeführt. Ist dies nicht der Fall, erzeugt die Druck- und/oder Zugbeanspruchung im Stab planmäßig Biegemomente durch Exzentrizität, die das Konstruktionsprinzip des Fachwerks sozusagen ad absurdum führen. Aus diesem Grund werden selbst insgesamt gekrümmte Fachwerke nicht aus gekrümmten Stäben gefertigt, sondern aus geraden Elementen polygonal zusammengesetzt

☞ [a] *Beispiele für Ausführungen von geschweißten Fachwerkknoten finden sich in* ***Band 3****, Kap. XII-8, Abschn. 2.8 Konstruktive Standardlösungen, insbesondere* **24** *bis* **37**

(⧉ **86**).

- Druckstäbe sollen möglichst kurz ausgebildet werden, da bei diesen – anders als bei Zugstäben – Knickgefahr besteht. Bereits die richtige geometrische Gestaltung, d. h. die Festlegung eines günstigen – weder zu steilen noch zu flachen – Neigungswinkels des Diagonalstabs, ist hierfür ein wesentlicher Einflussparameter.

  Bei freier Wahlmöglichkeit zwischen Druck- und Zugdiagonalen sind deshalb grundsätzlich letztere vorzuziehen.

- Auch wegen der Knickgefahr, der Druckstäbe stets ausgesetzt sind, ist ein Aufdoppeln von Druckstäben grundsätzlich ungünstig. Wird die für die Übertragung der Druckkraft nötige Querschnittsfläche auf zwei getrennte Profile aufgeteilt, ergeben sich notwendigerweise schlankere Stäbe als bei einem einzigen Stab und somit eine erhöhte Knickgefahr. Der Profilfaktor des Querschnitts verschlechtert sich entsprechend, was sich wiederum brand- und korrosionsschutzbezogen ungünstig auswirkt.

  Dies gilt naturgemäß nicht für reine Zugstäbe, bei denen keinerlei Knickgefahr herrscht. Aus diesem Grund werden manchmal Zug- und Druckstäbe jeweils aus anderen Profilen gefertigt (⧉ **91**).

☞ *Vgl.* ***Band 1****, Kap. VI-5, Abschn. 10.4.1 Profilfaktor A_{mp}/V, S. 811*

- Spitze Winkel an den Knoten sollten vermieden werden. Dies ist ein geometrisches und konstruktives Anschlussproblem. In erster Linie ist ein *Verschmieren* der Stöße zu vermeiden.

☞ ***Band 3****, Kap. XII-1, Abschn. 3.1.2 Geometrische Randbedingungen*

- Die Systemlinien der an den Knotenpunkten zusammenlaufenden Stäbe schneiden sich vorzugsweise in einem Punkt: Dadurch werden Versatzmomente vermieden, die im normalkraftbeanspruchten Gefüge des Fachwerks eine Störung darstellen bzw. lokale Biegebeanspruchungen verursachen.

☞ *Siehe Hinweis oben*

86 Dreigurtfachwerkbogen der Eislaufhalle in München, 1984 (Arch.: K Ackermann; Ing.: Schlaich Bergermann & P).

- Fachwerke sind weitestgehend vorgefertigte Bauelemente, die nur dann in Abschnitten gefertigt werden, um diese dann auf der Baustelle zu montieren, wenn das Gesamtelement jenseits der sinnvoll transportierbaren Größe liegt. Als Folge davon bestehen nahezu sämtliche Knoten aus Werksverbindungen. In der Praxis sind dies zumeist Schweißungen. Die Wahl geeigneter Stabprofile für Gurte und Füllstäbe (s. u.) sowie die günstige geometrische Gestaltung der Anschlüsse spielt beim Konstruieren von Fachwerken eine entscheidende Rolle.

4.3 Profile für den Fachwerkbau

■ Grundsätzlich eignen sich für Fachwerke, wegen der typischen Normalkraftbeanspruchung der Stäbe, Stabquerschnitte mit eher gedrungenen Geometrien: also beispielsweise **I-Profile** der HE-Reihe, die in beiden Biegeachsen ähnliche Widerstandsmomente aufweisen. Dies ist für Druckstäbe von Bedeutung, die infolge ihrer Beanspruchung in allen Raumrichtungen derselben Knickgefahr unterworfen sind (Querschnitts*formen* reiner Zugstäbe sind aus Sicht der Kraftleitung irrelevant, nur Querschnitts*flächen* spielen bei ihnen eine Rolle). Dank der orthogonalen Querschnittgeometrie von I-Profilen vereinfachen sich die Anschlüsse an den Knoten, sofern die Gurte ebenfalls aus I-Profilen bestehen. Diagonalstäbe lassen sich an den Gurtstäben beispielweise in ihre Profilkammer einführen und an den Gurtflanschen anschließen. Auch Laschenknoten lassen sich mit diesen Querschnitten gut ausführen (**87**).

87 Fachwerkknoten aus Laschen, Stäbe aus I-Walzprofilen. Oben sind auch die Dachverbände erkennbar.

Ähnlich günstige Verhältnisse bieten **Rechteckrohr-** bzw. **Kastenprofile** (**88**). In diesem Fall sind Stumpfschweißungen an den Knoten empfehlenswert, bei denen Kräfte unmittelbar von Wandung zu Wandung, beispielsweise zwischen Füll- und Gurtstab übertragen werden. Dies ist dann der Fall, wenn beide Stabgruppen gleiche Profilbreite haben. Dank der orthogonalen Geometrie der Querschnitte sind die Anschnitte stets geradlinig und folglich einfach zu schneiden und zu schweißen. Im Vergleich zu I-Profilen exponieren geschlossene Rohrprofile der Witterung wesentlich weniger Oberfläche und schaffen keinerlei wannenartigen Bereiche, in denen sich Regenwasser ansammeln kann. Werden die Anschlüsse luftdicht geschweißt, kann man eine Ansammlung von Schmutz und Feuchtigkeit in den Kammern der Profile ausschließen.

88 Fachwerkknoten aus Kastenprofilen. Gurt und Streben sind mit der gleichen Breite ausgeführt, sodass eine direkte Kraftübergabe zwischen Seitenwandungen am Anschluss erfolgen kann. Die Ecken sind zwecks Minimierung der Kerbspannungen ausgerundet.

Ideale Voraussetzungen für die Kraftleitung im Fachwerk bieten **Rundrohre**. Ihre kreisförmigen Querschnitte sind vollständig richtungsneutral und erlauben unter Normalkraft infolgedessen, im Vergleich, die beste Materialausnutzung. Etwas schwieriger gestaltet sich bei Rundrohrfachwerken die Knotenausbildung. Grundsätzlich lassen sich die Rohre im Bereich des Anschlusses in ebene Knotenbleche überführen, die in entsprechende Schlitze im Rohr eingeschweißt werden (**89**). Somit vereinfacht sich die Verbindung im Vergleich zu reinen Stumpfstößen, die aus geometrischen Gründen schwierige, nicht-geradlinige Anschnitte hervorrufen. Rundrohrfachwerke mit Stumpfstößen an den Knoten wurden aus diesem Grund früher eher gemieden. Heute hat sich die Fertigung von Stumpfstößen dank automatisierter Anlagen hingegen deutlich vereinfacht: Die Rohre werden zunächst in CNC-Anlagen an ihren Enden auf die exakte Verschneidungsgeometrie des Knotens zugeschnitten und im Werk anschließend stumpf miteinander verschweißt (🗗 **90**). Neben ihren statisch-konstruktiven Vorteilen bieten Rohrfachwerkkonstruktionen zudem der Witterung eine nur geringe Angriffsfläche, haben im Hinblick auf Brandschutz einen günstigen Profilfaktor und erzeugen auch visuell insgesamt ein sauberes und ruhiges Erscheinungsbild ohne gesonderte Knotenelemente.

Es sind auch Konstruktionen ausführbar, bei denen für Gurtstäbe, Druck- und Zugstäbe, je nach Beanspruchung und geometrischen Anschlussverhältnissen im Knoten, unterschiedliche Profile verwendet werden (🗗 **91**). Bei sogenannten R-Trägern werden beispielsweise Rohrquerschnitte für die Gurte und Stabstahl für die Diagonalen kombiniert.

Häufig werden Rohre zu sogenannten **Dreigurtfachwerkbindern** verarbeitet (🗗 **86**). Der dreieckige Querschnitt des Binders bietet verschiedene Vorteile, beispielsweise durch seine erhöhte Torsionssteifigkeit, seine Kippsicherheit bei Auflagerung an beiden Obergurten, die Knicksteifigkeit des doppelten Obergurts – sofern dieser druckbeansprucht ist und das Querschnittsdreieck mit der Spitze nach unten weist, wie häufig bei Biegeträgern der Fall – oder durch nutzungsbezogene Gesichtspunkte wie bei der Integration von Oberlichtbändern etc.

89 Fachwerkknoten aus Rohren mit eingeschlitzten und verschweißten Anschlussblechen.

90 Fachwerkknoten aus stumpfgestoßenen und verschweißten Rohren.

Horizontale Fachwerkverbände zur Herstellung schubsteifer Dach- oder Deckentragwerke

■ Horizontale Verbände wirken als liegende Fachwerkträger zur Aufnahme horizontaler Lasten und sind damit Teil der Gebäudeaussteifung. Im Geschossbau stellen solche Verbände eher die Ausnahme dar. Die Aussteifung wird dort zumeist durch die Scheibenwirkung der aus Beton bestehenden Decken gesichert. Lediglich während der Bauphase treten in solchen Fällen Verbände gelegentlich zeitweise als Aussteifung in Erscheinung. Anders verhält es sich beim Hallenbau.

91 Querschnittsgestaltung der Diagonalstäbe entsprechend ihrer Beanspruchung: Druckstäbe aus Rundrohren; Zugstäbe aus feingliedrigen, in Fachwerke aufgelösten Konstruktionen (*Firth-of-Forth*-Brücke, Edinburgh).

92 Horizontale Dachverbände in einer Halle.

Dort werden schwere Konstruktionen wie Betonscheiben in den meisten Fällen vermieden. Mithilfe horizontaler Windverbände werden sogenannte Scheibenersatzsysteme hergestellt. Oft kreuzt man mit reinen Zugstäben in beiden Diagonalrichtungen aus und verwendet dazu einfache L-Profile oder Stabstahl (🗗 **92**). Diese ordnet man dann häufig zur zusätzlichen seitlichen Halterung der Hauptträger (Sicherung gegen Kippen/Biegedrillknicken) in deren Obergurtebene an.

3.5 Raumfachwerke

93 Regelmäßiges, auf halben Oktaedern aufgebautes Raumfachwerk im *Mero*-System (Universität Stuttgart, Hörsaalprovisorium (Arch.: F Wagner).

☞ *Zum Begriff des räumlichen Parkettierens: Kap. IX-1, Abschn. 1.6.1. Das vertikale ebene Umfassungselement, S. 198 ff*

■ Der Versuch, Fachwerksysteme in drei Dimensionen einzusetzen, fand in der Entwicklung der Stahlbaukonstruktionen schon verhältnismäßig frühzeitig statt. Bereits Alexander Graham Bell (🗗 **96**) experimentierte mit räumlich steifen Tetraederstrukturen für Flugkörper und übertrug diese außerordentlich tragfähige Grundstruktur in Form eines Gefüges aus standardisierten Tetraedern aus Metallstäben auf das Bauwesen. Er benutzte diese räumliche Fachwerkkonstruktion – ein sogenanntes **Raumfachwerk** – zunächst für temporäre Bauten.

Die Möglichkeiten der Vorfertigung und des Leichtbaus in der Anwendung von Raumfachwerken wurden später von Konrad Wachsmann und Buckminster Fuller aufgegriffen und weiterentwickelt. Die durch die räumliche Ausgestaltung des Fachwerks ermöglichte zweiachsige Lastabtragung und die Leichtigkeit der Konstruktion prädestinieren diese Tragwerke für große Spannweiten (vgl. Flugzeughangar von K. Wachsmann in 🗗 **100**). Fuller entwickelte auf der Grundlage der geodätischen Kuppelgeometrie ein rationalisiertes, vollständig trianguliertes System mit nur wenigen unterschiedlichen Stablängen, das den Bau von sphärischen Raumgittern erlaubte (🗗 **103**).

Das von einem Raumfachwerk eingeschlossene Volumen wird durch die Stabgefache in einzelne modulare Raumeinheiten untergliedert. Daraus folgt, dass nur solche Körpergeometrien für diese Raummodule infrage kommen, die den dreidimensionalen Raum lückenlos ausfüllen, d. h. ihn parkettieren. Zu dieser Kategorie, die nur etwas mehr als 20 regelmäßige und halbregelmäßige Varianten umfasst, gehören die geometrisch regelmäßigen Polyeder des Quaders, Tetraeders, Oktaederstumpfs, Rhombendodekaeders und wenige mehr.

Die räumlichen geometrischen Grundelemente eines Raumfachwerks mussten in seinen frühen Entwicklungsphasen möglichst einfach und stets wiederkehrend ausgebildet werden, um die Anzahl unterschiedlich langer Stäbe und Knotengeometrien für die Serienfertigung so gering wie möglich zu halten. Beispielhafte elementare Varianten (🗗 **98**), die diesen Anforderungen genügten, bestanden aus:

- **Tetraedern** aus 4 gleichseitigen Dreiecken (🗗 **96**): Alle Stablängen sind gleich. Alle Knotengeometrien (bis auf die Randknoten) sind identisch. Diese Variante hat den Vorteil, in allen Stabebenen trianguliert zu sein, was die Steifigkeit des Gesamtgefüges deutlich steigert. Oder aus:

- **halben Oktaedern**, d. h. vierseitigen Pyramiden, aus 4 gleichseitigen Dreiecken und einem Quadrat (🗗 **98**). Auch hier sind die Stablängen und Knotengeometrien (wiederum mit Ausnahme der Randknoten) gleich, die Quadrate in Ober- und Untergurtebene jedoch nicht trianguliert.

Insgesamt ergeben sich dabei ebene Ober- und Untergurtflächen und räumlich, d. h. nicht-eben ausgerichtete Diagonalstäbe.

Die Verfügbarkeit von automatisierten, digital gesteuerten Fertigungsanlagen hat den strengen geometrischen Vorgaben, denen die frühen Raumfachwerke unterworfen waren, zum Teil die Grundlage entzogen. Es ist heute nicht mehr unabdingbar, immer gleiche Stäbe und eine immer gleiche Knotengeometrie zu realisieren, obgleich eine gewisse Regelmäßigkeit dazu beiträgt, Kosten und Komplikationen bei der Montage auf der Baustelle in Grenzen zu halten.

In den letzten Jahren sind einzelne Raumfachwerke entstanden, deren Geometrie raumbildende Schaum-, Zell- bzw.

94 Fertigungshalle aus Stahlrahmen. Die I-Profile der Rahmenstiele und -riegel sind zur Versteifung gegen Querkräfte gewellt ausgeführt (Arch.: Arlart).

95 *Patera*-System in den Londoner Docklands mit außenliegendem Tragwerk aus gekoppelten Fachwerkrahmen. Das System kann ohne weitere Hilfsmittel von Hand errichtet werden (Arch.: M Hopkins).

96 A. Graham-Bell, Fachwerk aus Tetraedern, eingesetzt um 1900 für temporäre Bauwerke. Frühes Beispiel modularer Strukturen im Stahlbau.

97 Strommast für Überlandleitungen aus einfachen warmgewalzten L-Profilen, früher mit Nietverbindungen ausgeführt, heute in der Kombination aus Schweiß- und Schraubenverbindungen.

Kristallstrukturen zum Vorbild haben (**104**). Es besteht dabei oft der Anspruch, den Raum mit Polyedermodulen geringstmöglicher Außenfläche auszufüllen, was in letzter Konsequenz auch zu geringstmöglichen Gesamtstablängen führt. Die somit nicht auf Dreiecken, sondern auf Vier-, Fünf- oder Sechsecken basierenden Fachwerkgeometrien verlieren infolgedessen vollständig die Triangulierung, sodass die geometrisch nicht mehr steifen Fachwerkpolygone durch Biege- und Schubsteifigkeit der Fachwerkstäbe versteift werden müssen. Dies kann nur auf Kosten von zusätzlichem Materialeinsatz geschehen, ein Umstand, der diese Fachwerke schwerer macht und in letzter Konsequenz den ursprünglichen Anspruch der Materialökonomie durch Verkürzung der Stablängen allem Anschein nach ad absurdum führt (**105**).

5.1 Ausführung von Raumfachwerken

■ Frühe Raumfachwerke konnten, wie angemerkt, nur über den Einsatz eines starren Bausystems verwirklicht werden, das eine Standardisierung des Fachwerks ermöglichte. Hier gab es verschiedene Ansätze, wie die *Mobilar*-Struktur von K. Wachsmann (**99, 100**) oder das später mit viel Erfolg verwirklichte *Mero*-System von M. Mengeringhausen (**101, 102**), das den gelenkigen Anschluss von 18 Stäben in jeweils vorgegebenen Richtungen ermöglicht. Das Mero-Raumfachwerk wurde in vielfältiger Form eingesetzt. Es eignet sich zur ein- und zweiachsigen Lastabtragung und lässt sich auch in gekrümmten Formen realisieren.

Dank moderner CAD/CAM-Technik wurden in den letzten Jahren verschiedene komplex geformte räumliche Fachwerktragwerke mit zahlreichen individualisierten, eigens für die lokalen geometrischen Verhältnisse CNC-gefertigten Stäbe und Knoten realisiert. Dies erlaubte, neben der Ausführung der oben angesprochenen, an natürlichen Formen orientierten speziellen Gittergeometrien (**104**), auch die Realisierung nicht-regelmäßiger gekrümmter Oberflächen. Selbst elementare Gittergeometrien, wie beispielsweise durchgehende Dreiecksmaschen, erfordern eine Individualisierung von Stablängen und Knotengeometrien, sobald ihre Gesamtgeometrie nicht mehr elementaren Oberflächentypen, wie etwa Kugeln oder Translationsflächen, entspricht. In der Zukunft sind auf diesem Gebiet weitere signifikante Neuerungen zu erwarten, die das Einsatzspektrum von Raumfachwerken vermutlich deutlich erweitern werden.

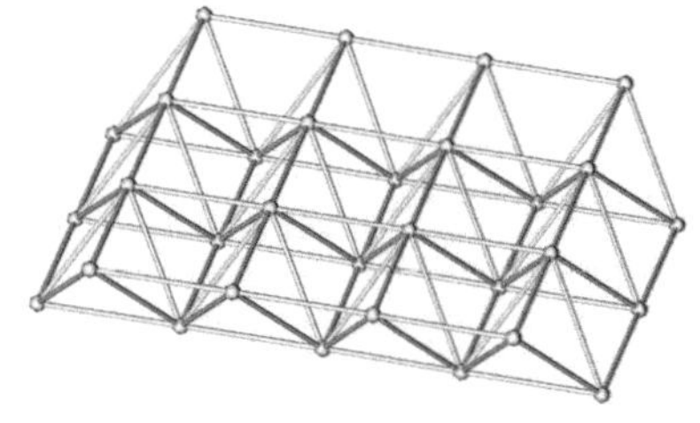

98 Axonometrie eines Raumfachwerks, hier *Mero*-System von M Mengeringhausen.

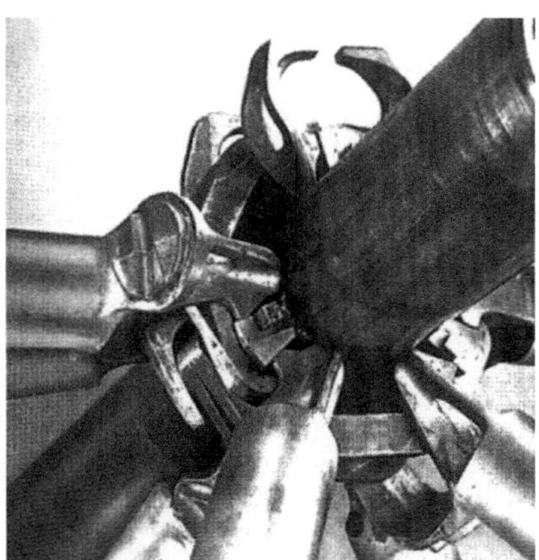

99 Standardknoten des Raumfachwerks, das während des 2. Weltkriegs für die US-Airforce entwickelt wurde. Obergurtbereich mit Anschluss für Deckenplatten bzw. weitere Hüllelemente (Arch.: K Wachsmann).

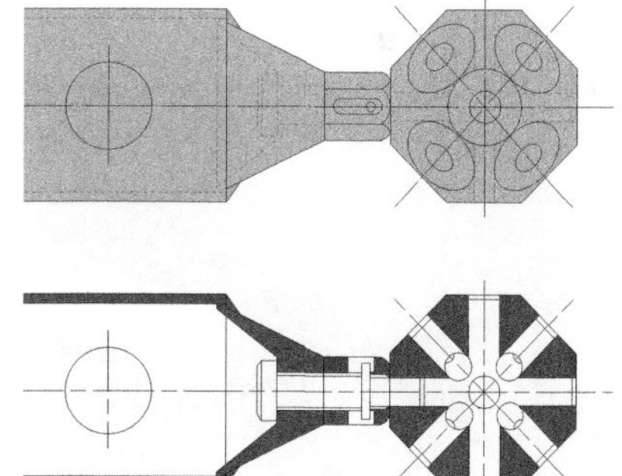

100 (Oben) Modellansicht eines Flugzeughangars: großmaßstäbliches Raumfachwerk mit Stützkonstruktion (Arch.: K Wachsmann).

103 Pavillon der USA auf der Weltausstellung in Montreal, Bauzustand (Arch.: B Fuller).

101, 102 *Mero*-Raumfachwerkknoten: das weltweit erfolgreichste Raumfachwerksystem; Knoten mit maximal 18 Anschlussgewinden.

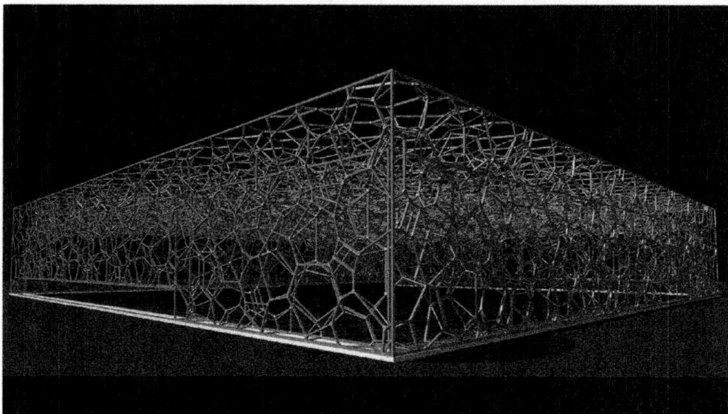

104 Raumfachwerk des olympischen Wassersportzentrums Beijing. Die Gittergeometrie basiert auf einem raumfüllenden System von Polyedern (Weaire-Phelan-Struktur) mit geringstmöglicher Oberfläche (d. h. auch theoretisch geringstmöglicher Gesamtstablänge) bei einer vorgegebenen Fachwerkdichte (Arch.: PTW Architects; Ing.: Arup).

105 Raumfachwerk des Projekts links. Die fehlende Triangulierung erfordert schwerere Dimensionierung der Gitterstäbe, was an diesem Bild recht gut deutlich wird. Die Stäbe wurden vor Ort stumpf angeschweißt.

3.6

Gitterschalen

☞ *Kap. IX-1, Abschn. 4.5.1 Schalen, S. 262 ff, sowie **Band 3**, Kap. XIII-5, Abschn. 4.3 Überdeckungen aus Gitterschalen*

☞ *Kap. IX-1, Abschn. 4.4 Flächentragwerke unter Membrankräften, S. 258 ff*

106 Viereckmaschige Rahmenschale ohne Diagonalversteifung. Die tangential zur Schalenoberfläche biegebeanspruchten Stäbe müssen in ihrer Querschnittbreite entsprechend verstärkt werden, ausgerechnet die Dimension, die von unten schauend am ehesten wahrgenommen wird (Hofüberdeckung im Dresdner Schloss).

107 Viereckmaschige, diagonal seilversteifte Gitterschale. Es handelt sich um eine Translationsfläche, die sich mit ebenen Glasscheiben eindecken lässt (Bosch-Areal, Stuttgart; Ing.: Schlaich, Bergermann & P).

■ Gitterschalen stehen für eine sehr junge Schalenbauweise, die in gewisser Weise als ein Ersatz für Betonschalenbauweisen in Erscheinung trat, wie sie Mitte des letzten Jahrhunderts entwickelt und häufig realisiert wurden. Komplizierte Schalungsarbeiten mit hohem Lohnkostenanteil, wie sie mit Betonschalen nahezu zwangsläufig verbunden sind, werden durch die Gitterschalenbauweise umgangen. Die Schalenfläche wird dabei nicht durch ein flächiges vollwandiges Bauteil generiert. Diese konstruktive Lösung ist wegen des verhältnismäßig hohen Eigengewichts von Stahl bei diesem speziellen Werkstoff praktisch nicht anzutreffen.[4] Stattdessen entsteht das Schalentragwerk durch ein extrem leichtes Gitter aus kurzen Einzelstäben, die auf der Basis verschiedener Rastergeometrien zu einem Fachwerk gekoppelt werden. Das Gitter wird zumeist am Ende mit Glas eingedeckt. Das Schalentragverhalten führt dazu, dass kaum nennenswerte Biegebeanspruchung quer zur Schalenfläche entsteht, sondern fast ausschließlich Membrankräfte wirken. Das heißt, dass in den Stäben praktisch nur axiale Druck- und Zugkräfte, tangential zur Schalenfläche zusätzlich Schubkräfte im Spiel sind. Letztere müssen entweder durch Rahmenwirkung, d. h. Biegesteifigkeit der Stäbe aufgenommen werden, oder alternativ durch Triangulierung, d. h. Dreiecksmaschenbildung.

Ersteres ist bei nicht-steifen Maschengeometrien der Fall, also bei Vierecken oder allen Polygonen mit mehr als vier Ecken. Ausreichend biegesteife Stäbe benötigen jedoch deutlich größere Querschnitte und treten visuell wesentlich stärker in Erscheinung als normalkraftbeanspruchte – ein grundsätzlicher Widerspruch zur Idee des extrem leichten Stabnetzwerks (**106**).

Häufiger wird deshalb von der Triangulierung Gebrauch gemacht: Dies geschieht entweder durch Anordnung der Stäbe in einem Dreiecksraster, oder alternativ durch nachträgliche Diagonalversteifung eines Nicht-Dreiecksrasters, beispielsweise eines Viereckmaschenrasters. Zu diesem Zweck werden Seile in beiden Diagonalrichtungen kontinuierlich durch die Stabknoten hindurchgefädelt und unter Vorspannung gesetzt. Auf diese Weise werden kompliziertere Knotenkonstruktionen mit mehr als vier anstoßenden Stäben umgangen (**107**).

Ähnlich wie bei ebenen Fachwerken, erlauben die reinen Normalkräfte in den Stäben, diese außerordentlich schlank auszuführen. Dies wird zusätzlich unterstützt durch die extrem hohen Festigkeitswerte des Werkstoffs Stahl. Wiederum legt die Knickgefahr bei Druckstäben die Wahl eines gedrungenen Querschnitts nahe. Um die Stäbe insgesamt so schlank und visuell so unaufdringlich wie möglich auszuführen, ein Faktor, der bei dieser Art von nahezu materielosen Netzstrukturen eine bedeutende Rolle spielt, werden oft Vollstäbe gewählt. Da diese bereits aus anderen Gründen, hier insbesondere die Notwendigkeit, die Glasformate der Eindeckung klein zu halten, verhältnismäßig kurz ausgeführt werden und somit auch Knicklängen klein sind, lassen sich die Stäbe in der Tat außerordentlich schlank ausführen.

Entscheidend für die konstruktive Ausführung der Gitterschale ist, neben der Ausbildung des Gitterrasters, auch die Festlegung der Schalengeometrie. Obgleich dank der Möglichkeiten der automatisierten CNC-Fertigung heute grundsätzlich praktisch jede Freiform – wenn auch mit entsprechendem Aufwand – gebaut werden kann, setzt dies jedoch bei völlig unregelmäßigen Geometrien eine Vielzahl von individuell gefertigten Einzelteilen voraus, was sowohl die Fertigung als auch die Montage verkompliziert und verteuert: Dies betrifft sowohl Stablängen wie auch Anschlusswinkel der Knotenelemente. Freiformen zwingen auch zu einer Triangulierung des Deckmaterials, was im Fall von Glas wegen der empfindlichen spitzen Ecken ungern in Kauf genommen wird (**108**).

☞ *Kap. VII, Abschn. 2. Formdefinition kontinuierlich gekrümmter Schichtflächen, S. 40 ff*

Aus diesem Grund greift man vielfach zu Schieb- bzw. Translationsflächen, die sich auch geometrisch strecken lassen (gestreckte Translationsflächen) und somit eine Vielzahl von geometrischen Varianten eröffnen (**107**). Diese Kategorie von Oberflächen bietet den großen Vorteil, ebene viereckige Deckelemente verwenden zu können, was der Materialcharakteristik von Glas sehr entgegenkommt, sowie auch Stablängen zu rationalisieren.

☞ *Kap. VII, Abschn. 2.3 Regelmäßige Oberflächentypen > 2.3.3 nach Entstehungsgesetz > Translations- oder Schiebflächen, S. 58 ff, sowie > gestreckte Translationsflächen, S. 62 f*

Die Glaselemente werden gemeinhin flach auf die Stäbe aufgelegt und nur an den Ecken mit Tellern befestigt (**109**). Die Fugen werden mit Dichtstoff gefüllt, ohne Pressleisten, die den Wasserabfluss stören und Schmutz ansammeln würden.

Ohne eine Vielzahl unterschiedlicher Stablängen und Knotengeometrien realisieren zu müssen, lassen sich Freiformflächen auch durch gelenkig in zwei Höhenlagen gekoppelte, in den Knoten durchlaufende Stäbe realisieren. Die Vierecksmaschen nehmen bei der Formgebung der Schale, sozusagen selbsttätig, verschiedene Rautengeometrie an und schaffen auf diese Weise jede beliebige Oberflächengeometrie. Auch diese Gitterschalen werden diagonal seilversteift. Die oben angesprochenen Schwierigkeiten mit der Eindeckung der Freiform bleiben allerdings auch bei dieser Variante ungelöst.

☞ *Kap. IX-2, Abschn. 3.2.5 Kuppel aus Stäben, S. 368 ff*

109 Knoten einer Gitterschale mit Tellerbefestigung der Glasscheiben.

108 Dreieckmaschige Gitterschale mit Freiform. Die dreieckigen Facetten erlauben eine Anpassung an jede beliebige Form. Sowohl Stablängen wie auch Knotengeometrien sind im Regelfall lokal individualisiert. Tangential zur Schalenfläche ist Schubsteifigkeit gewährleistet.

3.7

Zugbeanspruchte Konstruktionen

☞ Kap. IX-2, Abschn. 3.3 Zugbeanspruchte Systeme, S. 380 ff

■ Die Qualität und Besonderheit von Stahl im Hochbau liegt in den weitreichenden Möglichkeiten, die dieses zähfeste Material mit außerordentlich großer Festigkeit dem Planer und Konstrukteur eröffnet. Die Fähigkeit des Werkstoffs, extrem große Kräfte aufzunehmen, hat dem Stahlbau Aufgabenfelder erschlossen, die mit keinem anderen klassischen Werkstoff zu bewältigen sind. Dennoch sind mittlerweile auch andere Werkstoffe in der Entwicklung, die hier mit dem Stahl auf dem Gebiet anspruchsvoller Bauaufgaben in Konkurrenz treten, beispielsweise hochfeste Betone im Hochhausbau oder hochfeste synthetische Fasern im Brückenbau.

Die ausgeprägte Zugfestigkeit von Stahl ermöglichte die Entwicklung neuartiger, zugbeanspruchter Konstruktionen, die in der Baugeschichte einzigartig sind. Gleichzeitig entstand eine ganz neue Formensprache, welche durch die seilbautypischen Geometrien geprägt ist und sich deutlich von den ebenen oder geraden Formen der herkömmlichen biegesteifen Tragwerkstypen unterscheidet.

110 Hängebrücke am Stuttgarter Nordbahnhof, 1992; Mast mit den Anschlüssen der Haupttragseile (Ing.: Schlaich, Bergermann und Partner).

Rein zugbeanspruchte Konstruktionen profitieren von der Nichtexistenz von Knickgefährdung. Während bei Druckbeanspruchung die – ausgerechnet wegen ihrer hohen Festigkeit und Steifigkeit – extrem schlanken Stahlglieder in hohem Maß knickgefährdet sind und folglich ihre Festigkeit nicht wirklich ausspielen können, lassen sich bei reiner Zugbeanspruchung die Festigkeitsreserven des Werkstoffs hingegen vollständig ausnutzen. Zugbeanspruchte Querschnitte sind weder von Fragen der Querschnittsgeometrie noch von solchen der Steifigkeit vorgegeben, sondern lassen sich frei gestalten. Lediglich die absolute Querschnittsfläche spielt die entscheidende Rolle.

Da zugbeanspruchte Tragwerke in statischer Sicht extrem materialeffiziente Tragsysteme sind, spielt die relative Schwäche des Stahls, nämlich das eher schlechte Verhältnis von Tragfähigkeit zu Eigengewicht, eine vernachlässigbare Rolle. Es lassen sich sehr große Spannweiten überdecken, ohne dass das Eigengewicht der Stahlkonstruktion eine nennenswerte Bedeutung hat.

☞ Kap. IX-2, Abschn. 3.3 Zugbeanspruchte Systeme, S. 380 ff, sowie **Band 1**, Kap. VI-2, Abschn. 4.2 Bewegliche Systeme, S. 544 ff

Da bei reiner Zugbeanspruchung im Prinzip keinerlei Biegesteifigkeit notwendig ist, sind die meisten vorwiegend unter Zug wirkenden Tragkonstruktionen **bewegliche Tragwerke** wie an anderer Stelle definiert. Infolgedessen sind die entwurflichen Besonderheiten dieser Tragsysteme zu berücksichtigen, also die Tatsache, dass **Gleichgewichtsformen** im Spiel sind, die sich nur indirekt planerisch beeinflussen lassen, ansonsten aber in unmittelbarem Zusammenhang mit den herrschenden Kräfteverhältnissen stehen. Die Form ist damit sozusagen eng an die Kraft gebunden.

☞ **Band 1**, Kap. V-3, Abschn. 7.4 Seile, Bündel und Kabel, S. 447 ff

Wichtigstes Element der zugbeanspruchten Stahlkonstruktionen, die aus oben genannten Gründen ja mit nichtbiegesteifen, also biegeweichen, dünnen Gliedern arbeiten, ist das **Seil** (**110**).

In der Nachfolge von frühen zugbeanspruchten Tragwerken

– hier sind Namen wie Roebling oder Schuchow zu nennen – hat das moderne Bauen mit Seilen einzigartige Bauwerke hervorgebracht. Einige Höhepunkte werden im Folgenden angesprochen: [5]

Hängebrücken

3.7.1

■ Die *Akashi-Kaikyo*-Brücke (jap. *akashi-kaikyo ohashi*) (🗗 **111**), benannt nach der Straße von *Akashi*, ist eine Autobahn-Hängebrücke in Japan, die Kobe auf der Hauptinsel Honshu und Matsuho auf der Insel Awaji mit 2x3 Fahrspuren miteinander verbindet. Mit einer Mittelspannweite von 1990,8 m ist sie derzeit die Hängebrücke mit der größten freien Spannweite der Welt. Die Brücke wurde 1998 eröffnet.

Schrägseilbrücken

3.7.2

■ *Le pont de Normandie* (Die Brücke der Normandie) (🗗 **112**) ist die Schrägseilbrücke mit der größten Spannweite in Europa. Sie überquert die Seinemündung und verbindet Le Havre (Haute-Normandie) auf dem rechten Ufer im Norden mit Honfleur (Basse-Normandie) auf dem linken Ufer im

111 Hängebrücke: *Akashi-Kaikyo*-Brücke, Kobe, Japan, 1998.

112 Schrägseilbrücke: *Le Pont de Normandie*, 1995 (Ing.: M Virlogeux).

113 Schrägseilbrücke: *Ting Kau*-Brücke, Hong Kong, 1998 (Ing.: Schlaich Bergermann und Partner).

Süden. Die Länge der Stahlkonstruktion beträgt 2143,2 m, mit einer freien Spannweite zwischen den Pylonen, die 215 Meter hoch sind, von 856 m (weitere Beispiele ⊡ **111**, **113**)

7.3 Seilnetzkonstruktionen

📖 *DIN EN 13411-1 bis -8*

☞ *Kap. IX-2, Abschn. 3.3 Zugbeanspruchte Systeme, S. 380 ff*

■ Die Seilnetzkonstruktionen des modernen Leichtbaus wurden zur Herstellung großer zusammenhängender Dachflächen entwickelt (Weltausstellung in Montreal 1967, Olympiadach München 1972, ⊡ **114**, **115**), u. a. weil die Verwendung von textilen Membranen in diesen Dimensionen nicht möglich war. Sie sind insofern tragend und flächenbildend. Als zugbeanspruchte Gleichgewichtsformen sind Seilnetze immer gegensinnig (antiklastisch) gekrümmt. Dies ist deshalb notwendig, weil sich in ihnen, als bewegliche Tragwerke, zwei gegenläufige vorgespannte Seilscharen – eine konkave (die Tragseilschar) und eine konvexe (die Vorspannseilschar) – gegenseitig im Gleichgewicht halten und ansonsten nicht hinnehmbare Formänderungen verhindern.

Seilnetze werden über den exakten Zuschnitt der Seillängen an ihre Form so angepasst, dass alle Seile im Endzustand unter Zugkraft gesetzt sind. Diese planmäßige Vorspannung wird über die Randseile und Randbefestigungen durch Pressen eingebracht. Das engmaschige Netz erfordert zahlreiche Knotenelemente.

Die Eindeckung muss die doppelt gekrümmte, geometrisch nicht elementare Gleichgewichtsform in ihrer Krümmung nachzeichnen, und lässt sich beispielsweise nur sehr schwer aus ebenen Glasscheiben generieren, wobei man die nur begrenzte elastische Verformbarkeit der Verbundglasscheiben ausnutzen muss. Infrage kommen deshalb praktisch nur entsprechend zuschneidbare Werkstoffe wie Folien oder Membranen bzw. elastisch verformbare wie Kunststoffe (wie in ⊡ **114**, **115**) oder dünnes Holz.

114 Mast und Seilnetz des Olympiastadions München. Die Eindeckung erfolgte mit Acrylglasplatten.

115 Überdachung der Haupttribüne des Olympiastadions in München, Fertigstellung 1972 (Arch.: Behnisch und Partner, Frei Otto; Ing.: Leonhardt, Andrä und Partner).

Seiltragwerke

■ Eine weitere Sonderanwendung von Stahl im Leichtbau sind Seiltragwerke. Im Gegensatz zu Seilnetztragwerken wie oben besprochen, müssen diese Tragwerke nicht gleichzeitig tragend und flächenbildend sein. Oftmals werden die Haupttragglieder, die in größeren Abständen aufgestellt sind, mit einer Sekundärkonstruktion (beispielsweise konstruktive, d. h. selbsttragende Membranen) zur geschlossenen Fläche komplettiert. Die Zugkräfte im Tragwerk müssen entweder im System kurzgeschlossen oder ansonsten mithilfe geeigneter Verankerungen in den Baugrund abgeleitet werden. Letztere Option eröffnet zwar größere Freiheiten beim Entwurf, ist aber stets mit erhöhten Kosten aufgrund der aufwendigen Fundierungen verbunden; ein Kurzzschließen der Kräfte im System ist deutlich effizienter, ist aber nur bei besonderen Geometrien möglich. Man spricht dann von **selbstverankerten** Konstruktionen.

Seilbinder

■ Seilbinder sind biegetragfähige Tragelemente aus zugbeanspruchten Seilen. Sie lassen sich entweder aus zwei konkaven Seilen mit zugbeanspruchten Spannseilen dazwischen herstellen, oder alternativ aus zwei konvex verlaufenden Seilen und druckbeanspruchten, biegesteifen Stäben dazwischen (🗗 **116**). Dabei bilden die Seile die Ober- und Untergurte und die Spannseile bzw. Stäbe die Querglieder. Die Gurtseile werden somit jeweils von den Querseilen oder -stäben in eine polygonale Form gezwungen und dadurch befähigt, Kräfte rechtwinklig zur Seilbinderachse aufzunehmen. Je nach Angriffsrichtung der Kraft, trägt nur eines der beiden Seile, nämlich das der Kraftrichtung gegenüber konkav gekrümmte. Die Seilgurte können abwechselnd sowohl Biegedruck- wie auch -zugkräfte aufnehmen, da sie stets vorgespannt sind und auch im druckbeanspruchten Gurt (der Kraft gegenüber konvex gekrümmt) die Druckkraft somit durch Abbau der Vorspannung neutralisiert wird. Letztere ist in die Lager, d. h. in anschließende Bauteile einzuleiten.

Folgende geometrische Anordnungen sind bei Seilbinderscharen möglich:

116 Seilbinder aus zwei polygonförmig gegenläufig gespannten Seilen mit dazwischengelegten Druckstäben. Sie nehmen hier als Fassadenpfosten horizontale Windkräfte auf.

- **Reihenanordnung**: einfache Parallelanordnung der Seilbinder (🗗 **116**). Das Tragverhalten entspricht dem einer herkömmlichen parallelen Stabschar. Die Hauptspannweite wird idealerweise vom leichten Seilbinder überspannt, die Nebenspannweite beispielsweise von herkömmlichen Biegeträgern.

- Bei einer **radialen Anordnung** der Seilbinder entsteht ein in sich geschlossenes System, das erlaubt, die Vorspannkräfte kurzzuschließen. Bekannte Beispiele radial angeordneter Seilbinder sind **Speichenradsysteme** bzw. **radiale Ringseilsysteme**, die als Tribünen- und Stadionüberdachungen entwickelt und in den letzten Jahren bei zahlreichen Projekten gebaut wurden. Ihre wichtigsten Besonderheiten werden im Folgenden kurz beschrieben.

☞ *Kap. IX-2, Abschn. 3.1.6 Stablage radial, ringförmig gelagert, S. 354 f*

Radiale Ringseiltragwerke – Speichenräder

☞ *Siehe auch Kap. IX-2 Abschn. 3.3.2 Membran und Seiltragwerk, linear gelagert, S. 392 f*

■ Vorspannkräfte werden bei radialen Ringseiltragwerken grundsätzlich kurzgeschlossen, sodass am Ende die Stützkonstruktion des Dachs, neben lotrechten Lasten, nur Horizontalkräfte aus Windlast aufnimmt, die wie bei einem gewöhnlichen Dach, beispielsweise durch Verbände oder Kerne, in den Baugrund abgeleitet werden. Sie gelten in diesem Sinn als selbstverankerte Tragwerke und sind in sich steif, vergleichbar mit einem Speichenrad. Der Ringschluss der Vorspannkräfte gestattet zwar eine deutliche Vereinfachung der Konstruktion, erlegt dem Entwerfenden allerdings Einschränkungen bei der Formgebung auf: Es sind nur grob kreis- bis ovalförmige, mit einigen Schwierigkeiten auch annähernd rechteckige Grundrissformen realisierbar, die allerdings keine Unterbrechungen aufweisen dürfen, da die Kräfte ja im Ring kurzgeschlossen werden müssen (🗗 **117**).

Die Vorpannkraft wird in einen (oder mehr als einen) inneren Zugring und in einen oder mehrere äußere Druckringe eingeleitet (🗗 **118**). Die Kombination von jeweils einem mit zwei Ringen hat dabei zum Zweck, die zwei radialen Gurtseile des Binders gegeneinander abzuspreizen, sodass – analog zu Seilnetzen – eine konkave Tragschar (oben) und eine konvexe Vorspannschar (unten) entsteht. Die Krümmung der Binderseile, die sie – wie bei den oben besprochenen Seilbindern – in die Lage versetzt, (lotrechte) Lasten quer zu ihrer Achse aufzunehmen, entsteht durch vertikale Koppelseile, die beide in Intervallen miteinander verknüpfen.

Zahlreiche Kombinationen von Druck- und Zugringen (einfach-doppelt) sind in verschiedenen Projekten bereits ausgeführt worden (🗗 **118**, **119**). Auch in sich verschachtelte doppelte radiale Ringseilsysteme, bei denen ein Radialsystem im anderen eingehängt ist, wurden bereits ausgeführt (🗗 **121**).

Grundsätzlich ist zu beachten, dass das sozusagen schwächste Glied in der Konstruktion die Druckringe sind, die – anders als die Seile – einer Knickgefahr ausgesetzt sind. Diese Gefahr wird zwar dank der seitlichen Halterung durch die Seilbinder zum Teil gebannt, doch spielt insbesondere die Krümmung

117 Innerer Seilring des Stadions *Wanda Metropolitano*, Madrid. Beim Ringseilsystem findet ein Kurzschluss der Kräfte statt, sodass diese nicht extern verankert werden müssen. Voraussetzung ist die Vollständigkeit des Rings, der nicht unterbrochen werden kann (Ing.: Schlaich, Bergermann & P).

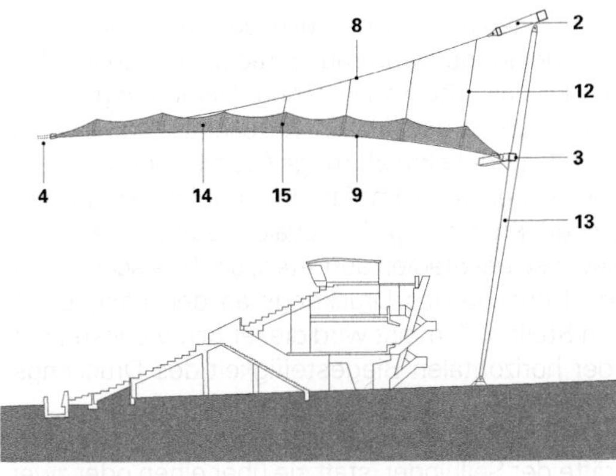

118 Mercedes-Benz–Arena, Stuttgart: Schnitt der Ringseilkonstruktion; zwei Druckringe, jeweils oben und unten **2**, **3**, ein Zugring **4**.

1 Druckring
2 Druckring oben (2 Gurte aus Kastenprofilen, mit Fachwerk versteift)
3 Druckring unten (ein Kastenprofil)
4 Zugring (Seilschar)
5 zentrale Nabe
6 Zugring oben
7 Zugring unten
8 Binderseil oben
9 Binderseil unten
10 oberes Binderseil des nachgeordneten Ringseilsystems
11 unteres Binderseil des nachgeordneten Ringseilsystems
12 Koppelseil
13 Mast
14 Membrane
15 Stützbogen
16 Spreizstab (Druckstrebe)
17 Rückverankerungsseil
18 wandelbares Segel
19 Mittelachse Stadion

119 *Buki Jalil* Stadion, Kuala Lumpur: Schnitt der Ringseilkonstruktion; ein Druckring **1**, zwei Zugringe **6**, **7**. Das Dach lagert auf der Tribünenkonstruktion (Ing.: Schlaich, Bergermann & P).

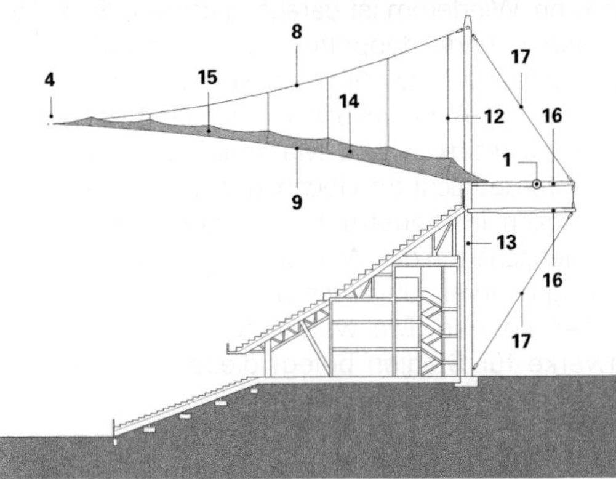

120 *Gerry Weber Centre Court*, Halle: Schnitt der Ringseilkonstruktion; Rückverankerung der oberen Binderseile in jeder Binderachse im Boden; dadurch kein zweiter (oberer) Druckring außen nötig, der visuell stark dominant wäre. Das Rückverankerungsseil **17** wird über eine horizontale Druckstrebe **16** abgewinkelt und zum Fußpunkt des Masts **13** geführt, wo die abhebenden Zugkräfte durch die lotrechte Last des Masts (zumindest teilweise) überdrückt werden (Ing.: Schlaich, Bergermann & P).

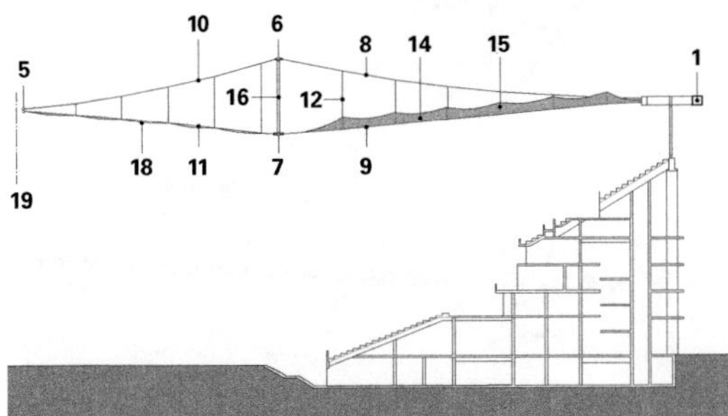

121 Neues Waldstadion, Frankfurt/M: Schnitt der Ringseilkonstruktion; doppeltes, in sich verschachteltes Ringseilsystem. Von den beiden gespreizten Zugringen **6**, **7** wird eine zweite Ringseilschar **10**, **11** zu einer zentralen Nabe **5** gespannt, womit die Stadionfläche vollständig überdeckt wird. Die innere, segelartige Membranüberdeckung **18** ist wandelbar (Ing.: Schlaich, Bergermann & P).

122 Anschluss der beiden Binderseile an den Zugring. Die Seile des Zugrings sind durchlaufend ausgebildet und werden in sattelförmigen Klammern umgelenkt. Das Anschlusstück ist ein Stahlgussteil.

☞ [a] *Wie am Beispiel des zu einem liegenden Fachwerkbinder gespreizten Druckrings in* 🗗 **118** *erkennbar.*

des Druckrings eine wesentliche Rolle: Je größer die Krümmung (d. h. je kleiner der Krümmungsradius) ist, desto kleiner sind die Normalkräfte im Druckring. Daraus folgt, dass starke Krümmungen grundsätzlich vorteilhaft sind. Ideal in diesem Sinn sind perfekt kreisförmige Grundrissgeometrien (beispielsweise über Stierkampfarenen) mit immer gleicher (größtmöglicher) Krümmung. Bei ovalen Grundrissen, wie sie beispielsweise bei Stadien auftreten, sind die schwächer gekrümmten Bereiche des Druckrings an den Langseiten die kritischen Stellen. Zumeist wird dieser Schwierigkeit mit Erhöhung der horizontalen Biegesteifigkeit des Druckrings begegnet.[a]

Im Prinzip lassen sich die am äußeren Rand angreifenden Vorspannkräfte der Seilbinder, statt sie über einen oder zwei Druckringe kurzzuschließen, auch unmittelbar lokal, d. h. also in Seilbinderachse, im Boden rückverankern (🗗 **120**). Zwar kann man diese Verankerung sinnvollerweise mit dem Fußpunkt der zugehörigen Stütze kombinieren (hierfür ist eine horizontale Umlenkstrebe erforderlich), sodass ein Teil der abhebenden Kraft der Verankerung durch die lotrechte Last der Stütze überdrückt wird, doch gehen dabei wichtige Vorteile des Ringschlusses verloren. Dennoch ist diese Lösung wegen der Entwurfsfreiheit, die sie gestattet, manchmal angewendet worden.

Anders als bei den oben diskutierten Seilnetzen, werden die Seilbinderachsen in größeren Abständen gelegt, sodass die Eindeckung mit einer extrem leichten Membrankonstruktion erfolgen kann. Wiederum ist darauf zu achten, dass die Membrane ausreichende doppelte Krümmung aufweist, wozu gegebenenfalls zusätzliche Stützelemente wie Luftstützen, Stützbögen o. Ä. eingesetzt werden (🗗 **123**).

Die extreme Leichtigkeit und Materialeffizienz dieser Stahltragwerke verdeutlicht im Hochbau, ähnlich wie weitgespannte Brücken im konstruktiven Ingenieurbau, die besonderen Eigenschaften des Werkstoffs Stahl sowie auch die enormen Tragreserven, die durch Gleichgewichtsformen aktiviert werden können. Die weltweite Verbreitung der Ringseiltragwerke für Stadien belegt diese Tatsache auf eindrückliche Weise.

123 Mercedes-Benz–Arena, Stuttgart: Eindeckung mit Membranen; doppelte Krümmung durch Stützbögen, die zwischen Seilbindern spannen (Ing.: Schlaich, Bergermann & P).

Anmerkungen

1 Dies hängt ursächlich mit dem nicht besonders guten Verhältnis von Tragfähigkeit zu Eigengewicht des Stahls zusammen, das – zumindest bei baustahlüblichen Festigkeiten – ungünstiger ist als beispielsweise das von Holz (vgl. ***Band 4**, Kap. 1, Abschn. 6.2 Der Einfluss des Werkstoffs, sowie Kap. 3, Abschn. 11.3.3 Verhältnis zwischen Festigkeit und Rohdichte*). Dieser Faktor ist insbesondere bei statisch ineffizienten Tragsystemen wie der Platte ausschlaggebend, bei denen das Eigengewicht ein Gutteil der Tragreserven aufbraucht und Holz in Form der Massivholzbauteilen seine guten Verhältniswerte ausspielen kann. Ganz anders verhält es sich beim deutlich effizienteren Tragsystem der gefalteten dünnen Bleche (Trapezblech), wo das verhältnismäßig große Eigengewicht des Stahls eine viel geringere Rolle spielt.

2 Petersen Ch (1994) *Stahlbau*, S. 788

3 Wiederum spielt hier der oben genannte ungünstige Verhältniswert zwischen Tragfähigkeit und Eigengewicht die entscheidende Rolle.

4 Ähnlich wie bei Decken, und aus gleichen Gründen wie bei jenen, finden sich reine Flächentragwerke bei Schalen allenfalls in Trapezblechausführung. Hingegen sind praktisch flächige Schalen wiederum aus Holz ausführbar (vgl. *Kap. X-2, Abschn. 6.3.6 Reine Flächentragwerke*, S. 588 ff)

5 Es handelt sich hier zum Teil zwar um Beispiele aus dem konstruktiven Ingenieurbau, die nicht zur Hochbaukonstruktion gehören, sollen hier aber trotzdem zur Veranschaulichung der konstruktiven Möglichkeiten des Stahls genannt werden.

Normen und Richtlinien

DIN EN 1090: Ausführung von Stahltragwerken und Aluminiumtragwerken
- Teil 1: 2012-02 Konformitätsnachweisverfahren für tragende Bauteile
- Teil 2: 2018-09 Technische Regeln für die Ausführung von Stahltragwerken
- Teil 4: 2020-06 Technische Anforderungen an kaltgeformte, tragende Bauelemente aus Stahl und kaltgeformte, tragende Bauteile für Dach-, Decken-, Boden- und Wandanwendungen
- Teil 5: 2020-06 Technische Anforderungen an tragende, kaltgeformte Bauelemente aus Aluminium und kaltgeformte, tragende Bauteile für Dach-, Decken-, Boden- und Wandanwendungen

DIN EN 1993 Eurocode 3: Bemessung und Konstruktion von Stahlbauten
- Teil 1-1: 2020-08 Allgemeine Bemessungsregeln und Regeln für den Hochbau
- Teil 1-2: 2010-12 Allgemeine Regeln – Tragwerksbemessung für den Brandfall
- Teil 1-3: 2010-12 Allgemeine Regeln – Ergänzende Regeln für kaltgeformte Bauteile und Bleche
- Teil 1-4: 2015-10 Allgemeine Bemessungsregeln – Ergänzende Regeln zur Anwendung von nichtrostenden Stählen
- Teil 1-5: 2019-10 Plattenförmige Bauteile
- Teil 1-6: 2017-07 Festigkeit und Stabilität von Schalen

Teil 1-7: 2010-12 Plattenförmige Bauteile mit Querbelastung
Teil 1-8: 2021-03 Bemessung von Anschlüssen
Teil 1-9: 2010-12 Ermüdung
Teil 1-10: 2010-12 Stahlsortenauswahl im Hinblick auf Bruchzähigkeit und Eigenschaften in Dickenrichtung
Teil 1-11: 2010-12 Bemessung und Konstruktion von Tragwerken mit Zuggliedern aus Stahl
Teil 1-12: 2010-12 Zusätzliche Regeln zur Erweiterung von EN 1993 auf Stahlgüten bis S700

DIN EN 1994: Eurocode 4: Bemessung und Konstruktion von Verbundtragwerken aus Stahl und Beton,
Teil 1-1: 2010-12 Allgemeine Bemessungsregeln und Anwendungsregeln für den Hochbau
Teil 1-2: 2010-12 Allgemeine Regeln – Tragwerksbemessung für den Brandfall
Teil 1-2/A1: 2014-06 Allgemeine Regeln – Tragwerksbemessung für den Brandfall; Änderung 1:

DIN EN 1994/NA: Nationaler Anhang – National festgelegte Parameter – Eurocode 4: Bemessung und Konstruktion von Verbundtragwerken aus Stahl und Beton
Teil 1-1: 2010-12 Allgemeine Bemessungsregeln und Anwendungsregeln für den Hochbau
Teil 1-2: 2010-12 Allgemeine Regeln – Tragwerksbemessung für den Brandfall

DIN EN 13411 Endverbindungen für Drahtseile aus Stahldraht
Teil 1: 2009-02 Kauschen für Anschlagseile aus Stahldrahtseilen
Teil 2: 2009-02 Spleißen von Seilschlaufen für Anschlagseile
Teil 3: 2011-04 Pressklemmen und Verpressen
Teil 4: 2019-04 Vergießen mit Metall und Kunstharz
Teil 5: 2009-02 Drahtseilklemmen mit U-förmigem Klemmbügel
Teil 6: 2009-04 Asymmetrische Seilschlösser
Teil 7: 2018-11 Symmetrische Seilschlösser
Teil 8: 2011-12 Stahlfittinge und Verpressungen

STLK LB 120: 2015-12 STLK – Standardleistungskatalog für den Straßen- und Brückenbau – Leistungsbereich 120: Ingenieurbauten aus Stahl

X-4 FERTIGTEILBAU

J. L. Moro, *Baukonstruktion – vom Prinzip zum Detail*,
https://doi.org/10.1007/978-3-662-64827-8_10

1. Geschichte des Fertigteilbaus

☞ *Vgl. auch **Band 4**, Kap. 8., Abschn. 4.3 Wandbauweisen in Stahlbeton, sowie Abschn. 6.3 Skelettbauweisen in Beton*

■ Parallel zur technischen Entwicklung des modernen Betons wurden bereits gegen Mitte des 19. Jh. erste Versuche unternommen, die Vorteile der Werksvorfertigung im Betonbau zu nutzen (🗗 **1**, **2**). Frühe Fertigteil-Bausysteme wie die von W. H. Lascelles (1875) in Großbritannien suchten, in scharfer Konkurrenz zu den ebenfalls in Entwicklung befindlichen Stahlkonstruktionen, Nutzen aus den spezifischen Vorteilen des Werkstoffs, wie Brandsicherheit und Dauerhaftigkeit, zu ziehen.

In Frankreich leisteten sowohl F. Hennebique wie auch A. Perret wesentliche Beiträge zur technischen Ausreifung und theoretischen Untermauerung des modernen Stahlbetonbaus und experimentierten um die Wende zum 20. Jh. mit Kombinationen aus Fertigteilen und Verguss vor Ort. Insbesondere Le Corbusier, ein Schüler und einstiger Mitarbeiter Perrets, entwickelte eine betonspezifische architektonische Formensprache und legte die konzeptionellen Grundlagen für die bemerkenswerte Verbreitung des Fertigteilbaus im Hochbau während der 1950er und 60er Jahre (🗗 **3**).

Die gleichsam systembedingte, ausgeprägt modulare Eigenschaft dieser Bauweise kam dem Bausystemgedanken jener Zeit entgegen. Es entstanden verschiedene Baukastensysteme aus vorgefertigtem Stahlbeton, die insbesondere in den Hochschulbausystemen in Deutschland einen Höhepunkt fanden. Gleichzeitig entstand, vor allem in sozialistischen Ländern, Massenwohnungsbau in Großtafelbauweise.

Die extensive Verbreitung der Bauweise machte indessen die zahlreichen noch ungelösten technischen Mängel sichtbar, hier insbesondere die unzureichende Dauerhaftigkeit der Fugenkonstruktionen. Spektakuläre Bauschadensfälle waren die Folge, die gemeinsam mit der formalen Dürftigkeit und irritierenden Monotonie der meisten Fertigteilbauten zu einer gründlichen Diskreditierung der Bauweise führten.

Im Gegensatz dazu haben die vorbildlichen Bauten des italienischen Architekten A. Mangiarotti die wirklichen formalen und technischen Möglichkeiten des modernen Spannbeton-Fertigteilbaus aufgezeigt.

☞ *Kap. X-5, Abschn. 6.5 Halbfertigteile, S. 722 ff*

Heute behauptet sich der Fertigteilbau in jenen Bereichen des Hochbaus, wo seine eigentlichen Stärken, wie die rasche Montage und der günstige Brandschutz, gegenüber konkurrierenden Bauweisen den Ausschlag geben, so beispielsweise im Industriebau. Hingegen hat der Bau mit Halbfertigteilen, welche die Vorteile von Vorfertigung und Verguss vor Ort in sich vereinigen, einen wahren Siegeszug im gegenwärtigen Baugeschehen vollzogen.

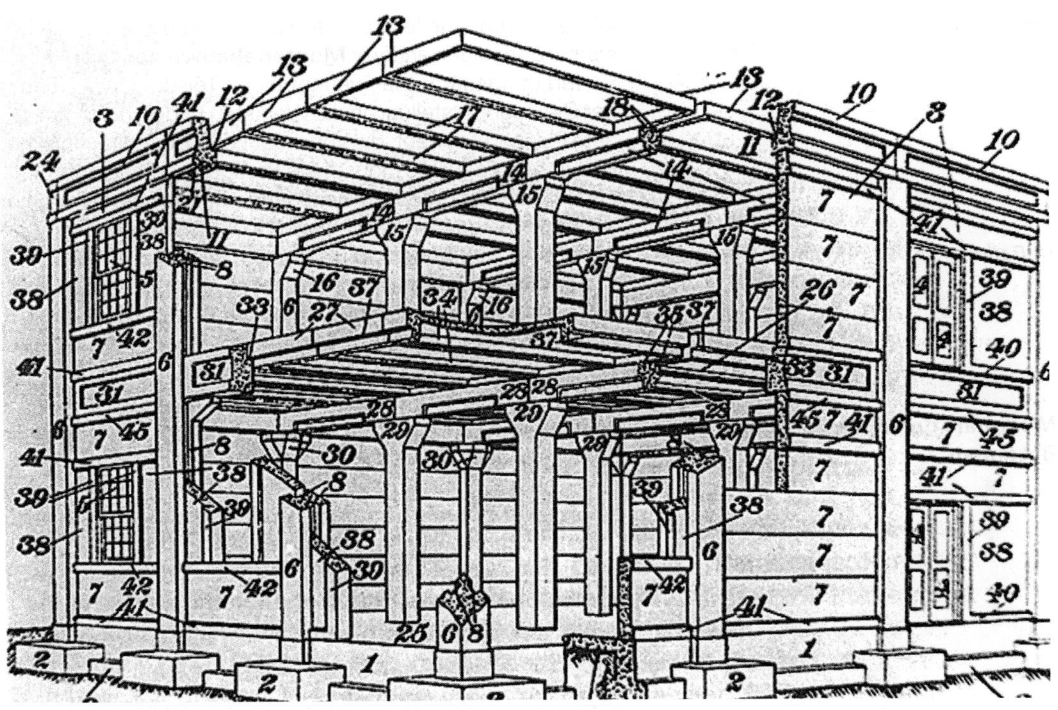

1 Fertigteil-Bausystem von J Colzeman aus dem Jahr 1912.

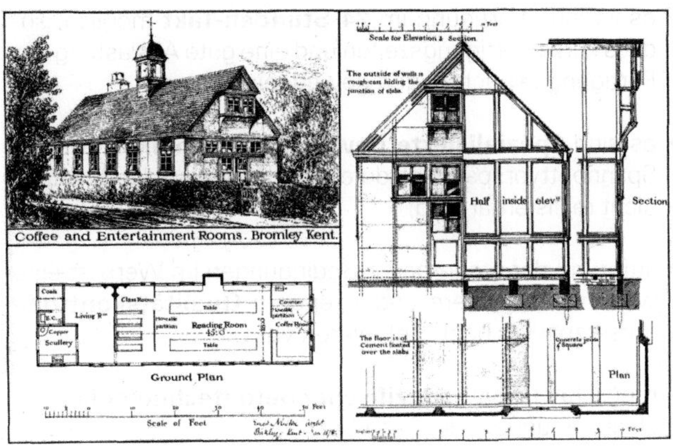

2 Frühes Fertigteilsystem von W H Lascelles (1878).

3 *Unité d'Habitation* von Le Corbusier: Tragwerk in Ortbeton, sichtbare Verkleidungselemente an der Fassade in Fertigteilbauweise ausgeführt.

2. Fertigung

■ Die konzeptionelle Grundlage der Fertigteilbauweise entspricht derjenigen anderer **Montagebauweisen** mit hohem Vorfertigungsgrad: Man verlegt einen Teil der Operationen der Gebäudeherstellung in die Werkstatt und ist durch geeignete Planung bestrebt, die Vorinvestitionen, die in technische Einrichtungen für die industrielle Fertigung getätigt wurden, durch wiederkehrende Arbeitsgänge und Arbeitsteilung zu amortisieren und einen Mehrwert in Form möglichst niedriger Kosten und hoher Verarbeitungsqualität zu erzielen.

☞ ***Band 1**, Kap. II-2, Abschn. 3. Industrielle Produktion, S. 51 ff*

Transport und **Montage** spielen, im Gegensatz zum Ortbetonbau, eine entscheidende Rolle. Der zusätzliche Aufwand bei der Werksvorfertigung wird durch die vielfache Wiederverwendung der Schalungseinrichtungen ausgeglichen.

2.1 Merkmale der Werksfertigung im Betonbau

■ Die Werksfertigung von Fertigteilen weist folgende wesentliche Merkmale auf:

- **witterungsunabhängige Fertigung** unter kontrollierbaren, idealen Arbeitsbedingungen;
- Möglichkeiten der **Nachbehandlung** und **Vergütung** von Betonteilen, sodass höchste Ausführungsqualität zu erzielen ist;
- Einsatz hochwertiger, mit hohen Investitionen verbundener **Fertigungsvorrichtungen**;
- es ist eine Fertigung im **24-Stunden-Takt** möglich, sodass kurze Fertigungszeiten und eine gute Auslastung der Fertigungseinrichtungen gewährleistet sind;
- es sind **spezialisierte Bewehrungstechniken** wie die Spannbettvorspannung durchführbar, die auf der Baustelle nicht realisierbar sind;
- aufgrund der steuerbaren Bedingungen im Werk ist eine wesentlich bessere und strengere **Qualitätskontrolle** umsetzbar als beim Betonieren vor Ort;

☞ ***Band 1**, Kap. IV-7, Abschn. 7.1 Hochleistungsbeton (HLB), S. 321 ff, und 7.2 Faserbetone, S. 322 ff*

- möglicher Einsatz **spezifischer Betontechnologien** wie Hochleistungs- oder Faserbetone;
- extrem **kurze Bauzeiten** dank kurzer Fertigungsfristen und rascher Montage.

Durch den Einsatz hochwertiger **Schalungen** sind folgende Eigenschaften erzielbar:

- hohe **Oberflächenqualitäten**;

- kleinere **Toleranzen**, also **größere Maßgenauigkeiten**. Diese lassen sich gezielt auf die Anforderungen des jeweiligen Bauvorhabens anpassen, stellen indessen einen Kostenfaktor dar.

Folgen der Werksfertigung

■ Ferner ergeben sich folgende Konsequenzen aus der Werksfertigung:

- Vorwegnahme **plastischer Verformungen** (Schwinden) vor der endgültigen Montage;
- **Demontierbarkeit** für leichteres Recycling oder Rückbau;

☞ ***Band 1***, *Kap. III-6, Abschn. 2. Recycling von Beton, S. 165 ff*

- hoher **Planungsaufwand** und lange **Vorlaufzeiten** für Fertigung. Sorgfältige Planung der Logistik erforderlich;
- Anwendung moderner **CAD-CAM-Techniken**, welche eine deutlich höhere Komplexität der Schalungsgeometrien zulassen;

☞ ***Band 1***, *Kap. II-2, Abschn. 4.2 Einsatz neuer digitaler Planungs- und digital gesteuerter Fertigungstechniken im Bauwesen, S. 60 f*

- es kommen **gelenkige**, zumeist **statisch bestimmte Tragsysteme** mit ihren spezifischen Vorteilen zur Ausführung: Sie sind vergleichsweise wenig anfällig gegen Verformungen und Setzungen; sie zeigen einen einfach zu erfassenden Kraftfluss etc. Aber es sind auch Nachteile in Kauf zu nehmen: keine Lastumlagerungen; Rahmenelemente sind nur bedingt ausführbar, da biegesteife Montagestöße vor Ort schwer zu realisieren sind;
- Vereinfachung der Montage durch **Vereinheitlichung** der **Größen** und **Gewichte**;
- Notwendigkeit der **modularen Durchorganisation** und **Rationalisierung** einer Baustruktur, mit Auswirkungen auf andere Teilsysteme und Gewerke.

Ort der Fertigung

■ Die Fertigung findet statt:

- im **stationären Werk**; dies stellt den Regelfall dar;
- im Ausnahmefall erfolgt eine Baustellenfertigung in der **Feldfabrik**, wodurch der Transport entfällt. Dies ist nur bei großen Stückzahlen oder bei großen Bauteilabmessungen sinnvoll.

3. Schalungstechnik

■ Je nach Material und Ausführung der Schalungsform lassen sich Fertigteile mit unterschiedlichen **Präzisionsgraden**, **Oberflächenqualitäten** und -**strukturen** herstellen. Die Lebensdauer und der Preis der Schalung ist ebenfalls stark von Material und Ausführungsart abhängig (Tabelle in 🗗 **4**).

Zusätzliche Vorrichtungen für die Vergütung von Fertigteilen sind:

- **Rütteltische**; sie erlauben eine bessere Verdichtung des Betons.
- Vorrichtungen zur **Vakuumverdichtung**: Hierbei wird die Schalungsvorrichtung mit einer luftdichten Plane überdeckt und die Luft abgepumpt. Durch das Vakuum wirkt vollflächig ein atmosphärischer Druck auf den Beton, der die Verdichtung unterstützt.
- Vorrichtungen zur **Wärmebehandlung** mit Dampf oder Öl, zur Erhärtungsbeschleunigung bzw. Frühfestigkeitssteigerung.

3.1 Lage der Schalung

☞ *Kap. X-5, Abschn. 4. Verarbeitung, S. 700*

■ Die Lage der Schalung ist sehr wichtig für die Herstellung von Fertigteilen, da der plastische Frischbeton von oben in die Schalung einzubringen ist, durch Schwerkraft in den Schalungsraum eindringen und sich gleichmäßig verteilen muss. Daraus leiten sich einige wichtige Randbedingungen für die Schalungstechnik ab:

- **Schmale stehende Schalungen** ab einer gewissen Proportion zwischen Höhe und Breite können problematisch sein, da das Einbringen des Betons und die Verdichtung, die ja von der oberen offenen Seite erfolgen muss, erschwert ist. Dies kann beispielsweise beim Gießen von Stützen oder Wänden der Fall sein, die deshalb vorzugsweise liegend vergossen werden. Werden stehend vergossene Teile auch stehend verbaut, tritt die raue Abzugsseite (s. u.) im Regelfall nicht störend in Erscheinung.
- **Liegende Schalungen** bieten günstigere Voraussetzungen für den Verguss als stehende, da Einbringen und Verdichtung des Frischbetons im Regelfall wegen der geringen Schalungstiefen – identisch mit der Bauteildicke – problemlos erfolgen kann. Ferner entfällt für praktische Zwecke eine komplette Schalfläche, da die Oberseite des Bauteils nicht geschalt wird. Es ist indessen wiederum zu berücksichtigen, dass diese zuoberst liegende **Abzugsseite** eine rauere Oberfläche aufweist als die Schalungsseiten (🗗 **13**). Dies ist mit bloßem Auge erkennbar. Bei liegend vergossenen Teilen, die später bei der Montage aufgerichtet werden – beispielsweise Stützen oder Wandtafeln – ist dies ggf. relevant und deshalb bei der Planung zu berücksichtigen.

Schalungstyp	Ausführung	mögliche Wiederverwendung	Preis
Holzschalung	einfach	35 x	15 €/m²
Holzschalung	vergütet	50 x	25 €/m²
Holzschalung	blechverkleidet oder kunststoffbeschichtet	80 x	70 €/m²
Stahlschalung	einfach	100 x	75 €/m²
Kunststoffschalung	hochwertig	150 x	100 €/m²
Stahlschalung	hochwertig	500 x (mit Wartung)	150 €/m²
Schalung für Tübbinge	7 oder 6 Segmente pro Ring	1.500 x (mit Wartung)	100.000 €/Satz

4 Verschiedene Ausführungen von Schalungseinrichtungen mit Angabe der durchschnittlichen Anzahl der möglichen Einsätze.[1]

5 Plattenschalung aus Stahl für eine Wandtafel, mit Einsatzteilen.

6 Ausziehschalung aus Holz während des Einölens. Es sind die abgeschrägten Kanten erkennbar, die den Ausziehvorgang ermöglichen sollen.

7 Stahl-Ausziehschalung für Pi-Platten.

8 Gelagerte Fertigteilstützen. Man erkennt die Kantenabfasungen, die dreiseitig auskragenden Konsolen sowie einbetonierte Rohre für den nachträglichen Verguss.

- In speziellen Fällen werden manchmal auch **schrägliegende Schalungen** eingesetzt, weil sie Vorteile beider Lagen in sich vereinigen.

- Auch für die **Formgebung** eines Fertigteils kann die Lage der Schalung bestimmend sein. Die zuoberst liegende horizontale, nicht geschalte Abzugsfläche ist stets eben: Je nach Lage der Schalung sind ggf. an dieser Seite – der Abzugsseite – keine überstehenden Teile betonierbar. Ein gutes Beispiel hierfür sind Konsolstützen (🗗 **9**).

- Die Schalungs- und Vergusslage stimmt nicht immer mit der endgültigen Lage des Fertigteils überein. Dies ist im Hinblick auf die Handhabung, den Transport und die Montage des Bauteils zu berücksichtigen.

3.2 Ausschalvorgang

■ Nach Art des Ausschalvorgangs unterscheidet man:

- **Ausziehschalungen** (Matrizen) (🗗 **6**, **7**);

- **zerlegbare Schalungen** (🗗 **10–12**).

Die Art des Ausschalvorgangs hat Auswirkungen auf die **Formgebung** der **Fertigteilquerschnitte**. Einige Grundregeln:

- Beim Einsatz von Ausziehschalungen müssen die Bauteiloberflächen dort, wo sie beim Ausziehen aus der Schalung ungefähr parallel zu den Schalungsflächen bewegt werden, mit einer **Neigung** gegenüber der Ausziehrichtung ausgeführt werden, damit sie den Entformungsvorgang nicht behindern (🗗 **9 A** und **B**);

- die **Kanten** sind, teilweise aus dem eben genannten Grund, nämlich weil sie beim Ausschalen leicht ausbrechen, teilweise weil sie nie sauber ausgeführt werden oder beim Transport Schaden nehmen können, **abzufasen** oder **auszurunden** (🗗 **9 C** und 🗗 **18**);

- **Durchbrüche** und **Aussparungen** sind zwar möglich, jedoch mit zusätzlichem Aufwand verbunden;

- **Einlegeteile** und **Abschottungen** einer Grundschalungsform sind möglich und erlauben das Gießen unterschiedlicher Teile mit derselben Schalung (🗗 **9 D**);

- **Ausstülpungen** des Bauteils – z. B. Stützenkonsolen – in zwei Richtungen sind ohne Schwierigkeiten herzustellen, in drei Richtungen bei **liegender Fertigung**, in vier nur bei **stehender** (🗗 **14–16**);

- die **Abzugsseite** des Fertigteils hat auch bei sorgfältigster Ausführung eine **geringere Oberflächenqualität** als die Schalungsseiten (⊡ **13**).

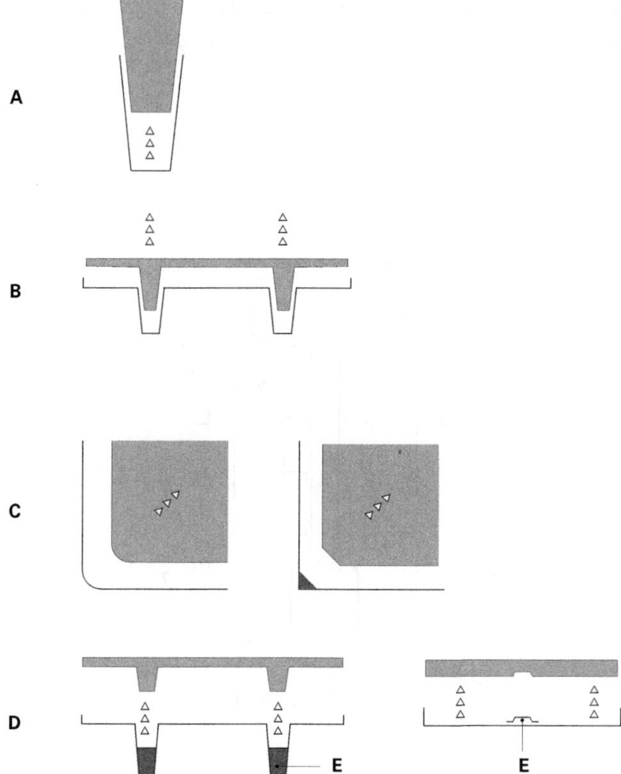

9 Einflüsse des Ausschalvorgangs auf die Querschnittsgestaltung von Fertigteilen:

A, B Abschrägen der seitlichen Schalflächen bei Ausziehschalungen
C Abrunden oder Abfasen der Bauteilkanten um ein Ausreißen zu verhindern
D verschiedene Möglichkeiten der Abwandlung von Querschnittsgeometrien durch Einlegeteile **E** in der Schalung

10 Verstellbare Stahlschalung für T-Träger.

11 Stahlschalung für Pi-Platten mit Darstellung von zwei möglichen Querschnittsvarianten (links-rechts), die bei Abwandlung verschiedener Ein- und Abstellungen mit der gleichen Schalungseinrichtung herstellbar sind.

1 Stahlblech-Schalfläche
2 verschiebbare Seitenteile
3 höhenverstellbarer Boden
4 Abstellung bis **b**= 3,0 m
5 Rüttler
6 Trägerrost
7 elastische Lager

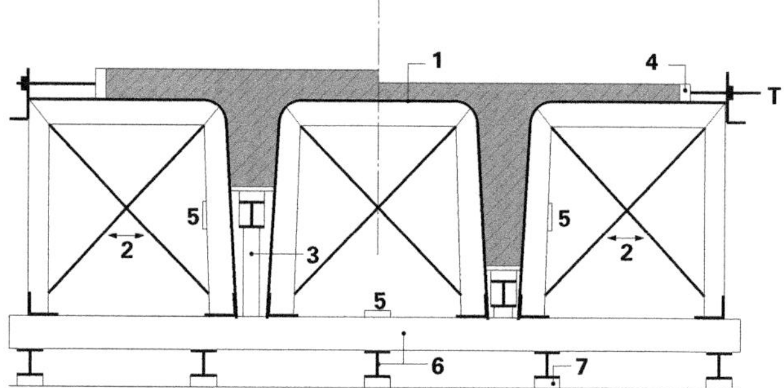

12 Zerlegbare Stahlschalung für I-Profile. Höhen- und breitenverstellbare Stahlschalung, längs verfahrbar für Spannbettfertigung, Obergurtneigung mittels Teleskopstützen, Schalung beheizbar.

1 Sperrholzschalung vergütet
2 Stahl-Obergurtelement
3 Stahl-Untergurtelement
4 Teleskopstütze
5 Rüttler
6 verstellbarer Obergurt
7 seitliche Aussteifung
8 Laufrollen u. Schiene
9 Arbeitssteg

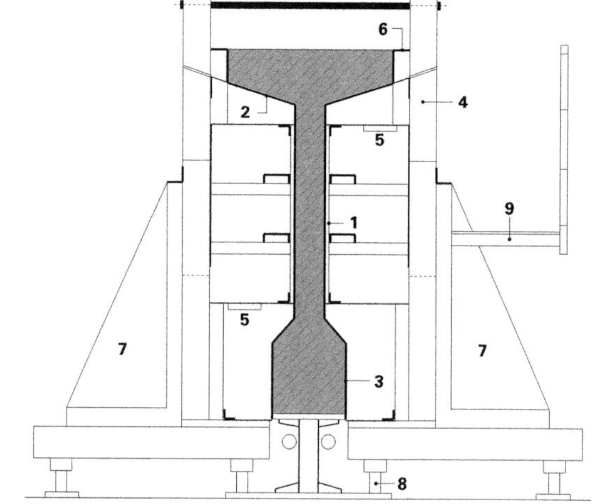

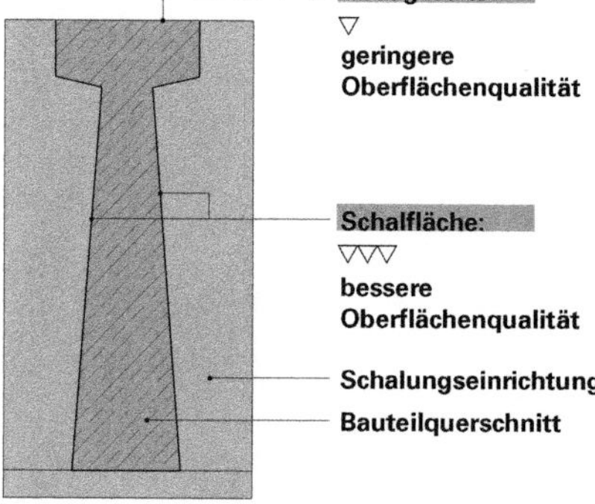

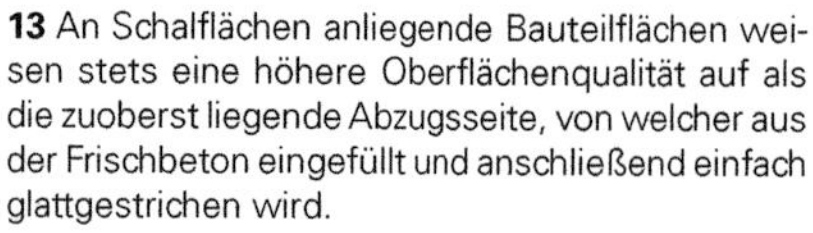
13 An Schalflächen anliegende Bauteilflächen weisen stets eine höhere Oberflächenqualität auf als die zuoberst liegende Abzugsseite, von welcher aus der Frischbeton eingefüllt und anschließend einfach glattgestrichen wird.

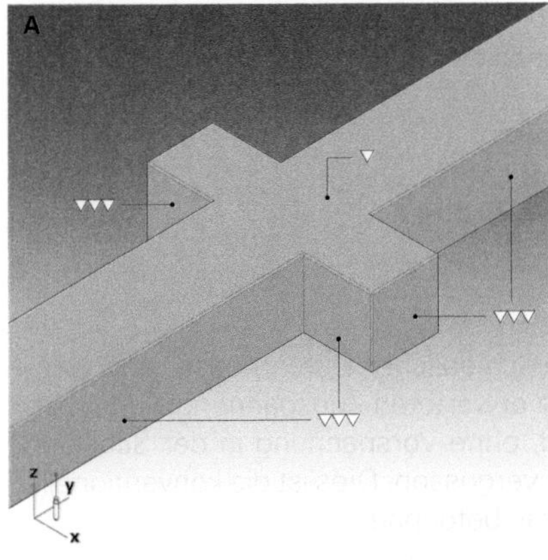

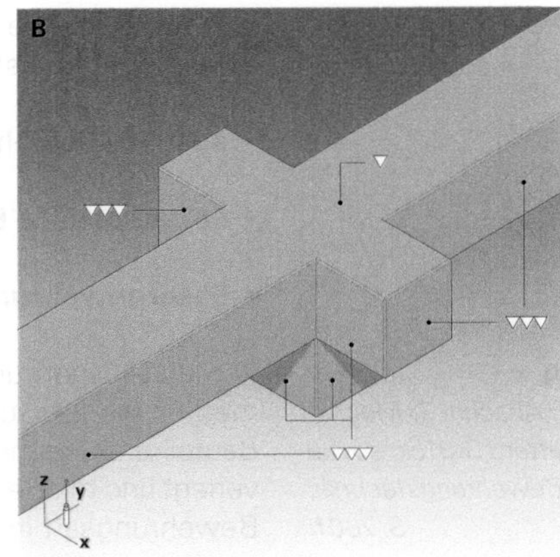

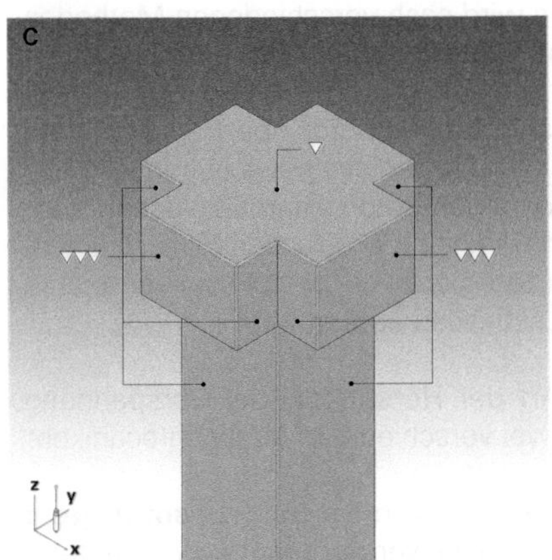

14–16 Schal- und Abziehflächen an einer Konsolstütze je nach Betonierlage:

A liegendes Betonieren, zwei Konsolen: Abziehfläche an einer Stützenflanke (oben)

B liegendes Betonieren, drei Konsolen: Abziehfläche an einer Stützenflanke (oben)

C stehendes Betonieren, vier Konsolen: Abziehfläche am Stützenkopf (oben)

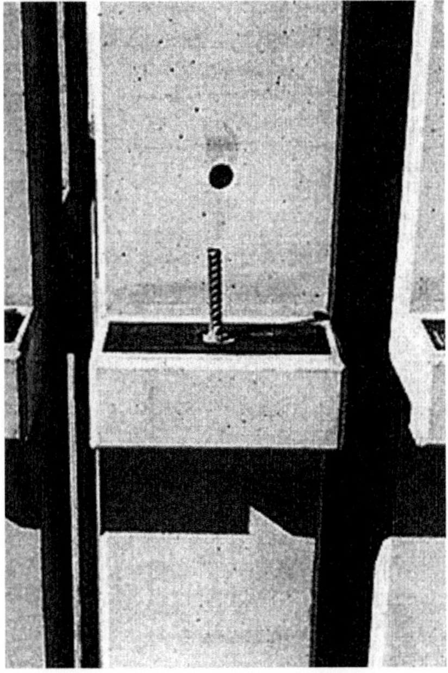

17 (Oben) Gelagerte Pi-Platten mit dünner Deckenplatte als verlorene Schalung für Ortbetonergänzung.

18 (Links) Gelagerte Konsolstützen. Zentrierdorn und Elastomerlager auf der Auflagerfläche der Konsole sind gut erkennbar.

4. Bewehrungstechniken

■ Man unterscheidet folgende grundsätzlich unterschiedliche Bewehrungstechniken:

- **schlaffe Bewehrung**;
- **vorgespannte Bewehrung**;
- **Faserbewehrung**.

4.1 Schlaffe Bewehrung

☞ ***Band 1**, Kap. IV-7, Abschn. 2. Mechanische Eigenschaften, S. 315 f, sowie Kap. X-5, Abschn. 5. Bewehrungstechnik, S. 700 ff*

■ Stahleinlagen unterschiedlicher Durchmesser und Geometrien werden, dem erwarteten Zugspannungsverlauf im Bauteil entsprechend, ohne Vorspannung in der Schalung verlegt und mit Beton vergossen. Dies ist die konventionelle Bewehrungsart im Stahlbetonbau.

4.2 Vorgespannte Bewehrung

■ Auf die Bewehrung wird nach verschiedenen Methoden planmäßig eine **Vorspannung** aufgebracht. Durch ihre Verankerung im bzw. durch den Verbund mit dem Beton wird die Vorspannkraft der Stähle auf den Beton übertragen, sodass innerhalb des Bauteils ein Kräftegleichgewicht herrscht. Die Vorspannung setzt somit den Beton planmäßig unter Druck und verbessert dadurch seine mechanischen Eigenschaften; Risse im Beton werden hierdurch beispielsweise bis zu einem bestimmten Lastniveau überdrückt.

4.2.1 Art der Herstellung der Vorspannung

■ Hinsichtlich der Art der Herstellung der Vorspannung unterscheidet man zwei verschiedene Vorspanntechniken:

- **Spannbettfertigung** bzw. Vorspannung mit **sofortigem Verbund**: Die Spannstähle werden bereits *vor* dem Betonieren im Spannbett unter Vorspannung versetzt. Anschließend wird betoniert. Es entsteht *sofort* beim Erhärten des Betons ein Verbund zwischen dem Spannstahl und dem Beton auf der gesamten Länge der Spannglieder aufgrund ihrer vollständigen Umhüllung im Betonkörper.
- **Nachträgliche Vorspannung**: Die Vorspannkraft wird erst *nach* Erhärten der Betonbauteile in die Spannglieder eingeleitet, die zunächst keinen festen Verbund mit dem Beton haben, weil sie entweder lose in Hohlräumen im Querschnitt bzw. ganz außerhalb desselben liegen. Dies kann hinsichtlich einer Verbundwirkung auf zwei Arten erfolgen:
  - •• mit **nachträglichem Verbund**: Die Spannglieder sind in Hüllrohren verlegt (🗗 **21**, **32**). Die Hohlräume zwischen Spanngliedern und Hüllrohrwandungen werden mit geeigneten Mörteln injiziert, sodass sich nach ihrem Aushärten über die gesamte Länge der Spannglieder ein Verbund mit dem Betonkörper einstellt. Durch den Verbund wird der Spannstahl für die Tragfähigkeit des Bauteils besser ausgenutzt, als wenn kein Verbund herrscht.

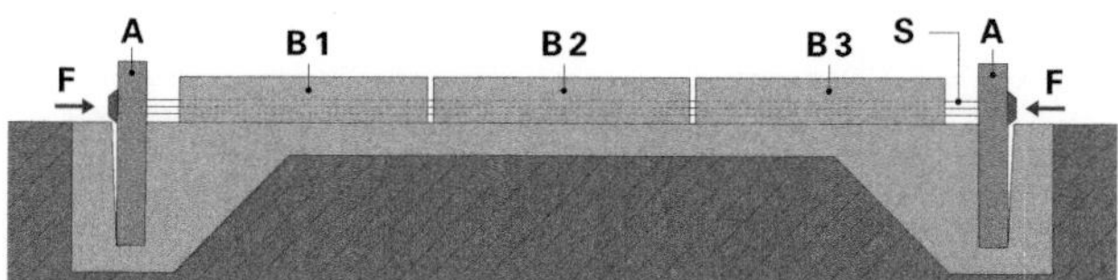

19 Schematische Darstellung der **Spannbettfertigung** (mit sofortigem Verbund); hier drei Bauteile **B 1–3** gleichzeitig.

F Vorspannkraft
A Ankerblock
B Bauteile **1** bis **3**
S Spannstahl

20 Vorbereitung eines **Spannbetts**: Unten sind die vorgespannten Stähle erkennbar; die stehenden Schotts trennen die einzelnen Balkenabschnitte voneinander, die Stähle sind jedoch durchgehend. In einem weiteren Arbeitsgang werden die Seitenschalflächen montiert.

21 In die Schalung eines Hohlkastenträgers im Untergurt eingelegte Hüllrohre für eine **nachträgliche Vorspannung**.

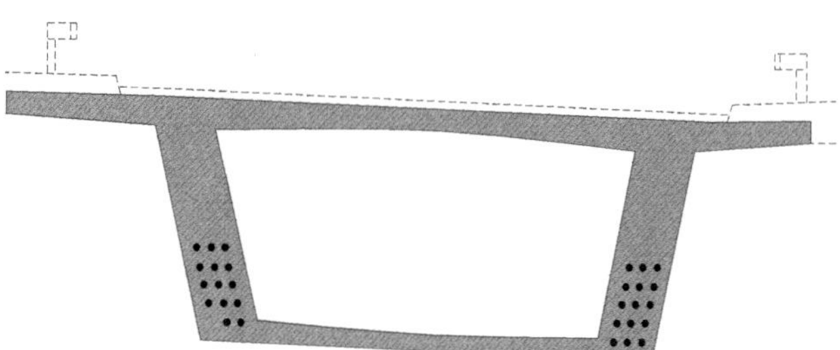

22 Beispiel für eine **interne Vorspannung** bei einem Hohlkastenquerschnitt.

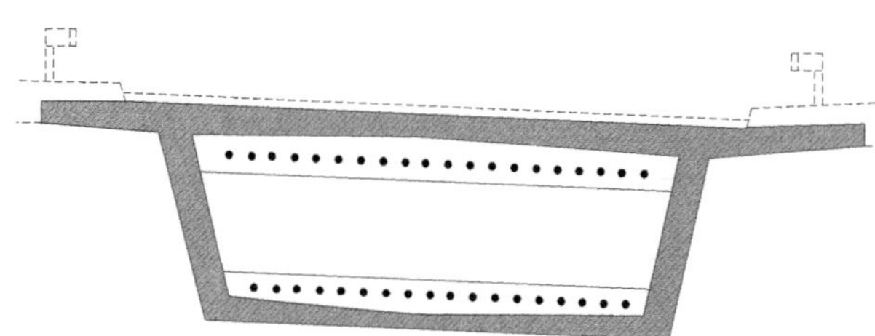

23 Beispiel für eine **externe Vorspannung** bei einem Hohlkastenquerschnitt.

•• **ohne Verbund**: Die Spannglieder werden frei in den Hüllrohren, oder sogar außerhalb des Querschnitts geführt. Es herrscht somit über die Spanngliedlänge kein kontinuierlicher Verbund mit dem Beton. Die Vorspannkraft wird stattdessen an ihren Endverankerungen in den Betonkörper eingeleitet. Hohlräume in Hüllrohren werden fast ausnahmslos mit korrosionshemmenden Mitteln injiziert. Zwar werden die Stähle bei dieser Methode nicht so gut für die Tragwirkung ausgenutzt wie bei einer Verbundwirkung, diese können dafür aber den Querschnitt verlassen und dadurch den wirksamen Hebelarm deutlich vergrößern (externe Vorspannung, s. u.).

2.2 Art der Spanngliedführung

■ Hinsichtlich der Art der Spanngliedführung im Bezug zum Bauteilquerschnitt unterscheidet man:

- **Interne Vorspannung**: Die Spannglieder werden innerhalb der Querschnittsfläche geführt. Zu dieser Variante zählt die Vorspannung mit sofortigem Verbund sowie diejenige mit nachträglichem Verbund, oder auch ohne Verbund.

- **Externe Vorspannung**: Die Spannglieder werden außerhalb der Querschnittsfläche des Bauteils geführt. Dies kann vollständig außerhalb des Querschnitts geschehen oder auch in einem kammerartigen Hohlraum desselben,

24 Spannbett: Ansetzen der hydraulischen Pressen.

25 Einrichtung des Spannbetts.

26 Herausziehen des fertigen Balkens aus der Schalung.

beispielsweise im Innern eines Hohlkastenquerschnitts. Eine Vorspannung ohne Verbund lässt sich sowohl intern – in Hüllrohren – wie auch extern ausführen.

2.3 Spannbettfertigung

■ Die Spannstähle werden geradlinig zwischen zwei Verankerungsblöcke gespannt und unter Vorspannung gesetzt (**19–26**). Über dieser Bewehrung wird das Bauteil in der entsprechenden Schalung vergossen. Nach dem Erhärten des Betons werden die Verankerungen gelöst und die Vorspannkraft mit Hilfe der Reibung zwischen Stahl und Beton in das Bauteil, zumeist stufenweise, eingetragen.

2.4 Nachträgliche Vorspannung

■ Es sind keine besonderen Fertigungseinrichtungen erforderlich. In den Fertigteilen werden Hohlräume mithilfe von Hüllrohren ausgespart, in welche nachträglich die **Spannglieder** aus Stahl eingefädelt werden (**27, 28**). Die Spannstähle werden anschließend an beiden Enden unter Vorspannung gesetzt, sodass der Beton gedrückt wird (**30**). Im Gegensatz zur Spannbettfertigung wird die Vorspannkraft bei nachträglicher Vorspannung ohne Verbund (s. o.) nicht kontinuierlich in den Beton eingeleitet, sondern an beiden Enden des Spannstahls.

4.3 Faserbewehrung

☞ ***Band 1**, Kap. IV-7, Abschn. 7.2 Faserbetone, S. 322 ff*

■ Die Bewehrung besteht aus feinen Metallfasern, die entweder regellos oder mehr oder weniger geordnet im Beton eigebettet werden. Faserbewehrungen werden im Fertigteilbau immer häufiger eingesetzt, zumeist in Kombination mit konventionellen Bewehrungstechniken. Die technischen Grundlagen werden an anderer Stelle diskutiert.

27 Abschnitt eines nachträglich vorgespannten Trägers (Segmentbauweise). Man erkennt deutlich die Spannglieder, die durch einbetonierte Hülsen eingefädelt werden.

28 Segmentbauweise mit vorgefertigten Einzelabschnitten. Hier ist die Einrüstung erkennbar, die für diese Art des Zusammenbaus erforderlich ist.

31 Beispiel für eine **externe Vorspannung**, im Innern eines Hohlkastenquerschnitts angeordnet, frei zugänglich. Dieses Bild gibt die Variante in ⊡ 23 wieder.

29 In Segmentbauweise aus Einzelabschnitten zusammengespannte Dachträger einer Halle (Arch.: M Fisac).

32 Spannglieder in Hüllrohren während der Montage des oben gezeigten Beispiels.

30 Endverankerung der auf der Baustelle vorgespannten Spannglieder.

33 Hüllrohre für die Vorspannung einer Deckenplatte vor dem Betonieren (interne Vorspannung). Das Bild zeigt die Spanngliedführung über einer Stütze: dem Verlauf der negativen Stützmomenten entsprechend hochgeführt. Die Öffnungen am Scheitel dienen dem Verpressvorgang.

5. Einflüsse der Bewehrungstechnik auf die Konstruktion

■ Die Wahl der Bewehrungstechnik hat auch Auswirkungen auf die entwurfliche und konstruktive Gestaltung des Fertigteils sowie des Gesamttragwerks. Aus der Anwendung der verschiedenen Bewehrungstechniken lassen sich folgende Gestaltungsregeln ableiten.

5.1 Schlaffe Bewehrung

■ Für schlaff bewehrte Fertigteile gilt:

- Stahleinlagen lassen sich – wie im Ortbetonbau, jedoch im Gegensatz zur Spannbettfertigung – frei dem Spannungsverlauf im Bauteil anpassen. Wechsel von **positiver** zu **negativer Momentenbeanspruchung** – wie sie beispielsweise beim Träger mit Kragarm, beim Durchlaufträger oder Rahmen auftreten – kann durch Verziehen der Einlagen vom Unter- zum Obergurtbereich aufgenommen werden.

- Bauteile lassen sich auf der Baustelle **kraftleitend** miteinander zu einem **statisch homogenen Bauteil** verbinden – beispielsweise durch Bewehrungsübergreifung und Verguss. Dies erlaubt grundsätzlich die Schaffung biegesteifer monolithischer Tragwerke: ein bedeutender Vorteil dieser Bauweise. Indessen ist zu berücksichtigen, dass diese Art von Baustellenarbeit einer raschen Montage – ein wesentlicher Vorteil des Fertigteilbaus – stets hinderlich ist.

5.2 Spannbettfertigung

■ Für Fertigteile aus Spannbettfertigung gilt:

- Eine Umlenkung der geradlinig verlaufenden Spannstähle ist nur begrenzt möglich. **Wechselnde Momentenbeanspruchung** kann aus diesem Grund nicht aufgenommen werden. Deshalb lassen sich Träger mit Kragarmen oder Durchlaufträger nicht in Spannbettfertigung herstellen. Die typische Lagerung des im Spannbett gefertigten Balkens ist die des **Einfeldträgers**.

- Die Spannstähle zweier Teile lassen sich auf der Baustelle nicht ohne spezielle Maßnahmen durch einfachen Verguss miteinander verbinden.

- Da die Vorspannkraft nach dem Erhärten des Betons noch vor dem Ausschalen eingetragen wird, sind **Querrippen** im Bauteil – wie z. B. bei Kassettenplatten – im Allgemeinen nicht möglich. Diese würden den Ausschalvorgang behindern, da sie durch die Pressung infolge der Vorspannung an die Schalwände angedrückt würden.

- Dank des sehr günstigen statischen Verhaltens des Spannbetons können **außerordentlich schlanke Querschnitte** erzielt werden, vergleichbar mit Stahlbauteilen.

- Der **unbelastete Montagezustand** kann kritisch werden,

da vor der Belastung der Obergurt aufgrund der Vorspannung im Untergurt auf Zug beansprucht wird. Deshalb ist ggf. zusätzlich eine obere Bewehrung gegen Rissbildung erforderlich. Die Risse im Transportzustand werden indessen häufig in Kauf genommen, da im Endzustand die Risse ohnehin immer überdrückt sind.

Nachträgliche Vorspannung

■ Für Fertigteile unter nachträglicher Vorspannung gilt:

- Im Gegensatz zur Spannbettfertigung lassen sich die Spannglieder dem Verlauf der Beanspruchung frei anpassen. Jeder Belastungsfall kann bewältigt werden – auch Träger mit Kragarm und Durchlaufträger.
- **Momentenfähige Verbindungen** lassen sich gut auf der Baustelle durch einfaches **Zusammenspannen** der Teile erzeugen, oder auch durch Koppeln der Spannglieder.
- Große, im Endzustand statisch als Ganzes wirkende Bauteile lassen sich in **kleine, leicht transportierbare Abschnitte** zerlegen, die dann vor Ort zum ganzen Element zusammengespannt werden (Segmentbauweise).
- Im Allgemeinen sind **umfangreiche Hilfsgerüste** während der Montage erforderlich.

34 Projekt eines Hallensystems von A Mangiarotti. Man beachte die Schlankheit der vorgespannten Deckenelemente.

6. Allgemeine Grundsätze der Konstruktion und Gestaltung von Fertigteilen

■ Neben den oben angesprochenen Gestaltungs- und Konstruktionsregeln aus der Bewehrungstechnik lassen sich auch aus dem **Transport** und insbesondere der **Montage** von Fertigteilen gewisse Notwendigkeiten und Gesetzmäßigkeiten ableiten, die den Entwurf von Fertigteiltragwerken deutlich beeinflussen.

6.1 Transport

■ Einige transportbezogene Gestaltungsgrundsätze von Fertigteilen sind:

35 Straßentransport eines vorgespannten Dachbinders.

- **Stabförmige Bauteile** wie Binder oder schmale Deckenplatten sind in großen Längen transportierbar. Größte Flexibilität hinsichtlich der Lieferlogistik – ein bedeutender Faktor im Montagebau – herrscht beim **Straßentransport**, aber auch Gleistransport oder Wassertransport sind grundsätzlich möglich.

- **Flächige Bauteile** wie Wandtafeln sind im Straßentransport stehend bis **h** = 4 m zu befördern, oder etwas größer bei gekippter Lage.

☞ *Abschn. 3.1 Lage der Schalung, S. 656f*

- Die Schalungs- und Gießtechnik ist besonderen Randbedingungen unterworfen, die oben bereits angesprochen wurden und bestimmte Lagen der Schalungen voraussetzen, so beispielsweise beim Gießen von Stützen. Oft besteht deshalb bei Fertigteilen eine Diskrepanz zwischen der Lage beim **Vergießen** und der Lage im **Einbauzustand**: Somit sind oftmals spezielle Lastzustände zu berücksichtigen, die nicht bemessungsmaßgebend sein sollten.[2]

6.2 Montage

■ Einige montagebezogene Gestaltungsgrundsätze von Fertigteilen:

☞ ***Band 3**, Kap. XII-4, Abschn. 5. Zusammensetzen von Stahlbetonfertigteilen*

- Fertigteile sollten nicht zu lange vom Hebezeug gehalten werden müssen, bis sie positioniert werden können. Fertigteile, die schon durch ihre **Form** und **Lagerung** sofort nach dem Positionieren **kippsicher** sind und nicht zusätzlich abgestützt werden müssen, vereinfachen die Montage erheblich. **Formschlüssige Verbindungen**, die allein durch Schwerkraft wirksam werden, vorzugsweise selbstzentrierende, sind deshalb sehr gut geeignet und im Allgemeinen typisch für den Fertigteilbau. Bei kippgefährdeten Lagerungen ist darauf zu achten, dass der Schwerpunkt des zu montierenden Bauteils **unterhalb der Lagerebene** liegt, sodass ein Kippen allein durch das Eigengewicht desselben verhindert wird.

- Die Montage wird oft vereinfacht durch das **Vereinigen** von **Unterzug** und **Deckenplatte** zu einem monolithischen Element. Es sind dadurch auch statische Vorteile zu erzielen, da die Platte als Druckgurt des Unterzugs bzw. der Rippe wirken kann.

- Bauteile sollten in **ähnlicher Gewichtsgrößenordnung** liegen zum Zweck einer guten Ausnutzung der Krankapazität. Dieser Gesichtspunkt ist bei den üblichen großen Gewichten der zu montierenden Teile im Fertigteilbau wichtiger als bei anderen, leichteren Bauweisen.

- **Montageverbindungen** sind möglichst **gelenkig** auszuführen. Die Ausführung biegesteifer Anschlüsse auf der Baustelle ist im Fertigteilbau zwar möglich, aber sehr arbeitsaufwendig und macht den wesentlichen Vorzug dieser Bauweise, nämlich die rasche Montage, teilweise wieder zunichte. Die Möglichkeit, ohne weitere Aufwendungen **kraftschlüssige Verbindungen vor Ort** herzustellen, ein Vorteil der konventionellen Ortbetonbauweise, geht bei der Fertigteilbauweise weitgehend verloren.

  Das Herstellen momentenfähiger Verbindungen auf der Baustelle ist gewissermaßen nur bei nachträglicher Vorspannung planmäßig angelegt (wenn man einmal von Vergusstechniken absieht), sodass feste Verbindungen keine zusätzlichen Aufwendung erfordern. Jedoch sind in der Vergangenheit verschiedene schwere Schadensfälle bei nachträglich vorgespannten Konstruktionen aufgetreten, die auf schwer kontrollierbare Korrosionsprozesse an den Spannstählen in den Hüllrohren zurückzuführen waren. Man geht heute deshalb immer mehr dazu über, die Vorspannkonstruktion in **frei zugängliche Hohlräume** oder ganz **frei** – z. B. als Unterspannung – zu verlegen.

- Es sind vielfältige **Mischlösungen** zwischen reiner Trockenmontage – durch Schrauben, Schweißen, Aufsetzen auf Elastomerlager etc. – und umfänglicheren Ortbeton-Vergussarbeiten – wie z. B. bei Halbfertigteilen – möglich.

- Häufig werden im Fertigteilbau über mehrere Geschosse **durchgehende Stützen** eingesetzt. Sie sind gut mit dem Autokran montierbar. Der Rest des Tragwerks kann anschließend mit dem Turmdrehkran aufgestellt werden.[3] Durchgehende Stützen umgehen den statisch und konstruktiv heiklen Montagestoß zwischen Stützenabschnitten (⊡ **45, 46** sowie **50–52**). Als Folge davon entsteht das fertigteiltypische **Konsolenauflager** für Doppelunterzüge – z. B. bei Trogelementen –, die seitlich an der Stütze vorbeilaufen, sodass ggf. auch Auskragungen realisiert werden können. Es ist eine provisorische Stützung der stehenden Stützenfertigteile erforderlich; eine Einspannung oder Teileinspannung genügt für die Standfestigkeit während der Montage.[4]

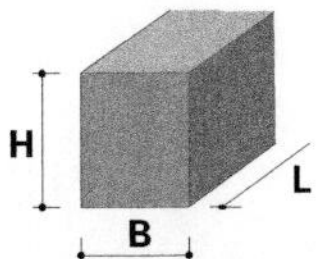

Sondergenehmigung	B [m]	H [m]	L [m]
Nein (Grundprofil)	< 2,50	< 4,00	< 18,00
Ja, ohne Polizeibegleitung auf Bundes- und Landstraßen	< 3,50	–	< 24,00
Ja, ohne Polizeibegleitung auf Bundes-Autobahnen	< 4,50	–	< 28,00

Die Begleitung durch ein firmeneigenes Sicherheitsfahrzeug kann von Fall zu Fall vorgeschrieben werden.

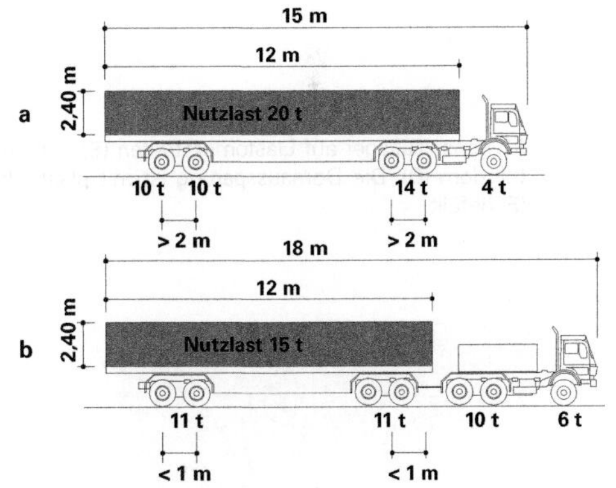

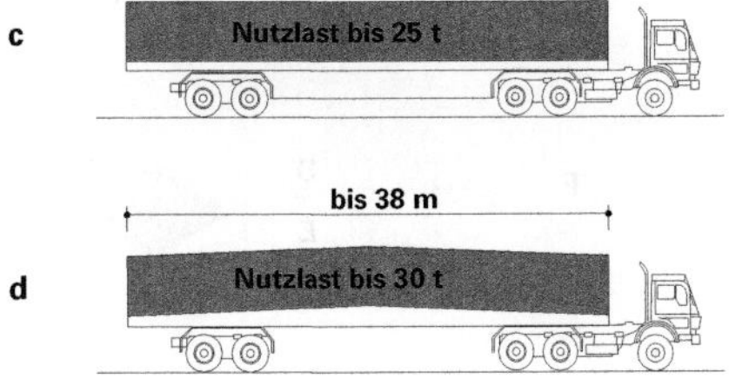

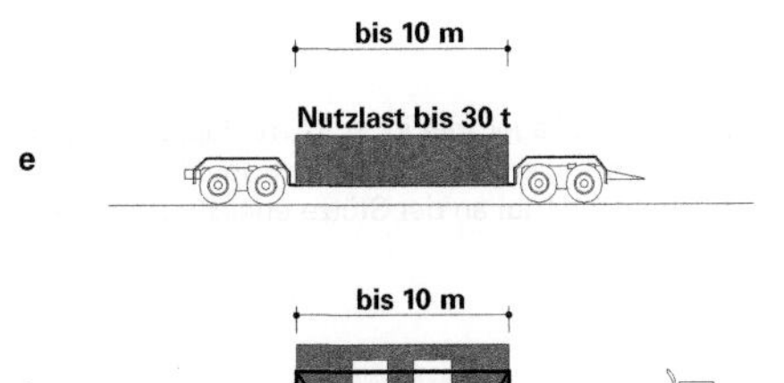

36 Lademaße und Nutzlasten für den Transport von Fertigteilen.[5]

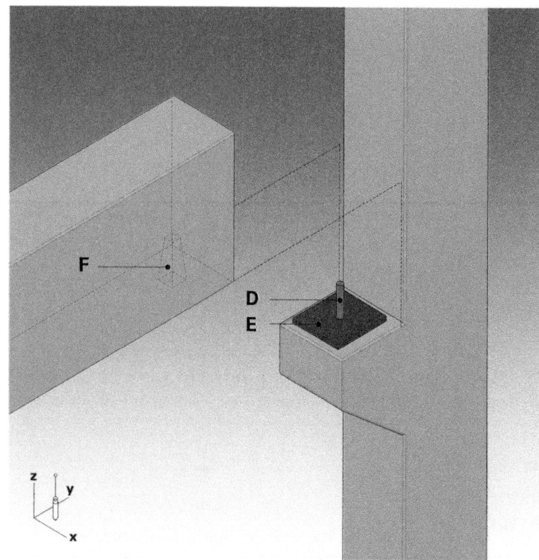

37 Konsolauflager auf Elastomerstreifen (**E**) mit einfachem Zentrierdorn (**D**). Die Dornaussparung ist mit plastischem Material (**F**) gefüllt.

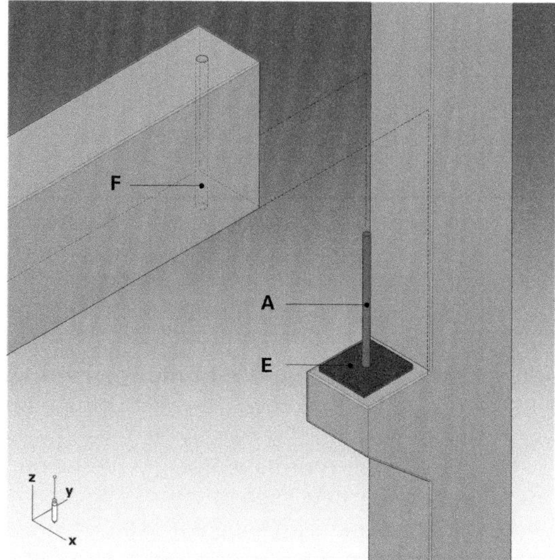

38 Konsolauflager wie in ⊡ **37** mit durchgehendem Ankerstab (**A**). Zusätzliche Sicherung gegen Kippen des Trägers.

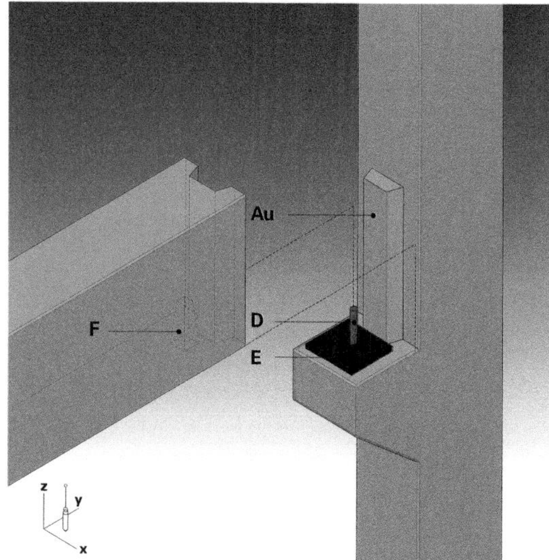

39 Konsolauflager wie in ⊡ **37** mit Kippsicherung durch Verzahnung am Trägerstirnende. Der trapezförmige Querschnitt der Ausstülpung (**Au**) an der Stütze erleichtert das Zentrieren.

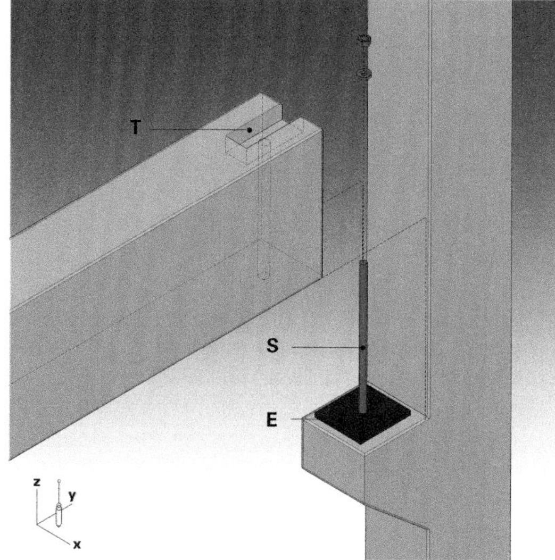

40 Konsolauflager mit Kippsicherung mittels Schraubenbolzen (**S**). Die Schraubverbindung ist ggf. mit Verguss der Tasche (**T**) gegen Brand und Korrosion zu schützen.

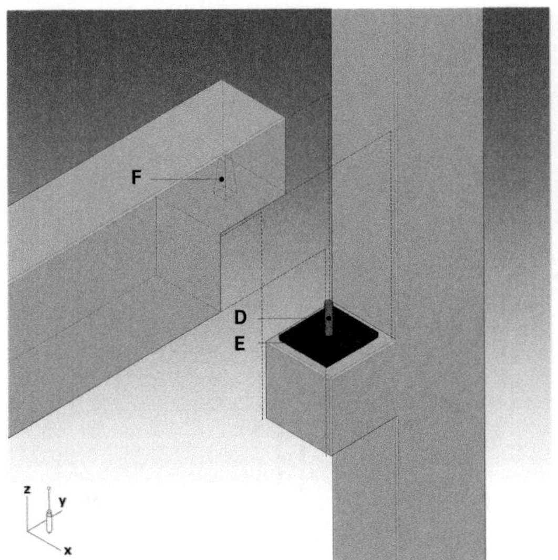

41 Konsolauflager mit Dorn (**D**) wie in 37 mit Ausklinkung am Träger, sodass die Konsole nicht übersteht.

42 Doppeltes Konsolauflager mit Dorn wie in 41.

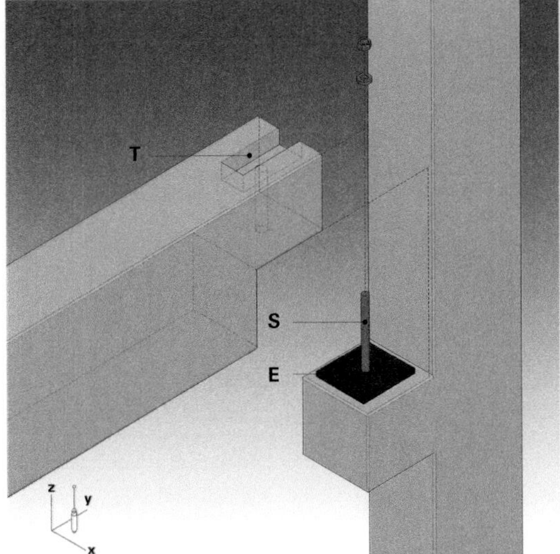

43 Konsolauflager mit Bolzensicherung (**S**) wie in 40 mit Ausklinkung am Träger.

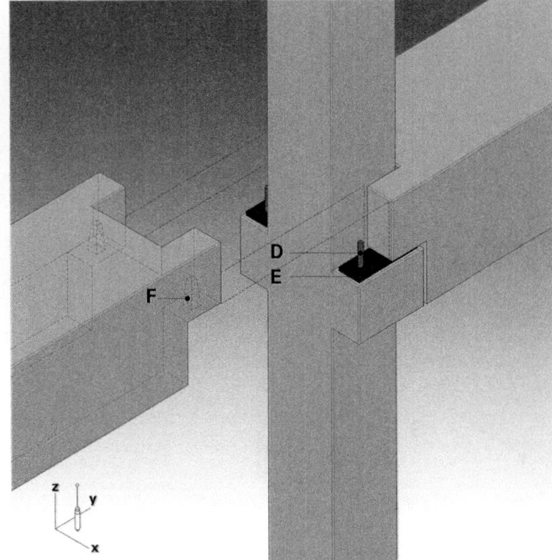

44 Konsolauflager mit Dorn (**D**) analog zum Anschluss in 37 mit trogartig ausgebildetem Doppelunterzug. Formgebung und Lagerung des Balkens auf einer Doppelkonsole verhindern das Kippen.

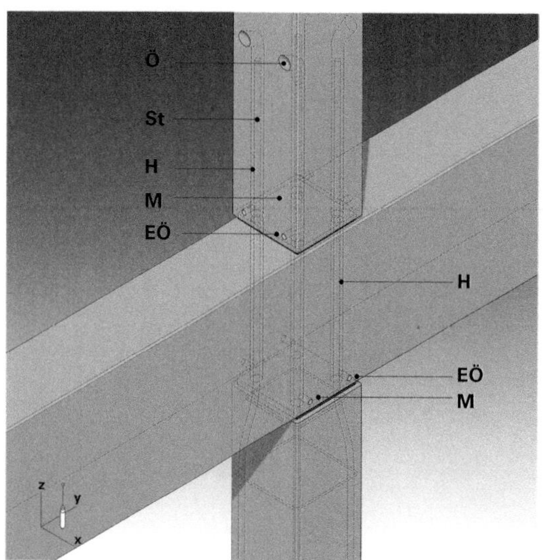

45 Stützenstoß mit durchlaufendem Balken.

M Mörtelschicht
H Hülse
St Bewehrungsstahl
Ö Einfüllöffnung für den Vergussbeton
EÖ Entlüftungsöffnung für den Einfüllvorgang

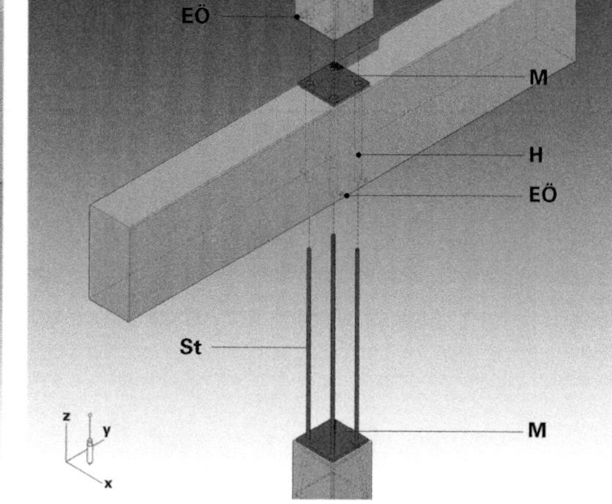

46 Explosionsdarstellung des Knotens in ⊡ **45**.

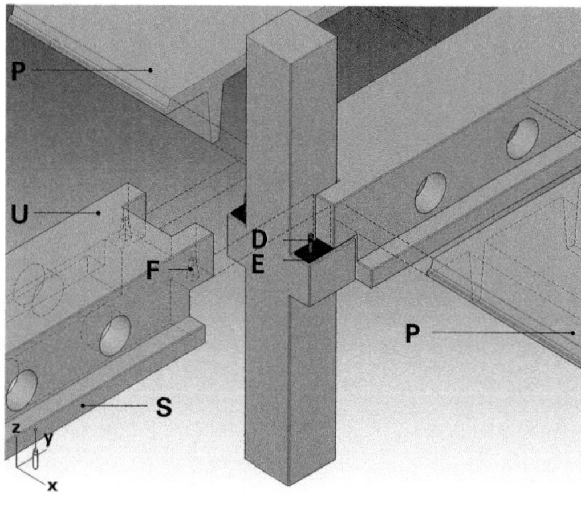

47 Konsolauflager mit Dorn analog zum Anschluss in ⊡ **44** mit Streifenkonsole (**S**) am Unterzug (**U**) und darauf aufgelagerter Plattenbalkendecke (**P**).

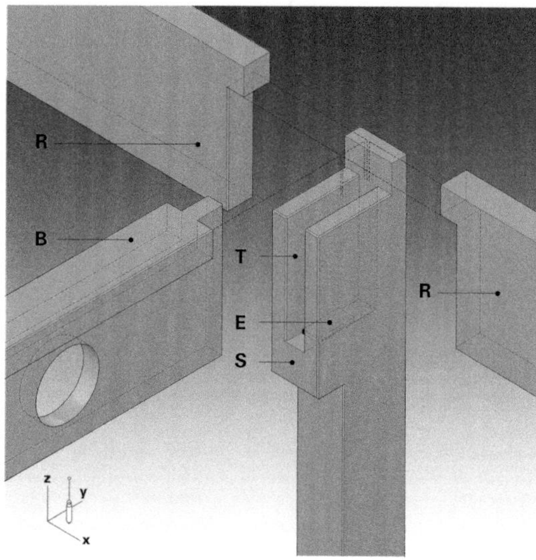

48 Auflager eines Hallenbinders (**B**) und zweier Längsriegel (**R**) am Stützenkopf (**S**). Kippsicherung des Binders durch Tasche (**T**). Die Riegel (**R**) sind durch tiefliegenden Schwerpunkt kippstabilisiert.

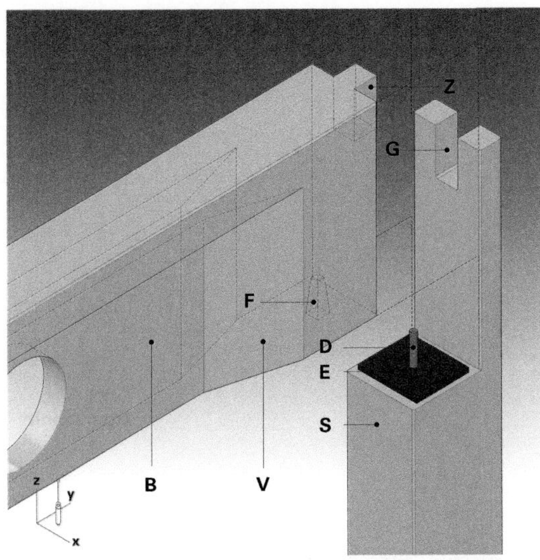

49 Auflager eines Hallenbinders (**B**) mit Voutung (**V**) auf einem Stützenkopf (**S**). Die Kippstabilisierung übernimmt ein Zapfen (**Z**), der in die Gabel (**G**) eingreift.

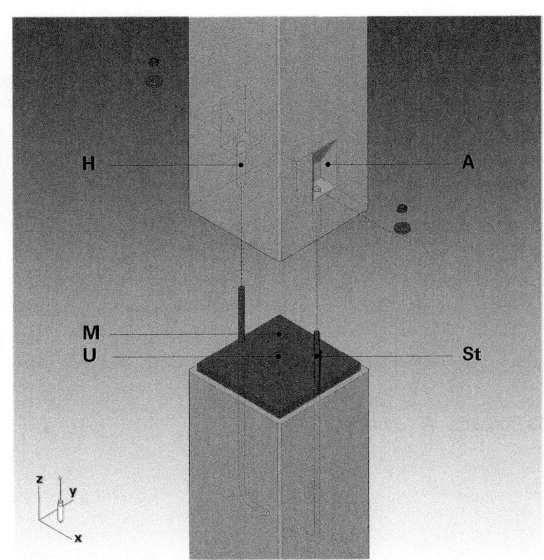

50 Stützenstoß mit Bolzenverbindung.

M Mörtelschicht
H Hülse
U Unterfütterung
A Aussparung
St Bewehrungsstahl

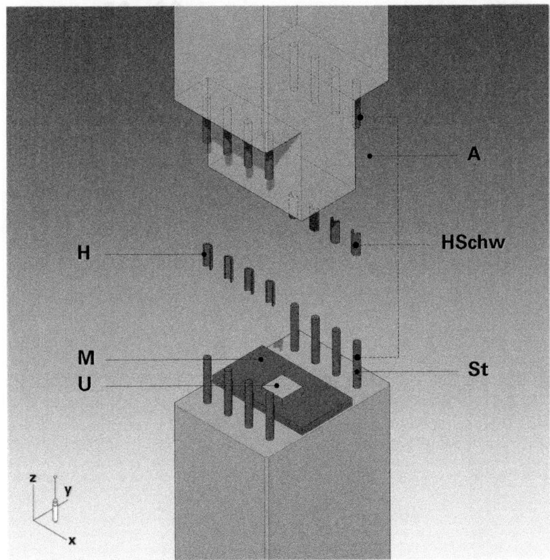

51 Stützenstoß mit Halbschalenschweißung der Bewehrungsstäbe beider Stützenabschnitte. Die Aussparungen **A** werden anschließend mit Beton ausgefüllt. **H** Halbschale, **HSchw** Halbschalenschweißung, **A** Aussparung.

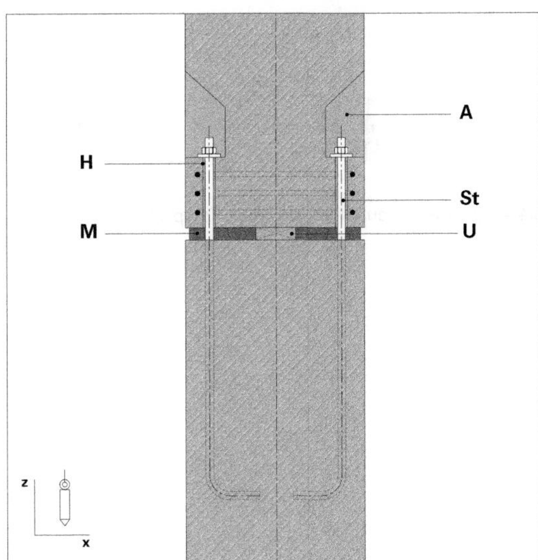

52 Schnittdarstellung des Stoßes in 🗗 **50** oben.

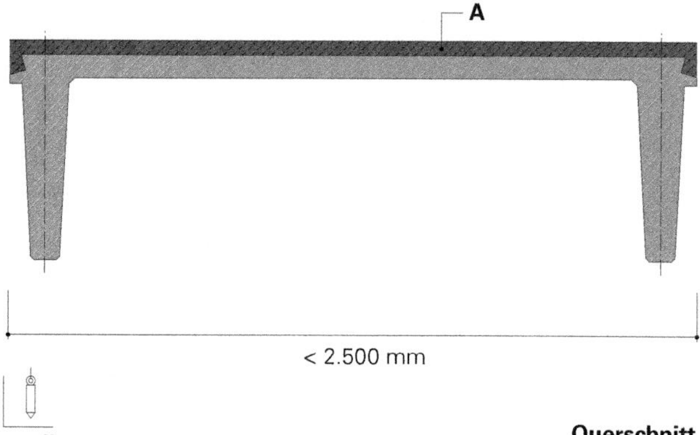

53 Trogplatte. **A** Aufbeton.

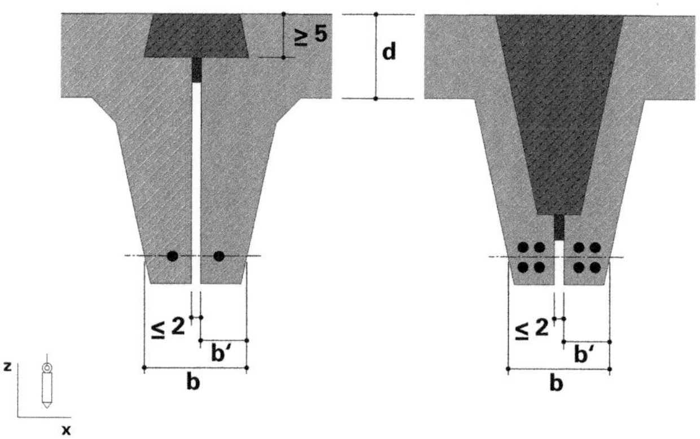

54 Alternative Stoßausbildungen zweier Trogplatten.

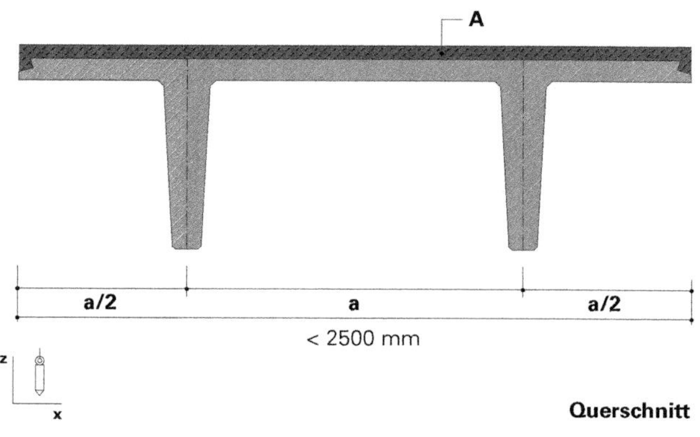

55 Pi-Platte.

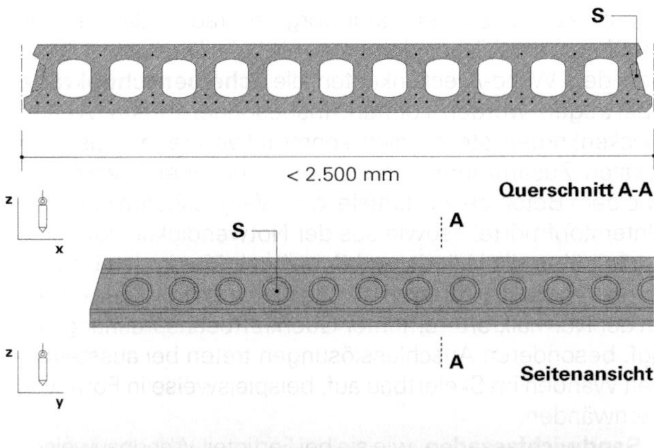

56 Hohlkörperplatte; **S** Sicke, zur schubfesten Verklammerung anstoßender Elemente in →**y** nach dem Fugenverguss.

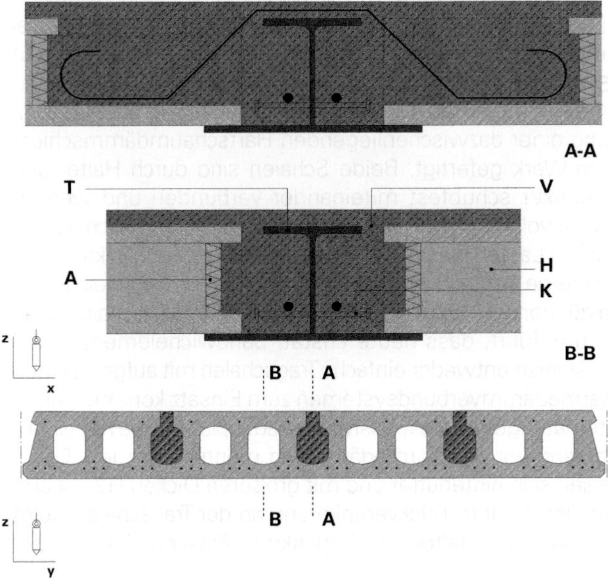

57 *Slim-Floor*-System aus Hohlkörperplatten (**H**) und deckenbündigem Verbundträger (**T**) aus Stahl, dessen unterer Flansch während der Montage als Auflager für die Deckenplatten dient. Einzelne Kammern werden abschnittsweise vergossen (**V**, Abschottung **A**) und bewehrt (Schnitt **A-A**). Am Trägersteg angeschweißte Kopfbolzendübel (**K**) stellen einen Schubverbund mit dem Verguss in Fugenlängsrichtung (→ **y**) her.

Konstruktive Standardlösungen

■ Die folgenden Fertigteilbauweisen und zugehörigen konstruktiven Standardlösungen haben sich im Hochbau durchgesetzt.

Wandbauweisen

☞ ***Band 3**, Kap. XIV-2, Abschn. 5.1.2 Vorgefertigte oder halbvorgefertigte Deckensysteme aus Stahlbeton*

■ Wandbauweisen aus Fertigteilen sind in den sechziger und siebziger Jahren des 20 Jh. in Großtafelbauten vielfach zum Einsatz gekommen. Sie haben heute aus den bereits angesprochenen Gründen an Bedeutung verloren. Ihr statisch-konstruktives Funktionsprinzip ist vergleichbar mit anderen Wandbauweisen wie dem Mauerwerksbau. Es werden im Fertigteilbau sowohl **Allwand**- (bzw. Schachtel-) wie auch **Schottensysteme** realisiert. Im Gegensatz zu Mauerwerksscheiben sind Stahlbetonscheiben auch in der Lage, Zugspannungen aufzunehmen, sodass beispielsweise eine punktuelle – statt einer linearen – Lagerung der Scheibe möglich ist. Ähnlich wie bei Mauerwerk – und anders als bei Ortbeton – ist auch bei Fertigteilen durch geeignete

Konstruktionslösungen dafür Sorge zu tragen, dass an den Stoßfugen der Flächenelemente, wie beim Deckenanschluss oder dem Wand-/Deckenknoten, die **Scheibenschubkräfte** übertragen werden können. Insbesondere beim Wand-/Deckenknoten stellen sich konstruktive Fragen aus dem lokalen Zusammentreffen unterschiedlicher Werkstoffe wie dem Beton der Fertigteile, dem Vergussbeton und dem Unterstopfmörtel [6] sowie aus der Notwendigkeit, lotrechte Lasten über die Wände und Scheibenkräfte in den Decken zu übertragen (🗗 **60–63**). Wandbauweisen mit – gemessen an der Normalkraft – erhöhter Querkraftbeanspruchung und ggf. besonderen Anschlusslösungen treten bei aussteifenden Wänden im Skelettbau auf, beispielsweise in Form von Kernwänden.

☞ *Siehe exemplarische Fugenausbildungen im Fertigteil-Wandbau in* ***Band 3****, Kap. XII-6, Abschn. 2.5.1 Lineare Verbindungen zwischen Flächenbauteilen*

☞ *Kap. IX-2, Abschn. 2.1.3 Aussteifung von Skelettragwerken, S. 309 ff*

Sandwichfassaden, wie sie bei Fertigteil-Wandbauweisen früher üblicherweise eingesetzt wurden, bestehen aus zwei Betonschalen mit einer wärmedämmenden Kernschicht (🗗 **59**). Sie werden in zwei Arbeitsgängen – jeweils schichtweises Betonieren der Vorsatz- und Tragschale unter Einbindung einer dazwischenliegenden Hartschaumdämmschicht – im Werk gefertigt. Beide Schalen sind durch Halte- und Traganker schubfest miteinander verbunden und werden als ein vollständiges Element montiert. Die vergleichsweise großen Lasten dieser Elemente sowie die bauphysikalischen Probleme an der nicht hinterlüfteten – mit 8 cm vergleichsweise dünnen und korrosionsgefährdeten – Vorsatzschale haben dazu geführt, dass heute anstatt Sandwichelementen vorzugsweise entweder einfache Tragschalen mit aufgebrachten Wärmedämmverbundsystemen zum Einsatz kommen, oder, alternativ, getrennte massive Fassadenplatten, die mit einem Abstand vor die Wärmedämmung montiert werden. Diese lassen sich hinterlüftet und mit größeren Dicken (12–14 cm) ausführen.[7] Ihre Rückverankerung an der Tragschale erfolgt ebenfalls mit Halte- und Tragankern. Einschränkungen der

☞ ***Band 3****, Kap. XIII-3, Abschn. 3.1 Zweischalige Außenwände ohne Luftschicht > 3.1.2 aus Stahlbeton > Fertigteile*

☞ ***Band 3****, Kap. XIII-3, Abschn. 3.2 Zweischalige Außenwände mit Luftschicht > 3.2.2 aus Stahlbetonfertigteilen > Wände mit vorgehängter Vorsatzschale*

58 Vorgefertigte Wandbauteile aus Stahlbeton.

59 Zwischengelagerte Sandwichelemente aus Stahlbeton vor der Montage.

realisierbaren Dämmschichtdicken ergeben sich dabei stets aufgrund der verhältnismäßig großen Gewichte der Vorsatzschalen. Vergrößerte Abstände zwischen Trag- und Vorsatzschale führen zu entsprechend größeren Verankerungsquerschnitten mit der zugehörigen Wärmebrückenproblematik.

☞ *Kap. VIII, Abschn. 3. Doppelte Schalensysteme, S. 144 ff, insbesondere* ⊡ **26** *bis* **28** *sowie* **41**

Skelettbauweisen eingeschossig (Hallen)

■ Eingeschossige Fertigteil-Skelettbauweisen finden sich heute insbesondere im Industriehallenbau. Die Möglichkeit des Rückgriffs auf fertige Bausysteme sowie die kurzen Montagezeiten sind spezifische Vorteile dieser Bauweise, die bei dieser Art Gebäudenutzung besonders zum Tragen kommen. Vor allem dort, wo erhöhter Brandschutz gefordert ist, befindet sich die Fertigteilkonstruktion konkurrierenden Stahlbauweisen gegenüber im Vorteil.

Große Hallenspannweiten lassen sich mit Bindern in Spannbettfertigung überbrücken, häufig mit sattelförmig geneigtem Obergurt, sodass eine gute Anpassung der Bauhöhe an den Momentenverlauf im fertigteiltypischen Einfeldträger möglich ist. Stützen werden im Köcherfundament eingespannt ausgeführt. Weitere Aussteifungsmaßnahmen, wie beispielsweise die Ausbildung einer Dachscheibe, erübrigen sich zumeist; auch die Fundierung lässt sich so in Montagebauweise ausführen. Knotenvarianten für den Anschluss des Binders an der Stütze zeigen ⊡ **48** und **49**. Wie für Fertigteile typisch, ist auch dort eine Kippsicherung des Binders vorzusehen.

☞ *Zu Köcherfundamenten vgl.* ***Band 3****, Kap. XII-6, Abschn. 2.5.2 Vergussfugen bei Stützeneinspannungen*

Skelettbauweisen mehrgeschossig

■ Vergleichbare statische Systeme aus eingespannten Stützen wie beim eingeschossigen Hallenbau (s. o.) lassen sich auch bei bis zu dreigeschossigen Bauwerken realisieren. Typisch sind mehrgeschossig durchlaufende, liegend gegossene Stützen mit Auflagerkonsolen für Unterzüge oder Deckenelemente. Sie lassen sich bei dieser Vergusstechnik auch gut in ihrem tragenden Querschnitt geschossweise gestaffelt ausführen.

Bei höheren Geschossbauten sind andere Aussteifungskonzepte zu wählen, vorzugsweise Kern- oder Scheibenaussteifungen, bzw. Kombinationen derselben. Stützen sind in solchen Fällen im statischen Sinn geschossweise gelenkig gelagert (Pendelstützen), meistens aus Einzelabschnitten hergestellt und folglich vertikal gestoßen. Der Stützenstoß wurde bereits oben angesprochen. Bei Decken mit Unterzügen – diese lassen sich wie erwähnt im Fertigteilbau auch mit der Deckenplatte integriert ausführen – stellt sich infolgedessen ein ähnliches räumliches Koordinationsproblem zwischen Stütze und Balken wie auch bei anderen Bauweisen. Ähnlich wie bei Holz-Zangenkonstruktionen kann man auch im Fertigteilbau Unterzüge aufgedoppelt oder als Trogelement ausführen (⊡ **44** und **47**). Eine Ausführungsvariante einer Durchdringung von Stütze und Balken zeigen ⊡ **45** und **46**.

☞ *Konstruktive Lösungen dafür finden sich in* ⊡ **50** *bis* **52**.

☞ *Abschn. 6.2 Montage, S. 670 ff*

☞ *Wie beispielsweise beim Holzskelettbau, vgl. Kap. X-2, Abschn. 4. Holzskelettbau, S. 556 ff*

Kern- und Scheibenaussteifungen von Skelettbauten setzen **Deckenscheiben** voraus. Diese sind für die kraftschlüssige Anbindung des Skeletts an die Festpunkte ver-

☞ [a] *Konstruktive Lösungen zur Ausbildung von Deckenscheiben finden sich in:* ***Band 3****, Kap. XII-6, Abschn. 2.5.1 Lineare Verbindungen zwischen Flächenbauteilen > Deckenstöße sowie* ***Band 3****, Kap. XIV-2, Abschn. 5.1.2 Vorgefertigte oder halbvorgefertigte Deckensysteme aus Stahlbeton*

☞ [b] *Kap. X-5, Abschn. 6.5 Halbfertigteile, S. 722 ff*

antwortlich. Hierfür ist die Festigkeit der Fuge zwischen Deckenelementen gegenüber Scheibenschubkräften zu gewährleisten und die Zugfestigkeit der Scheibenränder durch Einbau geeigneter Zuganker oder ausreichender Bewehrung zu sichern.[a] Aufwendigere bauseitige Verguss- oder Schweißarbeiten zum Zweck der Scheibenbildung machen wesentliche Vorteile der Fertigteilbauweise teilweise wieder zunichte. Auch aus diesem Grund setzen sich heute immer mehr Halbfertigteilbauweisen mit mitwirkender Ortbetonschicht[b] durch.

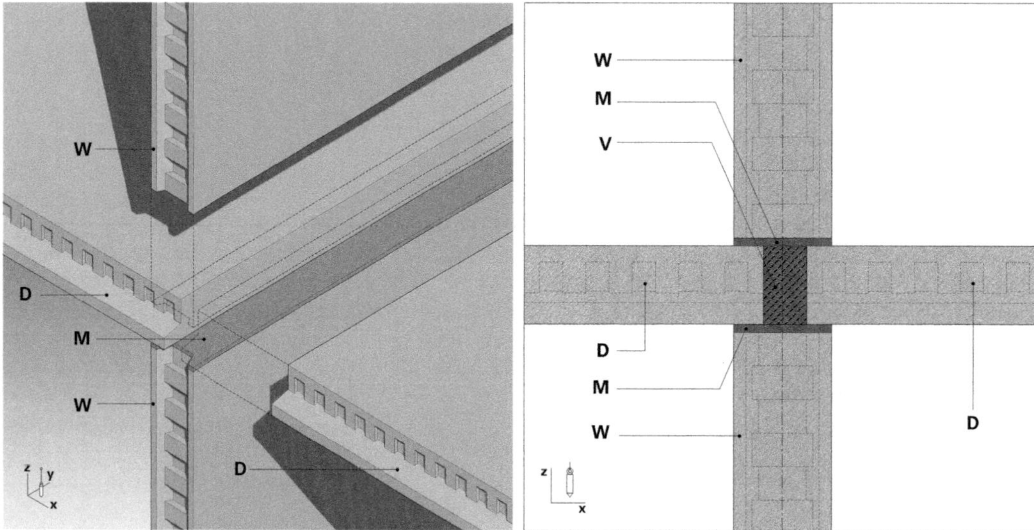

60 Wand-Deckenknoten mit massiver Deckenplatte: **W** Wandbauteil, **D** Deckenbauteil, **M** Mörtelschicht.

61 Schnittdarstellung des Knotens in ⇗ **60**. **V** Verguss.

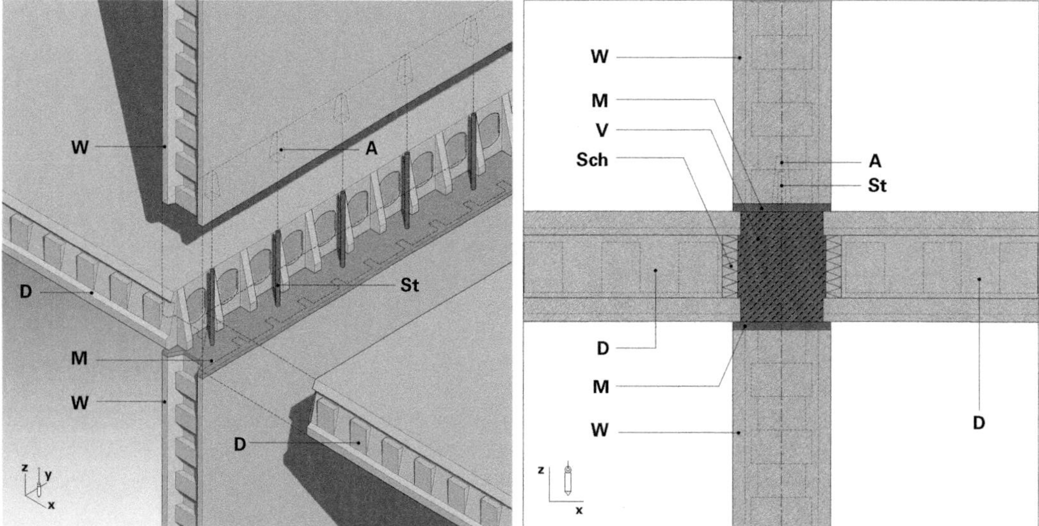

62 Wand-Decken-Knoten mit Hohlkörperdecke: **W** Wandbauteil, **D** Deckenbauteil, **M** Mörtelschicht, **A** Aussparung, **St** Bewehrungsstäbe.

63 Schnittdarstellung des Knotens in ⇗ **62**. **V** Verguss, **Sch** Schaumstoffschott.

64 Zwei aneinanderstoßende Pi-Platten werden verlegt.

66 Stahlbetonfertigteile, die bereits durch ihre Form kippsicher aufgelagert sind, vereinfachen die Montage erheblich (Arch.: A Mangiarotti).

65 Positionieren eines trogförmigen Unterzugs.

68 Fertigteiltypisches Skelettragwerk mit mehrgeschossig durchgehenden Konsolstützen und Deckenelementen mit angeformten Unterzügen.

67 Positionieren eines Deckenelements mit Autokran.

69 Vorgefertigte Deckenelemente auf Trogunterzügen. Sie lagern auf einer Streichkonsole des Unterzugs.

70 Vorgefertigte Deckenelemente mit angeformten Unterzügen, lagernd auf Unterzügen mit Streichkonsolen.

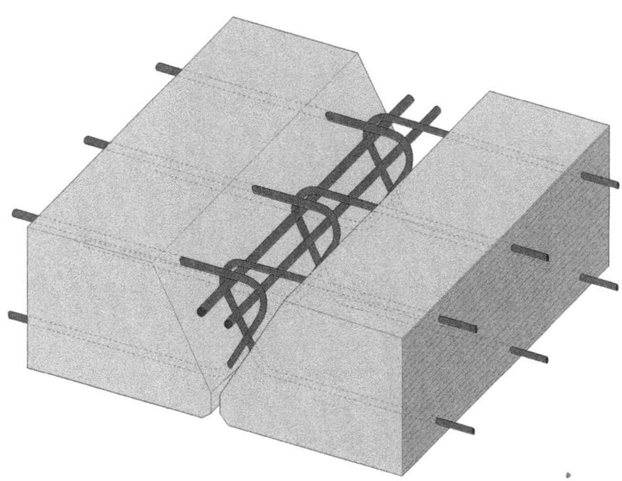

71 Fugenausbildung zweier anstoßender Deckenelemente. Die Bewehrungsüberlappung und der Verguss erzeugen eine Scheibenwirkung der Decke sowie einen vertikal schubfesten Verbund.

72 Mit Holzkeilen provisorisch gesicherte, eingespannte Stützen.

73 Gleich nach dem Auflegen kann der Kran das Element loslassen.

74 Verlegen von vorgefertigten **Köcherfundamenten**.

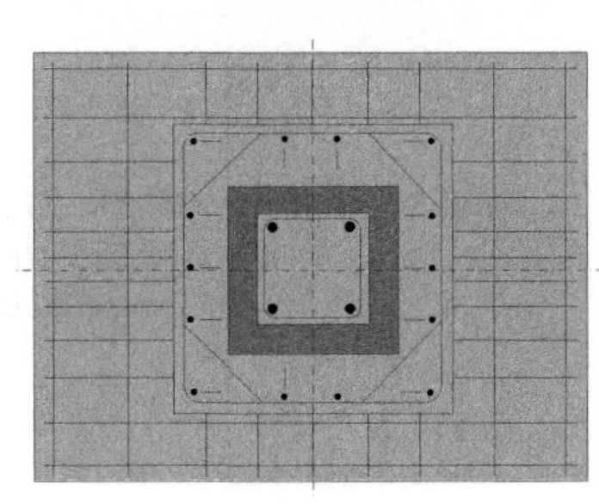

75 (Rechts) **Köcherfundament** für eingespannte Fertigteilstützen mit Darstellung einer üblichen Bewehrung. Die Flächen des Köcherhohlraums und der Stütze sind für einen formschlüssigen Verbund profiliert ausgeführt. **S** Fertigteilstütze, **V** Verguss, **K** Köcher, **F** Fundamentplatte.

7. Einflüsse auf die Form

■ Die angesprochenen Randbedingungen und ihre Einflüsse auf die formale und konstruktive Gestaltung von Bauwerken aus Stahlbetonfertigteilen machen deutlich, dass es sich bei dieser Bauweise um eine Art des Umgangs mit dem Werkstoff Beton handelt, die sich deutlich von der des Ortbetonbaus unterscheidet. Die Freiheiten, die der vor Ort gegossene Beton dem Entwerfer und Konstrukteur in dieser Hinsicht bietet, sind bei Fertigteilen durch den außerordentlich bestimmenden Herstellungsprozess stark eingeschränkt. In dieser Beziehung ist der Fertigteilbau eher mit Bauweisen wie dem Holz- oder Stahlbau vergleichbar.

Dennoch zeigt die Bauweise zumindest auf der Ebene des im Werk gefertigten Einzelbauteils die betontypischen Möglichkeiten der skulpturalen Gestaltung, welche nur durch die Grenzen des schalungstechnisch Ausführbaren eingeschränkt sind. Die fertigteiltypischen formschlüssigen Verbindungen zeigen den gewählten Grundsatz der Kraftübertragung sinnfällig und erschließen sich dem Auge des Betrachters in ihrem Wirkprinzip viel eher als Verbindungen in anderen Bauweisen. Dass dieses formale Potenzial, das sich im Werk Angelo Mangiarottis eindrucksvoll manifestiert (🗗 **34**, **76**–**79**), in der alltäglichen Baupraxis nicht wirklich, richtiger: nicht einmal ansatzweise ausgeschöpft wird, mag einerseits daran liegen, dass die Bauweise nach einer Phase der gescheiterten heroischen Experimente in der Nische des Industriebaus ihre Zuflucht gefunden hat, einer Branche, die sich gegen gute formale Gestaltung weitgehend resistent zeigt.

Andererseits kann der Grund auch in den hohen Anforderungen an systematischer Durchdringung und gesamtplanerischer Akkuratesse liegen, welche diese Bauweise an den Entwerfenden, den Planer und Konstrukteur stellt. Die im Fertigteilbau unerlässliche umfassende und detaillierte Vorplanung aller baulich relevanten Vorgänge verlangt Mühe, verhältnismäßig lange Vorlaufzeiten und steht kurzfristigen Planungsänderungen, wie sie im Bauwesen alltäglich sind, eher im Weg.

Im Einsatz an Außenschalen von Hüllbauteilen hat Beton durch die Entwicklung der letzten Jahrzehnte deutlich an Bedeutung verloren. Dies betrifft auch den Fertigteilbau in seiner Erscheinungsform als Wandbauweise. Die bauphysikalischen Unzulänglichkeiten wurden bereits oben angesprochen und es ergeben sich ferner aus dem Konflikt zwischen der Trag- und der Wärmedämmfunktion schwer zu behebende konstruktive Schwierigkeiten. Darüber hinaus hat der Beton unter direkter Bewitterung nicht die Dauerhaftigkeit gezeigt, die man sich in der Pionierzeit der Betonbauweisen versprochen hat. Auf den selbstverschuldet gründlich verdorbenen Ruf der vorgefertigten Wandbauweisen in Beton wurde bereits oben eingegangen.

☞ ***Band 3**, Kap. XIII-3, Abschn. 3.1 Zweischalige Außenwände ohne Luftschicht > 3.1.2 aus Stahlbeton*

Das Gesamterscheinungsbild der meisten aktuellen Fertigteilbauten, wie sie insbesondere im Industriebau entstehen, ist geprägt vom allgemein vorherrschenden statischen System der aufeinander aufgesetzten, gelenkig miteinander zu einem Gesamttragwerk verbundenen, stützenden und lastenden Elemente und stellt sozusagen eine moderne Variante des antiken Architravbaus dar, nur eben eine lieblose und hässliche. Kaum eine andere Bauweise, die in diesem Werk angesprochen wird, liegt in der gelebten Praxis so fern von ihren eigentlichen formalen Möglichkeiten wie der Fertigteilbau. Es ist zu hoffen, dass eine erneute Besinnung auf den Systemgedanken, allerdings unter dem Vorzeichen einer deutlich differenzierteren Herangehensweise als in den 1960 er und 70er Jahren, dieser Konstruktionsart zu einer verdienten Erneuerung verhilft.

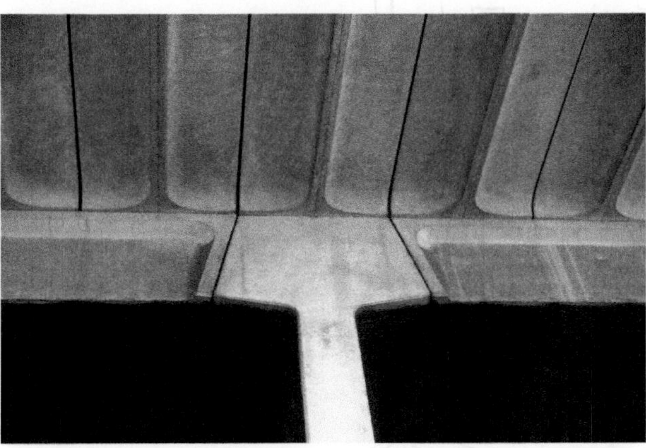

76 Streifenförmige vorgespannte Deckenelemente liegen auf den Unterzügen auf. Industriegebäude in Lissone, von Angelo Mangiarotti, 1964.

77 Stützenkopf mit Zapfenloch für den Unterzug. Formschlüssige Verbindung. Industriegebäude in Lissone, von A Mangiarotti, 1964.

78 Trogförmige Deckenelemente liegen seitlich auf dem Unterzug auf. Sie sind höhengleich mit diesem ausgebildet. Der Trogunterzug greift formschlüssig über den Stützenkopf. Industriegebäude in Como, von A Mangiarotti, 1969.

79 Eingeschossiges Hallentragwerk mit eingespannten Stützen. Industriegebäude in Como, von A Mangiarotti, 1969.

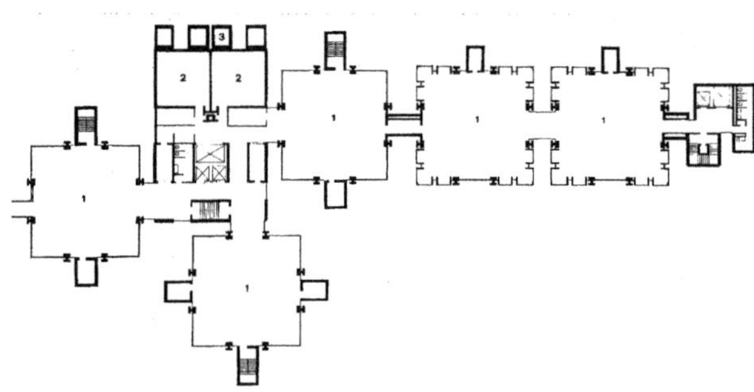

80, 81 *Medical Research Center* in Pennsylvania, Arch.: L I Kahn.

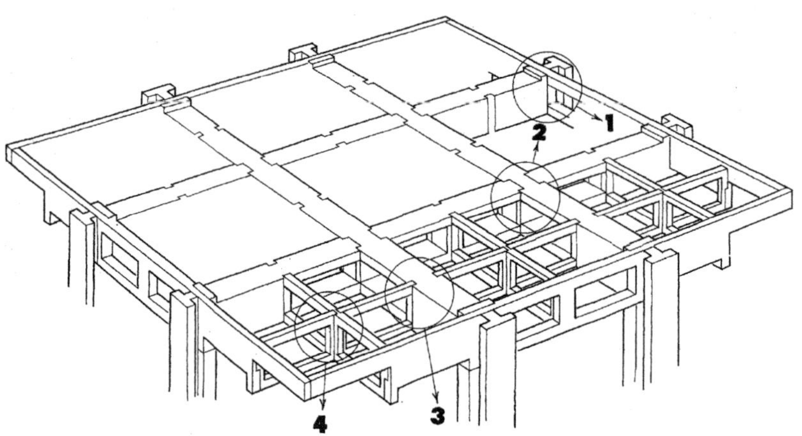

82 Schematische Darstellung der Deckenkonstruktion (*Medical Research Center*).

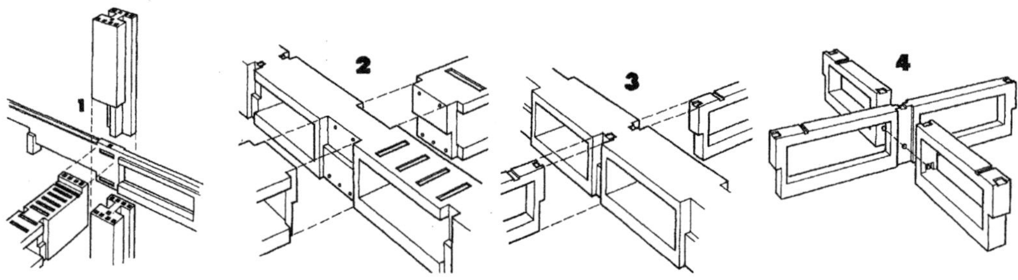

83 Explosionsdarstellung der Knoten des in **82** gezeigten Trägerrosts.

84 Ein Trägerelement wird positioniert (*Medical Research Center*).

85 Der Deckenrost wird zusammengesetzt (*Medical Research Center*).

86 Ein Trägerelement wird mittels hydraulischer Pressen nachträglich vorgespannt (*Medical Research Center*).

87 Fertiger Trägerrost aus zusammengespannten Fertigteilen (*Medical Research Center*).

Anmerkungen

1 Ursprünglich aus: Tabelle auf S. 275 aus: K. Zimmermann (1973) *Konstruktionsentscheidungen ...*, S. 25. Aktualisiert und ergänzt durch Angaben der Fa. Züblin, Stuttgart
2 Bindseil P (1991), *Stahlbetonfertigteile*, S. 39f
3 Ebda S. 41
4 Ebda S. 154
5 Nach Koncz T (1976) *Bauen industrialisiert*, Wiesbaden
6 Bindseil P (1991), S. 97
7 Pauser A (1998) *Beton im Hochbau – Handbuch für den konstruktiven Vorentwurf*, S. 273f

Normen und Richtlinien

DIN 1045: Tragwerke aus Beton, Stahlbeton und Spannbeton,
Teil 2: 2008-08 Beton – Festlegung, Eigenschaften, Herstellung und Konformität – Anwendungsregeln zu *DIN EN 206-1*
Teil 3: 2012-03 Bauausführung – Anwendungsregeln zu *DIN EN 13670*
Teil 3 Berichtigung 1: 2013-07 Bauausführung – Anwendungsregeln zu *DIN EN 13670*
Teil 4: 2012-02 Ergänzende Regeln für die Herstellung und die Konformität von Fertigteilen
DIN 4172: 2015-09 Maßordnung im Hochbau
DIN 8580: 2003-09 Fertigungsverfahren – Begriffe, Einteilung
DIN 18540: 2014-09 Abdichten von Außenwandfugen im Hochbau mit Fugendichtstoffen

DIN EN 206: 2021-06 Beton – Festlegung, Eigenschaften, Herstellung und Konformität
DIN EN 1992 Eurocode 2: Bemessung und Konstruktion von Stahlbeton- und Spannbetontragwerken
Teil 1-1: 2011-01 Allgemeine Bemessungsregeln und Regeln für den Hochbau
Teil 1-1/A1: 2015-03 Allgemeine Bemessungsregeln und Regeln für den Hochbau; Änderung 1:
Teil 1-2: 2010-12 Allgemeine Regeln – Tragwerksbemessung für den Brandfall
Teil 1-2/A1: 2019-11 Allgemeine Regeln - Tragwerksbemessung für den Brandfall; Änderung 1
Teil 2: 2010-12 Betonbrücken - Bemessungs- und Konstruktionsregeln
DIN EN 1992 Nationaler Anhang – National festgelegte Parameter – Eurocode 2: Bemessung und Konstruktion von Stahlbeton- und Spannbetontragwerken
Teil 1-1/NA: 2013-04 Allgemeine Bemessungsregeln und Regeln für den Hochbau
Teil 1-1/NA/A1: 2015-12 Allgemeine Bemessungsregeln und Regeln für den Hochbau; Änderung 1
Teil 1-2/NA: 2010-12 Allgemeine Regeln – Tragwerksbemessung für den Brandfall
Teil 1-2/NA/A2: 2021-04 Allgemeine Regeln – Tragwerksbemessung für den Brandfall; Änderung A2
DIN EN 13224: Betonfertigteile – Deckenplatten mit Stegen
Teil 1: 2020-09 Wesentliche Merkmale
Teil 2: 202-09 Eigenschaften

DIN EN 13225: 2013-06 Betonfertigteile – Stabförmige tragende Bauteile
DIN EN 13369: 2018-09 Allgemeine Regeln für Betonfertigteile
DIN EN 13747: 2010-08 Betonfertigteile – Deckenplatten mit Ortbetonergänzung
DIN EN 14991: 2007-07 Betonfertigteile – Gründungselemente
DIN EN 14992: 2012-09 Betonfertigteile – Wandelemente
DIN EN 15258: 2009-05 Betonfertigteile – Stützwandelemente
DIN EN 15435: 2008-10 Betonfertigteile – Schalungssteine aus Normal- und Leichtbeton – Produkteigenschaften und Leistungsmerkmale

DIN ISO 4172: 1992-08 Zeichnungen für das Bauwesen; Zeichnungen für den Zusammenbau vorgefertigter Teile; Identisch mit *ISO 4172*: 1991
DIN ISO 7437: 1992-06 Zeichnungen für das Bauwesen; Allgemeine Regeln für die Erstellung von Fertigungszeichnungen für vorgefertigte Teile; Identisch mit *ISO 7437*:1990

X-5 ORTBETONBAU

J. L. Moro, *Baukonstruktion – vom Prinzip zum Detail*,
https://doi.org/10.1007/978-3-662-64827-8_11

1. Geschichte des Betonbaus

1.1 Historische Vorläufer

☞ **Band 1**, *Kap. IV-3, Abschn. 2. Technische Entwicklungsstufen von Mauerwerk, S. 254 ff, sowie* **Band 1**, *Kap. IV-4, Abschn. 1. Geschichtliche Entwicklungsstufen, S. 270, und* **Band 1**, *Kap. IV-7, Abschn. 1. Geschichtliche Entwicklungsstufen, S. 314*

☞ *Vgl. auch* **Band 4**, *Kap. 8., Abschn. 4.3 Wandbauweisen in Stahlbeton, sowie Abschn. 6.3 Skelettbauweisen in Beton*

☞ **Band 1**, *Kap. IV-1, Abschn. 9.1.2 Künstliches Gestein, S. 209 ff*

■ Die Bestrebungen, einen künstlichen Stein zu entwickeln, der im nicht abgebundenen Zustand frei formbar ist, gehen weit in der Geschichte zurück. Der anfängliche Einsatzzweck der plastischen Masse war vermutlich die Haftung und der Maßausgleich zwischen geschichteten Natur- oder Ziegelsteinen. In der weiteren Entwicklung wurde allerdings bereits in der Spätantike der regelmäßige Steinverband durch eine Mischung aus künstlicher Steinmasse und Zuschlag ersetzt, sodass Steine nur mehr weitgehend regellos im Beton eingebettet wurden. Somit wurde die gesamte Baustruktur aus einem Stück gegossen, ähnlich wie es heute beim modernen Beton geschieht.

Die ersten Mörtel, bzw. plastisch verarbeitbaren Gesteinsmassen, bestanden aus Zuschlägen und verschiedenen Bindemitteln wie Kalk oder Kalkverbindungen, die dem Gemenge Festigkeit verliehen. Anfänglich musste man sich mit Luftmörteln begnügen, also solchen, die nur durch den Kontakt mit der Atmosphäre aushärten. In den Kernen massiver Mauern liegende Mörtelschichten härteten folglich spät oder gar nicht aus. Der bauliche Einsatz dieser Art von Mörteln war deshalb stark eingeschränkt. Komplette Bauwerke ließen sich monolithisch aus diesen Werkstoffen nicht erstellen.

Ein fundamentaler Fortschritt vollzog sich durch die Entwicklung von hydraulischen Bindemitteln. Diese härten durch einen chemischen Prozess – der Hydratation – aus, der nicht vom Kontakt mit der Luft abhängt und sich folglich auch im Innern massiver Baukörper vollziehen kann. Hydraulische Eigenschaften erhält ein Bindemittel durch das Hinzufügen von Tonen oder Vulkanerden.

Einen ersten Höhepunkt erreichte die somit begründete Betontechnik in der römischen Antike. Die großtechnische Nutzung vulkanischer Puzzolanerden mit hydraulischen Eigenschaften und die Arbeitskraft Tausender Sklaven erlaubten die Errichtung zahlreicher monolithischer Betonstrukturen aus einem Werkstoff mit Festigkeitswerten, die unseren heutigen Normalbetonen entsprachen (**1–3**).[1]

Das Wissen um diese Technik ging mit dem Untergang des weströmischen Reiches verloren und wurde erst im 19. Jh. wiederentwickelt.

1.2 Entwicklungsgeschichte des modernen Stahlbetonbaus

☞ **Band 4**, *Kap. 8., Abschn. 6.3. Skelettbauweisen in Beton*

■ Erst nach mühevoller und langwieriger Forschungs- und praktischer Experimentierarbeit während des 19. Jh. wurden moderne hydraulische Bindemittel entwickelt, die ähnliche Eigenschaften wie die antiken besaßen. Zu Vermarktungszwecken wurden sie, in Anlehnung an die damals weitverbreiteten, als besonders fest und dauerhaft geltenden Portland-Natursteine, als Portlandzemente getauft.

Die hervorragenden baulichen Eigenschaften des neuen Werkstoffs wurden nur langsam erkannt. In praktischen Versuchen entwickelte der Gärtner Monier die Betonbewehrung, und damit den Verbundwerkstoff Stahlbeton, die er – ohne wirkliche Einsicht in die bautechnische Bedeutung und Reichweite seiner Erfindung – patentierte und anschließend

1 Das Pantheon in Rom. Die Kuppel besteht aus *opus caementitium*.

2 Mauerkern aus römischem Beton. Dei nichttragenden Ziegelschalen, lediglich als verlorene Schalung wirksam, sind deutlich erkennbar (Taormina).

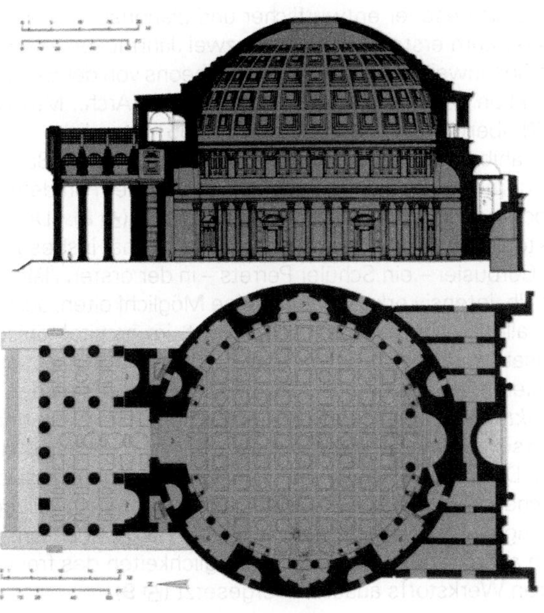

etwa 9m

Römischer Beton mit leichten Tuffbrocken und Bims (Rohdichte 1,35)

Römischer Beton mit Tuffbrocken und Ziegelsplitt (Rohdichte 1,50)

Römischer Beton mit Tuffbrocken und Ziegelsplitt (Rohdichte 1,60)

43,30m

etwa 6m

Römischer Beton mit Tuff- und Ziegelbrocken (Rohdichte 1,60) Außenschale aus Ziegeln

Römischer Beton mit Travertin- und Tuffbrocken (Rohdichte 1,75) Außenschale aus Ziegeln

4,50m

Römischer Beton mit Travortinbrocken

7,30m

3, 4 Schnitte durch die Kuppel des Pantheons.

5 Plattenbalkendecke des *Systems Hennebique*, ein Patent aus dem Jahr 1892.

6 Flugzeughalle in Orly während des Baus (1921–23, Ing.: E Freyssinet). Vor Ort betonierte Gewölbeschale mit gefaltetem Querschnitt (Spannweite 68 m). Im Vordergrund sichtbar ist das verfahrbare tragende Lehrgerüst (Fachwerk), das die darüberliegenden Schalflächen trägt. Im Hintergrund sind die bereits fertig betonierten Segmente; links die vorab betonierten Gewölbeansätze.

📖 [a] *Karla Britton (2001) Auguste Perret, Phaidon*

☞ *Zum Dom-Ino-System siehe* ***Band 3****, Kap. XIII-1 Grundsätzliches,* **🗗 44**

lizensierte. Lizenznehmer wie Wayss & Freitag trugen dann allerdings Entscheidendes zur technischen Weiterentwicklung des Verbundwerkstoffs bei.

Eine bedeutsame konzeptionelle Entwicklung im modernen Stahlbetonbau steuerte F. Hennebique bei. Er entwickelte und patentierte eine frühe Plattenbalkendecke, ein auf die Möglichkeiten des Materials zugeschnittenes konstruktives Prinzip, das aus der Verschmelzung von Platte und Balken zu einem monolithischen Bauteil hervorging (🗗 **5**) und die stahlbetontypische Aufgabenteilung in Druckgurt aus Beton (Platte) und Zuggurt aus Stahl (Balken) einführte. Gleichzeitig wurden dadurch erste Grundlagen für das baustatische Verständnis des dreidimensionalen Tragverhaltens des frei formbaren Stahlbetons – im Gegensatz zum zweidimensionalen der bis dato üblichen Stabwerke aus Eisen und Holz – gelegt. Das patentierte *System Hennebique* wurde weltweit lizensiert und in zahlreichen Bauvorhaben, vorwiegend im Industriebau eingesetzt, wo sich der neue Werkstoff in hartem Wettstreit mit Stahl zunehmend durchsetzte.

Auguste Perret[a] übertrug den Werkstoff auf den herkömmlichen Hochbau und erforschte die neuartigen technischen und formalästhetischen Möglichkeiten des Betons. In seinem Wohnhaus in der *Rue Franklin* in Paris verwirklichte er bereits frühzeitig die skeletttypische Trennung von Tragwerk und Hülle. Freyssinet entwickelte den Spannbeton in den 1920er Jahren.

Die stürmische Verbreitung von Stahlbeton um die Wende zwischen 19. und 20. Jh. führte zu einer Revolutionierung des Bauingenieurwesens und der Architektur, zur Entwicklung gänzlich neuer Bautypen und zur Erschließung bis dahin nie dagewesener entwurflicher und planerischer Freiheiten (🗗 **6**). Zum ersten Mal seit fast zwei Jahrtausenden wurde die Spannweite des römischen Pantheons von der Betonkonstruktion der Jahrhunderthalle in Breslau (Arch.: Max Berg, 🗗 **7**) übertroffen, und zwar mit rund 65 m deutlich.

Stahlbeton spielte in der Entwicklung der frühen Bauhaus-Moderne eine wichtige Rolle und galt als der Paradefall des modernen, industriell geprägten Baustoffs (🗗 **8**).[2] Die architektonischen Möglichkeiten des Materials hat insbesondere Le Corbusier – ein Schüler Perrets – in der ersten Hälfte des 20. Jh. intensiv erkundet und seine Möglichkeiten, auch und vor allem in formalästhetischer Sicht, im architektonischen Einsatz ausgelotet. Einige entwurfliche und konzeptionelle Neuerungen aus dem Einsatz des Betons hat er in den *fünf Punkten für eine neue Architektur* formuliert. Besonders weitsichtig erscheint aus heutiger Perspektive seine Vision des Dom-Ino-Systems: ein Skelettbau mit unterzugslosen Flachdecken, der große Ähnlichkeiten mit den heute allgegenwärtigen Betonskeletten aufweist. Später hat Le Corbusier sich auch mit den plastischen Möglichkeiten des frei formbaren Werkstoffs auseinandergesetzt (🗗 **9**).

■ Stahlbetonbauweisen haben in der Folge bedeutsame technische Entwicklungen vollzogen, wie beispielsweise im Schalenbau, Spannbetonbau oder Fertigteilbau, die den Werkstoff zu einer kaum bestreitbaren Dominanz des modernen Baugeschehens geführt haben. Katastrophale Ereignisse wie die Anschläge auf das World Trade Center haben die ohnehin beherrschende Stellung des gegen Brand und Explosion besonders resistenten Werkstoffs in den letzten Jahren, gerade im Hochhausbau, aus Gründen der Sicherheit zusätzlich gestärkt. Auch die statische Redundanz monolithischer Betonbauwerke erweist sich gegenüber schwer vorhersagbaren Extremsituationen als ein besonderer Vorzug. Befördert wird diese Tendenz zudem durch die Entwicklung moderner selbstverdichtender und hochfester Betone.[a]

Dem heute außerordentlich relevanten Nachteil herkömmlichen Betonbaus aus hohen Lohnkosten durch Schalungsarbeiten wird in den letzten Jahren durch den Halbfertigteilbau begegnet, d.h. durch systematischen Einsatz in automatisierten Anlagen vorgefertigter verlorener Schalungen bei gleichzeitiger Wahrung der monolithischen Tragwirkung.

Die freie Formbarkeit von Beton eignet sich ferner gut zur Umsetzung komplexer, doppelt gekrümmter Bauformen, wie sie in den letzten Jahren durch das Aufkommen computergestützter Entwurfsmethoden in anderen Bauweisen, vornehmlich in Stahl oder Holz, häufiger umgesetzt werden. Der große Hemmschuh, der die wirklich freie Formbarkeit des Gusswerkstoffs bisher behinderte, nämlich die schwere Realisierung von freigeformten Schalungen in Holz oder Stahl, ist im Begriff, durch moderne CAD-CAM-Technik überwunden zu werden.

Nicht unerwähnt bleiben darf allerdings die in der öffentlichen Wahrnehmung gegenwärtig teilweise sich rasch verschlechternde Reputation des Betons, der wegen vermeintlich schlechter Ökobilanzwerte zunehmend als *Klimakiller* bezichtigt wird. Die faktischen Daten entkräften diese Beschuldigung allerdings. Nicht zu leugnen ist wiederum,

Moderne Betontechnik

☞ [a] **Band 1**, *Kap. IV-7, Abschn. 7. Neue Entwicklungstendenzen im Betonbau, S.320*

7 Jahrhunderthalle in Breslau aus dem Jahr 1913. Dieses Bauwerk aus Stahlbeton übertraf zum ersten Mal in fast 2.000 Jahren den Spannweitenrekord des römischen Pantheons.

☞ **Band 1**, *Kap. III-5, Abschn. 2. Umweltproduktdeklarationen, S. 150f, und Abschn. 3. Vergleichende Betrachtung der Ökobilanzdaten der wichtigsten Werkstoffe, S. 160f*

8 Wohnhaus in der Weißenhofsiedlung in Stuttgart (Arch.: Le Corbusier, 1927).

9 Freie Gestaltung mit Stahlbeton: gekrümmte Formen, kontinuierliche Flächenelemente und monolithische Strukturen (Arch.: Le Corbusier,1952–1963).

dass aufgrund seiner enormen weltweiten Verbreitung und seiner Dominanz des aktuellen Baugeschehens sehr viel Beton verarbeitet wird und somit sein ökologischer Fußabdruck *quantitativ* problematisch erscheint.[3] Es wird sich in Zukunft zeigen, inwieweit es möglich und sinnvoll ist, Beton durch andere, ökologisch verträglichere Werkstoffe zu substituieren.

2. Der Werkstoff Stahlbeton

☞ *Zu mechanischen Eigenschaften, Verformungsverhalten sowie grundlegenden konstruktiven Gesichtspunkten:* ***Band 1****, Kap. IV-7 Bewehrter Beton, S. 314 ff*

☞ *Zum brandschutztechnischen Verhalten:* ***Band 1****, Kap. VI-5, Abschn. 5.1.3 Brandverhalten der Werkstoffe für Primärtragwerke > Beton/Stahlbeton, S. 780, sowie 10. Konstruktiver Brandschutz am baulichen Regeldetail > 10.2 Bauteile aus Stahlbeton, S. 792 ff*

☞ *Zum Korrosionsverhalten:* ***Band 1****, Kap. VI-6, Abschn. 3. Korrosion im Stahlbeton, S. 834 ff*

■ Der Werkstoff Stahlbeton ist ein **Verbundwerkstoff** aus Stahl und Beton und vereinigt in einem außerordentlich komplexen Zusammenspiel Merkmale beider Werkstoffe in sich. Der druckfeste, aber sehr spröde Beton wird durch Stahleinlagen zur Aufnahme von Zug ertüchtigt und somit in einen zähfesten Werkstoff umgewandelt. Die beiden Verbundpartner ergänzen sich ferner in einem symbiotischen Zusammenspiel im Hinblick auf weitere bautechnische Eigenschaften.

Vor Ort verarbeitet, bietet Stahlbeton den im Bauwesen einzigartigen Vorzug, komplette Baustrukturen in einem Prozess des **Urformens** auf der Baustelle aus einem Stück, ganz ohne Fugen herzustellen. Er ist der einzige für Primärtragwerke taugliche Werkstoff, der sich darüber hinaus in hohem Grad vorfertigen lässt. Diese außerordentlich große Bandbreite der Herstellung oder Verarbeitung hat weitreichende planerische und konstruktive Auswirkungen und hat infolgedessen auch deutlich voneinander unterscheidbare Bauweisen hervorgebracht, nämlich den **Ortbeton**- und den **Fertigteilbau**. Diese werden im Hochbau deutlich voneinander differenziert und werden deshalb an dieser Stelle – trotz gemeinsamen Grundwerkstoffs – gesondert behandelt.

3. Vergleich mit anderen Bauweisen

■ Die Ortbetonbauweisen unterscheiden sich in einigen Punkten wesentlich von anderen:

- Das Material, auf dem die Bauweise basiert, ist **frei formbar** (🗗 **10, 11**). Hierin unterscheidet sich Beton vom Holz, das in einem technisch praktisch nicht beeinflussbaren na-

10 Freie Gestaltung mit Stahlbeton: Schalenförmiges Flächentragwerk (Arch.: J Utzon).

11 Freie Gestaltung mit Stahlbeton: komplexe räumlich-geometrische Kompositionen (Arch.: F Wotruba).

türlichen linearen Wachstumsprozess entsteht; vom Stahl, der nur innerhalb der engen Einschränkungen eines bestimmten Herstellungsprozesses (z. B. Walzen) formbar ist; sowie vom Ziegel, der ebenfalls nur in kleinen Formaten und unter engen Einschränkungen form- und brennbar ist.

- Es lassen sich **flächige Elemente** in bautauglichen Abmessungen aus einem Stück herstellen (🗗 **12**). Dies ist ein entscheidender Vorzug dieser Bauweise, selbst gegenüber der verwandten Fertigteilbauweise. Andere Bauarten müssen sich zwecks Schaffung von Flächen mit dem Koppeln von stabförmigen Bauteilen behelfen – wie beispielsweise die Holzbauweisen. Ziegelmauerwerk lässt sich zwar als Scheibe verarbeiten, wenngleich aus einzelnen Bausteinen (erfordert aber – im Gegensatz zu Stahlbeton – unbedingt ein lineares Auflager), nicht jedoch als biegebeanspruchte Platte. Letztere sind in Stahlbetonausführung im gegenwärtigen Baugeschehen als Massivdecken allgegenwärtig. Aussteifende Scheiben in Stahlbeton sind (im Gegensatz zu Mauerwerk) imstande, auch abhebende Zugkräfte ohne nennenswerte Mitwirkung großer Auflast aufzunehmen. Lasten quer zur Wandebene, die bei Mauerwerk klaffende Lagerfugen erzeugen würden, werden bei Stahlbetonmauern über die Biegesteifigkeit des Querschnitts aufgenommen. Stahlbetonscheiben lassen sich punktuell lagern und sind folglich in der Lage, bei großer statischer Höhe große Spannweiten frei zu überspannen (wandhohe Träger, s. u.). Auch konzentrierte Lasten – bei Mauerwerksscheiben praktisch ausgeschlossen – lassen sich mithilfe von Verbundkonstruktionen aus Stahl in verhältnismäßig dünne Stahlbetonscheiben eintragen.

- Es lassen sich **monolithische, fugenlose Tragwerke** errichten, sofern der Beton vor Ort (deshalb *Ortbeton*) vergossen wird. Dies ist ebenfalls ein deutlicher Vorzug

13 Vor Ort gegossener Trägerrost: ein zweiachsig spannendes gitterförmiges Tragwerk, bei dem die Durchdringungen der Rippen durch gemeinsames Vergießen ausgeführt werden.

12 In Ortbeton lassen sich monolithische Bauwerke und flächige Bauteile mit bauüblichen Abmessungen schaffen.

14 Mehrlagig angeordnete, sich kreuzende Bewehrung in zwei Richtungen ermöglicht, zusammen mit dem isotropen Werkstoff Beton, einen zweiachsigen Lastabtrag.

gegenüber anderen Bauweisen. Es lässt sich folglich ein Integralbauprinzip, und zwar auf Bauwerksebene, also im Betrachtungsmaßstab eines Gesamtbauwerks, realisieren, während andere Werkstoffe – zumindest unter diesen Voraussetzungen – nur das integrierende oder Differenzialbauprinzip zulassen. Unter bestimmten Bedingungen bietet die statische Redundanz, die den mehrfach statisch unbestimmten monolithischen Betontragwerken eigen ist, bedeutende Vorteile.

☞ ***Band 1****, Kap. II-1, Abschn. 2.3 Gliederung nach konstruktiven Gesichtspunkten > 2.3.2 aus dem Bauprinzip, S. 36 ff*

- Ohne größere Zusatzaufwendungen lässt sich ein **zweiachsiger Lastabtrag** realisieren. Sowohl plattenförmige wie auch gitterförmige Bauteile (**13**) erlauben biaxiales Tragverhalten. Die bei anderen Bauweisen, wie dem Stahl- oder Holzbau, auf der Baustelle nur mit erheblichen Aufwand realisierbare Kraftleitung in zwei Richtungen gestaltet sich im Ortbetonbau einfacher, weil Knotenpunkte entweder gar nicht existieren (wie bei der Platte) oder aus einem Stück gegossen werden (wie beim Gitter). Das zweiachsige Tragverhalten wird dabei sowohl von der isotropen Betonmatrix wie von den in zwei Richtungen lagenweise verlegbaren (ungestoßenen) Bewehrungsstäben ermöglicht (**13**). Allerdings werden diese Vorzüge in der gegenwärtigen Baupraxis durch den verhältnismäßig hohen Lohnkostenanteil der dafür nötigen Schalungs- bzw. Rüstungsarbeiten vor Ort teilweise aufgehoben.

☞ *Vgl. auch Abschn. 8.2 Offene Scheibentragwerke, S. 728*

- Wandscheiben in Stahlbeton lassen sich dank ihrer Zugfestigkeit als **wandhohe Träger** einsetzen. Dadurch kann

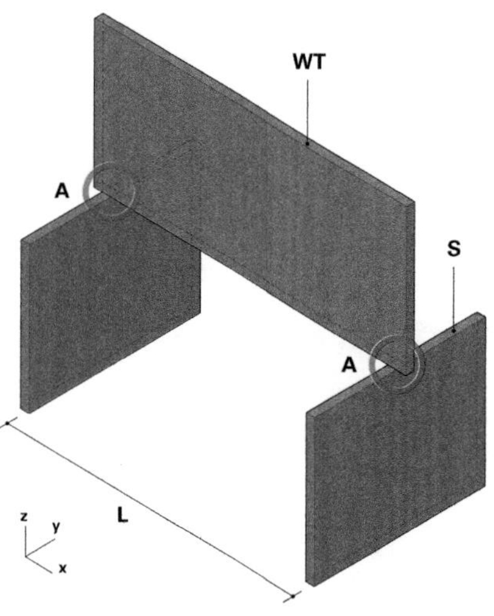

15 Stahlbetonscheiben sind als wandhohe Träger **WT** in der Lage, große Spannweiten **L** zu überbrücken. Sie lassen sich auf rechtwinklig orientierten weiteren Scheiben **S** auflagern. An den Auflagern **A** entstehen Kraftkonzentrationen.

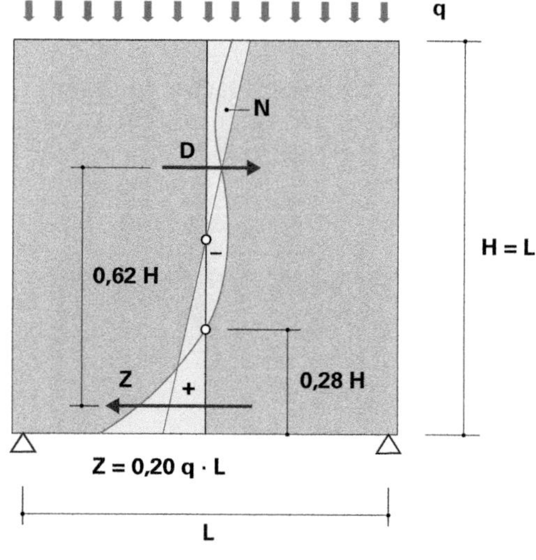

16 Verteilung der Druck- und Zugspannungen in einer punktuell gelagerten Scheibe mit etwa quadratischer Form unter Streckenlast **q**. **D** Druckkraftresultierende; **Z** Zugkraftresultierende. Zum Vergleich: **N** reguläre dreieckförmige Spannungsverteilung im Querschnitt eines Biegebalkens (gemäß Navier).

man die große statische Höhe von ganzen Geschossen für Tragzwecke nutzen. Dies geschieht beispielsweise in unteren Geschossen von Hochhäusern, wo stützenfreie Räume aus Gründen der Gebäudenutzung oft erwünscht sind. Tragende Wandscheiben können in solchen Fällen Stützen abfangen. Lotrechte Wandscheiben lassen sich auch im Winkel zueinander stapeln, d. h. derart, dass sie allein durch punktuelle Auflager gestützt sind und große Spannweiten überbrücken (⧉ **15–18**).

☞ *Vgl. beispielsweise* ⧉ **27** *in Kap. IX-4, S. 443*

☞ ***Band 4**, Kap. 8., Abschn. 4.3.4 Wandartige Träger*

17 John-Cranko-Schule Stuttgart: ein entlang dem Hang abgestaffeltes Gebäude, bei dem wandhohe Träger zur Schaffung großzügiger Raumzusammenhänge genutzt wurden (Arch.: Burger Rudacs).

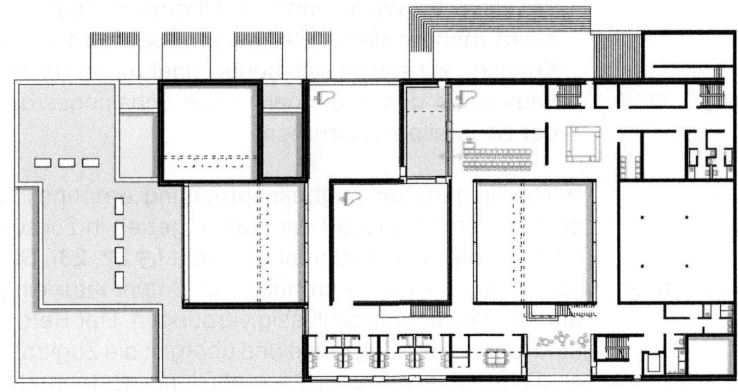

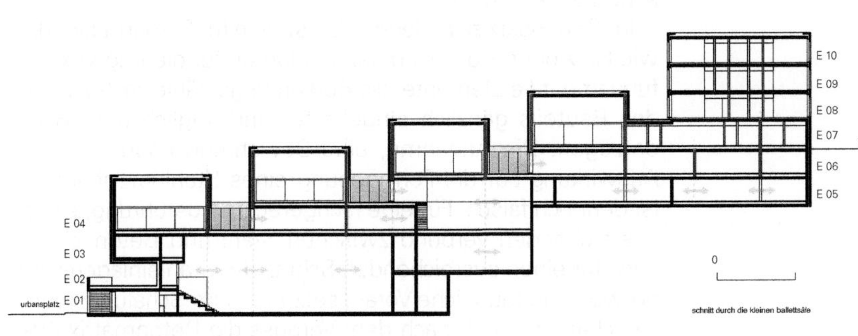

18 John-Cranko-Schule Stuttgart, Grundriss und Schnitt. Wandhohe Träger sind rot hervorgehoben, die durch freie Spannweiten ermöglichten Raumzusammenhänge durch blaue Pfeile visualisiert.

4. Verarbeitung

19 Arbeitsfuge (horizontal) zwischen zwei Betonierabschnitten. Letztere sind auch durch ihren unterschiedlichen Farbton erkennbar.

☞ *Kap. VII, Abschn. 3.2 Ausbau zweiachsig gekrümmter Oberflächen, S. 104 ff*

■ Diesen theoretisch sehr großen planerischen Freiräumen, die der Werkstoff bietet, sind durch einige Einschränkungen aus der Verarbeitung Grenzen gesetzt:

- Die **Maximalgrößen** der Abschnitte, die in einem Arbeitsgang betoniert werden können, sind begrenzt. Die Betonierarbeiten werden deshalb in **Betonierabschnitte** unterteilt, die jeweils durch sogenannte **Arbeitsfugen** getrennt sind (🗗 **19**).
- Die theoretisch völlig frei formbare Oberfläche von Betonbauteilen ist in der Regel durch Einschränkungen aus der **Schalungstechnik** in ihrer Formgebung dennoch begrenzt. Schalungen bestehen aus einem anderen Material (Holz, Stahl), das seinerseits spezifischen Verarbeitungsregeln unterworfen ist. Insbesondere doppelt gekrümmte Oberflächen lassen sich nur mit großem Aufwand realisieren (🗗 **20**, **21**).
- **Schalungs**- und **Rüstungsarbeiten** auf der Baustelle, wie sie bei der Ortbetonbauweise trotz weitreichender Vorfertigung von Schalungselementen nach wie vor in größerem Umfang anfallen – vor allem im Vergleich mit konkurrierenden Bauweisen wie dem Stahl- oder Holzbau, und selbst dem Fertigteilbau – sind heute ein bedeutsamer ökonomischer Faktor, der die Ortbetonbauweise unter bestimmten Randbedingungen stark benachteiligt. Dies gilt vor allem für weitspannende Überdachungen, die heute kaum mehr in dieser Bauweise ausgeführt werden. Als Konsequenz setzen sich heute zunehmend Halbfertigteilbauweisen durch, die ganz ohne Schalungsarbeiten auf der Baustelle auskommen.

☞ *Abschn. 6.5 Halbfertigteile, S. 722 ff*

5. Bewehrungstechnik

📖 *DIN EN 1992-1-1, 8., 9.*

■ Der gegenüber Zugbeanspruchung empfindliche, weil spröde Betonwerkstoff wird durch gezielt in Zugzonen verlegte Stahleinlagen zugfest gemacht (🗗 **22**, **23**). Diese sind vollständig in einer sie umhüllenden Betonmatrix eingebettet und mit dieser kraftschlüssig verbunden. Der Beton reißt in der Regel in den Zugzonen und übergibt die Zugkraft folglich an die Stahlbewehrung. Die umhüllende Betonmatrix erfüllt ferner eine wichtige, gegen Korrosion der Bewehrungsstähle schützende Funktion.

Im Gegensatz zu anderen Werkstoffen für Primärtragwerke wie Holz oder Stahl, sind bei Stahlbeton für die Tragwirkung fundamentale Elemente, die Bewehrungsstähle, im Volumen des Bauteils gänzlich eingebettet und folglich dem Blick entzogen. Die Annahme, eine Bewehrung habe keinerlei Auswirkung auf die Formgebung eines Stahlbetonbauteils ist dennoch falsch. Für eine fachgerechte Ausführung, einen ausreichenden Verbund zwischen Stahl und Beton sowie auch für einen ausreichenden Schutz der Stahleinlagen sind notwendige räumliche Voraussetzungen im Schalungsraum zu schaffen, damit nach dem Verguss die Betonmatrix ihre

20 (Links) Doppelt gekrümmte Oberfläche (Rotationshyperboloid), die mithilfe einer Bretterschalung, hier entlang der Meridianlinien, realisiert wurde (Pferderennbahn *La Zarzuela*, Madrid; Ing.: Eduardo Torroja).

21 (Rechts unten) Schalung einer Kelchstütze des Bahnhofs Stuttgart 21: komplexe doppelt gekrümmte Oberfläche aus in Form gefrästen und anschließend beschichteten Sperrholzplatten (siehe Anschnitt auf beiden Seiten).

22 (Links unten) Verlegen der Bewehrung einer Wandscheibe im Schalungsraum vor dem Montieren der zweiten Schalhaut.

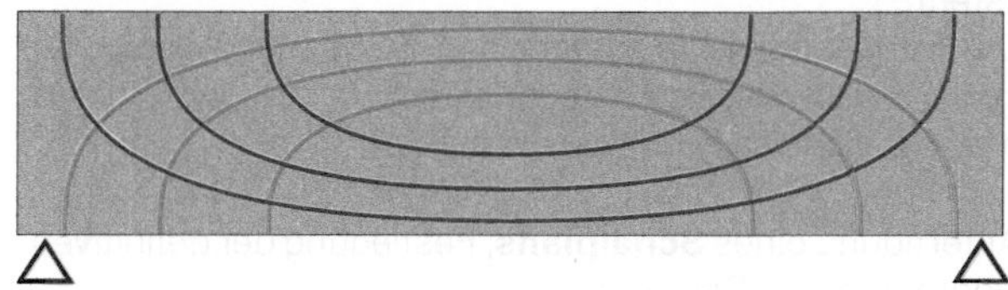

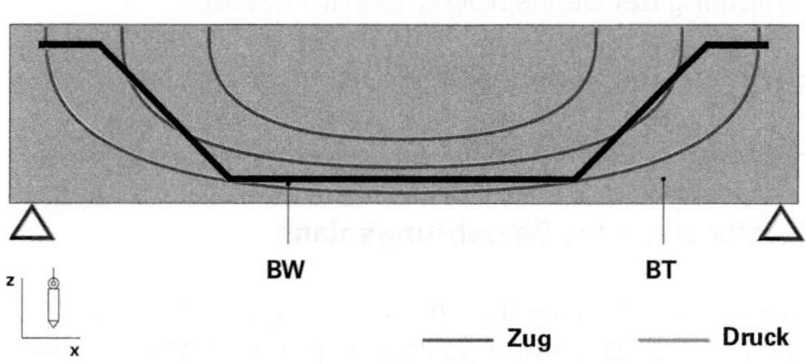

23 Schematische Darstellung des Verlaufs der **Hauptspannungstrajektorien** bei einem Balken unter Gleichlast. Unten ist das Abdecken der Zugspannungen durch die Stabbewehrung **BW** erkennbar. **BT** Beton.

Aufgaben zuverlässig erfüllen kann. Dies setzt im Regelfall bestimmte Mindestdimensionen in spezifischen Bauteilbereichen voraus und determiniert infolgedessen die Gestaltung des Bauteils deutlich.

☞ **Band 1**, Kap. IV-7, Abschn. 7.3 Selbstverdichtender Beton (SVB), S. 326 ff

☞ **Band 1**, Kap. IV-7, Abschn. 2. Mechanische Eigenschaften, S. 315, sowie ebd. Abschn. 6. Konstruktive Folgerungen, S. 319 f

Indessen haben neuere Entwicklungen in der Betontechnologie dazu geführt, dass die klassischen Bewehrungsregeln an Verbindlichkeit verloren haben. So erlaubt beispielsweise der Einsatz selbstverdichtender Betone wesentlich höhere Bewehrungsdichten als mit Normalbeton möglich.

Grundlegende Aspekte des mechanischen Verhaltens und der Bewehrung von Stahlbetonteilen werden in *Kapitel IV* angesprochen. Im Folgenden sollen weitere Fragen im Zusammenhang mit der Bewehrungstechnik erörtert werden. Diese betreffen im Wesentlichen nicht nur Bauteile aus Ortbeton, sondern sind auch auf Fertigteile anwendbar.

5.1 Verlegung

■ Eine Bewehrung lässt sich als ein Ersatz für die nur geringe Zugfestigkeit des Werkstoffs Beton, welche nur etwa ein Zehntel seiner Druckfestigkeit ausmacht, auffassen. Die Grundanforderung der Tragfähigkeit des Bauteils wird durch Festlegung einer **Mindestbewehrung** erfüllt. Diese wird zwecks Sicherung der Gebrauchstauglichkeit zusätzlich erhöht.

☞ DIN EN 1992-1-1, S. 162

Bewehrungsstähle werden so genau, wie vom Aufwand her vertretbar, den Hauptzugspannungstrajektorien im Bauteil nachgeführt. Man spricht dabei von einer **Zugkraftdeckung** im Bauteil (⊡ **24**, **25**), sodass an jeder Stelle eine Aufnahme der Biegezugspannungen sowie der Zugspannungen aus der Querkraft gesichert ist. Aus Gründen der technischen Umsetzung werden Bewehrungsquerschnitte nicht kontinuierlich den im Regelfall stetig sich verändernden Spannungsgrößen angepasst, sondern jeweils in sukzessiven Abschnitten gleicher Bewehrungsdichte, sodass ein stufenartig umhüllende Verteilung der aufnehmbaren Zugspannungen im Bauteil entsteht.

Die Ermittlung der erforderlichen Bewehrung erfolgt im Regelfall – ohne allfällige Iterationsschritte zu berücksichtigen – in den folgenden Schritten:

- Anfertigung eines **Schalplans**; Festlegung der definitiven Geometrie des Bauteils;
- ggf. Anwendung eines **FE-Modells** zur rechnerischen Ermittlung der Beanspruchungen im Bauteil;
- Ermittlung der auftretenden Zugspannungen;
- Festlegung der erforderlichen Bewehrungsquerschnitte;
- Anfertigung eines **Bewehrungsplans**.

Trotz zumeist vorwiegend gekrümmten Trajektorienverlaufs ist es nicht üblich, Bewehrungsstäbe in großen Radien zu biegen oder zu krümmen. Stattdessen werden diese entweder grundsätzlich geradlinig verlegt oder polygonal gebogen – d. h. an lokalen Biegestellen mit kleinen Radien ausgerundet, ansonsten gerade ausgeführt (vgl. 23). Biegerollendurchmesser dürfen Mindestwerte nicht unterschreiten, um zu verhindern, dass Biegerisse im Stahl entstehen, oder der Beton im Bereich der Stabbiegung versagt. Mindestwerte lassen sich der Norm entnehmen.

DIN EN 1992-1-1, 8.3, Tabelle 8.1 N

Zur Vermeidung aufwendiger Bugarbeiten, die mit hohen Lohnkosten verbunden sind, geht man immer mehr dazu über, Stäbe nicht geneigt zu verlegen und stattdessen unter Hinzunahme von Schubbewehrung nur noch orthogonal, zumeist horizontal und vertikal, zu bewehren. Dies gilt beispielsweise für eine Querkraftbewehrung in einem Balken, die trotz diagonalen Kraftverlaufs orthogonal verlegt werden kann (27).

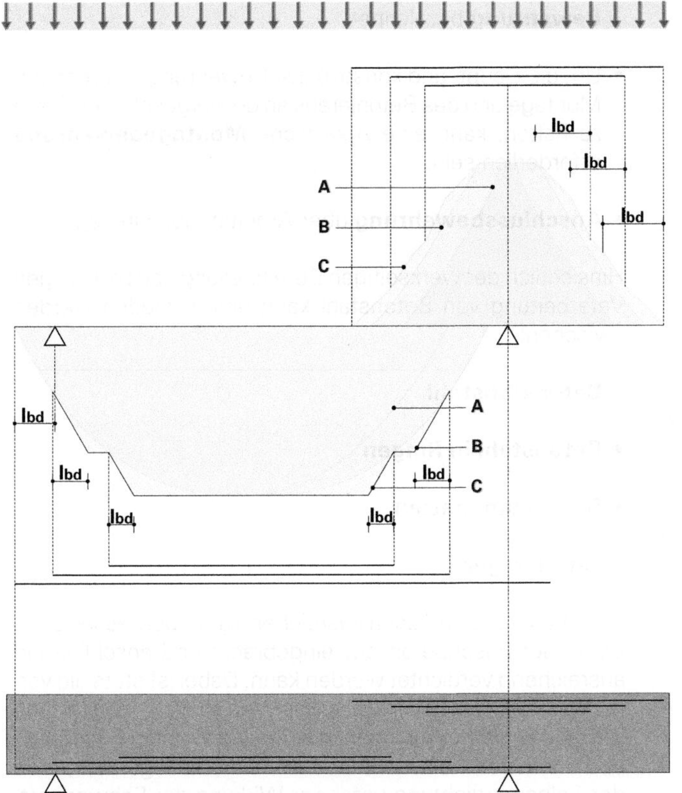

24 Darstellung der **Zugkraftdeckung** in einem exemplarischen Einfeldträger mit Kragarm unter Streckenlast **q** und der daraus sich ergebenden Staffelung der Längsbewehrung, unter Berücksichtigung geneigter Risse und der Tragfähigkeit der Bewehrung innerhalb der Verankerungslängen, gemäß *DIN EN 1992-1-1*. Die einhüllende Kurve **A** deckt die anzusetzenden wechselnden Lastfälle ab, **B** ist der Bemessungswert der Zugkraft infolge Querkraftbewehrung (Zuschlag), **C** die durch die Bewehrung jeweils tatsächlich aufnehmbare Zugkraft. Die verringerte Tragfähigkeit der Stäbe innerhalb der Verankerungslänge l_{bd} ist jeweils berücksichtigt (geneigter Zugkraftlinienverlauf).

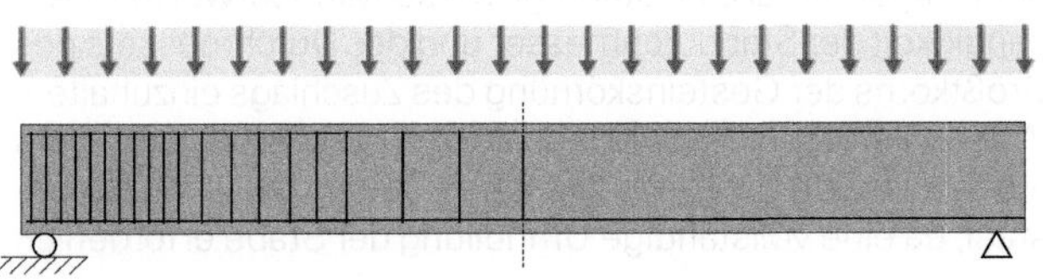

25 Darstellung der **Querkraft-** oder **Schubbewehrung** an einem exemplarischen Einfeldträger unter Streckenlast **q**.

.1.1 Arten von Bewehrung

■ Je nach zugewiesener **Funktion** im Zusammenhang mit dem mechanischen Verhalten des Stahlbetons lassen sich verschiedene Arten von Bewehrung unterscheiden (⊡ **27**):

- Die **Hauptbewehrung** ist für die Haupttragwirkung des Bauteils verantwortlich. Man unterscheidet im Allgemeinen zwischen **Biegezugbewehrung** und **Querkraftbewehrung**. Letztere nimmt bezüglich der Schwerachse des Bauteils einen Winkel zwischen 45° und 90° ein und kann aus einer Kombination von Bügeln bestehen, welche die Längszugbewehrung umgreifen, und Schrägstäben oder Körben, Leitern etc. (⊡ **29**).
- Eine umhüllende, feinmaschige sogenannte **Schwind-** oder **Oberflächenbewehrung** aus Matten soll verhindern, dass allzu große Risse infolge Schwindens im Beton entstehen. Diese Bewehrung wird auch als **konstruktive Bewehrung** bezeichnet.
- Um die Haupt- und konstruktive Bewehrung während der Montage und des Betonierens an der vorgesehenen Stelle zu halten, kann eine zusätzliche **Montagebewehrung** erforderlich sein.
- **Anschlussbewehrung** über Arbeitsfugen hinweg.

🕮 *DIN 488-1*

Hinsichtlich der werkseitigen Bereitstellung und bauseitigen Verarbeitung von Betonstahl kann unterschieden werden zwischen:

☞ *Abschn. 5.2 Bewehrungsstäbe (Betonstabstahl), S. 708 f*

- **Betonstabstahl**
- **Betonstahl in Ringen**

☞ *Abschn. 5.3 Bewehrungsmatten (Betonstahlmatten), S. 710 f*

- **Betonstahlmatten**

☞ *Abschn. 5.4 Gitterträger, S. 712*

- **Gitterträger**

.1.2 Stababstände

■ Stababstände müssen ausreichend groß bemessen sein, damit der Frischbeton gut eingebracht und anschließend ausreichend verdichtet werden kann. Dabei ist stets die verhältnismäßig große Viskosität des Werkstoffs im plastischen Zustand zu berücksichtigen, die dem selbsttätigen Verteilen und Ausfüllen von Hohlräumen im Schalungsraum, also der Selbstverdichtung unter der Wirkung der Schwerkraft, gewisse Grenzen setzt. Nach Norm hat der lichte Abstand – horizontal und vertikal – zwischen parallelen Einzelstäben oder Lagen paralleler Stäbe gewisse Mindestwerte in Abhängigkeit der Stabdurchmesser und des Durchmessers des Größtkorns der Gesteinskörnung des Zuschlags einzuhalten. Wesentlich sind Stababstände auch zur Sicherstellung eines ausreichenden Verbunds zwischen Betonmatrix und Betonstahl, da eine vollständige Umhüllung der Stäbe erforderlich

🕮 *DIN EN 1992-1-1, 8.2*

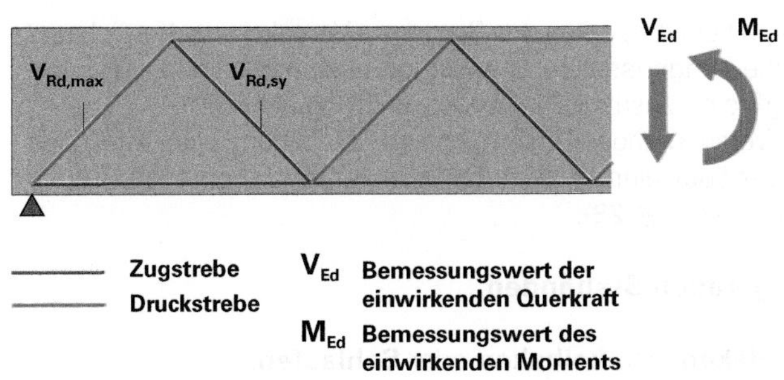

26 Tragverhalten eines Balkens im Auflagerbereich hinsichtlich der Aufnahme von **Querkräften**. Vereinfachte Darstellung anhand eines Fachwerkmodells. Die Druckstrebenkraft $\mathbf{V_{Rd,max}}$ wird vom Beton, die Zugstrebenkraft $\mathbf{V_{RD,sy}}$ von der Querkraftbewehrung aufgenommen.

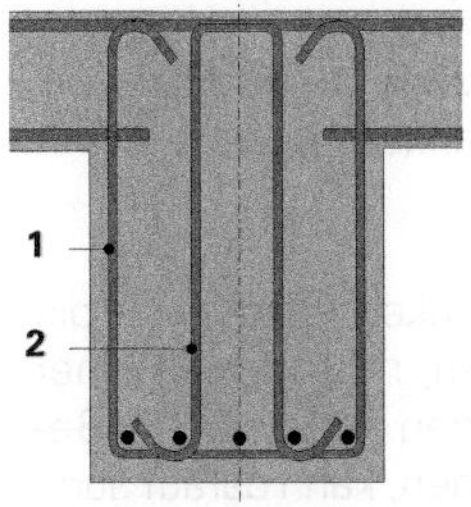

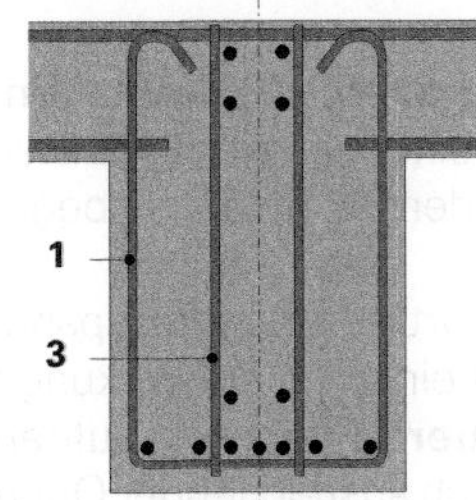

27 Beispiele für **Querkraftbewehrungen** aus Kombinationen von Bügeln und Querkraftzulagen.

1 Bügel
2 Bügelkorb als Zulage
3 leiterartige Querkraftzulage

ist sowie auch eine Mindestdicke der Matrix, um über den Verbund die Kraft zwischen Beton und Stahl zu übertragen.

Daneben sind Mindeststababstände auch für ein gutes Verdichten des Betons mithilfe von Rüttelvorrichtungen bedeutsam. Die üblichen Durchmesser von Rüttelflaschen im Bereich von 6 bis 8 cm erfordern in der Praxis Stababstände ab 10 cm, sodass die Bewehrungsstäbe im Regelfall mit Abständen zwischen 10 und 15 cm verlegt werden. Wenn eine besonders dichte Bewehrung unumgänglich ist, können für diesen Zweck auch lokale Rüttelgassen freigehalten werden.

Die **Verbundbedingungen** beschreiben die Verhältnisse, welche den Verbund zwischen dem Stahl und dem Beton beeinflussen. Dies betrifft insbesondere die Profilierung der Bewehrungsstäbe sowie auch die Betonierrichtung im Verhältnis zur Ausrichtung des Stabs: Je nachdem, ob der Stab unten oder oben im Schalungsraum liegt bzw. parallel oder rechtwinkling zur Stabausrichtung betoniert wird (günstiger: parallel), werden die Verbundbedingungen besser oder schlechter sein.

Verankerung von Längsstäben

■ Damit die Kräfte zwischen Bewehrungsstählen und Betonmatrix übertragen werden können, ist eine **Verankerung** des Betonstahls im Beton erforderlich. Damit werden insbesondere die Zugkräfte aus der Rückverankerung der Druckstrebe im Stab über dem Auflager aufgenommen (☐ **26**). Gleichzeitig müssen Vorkehrungen getroffen werden, damit ein Abplatzen des Betons im Verankerungsbereich und eine Längsrissbildung im Beton ausgeschlossen sind, was ggf. eine zusätzliche Querbewehrung erfordert.

Verankerungen lassen sich unter Einhaltung einer effektiven oder äquivalenten Mindestverankerungslänge ausführen in Form von (**28**):

- **geraden Stabenden**;
- **Haken**, **Winkelhaken** oder **Schlaufen**;
- **geraden Stabenden** mit mindestens einem angeschweißten Stab im Verankerungsbereich;
- **Haken**, **Winkelhaken** oder **Schlaufen** mit mindestens einem angeschweißten Stab im Verankerungsbereich vor dem Krümmungsbeginn.

.1.4 Querbewehrung im Verankerungsbereich

■ Örtliche Querzugspannungen im Verankerungsbereich, die zu einer Sprengwirkung führen können, müssen mit einer **Querbewehrung** aufgenommen werden. Ist in diesem Bereich ausreichender Querdruck vorhanden, kann darauf auch verzichtet werden. Bei stabförmigen Bauteilen wie Balken oder Stützen besteht eine Querbewehrung aus Bügeln, die etwa in Abständen des fünffachen Stabdurchmessers der verankerten Bewehrung verlegt werden (**29**).

.1.5 Verankerung der Querkraftbewehrung

■ Analog zu Längsstäben müssen auch Bügel und Querkraftbewehrungen in der Betonmatrix verankert werden. Dies kann mithilfe von Haken, Winkelhaken oder angeschweißter Querbewehrung erfolgen (**30**).

.1.6 Bewehrungsstöße

■ Bewehrungsstöße sind erforderlich, entweder weil die Lieferlängen des Betonstahls kleiner sind als die Bauteilabmessungen, oder weil man die Betonierarbeiten an einer Arbeitsfuge unterbrechen muss. Kraftschlüssige Stöße von Bewehrungsstäben lassen sich herstellen durch:

- mechanische Verbindungen wie Kupplungsmuffen oder Spezialverbinder (**31**), oder alternativ Schweißverbindungen (**32**): Dies sind **direkte Stöße**, bzw. solche ohne Mitwirkung des Betons;
- Übergreifen der Betonstähle in der Betonmatrix: Dies sind **indirekte** oder **Übergreifungsstöße**, bzw. Stöße unter Mitwirkung des Betons (**33**).

Wegen der einfachen Ausführbarkeit stellt der Übergreifungsstoß in der Baupraxis den Regelfall dar. Er setzt indessen ausreichende räumliche Verhältnisse voraus, die manchmal – wie beispielsweise bei Vergussfugen von Fertigteilen – nicht gegeben sind.

Verankerung eines geraden Stabs mithilfe seiner Verankerungslänge l_b

alternative Verankerungsarten durch Biegen des Stabs

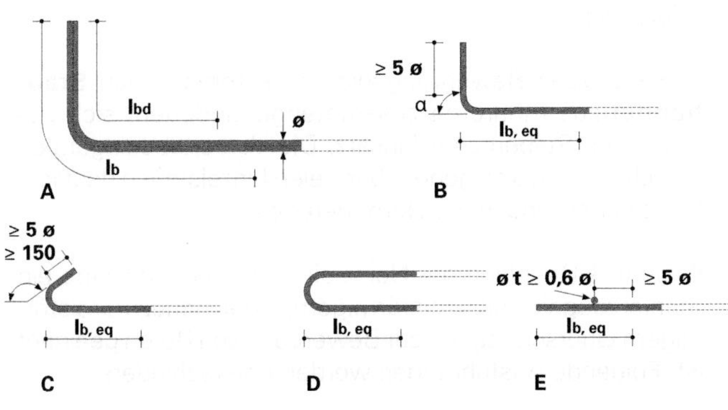

28 (Links) Zulässige **Verankerungsarten** von Betonstabstahl gemäß *DIN EN 1992-1-1* mit anrechenbarer Verankerungslänge $\mathbf{l_b}$.

- **A** Basiswert der Verankerungslänge $\mathbf{l_b}$, für alle Verankerungsarten, gemessen entlang der Mittellinie
- **B** Ersatzverankerungslänge $\mathbf{l_{b,eq}}$ für normalen Winkelhaken
- **C** Ersatzverankerungslänge $\mathbf{l_{b,eq}}$ für normalen Haken
- **D** Ersatzverankerungslänge $\mathbf{l_{b,eq}}$ für normale Schlaufe
- **E** Ersatzverankerungslänge $\mathbf{l_{b,eq}}$ für angeschweißten Querstab

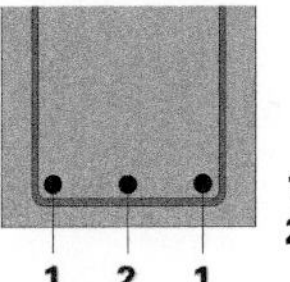

1 verankerte Bewehrungsstäbe
2 durchlaufender Bewehrungsstab

29 (Oben) Anordnung der Querbewehrung (Bügel) im Verankerungsbereich von Längsstäben in einem Balken gemäß *DIN EN 1992-1-1*.

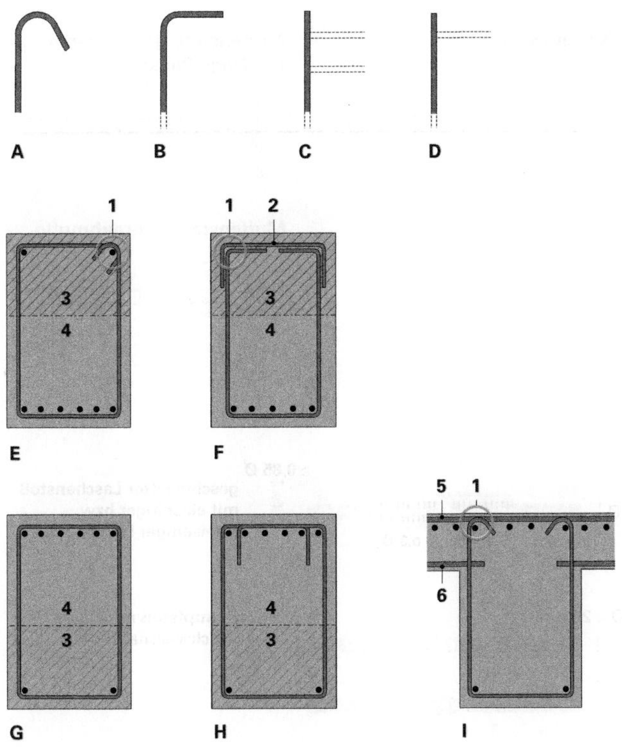

30 (Links) Verankerung und Schließen von Bügeln einer Querkraftbewehrung in Balkenquerschnitten gemäß *DIN EN 1992-1-1*.

- **1** Verankerungselemente nach **A** und **B**
- **2** Kappenbügel
- **3** Betondruckzone
- **4** Betonzugzone
- **5** obere Querbewehrung
- **6** untere Bewehrung der anschließenden Platte

- **A** Haken
- **B** Winkelhaken
- **C** gerade Stabenden mit zwei angeschweißten Querstäben
- **D** gerade Stabenden mit einem angeschweißten Querstab
- **E, F** Schließen in der Druckzone
- **G, H** Schließen in der Zugzone
- **I** Schließen bei Plattenbalken im Bereich der Platte

Benachbarte Übergreifungsstöße sind grundsätzlich versetzt zueinander anzuordnen (34). Es sind vorgeschriebene **Mindest-Übergreifungslängen** einzuhalten. Um die auftretenden Querzugkräfte aufzunehmen, ist im Bereich der Übergreifung von Längsstäben eine Querbewehrung vorzusehen.

Stöße von Betonstahlmatten lassen sich durch Verschränkung in der gleichen Ebene oder durch Verlegung in zwei getrennten Ebenen ausführen (35). Zusätzliche Querbewehrung im Stoßbereich ist bei Betonstahlmatten nicht erforderlich.

1.7 Gruppierung von Stäben

DIN EN 1992-1-1, 8.9

■ Bei großen Bewehrungsdichten kommen auch **Stabbündel** aus mehreren zusammengebundenen, sich berührenden Stäben zum Einsatz. Die Verbundbedingungen verschlechtern sich gegenüber freien Einzelstäben deutlich. Einzelheiten sind in der Norm geregelt.

5.2 Bewehrungsstäbe (Betonstabstahl)

DIN 488-2
DIN EN 10080

■ Gemäß Definition der Norm sind Bewehrungsstäbe ein Stahlerzeugnis mit kreisförmigem, oder nahezu kreisförmigem Querschnitt, das zur Bewehrung von Beton geeignet ist. Folgende Ausführungen werden unterschieden:

- **gerippter Betonstahl**: mit mindestens zwei Reihen von gleichmäßig über die gesamte Länge verteilten **Schrägrippen**. Zusätzlich ist eine Längsrippe vorhanden: eine

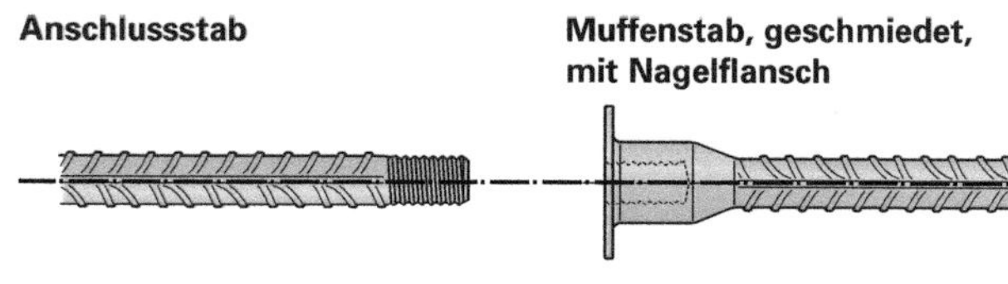

31 Gewindemuffenverbindung zwischen anstoßenden Bewehrungsstäben.

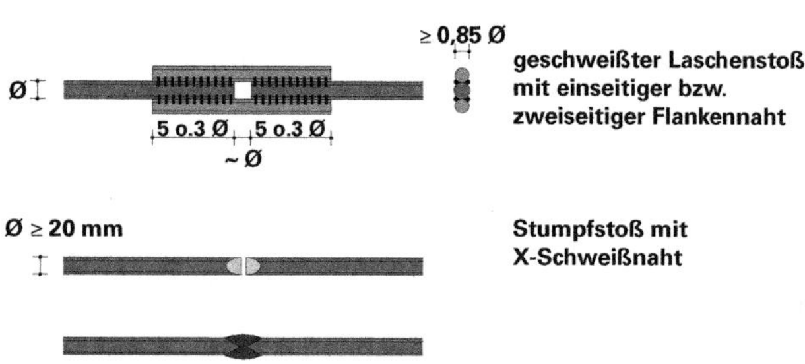

34 Geschweißte Stoßverbindung zwischen anstoßenden Bewehrungsstäben.

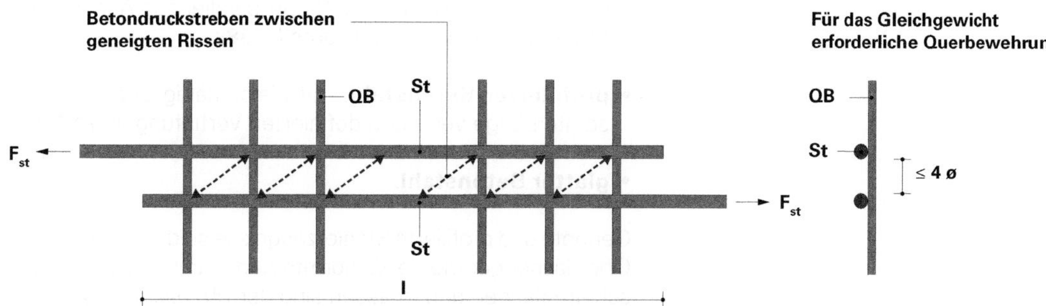

33 Schematische Darstellung eines Übergreifungsstoßes von Stabstählen **St** mit erforderlicher Querbewehrung **QB**.

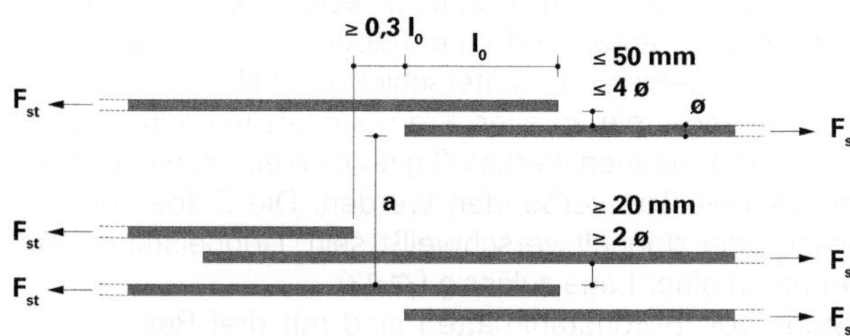

34 Versatz von Übergreifungsstößen von Bewehrungsstäben gemäß *DIN EN 1992-1-1*. Die erforderliche Übergreifungslänge l_0 ist in der Norm geregelt.

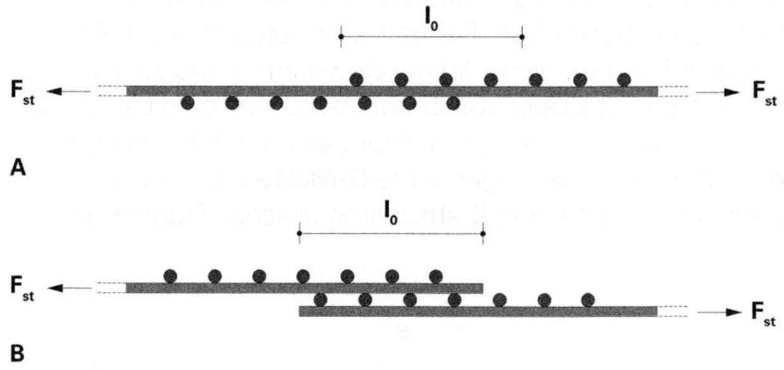

35 Übergreifungsstöße von Betonstahlmatten gemäß *DIN EN 1992-1-1*.

A Verschränkung von Betonstahlmatten (Längsschnitt)
B Zwei-Ebenen-Stoß von Betonstahlmatten (Längsschnitt)

36 Profilierte Bewehrungsstäbe.

37 Vorbereitete Bewehrungskörbe für Träger mit Haupt- und Bügelbewehrung.

gleichmäßig fortlaufende Rippe parallel zur Achse des Stabs, Walzdrahts oder Drahts (☐ **38**);

- **profilierter Betonstahl**: mit gleichmäßig über die gesamte Länge verteilten definierten Vertiefungen (☐ **39**);
- **glatter Betonstahl**.

Gerippte und profilierte Stahlerzeugnisse sind genormt nach Oberflächengeometrie. Genormte Nenndurchmesser, -querschnittsflächen und -massen sind der Übersicht in ☐ **40** zu entnehmen.

5.3

Bewehrungsmatten (Betonstahlmatten)

■ Eine geschweißte Matte ist nach der Definition der Norm eine Anordnung von im Grundsatz rechtwinklig zueinander verlaufenden Längs- und Querstäben, -walzdrähten oder -drähten derselben oder unterschiedlicher Nenndurchmesser und Länge, die an allen Kreuzungsstellen durch automatische Maschinen werkmäßig durch elektrisches Widerstandsschweißen verbunden werden. Die Stäbe können einfach oder doppelt verschweißt sein; Doppelstäbe sind aber nur in einer Lage zulässig (☐ **43**).

DIN EN 10080, 3.17

Stäbe von Betonstahlmatten sind mit drei Reihen von Schrägrippen verarbeitet, wobei eine Rippenreihe gegenläufig ist (☐ **44**).

Mattenmaterial kommt beim Bewehren von flächigen Bauteilen zum Einsatz. Lohnintensives Nebeneinanderverlegen von Stäben über größere Flächen wird hierdurch rationalisiert.

Prädestiniert für diese Art der Bewehrung sind zweiachsig gespannte Platten aus Stahlbeton, bei denen eine Lastabtragung in zwei gleichwertige Richtungen erfolgt. Bei dieser Art von Platten kommen sogenannte **Q-Matten** zum Einsatz. Bei ihnen haben die beiden Stabscharen gleichen Durchmesser.

☞ ***Band 1****, Kap. V-3, Abschn. 7.1 Betonstahl nach DIN 488, S. 445 f*

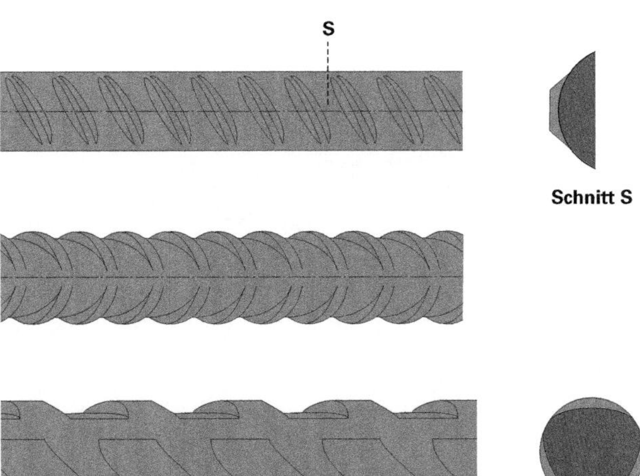

38 Rippengeometrie eines gerippten Betonstabstahls.

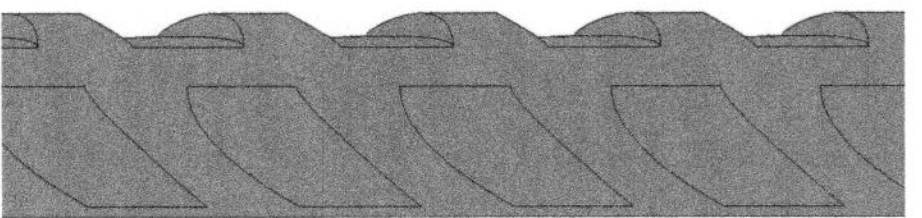

39 Profilgeometrie eines profilierten Betonstabstahls.

Nenndurchmesser mm	Nennquerschnittsfläche [a] mm²	Nennmasse [b] kg/m
6,0	28,3	0,222
8,0	50,3	0,395
10,0	78,5	0,617
12,0	113	0,888
14,0	154	1,21
16,0	201	1,58
20,0	314	2,47
25,0	491	3,85
28,0	616	4,83
32,0	804	6,31
40,0	1257	9,88

[a] Die Nennquerschnittsfläche errechnet sich aus:

$$An = \frac{md^2}{4}$$

[b] Errechnet mit einer Dichte von 7,85 kg/dm³

40 (Links) Genormte Nennwerte von Betonstabstahl gemäß *DIN 488-2.*

41 (Oben) Verlegte **Bewehrungsmatten** für Geschossdecken.

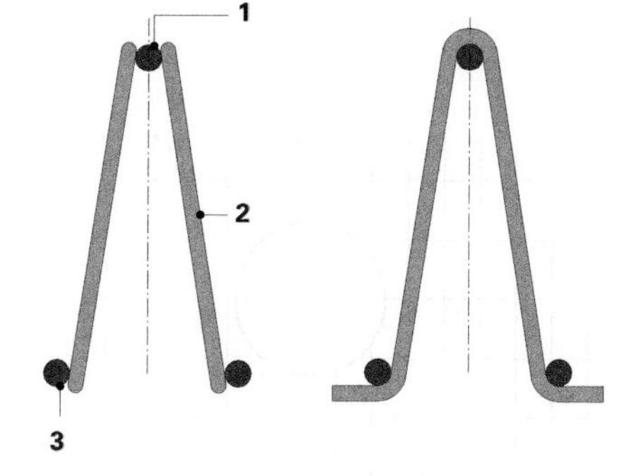

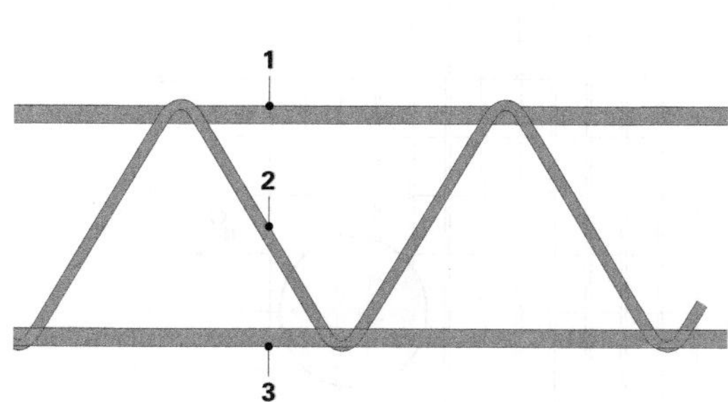

42 Gitterträger gemäß *DIN EN 10080.* Oben zwei Querschnittsvarianten.

1 Obergurt
2 Diagonale
3 Untergurt

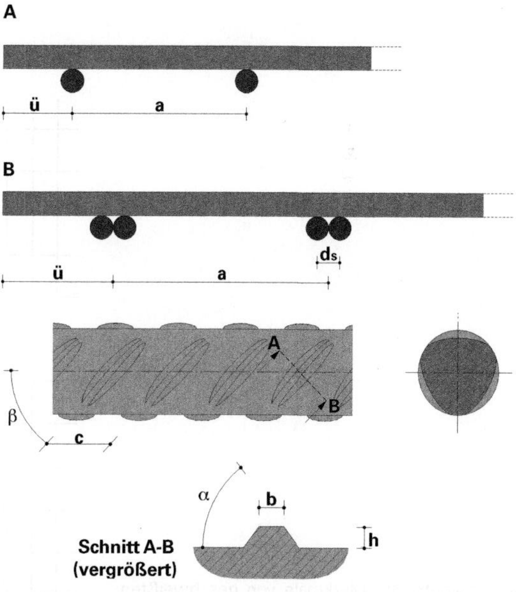

43 (Rechts oben) Aufbau von Betonstahlmatten jeweils mit Einfach- und Doppelstäben. Definition der Stababstände **a** und der Überstände **ü**.

A Abstand **a** der Längs- bzw. Querstäbe und Überstände **ü** bei Einfachstäben
B Abstand **a** der Längs- bzw. Querstäbe und Überstände **ü** bei Doppelstäben

44 (Rechts unten) Oberflächengestalt gerippter Stäbe von Betonstahlmatten gemäß *DIN 488-4.*

Einachsig gespannte Platten mit einer vorherrschenden Richtung der Lastabtragung werden mit **R-Matten** bewehrt, bei denen die Durchmesser der Stäbe je nach Verlegerichtung differenziert werden können.

Hinsichtlich der **Lieferform** unterscheidet man:

- **Lagermatten**: vom Hersteller festgelegter Aufbau, ab Lager erhältlich;
- **Listenmatten**: Aufbau vom Besteller durch Bezeichnung festgelegt;
- **Zeichnungsmatten**: Aufbau vom Besteller durch Zeichnung festgelegt (45).

5.4 Gitterträger

■ Ein Gitterträger ist eine zwei- oder dreidimensionale Metallkonstruktion bestehend aus einem Obergurt, einem oder mehreren Untergurten und durchgehenden oder unterbrochenen Diagonalen, die durch Schweißen oder mechanisch mit den Gurten verbunden sind (45). Gitterträger kommen beispielsweise bei Elementdecken oder bei Balkendecken mit Zwischenbauteilen zum Einsatz.

DIN EN 10080, 3.18

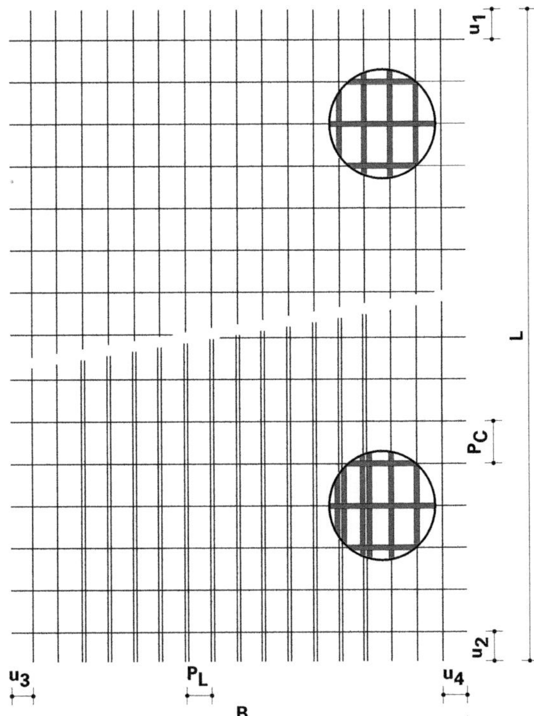

45 Geometrische Merkmale von geschweißten Zeichnungsmatten gemäß *DIN EN 10080.*

P_L Abstand der Längsdrähte
P_C Abstand der Querdrähte
L Länge der Längsdrähte
B Länge der Querdrähte
u_1 Überstand der Längsdrähte
u_2 Überstand der Längsdrähte
u_3 Überstand der Querdrähte
u_4 Überstand der Querdrähte

■ Eine **Mindestbetondeckung c_{min}** ist erforderlich, um (🗗 **46**):

- die Bewehrung gegen **Korrosion** zu schützen;
- die **Verbundkräfte** zwischen Stahl und Beton sicher zu übertragen;
- einen ausreichenden Feuerwiderstand zu gewährleisten.

Die gegebenen Umgebungsbedingungen in Form chemischer und physikalischer Einflüsse werden in der Norm durch eine Kategorisierung in verschiedene **Expositionsklassen** erfasst (🗗 **47**). Ferner werden verschiedene **Anforderungsklassen** (**S1** bis **S6**, 🗗 **48**) definiert. Die Betondeckung wird in Funktion dieser beiden Parameter festgelegt unter Ansatz verschiedener Korrekturwerte, wie beispielsweise bei Verwendung von beschichteter Bewehrung oder von nichtrostendem Stahl (🗗 **49**).

Abstandshalter aus Kunststoff sorgen dafür, dass die **Mindestüberdeckung** des Stahls gewährleistet ist. Diese werden beim Bewehren auf die äußeren Stäbe aufgeklippst (🗗 **50**).

Betondeckung

DIN EN 1992-1-1, 4.

☞ ***Band 1**, Kap. VI-6, Abschn. 3. Korrosion im Stahlbeton, S. 834 ff*

☞ ***Band 1**, Kap. VI-5, Abschn. 10.2 Bauteile aus Stahlbeton, S. 792 ff*

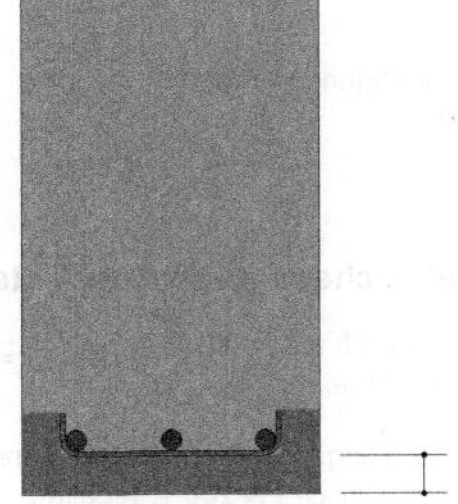

46 Die **Betonüberdeckung** der Stahleinlagen ist ausschlaggebend für deren Schutz vor Brand und Umwelteinflüssen (ab Bügelbewehrung gerechnet).

Klasse	Beschreibung der Umgebung	Beispiel für die Zuordnung von Expositionsklassen (informativ)
1 Kein Korrosions- oder Angriffsrisiko		
XO	für Beton ohne Bewehrung oder eingebettetes Metall: alle Expositionsklassen, ausgenommen Frostangriff mit und ohne Taumittel, Abrieb oder chemischen Angriff für Beton mit Bewehrung oder eingebettetem Metall: sehr trocken	Beton in Gebäuden mit sehr geringer Luftfeuchte
2 Korrosion, ausgelöst durch Karbonatisierung		
XC1	trocken oder ständig nass	Beton in Gebäuden mit geringer Luftfeuchte Beton, der ständig in Wasser getaucht ist
XC2	nass, selten trocken	langzeitig wasserbenetzte Oberflächen; vielfach bei Gründungen
XC3	mäßige Feuchte	Beton in Gebäuden mit mäßiger oder hoher Luftfeuchte; vor Regen geschützter Beton im Freien
XC4	wechselnd nass und trocken	wasserbenetzte Oberflächen, die nicht der Klasse XC2 zuzuordnen sind
3 Bewehrungskorrosion, ausgelöst durch Chloride, ausgenommen Meerwasser		
XD1	mäßige Feuchte	Betonoberflächen, die chloridhaltigem Sprühnebel ausgesetzt sind
XD2	nass, selten trocken	Schwimmbäder; Beton, der chloridhaltigen Industrieabwässern ausgesetzt ist
XD3	wechselnd nass und trocken	Teilen von Brücken, die chloridhaltigem Spritzwasser ausgesetzt sind, Fahrbahndecken; Parkdecks
4 Bewehrungskorrosion, ausgelöst durch Chloride aus Meerwasser		
XS1	salzhaltige Luft, kein unmittelbarer Kontakt mit Meerwasser	Bauwerke in Küstennähe oder an der Küste
XS2	unter Wasser	Teile von Meeresbauwerken
XS3	Tidebereiche, Spritzwasser- und Sprühnebelbereiche	Teile von Meeresbauwerken
5 Betonangriff durch Frost mit und ohne Taumittel		
XF1	mäßige Wassersättigung ohne Taumittel	senkrechte Betonoberflächen, die Regen und Frost ausgesetzt sind
XF2	mäßige Wassersättigung mit Taumittel oder Meerwasser	senkrechte Betonoberflächen von Straßenbauwerken, die taumittelhaltigem Sprühnebel ausgesetzt sind
XF3	hohe Wassersättigung ohne Taumittel	waagerechte Betonoberflächen, die Regen und Frost ausgesetzt sind
XF4	hohe Wassersättigung mit Taumittel oder Meerwasser	Straßendecken und Brückenplatten, die Taumitteln ausgesetzt sind; senkrechte Betonoberflächen, die taumittelhaltigen Sprühnebeln und Frost ausgesetzt sind; Spritzwasserbereich von Meeresbauwerken, die Frost ausgesetzt sind
6 Betonangriff durch chemischen Angriff der Umgebung		
XA1	chemische schwach angreifende Umgebung nach *EN 206-1*, Tabelle 2	natürliche Böden und Grundwasser
XA2	chemisch mäßig angreifende Umgebung und Meeresbauwerke nach *EN 206-1*, Tabelle 2	natürliche Böden und Grundwasser
XA3	chemische stark angreifende Umgebung nach *EN 206-1*, Tabelle 2	natürliche Böden und Grundwasser

47 Expositionsklassen von Stahlbeton gemäß *DIN EN 1992-1-1*, in Übereinstimmung mit *DIN EN 206-1*, zur Erfassung der Umweltbelastung und davon abhängigen Festlegung der Betondeckung.

Kriterium	Anforderungsklasse						
	Expositionsklasse nach Tabelle in 47						
	XO	XC1	XC2/XC3	XC4	XD1	XD2/XS1	XD3/XS2/XS3
Nutzungsdauer von 100 Jahren	erhöhe Klasse um 2	erhöhe Klasse um 2	erhöhe Klasse um 2	erhöhe Klasse um 2	erhöhe Klasse um 2	erhöhe Klasse um 2	erhöhe Klasse um 2
Druckfestigkeitsklasse [a, b]	≥C30/37 vermindere Klasse um 1	≥C30/37 vermindere Klasse um 1	≥C35/45 vermindere Klasse um 1	≥C40/50 vermindere Klasse um 1	≥C40/50 vermindere Klasse um 1	≥C40/50 vermindere Klasse um 1	≥C45/55 vermindere Klasse um 1
Plattenförmiges Bauteil (Lage der Bewehrung wird durch die Bauarbeiten nicht beeinträchtigt)	vermindere Klasse um 1	vermindere Klasse um 1	vermindere Klasse um 1	vermindere Klasse um 1	vermindere Klasse um 1	vermindere Klasse um 1	vermindere Klasse um 1
Besondere Qualitätskontrolle nachgewiesen	vermindere Klasse um 1	vermindere Klasse um 1	vermindere Klasse um 1	vermindere Klasse um 1	vermindere Klasse um 1	vermindere Klasse um 1	vermindere Klasse um 1

[a] Es wird davon ausgegangen, dass die Druckfestigkeitsklasse und der Wasserbindemittelwert einander zugeordnet werden dürfen. Eine besondere Betonzusammensetzung (Art des Zementes, Wasserbindemittelwert, Füller), die darauf ausgerichtet ist, eine geringe Permeation zu erzeugen, darf berücksichtigt werden.

[b] Die geforderten Druckfestigkeitsklassen dürfen um eine Klasse reduziert werden, wenn unter Zugabe eines Luftporenbildners mehr als 4% Luftporen erzeugt werden.

Anforderungsklasse	Dauerhaftigkeitsanforderung für $c_{min,dur}$ (mm)						
	Expositionsklasse nach Tabelle in 47						
	XO	XC1	XC2/XC3	XC4	XD1/XS1	XD2/XS2	XD3/XS3
S1	10	10	10	15	20	25	30
S2	10	10	15	20	25	30	35
S3	10	10	20	25	30	35	40
S4	10	15	25	30	35	40	45
S5	15	20	30	35	40	45	50
S6	20	25	35	40	45	50	55

48 (Tabelle oben) Empfohlene Modifikation der **Anforderungsklassen** von Stahlbeton gemäß *DIN EN 1992-1-1*, zur Festlegung der Betondeckung.

49 (Tabelle unten) **Mindestbetondeckung** $c_{min,dur}$ von Stahlbeton im Rahmen der Dauerhaftigkeit gemäß *DIN EN 1992-1-1* in Abhängigkeit von Expositions- und Anforderungsklasse, für Betonstahl nach *DIN EN 10080*.

50 Abstandshalter aus Kunststoff werden auf die Bewehrungsstäbe geklemmt und sorgen für den Mindestabstand zur Schalhaut (= Mindest-Betonüberdeckung!).

5.6 Arbeitsfugen

■ Da die Betonierarbeiten an einem Bauwerk praktisch nie in einem einzigen Arbeitsgang ausgeführt werden können, d. h. in verschiedenen **Betonierabschnitten** durchzuführen sind, muss man zu diesem Zweck an geeigneter Stelle notwendigerweise **Arbeitsfugen** in die Konstruktion einführen (**51**, **52**). Hierbei stehen die Bewehrungsstäbe oder -matten – die Anschlussstäbe – über die Kante des ersten Abschnitts über und werden nach seinem Aushärten im Frischbeton des nächsten Betonierabschnitts eingebettet. Zugkräfte werden an dieser Fuge durch das Überlappen oder ggf. mechanische Verbinden der hervorstehenden Anschlussstäbe mit den Stäben des neu betonierten Abschnitts übertragen; Druckkräfte über den Kontakt zwischen den formschlüssig aneinander anliegenden Fugenflächen. Diese kombinierte Kraftübertragung von Zug über geeignete Bewehrungsstöße und Druck über Kontakt an der Betonfuge schafft einen Verbund, der einem Stoffkontinuum sehr nahekommt. Insgesamt kann die Konstruktion trotz Arbeitsfugen deshalb als **monolithisch** gelten. Die mechanische Wirkungsweise von Arbeitsfugen wird in *Kapitel XII* diskutiert.

☞ ***Band 3**, Kap. XII-6, Abschn. 2.1 Arbeitsfugen*

Bei der Festlegung der Anzahl und Lage von Arbeitsfugen spielt auch die **Betonierlage** eine wichtige Rolle: Während flach liegende Bauteile wie Platten problemlos auch in größeren Abschnitten betonierbar sind, können insbesondere stehende Schalungen nur bis zu einer bestimmten Höhe in einem Arbeitsgang mit Beton gefüllt werden. Hier spielt die Proportion zwischen Bauteilhöhe und -breite eine Rolle. Zu hohe bzw. schmale Schalungsräume erschweren das Einbringen und insbesondere das Verdichten des Frischbetons mit einer Rüttelvorrichtung. Unkontrollierte Lufteinschlüsse (Lunker) sind dann die Folge.

An Sichtbetonflächen sind Arbeitsfugen stets deutlich erkennbar. Aus diesem Grund – neben Fragen des Bauablaufs – sind diese in ihrer Anordnung und Ausführung sorgfältig zu planen, denn sie beeinflussen das Erscheinungsbild der geschalten Oberfläche nachhaltig (**61**). Oftmals werden an Arbeitsfugen Schattennuten vorgesehen, wodurch Imperfektionen in der Ausführung visuell besser verschleiert werden können.

6. Schalungstechnik

■ Die Schalung ist ein temporäres *Negativabbild* des zu erstellenden Bauwerks. Die Schalungsoberfläche bestimmt die sichtbare Oberflächenqualität des ausgehärteten Betons nachhaltig. Verschiedene Schalungsmaterialien erzeugen deutlich unterschiedliche Betonoberflächen.

Die Schalungsoberflächen müssen glatt genug und ggf. mit Schalungsölen behandelt sein, um ein problemloses Ausschalen zu ermöglichen (**55**). Letzteres findet dann statt, wenn der Beton soweit ausgehärtet ist, dass er ohne umfangreiche Unterstützung standfest ist.

Während des Vergießens und des Erhärtens muss die Schalung in der Lage sein, den hydraulischen Frischbetondruck aufzunehmen, der rund 2,5 Mal größer als der von Wasser

51 Fertiger Betonierabschnitt: vorbereitete Arbeitsfuge mit Anschlussbewehrung für den nächsten Betonierabschnitt.

52 Ausgelegte Mattenbewehrung auf streifenförmigen Abstandshaltern (dunkle Streifen) und Anschlussstäbe für aufgehende Mauern.

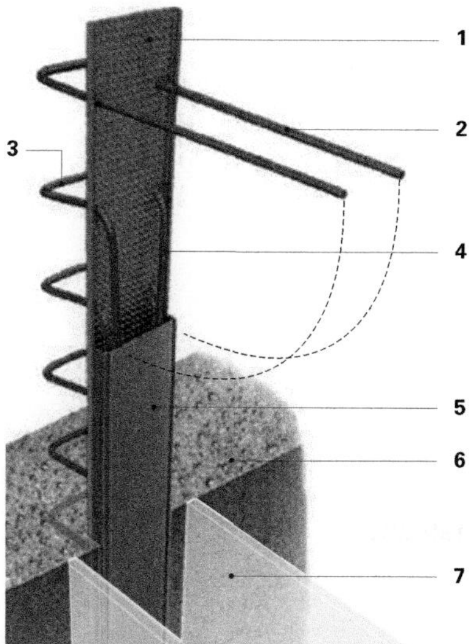

53 Rückbiegeanschluss (System *Halfen*).

1. Stahlgehäuseprofil mit profiliertem Rücken zur Schubkraftübertragung
2. Anschlussbewehrungsstab, zurückgebogen
3. Verankerungsschlaufe im Beton des 1. Betonierabschnitts
4. Anschlussbewehrungsstab, heruntergebogen
5. u-förmige Profilabdeckung aus verzinktem Stahlblech zur Freihaltung der heruntergebogenen Bewehrungsstäbe vom Frischbeton des 1. Betonierabschnitts. Wird vor dem Zurückbiegen entfernt.
6. 1. Betonierabschnitt
7. Schalung des 2. Betonierabschnitts

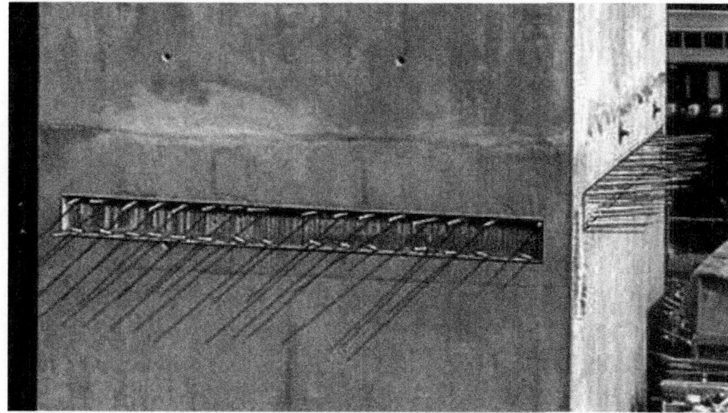

54 Anschlussbewehrung mit Rückbiegeanschluss wie in ⎘ **55** (System *Halfen*). Deckenanschlussbewehrung an einem Kern.

ist. Hierfür ist neben der Schalhaut ein entsprechendes **Rüstwerk** erforderlich.

Grundsätzlich besteht eine moderne Schalung aus (⧉ **57**):

- **Schalhaut**;
- **Schalhautunterstützung**, zumeist Schalungsträger;
- **Riegeln** oder **Jochen**;
- weiteren lastabtragenden Elementen.

Zusätzlich wird in der Regel an der Oberkante stehender Schalungen ein **Arbeitsgerüst** montiert.

6.1 Schalhaut

■ Ältere Schalungen bestanden aus einer Verbretterung als Schalhaut sowie aus Kanthölzern als Schalungsträgern. Die daraus resultierende charakteristisch gestreifte Betonoberfläche ist an älteren Sichtbetonoberflächen häufig zu beobachten (⧉ **13**).

Moderne Schalungen für den Ortbetonbau bestehen hingegen aus einer Schalhaut aus beschichteten Holzwerkstoffplatten und aus Schalungsträgern in Form von standardisierten Holzgitterträgern (moderne Trägerschalungen). Das sich auf der Betonoberfläche abzeichnende Fugenbild besteht folglich aus einem grobmaschigen Netz, das sich aus den verwendeten Plattenformaten ergibt (⧉ **61**).

Grundsätzlich darf die Schalhaut nicht zu stark saugend sein, da sie ansonsten der Betonoberfläche zuviel Wasser entziehen und somit den Hydratationsprozess behindern würde. Die Folge wäre Rissbildung.

6.2 Wandschalungen

■ Sofern Wände beidseitig geschalt werden – mit sogenannten **doppelhäuptigen Schalungen** –, kommt der Aufbau nach ⧉ **56** zum Einsatz. Die beiden Schalungshälften werden mithilfe von hindurchgeführten **Schalungsankern** gekoppelt, sodass der Frischbetondruck sozusagen durch inneren Kurzschluss der Kräfte, ohne äußere Stützungen, aufgenommen wird (⧉ **58**, **59**). Diese Schalungsanker werden an den horizontalen Riegeln festgemacht. Sie sind an der fertigen Betonoberfläche als punktuelle Vertiefungen deutlich erkennbar (⧉ **60**). Wie auch bei der Festlegung von Schaltafelstößen oder Arbeitsfugen empfiehlt es sich auch bei Schalungsankern auf Sichtbetonflächen, ihre Lage nicht nur nach herstellungstechnischen Erfordernissen, sondern ggf. auch im Hinblick auf das visuelle Erscheinungsbild frühzeitig zu planen. Oftmals werden diese Elemente – auch wiederum wie Arbeitsfugen – als ein wesentliches Gestaltmerkmal behandelt und bewusst in das formale Konzept einbezogen (⧉ **61**).

Ferner wird die komplette Schalung gegen externe Horizontallasten mittels Richtstützen gesichert (⧉ **57**). Diese erlauben auch das genaue Einjustieren der Schalung vor

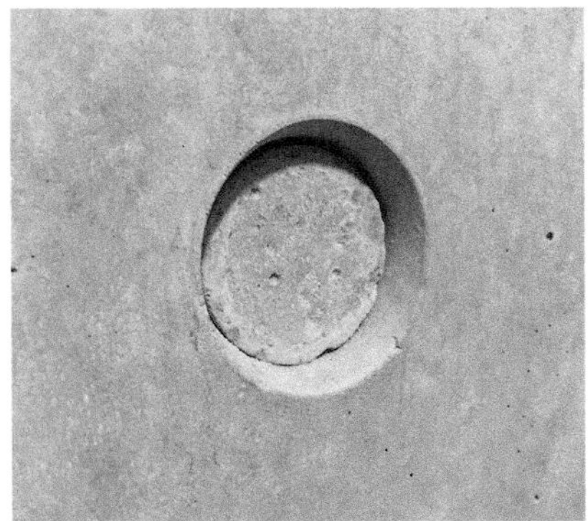

60 Nahaufnahme eines Schalungsankers an einer Sichtbetonoberfläche.

55 Ausschalen einer Wand.

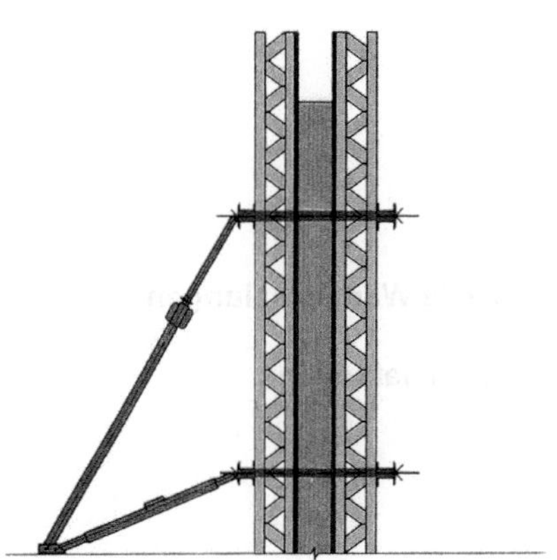
56 Doppelhäuptige Schalung.

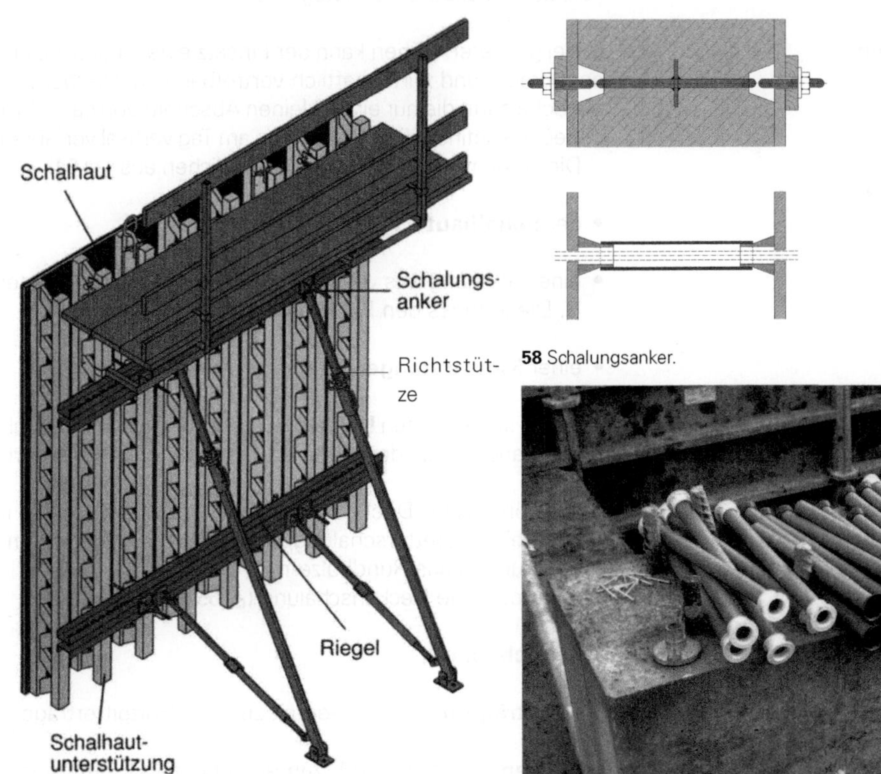

57 Typischer Aufbau einer modernen Schalung aus Schalhaut, Holzgitterträgern, horizontalen Riegeln, Schalungsankern, Richtstützen sowie einer Arbeitsbühne an der Oberkante.

58 Schalungsanker.

59 Schalungsanker vor dem Einbau.

dem Betonieren.

Bei den moderneren **Rahmenschalungen** sind Schalhaut, Schalhautunterstützung und Stahlriegel zu einem Element (Rahmentafel, **62**) zusammengefasst. Die umlaufende Einfassung der Schalhautkante verlängert die Lebensdauer dieser Elemente beträchtlich.

6.3 Spezielle Wandschalungen

3.1 Kletterschalungen

■ Bei hohen Wandbauteilen, die in mehreren Arbeitsgängen betoniert werden müssen, kann es sinnvoll sein, mit Kletterschalungen zu arbeiten. Dies sind Vorrichtungen, die taktweise nach Aushärten eines Arbeitsabschnitts demontiert, hochgehoben und auf der Oberkante des fertigen Wandbauteils neu montiert werden.

Dies soll am Beispiel einer modernen Kletterfahrschalung veranschaulicht werden (**63**). Hier kann die Schalhaut samt Schalträgern nach Aushärten des Betons mithilfe eines Fahrwagens ca. 75 cm von der Wandoberfläche weg verfahren werden. Dies erlaubt das Säubern und Vorbereiten für den nächsten Betonierabschnitt.

Anschließend wird das komplette Gestell in einem Kranhub nach oben versetzt und neu befestigt. Die Schalhaut lässt sich mittels des Fahrwagens wieder in Position bringen; der nächste Arbeitstakt kann beginnen.

3.2 Gleitschalungen

■ Bei größeren Höhen kann der Einsatz einer Gleitschalung angebracht und wirtschaftlich vertretbar sein. Hierbei wird die Schalhaut, die nur einen kleinen Abschnitt von ca. 1,20 m abdeckt, kontinuierlich 24 Stunden am Tag vertikal verfahren.

Die Vorrichtung besteht im Wesentlichen aus (**64**):

- der **Schalhaut**;
- einer Stützung aus **Jochen** in Form eines umgedrehten U. Diese muss den Frischbetondruck aufnehmen;
- einer **Kletterstange**, die sich im Mauerkern abstützt;
- sowie sogenannten **Hebern**, welche die gesamte Vorrichtung langsam an der Kletterstange nach oben befördern.

6.4 Deckenschalungen

■ Herkömmliche Deckenschalungen bestanden früher in der Regel aus Bretterschalung, Trägern aus Kanthölzern und Abstützungen aus Rundhölzern.

Eine moderne Deckenschalung (**65–67**) besteht aus:

- der **Schalhaut**;
- **Querträgern** (Nebenträgern), zumeist Holzgitterträgern;
- **Jochen** (Hauptträgern), zumeist ebenfalls Holzgitterträgern;
- einstellbaren **Stahlteleskopstützen** (Deckenstützen).

61 Sichtbetonfläche mit sorgfältig gestaltetem Schaltafel- und Schalankerbild.

62 Rahmenschalung.

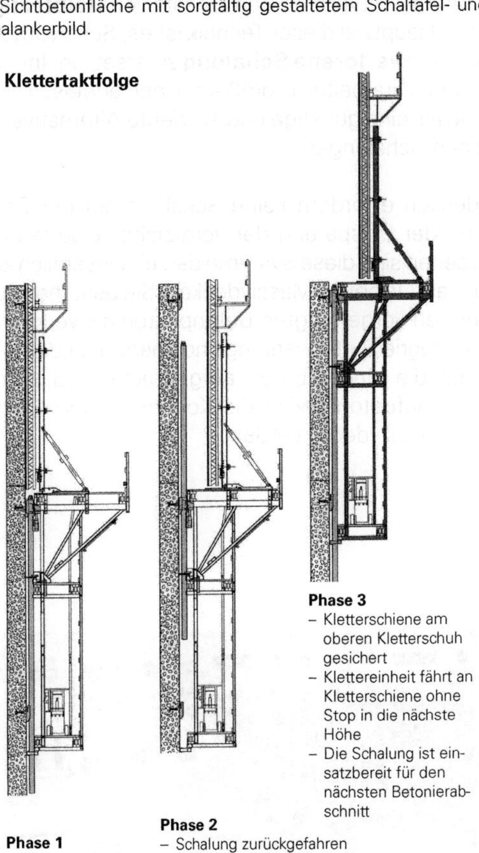

63 Kletterschalung.

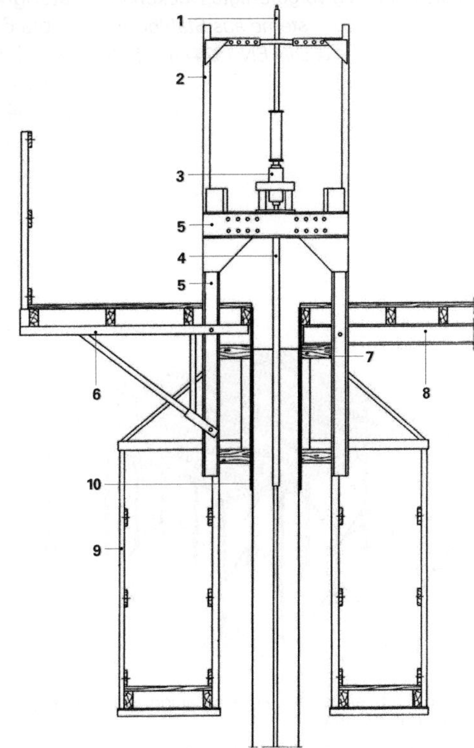

1 Kletterstange
2 Bühne zur Bewehrungsablage
3 Klettergerät
4 Mantelrohr
5 Kletterbock
6 Konsolgerüst
7 Rahmenhölzer
8 Tragholz
9 Hängegerüste
10 Schalhaut

64 Typische Gleitschalung.

Auch hierbei kommen, wie bei Wandschalungen, vorwiegend modularisierte Schalsysteme zum Einsatz.[4]

Ferner werden auch sogenannte **Paneelschalungen** verwendet, bei denen Schalhaut und Querträger zu einem Element (Paneel) zusammengefasst sind (⊡ **68**). Bei diesen Systemen können Paneel und Jochträger bereits frühzeitig – zumeist nach zwei Tagen – entfernt werden, während die Deckenstütze bis zur ausreichenden Erhärtung der Decke stehenbleibt.

Es lassen sich auch größere Schaleinheiten als großflächige **Umsetzeinheit**, **Rahmentische** oder **Portaltische** ausführen.

6.5 Halbfertigteile

■ Bestrebungen zur Verringerung des Schalungsaufwands, und hier insbesondere der damit verbundenen Lohnkosten, haben zum heute weitverbreiteten Einsatz von **Halbfertigteilen** geführt. Hauptziel dieser Technik ist es, Schalvorrichtungen durch eine **verlorene Schalung** zu ersetzen. Insbesondere bei Betonierarbeiten in größerer Höhe erweisen sich Halbfertigteile als eine günstige und effiziente Alternative zu herkömmlichen Schalungen.

6.5.1 Elementdecken

☞ ***Band 3**, Kap. XIV-2, Abschn. 5.1.2 Vorgefertigte oder halb vorgefertigte Deckensysteme aus Stahlbeton*

📖 DIN EN 13747-1, -2, -3

■ Elementdecken erfordern keine Schalung auf der Baustelle. Wegen der Einsparung der vergleichsweise teuren Schalungsarbeiten sind diese Systeme derzeit wesentlich kostengünstiger als Ortbeton-Massivdecken. Sie bestehen aus 4 bis 6 cm dicken vorgefertigten Betonplatten als verlorene Schalung mit integrierter Bewehrung und überstehenden Gitterträgern, auf die ein Aufbeton aufgebracht wird. Nach Aushärten des Aufbetons wirkt die Konstruktion wie eine monolithische Massivdecke (⊡ **69**).

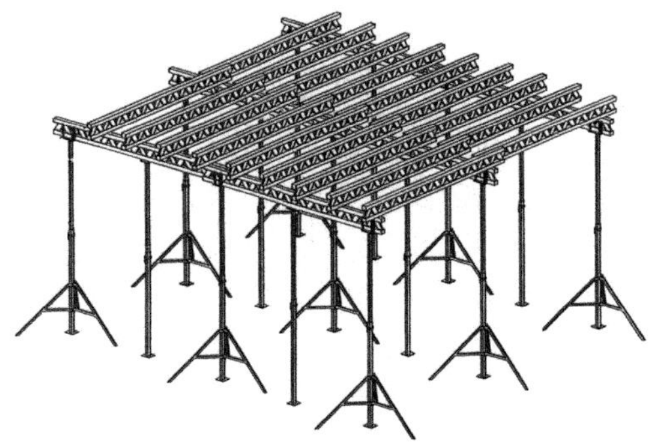

65 (Oben) Rüstwerk einer Deckenschalung aus Querträgern, Jochen und Deckenstützen.

66 (Rechts) Beispiel eines Schalungsaufbaus wie oben beschrieben.

67 Deckenschalung vor dem Betonieren. Unten sind die Querträger erkennbar, oben die Joche aus Holzgitterträgern sowie die teleskopartig einstellbaren Deckenstützen.

68 Paneelschalung für Decken. Schalhaut und Querträger sind zu einem Paneel zusammengefasst.

69 Verlegen einer **Elementdecke** als verlorene Schalung.

Die vorgefertigten Platten werden auf die Auflager aufgelegt und spannen zunächst frei (**70**), wobei die Obergurtbewehrung der Gitterträger im Bauzustand als Druckgurt der Elemente wirkt, die in der vorgefertigten Platte enthaltene Bewehrung als Zugzone (**72**). Zusätzlich müssen sie alle 1,5 m bis 1,8 m provisorisch mit Jochen gestützt werden, um die Auflast des Frischbetons aufzunehmen.

Die Fertigteilplatte lässt sich alternativ mit Matten- oder Stabstahlbewehrung ausführen. Die Mattenbewehrung erlaubt ein zweiachsiges Spannen der Platte, wobei die Elementstöße bauseits mit einer Deckbewehrung belegt werden. Auch die stabstahlbewehrten Platten können zweiachsig wirken, sofern eine Querbewehrung auf der Baustelle vor dem Betonieren aufgebracht wird. Die in Querrichtung nutzbare statische Höhe reduziert sich dadurch zwangsläufig, was bei Elementdecken zu einem gegenüber einer konventionellen Massivplatte um 20 bis 40 % erhöhten Bewehrungsbedarf führt. Dieser erhöhte Materialbedarf wird durch die wesentlich kostengünstigere Verarbeitung dennoch wettgemacht.

☞ *Abschn. 8.4 Skeletttragwerke mit Kernaussteifung, S. 729*

Auch punktgestützte Flachdecken lassen sich heute mit Elementdecken realisieren.

5.2 Elementwände

DIN EN 14992

■ Elementwände entstehen in einem ähnlichen Verfahren wie Elementdecken (**73**, **75**). Die Wandflächen bestehen aus zwei vorgefertigten dünnen Platten, welche die erforderliche Biegezugbewehrung enthalten. Sie werden als sandwichartiges Element mit einer verbindenden Gitterträgerbewehrung (**71**) angeliefert, aufgestellt, provisorisch abgestrebt (**75**) und mit Beton verfüllt. Wird an eine bestehende Wand oder Schalung anbetoniert, kann beim halbvorgefertigten Element auch eine der beiden Schalen entfallen.

Werkseitig ist eine Vormontage von Leerrohren für elektrische Leitungen sowie auch von Stahltürzargen oder einfachen Fenstern wie Kellerfenster möglich. Übliche Elementhöhen entsprechen der normalen Geschosshöhe von rund 3 m. Zwecks Schaffung eines Deckenauflagers wird an Außenwänden die innere Schale häufig und das Deckenmaß kürzer ausgeführt (**75**).

70 Verlegen einer Elementdecke. Rechts erkennt man die dünne vorgefertigte Betonplatte, d. h. die verlorene Schalung, sowie die hervorstehenden Gitterträger, die anschließend im Aufbeton eingebettet werden. Ebenfalls sichtbar ist die aus der verlorenen Schalung hervorragende Anschlussbewehrung, die von den Monteuren gerade in die Korbbewehrung des Unterzugs eingefädelt wird.

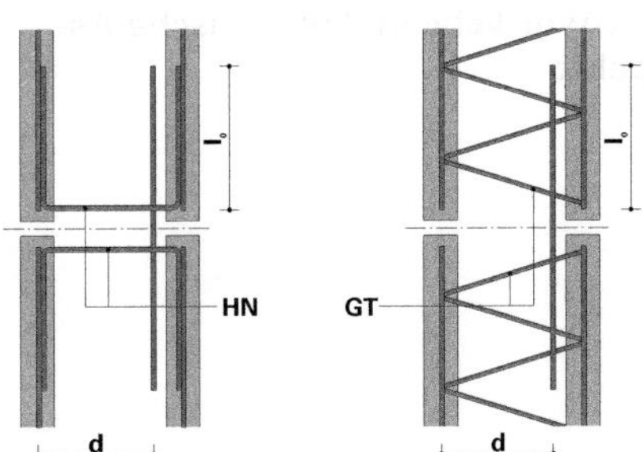

71 Elementwand: Bewehrungsstoß durch Übergreifung an einer Anschlussfuge und anzusetzender innerer Hebelarm **d** im Stoßbereich. Umbügelung des Bewehrungsstoßes durch Haarnadel **HN** (links) oder Gitterträger **GT** (rechts); gemäß *DIN EN 14992*.

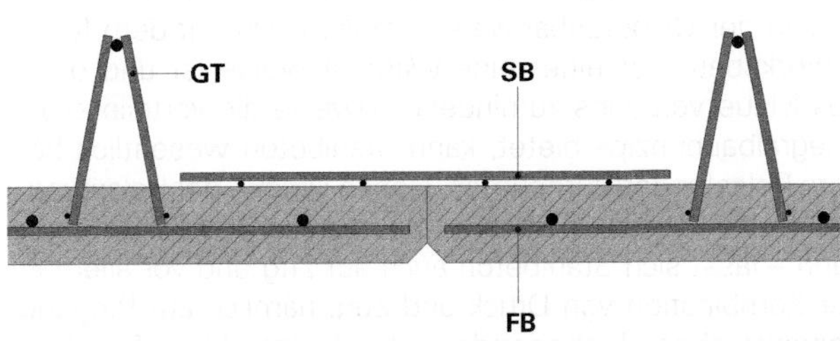

72 Schnittdarstellung des Stoßes zweier anliegender Elemente. Gitterträger **GT** stellen den Verbund zwischen dem Aufbeton und der vorgefertigten Platte her. Die Feldbewehrung **FB** der Deckenplatte ist in der verlorenen Schalung werkseitig bereits integriert. **SB** Stoßbewehrung.

73 Aufstellen einer Elementwand.

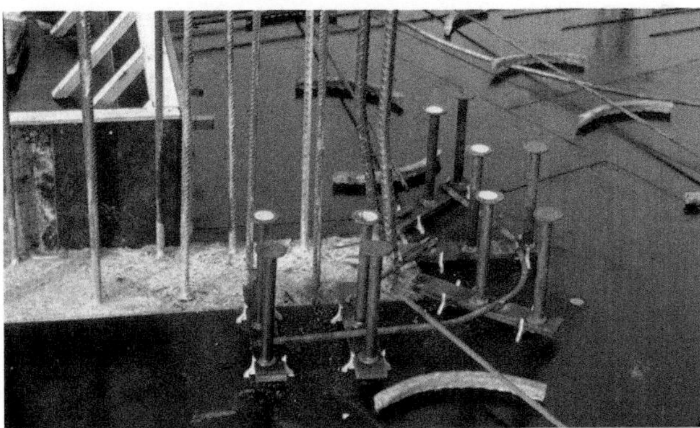

74 Dübelleistenkranz zur Bewehrung eines Deckenauflagers im Bereich einer Wandstirnkante – hier als heller Streifen erkennbar –, wo eine Querkraftkonzentration stattfindet.

75 Abgestützte Elementwand vor dem Betonieren.

7. Entwurfliche und planerische Aspekte

76 Stahlbeton erlaubt das monolithische Gießen statisch mehrfach redundanter Tragwerke mit einem Minimum an Fugen (*ICROA*, Madrid; Arch.: F Higueras).

■ Grundsätzlich erlaubt Stahlbeton, gemessen an den anderen verfügbaren Baumaterialien, die größte Freiheit bei Entwurf, Konzeption und Planung eines Bauwerks, insbesondere wenn der Beton vor Ort gegossen wird. Dies ist der Eigenart des Werkstoffs als form- und gießbares Material geschuldet, eine Charakteristik, die – zumindest mit der betontypischen Einfachheit der Verarbeitung und in einem für Bauwerke geeigneten Maßstab – kein anderer Werkstoff für Primärtragwerke besitzt. Das durch diese Verarbeitungsart ermöglichte Integralbauprinzip lässt die Fugen- und Anschlussproblematik, wie sie sich insbesondere bei Stahl- und Holzkonstruktionen stellt, gar nicht erst aufkommen (**76**). Beanspruchungen können dank des Materialkontinuums – oder dessen nahezu gleichwertigen Ersatzes durch die Arbeitsfuge – entweder in monolithischen Flächenbauteilen oder in Knoten von Stabwerken in verteilter Form sehr günstig übertragen werden. Kraftkonzentrationen im Bauteil lassen sich auf diese Weise – bei vergleichbaren Randbedingungen – eher als bei Anwendung des differenzialen Bauprinzips wie beim Holz- oder Stahlbau vermeiden.

Stahlbeton bietet im Hochbau als Wandbauweise zahlreiche Vorteile. Die gleichzeitige Erfüllung unterschiedlicher Teilaufgaben statischer und bauphysikalischer Art im gleichen monolithischen, flächenhaften Bauteil ist ein großer Vorzug der Ortbetonbauweise. Im Vergleich mit dem Mauerwerksbau, der eine reine Wandbauweise ist und dank des Mauerverbands zumindest teilweise die Vorteile einer Integralbauprinzips bietet, kann Stahlbeton wesentlich höhere Belastungen aufnehmen. Neben Druck – der Belastung, die Mauerwerk am besten und ökonomischsten aufnehmen kann – lässt sich Stahlbeton auch auf Zug und vor allem in der Kombination von Druck und Zug, nämlich auf Biegung beanspruchen. Insbesondere das konstruktive Problem des freien Rands von Wandscheiben aus Mauerwerk, das diese Bauweise in der Gestaltung des Wandgefüges stark eingrenzt, stellt sich bei Stahlbeton nicht in dieser Schärfe, da der Werkstoff, abgesehen von seiner verhältnismäßig großen Druckfestigkeit, auch in der Lage ist, Biegung, also Biegezug, aufzunehmen. Es sind in Ortbeton folglich weitgehend freie Anordnungen von Wandscheiben realisierbar. Auch die Einspannung von Wänden – im Mauerwerksbau schlichtweg ausgeschlossen – ist dank der Biegezugfestigkeit des Werkstoffs möglich.

Als Werkstoff für Decken entfaltet Stahlbeton im aktuellen Baugeschehen des Hochbaus eine deutliche Dominanz über alle anderen Werkstoffe für Primärtragwerke. Auch hier spielt – wie auch bei Wänden – die Fähigkeit des Werkstoffs, vielfältige Aufgaben wie Kraftleiten, Schall- und Brandschutz zu übernehmen, eine entscheidende Rolle. Die vor einiger Zeit noch vorherrschende Ortbetondecke wird indessen immer mehr durch halbvorgefertigte Systeme (Elementdecken) verdrängt, die dank deutlich reduzierter Schalungs- und Rüstungskosten vom hierzulande allgemein herrschenden hohen Lohnkostenniveau profitieren. Gleiches gilt für Wände, die heute praktisch durchgängig als halbvorgefertigte Elementwände ausgeführt werden.

Für Schalenbauweisen ist Ortbeton prädestiniert, da die Eigenschaften und die Verarbeitung des Werkstoffs zur Schaffung gekrümmter Flächentragwerke sehr gut geeignet sind. Ausgerechnet Schalentragwerke sind jedoch besonders stark von Kostenentwicklungen im Bauwesen betroffen, da die hohen Lohnkosten, die mit der Schalung und Rüstung aufwendig geformter gekrümmter Flächentragwerke verbunden sind, heute zumeist umgangen werden. Schalen werden heute deshalb in den meisten Fällen als Gitterschalen in anderen Werkstoffen oder aus flächigen Holzkonstruktionen ausgeführt.

☞ *Kap. X-2, Abschn. 6. Schalenbauweisen, S. 581 ff, sowie Kap. X-3, Abschn. 3.6 Gitterschalen, S. 638 ff*

Insgesamt ist zu beobachten, dass sich gegenwärtig eine Verknüpfung gewisser einzelner Vorteile des Betonierens jeweils vor Ort und im Werk in der Baupraxis durchgesetzt hat, nämlich in Form der halbvorgefertigten Bauweisen. Hierauf wurde im *Abschnitt 6.* bereits hingewiesen. Hingegen sind die reinen Bauweisen des Ortbeton- und Fertigteilbaus heute weitgehend auf gewisse Nischenanwendungen beschränkt: einerseits auf formal ambitionierte, frei geformte Bauwerke mit Repräsentationsanspruch beim Ortbetonbau (🗗 **77**) – hier spielt auch der hochwertige Sichtbeton eine bedeutende Rolle –, andererseits auf Industriebauten im Fall des Fertigteilbaus (🗗 **78**).

☞ *Abschn. 6.5 Halbfertigteile, S. 722 ff*

Im Folgenden sollen einzelne Ausprägungen des Ortbetonbaus in seiner Anwendung im Hochbau näher diskutiert werden.

77 (Oben) Formal anspruchsvolle Architektur aus Sichtbeton, vor Ort gegossen (Deutsche Schule Madrid; Arch.: Grüntuch u. P.).

78 (Links) Fertigteilstützen (*Arena*-Halle, Stuttgart Vaihingen; Arch.: HENN).

8. Ortbetonbauweisen

8.1 Zellentragwerke

■ Die konsequente Ausbildung der Umschließungsflächen eines Raums oder einer Raumeinheit als Stahlbetonscheiben führt zur Zellenbauweise. Diese findet insbesondere im mehrgeschossigen Wohnungsbau eine sinnvolle Anwendung (**79**). Die Wohnungseinheiten sind dabei bereits aus Brand- und Schallschutzgründen ringsum zu kapseln. Stahlbeton-Massivbauteile bieten hierfür ideale Voraussetzungen.

Was die statische Wirkungsweise der Zellen angeht, ist sie vergleichbar mit derjenigen der Mauerwerks-Wandbauweisen (Allwand- oder Schachtelbauweise), bei der sich dünne Scheiben in einem orthogonalen Verband gegenseitig versteifen.

☞ *Kap. X-1, Abschn. 5.1 Schachtelbauweise (Allwandbauweise), S. 484 f*

Zum Einsatz kommen heute im rationalisierten Hochbau sogenannte Tunnelschalungen.

8.2 Offene Scheibentragwerke

■ Offene Scheibentragwerke sind bereits beim Kapitel zum Mauerwerksbau angesprochen worden. Ihre prädestinierte Ausprägung finden sie hingegen in der Ausführung als Stahlbetonkonstruktion (**80**). Hier werden senkrechte Wand- und waagrechte Deckenscheiben in freier Anordnung zu einem steifen Tragwerk kombiniert. Die gegenseitige Stützung im Grundriss quer zueinander stehender, sich aber nicht berührender Wandscheiben wird dabei durch ihre Kopplung mittels einer Deckenscheibe gewährleistet. Eine Voraussetzung für diese Bauweise ist die Möglichkeit, Ränder von Stahlbetonscheiben frei (ungestützt) zu belassen.

☞ *Kap. X-1, Abschn. 3. Grundlagen des Wandbaus, S. 468 ff*

☞ *Vgl. auch Bemerkungen zu wandartigen Trägern in Abschn. 3. Vergleich mit anderen Bauweisen, S. 696*

79 Zellenbau (Studentenwohnheim Stuttgart-Vaihingen; Arch.: *Atelier 5*).

80 Offener Scheibenbau mit freien Mauerenden (*Vitra*; Arch.: Z Hadid).

Rahmentragwerke 8.3

■ Rahmentragwerke nutzen die Möglichkeit, im Stahlbetonbau durch monolithischen Verguss vor Ort steife Eckverbindungen zwischen Stütze und Balken herzustellen (**81**). Neben der günstigen Verteilung der Biegemomente zwischen Rahmenstiel und -riegel, welche die Bauteildimensionen in Grenzen hält, hat diese Variante den Vorteil, gegenüber Horizontallasten in ihrer Ebene ohne weitere Maßnahmen steif zu sein. Der verhältnismäßig hohe Aufwand, der mit der Schalung und insbesondere Bewehrung von steifen Rahmenecken verbunden ist, wo hohe Bewehrungsdichten und ungünstige Verhältnisse für den Verguss die Regel sind, ist ein Grund, weshalb Rahmen in Ortbeton heute eher eine Ausnahme darstellen. Wiederum spielt hier – wie auch bei anderen Bauweisen – der Lohnkostenanteil auf der Baustelle die entscheidende Rolle.

☞ *Kap. IX-2 Typen, Abschn. 2.1.3 Aussteifung von Skeletttragwerken, > Rahmenbildung, S. 312*

Rahmen lassen sich bis zu mehreren Geschossen stapeln (Stockwerksrahmen) und schaffen von vornherein gegen Horizontallasten ausgesteifte Tragwerke.

Skeletttragwerke mit Kernaussteifung 8.4

■ Insbesondere im Verwaltungsbau hat sich heute die Bauweise mit Kernaussteifung und punktgestützten Flachdecken durchgesetzt (**82**).

Diese Bauweise nutzt:

- das Vorhandensein von lastverteilenden **Deckenscheiben** aus Stahlbeton, die allein aus brand- und schallschutztechnischen Gründen erforderlich sind. Sie sind für die Anbindung des Skeletttragwerks an den aussteifenden Kern verantwortlich.

- die Notwendigkeit, im Geschossbau die vertikalen Erschließungselemente wie Treppen, Aufzüge und Installationsschächte aus Brandschutzgründen mithilfe von umgebenden feuerbeständigen Wandscheiben zu kapseln. Diese lassen sich zu einem steifen massiven **Kern** zu-

81 Rahmentragwerk (Bahnhof *Satolas*, Lyon; Arch.: S Calatrava).

82 Geschossbau mit punktgestützten Flachdecken, die als aussteifende Scheiben wirken (Bollwerk, Stuttgart; Arch.: G Behnisch).

sammenfassen, der gleichzeitig die Gebäudeaussteifung übernimmt.

- die Möglichkeit, weitere Nebenräume wie Nasszellen, Lager etc. im Kernbereich zu bündeln.

- die **zweiachsige Lastabtragung** von Massivdecken, die eine bessere Materialausnutzung des Betons und folglich geringe Deckenstärken erlaubt. Diese ungerichteten Skeletttragwerke weisen zumeist quadratische Stützenfelder mit jeweils gleichen Spannweiten in beiden Richtungen auf.

- die technische Entwicklung der **Dübelleistenbewehrung**, die eine punktuelle Auflagerung der Massivdecke auf Stützen ohne aufwendige Pilzköpfe ermöglicht. Letztere sind mit erhöhtem Schalungsaufwand verbunden und behindern obendrein die Leitungsführung (s. u.).

- die **ungehinderte Leitungsführung** im Deckenraum, die durch die unterzugslose Flachdecke ermöglicht wird, sowie:

- die Möglichkeit, überall ohne Hindernisse und ohne Schallbrücken Trennwände an die Massivdecke anzuschließen: ein wichtiges Gebot der freien und flexiblen Grundrissgestaltung bei modernen Verwaltungsbauten.

Grundsätzlich besteht diese Art von Tragwerken aus einem Skelett aus Flachdecken und Stützen, das für sich alleine nicht gegen Horizontallast gesichert ist, und einem aussteifenden Kern, an den das Skelett mithilfe der Deckenscheiben die auftretenden Horizontallasten überträgt. Es sind zu Aussteifungszwecken auch Kombinationen von Kernen und Wandscheiben möglich. Dies kann insbesondere dann von Vorteil sein, wenn Zwängungen zwischen gegenüberliegenden Kernen verhindert werden sollen oder der Kern selbst ungünstige Grundrissproportionen aufweist.

☞ *Kap. IX-2, Abschn. 2.1.3 Aussteifung von Skeletttragwerken, S. 309 ff, sowie Kap. IX-3, Abschn. 2. Auswirkungen von Verformungen auf Hochbaukonstruktionen, S. 414 ff*

Diese Vorteile hinsichtlich der Anforderungen des Verwaltungsbaus bietet kaum eine andere Bauweise, weshalb sich diese Variante des Stahlbetonbaus heute in dieser Anwendung allgemein durchgesetzt hat.

8.5 Freie Tragwerkskonzepte

■ Stark plastisch gegliederte, freie Gebäudeformen sind ebenfalls eine prädestinierte Domäne für den Stahlbeton. Flächige und stabförmige Bauteile lassen sich zu einem Gesamttragwerk monolithisch verschmelzen.

Auch komplexere gekrümmte Formen sind mit Ortbeton verhältnismäßig leicht auszuführen (**83**). Die Grenzen für die freie Formbarkeit sind einzig durch die Einschränkungen des Schalungsmaterials vorgegeben.

Schalentragwerke

☞ *Kap. IX-1, Abschn. 4.5.1 Schalen, S. 262 ff*

■ Die effizienteste Ausnutzung der spezifischen Werkstoffeigenschaften des Stahlbetons findet sich bei Schalentragwerken (**84**). Sie gehören zu den leistungsfähigsten Tragwerksformen des Bauwesens was die Relation zwischen Bauteildicke und Spannweite (**h/l**) angeht.

Im Folgenden einige Vergleichswerte:

- **Balken** **h/l** = 1 : 10
- **Platte** **h/l** = 1 : 30
- **Schale** **h/l** = 1 : 500 oder kleiner

☞ *Kap. IX-1, Abschn. 4.4.1 Membranzustand, S. 260*

Flächige Verarbeitung und freie Formgebung des Betons erlauben bei Schalen die Nutzung der Membranwirkung, bei der lediglich Druck- und Zugspannungen tangential zur Fläche des Bauteils auftreten, hingegen keinerlei Biege- oder Querkraftbeanspruchung quer zu ihr. Die Steifigkeit der Konstruktion resultiert in erster Linie aus ihrer Krümmung, eine Grundvoraussetzung für die Wirkungsweise als Membrantragwerk.

84 Schalentragwerk (Pferderennbahn *La Zarzuela*, Madrid; Ing.: E Torroja).

83 Zweiachsig gekrümmte Bauformen in Sichtbeton (Mercedes-Museum, Stuttgart; Arch.: B van Berkel).

Anmerkungen

1 Lamprecht O (1993) *Opus caementitium: Bautechnik der Römer*

2 Hilberseimer L (1928) *Beton als Gestalter: Bauten in Eisenbeton und ihre architektonische Gestaltung; ausgeführte Eisenbetonbauten*

3 Beton ist insgesamt für etwa 8 % der weltweiten Treibhausgasemissionen verantwortlich (*The New York Times*, 11.08.2020); Stahl verursacht etwa 7 %, der gesamte Autoverkehr rund 6 % [*Columbia University, Center of Global Energy Policy*, 10.2019]. Im Jahr 2012 wurden 10 Milliarden m^3 Beton verbaut, etwa doppelt soviel wie Baustahl.

4 Rathfelder (1995) *Moderne Schalungstechnik*, S. 53 ff

Normen und Richtlinien

DIN 488: Betonstahl
- Teil 1: 2009-08 Stahlsorten, Eigenschaften, Kennzeichnung
- Teil 2: 2009-08 Betonstabstahl
- Teil 3: 2009-08 Betonstahl in Ringen, Bewehrungsdraht
- Teil 4: 2009-08 Betonstahlmatten

DIN 1045: Tragwerke aus Beton, Stahlbeton und Spannbeton
- Teil 2: 2008-08 Beton – Festlegung, Eigenschaften, Herstellung und Konformität – Anwendungsregeln zu *DIN EN 206-1*
- Teil 3: 2012-03 Bauausführung – Anwendungsregeln zu *DIN EN 13670*
- Teil 3 Berichtigung 1: 2013-07 Bauausführung – Anwendungsregeln zu *DIN EN 13670*
- Teil 4: 2012-02 Ergänzende Regeln für die Herstellung und die Konformität von Fertigteilen

DIN EN 206: 2021-06 Beton – Festlegung, Eigenschaften, Herstellung und Konformität

DIN EN 1992 Nationaler Anhang – National festgelegte Parameter – Eurocode 2: Bemessung und Konstruktion von Stahlbeton- und Spannbetontragwerken
- Teil 1-1/NA: 2013-04 Allgemeine Bemessungsregeln und Regeln für den Hochbau
- Teil 1-1/NA/A1: 2015-12 Allgemeine Bemessungsregeln und Regeln für den Hochbau; Änderung 1
- Teil 1-2/NA: 2010-12 Allgemeine Regeln – Tragwerksbemessung für den Brandfall
- Teil 1-2/NA/A2: 2021-04 Allgemeine Regeln – Tragwerksbemessung für den Brandfall; Änderung A2

DIN EN 10080: 2005-08 Stahl für die Bewehrung von Beton – Schweißgeeigneter Betonstahl – Allgemeines

DIN EN 13670: 2011-03 Ausführung von Tragwerken aus Beton

DIN EN 13747: 2010-08-00 Betonfertigteile – Deckenplatten mit Ortbetonergänzung; Deutsche Fassung *EN 13747*:2005+A2:2010

DIN EN 14992: 2012-09 Betonfertigteile – Wandelemente

DIN EN 15050: 2012-06 Betonfertigteile – Fertigteile für Brücken

ANHANG

J. L. Moro, *Baukonstruktion – vom Prinzip zum Detail*,
https://doi.org/10.1007/978-3-662-64827-8

REGISTER

Symbole

A

B

C

D

E

F

G

I

J

K

L

M

N

Q

R

S

T

U

V

W

Z

LITERATURVERZEICHNIS

VII HERSTELLUNG VON FLÄCHEN

- Adriaenssens S et al (2016) *Advances in Architectural Geometry 2016*
- *arcus XVIII* (1999) – *Zum Werk von Felix Candela, Die Kunst der leichten Schalen.* Müller Rudolf
- Becker K, Pfau J, Tichelmann K (2004) *Trockenbau Atlas 1. Grundlagen, Einsatzbereiche, Konstruktionen, Details.* 3., überarb. und erw. Aufl. Müller, Köln
- Becker K, Pfau J, Tichelmann K (2005) *Trockenbau Atlas 2. Einsatzbereiche, Sonderkonstruktionen, Gestaltung, Gebäude. Grundlagen, Einsatzbereiche, Konstruktionen, Details.* Müller, Köln
- Bläsi W (2008) *Bauphysik.* 7. Aufl.- Haan-Gruiten: Verl. Europa-Lehrmittel Nourney, Vollmer
- Block P (2015) *Advances in Architectural Geometry 2014*, Cham, Springer
- Ceccato C (2010) *Advances in Architectural Geometry 2010*, Wien, Springer
- Häupl P, Willems W (Hg) (2013) *Lehrbuch der Bauphysik: Schall - Wärme - Feuchte - Licht - Brand - Klima.* 7. vollst. überarb. und aktualisierte Aufl. Springer Vieweg, Wiesbaden
- Hesselgren L (2013) *Advances in Architectural Geometry 2012*, Wien, Springer
- Klix W D, Nickel H (1990) *Darstellende Geometrie*, Verlag Harri Deutsch; Thun, Frankfurt/M
- Pottmann H, Bentley D (2007) *Architectural Geometry*, Exton, PA, Bentley Institute Press.
- Pottmann H (Hg) Asperl A, Hofer M, Kilian A, (2010) *Architekturgeometrie.* Ambra und Springer, Wien New York
- Pottmann H, Wallner J (2010) *Computational Line Geometry.* Springer, Wien New York
- Schüle K, Gösele W (1985) *Schall, Wärme, Feuchte*, Bauverlag. Wiesbaden/Berlin
- Wilson E (2004) *Islamic Designs*, British Museum Press, London

VIII AUFBAU VON HÜLLEN

- Bögle A, Schmal PC, Flagge I (2003) *leicht weit – Light Structures. Jörg Schlaich, Rudolf Bergermann.* Prestel, München, Berlin, London
- Bollinger K et al (2011) *Atlas Moderner Stahlbau: Material, Tragwerksentwurf, Nachhaltigkeit.* Institut für Internationale Architektur-Dokumentation, München
- Cremers J, Binder M, Bonfig P, Hartwig J, Klos H, Leuschner I, Sohn E, Stark T (2015) *Atlas Gebäudeöffnungen: Fenster, Lüftungselemente, Außentüren.* Detail, Institut für Internationale Architektur-Dokumentation, München
- Herzog T, Krippner R, Lang W (2016) *Fassaden Atlas: Zweite überarbeitete und erweiterte Auflage - Grundlagen, Konzepte, Realisierungen.* Detail, Institut für Internationale Architektur-Dokumentation, München
- Hestermann U, Rongen L (2015) *Frick/Knöll Baukonstruktionslehre 1.* 36. Aufl. Springer Vieweg, Wiesbaden
- Hestermann U, Rongen L (2018) *Frick/Knöll Baukonstruktionslehre 2.* 35. Aufl. Springer Vieweg, Wiesbaden
- Hugues T, Steiger L, Weber J (2012) *Holzbau: Details, Produkte, Beispiele.* Detail, Institut für Internationale Architektur-Dokumentation, München
- Kaufmann H, Krötsch S, Winter S (2017) *Atlas mehrgeschossiger Holzbau.* Detail Business Information GmbH, München
- Kind-Barkauskas F, Kauhsen B, Polónyi S, Brandt J (2009) *Stahlbeton Atlas: Entwerfen mit Stahlbeton im Hochbau.* Institut für Internationale Architektur-Dokumentation, München
- Knippers J, Cremers J, Gabler M, Lienhard J (2010) *Atlas Kunststoffe. Membranen, Werkstoffe und Halbzeuge, Formfindung und Konstruktion.* Institut für Internationale Architektur-Dokumentation, München
- Küttinger G, Fritzen K (2014) *Holzrahmenbau: bewährtes Hausbau-System.* Holzbau Deutschland, Bund Deutscher Zimmermeister im Zentralverband des Deutschen Baugewerbes. Bruderverlag, Köln
- Kummer N (2017) *Masonry construction.* Birkhäuser, Basel
- Mittag M (2012) *Baukonstruktionslehre – Ein Nachschlagewerk für den Bauschaffenden über Konstruktionssysteme, Bauteile und Bauarten.* 18., überarb. Aufl. Springer Vieweg, Wiesbaden
- Natterer J, Herzog T, Schweitzer R, Volz M, Winter W (2003) *Holzbau Atlas.* 4. Aufl., neu bearb. Birkhäuser, Basel
- Pech A, Gangoly H, Holzer P, Maydl P (2015) *Ziegel im Hochbau: Theorie und Praxis. Birkhäuser, Basel*
- Pottmann H, (Hg), Asperl A, Hofer M., Kilian A, (2009) *Architekturgeometrie.* Ambra und Springer, Wien New York
- Raso I (2010) *GlasDoppelFassaden: Am Beispiel von fünf verschiedenen Gebäuden.* VDM Verlag Dr. Müller, Saarbrücken
- Russ C et al. (2008) *Sonnenschutz: Schutz vor Überwärmung und Blendung.* Freiburg Fraunhofer Solar Building Innovation Center SOBIC, Stuttgart
- Saxe K, Stronghörner N, Uhlemann J (Hg) (2016) *Essener Membranbau Symposium 2016 (Berichte aus dem Bauwesen).* Shaker, Herzogenrath
- Saxe K, Stronghörner N (Hg) (2018) *Essener Membranbau Symposium 2018 (Berichte aus dem Bauwesen).* Shaker, Herzogenrath

IX PRIMÄRTRAGWERKE

IX-1 Grundlagen

- Choisy A (1899) *Histoire de l'Architecture*, Reprint 1987 bei *Slatkine Reprints.* Genf, Paris
- Leicher G W (2002) *Tragwerkslehre in Beispielen und Zeichnungen*, Werner Verlag, Düsseldorf
- Stevens P S (1974) *Patterns in Nature*, Little, Brown & Co, Boston. Toronto
- Thompson D W (Verf), Bonner JT (Hg) (2007) *On Growth and Form.* Cambridge University Press, Cambridge
- Weischede D, Stumpf M (2018) *Krümmung trägt – Ein Handbuch zur Tragwerksentwicklung mit Stabwerksmodellen*

VIII-2 Typen

- Heinle E, Schlaich J (1996) *Kuppeln aller Zeiten - aller Kulturen.* Dt. Verl.-Anst., Stuttgart
- Herzog Th (1976) *Pneumatic Structures. Oxford University Press, New York*
- Mislin M (1997) *Geschichte der Baukonstruktion und Bautechnik, Band 1. Antike bis Renaissance,* 2. Aufl., Werner, Düsseldorf
- Mislin M (1988) *Geschichte der Baukonstruktion und Bautechnik: von der Antike bis zur Neuzeit*; eine Einführung 1. Aufl., Werner, Düsseldorf

IX-3 Verformungen

- Derler P, Koch J, Piertyas F (2018) *Erfolgreiche Bauwerksabdichtung: Neubau - Sanierung.* WEKA, Kissing
- Leibinger-Kammüller, Nicola (2005) *Faszination Blech: ein Material mit grenzenlosen Möglichkeiten.* Vogel, Würzburg

IX-4 Gründung

- Mehlhorn G, (1995) *Der Ingenieurbau: Grundwissen Hydrotechnik, Geotechnik.* Ernst und Sohn, Berlin
- Lang H J, Huder J, Amann P, Putrin AM (2011) *Bodenmechanik und Grundbau: Das Verhalten von Böden und Fels und die wichtigsten grundbaulichen Konzepte.* Springer, Berlin, Heidelberg,
- Rübener RH (1985) *Grundbautechnik für Architekten.* Werner, Düsseldorf
- Rübener R H, Stiegler W (1998) *Einführung in Theorie und Praxis der Grundbautechnik.* Werner Ingenieur-Texte, Bd. 49, 50, 67, Werner, Düsseldorf
- Savidis S (1995) Vorlesungsskript *Grundbau und Bodenmechanik I und II.* Technische Universität Berlin
- Smoltczyk U, Witt KJ (2017) *Grundbau-Taschenbuch. Geotechnische Grundlagen, Teil 1.* Ernst, Berlin, Düsseldorf, München
- Decker H, Garska B (Hg) (2018) *Ratgeber für den Tiefbau.* Bundesanzeiger, Köln

X BAUWEISEN

X-1 Mauerwerksbau

- Belz W, Gösele K, Hoffmann W, Jenisch R, Pohl R, Reichert H (1999) *Mauerwerk Atlas.* 5. überarb. Aufl., Institut für internationale Architekturdokumentation, München
- Blum M (2005) Kalksandstein: Planung, Konstruktion und Ausführung. Bau und Technik, Düsseldorf
- Deutsche Gesellschaft für Mauerwerks- und Wohnungsbau e.V. (DGfM), Zentralverband des Deutshen Baugewerbes (ZDB) (Hg) (2017)*Merkblatt nichttragende innere Trennwände aus Mauerwerk*
- Eifert H (2015) *Bauen in Stein: die Historie der mineralischen Baustoffe in Deutschland und Umgebung.* Bau und Technik, Düsseldorf
- Glitza H (2004) *Grenzenloses Mauerwerk - Vom nationalen zum europäischen Mauerwerk, eine Bestandsaufnahme.* KLB Klimaleichtblock GmbH, Andernach
- Gösele K, Schüle W (1989) *Schall, Wärme, Feuchte.* 9. überarb. Aufl. Bauverlag, Wiesbaden, Berlin
- Heene G (2008) *Baustelle Pantheon: Planung – Konstruktion – Logistik,* Verlag Bau + Technik, Erkrath
- Hugues T, Greilich K, Peter C (2004): *Detail Praxis: Building with Large Clay Blocks and Panels,* Birkhäuser-Verlag für Architektur, Basel, Boston, Berlin
- Jäger W (2016) *Mauerwerk-Kalender 2016, Baustoffe, Sanierung, Eurcode-Praxis.* 41. Jahrgang, Wilhelm Ernst & Sohn, Berlin
- Kummer N (2017) *Masonry construction.* Birkhäuser, Basel
- Pech A, Gangoly H, Holzer P, Maydl P (2015) *Ziegel im Hochbau: Theorie und Praxis. Birkhäuser, Basel*
- Pfeifer G, Ramcke R, Achtziger J, Zilch K (2001) *Mauerwerk Atlas,* Birkhäuser-Verlag für Architektur, Basel, Boston, Berlin
- Worch A (2013) *Mauerwerk im Bestand.* WTA-Publications, München

X-2 Holzbau

- Becker K, Rautenstrauch K (2012) *Ingenieurholzbau nach Eurocode 5 Konstruktion, Berechnung, Ausführung.* Berlin, Ernst & Sohn.
- Cheret P (Hg) (2014) Urbaner Holzbau: Handbuch und Planungshilfe; Chancen und Potenziale für die Stadt. DOM, Berlin
- Giedion S (1998) *Raum, Zeit, Architektur,* 5. Aufl., Zürich, München, London
- Hugues T, Steiger L, Weber J (2012) *Holzbau: Details, Produkte, Beispiele.* Detail, Institut für Internationale Architektur Dokumentation, München
- Iimura Y, Kurita S, Ohtsuka T (2004) *Reticulated Timber Dome Structural System Using Glulam with a Low Specific Gravity and its Scalability.*
- Jeska S et al (2015) *Neue Holzbautechnologien – Materialien, Konstruktionen, Bautechnik, Projekte.* Basel, Birkhäuser.
- Kaufmann H, Krötsch S, Winter S (2017) *Atlas mehrgeschossiger Holzbau.* Detail Business Information GmbH, München
- Kaufmann H et al (2011) *Bauen mit Holz – Wege in die Zukunft.* München, Prestel
- Kopff B (2018) *Holzschutz in der Praxis: Schnelleinstieg für Architekten und Bauingenieure.* Springer Vieweg, Wiesbaden
- Kudla K (2017) *Kerven als Verbindungsmittel für Holz-Beton-Verbundstraßenbrücken.* Diss. Universität Stuttgart
- Lückmann R (2018) *Holzbau: Konstruktion, Bauphysik, Projekte.* WEKA, Kissing
- Menges A, Schwinn T, Krieg OD (2016) *Advancing Wood Architecture: A Computational Approach.* Taylor and Francis, Abindon
- Natterer J B, Herzog T, Schweitzer R, Volz M, Winter W (2003) *Holzbau Atlas.* 4. Aufl., neu bearb. Birkhäuser, Basel
- Natterer J B, Müller A, Natterer J (2000) *Holzrippendächer in Brettstapelbauweise – Raumerlebnis durch filigrane Tragwerke.* Bautechnik 77(11): S. 783-792.
- de l'Orme, P (1561) *Nouvelles inventions pour bien bastir et a petits fraiz, trouvées n'aguères par Philibert de l'Orme. A Paris, de l'imprimerie de Fédéric Morel*
- de l'Orme P (1576) *L'Architecture de Philibert de L'Orme conseillier & aumosnier ordinaire du roy, & abbé de S. Serge lez Angiers. A*

Paris, chez Hierosme de Marnef, & Guillaume Cavellat

- de l'Orme P et al (1626) *Architecture de Philibert de l'Orme oeuvre entiere contenant onze livres, augmentée de deux; & autres figures non encores veuës, tant pour desseins qu'ornemens de maison, avec une belle invention pour bien bastir, & à petits fraiz tres-utile pour tous architectes, & maîstres iurez audit art, usans de la regle & compas. A Paris, chez Regnauld Chaudiere*
- Pérouse de Montclos J M, De l'Orme P (2000) *Philibert De L'Orme architecte du Roi 1514-1570 Jean-Marie Pérouse de Montclos.* Paris, Mengès.
- Pfeifer G, Liebers A, Reiners H (1998) *Der neue Holzbau - Aktuellle Architektur - Alle Holzbausysteme - Neue Technologien*, München
- Phleps, H (1967) *Alemannische Holzbaukunst*, Wiesbaden
- Schmidt P et al (2012) *Holzbau nach EC 5.* Köln, Werner bei Wolters Kluwer.
- Scholz A (2004) *Ein Beitrag zur Berechnung von Flächentragwerken aus Holz.* München, Technische Universität München.
- Seike K (1970) *The Art of Japanese Joinery*, New York
- Steiger L (2013) *Basics Holzbau.* Birkhäuser Basel
- Taut B (1997) *Das japanische Haus und sein Leben*, Berlin
- Wachsmann K (1959) *Wendepunkt im Bauen*, Wiesbaden
- Wachsmann K (1930) *Holzhausbau*, Berlin
- Warth O (1900) *Die Konstruktionen in Holz*, Leipzig
- Weinand Y (2017) *Neue Holztragwerke – architektonische Entwürfe und digitale Bemessung.*

X-3 Stahlbau

- Ackermann K (1988) *Tragwerke in der konstruktiven Architektur*, Stuttgart
- Baker, Godwin (1865) *Illustrations of Iron Architecture Made by The Architectural Iron Works of the City of New York*, New York
- Beck W, Moeller E (2018) *Handbuch Stahl: Auswahl, Verarbeitung, Anwendung.* Hanser, München
- Boake,T M (2012) *Stahl verstehen – Entwerfen und Konstruieren mit Stahl.* Basel, Birkhäuser.
- Boake T M (2014) *Diagrid Structures – Systems, Connections, Details.* Basel, Birkhäuser.
- Boake T M (2015) *Architecturally Exposed Structural Steel – Specifications, Connections, Details.* Basel, Birkhäuser.
- Bollinger K et al. (2011) *Atlas Moderner Stahlbau: Material, Tragwerksentwurf, Nachhaltigkeit.* Institut für Internationale Architektur-Dokumentation, München
- Beratungsstelle für Stahlverwendung (1974) *Stahl und Form – Egon Eiermann*, 2. Auflage, München
- Beratungsstelle für Stahlverwendung (1985) *Stahl und Form – Zeitungsdruckerei Süddeutscher Verlag*, München
- Blaser W (1991) *Mies van der Rohe*, 5. Auflage, Zürich
- Dierks K, Schneider K J, Wormuth R (2002) *Baukonstruktion*, 5. Auflage, Düsseldorf
- Eisele J et al (2016) *Bürogebäude in Stahl – Handbuch und Planungshilfe – nachhaltige Büro- und Verwaltungsgebäude in Stahl- und Stahlverbundbauweise.* Berlin, DOM publishers.
- Greiner S (1983) *Membrantragwerke aus dünnem Blech*, Werner, Düsseldorf
- Hart F, Henn W, Sonntag H (1982) *Stahlbautlas Geschossbauten*, 2. Auflage, Brüssel
- Gayle M und C (1998) *Cast-Iron Architecture in America*, London, New York
- ICOMOS, Deutsches Nationalkomitee (1982) *Eisenarchitektur - Die Rolle des Eisens in der historischen Architektur der zweiten Hälfte des 19. Jahrhunderts*, C.R. Vincentz-Verlag, Mainz
- Krahwinkel M, Kindmann R (2016) *Stahl- und Verbundkonstruktionen.* SpringerLink: Bücher. Wiesbaden, Springer Vieweg.
- Krausse J, Lichtenstein C (1999) *Your Private Sky - R. Buckminster, Design als Kunst einer Wissenschaft*, Verlag Lars Müller, Zürich
- Lückmann R (2006) *Baudetail-Atlas Stahlbau.* Kissing, WEKA MEDIA.
- Mengeringhausen M (1983) *Komposition im Raum - Die Kunst individueller Baugestaltung mit Serienelementen*, Bertelsmann Fachzeitschriften GmbH, Gütersloh
- Mengeringhausen M (1975) *Komposition im Raum, Band 1 - Raumfachwerke aus Stäben und Knoten*, Bauverlag GmbH, Wiesbaden und Berlin
- Minnert J, Wagenknecht G (2013) *Verbundbau-Praxis – Berechung und Konstruktion nach Eurocode 4*, Beuth Verlag GmbH, Berlin, Wien, Zürich
- Neuburger A (1919) *Die Technik des Altertums*, Leipzig
- Petersen C (2013) *Stahlbau. Grundlagen der Berechnung und baulichen Ausbildung von Stahlbauten.* 4. vollst. überarb. u. aktual. Aufl., Springer Vieweg, Wiesbaden
- Reichel A (2006) *Bauen mit Stahl – Details, Grundlagen, Beispiele. Detail Praxis.* München, Institut für Internationale Architektur-Dokumentation: 1.
- Tirler W (Hg) (2017) Europäische Stahlsorten: Bezeichnungssystem und DIN-Vergleich. Beuth GmbH, Berlin, Wien, Zürich
- Schlaich J et al (2004) *Leicht weit.* München, Prestel.
- Schöler R (1904) *Die Eisenkonstruktionen des Hochbaus*, 2. Auflage Leipzig
- Schulitz H C, Sobek W, Habermann K (1999) *Stahlbauatlas*, München
- Wachsmann K (1959) *Wendepunkt im Bauen*, Otto Krausskopf Verlag, Wiesbaden
- Wietek B (2017) *Faserbeton: Im Bauwesen.* Springer Vieweg, Wiesbaden

X-4 Fertigteilbau

- Bindseil P (1991) *Stahlbetonfertigteile*, Werner, Düsseldorf
- Bindseil P (2012) *Stahlbetonfertigteile nach Eurocode 2 – Konstruktipon, Berechnung, Ausführung*, Werner, Düsseldorf
- Bona ED (1980) *Angelo Mangiarotti - Il processo del costruire*, Mailand
- Koncz T (1976) *Bauen industrialisiert.* Bauverlag, Berlin Wiesbaden
- Kordina K, Meyer-Ottens C, *Beton-Brandschutz-Handbuch*
- *Kind-Barkauskas F, Kauhsen B, Polónyi S, Brandt J (2009) Stahlbeton Atlas: Entwerfen mit Stahlbeton im Hochbau. Institut für Internationale Architektur-Dokumentation, München*

- Leonhardt F (2001) *Spannbeton für die Praxis*, Reprint der Ausgabe 1955, Ernst und Sohn, Berlin
- Pauser A (1998) *Beton im Hochbau – Handbuch für den konstruktiven Vorentwurf*, Düsseldorf
- Rüsch H (1972) *Stahlbeton, Spannbeton - Werkstoffeigenschaften und Bemessungsverfahren*. Werner, Düsseldorf
- Rationalisierungskuratorium der deutschen Wirtschaft (Hg) (1972) *Transport von Fertigbauteilen*, Wiesbaden, Berlin
- Stupré - Studienverein für das Bauen mit Betonfertigteilen, Niederlande (Hg) (1978) *Kraftschlüssige Verbindungen im Fertigteilbau*, Düsseldorf
- Zimmermann K (1973) *Konstruktionsentscheidungen bei der Planung mehrgeschossiger Skelettbauten aus Stahlbetonfertigteilen*, Wiesbaden, Berlin
- Koncz T (1962) *Handbuch der Fertigteilbauweise: mit großformatigen Stahl- und Spannbetonelementen; Konstruktion, Berechnung und Bauausführung im Hoch- und Industriebau*. Bauverlag, Berlin, Wiesbaden

X-5 Ortbetonbau

- Baar S, Ebeling K (2016) *Lohmeyers Stahlbetonbau: Bemessung - Konstruktion - Ausführung*. Springer Vieweg, Wiesbaden
- Britton K (2001) *Auguste Perret*, Phaidon, London
- Feix J, Walkner R (2012) *Lehrbuch Betonbau*. Studia Universitätsverlag, Innsbruck
- Hanses K (2015) *Basics Betonbau*. Birkhäuser, Zürich
- Hilberseimer L (1928) *Beton als Gestalter*, Hoffmann, Stuttgart
- Lamprecht, H O (1993) *Opus caementitium: Bautechnik der Römer*, Beton-Verlag, Düsseldorf
- Mettler D, Studer D (2018) *Made of Beton*. Birkhäuser, Zürich
- Peck M (Hg) (2013) *Moderner Betonbau Atlas – Konstruktion, Material, Nachhaltigkeit*, Institut für internationale Architektur-Dokumentation, München
- Rathfelder M (1995) *Moderne Schalungstechnik: Grundlagen, Systeme, Arbeitsweisen*. 2. Aufl., Verl. Moderne Industrie, Die Bibliothek der Technik, Bd. 70, Landsberg/Lech
- Wommelsdorf A (2012) *Stahlbetonbau – Bemessung und Konstruktion Teil 1 – Grundlagen – Biegebeanspruchte Bauteile*, Werner, Düsseldorf
- Wommelsdorf A (2012) *Stahlbetonbau – Bemessung und Konstruktion Teil 2 – Stützen, Sondergebiete des Stahlbetonbaus*, Werner, Düsseldorf

BILDNACHWEIS

Alle hier nicht aufgelisteten Zeichnungen und schematischen Darstellungen wurden eigens für diese Publikation gezeichnet. Die Urheberrechte stehen dem Autor Prof. J. L. Moro zu. Eine Reproduktion oder Veröffentlichung derselben ist nur mit ausdrücklicher Genehmigung erlaubt.

Trotz unserer großen Bemühungen bei der Bildrecherche blieben einige Bilder ohne Bildquellenangabe, weil es uns nicht gelang, die Autoren zu ermitteln. Im Interesse der Anschaulichkeit haben wir uns dennoch entschieden, auch diese Bilder im Buch einzusetzen. Wir bedanken uns bei den unbekannten Eigentümern und bitten um ihr Verständnis.

Titelbild Band 2 Autor

VII HERSTELLUNG VON FLÄCHEN

Titelbild Autor
17 Autor
18,19 Autor
21 IEK
25, 27 Autor
30, 32 Autor
34, 36, 38 Autor
41, 43 Autor
44 Julia Rasch
45 Álvaro Ibáñez from Madrid, Spain [CC BY 2.0 (https://creativecommons.org/licenses/by/2.0)], via Wikimedia Commons
47 Julia Rasch
50 Autor
51 IEK
52, 53 Autor
58 HALFEN DEHA Vertriebsges. mbH
59 Autor
64, 65 Autor
68, 70, 72 Autor
75 Autor
80 FinnForest Merk
81 IEK
86 Glasfabrik Lamberts GmbH & Co. KG
97, 100 Autor
103 Autor
105, 107, 109 Autor
114, 115, 117 Autor
119 Autor
121 Quelle nicht ermittelbar
123 IEK
125, 127 Autor
128, 131 Autor
132 Public Domain; Autor: Camelia.boban
134 Autor
148, 150 Autor
152, 154 Autor
157, 158 Autor
160 Public Domain; Autor: HighContrast
163 Public Domain; Autor: Lokilech
165, 168 Autor
172 Autor
173 Public Domain; Autor: Rodrigo Canisella Fávero
176 Julia Rasch
179 Public Domain; Autor: YoelResidente
180 Public Domain; Autor: GAED
188, 189 Faber, Colin (1965) Candela und seine Schalen, Callwey, München, S. 216
191 IEK
196 Public Domain; Autor: Christian Alexander Tietgen
197 DB AG
200–202 Autor
203 By en:User:Chrschn - http://en.wikipedia.org/wiki/File:Dolphin_triangle_mesh.png, Public Domain, https://commons.wikimedia.org/w/index.php?curid=10626667
205 Polygon data is BodyParts3D. [CC BY-SA 2.1 jp (https://creativecommons.org/licenses/by-sa/2.1/jp/deed.en)], via Wikimedia Commons
206 Photo by DAVID ILIFF. License: CC-BY-SA 3.0
207 piet theisohn from Leverkusen, Germany [CC BY 2.0 (https://creativecommons.org/licenses/by/2.0)], via Wikimedia Commons
214 Bericht *d-strip chair*, RFR, Paris
215 Von de:Benutzer:H87 - Projekt Auslegung gekröpfter Schnapphaken an der HSR Hochschule für Technik Rapperswil / de:Benutzer:H87, Attribution, https://commons.wikimedia.org/w/index.php?curid=73374951
216 By Geak (Diskussion) - Self-photographed, Copyrighted free use, https://commons.wikimedia.org/w/index.php?curid=34481950
217 IEK
262 Bericht *d-strip chair*, RFR, Paris
263–265, 267 Autor
268 Public Domain; Autor: Carol M. Highsmith
273–275 Autor
302, 303 Autor
304 Amir Causevic
318 Faber, Colin (1965) Candela und seine Schalen, Callwey, München, S. 142
319 Lignatur AG
320 Autor
329 Autor
334 By Jörg Sancho Pernas - Own work, CC BY-SA 3.0, https://commons.wikimedia.org/w/index.php?curid=49366205
344 IEK
353 Autor

VIII AUFBAU VON HÜLLEN

Titelbild Schüco International KG

IX PRIMÄRTRAGWERKE

IX-1 Grundlagen

Titelbild Autor
1 Autor
2 Quelle nicht ermittelbar
3 Elisabeth Schmitthenner, in Schmitthenner P (1950) *Das deutsche Wohnhaus,* S. 62
4 Autor
5 Karl Haug
6 Autor
7 FinnForest Merk
8, 9 Autor
11 Deutsche Bauzeitung 8/93
12 Julia López Hidalgo
19 Quelle nicht ermittelbar
20 Schlaich J, Bergermann R (2003), mit freundlicher Genehmigung
27 Autor
34 Stevens PS (1974) *Patterns in Nature,* S. 19
44 Benevolo L (1983) *Die Geschichte der Stadt,* S. 16
45 Amir Causevic
46 Paul Logsdon, in Behling S, Behling S (1996) *Sol Power - Die Evolution der solaren Architektur,* S. 85
47 Benevolo L (1983) *Die Geschichte der Stadt,* S. 17
48 Autor
49 Barrucand M, Bednorz A (1992) *Maurische Architektur in Andalusien,* S. 216
50, 51 Benevolo L (1983) *Die Geschichte der Stadt,* S. 37, S. 55
72 IEK
73 Warth O (1900) *Die Konstruktionen in Holz,* Tafel 13
86 IEK
87 Quelle nicht ermittelbar, Arch. Eladio Dieste
88 IEK
89 Bildarchiv Deutsches Museum München, in Natterer J, Herzog T, Volz M (1991) *Holzbau Atlas Zwei,* S. 16
90 Informationsdienst Holz
91 Quelle nicht ermittelbar
92 Universität Stuttgart, Reinhard Sänger
93 Schlaich J, Bergermann R (2003) *leicht weit - light structures,* S. 100
94 Informationsdienst Holz
95 Finnforest GmbH, in Pfeifer G, Liebers A, Reiners H (1998) *Der Neue Holzbau,* S. 54
96 http://www.airchive.com/airline%20pics/Airbus/A320%20FR%20FUSELAGE.JPG (abgerufen am 10.10.2007)
97 Quelle nicht ermittelbar
101, 102 Informationsdienst Holz
103 Prof. Kurt Ackermann und Partner
141 IEK
144 Schlaich, Bergermann & Partner
152 Autor
153 Public Domain; Autor: MJJR (Marc Ryckaert)
154 Quelle nicht ermittelbar
155 Public Domain; Autor: Keibr
156 Leonhardt F (1984) *Brücken,* S. 217
157 IEK
158 Public Domain; Autor: Maurits90
167 Ramm E, Schunk E (2002) *Heinz Isler Schalen,* S. 83
168 Erwin Lang, in Faber C (1965) *Candela und seine Schalen,* S. 209
169, 170 Autor
171 Public Domain; Autor: Ricardo Ricote
172 Ricardo Ricote
173 IEK
174–176 Autor
177, 178 IEK

IX-2 Typen

Titelbild Autor
1, 2 IEK
3 Public Domain; Autor: Diego Delso (in Commons Project: User „Poco a poco") CC-BY-SA 3.0
30 ECHO Precast Engineering GmbH – EBAWE Anlagentechnik GmbH
31, 32 H+L Baustoffwerke GmbH
33–36 IEK
37 Autor
44, 45 Warth O (1900) *Die Konstruktionen in Holz,* S. 76, S. 84
51, 55, 60 Autor
62 Heese F (1927) *Bauhandwerk,* S. 111
73 Informationsdienst Holz
74 Scheer C, Muszala W, Kolberg R (1984) *Der Holzbau,* S.100
77, 78 Informationsdienst Holz
80 Häbeli W (1966) *Beton-Konstruktion und Form,* S. 74
83 IEK
85, 86 Informationsdienst Holz
97 Mislin (1997) Geschichte der Baukonstruktion und Bautechnik
100, 103, 104 IEK
105 Spaeth D (1985) *Mies van der Rohe,* S. 132
106 Public Domain; Autor: Bernd Eichmann
111 Public Domain; Autor: Casotxerri
114, 119, 120 IEK
121 Public Domain; Autor: Jochen Jahnke
140 Public Domain; Autor: Nachosan
143 Salvat J (1970) *historia del arte IV,* S. 27
144 Von Wilhelm Lübke, Max Semrau; Paul Neff Verlag, Esslingen - Wilhelm Lübke, Max Semrau; Grundriß der Kunstgeschichte; Paul Neff Verlag, Esslingen; 14. Auflage 1908, PD-Schöpfungshöhe, https://de.wikipedia.org/w/index.php?curid=7371559; Foto rechts: Amir Causevic

154 Bill M (1964) *Le Corbusier - Oeuvre Complète Band 3,* S. 124
155, 156 Autor
159, 160 Torroja E (1958) *Las Estructuras de Eduardo Torroja,* S. 32
162 IEK
163 Prof. Thomas Herzog und Partner, Architekten
164 Geist JF (1969) *Passagen, Ein Bautyp des 19. Jahrhunderts,* S. 473
165 Prof. Thomas Herzog und Partner, Architekten
166 Quelle nicht ermittelbar
167 Herzog T (1994) *Design Center Linz,* S. 38
168 Autor
169 Geist JF (1969) *Passagen, Ein Bautyp des 19. Jahrhunderts,* S. 460
170 Schlaich, Bergermann & Partner
171, 172 Lambot I, Foster N (1989) *Buildings and Projects of Foster Associates - Volume 2,* S. 141, S. 149
173 Prof. Thomas Herzog und Partner, Architekten
174, 175 Public Domain; Autor: JuergenG
176 IEK
177 Frei Otto
178, 179 Osamu Murai, in Picon A (1997) *L'art de l'ingénieur,* S. 504
187 www.seeger-schaltechnik.de/produkte/gfkschalung.htm (abgerufen am 30.9.2007)
188 Grant Mudford, in Brownlee DB, De Long DG (1991) *Louis I. Kahn: In the Realm of Architecture,* S. 210
192 Halfen-Deha GmbH
193 Radovic B *DETAIL Serie 1 - Bauen mit Holz Januar-Februar,* S. 96
194 Scheer C, Muszala W, Kolberg R (1984) *Der Holzbau,* S. 124
197 Fritz Haller Bauen und Forschen GmbH
199–202 Giurgola R, Mehta J (1976) *Louis I. Kahn,* S. 191
203 Autor
206, 207 Fritz Haller Bauen und Forschen GmbH
208 Quelle nicht ermittelbar
209 Autor
210 Schulze F (1986) *Mies van der Rohe - Leben und Werk,* S. 317 (Photo von Dirk Lohan)
211 Autor
212, 213 IEK
214 Schlaich, Bergermann & Partner
215 Autor
216 IEK
217 Autor
218 Public Domain; Autor: Lucarelli
219 Public Domain; Autor: Bruce Stokes
220 Amir Causevic
222 Institut für Leichtbau Entwerfen und Konstruieren, Universität Stuttgart, *IL25 Experimente,* S. 2.83
224 Heinle E, Schlaich J (1996) *Kuppeln aller Zeiten - aller Kulturen,* S. 119
225 Isler H (1985) *Die Kunst der leichten Schalen,* S. 55, Abb. 2
226 Quelle nicht ermittelbar
227 Jordi Bonet i Armengol
228 Public Domain; Autor: Bernard Gagnon
233 Public Domain; Autor: Guillaume Piolle
234 Public Domain; Autor: Picasa; Sean MacEntee
235 Public Domain; Autor: Jebulon
236 Mislin M (1997) *Geschichte der Baukonstruktion und Bautechnik, Band 1. Antike bis Renaissance*
237 Oscar Savio, Rom, in Pier Luigi Nervi (1963) Neue Strukturen, S. 80
238 Public Domain; Autor: Heinrich Götz; Digitale Bibliothek der Universität Breslau
244 Schlaich J, Bergermann R (2003) *leicht weit - light structures,* S. 115
245 IEK
246 Institut für Leichtbau Entwerfen und Konstruieren, Universität Stuttgart *IL 25 Experimente,* S. 7.17
247 Autor
248 Informationsdienst Holz
249 Public Domain; Autor: Tortillovsky
250 Public Domain; Autor: vi:Thàn vien:Mth
251 Institut für Leichtbau Entwerfen und Konstruieren, Universität Stuttgart, *IL 25 Experimente,* S. 3.9
252 Frei Otto
253, 254 Autor
257 Mislin M (1997) *Geschichte der Baukonstruktion und Bautechnik - Band 1,* S. 153
258, 259 Mango C (1978) *Weltgeschichte der Architektur: Byzanz,* S. 64
260 Behling S, Behling S (1996) *Sol Power - Die Evolution der solaren Architektur,* S. 99
261 Public Domain; Autor: Berkay0652
262 Quelle nicht ermittelbar
263 Public Domain; Autor: quesi quesi
264 Public Domain; Autor: user:falconaumanni
265, 266 Ramm E, Schunck E (1986) *Heinz Isler Schalen,* S. 63, S. 73
267, 268 Autor
269, 270 Gianni Berengo Gardin Milan, in Picon A (1997) *L'art de l'ingénieur,* S. 321, S. 320
271 Schlaich, Bergermann & Partner
272, 273 Autor
274 Berger H (1996) *Light Structures - Sturctures of Light,* S. 94
275, 276 Schlaich J, Bergermann R (2003) *leicht weit - light structures,* S. 143, S. 141
277 Autor
278 Institut für Leichtbau Entwerfen und Konstruieren, Universität Stuttgart, *IL 25 Experimente,* S. 7.7
279, 280 Berger H (1996) *Light Structures - Structures of Light*
283, 289, 293–295 Autor
296, 297 SL-Rasch GmbH Sonderkonstruktionen und Leichtbau
298 Autor

299 IEK
301 Frei Otto
302 http://de.structurae.de/photos/index.cfm?JS=53616 (abgerufen am 15.10.2007)
304 Schlaich, Bergermann & Partner
305, 306 Berger H (1996) *Light Structures - Structures of Light*
307, 308 Quelle nicht ermittelbar
309 Osamu Murai, in Picon A (1997) *L'art de l'ingénieur*, S. 347
310 Public Domain; Autor: Kouji Ooota
312 Prof. Thomas Herzog und Partner, Architekten
313–316 Herzog T (1977) *Pneumatic Structures*, S. 117, 63, 109
317 IEK

IX-3 Verformungen

18, 19 Max Frank GmbH & Co.KG, System Stremaform
21 IEK

IX-4 Gründung

Titelbild Autor
1 Massivbauinstitut Universität Stuttgart
2, 3 IEK

X BAUWEISEN

X-1 Mauerwerksbau

Titelbild Autor
1 Autor
2 John Zukowsky (Hg) Chicago Architektur, in Frei H (1992) *Louis Henry Sullivan*, S. 87
9 Autor
10, 11 IEK
12 IEK
13 Finnforest Merk GmbH
14 Autor
27, 28 Autor
29 Public Domain; Autor: Dietmar Rabich, Dülmen
36 Unipor Ziegelsystem *Prospekt des Planziegelsystems*, S. 11
43 Wienerberger Ziegelindustrie GmbH
44 Autor
49 Elisabeth Schmitthenner, in Schmitthenner P (1950) *Das deutsche Wohnhaus*, S. 22 und S. 68
50 Elisabeth Schmitthenner, in Schmitthenner P (1950) *Das deutsche Wohnhaus*, S. 63
51 Autor
53 Autor
54 IEK
55, 56 Prof. Peter C. von Seidlein, München
51 Schulze F (1986) *Mies van der Rohe - Leben und Werk*, S. 167
59, 60 IEK
62–64 Autor
69, 70 IEK
77–79 Autor
80–82, 87, 91, 101, 102, 106, 109, 110 Wienerberger Ziegelindustrie GmbH

X-2 Holzbau

Titelbild Kugler Holzbau
1 IEK
2 Hearn FM (1990) *The Architectural Theory of Viollet-le-Duc*
3 Autor
4 IEK
5 Elisabeth Schmitthenner, in Junghanns K (1994) *Das Haus für Alle - Zur Geschichte der Vorfertigung in Deutschland, S. 207*
6 General Panel Corp. New York, Stiftung Archiv der Akademie der Künste, Konrad Wachsmann Archiv, in Wachsmann K (1959) *Wendepunkt im Bauen*, S. 155
7 Brandenburgischen Landesamtes für Denkmalpflege und Archäologisches Landesmuseum BLDAM, Renate Worel
8 Junghanns K (1994) *Das Haus für Alle - Zur Geschichte der Vorfertigung in Deutschland*, S. 111
9 L'Architecture Vivante Paris 1927, in Kirsch K (1987) *Die Weissenhofsiedlung*, S. 143
10 Photo courtesy of naturallywood.com | Photo: Michael Elkan Photography. Details: Building - Brock Commons Tallwood House Location - University of British Columbia, Vancouver, B.C.Architect - Acton Ostry Architects
11 IEK
12 Photo courtesy of naturallywood.com | Photo: Michael Elkan Photography. Details: Building - Brock Commons Tallwood House. Location - University of British Columbia, Vancouver, B.C. Architect - Acton Ostry Architects
13, 14 Autor
22 IEK
23 Public Domain; Autor: Gion A. Caminada
24 IEK
25 Autor
26 Viollet-le-Duc, *Dictionnaire de L'Architecture Francaise*
27 Autor
29, 30 IEK
31, 33 Autor
37 IEK
39 Ing. Erwin Thoma Holz GmbH
42 Autor
44 Quelle nicht ermittelbar
45, 46 IEK
47–49 Anna Wachsmann New York, in Wachsmann K (1959) *Wendepunkt im Bauen*, S. 143, S. 156
50 Anna Wachsmann New York, in Wachsmann K (1959) *Wendepunkt im Bauen*, S. 157
51 Informationsdienst Holz
52 Angela Lamprecht
56 IEK
57 Neil Taberner
58 Lignatur AG

59, 60 Informationsdienst Holz *Das Holzhaus. Argumente für eine wachsende Alternative*
61 Lignatur AG
62–65 Finnforest Merk GmbH
74 Autor
75 Photo courtesy of naturallywood.com | Photo: Michael Elkan Photography. Details: Building – Brock Commons Tallwood House. Location – University of British Columbia, Vancouver, B.C. Architect – Acton Ostry Architects
76 Autor
77 IEK
78 Informationsdienst Holz
79 Arbeitsgemeinschaft Holz e.V. Düsseldorf, in Ruske W (1980) *Holz-Skelett-Bau*, S. 145
89 Siegfried Gerdau 01638991568
92 Informationsdienst Holz, Auer + Weber, Stuttgart
93 Informationsdienst Holz
101 KK Law
102 Copyright © 2016 Steven Errico Photography
103, 104 Neil Taberner
117, 118 Schaffitzel Holzindustrie
119 Steffen Spitzner
120 Schumann Holzbau
121, 122 Schaffitzel Holzindustrie
123 Züblin Timber
124 IEK
125 Prof. U. Kuhlmann
130, 131 Nouvelles inventions pour bien bastir et à petits fraiz / trouvées n'a guères par Philibert de l'Orme,...
133 Andreas Scholz, „Ein Beitrag zur Berechnung von Flächentragwerken aus Holz", (Dissertation TU München), S. 12; dort entnommen aus: Burger, N.: Holzschalen in Brettrippenbauweise In: Ingenieurholzbau - Karlsruher Tage 2001; Karlsruhe: Bruderverlag, 2001; Seiten: 101-119.
134 Schlaich, Bergermann & P. Aus: leicht-weit, S. 179
135 Schlaich, Bergermann & P
137 Züblin Timber GmbH
138 Prof Klaus Linkwitz
139 http://www.spsplusarchitects.com/tacoma-dome.html
140 https://twitter.com/usabaseballwnt/status/508458016023523328
141 Broschüre: *Reticulated Timber Dome Structural System Using Glulam with a Low Specific Gravity and its Scalability*, Yutaka Iimura
142–148 ICD/ITKE Universität Stuttgart
149, 150 EPFL ENAC IIC IBOIS (2015)

X-3 Stahlbau

Titelbild IEK
1, 2 IEK
3 Brockhaus Konversationslexikon (1908) Band 5 Leipzig
4 Autor
5 Quelle nicht ermittelbar
6 RBG Kew, Richmond, Royaume-Uni, in Picon A (1997) *L'art de l'ingénieur*, S. 250
7 Platz A (1927) *Die Baukunst der neuesten Zeit*, S. 180
8 Badger DD (1865) *Badger's Illustrated Catalogue of Cast-Iron Architecture*, No: 16, Plate VI
9 Badger DD (1865) *Badger's Illustrated Catalogue of Cast-Iron Architecture*, No: 15, Plate IV
10 Public Domain; Autor: Marie-Lan Nguyen – Own work, CC BY 2.0 fr, https://commons.wikimedia.org/w/index.php?curid=14961970
11 Zeitschrift für das Bauwesen Berlin 1872
12 IEK
13 Giedion S (1964) *Raum, Zeit, Architektur*, S. 155
14 Allgemeine Bauzeitung Wien 1838
15 Quelle nicht ermittelbar
16 Industriebau Leipzig 2 (1911) S. 134
17 Autor
18 IEK
19 Quelle nicht ermittelbar
20 Fritz Haller Bauen und Forschen GmbH
21 Prof. Peter C. von Seidlein, München
22 Public Domain; Autor: Jukka; Helsinki; Finland
23 Public Domain; Autor: Fred Romero from Paris, France - Paris, CC BY 2.0, https://commons.wikimedia.org/w/index.php?curid=65193514
24 Public Domain; Autor: Lousiehui
25 Autor
26 Copyright:George Socka from Toronto, Canada - August 2012 Brookefield (aka BCE) Place Atrium Toronto at Bay and Front Street, CC BY 2.0, https://commons.wikimedia.org/w/index.php?curid=39546199
27 Public Domain; Autor: PA – Own work, CC BY-SA 4.0, https://commons.wikimedia.org/w/index.php?curid=69348018
28 Chris Dite, Ove Arup
29 Public Domain; Autor: xiaming, CC BY 2.0, https://commons.wikimedia.org/w/index.php?curid=1015231
30 Chris Dite, Ove Arup
34 Paul Stephan GmbH+Co. KG Holzleimbau
35 Autor
36 Quelle nicht ermittelbar
37 Kurt Ackermann & Partner, München
38 Autor
39 Public Domain; Autor: Rotor DB – en.wikipedia, CC BY-SA 3.0, https://commons.wikimedia.org/w/index.php?curid=6568260
40 Public Domain; Autor: U.S. Department of Energy from United States - RL 17 350, Public Domain, https://commons.wikimedia.org/w/index.php?curid=68935325
46 Autor
47 Industriebau Leipzig 21 (1930) S. 135
48 Autor
55 SAM Hochbau Planungs GmbH M. Riegelbeck

72 Public Domain; Autor: Hydrogen Iodide at en.wikipedia, CC BY-SA 3.0, https://commons.wikimedia.org/w/index.php?curid=18205654
75 IEK
78 Autor
80 Public Domain, Quelle nicht ermitelbar
81 Idelberger K, Gladichefski H (ca. 1980) *Stahl und Form - Centre National d'Art et de Culture Georges Pompidou,* S. 48
82– 85 Fritz Haller Bauen und Forschen GmbH
86 Kurt Ackermann & Partner, München
87 Autor
88 IEK
89–93 Autor
94 Architekturbüro Arlart
95 IEK
96 John AD McCurdy in, Wachsmann K (1959) *Wendepunkt im Bauen,* S. 33
97 IEK
99 Siskind, Aaron, Institute of Design Chicago, in Wachsmann K (1959) *Wendepunkt im Bauen,* S. 171
100 Picon A (1997) *L'art de l'ingénieur,* S. 221
101 Klimke H, in Schmiedel K (1993) *Bauen und Gestalten mit Stahl,* S. 167
102 Mero GmbH & Co.KG
103 Picon A (1997) *L'art de l'ingénieur,* S. 314
104 Arup CCDI PTW
105 Feng Li/Getty Images
106 Autor
107 IEK
108 Autor
109, 110 IEK
111 Public Domain; Autor: Tysto, Picture of the Akashi Bridge in Kobe on December 2005 Picture taken by Kim Rötzel from an aircraft
112 Public Domain; Autor: stone40; Copyright, HP Corp, 2003
113 Schlaich, Bergermann & Partner
114 Autor
115 IEK
116 Autor
117 Knut Stockhusen, Schlaich, Bergermann & Partner
122 Schlaich, Bergermann & Partner
123 IEK

X-4 Fertigteilbau

Titelbild Autor
1, 2 British Architectural Library, Morris AEJ (1981) *El hormigón premoldeado en la arquitectura,* S. 66, S. 21, S. 58
3, 5, 6 Autor
7 IEK
8 Autor
10 Bindseil P (1991) *Stahlbetonfertigteile - Konstruktion, Berechnung , Ausführung,* S. 37
17 IEK
18 Schmalhofer O (1995) *Hallen aus Beton-Fertigteilen,* S. 95
20 Koncz T (1962) *Handbuch der Fertigteil-Bauweise*
21 Public Domain: http://upload.wikimedia.org/wikipedia/commons/7/77/Bridge_reinforcement_weidatal.jpg (abgerufen am 10.10.2007)
24–26 NOE-Schaltechnik Georg Meyer-Keller GmbH + Co. KG *Prospekt „Schal-Report" Nr. 126/4,* S. 3, S. 2
27 Welton Becket and Associates, in Morris AEJ (1981) El hormigón premoldeado en la arquitectura, S. 128
28 Angelo Mangiarotti Milano, in Bona ED (1980) *Angelo Mangiarotti - Il processo del construire,* S. 96
29 Autor
30 IEK
31–33 Stahlton AG
34 Giorgio Casali Milano, in Bona ED (1980) *Angelo Mangiarotti - Il processo del construire,* S. 39
35 Schmalhofer O (1995) *Hallen aus Beton-Fertigteilen,* S. 49
36 Koncz T (1962) *Handbuch der Fertigteil-Bauweise*
58, 59 Autor
64 William Hamer Productions Ltd, in Morris AEJ (1981) El hormigón premoldeado en la arquitectura, S. 298
65 Architekturbüro Kieferle, Firmenbroschüre
66, 67 Angelo Mangiarotti Milano, in Bona ED (1980) *Angelo Mangiarotti - Il processo del construire,* S. 41, S. 95
68 Architekturbüro Kieferle, Firmenbroschüre
69, 70 IEK
72, 73 Architekturbüro Kieferle, Firmenbroschüre
74 Schmalhofer O (1995) *Hallen aus Beton-Fertigteilen,* S. 105
76–79 IEK
80 Grant Mudford, in Brownlee D, De Long DG (1991) *Louis I. Kahn: In the Realm of Architecture,* S. 175
81–87 Giurgola R, Mehta J (1976) *Louis I. Kahn,* S. 186, 190, 191

X-5 Ortbetonbau

Titelbild Autor
1 Public Domain; Autor: Jean Christophe Benoist
2 Dr. Anton Flaig
3 Albert Berengo, in Stierlin H (1996) *Imperium Romanum,* S. 154
4 Ward-Perkins J (1975) *Weltgeschichte der Architektur,* S. 87
5–7 Quelle nicht ermittelbar
8 Autor
9 IEK
10, 11 Quelle nicht ermittelbar
12–14 Autor
17, 18 Burger Rudacs
19–22 Autor
36, 37, Autor
41 IEK
50 Autor
51, 52 IEK
53, 54 HALFEN-DEHA Vertriebsgesellschaft mbH

55 Autor
56, 57 Peri GmbH
59 IEK
60–62 Autor
63–65 Peri GmbH
66–68, 70, 73– 75 IEK
76–79 Autor
80 IEK
81 Quelle nicht ermittelbar
82 IEK
83, 84 Autor

ANHANG

Titelbild By Diliff - Own work; CC BY-SA 4.0; https://commons.wikimedia.org/w/index.php?curid=42693401

Für die freundliche Unterstützung durch die Freigabe von Architecural Desktop Software **bedanken wir uns recht herzlich bei** Autodesk® Niederlassung München.

Für die freundliche Freigabe von Fotos, Planunterlagen und Detailzeichnungen gilt unser bester Dank an:

Architekten und Ingenieure:
Atelier 5, Bern, CH, Prof. Fritz Haller, Bauen und Forschen GmbH, Solothurn, CH, Prof. Dr.-Ing. Jörg Schlaich, SBP Stuttgart, Prof. Peter C. von Seidlein, Prof. Dr.-Ing. habil. Ulf Nürnberger, Prof. Peter Cheret, Institut für Baukonstruktion 1, Uni Stuttgart, Dr.-Ing. Annette Bögle, Hermann + Bosch, Freie Architekten BDA, Stuttgart, Christian Büchsenschütz, Magdalene Jung, Manuela Fernández -Langenegger, Julian Lienhard, Tilman Raff, Alexandra Schieker, Elisabeth Schmitthenner, Helmut Schulze-Trautmann, Dr.-Ing. Christian Dehlinger, Birgit Rudacs, Guido Ludescher

Stiftungen und Organisationen:
Brandenburgisches Landesamt für Denkmalpflege und Archäologisches Landesmuseum, Zossen
Bundesverband der Deutschen Kalkindustrie e.V. Köln
Deutsches Architekturmuseum Frankfurt, Dr. Voigt
Feuerwache 1 Stuttgart
Informationsdienst Holz
Stiftung Archiv der Akademie der Künste, Abteilung Baukunst, Berlin
Stahl-Zentrum, Düsseldorf
Studiengemeinschaft Holzleimbau e.V., CTT Council of Timber Technologie, Wuppertal
Verein Süddeutsche. Kalksandsteinwerke e.V., Bensheim
Ziegel Zentrum Süd e.V., München

Firmen:
Adolf Würth GmbH & Co.KG, Künzelsau-Gaisbach
Badische Stahlwerke GmbH, Kehl
Bauglasindustrie GmbH, Schmelz/Saar
Bohrenkömper GmbH, Bünde
Cobiax Technologies AG, Darmstadt
Corus Bausysteme GmbH, Koblenz
Dow Deutschland GmbH & Co. KG, Stade
DuPont Performance Coatings GmbH & Co. KG, Vaihingen / Enz
Erlus AG, Neufahrn/NB
Eternit AG, Heidelberg
Finnforest Deutschland GmbH, Bremen
Finnforest Merk GmbH, Aichach
Fischer Holding GmbH & Co. KG, Waldachtal
Freisinger Fensterbau GmbH, Ebbs, Österreich
Glasfabrik Lamberts GmbH & Co. KG, Wunsiedel - Holenbrunn
Gutta Werke GmbH, Schutterwald
Halfen - Deha Vertriebsgesellschaft mbH, Langenfeld
Hüttenwerke Krupp Mannesmann, Duisburg
Ing. Erwin Thoma Holz GmbH, Goldegg, A
Interpane Glasindustrie AG, Lauenförde
Joh. Sprinz GmbH & Co., Ravensburg
Josef Gartner GmbH, Gundedlfingen
Knauf Gips KG, Iphofen
Lignatur AG, Waldstatt, CH
maxit Deutschland GmbH, Breisach
Okalux GmbH, Marktheidenfeld
PERI GmbH Schalung und Gerüste, Weißenhorn
Pfeifer Holding GmbH & Co. KG, Memmingen
Promat GmbH, Ratingen
Rehau AG + Co. Rehau
Rheinzink, GmbH & Co.KG, Datteln
Saint Gobain Glasindustrie Division Bauglas, Wirges
Saint Gobain Deutsche Glas GmbH, Kiel
Schaefer Kalk GmbH & Co. KG, Diez
Schneider Fensterbau GmbH &Co.KG, Stimpfach
Schöck Bautele GmbH, Baden-Baden
Schüco International KG, Bielefeld
SFS intec AG, Heerbrug, CH
Stahlton AG, Zürich, CH
Stahlwerke Bremen GmbH, Bremen
Sto AG, Stühlingen
Verlag Bau + Technik, Düsseldorf
Vdd Industrieverband Bitumen- Dach- und Dichtungsbahnen e.V., Frankfurt am Main
WERU AG, Rudersberg
Wienerberger Ziegelindustrie GmbH, Hannover
Xela International GmbH, Duisburg

9783662648261